Gesamtverzeichnis des deutschsprachigen Schrifttums (GV) 1700 – 1910

Bearbeitet unter der Leitung von
Hilmar Schmuck und Willi Gorzny

Bibliographische und redaktionelle Beratung:
Hans Popst und Rainer Schöller

125

Schem - Schil

K · G · Saur München · New York · London · Paris 1984

CIP-Kurztitelaufnahme der Deutschen Bibliothek

Gesamtverzeichnis des deutschsprachigen Schrifttums :
(GV). – München, New York, London, Paris : Saur.
Bd. 1 – 6 bearb. unter d. Leitung von Peter Geils
u. Willi Gorzny.
ISBN 3-598-30000-X

1700 – 1910 / bearb. unter d. Leitung von Hilmar
Schmuck u. Willi Gorzny. Bibliograph. u. red.
Beratung: Hans Popst u. Rainer Schöller

NE: Schmuck, Hilmar [Bearb.]

125. Schem - Schil. - 1984.

Techn. Realisierung und Druck: Norbert Gärtner, Mainz-Kastel
Binden: Karl Schaumann, Darmstadt
Printed in the Federal Republic of Germany
ISBN 3-598-30000-X (Gesamtwerk)

Schem, Alexander Jacob: Deutsch-Amerikanisches Conversations-Lexicon. *Mit specieller Rücksicht auf das Bedürfniß der in Amerika lebenden Deutschen, mit Benutzung aller deutschen, amerikanischen, englischen und französischen Quellen, und unter Mitwirkung vieler hervorragender deutschen Schriftsteller Amerika's, bearbeitet von Alexander J. Schem ... New York, N. Y.: E. Steiger 1869—1874. 11 Bde.*

Schem, Alexander J. (Bearb.), s.a. Conversations-Lexicon, Deutsch-amerikanisches.

Schem, A. J., Gegenwart und Zukunft der grossen Kultursprachen, besonders der Englischen und der Deutschen, s. Vorträge, hrsg. vom deutschen gesellig-wissenschaftlichen Vereine von New-York.

Schem, F. Vic., über das Amt u. die Würde des Bischofs in d. kathol. Kirche. 8. Münst. 827. Aschendorff. 3 gr.

Schem, Fr., Adreß-Buch d. Geistlichkeit d. Diöces Münster nach d. neuesten Eintheil. in Decanate. (In e. Anh., enth.: 1. Chronolog. Reihenfolge d. Päbste. — 2. Chronolog. Uebersicht d. Bischöfe d. Hochstifts Münster, mit histor. Notizen. — 3. Bulla de salute animarum. — 4. Hirtenbriefe. — 5. Verordn. üb. d. geschäftl. Eingaben ꝛc.) gr. 8. (13 B.) Münster 838, Deiters. *
Hieraus ist abgedruckt:
Chronolog. Übersicht d. Bischöfe des Hochstifts Münster.

Schem, Fr., Adreßbuch d. Geistlichkeit ꝛc., s. Adreßbuch.

— s. Cyprianus, des heiligen, 4 Abhandlungen.

Schem, Fr., aus dem Leben des Herrn Caspar Maximilian Bischofs v. Münster, Reichsfreiherrn Droste zu Vischering ꝛc. Nebst der ausführl. Beschreibung der Feier des 50jähr. Bischofs-Jubiläums Sr. Bischöfl. Gnaden. gr. 8. Münster 845, Theissing. 1/6 ₰

—— chronolog. Uebersicht d. Bischöfe d. Hochstifts Münster. Mit histor. Notizen üb. ihre kirchl. Verwaltung, vom heil. Ludgerus bis auf d. gegenwärtige Zeit. — Anh.: Chronolog. Reihenfolge d. Päpste. gr. 8. (2½ B.) Münster 838, Deiters.

—— geistl. Uebungen z. Gründung u. Förderung e. heil. Sinnes u. Lebens, nach Anleit. d. geistl. Uebungen d. heil. Ignatius gesammelt. 8. (23¼ B.) Münster 841, Theissingsche Bh.

Schema der qualitativen chemischen Analyse. Zum Gebrauche bei den praktischen Uebungen im Laboratorium. Innsbruck. 1855. Druck der Wagner'schen Buchdruckerei. (30 S. 8.)

Schema der qualitativen chemischen Analyse. Zum Gebrauche bei den prakt. Uebungen im Laboratorium. 2., verm. Aufl. gr. 8. (89 S.) Innsbruck 862, Wagner'sche Universitäts-Buchh. *

Schema f. die Anfertigung v. städtischen Verwaltungsberichten u. Stadthaushalten. hoch 4. (1 Bl.) Berlin 872. Expedition der deutschen Gemeinde-Zeitung. n.n. — 25

Schema der k. k. Östreich. Armée 1816. (1 Blatt in 1 Schuber.) Fol. (Ohne Druckort) 1816.

Schema der k. k. österr. Armee 1817. Wien 1817. 1 Tab.

Schema der k. k. österreichischen Armee für das J. 1850. Hrsg. von der Redakzion des österreich. Soldatenfreundes: Hirtenfeld u. Meynert. 8. (VI u. 208 S.) Wien 850, Gerold in Comm. baar n. ½ ₰

Schema nebst anleitenden Bestimmungen für die Anfertigung der Jahres-Rechnungen der Ober-Post-Kassen. Berlin. 1850. 4.

Schema zum Einzeichnen pathologischer Befunde der Brust- und Baucheingeweide. 16. (20 Stnt.) Bern 880, [Dalp'sche Buchh.] Schmid, Francke und Comp. *

Schema zum Einzeichnen pathologischer Befunde der Brust- u. Baucheingeweide. 2. Aufl. qu. 12. (36 Bl. m. 2 S. Text.) Bern 891. Schmid, Francke & Co. n. — 60

Schema Examinis Candidatorum S. S. Ministerii rite instituendi. S. l. 1790. V: *Hermes, Hermann Daniel.* (LS) (MGT)

Schema genealogicum gentis de Seinsheim et inde oriendorum illustr. comitum in Schwartzenberg ... S. l. s. a. V: *Rittershusius, Nicolaus.* (BMarsch 581)

Schema derer unter dem hohen Commando Sr. kgl. Hoheit Erzherzog Palatinus Josephus stehenden Herrn Herrn Generals, Stabs- und Ober-Officiers der hochlöblich hungarisch-adeligen Insurrection vor den Districten Dies- und Jenseits der Donau nebst einem Theile des Theisser, so im Lager bei Steinamanger versammelt waren. Anno 1797. 8. Steinamanger (1797).

Schema Dero Röm. Kaiserl. zu Hungarn und Böheim Königl. Majestät Sammetlicher Hohen Generalität Wie sich Hoch-Dieselbe nach der neuesten Promotion zu allerhöchsten Diensten befindet etc. (Fortsetzung) 1743, 1745, 1749. (3 Bde.) qu. Fol. Wien 1743—1749.

Schema Dero Röm. Kaiserl. zu Hungarn und Böheim Königl. Majestät Sammentlicher Hohen Generalität Wie sich Hoch-Dieselbe nach der neuesten Promotion zu allerhöchsten Diensten befindet. Eingericht nach dem Alphabet, ohne Rang. Beigebunden: Schema Dero Röm. Kaiserl. zu Hungarn und Böheim Königl. Majestät Regulirten Regimentern zu Fuss und zu Pferd, wie solche zu allerhöchsten Feld- und Kriegs-Diensten sich würklich befinden, und wie die angestellte Herren Stabs-Officiers mit Nahmen heissen, die Regimenter aber von Anno 1683. mutatis mutandis benahmset worden, nebst Anmerkung derenselben Kriegs-Agenten in Wien; dann Länder, wo die Regimenter dermahlen stehen. Mit besonderem Fleiss und Mühe nach der neuesten Promotion colligirt, und zum Nutzen der Hohen Generalität, und Herren Officiers sowol, als anderen zu dem Militar-Stand gehörigen Partheyen verabfasset. Mit Genehmhaltung und Erlaubnuss deren Oberen zum Druck befördert. 1750—1755, 1757 (Ausgaben Ende Julii und medio August) 1758—1763, 1766. (15 Bde.) qu. Fol. Wien, Prag und Triest 1750—1757.

Schema zu einem vollständ. Haushaltungs-Inventario. Folio. Gotha. (B. Fleischer in Leipz.)

Schema sammentlicher Infanterie- Kavallerie- und Artillerie-Regimenter, nach ihren Rang, wie solche von ihrer Errichtung an bis dermalen benennet worden, und sich zu kaisl. kgln. Feld Kriegs- und Garnisonsdiensten wirklich befinden; dann wie die bei den Regimentern und nachstehenden Corps angestellte Herrn Stabsoffiziers mit Namen heissen, in den Stabsquartier der Erbländer verlegt und die Farben ihrer Uniforms nebst Metall der Knöpfen bezeichnet sind. 1787.

Schema, fein! 8 preisgekrönte Arbeiten üb. die Lehren aus dem Kriege in Ostasien in bezug auf den Infanterieangriff. (88 S.) Lex.-8. Wien 906. (L. W. Seidel & Sohn).
Sonderabdruck aus: „Danzers Armeeztg." n. 1. 50

Schema e. Korrektur. Fol. (1 Bl.) Zürich (902). Zürcher & Furrer. n. — 20

Schema zur forensischen Obduktion. Braunschweig 1880. V: *Rehmann, R.* (Verz. der Büchersamml. d. Friedr.-Wilh.-Inst. Berl. 1890.)

Schema officialium totius inclytae nobilis Insurrectionalis militiae anno 1797 per Regnum Hung. item Dalmatiae, Croatiae et Slavoniae descripta. Ofen 798. Typ. Soc. 5 gr.

Schema der Portionenäquivalente der Bekleidung, Mannes- und Pferdeausrüstung für die k. k. Landwehr. (Ausgegeben mit Erlass Nr. 52.201 XII von 1903 — Beiblatt Nr. 18 zum V. Bl. f. d. k. k. Landwehr von 1903). 4. Wien 1903.

Schema des Realkataloges der Königlichen Universitätsbibliothek zu Halle a. S. Leipzig 1888. V: *Hartwig, Otto.* (Cat. der Lipperheideschen Costümebibl. Berlin 1896 ff.) (schz) (Stadtbibl. Frankf. a. M. Kat. der Neueren Bestände.)

Schema d. Realkatalogs der königl. Universitätsbibliothek zu Halle a. S., s. a. Centralblatt f. Bibliothekswesen, Beihefte.

— reformationis theologiae christianae. 8. München 778. Cräz. (Augsb., v. Jenich u. St.) 5 gr.

— reformationis theologiae christianae. 8. München, Craz. (et. Stage, Augsb.) 778.

Schema z. d. Reglem. üb. d. Medizinal-Dienst i. d. Kgl. sächs. Armee. Dresd. 1841. Fol.

Schema fränkischer Stiftungen, Reichsritterschaftliches, mit kolor. Zeichnungen. Altenburg 1812.

— ritterschaftl., fränkisch. Stiftungen. Mit Kpf. u. den color. Ordensinsignien. Altenb. 812. Petersen. 1 ₰ 12 gr.

Schema und Stand d. russ. kays. Hülfkorps, welches unter Anführung d. Gen.-Lts. Rimskoy Korsakow ... nach d. dt. Reich ... vorrückte, s. Fill, P. J.

— Taxarum ab expeditionibus Judiciariis desumendarum anno 1770 publicat. 8. Ofen 814. Typ. Soc. 2 gr.

Schema aller Uniformen der k. k. Kriegsämter. (Mit 133 colorirten Taf.) 8. Wien 1793.

Schema aller Uniformen der k. k. Kriegsvölker. Wien 1785. 134 farb. Bl.

Schema aller Uniformen der k. k. Kriegsvölcker. 8. M. 128 col. K. 8. Wien 1785. — 4. M. K. ib. 1789. — Neue Ausg. M. 133 col. K. ib. 1796. [Artaria.]

Schema, Vorschriftsmässiges, zum Giftverkaufbuche für Apotheker und Kaufleute ... Berlin 1823. V: *Flittner, Chn Gfr.* (KY) (MGT)

— vorschriftsmäßiges, zum Giftverkauf-Buche für Apotheker u. Kaufleute, nebst d. königl. Preuß. Verordnn. wegen sorgfält. Aufbewahrung u. vorsicht. Verkaufe d. Giftwaaren rc., (von Chr. G. Flittner). gr. 8. Berl. 823. Flittner. (Sander). 12 gr. Hierzu lithogr. Etiquettes an Giftbehältnisse. 2 gr.

Schema, vorschriftmäßiges, z. Giftverkauf-Buche für Apotheker u. Kaufleute, nebst den königl. Preuß. Verordnungen wegen sorgfältiger Aufbewahrung u. vorsicht. Verkaufe d. Giftwaaren rc. gr. 8. Berl. 824, Flittner.

[F.] **Schemann,** Fritz [Dr.]: Die Grafschaft Mark im jülich-clevischen Erbfolgestreit und dreissigjährigen Kriege. I. Hagen, Buchdr. v. G. Butz, 1896; 1 Bl., 30 S. 4.
Hagen i. W., RG u. G, P 1896 (377)

Schemann, Friedrich [aus Hagen i. Westf.]: Die Quellen des Flavius Josephus in der jüdischen Archaeologie Buch XVIII—XX = Polemos II, cap. VII—XIV, 3 .... Hagen, Druck v. Gustav Butz, 1887; 2 Bl. + 56 S. + 1 Bl. 8°
Marburg, Phil. Fak., Inaug.-Diss. v. [21. Nov.] 1887

Schemann, Friedrich, die Quellen des Flavius Josephus in der jüdischen Archaeologie Buch XVIII—XX = Polemos II, cap. VII—XIV, 3. Diss. Marburg 1887, N. G. Elwertsche Univ.-Buchh. 8°. 56 S.

Schemann [Karl], Prof. Dr.: Schillers Leben und Werke. Festrede zur Schillerfeier 1905. Hagen i. W. 1907: H. Hohendahl. (S. 3—8.) 4°
Hagen i. W., OR P 1907 (470)

Schemann, C. Die Synonyma im Beówulfsliede mit Rücksicht auf Composition und Poetik des Gedichtes. Diss. Münster 1882. 101 S.

Schemann, Ludf., die wichtigsten Formeln aus der Goniometrie u. ebenen Trigonometrie zum Gebrauch in Seminarien, Gymnasien u. Realgymnasien. gr. 16. (14 S. m. Fig.) Alzey 891. Ph. C. Medicus. n. — 60

— die wichtigsten Formeln aus der Stereometrie u. Planimetrie zum Gebrauche in Seminarien, Gymnasien, Realgymnasien u. Realschulen. gr. 8. (8 S. m. 2 Fig.) Ebd. 891. n. — 60

Gobineaus Alexander in Weimar. (Verf.: L[udwig] Schemann.) Bayreuth 1903: Ellwanger. 14 S. 8°
[Aus: Bayreuther Blätter. Jg. 26. 1903.] [11. 1393

Schemann, L. (Hrsg.), s. Bericht ... über die Gobineau-Vereinigung

Schemann, Ludw., meine Erinnerungen an Richard Wagner. gr. 8. (86 S.) Stuttgart 902. F. Frommann. n. 1. 50

Gobineau und die deutsche Kultur. Von Ludwig **Schemann**. Leipzig: Eckardt 1910. 168 S. 8°
(Wendandi-Bücherei. Bd 3.) [10. 7607

— Gobineau u. die deutsche Kultur. s. a. Werdandi-Bücherei. 3. Bd.

Die Gobineau-Sammlung der Kaiserlichen Universitäts- und Landesbibliothek zu Strassburg von Ludwig **Schemann**. Mit 3 Taf. Strassburg: K. J. Trübner 1907. (37, 4 S.) 8° [07. 5136

Schemann, Lvdovicvs (geb. am 16 Okt. 1852 in Köln): De legionvm per altervm bellvm Pvnicvm historia qvae investigari posse videantvr ... Bonnae, form. C. Georgi (1875). 53 S., 1 Bl. 8.
Bonn, Phil. Fak., Diss. v. 20 Apr. 1875

Schemann, Ludov. De legionum per alterum bellum Punicum historia quae investigari posse videantur. (59) 8. Bonnae 1876.

Schemann, Ludw., Gobineaus Rassenwert. Aktenstücke u. Betrachtgn. zur Geschichte u. Kritik des Essai sur l'inégalité des races humaines. (XLI, 544 S.) gr. 8. Stuttgart 910. F. Frommann. 10.50; geb. in Leinw. n 12.50; in Halbfrz. n 13.50

Schemann, Ludw., s.: Schopenhauer-Briefe.

Schemann, Ludw., Richard Wagner in seinen künstlerischen Bestrebungen und seiner Bedeutung für eine nationale Kultur. Ein Vortrag, gehalten zu Goslar am 21. Dezbr. 1877. 16. (IV, 60 S.) Wolfenbüttel 878, Zwißler. *

Ein Wort über Luigi Cherubini. Nebst 4 unveröffentl. Briefen d. Meisters. Von Ludwig **Schemann**. Berlin & Leipzig: Schuster & Loeffler 1907. 19 S. 4°
Aus: Die Musik. A 12.1450

Schema z. d. inneren Dienst d. Reuterei. (Zeit nicht vorhanden) Stuttgart 1819.

Schemata zum Einschreiben v. Befunden f. Untersuchgn. am menschlichen Körper. 2. u. 3. Hft. gr. 8. Tübingen 900. H. Laupp. n. — 70
2. Schemata f. die Unfallversicherung. (20 Bl.) n. — 40
3. Schemata f. Krankheiten d. Nerven. (10 Bl. m. 1 Tab.) n. — 30
Hft. 1 u. d. T.: Verzeichnis der Schemata etc. Ebd. 896. n. — 60.

Schemata zum Einzeichnen v. Befunden bei Untersuchung der Brust- u. Bauch-Organe m. Skeletteinzeichnung. gr. 8. (48 Taf.) Tübingen 883. Laupp. n. — 60

— zum Einzeichnen v. Befunden bei gerichtsärztlichen Untersuchungen am Gehirn. gr. 8. (48 Taf.) Ebend. 883. n. — 60

— zum Einzeichnen v. Befunden bei gerichtsärztlichen Untersuchungen am Schädel. gr. 8. (48 Taf.) Ebend. 883. n. — 60

— zum Einzeichnen v. Befunden bei gynaekologischen Untersuchungen. gr. 8. (32 Steintaf.) Ebend. 881. n. — 60

— zum Einzeichnen v. Befunden bei laryngo-rhinoskopischen Untersuchungen. gr. 8. (48 Taf.) Ebend. 883. n. — 60

— zum Einzeichnen v. Befunden bei ophthalmiatrischen Untersuchungen. gr. 8. (48 Taf.) Ebend. 883. n. — 60

Schemata, 100, zum Einzeichnen laryngoskopischer Befunde nach B. Fränkel, Berlin. Gummiert u. perforiert zum Einkleben in Krankenjournale etc. 12. Berlin 888. Fischer's medicin. Buchh. n. — 80

—— des menschlichen Körpers zum Einzeichnen pathologischer Befunde. 3 Bl. mit 32 Fig. qu. Fol. Würzburg 888, Stahel'sche Universitäts-Buchh. Gummirt und perforirt

— d. menschlichen Körpers zum Einzeichnen pathologischer Befunde. Zum Gebrauche f. Kliniken zusammengestellt. 3 Blatt m. 32 Fig. 2., unveränd. Aufl. Fol. Würzburg 890. Stahel. Gummiert u. perforiert. — 75

Schemata des menschlichen Körpers zum Einzeichnen patholog. Befunde. 32 Schemata auf 3 Blatt (gummirt u. perforirt). Zum Gebrauche in Kliniken etc. zusammengestellt v. e. Universitäts-Professor. 3. unveränd. Aufl. gr. 8. Würzburg 894. Stahel. n. — 75

— zu Temperatur-, Puls- u. Respirations-Curven, nebst Temperaturtabellen. gr. 8. (48 Taf.) Ebend. 883. n. — 60

— zu Temperatur-, Puls- u. Respirations-Kurven v. Tieren. gr. 8. (25 Bl.) Hannover (902). M. & H. Schaper. n.n. — 50

„Schematibus, Wie hernach benannte Münz-Sorten in hiesigen Chur-Landen dermalen coursiren sollen. [Kurfürstlich bayerisches Münzmandat, München 26. Oktober 1760]". — Vorh.: StB Nürnberg.

Schematismen f. fachlich-gewerbliche Unterrichts-Anstalten in Österreich. I. Bd. 8. Wien, (F. Deuticke). 1. —
1. Schematismus f. Koch- u. Haushaltungsschulen in Österreich. Hrsg. vom Verband zur Förderg. des fachlichgewerblichen Fortbildungsschulwesens in Österreich (Sektion f. Koch- u. Haushaltungsschulen.) Red. im Auftrage des Verbandes v. Eug. Messner. (45 S.) 910.

Schematismus

— u. **Adressbuch** der katholischen Geistlichkeit im Königr. Bayern, m. e. Verzeichnisse aller Seelsorgestellen, nach Diözesen geordnet, nebst e. General-Personen-Register. gr. 8. (IV, 303 S.) München 889. Literar. Institut v. Dr. M. Huttler. cart. n. 6. —

—— allgemeiner montanistischer, des österreich. Kaiserthums f. d. Jahr 1842 u. 1843. Hrsg. von Joh. Baptist Kraus. (5. u. 6. Jahrg.) gr. 8. (à 30½ B. u. 1 Stnt.) Wien, (Rohrmann.) à J. * 1
1–4. Jahrg.?

Schematismus anatomiae hodiernae ecclesiae Romanae. Coloniae 1731. V: *Graben zum Stein, Otto vom.* (Wr)

— d. preuß. Antheile der Erzbisthümer Prag u. Olmütz f. d. J. 1898. 8. (13 S.) Breslau, G. P. Aderholz. n. — 80

— der preuß. Antheile der Erzbisthümer Prag u. Olmütz f. d. J. 1900. 8. (13 S.) Breslau, G. P. Aderholz. n. — 80

— der preuß. Antheile der Erzbisthümer Prag u. Olmütz f. d. J. 1903. (13 S.) 8. Breslau, G. P. Aderholz. Kart. n. 1. —

Schematismus der Bukowinaer griechisch-orientalischen Archiepiskopal-Diözese für das Jahr . Czernowitz: Eckhardt 1841/1914. (Erschienen für die Jahre 1841 bis 1914.)

— der Bucovinaer gr.-or. Archiepiscopal-Diöcese auf d. J. 1898. gr. 8. (226 S.) Czernowitz (H. Pardini). n.n. 1. —

Schematismus der Bucovinaer gr.-or. Archiepiscopal-Diöcese für das Jahr 1899. Cernäuz (Cernoviz). 1899. Verlag des Consistoriums. [In Comm. Pardini.] Gr.-8°. 228 S. fl. —.60

Schematismus der Bucovinaer gr.-or. Archiepiscopal-Diöcese für das Jahr 1900 Czernoviz. [In Comm. Pardini.] Gr.-8°. 226 S. K 1.20

Schematismus der Bucovinaer gr.-or. Archiepiscopal-Diöcese für das Jahr 1901. Cernäuz (Cernoviz). 1901. Verlag des Consistoriums. [In Comm. Pardini.] Gr.-8°. 228 S. K 1 20

— der Bucovinaer gr.-or. Archiepiscopal-Diöcese f. d. J. 1902. gr. 8. (228 S.) Czernowitz (H. Pardini). n. 1. —

Schematismus der Bucovinaer gr.-or. Archiepiscopal-Diöcese für das Jahr 1903. Gr.-8°. (222 S.) Ebda. 1903.

Schematismus der Bukowinaer gr.-or. Archiepiskopaldiözese für das Jahr 1905. 8°. (216 S.) Ebda. 1905. K 1.20

— der Buoovinaer gr.-or. Archiepiskopal-Diözese f. d. J. 1906. (220 S.) gr. 8. Cernăuz (Czernowitz), (H. Pardini). n. 1. —

Schematismus der Bukowinaer gr.-or. Archiepiskopal-Diözese für das Jahr 1907. Gr.-8°. (216 S.) Ebda. 1907.

Schematismus der Bukowinaer gr.-or. Archiepiskopal-diözese für das Jahr 1908. Gr.-8°. (216 S.) * K 1.20 Ebda. 1908.

Schematismus der Bukowinaer gr.-or. Archiepiskopal-Diözese für das Jahr 1909. Gr.-8°. (184 S.) Ebda. 1909. * K 1

— der Bukowinaer gr.-or. Archiepiskopal-Diözese f. d. J. 1910. (174 S.) gr. 8. Czernowitz, (H. Pardini). nn 1. —

Schematismus der kais. königl. Armée . . . 1804—1808
saOesterreichischer Militaer-Almanach.

Schematismus der k. k. Armee für das Jahr 1805—1808. (Militär-Almanach Nr. XVI—XIX.) 8. Wien 1805—1808.

Schematismus der Kais. Königl. Armee. Das Jahr 1807. Wien. H: *Gräffer, August.* (KY 2/419) (biblPort)

Schematismus der Oesterreichisch-Kaiserlichen Armée . . . 1810—
ssOesterreichischer **Militaer-Almanach.**

— — der österreichisch-kaiserlichen Armee für das Jahr 1810—1814. (Militär-Almanach Nr. XX—XXIV.) 8. Wien 1810—1814

Schematismus f. die kaiserl. östreich. Armee. 1r—21r Jahrg. 12. Wien 1811—21. Gräffer. Schrbp. illum. à 3 ℳ

Schematismus der Aerzte im Königr. Bayern nach dem Stande vom 31. Dezbr. 1875. 4. (75 S.) München 876. (Th. Ackermann.) n. 1. 60

Schematismus der promovirten Aerzte Niederbayerns zu Anfange des J. 1851. Zusammengestellt u. hrsg. von dem engeren Ausschusse d. ärztl. Kreisvereins. Imp. 4. (8 S.) Passau 851. (Elsäßer & Waldbauer.) n. ⅙ ℳ

—— des Erzbisthums Bamberg. 1864. gr. 8. (328 S.) Bamberg, Buchner'sche Buchh. cart. *

— der medicinischen Behörden u. Unterrichts-Anstalten, der Civil- u. Militärärzte, sowie der approbirten Zahnärzte im Königr. Bayern. Hrsg. nach den zur Verfügg. gestellten amtl. Quellen v. Rep. Zwickh. 25. Jahrg. 1902. gr. 8. (IV, 138 S.) München, M. Rieger. Kart. n. 1. 80

— der medizinischen Behörden u. Unterrichts-Anstalten, der Zivil- u. Militärärzte, sowie der approbierten Zahnärzte im Königr. Bayern. Hrsg. nach den zur Verfügg. gestellten amtl. Quellen v. Rep. Zwickh. 29. Jahrg.) 1906. (IV, 162 S.) 8. München, M. Rieger. Kart. n. 1. 80

— der medizinischen Behörden u. Unterrichts-Anstalten, der Zivil- u. Militärärzte, sowie der approbierten Zahnärzte im Königr. Bayern. Hrsg. nach den zur Verfügung gestellten amtl. Quellen v. R. Zwickh. 33. Jahrg. 1910. (IV, 180 u. 158 S.) 8. München, M. Rieger. Geb. 1. 80

— des landtäflichen u. Grossgrund-Besitzes v. Kärnten u. Krain. Nach amtl. Quellen u. directen Angaben bearb. gr. 8. (V, 195 S.) Wien 902. L. Weiss. n. 4. 20

— des landtäflichen u. Grossgrund-Besitzes v. Nieder-Oesterreich. Nach amtl. Quellen u. direkten Angaben bearb. gr. 8. (VI, 259 S.) Wien 895. L. Weiss. n. 3. 50

— dasselbe v. Nieder-Österreich. Nach amtl. Quellen u. direkten Angaben bearb. 2., verb. Aufl. gr. 8. (V, 1, 261 S.) Ebd. 903. n. 4. 20

— des landtäflichen u. Grossgrund-Besitzes v. Ober-Oesterreich. Nach amtl. Quellen u. direkten Angaben bearb. gr. 8. (III, 175 S.) Wien 896. L. Weiss. n. 3. 50

Schematismus des landtäflichen und Grossgrund-Besitzes von Steiermark. Nach amtl. Quellen u. direkten Angaben bearb. *Wien: L. Weiss 1901.* (265 S.) 8° fol. 977

Schematismus des Bisthum Gurkischen Kirchensprengels, v.: Personalstand.

— k. k., für das Königr. Böhmen auf d. J. 1795. Prag, Schönfeld. 1 ℳ 12 gl

Schematismus für das Königreich Böhmen auf das . . . Jahr . . . Hrsg. v. der k. böhmischen Gesellschaft der Wissenschaften . . .
Prag: Gottlieb Haase [1823]. 8°
1824: 12 Bl., 852 S., 1 Tab.

Schematismus für das Königreich Böhmen auf das Jahr 1835. Herausg. von der k. böhmischen Gesellschaft der Wissenschaften mit Sr. k. k. Majestät allergnädigstem privilegio privativo. gr. 8. Prag 835. (Haase, Söhne.) n. 3⅔ ℳ

Schematismus für das Königreich Böhmen. Zusammengestellt im Auftrage der hohen k. k. Statthalterei mit Benützung amtlicher Quellen. 4. (XVI, 459 S.) Prag 880. (Mošnak & Neugebauer.) n. 10. —

Schematismus f. das Königr. Böhmen. Zusammengestellt üb. Ermächtigg. der hohen k. k. Statthalterei m. Benützg. amtl. Quellen. Lex.-8. (XVI, 529 S.) Prag 891. (J. Rytka.) n.n. 10. —

— des Bisthums Breslau u. seines Delegatur-Bezirks für das Jahr 1865. Breslau 865. Aderholz'sche Buchh. gr. 8. (XVI, 275 S.) cart. n.n. 1 ℳ

— des Bisthums Breslau u. seines Delegaten-Bezirks f. d. J. 1871. gr. 8. (XXXV, 324 S.) Breslau 871. Aderholz. n.n. 3. —

—— des Bisthums Breslau und seines Delegatur-Bezirks für das J. 1876. Hrsg. von A. Knoff. gr. 8. (III, 135 S.) Berlin, (Görlich's Verlag.) cart. **

—— des Bisth. Breslau [preußischen Antheils] und seines Delegatur-Bezirks für das J. 1884. Hrsg. im Auftrage des hochwürdigsten Ordinariates von A. Knoff. gr. 8. (151 S.) Breslau, (Goerlich's Verlag.) cart. *
Jahrg. 1877—1883 sind nicht erschienen.

Schematismus d. Bisth. Breslau u. seines Delegatur-Bezirks f. d. J. 1887. gr. 8. (XXXIV, 14 u. 321 S.) Breslau. (Goerlich). cart. n.n. 4. 50

— d. Bisth. Breslau u. seines Delegatur-Bezirks f. d. J. 1891. gr. 8. (XXXII, 350 S.) Breslau, (G. P. Aderholz. — F. Goerlich). Kart. n. 5. 30

Schematismus des Bisthums Breslau und seines Delegatur-Bezirkes für das Jahr 1896. 8. (141 S.) Geb. * 1.50
Teschen: Feitzinger 1896.

Schematismus d. Bisth. Breslau u. s. Delegatur-Bezirks f. d. J. 1899. 8. (169 S.) Breslau (G. P. Aderholz). Kart. n. 2. —

— dasselbe u. der preußischen Antheile der Erzbisthümer Prag u. Olmütz f. d. J. 1900. 8. (160 u. 13 S.) Ebd. Kart. n. 3. —

(F) Schematismus des Bisthums Breslau und seines Delegatur Bezirkes für das Jahr 1900. Breslau. Fürstbischöfliche Geheime Kanzlei. [In Comm. Teschen. Feitzinger]. 8°. 169 S. Cart. K 3.—

Schematismus des Bisth. Breslau u. seines Delegatur-Bezirks f. d. J. 1902. gr. 8. (XXXII, 439 S.) Breslau. (G. P. Aderholz.) Kart. n. 6. —

Schematismus des Bist. Breslau u. seines Delegatur-Bezirks f. d. J. 1906. (184 S.) 8. Breslau, (G. P. Aderholz. — Müller & Seiffert). Kart. n.n. 2. —; nebst Anh., die preuß. Anteile der Erzbistümer Prag u. Olmütz. (184 u. 18 S.) n.n. 3. —; Anh. allein 1. —

Schematismus des Bisthums Breslau und seines Delegatur-Bezirks f. d. J. 1897—1906.
Handbuch des Bistums Breslau und seines Delegatur-Bezirks f. d. J. 1907 ff. Breslau o. J. 8°.

Schematismus der österreichischen Bürgerschulen. Die Bürgerschule, ihre Stellung u. Vorschläge zu ihrer Reform. Über Beschluß des Deutsch-österr. Bürgerschullehrerbundes bearb. von e. Komitee. 1903. *Wien: A. Pichlers Wwe & Sohn 1903.* (LXII, 208 S.) 8°

— der österreichischen Bürgerschulen. Die Bürgerschule, ihre Stellung u. Vorschläge zu ihrer Reform. Ueber Beschluss des deutsch-österreich. Bürgerschullehrerbundes bearb. v. e. Komitee. 1903. (LXII, 173 S.) gr. 8. Wien 903. A. Pichler's Wwe. & Sohn. Geb. in Leinw. n. 8. —

Schematismus cleri archi-dioecesis Colocensis et Bacsiensis Ad annum bissextilem 1860. 8. (. . . S.) (Kolocsa.) Pest 860, Gebr. Lauffer.

—— dass. — 1861. 8. (XX und 151 S.) Ebendas.

—— cleri archi-dioecesis Colocensis et Bacsiensis ad annum Christi 1862. 8. (151 S.) Pest, Gebr. Lauffer. *

—— dass. — 1863. 8. (152 S.) Ebendas. *

—— cleri archi-dioecesis Strigoniensis pro anno a christo nato 1860. 8. (. . . S.) (Gran.) Pest 860, Gebr. Lauffer.

—— dass. — 1861. 8. (XVI und 270 S.) Ebendas.

Schematismus venerabilis Cleri Dioecesium Bosnensis seu Diakovensis et Sirmiensis canonice unitarum Pro anno a Christo nato 1854. 8. (96 S) Viennae. Typis Caes. Reg. Aulae et Imperii Typographiae. 1854.

— des Bisthums Culm. Amtliche Ausg. Pelplin 867. (Danzig, Weber.) 8. (330 S.) n. 1 ₰ 10 ngr.

Schematismus des Bistums Culm mit dem Bischofssitze in Pelplin. 1904. Amtl. Ausgabe. 3. Folge. Pelplin: Bischöfl. Gen.-Vikariat-Amt 1904. (XXVIII, 730 S.) 8° [F.] (07. 16903

— der Diöcesan-Geistlichkeit des Erzbisthums Salzburg auf das J. 1813. gr. 8. Salzb. 813. Duyle. 1 fl — Dass. auf das J. 1814. Ebd. 11 gr

Schematismus der griechisch orientalischen Bukowinaer Diöcese für das Jahr 1854. 8. (90 S.) Czernowitz. Gedruckt bei Johann Eckhart und Sohn.

Schematismus der öffentlichen evangelischen Elementarschulen Schlesiens. [Statistik, Adressbuch.] Eine übersichtl. Zusammenstellung aller evangel. Schulen unter Angabe der Post, der eingeschulten Ortschaften, des Lehrerberufungsberechtigten, Revisors, Lehrers, Gehalts etc., nebst Mitteilungen über Privat-Schulen, Waisenhäuser und Schulanstalten für die noch nicht schulpflicht. Jugend. Bearb. von Jul. Herold. 3. Aufl. gr. 8. (IV, 239 S.) Breslau 884, (Priebatsch.) *
1. Aufl. vgl. Kiesel, F., und Jul. Herold.
2. Aufl. vgl.: Herold, Jul.

Schematismus, der öffentlichen katholischen Elementarschulen d. Bist. Breslau. Übersichtliche Zusammenstellg. aller kathol. Schulen der Provinzen Schlesien, Brandenburg u. Pommern, m. Angabe d. Patrons, Lokal-Schulinspektors, der Lehrer, der Schülerzahl ꝛc. Bearb. v. J. Henkeshoven. gr. 8. (III, 271 S.) Neustadt O/S. 888. Pietsch Nachf. (F. Keller). n. 2. —

— der öffentl. kathol. Elementarschulen des Bist. Breslau, Fortsetzg., s.: Schematismus der öffentl. kathol. Volksschulen d. Prov. Schlesien.

Schematismus d. K. K. österr. Feldärzte [illegible] Wien 1801

der k. k. Finanzbeamten des österr. Kaiserstaates. (Mit Ausnahme der montanist. u. Finanzwach-Beamten.) Manuale nomenclativo degli impiegati di finanza della monarchia austriaca. *Graz* 1858. *Jos. A. Kienreich.* 192 S. 4°
1 fl. 26 kr. Ö.-W.
Als Beilage des »Jahrbuches für den Gebrauch der k. k. Finanz- und Rechnungs-Controlsbeamten etc.«

Schematismus der n. ö. Finanz-Verwaltung nach dem Stande vom December 1900. Redigiert im Präsidial-Bureau der k. k. n. ö. Finanz-Landes-Direction. Wien. 1900. In Comm. Manz. 8°. XII, 376 S. K 2

Schematismus der protokollirten Firmen in der österreichisch-ungarischen Monarchie. I—III. Bearb. im Generalsekretariate der österreichisch-ungar. Bank. hoch 4. Wien, (Hölder). cart. n. 22. 40
I. Niederösterreich. (VI, 223 S.) 882. n. 4. 40
II. Ungarn, Kroatien u. Slavonien. (XV, 647 S.) 884. n. 10. —
III. Böhmen, Mähren, Schlesien, Galizien u. die Bukowina. (XXIII, 525 S.) 886. n. 8. —

—— der protokollirten Firmen in der Oesterreichisch-ungarischen Monarchie. Bearb. im Generalsekretariate der Oesterr.-ungar. Bank. III. und IV. 4. Wien, (Hölder.) cart. *

Inhalt:

III. Böhmen, Mähren, Schlesien, Galizien und die Bukowina. (XXIII, 525 S.) 886. cart. *M 8.—.

IV. Ober-Oesterreich, Salzburg, Steiermark, Kärnten, Krain, Tirol, Vorarlberg, Triest, Görz und Gradisca, Istrien, Dalmatien. (X, 154 S.) 887. cart. *M 4.—.

I. und II. (Ebendas.) 1882,84. *M 14.40.

— der protokollirten Firmen in der österreichisch-ungarischen Monarchie, dann in Bosnien u. der Hercegovina. Bearb. im Generalsekretariate der österreichisch-ungar. Bank. Lex.-8. (XXXI, 1246 S.) Wien 891. A. Hölder. Kart. n. 18. —

— der Diöcese Fulda. gr. 8. (IV, 80 S.) Fulda 889. (Maier.) n. 3. 50

— der Diöcese Fulda. 1892. 8. (162 S.) Fulda, (A. Maier). Kart. n.n. 3. 20

— d. Diöcese Fulda. (M. e. Geschichte d. Fuldaer Aebte u. Bischöfe.) 8. (LII, 168 S.) Fulda 896. (A. Maier.) Kart. n.n. 5.

— der Diöcese Fulda. 8. (V, 181 S.) Fulda 899. (A. Maier.) Kart. n. 5. —

— der Diözese Fulda. (VIII, 208 S.) 8. Fulda 904. (A. Maier.) Kart. n. 4. —

Schematismus der Geistlichkeit des Bisthums Augsburg für die J. 1871—1875. Mit einer Uebersicht des Personal-Standes der Frauen-Klöster und klösterl. Institute der Diözese nebst chronolog. Notizen. gr. 8. (à IV, 288—296 S.) Augsburg, (Schmid's Verlag.) 1871 und 1872 à · 1873 · 1874 und 1875 à

—— der Geistlichkeit des Bisthums Augsburg für die J. 1876—1879. Mit einer Uebersicht des Personalstandes der Frauen-Klöster und klösterl. Institute der Diözese, nebst chronolog. Notizen vom J. 1875—1878. gr. 8. (IV, 288; IV, 292; IV, 298; IV, 302 S.) Augsburg, (Schmid'sche Verlagsh.) Jahrg. 1876 *M 2.; 1877 * Jahrg. 1878 *M 2.40.; 1879 *

—— der Geistlichkeit des Bith. Augsburg für die J. 1880—1884. Mit einer Uebersicht des Personalstandes der Frauen-Klöster und klösterl. Institute der Diözese, nebst chronolog. Notizen vom J. 1879—1883. gr. 8. (IV, 290; IV, 287; IV, 288; IV, 287; IV, 293 S.) Augsburg, (Schmid'sche Verlagsh.) Jahrg. 1880 * Jahrg. 1881—1883 à ** Jahrg. 1884 *

—— der Geistlichkeit des Bisthums Augsburg für die J. 1885—1888. Mit einer Uebersicht des Personal-Standes der Frauen-Klöster und klösterl. Institute der Diözese, nebst chronolog. Notizen vom J. 1884—1887. gr. 8. (IV, 293; IV, 290; IV, 288; IV, 288 S.) Augsburg, (Schmid's Verlag.) à Jahrg. *

—— der Geistlichkeit d. Bisth. Augsburg f. d. J. 1889—1892. Mit e. Uebersicht d. Personal-Standes der Frauen-Klöster u. klösterl. Institute der Diözese, nebst chronolog. Notizen v. d. J. 1888—1891. gr. 8. (VIII, 287; VIII, 290; VIII, 296; VIII, 301 S.) Augsb., (Schmid's Verlag). à Jahrg. * 2.50

— der Geistlichkeit des Bisth. Augsburg f. d. J. 1894. Mit e. Uebersicht des Personal-Standes der Frauen-Klöster u. klösterl. Institute der Diözese, nebst chronolog. Notizen vom J. 1893. gr. 8. (VIII, 314 S.) Augsburg, (B. Schmid's Verl.). n.n. 2. 50

— d. Geistlichkeit d. Bisth. Augsburg f. d. J. 1898. M. e. Uebersicht d. Personal-Standes d. Frauen-Klöster u. klösterl. Institute d. Diözese, nebst chronolog. Notizen vom J. 1897. gr. 8. (VIII, 323 S.) Augsburg (B. Schmid's Verl.). n.n. 2. 50

— der Geistlichkeit d. Bisth. Augsburg f. d. J. 1902. Mit e. Uebersicht des Personal-Standes der Frauen-Klöster u. klösterl. Institute d. Diözese, nebst chronolog. Notizen vom J. 1901. gr. 8. (VIII, 448 S.) Augsburg (B. Schmid's Verl.). n. 3. 60

— der Geistlichkeit des Bist. Augsburg f. d. J. 1906. Mit e. Uebersicht des Personalstandes der Frauen-Klöster u. klösterl. Institute der Diözese, nebst chronolog. Notizen vom J. 1905. (VIII, 472 S.) 8. Augsburg, (B. Schmid). n. 3. 60

— der Geistlichkeit des Bist. Augsburg f. d. J. 1910. Mit e. Übersicht d. Personal-Standes der Frauen-Klöster u. klösterl. Institute der Diözese, nebst chronolog. Notizen v. J. 1909. (VIII, 486 S.) 8. Augsburg, (B. Schmid.) 3. 60

—— der Geistlichkeit des Erzbisthums Bamberg 1878. gr. 8. (III, 286 S.) Bamberg, (Schmidt'sche Buchh.) cart. **

—— der Geistlichkeit des Erzbisth. Bamberg 1884. gr. 8. (283 S.) Bamberg, (Schmidt'sche Buchh.) cart. *

—— der Geistlichkeit des Erzbisthums Bamberg 1886 und 1888. gr. 8. (292; 282 S.) Bamberg, (Schmidt'sche Buchh.) cart. à Jahrg. *

Schematismus der Geistlichkeit d. Erzbisth. Bamberg 1890 u. 1892. gr. 8. (à Jahrg. 276 S.) Bamb., (Schmidt). geb. à Jahrg. * 4 — Erscheint alle 2 Jahre 1 Mal.

— dasselbe des Erzbisth. Bamberg 1894. gr. 8. (279 S.) Bamberg, (Schmidt). n. 4. —

— dasselbe d. Erzbist. Bamberg 1898. Hrsg. auf Anordng. d. erzb. Ordinariats. gr. 8. (280 S.) Bamberg (Schmidt). Geb. n. 4. ·

— dasselbe, des Erzbist. Bamberg 1902. Hrsg. auf Anordng. des erzb. Ordinariats. gr. 8. (227 S.) Bamberg (Schmidt). n. 4. —

— dasselbe des Erzbist. Bamberg 1906. Hrsg. auf Anordng. d. erzb. Ordinariats. (282 S.) gr. 8. Bamberg, (Schmidt). Kart. n. 4. —

— dasselbe des Erzbist. Bamberg 1910. Hrsg. auf Anordng. des erzb. Ordinariats. (254 S.) gr. 8. Bamberg, (Schmidt.) 4. —

Schematismus der Geistlichkeit des Bisthums Breslau k. k. Oesterreichischen Antheils für das Jahr 1853. 8. (87 S.) Teschen, Druck von K. Prochaska 1853.

Schematismus der Geistlichkeit des Bisthums Breslau, k. k. österreichischen Antheils, für das Jahr 1854. 8. (88 S.) Teschen. Gedruckt bei C. Prochaska.

Schematismus der Geistlichkeit des Bisthumes Breslau, k. k österreichischen Antheils, für das Jahr 1855. Teschen, Druck von Karl Prochaska. (88 S. 8.) steif.

Schematismus der Geistlichkeit des Bisthums Breslau k. k. österreichischen Antheils für das Jahr 1856. Teschen, gedr. bei Karl Prochaska. (87 S. 8. steif geb.)

Schematismus der Geistlichkeit des Bisthums Breslau, k. k. österr. Antheils für das J. 1857. Teschen, bei Karl Prochaska. (87 S. 8.)
Inhalt: Reihenfolge der Bischöfe von Breslau, dann folgt der eigentliche Schematismus des Clerus. Ferner ein tabellarisches Verzeichniß der gesammten Seelenzahl nach den Confessionen, nebst einem Personal- und Lokalregister. — Außerdem ist diesem Buche beigeschlossen: Schematismus der katholischen Schulen in der Breslauer Diözese k. k. österr. Antheils im J. 1857. Teschen, bei K. Prochaska. (60 S. 8.) Dieser Schematismus ist nach Bezirken geordnet und enthält nebstdem ein Lokal- und ein Personal-Verzeichniß.

Schematismus der Geistlichkeit des Bisthums Breslau, k. k. österr. Antheils für das J. 1858. *Teschen. K. Prochaska.* 87 S., 8°.

Schematismus der Geistlichkeit der Diözese Brixen für das Jahr 1846. 30. Ausgabe. gr. 8. Brixen 846. (Innsbruck, Wagner'sche Buchh.) 1/2 ℛ

— der Geistlichkeit der Diözese Brixen f. d. J. 1847. 31. Ausg. gr. 8. (163 S.) Brixen. (Innsbruck, Wagner.) n. 14 ngr

Schematismus der Geistlichkeit der Diözese Brixen für das Jahr 1855. Neununddreißigste Ausgabe. Brixen. Weger. (134 S. 8.) geh.

Schematismus der Geistlichkeit der Diözese Brixen für das J. 1855. 39. Ausg. gr. 8. (133 S.) Brixen 855. (Innsbruck, Wagner'sche Buchh.) *

Schematismus der Geistlichkeit der Diözese Brixen für das Jahr 1856. Vierzigste Ausgabe. Brixen. Gedr. mit Weger'schen Schriften. (129 S. 2 Bl. 8.)

Schematismus der Geistlichkeit der Diözese Brixen für das Jahr 1857. 41. Ausgabe. Brixen mit Weger'schen Schriften. (135 S. 2 Bl. 8.)
Inhalt: Reihenfolge der Bischöfe von Säben und Brixen, Schematismus der Welt- und Kloster-Geistlichkeit, der Frauenklöster, der Verstorbenen, nebst einem Lokal- und Personal-Verzeichniße und einer Uebersichts-Tabelle.

Schematismus der Geistlichkeit der Diöcese Brixen für das Jahr 1858. Zwei und vierzigste Ausgabe. *Brixen* 1858. Schnellpressendruck von *A. Weger.* 139 S. 1 Tab. 20 kr.

— der Geistlichkeit der Diöcese Brixen. Für das J. 1861. 45. Ausg. 8. (145 S. und 2 Uebersichtstabellen.) Brixen 861, Weger.

— der Geistlichkeit der Diözese Brixen für das J. 1864. 48. Ausg. gr. 8. (169 S.) Brixen, Weger's Buchh. *

— der Geistlichkeit der Diözese Brixen für das Jahr 1866. 50. Ausg. Brixen, Theologische Verlags-Anstalt. gr. 8. (171 S.) 24 ngr.

— der Geistlichkeit der Diözese Brixen für das J. 1870. 54. Ausg. gr. 8. (192 S.) Brixen, Theolog. Verlags-Anstalt.

— dasselbe der Diözese Brixen 1894. 78. Ausg. gr. 8. (VIII, 258 S.) Brixen, A. Weger. n. 1. 85

Schematismus der Geistlichkeit des Bistums Chur für das Jahr 1901. 160 S. 8. Chur, Verlag der bischöflichen Kanzlei (Buchdr. Glarner Volksblatt, Näfels, 1901). [fr. 1. —]
(Redaktionsschluss Mitte Juli 1901.) — *Erscheint alle 10 Jahre; den jährlichen Schematismus s. als Anhang in:* Directorium Romano-Curiense.

— der Geistlichkeit des Bisth. Eichstätt für die J. 1881—1884. gr. 8. (à Jahrg. ca. 104 S.) Eichstätt, (Stillkrauth.) cart. à Jahrg. *

— dasselbe für das Jahr 1882. Mit einigen chronologischen Notizen. gr. 8. (XXX, 196 S.) Ebend. 882. n. 2. —

— der Geistlichkeit des Bisthums Eichstätt für die J. 1885—1888. [120.—123. Jahrg.] gr. 8. (à Jahrg. ca. 100 S.) Eichstätt, (Stillkrauth.) cart. à Jahrg. **

— desgl. — d. Bisth. Eichstätt f. d. J. 1889—1892. [124.—127. Jahrg.] gr. 8. (à Jahrg. ca. 100 S.) Eichstätt, (Brönner). cart. à Jahrg. ** 2 —

— dasselbe des Bisth. Eichstätt f. d. J. 1894. (129. Jahrg.) gr. 8. (107 S.) Eichstätt, (Ph. Brönner). Kart. n.n. 2. —

— dasselbe d. Bisth. Eichstätt f. d. J. 1898. (133. Jahrg.) gr. 8. (108 S.) Eichstätt (Ph. Brönner). Kart. n.n. 2. —

— dasselbe, des Bisth. Eichstätt f. d. J. 1902. (137. Jahrg.) gr. 8. (116 S.) Eichstätt (Ph. Brönner). Kart. n.n. 2. —

— dasselbe des Bist. Eichstätt f. d. J. 1906. (140. Jahrg.) (122 S.) 8. Eichstätt, (Ph. Brönner). Kart. n.n. 2. —

— dasselbe des Bist. Eichstätt f. d. J. 1910. (145. Jahrg.) (123 S.) gr. 8. Eichstätt, (Ph. Brönner). Kart. nn 2. —

— der Geistlichkeit der Erzdiözese Freiburg f. d. J. 1836, als Fortsetzung der statist. Darstellung v. Jahre 1838 herausg. von der Erzbischöfl. Ordinariats-Kanzlei. gr. 8. Freiburg... Waizenegger. n. ⅔ ℛ

— der Geistlichkeit der Diözese Linz in Oberösterreich auf das Jahr 1866. Linz, (Haslinger.) gr. 8. (243 S.) cart. n. 1 ℛ 4 ngr.

Schematismus der Geistlichkeit der Diöcese Linz 1882. 8. (286 S.) geh. 1 fl. 30 kr. netto baar.
Linz: Ebenhöch 1882.

—— der Geistlichkeit der Diözese Linz. 1883 und 1884. gr. 8. (285; 292 S.) Linz, (Ebenhöch'sche Buchh.) à Jahrg. *ℳ 3,50.; geb. à Jahrg. *

Schematismus der Geistlichkeit der Diözese Linz 1885—1888. gr. 8. (299; ...; ...; 875 S.) Linz, (Ebenhöch'sche Buchh.) à Jahrg. **

—— desgl. — der Diözese Linz in Oberösterreich f. d. J. 1889—1892. 8. (452; 503; 480; 486 S.) Linz, (Ebenhöch). cart. Jahrg. 1889 * 3 60; Jahrg. 1890 * 3 40 Jahrg. 1891 * 4 80; Jahrg. 1892 * 4 40

— **dasselbe der Diöcese Linz in Oberösterreich f. d. J. 1893. 8. (468 S.) Linz, (F. J. Ebenhöch). n. 5. —**

Schematismus der Geistlichkeit d. Erzbisth. München u. Freysing f. d. J. 1830—33. (Nebst e. kl. Chronik d. Erzbisth. München u. Freysing f. d. J. 1829—32, mit d. Anh. e. Reihefolge d. Weihbischöfe in Freysing.) gr. 8. (à ca. 12 B. u. 1 Stnt.) Regensburg, (Manz.) à

—— der Geistlichkeit d. Erz-Bisthums München u. Freysing f. d. J. 1835. Nebst e. kleinen Chronik d. Erzbisthums München u. Freysing f. d. J. 1834. Lex.-8. (11½ B.) München. (Regensburg, Manz.) 1835. *

— der Geistlichkeit des Erz-Bisthums München u. Freysing f. d. J. 1841. Nebst e. kleinen Chronik des Erzbisthums ꝛc. f. d. J. 1840. gr. 8. Landshut 841. (Thomann.) ½ ℛ

— der Geistlichkeit des Erzbisth. München u. Freysing f. das J. 1848—1852. gr. 8. (1848: XLIV u. 216 S. 1849: XXXVIII u. 201 S. 1850: XXXVIII u. 222 S. 1851: XXXVIII u. 237 S. 1852: XXXVIII u. 248 S.) München. (Lindauer.) 1848: n. ¾ ℛ 1849—52: à n. ⅝ ℛ

Schematismus der Geistlichkeit der Erzbisthümer München u Freysing für das Jahr 1868 München, (Manz) gr 8 (XX, 343 S.) cart. n. 1 ℛ

—— der Geistlichkeit des Erzbisth. München und Freising für das J. 1868. *ℳ 3., und 1870. gr. 8. (XX, 349 S.) München, (Manz.) cart. *

— **dasselbe des Erzbisth. München u. Freising f. d. J. 1894. Mit e. Chronik d. J. 1893. gr. 8. (XXIX, 303 S.) München, (H. Korff). Kart. n.n. 3. 25**

— dasselbe, des Erzbisth. München u. Freising f. d. J. 1902. Mit e. Chronik des J. 1901. gr. 8. (XXXI, 324 S.) München (J. J. Lentner). Kart. n.n. 3. 50

— dasselbe des Erzbist. München u. Freising f. d. J. 1906. Mit e. Chronik d. J. 1905. (XXXI, 830 S.) gr. 8. München, (J. J. Lentner). Kart. n.n. 3. 50

— dasselbe des Erzbist. München u. Freising f. d. J. 1910. Mit e. Chronik f. d. J. 1909. (XXXI, 478 S.) gr. 8. München, (Herder & Co. — J. J. Lentner). Geb. 4. 80

—— der Geistlichkeit der Diözese Osnabrück für die J. 1885—1887. 12. (20; 20; 24 S.) Osnabrück, [Veith.] Wehberg. à Jahrg. *

—— der Geistlichkeit des Bisthums Paderborn. Hrsg. am Schlusse des J. 1849. br. 8. (152 S.) Paderborn 850, Schöningh. *

— der Geistlichkeit des Bisthums Passau f. das J. 1829. gr. 8. Passau 829. Ambrosi. 8 gr.

—— der Geistlichkeit d. Bisthums Passau f. d. J. 1836 u. 37. 8. (9¾ u. 9 B.) Passau, (Pustet'sche Buchh.) à *

—— der Geistlichkeit des Bistums Passau für die J. 1887 und 1888. Mit einer Chronik vom J. 1886 und 1887. gr. 8. (223; 228 S.) Passau, (Abt.) à Jahrg. **

—— desgl. — d. Bisth. Passau f. d. J. 1889—1892. Mit je einer Chronik vom J. 1888—1891. gr. 8. (210; 226; 223; 221 S.) Passau, (Waldbauer). à Jahrg. * 2 —

— **dasselbe des Bisth. Passau f. d. J. 1894. Mit e. Chronik d. J. 1893. gr. 8. (230 S.) Passau, (R. Abt). n. 2. —**

— dasselbe d. Bisth. Passau f. d. J. 1898. M. e. Chronik des J. 1897. gr. 8. (246 S.) Passau (G. Kleiter). n. 2. —

— dasselbe, des Bisth. Passau f. d. J. 1902. Mit e. Chronik d. J. 1901. gr. 8. (264 S.) Passau (G. Kleiter). n. 2. 40

— **dasselbe des Bist. Passau f. d. J. 1906. Mit e. Chronik des J. 1905. (256 S.) gr. 8. Passau (G. Kleiter). n. 2. 40**

— dasselbe d. Bist. Passau f. d. J. 1910. Mit e. Chronik des J. 1909. (270 S.) gr. 8. Passau, (G. Kleiter). 2. 80

— der Geistlichkeit d. Bisthums Regensburg für d. J. 1833. Mit einigen chronologischen Notizen. gr. 8. Regensburg 833. (Manz.) n. ⅓ ℛ — für d. J. 1835. gr. 8. Ebd. 835. n. ⅓ ℛ

— der Geistlichkeit des Bisthums Regensburg für das Jahr 1865. Mit einigen chronolog. Notizen. Regensburg, (Coppenrath.) gr. 8 (XVI, 224 S.) n. 20 ngr.

—— der Geistlichkeit des Bisthums Regensburg für die J. 1876—1879. Mit einigen chronolog. Notizen. gr. 8. (XII, 152; VI, XII, 154; VI, XII, 198; VI, XII, 198 S.) Regensburg, (Coppenrath.) Jahrg. 1876, 1878 und 1879 à * Jahrg. 1877 **

—— der Geistlichkeit des Bisth. Regensburg für die J. 1880—1884. Mit einigen chronolog. Notizen. gr. 8. (...; XVIII, 192; XX, 196; XX, 196; XXII, 198 S.) Regensburg, Coppenrath. à Jahrg. *

—— der Geistlichkeit des Bisthums Regensburg für die J. 1885—1888. Mit einigen chronolog. Notizen. 8. (XXII, 200; XXII, 203; XXIII, 205; XX, 208 S.) Regensburg, (Coppenrath's Verlag.) à Jahrg. *

—— desgl. — d. Bisth. Regensburg f. d. J. 1889—1892. Mit einigen chronolog. Notizen. gr. 8. (XIV, 208; XIV, 208; VIII, XIV, 208; VIII, XVI, 212 S.) Regensb., (Coppenrath's Verlag). à Jahrg. * 2 —

— **dasselbe des Bisth. Regensburg f. d. J. 1894. Mit einigen chronolog. Notizen. gr. 8. (VIII, XVI, 216 S.) Regensburg, (A. Coppenrath's Verl.). n. 2. —**

— dasselbe d. Bisth. Regensburg f. d. J. 1898. M. ein. chronologischen Notizen. gr. 8. (VIII, XVI, 220 S.) Regensburg (A. Coppenrath's Verl.). n. 2. —

— dasselbe, des Bisth. Regensburg f. d. J. 1902. Mit einigen chronolog. Notizen. gr. 8. (VIII, XVI, 228 S.) Regensburg (A. Coppenrath's Verl.) n. 2. —

— dasselbe des Bist. Regensburg f. d. J. 1906. Mit einigen chronolog. Notizen. (VIII, XVI, 240 S.) 8. Regensburg, (A. Coppenrath's Verl.) n. 2.—

— dasselbe d. Bist. Regensburg f. d. J. 1910. Mit einigen chronolog. Notizen. (VIII, XVI, 380 S.) gr. 8. Regensburg, (A. Coppenrath's Verl.). 4.—

— der Geistlichkeit des Bisth. Trier f. d. J. 1828. gr. 8. Trier 828. Linh. 20 Ngr. — Dass. f. das J. 1832. gr. 8. Ebd., (Gall). 12 Ngr.

—— der pensionirten und mit Charakter quittirten k. k. Generale, Stabs- und Ober-Offiziere der österreichischen Armee 1863. Nach officiellen Daten zusammengestellt und hrsg. von Heinr. Augmüller und Frz. Grüll. gr. 8. (X und 465 S.) Wien 863, (Gerold's Sohn.) *

— der pensionirten u. mit Charakter quittirten k. k. Generale, Stabs- u. Ober-Officiere der österreich. Armee 1863. Nach officiellen Daten zusammengestellt u. hersg. von Heinr. Augmüller u. Frz. Grüll. 2. Aufl. Wien 866. Dirnböck's Buchh. 8. (VI, 289 S.) n. 25 ngr.

„Erster Schematismus der k. k. Mährisch-Schlesischen Gesellschaft zur Beförderung des Ackerbaues, der Natur- und Landeskunde über deren Zweck, Plan, Einrichtung etc.", Brünn 1815.

— erster, der k. k. Mährisch-Schles. Gesellsch. zur Beförder. d. Ackerbaues, der Natur- u. Landeskunde zu Brünn. 8. Brünn 818. (Calve in Prag). 1 ℳ 20 Ngr.

Schematismus der österreichischen Gesellschaft vom Rothen Kreuze pro 1898—1905 (8 Bde.) 4 Wien 1898—1905

— des Laibacher Gouvernement-Gebietes f. d. J. 1821. 8. Laibach 821. Eger. 1 ℳ 16 Ngr.

— des Grossgrundbesitzes u. grösserer Rustikalgüter, m. e. agronom. u. Eisenbahnkarte des landtäfl. Besitzes im Königr. Böhmen v. Ig. Tittel. gr. 8. (IV, 892 S.) Prag 900. J. Springer. Geb. n. 9.25

—— der österreichischen Gymnasien und Realschulen für das Schuljahr 1859—60. Hrsg. von Alois Vaniček. 2. Jahrg. gr. 8. (VII und 172 S.) Prag 860, Tempsky. *

Schematismus für das k. u. k. Heer u. für die k. u. k. Kriegs-Marine f. d. J. 1791, 1798, 1803, 1805, 1807, 1810, 1811, 1813, 1815, 1842, 1844, 1848, 1850, 1881, 1883–1889, 1891, 1894, 1896, 1900, 1903—1909, 1911, 1912. Wien 1791—1912.

[illegible]

—— für das kaiserl. u. königl. Heer u. f. die kaiserl. u. königl. Kriegs-Marine f. 1890—1893. Amtl. Ausg. gr. 8. (1225; 1263; 1302; 1344 S.) Wien, Hof- u. Staatsdruckerei. geb. à Jahrg. ** 6 —

Frühere Jahrg. s. u. d. T.: Militär-Schematismus.

Schematismus für das k. und k. Heer und für die k. und k. Kriegs-Marine (Fortsetzung) — Anhang zum Schematismus etc. 1891. Enthält die Militär-Territorial-Commanden und die Rangliste der angestellten Generale und Oberste nach dem Stande vom 1. Mai 1891. Anhang etc. (Wie vor) nach dem Stande vom 1. November 1891. Amtliche Ausgabe. — Für 1896—1905. Amtliche Ausgabe. (Mit je 1 Uebersichtskarte der Militär-Territorial-, dann der Heeres- und Kriegs-Marine-Ergänzungs-Bezirks-Eintheilung.) (12 Bde.) 8. Wien 1891 u. 1896—1905

—— dass. — (f. 1892) Correcturen, enth. die Personal-Veränderungsblätter. gr. 8. (Nr. 1 u. 2. 11 S.) Prag, Dominicus. * 4 —

— für das k. u. k. Heer u. f. die k. u. k. Kriegs-Marine f. 1894. Amtliche Ausg. gr. 8. (1399 S. m. 1 farb. Karte.) Wien, (Hof- u. Staatsdruckerei). Geb. in Leinw. n.n. 6.—

Schematismus für das k. und k. Heer und für die k. und k. Kriegs-Marine. Für 1890—1895. Amtliche Ausgabe. Vom Jahre 1891—1895 mit einer Uebersichtskarte der Militär-Territorial-, dann der Heeres- und Kriegs-Marine-Ergänzungs-Bezirks-Eintheilung. 8. Wien 1890—1895.

Schematismus für das k. u. k. Heer und für die k. u. k. Kriegs-Marine für 1896. Amtliche Ausgabe. Gr.-8. (1316 S. mit Karte.) In Lwd. geb. Ebda.1895. 3.—

Schematismus für das k. u. k. Heer und für die k. u. k. Kriegsmarine für 1897. Amtliche Ausgabe. 8. (1376 S. mit einer Karte.) In Lnwd. geb. Ebda.1897. 3.—

— für d. k. u. k. Heer u. f. d. k. u. k. Kriegs-Marine f. 1898. Amtl. Ausg. gr. 8. (III, 1399 S. m. 1 farb. Karte.) Wien 897. Hof- u. Staatsdruckerei. Geb. in Leinw. n.n. 6.—

Schematismus für das kaiserliche und königliche Heer und für die kaiserliche und königliche Kriegs-Marine für 1899. Amtliche Ausgabe. Wien. December 1898. Hof- und Staatsdruckerei. Gr.-8°. 1410 S. mit 1 Karte. Geb. fl. 3.50 netto

Schematismus für das kaiserliche und königliche Heer und für die kaiserliche und königliche Kriegs-Marine für 1900. Amtliche Ausgabe. Wien. December 1899. Hof- und Staatsdruckerei. Gr.-8°. 1468 S. mit 1 Karte. Geb K. 7.—

— für das k. u. k. Heer u. f. die k. u. k. Kriegs-Marine f. 1902. Amtliche Ausg. gr. 8. (1515 S.) Wien 901. Hof- u. Staatsdruckerei. Geb. in Leinw. n.n. 7.—

Schematismus für das k. u. k. Heer und für die k. u. k. Kriegs-Marine für 1903. Amtliche Ausgabe. Gr.-8°. (1506 S. mit 1 Karte) Ebda.1903. geb. K 7.—

Schematismus für das k. u. k. Heer und für die k. u. k. Kriegsmarine für 1904. Amtliche Ausgabe. Gr.-8°. (1518 S. mit 1 Karte) Ebda.1904. geb. K 7.—

Schematismus für das k. u. k. Heer und für die k. u. k. Kriegsmarine für 1905. Amtliche Ausgabe. Gr.-8°. (1530 S. mit 1 Karte) Ebda.1905. geb. K 7.—

— für das Heer u. f. die k. u. k. Kriegs-Marine f. 1906. Amtliche Ausg. (1556 S.) m. 1 farb. Karte.) 8. Wien 905. Hof- u. Staatsdruckerei. Geb. in Leinw. n.n. 7.—

Schematismus für das k. und k. Heer und für die k. und k. Kriegsmarine für 1907. Separatausgabe. Gr.-8°. (1588, XL S. mit 1 Karte) Ebda.1907. geb. K 7.—

Schematismus für das kaiserliche und königliche Heer und für die kaiserliche und königliche Kriegsmarine für 1908. Separatausgabe. Gr.-8°. (1604, LII S.) geb. [illegible] 7.— Ebda.1908.

Schemastismus für das k. u. k. Heer und für die k. u. k. Kriegsmarine für 1909. Separatausgabe. 8°. (1655, LIV S.) Wien: Hof- u. Staatsdruckerei 1909.

— f. das k. u. k. Heer u. f. die k. u. k. Kriegs-Marine f. 1910. Separatausg. (1692 S. m. 1 farb. Karte.) 8. Wien 909. Hof- u. Staatsdruckerei.
Geb. in Leinw. nn 8. —

—— des k. k. Heeres, S. M. Kriegsmarine, der k. k. Landwehr und der k. ungar. Landwehr, nebst Anhang: Militär-Veteranen-Vereine etc. 22. Aufl. 16. (160 S.) Wien 877, (Seidel und Sohn.)
Die frühern Aufl. erschienen u. d. T.: Dislocation und Eintheilung des k. k. Heeres ꝛc.

Schematismus des k. k. Heeres, der k. k. Kriegs-Marine und beider Landwehren. Richtiggestellt bis Ende Mai 1884. 16. (82 S.) Teschen, Karl Prochaska. 15 kr. 1884

— des k. k. Heeres der k. k. Kriegsmarine u. beider Landwehren. Richtiggestellt bis 30. Apr. 1885. 16. (82 S.) Teschen 885. Prochaska. n. — 40

Schemastismus der Herrschaften und Güter in Oberösterreich sowie der auf den Gütern bestehenden Brauereinen, Brennereien und sonstigen Industrien deren Besitzer, Pächter und der dabei angestellten Beamten. 2. Aufl. (100 S.) 8°
Brünn: Karafiat 1904.

— der Herrschaften u. Güter in Ober-Oesterreich sowie der auf den Gütern bestehenden Brauereien, Brennereien u. sonstigen Industrien, deren Besitzer, Pächter u. der dabei angestellten Beamten. 2. Ausg. (III, 88 S.) gr. 8. Ebd. 904. n. 4. —

— dasselbe in Steiermark sowie der auf den Gütern bestehenden Brauereien, Brennereien u. sonstigen Industrien, deren Besitzer, Pächter u. der dabei angestellten Beamten. 2. Aufl. (III, 152 S.) gr. 8. Ebd. 904. n. 5. —

Schematismus über die landtäflichen Herrschafts- und Gutsbesitzungen... im Markgraft. Mähren. Brünn 1875. V: *Krönes, J.* (Mitth. M. Grolig)

— über die landtäflichen Herrschafts- u. Gutsbesitzungen, deren Herren Besitzer, u. der bei der Land-, Forstwirthschaft u. Bodencultur-Industrie thätigen Beamten im Markgrafth. Mähren v. J. K. gr. 8. (IV, 156 S.) Brünn 875. (Buschak & Irrgang.) n.n. 5. —

— Hof- u. Staats-, des östreich. Kaiserthums auf das J. 1813. gr. 8. Wien, Degen. (in Comm.)

—— des Saazer Hopfengebietes. Enthaltend ein alphabet. geordnetes Verzeichniß sämmtl. Orte mit Angabe der polit. Behörde und des Postbezirkes. Nebst 1 (lithogr.) Karte des Saazer Hopfengebietes. 12. (13 S.) Saaz 881, Gebr. Butter. cart.

— indigitans hospitia excelsorum Procerum et incl. Statuum et Ordinum Regni Hungariae etc. 12. Ofen 807. Typ. Soc. 4 ℛ

— inclyti Regni Hungariae etc. 8. Ofen 822. Typ. Soc. 2 ℛ

Adressenbuch der gesammten kathol. Ordenswelt. Reich illustrierter Schematismus sämmtlicher Männer- und Frauen-Kloster, Abteien, Stifte, Collegiatcapitel, geistlichen Institute, Erziehungsanstalten, Pensionate, Waisenhäuser, Spitäler, Missionshäuser u. s. w. in Oesterreich-Ungarn, Bosnien, Deutschland, Luxemburg u. d. Schweiz. Mit 200 Orig.-Ill. Nach d. neuesten amtl. Quellenmaterial zsgest. u. *Wien: St. Hieronymus-Kloster-Schematismus Selbstverl. (1900).* 8° [X]
[Umschlagt.:] St. Hieronymus-Kloster-Schematismus. Ein vollst. Adressenbuch d. kath. Ordenswelt [...]

— der k. k. Provinzial-Hauptstadt Innsbruck f. das J. 1847. 4. (50 S.) Innsbruck. (Wagner.) 1/4 ℛ

Schematismus von der Innung der bürgerlichen Branntweiner Wiens 1853. kl. 8. (36 S.) Wien, K. Ueberreuter.

Schematismus von der Innung der bürgerl. Branntweiner in der k. k. Reichshaupt- und Residenzstadt Wien. 1855. 8. (32 S.) Wien. Gedruckt bei Karl Ueberreuter.

Schematismus von der Innung der bürgerl. Branntweiner in der k. k. Reichshaupt- und Residenzstadt Wien. 1856. Wien. Druck von Karl Ueberreuter. (31 S. 16.)

—— interimistischer, des Bisth. Paderborn. Hrsg. 1881. 12. (109 S.) Paderborn, Bonifacius-Druckerei. * — 80

—— der k. k. Cadetten-Schulen für 1881—1885. 8. (III, 24; III, 23; 32; III, 32; 53 S.) Wien, Seidel und Sohn. à Jahrg. *
Jahrg. 1880 ist nicht erschienen.

Schematismus für das Herzogthum Kärnten. Klgft., v. Kleinmayr. (1774—?).

Schematismus der Evangelischen Kirche Augsburger Bekenntnisses und Helvetischen Bekenntnisses in Österreich. Wien: Gerold & Sohn 1875; weitere Ausg.: 1886 u. 1913

Schematismus der evang. Kirche Augsburger Confession in Ungarn und im Temeser Banat sammt den evang. Lehranstalten, Professoren und Lehrern für das Jahr 1855, mit einem vollständigen Personal- und Local-Index. Nach authentischen Quellen verfaßt. Wien. 1855. Druck von L. Sommer. Pesth. Verlag von C. A. Hartleben. (VI, 252 S. 8.) steif.

—— der römisch-katholischen Kirche des Deutschen Reiches oder Verzeichniß der Erzbisthümer und Bisthümer, des Episcopates, der Domkapitel, der kirchl. Lehranstalten, Dekanate, Pfarreien, Expposituren, Curatien ꝛc., sowie der Klöster, klösterl. Institute und Niederlassungen. gr. 8. (XVI, 416 S. mit 1 color. Karte: „Kirchliche Eintheilung von Deutschland", aus Werner's Kathol. Kirchen-Atlas.) Freiburg i. Br. 888, Herder'sche Verlagsh. *

Schematismus, kleiner, der k. k. österr. Armee. Rectificirt bis Ende November 1866. Wien 867. Dirnböck's Buchh. 8. (94 S.) n. 13 ngr.

Schematis für das Jahr 1856 des Kranken-Unterstützungs-Vereines für Männer und Frauen zu Ottakring. Nr. 88 ꝛc. Wien, 1856. Gedr. bei Leop. Sommer. (10 S. 8.)

— der israelitischen Cultus-Gemeinden in der österr. Monarchie. HerSg. von der Redaktion der „Neuzeit." 1. Heft, enthltd.: die Herzogthümer ob u. unter der Enns, die Markgrafschaft Mähren, das Königr. Böhmen. Wien 869. Herzfeld & Bauer. gr. 8. (95 S.) n. 12 ngr.

— der israelitischen Cultus-Gemeinden in der österr. Monarchie. Hrsg. v. der Red. der „Neuzeit". 1. Hft. enth. die Herzogth. ob u. unter der Enns, die Markgrafschaft Mähren, das Königr. Böhmen. gr. 8. (94 S.) Wien 869. Brüder Winter. n. 1. 20

Schematismus der evangelischen Landeskirche A. C. im Großfürstenthum Siebenbürgen für das Jahr 1856 . . . Kronstadt 1856. H: *Schuster, Mich. Ad.* (KU) (Pk)

— der autonomen Landes-, Bezirks- u. Gemeinde-Organe im Kronlande Steiermark, nach den letzten Wahlen. Nach amtl. Quellen zusammengestellt, nebst einem Anh., enthltd. den Personalbestand der polit. Staats-Verwaltungs-Behörden in Steiermark. Graz 869. Verlag Leykam-Josephsthal. Lex.-8. (XV, 117 S.) n. 20 ngr.

Schematismus der k. k. Landwehr der im Reichsrathe vertretenen Königreiche und Länder für 1871, 1876. (2 Bde.) 8. Wien 1871 und 1876.

— — der k. k. Landwehr und der k. k. Gendarmerie der im Reichsrathe vertretenen Königreiche und Länder. Für 1875—1895. (21 Bde.) 8. Wien 1875—1895.

—— der k. k. Landwehr und der k. k. Gendarmerie der im Reichsrathe vertretenen Königreiche und Länder für 1885 und 1886. gr. 8. (III, 301; IV, 307 S.) Wien, Hof- und Staatsdruckerei. geb. à Jahrg. * *

—— dass. — für 1887. gr. 8. (IV, 322 S.) Ebendas. geb. * *

—— dass. — für 1888. gr. 8. (IV, 413 S.) Ebendas. geb. * *

—— der k. k. Landwehr u. der k. k. Gendarmerie der im Reichsrathe vertretenen Königreiche u. Länder f. 1889, 1891 u. 1892. gr. 8. (IV, 426; IV, 476; IV, 501 S.) Wien, Hof- u. Staatsdruckerei. geb. Jahrg. 1889 u. 1891 à * * 3 —; Jahrg. 1892 * * 3 60

Schematismus der k. k. Landwehr und der k. k. Gendarmerie der im Reichsrathe vertretenen Königreiche und Länder für 1890. 8. (IV, 442 S.) Geb. 1.50
Wien: Hof-u.Staatsdruckerei 1890.

Schematismus der k. k. Landwehr und der k. k. Gendarmerie der im Reichsrathe vertretenen Königreiche und Länder für 1893. Gr.-8. (561 S.) In Lwd. geb. Ebda. 1.80

— der k. k. Landwehr u. der k. k. Gendarmerie der im Reichsrathe vertretenen Königreiche u. Länder f. 1894. gr. 8. (IV, 603 S.) Ebd. Geb. in Leinw. n.n. 3. 60

Schematismus der k. k. Landwehr und der k. k. Gendarmerie der im Reichsrathe vertretenen Königreiche und Länder für 1895. Mit einer Uebersichtskarte. Gr.-8. (IV, 610 S.) Geb. 1.80
Wien: Hof-u.Staatsdruckerei 1895.

Schematismus der k. k. Landwehr und der k. k. Gendarmerie der im Reichsrathe vertretenen Königreiche und Länder für 1896. Mit 1 Karte. Gr.-8. (627 S.) In Lwd. geb. 1.80
Wien: Hof-u.Staatsdruckerei 1896.

Schematismus der k. k. Landwehr und der k. k. Gendarmerie der im Reichsrathe vertretenen Königreiche und Länder. Für 1896—1904. (9 Bde.) 8. Wien 1896—1904.

Schematismus der k. k. Landwehr und der Gendarmerie der im Reichsrathe vertretenen Königreiche und Länder für 1898. Amtliche Ausgabe. Mit einer Karte. Gr.-8. (VI, 705 S.) In Lnwd. geb. 2.—
Wien: Hof-u.Staatsdruckerei 1898.

Schematismus der k. k. Landwehr und der k. k. Gendarmerie der im Reichsrathe vertretenen Königreiche und Länder für 1899. Amtliche Ausgabe. Wien. Jänner 1899. Hof- und Staatsdruckerei. Gr.-8°. VI, 792 S. Mit einer Karte. In Lnwd. geb. fl. 2.—

Schematismus der k. k. Landwehr und der k. k. Gendarmerie der im Reichsrathe vertretenen Königreiche und Länder für 1900. Amtliche Ausgabe. Wien. Jänner 1900. Hof- und Staatsdruckerei. Gr.-8°. VI, 838 S. mit einer Karte. Geb. * K 4.—

Schematismus der k. k. Landwehr und der k. k. Gendarmerie der im Reichsrathe vertretenen Königreiche und Länder für 1901. Amtliche Ausgabe. Wien. Jänner 1901. Hof- und Staatsdruckerei. Gr.-8°. VI, 872 S. mit einer Karte. Geb. * K 4.—

— der k. k. Landwehr u. k. k. Gendarmerie der im Reichsrathe vertretenen Königreiche u. Länder f. 1902. Amtliche Ausg. gr. 8. (VI, 907 S. m. 1 farb. Karte.) Wien, Hof- u. Staatsdruckerei. Geb. in Leinw. n.n. 4.—

Schematismus der k. k. Landwehr und der k. k. Gendarmerie der im Reichsrathe vertretenen Königreiche und Länder für 1903. Gr.-8°. (VI, 928 S.) geb. K 4.—
Wien: Hof-u.Staatsdruckerei 1903.

Schematismus der k. k. Landwehr und der k. k. Gendarmerie der im Reichsrate vertretenen Königreiche und Länder für 1904. Gr.-8°. (VII, 918 S. mit 1 Karte) geb. K 4.—
Wien: Hof-u.Staatsdruckerei 1904.

Schematismus der k. k. Landwehr und der k. k. Gendarmerie für 1905. Amtliche Ausgabe. Gr.-8°. (VII, 957 S. mit 1 Karte) geb. K 4.—
Ebda.1905.

— der k. k. Landwehr u. der k. k. Gendarmerie der im Reichsrat vertretenen Königreiche u. Länder f. 1906. Amtliche Ausg. (656 S. mit 1 farb. Karte.) 8. Wien, Hof- u. Staatsdruckerei. Geb. in Leinw. n.n. 4.—

Schematismus der k. k. Landwehr und der k. k. Gendarmerie der im Reichsrate vertretenen Königreiche und Länder für 1908. Separatausgabe. Gr.-8°. (689, XXXII S.) geb. K 4.—
Wien: Hof-u.Staatsdruckerei 1908.

Schematismus der k. k. Landwehr und der k. k. Gendarmerie der im Reichsrate vertretenen Königreiche und Länder für 1909. Separatausgabe. Gr.-8°. (660, XXXVI S.) geb. K 4.50
Wien: Hof-u.Staatsdruckerei 1909.

— der k. k. Landwehr u. der k. k. Gendarmerie der im Reichsrat vertretenen Königreiche u. Länder f. 1910. Separatausg. (683 S. m. 1 farb. Karte.) 8. Wien 910. Hof- u. Staatsdruckerei. Geb. in Leinw. nn 4.50

Schematismus des Bisthumes Lavant. Klgft., Leon, 1850—59. 10 Jgg. (Später in Marburg ersch.)

Schematismus des Bisthumes Lavant. Mit Anfang des Militär-Jahres 1854. 8. (114 S.) Klagenfurt. Druck von Johann Leon.

Schematismus des Bisthumes Lavant. Mit Anfang des Militar-Jahres 1855. 8. (144 S.) Klagenfurt. Druck von Johann Leon.

Schematismus des Bisthumes Lavant. Mit Anfang des Militar-Jahres 1856. Klagenfurt. Druck von Johann Leon. (118 S. 8.)

Schematismus des Bisthumes Lavant. Mit Anfang des Kirchenjahres 1857. Klagenfurt. Dr. von Johann Leon. (112 S. Anhang 10 S. 8.)

Schematismus des Bisthums Lavant. Mit Anfang des Kirchen-Jahres 1858. *Klagenfurt* 1858. Druck von *Johann Leon*. 120 S. 1 Bl. 8°.

— kathol. Lehrer u. Lehrerinnen Westfalens, nebst Lehrer- u. Lehrerinnenkalender f. das J. 1897. Im Auftr. d. litterar. Kommission d. Hermann-Hubertus-Stiftung hrsg. v. K. Kamp u. J. Dierkesmann. gr. 16. (255 S.) Arnsberg (J. Stahl). Geb. in Leinw. n. 1. —

— katholischer Lehrer u. Lehrerinnen Westfalens nebst Lehrer- u. Lehrerinnenkalender f. 1905/1906. Hrsg. v. K. Kamp u. J. Dierkesmann. (195 u. 28 S.) kl. 8. Dorsten. Dortmund, J. Amediek. Geb. in Leinw. n. 1. —

— katholischer Lehrer u. Lehrerinnen Westfalens nebst Lehrer- u. Lehrerinnen-Kalender f. 1909/10. Hrsg. v. H. Kamp u. J. Dierkesmann. (232 S.) kl. 8. Dortmund, Gebr. Lensing. Geb. in Leinw. nn 1. 25

— des Lehrer-Personals von Niederbayern mit Angabe der Dienstes-Fassionen. 1857. Landshut, Thomann. gr. 8. (2 Bl., 76 S.) 11¼ ngr.

—— des sämmtlichen Lehrpersonals der Volksschulen in Kärnten, s. Lehrer-Kalender.

Schematismus des sämmtlichen Lehr-Personales der Volksschulen im Kronlande Kärnten. Hg. v. M. Brugger. Kärnten, (St. Hermagoras-Druck. in Klgft.), 1880. 88 S.

— des sämmtlichen Lehrpersonals der Volksschulen in Oesterreich ob der Enns. Zusammengestellt u. hrsg. v. Frz. Paul Ambäck. 8. (187 S.) Linz 883. (Ebenhöch.) n. 2. 65

—— des Lehr-Personals an den deutschen Volksschulen im Reg.-Bez. Niederbayern. 1878. Lex.-8. (154 S.) Landshut, (Krüll'sche Universitäts-Buchh.) *

—— des Lehr-Personals an den deutschen Volksschulen im Reg.-Bez. Niederbayern. 1880. 1882. 1884 und 1886. Lex.-8. (194 S. mit 1 Taf.; 134; 178; 178 S.) Landshut, (Krüll'sche Universitäts-Buchh.) à Jahrg. * Erscheint alle zwei Jahre.

— dasselbe an den deutschen Volksschulen im Reg.-Bez. Niederbayern. 1889. gr. 8. (IV, 184 S.) Landshut, (Krüll). n. 1. 60

— des Lehr-Personals an den deutschen Volksschulen im Reg.-Bez. Niederbayern. 1892. Lex.-8. (IV, 181 S.) Landshut, (Ph. Krüll). Kart. n. 1. 60

— des Lehr-Personals an d. Volksschulen in Niederbayern nach d. Stande v. 1. Dezbr. 1894. Aus amtl. Quellen bearb. u. hrsg. v. Vereinsausschusse. 4. (IV, 177 S.) Landshut 894. (Ph. Krüll.) n.n. 1. 80

— des Lehr-Personals an den Volksschulen in Niederbayern nach dem Stande v. 1. II. 1901. Mit hoher Genehmgg. der k. Regierung von Niederbayern aus amtl. Quellen bearb. u. hrsg. vom Vereinsausschusse des Unterstützungsvereines f. Schullehrer-Witwen u. -Waisen in Niederbayern. gr. 8. (IV, 153 S.) Landshut 901. (Ph. Krüll.) 1. 50

— des Lehrpersonals an den Volksschulen d. Reg.-Bez. Niederbayern nach dem Stande vom 16. VI. 1910. Mit Genehmigg. der k. Regierg. v. Niederbayern nach amtl. Materiale bearb. u. zum Besten des Kreisvereins zur Unterstützg. der Hinterbliebenen der Volksschullehrer in Niederbayern hrsg. vom Verwaltungsrate. (IV, 165 S.) 8. Landshut 910. (Ph. Krüll.) 2. 40

— des Lehrpersonals an den Volksschulen der kgl. Haupt- u. Residenzstadt München. Hrsg. v. P. Geoffroy. Jahrg. 1888. Nach dem Stande vom 1. Dezbr. 1888. gr. 8. (IV, 69 S.) München, Kellerer. n. — 80

— d. Lehrpersonals an d. Volksschulen in Oberbayern nach d. Stande v. 1. Jan. 1896. M. hoher Genehmigg. d. kgl. Regierg. v. Oberbayern aus amtl. Quellen bearb. u. z. Besten d. Pensionsvereins f. Witwen u. Waisen oberbayer. Schullehrer hrsg. v. Vereinsausschusse. gr. 4. (137 S.) München 896. M. Kellerer. n.n. 1. 60

Bischoff, L., Schematismus d. Lehrpersonals a. d. Volksschulen i. Oberbayern n. d. Stande v. 1. I. 1898. M. hoh. Genehmigg. d. kgl. Regierg. v. Oberbayern a. amtl. Quellen bearb. gr. 4. (179 S.) München 898. (M. Kellerer.) n.n. 3. 50

— dasselbe in Oberbayern nach dem Stande v. 1. I. 1902. Mit hoher Genehmigg. der kgl. Regierg. v. Oberbayern aus amtl. Quellen bearb. u. zum Besten des Pensionsvereins f. Witwen u. Waisen oberbayer. Schullehrer hrsg. v. L. Bischoff. gr. 4. (192 S.) München (M. Kellerer). n.n. 3. —

Schematismus des Lehrpersonals an den Volksschulen in Oberbayern nach dem Stande vom 1. II. 1904. Mit hoher Genehmigg. der kgl. Regierg. v. Oberbayern aus amtl. Quellen bearb. u. zum Besten des Pensionsvereins f. Witwen- u. Waisen oberbayer. Schullehrer hrsg. v. L. Bischoff. (244 S.) gr. 4. München (M. Kellerer). n.n. 3. —

— dasselbe in Oberbayern nach dem Stande vom 1. IV. 1906. Mit Genehmigg. der kgl. Regierg. v. Oberbayern aus amtl. Quellen bearb. u. hrsg. v. L. Bischoff. (196 S.) gr. 4. Ebd. n.n. 3. —

dasselbe in Oberbayern, Fortsetzg., s.: Handbuch des Volksschulwesens in Oberbayern.

—— des Lehrpersonals an den Volksschulen in Schwaben und Neuburg. Hrsg. vom Kreislehrerverein von Schwaben und Neuburg 1883. gr. 8. (IV, 189 S.) Augsburg, (Schmid'sche Verlagsb.) ** 1 50

— des Lehrpersonals an den Volksschulen im Reg.-Bez. Schwaben u. Neuburg, nach dem Stande vom Mai 1886. Hrsg. vom Ausschusse d. Kreislehrervereins v. Schwaben u. Neuburg. gr. 8. (208 S.) Augsburg 886. (Schmid's Verl.) n. 2. 70

—— des Lehrpersonals an den Volksschulen im Reg.-Bez. Schwaben und Neuburg nach dem Stande vom Mai 1886. Hrsg. vom Ausschusse des Kreislehrervereins von Schwaben und Neuburg. gr. 8. (208 S.) Augsburg 887, (Schmid's Sortiment.) *

— der Diözese Limburg 1907. (Stand: 1. XI.) Bearb. durch die bischöfl. Kanzlei. (V, 275 S.) 8. Limburg, Limburger Vereinsdruckerei. Geb. in Leinw. nn 3. 20

Schematismus der Diözese Mainz. Hrsg. im Auftrage des Hochwürdigsten Bischofs. Mit dem neuesten Personal-Schematismus (fortgeführt bis Febr. 1900). gr. 8. (4, 274 S.) Mainz (900). (F. Kirchheim.) Kart. n. 8. —

— der k. k. Militär-Erziehungs- u. Bildungs-Anstalten u. k. k. Cadetten-Schulen f. 1885. gr. 8. (53 S.) Wien 885. Seidel & Sohn. n. — 50

—— der k. k. Ministerien des Innern und der Justiz und aller denselben untergeordneten Behörden. Mit Bewilligung der hohen Ministerien des Innern und der Justiz nach ämtl. Daten zusammengestellt. I. Abthl.: Ministerium des Innern und der Justiz. Oberster Gerichtshof. Politische und Gerichtsbehörden, Advocaten, Notare und Vertheidiger in Oesterreich unter der Enns, ob der Enns und Salzburg. gr. 8. (VIII und 144 S.) Wien 855, Manz.

— der Mittelschulen u. Lehrer-Bildungsanstalten in Oesterreich. Bearb. v. Diviš. 1890. [Aus: „Jahrb. d. höh. Unterrichtswesens in Oesterr." bearb. v. J. Neubauer u. J. Diviš.] gr. 8. (VIII, 187 S.) Prag, Tempsky. — Leipzig, Freytag. geb. n.n. 3. —

—— der Diöcese Münster. 1860. Hrsg. von Tibus. gr. 8. (XXXIV und 188 S. mit 1 Tab. in Fol.) Münster 861, (Regensberg.) ** —

—— der Diöcese Münster. 1888. [August.] Hrsgbr.: A. Tibus. 8. (XII, 171 S.) Münster, Regensberg. cart. *

—— der Diöcese Münster. 1890. [Juni.] Hrsgbr.: A. Tibus. 8. (XVI, 180 S.) Münster i. W., Regensberg. cart. * 1 60

—— dass. — 1891. Veränderungen von Juni 1890 bis 1. Octbr. 1891. 12. (15 S.) Ebd. * — 25

— der Diöcese Münster. 1894. (November.) Hrsg.: Bröckelmann. 12. (XV, 200 S.) Münster, Westfäl. Vereinsdruckerei. Kart. n. 2. —

— der Diözese Münster. 1898. (Novbr.) Zusammengestellt v. Chrph. Kleyboldt. 8. (XII, 240 S.) Münster 898. Westfäl. Vereinsdruckerei. Geb. in Leinw. n. 2.—

Schematismus der Diözese Münster 1910. (XVI, 336 S.) kl. 8. Münster (Westf.) (Königstr. 59), Westfäl. Vereinsdruckerei. Geb. in Leinw. 2. 50

—— neuester, der Herrschaften und Güter, deren Besitzer und Pächter, sowie der dabei angestellten Beamten in der Markgrafschaft Mähren. 8. (161 S.) Brünn 877, Karafiat's Verlag. *

—— neuester, der Herrschaften und Güter in Mähren, deren Besitzer und Pächter, sowie der dabei angestellten Beamten. (2. Aufl.) gr. 8. (IV, 180 S.) Brünn 880, Karafiat's Verlag. *

—— neuester, der Herrschaften und Güter in Mähren, deren Besitzer und Pächter, der dabei angestellten Beamten und der auf den Gütern bestehenden Industrien. (3. Aufl.) 8. (III, 200 S.) Ebendas. 882. * cart. *

— neuester, der Herrschaften, Güter u. Zuckerfabriken in Mähren, sowie der auf den Gütern bestehenden Bräuereien, Brennereien u. sonstigen Industrien, deren Besitzer, Pächter u. der dabei angestellten Beamten. Nebst e. Anh.: Besitztitel der landtäfl. Güter in Mähren. 4. Jahrg. gr. 8. (III, 246 S.) Brünn 884. Karafiat. n. 2. 80; geb. n. 3. 20

—— neuester, der Herrschaften, Güter und Zuckerfabriken in Mähren und Schlesien, sowie der auf den Gütern bestehenden Brauereien, Brennereien und sonstigen Industrien, deren Besitzer, Pächter und der dabei angestellten Beamten. 5. Jahrg. gr. 8. (III, 343 S.) Brünn 887, Karafiat's Verlag. * ℳ 3.20.; geb. *

—— neuester, der Herrschaften, Güter u. Zuckerfabriken in Mähren u. Schlesien, sowie der auf den Gütern besteh. Brauereien, Brennereien u. sonst. Industrien, deren Besitzer, Pächter u. der dabei angestellten Beamten. 6. Jahrg. 8. (349 S.) Brünn 890, Karafiat u. Sohn. * 3 20

Schematismus, Neuester, der Herrschaften, Güter und Zuckerfabriken in Mähren und Schlesien, sowie der auf den Gütern bestehenden Brauereien, Brennereien und sonstigen Industrien, deren Besitzer, Pächter und der dabei angestellten Beamten. 7 Ausgabe. 8. (416 S) 1.80
Brünn: Karafiat & Sohn 1893.

— neuester, d. Herrschaften, Güter u. Zuckerfabriken in Mähren u. Schlesien, sow. d. auf d. Gütern besteh. Brauereien, Brennereien u. sonst. Industrien, deren Besitzer, Pächter u. der dabei angestellten Beamten. VIII. Ausg. 8. (416 S.). Brünn 896. Karafiat & Sohn n. 4. —

Neuester Schematismus der Herrschaften, Güter und Zuckerfabriken in Mähren und Schlesien sowie der auf den Gütern bestehenden Brauereien, Brennereien und sonstigen Industrien, deren Besitzer, Pächter und der dabei angestellten Beamten. Aus dem alphabetischen Register ist ersichtlich, wo incorporirte Güter, welche in der alphabetischen Reihenfolge nicht angeführt sind, aufgenommen erscheinen. IX. Ausgabe. Brünn. 1899. Karafiat & Sohn. 8°. 383 S. fl. 2.—

— neuester, der Herrschaften, Güter- u. Zuckerfabriken in Mähren u. Schlesien, sowie der auf den Gütern besteh. Brauereien, Brennereien u. sonst. Industrien, deren Besitzer, Pächter u. der dabei angestellten Beamten. Mit e. Anh.: Die land- u. forstwirthschaftlichen Unterrichts-Anstalten Mährens und Schlesiens. X. Ausg. (360 S.) 8. Brünn, Karafiat & Sohn. n. 5. —

— neuester, der Herrschaften, Güter u. Zuckerfabriken in Mähren u. Schlesien, sowie der auf den Gütern besteh. Brauereien, Brennereien u. sonst. Industrien, deren Besitzer, Pächter u. der dabei angestellten Beamten. Mit e. Anh.: Die land- u. forstwirtschaftl. Unterrichtsanstalten Mährens u. Schlesiens. Verzeichnis der deutschen u. tschech. landwirtschaftl. Genossenschaften Mährens. XI. Ausg. (III, 364 S.) 8. Ebd. 907. 5. —

— neuester, der landtäflichen Herrschaften u. Güter in Niederösterreich sowie der auf den Gütern bestehenden Industrien, deren Besitzer, Pächter u. der dabei angestellten Beamten. 3. Aufl. (III, 216 S.) gr. 8. Brünn 909. Karafiat & Sohn. 5.—; geb. 5. 50

Schematismus ordinis B. M. V. almae provinciae Austriaco-Hungariae pro anno Christi 1857. (9 S. 8.) (Ohne A. d. J. O. u. D.)

Schematismus O. M. S. P. Francisci Capuc. Prov. Helv. pro anno p. Chr. n. 1870. Tugii Bl. V: *Spillmann*, *Franz Mar.* (Keiser, H. A., Die Zuger Schriftsteller. Jahresbericht der Kant. Industrieschule des städt. Gymn. und der Sekundarschule in Zug. Schuljahr 1874—75.)

Schematismus Sacri ordinis Praedicatorum Provinciae Hungaro-Austriacae pro anno 1854. 8. (20 S.) Viennae. Typ. Car. Gerold e F.

— des Erzherzogthums Oesterreich ob der Enns für d. Jahr 1834. 8. Linz 834. Hümer. (Haslinger.) 11 gr

— des Bisthums Paderborn. Herausg. am Anfange d. J. 1858. Paderborn 858. Schöningh. Lex.-8. (176 S.) n. 20 ngr

—— des Bisthums Paderborn. Hrsg. am Anfange des J. 1863. Lex.-8. (226 S.) Paderborn, Schöningh. cart. *

— des Bisth. Paderborn. Hrsg. v. dem bischöfl. General-Vikariate. 1888. gr. 8. (279 S.) Paderborn, F. Schöningh. n.n. 2. 20

—— der Diöcese Paderborn f. 1888. Anh. gr. 8. (20 S.) Paderb., (F. Schöningh). 1890. ** — 40
Hauptwerk. Ebd. 1888. ** 2 20.

— des Bisth. Paderborn. Hrsg. v. dem bischöfl. General-Vikariate. 1893. gr. 8. (232 S.) Paderborn, F. Schöningh. Kart. n.n. 2. 20

— d. Bisth. Paderborn. Hrsg. v. d. bischöfl. General-Vikariate. 1895. gr. 8. (XXVI, 216 S.) Paderborn, F. Schöningh. Kart. n.n. 2. 20

— des Bisth. Paderborn. Hrsg. v. dem bischöfl. General-Vikariate. 1902. gr. 8. (XXXII, 229 S.) gr. 8. Paderborn, F. Schöningh. Kart. n.n. 2. 20

— des Bist. Paderborn. Hrsg. v. dem bischöfl. General-Vikariate. 1904. (XXXII, 231 S.) gr. 8. Paderborn, (F. Schöningh). Kart. n.n. 2. 20

— des Bist. Paderborn. Hrsg. vom bischöfl. General-Vikariate. 1909. (XXXVI, 285 S.) 8. Paderborn 909. F. Schöningh. Kart. nn 2. 50

Schematismus über das active Personal im inneren und äusseren Fürstlichen Thurn und Taxis'schen Dienste. Abgeschlossen 30. Juni 1886. - Regensburg 1886. 76 S.

Schematismus über das zum Sanitäts-Dienste der k.k.Armee und der Militär-Gränz-Population gehörige Personale. 270 S., gbd., Abb.

Wien: Bauer 1829

JB 3.653

Schematismus des Personales der Central-Direktion für die Bauten für das J. 1857. Wien, 1857. Druck und Papier von Leop. Sommer. K. k. priv. österreichische Staatseisenbahn-Gesellschaft. (99 S. 8.)

—— der deutschen und der deutsch-sprechenden Priester, sowie der deutschen Katholiken-Gemeinden in den Vereinigten Staaten Nord-Amerika's, nebst einer Statistik der deutschen Pfarrschulen, der Wirkungskreise der deutschen Ordensgeistlichen, der Preß-Organe der deutschen Katholiken und genauen Verzeichnissen aller römisch-kathol. Diöcesen, Bischöfe, höheren Unterrichts- und Wohlthätigkeits-Anstalten in der nordamerikan. Union. Begonnen von W. Bonenkamp, fortgesetzt von J. Jessing, vollendet von J. B. Müller. gr. 8. (350 S.) Freiburg i. Br. 882, Herder'sche Verlagsh. * 5 —

Schematismus almae provinciae S. Joannis a Capistrano cum Bulgaro-Valachica canoniae unitae ordinis Minorum S. P. Francisci regularis observantiae ad annum Christi 1853. 8. (42 u. XXVII S.) Vindobonae, tip. Antonii Schweiger 1853.

Schematismus almae provinciae S. Joannis a Capistrano cum Bulgaro-Valachica Canonice unitae ordinis Minorum S. P. Francisci regularis observantiae ad annum christi 1854. 8 (42 et XXVI S.) Vindobonae. Typis Antonii Schweiger.

Schematismus almae Provinciae Sanctissimi Salvatoris in Hungaria, ordinis Minorum S. P. Francisci strictioris observantiae pro anno Domini 1856. M. Theresiopoli. Typis Caroli Bittermann. (61 S. 8.)

—— der Secular- und Regular-Geistlichkeit der Diözese Brixen. 1880—1885. 64.—69. Ausg. 8. (à Jahrg. ca. VIII, 220 S.) Brixen, Weger's Buchh. à Jahrg. * 1 70

—— der Säcular- und Regular-Geistlichkeit der Diöcese Brixen. 1886—1888. 70.—72. Jahrg. gr. 8. (VIII, 222; VIII, 230; VIII, 234 S.) Brixen, Weger's Buchh. à Jahrg. *

—— der Säcular- u. Regular-Geistlichkeit der Diözese Brixen 1890—1892. 74.—76. Ausg. gr. 8. (VIII, 248; VIII, 257; VIII, 258 S.) Brixen, Weger. à Ausg. * 1 70

— der Säcular- u. Regular-Geistlichkeit der Diözese Brixen 1893. 77. Ausg. gr. 8. (VIII, 255 S.) Brixen, A. Weger. n. 1. 70

Schematismus der Säcular- und Regular-Geistlichkeit der Diöcese Brixen 1894. 78. Ausgabe. 8. (VIII, 253 S.) 4.80
Brixen: Weger 1894.

Schematismus der Secular- und Regular-Geistlichkeit der Diöcese Brixen, 1895. 79. Ausgabe. 8. (VIII, 254 S.) Ebda.1895. —.70

Schematismus der Secular- und Regular-Geistlichkeit der Diöcese Brixen. 1896. 80. Ausgabe. 8. (VIII, 257 S.) Ebda.1896. —.90

Schematismus der Säcular- und Regular-Geistlichkeit der Diöcese Brixen 1897. 81. Ausgabe. 8. (VIII, 301 S.) Ebda.1897. 1.—

Schematismus der Säcular- und Regular-Geistlichkeit der Diöcese Brixen 1898. 82. Ausgabe. 8. (VIII, 300 S.) Ebda.1898. .80 netto.

Schematismus der Säcular- und Regular- Geistlichkeit der Diöcese Brixen. 1899. 83. Ausgabe. Brixen. 1899. Weger. XII, 312 S.

(F) Schematismus der Säcular- und Regular-Geistlichkeit der Diöcese Brixen. 1900. 84. Ausgabe. Brixen. 1900. Weger. XII, 309 S.

(F) Schematismus der Säcular- und Regular-Geistlichkeit der Diözese Brixen. 1901. 85. Ausgabe. Brixen. 1901. Weger. Gr.-8°. 324 S. K 2.—

— der Säcular- u. Regular-Geistlichkeit der Diözese Brixen. 1902. 86. Ausg. gr. 8. (331 S.) Brixen, A. Weger. n.n. 2. —

Schematismus der Säkular- und Regular-Geistlichkeit der Diözese Brixen 1903. 87. Jahrg. Gr.-8°. (337 S.) K 2.-
Brixen: A.Weger 1903.

Schematismus der Säkular- und Regulargeistlichkeit der Diözese Brixen 1905. Gr.-8°. (364 S.) K 2.—
Brixen: A.Weger.

— der Säkular- u. Regular-Geistlichkeit der Diözese Brixen. 1906. 90. Ausg. (868 S.) 8. Brixen, A. Weger. n.n. 2. —

(F) Schematismus der Säkular- und Regulargeistlichkeit der Diözese Brixen. 1907. 91. Ausgabe. 8°. (371 S.) * K 1.60
Brixen: A.Weger 1907.

(F) Schematismus der Säkular- und Regulargeistlichkeit der Diözese Brixen. 1908. 92. Ausgabe. Gr.-8°. (379 S.) K 16
Brixen: A.Weger 1908.

Schematismus der Säkular- und Regular- Geistlichkeit der Diözese Brixen. 1909. 23. Ausg. (380 S.) 8°
Brixen: Weger 1909.

— der Säkular- u. Regular-Geistlichkeit der Diözese Brixen. 1910. 94. Ausg. (404 S.) 8. Brixen, A. Weger. nn 2. —

—— der Schulbehörden, Lehrerbildungs-Anstalten, sowie auch der Volks- und Bürgerschulen in Mähren. 1884. Nach amtl. Quellen zusammengestellt von Frz. Charvát. (Deutsch und böhmisch.) 8. (IV, 299 S. mit 1 Tab.) Brünn, Winkler's Buchh. * 2 40
Früher u. d. T.: Schematismus der Volks- und Bürgerschulen.
Später u.d.T.:Schematismus d.Schulbehörden, d.Volks-u.Mittelschulen...

—— der Schulbehörden, Lehrer-Bildungsanstalten und Volksschulen in Schlesien, nebst einem Verzeichnisse über die schles. Lehrer- und Schulpfennig-Vereine. 1880 und 1881. Hrsg. von G. Zeynek. 12. (à Jahrg. 96 S.) Troppau, Buchholz und Diebel. à Jahrg. * 1 —
—— dass. — 1883. 8. (99 S.) Ebendas. * 1 —
Jahrg. 1882 ist nicht erschienen.

— der Schulbehörden, Lehrerbildungsanstalten u. Volksschulen in Schlesien, nebst e. Orts-Repertorium u. e. Verzeichnisse der schles. Bezirks-Lehrerbibliotheken, Lehrer- u. Schulpfennig-Vereine. 1888. 12. (128 S.) Troppau, Buchholz & Diebel. n. 1. —

— der Schulbehörden, Prüfungs-Commissionen f. allgemeine Volks- u. Bürgerschulen, Lehrer-Bildungsanstalten u. Volksschulen in Schlesien, nebst e. Verzeichnisse der schles. Lehrer- u. Schulpfennig-Vereine. Nach amtl. Quellen u. nach dem Stande vom 1. März 1891 zusammengestellt v. Alois Meixner. 12. (III, 117 S.) Troppau, Zenker. n. 1. —

Schematismus der Schulbehörden, der Volks- Mittelschulen und Lehrerbildungsanstalten in Mähren. 1889. Nach amtlichen Quellen zusammengestellt. 8. (420 S.) Geb. * 1.20
Dasselbe böhmisch * 1.20
Brünn: Winiker 1889.
Früher unt. d. T.: Schematismus der Schulbehörden, Lehrerbildungsanstalten,...

—— der Schulbehörden, Volks- u. Mittelschulen u. Lehrerbildungs-Anstalten, dann der gewerbl. u. landwirtschaftl. Schulen in Mähren. kl. 8. (VII, 304 S.) Brünn 892, Rohrer. geb. * 2 40

— der Schulbehörden, Volks-, Mittelschulen u. Lehrerbildungs-Anstalten, dann der gewerblichen u. landwirtschaftl. Schulen in Mähren 1892. Hrsg. im Auftrage des k. k. Landesschulrathes. (Nach ämtl. Quellen zusammengestellt.) (Deutsch u. Čechisch.) gr. 8. (VII, 304 S.) Brünn 894. R. M. Rohrer. Geb. n. 2. 40

Schematismus der Schulbehörden, Volks- u. Mittelschulen u. Lehrerbildungsanstalten, dann d. gewerbl. u. landwirtschaftl. Schulen in Mähren. 1895. Hrsg. im Auftr. d. k. k. Landesschulrathes. (Nach amtl. Quellen zusammengest.) (Deutsch u. czechisch.) gr. 8. (VII, 316 S.) Brünn, R. M. Rohrer. Geb. in Leinw. n. 3. —

— der Schulbehörden, Volks-, Mittelschulen u. Lehrerbildungs-Anstalten, dann der gewerblichen, commerciellen u. landwirtschaftlichen Schulen in Mähren. 1901. Hrsg. im Auftrage des k. k. Landesschulrathes. (Nach ämtl. Quellen zusammengestellt.) (In deutscher u. böhm. Sprache.) gr. 8. (VII, 376 S.) Brünn, C. Winiker. Geb. n. 4. —

— über alle Schulen, Lehrpersonen u. Schulbeamte des Reg.-Bez. Minden, nebst Lehrer- u. Lehrerinnenkalender f. d. J. 1898. Unt. Benutzg. amtl. Quellen hrsg. 16. (144 S.) Arnsberg, J. Stahl. Geb. in Leinw. n. 1. —

— dasselbe, Fortsetzg., s.: Schul-Kalender f. d. Reg.-Bez. Minden.

Schematismus der katholischen Schulen in dem Breslauer k. k. Diözes-Antheile im Jahre 1852. 8. (64 S.) Teschen, K. Prochaska.

— der Schulen des Bist. Osnabrück u. der nordischen Missionen. Hrsg. v. Vorstande des Lehrer-Vereins der Diözese Osnabrück. (IV, 112 S.) 12. Lingen 904. (R. van Acken). n. 1. 20

Schematismus des deutschen Schulwesens in Mähren. 1910. Hrsg. nach amtl. Quellen v. Deutsch-mährischen Lehrerbunde in Brünn. Zsgest. von Adolf Türk. Brünn: Lehrerbund; Knauthe in Komm. 1910. XVI, 224 S. 8°

— des Bisthums Speyer 1839. Herausg. von dem Bischöfl. Ordinariate. gr. 8. Speyer 839. (Neidhard's B.) n. 1/2 ₰

— des Bisthums Speyer nach dem Stande des Jahres 1869. Mit chronolog. Notizen aus den Jahren 1864—1869. Speyer, (Kleeberger.) gr. 8. (IV, 234 S.) n. 27½ ngr.

— des Bisth. Speyer nach dem Stande d. J. 1891. Mit geschichtl. Notizen aus den J. 1889 — 1891. Amtliche Ausg. gr. 8. (XVI, 248 S.) Speyer, (Jäger'sche Buchhandlg.). n.n. 3. —

— des Bisth. Speyer nach d. Stande d. J. 1897. M. geschichtl. Notizen aus d. J. 1895—1897. Amtl. Ausg. gr. 8. (XVI, 262 S.) Speyer (Jäger). Kart. n.n. 5. —

— des Bisth. Speyer nach dem Stande des J. 1901. Mit geschichtl. Notizen aus den J. 1899—1901. Amtliche Ausg. gr. 8. (XVI, 288 S.) Speyer, (Jäger). Kart. n.n. 5. —

— des Bist. Speyer nach dem Stande d. J. 1905. Mit geschichtl. Notizen aus den J. 1903—1905. Amtliche Ausg. (XVI, 306 S.) 8. Speyer, (Jäger). Kart. n.n. 5. —

— des Bist. Speyer nach dem Stande d. J. 1909. Mit geschichtl. Notizen aus den J. 1907—1909. Amtliche Ausg. (XVIII, 289 S.) 8. Speyer, (Dr. Jäger). nn 4. 60

— u. Statistik des Grossgrundbesitzes u. grösserer Rustikalgüter im Königr. Böhmen. Mit e. agronom. u. Eisenbahnkarte. Von Ig. Tittel. (Ausg. 1906.) (III, 972 S.) gr. 8. Prag, J. Springer. Geb. n. 14. —

— der Provinz Tyrol u. Vorarlberg f. d. J. 1820 u. 21. gr. 8. Innsbr. 820. (à 1 ₰) 2 ₰

Schematismus von Tirol und Vorarlberg, für das Jahr 1827. 8. Innsbruck 1827.

— für Tirol u. Vorarlberg. gr. 8. Innsbruck 841, Wagner. 1 1/6 ₰ — dass. für das Jahr 1843. 8. Ebend. 844. n. 1 1/3 ₰

— od. Titularkalender von Mähren und Schlesien. Brünn, Gastl, (kommt alle Jahre heraus).

Schematismus, topographisch-statistischer, d. Grossgrundbesitzes im Königr. Böhmen, zugleich Adressenbuch sämmtl. bei demselben angestellten Beamten, d. Forstpersonals etc. Auf Grundlage authent. Daten bearb. u. hrsg. v. Joh. F. Procházka. 2., verm. u. verb. Ausg. Lex.-8. (VI, 788 S.) Prag 891. (Neugebauer.) n.n. 12. —

— des Bisth. Trier, s. Handbuch f. das Bisth. Trier.

— des Bisthums Trier für das Jahr 1866. Saarlouis, Stein. Lex.-8. (LVII, 339 S.) n. 1 ₰

—— des Bisthums Trier für das J. 1869. * ℳ 2,35., und 1873. gr. 8. (221 S.) Trier, Linz' Verlag.

— des Bisthums Trier f. d. J. 1873. gr. 8. (221 S.) Trier 873. Linz. 2. 55

—— des Bisthums Trier für das J. 1885. gr. 8. (234 S.) Trier, Paulinus-Druckerei. *

—— des Bisth. Trier f. d. J. 1889. gr. 8. (234 S.) Trier 889, Paulinus-Druckerei. ** 2 65; geb. ** 3 —

Schematismus des Königreichs Hungarn, mit dem dazugehörigen Theile, für das Jahr 1790. Ofen [1790]. H: *Halitzky, Andreas Friedrich.* (Pk)

— **der allgemeinen Volksschulen u. Bürgerschulen in den im Reichsrathe vertretenen Königreichen u. Ländern. Auf Grund der statist. Aufnahme vom 30. Apr. 1890 bearb. u. hrsg. v. der k. k. statist. Central-Commission. gr. 8. (XI, 843 S.) Wien 891. A. Hölder.** n. 14. —

Schematismus der Allgemeinen Volksschulen und Bürgerschulen in den im Reichsrathe vertretenen Königreichen und Ländern. Auf Grund d. statist. Aufnahme v. 15. Mai 1900 bearb. u. hrsg. von d. k. k. statist. Central-Commiss. (Vorr.: Carl Theodor v. Inama-Sternegg.) *Wien: A. Hölder 1902.* (VIII, 884 S.) 8°

Schematismus der allgemeinen Volksschulen und Bürgerschulen in den im Reichsrathe vertretenen Königreichen und Ländern. Gr.-8°. (VIII, 884, XXXIV. S.) K 16.80, geb. K 18.60.
Wien: Hölder 1902.

— **der Bukowinaer Volksschulen u. Lehrer. (Zusammengestellt auf Grund amtl. Daten.) Red. u. hrsg. v. Moses Fuhrmann. (VIII, 182 S.) gr. 8. Sadagóra 903. (Czernowitz, H. Pardini).** n. 1.20

—— der Volks- und Bürgerschulen in Deutsch-Tirol und Vorarlberg. **Nebst Status des k. k. Unterrichtsministeriums, der k. k. Landesschulräthe von Tirol und Vorarlberg, k. k. Prüfungscommissionen, sowie der Lehrer- und Lehrerinnen-Bildungsanstalten** in Tirol und Vorarlberg. 1. Thl. Nach amtl. Quellen zusammengestellt von Luc. Ostheimer. 16. (VIII, 156 S.) Innsbruck 882, (Wagner'sche Universitäts-Buchh.) * 2 —
Nicht weiter erschienen.

Schematismus der Volks- u. Bürgerschulen, sowie der Lehrer-Bildungs-Anstalten Mährens. 1880. Mit dem (phototyp.) Titelbilde des k. k. Landes-Schulinsp. Dr. Alois Nowak. Nach amtl. Quellen. 12. (269 S.) Brünn 878. Winkler. n. 2. —

—— der Volks- und Bürgerschulen Mährens. 1882. **Mit einem Repertorium der Schulgesetze nach amtl. Quellen zusammengestellt von Frz. Charvát. 8. (256, LIX S.) Ebendas.** * 2 40
Jahrg. 1881 und 1883 sind nicht erschienen.
Die Fortsetzung bildet: Schematismus der Schulbehörden.

Schematismus der Volks- u. Bürger schulen, sowie auch der Schulbehörden und Lehrerbildung-Anstalten in Mähren 1886. (151 S.) 8°
Brünn: Winkler 1886.

— **der katholischen Volksschulen der Prov. Schlesien. Mit 2 Anh.: I. Verzeichnis v. seminarisch gebildeten kathol. Lehrern u. Lehrerinnen an höheren Schulen u. anderen nicht zu den Volksschulen gehör. Anstalten Schlesiens; II. Verzeichnis der emeritierten kathol. Lehrer Schlesiens. Im Auftrage des Vereins kathol. Lehrer Schlesiens hrsg. von Ph. Deutschmann u. H. Ziesché. 5. Aufl. schmal gr. 8. (315 S.) Neustadt O/S. 900. A. Pietsch Nachf.** n. 2. —

— **der öffentlichen evangelischen u. katholischen Volksschulen des Reg.-Bez. Breslau. (Statistik, Adressbuch.) Eine übersichtl. Zusammenstellg. aller evangel. u. kathol. Schulen unter Angabe der Post, der eingeschulten Ortschaften, d. Lehrerberufungsberechtigten, Revisors, Lehrers, Gehalts u. s. w., nebst Mitteilgn. üb. Privatschulen, Waisenhäuser, Schulanstalten f. die noch nicht schulpflicht. Jugend, Bauart der Schulhäuser, Emeriten u. deren Pension. 2. (5.) Aufl. Bearb. v. Cyrus Herold. gr. 8. (IV, 221 S.) Gr.-Ujeschütz 894.** (Breslau, Priebatsch.) Kart. n. 2. 50
Die 1. (4.) Aufl. wurde von J. Herold bearb. u. unter diesem aufgenommen.

— der öffentlichen evangelischen u. katholischen Volksschulen des Reg.-Bez. Breslau. (Statistik, Adressbuch.) Eine übersichtl. Zusammenstellg. aller evang. u. kath. Schulen unter Angabe der Post, der eingeschulten Ortschaften, des Lehrerberufungsberechtigten, Ortsschulinspektors, Lehrers, Gehalts etc., nebst Mitteilgn. über Privat-Schulen, Waisenhäuser, Schulanstalten f. die noch nicht schulpflicht. Jugend. Bauart der Schulhäuser, Emeriten u. deren Pension. Bearb. v. Cyrus Herold. 3. (6.) Aufl. gr. 8. (IV, 240 S.) Breslau 899. (Priebatsch.) Kart. n. 2. 50

— **der öffentlichen evangel. u. kathol. Volksschulen des Reg.-Bez. Königsberg. (Statistik, Adressbuch.) Eine übersichtl. Zusammenstellg. aller evang. u. kath. Schulen unter Angabe der Post, der eingeschulten Ortschaften, des Lehrerberufungsberechtigten, Ortsschulinspektors, Lehrers, Gehalts u. s. w. Bearb. v. Cyrus Herold u. Johs. Herold. (IV, 184 S.) gr. 8. Breslau 903. (Priebatsch).** Kart. n n. 3. —

— d. öffentl. evang. u. kathol. Volksschulen d. Reg.-Bez. Liegnitz. (Statistik, Adressbuch.) Eine übersichtl. Zusammenstellg. aller evang. u. kath. Schulen unter Angabe d. Post, d. eingeschulten Ortschaften, des Lehrerberufungsberechtigten, Ortsschulinspektors, Lehrers, Gehalts u. s. w., nebst Mitteilgn. üb. Privat-Schulen, Waisenhäuser, Schulanstalten f. die noch nicht schulpflicht. Jugend, Bauart der Schulhäuser, Emeriten u. deren Pension. Bearb. v. Cyrus Herold. gr. 8. (IV, 160 S.) Gr.-Ujeschütz 895. (Breslau, Priebatsch.) Kart. n. 2. 50

— dasselbe des Reg.-Bez. Liegnitz. (Statistik, Adressbuch.) Eine übersichtl. Zusammenstellg. aller evang. u. kath. Schulen unter Angabe der Post, der eingeschulten Ortschaften, des Lehrerberufungsberechtigten, Ortsschulinspektors, Lehrers, Gehalts etc., nebst Mitteilgn. üb. Privat-Schulen, Waisenhäuser, Schulanstalten f. die noch nicht schulpflicht. Jugend, Bauart der Schulhäuser, Emeriten u. deren Pension. Bearb. v. Cyrus Herold. 2. Aufl. gr. 8. (IV, 158 S.) Gr.-Ujeschütz 899. (Breslau, Priebatsch.) Kart. n. 2. 50

— der öffentlichen katholischen u. evangelischen Volksschulen des Reg.-Bez. Oppeln. (Statistik, Adressbuch.) Eine übersichtl. Zusammenstellg. aller kath. u. evang. Schulen unter Angabe der Post, der eingeschulten Ortschaften, des Lehrerberufungsberechtigten, Ortsschulinspektors, Lehrers, Gehalts etc., nebst Mitteilgn. üb. Privat-Schulen, Waisenhäuser, Schulanstalten für die noch nicht schulpflicht. Jugend, Bauart der Schulhäuser, Emeriten u. deren Pension. Bearb. v. Cyrus Herold. gr. 8. (IV, 198 S.) Breslau (Priebatsch). Kart. n. 2. 50

— **der öffentlichen kathol. u. evangel. Volksschulen des Reg.-Bez. Oppeln, 2. Aufl., s.: Auskunftsbuch.**

— der öffentlichen kathol. u. evangel. Volksschulen des Reg.-Bez. Oppeln. (Statistik, Adressbuch.) Eine übersichtl. Zusammenstellg. aller kathol. u. evangel. Schulen unter Angabe der Post, der eingeschulten Ortschaften, des Lehrerwahlberechtigten, Ortsschulinspektors, Lehrers, Gehalts usw., nebst Mitteilgn. üb. Privat-Schulen, Waisenhäuser, Schulanstalten f. die noch nicht schulpflicht. Jugend, Bauart der Schulhäuser, Eremiten u. deren Pension. Bearb. v. Cyrus Herold. 3. Aufl. (VII, 364 S. m. 1 farb. Karte.) gr. 8. Breslau 911. Priebatsch. Kart. nn 4.10

— d. öffentl. katholischen Volksschulen d. Prov. Schlesien. Übersichtl. Zusammenstellg. aller kathol. Schulen Schlesiens, m. Angabe d. Patrons, Ortsschulinspektors, der Lehrer, des Seminars, d. pensionsber. Einkommens, d. Schülerzahl u. Klassen etc. Bearb. v. Jos. Heukeshoven. gr. 8. (V, 334 S.) Neustadt O/S. 894. A. Pietsch Nachf. n. 2.—

Schematismus, vollständiger militärärztlicher. Neue Folge des Taschenbuches für Militärärzte. VII. Jahrgang 1868. Herausgegeben von Dr. L. Wittelshöfer. kl. 8. (104 S.) Wien, Seidel & Sohn in Comm. 1867 50 kr. Nur baar.

— der Welt- und Ordensgeistlichkeit der katholischen Schweiz mit Inbegriff sämmtlicher Frauenorden u. -Congregationen. Nach authentischen Angaben u. den neuesten ergänzten Listen der Klöster bearb. 859. (IV, 187 S.) — 2., mit einem alphabetischen Namensverzeichniß sämmtlicher Weltpriester verm. Ausg. Einsiedeln 860. Gebr. Benziger. 12. (220 S.) n. 8 ngr.

— der Diöcese **Würzburg** m. Angabe der statist. Verhältnisse. Hrsg. f. d. J. 1872 gr. 8. (IV, 208 S.) Würzburg 872. (Stahel.) n. 1. 60

— der Diözese Würzburg m. Angabe der statistischen Verhältnisse. Hrsg. f. d. J. 1883. gr. 8. (IV, 211 S.) Würzburg 883. (Bucher.) n. 2. 40

—— der Diöcese Würzburg mit Angabe der statistischen Verhältnisse. Hrsg. für die J. 1884—1889. gr. 8. (à Jahrg. IV, 212 S.) Würzburg, (Bucher.) à Jahrg. *

— der Diöcese **Würzburg** m. Angabe der statistischen Verhältnisse. Hrsg. f. d. J. 1894. Im Auftrage des bischöfl. Ordinariates. gr. 8. (VI, 215 S.) Würzburg, (F. X. Bucher). n. 2. 40

— d. Diöcese Würzburg m. Angabe d. statist. Verhältnisse. Hrsg f. d. J. 1896. Im Auftrag des bischöfl. Ordinariates. gr. 8. (VI, 230 S.) Würzburg (F. X. Bucher). n. 2. 40

Schematismus der Diöcese Würzburg mit Angabe der statistischen Verhältnisse. Hrsg. für d. J. 1902. Im Auftrag des bischöfl. Ordinariates. gr. 8. (IX, 239 S.) Würzburg (B. Bauch. — Göbel & Scherer). n. 2. 50

— der Diöcese **Würzburg** m. Angabe der statistischen Verhältnisse. Hrsg. f. d. J. 1906. Im Auftrag des bischöfl. Ordinariates. (XI, 241 S.) 8. Würzburg (B. Bauch. — Göbel & Scherer). n.n. 2. 40

— der Diöcese Würzburg m. Angabe der statistischen Verhältnisse. Hrsg. f. d. J. 1910. Im Auftrag d. bischöfl. Ordinariates. (XI, 219 S.) gr. 8. Würzburg, (B. Bauch). 2. 40

—— der Civil- und Militair-Aerzte, der medicinischen Behörden und Unterrichts-Anstalten im Königr. Bayern. Hrsg. nach den zur Verfügung gestellten amtl. Quellen. 1. und 2. Jahrg. 1878 und 1879. gr. 8. (à Jahrg. IV, 88 S.) München, Rieger'sche Universitäts-Buchh. à Jahrg. *

—— der Civil- und Militär-Aerzte, der medicinischen Behörden und Unterrichts-Anstalten im Königr. Bayern. Hrsg. nach den zur Verfügung gestellten amtl. Quellen. 3. und 4. Jahrg. 1880 und 1881. gr. 8. (92; IV, 93 S.) München, Rieger'sche Universitäts-Buchh. à Jahrg. *

—— dass. — Redig. von F. Beetz. 5.—7. Jahrg. 1882—1884. gr. 8. (à Jahrg. IV, 94 S.) Ebendas. à Jahrg. *

—— der Civil- und Militär-Aerzte, der medicinischen Behörden und Unterrichts-Anstalten im Königreich Bayern. Hrsg. nach den zur Verfügung gestellten amtl. Quellen. Redig. von F. Beetz. 8.—11. Jahrg. 1885—1888. gr. 8. (à Jahrg. IV, 96 S.) München, Rieger'sche Universitäts-Buchh. à Jahrg. *

—— der Civil- u. Militär-Aerzte, der medicinischen Behörden u. Unterrichts-Anstalten im Königr. Bayern. Hrsg. nach den zur Verfügg. gestellten amtl. Quellen v. F. Beetz u. Rep. Zwickh. 12.—15. Jahrg. 1889—1892. gr. 8. (IV, 100; IV, 104; IV, 93; IV, 95 S.) Münch., M. Rieger. à Jahrg. * 1 —

— der **Civil- u. Militär-Aerzte**, der medicinischen Behörden u. Unterrichts-Anstalten im Königr. Bayern. Hrsg. nach den zur Verfügg. gestellten amtl. Quellen v. Rep. Zwickh. 17. Jahrg. 1894. gr. 8. (IV, 102 S.) München, M. Rieger. Kart. n. 1. 20

— der Civil- u. Militär-Ärzte, d. medicin. Behörden u. Unterrichts-Anst. im Königr. Bayern. Hrsg. nach d. zur Verfügg. gestellten amtl. Quellen v. Rep. Zwickh. 21. Jahrg. 1898. gr. 8. (IV, 118 S.) München, M. Rieger. Kart. n. 1. 20

—— der im Königr. Bayern zur Praxis berechtigten Civil- und Militaer-Aerzte. Nach amtl. Quellen hrsg. von Aloys Martin. Jahrg. 1858. gr. 4. (IV und 44 S.) München, Kaiser. *

Schematismus der im Königreich Bayern zur Praxis berechtigten Civil- und Militär-Aerzte. Nach amtlichen Quellen herausg. von Aloys Martin. Jahrg. 1860. München, Kaiser. gr. 4. (2 Bl., 54 S.) n. 16 ngr.

—— der im Königreich Bayern zur Praxis berechtigten Civil- und Militär-Aerzte. Nach amtl. Quellen hrsg. von Aloys Martin. Jahrg. 1863. gr. 4. (III und 60 S.) München, Lentner'sche Buchh. *

— der im Königreich Bayern zur Praxis berechtigten Civil- u. Militär-Aerzte. Nach amtl. Quellen hersg. von Aloys Martin. Jahrg. 1867. München, Lentner'sche Buchh. gr. 4. (III, 66 S.) n. 20 ngr.

—— der im Königr. Bayern zur Praxis berechtigten Civil- und Militär-Aerzte. Nach amtl. Quellen hrsg. von Aloys Martin. Jahrg. 1869. gr. 4. (70 S.) München, Stahl. (*M 2.) *

Schembartbuch, Nürnbergisches, s. M. M. Mayer, des alten Nürnbergs Sitten etc.

Schember, Jh. Matth., Gedanken u. Bedenken über Vereinigung d. beiden protestant. Confessionen in d. Badisch. Gesammtlanden. 8. Münch. 803. (Karlsr., Müller). 4 gl

Schembera, Alois, die Königinhofer Handschrift als eine Fälschung nachgewiesen. gr. 8. (VIII, 103 S.) Wien 882, (Gerold's Sohn.) * 3 —

Schembera, V. K. (Hrsg.), s. Volkskalender, Illustrirter österreichischer.

Schemel, Aug. v., die Protestanten-Kirche in Salzburg. Eine Festgabe zur Erinnerung an die Einweihungs-Feier am 8. Septbr. 1867. Salzburg 867. Taube. gr. 8. (7 S.) 2 ngr.

Schemel, Karl, Assistenzarzt im Hinterpomm. Feldart.-Reg. No 53 in Bromberg: Beitrag zur Nachbehandlung verletzter Knochen und Gelenke. *Leipzig 1904: B. Georgi.* (36 S.) 8°
Leipzig, Med. Diss. v. (18. Jan.) 1904

Schemelli, Geo. Ch., musikal. Gesangbuch. 8. Leipzig, 736.

Schemerl, F(ranz) X(aver): Der rechtschaffene Bürger des Staats. Ein philosophisch-moralisches Taschenbuch ... Baumeister, Wien 1783. 2. Aufl. Salzer, Wien 1784. 131 S.

Schemerl, Josef Ritter von

v. Schemerl, Ritter Jos., Abhandl. über die vorzügl. Art an Flüssen u. Strömen zu bauen. Mit Kpf. gr. 8. Wien 782. Kraus. 1 Rthlr. N. A. 803. (Liebeskind in Leipz.) 1 Rthlr. 6 gr.

Schemerl, Joseph, kais. kgl. Ingenieur an dem Sau-Strom und Laubachfluss. Abhandlung über die vorzüglichste Art, an Flüssen und Strömen zu bauen. 2. Auflage. (Mit 6 Taf.) 8. Wien 1803.

— Abhandl. üb. die Schiffbarmachung der Ströme. Mit 14 Kpf. gr. 8. Wien 788. Kraus. (Liebeskind in Leipz.) 1 Rthlr. 6 gr.

— ausführl. Anweis. zu Entwerfung, Erbauung u. Erhaltung dauerhafter u. bequemer Straßen. 3 Thle. Mit 28 Kpf. gr. 8. Wien 807. (Wimmer). 3 Rthlr. 14 gr. Armbruster. 3 Rthlr. 8 gr.

Schemerl, Jos., Anweis. z. Entwerf., Erbauung u. Erhaltung dauerh. u. bequemer Straßen. 3 Bde. mit 28 Kpfrn. gr. 8. Wien. 807. Jetzt Armbruster, auch Liebeskind in Leipzig. Rthlr.

Schemerl, Josef von: Ausführliche Anweisung zur Entwerfung, Erbauung und Erhaltung dauerhafter und bequemer Strassen. 3 Thlr. Wien. 1820. 8°

— Erfahrr. im Wasserbaue. 1r Thl. 1r Bd. Mit 13 Kpf. (A. unt. d. T.: Erfahrr. über den Strombau. 1r Bd.) gr. 8. Wien 809. (Gerold). 3 Rthlr. 8 gr. Hbg. Pr. 1 Rthlr. 8 gr. Ohne Kpf. 16 gr.

— Vorschläge zu Erleichterung u. Erweiterung d. inländ. Schifffahrt u. des Handels in d. Erbkaiserth. Oestreich. Mit 4 Kpf. gr. 8. Wien 810. (Gerold. 1 Rthlr. 8 gr. Hbg. Pr. 16 gr.

Schemfil, H., die neuesten Canal- und Hafen-Werkzeuge in Frankreich und England. gr. 8. (VI, 64 S. mit 9 lithogr. Taf. und 15 Fig. im Texte.) Wien 882, Gerold's Sohn. * 6 —

Schemionek, Aug., Ausdrücke und Redensarten der Elbingschen Mundart mit einem Anhang von Anekdoten, dem Volke nacherzählt. Gesammelt und erklärt. 8. (VI, 53 S.) Danzig 881, Bertling. * — 75

Schemlink, Libor., Triumphus sanctorum. 4. Augsburg Wolf. 724.

Schemm, Otto, über einige seltenere Formen von Hornhautentzündung. Diss. Tübingen 1887. Kreuznach, R. Voigtländer. 8°. VI. 32 S. mit 4 Taf.

Schemmann, Friedrich [aus Hagen i. Westf.]: Columbin und Colombosäure, Bestandteile d. Colombowurzel ... Hagen, Druck v. G. Butz, 1892; 2 Bl., 22 S. 8.
Erlangen, Phil. Fak., Inaug.-Diss. v. 1892

Schemmel, Georg [aus Breden in Lippe]: Über das Vorkommen von Tetanus im Zusammenhang mit antiseptisch behandelten Wunden. Mit Veröffentlichung von 8 Fällen .... Greifswald, Druck v. Julius Abel, 1888; 34 S. 8°
Greifswald, Med. Fak., Inaug.-Diss. v. 9. Aug. 1888

Schemmel, *Johannes Richard Alfred* Thomas Moore und seine Rhymes on the Road. 4 (8 S.).
Progr. Rsch. *Meerane i. S.* 1892 (570).

Schemmel, Victor (*geb. Pleß 1. 5. 1840*): De multitudine formarum secundi gradus disquisitiones. Vratislaviae (1863). (20 S.) 4°
Breslau, Phil. Diss. v. 24. Aug. 1863

Schemmel, Victor: Metrische Eigenschaften der algebraischen Oberflächen. 4 (S. 81—91).
Progr. Festschrift z. 150jähr. Bestehen des Kgl. Rg. *Berlin* 1897.
Nicht im Tauschverkehr.

Schemmel, Vikt. Zum Problem der drei Körper. 20 S.
Progr. Kö. Rg. *Berlin* 1881.

Schemmel, Vict., die gesetzlichen Vorschriften über die Ableistung der Militairpflicht durch den einjährig freiwilligen Dienst. Zum Gebrauche f. Militairpflichtige. br. 8. (VIII, 48 S.) Berlin 872. Winckelmann & Söhne. n. — 50

SCHEMMINGER, Joh.: Werkzeuge für Hügel-Pflanzungen. - Augsburg o. J. 4 S., 1 Taf.

Schemmling, Th., Andenken an Wöbbelin! Leben, Dichten, Sterben, Abbildg. u. Inschriften der Grabstätte d. Heldendichters Theodor Körner. 8. (30 S.) Güstrow 892. (Opitz & Co.) n. — 40

Schemnitz [Schlagwort]

Schemnitz, s.: Europa. Liebenow.

Schemnitz, s.: Geologische Karten. Petko, J. v.

Schempp, A., die Fechtweise der russischen Infanterie in der Kompagnie und im Bataillon. [Anhang zum Reglement über den „Infanterie-Frontdienst" vom J. 1881/85.] Aus dem Russischen übers. Lex.-8. (28 S.) Hannover 888, Helwing's Verlag. *

Schempp, A., die Kompagnieschule der russischen Infanterie. Aus dem Reglement über den Infanterie-Frontdienst übers. Lex.-8. (IV, 53 S.) Hannover 888, Helwing's Verlag. *

Schempp, Adolf von: Der Feldzug 1664 in Ungarn unter besond. Berücks. d. Herzogl. Württemb. Allianz- u. Schwäbischen Kreistruppen. Ein militär. Kulturbild. Auf Grund zum Teil unveröffentl. Originalquellen bearb. Stuttgart: Kohlhammer 1909. XII, 310 S. 8°
(Darstellungen aus d. Württembergischen Geschichte. Bd 3.)

Geschichte des 3. Württemb. Inf.-Reg. Nr. 121. 1716—1861. (Von v. Schempp, Hardegg u. Horn.) Mit Portr. u. Aul. Stuttgart 1891. 512 S.

Kompetenzstreit zwischen dem Schwäbischen Kreis und dem Reichs-General-Feldmarschall Herzog Albrecht von Sachsen-Teschen, K. H., im Jahre 1795. Auf Grund von Archivakten bearb. von A. v. **Schempp,** Gen.Major z. D. Berlin: E. S. Mittler & Sohn 1908. (S. 371–396.) 8° [Umschlagt. F.]
— **Militär-Wochenblatt.** 1908, Beiheft 8. u. 9. [2.] [08. 17998

Das Schwäbische Kreiskorps bei Kehl 1796. Nach archival. Quellen bearb. Von Ad. v. **Schempp,** Gen.Major z. D. Mit 1 Kroki. Über Heer- und Befestigungswesen bis Anfang des 18. Jahrhunderts. Von W. Stavenhagen ⟨Berlin⟩, Hauptm. a. D. Berlin: Mittler 1910. S. 175–228. 8° [Umschlagt.]
(Militär-Wochenblatt. 1910, Beih. 6/7.) [10. 10390

Schempp, J. (Red.), s. B a u s t e i n e , Evangelische.

Schempp, J., das tausendjährige Reich. Vortrag. 8. (36 S.) Stuttgart 888. (Bonn, Schergens.) n. — 25

[Hebr.] Sēfer rēšit ḥokmā le-Rabbi Šēm-Ṭōb (Ben-Jōsēf) Ibn-Palqera Hōṣi le-ōr ʿōlām Moriṭ Dawid. *Berlin: M. Poppelauer [5]662 (1902).* (VI, 92 S.) 8°
[Nebent.:] Schemtob ben Josef ibn Falaqueras Propädeutik d. Wissenschaften Reschith Chokmah zum 1. Male auf Grund von 4 Hs. hrsg. von Moritz David, Rabb., Bochum. [illegible]

S ch e n a ch , Dr. Georg — Metaphysik. Ein System des konkreten Monismus von — —. Innsbruck, 1856. Druck und Verlag der Wagner'schen Buchhandlung. (VI. 428 S. 8.)

Schenach, Quirin, bibl. Geschichte f. Kinder. 2 Thle. 8. (15¾ B.) Innsbruck 838. (Augsburg, Kollmann; Regensburg, Manz.)

Schenach, Quirin, biblische Geschichte für Kinder. 2 Thle. (Biblische Geschichte des alten Bundes. — Biblische Geschichte des neuen Bundes.) 5. Aufl. 8. (254 S.) Innsbruck 853, (Wagner'sche Buchh.) *

Schenach, Quirin, Lebensspiegel der Jugend. Ein Geschenk für kleine Kinder. 12. Innsbruck 843, Rauch. geb. 6¼ ngr.

Schenach, S. P., Auswahl der vorzügl. Andachts- u. Tugendübungen. Mit 1 Kpf. 12. Heidelb. 809. Mohr. 6 gr. Weiß P. 8 gr. Postp. 12 gr.

Schenck, Frhr., L.: Gesetz, die allgem. Bauordnung betr.

Schenck, Burg Schipfe, Wahrheit u. Dichtg. gr. 8. (28 S.) Schüpf 893. Zell i/W., H. Specht. n. — 50

Schenck: Ueber die Wanderung der Insekten, vorzugsweise der Heerwurms-Larven in geselligen, gesellschaftlichen Zügen. (Mittheilungen aus dem Osterlande Bd. 17. 1865 No. 8. S. 92–104.) (Altenburg 1865.) 13 S.

Schenck, Adolf

Schenck, A., Beiträge zur Kenntniß der nassauischen Cynipiden (Gallwespen) u. ihrer Gallen nebst einer Naturgeschichte der Gallen u. Cynipiden im Allgemeinen. [Aus: Jahrbücher des Vereins für Naturkunde im Herzogth. Nassau.] Wiesbaden 865. Niedner. gr. 8. (139 S.) n. 16 ngr.

Schenck, A., Beschreibung der nassauischen Bienen. 2. Nachtrag, enth. Zusätze zu nassauischen Arten u. die Beschreibg. der übrigen deutschen Arten. [Aus: „Jahrbücher d. nassauischen Ver. f. Naturk.“] gr. 8. (114 S.) Wiesbaden 868. Niedner. n. 4. 50
1. Nachtrag s.: Jahrbücher d. Vereins f. Naturkunde in Nassau. 16. Hft. Schenck die deutschen Vesparien.

Schenck, A., die Bienen des Herzogthums Nassau. (Aus den Jahrb. des Vereins für Naturkunde im Herzogth. Nassau.) Wiesbaden 861. Niedner. gr. 8. (IV, 423 S.) n. 24 ngr.

Schenck, Adolf (geb. am 4 Apr. 1857 in Siegen): Die Diabase des oberen Ruhrthals und ihre Contacterscheinungen mit dem Lenneschiefer ... Bonn, Univ.-Buchdr. v. C. Georgi 1884. 88 S., 1 Bl. 8.
¶ Sonderabdr. aus d. Verhandl. d. naturhist. Vereins d. preuss. Rheinl. u. Westf. XLI 1884 S. 53 ff.
Bonn, Phil. Fak., Diss. v. 27 Juni 1884

Schenck, Adolf: Über G l a c i a l e r s c h e i n u n g e n in Süd-Afrika. ... (Aus: Verhandl. d. VIII. Deutsch. Geographentages in Berlin. 1889.) Halle a. S.: Druck v. W. Pormetter in Berlin 1889. 19 S. 8°
Halle, Phil. Fak., Hab.-Schr. v. 8. Nov. 1889

Schenck, Ad.: Die G o l d w e s p e n mit Bestimmungstabellen der nassauischen und kurzer Beschreibung der übrigen deutschen Arten. 17 S. -- Weilburg, Progr. 1870.

Schenck, A., die Grabwespen des Herzogthums Nassau. (Abdr. aus d. Jahrb. d. Vereins f. Naturkunde im Herzogth. Nassau.) Wiesbaden 857. Kreidel u. Niedner in Comm. gr. 8. (343 S. u. 2 lith. Taf.) n. 1 Thlr.

Schenck, Adolf: N a t u r g e s c h i c h t e d. Ameisen u. Anleit. z. Bestimm. d. nassauischen Arten. 2 Thle. Weilb. (1863/64.)
Schul-/Univ.-Schrift

Schenck, Dr. A. Geologische Skizze von Süd-Afrika. [illegible] Gotha 1888. 1 Bl. c. A.

—— die deutschen Vesparien. Nebst Zusätzen und Berichtigungen zu der Bearbeitung der nassau. Grabwespen, Goldwespen, Bienen und Ameisen im Jahrbuch des Vereins für Naturkunde im Herzogth. Nassau. gr. 8. (III und 208 S.) Wiesbaden 861, Niedner. *
aus: Jahrbücher des Vereins für Naturkunde im Herzogth. Nassau, besonders abgedruckt.

Schenck, C., die bessere Eintheilung der Felder u. die Zusammenlegung der Grundstücke mit besonderer Rücksicht auf das südwestl. Deutschland. Nebst einer Schilderung des nassauischen Consolidationsverfahrens, unter Beifügung der nöthigen Musterpläne u. einer Instruction für die Geometer. Wiesbaden 867. Kreidel's Verl. gr. 8. (IV, 183 S. mit eingedr. Holzschn. u. 10 Steintaff., wovon 2 color., in gr. 4. u. qu. gr. Fol. u. 2 Tabb. in qu. Fol.) n. 2 Thlr. 20 ngr.

Schenck, C., über die Folgen der Güterzersplitterung. gr. 8. (IV und 5[illegible] S.) Wiesbaden 853, (Kreidel und Niedner.) *

Schenck, C., zur Wasserrechtsfrage. gr. 8. (IV und 95 S.) Wiesbaden 860, Kreidel's Verlag. *

Schenck, C. Chr. L., Mittheilungen aus seinem Leben, s. Mittheilungen.

Schenck, C. Chr. L., (Obrist-Lieut.,) Mittheill. aus sn. Leben: die Geschichte sr. Gefangennahme in d. Schlacht bei Borodina in Rußland am 7. Sept. 1812 rc. Von ihm selbst beschrieben. 8. Celle 827. Schulze. 18 gr.

Schenck, C. Ch. L. Mittheilungen aus dem Leben des franz. Oberstlieutenants . . . Von ihm selbst beschrieben. Celle 1829. 8°.

Schenck, C. G. C., die Unterhaltung der Straßen im engeren Sinne. Ein Leitfaden für Ingenieure, Wegweiser, Verwaltungs-, Forst- und Gemeindebeamte rc. Reutlingen 854. Fleischhauer u. Spohn. 8. (80 S.) 12 ngr.

Schenck, Carl, s. S c h e n c k , Karl.

Schenck, Conrad, s. S c h e n c k , Konrad.

Schenck, Curt, s. S c h e n c k , Kurt.

Schenck, E. G. C. (Hrsg.), s. S c h e n c k , W. G. F.: Wilhelm der Fünfte, Prinz v. Oranien, ...

Schenck, Eduard, approb. Arzt aus Ettlingen: **Über das Zittern, insbesondere das Intentionszittern.** *Ettlingen 1903: R. Barth.* (29 S.) 8° [F.]
Freiburg i. B., Med. Diss. v. 1903

Schenck, Ernst Albert [aus Tilsit]: Ueber die elliptische Polarisation des Lichts bei Reflexion an Krystalloberflächen. Leipzig, Druck von Metzger & Wittig, 1882. 8. 30 S. u. 1 Taf.

Schenck, Eugen: B e i t r a g zur Frage der systematisierten Naevi. Mit 1 Taf. Marburg 1907: J. Hamel. (34 S.) 8°
Marburg, Med. Fak., Ref. Brauer, Diss. v. 7. Okt. 1907

Schenck, F., s.: Bericht der Reichstags-Kommission üb. den 2c. Entwurf e. Gesetzes betr. die Gesellschaften m. beschränkter Haftung.

Schenck, F. Vide: Blätter f. Genossenschaftswesen.

Schenck, F., **Jahresbericht für 1883 und 1884 über die auf Selbsthilfe gegründeten deutschen Erwerbs- und Wirthschaftsgenossenschaften.** Fol. (XIV, 104; XIV, 110 S.) Leipzig 884,85, Klinkhardt. à Jahrg. * 8 —
Vgl.: S c h n e i d e r, F.

Schenck, F., Jahresbericht für 1884 über die auf Selbsthilfe gegründeten deutschen Erwerbs- und Wirthschaftsgenossenschaften. Fol. (XIV, 110 S.) Leipzig 885, Klinkhardt. *
— dass. — für 1885. Fol. (XV, 127 S.) Ebendas. 886. *
— dass. — für 1886. Fol. (XV, 104 S.) Ebendas. 887. *
— dass. — für 1887. Fol. (XVI, 123 S.) Ebendas. 888. *

Schenck, F., Jahresbericht f. 1886—1889 üb. die auf Selbsthilfe gegründeten Erwerbs- u. Wirthschaftsgenossenschaften. Fol. Leipzig, Klinkhardt. n. 35. 50
1886. (XVI, 104 S.) 887. n. 8. —. — 1887. (XVI, 123 S.) 888. n. 8. 50. — 1888. (XVI, 132 S.) 889. n. 9. —. — 1889. (XVIII, 154 S.) 890. n. 10. —.

— J a h r e s b e r i c h t f. 1890—1893 üb. die auf Selbsthilfe gegründeten Erwerbs- u. Wirthschaftsgenossenschaften. Fol. Leipzig, J. Klinkhardt. n. 40. —
1890. (XIX, 201 S.) 891. n. 12. —. — 1891. (XX, 152 S.) 892. n. 9. — — 1892. (XIX, 111 S.) 893. n. 9. —. — 1893. (XIX, 110 S.) 894. n. 10. —.

Schenck, F., J a h r e s b e r i c h t f. 1891 über d. auf Selbsthilfe gegründ. deutschen Erwerbs- u. Wirthschaftsgenossenschaften. Fol. (XX, 154 S.) (Leipzig 895. J. Klinkhardt.) n. 12. —

dasselbe, Fortsetzg., s.: J a h r e s b e r i c h t 2c.

— s. Mittheilungen über d. allgem. Genossenschaftstage.

F. v. **Schencks** Reisen in Colombia
I. Route von Mare nach Medellin und Higueron
II. Routen von Manizales nach Cartago und Ibagué
1 : 450 000. Gotha 1883. 2 Bl. c A Sch.

Schenck, Ferdinand, s. S c h e n k. Ferdinand.

Schenck, Fr., kurze Darstell. des vom Soldat J. Ph. Schneider an dem Buchdruckergesellen Bernh. Lebrecht aus Treppau verübten grausamen Mordes, aus d. Untersuchungs-Akten herausgg. 8. Darmst. 816.

Schenck: Kurze Darstellung des von Phil. **Schneider** aus Bischofsheim verübten **Mordes, des darauf eingeleiteten Processes u. der Hinrichtung des Verbrechers. Aus d. Untersuchungs-Acten gefertigt. Darmstadt 1816.**

Schenck, Fr., heil unserm F ü r s t e n, heil! Ein Blumenstrauß zu Badens Jubelfeste am 9. Septbr. 1896. 1. u. 2. Aufl. 8. (23 S.) Karlsruhe 896. J. J. Reiff. n. — 25

S c h e n c k, F[riedrich]. Zum Andenken an A(dolf) Fick. Mit einem Bildniss Fick's [Tafel]. ([Separatabdruck aus:] Archiv [für die gesamte Physiologie des Menschen und der Thiere. Hrg. von] Eduard Pflüger. Bd. 90.) II + 50 S. 8. Bonn, Emil Strauss, 1902. [M. 1. 20]

Schenck, F., zum A n d e n k e n an A. Fick. gr. 8. (49 S. m. 1 Bildn.) Bonn 902 [E. Strauss.] M. Hager. n. 1. 20
Sonderabdruck aus: „Archiv f. d. ges. Physiol. d. Menschen u. d. Thiere".

— ein A p p a r a t zur Registrirung der Muskelarbeit. gr. 8. (6 S. m. 4 Fig.) Würzburg 899. Stahel's Verl. n. — 50
Sonderabdruck aus: „Sitzungsber. d. phys.-med. Gesellschaft zu Würzburg".

— die Bedeutung der Neuronenlehre f. die allgemeine Nervenphysiologie, s.: A b h a n d l u n g e n, Würzburger, a. d. Gesammtgebiet der prakt. Medizin. II. 7.

— physiologische C h a r a k t e r i s t i k der Zelle. gr. 8. (VIII, 123 S.) Würzburg 899. A. Stuber's Verl. n. 3. —

Schenck, F[riedrich]: E i n i g e s über binoculare Farbenmischung. Marburg 1901: J. A. Koch. (S. 1–21.) 4°
Marburg, Progr. zur Einführung d. Rektors 1901.

Der Entwurf eines preußischen Wassergesetzes. Von 1907. Gutachten erstattet von Carl Friedrich v. Schenck. Arnsberg: Stein in Komm. 1908. 101 S. 8° [illegible] 11

Schenck, F. v., Der Entwurf eines preußischen Wassergesetzes von 1907. Gutachten, erstattet im Auftrage und auf Grund der Beschlüsse des Wasserwirtschaftlichen Verbandes der westdeutschen Industrie. Arnsberg, 1908. 101 S. [Kk 97

Schenck, Friedrich, approb. Arzt aus Unterschüpf (Baden): **Ein Fall von posthemiplegischer Epilepsie und Abdominaltyphus.** *Freiburg i. B. 1902: E. Kuttruff.* (35 S.) 8°
Freiburg i. B., Med. Diss. v. 1903

Schenck, Friedr., Gedichte. 16. (62 S.) Mergentheim 876, Nemnich.

Schenck, Friedr., Gedichte. 2. Aufl. 8. (103 S.) Pforzheim 880, Kraus Wwe. * 1 —

Schenck, (Friedr.), über die physiolog. G r u n d l a g e n des Farbensinns. (32 S.) 8. Marburg 906. N. G. Elwert's Verl. — 60
Sonderabdr. a.: „Sitzungsber. d. Gesellsch. z. Beförderg. d. ges. Naturwiss. zu Marburg".

Schenck, Fr., s.: Handbuch der Physiologie des Menschen.

— u. A. Gürber, Leitfaden d. Physiologie d. Menschen f. Studirende d. Medicin. gr. 8. (VIII, 304 S. m. 53 Abb.) Ebd. 897. n. 6. —; geb. in Leinw. n. 7. —

— u. A. Gürber, Leitfaden der Physiologie des Menschen f. Studirende der Medicin. 2. Aufl. gr. 8. (VIII, 291 S. m. 49 Abbildgn.) Stuttgart 900. F. Enke. n. 5. 60; geb. in Leinw. n. 6. 60

— u. A. Gürber, Leitfaden der Physiologie des Menschen f. Studierende der Medizin. 4. Aufl. (VIII, 280 S. m. 44 Abbildgn.) gr. 8. Ebd. 906. n. 5. 40; geb. in Leinw. n. 6. 40
3. Aufl. (VIII, 290 S.) 904. n. 5.40; geb. n. 6.40.

Leitfaden der Physiologie des Menschen f. Studierende d. Medizin von Prof. Dr. F[riedrich] Schenck in Marburg u. Prof. Dr. A[ugust] Gürber. 5. Aufl. Mit 43 Abb. Stuttgart: F. Enke 1908. (VIII, 280 S.) 8° [08. 3637 4

— u. A. Gürber, Leitfaden der Physiologie des Menschen f. Studierende der Medizin. 7. Aufl. (VIII, 275 S. m. 40 Abb.) gr. 8. Stuttgart 910. F. Enke. 5.40; geb. in Leinw. n 6. 40
6. Aufl. (VIII, 276 S. m. 40 Abb.) 909, zu gleichen Preisen.

Schenck, F[riedrich]: Physiologie des Farbensinnes. Akad. Festrede zu Kaisers Geburtstag. Marburg: Elwert 1909. 29 S. 8°
(Marburger akademische Reden. 21.)

— kleines Praktikum der Physiologie. Anleitung für Studierende in physiolog. Kursen. (VIII, 78 S. m. 35 Abbildgn.) 8. Stuttgart 904. F. Enke. n. 1. 60; geb. in Leinw. n. 2. 20

Schenck, F., physiologisches Practicum. Eine Anleitg. f. Studirende z. Gebrauch in pract. Cursen d. Physiologie. gr. 8. (XIII, 308 S. m. 153 Abb.) Stuttgart 895. F. Enke. n. 7. —

— Theorie der Farbenempfindung u. Farbenblindheit. (S. 129–180.) gr. 8. Bonn 907. M. Hager. — 80
Sonderabdr. aus: „Archiv f. die ges. Physiologie".

Schenck, Fr. v., der Wassergesetzentwurf. Gutachten, erstattet im Auftrage u. auf Grund der Beschlüsse des Wasserrechts-Ausschusses der westdeutschen Industrie. gr. 8. (146 S.) Arnsberg 894. (H. R. Stein.) n. 1. 50

Schenck, Fried. Adolph Albert (geb. Siegen 1818): De paralysibus a metalli [illegible] Berolini (1843). (27 S.) 8°
Berlin, Med. Diss. v. 6. März 1843

Schenck, [illegible] (geb. [illegible] 1818): De diabetae mellito [illegible] Berolini (1841). (32 S.) 8°
Berlin, Med. Diss. v. 14. Sept. 1841

Schenck, Fritz [aus Langen (Hessen)]: Deformitäten durch Narben-Kontraktur und ihre Behandlung ... Erlangen, Druck v. A. Vollrath's k. b. Hofbuchdr., 1892; 26 S. 8.
Erlangen, Med. Fak., Inaug.-Diss. v. 1892

Schenck, Fritz [aus Siegen]: (Physiolog. Laboratorium in Bonn.) Zur Kritik der Harnstoffbestimmung nach Plehn .... Bonn, Univ.-Buchdr. v. Carl Georgi, 1887; 28 + 1 S. 8°.
Bonn, Med. Fak., Inaug.-Diss. v. 4. März 1887.

Schenck, Fritz, (Physiolog. Laboratorium in Bonn.) Zur Kritik der Harnstoffbestimmung nach Plehn. Diss. Bonn 1887, Emil Strauss. 8°. 23 S.

Schenck, Geo., Merkbuch f. Fortbildungsschüler. Ausg. A. Kernfragen der Volkswirtschaftslehre, Gesetzeskunde u. Gewerbekunde. (VIII, 138 S.) 8. Wittenberg 905. R. Herrosé. n. 1. 20

— dasselbe. Ausg. B. 3 Tle. 8. Ebd. 905. n. 1. 10
I. Die Entwicklung des Handwerks, die staatl. Maßnahmen zur Hebg. desselben, die Gewerbeordng. (II, 34 S.) n. — 35
II. Der Handwerker als Staatsbürger. Die Staatsverbände u. deren Verwaltg. (III, 35 S.) n. — 35
III. Der Handwerker in seinem Berufe. (III, 55 S.) n. — 40

Schenck, Geo., Merkbuch f. Fortbildungsschüler. Ausg. B. I.—III. Tl. 8. Wittenberg, R. Herrosé. 1. 10
I. Die Entwicklg. des Handwerks, die staatl. Maßnahmen zur Hebung desselben, die Gewerbeordng. 2. Aufl. (43 S.) 910. — 35
II. Der Handwerker als Staatsbürger. Die Staatsverbände u. deren Verwaltg. (Neue Ausg.) (38 S.) 910. — 35
III. Der Handwerker in seinem Beruf. [Umschlag: 2. Aufl.] (62 S.) 910. — 40

Schenck, Geo., aus alter Zeit. Sagen v. Freienwalde a. O. u. der Umgegend. gr. 8. (51 S.) Freienwalde a/O. 891. F. Draeseke. n. — 60

Schenck, Gust., s.: Bodenstedt, Frdr. v. Ein Dichterleben.

Schenck, Hans [aus Berlin]: Über Conservierung von Kernteilungsfiguren. ... Bonn, Univ.-Buchdr. v. Carl Georgi, 1890; 31 + 1 S. + 1 Bl. 8°
Bonn, Med. Fak., Inaug.-Diss. v. 5. März 1890

Schenk, Heinr., vergleichende Anatomie der submersen Gewächse, s. Bibliotheca botanica.

Schenck, H., Beiträge zur Biologie u. Anatomie der Lianen, im Besonderen der in Brasilien einheimischen Arten. s.: Mittheilungen, botanische, aus den Tropen.

Schenck, Heinr., Beiträge zur Kenntnis der Vegetation der Canarischen Inseln, m. Einfügung hinterlassener Schriften A. F. W. Schimpers, s.: Ergebnisse, wissenschaftliche, der deutschen Tiefsee-Expedition. II. 1. II.

Schenck, H., die Biologie der Wassergewächse. Mit 2 (lith.) Taf. gr. 8. (IV, 162 S.) Bonn 886. Cohen & Sohn. n. 5. —

Vergleichende Darstellung der Pflanzengeographie der subantarktischen Inseln, insbes. über Flora u. Vegetation von Kerguelen. Mit Einfügung hinterlass. Schriften A. F. W[ilhelm] Schimpers von Dr. H[einrich] Schenck, Prof., Darmstadt. Mit Tafel 1–10 u. 24 Abb. Jena: G. Fischer 1905. (178 S.) 4°
— Ergebnisse, Wissenschaftl., d. deutschen Tiefsee-Expedition auf d. Dampfer Valdivia 1898–1899. Bd 2, T. 1, Lfg 1, 1. [05. 1111]

Schenck, H., Decorationsmotive. Nach eigenen u. fremden Entwürfen zum prakt. Gebrauch f. Zimmermaler, Decorateure, Stuccateure etc. 1–5. Hft. Fol. (73 lith. u. chromolith. Taf.) Leipzig 871. 73. Seemann. Subscr.-Pr. à n. 2. 25; Einzelpr. à n. 2. 50

Schenck, H., Decorationsmotive. Nach eigenen und fremden Entwürfen zum prakt. Gebrauch für Zimmermaler, Decorateure, Stuccateure, Architekten, Lithographen, Ornamentisten etc. 5 Hefte. Fol. (à Heft 3 Stnt., theilweis chromolithogr.) Leipzig 872,73, Seemann.
à Heft *M.* 2,25.

Ueber Flora und Vegetation von St. Paul und Neu-Amsterdam. Mit Einfügung hinterlass. Berichte A. F. W[ilhelm] Schimpers von Dr. H[einrich] Schenck, Prof., Darmstadt. Mit Taf. 11–15 u. 14 Abb. Jena: G. Fischer 1905. (S. 181–224.) 4°
— Ergebnisse, Wissenschaftl., d. deutschen Tiefsee-Expedition auf d. Dampfer Valdivia 1898–1899. Bd 2, T. 1, Lfg 1, 2. [05. 1111]

Die Gefässpflanzen der deutschen Südpolar-Expedition 1901–1903, gesammelt auf d. Possession-Insel (Crozet-Gruppe), Kerguelen, Heard-Insel, St. Paul u. Neu-Amsterdam. Von Prof. Dr. H[einrich] Schenck (Darmstadt). Mit 10 Abb. (Berlin: G. Reimer 1906.) (S. 90–123.) 4°
— Südpolar-Expedition, Deutsche, 1901–1903. Bd 8, H. 1, 5. [07. 1078]

Schenck, Heinr., Lehrbuch d. Botanik, s.: Strasburger, E.

— Merseburg u. Halle, s.: Renaissance, deutsche.

SCHENCK, Heinrich: Mittelmeerbäume. - Jena 1905. 10 S., 6 Taf. - (Vegetationsbilder R. III, H. 4)

Schenck, Heinrich: Mittelmeerbäume, s.o. Vegetationsbilder.

– Tropische Nutzpflanzen, s. Vegetationsbilder.

—— fossile Pflanzen aus der Albourskette, s. Bibliotheca botanica.

– Strandvegetation Brasiliens, s. Vegetationsbilder.

Schenck, Heinrich (geb. am 31 Jan. 1860 in Siegen): Untersuchungen über die Bildung von centrifugalen Wandverdickungen an Pflanzenhaaren und Epidermen ... Bonn, Univ.-Buchdr. v. C. Georgi 1884. 42 S., 1 Bl., 1 Taf. 8.
Bonn, Phil. Fak., Diss. v. 27 Juni 1884

Schenck, Heinrich. Alpine Vegetation. [Mit] Tafel 25–36. [IV + 25 S.] 4. Jena, Gustav Fischer, 1908. [M. 8.–]
Vegetationsbilder, hrg. von Dr. G[eorg] Karsten ... [und] Dr. H[einrich] Schenck ... Sechste Reihe, Heft 5 6....

Schenk, Heinrich: Vegetationsbilder, s. Karsten, Georg

Vegetationsbilder aus Südbrasilien, s. Vegetationsbilder.

Vegetationsbilder aus Südwest-Afrika, s. Vegetationsbilder.

— Vorbilder f. häusliche Kunst. 1. Hft. Holzmalerei. Fol. (12 Bl. m. 2 S. Text in 4.) Halle 871. Lippert. In Mappe. 8. —

Schenck, J. Fr., der kleine deutsche Jugendfreund. Taschenbuch f. Kinder von 7—11 Jahren zur Bildung des Gemüths. Mit gemalten Bildern, Holzschn. u. Vignetten. 1. Hft.: Frühlingsgabe. 16. (32 S.) Laubach 852. Friedberg, Scriba. 3 ngl

Schenck, J. T. a., de synedrio magno eiusque iure gladii. Marb. 1741. 4.

— vergl. Schenk.

Schenck, Johann Georg (Arnstadt) A. S. 196/37

Dissertatio iuridica, de renunciatione invalida, Germanis: Von Lossagungen, wenn und wer solche leisten, oder auch, in was Fällen man solche nicht leisten könne. Präs. Wilhelm Hieronymus Bruckner. Rec. Jena (Heller) 1750. 64 S.

Diss. 8. VIII. 1696. 30259

Schenck, Johann Jeremias (Giessen) A. S. 594/32

Dissertatio inauguralis juridica de privilegiis decimarum ecclesiasticarum.
Giessen (Vulpius) 22. XII. 1712. 54 S.

W. v.: Bernhard Ludwig Mollenbecius, Simon Nikolaus Orth, Melchior Dethm.-Grolman, Jo. Melchior Verdries.

30261

Schenck, Joh. Carl, Johann Calvin's Verdienste auf dem Gebiete der Erziehung und des Unterrichts. gr. 8. (31 S.) Frankfurt a. M. 863, (Sauerländer's Verlag.)

Schenck, Carl, Frankfurt am Main sonst u. jetzt. Erinnerungsblätter e. Alt-Frankfurters, gewidmet denen, die sich noch gern der alten Zeiten erinnern. (VII, 98 S. m. Abbildgn.) 8. Frankfurt a/M. 904. Kesselring.
Geb. in Leinw. n. 2. 60

Schenck K, Fremdwörterbuchl. z. Gebrauche f. d. Gewerbestand. 2. A. (48 S) 16° Stuttgart 1866

Schenck, Karl, Gedichte. Stuttgart 860. Schaber in Comm. 16. (IV, 108 S.) 15 ngr.

Schenck, Carl, die Invaliditäts- u. Altersversicherung der Hausweber u. Hauswirker nach der Bekanntmachung vom 1. März 1894. Für den Bezirk d. herzogl. Landrathsamts Altenburg (Plattes Land d. Ostkreises u. die Städte Gößnitz, Lucka, Meuselwitz, Ronneburg u. Schmölln) zusammengestellt. gr. 8. (16 S.) Altenburg 894. St. Geibel. n. — 20

Schenck, Carl, Rechtschreibschule für niedere Lehranstalten. gr. 8. (XVI und 312 S.) Schw. Hall 854(55,) Nitzschke. •

—— Teutonia, s.a. Teutonia.

— Teutonia. Eine Liedersammlung für Jünglinge u. Männer, insbesondere für Turner. Stuttgart 857. Sonnewald. 32. (XIV, 210 S.) 5 ngr.

— der Unfall in der Landwirthschaft u. seine Verhütung. Deductionen allgemeinen Charakters in spezieller Behandlg. der Verhältnisse auf dem platten Lande d. Ostkreises d. Herzogth. Sachsen-Altenburg. gr. 8. (59 S.) Ebd. 894. n. — 80

Schenck, Karl, Der naturkundliche und insbesondere der botanische Unterricht an den Gymnasien. 11 S. Progr. Hadamar 1885.

SCHENCK, Carl Alwin: Die Rentabilität des deutschen Eichenschälwaldes. - Darmstadt 1896. 2 Bl., 104 S. - Diss. Univ. Gießen 1896. - 2. Abdr. Darmstadt 1899. 84 S.

Schenck, Carl Alwin, die Rentabilität des deutschen Eichenschälwaldes. 2. Abdr. gr. 8. (84 S.) Darmstadt 899. C. F. Winter'sche Buchdr. n. 1. 50

Schenck, Karl Friedrich

— Abhandlung über d. Wiesenbau, u. was zu dessen Verbesserung sowohl v. Staate als von d. Wieseneigenthümern geschehen müsse. 8. Ful. a. 826, Müller.

Schenck, Karl Friedr., Abhandlung üb. d. Wiesenbau u. was zu dess. Verbesser. sowohl v. Staate, als v. d. Wieseneigenthümern geschehen müsse. Nach d. neuesten Erfahrn. prakt. dargest. u. ausgeführt. 2. Ausg., versehen mit e. Nachtr. 8. (19 B. u. 1 Stnt.) Fulda 841, Müller'sche Buchh.
Neueste Ausgabe, vgl. Dess., der Wiesenbau rc.

— s. Aufführung von Land-Gebäuden rc.

Schenck, Karl Frdr., das Bedürfniß der Landwirthschaft überhaupt sowie jeder Gemeinde oder Gegend insbesondere. Ein Sendschreiben an Regierungen u. landwirthschaftl. Vereine rc. gr. 8. (52 S.) Siegen 847. (Leipzig, Engelmann.) n. 1/3 ngl

Schenck, Karl Friedr., das Bedürfniß d. Volks-Wirthschaft, nach ihrem dermal. Stand-Puncte in d. mehrsten deutsch. Bundes-Staaten. Ein Sendschr. an alle loyalen Regierungen, Staats-Beamte, Land-Stände u. Staatsbürger aller Classen u. Länder. 2 Thle. — A. u. d. Ttln.: Die allgem. Grund-Sätze d. Volks-Wirthschafts-Lehre u. Pflege, mit steter Anwendung auf d. Güter-Quellen, u. d. Verwend. der dens. abgewonn. Sachen. — Die Grund-Sätze d. Volks-Wirthschafts-Pflege, mit steter Anwend. auf d. Gesetze u. Einrichtungen, welche d. Güter-Quellen, d. Verwendung der ihnen abgewonn. Sachen u. d. Gemeinwohl betreffen sollten. gr. 8. (77¾ B.) Stuttgart 831, Schweizerbart.

Schenck, Carl Friedr., Entwurf d. preuß. Wiesen-Cultur-Gesetzes, s. Entwurf.

SCHENCK, Karl Friedrich: Handbuch über Forstrecht und Forstpolizei. - Gotha 1825. XXIV, 562 S. (= XI. Tl. v.: Die Forst- und Jagdwissenschaft nach allen ihren Theilen für angehende und ausübende Forstmänner und Jäger. Hrsg. v. J. M. Bechstein, fortges. v. C. P. Laurop)

— Handbuch üb. Forstrecht u. Forstpolizei. gr. 8. Gotha, Hennings. 2 ꝶ 12 gl (A. u. d. T.: Bechstein, Forst- u. Jagdwissenschaft, 11r Thl.)

Schenk, K. F.: „Handbuch über das Forst- und Jagdrecht und die Forstpolizei", Erfurt und Gotha 1824 (Hennings).

—— Lehrbuch d. Jagd-Rechts u. d. Jagd-Polizei, mit Angabe, wie Beide nicht nur geordnet seyn sollten, sond. auch in d. deutschen Staaten durch Gesetze u. Observanzen jetzt eingerichtet sind. 8. (19¼ B.) Stuttgart 832, Metzler.

SCHENCK, Karl Friedrich: Lehrbuch des Jagd-Rechts und der Jagd-Polizei, mit Angabe wie Beide nicht nur geordnet seyn sollten, sondern auch in den deutschen Staaten durch Gesetze und Observanzen jetzt eingerichtet sind. - Stuttgart 1832. XII, 296 S.

— Statistik des vormal. Fürstenth. Siegen. gr. 8. Hamm 820. (Wundermann). 3 ꝶ

—— Statistik d. vormaligen Fürstenth. Siegen. gr. 8. Hamm, Schultz u. W. 821.

—— Statistik d. Kreises Siegen. 2., verb. Aufl. gr. 8. (22 B. u. 5 Tab.) Siegen 839, (Friedrich'sche Vrlsbuchh.) *

—— d. Wiesenbau in seinem ganzen Umfange, insbesond. d. Kunstwiesenbau des siegener Landes. Ein Lehrbuch f. Wiesen-Eigenthümer, Landwirthe u. große Gutsbesitzer, mit d. Erfahrungen bewährter Wiesenbauer u. Schriftsteller verglichen. 2., umgearb. u. m. den neuesten Erfahrungen verm. Ausg. seiner Abhandl. üb. den Wiesenbau. gr. 8. (17⅛ B. u. 9 Kpfrt. m. 72 Abbild.) Siegen 843. [Wiesbaden, Friedrich's Vrlgsh.] 1 Thlr. 10 Ngr. Hrbgef. Pr.

Schenck, Karl Friedr., der Siegen'sche Wiesenbaumeister. Oder des Wiesenbauers Noth- und Hülfsbuch. Nach des Verf. Tode aufs Neue herausg. mit Sachregistern. In 5 Thln. oder 2 Bdn. Mit 32 Abbildgn. auf 14 (lith.) Kpfrtaf. (in 8., 4. u. Fol.) Wiesbaden 854. Friedrich. gr. 8. (VI, 130; 243 S.; VI, 284; 98; 104 S.) 2 ꝶ.
Neuer Titel zu: Zeitschrift über Wiesenbau rc. 843, 44.

Schenck, Karl Friedr., der Siegen'sche Wiesenbaumeister rc. 3. Bd., mit 72 Abbildgn. auf 9 (lith.) Kpfrtaf. (in 4.) A. u. d. T.: Der Kunstwiesenbau des Siegener Landes. Nach des Verf. Tode aufs Neue herausg. rc. 3. (Titel-)Aufl. Wiesbaden (843.) 854. Friedrich. gr. 8. (XVI, 260 S.) 1 ꝶ.

—— kritische Zeitschrift üb. Wiesenbau, s. Zeitschrift.

Schenck, Carl Wilh., die Lehre v. d. Retentionsrechte nach gem. Rechten. gr. 8. (24 B.) Jena 837, Frommann.

Schenck, Konrad, die Blattern in allen ihren Beziehungen. Ein Beitrag zur Abwehr d. Wiedereintritts der Blatternnoth der Vorzeit u. zur gänzlichen Vertilgung der Blattern. gr. 8. Quedlinburg 844, Basse. 1½ ꝶ

Schenck, Conr., die Einathmung der Schwefeläther-Dünste zur Verhütung u. Tilgung der Schmerzen. Eine Schrift f. Aerzte u. Nichtärzte. Mit 1 Taf. Abbild. (in 4.) gr. 8. (VI u. 45 S.) Quedlinburg 847, Basse. ⅓ ꝶ

—— Encyclopädie der gesammten Wasserheilkunde, zum faßlichen Unterricht für alle Stände rc. 1. Aufl. (15⅝ B.) 843. 25 Ngr. u. 2. Aufl. gr. 8. (15¾ B.) Hanau 846, Edler'sche Buchh.

— Encyclopädie der gesammten Wasserheilkunde zum Unterricht für alle Stände. 2. Aufl. gr. 8. (XX u. 228 S.) Hanau 847, Edler. ½ ꝶ

Schenck, Curt, u. Samotschin (Posen): Untersuchungen über den Einfluß der kolloidalen Substanzen im Boden auf seine Permeabilität und Kapazität für Wasser. Berlin 1907: Haberlandt. (81 S.) 8°
Gießen, Phil. Fak., Ref. Gisevius, Diss. v. 19. Sept. 1907
[Geb. 12. Jan. 80 Samotschin; Wohnort: Gießen; Staatsangeh.: Preußen; Vorbildung: Friedrichs-Werdersche Oberrealsch. Berlin Reife O. 01; Studium: Landw. Hochsch. Berlin 6, Univ. Gießen 2 S.; Rig. 21. Febr. 07.]

Schenck, Lothar, approb. Arzt: Aus d. Kgl. Universitäts-Frauenklinik zu Marburg. Missed labour und Übertragung. *Marburg 1903: R. Friedrich.* (35 S.) 8°
Marburg, Med. Diss. v. 23. März 1903

Schenck, Lothar, Markgraf Rüdiger. Drama. Paderborn 866. Junfermann'sche Buchh. 16. (117 S.) 15 ngr.

Schenck, Ludwig

Schenck, Ludovicus [Pomeranus]: De Telesphoro deo. . . . Gottingae, *Jenae, typ. Frommanni* (*H. Pohle*), 1888; 2 Bl. + 56 S. 8°
Göttingen, Phil. Fak., Inaug.-Diss. v. 21. Dez. 1888

Schenck, Ludov. De Telesphoro deo. Diss. gr. 8. (55 S.) Gött. 888, (Vandenhoeck u. Ruprecht). * 1 40

Schenck, Luise, lose Blätter aus Brasilien. 8. (418 S.) Hamburg 885. (Grädener's Sort.) n. 3. —; geb. n. 4. 50

Schenck, Luise, aus dem Hamsterkasten. Novellen. (V, 282 S.) 8. Dresden (908). [E. Pierson.] Berlin, Verlag Berlin-Wien. 2.50; geb. n 3.50

Schenck, Luise, zu Haus. Schleswig-holstein. Novellen. 8. (XI, 298 S.) Dresden 901. E. Pierson. n. 3. —; geb. n. 4. —

Schenck, Luise, meerumschlungen. 3 Novellen. 8. (IX, 298 S.) Altona 895. Schlüter. n. 3. 50; geb. in Leinw. m. Goldschn. n. 4. 50

Schenck, Luise, Mühlengeschichten. 8. (VII, 336 S.) Breslau 895. E. Trewendt. n. 5. —; geb. n. 6. —

Schenck, Luise, brasilianische Novellen. Mit e. Vorwort v. Gust. Freytag. 8. (V, 391 S.) Leipzig 887. Hirzel. n. 6. —; geb. n. 7. —

— moderne Romfahrt. 8. (156 S.) Dresden 898. E. Pierson. n. 2. —

Schenck, Martin, approb. Arzt aus Siegen (Westf.): Neue Experimente zur Frage der Hirnregeneration. *Würzburg 1903: A. Bord.* (89 S.) 8°
Würzburg, Med. Diss. v. 1903

Schenck, Martin, Dr. med., a. Siegen (Westfalen): Über methylierte Guanidine und einige andere Guanidinderivate. Marburg 1907: R. Friedrich. (77 S.) 8°
Marburg, Phil. Fak., Ref. Schmidt, Diss. v. 1. Nov. 1907
[Geb. 4. März 76 Siegen; Wohnort: Marburg; Staatsangeh.: Preußen; Vorbildung: Realgymn. Siegen, Gymn. Weilburg a. d. Lahn Reife O. 96; Studium: Würzburg 5, Leipzig 5, Marburg 4 S.; Rig. 15. Mai 07.]

Schenck, Martin Adolph (geb. Siegen [illegible] 1826): De febrium intermittentium endemicarum causis et origine. Berolini 1851 [illegible]
Berlin, Med. Diss. v. 25. Apr. 1851

Schenck, Ottilie, Elementarbuch d. deutschen Sprache f. Ausländer. M. e. Wörterbuche. gr. 8. (III, 50 S. m. 4 Illustr.) Marburg 895. N. G. Elwert's Verl. n. — 60

— Viktor Rydberg. Eine biograph. Skizze. 8. (63 S.) Ebd. 896. n. 1. —

Schenck, Ottilie, deutsche Sprachlehre f. Ausländer. Zur Benutzg. f. Schulen im Auslande, sowie f. internationale Unterrichtsanstalten im Inlande. Mit e. Wörterbuche. gr. 8. (VIII, 284 S.) Marburg 893. N. G. Elwert's Verl. n. 2. —

Poetische und andere Streifzüge durch Schweden. Von Ottilie Schenck. *Marburg: N. G. Elwert 1897.* (2 Bl., 60 S.) 1 Bd 8.

Schenck, Otto, e. Fall v. Struma congenita hereditaria. Diss. gr. 8. (24 S.) Heidelberg 891. C. Winter. n. — 80

Schenck, Otto von, a. Heidelberg: Ueber die Kondensation von Valeraldehyd und Malonsäure durch organische Basen. Heidelberg 1904: K. Rössler. (47 S.) 8°
Heidelberg, Naturw.-math. Fak., Ref. Curtius, Diss. v. 5. Dez. 1904
[Geb. 24. Sept. 78 Heidelberg; Wohnort: Colmar i. E.; Staatsangeh.: Baden; Vorbildung: Gymn. Heidelberg Reife Juli 99; Studium: Heidelberg 10 S.; Rig. 27. Juli 04.]

Schenck, Rud., über Analogien zwischen Radioactivität u. dem Verhalten des Ozons, s.: Richarz, F.

Schenck, Rudolf, Kreisbaumeister a. D.: Beiträge zur Bestimmung der Erweichungskoeffizienten natürlicher Bausteine. Berlin: Borntraeger 1910. 43 S. 4° • Aus: Bautechn. Gesteinsuntersuchungen. Mitteilungen aus d. Mineralog.-geolog. Institut d. Kgl. Techn. Hochschule Berlin. Jg. 1 [Nr 378c].
Berlin, Dr.-Ing.-Diss. v. 13. 5. 1910

Schenck, Rud., Beiträge zur Theorie der Lösungen. [Aus: „Abhandlgn. der naturforsch. Gesellschaft zu Halle".] gr. 8. (22 S. m. 2 Fig.) Halle 896. M. Niemeyer. n. — 60

Schenck, Rud., Beiträge z. Theorie d. Lösungen. gr. 8. (22 S. m. 2 Fig.) Halle 896. [Niemeyer.] Stuttgart, E. Schweizerbart. n. — 60

Physikalische Chemie der Metalle. 6 Vorträge über d. wiss. Grundlagen d. Metallurgie. Von Dr. phil. Rudolf **Schenck**, Prof. Mit 114 Abb. Halle a. S.: W. Knapp 1909. (IV, 193 S.) 4°(8°)

Schenck, Rudolf: Denkschrift über die Einweihungsfeier der Königlichen Technischen Hochschule zu Breslau am 29. Nov. 1910. Breslau [1910]. 8°

Schenck, *Friedrich* Rudolf [aus Halle a. S.]: Über die Einwirkung von Aminen auf das Diacton und die neutralen Ester der Pulvinsäure ... Halle a. S., Gebauer-Schwetschke'sche Buchdr., *1894;* 3 Bl., 30 S., 1 Bl. 8.
Halle, Phil. Fak., Inaug.-Diss. v. 15. März 1894

Kristallinische Flüssigkeiten und flüssige Kristalle. Von Dr. Rudolf Schenck, Privatd. Mit 36 Textfig. Leipzig: W. Engelmann 1905. (VIII, 159 S.) 8°

— **Theorie der radioactiven Erscheinungen.** (9 S.) gr. 8. Berlin 904. (G. Reimer.) n. — 50
Sonderabdruck aus: „Sitzungsber. d. preuss. Akad. d. Wiss."

Schenck, *Carl Johann Julius* Rudolf [aus Weilburg a. d. Lahn]: Botanisch-pharmacognostische Untersuchungen der Qumacai cipó ... Erlangen, k. b. Hofbuchdr. v. A. Vollrath, 1894; 19 S., 1 Bl., 1 Taf. 8.
Erlangen, Phil. Fak., Inaug.-Diss. v. [11. Juni] 1894

Schenck, Rudolf [Dr. phil.]: Untersuchungen über die krystallinischen Flüssigkeiten ... (Aus d. Abh. d. naturf. Ges. zu Halle.) Marburg i. H., *Druck v. E. Karras, Halle a. S.,* 1897; 2 Bl., 25 S. 8.
Marburg, Phil. Fak., Hab.-Schr. v. 2. [handschr.: 1.] Mai 1897

Schenck, Rud., Untersuchgn. üb. d. krystallinischen Flüssigkeiten. [Aus: „Abhandlgn. d. naturforsch. Gesellsch. zu Halle".] gr. 8. (27 S. m. 4 Fig.) Halle 897. M. Niemeyer. n. — 80

Schenck, Stef., Construction u. Wirkungsweise der Accumulatoren. [Aus: „Mathemat. u. naturwissenschaftl. Berichte aus Ungarn".] gr. 8. (34 S. m. 5 Tab.) Berlin 890. Friedländer & Sohn. n. 2. —

Schenck, W., s. Miß Robinson, der falsche Freund.

Schenck, W. G. F., Wilhelm der Fünfte, Prinz von Oranien, Fürst zu Nassau und Erbstatthalter der vereinigten Niederlande etc. Hrsg. nach dessen Tode von seinem Sohne E. G. C. Schenck. Lex.-8. (VIII und 216 S.) Stuttgart 854, (Mäcken.) *

Schenck, Mohr & Elsaesser: Ill. Katalog über Waagen, Krahnen usw. Mannheim (1884?)

Schenck zu Schweinsberg, Eduard Freiherr, a. Gießen: Über die Synthese von Dialkyl- und Diarylacetaldehyden aus Aethylaethern disubstituierter Glycole. Rostock 1905: H. Winterberg. (33 S.) 8°
Rostock, Phil. Fak., Ref. Stoermer, Diss. v. 5. Aug. 1905
[Geb. 27. Okt. 77 Wald-Michelbach, Odenwald; Wohnort: Gießen; Staatsangeh.: Preußen; Vorbildung: Realgymn. Darmstadt Prima-Reife O. 97; Studium: Gießen 6, Rostock 5 S.; Rig. 3. Aug. 05.]

Schenck zu Schweinsberg, Ernst, rationelle Torfverwerthung. Ein Leitfaden für die Anlage von Torfdarr- und Torfverkohlungsöfen, und für die Construction von Torfverdichtungs-Maschinen. Mit einem Vorwort von K. Karmarsch. gr. 8. (IX und 67 S. mit in den Text gedr. Holzschn.) Braunschweig 862, Vieweg und Sohn. *

Schenck (Schenk) zu Schweinsberg, Karl Frh.

Schenck zu Schweinsberg, Karl, Balladen und Romanzen. Göttingen 857. Deuerlich in Comm. 12. (2 Bl., 155 S.) n. 20 ngr.

Schenck zu Schweinsberg, Karl Frhr., über die Erziehung und Erhaltung eines guten Rehstandes in der Gebirgsjagd, s. Bibliothek für Jäger und Jagdfreunde.

—— deutsches Jagd-Brevier. Ein Album für Jäger und Naturfreunde. gr. 8. (68 S. mit 1 Holzschntaf.) Leipzig 878, Schmidt und Günther. geb. —

— lyrisches Taschenbuch. Gedichte. 8. (V, 160 S.) Darmstadt 877. Brill in Comm. n. 2. 50; geb. m. Goldschn. n. 3. —

Schenck zu Schweinsberg, Carl Frhr., Zeltlosa. Eine Familien-Geschichte aus dem 7jähr. Kriege. (415 S.) 8. Frankfurt a/M. 903. C. Jügel. n. 4. 50; geb. n. 5. 50

Kochenfibel (von Freiin M. **Scheuck** zu Schweinsberg). Lehrbuch f. d. Anfangsgründe d. Kochkunst f. Kochschulen, wie auch f. d. Selbstunterr. in Fragen u. Antworten. *Marburg: O. Ehrhardt 1904.* (102 S.) 8° [F.] (04. 901) 4

Schenck zu Schweinsberg, Freiin M., s. a. Küchenfibel.

Schenck zu Schweinsberg, Dr. Wilh., Versuch einer Darstellung des Dienstwesens in Kurhessen. gr. 8°. Marburg, Elwert, 1831.

SCHENCK von STAUFFENBERG, Wilhelm Frh. (Augsburg): Zwei Fälle von Hemianästhesie ohne Motilitätsstörung. Mit 1 lithogr. Taf.- Berlin: Schumacher 1909. 33 S.- S.-Abdr. aus: Archiv für Psychiatrie und Nervenkrankheiten. Bd.45.H.2.
22.3.1909 - Chr 1908/09,26; U 09.3392
Diss. Ingolst. Landsh. Mchn.

Schencke, C., Uebersichtskarte und Profile des Braunkohlenreviers Meuselwitz. Fol. (2 Bl.) Zwickau 869, Richter'sche Buchh. * 6 —

Schencke, H., Gott war auch in diesem Jahre unser Wohlthäter! Predigt, gehalten am Erntedankfest, den 15. Sonnt. p. Trin. 1849. gr. 8. (8 S.) Schwerin 850, Kürschner (jetzt: Hildebrand). n. 1/12 ℛ

Schencke, J. G., s. Magazin, Deutsch-Englisches.

Schencke, Johann Ephraim (Liegnitz) A. S. 1206/32

Dissertatio inauguralis medica de larga alimentorum ingestione cum eupepsia ut signo sanitatis.
Präs. Johann Heinrich Schulze.
Halle (Hilliger) 1. X. 1737. 20 S.

Gew.: Stadt Breslau. 30268

Schencke, Paul [aus Nordhausen]: Über Stratiotes Aloides zur Familie der Hydrocharideen gehörig ... Erlangen, *Druck v. F. Eberhardt in Nordhausen*, 1893; 28 S., 15 Taf. 8.
Erlangen, Phil. Fak., Inaug.-Diss. v. 1893

Schenckel, J.

— elementare Arithmetik, theoretisch prakt. dargestellt für Lehrer an Volksschulen u. an den unteren Klassen der Realschulen. gr. 8. Braunschweig 844, Vieweg u. Sohn. 7/12 ℛ

Schenckel, J., der Betrieb des Ackerbaues. Leichtfaßlich dargestellt für den gewöhnlichen Landmann. 12. Darmstadt 845, Leske. 4 ngl

Schenckel, J., Blüthen deutscher Dichter, s. Blüthen.

Schenckel, J., Blüten deutscher Dichter f. Kinder von 7 bis 10 Jahren ausgewählt. 2. sehr stark verm. u. verb. Aufl. 8. (132 S.) Mainz 850, Faber. n. 9 ngl

Schenckel, J., Blüten deutscher Dichter für Kinder von 7 bis 10 Jahren. 3. verm. Aufl. Mainz 857. Faber. 12. (VI, 130 S.) n. 9 ngr.

Schenckel, J., Blüten deutscher Dichter. Für Kinder von 7 bis 10 Jahren ausgewählt. 4., verm. Aufl. Mainz 865. Faber'sche Buchh. 12. (VI, 138 S.) n. 9 ngr.

Schenkel, J

Blüten deutscher Dichter nebst Poetik und Literaturgeschichte. Zum Schulgebrauch. 2. sehr stark verm. u. verb. Aufl.
Mainz: Evler 1853. 454 S. 8°

— Blüten deutscher Dichter nebst Poetik und Literaturgeschichte. Zum Schulgebrauch bearb. 2. sehr stark verm. u. verb. Aufl. Mainz 853. Faber. gr. 8. (VI, 454 S.) n. 1 ℛ

Schenckel, J., Blüten deutscher Dichter nebst Poetik und Literaturgeschichte. 3., verm. und verb. Aufl. gr. 8. (VI und 458 S.) Mainz 859, Faber'sche Buchh. *

Schenckel, J., Blüten deutscher Dichter nebst Poetik und Literaturgeschichte 4. verm. u. verb. Aufl Mainz 863. Faber. gr. 8. (VI, 457 S.) n. 1 ℛ

— **Deutsche Dichterhalle des 19. Jahrhunderts. Mit Einschluß Goethes u. Schillers. In einer Auswahl ihrer vorzüglichsten Dichtungen. Mit erläut. Anmerkungen u. nach zuverlässigen, größtentheils von den Dichtern selbst mitgetheilten Notizen, biograph.-literarisch dargestellt.** 3 Bde. 8. (1: VIII u. 480 S. 2: 512 S. 3: 456 S.) Mainz 850. 51, Kunze. (à 1 ℛ) 3 ℛ

— deutsche Dichterhalle des 19. Jahrhunderts. 2. umgearb. u. verm. Aufl. herausg. von F. C. Paldamus. 3 Bde. Mainz 856. Kunze. gr. 16. 4 ℛ. 7½ ngr.
1. Bd.: Einleitung. Die Dichtungsarten. Metrik. Literarhistorische Uebersicht. Die deutschen Dichter von Göthe bis Schenkendorf. (1749—1784.) (CXVIII, 514 S. u. lith. Titel.)
2. Bd.: Die deutschen Dichter von König Ludwig I. von Bayern bis Lenau (1786—1802). Anhang, e. Auswahl deutscher Volkslieder enthltd. (IV, 655 S. u. lith. Titel.)
3. Bd.: Die deutschen Dichter von Karl Simrock bis auf Aug. Becker (1802—1830). Anhang, eine Auswahl von Gedichten in oberdeutschen Mundarten u. einige Dichtungen in niederdeutscher (plattdeutscher) Sprache enthltd. (IV, 721 S. u. lith. Titel.)

— deutsche Dichterhalle des 19. Jahrhunderts. 2., umgearb. u. verm. Aufl., hrsg. von F. C. Paldamus. Neue (Titel-)Ausg. 3 Bde. Leipzig (856) 868. Zander. 16. (CVI, 1925 S.) 1 ℛ 15 ngr.; in engl. Einb. n. 2 ℛ

— **Elementar-Geometrie f. Gymnasien, Real- u. Bürgerschulen. 2. ganz umgearb. Aufl. 1. Cursus. Mit vielen in den Text eingedr. Holzschn. u. 7 (lith.) Figurentaf.** gr. 8. (IV u. 92 S.) Darmstadt 851, Pabst. ½ ℛ

—— **Elementar-Geometrie** für Gymnasien, Real- und Bürgerschulen. 2., ganz umgearb. Aufl. 1. Cursus. gr. 8. (IV und 92 S. mit vielen in den Text eingedr. Holzschn. und 7 lithogr. Figurentaf.) Gießen 854, Ferber'sche Universitäts-Buchh. Thlr.

Schenckel, J., method. fortschreitende Fragen u. pract. Aufgaben aus der elementaren Geometrie zur Beantwortung f. Schüler. Als Beigabe zu Folgendem. 8. (4 B. m eingedr. Fig.) Darmstadt 845, Pabst. Thlr. * .

— elementare Geometrie, theoretisch-prakt. dargestellt für Lehrer an Volksschulen u. an den untern Klassen der Realschulen. Mit in den Text eingedruckten Figuren. 8. Darmstadt 845, Pabst. n. ½ ℛ

Schenckel, J., Naturbilder in Poesie und Prosa. Für Alt und Jung zusammengestellt. 8. (IV und 100 S.) Mainz 853, [Wirth und Comp.]

Schenckel, J., das Pflanzenreich, mit besonderer Rücksicht auf Insectologie, Gewerbskunde u. Landwirthschaft. Ein naturgeschichtliches Lehr- u. Lesebuch für Schule u. Haus. Mit 80 Steintaf. von Ph. Klier. gr. 8. (XII u. 332 S.) Mainz 847, Kunze. schwarz n. 2 ₰, col. n. 4 ₰ 18 ngr, col. in Engl. Einb. n. 4 ₰ 28 ngr

—— **prakt. Rechenbuch f. Schüler in Volksschulen u. in den unteren Klassen der Realschulen. Als Beigabe z. Lehrbuch der „elementaren Arithmetik." (Mit Resultaten.) gr. 8. (10⅝ B.) Braunschweig 844, Vieweg u. Sohn. 15 Ngr., ohne Resultate** –

Schenckel's Schmetterlingssammler, s. a. Speyer, A.

— der Schmetterlingssammler. **Systematische Beschreibung aller** deutschen Schmetterlinge, **nebst Anleitung zum Fange, zur** Zucht u. Aufbewahrung derselben. **Mit 236 naturgetreu col.** Abbildgn. auf 32 (lith.) Taf., **gez. v. Ph. Klier.** gr. 12. (VIII u. 196 S.) Ebd. 849. **n. 2 ₰ 4 ngr**

Schenckel, Lamprecht, s. Schenkel, Lamprecht.

Schenckendorff, Emil von

Schenckendorff, E. v., der Arbeits-Unterricht auf dem Lande. gr. 8. (32 S.) Görlitz 891. Vierling. n. — 30

Schenckendorff, E. v., d. Ausgestaltung der Volksschule nach d. Bedürfnissen d. Gegenwart. Vortrag, geh. in d. 25. General-Versammlg. d. Gesellschaft f. Verbreitg. v. Volksbildung zu Hamburg am 18. Mai 1895. gr. 8. (21 S.) Görlitz 895. (P. 23. Sattig.) n. — 40

Schenckendorff-Görlitz, E. v., die pädagogische und sociale Bedeutung erziehlicher Knaben-Handarbeit und ihre prakt. Durchführung. Vortrag. Gehalten am 22. Septbr. 1886 im „Handels- und Gewerbe-Verein" zu Kassel. gr. 8. (20 S.) Kassel 887, Wigand.
Aus: Erziehung der Gegenwart, besonders abgedruckt.

Schenckendorff, E[mil] v., Bericht über die gegenwärtige Lage des Deutschen Vereins für Knabenhandarbeit. Erstattet an d. Ausschuss . . . , G. O. u. J. 85.

[F.] Denkschrift uber die Einrichtung deutscher Nationalfeste. Von E[mil] v. **Schenckendorff**, Mitgl. d. preuss. Abgeordnetenhauses. *Leipzig: R. Voigtlander 1897.* (28 S.) 1 Bd 8. (97. 399

Schenckendorff E. v., Denkschrift uber nationale Erziehung durch Leibesübungen. Sonderdruck. (16 S.) Leipzig 1910

Schenckendorff, Emil v., **Durch welche Mittel kann zur Verminderung der jetzt stetig zunehmenden Verbrechen und Vergeben beigetragen werden? Ein Beitrag zur Minderung der** socialen Gebrechen unsrer Zeit. gr. 8. (24 S.) Görlitz 881, (Vierling.) * — 40

Schenckendorff, E. v., die soziale Frage u. die Erziehung zur Arbeit in Jugend u. Volk, s. a. Denkschrift üb. den erziehlichen Knabenhandarbeits-Unterricht.

Schenckendorff E. v. d. soziale Frage u. d. Erziehung z. Arbeit. 4° Frankfurt a. M. 1893

— s.: Götze, W., aus der Lehrerbildungsanstalt d. deutschen Vereins f. Knabenhandarbeit.

Schenckendorff, E. v., s.: Jahrbuch f. Volks- u. Jugendspiele.

Schenckendorff, Emil v., Über Jugend- und Volksspiele, Vorber. f. d. Konferenz d. Zentralstelle f. Arbeits-Wohlfahrts-Einrichtungen zu Berlin 25.–26. 4. 1892, Görlitz 1892, 8 S., 8°.

Schenckendorff, Em. von (Hrsg.), s. a. Jugendspiele. – Über Jugend- u. Volksspiele.

— u. F. A. **Schmidt,** üb. Jugend- u. Volksspiele. Allgemein unterricht. Mitteilgn. d. Zentral-Ausschusses zur Förderg. der Jugend- u. Volksspiele in Deutschland. Hrsg. in dessen Auftrage. Jahrg. 1892. 1.–8. Taus. gr. 8. (112 S.) Hannover-Linden, Manz & Lange. n. 1. —

(B) — u. F. A. **Schmidt, über Jugend** u. Volksspiele. (RBe 28.) Jetzt: Leipzig, R. G. Teubner.

— — dasselbe. Jahrbuch d. Zentralausschusses zur Förderg. der Jugend- u. Volksspiele in Deutschland. 2. Jahrg. 1893. gr. 8. (193 S.) Hannover-Linden 893. Leipzig, R. Voigtländer. Kart. n. 1. 20
Fortsetzung s. u. d. T.: Jahrbuch f. Jugend u. Volksspiele.

— s.: Mittheilungen, allgemein unterrichtende, zur Einführung in die Jugend- u. Volksspiele.

Schenckendorff, Emil v., Das deutsche Nationalfest, S. Entwicklungsgang, s. Bedeutung u. Organisation, Leipzig 1897, 22 S., 8°.

— u. F. A. **Schmidt,** Ratgeber zur Einführg. d. Volks- u. Jugendspiele, s. a. Schriften, kleine, d. Zentral-Ausschusses f. Volks- u. Jugendspiele in Deutschland.

Schenckendorff E. v. und F. A. Schmidt, Ratgeber zur Einführung der Volks- und Jugendspiele. (Schriften des Zentralaussch. f. Volks- u. Jugend-Spiele 1) Leipzig 1896

Schenckendorff, E. v. [illegible]

— Ratgeber zur Pflege der körperl. Spiele an deutschen Hochschulen. Im Auftrage des Zentral-Ausschusses zur Förderg. der Volks- u. Jugendspiele in Deutschland u. unt. Mitwirkg. einiger **Mitglieder desselben** hrsg. 2. verb. Aufl. 8. (56 S.) Leipzig 902. R. Voigtländer. n. – 60
1. Aufl. (53 S.) Ebd. 901. n. — 60.

Ratgeber zur Pflege der korperlichen Spiele an den deutschen Hochschulen. Im Auftr. d. Zentralausschusses u. unter Mitw. einiger Mitglieder desselben hrsg. von E[mil] v. **Schenckendorff** in Gorlitz u. Prof. J[ohannes] Heinrich in Charlottenburg. 3. verb. Aufl. Leipzig & Berlin: B. G. Teubner 1905. (50 S.) 8° [F.]
→ **Schriften**, Kleine, d. Zentralausschusses f. Volks- u. Jugendspiele in Deutschland. Bd 4. (05. 6310

Ratgeber zur Pflege der körperlichen Spiele an den deutschen Hochschulen. Im Auftrage d. Zentralausschusses u. unter Mitw. einiger Mitglieder desselben hrsg. von E[mil] v. **Schenckendorff** in Gorlitz u. Prof. J[ohannes] Heinrich in Charlottenburg. 4. verb. Aufl. Leipzig & Berlin: Teubner 1910. 60 S. 8°
(Kleine Schriften d. Zentralausschusses z. Forderung d. Volks- u. Jugendspiele in Deutschland. Bd 4.) (10. 4604

Rede des Abgeordneten v. Schenckendorff zum Kultusetat am 23. 2. 1895 betr. d. Erläuterung zu d. Programm d. am 21. 2. im Abgeordnetenhause gebildeten Vereinigung f. körperliche und werktätige Erziehung (183 Mitgl.) u. Ber. d. XIV. Kommission darüber, Berlin 1895, 4°.

— s.: Schriften, kleine, d. Zentral-Ausschusses f. Volks- u. Jugendspiele in Deutschland.

—— **der praktische Unterricht, eine Forderung der Zeit an die** Schule. **Sein erziehl., volkswirthschaftl. und socialer Werth.** gr. 8. (III, 84 S.) **Breslau 880, F. Hirt.** * 1 50

— zur Versöhnung d. Besitzes u. der Arbeit, s.: Walcker, Karl.

— **s.: Wehrkraft durch Erziehung.**

— wie wird d. Bewegungsspiel im Freien zur Volkssitte?, s.: Koch, K.

— üb. die Ziele d. deutschen Vereins f. Knaben-Handarbeit, s.: Sammlung pädagogischer Vorträge.

Schenckling, Aug. B., die Landwirtschaft in China u. in Europa m. Angabe der Methode zur raschen Hebung der landwirtschaftlichen Reinerträge durch Tiefkultur, Grün- u. Kunstdung. 3. Aufl. gr. 8. (34 S. m. 2 Abbildgn.) Münster 893. H. Schöningh. n. 1. —

Schende, Warmwasserröste des Flachses. München 1852

Schendel, Heinrich

Schendel, Henricus: Quibus auctoribus Romanis L. Annaeus Seneca in rebus patriis usus sit. Gryphiae 1908: Adler. 52 S. 8° Greifswald, Phil. Diss. v. 10. Nov. 1908, Ref. Hosius
[Geb. 22. Sept. 84 Berlin; Wohnort: Kolberg; Staatsangeh.: Preußen; Vorbildung: Gymn. zum grauen Kloster Berlin Reife M. 03; Studium: Berlin 5, Greifswald 3 S.; Rig. 14. Juli 08.] [U 09. 1361

Schendel, Leop., Beiträge zur Theorie der Functionen. gr. 8. (III, 66 S.) Halle 880, Schmidt's Verlagsh. * 1 60

Schendel, Leop., Elemente der analytischen Geometrie der Ebene in trilinearen Coordinaten. Für Mathematiker u. Studirende. gr. 8. (XIII, 184 S.) Jena 874. Costenoble. n. 6. —

Schendel, Leop., die Bernoulli'schen Functionen und das Taylor'sche Theorem, nebst einem Beitrage zur analytischen Geometrie der Ebene in trilinearen Coordinaten. gr. 8. (VI, 52 S.) Jena 876, Costenoble.

Schendel, Leop., Grundzüge der Algebra nach Grassmann'schen Prinzipien. gr. 8. (VIII, 161 S.) Halle 885, Schmidt's Verlagsh. *

Schendel, Moritz [aus Bromberg]: Ueber die Beeinflussung der üblichen Zucker- und Eiweissproben im Harn durch Arzneimittel. . . . Erlangen, Druck d. Univ.-Buchdr. v. Junge & Sohn, 1888; 32 S. 8°
Erlangen, Med. Fak., Inaug.-Diss. v. 1888

Schendel, Rud., Purzelbäume des Aberglaubens. Verse für Glücksucher. (56 S.) 12. Blankenhain 904. M. Schlimper's Nachf. n. 1. —

Schendell, Ellmar [app. Arzt aus Skalmierowice in Posen]: Zur Aetiologie der Entzündung. . . . Bromberg, Buchdr. v. A. Dittmann (1887); 22 S. 8°
Erlangen, Med. Fak., Inaug.-Diss. v. 8. Aug. 1887

SCHENDER, Heinrich. Ein wahres Romänchen, von *C. F. D.* Leipzig, bei Adam Friedr. Böhmen. 1797. 8°. 216 S. incl. Tit. m. Vign. — Zum Theil freien Inhalts.

Schender, s. Heinrich.

Schendera

— **Massenberechnung f. e. Plattendurchlass,** s.: Unterrichts-Werke (Methode Hittenkofer) f. Selbstunterricht Nr. 71 VII.

Schendera, geodätisches Praktikum, s.: Unterrichts-Werke (Methode Hittenkofer) f. Selbstunterricht Nr. 189.

Schenderlein, Herm., Enthüllungen üb. die finsteren Mächte der socialdemokratischen Führer. 2. verm. Aufl. gr. 8. (36 S.) Greiz 899. Selbstverlag. — 30

Schenderlein, Johannes: Die philosophischen Anschauungen des Raimund v. Sabunde. *Leipzig 1898: Sellmann & Henne.* (65 S.) 8°
Leipzig, Phil. Diss. v. [20. Juli] 1898

Schendi, Mich., empirica illustris per septem nobilissima euporista familiar. remedia. 8. Augsburg. 723.

Schendler, Helene, das große Buch der Liebhaberkünste. Kerb-, Blumen-, Ornament-, Faltenschnitt usw. (184 S. m. Abbildgn.) 8. Berlin (908). H. Steinitz. n. 2. —

Schendler. Helene, d. Vaterunser, s.: Mahlmann, S. A.

Schěn dschóu [Schlagwort]

Schěn dschóu, s.: Tschili.

Schenectady-Herold-Journal: Mar. 25, 1910 - 1954 ;
Weekly. Independent Republican, 1930—38; Independent, 1939—51; Republican, 1952—54. Sub-title: Unabhängiges Wochenblatt für die Deutschen von Schenectady, Albany, und Umgegend. Title varies: SCHENECTADY HEROLD, Mar. 25, 1910—Apr. 1917. Circulation: 1920, 4500; 1930, 2853; 1943, 1875; 1950, 2300; 1952, 1890. Edited & published by Oswald E. Heck & Thomas Unseld, Mar. 25, 1910—1917?; edited by Oswald F. Heck, & published by Schenectady Herold Publishing Co., 1917? —1954.
Schenectady, NY

Schenk [Sachliches OW]

Schenk von Dischingen, der Graf. Eine historische Novelle von W. B. Ulm 863. Gebr. Nübling. gr. 8. (VIII 152 S.) 15 ngr

Schenk. † Bundesrat Dr. Karl Schenk (1823–1895). [Mit Portrait. A.] 8. Bern 1895.

Schenk od. Lahmann? Lahmann's Theorie der Geschlechtsbestimmg. Zusammengestellt v. S*** B***. Ein Mahnwort an die Menschheit in Angelegenheit des Mädchen-Ueberschusses, zugleich e. Reform der Liebig'schen Eiweisstheorie. (16 S.) schmal gr. 8. Wien 904. Krakau, Hygien. Verlag. (Nur direkt.) n. — 30

Mädchen-Mörder, der, Hugo Schenk und seine Genossen. kl. 8. (16 S.) Wien, Carl Fritz. 10 kr. 1884.

Schenk, Reinhold von, Hauptm. zu Osterwiz; od. Margarethe mit d. Maultasche. Schausp. v. Anton. 8. Klagenf. Kleinmayr. (Gräff in Lpz.) 794.

v. Schenk, Reinhold, Hauptmann zu Osterwitz, oder Margarethe mit der Maultasche. Vaterländ. Schspl. in 5 A. 8. (Leipz.) 794. Wienbrack. 6 gr

Schenk [Verfasser]

Schenk, zur Erinnerung an die 700jährige Jubelfeier der Christianisirung Rügens, s. Zur Erinnerung.

v. Schenk, . . ., Gedichte des gesellschaftl. Lebens. gr. 8. Frkf. a. M. 753. Andreä. 5 gr

Schenk [Dr.]: Zum 24. Juni 1889. Rede zur Feier des Geburtstages Sr. Königl. Hoheit des Grossherzogs Carl Alexander. Jena, Druck v. G. Neuenhahn, 1890; S. 1—7; 4°
Jena, Pfeiffer'sche Lehr- u. Erz.-A, OP 1890

Schenk, Diss. de lassitudine. Jen. 8°. 1764

Scheuk, s.: Orthographie-Reform, die, in der deutschen Schweiz.

Philipp der Großmütige, Landgraf von Hessen (1504–1567). Zur Denkmalenthüllungsfeier in Haina 1904 von Rektor Schenk, Frankenberg. *Frankenberg: F. Kahm 1904.* (40 S.) 8° [F.] [04. 16493]

Schenk, Philipp Reis, der Erfinder des Telephon. gr. 8. (16 S. mit 9 eingedr. Holzschn.) Frankfurt a. M. 878, Alt.

— Das ehemalige St. Georgenkloster u. Augustinerinnenhaus zu Frankenberg in Hessen. (35 S.) 8. Ebd. (909). — 50

Schenk: Das ehemalige St. Georgenkloster und Augustinerinnenhaus zu Frankenberg in Hessen. Frankenberg: Kahm [1910]. 35 S. 8°

Schenk, ..., s. Theater, komisches.

Schenk, die Verpflichtung der Gemeinde-Kirchenräthe u. ihrer Glieder, auf das religiöse u. sittliche Leben der Gemeinden einzuwirken. Referat, erstattet auf der Ueckermünder Kreis-Synode am 11. Mai 1887. 2. Aufl. gr. 8. (16 S.) Berlin 888. Rother. n. — 30

Schenk, aus Frankenbergs Vorzeit zugleich Führer durch Frankenberg. (59 S.) 8. Frankenberg (910). F. Kahm. — 80

Schenk, das ehemalige Cisterzienser Kloster u. nachherige Hospital zu Haina. Konferenz-Vortrag. (27 S.) 8. Frankenberg 908. F. Kahm. n. — 40

Schenk, A., Anleitung zur Bestimmung der im Herzogthum Nassau u. dessen Umgebung wildwachsenden Pflanzen-Gattungen, nebst pädag.-didactischen Vorerinnerungen. Abhandlung z. Programme des Herzogl. Nass. Pädagogiums zu Dillenburg f. 1845. 4. (Wiesbaden 846, Friedrich.) n. 1/3 ℔

Schenk, A., Clavulariiden, Xeniiden u. Alcyoniiden v. Ternate. [Aus: „Kükenthal, Ergebnisse e. zoolog. Forschungsreise in d. Molukken, Abh. der Senckenb. naturforsch. Ges."] gr. 4. (80 S. m. 3 Taf.) Frankfurt a/M. 896. (M. Diesterweg.) n. 2. 40

Schenk, A.: Clavulariiden, Xeniiden u. Alcyoniiden v. Ternate. *Frankfurt a. M. 1896.*
in: Ergebnisse e. zoolog. Forschgsreise in d. Molukken u. Borneo ... Tl 2. Bd 1, H. 1.
— Abhandlungen hrsg. v. d. Senckenbergischen naturforsch. Gesellschaft. Bd 23, H. 1. [98. 1713]

Ⓑ Schenk, A., Clavulariiden. 896. (KBl. 30.) Jetzt: Frankfurt a/M. (Viktoria-Allee 7), Senckenberg. naturforsch. Gesellschaft. Erm. Pr. nn 1. 50

Schenk, A. D., zwei wichtige Fragen der kirchenmusikalischen Reform. I. Ist eine durchgreifende Verbesserung der Kirchenmusik selbst auf Landchören möglich? II. Welches ist die Stellung und Pflicht des Clerus gegenüber der Kirchenmusik? 2. umgearb. Aufl. 8. (117 S.) Regensburg 877, Pustet.

SCHENK, A. D.
(F) Dr. Sebastian Josef Mayrhofer, Schützenhauptmann der Villanderer und Adjutant P. Haspinger's im Jahre 1809. Ein Lebensbild, gezeichnet von A. D. Schenk. Innsbruck. 1899. In Comm. Wagner. 16°. 34 S. mit Portrait. fl. —.20

Schenk, A. D., Stellung u. Pflicht d. Klerus gegenüber der Kirchenmusik. 8. (43 S.) Bozen 873. Promperger. n. — 48

Schenk, A. L., Robert Essex. Tragödie in 5 Akten. gr. 8. (83 S.) Ulm 879. (Tübingen, Lindenmaier.) n. 2. 50

Schenk, A. L., die Florentiner. Trauerspiel in 5 Akten. (Den Bühnen gegenüber Mscr.) Reutlingen 866. (Stuttgart, Fischhaber.) gr. 8. (143 S.) n. 24 ngr.

Schenk, A. L., die Herrin von Aosta. Romantisches Drama in 5 Akten. gr. 8. (IX, 74 S.) Ulm 879. (Tübingen, Lindenmaier.) *

— Michael Kohlhaas. Romantisches Trauerspiel in 4 Akten. Nach Heinr. v. Kleist's histor. Novelle: „Michael Kohlhaas" frei bearb. (Bühnen gegenüber Mscr.) Eßlingen 866. (Stuttgart, Fischhaber.) 8. (79 S.) n. 18 ngr.

Schenk, Adolf [aus San Francisco, Cal.]: Über die Einwirkung von Phosphorchlorür auf tertiäre aromatische Amine. . . . Marburg, *Druck v. R. Wagner in Weimar,* 1889; (30 S.) 8°
Marburg, Phil. Fak., Inaug.-Diss. v. [8. Nov.] 1889

Schenk, A(lbert): Etudes sur la Rime dans 'Cyrano de Bergerac' de M. Rostand. Kiel 1900: P. Peters. (109 S.) 8°
Kiel, Phil. Diss. v. [26. Jan.] 1901

Schenk, Alb., Etudes sur la rime dans „Cyrano de Bergerac" de M. Rostand. gr. 8. (111 S. m. 1 Taf.) Kiel 900. (R. Cordes.) n. 2. —

Paris pédagogique par Albert Schenk. Échelle 1:20,000 *Kiel: R. Cordes [1902].* (1 Kartenbl. 105×80 cm.) gr. 2° [kol.] [02. 4189]

Schenk, Albert. Table comparée des Observations de (François de) Callières sur la langue de la fin du XVIIe siècle. XXIV + 166 p. 8. Kiel, Robert Cordes, 1908 (*Umschlag:* 1909). [M. 6. —]

— Vive le rire! Recueil de jeux de mots, d'épigrammes, d'amusettes, de rébus et d'attrapes. A l'usage des écoles et des familles. Avec des notes et un index. 8. (IV, 128 S.) Ebd. (902). n. 2. —

Vive le Rire! Recueil de Jeux de Mots, d'Épigrammes, d'Amusettes, de Rébus et d'Attrapes. A l'Usage des écoles et des familles. Avec des Notes et un Ind. par Albert Schenk, Lecteur, Kiel. 2. éd. Kiel: R. Cordes [1905]. (127 S.) 8° [05. 10009]

Die Fürsorge für die aus der Hilfsschule entlassenen Kinder in unterrichtlicher u. praktischer Beziehung. Vortrag auf d. 5. Verbandstage d. Hilfsschulen Deutschlands zu Bremen. Von Alwin Schenk. Bielefeld: A. Helmich [1905]. (19 S.) 8° [F.]
= Abhandlungen. Pädagogische. H. 94. [05. 14479]

Schenk, Alwin, biblische Orte. Einzelbilder v. e. Orientreise. (82 S. m. Abbildgn. u. 1 Taf.) 8. Breslau 906. Priebatsch. n. — 80

Schenk, Alwin Thdr., evangelisch-lutherische Hausagende, auf Grund der alten Pommerschen Kirchenagende zusammengestellt. Wollin 857. (Stettin, Graßmann.) gr. 8. (425 S.) n. 1 ℛ 10 ngr.

Schenk, Alwin Theod., s.: Musik-Anhang zu einer evangelisch-luther. Gottesdienst-Ordnung.

Schenk, Alwin Thdr., Saget der Tochter Zion: Siehe, dein König kommt zu dir. Vier Advents-Predigten. Stettin 860 Graßmann. gr. 8. (63 S.) n. 12 ngr.

Schenk, Arno: De Isidori Hispalensis De natura rerum libelli fontibus. Ienae 1909: Neuenhahn. 72 S. 8°
Jena, Phil. Diss. v. 5. März 1909, Ref. Götz
[Geb. 27. Juli 84 Obergrunstedt; Wohnort: Arnstadt; Staatsangeh.: Sachsen-Weimar; Vorbildung: Gymn. Weimar Reife O. 04; Studium: Jena 10 S.; Rig. 31. Okt. 08.] [U 09. 3331

Die Hydrotherapie des Darmtraktes mittels Enteroklyse. Von Arthur Schenk. *Halle a. S.: C. Marhold 1900.* (40 S.) 8°
= Archiv d. Balneotherapie u. Hydrotherapie. Bd 2, H. 6. [00. 7304 3

Schenk, August

——— Beiträge zur Flora des Keupers und der rhätischen Formation. (Sep.-Abdruck a. d. VII. Bericht d. naturforsch. Gesellsch. zu Bamberg.) 1865. 8. Mit 8 Tafeln.

——— Beiträge zur Flora der Vorwelt. Algen. (Palaeontograph. Band 11.) 1864. 4. Mit 4 Tafeln. — III. Die fossilen Pflanzen der Wernsdorfer Schichten in den Nordkarpathen. (Palaeontogr. Bd. 19.) 1869. 4. Mit 7 Tafeln.

Schenk (A.). Beiträge zur Flora der Vorwelt. IV.: Die Flora der nordwestdeutschen Wealdenformation. (Palaeontographica. Bd. XIX.) Cassel 1871. 4. Mit 22 Taf.

Schenk, A. Beiträge zur Kenntniss der fossilen Flora von Unterfranken. 1858.

Schenk, A. Bemerkungen über einige Pflanzen der Lettenkohle und des Schilfsandsteines. 1860?

——— Bemerkungen über einige Pflanzenreste aus den triasischen und liasischen Bildungen der Umgebung des Comersees. (Abdruck aus den Berichten der math.-phys Klasse d Königl. Sächs. Gesellsch. der Wissenschaften. 1889.) 8. Mit 1 Tafel.

——— Ueber die Gattungen Elatides Heer. Palissija Endlicher. Strobilites Schimper. (Sep.-Abdr. a. Engler's botan. Jahrb., Bd. 5.) Leipzig 1884. 8.

Schenk (A.). Ueber einen in der Keuperformation bei Würzburg aufgefundenen fossilen Farnstamm. (Verh. d. physik.-mediz. Ges. zu Würzburg. Bd. 5.) Mit 1 Tafel. Würzburg 1857. 8.

Schenk, A. Fossile Flora von China. Abhandlung 9—11. Aus Richthofen, China Bd. IV

Schenk, Aug., die fossile Flora der Grenzschichten des Keupers u. Lias Frankens. 9 Liefgn. Wiesbaden 865—67. Kreidel's Verl. Fol. (XXIV, 232 S. in 4 mit 45 Steintaff. in Tondr.) Jede Liefg. n. 3 ℳ

Schenk, A., die fossile Flora der nordwestdeutschen Wealdenformation. Mit 22 (lith.) Taf. Abbildgn. gr. 4. (66 S.) Kassel 871. Fischer. n. 54. —

Schenk, A. Über die Flora der schwarzen Schiefer von Raibl. 1860?

Schenk, Aug., Flora der Umgebung von Würzburg. Aufzählung der um Würzburg vorkomm. phanerogamen Gefässpflanzen. Ein Beitrag zur Flora von Bayern. 8. (XL und 199 S.) Regensburg 848, Manz. *

Schenk, Aug., der botanische Garten der Universität zu Würzburg. 8. (24 S.) Würzburg 860, Stahel'sche Buchh.

Schenk, A., s. a. Handbuch der Botanik.

Schenk u a., Handbuch d. Botanik. 4 Bde (Encykl. d. Naturw. I, 1) Breslau 1879-90

——— Fossile Hölzer. (Aus Zittel: Lybische Wüste. Bd. 3, Th. 1.) Cassel 1884. 4. Mit 5 Tafeln.

——— Fossile Hölzer aus Ostasien und Aegypten. (Bihang till Kongl. Svenska Vet. Akad. Handl., Bd. 14, Afd. III. No. 2.) Stockholm 1888. 8.

——— Die von den Gebrüdern Schlagintweit in Indien gesammelten fossilen Hölzer. (Sep.-Abdr. a. Engler's botan. Jahrb., Bd. 3.) Leipzig 1882. 8.

Schenck, A., geognostische Charte der Umgegend v. Würzburg. Fol. Lithochrom. Mainz 852, Kunze. n. 1 ℳ

— **über Medullosa Cotta u. Tubicaulis Cotta. [Aus: „Abhandlgn. d. k. sächs. Gesellsch. d. Wiss.“] Lex.-8. (38 S. m. 3 Steintaf.) Leipzig 889. Hirzel. n. 2. —**

— **Palaeophytologie, s.: Zittel, K. A., Handbuch der Palaeontologie.**

Schenk, A., traité de Paléontologie, — Paléophytologie, } s.: Zittel, Karl A., traité de Paléontologie.

Schenk, A. Die Perfossus-Arten Cottas. 1883.

——— Die während der Reise des Grafen Bela Széchenyi in China gesammelten fossilen Pflanzen. (Sep.-Abdr. Palaeontogr., Bd. 31.) Cassel 1884. 4. Mit 3 Tafeln.

— **die fossilen Pflanzenreste. Mit 90 Holzschn. u. 1 Taf. [Aus: „Handbuch der Botanik“.] gr. 8. (VI, 284 S.) Breslau 888. Trewendt. n. 10. 80**

— die Pflanzenreste des **Muschelkalkes von Recoaro,** s. Beiträge, geognost.-paläontologische.

——— Ueber Sigillariostrobus. (Abdr. a. d. Ber. d. mathem.-physikal. Klasse der Kgl. Sächs. Gesellsch. d. Wissensch. 1885.) 8.

Schenk, A., Plantarum species, quas in itinere per Aegyptum, Arabiam et Syriam Cli viri G. H. de Schubert, M. Erdl et J. R. Roth collegerunt. Recensuit et ex parte descripsit. 8 maj. Monachii 840. (Würzburg, Voigt u. Mocker.) n. 1/3 ℳ

Schenk, A. Über die allgemeinen Verhältnisse der Flora des Keupers und Bonebed. 1860?

— **s.: Zittel, K. A., Handbuch der Palaeontologie.**

Schenk, C., die Entwickelung der Armeeverhältnisse des Kantons Bern in der neuern Zeit hauptsächlich während der Jahre 1846 bis Ende 1855. Bern 856. (Solothurn,) Jent u. Gaßmann. gr. 8. (XIV, 203 S. u. 4 Tab. in 4. u. Fol.) 27 ngr.

Schenk, C., die Entwicklung der Armenverhältnisse des Kantons Bern in der neuern Zeit hauptsächlich während der J. 1846 bis Ende 1855. gr. 8. (XIV und 293 S. mit 4 Tab. in 4. und qu. Fol.) Bern 856, Jent und Gaßmann.

Schenk, Carl, s. Schenk, Karl.

Schenk, Chr. Er., s. Bernis: Pros. Werke.

– s. Fabeln u. Fabuletten.

Schenk, Chr. Er., († d. 2. Mai 1807.) Versuch einer allgem. Sasslehre, od. über die Grundsätze d. menschl. Erkenntniß. 8. Dessau 784. Gelehrten-B. 16 gr.

Schenk, Christian. Tagebuch Christian Schenk's, des ältern, Mechanikus in Bern, über seine, vom 4. Brachmonat bis 19. Heumonat 1818. gemachte Reise von Bern auf Paris und seinen Aufenthalt daselbst. 8. Bern 1837.

Schenk, Conrad, s. Schenk, Konrad

Schenk, Daniel, a. Essen a. d. Ruhr: Über das Verhalten von starken Tertiärbasen und von Organomagnesium-Verbindungen gegen Sulfochloride. Würzburg 1908: C. J. Becker. (83 S.) 8°
Tübingen, Naturw. Fak., Ref. Wislicenus, Diss. v. 20. Febr. 1908
[Geb. 27. Aug. 80 Essen; Wohnort: Tübingen; Staatsangeh.: Preußen; Vorbildung: Gymn. Essen Obersekunda, Pharmaz. Staatsprüfung; Studium: München 1, Erlangen 3, Tübingen 5 S.; Coll. 20. Febr. 08.]

Schenk, E. W., üb. Regentenbevormundung, Stände u. ständische Verfassung. Eine Widerlegung d. Schrift des Großherzogl. Weimar. Regier.-Raths, Alex. Müller über Regentenbevormundung. 8. Ilmenau 823. Voigt. 8 gr.

Schenk, Eduard v., Ahnen u. Enkel. Festspiel zur Feyer d. Vermählung Sr. Hoh. d. Hrn. Erbgroßh. v. Hessen mit Ihr. Kgl. Hoh. d. Prinzessin Mathilde v. Bayern. 8. (1½ B.) Regensburg 833, Pustet.

Schenk, Eduard von, s. Beer, Mich.: Briefwechsel.

Schenk, E. v., Belisar, s.: Universal-Bibliothek.

Schenk, Ed. v., Charitas, s. Charitas.

—— Charitas. Festgabe f. (1834) u. 1835. (1. u.) 2. Jahrg. Mit Beiträgen v. König Ludwig v. Bayern, L. Aurbacher, M. Diepenbrok, C. v. Martius, C. v. Neumayr, Fr. Rückert, J. M. v. Sailer, dem Hrsgeb. u. Andern. gr. 12. Regensburg, Pustet. [834. (15⅙ B., 5 Kpfr. u. 1 Holzschn.) 2 Thlr., 35. (17¾ B. u. 2 Kpfr.) 1 Thlr. 12 Gr.]

Schenk, Eduard v., Charitas. Festgabe f. 1836 u. 1838. 3. u. 4. Jahrg. Mit Beiträgen v. König Ludwig v. Bayern, L. Auerbacher, F. Beck, G. Dazenberger, M. Diepenbrock, F. Rückert, G. H. v. Schubert, F. L. v. Varicourt, C. Weichselbaumer u. d. Hrsgeb. gr. 12. Regensburg, Pustet. [836. (19⅗ B. u. 3 Kpfr.), 38. (24½ B. u. 3 Kpfr.) à * 1½ Thlr.] *
1. u. 2. Jahrg. 1834 u. 35. Ebendas. 3 Thlr. 12 Gr.

—— dass. f. 1840 u. 1842. Neuer Folge 1. u. 2. Jahrg. Mit Beiträgen v. König Ludwig v. Bayern, Kronprinz Maximilian v. Bayern, L. Auerbacher, M. Diepenbrock, C. Fernau, A. Fürstin von Gallitzin, A. v. Maltitz, C. F. Ph. v. Martius, C. v. Neumayr, J. A. Pangkofer, Fr. Rückert, G. H. v. Schubert, F. A. v. Zu-Rhein rc. u. d. Hrsgeb. gr. 12. Regensburg, Manz. [840. (15⅓ B. u. 1 Stahlst.), 42. (20 B. u. 5 Stahlst.) à * 1⅔ Thlr.] Thlr. *

Schenk, Ed. v., Albrecht Dürer in Venedig, s. Dilettanten-Bühne, katholische.

Sche'nk, Eduard v., alte u. neue Kunst. Allegor. Vorspiel zu Goethe's Gedächtnißfeier. 12. (1 B.) Stuttgart 832, Cotta. Thlr.

Schenk, E. v., s.: National-Litteratur, deutsche.

SCHENK, Eduard (München): Das Recht der Dos vor Justinian, ein historisch civilistischer Versuch.- Landshut: Thomann 1812. 104 S. Diss. Ingolst.-Landsh.-Mchn.
1812 - Kal 1813

Schenk, Ed. v. (k. Staatsrath, General-Commissär u. Reg.-Präsident d. Regenkreises), *Rede zur feierl. Eröffnung der Anstalt f. Erziehung, Unterricht u. Beschäftigung armer Kinder* in Regensburg, gehalten am 24. Aug. 1834. Regensburg, Fr. Pustet, 1834. Kl. 8°. 32 S. Cart.

Schenk, Eduard, gepr. Lehramtskand.: Über die Reduktion von Pinen zu Pinan, Eigenschaften und chemisches Verhalten des letzteren. 1910. 44 S. 8°
München, Dr.-Ing.-Diss. v. 20. 12. 1909

Schenk, Eduard v., die Bischöfe Joh. Mich. v. Sailer u. Geo. Mich. Wittmann. Beitr. zu ihrer Biographie. 12. (4⅓ B. u. 2 Stahlst.) Regensburg 838, Pustet.
Aus: Dess., Charitas f. 1839, besond. abgedruckt.

—— Schauspiele. 1—3. Thl. 8. Stuttgart, Cotta.
Thl. 1. Belisar. — Kaiser Ludwigs Traum. (13½ B.) 829. 1 Thlr. 6 Gr.
" 2. Henriette v. England. — Albrecht Dürer in Venedig. — Der Untersberg. (18 B.) 833. 1 Thlr. 16 Gr.
" 3. Die Krone v. Cypern. — Alte u. neue Kunst — Ahnen u. Enkel. — Die Griechen in Nürnberg. (19 B.) 835. 1 Thlr. 16 Gr.

Schenk, (Ed.,) Canova's Tod; ein Gedicht. 2te Aufl. gr. 8. München 823, Finsterlin.

—— Todtenfeyer f. Clara Vespermann. Cantate; in Musik gesetzt v. H. Stunz. gr. 8. (¼ B.) München 827, Lindauer.

— Kaiser Ludwigs Traum. Festspiel zur Feier des ersten Erscheinens des Königs u. d. Königin von Baiern im königl. Hof- und National-Theater zu München am 27. März 1826. 8. Münch. J. Lindauer, 4 gr.

Schenk, Emil, der brasilianische Bienenzüchter. Ein Lehrbuch f. die gesammte Bienenzucht Brasiliens. 8. (VII, 185 S.) Porto Alegre (Brasilien) 900. Selbstverlag. n. 3. 50; geb. n.n. 4. 50

SCHENK, EMIL. Zur Kenntniss einiger Derivate des Cinchonin's. Freiburg im Breisgau, 1881.

Schenk, Erich, aus Danzig: Ueber die Beziehungen der Schilddrüse zum Wesen und zur Behandlung des Morbus Basedow. *Berlin (1898): E. Ebering.* (27 S.) 8°
Berlin, Med. Diss. v. 28. Okt. 1898

Schenk, Ernst, Abbildung aller bekannten Getreidearten, s. Krause, Joh. W.

— Abbildungen Thüring. Pflanzen, s. Jonath. Karl Zenker, Flora von Thüringen.

Schenk, Ernst, Abbildungen Thüringischer Schmetterlinge, s. Fauna von Thüringen.

Schenk, E., Atlas der vorzüglichsten Handelspflanzen zu Schwarzkopf's Lehrbuch der Colonial- u. Spezerei-Waarenkunde. Mit erläuterndem Texte und treu nach der Natur gezeichneten Abbildungen. (10 Liefgn.) Jena (853, 54.) Mauke. gr. 4. (48 Kpfrtaf. u. 11 Bl. Text.) 2 ₰.; color. 4 ₰. 15 ngr.

Schenk, Ernst, Atlas zu Herfort's Waarenlexikon. Enthaltend 80 Stnt. mit 10 schwarzen und 561 ill. Abbild. 8. (VIII S. Text.) Leipzig 857, G. Wigand. geb. *
Vgl.: Herfort, Ludw., Waarenlexikon.

Schenk, Ernst, Cyperaceae et Gramineae, s.: Schlechtendal, D. F. L. v.

Schenk, Ernst: Die Erkenntnis der Hundswuth und Berichtigung der Irrthümer, welche dieselbe oft verhindern. Jena: 1844

s.: Renner, Theobald

—— Fauna von Thüringen, s. Fauna.

Schenk, Ernst, Flora von Deutschland, s. Flora.

Schenk, Ernst: Flora von Deutschland. Bd 1-6
Jena: 1842 - 1846

s. u. Schlechtendal, D(ietrich) F(ranz) L(eonhard) von

—— Flora von Thüringen, s. a. Flora.

Schenk, E., Flora von Thüringen, siehe a. v. Schlechtendal, D. L. F.

Schenk, E(rnst): Pinakothek der deutschen Giftgewächse für Botaniker, Pharmaceuten und Droguisten sowie zum Schulgebrauch. von E. Schenk und (Johann) Günther. 2. Aufl. 12 S., gbd., Abb.

Jena: Mauke (1844)

—— kleiner wohlfeiler Schulatlas rc., s. Günther, Joh.

—— über Zeichenkunst u. Malerei hinsichtlich d. Darstellung naturhistor. Gegenstände. 4. ($4\frac{1}{2}$ B.) Jena 829, Verf.
Kam nicht in den Buchhandel.

Schenk, Dr. E., s. J. K. Jenker, merkantil. Waarenkunde.

v. Schenk, Ernst C. F., Andachtsbuch für wahre Bekenner Christi. gr. 8. Passau 826. Pustet, jetzt Kollmann in Augsb. 1 rf

Schenk, Ernst C. F. v., Andachtsbuch f. wahre Bekenner Christi. (Wohlf. Ausg.) gr. 8. ($25\frac{1}{2}$ B.) Passau 834, Pustet.

—— christl. Psalmblumen, od. religiöse Dichtungen. 8. (16 B. u. 9 Stnt.) Regensburg 831, Reitmayr.

Schenk, Ern. Ludov. (geb. Knippelsdorf 10. 9. 1812): De hepatis abscessibus, qui capitis vulneribus superveniunt. Berolini (1838). (32 S.) 8°
Berlin, Med. Diss. v. 27. Juli 1838

Schenk, F., Einfluss d. Muskelbewegung auf die Eiweisszersetzung. 8. Bern, Huber & Co. —. 70
1875.

Krause, C. Ch., resp. F. Ch. **Schenk**, Vis ac potentia animi gravidae mulieris in foetum denuo asserta ac vindicata. 39 pp. Lps. 8°. A. D. B. Anh. LIII—LXXXVIII, p. 1748. Hamb. Marg. XX, 1 St., n. 3. *Doering*, I, 320. A. L. Z. 86, III. p. 15. Erl. Beytr. 87, XXV, p. 393. Frkf. Wchschr. 86, XXXV, 560. *Schlegel*, XII, 226. Deutsch v. *Drechsler*, Lpz. 1787. 1786

Schenk, Fel., zur Aetiologie der Skoliose. Vortrag, geh. in der chirurg. Section der 58. Versammlg. deutscher Naturforscher u. Aerzte zu Strassburg i/E. Erweitert durch Beschreibg. e. Thoracographen, sowie e. Apparates zur Untersuchg. u. graph. Darstellg. der Schreibhaltg. bei Schulkindern. Beitrag zur Lösg. der Subsellienfrage. Mit 10 Abbildgn. hoch 4. (16 S.) Berlin 885. (G. Winkelmann.) n. 1. 60

Schenk, Ferd., die Pathologie u. Therapie der Unfruchtbarkeit des Weibes. (128 S.) gr. 8. Berlin 903. S. Karger. n. 8. 20

Schenk, Ferdinand: „Die Allgemeine Deutsche Wechselordnung in ihrer Anwendung auf das Königreich Sachsen und die Sächsischen Herzogthümer. (Für Juristen und Nichtjuristen, zunächst aber für Sächsische Geschäftsleute jeder Art, practisch und leichtverständlich . . . . erläutert und mit einem Wörterbuch aller im Wechselrecht vorkommenden schwerverständlichen sachlichen Bezeichnungen, sowie mit der Kgl. Sächs. Einführungsverordnung, dem Gesetz über Schuldarrest und Wechselprozess und dem Gesetz, die Kaufmännischen Anweisungen betreffend, versehen)", Grimma 1849. — Vorh.: Büch. der Industrie- und Handelskammer Leipzig.

Schenk, F., die neue allgemeine deutsche Wechselordnung, s. Wechselordnung.

Schenk, Fr. a, commentarii ad jus feudale, cur. Halbritter. fol. Heidelberg.

v. Schenk, Fräulein Friederike Marie Charl., († d. 31. Mai 1789.) Versuche in Gedichten. gr. 8. Braunschw. 772. Schulbuchh. 4 gl

Schenk, Dr. med. Friedrich, Die erste Anlage des Unterkiefers und der Zahnalveolen. Mit einer Tafel. Gr.-8. (13 S.) —.35
Wien: Gerold 1896.

Schenk Friedrich: Die erste Anlage des Unterkiefers und der Zahnalveolen (mit 1 Taf.). S. 105. III. 213 . . . . —.70
Separatabdruck

Schenk, Friedrich, Referendar, z. Z. in Jauer: Der Besitz des Gerichtsvollziehers an den gepfändeten Sachen vor und nach dem 1. Januar 1900. Jauer 1904: O. Hellmann. (59 S.) 8° [K.]
Breslau, Jur. Fak., Ref. Leonhard, Diss. v. 18. Nov. 1904
[Geb. 15. Mai 82 Jauer; Heimatsort: Jauer; Staatsangeh.: Preußen; Vorbildung: Gymn. Jauer Reife O. 00; Studium: Freiburg i. B. 1, Leipzig 1, Berlin 1, Breslau 3 S.; Rig. 12. Juni 03.]

Schenk, F., Studien über die Entwicklung des knöchernen Unterkiefers der Vögel. Mit 5 Tafeln. Gr.-8. (26 S.) —.70
Wien: Gerold 1897.

— Studien über die Entwicklung des knöchernen Unterkiefers der Vögel (mit 5 Taf.). S. 106. III. 89 . . . . 1.10
Separatabdruck

Schenk, Fritz, Ernstes u. Launiges aus dem Miesbacher Bezirk. 8. (183 S.) Miesbach 885. (Leipzig, Streller.) n.n. 2. 25

Schenk, G. A., († . . .) Geschichtbeschreib. der Stadt Wiesbaden u. daselbst befindl. Gesundheitsbrunnen. 8. Frankf. a. M. 758. Andreä. 12 gl

— Merkwürdigkeiten d. Stadt Wisbaden, aus der alten, mittlern und neuen Zeit. 2 Thle. 4. Frankf. Varrentrapp. 732 – 39.

Schenk, Gabriel Maria, Analysis selectarum Scripturae quaestionum et antilogiarum. Augsburg, 1750, 4°.

Schenk, Gabr. M., Auctoritas sancti et oecumenici concilii Tridentini ab haereticorum calumniis vindicata. Dissertatio polemica, in qua et infallibilitas conciliorum vindicatur. Kempten 1744.

Schenk, Gabr. Maria, Quaestio dogmatica: An Summus Pontifex concilio generali auctoritate et potestate sit superior? cum diss. de simulatione Cephae et eius reprehensione, facta a Paulo Gal. 2, 11. Kempten 1744.
Hurter l. c. III, 326: Quaestionem affirmative resolvit, difficultates e Concilio Constantiensi et Basileensi enervat et appellationem a Papa ad concilium tamquam haereticorum notam reiicit.

Schenk, Georg v., der lebende Weißdorn-Spalierzaun, od.: gründliche Belehrung, wie man bei geringem Kostenaufwande einen, über 150 Jahre dauernden, lebenden Weißdornzaun anzupflanzen rc. vermöge. Hrsg. im Jahre 1834 u. m. wenigen Abkürzungen in das Ungarische übersetzt durch Pet. Lange, unt. d. Ttl.: Az eleven gyepü galagonyából (fejér tövisböl,) vagy: világos utmutatás mikeppen lehessen keves költseggel, 150 esztendönél tovább tartó eleven galazonya gyepüt ültetni, gyarapitni, és felnefelni, etc. Kiadta 1834-ben Schenk György etc. gr. 8. ($4\frac{1}{2}$ B. u. 5 Stnt.) Kronstadt 843, (Németh's Buchh.) *

—— der lebende Weißdorn-Spalier-Zaun. 2., verb. u. mit e. neuen pomolog. Anhange: Ueber die mit überraschendem Erfolge versuchte Anwendung des Bogenspannens der Zweige von Obstbäumen zur Förderung der Obstbaumzucht, ohne Pfahlstütze, verm. Aufl. gr. 8. (1½ B. m. 26 eingedr. Holzschn.) Lemberg 841, Millikowski.

Schenk, Geo. Edler v., der lebende Weißdorn-Spalier-Zaun oder gründl. Anweisung, wie man bei geringem Kostenaufwande einen über 200 Jahre dauernden lebenden Weißdorn-Zaun anzupflanzen, zu pflegen und aufzuziehen vermöge rc. Nebst einem pomolog. Anhange über die mit überraschendem Erfolge versuchte Anwendung des Bogenspannens der Zweige von Obstbäumen zur Förderung der Obstbaumzucht, ohne Pfahlstütze. 3., nach des Verf. Tode durchgeseh. Aufl. gr. 8. (XII und 57 S. mit 26 in den Text eingedr. Holzschn.) Lemberg (861)62, Millikowski.

Schenk, Georg, Kammergerichts-Referendar a. Freienwalde a. O.: Die Wirkung des nach Aufgebot der Nachlaßgläubiger ergangenen Ausschlußurteils. Berlin 1907: R. Ebering. (85 S.) 8°
Jena, Jur. Fak., Ref. Danz, Diss. v. 30. Nov. 1906
[Geb. 25. Juli 83 Danzig; Wohnort: Halensee b. Berlin; Staatsangeh.: Preußen; Vorbildung: Sophien-Gymn. Berlin Reife O. 03; Studium: Berlin 6 S.; Rig. 27. Sept. 06.]

—— Zywy Plot z głogu białego. Drugie pomnozone wydanie. Przekład z niemieckiego. gr. 8. (4½ B. u. 26 Holzschn.) Lemberg 844, Millikowski. *

Schenk, Gustav (Gensingen)
Stein's des jüngeren Leistungen in der geburtshülflichen Beckenlehre mit denen seiner Zeitgenossen verglichen.
Giessen: Brühl I. 1853. 116 S. (in Δ mit Thesen)
Diss. med. 31.8.1853. vorh. 26. 7. 11.Δ.

SCHENK, Hans (Sulzbach): Beitrag zur Statistik der nicht carcinomatösen Geschwülste der Mamma.- München: Wolf 1894. 51 S.
7.12.1893 - Chr 1893/94,13; Jv 1893/94,203 (Prom.-Datum: 1894)
Diss. Ingolst.-Landsh.-Mchn.

Schenk, Heinr., üb. Teleangiectasien m. Concrementbildung an den Ausführungsgängen der Speicheldrüsen. Inaugural-Dissertation. gr. 8. (30 S.) Jena 876. (Deistung.) n. — 40

Schenk, Heinrich Chr. Fr.

— hist. Nachr. v. d. sehr strengen Winter d. 1739. 40. u. 41n. Jahres. 2 Thl. 4. Arnstadt. 741. 42.

Schenk, Hnr. Chr. Fr., († 1789.) Nipiotheologia, oder des großen Gottes Vorsicht über kleine Kinder. 8. Frankf. a. M. 753. Raspe. 8 gr.

Schenk, H. Chr. Fr., paedio-theologia, oder des großen Gottes Vorsicht üb. kleine Kinder. 8. Frankf. Raspe. 763.

— Samml. merkwürd. Reden, welche auf d. Blutgerüste rc. gehalten worden. 8. Frankf. u. Leipz. 773.

Schenk, Heinr. Ed., Scherflein in d. Gotteskasten. — Predigten u. geistl. Reden, hrsg. rc. gr. 8. (18½ B.) Altenburg 840, (Pierer.) *

Schenk, Heinrich Traugott

— de pericoparum evangelicarum et epistolicarum commodis et incommodis. Epistola ad Societat. homilet. sodales scripta. 8. Wittenb. 788.

Schenk, Hnr. Trgtt., († 1816.) delectus observation. homilet., nostris maxime tempor. aptarum. 8. Wittenb. 791. Kühne. 10 gr.

Schenk, Hugo, Gedichte. Wien, Emil Carl Fischer. kl. 8. (82 S.) 40 kr. N. b. 1884

Schenk, J. Chr. (Resp.): De salutaribus aegrotantium agrypniis, s. Buechner, Andr. El. (Praes.)

Schenk, J. H., Geschichte e. glückl. Entbindung durch den Kaiserschnitt. Nebst Bemerkk. über diese Entbindungsweise überhaupt. gr. 8. Frkf. a. M. 825. Varrentrapp. 16 gr.

Schenk, J. T., vgl. Schenck, J. T.

Schenk, J. T., de lotione a Christo administrata. Marb. 1745. 4.

Schenk, I. T., vitae profess. theol. Marburgens. 4. Giesen. Müller. 727.

Schenk, Jak., Kukukmimicry. (Deutsch u. ungarisch.) (8 S.) Lex.-8. Budapest 904. (F. Kilián's Nachf.) n.n. — 50
Sonderabdruck aus: „Aquila".

Schenk, Jak., der Vogelzug in Ungarn während des Frühj. 1898. (V. Jahresbericht der ornitholog. Centrale.) (Deutsch u. ungarisch.) hoch 4. (84 S.) Budapest 899. (Berlin, R. Friedländer & Sohn.) n. 2. —
Sonderabdruck aus: „Aquila".

Schenk, Johann

Schenk: Anleitung zur Berechnung der Sonnen- und Mondfinsternisse, so wie aller von der Parallaxe abhängigen Rechnungen. 139 S. 8° u. 5 Tafeln. – Olmütz, Progr. 1859, 1860

Schenk, Joh., Anleitung zur Berechnung der Sonnen- und Mondfinsternisse, so wie aller von der Parallaxe abhängigen Rechnungen. Erläutert durch Berechnung und geograph. Bestimmung der Sonnenfinsterniss vom 18. Juli 1860 und der Mondfinsterniss vom 6. Febr. 1860. Längenbestimmung aus beobachteten Finsternissen und Bedeckungen. Leicht fasslich dargestellt. 2 Thle. gr. 8. (140 S. mit 2 Stnt. in qu. gr. Fol.) Olmüz 859, (Grosse.) *

Schenk: Einige Aufgaben (60) über Anwendung der Algebra und Trigonometrie zur Lösung u. Construction geometrischer Aufgaben für die Schüler der obern Klassen an G. u. R. 89 S. 8°. – Olmütz, Progr. 1869.

Schenk, Johann, Einige Aufgaben über Anwendung der Algebra und Trigonometrie zur Lösung und Construction geometrischer Aufgaben für die Schüler der oberen Classen an Gymnasien und Realschulen. (Separat-Abdruck aus dem Jahresberichte des Olmützer Gymnasiums.) gr. 8. (89 S.) Wien, Gerold in Comm. 1869. 1 fl.

Schenk, Joh., Beiträge zur Geschichte des österreichischen Civilprozesses. 1. Abthl. A. u. d. T.: Uebersicht der österreichischen Gesetzgebung über Civilproceßrecht bis zum Schlusse des 16. Jahrh. Nebst zwei Anh. enth.: Drei österreichische Proceßordnungen aus dem 16. Jahrh. und die Reformen des Steyer'schen Landrechts vom J. 1533. gr. 8. (V und 140 S.) Wien 864, Manz' Verlag. *

Schenk: Ueber die Bestimmung der Dimensionen des Erdkörpers aus Messungen von Meridianbögen. 27 S. –Olmütz, Progr. 1856

Schenk, Joh. (II.), der Dorfbarbier, s. Mode's, G., Opern-Text-Bibliothek.

Schenk, Johann: Der Dorfbarbier. Komische Oper in 1 Akt v. Joseph Weidmann. Mus. v. Johann Schenk ... Textb. mit vollst. Dialog nach der Bearb. f. d. Leipziger Bühne. Leipzig: Breitkopf & Härtel [1893]. (31 S.) 8°
= Textbibliothek, Breitkopf & Härtel's. No 255.

Schenk, Johann: Der D o r f b a r b i e r . Kom. Oper in 1 Akt von Joseph Weidmann. Musik von Johann Schenk. Leipzig: Breitkopf & Härtel [1898]. (31 S.) 8°
= Textbibliothek, Breitkopf & Härtels. No 370.

Schenk, Joh., der Dorfbarbier. Komische Oper in 1 Akt. Musik v. Sch. Text der Gesänge. (15 S.) kl. 8. Leipzig (906). B. Senff. n. — 15

Schenk, Dr. Johann, Zum österreichischen Entwurfe einer Civil-Proceß-Ordnung. 1. Beitrag. 8. (32 u. XLV S.), Wien, Braumüller. 50 kr.
1867

—— der Familienrath. gr. 8. (VIII und 190 S.) Wien 863, Manz' Verlag. *

—— der französische Gesetzentwurf zum Schutze des literarischen und artistischen Eigenthums. (Publicirt am 13. April 1863.) gr. 8. (38 S.) Wien 863, Manz' Verlag. *

Schenk, J., Lehrbuch der Arithmetik, s. Knirr, Jos.

—— die Magistratur im französischen Vormundschaftsrecht. gr. 8. (44 S.) Wien 864, Manz' Verlag. *

—— der österreichische summarische Proceß. Mit Benützung ämtl. Quellen. gr. 8. (XII und 240 S.) Wien 864, Braumüller. *

—— drei österreichische Proceßordnungen aus dem 16. Jahrhundert. gr. 8. (38 S.) Wien 863, Manz' Verlag. *
Aus: Oesterreichische Gerichts-Zeitung, besonders abgedruckt.

Scherzi musicali per la Viola da Gamba con Basso Continuo ad libitum door Johan **Schenk**. Op nieuw uitg. door Dr. Hugo Leichtentritt. Amsterdam: J. Müller; Leipzig: Breitkopf & Härtel 1907. (167 S.) 4°
= **Uitgave** d. Vereeniging voor Noord Nederlands Muziekgeschiedenis. 28. 07. 6313

Schenk, Joh. Mathematische Übungsaufgaben bearbeitet von den Schülern der VIII. Klasse im Schuljahre 1875/76. 35 S. 8.
Progr. Ak. G. *Wien* 1876.

Schenk, Joh. (I.), mathematische Uebungsaufgaben, bearb. von den Schülern der 8. Classe am k. k. akadem. Gymnasium in Wien im Schulj. 1875/76. gr. 8. (35 S. mit eingedr. Holzschn.) Wien 876, (Hölder.) *

— Drei österreichische Civil-Proceßgesetze aus dem 17. Jahrhundert. (Abdruck aus „Haimerl's Vierteljahresschrift für Rechts- u. Staatswissenschaft" XIV. Bd.) gr. 8. (51 S.) Wien, Braumüller's Sort.-Conto. in Comm. 1864 50 kr.

Schenk, Jh. Chr. Ph. Wlh., s. unten: Wlh. Schenk.

Schenk, Johann Georg

Schenk, Jh. Geo., vertraul. Gespräche einiger Bauern mit ihrem Pfarrherrn üb. die röm.-kathol. Kirchengebräuche, zur Unterweis. des Landvolks. 8. Augsb. 793.

Schenk, Johann Gottfried

— summar. Erklär. der Schreiber'schen u. Seutter'schen Hauptkarten. gr. 8. Dresd. 777. Gerlach. 3 gr.

Schenk, Jh. Gf., († im Juni 1784.) compendiöses allerneuestes Kochbuch. 8. Langensalza 776. Schneider. 5 gr.

SCHENK, Johann Gottfried 1732 - 1784
M. Johann Gottfried Schenkens Geographische Tabellen zum Gebrauche der Anfänger.
Zweyte und verbesserte Auflage.
Dresden-Leipzig: Gerlach. [1775]. 36 S. 4°.
Bayerische Staatsbibliothek München
1. Aufl. 1774 [Kayser, V, 72] konnte nicht gefunden werden.

Schenk, Johann Gottlieb, s. S c h e n k e , Johann Gottlieb.

Schenk, J(ohann) N(epomuk) (Übers.):

s.: Deslandes, Léopold: Von der Onanie und den übrigen Verirrungen des Geschlechtstriebes. Für Aerzte und Nichtärzte. (De l'Onanisme et des autres abus vénériens considérés dans leurs rapports avec la santé. Dt.) Leipzig: 1835

JB 4.578

SCHENK, Josef
Schönheit und Liebe. Ein philosophischer Versuch. Von Dr. phil. Josef Schenk. Meran. 1899. Ellmenreich. Gr.-8°. 81 S. fl. —.80

Schenk, Josef Was ist Philosophie? 8 (S. 39—51).
Progr. Staatsg. *Innsbruck* 1886.

Schenk, Julius: Festigkeitsberechnung grösserer Drehstrommaschinen. Mit 45 Fig. im Text. u. auf 1 Doppeltaf. 1903. 59 S., 1 Taf. 8° ¶ Auch bei Teubner in Leipzig.
München, Dr.-Ing.-Diss. v. 5. 8. 1902

Schenk, K. G. F.

— Entwurf e. kleinen latein. Grammatik f. höhere Bürgerschulen u. zum Selbstunterricht. 8. Berl. 823. Petri. 4 gr.

Schenk, K. G. F., Brandenburg.-Preuß. Geschichte f. höhere Bürgerschulen u. z. Selbstunterricht. 8. Schwedt 824. (Plahn in Berl.) 4 gr. 2e Aufl. 829. 4 gr.

— Brandenburg. Preuß. Geschichte f. höhere Bürgerschulen ꝛc. 8. 825, (L. Oehmigke in Berlin.)

Schenk, C. G. F., brandenburg.-preuß. Geschichte f. Bürgerschulen u. zum Selbstunterr. 2., verb. u. verm. Aufl. 8. (5½ B.) Berlin 829, Plahn.

— brandenburgisch-preußische Geschichte für Bürgerschulen und zum Selbstunterricht. 2e verb. u. verm. Aufl. 8. Berlin 829. (H. Schultze.) 1/6 Thlr.

Schenk, K. G. F., brandenburgisch-preußische Geschichte für Bürgerschulen und zum Selbstunterricht. 3. verb. u. sehr verm. Aufl. 8. Berlin 841, Schultze. n. 1/6 Thlr.

Schenk, C. G. F., brandenburgisch-preußische Geschichte für Bürgerschulen und zum Selbstunterricht. 4., sehr verb., verm. u. bis auf die neueste Zeit fortgeführte Aufl. Leipzig 863. H. Schultze. 8. (VIII, 123 S.) n. 5 ngr.

—— Geschichte d. deutsch-protestant. Kanzelberedsamkeit, v. Luther bis auf d. neuesten Zeiten. Mit Biographien d. berühmt. Kanzelredner u. mit Predigt-Skizzen versehen, u. nach d. besten Hülfsmitteln bearb. gr. 8. (27 B.) Berlin 841, H. Schultze.

Schenk, K. G. F., vier Casual-Reden. 1. Hft. 8. (1¼ B.) Schwedt 838, Nernst's Buchh. (?)

— Kinderfreund, der Pommersche. Ein Lesebuch f. deutsche Volksschulen. 8. Königsberg in d. Neum. (Windolff u. St.) n. 1/3 Thlr.

—— neues evangel.-christl. Religionsbuch f. Volksschulen u. den Confirmanden-Unterr. 1. Aufl. (6 B.) 830., 2., verb. u. verm. A. (6½ B.) 8. Berlin 832, Oehmigke. à

— deutsche Sprachlehre f. Schulen, wie auch zur Selbstbelehrung. In Verbindung mit fehlerhaften Uebungs-Aufgaben u. einem richtigen Abdruck derselben. 8. Prenzlau 826. Ragoczy. 16 gl.

— fehlerhafte Uebungs-Aufgaben. 8. Ebd. 826. Ebd. 2 gl.

Schenk, Karl: Abhandlung über die warmen Quellen und Bäder der landesfürstlichen Stadt Baaden in Niederösterreich. 146 S., gbd.

Wien: Rötzel 1799

JB 2.765

— Abhandl. üb. die warmen Quellen u. Bäder in d. Stadt Baden in Niederöstreich; nebst 2jähr. Beobachtt. üb. d. vorkomm. Krankheiten d. Badegäste. 8. Wien 799. (Schaumburg). 8 gl. 2e verb. u. mit Zusätzen verm. A. gr. 12. Wien 825. Tendler. 1 ß 8 gl.

Schenk (Bundesrath Dr.) und Frei (Nationalrath). Zum Andenken an Jakob Stämpfli. Grabreden gesprochen am 17. Mai 1879, mit biograph. Einleitung. In-8°. Bern, Rud. Costenoble. — 20
1879.

Schenk, (E.,) Anweisung zum zweckmäß. inneren Gebrauche d. Badner Schwefelwassers. gr. 12. Wien 824, Tendler u. v. M.

Schenk, Karl: Medicinisch-chirurgisch-praktisches Archiv von Baden in Niederösterreich für Aerzte und Wundärzte von K. Schenk und Anton Rollet. 224 S., gbd., 1 Taf.

Wien u. Baden: Geistinger 1804

— medicin.-chirurg.-prakt. Archiv von Baden f. Aerzte u. Wundärzte. Mit 1 Kpf. gr. 8. Wien 804. (Gerold). 16 gl. Hdg.-Pr. 8 gl. (A. u. d. T.: merkwürd. Krankheitsgeschichten u. deren Heilung; hrsgg. v. Schenk u. Roller.)

Belehrungen über wirtschaftliche und gesellschaftliche Fragen auf geschichtlicher Grundlage. F. d. Hand d. Lehrers sowie z. Selbstunterr. Von Dr. K[arl] Schenk, Dir. ... zu Grabow i. M. *Leipzig: B. G. Teubner 1896.* (VII, 400 S.) 1 Bd 8. [illegible]

— Beschreib. der warmen u. kalten Bäder der Stadt Baden in Niederöstreich; nebst Anleit. zu deren Gebrauch. gr. 8. Wien 794.

— u. Rollets Fauna u. Flora, s. Fauna.

— Hilfsbuch zu d. Belehrgn. üb. wirtschaftl. u. gesellschaftl. Fragen im Unterricht auf der Oberstufe. Schüler-Ausg. gr. 8. (X, 210 S.) Ebd. 896. Kart. n. 2.—

— u. Roller, merkwürd. Krankengeschichten, s. oben: Archiv.

— Lehrbuch d. Geschichte f. höh. Lehranstalten, in Uebereinstimmg. m. d. neuen Lehrplänen verf. (In 9 Tln.) Ausg. A. Für Gymnasien. III. u. VII. Tl. gr. 8. Ebd. 898. n. 3.20; geb. in Leinw. n. 3.60
III. Lehraufgabe der Quarta. Geschichte des Altertums. (XII, 89 S.) n. 1.—; geb. n. 1.20
VII. Lehraufgabe d. Obersekunda. Geschichte d. Altertums. (VIII, 208 S. m. 1 Taf.) n. 2.20; geb. n. 2.40

— dasselbe. Ausg. B. Für Realanstalten. III. u. VII. Tl. gr. 8. Ebd. 898. n. 3.40; geb. in Leinw. n. 3.90
III. Lehraufgabe der Quarta. Geschichte des Altertums. Mit 4 (farb.) Geschichtskarten. (XII, 80 S.) n. 1.20; geb. n. 1.50
VII. Lehraufgabe d. Obersekunda. Geschichte d. Altertums. Mit 1 Taf. (VIII, 204 S.) n. 2.20; geb. n. 2.40
Tl. I. II u. IV—VI erscheinen später.

Schenk, K., Lehrbuch der Geschichte f. höhere Lehranstalten, in Übereinstimmg. m. den neuen Lehrplänen verf. Ausg. A. Für Gymnasien. IV., V. u. VIII. Tl. gr. 8. Leipzig, B. G. Teubner. Geb. in Leinw. n. 5.—
IV. Lehraufgabe der Untertertia. Vom Tode des Augustus bis zum Ausgang des Mittelalters. (IV, 87 S.) 899. n. 1.20
V. Lehraufgabe der Obertertia. Deutsche u. preußische Geschichte bis zum J. 1740. (III, 84 S.) 899. n. 1.20
VIII. Lehraufgabe der Unterprima. Geschichte des Mittelalters u. der Reformationszeit. Mit 1 Taf. (VI, 244 S.) 899. n. 2.60

Schenk, K., Lehrbuch der Geschichte f. höhere Lehranstalten, in Übereinstimmg. m. den neuen Lehrplänen verf. Ausg. B. Für Realanstalten. IV. u. VIII. Tl. gr. 8. Leipzig, B. G. Teubner. Geb. in Leinw. n. 3.80
IV. Lehraufgaben der Untertertia. Vom Tode des Augustus bis zum Ausgang des Mittelalters. (IV, 88 S.) 899. n. 1.20; m. 3 farb. Karten n. 1.50
VIII. Lehraufgabe der Unterprima. Geschichte des Mittelalters u. der Reformationszeit. Mit 1 Taf. (VI, 238 S.) 899. n. 2.60

— dasselbe. Ausg. A u. B. Für Gymnasien u. Realanstalten. (9 Tle.) I., II., VI. u. IX. Tl. gr. 8. Ebd. Geb. in Leinw. n. 6.—
I. Lehraufgabe der Sexta. Lebensbilder aus der vaterländischen Geschichte. (V, 70 S.) 899. n. 1.—
II. Lehraufgabe der Quinta. Erzählungen aus der sagenhaften Vorgeschichte der Griechen u. Römer. (IV, 46 S.) 899. n. —80
VI. Lehraufgabe der Untersekunda. Neuere Geschichte von 1740—1888, verf. v. E. Wolff. Mit 1 (farb.) Karte. (VI, 85 S.) 901. n. 1.40
IX. Lehraufgabe der Oberprima. Neuere Geschichte von 1648—1888, verf. v. E. Wolff. (VIII, 265 S.) 901. n. 2.80

— dasselbe. Kanon der einzupräg. Jahreszahlen. Verf. v. K. Schenk u. E. Wolff. gr. 8. (45 S.) Ebd. 901. n. —50

K[arl] Schenks Lehrbuch der Geschichte für höhere Lehranstalten. 2. Aufl. Vollst. neu bearb. u. hrsg. von Dr. Paul Pomtow, Oberl. zu Sorau N.-L. T. 1. *Leipzig & Berlin: B. G. Teubner 1903.* 8° [illegible]

— dasselbe. 2. Aufl., gemeinsam f. alle Schularten neu bearb. v. Jul. Koch. III., IV. u. VII. Tl. 8. Ebd. n. 5.50
III. Lehraufgabe der Quarta. Geschichte der Griechen u. Römer bis zur Zeit Christi. Mit 4 Geschichtskarten. (VIII, 80 S.) 904. Kart. n. 1.40
IV. Lehraufgabe der Untertertia. Vom Tode des Augustus bis zum Ausgang des Mittelalters. (IV, 99 S. m. 2 farb. Karten.) 904. Geb. n. 1.70
VII. Lehraufgaben der Obersekunda. Geschichte des klass. Altertums. Ausg. A.: Für Gymnasien. (VI, 206 S. m. 1 Taf.) 905. Geb. n. 2.40

Schenk's, K., Lehrbuch der Geschichte f. höhere Lehranstalten, in Uebereinstimmg. m. den neuesten Lehrplänen. V. u. VI. gr. 8. Leipzig, B. G. Teubner. Geb. n. 2.60
V. Ausg. A f. Gymnasien. Lehraufgabe der Obertertia. Deutsche u. preuß. Geschichte bis zum J. 1740. Unveränd. Abdr. (III, 82 S.) 906. Geb. n. 1.20; m. 2 farb. Karten n. 1.40
VI. Lehraufgabe der Untersekunda. Neuere Geschichte von 1740 bis 1888, verf. v. E. Wolff. Mit 1 (farb.) Karte u. 4 Uebersichtsplänen. 2. Aufl. (VI, 85 S.) 905. Geb. n. 1.40

Schenk's, K., Lehrbuch der Geschichte f. höhere Lehranstalten. 2. Tl.: Lesebuch f. Quinta. Erzählungen aus den Sagen des klass. Altertums sowie aus der ältesten Geschichte der Griechen u. Römer. Vollständig neu bearb. u. hrsg. v. Paul Pomtow. 3. unveränd. Aufl. (VI, 56 S.) gr. 8. Leipzig 906. B. G. Teubner. Geb. n. —80

— dasselbe, gemeinsam f. alle Schularten neu bearb. von Jul. Koch. IV. u. V. Tl. 8. Ebd. Geb. 3.—; m. Karten 3.40
IV. Lehraufgabe der Untertertia. Vom Tode des Augustus bis zum Ausgang des Mittelalters. 3. Aufl. (IV, 106 S.) 907. 1.40; m. 3 Karten 1.60
V. Lehraufgabe der Obertertia. Deutsche Geschichte vom Zeitalter der Reformation u. preuß. Geschichte bis zum J. 1740. 2. Aufl. (VIII, 124 S.) 907. Geb. 1.60; m. 2 Karten 1.80

Schenk's, K., Lehrbuch der Geschichte f. höh. Lehranstalten, gemeinsam f. alle Schularten neu bearb. von Jul. Koch. III. u. VI. Tl. gr. 8. Leipzig, B. G. Teubner. Geb. 3.20
III. Lehraufgabe der Quarta. Geschichte der Griechen u. Römer bis zur Zeit Christi. Mit 4 Geschichtskarten. 3. Aufl. (IV, 80 S.) 908. Geb. 1. 40
VI. Lehraufgabe der Untersekunda. Vom Regierungsantritt Friedrichs des Großen bis zur Gegenwart. 3. Aufl. (IV, 147 S.) 910. Geb. 1. 80

— — dasselbe f. höhere Lehranstalten gemeinsam für alle Schularten neu bearb. v. Jul. Koch. IX. Tl.: Lehraufgabe der Oberprima. Vom westfäl. Frieden bis zur Gegenwart. 2. Aufl. (VIII, 334 S.) 8. Ebd. 909. Geb. 3.—

— u. Jul. **Koch**, Lehrbuch der Geschichte für höhere Lehranstalten. I. u. II. Tl. gr. 8. Ebd. Kart. 2. —
I. Lesebuch f. Sexta. Lebensbilder aus der vaterländ. Geschichte. 4. Aufl., besorgt v. K. (VI, 99 S.) 910. Kart. 1. 20
II. Lesebuch f. Quinta. Erzählungen aus den Sagen des klass. Altertums u. aus der ältesten Geschichte der Griechen und Römer. 4. Aufl., nach dem Tode des vor. Hrsgs. Paul Pomtow besorgt v. Jul. Koch. (VI, 63 S.) (909.) Kart. — 80

— u. F. **Maigatter**, Geschichte des Altertums. Für preuß. Lehrerbildungsanstalten in Übereinstimmg. m. den neuen Anordngn. verf. Ausg. C des Lehrbuches der Geschichte f. höhere Lehranstalten v. K. Schenk. I. Tl.: Geschichte d. Altertums. Mit 4 (farb.) Geschichtskarten u. 27 Bildertaf. gr. 8. (VII, 115 S.) Ebd. 899. Geb. in Leinw. n. 2. 20

— — deutsche Geschichte bis zum westfälischen Frieden. Für preuß. Lehrerbildungsanstalten in Übereinstimmg. m. den neuen Anordngn. verf. Ausg. C des Lehrbuches der Geschichte f. höhere Lehranstalten v. K. Schenk. II. Tl.: Deutsche u. preuß. Geschichte bis zum westfäl. Frieden. Mit 5 (farb.) Geschichtskarten u. 26 Bildertaf. gr. 8. (VI, 224 S.) Ebd. 900. Geb. in Leinw. n. 3. 20

— dasselbe. Ausg. C. Für preuß. Lehrerbildungsanstalten in Uebereinstimmg. m. den Bestimmgn. v. 1. VI. 1901 verf. v. E. Wolff u. F. Maigatter. II. u. III. Tl. gr. 8. Ebd. Geb. in Leinw. n. 4. 60; bezw. n. 5. 60
II. Deutsche Geschichte vom Ausgange des 30 jähr. Krieges bis 1815. Lehraufgabe f. die 2. Klasse der Lehrerseminare. Mit Geschichtskarten u. (XVI) Bildertaf. (V, 169 S.) 902. n. 2. 40
III. Deutsche Geschichte von 1815 bis zur Gegenwart. Lehraufgabe f. die 1. Klasse der Lehrerseminare. Mit 4 Geschichtskarten u. 16 Bildertaf. (VI, 102 S.) 902. n. 2. 20; nebst: Abriß der Rechtsordnung im Deutschen Reiche u. in Preußen von M. Griep. (VI, 250 S.) n. 3. 20

— u. F. **Maigatter**, deutsche Geschichte bis zum westfäl. Frieden. Für preuß. Lehrerbildungsanstalten in Uebereinstimmg. m. den Bestimmgn. vom 1. VII. 1901 verf. Ausg. C des Lehrbuches der Geschichte für höh. Lehranstalten von K. Schenk. 1. Tl. Lehraufgabe für die 3. Klasse der Lehrerseminare. 2. durchgeseh. Aufl. Mit 5 (farb.) Geschichtskarten u. 26 Bildertaf. (VI, 224 S.) gr. 8. Ebd. 905. Geb. in Leinw. n. 3. 20

— dasselbe f. höhere Lehranstalten. Ausg. C. Für preuß. Lehrerbildungsanstalten in Übereinstimmg. mit den Bestimmgn. vom 1. VII. 1901 verf. v. E. Wolff u. F. Maigatter. II. u. III. Tl. 8. Ebd. Geb. 5. 60
II. Deutsche Geschichte vom Ausgange des 30 jähr. Krieges bis 1815. Lehraufgabe für die 2. Klasse der Lehrerseminare. 2. verb. Aufl. Mit Geschichtskarten u. (XVI) Bildertafeln. (VI, 168 S.) 907. Geb. 2. 40
III. Deutsche Geschichte von 1815 bis zur Gegenwart. Nebst Abriß der Rechtsordnung im Deutschen Reiche u. in Preußen von M. Griep. Lehraufgabe f. die 1. Klasse der Lehrerseminare. 2. verb. Aufl. Mit 4 Geschichtskarten u. 16 Bildertaf. (VI, 213 S.) 909. Geb. 3. 20

— u. E. **Gehmlich**, Lehrbuch der Geschichte f. sächsische u. thüringische Lehrerbildungsanstalten. Ausg. D des Lehrbuches der Geschichte f. höhere Lehranstalten. I.—IV. Tl. gr. 8. Ebd. Geb. in Leinw. n. 9. 60
I. Geschichte des Altertums u. deutsche Geschichte bis nach Karl dem Großen. Mit 6 Karten. (IV, 102 S.) 899. n. 1. 80
II. Deutsche u. sächsisch-thüring. Geschichte von Heinrich I. bis zur Gegenwart. Von K. Schenk, E. Wolff u. E. Gehmlich. Mit 5 Karten. (VI, 177 S.) 902. n. 2. 80
III. Geschichte des Altertums. Mit 27 Bildertaf. (VIII, 143 S.) 899. n. 2. 20
IV. Geschichte des Mittelalters. Mit 26 Bildertaf. (VI, 208 S.) 900. n. 2. 80

— dasselbe. Ausg. D. Lehrbuch der Geschichte f. sächs. Seminare, verf. v. K. Schenk, E. Wolff u. E. Gehmlich. I., II. u. IV.—VI. Tl. gr. 8. Ebd. Geb. n. 12. —
I. Geschichte des Altertums. Mit 16 Bildertaf. 2., völlig umgearb. Aufl. (VIII, 135 S.) 904. Geb. n. 1. 80
II. Deutsche Geschichte. Mit 12 Bildertaf. u. 1 Karte. 2., verb. Aufl. (V, 214 u. 12 S.) 906. Geb. n. 2. 80
IV. Geschichte des Mittelalters. Mit 27 Bildertaf. 2., verb. Aufl. (V, 182 S.) 908. Geb. n. 2. 80
V. Geschichte der Neuzeit von 1517—1786. Mit 15 Bildertaf. (VI, 168 S.) 903. Geb. n. 2. 60
VI. Geschichte der Neuzeit von 1786—1900. Mit 16 Bildertaf. (IV, 179 S.) 905. Geb. n. 2. —

— dasselbe. Ausg. D. Lehrbuch der Geschichte f. sächsische Seminare, verf. von K. Schenk, E. Wolff, E. Gehmlich. I. u. V. Tl. 8. Ebd. Geb. 4. 40
I. Geschichte des Altertums. 3. Aufl. (IV, 134 S. m. 16 Bildertaf.) 909. Geb. 1. 80
V. Geschichte der Neuzeit von 1517—1786. 2. Aufl. (VI, 163 S. m. 16 Bildertaf.) 909. Geb. 2. 60

— dasselbe. Ausg. E. Für höhere Mädchenschulen, in 3 Tln. u. e. Vorstufe bearb. v. Frz. Violet. I. u. II. Tl. gr. 8. Ebd. Geb. in Leinw. n. 4. 60
I. Geschichte des Altertums. (Lehrstoff der III. Klasse.) Mit 4 Karten u. 28 Bildertaf. (VI, 113 S.) 901. n. 2. —
II. Deutsche Geschichte bis zum westfäl. Frieden. (Lehrstoff der II. Klasse.) Mit 6 Karten u. 32 Bildertaf. (VI, 216 S.) 902. n. 2. 60

— dasselbe. Ausg. E. Für höhere Mädchenschulen, in 3 Tln. u. e. Vorstufe bearb. v. Frz. Violet. III. Tl.: Neuere Geschichte von 1648—1888. (Lehrstoff der I. Klasse.) Mit 3 Karten, 3 Plänen u. 32 Bildertaf. (VI, 218 S.) gr. 8. Ebd. 903. Geb. in Leinw. n. 2. 80

— dasselbe. Für Präparandenanstalten in Uebereinstimmg. m. den neuen Lehrplänen bearb. v. H. G. Schmidt. I. u. II. Tl. gr. 8. Ebd. Geb. in Leinw. à n. 2. —
I. Für die 3. Präparandenklasse. Uebersichtliche Darstellg. der deutschen Geschichte bis 1648. Mit 5 Geschichtskarten u. 8 Bildertaf. (IV, 164 S.) 904.
II. Für die 2. Präparandenklasse. Deutsche Geschichte von 1648 bis zur Gegenwart. m. besond. Berücksicht. Brandenburg-Preußens. Mit 4 Geschichtskarten u. 8 Bildertaf. (IV, 156 S.) 906.

— dasselbe. Für Präparandenanstalten in Übereinstimmg. mit den neuen Lehrplänen bearb. von H. G. Schmidt. III. Tl. Für die erste Präparandenklasse. Geschichte des Altertums. Mit 4 Geschichtskarten u. 16 Bildertafeln. (IV, 156 S.) gr. 8. Ebd. 908. Geb. 2 —

Schenk. [Carl]. Leichenrede bei der Begräbniss von Franz Daniel Züricher, Pfarrer in Meikirch. Gestorben den 7. März, begraben den 12. März 1855. Gehalten von Herrn Pfarrer Sch'.... 8. Bern 1855.

Schenk, Karl: Kaiser Leon III. Ein Beitrag zur Geschichte des Bilderstreits. Th. 1. Halle a/S. 1880: (Sieling in Naumburg a/S.) 50 S. 8°
Halle-Wittenberg, Phil. Diss. v. 20. Apr. 1880
Geb. Naumburg 25. 4. 1858. V.
Der fertig vorliegende Th. 2 wurde als später erscheinend verheissen und ist wohl identisch mit des Verf. Aufsatz: Kaiser Leons III Walten im Innern. In: Byzantinische Zeitschrift. Bd 5. Leipzig 1896. S. 257—301.

Schenk, Carl, die Nasenrachenpolypen und deren operative Behandlung. Diss. Würzburg 1885, Stabelsche Univ.-Buchh. 8⁰. 29 S.

— die Schwefelquellen von Baden in Nieder-Oesterreich. 2e verb. u. mit Zusätzen verm. Aufl. gr. 12. Wien 825, Tendler u. v. M.

— Taschenbuch für Badegäste Badens in Niederöstreich. Mit 4 Kpf. u. 1 Karte. 8. Wien 805. Geistinger. 1 ℳ 12 gl

Schenk, Karl Friedrich, s. S c h e n c k, Karl Friedrich.

Schenk, Conrad: Die H a f t p f l i c h t aus Fabrikbetrieb bei Tödtungen und Körperverletzungen. (Eine vergleichende Studie). Winterthur Bleuler-Hausheer & Cie Dr. 1879. 46 S., 1 Bl. Thesen. 8⁰
Zürich, Jur. Diss. v. 31. Juli 1879.

Schenk, Konrad: Über eine neue allgemein anwendbare Synthese von 3-5-Pyrazolidonen sowie Untersuchung einiger in 4-Stellung alkylierter Verbindungen dieser Reihe. Rostock 1908: Adler. 67 S. 8°
Rostock, Phil. Diss. v. 1. Juli 1908, Ref. Michaelis
[Geb. 24. Aug. 83 Jauer; Wohnort: Rostock; Staatsangeh.: Preußen; Vorbildung: Gymn. Jauer Reife O. 03; Studium: Leipzig 3, Rostock 5 S.; Rig. 29. Juni 08.] [U 09. 3708

Schenk, Conrad. Der Wahrheitsbeweis bei Injurien nach schweizerischem Recht. Diss. Staatsw. Univ. Zürich. 116 S. 8. Zürich, Gebr. Leemann & Co., 1908.

Schenk, Kurt, Referendar: Das Verfügungsrecht des Absenders nach Handelsrecht mit Ausschluss des Seehandelsrechts. Leipzig-Co. 1908: Geißler & Wunder. VI, 75 S. 8°
Leipzig, Jur. Diss. v. 7. Dez. 1908
[Geb. 28. Febr. 84 Leipzig; Wohnort: Leipzig-Gohlis; Staatsangeh.: Sachsen; Vorbildung: König-Albert-Gymn. Leipzig Reife O. 03; Studium: Leipzig 7 S.; Rig. 29. Juni 06.] [U 09. 2665

Schenk, Leopold, s. S c h e n k, Samuel Leopold.

Schenk, Louise, schwäbisches Koch-Buch. 1. Aufl. (256 S.) 1877; 2. verm. und verb., mit einem alphabet. und einem systemat. Register verseh. Aufl. 8. (IV, 274 S.) Schw.-Hall 879, German. * ℳ 2,20.; geb. *

Schenk, Luise, schwäbisches Koch-Buch. 3. bedeutend verm. und verb. Aufl. 8. (IV, 260 S.) Schwäb.-Hall 888, German. geb. *

Schenk, Luise, schwäbisches Koch-Buch. 4., bedeut. verm. u. verb. Aufl. 8. (276 S.) Schwäb. Hall 895. W. German's Verl. Geb. in Leinw. n. 2. 50

Schenk, Luise, Koch-Buch. 5. bedeutend verm. u. verb. Aufl. gr. 8. (276 S.) Schw. Hall (899). W. German's Verl. Geb. in Leinw. n. 2. 50

Schenk, Luise, Koch-Buch. 6. u. 7. verm. u. verb. Aufl. (272 S.) 8. Schwäb.-Hall (904. 906.) W. German. Geb. in Leinw. n. 2. 50

Schenk, Luise, Koch-Buch. 8., verb. Aufl. (272 S.) 8. Schw. Hall (907). W. German. Geb. in Leinw. 2. 50

Schenk, M., Beiträge zur Reform d. Rhein. bürgerl. Gerichtsordnung. gr. 8. (18¾ B.) Bonn 833, Marcus.

Schenk, M., Katechismus der praktischen Schlachtviehbeschau. Gemeinverständliche Anleitg. zur Ausübg. der amtl. Vieh- u. Fleischbeschau f. angeh. u. angestellte Schlachtviehbeschauer. Mit 2 Taf. u. 1 Anh.: Einschlägige Gesetze u. Verordngn. 12. (VI, 75 S.) Wiesbaden 894. Bossong. Geb. in Leinw. n. 1. —

Schenk, M., Prüfung des Vorschlags: die Parcellirung der ländlichen Grundstücke und die ländliche Erbtheilung aufzuheben. Lex.-8. (67 S.) Köln 858, W. Greven. *

Schenk, M., ein Wort über u. für den Bestand eines Rheinischen Provinzialrechts. gr. 8. Köln 842. (Boisserée.) n. ⅙ ℳ

Schenk, Maria M., St. Odilia, s.: Reiser, Aug.

— Wintersonnenwende, s.: Reiser, Aug.

Schenk, Max, der Einjährig-Freiwillige m. der Waffe, als Arzt, Veterinär u. Pharmaceut. Alphabetisch geordnete Zusammenstellg. aller auf das Institut der Einjährig-Freiwilligen Bezug hab. Allerhöchsten Verordngn. [Mit e. Sachregister.] 8. (140 S.) Landshut 874. Attenkofer. n. 1. —

Schenk, Max., der Einjährig-Freiwillige mit der Waffe, dann als Arzt, Pharmazeut, Verwaltungs-Aspirant und Veterinar. 2. Aufl. 8. (104 S.) Landshut 877, (Krüll'sche Universitäts-Buchh.) *

Schenk, Otto: Die antennalen Hautsinnesorgane einiger Lepidopteren und Hymenopteren mit besonderer Berücksichtigung der sexuellen Unterschiede. Mit 2 Taf. u. 4 Textfig. *Jena: G. Fischer 1902.* (47 S.) 8° ¶(Aus: Zool. Jahrbücher, Abth. f. Anat. u. Ontog. d. Thiere, Bd 17, H. 3.)
Jena, Phil. Diss. v. (22. Febr.) 1902

Schenk, P., der Schulkreis Offenburg, s.: Hoffmann, F. F.

Schenk, Paul, Gebrauch u. Mißbrauch des Alkohols in der Medizin. (32 S.) gr. 8. Berlin 904. Mäßigkeits-Verlag. n. — 50

Schenk, Paul [aus Berlin]: Geisteskrankheit bei Morbus Basedowii. . . . Berlin, Buchdr. v. Gustav Schade (Otto Francke) (1890); 30 S. + 1 Bl. 8⁰
Berlin, Med. Fak., Inaug.-Diss. v. 6. Mai 1890

Schenk, Peter

Schenk, ..., s. Atlas v. Sachsen, rc. Amsterd.

Schenk, P. Geographische Delineation des zu denen Kur-Sächsischen Landen gehörigen Markgrafthums Nieder-Lausitz, worinnen enthalten die fünf Kreise, 1 der Luckauische, 2 Gubenische, 3 Kalauische, 4 Krumspreeische oder Lubbenische und 5 der Sprembergische Kreis. Amsterdam 1757. 1 Bl. c. k. v.

Schenk, Peter: Kurfürstlich Brandenburgische Statuen und Antiquitäten. Amsterdam 1696—1701
20 Taf. in Kupferst. gr 2°
P. Schenk exc.

Schenk, R., lose Blätter. Novellen. 2 Bde. 16. (IV, 365 S.) Leipzig 868, Kollmann. *

— wie bei Roßbach — der letzte Trunk, s. U n t e r w e g s u. Daheim.

Schenk, Reinhold, a. Berlin: Die Verstandes- und Urteilsbildung in ihrer Bedeutung für die Erziehung bei Nicole, Malebranche, Claude Fleury und Locke. Borna-Leipzig 1908: R. Noske. (62 S.) 8°
Erlangen, Phil. Fak., Ref. Hensel, Diss. v. 8. Juli 1908
[Geb. 8. Juni 77 Berlin; Wohnort: Berlin; Staatsangeh.: Preußen; Vorbildung: Lessing-Gymn. Berlin Reife M. 96; Studium: Berlin 10 S.; Rig. 24. Febr. 08.]

Schenk, Richard: *Professor Dr. Karl Bardorf, gestorben in der Nacht vom 24. zum 25. Februar 1899.* 4 S. 29—30. **Progr.** Kgl. Gymn. Sondershausen 1899.

Schenk, Richard, a. Naugard: Radioaktive Eigenschaften der Luft, des Bodens und des Wassers in und um Halle. Halle a. S. 1904: C. A. Kaemmerer & Co. (51 S.) 8°
Halle, Phil. Fak., Ref. Dorn, Diss. v. 30. Jan. 1905
[Geb. 7. März 83 Naugard i. Pom.; Wohnort: Stettin; Staatsangeh.: Preußen; Vorbildung: Realgymn. Stettin Reife M. 00; Studium: Berlin 1, Halle 9 S.; Rig. 9. Jan. 05.]

Schenk, R., Der lateinische Grundlehrplan der unteren Klassen des Kgl. Gymnasiums u. Realgymnasiums. Pr. 1906. 80 S. 4°. 1.—

Schenk, Richard Zum ethischen Lehrbegriff des Hirten des Hermas.
4 (S. 3—35). **Progr.** Rg. *Aschersleben* 1886 (240).

Schenk, Rich., zum ethischen Lehrbegriff der Hirten des Hermas. gr. 4. (35 S.) Aschersleben 887, (Huch.) *

[Schenk, Richard]: • De octavo Thucydidis libro. 29 Bl. 2° [Kopft.]
Halle-Wittenberg, Phil. Diss. v. 7. Juli 1876
Geb. [Zorndorf b. Küstrin 19. 9. 1847]

Schenk, Richard [Dr.]: Observationes criticae in fabulas Aristophaneas, praecipue in posteriores. Neu-Ruppin, Druck v. E. Buchbinder, *1891;* 1 Bl., 18 S. 4°
Neu-Ruppin, st. Friedrich-Wilhelms-G, P 1891 (83)

Schenk, Rich. Observationes criticae in fabulas Aristophaneas, praecipue in posteriores. gr. 4. (18 S.) Neu-Ruppin 891. (Lpz., Fock.) * 1 —

Schenk, R. Quaestiones criticae euripideae. 32 S. *Neuruppin* 1879.
Progr.

Schenk, *Richard Carl Lebrecht* De dativi possessivi usu Ciceroniano pars I. 4 (S. 3—25)
Progr. Hansasch. *Bergedorf* 1892 (127 für 727)

Schenk, R., de dativi possessivi usu Ciceroniano pars I. Diss. gr. 4. (25 S.) Jena 892. (Hamburg, Herold's Verl.) n.n. 2. 50

Schenk, Richardus ... De genuini quem vocant genetivi apud Aeschylum usu. Berolini 1882 ...
Berlin, Phil. Diss. v. 19. Mai 1882

Schenk, Rich., de genuini quem vocant genetivi apud Aeschylum usu. Dissertatio inauguralis philologica. gr. 8. (124 S.) Berolini 882. (Jena, Frommann'sche Buchdruckerei.) * 1 50

Schenk, Rud., offizieller Festführer zum eidgenössischen Schützenfest 1885 in Bern. Mit 13 Illustr. u. 2 Plänen. 8. (49 S.) Bern 885. Nydegger & Baumgart. n. — 50

Schenk, Samuel Leopold

Schenk, S. Leop., Anomalien an den Eiern v. Echinodermen nach d. Befruchtg. [Aus: „Sitzungsber. d. k. Akad. d. Wiss."] gr. 8. (18 S. m. 4 Fig.) Wien 896. (C. Gerold's Sohn.) n. — 40

— über die Aufnahme d. Nahrungsdotters währ. d. Embryonallebens. [Aus: „Sitzungsber. d. k. Akad. d. Wiss."] gr. 8. (12 S.) Ebd. 897. n. — 30

Schenk, Samuel Leopold: Beitrag zur Lehre über die Bildung der homogenen Zwischensubstanz im Eichen der Wirbellosen, s. Mittheilungen aus dem embryologischen Institute der k. k. Universität in Wien.

Schenk, S. L., Beitrag zur Lehre über die Lymphgefässe der Haut des Neugeborenen, s. Mittheilungen aus dem embryolog. Institute der k. k. Universität in Wien.

Schenk, S. L., Beitrag zur Lehre von den Organanlagen im motorischen Keimblatte. [Mit 3 (lith.) Taff. (in qu. gr. 4.)] [Aus den Sitzungsber. der k. Akad. der Wiss.] Wien 868. (Gerold's Sohn.) Lex.-8. n. 16 ngr.

— Bemerkungen zur Chloroformnarkose. [Aus den Sitzungsber. der k. Akad. der Wiss.] Ebend. 869. Lex.-8. (5 S.) n. 2 ngr.

Schenk, Samuel Leopold: Bemerkungen über d. Keimfleck, s. Mitteilungen aus d. embryolog. Inst. d. k. k. Univ. in Wien.

Schenk, S. L., der Dotterstrang der Plagiostomen. Mit 1 (lith.) Taf. [Aus: „Sitzungsber. d. k. Akad. d. Wiss."] Lex.-8. (8 S.) Wien 874. (Gerold's Sohn.) n. — 40

— die Eier v. Raja quadrimaculata [Bonap.] innerhalb der Eileiter. [Mit 1 (lith.) Taf.] [Aus: „Sitzungsber. d. k. Akad. d. Wiss."] Lex.-8. (12 S.) Ebend. 874. n. — 40

— Einfluss auf d. Geschlechtsverhältnis. (Umschlag: Theorie Schenk.) 1.—3. Aufl. gr. 8. (à 109 S.) Magdeburg 898. Schallehn & Wollbrück. n. 3. —

— über den Einfluss niederer Temperaturgrade auf einige Elementarorganismen. [Aus den Sitzungsber. der k. Akad. der Wiss.] Ebend. 869. Lex.-8. (6 S.) n. 2 ngr.

— über die Entwickelung des Herzens u. der Pleuroperitonealhöhle in der Herzgegend. [Aus den Sitzungsber. der k. Akad. der Wiss.] Ebend. 867. Lex.-8. (4 S. mit 1 Steintaf.) 3 ngr.

— zur Entwickelungsgeschichte des Auges der Fische. [Aus den Sitzungsber. der k. Akad. der Wiss.] Ebend. 867. Lex.-8. (12 S. mit 2 Steintaff. in 4.) n. 10 ngr.

— die Entwicklungsgeschichte der Ganglien u. d. Lobus electricus. [Mit 2 (lith.) Taf. (in qu. Fol.)] [Aus: „Sitzungsber. d. k. Akad. d. Wiss."] Lex.-8. (26 S.) Ebend. 876. n.n. 1. 30

— Entwickelungsvorgänge im Eichen v. Serpula nach der künstlichen Befruchtung. [Aus: „Sitzungsber. d. k. Akad. d. Wiss."] Lex.-8. (15 S. m. 1 Steintaf. in qu. gr. 4.) Ebend. 874. n. — 60

— der grüne Farbstoff v. Bonellia viridis. [Mit 1 (eingedr.) Holzschn.] [Aus: „Sitzungsber. d. k. Akad. d. Wiss."] Lex.-8. (5 S.) Ebend. 875. n. — 20

Schenk, S. L., Grundriss der Bakteriologie f. Aerzte u. Studierende. gr. 8. (XII, 204 S. m. 99 z. Tl. farb. Holzschn.) Wien 893. Urban & Schwarzenberg. n. 7. —

Schenk, S. L., Grundriss der normalen Histologie d. Menschen f. Aerzte u. Studirende. Mit 178 Holzschn. gr. 8. (VIII, 308 S.) Wien 885. Urban & Schwarzenberg. n. 8. —

Schenk, S. L. Grundriss der normalen Histologie d. Menschen f. Aerzte u. Studierende. 2. umgearb. u. verm. Aufl. gr. 8. (VIII, 348 S. m. 202 Holzschn.) Wien 891, Urban u. Schwarzenberg. * 8 —

— Grundriss der normalen Histologie d. Menschen f. Aerzte u. Studierende. 2., umgearb. u. verm. Aufl. gr. 8. (VIII, 348 S. m. 202 Holzschn.) Ebd. 893. n. 8. —

—— die Kiemenfäden der Knorpelfische während der Entwickelung. Lex.-8. (12 S. mit 1 lithogr. Taf. in 4.) (Ebendas.) 875.
aus: Sitzungsberichte der k. Akademie der Wissenschaften, besonders abgedruckt.

— Lehrbuch der vergleichenden Embryologie der Wirbelthiere. Mit 81 (eingedr.) Holzschn. u. e. lith. Taf. (in qu. gr. 4.) gr. 8. (XIX, 198 S.) Wien 874. Braumüller. n. 10. —

Schenk, Dr. S. L., Professor an der k. k. Universität und Vorstand des k. k. Institutes für Embryologie in Wien. Lehrbuch der Embryologie des Menschen und der Wirbelthiere. Zweite vollständig umgearbeitete und vermehrte Auflage. Mit 518 Abbildungen. Gr.-8. (IX, 698 S.) 9.60
Wien: Braumüller 1896.

Lehrbuch der Geschlechtsbestimmung. (Dokumente zu meiner Theorie.) Von L[eopold] Schenk. *Halle a. S.: C. Marhold 1901.* (176 S.) 8° (01. 919) 8

– Zur Lehre über den Einfluss der Farbe auf das Entwickelungsleben der Thiere, s. Mittheilungen aus dem embryologischen Institut der k. k. Universität in Wien.

—— und Birdsall, über die Lehre von der Entwickelung der Ganglien des Sympathicus, s. Mittheilungen aus dem embryolog. Institute der k. k. Universität in Wien.

Schenk, S. L., s.: Mittheilungen aus dem embryologischen Institute d. k. k. Universität Wien.

– Der Musculus rectus abdominis der Embryonen. s. Mittheilungen aus dem embryologischen Institute der k. k. Universität in Wien.

-- zur Physiologie des embryonalen Herzens. [Aus den Sitzungsber. der k. Akad der Wiss.] Ebend. 867. Lex.-8. (5 S.) 1½ ngr.

– Referat über Löwe. Beiträge zur Anatomie und Entwickelungsgeschichte des Nervensystems der Säugethiere und des Menschen. s. Mittheilungen aus dem embryologischen Institute der k. k. Universität in Wien.

—— das Säugethierei künstlich befruchtet ausserhalb des Mutterthieres, s. Mittheilungen aus dem embryolog. Institute der k. k. Universität in Wien.

— die Spermatozoën v. Murex brandaris. [Aus: „Sitzungsber. d. k. Akad. d. Wiss."] Lex.-8. (6 S.) Wien 874. (Gerold's Sohn.) n. — 40

Schenk, Dr. S. L., Ueber den Stickstoffgehalt des Fleisches. (Sonder-Abdr. a. d. Sitzungsber. d. k. Akad. d. Wiss.) gr. 8. (8 S.) Wien, Gerold in Comm. 1870 10 kr.

Aus meinem Universitätsleben. Von L[eopold] Schenk. *Halle a. S.: C. Marhold 1900.* (69 S.) 8°

— aus meinem Universitätsleben. 1.—6. Aufl. gr. 8. (à 69 S.) Ebd. 900 n. 1. 50

— anatomisch-physiologische Untersuchungen. Mit e. lith. Taf. (in qu. gr. 4.) gr. 8. (IV, 51 S.) Wien 872. Braumüller. n. 2. —

—— Untersuchungen über die erste Anlage des Gehörorgans der Batrachier. Lex.-8 (4 S. mit 1 Stnt.) Wien 864, (Gerold's Sohn.)
aus: Sitzungsberichte der k. Akademie der Wissenschaften, besonders abgedruckt.

– Über das Verhalten der Flexores digitorum communes in der Hand menschlicher Embryonen, s. Mittheilungen aus dem embryologischen Institute der k. k. Universität in Wien.

— die Vertheilung d. Farbstoffes im Eichen während d. Furchungsprocesses. [Mit 1 (chromolith.) Taf.] [Aus: „Sitzungsber. d. k. Akad. d. Wiss."] Lex.-8. (9 S.) Wien 876. (Gerold's Sohn.) n.n. -- 50

—— über den Werth der quantitativen Bestimmung des Harnstoffes nach Liebig. Lex.-8. (7 S.) Wien 869, (Gerold's Sohn.) * — 20
Aus: Sitzungsberichte der k. Akademie der Wissenschaften, besonders abgedruckt.

Schenk Siegbert: Das Mildheimische Liederbuch und seine Beziehungen zu des Knaben Wunderhorn.
H. 1910 PN 3018 Diss. Wien Univ. 370

Schenk, Thdr., Beitrag zur Begründg. d. Vegetarismus. gr. 8. (8 S.) Kassel 895. G. H. Wigand's Sort n. -- 20

Schenk, Theodor [aus Meiderich]: Aus d. med. Klinik zu Bonn. Ein Fall von Pseudohypertrophie der Muskeln mit Beteiligung der Serrati antici und mit Entartungsreaktion. . . . Bonn, Buchdr. J. Bach Wwe., 1890; 29 S., 1 Bl., 1 Taf. 8°
Bonn, Med. Fak., Inaug.-Diss. v. [22.] Dez. 1890

Schenk, Theodor, aus Neustadt (Orla): Sir Samuel Garth und seine Stellung zum komischen Epos. *Heidelberg: C. Winter 1900.* (44 S.) 8° ¶(Erscheint vollst. als H. 3 d. Anglist. Forschungen.)
Leipzig, Phil. Diss. v. [1. Mai] 1900

Sir Samuel Garth und seine Stellung zum komischen Epos von Theodor Schenk. *Heidelberg: C. Winter 1900.* (114 S.) 8°
= Forschungen, Anglistische. H. 3. (01. 513)

Schenk, Theodor: Über eine operativ entfernte Lebergeschwulst. Freiburg i. Br.: U. Hochreuther 1905. (25 S.) 8°
Freiburg i. B., Med. Fak., Ref. Kraske, Diss. v. 1905.

Schenk, Tr., Petrus, der Felsenmann. Ein Deklamatorium f. christl. Vereins-Feste u. Familienabende. (51 S.) 8. Neumünster (910). Vereinsbuchh. G. Ihloff & Co. — 50

Schenk, Wilhelm, s. Bibel, von Hezel (vgl. Hezel).

Schenk, Wlh., s. Erbin, die.

— Gemälde aus d. häusl. Leben; nach d. französ. u. engl. Originalen bearb. 8. Gotha 803. Ettinger. 2 ₰

Schenk, Wlh., (eigentl. Jh. Chr. Ph. Wlh.,) († 1818.) der Candidat der Theologie, od. mitgetheilte Erfahrr. f. Candidaten d. Theologie. 8. Weim. 802. (Gädike in Berl.) 1 ₰ 8 gr.

Schenk, Wilhelm, s. Kunst. Die, feines engl. Steinporzellan ... zu verfertigen.

— allgem. Naturgeschichte. Ein Handbuch nicht blos f. die Jugend, sond. auch f. gebild. Leser aus allen Ständen. 1r Thl. Naturgeschichte d. Säugthiere. Nach Dümeril Classification. gr. 8. Nürnb. 813. Campe. 2 ₰ Mit 103 schwarz. Abbildd. 3 ₰ illum. 4 ₰ Velinp. 5 ₰

— Taufbuch f. christl. Religionsverwandte, od. gründl. Unterricht über alle Gegenstände, welche die christl. Taufhandlung rc. betreffen. 8. Weim. 803. Gädike in Berl. 20 Gr

Schenk von Geyern, Ernst Freiherr: **Ein Fall von chronischer Dermatomyositis.** München 1907: C. Wolf & Sohn. (44 S., 1 Taf.) 8°
München, Med. Fak., Ref. v. Bauer, Diss. v. 18. Febr. 1908
[Geb. 16. Okt. 76 Schloß Syburg in Mittelfranken; Wohnort: Augsburg; Staatsangeh.: Bayern; Vorbildung: Kadettenkorps u. Kriegsch. München Reife Juni 96; Studium: München 4, Tübingen 2, München 4 S.; Coll. 18. Febr. 08; Approb. 31. Jan. 08.]

Schenk von Schenkendorf, Max von,
s. Schenkendorf, Max von.

v. Schenk (zu Schweinsberg), s. Abel, über den niederen.

Schenk zu Schweinsberg, Frhr., s.: Mitteilungen aus der Rechtspflege im Gebiete des vormal. Kurfürstenth. Hessen.

Schenk zu Schweinsberg, Gust. Frhr., Beiträge zur Kenntniss der in Frankfurt begütert gewesenen Adelsfamilien, s. Neujahrs-Blatt des Vereins für Geschichte und Alterthumskunde zu Frankfurt a. M.

Genealogie der Freiherrn Schenck zu Schweinsberg. Tafel 1–4. Verf. von Dr. Gustav Frh. Schenk (zu Schweinsberg). *o. O.: Selbstverl. d. Familie 1901.* (4 Bl.) 2°
1903. 446 A

Schenk zu Schweinsberg, Gustav Ludwig Karl Ernst Frhr von
Die Grafschaftsgerichtsstätten Maden und Rucheslo. Ein Beitrag zur Frage, ob die drei generalia placita der Freien Gau-, oder Hundertschaftsversammlung waren.
Giessen 1871.
[Auch: Ztschr. d. Vereins für hessische Geschichte, N.F. Bd 5 (1874), S. 210-226.)
Dr. jur. Giessen 27.5.1873. vorh. 26

Schenk zu Schweinsberg, Gust. Frhr., das letzte Testament Landgraf Wilhelm II. v. Hessen vom J. 1508 u. seine Folgen. Ein Beitrag zur Geschichte Hessens während der Minderjährigkeit Landgraf Philipp d. Großmüthigen. Mit 7 Urkundenbeilagen u. e. genealog. Uebersichtstaf. (in qu. gr. 4.) gr. 8. (74 S.) Gotha 876. F. A. Perthes. n. 1. 60

Schenk zu Schweinsberg, Karl Frh.,
s. Schenck zu Schweinsberg, Karl Frh.

Schenk von Stauffenberg, Friedr. Frh. u. Franz Graf v., Die Schenken von Stauffenberg, nach Urkunden zusammengestellt. Als Manuscript gedruckt. Mit 18 Tfln. u. 7 Beill. München 1876. 8.

Schenkbecher, Jh. Geo., († ...) Bericht von den heilsamen Wirkungen der Kinkina oder peruvian. Rinde. gr. 8. Leipz. 769. Hartknoch. 8 Gr

— Diss. de febre stomachia intestinali. 4. Strassb. 760.

Schenke, Adph., s.: Führer, illustr., in die Berliner Theater.

Schenke, Gustav: Die logischen Voraussetzungen und ihre Folgerungen in Kant's Erkenntnisslehre. Halle (1876): Karras. 51 S. 8°
Halle-Wittenberg, Phil. Diss. v. 8. Jan. 1876
Geb. Sagan 29. 11. 1848. V.

Schenke, Heinrich: **Aus der Chirurgischen Klinik zu Jena. Ueber die Stirnhöhlen und ihre Erkrankungen.** *Jena 1898: A. Kämpfe.* (64 S.) 8°
Jena, Med. Diss. v. [24. März] 1898

Schenke, Hermann, Referendar: **Die Alternativobligation nach römischem, gemeinem und neuem bürgerlichen Recht.** *Greifswald 1900: J. Abel.* (52 S.) 8°
Greifswald, Jur. Diss. v. 1900

Schenke, Johann Christoph Heinrich

Schenke, Jh. Cph. Hnr., († d. 18. Aug. 1798.) Betracht. einiger Knochen des Skelets, in Ansehung ihrer Verhältnisse gegen einander u. gegen ihre Bänder rc. gr. 8. Leipz. 795. (Cnobloch). 4 Gr

Schenke, J. C. H., **Beobacht. etl. Knochen d. Skelets.** gr. 8. Leipz. Böhme. 795.

Schenke, Johann Gottlieb

Schenke, Jh. Gtl., († 1785.) theoret. u. prakt. Anweis. zur Zeichnung d. menschl. Körpers. 8. Jena 769. Mit 18 Kpf. 4. Leipz. 788. (Cnobloch). 12 Gr

— theoret. prakt. Anweis. z. Zeichnung d. menschl. Körpers, m. K. 4. Leipz. Böhme. 788.

Schenke, Karl Friedrich, Referendar in Schloppe: **Der Verlust der Staatsangehörigkeit seitens Minderjähriger durch zehnjährigen ununterbrochenen Aufenthalt im Auslande unter Berücksichtigung einschlägiger Gesetzesbestimmungen ausserdeutscher Staaten.** *Wreschen 1901: W. Schenke.* (39 S.) 8° [F.]
Greifswald, Jur. Diss. v. [8. März] 1901

Schenke, Vincent. Über die Einwirkung v. Schwefelkohlenstoff auf einige Azoverbindungen u. Hydrazone. Diss. gr. 8. (46 S.) Gött. 889, (Vandenhoeck u. Ruprecht). * 1 —

Schenke, Wilhelm, aus Berge (Hann.): **Ueber Nitrile von Monoalkylacetessigsäuren und über Amidopyrazole.** *Heidelberg 1903: K. Rößler.* (62 S.) 8°
Heidelberg, Naturw.-math. Diss. v. 1903

Schenkel, gehet aus d. Babel. Eine Dorfgeschichte. gr. 16. (166 S.) Eisleben 888. Christl. Verein im nördl. Deutschland. Geb. — 83

Schenkel, s.: Kirchen- u. Schulblatt, sächsisches.

Schenkel, W., Fest-Predigt gehalten am dritten nordwestdeutschen Protestantentag, s. Bericht über den zu Hameln am 5. und 6. Juni 1877 gehaltenen dritten nordwestdeutschen Protestantentag.

Christian Gottfried Schenkel

Quaestio de febre. Lipsiae (1823:) Elbert. 38 S. 8°
Leipzig, Med. Diss. v. 20. Juni 1823

Schenkel, Daniel

Schenkel, Dan., Abfertigung für Herrn Kuno Fischer in Heidelberg. Heidelberg 854. Akadem. Anstalt für Lit. und Kunst. (K. Groos.) 8. (31 S.) 5 ngr.

Schenkel, Dan., die Amtsentlassung des Professors Dr. Baumgarten in Rostock. Nach den „Actenstücken" beleuchtet. gr. 8. (IX und 62 S.) Darmstadt 858, [Zernin]
Aus: Allgemeine Kirchenzeitung, besonders abgedruckt.

Schenkel, Dan., Ernst Moritz Arndt, ein politischer u. religiöser deutscher Charakter. Elberfeld 866. Friderichs. gr. 8. (VII, 180 S.) n. 24 ngr.; geb. n. 1 Rthlr

Schenkel, Dan., Ernst Moritz Arndt, ein politischer und religiöser deutscher Charakter. 2. (Titel-)Ausg. gr. 8. (IV, 180 S.) Elberfeld (866)69, Fridrichs. * 1 20

— — 2. (Titel-)Ausg. Ebend. 870. gr. 8. (IV, 180 S.) n. 12 ngr.

— die Aufgabe der protestantischen Kirche, s. Aufgaben des Christenthums.

— die Aufgabe der Reformation in der Gegenwart. Reformationspredigt, gehalten den 25. Juni 1865 im Universitätsgottesdienste zu Heidelberg. Heidelberg 865. C. Mohr. gr. 8. (14 S.) 3 ngr.

— s. Bibel-Lexikon.

Schenkel, Dan., die Bildung der evangelischen Theologen für den praktischen Kirchendienst. Eine Denkschrift zur 25jährigen Stiftungsfeier des evangelisch-protestantischen Predigerseminars in Heidelberg. Heidelberg 863. J. C. B. Mohr. gr. 8. (IV, 208 S.) n. 20 ngr.

Schenkel, Dan., die Briefe an die Epheser, Philipper, Kolosser, s.: Bibelwerk, theologisch-homiletisches.

— das Charakterbild Jesu. Ein biblischer Versuch. 1. u. 2. unveränd. Aufl. Wiesbaden 864. Kreidel. gr. 8. (IX, 405 S.) n. 2 ₰ 12 ngr.

— — 3. Aufl. Ebend. 864. gr. 8. (VIII, 283 S.) n. 1 ₰

— das Charakterbild Jesu nach den biblischen Urkunden wissenschaftlich untersucht und dargestellt. 4. verm. und völlig umgearb. Aufl. gr. 8. (XXXII, 433 S.) Wiesbaden 873, Kreidel's Verlag. 6 —

Schenkel's, Dr., Karakterbild Jesu zur gerechten Würdigung im Auszuge dargestellt. Karlsruhe 864. Macklot. gr. 8. (61 S.) 4 ngr.

— Christenthum u. Kirche im Einklange mit der Culturentwicklung. 20 Betrachtungen. 2 Abthlgn. Wiesbaden 867. Kreidel's Verl. gr. 8. n. 3 ₰ 10 ngr.
1. Abthl. Religion u. Bibel. (VIII, 241 S.) n. 1 ₰ 10 ngr.
2. Abthl. Das Christenthum der Vergangenheit u. der Gegenwart. (IV, 396 S.) n. 2 ₰

— Christenthum u. Kirche im Einklange m. der Culturentwicklung. 20 Betrachtgn. 1. u. 2. Abth. Neue Ausg. gr. 8. Ebend. 871. n. 6. —
1. Religion u. Bibel. (VIII, 124 S.) n. 2. —
2. Das Christenthum der Vergangenheit u. der Gegenwart. (IV, 396 S.) n. 4. —

Schenkel, Dan., das Christusbild der Apostel und der nachapostolischen Zeit. Aus den Quellen dargestellt. gr. 8. (XXVI, 412 S.) Leipzig 879, Brockhaus. * ℳ 7,50.; geb. *

Schenkel, Dan., die christliche Dogmatik vom Standpunkte des Gewissens aus dargestellt. In 2 Bdn. gr. 8. Wiesbaden, Kreidel's Verlag. Thlr. *
Inhalt:
Bd. 1. Die Lehrgrundlegung. (XVI und 512 S.) 858. * 2 Thlr. 20 Ngr.
" 2. Abthl. 1. Die Lehrausführung. 1. Abthl. (VII und 354 S.) 859. * 1 Thlr. 20 Ngr.
" 2. " 2. Von den Thatsachen des Heils. 2. Abthl. (VIII und S. 355–1261.) 859. * 5 Thlr.

Schenkel, Dan., de ecclesia Corinthia primaeva factionibus turbata. Disquisit. crit.-histor. ad antiquis. eccles. christ. statum illustrand. pertinens. Inest excursus de Clementior. origin. argumentoque. Lex.-8. (11 B.) Basiliae 838, libr. Schweighauser. *

— die Erneuerung der deutschen evangelischen Kirche nach den Grundsätzen der Reformation. Ein Beitrag zur Lösung der kirchl. Reformfrage. Mit besond. Berücksicht. der großherzogl. bad. Unions-Kirchenverfassung. gr. 8. (VII und 112 S.) Gotha 860, F. A. Perthes. *

— der Erneuerungskampf des deutschen Volkes nach seiner religiös-sittlichen Bedeutung. Predigt gehalten zu Heidelberg am 28. Aug. 1870. 8. (16 S.) Heidelberg 870, (Bassermann'sche Verlagsh.) — 20

Schenkel, Dan., Fels oder Sand, oder: Der evangel. Glaube steht noch fest. Allen Christen zur Betrachtung vorgelegt. 8. (II u. 38 S.) Schaffhausen 851, Brodtmann. — 2. Aufl. 8. (II u. 38 S.) Ebd. 851. n. 1/6 ₰

— Festpredigt, s. Mühlenhoff.

— Festpredigt über 1. Kor. 16, 13 und 14 bei der Feier des Gustav-Adolf-Vereins am Sonnt. Quasimodogeniti, den 3. April 1853 zu Frankfurt a. M. gehalten. gr. 8. (17 S.) Frankfurt a. M. 853, Völcker.

— die kirchliche Frage und ihre protestantische Lösung, im Zusammenhange mit den nationalen Bestrebungen und mit besond. Beziehung auf die neuesten Schriften J. J. J. v. Döllinger's und Bischof v. Ketteler's. gr. 8. (VII und 386 S.) Elberfeld 862, Friderichs. *

— brennende Fragen in der Kirche der Gegenwart. Drei Vorträge: Ueber Christenthum und Cultur. — Ueber das Prinzip des Protestantismus. — Erklärung gegen das „apostolische Schreiben" des Papstes vom 13. September 1868 und die ultramontanen Angriffe und Anmaßungen. 1869. * ℳ 1 20., und Neue (Titel-)Ausg. 8. (IV, 116 S.) Wiesbaden 871, Kreidel's Verlag. * — 80

— die protestantische Freiheit in ihrem gegenwärtigen Kampfe mit der kirchlichen Reaktion. Eine Schutzschrift. 1. und 2. unveränd. Aufl. gr. 8. (VIII und 288 S.) Wiesbaden 865, Kreidel's Verlag. *

— Für Bunsen wider Stahl. Die neuesten Bewegungen und Streitigkeiten auf dem kirchlichen Gebiete. (Abdr. aus der Allgem. Kirchenzeitung.) Darmstadt 856. Leske. 8. (72 S.) n. 10 ngr.

Schenkel, Dan., die protestant. Geistlichkeit u. die Deutschkatholiken. Eine Erwiederung auf die neueste Schrift von G. G. Gervinus. breit 8. Zürich 846, Meyer u. Zeller. 1/2 ₰

Schenkel, Dan., die protestant. Geistlichkeit u. die Deutschkatholiken. Eine Erwiederung rc. 2. Aufl. Mit einem Anhang über den Standpunkt des positiven Christenthums und seinen Gegensatz als Replik auf die Entgegnung von G. G. Gervinus im „Morgenboten." breit 8. Zürich 846, Meyer u. Zeller. 22 ngr.

— Gesetzeskirche u. Glaubenskirche oder Sand bleibt Sand u. Fels bleibt Fels. Zur Abwehr gegen die Angriffe des Herrn Dr. A. Stelz auf die evangel. Kirche. gr. 8. (117 S.) Heidelberg 852, Akademische Anstalt f. Literatur u. Kunst. n. 1/3 ₰

— Gespräche über Protestantismus und Katholicismus. 1 und 2. Thl. br. 8. Heidelberg, [C. Groos.] [1. (VI und 319 S.) 852. * 1 Thlr. 2 Ngr., 2. (VIII und 331 S.) 853. * 28 Ngr.]

Schenkel, Dan., die Grundlehren des Christenthums aus dem Bewußtsein des Glaubens im Zusammenhange dargestellt. gr. 8. (XXIV, 529 S.) Leipzig 877, Brockhaus. * ℳ 9.; geb. * 10 50

— die Idee der Persönlichkeit in ihrer Zeitbedeutung f. die theolog. Wissenschaft u. das religiös-sittl. Leben. Antrittsrede, gehalt. den 6. Mai 1850, bei Uebernahme einer ordentl. theolog. Professur an der Universität zu Basel. gr. 8. (25 S.) Schaffhausen 850, Brodtmann. n. 1/6 Thlr

—— Jésus. Portrait historique. Traduit de l'allemand sur la 3. édit. Avec l'autorisation de l'auteur. gr. 8. (XVI und 292 S.) Wiesbaden 865, Kreidel's Verlag. *

—— Jesus Christus, der einige Grund, auf den wir uns als Christen stellen. Predigt, gehalten zu Heidelberg den 6. Novbr. 1864, bei der Eröffnung des Universitätsgottesdienstes für das Wintersemester über 1. Cor. 3, 11. gr. 8. (17 S.) Wiesbaden 864, Kreidel's Verlag.

—— die projektirte reformirte Kirchenzeitung und das Kirchenblatt für die reform. Schweiz. gr. 8. (8 S.) Zürich 850, Meyer und Zeller. *

— das Kommen des Herrn in unserer Zeit. Sechs Predigten gehalten in der Weihnachtszeit des J. 1848 zu Schaffhausen. [Mit einem Sendschreiben an Hrn. Prof. Dr. Hagenbach.] gr. 8. (XXIV u. 92 S.) Schaffhausen 849, Beck & Sohn. n. 5/12 Thlr

— die siegreiche Kraft des evangelischen Glaubens. Predigt in dem 3. Gottesdienste der 10. allgem. Versammlung d. evangel. Gustav-Adolph-Vereins am 9. Septbr. 1852 üb. 1. Joh. 5, 4. gehalten. 8. (15 S.) Wiesbaden 852, Schellenberg. n. 2 ngr

— ob Krieg oder Frieden? 12 Briefe über die politische Lage der Schweiz im Sommer 1847. gr. 12. (98 S.) Zürich 847, Höhr. n. 8 ngr

— die gegenwärtige Lage der protestantischen Kirche in Preußen u. Deutschland. Ein Vortrag gehalten im Auftrage des deutschen Protestanten-Vereins. 1. u. 2., durchgeseh. Aufl. Mannheim 867. Löffler. gr. 8. (74 S.) n. 10 ngr

— Luther u. seine Kampfgenossen. Eine Beleuchtung des Luther-Denkmals im Lichte unserer Zeit für Jedermann. Lahr 868. Geiger. 8. (IV, 112 S.) n. 6 ngr

— Luther in Worms u. in Wittenberg u. die Erneuerung der Kirche in der Gegenwart. Elberfeld 870. Friderichs. gr. 8. (VII, 198 S.) n. 1 Thlr

— noch ein Wort über die Pacification der Schweiz. 2 Briefe als Nachtrag zu den 12 Briefen. gr. 12. (33 S.) Zürich 847, Höhr. 1/12 Thlr

— Johann Heinrich Pestalozzi und dessen Bedeutung für seine und unsere Zeit. Ein Vortrag gehalten den 28. Febr. 1863 zu Heidelberg. Heidelberg 863. J. C. B. Mohr. gr. 8. (2 Bl., 53 S.) n. 5 ngr

— Predigten. Neue Folge 1 u. 2. Bdchn. gr. 8. 1. Bdchn. A. u. d. T.: Das Heilswort der Liebe. Zwölf Predigten gehalten zu Schaffhausen. (VIII u. 224 S.) 2. Bdchn. A. u. d. T.: Das Trostwort der Hoffnung. 12 Predigten. (VIII u. 184 S.) Schaffhausen 850. 51, Beck & Sohn. (1: n. 2/3 Thlr 2: n. 18 ngr) n. 1 Thlr 8 ngr

—— 24 Predigten über Grund u. Ziel unseres Glaubens. 2 Bdchn. gr. 8. Zürich, Meyer u. Zeller. à –

Bdchn. 1. Des Glaubens Grund. (11 1/2 B.) 843.
" 2. Des Glaubens Ziel. (13 B.) 844.

— das Princip des Protestantismus. Mit besonderer Berücksichtigung der neuesten hierüber geführten Verhandlungen. Schlußabhandlung zu der Schrift des Verf. über das „Wesen des Protestantismus". Lex. 8. (VI u. 92 S.) Schaffhausen 852, Brodtmann. 1/2 Thlr

— der deutsche Protestantenverein u. seine Bedeutung in der Gegenwart, nach den Akten dargestellt. Wiesbaden 868. Kreidel. gr. 8. (IV, 132 S.) n. 20 ngr

— der deutsche Protestantenverein u. seine Bedeutung in der Gegenwart nach den Akten dargestellt. Neue Ausg. gr. 8. (III, 132 S.) Ebend. 871. n. 1. —

Schenkel, Dan., Reden bei der Beerdigungsfeier des Geh. Kirchenrath Prof. Dr. Rich. Rothe, s. Zittel.

—— die Reformatoren und die Reformation im Zusammenhange mit den der evangelischen Kirche durch die Reformation gestellten Aufgaben geschichtlich beleuchtet. gr. 8. (VIII und 288 S.) Wiesbaden 856, Kreidel und Riedner. *

—— die gute Sache der evangelischen Kirche. Drei Briefe. gr. 16. (41 S.) Heidelberg 853, K. Winter. *

——, Johs. Schenkel, Pfarrer v. Unterhallau. Ein Denkmal auf d. Grabhügel e. Verborgenen vor d. Welt. Mit e. Vorw. v. Lücke. gr. 8. (12 1/2 B.) Hamburg 837, Fr. Perthes.

—— Friedr. Schleiermacher. Ein Lebens- und Charakterbild. Zur Erinnerung an den 21. Novbr. 1768 für das deutsche Volk bearb. gr. 8. (VIII, 606 S.) Elberfeld 868, Friderichs. 9 —

—— Friedrich Schleiermacher. Eine akadem. Rede, am 21. Novbr. 1868 gehalten. 16. (77 S.) Heidelberg 868, J. C. B. Mohr. * — 80

—— R. Rothe's Schriften, s. Rothe, R.

— die Schutzpflicht des Staates gegen die evangelische Kirche. Zur Erläuterung des Heidelberger Fakultätsgutachtens in der Dulon'schen Angelegenheit u. zur Berichtigung des in derselben von Hrn. Dr. Dittenberger abgegebenen Votums. gr. 8. (24 S.) Heidelberg 852, Akademische Anstalt für Literatur u. Kunst. 3 ngr

—— der Segen d. Kirchenverbesserung. Eine Pred., mit e. offenen Vorw. an Hrn. Prof. Maurer-Constant in Schaffhausen. gr. 8. (2 B.) Basel 840, Schweighauser'sche Buchh.

Schenkel, D[aniel]. Der Segen des Unglücks. Text: Apostelgeschichte 11, 27–30. Predigt, gehalten den 5. Juni 1842, mit Beziehung auf das furchtbare Brandunglück der Stadt Hamburg. 8. Schaffhausen 1842.

—— Staatshoheit und Kirchengewalt, s. Staatshoheit und Kirchengewalt.

— der Standpunkt des positiven Christenthums u. sein Gegensatz. Replik auf die Entgegnung von G. G. Gervinus im „Morgenboten." gr. 8. Zürich 846, Meyer u. Zeller. 7 ngr

— die 300jährige Todesfeier Phil. Melanchthons eine dreifache Mahnung an die deutsche evangelische Kirche. Predigt gehalten im Universitätsgottesdienste zu Heidelberg den 22. April 1860. Ebend. gr. 4. (12 S.) n. 3 ngr

— Union, Confession und evangelisches Christenthum, mit besonderer Beziehung auf die neulich erschienene Schrift von Dr. Stahl, „Die lutherische Kirche und die Union." (Abdr. aus der Allgemeinen Kirchenzeitung.) Darmstadt 859. Zernin. gr. 8. (VII, 95 S.) 12 ngr

—— der Unionsberuf des evangelischen Protestantismus, aus der principiellen Einheit, der confessionellen Sonderung und der unionsgeschichtl. Entwicklung desselben nachgewiesen. gr. 8. (XVI und 662 S.) Heidelberg 855, K. Winter. *

—— das gegenwärtige aggressive Verfahren der römisch-katholischen Kirche in ihrem Verhältnisse zum Protestantismus. Vortrag gehalten vor der Versammlung evangel. Christen aus allen Ländern, den 15. Septbr. 1857 zu Berlin, mit einem Vorwort. gr. 8. (XX und 41 S.) Darmstadt 858, [Zernin.] *

—— üb. d. ursprüngl. Verhältniß d. Kirche z. Canon. Akadem. Inauguralvorles., geh. am 12. Nov. 1838. gr. 8. (2¼ B.) Basel 839, Schweighauser'sche Buchh.

—— Was ist Wahrheit? Betrachtungen und Hoffnungen am Jahresschlusse 1852. gr. 8. (48 S.) Heidelberg 852, [C. Groos.] *

— das Wesen des evangelischen Glaubens. Vorträge im Dienste der inneren Mission gehalten. Frankfurt a. M. 854. Brönner. gr. 8. (IV, 171 S.) n. 24 ngr

Schenkel, Dan., das Wesen des evangelischen Glaubens. Vorträge im Dienste der inneren Mission gehalten. gr. 8. (IV und 180 S.) Frankfurt a. M. 854, Brönner. Thlr. *

— das Wesen des Protestantismus. Aus den Quellen des Reformationszeitalters dargestellt. In 3 Bdn. 1. Bd. 1.—3. Buch. Lex.-8. Schaffhausen 845, 46, Brodtmann'sche Buchh. 2 rf 18 ngl

— das Wesen des Protestantismus aus den Quellen des Reformationszeitalters dargestellt. 2 u. 3. Bd. gr. 8. 2. Bd.: Die Anthropolog. Fragen. (XXIV u. 592 S.) 3. Bd.: Die theanthropolog. u. kirchl. Fragen. 3 Hfte. (X u. 536 S.) Schaffhausen 847. 52, Brodtmann.. II: 2 rf 18 ngl III, 1: 27 ngl 2 u. 3: 1 rf 21 ngl (cmplt. 7 rf 24 ngl)

—— das Wesen des Protestantismus aus den Quellen des Reformationszeitalters dargestellt. 3. Bd.: Die theanthropologischen oder kirchlichen Fragen. gr. 8. (XXIII und 944 S.) Schaffhausen 851, Brodtmann'sche Buchh.

1. und 2. Bd. Ebendas. 1845—47. à Bd. 2 Thlr. 18 Ngr.

—— das Wesen des Protestantismus aus den Quellen des Reformationszeitalters dargestellt. 2., gänzlich umgearb. Aufl. in 1 Bde. 2 Abthlgn. Lex.-8. (IV und 787 S.) Schaffhausen 861(62), Brodtmann'sche Buchh. *

Schenkel, Dan., W. M. L. de Wette u. die Bedeutung seiner Theologie für unsere Zeit. Zum Andenken an den Verewigten. gr. 8. (111 S.) Schaffhausen 849, Beck & Sohn. n. 14 ngl

—— die Wissenschaft u. d. Kirche. Zur Verständigung üb. d. Straußische Angelegenheit. Mit e. Sendschreiben an Hrn. Consistorialr. Dr. Lücke. gr. 8. (13 B.) Basel 839, Schweighauser'sche Buchh.

— die religiösen Zeitkämpfe in ihrem Zusammenhange mit dem Wesen der Religion u. der religiösen Gesammtentwicklung des Protestantismus in 20 Reden beleuchtet. Zum Streit u. zum Frieden. gr. 8. (XVI u. 478 S.) Hamburg u. Gotha 847, Fr. & A. Perthes. Für die Schweiz in Comm.: Brodtmann in Schaffhausen. n. 1⅓ rf

— die confessionellen Zerwürfnisse in Schaffhausen und Friedr. Hurters Uebertritt zur römisch-kathol. Kirche. Zur religiösen Zeitgeschichte. gr. 8. Basel 844, Schweighausersche Buchh. n. 1 rf

— evangelische Zeugnisse von Christo. Predigten über Abschnitte aus dem Evangelium Johannis. 1. u. 2. Sammlung. Heidelberg 853, 54. Akadem. Anstalt für Lit. u. Kunst. (K. Groos.) gr. 8. (VIII, 307; VI, 297 S.) Jede Sammlung 1 rf.

—— evangelische Zeugnisse von Christo. Predigten über Abschnitte aus dem Evangelium Johannis. 3. (letzte) Sammlung. gr. 8. (V und 284 S.) Heidelberg 859, K. Groos.

1. und 2. Sammlung. Ebendas. 1853,54. 2 Thlr.

— die kirchlichen Zustände der Gegenwart. Eröffnungsaufsatz bei Uebernahme der Mitred. d. Allgem Kirchenzeitung. [Abdr. aus dieser Zeitung.] gr. 8. (59 S.) Darmstadt 852, Leske. n. 8 ngl

Schenkel, Daniel, und Gelzer, Heinrich Z. Ueber die politischen und religiösen Zustände der Schweiz. Drei Gelegenheitsschriften von Dr. D' Sch' und Dr. H' G'. [3 Theile.] 8. Zürich 1847.

[Theil 1] *u. d. T.:* Ob Krieg oder Frieden? Zwölf Briefe über die politische Lage der Schweiz im Sommer 1847 Hrg. von D' Sch'.
[Theil 2] *u. d. T.:* Noch ein Wort über die Pacification der Schweiz. Zwei Briefe als Nachtrag zu den zwölf Briefen. Hrg. von D' Sch'.
[Theil 3] *u. d. T.:* Die Bedeutung der kirchlichen Bewegungen in der Schweiz seit 1839. Ein öffentlicher Vortrag gehalten zu Berlin den 3. Juni 1847 von Dr. H' G'... Mit einem Sendschreiben an Dr. D' Sch'.

Schenkel, Ehrenfried, aus Basel: Einige Abkömmlinge des symmetrischen Tetraminobenzols. Basel 1905. 62 + 2 S. 8°. [9. XI. 05.]

Basel. Phil. Diss. 1905/1906.

Schenkel, Ehrenfried. Einige Abkömmlinge des symmetrischen Tetraminobenzols. Diss. Phil. Basel. 63 S. 8. Basel, Emil Birkhäuser, 1905.

Schenkel, Hans. Demokratie und Wahlrecht. 64 S. 8. Zürich, Buchh. des Schweiz. Grütlivereins, 1910. (fr. 1. —)

Sozialpolitische Zeitfragen der Schweiz.... Heft 9/10.

Schenkel, Hans, Demokratie u. Wahlrecht, s. a. Zeitfragen, sozialpolitische, der Schweiz. Heft 9. 10.

Schenkel, Hans, kritisch-historische Untersuchg. üb. d. Theorie der Gammafunction u. Euler'schen Integrale. Diss. gr. 8. (67 S. m. 2 Taf.) Uster-Zürich 894. (Born, H. Körber.) n. 1. 50

Schenkel, Johann Jakob

Schenkel, J. J. Ueb. d. Schweizer. Idiotikon. Vortrag, gehalten in der Kantonal-Lehrerkonferenz. In-8°, 41 Seiten. 1893.

Schenkel, J. J., Dr. Martin Luthers Lehre vom Glauben. Oeffentlicher Vortrag, gehalten in Schaffhausen am 4. Dezbr. 1883. 8. (30 S.) Basel 884, Spittler. * — 25

Schenkel, J. J., Streit od. Friede? Predigt, geh. beim Jahresfest der schweizer. Prediger-Gesellschaft in Schaffhausen am 8. August 1871. gr. 8. (18 S.) Schaffhausen 871. Schoch. — 30

Schenkel, Joh. Jak., wir glauben, darum reden wir auch. Predigten üb. d. christl. Glaubenslehre. 2 Bde. (XXIX, 250 u. III, 268 S.) 8. Basel 909. Kober. à 2.40; geb. in Leinw. à 3.40; in 1 Bd. geb. 6. —

Schenkel, J. J., die gegenwärtigen religiösen Zustände im Kanton Schaffhausen. Referat der Schaffhauser Synode vom 5. Mai 1870 vorgetragen. Schaffhausen 870. Schoch. gr. 8. (60 S.) 7½ ngr

Schenkel, Jh. Jak., († 1782.) Vertheidigung d. Gottsched'schen Sprachlehre. 8. Leipz. 760.

Schenkel, Julius W(ilhelm), Rüningen b. Braunschweig: Ueber einige Polypeptide der α-Aminoisovaleriansäure. (Berlin 1906: E. Ebering.) (37 S.) 8°
Berlin, Phil. Fak., Ref. Fischer, Diss. v. 16. Juni 1906
[Geb. 17. Jan. 78 Rüningen; Wohnort: Darmstadt; Staatsangeh.: Braunschweig; Vorbildung: Luisenstädt. Oberrealsch. Berlin Reife O. 04; Studium: München T.H. 7, Berlin 4 S.; Rig. 21. Mai 06.]

Schenkel, Karl

Schenkel, K., die deutsche Gewerbe-Ordnung, nebst Vollzugsvorschriften. Systematisch dargestellt und ausführl. erläutert unter besond. Berücksicht. des Großherzogth. Baden. gr. 8. (VIII, 652 S.) Tauberbischofsheim 884, Lang. * 8 —

Schenkel, Karl, die deutsche Gewerbeordnung nebst Vollzugsvorschriften. Erläutert v. K. S. 2. Aufl. 2 Bde. gr. 8. Karlsruhe, J. Lang. n. 15. —; geb. n.n. 18. —
1. (VIII, 494 S.) 892. n. 6. —; geb. n.n. 7. 50. — 2. (XII, 816 S.) 894. n. 9. —; geb. n.n. 10. 50.

— das badische Jagdrecht, enth. das Gesetz vom 2. Dezbr. 1850, die Ausübg. der Jagd betr., in der Fassg. der Bekanntmachg. vom 6. Novbr. 1886, nebst den Vollzugsvorschriften u. sonst. jagdrechtl. Bestimmgn. Systematisch dargestellt u. erläutert. gr. 8. (VI, 168 S.) Ebend. 886. n. 2. 20

— das Staatsrecht d. Großherzogth. Baden, s.: Handbuch d. öffentlichen Rechts der Gegenwart.

— das Unfallversicherungs-Gesetz. Vortrag, gehalten im Karlsruher Gewerbeverein am 14. April 1886. gr. 8. (30 S.) Karlsruhe 886, (Braun'sche Hofbuchh.) *
Aus: Badische Gewerbezeitung, besonders abgedruckt.

Schenkel K., das badische Wasserrecht. Karlsruhe 1877

Schenkel, K., das badische Wasserrecht, enth. das Gesetz vom 25. Aug. 1876, über die Benützung und Instandhaltung der Gewässer, nebst den Vollzugsverordnungen und den sonstigen wasserrechtl. Bestimmungen, mit systemat. Darstellung und Erläuterungen bearb. gr. 8. (VIII, 198 S.) Karlsruhe 878, Braun'sche Hofbuchh. * 8 60

Schenkel, Carl. Das badische Wasserrecht, enthaltend das Wassergesetz vom 26. Juni 1899, nebst den Vollzugsvorschriften und den sonstigen wasserrechtlichen Bestimmungen. Systematisch dargestellt und erläutert von Dr. K' Sch', Präsident des badischen Ministeriums des Innern. 2. Aufl. XVI + 774 S. 8. Karlsruhe i. B., G. Braun, 1902. [M. 16. —, geb. 18. —]

Schenkel, Karl (Hrsg.), s. Zeitschrift f. bad. Verwaltung ...

(Gazophylacium artis memoriae [Ausz. Deutsch:]) Compendium [Kompendium] der Mnemonik oder Erinnerungswissenschaft aus d. Anfange des 17. Jahrh. von Lamprecht Schenckel [Schenkel] u. (bearb.von) Martin Sommer. Aus d. Lat. mit Vorr. u. Anm. von Johann Ludwig Klüber. Erlangen: Palm 1804. 104 S. 8°

Schenkel, M., Arbeiter rechts u. Arbeiter links u. der gekreuzigte Arbeiter mitten innen. Predigt, geh. über Jes. 43, 24 u. Jes. 53, 11 in d. Kirche zu Cainsdorf am 11. Sonntag nach Trinitatis 1896. 1.—3. Aufl. gr. 8. (20 S. m. 1 Bild.) Leipzig 896. Dörffling & Franke. — 25

Schenkel, M., Elektrotechnik. Ein Lehrbuch für Praktiker, Chemiker u. Industrielle. 8. Aufl., vollständig neu bearb. (XII, 460 S. m. 310 Abb.) gr. 8. Leipzig 910. J. J. Weber. Geb. in Leinw. 10. —

Schenkel, M., Erinnerung an die Gründung einer eignen Parochie und den Bau einer Kirche in Cainsdorf. gr. 8. (IV, 69 S. mit 1 Stnt.) Zwickau 869, (Werner.) — 60

Schenkel, M., Hans Klaus. Eine Erzählg. aus den alten Mauern e. Fürstenschule. (235 S. m. Titelbild) kl. 8. Leipzig 905. F. Jansa. Kart. n. 2. —

— die Kraft der lutherischen Kirche gegenüber Rom. Vortrag, geh. auf der Chemnitzer Konferenz am 9. Apr. 1894. gr. 8. (24 S.) Leipzig 894. Dörffling & Franke. n. — 50

— s.: Predigten, 7, bei der 58. Hauptversammlung des ev. Vereins der Gustav Adolf-Stiftung geh.

— praktische Theologie in Aphorismen. (163 S.) kl. 8. Leipzig 906. Dörffling & Franke. Geb. in Leinw. n. 3. —

— zwölf Weihnachtspredigten für einfache Christenleute. (100 S.) gr. 8. Leipzig 905. F. Jansa. n. 1. —; geb. n. 1. 60

Schenkel, Mor., wir können es ja nicht lassen. Predigt, auf dem Missionsfeste zu Tharand 14. Sonntag nach Trinitatis 1886 üb. Apostelgeschichte 4. 20 geh. gr. 8. (17 S.) Dresden 886. J. Naumann. n. — 20

Schenkel, Paul: Der Vergleich im Zivilprozesse. München 1905: C. Wolf & Sohn. (152 S.) 8° [J.]
Tübingen, Jur. Fak., Ref. v. Rümelin, Diss. v. 26. Jan. 1905
[Geb. 22. Jan. 76 Leipzig; Wohnort: Leipzig; Staatsangeh.: Sachsen; Vorbildung: Nicolaigymn. Leipzig Reife O. 95; Studium: Freiburg i. B. 1, Leipzig 8 S.; Coll. 2. März 05.]

Schenkel, Raimund, Der überhitzte Dampf. Darstellung seiner ausschliesslichen Anwendung in den gegenwärtigen und zukünftigen Dampfbetrieben. Gr.-8. (132 S.) 1.50
Wien: Spielhagen u.Schurich 1897.

Schenkel, Theodor: Die Blume des Todes. Dichtung. Berlin-Leipzig: C. Wigand 1908. 128 S. 8°

— Das älteste Buch von den Königen. (VIII, 79 S.) 8. Leipzig (907). O. Wigand. 1.50

— Gedichte. (IV, 135 S.) 8. Wien 910. C. Konegen. 2.50

— Heimat. Lebensbilder. (284 S.) 8. Berlin (907). S. Schottlaender's schles. Verlags-Anstalt. 3. —; geb. 4.—

Schenkel, Thdr., seitwärts der Trasse. Im Berufe erlauscht. gr. 8. (119 S.) Graz 903. (P. Cieslar.) n. 2. —

Schenkel, Wilhelm, aus Benken (Zürich): Untersuchungen an der Quecksilberdampflampe im Magnetfelde. [Mit 1 Tafel.] Zürich 1906. 52 S. 8°. [21. IV. 06.]
Zürich. Phil. Diss. II. S. 1905/1906

Schenkel, Wilhelm. Untersuchungen an der Quecksilberdampflampe im Magnetfelde. Diss. Phil. [II.] Univ. Zürich. [Mit Figuren und 1 Tafel.] 52 S. 8. Zürich, J. Leemann, 1906.

Schenkemeyer, Georg *(geb. Brodowze in Schles. 7. 1. 1855)*: Ueber die Contraction der Filamente von Centaurea. Breslau 1877. (38 S.) 8°
Breslau, Phil. Diss. v. 12. Mai 1877

Schenken, Karl (Hamburg) A. S. 773/25

De ortu et retractu feudali ... dissertatio inauguralis.
Altdorf (Kohles) 10. XII. 1717. 100 S.

W. v.: Johann Adam Flessa. 30271

Schenkenberg, F. C. A., die lebend. Mineralogen. Adressen-Sammlung der in Europa etc. bekannten Oryktognosten, Geognosten, Geologen u. mineralog. Chemiker m. Angabe ihrer Werke etc. Nebst Notizen üb. alle k. k. Museen u. Privat-Sammlungen, Verzeichniss aller Societäten, Journale u. s. w. in Bezug auf Mineralogie. gr. 8. (11 B.) Stuttgart 842, Schweizerbart'sche Buchh. Thlr. *

Schenkenberg, T. C. A. Die lebenden Mineralogen. Adressen-Sammlung aller bekannten Oryctognosten, Geognosten. Nebst einem Anhang: Aufzählung über alle Museen und Privat-Sammlungen. Stuttgart. 1843. 8.

v. Schenkenberg, Karl, die Kaiserlich-Russische Haupt- und Residenzstadt St. Petersburg u. deren Umgebungen. Topographisch-statistisches Handbuch u. Führer für Fremde. Mit 1 Plan von St. Petersburg. gr. 12. St. Petersburg 840, Schmitzdorff. n. 1 ℳ

Schenkendorf's, Max v., Biographie, s.: Heinrich, E.

Schenkendorf, Max von

Schenkendorf, M. v., Gedichte, s.: Bibliothek der Gesamt-Litteratur d. In- u. Auslandes.

— dasselbe, s.: Meyer's Volksbücher.

Schenkendorf, M., Gedichte. gr. 8. Tübingen, Cotta. 815.

Schenkendorf's, Max v., Gedichte. 3. Aufl. Mit einem Lebensabriß und Erläuterungen hrsg. von A. Hagen. 8. (XXXII und 548 S.) Stuttgart 862, Cotta'sche Buchh. * 1 Thlr.; geb. *

Schenkendorf, Max v., Gedichte. 4. Aufl. Mit einem Lebensabriß und Erläuterungen hrsg. von A. Hagen. gr. 16. (XXII, 287 S.) Stuttgart 871, Cotta'sche Buchh. * 1 40
—— dass. — s. Universal-Bibliothek.

Schenkendorf, Max v., Gedichte. 5. Aufl. Mit einem Lebensabriß und Erläuterungen hrsg. von Aug. Hagen. gr. 16. (XX, 287 S.) Stuttgart 878, Cotta'sche Buchh. * 1 40
geb. * 2 —

Schenkendorf, Max v., sämmtl. Gedichte. Erste vollständ. Ausg. 8. (25½ B.) Berlin 837, [Thome.]

Schenkendorf, (Ferd.) Max. (Gtfr.) v., poet. Nachlaß. gr. 12. (9½ B.) Berlin 832, Eichler.

Schenkendorf, Max v., Nürnberg, s.: Ritter, Wilh.

— die deutschen Städte. gr. 8. Frankf. a. M. 814. Eichenberg; (a. Perthes u. B. in Hamb.) 4 gr

Schenkendorf, (F.) M. (G.) Schenk v., Studien. Erstes Heft (einziges). Berlin 1808. Gedruckt auf Kosten des Herausgebers, 2 Bl. 122 S. u. 12. S. Notenbeilagen (8 Mk. 50 Pfg., brosch., unbeschn. Ernst Frensdorff, Berlin, 1906.)
Goedeke VII, 835. 3. Erstes (einziges) Heft, von grosser Seltenheit. Enth. auch Beiträge von Fichte, *Johann George Scheffner*, Schiller, Am 2. Mai 1787, F. von Schrötter etc. Die Musik ist zumeist von Reichardt.

Schenkendorf, F. Max. G., († d. 11. Dec. 1817.) Studien. gr. 8. Berl. 810. Reimer. 20 gr

— auf den Tod der Kaiserin Maria Ludovika Beatrix. 4 Gesänge. gr. 8. Frkf. a. M. 816. Eichenberg. 6 gr

Schenker's Führer zur Reise nach Chicago. 1. u. 2. verb. Aufl. gr. 8. (112 u. 128 S. m. Abbildgn. u. je 1 Karte.) Wien 893. (J. Eisenstein & Co.) à 1 ℳ —

Schenker Abraham: Websters „Weisser Teufel" und Tiecks „Vittoria Accorombona".
1903 PN 1571 Diss. Wien. Univ. 125

Schenker, D[avid]. Beziehung zwischen starrer Thoraxdilatation und alveolärem Lungenemphysem. Diss. Med. Basel. 36 S. 8. Basel, Brin & Cie., 1910.

Schenker, E., poudre de guerre, s.: Aide mémoire à l'usage des officiers d'artillerie suisse.

Schenker, Schiesspulver, — Sprengpräparate, } s.: Handbuch für schweizerische Artillerie-Offiziere.

Schenker, C. Th., einige neue, große und einfache mathematische Wahrheiten von höchstem Einflusse für die gesammte Mathematik besonders aber für das Maschinenwesen aufgefunden. gr. 8. (9 S. mit 1 Stnt. in Fol.) Chemnitz 864, (Brunner.) Verklebt. *

Schenker, Eduard, von Schönenwert (Kt. Solothurn): Ueber die Perfectbildung im Provenzalischen. Aarau H. R. Sauerländer Dr. (u. Comm.-Verl.) 1883. 44 S. 8°.
Zürich. Phil. Diss. [v. 10. März 1883].

Schenker, G., Beobachtungen an schwachsinnigen Kindern m. spezieller Berücksicht. der Aetiologie u. Therapie des Schwachsinns. Vortrag, geh. an der II. schweiz. Konferenz f. das Idiotenwesen am 30. V. 1899 in Aarau. gr. 8. (31 S.) Aarau 899. (H. R. Sauerländer & Co.) n. — 80

Schenker, Heinr., ein Beitrag zur Ornamentik. Als Einführg. zu Ph. Em. Bach's Klavierwerken, umfassend auch die Ornamentik Haydns, Mozarts u. Beethovens etc. (43 S.) 8. Wien (903). Universal-Edition. 1. 50
Universal-Edition No.812.

Schenker, Heinrich: Ein Beitrag zur Ornamentik. Als Einführung zu Ph. Em. Bach's Klavierwerken, umfassend auch d. Ornamentik Haydns, Mozarts u. Beethovens etc. Neu rev. u. verm. Aufl. Wien: Universal-Edition: Leipzig: Hofmeister 1908. 72 S. 4°
(Universal-Edition. Nr 812)

Kontrapunkt. Von Heinrich **Schenker**. Halbbd. 1. Stuttgart & Berlin: Cotta 1910. 8°
(Schenker: Neue musikal. Theorien u. Phantasien. Bd 2, 1.) [11. 1903]

Neue musikalische Theorien und Phantasien. Von e. Künstler. [Verf.: Heinrich **Schenker**.] Bd 1. Stuttgart & Berlin: Cotta 1906. 8° [11. 1903]

Schenker, Heinr., neue musikalische Theorien und Phantasien. II. Bd.: Kontrapunkt. 1. Halbbd.: Cantus firmus u. 2stimm. Satz. (XL, 444 S.) gr. 8. Stuttgart 910. J. G. Cotta Nachf. 10.—; geb. in Halbfrz. 12.50
I. Bd. u. d. T.: Theorien u. Phantasien, neue musikalische. Ebd. 906. 10.—; geb. 12.50

Schenker, Manfred. Charles Batteux und seine Nachahmungstheorie in Deutschland. 8.

Ausg. A, Teil-Ausg.: Diss. Phil. Bern ... von M' Sch' aus Genf. VI + 66 + *Vita* 1 S. Leipzig. Spamersche Buchdr., 1908.

Ausg. B: ... von Dr. M' Sch'. VIII + 154 S. L', H. Haessel Verlag. 1909. (M. 3. —.) — Untersuchungen zur neueren Sprach- und Literaturgeschichte. Hrg. von Professor Dr. Oskar F[ranz] Walzel. Neue Folge. Heft 2.

Schenker, Manfr., Charles Batteux u. seine Nachahmungstheorie in Deutschland, s.a. Untersuchungen zur neueren Sprach- u. Literatur-Geschichte. N. F. 2.

Schenker, O(tto), Tierarzt: Aus d. chirurg. Klinik d. Tierärztl. Hochsch. zu Berlin (Vorstand: Eberlein). Ueber Atrophia und Phthisis bulbi des Pferdes. Mit 12 Abb. auf 3 Taf. Stuttgart 1908: Union. 42 S. 8° ¶(Aus: Monatshefte f. prakt. Tierheilkunde. Bd 19.)

Gießen, Veterinär-Med. Diss. v. 15. Sept. 1908, Ref. Pfeiffer

[Geb. 22. Dez. 77 Leipzig; Wohnort: Fürstenwalde (Spree); Staatsangeh.: Sachsen; Vorbildung: Realgymn. Leipzig Reife O. 01; Studium: Dresden Tierärztl. Hochsch. 7 S.; Rig. 13. März 08.] [U 09. 1170

Schenker, P. Korrektion des Wildbachs in der Gemeinde Riesbach. Riesbach 1878.

Schenker, P. Die Wahl des Betriebssystems für die Strassenbahnen in Zürich u. Vorschläge betr. den Bau neuer Linien. Bericht an den Stadtrat von Zürich. Mit 1 Plan u. Textabbildungen. In-4°. 96 S. Zürich, Alb. Müller's Verlag. 1896.

Schenker-Amlehn, Lina, Kinderspiele, s. Kinder-Theater.

Schenker-Amlehn, Frau Lina, Kinder-Theater. 3.—10. Bdchn. 8. Zürich, Th. Schröter. à n. — 20

3. Klein Mariechen's Weihnachten. Kinderszene m. Gesang in 3 Akten. 2. Aufl. (16 S.) (898.)
4.5. Das Christkind. Heimkehr am Christabend. Kinderscene in 3 Akten. Das Dorfidyll. (26 S.) 890.
6. Weihnachtsrosen. Kinder-Szene in 3 Akten. [Aus: „Schweiz. Familien-Wochenbl."] (14 S.) (890.)
7. Das Weihnachtsglöcklein v. Gormund. Schauspiel in 5 Akten f. Kinder v. 8—16 Jahren. (20 S.) (895.)
8. Kaminfegers Weihnachten. Eine Weihnachtsgabe in 4 Akten f. die Jugend. (21 S.) (896.)
9. Friede auf Erden. Schauspiel in 4 Akten. Eine Weihnachtsgabe f. die lieben Kinder (der christ. kath. Gemeinde Luzerns gewidmet). (18 S.) 900.
10. Weihnachten unter der Schweizerfahne. Eine Weihnachtsgabe in 3 Akten f. die Jugend. (15 S.) (899.)

Schenker-Amlehn, Frau Lina. Kinder-Theater. Bändchen 6, 7, 9 u. 11. [Neudruck.] 8. Zürich (*Bändchen 11:* und Leipzig), Th. Schröter, [1902].

Bändchen 6: Weihnachtsrosen. Kinderszene in 3 Akten. Separat-Abdruck aus dem ›Familien-Wochenblatt‹. II + 12 S. fr. —. 30 (M. —. 20)
Bändchen 7: Das Weihnachtsglöcklein von Gormund. Schauspiel in 5 Akten für Kinder von 8—16 Jahren. 20 S. fr. —. 35
Bändchen 9: Friede auf Erden. Schauspiel in 4 Akten. Eine Weihnachtsgabe für die lieben Kinder (der christ-kath. Gemeinde Luzerns gewidmet). 20 S. (fr. —. 30 (M. — 20))
Bändchen 11: Franziska Romana v(on) Hallwyl oder Stiefmutters Weihnachten. Eine Weihnachtsgabe (*Umschlag:* Ein Weihnachtsspiel) in 5 Akten für die Jugend. 18 S. (fr. —. 30 (M. —. 20))

Schenker-Amlehn, Frau Lina. Kinder-Theater. Bändchen 1. [Neudruck.] 8. Zürich, Th. Schröter, [1903].

Bändchen 1: Glückliche Weihnachten. Ein Kinderspiel in 3 Aufzügen. 12 S. (fr. —. 30)

Schenker-Amlehn, Frau Lina, Kinder-Theater. 11.—14. Bdchn. 8. Zürich, Th. Schröter Nachf. à n. — 20

11. Franziska Romana v. Hallwyl oder Stiefmutters Weihnachten. Eine Weihnachtsgabe in 3 Akten für die Jugend. (18 S.) (902.)
12. Der Weg zum Paradiese. Weihnachtsspiel in 3 Akten. (16 S.) (904.)
13.14. Vergieb uns unsere Schuld! Schauspiel in 6 Akten. Eine Weihnachtsgabe f. die reifere Jugend. (32 S.) (904.)

Schenker-Amlehn, Frau Lina, Kinder-Theater. 15. u. 16. Bdchn. 8. Zürich (907). A. Bürdeke. — 60

15.16. Heimweh. Schauspiel in 5 Bildern. Eine Festgabe für die reifere Jugend. (32 S.) — 60

Schenker-Amlehn, Frau Lina. Kinder-Theater. Bändchen 15 und 16: Heimweh. Schauspiel in 5 Bildern. Eine Festgabe für die reifere Jugend. Handlung: zu Anfang der 40er Jahre. 32 S. 8. Zürich, Th. Schröter, [1907]. fr. —. 60

Schenker-Amlehn, Frau Lina. Praktischer Unterrichtsstoff zur Erlernung der deutschen Sprache. Für die Schülerinnen der Haushaltungsschule in Genf. 3 Heftchen. 8. Genf, Fr. Weber, [1901—1903]. [einzeln *je* fr. —. 25, zus.-cart. —. 85]

(Heftchen 1:) Die Kleidung .... Korrespondenz, Konversation ... *etc.*) 40 S. [1901.]
Heftchen 2: Die Küche. 2. Aufl. 31 S. [1902.]
Heftchen 3: Der Markt und das Einkaufen. 32 S. [1903.]

Schenkhel, Joa. Ad. Vollständiges Lebens-Diarium Leopoldi I., Dero Grossthaten und Regierungs-Verrichtungen. 2 Th. 8. Wien 1702.

Schenkheld, Frz. Die Musik als nachahmende Kunst. 24 S. G. *Hersfeld* 1880.
Progr.

Schenkl, Georg Josef. Die fötale Riesenniere und ihre Beziehungen zur Entwicklungsgeschichte der Niere. Diss. Vet.-Med. Bern. ([Mit 1 Tafel. — Sep.-Abdr. aus] Virchow's Archiv [für patholog. Anatomie u. Physiologie ...], Bd. 173.) 23 S. 8. Berlin, Georg Reimer, 1903.

Bibliotheca patrum Latinorum Britannica. Bearb. von Heinrich Schenkl. Bd 1, Abth. 1. 2; 2, Abth. 2, [H. 1—3]. 3; 3, Abth. 1—4. Wien: Tempsky (Bd 2, 2 ff.: Gerold; Bd 3, 3 f.: Hölder) in Comm. 1891—1908. 8°

[2. Abt. 1 ist nicht ersch.]
1, 1. Die Bodleianische Bibliothek in Oxford (1—909) 1891. 1, 2. Die Phillipps'sche Bibliothek in Cheltenham. (910—2154) 1892. 2, 2, [H. 1—3]. Die Bibliotheken d. Colleges in Cambridge. I (2155—2188 B.) 1897. H. [1.] (2189—2716) 1898. [2.] (2717—2086 [vielm. 2984]) 1901. 2, 3. Die Schottischen Bibliotheken nebst d. Bibliotheken von Trinity College (in Dublin) u. Holkham (2985—3500 A.) Mit 1 Taf. 1896. 3, 1. 2. Die Bibliotheken d. engl. Kathedralen. [1. 2.] [1.] (3600—1063) 1894. [2.] (4064—4178) 1898. 3, 3. Die kleineren öffentl. u. Privatbibliotheken, nebst d. Bibl. von Corpus Christi College, Cambridge. (4179—4961) 1905. 3, 4. Index. 1908.
Aus: Sitzungsberichte d. K. Akad. d. Wiss. in Wien. Phil.-Hist. Kl. Bd 121. 123. 124. 126. 127. 131. 136. 137—139. 143. 150. 157. [09. 18624

Schenkl, Heinr., s.a. Bibliotheca patrum latinorum britannica.

Schenkl, Heinr., bibliotheca patrum latinorum britannica. s.a. Sitzungsberichte d. kais. Akad. der Wissenschaften. Philos.-histor. Klasse. 157, VII.

– Ein Bücherkatalog aus dem XII. Jahrhunderte, s. Studien, Wiener. 8. Jg.

Florilegia duo graeca edidit Henricus Schenkl. 8 (18 S.).
Progr. Akadem. G. *Wien* 1888.

Schenkl, Heinr., die epiktetischen Fragmente. Eine Untersuchung zur Ueberlieferungsgeschichte der griech. Florilegien. Lex.-8. (106 S.) Wien 888, (Tempsky.) *
Aus: Sitzungsberichte der k. Akademie der Wissenschaften, besonders abgedruckt.

– Zur Geschichte des attischen Bürgerrechtes, s. Studien, Wiener. 7. Jg.

Schenkl, Heinrich: Handschriftliches zu lateinischen Dichtern, s. Studien, Wiener. 7. Jg. u. 8. Jg.

Schenkl, H., Zur Kritik d. Schrift d. Demetrios *περὶ ἑρμηνείας*. **S.-A. 1882. 22 S.**

— zur Kritik u. Überlieferungsgeschichte des Grattius u. and. latein. Dichter. [Aus: „Jahrbb. f. klass. Philol."] gr. 8. (98 S.) Leipzig 898. B. G. Teubner. n. 3. 60

— Meisterwerke der Griechen u. Römer, s.: Kukula, R. C.

Schenkl Heinrich: De metoecis Atticis.
D: Wien, 1880.
1880 PN 178 Diss. Wien. Univ. 1425

Schenkl, H., De metoecis Atticis. Diss. 1880. 65 S.

— H., Zu den lateinischen Monatsgedichten. S.-A. 1899. 8 S. 4°. —.75

Schenkl, H., Die homerische Palastbeschreibung in Od. χ 126—148 u. ihre alten Erklärer. S.-A. 1898. 16 S. —.75

– Pythagoreersprüche in einer Wiener Handschrift, s. Studien, Wiener. 8. Jg.

Schenkl, H., Quaestiones Epictetеae. S.-A. s. a. 67 S.

Schenkl, Heinrich (Bearb.), s. Schenkl, Karl: Chrestomathie aus Xenophon. – Griech. Elementarbuch. – Dt.-griech. Schulwörterbuch. – Übungsbuch z. Übersetzen aus d. Dt. ins Griechische.

Schenkl, Heinr., Plautinische Studien. Lex.-8. (92 S.) Wien 881, (Gerold's Sohn.) * 1 40
Aus: Sitzungsberichte der k. Akademie der Wissenschaften, besonders abgedruckt.

—— s. Studien, Wiener.

Schenkl, H., Zur Ueberlieferungsgeschichte d. rhetor. Schriften d. Dionysios v. H. S.-A. 1880. 12 S.

Schenkl, J. V., Etymologischer Theil der latein. Grammatik. Ein vollständiges Handbuch für Anfänger, und eine gründliche Vorbereitung zu jedem Lehrbuch der Syntax. Brünn 820. 8.

Schenkl, Johann Baptist, Ritter

Schenkl, Ritter Jh. Bapt., auserles. Andachts-Uebungen eines frommen Studenten. 18. Amberg 820.

— Aphorismen aus d. Gebiete d. Weisheit u. Klugheit des Lebens. 8. Landsh. 816. Weber in Münch. 3 ℛ

Schenkl, Joh. Bapt. (k. b. Stadtrath u. Pfandamtskassier das., etc.), neue Chronik der Stadt Amberg. Mit 1 TKpf. (Portr. d. Vf., gest. von G. F. Vogel in Nürnb.). Amberg, mit kochischen Schriften, 1817. 8°. Ppb. (aus Roming's Bibl.).
, 5 Bll., 312 S., 2 Bll. Verz. der von Schenkl hrsg. Schriften (30 Nrn. seit 1789), 1 Bl. Err.

— neue Chronik d. Stadt Amberg. Mit 1 Titelpf. 8. Amberg 817. Weber in Münch. 1 ₰ Supplement dazu. 8. Ebd. 818.

— von d. Entzwecke d. Congregationen u. Brüderschaften zur gemeinnütz. Erbauung herausgg. 12. Amberg 818.

— Frage: Wie können Unterthanen ihren Fürsten u. Regenten seine Regierung erleichtern? Eine Rede. gr. 8. Amberg 799.

— Früchte meines Nachdenkens u. Lesens in Erholungsstunden. 8. Sulzb. 818. (v. Seidel). 5 ℛ

— kleines Gebetbuch zum Gebr. marianischer Mitglieder. 12. Amberg 805.

— neues Gebetbuch zur Beförder. d. wahren Christenthums. 8. Augsb. 804. 3e A. 8. Landsh. 817. Weber in Münch. 12 ℛ

Schenkl, J. B., neues Gebetbuch z. Beförderung wahren Christenthums. 2te Aufl. 8. Amberg, Uhlmann. (in Comm.) 812.

— Gebetbüchlein für Kinder, eine Christenlehrschenkung. 18. Augsb. 799. 10e A. 821. Kranzfelder. 1 ℛ

— Gebetbüchlein für Kinder, eine Christenlehrschenkung. 18. Augsburg, Kranzfelder. 817.

— die Geburtsfeier Ihrer Königl. Majest. Friedericke Wilhelmine Karoline, uns. allgnädigst. Königin. 8. Amberg 813.

Schenkl, Ritter Jh. Bapt., die wahre Glückseligkeit eines Staatsbürgers, e. Rede am Geburtsfeste d. Königs Maximilian Joseph v. Baiern. 8. Landsh. 817. Weber in Münch. 2 ℛ

— der Himmel auf Erden, od. Entwurf zu einem sel. Leben. 8. Augsb. 807. ... 2e Aufl. unt. d. T.: Wegweiser zu e. frohen u. glückl. Leben. 16. o. O. 812.

— Kunst, immer glückl. zu seyn, od. wie kann der Mensch immer richtige u. vergnügte Tage genießen u. auch leicht u. mit Freuden sterben? 18. Augsb. 799. 2e Aufl. 812.

— Lebensphilosophie in auserles. Maximen dargestellt. 8. Sulzb. 817. (v. Seidel). 4 ℛ

— Leitstern z. Lebensweisheit. 4te Auflage. 8. Ebendas. 812.

— geistl. Lieder u. nützl. Lehren auf jeden Tag des Monats. 18. Augsb. 804.

— Prämienbuch f. die fleißige Jugend. 8. Amberg 820.

— kurze Rede zur Aufmunterung seiner Mitbürger bei d. allgem. Landesbewaffnung. 8. Amberg 814.

— Salomo's Buch d. Weisheit. s. Salomo.

— Samml. d. Freiheiten, Rechte, Gesetze, Gewohnheiten u. Polizeiordnn. d. Stadt Amberg aus d. 14n bis 16n Jahrh. 8. Amberg 820.

— kleine Schriften. 8. Ebend. 812.

— Sprüche u. Lehren d. Weisheit f. Liebhaber e. weisen Lebensart. 8. Augsb. 798. 2e Aufl. 800. 3e A. 805. 4e Aufl. 812. Wolff. 3 ℛ 5e Aufl. Amberg 814.

— Stimme in d. Jubelchor d. Völker Europens üb. den glückl. eroberten Weltfrieden rc. den 27. Mai 1814. Amberg 814.

— Taschenbuch f. d. J. 1807. Mit d. Verzeichniß der in Baiern lebend. Schriftsteller. 12. Sulzb. 807.

— Taschenbuch f. d. J. 1808 mit d. Leben baierischer Gelehrten. 12. Amberg 808.

— Taschenbuch auf d. J. 1816. Mit d. Verzeichn. der in d. kön. baier. Staate lebend. Schriftsteller. 12. Landsh. 816. Weber in Münch. 8 ℛ — Dass. f. d. J. 1817. Regensb., Daisenberger. 9 ℛ

— Theoremen u. Maximen aus der Erfahrung gezogen. 8. Amberg 817. (Weber in Münch.) 4 ℛ

— Uebersicht d. bisherig. histor. Nachrr. über die Mariskeг, als Bewohner d. Oberpfalz. 8. Amberg 820.

— lehrr. Unterhaltungen f. alle Stände, welche nach Weisheit u. Glückseligkeit trachten, u. zugleich frohe Abende genießen wollen. 2 Bdchen. 8. Amberg 800, 808. 1e Bdchen. 2e A. 802. 3e A. 807. 4e A. u. 2e Bdchen. 2e A. 812.

— üb. Vaterlandsliebe. 8. Landsh. 817. (Weber in Münch.) 3 ℊ

— Was sollen jetzt alle Stände thun? Beantwortet am allerhöchsten Namensfeste Sr. Kön. Majest. Maximilian Josephs, d. 12. Oct. 1815. 8. Amberg 815.

— Wie kann die Stadt- u. Landwirthschaft am besten u. am leichtesten emporgebracht werden? gr. 8. Erlang. 814.

— Worte d. Trostes u. d. Aufmunterung bei gegenwärt. französisch-russischen Kriege an seine Mitbürger ꝛc. 8. Amberg 813.

Schenkl, Karl

Schenkl, C., Adnotatiunculae ad Himerium. S.-A. s. a. 11 S. 1.—

Schenkl, C., Adnotatiunculae ad Senecae tragoedias. S.-A. 1894. 10 S. 1.—

Schenkl: Kritische und erklärende Anmerkungen zu den Trachinerinnen des Sophokles. 8 S.–Prag Kl., Progr. 1853

Schenkl, Carl, die politischen Anschauungen des Euripides. Ein Beitrag zur griechischen Kulturgeschichte. gr. 8. (56 S.) Wien 862, Gerold's Sohn. *
Aus: Zeitschrift für die österreichischen Gymnasien, besonders abgedruckt.

Schenkl, Karl. Zur Anthologia latina c. 683 R. (Bährens Poet. lat. min. III, 245.
s.
Studien, Wiener.

Schenkl, C., Zur latein. Anthologie. S.-A. s. a. 16 S. —.80

Schenkl, Karl: Die Astragalistai d. Alex. Aitolos. s. Studien, Wiener. 10. Jg.

—— Beiträge zur Kritik des L. Annaeus Seneca. Lex.-8. (67 S.) Wien 864, (Gerold's Sohn.) *
Aus: Sitzungsberichte der k. Akademie der Wissenschaften, besonders abgedruckt.

Schenkl, K., Krit. Bemerk. zu Sophokl. Philoktetes. S.-A. s. a. 5 S.

— Bericht üb. die Xenophon betreffenden Schriften von 1879. S.-A. 1879. 82 S. —'80
— — von 1880—1888. S.-A. 1888. 128 S. 1'20

Schenkl, Dr. Karl — Chrestomathie aus Xenophon. Aus der Kyropädie, der Anabasis, den Erinnerungen an Sokrates zusammengestellt und mit erklärenden Anmerkungen und einem Wörterbuche versehen von — — Wien, 1855. Druck und Verlag von Karl Gerold's Sohn. (XVI. 216 S. Wörterbuch 72 S. 1 Bl. 8.)

Schenkl, Karl, *Dr., Prof. am k. k. Gymn. zu Prag.* Chrestomathie aus Xenophon, aus der Kyropädie, der Anabasis, den Erinnerungen an Sokrates zusammengestellt und mit erklärenden Anmerkungen und einem Wörterbuche versehen. Zweite verb. Aufl. *Wien* 1857. Verl. und Druck von *C. Gerold's S.* XVIII, 218, 71 S. 8°. 54 kr.

Schenkl, Carl, Chrestomathie aus Xenophon, aus der Kyropädie, der Anabasis, den Erinnerungen an Sokrates zusammengestellt und mit erklärenden Anmerkungen und einem Wörterbuche versehen. 2. Aufl. 1857. und 3., verb. Aufl. gr. 8. (XX und 292 S.) Wien 860, Gerold's Sohn. *

—— Chrestomathie aus Xenophon, aus der Kyropädie, der Anabasis, den Erinnerungen an Sokrates zusammengestellt und mit erklär. Anmerkungen und einem Wörterbuche versehen. 4., verb. Aufl. gr. 8. (XVI und 298 S.) Wien 866, Gerold's Sohn. *

Schenkl, Carl, Chrestomathie aus Xenophon, aus der Kyropädie, der Anabasis, den Erinnergn. an Sokrates zusammengestellt u. m. erklär. Anmerkgn. u. e. Wörterbuche versehen 5. verb. Aufl. gr. 8. (XVIII, 302 S.) Wien 872. Gerold's Sohn. n. 3. —

Schenkl, Carl, Chrestomathie aus Xenophon, aus der Kyropädie, der Anabasis, den Erinnerungen an Sokrates zusammengestellt und mit erklär. Anmerkungen und einem Wörterbuche versehen. 6. verb. Aufl. gr. 8. (XIX, 304 S.) Wien 877, Gerold's Sohn. * 3 —

Schenkl, Karl, Chrestomathie aus Xenophon, aus der Kyropädie, der Anabasis, den Erinnerungen an Sokrates zusammengestellt und mit erklärenden Anwendungen und einem Wörterbuche versehen. 7. Aufl. gr. 8. (XXIII, 296 S.) Wien 882, (Gerold's Sohn.) * 3 —

Schenkl, Karl, Chrestomathie aus Xenophon, aus der Anabasis, der Kyropädie, den Erinnergn. an Sokrates zusammengestellt u. m. erklär. Anmerkgn. u. e. Wörterbuche versehen. 8. Aufl. Mit 1 Karte u. 16 Illustr. im Text. gr. 8. (XX, 340 S.) Wien 885. Gerold's Sohn. n. 3. 60; geb. n. 4. —

Schenkl, Karl, Chrestomathie aus Xenophon, aus der Anabasis, der Kyropädie, den Erinnergn. an Sokrates zusammengestellt u. m. erklär. Anmerkgn. u. e. Wörterbuche versehen. 10., wesentlich unveränd. Aufl. gr. 8. (XVIII, 139 u. 196 S. m. 18 Illustr. u. 1 Karte.) Wien 893. C. Gerold's Sohn. Geb. in Leinw. u. geh. n. 3. —

Schenkl, Karl, Chrestomathie aus Xenophon, aus der Anabasis, der Kyrupädie, den Erinnerungen an Sokrates zusammengestellt und mit erklärenden Anmerkungen und einem Wörterbuche versehen. 11. wesentlich unveränderte Auflage, besorgt von Heinrich Schenkl. Mit einer Karte und 18 Illustrationen im Texte. Gr.-8. (XVIII, 138 S. und Anmerkungen 196 S.) In Lnwd. geb. 1.50
Wien: Gerold's Sohn 1896.

Schenkl, Karl, Chrestomathie aus Xenophon, aus der Anabasis, der Kyropädie, den Erinnergn. an Sokrates zusammengestellt u. m. erklär. Anmerkgn. u. e. Wörterbuche versehen. 12. unveränd. Aufl., besorgt v. Heinr. Schenkl. gr. 8. (XVIII, 139 u. 196 S. m. 18 Abbildgn. u. 1 farb. Karte.) Wien 900. C. Gerold's Sohn. Geb. in Leinw. n.n. 3. 20

Schenkl, Karl, Chrestomathie aus Xenophon, aus der Anabasis, der Kyropädie, den Erinnergn. an Sokrates zusammengestellt u. m. erklär. Anmerkgn. u. e. Wörterbuche versehen. 13. gänzlich umgearb. Aufl., besorgt v. Alois Kornitzer u. Heinr. Schenkl. (XIV, 111 u. II, 184 S. m. 15 Abbildgn. u. 1 farb. Karte.) 8. Wien 904. C. Gerold's Sohn. Geb. n. 3. 20

Schenkl, Karl, Chrestomathie aus Xenophon, aus der Anabasis, der Kyrupädie, den Erinnergn. an Sokrates zusammengestellt u. m. erklär. Anmerkgn. u. e. Wörterbuche versehen. 14., durchgeseh. Aufl., besorgt von Alois Kornitzer u. Heinr. Schenkl. (XIV, 112 u. II, 184 S. m. 15 Abbild. u. 1 Karte.) 8. Wien 907. C. Gerold's Sohn. Geb. 3. 20

- Dass.15.Aufl.Ebda.1910.

Schenkl, K., Zu Ciceros Consolatio. S.-A. s. a. 9 S.

—— Crestomazia di Senofonte tratta dalla Ciropedia, dall' Anabasi e dai Detti memorabili di Socrate, composta, annotata e provveduta d'un dizionario. gr. 8. (XVI und 287 S.) Wien 858, Gerold's Sohn. *

— Crestomazia di Senofonte tratta dalla Ciropedia, dall' Anabasi e dai memorabili di Socrate, composta, annotata e provveduta d'un dizionario. 2. ediz. Ebend. 866. gr. 8. (XV, 294 S.) n. 24 ngr.

—— Griech. Elementarbuch, s. Schenkl, W.

Schenkl, Karl, Griechisches Elementarbuch f. die 3. u. 4. Classe der Gymnasien des österreich. Kaiserstaates. Nach der Grammatik des Prof. Curtius bearb. gr. 8. (VIII u. 138 S.) Prag 852, Calve. 9 ngr

Schenkl, Dr. Karl —. Griechisches Elementarbuch für die dritte und vierte Klasse der Gymnasien des österreichischen Kaiserstaates. Nach der Grammatik des Prof. Curtius bearbeitet von — —. 2. durchaus umgearbeitete Auflage. Bogen 1—6. (96 S.) 8. Prag. Druck von Kath. Gerzabek. Verlag der Calve'schen Buchhandlung. 1854.

Schenkl, Dr. Karl —. Griechisches Elementarbuch für die 3. und 4. Klasse der Gymnasien des österreichischen Kaiserstaates. Nach den Grammatiken von Curtius und Kühner bearbeitet von — —. 2. durchaus umgearbeitete Auflage. 2. Hälfte. (IV, 97—206 S.) 8. Prag. Druck von Kath. Gerzabek. Verlag der J. G. Calve'schen Buchhandlung. F. Tempsky. 1854.

Schenkl, Dr. Karl — Griechisches Elementarbuch für die 3te und 4te Klasse der Gymnasien des österreichischen Kaiserstaates nach den Grammatiken von Curtius und Kühner bearbeitet von — —. 3te verbesserte Auflage. Prag, 1857. Druck des artist. typogr. Instituts von Karl Bellmann. J. G. Calve'sche Verlagsbuchhandlung. (211 S. 8.)

— griechisches Elementarbuch für die dritte und vierte Classe der Gymnasien des österreichischen Kaiserstaates nach den Grammatiken von Curtius u. Kühner bearb. 4. Aufl. 859. (VI, 219 S.) — 5. Aufl. Prag 863. Tempsky. gr. 8. (VI, 231 S.) 18 ngr.

— griechisches Elementarbuch für die 3. u. 4. Classe der österreichischen Gymnasien nach den Grammatiken von Curtius u. Kühner bearb. 6. Aufl. Prag 866. Tempsky. gr. 8. (IV, 231 S.) n. 20 ngr.

Schenkl, Karl, griechisches Elementarbuch für die 3. und 4. Classe der österreichischen Gymnasien nach den Grammatiken von Curtius und Kühner bearb. 7.—9. Aufl. gr. 8. (IV, 231 S.) Prag 869—75, Tempsky. * 2 —

—— griechisches Elementarbuch, nach den Grammatiken von Curtius und Kühner bearb. 10. verb. Aufl. gr. 8. (IV, 236 S.) Prag 878, Tempsky. * 2 -

— griechisches Elementarbuch, nach den Grammatiken v. Curtius u. Kühner bearb. 11., verb. Aufl. gr. 8. (V, 238 S.) Prag 880. Tempsky. n. 2. —; geb. n. 2. 32

—— griechisches Elementarbuch, nach den Grammatiken von Curtius und Kühner bearb. 11. verb. Aufl. (V, 238 S.) 1881; 12. verb. Aufl. gr. 8. (IV, 228 S.) Prag 884, Tempsky. * 2 —

Schenkl, Karl, Griechisches Elementarbuch für die österreichischen Gymnasien, nach der griechischen Schulgrammatik von G. Curtius bearbeitet. 14. Aufl. Wien und Prag 1889. F. Tempsky. 1.—, geb. 1.20. (Min.-Erl. 6. September 1889. Z. 17784.)

Schenkl, Karl, Griechisches Elementarbuch für die österreichischen Gymnasien. 15. umgearbeitete Auflage. 2 Theile. 1. Theil: Uebungsstücke. 2. Theil: Erklärende Anmerkungen und Wörterverzeichnisse. Wien und Prag 1893. F. Tempsky. (Min.-Erl. v. 20. Juni 1893, Z. 13420.) Geheftet 1.— Gebunden 1.30

—— griechisches Elementarbuch. 16., verb. Aufl., im Anschlusse an die 22., v. W. v. Hartel besorgte Aufl. d. Curtius'schen Grammatik ausgeführt v. Heinr. Schenkl. 2 Thle. (1. Uebungsstücke. 2. Erklärende Anmerkgn. u. Wörterverzeichnisse.) gr. 8. (254 S.) Wien u. Prag 895. F. Tempsky. — Leipzig, G. Freytag. Geb. in Leinw. u. geh. n. 2. 60

Schenkl, Karl, Griechisches Elementarbuch. Im Anschlusse an die 22., von W. von Hartel besorgte Auflage der Curtius'schen Grammatik, bearbeitet von Heinrich Schenkl. 17., im wesentlichen unveränderte Auflage. Zwei Theile: I. Theil: Uebungsstücke. II. Theil: Erklärende Anmerkungen und Wörterverzeichnisse. Wien und Prag 1899. F. Tempsky. Beide Theile geh. 1.— Geb. 1.30

— griechisches Elementarbuch. Im Anschlusse an die 22., von W. v. Hartel besorgte Aufl. der Curtius'schen Grammatik bearb. v. Heinr. Schenkl. 2 Thle. 1. Thl.: Übungsstücke. — 2. Thl.: Erklärende Anmerkgn. u. Wörterverzeichnisse. 18., im wesentl. unveränd. Aufl. gr 8. (251 S.) Wien 902. F. Tempsky. Geb. in Leinw. u. geh n. 2. 80.

Schenkl Karl, Griechisches Elementarbuch. Im Anschlusse an die 24., von Dr. Florian Weigel besorgte Auflage der Grammatik von Curtius von Hartel, bearbeitet von Heinrich Schenkl und Florian Weigel. 19., gänzlich umgearbeitete Auflage. Wien 1904. F. Tempsky. Preis, geheftet 2 K 25 h, gebunden 2 K 85 h.

Schenkl, Karl, griechisches Elementarbuch. Im Anschlusse an die 24., v. Florian Weigel besorgte Aufl. der Grammatik von Curtius- v. Hartel, bearb. v. Heinr. Schenkl u. Florian Weigel. 19., gänzlich umgearb. Aufl. (238 S.) gr. 8. Wien 905. F. Tempsky. Geb. in Leinw. n. 2. 85

- Dass.20.Aufl.Ebda.1906.

— Griechisches Elementarbuch. Im Anschlusse an die 26. Aufl. der griech. Schulgrammatik v. Curtius-v. Hartel, sowie an die 1. Aufl. der kurzgefassten Ausg. bearb. von Heinr. Schenkl u. Florian Weigel. 21. Aufl. (240 S.) 8. Wien 907. F. Tempsky. Geb. 3.—

—— griechisches Elementarbuch, Vocabular, s. Vocabularium zu den Uebungsbeispielen.

—— Elementi di lingua greca. Tradotti ad uso della 3. e 4. classe dei ginnasi da Carlo Mason. 2. ediz. 8. (VI und 222 S.) Wien 864, Gerold's Sohn. *

—— Esercizi greci. Tradotti ad uso della 3. e 4. classe dei ginnasi austro-italiani da Carlo Mason. gr. 8. (VI und 222 S.) Vienna 855, Gerold figlio. *

—— Esercizi greci compositi dietro le grammatiche del Curtius e del Kühner. 3a ediz. della versione italiana, riveduta sulla 9a ediz. originale per cura di Fortunato Demattio. 8. (IV, 240 S.) Wien 876, Gerold's Sohn. * 2 —

— esercizi greci compositi dietro le grammatiche del Curtius e del Kühner. III. ed. della versione italiana, riveduta sulla IX. ed. originale cura di Fortunato Demattio. 8. (IV, 240 S.) Wien 877. Gerold's Sohn. n. 2. —

—— über Handschriften des Ambrosius. Reisebericht. Lex.-8. (6 S.) Wien 873, (Gerold's Sohn.) * — 20
Aus: Sitzungsberichte der k. Akademie der Wissenschaften, besonders abgedruckt.

Schenkl, C., Herodianea. S.-A. 1884. 18 S. 1.–

Schenkl, K., Jahresbericht üb. die späteren griech. Geschichtsschreiber. 1873—1884 S.-A. 1884. 80 S. 1.20

Schenkl, K., Das archäol. Cabinet d. Universität in Graz. S.-A. s. a. 15 S.

— der Kanon der altsprachlichen Lektüre an österreichischen Gymnasien, s.: Kukula, R. C.

—— zur Kritik späterer lateinischer Dichter. Lex.-8. (63 S.) Wien 863, (Gerold's Sohn.) *
Aus: Sitzungsberichte der k. Akademie der Wissenschaften, besonders abgedruckt.

Schenkl, Prof. Dr. Carl, Die bildende Kunst der Hellenen im Verhältnisse zum Staate. Vortrag, gehalten in der feierlichen Sitzung der k. Akad. d. Wiss. am 31. Mai 1869. (Sonder-Abdr. a. d. Sitzungsber. d. k. Akad. d. Wiss. kl. 8. (27 S.) Eisds. in Comm. 20 kr.
1869

— Orestis tragoedia, carmen epicum saeculo post Christum natum sexto compositum emendatius edidit. Prag 867. Tempsky. 8. (83 S.) 15 ngr.

Schenkl, Karl: Ein pompejan. Rätsel, s. Studien, Wiener. 8. Jg.

—— deutsch-griechisches Schul-Wörterbuch. 3. verb. Aufl. Lex.-8. (IX, 1114 S.) Leipzig 878, Teubner. 9 —
Vgl.: Schul-Wörterbuch, griechisch-deutsches und deutsch-griechisches.

— deutsch-griechisches Schul-Wörterbuch. 4. Aufl. Lex.-8. (X, 1130 S.) Leipzig 884. Teubner. 9.—

— deutsch-griechisches Schul-Wörterbuch. 5., teilweise gekürzte Aufl. gr. 8. (VIII, 1076 S.) Leipzig 897. B. G. Teubner. 9. —; geb. in Halbfrz. 10.50

— Deutsch-griechisches Schulwörterbuch. (Griech. Schulwörterbuch. II. Tl.) 6. Aufl., besorgt v. Heinr. Schenkl. (V, 942 S.) Lex. 8. Leipzig 909. B. G. Teubner. 9.—; geb. 10.50

—— griechisch-deutsches Schulwörterbuch. Lex.-8. (X und 910 S.) Wien 859, Gerold's Sohn. *

— — Griechisch-deutsches Schulwörterbuch. 2. Abdruck. Lex. 8. (IX. 910 S.) Wien 1864, Gerold. 4 fl.

—— griechisch-deutsches Schulwörterbuch. 2. Abdr. 1868. und 3. Abdr. Lex.-8. (IX und 914 S.) Wien 867, Gerold's Sohn. *

—— griechisch-deutsches Schulwörterbuch. 4. Abdr. 1870. und 5. Abdr. Lex.-8. (IX, 910 S.) Ebendas. 875. * 8 —

—— griechisch-deutsches Schulwörterbuch. 6. Abdr. Lex.-8. (IX, 910 S.) Wien 879, Gerold's Sohn. * 8 —
geb. in Leinw. * ℳ 9,60.; in Halbfrz. * 10 —

—— griechisch-deutsches Schulwörterbuch. 7. Abdr. Lex.-8. (IX, 910 S.) Wien 883, Gerold's Sohn. *

Schenkl, Karl, griechisch-deutsches Schulwörterbuch. 8. Abdr. Lex.-8. (IX, 910 S.) Wien 886. Gerold's Sohn. n. 8. —

— griechisch-deutsches Schulwörterbuch. 10. Abdr. gr. 8. (IX, 910 S.) Wien 897. C. Gerold's Sohn. n. 8. —; geb. in Halbfrz. 10. —

Schenkel, K., griechisch-deutsches Schulwörterbuch, s. a. Benseler, G. E.

—— griechisch-deutsches und deutsch-griechisches Schul-Wörterbuch. II. Deutsch-griechisches Schul-Wörterbuch. Lex.-8. (VIII und 957 S.) Leipzig 866, Teubner.
Vgl. Benseler, G. E.

—— s. Schulwörterbuch, griechisch-deutsches und deutsch-griechisches.

— Studien zu den Argonauten d. Valerius Flaccus. [Aus: „Sitzungsber. d. k. Akad. d. Wiss."] Lex.-8." (114 S.) Wien 871. (Gerold's Sohn.) n.n. 1. 80

— s.: Studien, Wiener.

— Xenophontische Studien. 1. Heft. Beiträge zur Kritik der Anabasis. [Aus den Sitzungsber. der k. Akad. der Wiss.] Ebend. 869. Lex.-8. (88 S.) n. 14 ngr.

— Xenophontische Studien. II. u. III. [Aus: „Sitzungsber. d. k. Akad. d. Wiss."] Lex.-8. Ebend. 875. 76. n. 3. — (I—III.: n. 4. 40)
2. Beiträge zur Kritik der Apomnemoneumata. (98 S. n. 1. 80
3. Beiträge zur Kritik d. Oikonomikos, d. Symposion u. der Apologie. (78 S.) n. 1. 20

—— Karl Tomaschek. Nekrolog. gr. 8. (20 S.) Ebendas. 878. * — 40
Aus: Zeitschrift für die österreichischen Gymnasien, besonders abgedruckt.

Schenkl, K., Die handschriftliche Ueberlieferung der Consolatio ad Liviam. S.-A. 1880. 15 S.

—— Uebungsbuch zum Uebersetzen a. d. Deutschen u. Lateinischen in's Griechische f. d. Classen d. Obergymnasiums. gr. 8. (IV u. 176 S. Prag, Tempsky. 1860 80 kr.

Schenkl, Dr. Carl, Uebungsbuch zum Uebersetzen aus dem Deutschen und Lateinischen in's Griechische für die Classen des Obergymnasiums. 2. verb. u. verm. Aufl. gr. 8. (XXVI. 181 S.) Prag, Tempsky. 1861. 92 kr.

— Uebungsbuch zum Uebersetzen aus dem Deutschen u. Lateinischen in's Griechische f. die Classen d. Obergymnasiums. 3. verb. Aufl. gr. 8. (VII, 204 S.) Prag 874. Tempsky. n. 2. —

— Uebungsbuch zum Uebersetzen aus dem Deutschen u. Lateinischen in's Griechische, für die Classen des Obergymnasiums bearb. 4., verb. Aufl. gr. 8. (VIII, 215 S.) Prag 879. Tempsky. n. 2. —

—— Übungsbuch zum Übersetzen aus dem Deutschen und Lateinischen ins Griechische für die Classen des Obergymnasiums. 5. Aufl. gr. 8. (VIII, 228 S.) Leipzig 882, Freytag. geb. *

—— Übungsbuch zum Übersetzen aus dem Deutschen und Lateinischen ins Griechische, für die Classen des Obergymnasiums bearb. 6. wesentlich unveränd. Aufl. gr. 8. (VIII, 210 S.) Prag 887, Tempsky. — Leipzig, Freytag. *

— Übungsbuch zum Übersetzen aus dem Deutschen u. Lateinischen ins Griechische, f. die Classen des Obergymnasiums bearb. 7. Aufl. gr. 8. (VII, 231 S.) Prag 889. Tempsky. — Leipzig, Freytag. n. 2. 40; geb. n. 2. 80

— Übungsbuch zum Übersetzen aus dem Deutschen ins Griechische. Für die Classen des Obergymnasiums bearb. 8., umgearb. Aufl. 2 Tle. gr. 8. (IV, 200 S.) Prag 893. F. Tempsky. — Leipzig, G. Freytag. Geb. u. geh. n. 2. 80

Schenkl, Karl, Uebungsbuch zum Uebersetzen aus dem Deutschen ins Griechische für die Classen des Obergymnasiums. (9. Auflage, besorgt von Heinrich Schenkl.) 2 Theile. I. Theil: Uebungsstücke. II. Theil: Erklärende Anmerkungen und deutsch-griechisches Wörterverzeichniß. Wien und Prag 1896. (Min.-Erl. v. 25. August 1895, Z. 19904.) Geh. 1.10, geb. 1.40

— Übungsbuch zum Übersetzen aus dem Deutschen ins Griechische. Für die Classen des Obergymnasiums bearb. 2 Thle. 1. Thl.: Übungsstücke. 2. Thl.: Erklär. Anmerkungen u. deutsch-griech. Wörterverzeichnis. 10. Aufl. gr. 8. (IV, 200 S.) Wien 901. F. Tempsky. — Leipzig, G. Freytag. Geb. in Leinw. u. geh. n. 2. 80

— Uebungsbuch zum Uebersetzen aus dem Deutschen ins Griechische. Für die Klassen des Obergymnasiums. Bearb. von Heinr. Schenkl u. Florian Weigel. 11., gänzlich umgearb. Aufl. (144 S.) gr. 8. Wien 905. F. Tempsky. Geb. n. 2. 10

— Übungsbuch zum Übersetzen aus dem Deutschen ins Griechische. Für die oberen Klassen des Gymnasiums bearb. v. Heinr. Schenkl u. Florian Weigel. 12. Aufl. Im wesentl. unveränd. Abdr. der 11. Aufl. (142 S.) 8. Wien 908. F. Tempsky. Geb. 2. 25

— Vocabolario greco-italiano per uso dei ginnasj, dal vocabolario greco-tedesco tradotto da Franc. Ambrosoli. Wien 865. Gerold's Sohn. Lex.-8. (VII, 972 S.) n. 3 ß 10 ngr.

—— Vocabolario greco-italiano per uso dei ginnasj, dal vocabolario greco-tedesco tradotto da Francesco Ambrosoli. 2a—4a ediz. Lex.-8. (VII, 972 S.) Wien 871—75, Gerold's Sohn. * 10 —

—— Vocabolario greco-italiano per uso dei ginnasj, dal vocabolario greco-tedesco tradotto da Francesco Ambrosoli. 5a ediz. Lex.-8. (V, 972 S.) Wien 877, Gerold's Sohn. * 10 —

—— Vocabolario greco-italiano per uso dei ginnasi, dal vocabolario greco-tedesco tradotto da Francesco Ambrosoli. 6a—8a ediz. gr. 8. (V, 972 S.) Wien 879—84, Gerold's Sohn. *

— vocabolario greco-italiano per uso dei ginnasj, dal vocabolario greco-tedesco tradotto da Francesco Ambrosoli. Ed. 9. gr. 8. (V, 972 S.) Wien 886. Gerold's Sohn. n. 10. —

—— Werth der Sprachvergleichung für die classische Philologie. Eine Antrittsvorlesung gehalten an der Universität zu Gräz am 18. April 1864. gr. 8. (24 S.) Gräz 864, Leuschner und Lubensky.

— s.: Zeitschrift f. die österreich. Gymnasien.

Schenkl, Karl, Über die Zeusreligion. Vortrag, geh. im Saale der Resource am 14. März 1865. Graz, Leuschner u. Lubensky, 1866, 8°, 43 S.

Recens. v. W. Kaulich, Wiener Allg. Littztg 1866, S. 228—9.

Schenkl, Konrad

— die Markgrafschaft Mähren mit dem Herzogthume Schlesien in 8 die einzelnen Kreise darstellenden Blättern. Ein Supplement zu den topograph. Werken von Wolny, Ens, Kneisel. I—VI. Section. — VII. u. VIII. Section. Der Teschner Kreis. Der Troppauer Kreis. Imp.-Fol. Ebend. 841—44. compl. n. 5 1/3 ß

Schenkl, Conr., die Markgrafschaft Mähren mit dem Herzogth. Schlesien nach astronom. u. geometr. Messungen als Land-, Wasser-, Strassen-, Eisenbahn- u. Post-Karte mit Bezeichnung der polit. u. gerichtlichen Bezirke bearb. 4 lith. u. color. Bl. in Imp. Fol. Brünn 851, Winiker. n. 3 1/3 ß

Schenkl, Konrad Phil.

— Anleitung zum Feldmessen ohne mathematische Kenntnisse durch rein praktisches Verfahren; zum landwirthschaftl. Gebrauche. gr. 4. Brünn 814, Winiker. n. 6 1/4 ngr

Schenkl, Konr. Phil., das Barometer u. seine Benützung, vorzüglich als Instrument zum Höhenmessen. Roy.-4. (Brünn 842, Winiker.) n. 1/3 ß

Schenkl, Conr. Phil., der Barometer und seine Benützung, vorzüglich als Instrument zum Höhenmessen. 2. Aufl. Brünn (856.) Winiker. gr. 8. (46 S. m. Holzschn. im Text.) n. 8 ngr.

Schenkl, Maurus (Georg Jakob) von

Schenkl, M., Compendium institutionum ethicae christianae. 8. maj. Ingolst. (Krüll, Landshut). 805.

Schenkl, Maur., (Geo. Jak.,) († d. 14. Juni 1816.) Compendium sive institutiones ethicae christianae. 8maj. Ingolst. 807. (Krüll in Landsh.) 2 ß 16 gr Hbg. Pr. 2 ß

— ethica christiana. III Tmi. 8maj. Ingolst. 800, 801. Nova Edit. 802 — 804. (Krüll in Landsh.) 5 ℳ 6 ℊ Edit. IV. III Tmi. 8maj. Strigonii 825. 3 ℳ 8 ℊ (Augsb., Kranzfelder).

de Schenkl, (P. M.,) Ethica Christiana. III. Tom. 4e Ausg. 8 maj. Strigonii 825, (Vienne, Wimmer.)

Schenkl, Mauri de, Ethica christiana. III Ti. Edit. V. auct. et emend. 8maj. ... Viennae 830, Wimmer.

— ethicae christianae analysis a Karl Wächter. 8maj. Freiburg 804. Herder. 18 ℊ

Schenkl. Maurus von, s. Gärtner, Korb.: Einleitung ...

— institutiones juris ecclesiastici Germaniae inprimis et Bavariae accommodatae. II Ptes. 8. Ingolst. 790, 91. Ed. III 793. N. A. 797. (Krüll in Landsh.) 2 ℳ Editio (IX.) computatis alienis nona, secundum recentissimum rerum ecclesiast. statum procurata ab Jos. Scheill. Pars I. et II 8maj. Landsh. 823. Krüll. 3 ℳ 16 ℊ (Nachgedruckt 1792 93 u. 98 in Cöln, J. G. Schmitz. 1 ℳ 12 ℊ)

Schenkl, Maur.: Institutiones juris ecclesiastici Germaniae inprimis et Bavariae accommodatae. P. 1. 2. Coloniae 1791. 92. 2 Bde

—— Institutiones juris Ecclesiastici communis, et territoriis confoederationis Germanicae, imprimis Bavariae et Borussiae regnis particular. accommodatae. II Pts. Edit., computatis alienis, X., secund. recentiss. rerum ecclesiast. statum procurata, emendata et valde adaucta a J. Scheill. 8 maj. (99¼ B.) Landishuti 830. [Ratisbonae, Manz.]

Schenkl, Mauri de, Institutiones juris ecclesiastici Germaniae inprimis et Bavariae accommodatae. II Tomi. (Prolegomena et jus publicum. — Jus ecclesiasticum privatum.) Editio XI. recentissimo ecclesiarum Bavariae, Austriae, Borussiae, provinciae ecclesiasticae superioris Rheni, aliorumque confoederationis germanicae territoriorum statui adaptata, emendata et aucta a quodam juris ecclesiastici professore publico. 8maj. (LII und 1310 S.) Ratisbonae 853, Manz.

— institut. theologiae pastoralis. 8maj. Ingolst. 802. Neue verm. Aufl. 803. (Krüll in Landsh.) 1 ℳ 18 ℊ

Schenkl, Maurus von, s. Litaneien.

— positiones ex prima parte theologiae dogmaticae. 8maj. Regensb. 779. — Ex altera parte theologiae dogmat. ibid. 780. — Ex theologia universa. ibid. 781. — Positiones ex jure ecclesiast. universo et Bavarico. ibid. 783. — Positiones ex theologia christiana universa. ibid. 797. — Positiones ex universo jure eccles. Germaniae et Bavariae accommodatae. 8maj. ibid. 788.

— juris ecclesiastici statui Germas. maxime et Bavariae accommodati syntagma. 8. Regensb. 785. Salzb. 786 Waisenhaus-B. 16 ℊ (Nachgedruckt in Cöln 1787.)

— syntagma juris canon. 2 Tmi. 3. Colon. Haas. (Fabricius). 793.

Schenkl, M., Theologiae Pastoralis Systema 8maj. Ingolst. Attenkofer. 815.

— theologiae pastoralis systema, de nova recogtitum et annotationibus auctum a J. Laberer. 3e Ausg. in 3 Part. gr. 8. Landshut 825, Krüll.

Schenkl, Maurus de, theologiae pastoralis systema. De novo recognitum, emendatum atque adauctum a Joh. Geo. Wesselack. Editio IV. gr. 8. (XII und 440 S.) Regensburg 859, Manz.

Schenkling, Karl, Etiketten f. Käfer-Sammlungen. gr. 8. (14 Bl.) Leipzig 884. Leiner. n. 1. —

Schenkling, C., Etiketten f. Käfer-Sammlungen. 2. Tausend. 16. (IV, 88 Bl.) Leipzig 889. Leiner. n. 1. 50

Schenkling, Carl, Etiketten f. Käfer-Sammlungen. 3., verb. u verm. Aufl. 12. (IV S. u. 136 Bl.) Leipzig 898. O. Leiner. n. 1. 50

—— die deutsche Käferwelt. Allgemeine Naturgeschichte der Käfer Deutschlands, sowie ein prakt. Wegweiser, die deutschen Käfer leicht und sicher bestimmen zu lernen. (In 10—11 Lfgn.) 1. Lfg. gr. 8. (S. 1—48 mit 3 Chromolithogr.) Ebendas. 884. *

Schenkling, Karl, die deutsche Käferwelt. Allgemeine Naturgeschichte der Käfer Deutschlands, sowie ein prakt. Wegweiser, die deutschen Käfer leicht und sicher bestimmen zu lernen. 2.—11. (Schluß-)Lfg. gr. 8. (XXXVIII, S. 49—434 mit 20 Chromolithogr.) Leipzig 885.886, Leiner.
à Lfg. *ℳ 1.25. *
compl. *
geb. in Halbfrz. **ℳ 16.50.; in Irisbd. **
1. Lfg. Ebendas. 1884. *ℳ 1.25.

— Taschenbuch f. Käfersammler. Mit 750 Käfer-Beschreibgn. u. 1 Fig.-Taf. 16. (IV, 216 S.) Ebend. 883. geb. n. 2. —

—— Taschenbuch für Käfersammler. Mit 750 Käferbeschreibungen. 2. verb. Aufl. gr. 16. (VIII, 236 S. mit 1 Fig.-Taf.) Ebendas. 885. geb. *

— Taschenbuch für Käfersammler. Mit 750 Käfer-Beschreibgn., 1 Instruktionstaf. u. 12 Farbendr.-Taf. 4., erweit. u. verb. Aufl. gr. 16. (XI, 244 S.) Ebd. 890. geb. n. 3. —

Schenkling, Karl, Taschenbuch f. Käfersammler. Mit 1150 Käfer-Beschreibgn., 1 Instruktionstaf. u. 12 Farbendruck-Taf. 5, stark erweit. u. verb. Aufl. (IV, 314 u. XXIV S. m. 12 Bl. Erklärgn.) 12. Leipzig (903). O. Leiner. Geb. in Leinw. n. 2. 50

Schenkling, Sigmund (Hrsg.), s. Catalogus Coleopterorum.

Schenkling, S., Cleridae, s.: Coleopterorum catalogus.

Schenkling, Sigm., neue Cleriden des Hamburger Museums. Lex.-8. (10 S.) Hamburg 900. (L. Gräfe & Sillem.) n. — 50
Sonderabdruck aus: „Jahrb. d. hamburg. wiss. Anstalten".

Schenkling, Sigm., Nomenclator coleopterologicus. Eine etymolog. Erklärg. sämtl. Gattungs- u. Artnamen der Käfer des deutschen Faunengebietes. 12. (224 S.) Frankfurt a/M. 894. H. Bechhold. n. 4. —; geb. n. 5. —

Schenkung, die, Constantins. Ein Beitrag zur krit. Beleuchtung der Papstfabeln des Mittelalters von Herrn J. J. v. Döllinger. [Aus: Civiltà cattolica.] Mainz 866. Giani. gr. 8. (34 S.) n. 3⅓ ngr

Schenkungs- und Freiheitsbrief K. Ludwigs des Frommen . . . 819. [Stuttg. 1826.] H: *Memminger, Johann Daniel Georg.* (Heyd)

Schenkungsurkunde, die Constantinische. I. Das Constitutum Constantini. Von H. Brunner. II. Der älteste Text. Von K. Zeumer. [Aus: „Festgabe für Rud. v. Gneist".] Lex.-8. (60 S.) Berlin 888. Springer. n. 2. —

Schenkwald, Th., das erste Buch für Schreibleseschüler, s. Schneider, Geo., ein Wort rc.

Analytische Geometrie, worin nebst den ersten Gründen der Algebra, ihre Anwendung auf die Elementar-Geometrie und die Kegelschnitte enthalten, von Nicolaus Schenmark. Aus dem Schwed. [Übers.: Joachim Michael Geuß.] Kopenhagen: Proft 1779. 144 S. 8°

Schenmark, Nikol., analyt. Geometrie, nebst den ersten Gründen der Algebra; aus d. Schwed. (v. Joach. Mich. Geuß). Mit 2 Kpf. 8. Kopenhag. 779. (Brummer). 10 ℊ; (a. Schubothe). 12 ℊ

Schenner, Jul., deutsches Lesebuch, s.: Jacobi, Alfr.

Schentke, H., zur Auswanderung nach Nord-Amerika. gr. 8. (34 S.) Berlin 876, Driesner. — 50

Schentke, H., zur Auswanderung nach Nord-Amerika. gr. 8. (34 S.) Berlin (1876) 878. Driesner. — 50

Schentke, H.: Mahnruf gegen die Auswanderung nach Brasilien. Berlin (1876). 50 S. 8° [M 2418

— Mahnruf gegen die Auswanderung nach Brasilien. gr. 8°. Berlin, Driesner, 1876. (48 S)

— Mahnruf gegen die Auswanderung nach Brasilien. gr. 8. (48 S.) Ebend. (1876) 878. — 50

Schentz, Anton — Abriß der allgemeinen Weltgeschichte von der ältesten Zeit bis auf die Gegenwart vom christkatholischen Standpunkte aus. Ein Hilfs- und Lesebuch beim Geschichts-Unterrichte für Schule und Haus mit 4 Gedächtnißtafeln bearbeitet von — —. Wien, 1856. Mechitharisten-Buchdruckerei in Wien. (133 S. 8.)

Schentz, Ant., fünfhundert Sätze zum Schulgebrauche aus dem Gebiete der Naturgeschichte, Geographie, Weltgeschichte rc. zusammengestellt. Wien 868. Sallmayer & Co. gr. 8. (III, 120 S.) n. 10 ngr.

Schentz, Anton, Hundert Schul- u. Kinder-Anekdoten zur Erheiterung des Gemüthes in freien Stunden für die Jugend, theils erdichtet, theils nacherzählt. In zwanzig(?) Heften. 16. (40 S.) Wien, Herzfeld & Bauer in Comm 1864

— 100 Schul- u. Kinder-Anekdoten zur Erheiterung des Gemüthes in freien Stunden für die Jugend theils erdichtet, theils nacherzählt. Wien 864. (Ludwig — Sallmayer & Co.) 16. (IV, 40 S.) n. 4 ngr.

SCHENZ, Wilhelm (Reinhartshausen): Historisch-exegetische Abhandlung über das Erste allgemeine Concil in Jerusalem (52 n.Ch.) nebst einer gedrängten Würdigung der neuen Kritik der Gegner aus der Tübinger Schule.- Regensburg, New York, Cincinnati: Pustet 1869. VIII,236 S. 27.11.1869 - Urk (Titel: De synodo apostolorum Hierosolymitana (act.XV) expositio historico-exegetica, nec non recentiorum quorundam eadem de re critica dijudicatio.); F 44; Chr 1869/70,11
Diss. Ingolst.-Landsh.-Mchn.

Schenz, Wilh., Historisch-exegetische Abhandlung über das erste allgemeine Konzil zu Jerusalem (52 n. Chr.) nebst einer gedrängten Würdigung der neuern Kritik der Gegner aus der Tübinger Schule. Regensburg, Pustet, 1869, 8°, VIII u. 236 S., 2,40 Mk.
Recens. von Seisenberger, (Bonner) Theol. Litt.-Bl. 1870, S. 161—164. (Wiener) Allg. Litt.-Ztg. 1869, Jahrg. 16, Nro 36. Österr. Vierteljahrsschr. f. kath. Theol. 1871, Heft 2. (Tüb.) Theol. Quartalschr., Jahrg. 53, Heft 1. Katholik 1869, Bd. 2, S. 501—509.

Schenz, Wilh., s.: Anselm v. Canterbury, des hl., zwei Bücher: „Warum Gott Mensch geworden".

Bericht über die Jahrhundertfeier der Erhebung Bayerns zum Königreich. (Chronik des Lyzeums). — Von Dr. Wilh. Schenz, L.-R. — 1906, Stadtamhof, J. u. K. Mayr. — P. 29 - 31.
Progr. Regensburg. K. Lyzeum

Schenz, Wilh., zum Bischofs-Jubiläum Sr. Heil. Leo XIII. (den 19. Febr. 1893). Prolog, Text zu 12 leb. Bildern u. Epilog. 8. (32 S.) Regensburg 893. Nationale Verlags-Anstalt. n.n. — 25

Schenz, Wilh., Einleitung in die kanonischen Bücher des Alten Testamentes. Regensburg, Coppenrath, 1887, XV u. 480 S., 6 Mk.
Recens. (Mainzer) Katholik 1887, Jan.-Heft; (Innsbr.) Ztschr. f. k. Theol. 1887, Heft 3; (Tüb.) Theol. Quartalschr. 1888, Heft 1.

Schenz, Wilh., das 1. Jahrhundert des Lyzeum Albertinum Regensburg als kgl. bayer. Hochschule (1810 1910). (VII, 396 S. m. 5 Taf.) 8. Regensburg 910. F. Pustet. 3.—; geb. in Leinw. 4.

Schenz, Wilh., Das Laien- und das hierarchische Priestertum nach dem 1. Briefe des Apostels Petrus. Freiburg, Herder, 1873, gr. 8°, 102 S., 1,50 Mk.
Recens. von F. X. Kraus, Litt. Rundsch. 1875, S. 61—62; (Linzer) Theol. prakt. Quartalschr. 1874, S. 389 f.

Nekrolog auf Dr. Friedrich Schneider, Lyzialprofessor. (Chronik des Lyzeums.) — Von Dr. Wilh. Schenz, L.-R. — 1908, Stadtamhof, J. u. K. Mayr. — P. 30—31.
Progr. Regensburg. K. Lyzeum

Nekrolog auf Dr. Philipp Schneider, Lyzealprofessor u. bischöfl. geistl. Rat. (Chronik des Lyzeums.) — Von Dr. Wilh. Schenz, L.-R. — 1907, Stadtamhof, J. u. K. Mayr. — P. 28 - 29.
Progr. Regensburg. K. Lyzeum

Die alttestamentliche Offenbarungslehre über die Scheol. — Von Dr. Wilh. Schenz, L. P. — 1876, Stadtamhof, ibid. — S. 3—60.
Progr. Regensburg. K. Lyzeum

Schenz, Wilh. Eine Reise in die kathol. Diaspora des Nordens u. der Psalmbund nebst Gebetsverein U. O. U. Ein Vortrag im kathol. Casino zu Regensburg. gr. 8. (8 S.) Augsb. 889. (Literar. Institut v. Huttler). — 10

Die neue Sternwarte des K. Lyzeums. (Chronik des Lyzeums.) — Von Dr. Wilh. Schenz, L.-R. — 1903, Stadtamhof, J. u. K. Mayr. — P. 36—38.
Progr. Regensburg. K. Lyzeum

Schenz, Wilh., Die priesterliche Thätigkeit des Messias, nach dem Propheten Isaias (Kap. 49—57) in gemeinverständlicher Auslegung betrachtet. Regensburg, Verlags-Anstalt, 1892. gr. 8°. 115 S., 1,50 Mk.
Festschrift zum 50jährigen Priesterjubiläum des Bischofs Pankratius von Dinkel zu Augsburg. — Recens. v. Müller, Litt. Handw. 1892, S. 319—321.

Schenzel, J., s.: Kongress, der 15., des deutschen Schachbundes.

Schenzer, Philipp Jacob (Mainz)
Thesen aus der gesammten Heilkunde, welche den 22.12.1828 zur Erlangung der Doctorwürde in der Medicin, Chirurgie und Geburtshülfe öffentlich vertheidigen wird: Philipp Jacob Schenzer, aus Mainz.
Giessen: Schröder 1828. 8 S. vorh. 7.
Dr. med. 22.12.1828.

Schenzinger, Aug., illustrierte Beschreibung u. Geschichte Laupheims samt Umgebung. 11 Lfgn. gr. 8. (VIII, 418 S. m. 12 Taf.) Laupheim 896—897. (A. Pfadenhauer.) n. 5. —

Schenzl, Guido, **Beiträge zur Kenntniss der erdmagnetischen Verhältnisse in den Ländern der ungarischen Krone. Im Auftrage der königl. ungar. naturwissenschaftl. Gesellschaft verfasst. (Ungarisch und deutsch.) gr. 4. (XII, 539 S. mit 2 Tab. und 6 lithogr. Taf.) Budapest 881, (Kilian's Universitäts-Buchh.)** *

Jahresbericht, zweiter — des k. k. katholischen Gymnasiums zu Ofen am Schlusse des Schuljahres 1853. 4. (28 S.) Ofen. Gedr. in der k. k. Ung. Univers. Buchdr. 1853.
Inhalt: Die Chemie als Bildungsmittel überhaupt, insbesondere der Einfluß der Analytik auf geologische Ansichten. Von Dr. Guido Schenzl. — Schulnachrichten vom Direktor Theodor Gaßner.

Schenzl: Ueber den Gang der Temperatur in den oberen Schichten der Erdrinde. 30 S. 8° Ofen OR.. Progr. 1866

Schenzl, G., s.: Jahrbücher d. k. ung. Central-Anstalt f. Meteorologie u. Erdmagnetismus.

Schenzl, Guido, üb. die Niederschlags-Verhältnisse in den Ländern der ungarischen Krone. Mit 1 Regenkarte. (Ungarisch u. deutsch.) gr. 4. (35 S.) Budapest 885. (Kilian.) n.n. 3.—

Schenzl: Magnetische Ortsbestimmungen im Königreiche Ungarn. 26 S. 8° Ofen OR.. Progr. 1865

Schenzl, Guido, Magnetische Orts-Bestimmungen im Konigreiche Ungarn. Im Vereine mit Prof. Gustav Kondor ausgeführt von —. III. Folge. Wien 1871. (9531)

Schenzle, Wilhelm. **Die Acarusräude der Haustiere, im besonderen beim Pferd. Diss. Vet.-Med. Bern. [Mit 2 Abbildungen.] 52 S. 8. Schwäb. Gmünd, Buchdr. der Rems-Zeitung, 1909.**
Arbeiten aus der medizinischen Veterinärklinik der Universität Giessen...

Schepan, Martin (Forst/Lausitz) A. S. 1293/2

Dissertatio inauguralis medica, de acrimonia acuta magis accidentali universaliter resoluta.
Präs. Johann Friedrich de Pre.
Erfurt (Grosch) 29. XI. 1721. 20 S. 30272

Schepe, K. De transitionis formulis, quibus oratores attici praeter Isocratem, Aeschinem Demosthenemque utuntur. 32 S. **Progr.** *Bückeburg 1878*

Schepeler, (Andr. Dan. Berthold) v., **Ansichten d. polit. Zustandes v. Europa, nebst e. Geschichte d. Belg. Revolution bis April 1831. (1. Thl.) gr. 8. (27½ B.) Haag 831. [Rotterdam, Hartmann jun.]**

— dass. (1. u. 2.) **Fortsetz. d. polit. Ansichten u. Belg. Revolution (od. 2. u. 3. Thl.). gr. 8. Rotterdam, Hartmann jun.**
(Thl. 2.) Die Belgische Revolution bis Ende August u. d. Feldzug d. Prinzen v. Oranien. 1831. (11½ B.) 1 Thlr.
(- 3.) Die Belg. Revolution v. Ende August 1831 bis Ende Januar 1832 (17¼ B.) 1 Thlr. 12 Gr. 1832.

— auch e. Wort üb. Friedrich's II. u. Friedr. Wilhelm's II. Politik in Polens Unfällen, od. Bemerkn. üb. „Polens Untergang" v. Hrn. v. Raumer. 8. (7½ B.) Aachen 833, (Mayer.)

— Beiträge zu d. Geschichte Spaniens; enthalt. Ideen u. Notizen üb. Künste u. span. Maler; unbekannte Dokumente, betreff. Karl V., Filip II., Don Sebastian v. Portugal, den Infanten Don Karlos, Don Juan v. Oesterreich, den Herzog Alba, die unüberwindl. Flotte rc. gr. 8. (23 B.) Aachen 828, Mayer.

— einige Erläuterungen u. Verbesserr. d. Pferde-Gebisse d. Hrn. Segundo, auch Beschreib. e. neuen Stange. gr. 8. (1 B. u. 1 Stnt. Fol.) Aachen 831, Mayer.
Vgl. Segundo, J.

— der Fels der Liebenden, e. Romanze. Nebst einig. Seguidillas, a. d. Span. frei übers. v. dems. Verf. 8. (6¼ B. u. 1 Musikbeil.) Aachen 834, [Kaatzer sel. Wtwe.]

v. Schepeler, Oberst, s. Flecken, A. J., einige Aachner Volkssagen.

— Geschichte d. Span. Monarchie, v. 1810 bis 1823. 1. u. 2. Thl. gr. 8. Aachen, Mayer.
Thl. 1. Von 1810 bis 1813. Worin d. Gesch. d. außerordentl. Cortes u. Uebersicht d. Kriegsbegebenheiten auf d. Halbinsel. (45½ B.) 829. 3 Thlr. 16 Gr.
- 2. Von 1813 bis 1814. Worin d. Gesch. d. gewöhnl. Cortes, Uebersicht d. Kriegsbegebenheiten auf d. Halbinsel, u. Umsturz d. Konstitution 1814. (20½ B.) 830. 2 Thlr. 4 Gr.

— dass. 3. u. 4. Thl. — A. u. d. T.: Geschichte d. Revolutionen d. Span. Amerika's. Von 1808—1823. 2 Thle. gr. 8. Ebds.
Thl. 1. Von 1808—1814. (28 B.) 833. 2 Thlr. 8 Gr.
- 2. Von 1814—1823. (32 B.) 834. 2 Thlr. 16 Gr.
Dess. „Gesch. d. Revolution Spaniens u. Portugals" rc. 2 Bde. (3 Abthln.) gr. 8. Berlin, Mittler. 1826, 27. 6 Thlr. 12 Gr.

v. Schepeler, **(Oberst,) Geschichte d. Revolution Spaniens u. Portugals u. besond. des daraus entstandenen Krieges. 1r u. 2r Bd. 1e u. 2e Abthlg. gr. 8. Berlin 826 u. 27, Mittler.**

Schepeler, Andr. Dan. Bertold von.
s. Nonne-Fähnrich, Die.

Schepeler, v., Volksbewaffnung und Republik. 8. (31 S.) Aachen 848. [Leipzig,] Wengler. — Berlin, Mittler und Sohn. *

Schepelern, J. B. v., skandinavische Bibliothek, s. Bibliothek.

v. Schepelern, J. B., Dänische Grammatik f. Deutsche. gr. 8. Schleswig 831. (Aue in Altona). 22 gr

Schepelmann, Emil, Beitrag zur Bekämpfg. drohender Gangrän. (Aus Professor Wullsteins chirurg. u. orthopäd. Klinik, Halle a. S.) (3 S.) Lex. 8. Leipzig 910, B. Konegen. 1.–
Sonderabdruck aus: „Reichs-Medizinal-Anzeiger".

Schepelmann, Emil, appr. Arzt a. Vogelbeck ⟨Südhannover⟩: Aus dem kgl. anatomischen Institut der Universität Halle a. S. ⟨Direktor: Geh. Medizinalrat Prof. Dr. W. Roux.⟩ Über die gestaltende Wirkung verschiedener Ernährung auf die Organe der Gans, insbesondere über die funktionelle Anpassung an die Nahrung. Kritische und experimentelle Untersuchung. Leipzig: W. Engelmann 1906. (41 S.) 8° ¶ (Erscheint vollst. in: Archiv f. Entwicklungsmechanik Bd 21 u. 22.)
Halle, Med. Fak., Ref. Roux, Diss. v. 31. Okt. 1906
[Geb. 9. Dez. 79 Vogelbeck (Südhannover); Wohnort: Halle a. S.; Staatsangeh.: Preußen; Vorbildung: Realgymn. Kassel Reife O. 99; Studium: Halle a. S.; Coll. 10. Mai 06; Approb. 28. Juli 05.]

Schepers, Alb., üb. d. bäuerl. Erbfolge=Gesetz f. d. Provinz Westphalen v. 13. Juli 1836. gr. 8. (5½ B.) Münster 836, Regensberg.

Schepers, A.: „Das bäuerliche Erbfolgegesetz für die Provinz Westphalen vom 13. Juli 1836", Münster 1837 (Regensberg).

—— die Hülfskasse f. d. Provinz Westfalen. 8. (6½ B.) Münster 836, Wundermann'sche Buchh.

Schepers, A., über hypothekar. Protestationen. 8. (3 B.) Hamm 830, Wundermann.

Schepers, Albert [aus d. Rheinprovinz]: Die operative Behandlung der Retroflexio uteri. . . . Greifswald, Druck v. Julius Abel, 1880; 44 S. 8°
Greifswald, Med. Fak., Inaug.-Diss. v. 16. Jul. 1880

Schepers, C., Bilder und Eindrücke aus einer achtwöchentlichen Dienstzeit als freiwilliger Feldprediger im Sommer 1870. 8. (IV, 96 S.) Bonn 871, Marcus. 1 —

Schepers, Friedrich, Marinestabsarzt: Ueber den Tractus cristofemoralis. Berlin 1910: Ebering. 42 S. 8°
Berlin, Med. Diss. v. 18. März 1910, Ref. Bier
[Geb. 9. Nov. 73 Hagen i. W.; Wohnort: Kiel; Staatsangeh.: Preußen; Vorbildung: Gymn. Düsseldorf Reife O. 93; Studium: München 8, Bonn 4 S.; Coll. 17. März 10; Approb. 23. Nov. 98.] [U 10. 69

Schepers, P. Gerhard C. SS. R. Gnadenborn des hochheiligen Rosenkranzes. Ein und dreissig Betrachtungen über die Geheimnisse des heiligen Rosenkranzes nebst einem vollständigen Gebets-Anhang. In-32°, 360 S. mit 1 Stahlstich. Einsiedeln, Benziger & Cie. In Lwd. gebd. 1888.

Schepers, G., Gnadenborn d. hochheiligen Rosenkranzes. 31 kurze Betrachtgn. über die Rosenkranz=Geheimnisse, nebst e. vollständ. Gebetsanhang. 32. (319 S. m. 1 Stahlst.) Einsiedeln 888. Benziger & Co. geb. n. — 65

Schepers, Gerh., der hochwürdige P. Bernard Haitenscheid, der erste holländische Redemptorist. Ein Lebensbild aus der Mitte d. 19. Jahrh. Frei nach dem Niederländ. d. M. J. A. Lans. Nebst Stahlst. Portr. gr. 8. (IV, 327 S.) Regensburg 884. Pustet. n. 2. 60

— s.: Himmelsleiter, die, d. Gebetes.

— der selige Diener Gottes Clemens M. Hofbauer in seinem Leben, Wirken u. Tugendbeispiel. Ein Büchlein f. das kathol. Volk. 8. (118 S. m. 1 Stahlst.) Salzburg 887. Pustet. — 60

Schepers, Gerh., C. Ss. R., der hl. P. Klemens M. Hofbauer in seinem Leben, Wirken und Tugendbeispiel. Ein Gebetbüchlein f. d. kath. Volk. (156 S. m. Bildnis.) 16. Kevelaer 909. J. Thum. Geb. in Leinw. — 50

Schepers, Gerh., C. SS. R., Leben des hl. Alfons M. v. Liguori, s. a. Saintrain.

— Leben d. heil. Bischofs u. Kirchenlehrers Alfons M. v. Liguori u. Gründung der Congregation d. allerheiligsten Erlösers. Nach dem Franz. d. Saintrain, frei bearb. Mit e. Bilde d. Heiligen in Stahlst. gr. 8. (VIII, 408 S.) Ebend. 883. n. 3. —

Schepers, Gérard: L e b e n des heiligen Bischofs und Kirchenlehrers Alfons von Liguori, Stifters der Kongregation des allerheiligsten Erlösers. Nach dem Französischen des P. Saintrain, C. SS. R. von P. Gerhard Schepers, Priester derselben Kongregation. Zweite verbesserte Auflage, herausgegeben von P. Jos. Aloys Krebs, C. SS. R. Mit Erlaubnis der geistlichen Obrigkeit. Mit einem Bilde des Heiligen in Farbendruck. Regensburg 1898. VIII, 327 S. 8°

— Alfons M. v. Liguori in seiner Mission als Heiliger, als Ordensstifter u. als Kirchenlehrer. Ein Büchlein zu seinem Centenarium. 8. (IV, 160 S. m. 1 Bild.) Mainz 887. Kirchheim. 1. —

Schepers, Ger., Maria, Königin d. heiligen Rosenkranzes. Ein vollständ. Gebet= u. Betrachtungsbuch. 16. (344 S.) Dülmen 891. A. Laumann. n. — 90

Der heilige Rosenkranz, eine Gnadenquelle für fromme Seelen. 31 kurze Betrachtungen über d. Rosenkranz-Geheimnisse nebst e. vollst. Gebets-anh. Von P. Gerhard **Schepers**, C.SS.R. *Einsiedeln, Köln: Benziger & Co. [um 1902].* (319 S.) 8° [F.] [03. 1433]

— der wahre Verehrer Mariens. Gebete, Betrachtgn. u. Lieder zu Ehren Mariens, insbesondere f. den Maimonat. Nach den „Herrlichkeiten Mariens" d. heil. Alphons Maria v. Liguori. 12. (XII, 346 S. m. 1 Stahlst.) Ebend. 883. n. — 80

Dass. Zweite vermehrte Auflage. Ebd. 1884. XIV, 354 S. 16°

– Dass. Dritte Auflage. Ebd. 1886.

Schepers, Johannes: Zur Casuistik der Darmrupturen. *Würzburg 1898: A. Boegler.* (28 S.) 8°
Würzburg, Med. Diss. v. 1898

Schepkowski, Armand. Esquisse de la poésie satirique en France du temps de la Renaissance. 42 S. HB. *Hamburg* 1881.
Progr.

Schepkowsky, Armand, esquisse de la poésie satirique en France du temps de la renaissance. 4. (42 S.) Hamburg 881. Jenchen. n. 1. 20

Schepler, Kaspar Gottfried (Ostfriesland) A. S. 110/17

Dissertatio inauguralis iuridica de iure liberorum vivis parentibus sui iuris factorum respectu successionis in bona parentum.
Halle (Hendel) X. 1752. 28 S. 30273

Scheplitz, Joach.: Consuetudines electoratus et Marchiae Brandenburgensis collectae et desumtae ex literis reversalibus concessis ordinibus provinciarum et conventibus publicis, edictis et mandatis . . . Recogn. et . . . auxit Chr. Benoni Pape. Liber (1.) 2. Berolini 17(40). 44. fol.

Scheplitz, Ioach., Consuetudines electoratus et Marchiae Brandenburgensis, recogn. et aux. C. B. Pape. fol. Berlin. (Academ. Handl. Francf.) 744.

Schepman, M. M., u. H. F. **Nierstrass**, parasitische Prosobranchier der Siboga-Expedition. (Siboga-Expeditie.) (27 S. m. 2 Taf. u. 2 Bl. Erklärgn.) 33,5 × 27 cm. Leiden 909. Buchh. u. Druckerei vorm. E. J. Brill. nn 2.50

Schepotieff, Alexander: Untersuchungen über den feineren Bau der Borsten einiger Chätopoden und Brachiopoden. Mit 4 lithogr. Taf. u. 15 Fig. im Text. *Leipzig: W. Engelmann 1903.* (57 S.) 8° ¶(Aus: Zeitschrift f. wiss. Zoologie, Bd 74, Heft 4. — Ohne die Taf.)
Heidelberg, Naturw.-math. Diss. v. 1903

Gebunden zum Dienst. Aus e. Frauenleben (Marie Römmele). (Verf.: Auguste **Schepp**.) 2. Aufl. besorgt von Dr. Wilhelm Busch, Pastor in Elberfeld. Mit e. Bildn. Elberfeld: Ev. Gesellsch. f. Deutschland 1906. (167 S.) 8° [F.] [06. 1007: 5]

Gebunden zum Dienst. Aus e. Frauenleben (Marie Römmele). (Verf.: Auguste **Schepp**.) 3. Aufl. besorgt von Dr. Wilhelm Busch, Pastor, Elberfeld. Mit e. Bildn. Elberfeld: Ev. Gesellsch. f. Deutschland 1906. (167 S.) 8° [F.] [05. 1519]

Schepp, C., die Haupttheile der Locomotiv-Dampfmaschinen zum Gebrauche bei den constructiven Uebungen an techn. Lehranstalten, sowie zum Selbststudium bearb. Mit 4 (lith.) Blättern Textfiguren (in qu. gr. 4.) u. einem Atlas von 16 constructiven (lith.) Taff. (in qu. Fol.) Heidelberg 869. Bassermann. gr. 8. (VIII, 104 S.) n. 2 ₰ 16 ngr.

Schepp, C., das öffentliche Recht im bürgerl. Gesetzbuch. Ein Ueberblick. gr. 8. (XII, 117 S.) Freiburg i/B. 899. Tübingen, J. C. B. Mohr. n. 2. 50; geb. n.n. 3. 50

Ländliche Wohlfahrtseinrichtungen. Vorschläge aus d. Praxis von Landrath E. **Schepp**. Freiburg i. B. [usw.]: Mohr 1898. 35 S. 8° [11.3618]

Schepp, Fritz, Wuhlgarten-Berlin O.: Altfranzösische Sprichwörter und Sentenzen aus den höfischen Kunstepen über antike Sagenstoffe und aus einigen didaktischen Dichtungen nebst einer Untersuchung über Sprichwörtervarianten. Borna-Leipzig 1905: R. Noske. (78 S.) 8°
Greifswald, Phil. Fak., Ref. Stengel, Diss. v. 13. Febr. 1905
[Geb. 6. Jan. 64 Salchendorf, Kr. Siegen; Wohnort: Wuhlgarten-Berlin; Staatsangeh.: Preußen; Vorbildung: Victoria-Gymn. Potsdam Reife M. 00; Studium: Berlin 6 S.; Rig. 25. Juli 04.]

Schepp, Philipp Karl (Hornbach) A. S. 562/17

Flores sparsi ad legis Furiae de testamentis itemque legis Voconiae historiam. Präs. Wolrad Burchardi. Herborn (Regelin) 8. VIII. 1768. 16 S.

W. v.: Ludwig Viktor Emmel, Johann Hermann Steubing, Jo. Just. Lud. Hertz, Franz Schramm.

30276

SCHEPPACH, Andreas (Burgau): Ein primäres Endothelioma lymphaticum alveolare der Vagina.- München: Kastner & Lossen 1900. 27 S.
2.3.1900 - Chr 1899/1900,12; Jv 1899/1900,208
Diss. Ingolst.-Landsh.-Mchn.

Scheppach, Geo. Aug., Sächs. Geschichte, mit synchronist. u. genealog. Tabellen. 8. Leipz. 790. 2e A. Dresd. 791. Richter. 18 gr. N. Ausg. 8. Leipz. 805. Hinrichs. 9 gr.

Scheppach, Geo August, s. M o r i t z, K. Ph.: Lettres sur la Logique.

— die synchronist. u. genealog. Tabellen üb. die Sächs., Thüring. u. Meißn. Geschichte. Fol. Leipz. 805. Hinrichs. 4 gr.

SCHEPPACH, George August: Karakteristisches Verzeichniß der vorzüglichsten, in Deutschland anzubauenden, einheimischen und nordamerikanischen wildwachsenden Holzarten für Oekonomen, Forstbediente und Gärtner. - Dresden, Leipzig 1791. 192 S., 1 Tab.

— charakt. Verzeichniß d. vorzügl. in Deutschland anzubauenden einheim. u. nordamerik. wildwachs. Holzarten. 8. Dresden, Richter. 791.

Scheppach, G. A., charakteristisches Verzeichniß d. in Deutschland anzubauenden Holzarten, ist jetzt Verlag von Hinrichs in Leipz.

Scheppach, J. A., Romfahrt im Sommer 1867. gr. 8. (47 S.) Augsburg 868, Kranzfelder'sche Buchh. — 60

Scheppach, Jos., Belehrung für Gesunde und Kranke. Zu Nutz und Frommen des Volkes. 1. Aufl. 1872, und 2. Aufl. gr. 16. (50 S.) Augsburg 873, Lüderitz. * — 40
Aus: Illustr. bayer. Volkszeitung, besonders abgedruckt.

SCHEPPACH, Joseph (Burgau): Einige Formen von Seelenstörungen, dargestellt in Krankengeschichten; entnommen der psychiatrischen Klinik des Hofraths Dr. von Marcus in Würzburg.- München: Weiss 1852. 28 S.
31.7.1852 - Urk (Titel: De nonnullis animi perturbationibus.); F 67
Diss. Ingolst.-Landsh.-Mchn.

Scheppach, populäre Gesundheitslehre. Ein Gesundheitslexikon für das Volk. gr. 16. (175 S.) Augsburg 875, Schmid'sche Verlagsh. * 1 —

Scheppard, Thomas: Schmaler W e g zum Leben ... Münster: Coppenrath 1762. 8°

Scheppard, Thom., schmaler Weg zum Leben oder d. wahre Bekehr. d. Christ. zu Gott. 8. Frankf. Brönner. 801.

Scheppard's, Thom., schmaler Weg zum Leben. Oder die wahre Bekehrung durch Christum zu Gott. Darinnen sowohl von der kleinen Anzahl der Gläubigen, als auch v. den vielen Klippen, Abwegen rc. gehandelt wird; u. die Wege u. Mittel gezeigt werden, wie man dennoch zur Seligkeit gelangen könne. 12. (355 S.) Harrisburg 850. (Philadelphia, Schäfer & Koradi.) n. 1 ₰

v. **Scheppau**, Jh., ein Zeitgenosse Sackmann's, 3 plattdeutsche Oster-Predigten. gr. 8. Braunschweig 846, Leibrock. 1/6 ₰

Der geplagte Schriftsteller oder Das gestörte Ruhestündchen. Lustsp. von W. **Schepponsieper**. *Bonn: A. Heidelmann [1901].* (16 S.) 8° [F.]
= Theaterbibliothek, A. Heidelmann's. II. 47. [01. 7104 5]

Scheppensieper, W., der geplagte Schriftsteller, s. a. Heidelmann's, A., Theaterbibliothek.

De Schepper, D. W. Yssel [aus Gouda (Holland)]: Ueber Oxyphenylphtalide und ihre Ueberführung in Anthracenderivate. Freiburg (Schweiz) 1898. 62 p. 8°.
Freiburg. Mathem.-naturw. Diss. 1897/98.

Scheppig, Rich. Die Bewegung der Geschichte. Rede zur Feier des 85. Geburtstages Sr. Maj. des Kaisers (22. März 1882). 13 S. **Progr.** OR. *Kiel* 1883.

Scheppig, R[ichard], Prof. Dr.: Die **Cão-Säule** von Kap Croß in der historischen Sammlung der Kaiserlichen Marine-Akademie zu Kiel. Eine Studie z. Gesch. d. portugiesischen Entdeckungen an d. westafrikan. Küste m. Beiträgen z. Kenntnis der Gesch. Martin Behaims u. seines Globus. *(Kiel 1903: A. F. Jensen.)* (10 S.) 4° [Kopft.] [F.]
Kiel, OR m. Reform-RG, OP 1903 (540)

(Scheppig, [Richard]:) Zur Erinnerung an den Direktor der Kieler Oberrealschule Dr. Gustav Luppe, * 8. Januar 1844, † 6. Juni 1899. (Gedächtnisrede, gehalten bei der Trauerfeier in der Aula der Oberrealschule zu Kiel am 8. Juni 1899). Mit 1 Bildn. Kiel & Leipzig: Lipsius & Tischer 1899. (14 S.) 8°

Scheppig, R., Handbuch d. allgem. Geschichte, s.: Assmann, W.

Scheppig, Ricardus: De Posidonio Apamensi rerum gentium terrarum scriptore. Halis Saxonum (1869: Eupel in Sondershausen). 60 S. 8°
Halle-Wittenberg, Phil. Diss. v. 20. Febr. 1869
Geb. Sondershausen 17. 11. 1845. V.
Im Buchhandel Berlin: Calvary 1870.

Scheppl, Johann Nepomuk

SCHEPPL, J.: Vollständ. Gesetzlexicon üb. d. allg. Gerichtsordnung u. Justizinstruction, welche seit d. Regier. weil. K. Joseph II. bis auf gegenwärt. Zeiten ergangen sind. *Prag u. Wien*, v. Schönfeld'sche Buchh. 792. 8.

Scheppl, Jh., vollständ. Gesetzlexicon üb. die allgem. Gerichtsordn. u. Justizinstruktion seit Josephs II. Regierung. gr. 8. Prag 793. Schönfeld. 16 gr

SCHEPPL Johann Nepomuk. Handbuch der erlauterten allgemeinen Gerichtsordnung. Von Johann Nepomuzen Scheppl ... Hladky, Prag 1788.

Scheppler, Luise, Oberlin's gottsel. Dienstmagd, s. Bodemann, F. W.

Scheppler, Luise, die fromme u. getreue Magd. 3. Aufl. (Ster.-Ausg.) Barmen 865. (Berlin, E. Beck.) 8. (20 S.) n. 1 ngr

Scheppler, Luise, die fromme und getreue Magd. 6. Aufl. 1871. * 10 Pf., und 7. Aufl. [Ster.-Ausg.] Hrsg. von der Wupperthaler Traktat-Gesellschaft. 16. (16 S.) Barmen 875, (Wiemann.)

Scheppler, Luise, die fromme und getreue Magd. Hrsg. von der Wupperthaler Tractat-Gesellschaft. 12. (20 S.) Barmen 881, Wiemann. *

Scheppler, Luise, eine Magd des Herrn. Berlin [1897]. V: *Müller-Wölsickendorf, Carl.* (Berl)

Scheppler, Franz: Die Alimentationspflicht der Ehegatten. München: Schweitzer 1909. 43 S. 8° (Ersch. auch als Buch ebd.)
Würzburg, Jur. Diss. v. 16. Juli 1909, Ref. Mayer
[Geb. 19. Mai 80 Aschaffenburg; Wohnort: München; Staatsangeh.: Bayern; Vorbildung: Gymn. München Reife Juli 00; Studium: Würzburg 8 S.; Rig. 12. Mai 09.] [U 09. 4080

Scheppler, Franz Josef Karl

— Abhandl. üb. die Frage: Steht d. Röm.-Deutschen Kaiser das Recht zu, den zeitl. Kammerrichter aus eigner kaiserl. Macht, ohne Beirath u. Mitwirkung d. Reichsstände, zurück zu rufen? 8. Götting. 795.

SCHEPPLER, Frz. Jos. Karl: Ueb. d. Aufhebung d. Judenleibzolls, nebst einer skizzirten Geschichte der Juden, ihrer Schicksale u. staatsrechtl. Verhältn., besond. in Deutschl. *Hanau*, (Joachim in *Lpz.*) 805. 8. (16 Gr.)

SCHEPPLER, F. J. K.: Codex constitutionum Osnabrugensium, od. Samml. v. gem. Bescheiden der in kirchl. u. geistl. Gegenständen ergang. Konstitutionen u. Verordnn., auch vieler der wichtigsten Urkunden. 1r Bd. 1e Abthl. von Sebastian bis Lothar Franz. *Aschaffenburg.* (*Frankf.*) Guilhaumme. (F. Wilmans.) 793. Fol. (4 Thlr.)

SCHEPPLER, Frz. Jos. K.: Codex ecclesiast. Mogunt. noviss., od. Samml. d. erzbischöfl. mainz. in kirchl. u. geistl. Sachen ergang. Constitutt. u. Verordnn. 1. Bd. 1. Abth. *Frankf.*, Guilhauman. 803. Fol. (4 Thl.)
Vgl. C o d e x ...

(SCHEPPLER, Fr. Jos. K.): Commentar über die Collision d. deutschen Staatsbürgerpflicht m. d. landesherrl. Gewalt deutscher Reichsstände u. Landesherrn; mit Bezug auf die neuesten deutschen Staatsbegebh. *Frankf. a. M.*, Guilhaumann. 800. 8. (1 Thl.)
Vgl. C o m m e n t a r ...

Scheppler, Franz Josef Karl. s. Prüfung d. Aeußerungen Buonaparte's

SCHEPPLER, Frz. Jos. K.: Russlands Verhältnn. zu Teutschland nebst d. hohen Werth dieser Verbindung. *Frankf.* u. *Leipz.* 805. 8.

Scheppler, Karl, das Nivelliren und der Waldwegbau bearb. und seinen Vorträgen zu Grunde gelegt. Mit 107 in den Text gedr. Holzschn. Aschaffenburg 863. Krebs. gr. 8. (XI, 244 S.) n. 1 Thlr 15 ngr

Scheppler, Karl, der Waldwegbau und das Nivelliren. 2. verb. Aufl. gr. 8. (XI, 267 S. mit in den Text gedr. Holzschn.) Aschaffenburg 873, Krebs. [Berlin, Wiegandt, Hempel und Parey.] * 5 —

Scheppler, Paul Rud., die Prozeßführung der im ordentl. gesetzlichen Güterstand lebenden Ehefrau. (VII, 60 S.) gr. 8. München 909. J. Schweitzer Verl. 1. 80

Scheppler, Phil. Ern.: Specimen jur.-practicum cont. delineationem forensis usus cameralis hodierni. Wetzariae 1780.

Scheps, Julian, das Bromaethyl und seine Verwendbarkeit bei zahnärztlichen Operationen. Inaugural-Dissertation. gr. 8. (48 S.) Breslau 887, (Köhler.) *

Schepß, Georg

Schepss, Geo., Magistri Petri Poponis colloquia de scholis Herbipolensibus. Ein Beitrag zur Vorgeschichte der Würzburger Hochschule, als Festgabe zu deren 300jähr. Jubiläum aus einer Handschrift des XV. Jahrh. erstmals hrsg. gr. 8. (35 S.) Würzburg 882, Stuber's Verlagsh. *

Schepss, Georg, Conradi Hirsaugiensis dialogus super auctores sive Didascalon. 8 (84 S.).
Progr. Altes G. Würzburg 1889

Schepss, G., Conradi Hirsaugiensis dialogus super auctores sive didascalon. Eine Literaturgeschichte aus dem XII. Jahrh., erstmals hrsg. gr. 8. (84 S.) Würzburg 889. Stuber's Verl. n. 1. 60

Schepß, Georg, Die ältesten Evangelienhandschriften der Würzburger Universitäts-Bibliothek. Würzburg, Stuber, 1887, 38 S., 8°, 1,20 Mk.

Sechs Maihinger Handschriften besprochen. — Von Dr. Georg Schepß, Stdl. 1879, Dinkelsbühl, ibid. — S. 3–26
Progr. Dinkelsbühl (Mittelfranken).
Isol. lat. Schule

Zwei Maihinger Handschriften (Hauptinhalt: Sallust und Cicero) besprochen. Von Dr. Georg Schepß, Stdl. — 1878. Dinkelsbühl, C. Fritz. S. 3—28.
Progr. Dinkelsbühl (Mittelfranken)
Isolierte lat. Schule

Schepss, Geo., Priscillian, o. nouaufgefundener lat. Schriftsteller d. 4. Jahrh. Vortrag. Mit 1 Bl. in Orig.-Grösse, Fksm.-Druck d. Manuskriptes. gr. 8. (26 S.) Würzburg 886. Stuber's Verl. n. 1. 50

Schepss G., Pro Priscilliano. S.-A. 1893. 21 S.

Schepss, Georgius: De soloecismo (Impressum Onoldi typis Bruegelii et filii, 1876.) Argentorati 1875. 8. 61 S.

Handschriftliche Studien zu Boethius de consolatione philosophiae. Von Dr. Georg Schepss, Stdl. — 1881, Würzburg, ibid. S. 3—47.
Progr. Würzburg. K. Gymn.

Scher, A., Alles mit Gott! Katholisches Gebetbuch für andächtige Christen. 32. (384 S. mit 1 Holzschntaf. und chromolithogr. Titelbild.) Leipzig 875, Peter's Verlag. * 1 —
geb. in Leinw. mit Goldschn. * 1 80
geb. in Leder mit Goldschn. * 2 40
geb. in Leder mit Stahlperlen und Schließen * 5 —

Scher, Addai, s.: Theodorus Bar Koni, liber scholiorum.

Die Geschichte des k. u. k. Corps-Artillerie-Regimentes Erzherzog Wilhelm Nr. 3. Im Auftr. d. Regts-Commandos nach Feldacten u. sonstigen authent. Quellen bearb. von Hauptm. Carl **Scherach.** (Von d. Errichtung d. Regts. im J. 1854 bis 1894.) Graz: F. Pechel 1894. (175 S.) 4°(8°) I-6. 9309

Scherak, Louise, s.: Im Zeichen der Myrte.

Scherauz, Louis, Leitstern der Contorwissenschaft oder: brieflicher Unterricht zum prakt. Selbststudium der einfachen u. doppelten Buchführung, der Correspondenz, Waarenkunde etc. Zum Gebrauche für Studirende, Geschäftsleute u. Handelsbeflissene. 1. Cours. 1—7. Brief. Prag 867. Exped. des Leitsterns für Contorwissenschaft. gr. 8. (S. 1—252.) Jeder Brief n. 8 ngr.

Scherb, Unser. Zürich 1898.
V: *Sanftleben, Alfr.* (Zuwachsverz. d. Bibliotheken in Zürich 1898 ff.)

Scherb u. **Paić,** Cernagora, siehe: Paić.

—, Ueb. Naturtrieb u. Denkungskraft der Thiere. 81 S. Lpz. 8°. 1790

Scherb, De lysimachiae purp. virtute medicinali non dubia. Jen. 4°. 1770.

Scherb, F. v., und J. F. Sestak, militärische Beschreibung des Paschalik's Hercegovina, s. Sestak, J. F.

Scherb, Frdr. Edler v., Geschichte d. Hauses Rothschild. gr. 8. (4 u. 147 S.) Berlin 892. G. A. Dewald. n. 2. —

Scherb, Heinrich. Beitrag zur Pathologie und Therapie der Cystitis tuberculosa. Diss. Med. Basel. 38 S. 8. Basel, Basler Druck- und Verlags-Anstalt, 1903.

Scherb, Jakob Christoph

— Anleit. z. Erhaltung u. Wiederherstellung d. Gesundheit, nach Tissot u. Unzer. 8. Ebend. 783.

— Anleit. zur Erhaltung u. Wiederherstellung der Gesundheit, nach Tissot u. Unzer. 8. Zürich 784. Ziegler. 4 gr.

— Briefwechsel üb. die Heilkräfte des thier. Magnetismus, s. Jh. Hnr. Kahn.

Scherb, J[acob] C[hristoph]. Denkmal auf Herrn Nicolaus Meyer von Lucern († 1775). Weiland Chorherrn zu Bischoffzell. 8. Zürich 1779.

Scherb, Jak. Chph., († d. 1. März 1811.) üb. Einpfropfung der Pocken. 8. Zürich 770. Ziegler. 8 gr.

Scherb, M., ein Fall von hydrocele muliebris. Diss. Jena 1888, G. Neuenhahn. 8°. 13 S.

Scherb, Melchior: Meditatio philosophico-medica inauguralis de loco et situ plantarum.
Basel. Med. Diss. 1731

Scherb-Zenger, Richard. Ueber diasklerale Netzhautreizung. Eine physiologische Studie. Diss. Med. Univ. Zürich. [Mit Figuren.] 39 S. 8. Zürich, Gebr. Leemann & Co., 1908.

Scherbatykol, P. J., Nyayabindu, s.: Darmakirthi.

Scherbatow, s. Tscherbátow.

Scherbauer, Th., Gebühren-Ordnung für Zeugen und Sachverständige vom 30. Juni 1878, mit besond. Berücksicht. der Vorschriften über die Tagegelder und Reisekosten der Beamten und öffentl. Diener erläutert. gr. 8. (VIII, 50 S.) Landshut 882, Thomann'sche Buchh. *

Scherbaum, Johann (Durlach) A. S. 729/16

Disputatio inauguralis juridica de pariete communi, eiusdemque jure. Vulgo Von der gemein Wand. Strassburg (Tidemann) 1702. 31 S.

Diss. 12. IV. 1671. 30280

Scherbaum, Johann Christian (Durlach) A. S. 750/28

Disputatio juridica de loco solutionis. Präs. Johann Samuel Stryk. Rec. Halle (Zeitler) 1705.

Diss. 27. IV. 1694. 46 S. 30281

Scherbel, H., s. Bibliothek polnischer Romane.

Scherbel, Heinrich

Scherbel, Henr. (geb. Lissa in Posen 20. 3. 1812.) De coxarthrocaces novissima explicatione, adjecta historia morbi de hydrope saccato peritonaei. Berolini (1837.) (31 S.) 8°.
Berlin, Med. Diss. v. 13. Apr. 1837

Scherbel, J. G., Vaterlandskunde, oder kurze Geographie u. Geschichte vom Königreich Sachsen nebst (lith. u. color.) Karte zum Gebrauche in Volksschulen. Mügeln 865. (Leipzig, Senf.) 4. (88 S.) 1⅓ ngr.

Scherbel, J. G., Vaterlandskunde, oder kurze Geographie und Geschichte vom Königr. Sachsen nebst (lithogr. und ill.) Karte zum Gebrauche in Volksschulen. 4. (8 S.) Mügeln 865. (Leipzig, Senf.)

Scherbel, Julius [pr. Arzt aus Städtel]: Ueber die Therapie bei vorgeschrittenem Uteruscarcinom ... Jena, Frommannsche Buchdr., 1891; 2 Bl., 30 S., 1 Bl. 8.
Jena, Med. Fak., Inaug.-Diss. v. [30. Sept.] 1891

Scherbel, Ludwig, Beiträge zur Kenntniss des Amarins. Diss. Freiburg i. B. 1885, Fr. Wagnersche Univ.-Buchh. 8⁰. 49 S.

Scherbel, Mor. Der Unsterblichkeitsglaube nicht vom theologischen Standpunkte, in seiner empir., analyt. u. moral. Behandlg. gr. 8. (IV, 136 S.) Gumbinnen 889, (Sterzel). * 2 —

Jüdische Ärzte und ihr Einfluß auf das Judentum. Von Dr. Simon **Scherbel**, Arzt. Berlin-Leipzig: J. Singer & Co. 1905. (75 S.) 8° [07. 874

Behandlung der Zähne und der Zahnschmerzen. Von Dr. S[imon] **Scherbel**, Arzt. Lissa i. P.: F. Ebbecke 1905. (48 S.) 8° [F.]
[Umschlagt.:] Der Zahnschmerz u. d. Pflege d. Zähne. Bearb. von S. Scherbel. Mit Ill. [07. 9573

Scherbel, [illegible] Ueber Ehen zwischen Blutsverwandten. Berlin 1883 [illegible]
Berlin, Med. Diss. v. [illegible] 1883

Über Ehen zwischen Blutsverwandten v. Dr. med. Simon **Scherbel**, Arzt in Lissa i. P. M. neueren Beitr. v. ... 2. verm. u. verb. Aufl. *Berlin: H. Steinitz 1896.* (71 S.) 1 Bd 8. [95. 7103

[F.] Populäre Medizin. Gemeinverständl. Abhandlgn aus allen Gebieten d. Gesundheitspflege u. Heilkunde v. Dr. med. Simon **Scherbel**, Arzt in Lissa i. P. *Berlin: H. Steinitz 1896.* (2 Bl., 314 S., 1 Bl.) 1 Bd 8. [96. 7324

[F.] Populäre Medizin. Gemeinverständl. Abhandlgn aus allen Geb. d. Gesundheitspflege u. Heilkunde v. Dr. med. Simon **Scherbel**, Arzt in Lissa i. P. 2. verm. u. verb. Aufl. *Berlin: H. Steinitz 1897.* (2 Bl., 335 S.) 1 Bd 8. [97. 5430

Scherbel, Simon, moderne Schönheitspflege u. Kosmetik. 8. (141 S.) Berlin 898. H. Steinitz. n. 2. —

[F.] Moderne Schönheitspflege und Kosmetik. Von Dr. med. Simon **Scherbel** in Lissa i. P. ... *Berlin: H. Steinitz (1899).* (140 S., 1 Bl.) 1 Bd 8. [98. 9649

Schulgesundheitspflege und Schulkrankheiten. Nach modernen wissenschaftl. Anschauungen dargest. von Dr. S[imon] **Scherbel**, Arzt. Mit Abb. Lissa i. P.: F. Ebbecke 1906. (80 S.) 8°
= **Blätter**, Pädagog., aus d. deutschen Ostmark. H. 5. [07. 9970

Was sagt der Doktor? Ein ärztl. Hausschatz. Von Dr. S[imon] **Scherbel**, Arzt. Berlin: U. Meyer [1904]. (300 S.) 8° [F.] [06. 4123

Scherbel, Sim., wie verhütet u. heilt man die Tuberkulose? (Schwindsucht.) Nach den neuesten wissenschaftl. Anschaugn. dargestellt. gr. 8. (50 S.) Berlin 901. Berlinische Verlagsanstalt. n. 1. 50

Scherben; gesammelt vom müden Manne. Zürich 1878—79. Saml. I., 2. Aufl. 1882. V: *Voss, Richard.* (Zuwachsverz. der Bibliotheken in Zürich 1898 ff.) (Cat. d. Stadtbibl. Zürich. Zürich 1864—97.)

Scherben. Gesammelt vom müden Manne. gr. 8. (212 S.) Zürich 878, Verlags-Magazin. * 3 60
—— dass. — Neue Folge. gr. 8. (322 S.) Ebendas. 878. * 5 —

Scherben. Gesammelt vom müden Manne. Erste Sammlung. 2. stark verm. Aufl. gr. 8. (III, 391 S.) Zürich 882, Verlags-Magazin. *

(**Scherbening**, v.) Errichtung der Landwehr und des Landsturms in Ost-, Westpreußen und Litthauen 1813. Berlin 1846. 8°. (Bh. z. M. W. B.)

Zeitgemäße Feldgeschütze. Vortrag, geh. zu Berlin 1903 von [Walter] **Scherbening**, Major. *Berlin: E. S. Mittler & Sohn 1903.* (S. 215–241.) 8° [F.]
= **Militär-Wochenblatt**. 1903. Beiheft 5, [2.] [03. 9934

Scherber, Eman., leichtfaßliche Darstellung der Wechsel-Geschäfte mit Bezugnahme auf die neue allgem. Wechselordnung erläutert durch prakt. Beispiele nebst einer vollständ. Abhandlung aller kaufmänn. Rechnungsarten. Für den Selbstunterricht verfaßt. 1. Lfg. gr. 8. (VI und S. 1—218.) Brünn 851, Winiker's Buchh. *

Scherber, Eman., leichtfaßliche Darstellung der Wechsel-Geschäfte mit Bezugnahme auf die neue allgem. Wechselordnung erläutert durch prakt. Beispiele nebst einer vollständ. Abhandlung aller kaufmänn. Rechnungsarten. Für den Selbstunterricht verfaßt. 2. (letzte) Lfg. gr. 8. (S. 219—477.) Brünn 853, Winiker's Buchh. *
1. Heft. Ebendas. 1851. * 20 Ngr.

Scherber, J. C. F., Dechiffrir-Schlüssel. 8. Zelle, Schulze. 794.

— Einleit. in die deutsche Sprachlehre, od. kurze u. faßl. Erklärung d. neuen Redetheile ꝛc. Nebst 2 Tabb. 8. Celle 794. 2e Aufl. 8. Hannov. 813. H. hn. 10 gr. 3e Aufl. unt. d. T.: Anfangsgründe zur deutschen Sprachlehre, od. ungekünstelte Anleit., einen jeden Cursus od. Beugefall richtig setzen zu lernen ꝛc.; nebst Uebungsbriefen f. junge Leute u. Kinder, sich in d. Anfangsgründen zu befestigen u. im Briefstyl zu üben. 8. Ebd. 831. Hahn. 10 gr.

Scherber, J. C. F., Anfangsgründe d. deutschen Sprachlehre. 2te verb. Aufl. 8. Hannov. Gebr. Hahn. 813. —

Scherber, J. C. F., Anfangsgründe zur deutsch. Sprachlehre, od. ungekünstelte Anleit. einen jed. Casus od. Beugefall richtig setzen zu lernen ꝛc., nebst Uebungs-Briefen f. junge Leute u. Kinder, sich in d. Anfangsgründen zu befestigen, u. im Briefstyle zu üben. 3., verb. Aufl. 8. (14½ B.) Hannover 831, Hahn. Thlr.

Scherber, Jakob

Scherber, Jak., Bilanzen nach buchhalterisch-juridischen Gesichtspunkten. Bilanzmäßige Schätzgn. u. Bilanzrevisionen nebst Bemängelungsverfahren f. alle Berufsstände, welche Bilanzen zu verfassen, zu prüfen od. darüber zu judiciren haben. 8. (X, 193 S.) Wien 885. (Manz.) geb. n. 4. —

—— Contabilità semplice e di bordo. gr. 8. (150 S.) Triest 869, Schimpff. ·

Scherber, Jac., Compendium der Buchhaltung für Kaufleute, Banquiers, Fabrikanten, Urproducenten, Staats-, Communal-, Eisenbahn- und Versicherungs-Beamte, Schiffscapitäne (Bord-Buchhaltung) und höhere Handels-Lehranstalten. 1. Thl. gr. 8. (264 S.) Wien 873, Hölder. ·

Scherber, J., die Merkantil-Buchhaltung in der neuen österreich. Währung, bearb. für alle kaufmänn. Stände mit Rücksicht auf Arbeiter-Unterstützungs-Kassen in Fabriken und bei Eisenbahnen, nebst einem Anhang über die Berechnung der öffentl. Fonds, Aktien, Industrie-Papiere und Devisen nach den neuen Coursnotirungen zum Selbststudium leichtfassl. dargestellt. gr. 8. (VII und 236 S.) Brünn 858, Winiker's Buchh. *

Scherber, Giacomo, Tenuta e chiusura dei conti correnti in valuta semplice e doppia, e considerazioni sull' esattezza e sull' erroneità dei varii metodi comunemente usitati. 8. (IV und 83 S.) Triest 865, Schimpff. *

Scherber, Johann Heinrich

Scherber, Joh. Heinr., Leben u. Selbstbildungsgeschichte d. gelehrt. Bauers, Nicol. Schmidt, sonst Künzel benannt zu Rodenacker im Voigtlande. Ein Beitr. zu d. Gelehrten- u. Sittengesch. d. 17. Jahrh. Zum 200jähr. Andenken an d. Ausbruch d. 30jähr. Krieges im Voigtlande im J. 1632. gr. 8. (9½ B.) Schleiz 832. (Leipzig, Rein.)

Scherber, Jh. Hnr., (Pfarrer,) Lesebuch f. die Bayreuth. Vaterlandsgeschichte. 2 Bdchen. Alte u. neue Geschichte. 8. Hof 796, 97. Bergmann. 18 *ℛ*

Scherber, Jh. Hnr., Umsichten auf d. Ochsenkopfe am Fichtelberge. Eine Auswahl zuverläss. Nachr. für Naturforscher, Gebirgsfreunde u. Liebhaber d. Fichtelbergisch. Merkwürdigkeiten. 8. Culmbach 811. (Palm in Erlang.) 16 *ℊ*

Scherber, Paul [Regierungspraktikant aus Würzburg]: **Die rechtliche Stellung der Ausländer in Bayern** ... Würzburg, Gnad & C., 1897; IV, 84 S. 8.
Erlangen, Jur. Fak., Inaug.-Diss. v. 1897

Die rechtliche Stellung der Ausländer in Bayern. Eine staatsrechtl. Abhandlg v. Dr. jur. Paul Scherber. *Würzburg: Gnad & C. 1897.* (IV, 84 S.) 1 Bd 8. [97. 3476

Scherber, Stephan, erstes Lesebuch m. vorbereitenden Uebungen in lateinischer Druckschrift. 3. Aufl. gr. 8. (VI, 122 S.) Nürnberg 871. Korn. n. — 80

Scherber, St., erstes Lesebuch mit vorbereitenden Uebungen in lateinischer Druckschrift. 4. Aufl. 8. (IV, 124 S.) Nürnberg 879, Korn'sche Buchh. * 80 Pf.; geb. ** 1 —

Scherbius, Arthur: Vorschläge zum Bau eines indirekt wirkenden Wasser-Turbinen-Reglers. [1904.] 44 S., 6 Taf. 8⁰
Hannover, Dr.-Ing.-Diss. v. 14. 7. 1904

Scherbius, A.: Vorschläge zum Bau eines indirekt wirkenden Wasser-Turbinen-Reglers. Diss. Hannover. Frankfurt a. M. (1905)

Scherbius, Johann Jakob

Das Christenthum als Grundlage der eklektischen Freimaurerei. Ein Beitrag zur Erörterung der Frage, ob der Freimaurer-Bund ein mit dem Christenthume ausser allem Zusammenhange stehendes Institut sey. Von J[oh.] J[ak.] **Scherbius.** Ms. f. Brr. Frankfurt a/M. 1844: Brönner. 30 S. 8⁰ [Umschlagtit.]

Recens: L. 6 (1845) S. 154—156.

Tt. 1770. Verteidigung der Hochgrade u. des christl. Prinzips. Veranlasst durch die Kritik (in Ph. J. Cretzschmars Schrift Religionssysteme u. Frmrei. 2 (1844) S. 155 ff.) einer Abhandl. d. Verfs.

Glaube, Liebe, Hoffnung im Bunde, den ger.·. und vollk.·. St. Joh.·.-Logen Joh.·. der Evang.·. zur Eintracht in Darmstadt, die Freunde zur Eintracht in Mainz und Carl zum aufg.·. Lichte in Frankfurt a. M. brüderlich gewidmet von J[oh.] J[ak.] **Scherbius.** [Frankfurt a. M.] o. J. 1 Bl. 8⁰ [Kopftit.]
Gedicht: „Der Maurer zaget nicht in Sturm und Nacht, . . .“ 100.

Ueber den **Zusammenhang** des Christenthums mit der Freimaurerey. Vortrag, gehalten in der ger.·. und vollk.·. St. Johannis Loge zur Einigkeit zu Frankfurt a. M. von J[oh.] J[ak.] **Scherbius.** Zum Druck befördert in Folge der Logen-Beschlüsse vom 19. und 27. April 1844. Frankfurt a. M. [1844]: Brönner. 14 S. 8⁰ [Umschlagtit.]

Scherbius, O[skar]: Ein Beitrag zur Lehre von der Abtreibung. Berlin 1909: Streisand. 48 S. 8⁰
Heidelberg, Jur. Diss. v. 16. Febr. 1909. Ref. v. Lilienthal

Scherbring, Bernhard [Kammergerichtsref.]: **Natur und Wirkungen der condicio juris** ... Berlin, *Druck v. E. Ebering,* 1897; 2 Bl., 91 S., 1 Bl. 8.
Erlangen, Jur. Fak., Inaug.-Diss. v. 1897

(Scherbel, H.,) s. Zweibein.

Scherber, weil. Actuarius, s. Chronik des Landes Hadeln.

Scheref Prince de Bidlis, Scheref-nameh ou histoire des Kourdes, publiée pour la première fois, traduite et annotée par V. Véliaminof-Zernof. Tome I. et II. Texte persan. 1. et 2. Partie. Lex.-8. St. Petersburg 860,62. Leipzig Voss. [Tome I. (492 S.) * * 2 Thlr. 2 Ngr., II. (397 S.) * * 1 Thlr. 20 Ngr.] Thlr. * *

SCH—EREI und A—wisch! Eine ausgewählte Sammlung erotischer Vorträge, Gedichte, Anekdoten etc. für Freunde ausgelassener Fröhlichkeit. (Motto: „Kurz ist die Reue, Lang ist der Sch—.“) Neu-York u. Philadelphia. (Bei A. R. Schlekker.) (So der Umschlagtitel; der Haupttitel hat dieselbe Adresse, aber ein anderes, noch säuischeres Motto, u. am Kopfe steht: „Lacht zum Bescheißen!“) Kl. 12⁰. 64 S.
U. a.: Der besoffene Schreiber. Lustspiel in 1 Act. („Die Handlung geschieht in einer großen Stadt [. . . .]. Nachts zwischen 12 u. 1 Uhr.“) — Non plus ultra von Cynismus, aber doch zwerchfellerschütternd.

SCH—EREIEN, 1 Klumpen. Köln, P. Marteau (Wien) 1785. (Weller, fing. Druckorte.) Rariss.

Sch—ereien und A—wische ausgemistet, von einem Schismatiker. Erstes und zweites Haufen. Haarburg (= Leipzig) 1834—1835. VIIIte Auflage Harburg 1846. V: *Butziger, Gustav oder Fch. Beckmann* (?). (BGE VII², 143) (Graesse, Tresor. VII, 466)

Scherejew, J. N. Selbstsein. Die ideelle Begründg. sittl. Weltanschaug. gr. 8. (VIII, 144 S. mit 1 Tab.) [Berl. 889, C. Duncker.] Lpz., W. Friedrich. * 2 40

Scherek, Jakob

Scherek, J., Josef. Modernes Drama in 3 Akten. 8. (110 S.) Dresden 896. E. Pierson. n. 2.—

Scherek, Jak., und ich suche die Schönheit. Ein Roman. (204 S.) 8. Dresden (905). H. Minden. n. 3.—; geb. n.n. 4.—

Scherek, Jak., und ich suche die Schönheit. Roman. 2. Aufl. (264 S.) 8. Dresden (909). H. Minden. 3.—; geb. 4.—

— Wahn. Drama in 4 Akten u. e. Vorspiel. Mit Umschlagzeichng. v. Gadso Weiland u. Buchschmuck v. F. L. Behringer. (III, 160 S.) 8. Gotha 907. [R. Wöpke.] Leipzig, A. König. 2.40; geb. 3.25

Das Überhalten älterer Hölzer beim Kahlschlagbetriebe. Vortrag d. Oberförster **Scherel** zu Rothen-Clempenow geh. zu Greifswald 1909. Stettin 1909: Pasenow. 11 S. 8° III. 6367 B

Scherel, Friedrich Wilhelm (Rammelsberg) A. S. 127/21

Dissertatio inauguralis iuris Germanici de vera nobilitatis inferioris origine contra opinionem communem. Leipzig (Breitkopf) 5. VI. 1761. 48 S.

Gew.: Fhr. von Friesen. 30283

Scherel, Johannes, bacc. iur., Referendar am Amtsgericht Leipzig, z. Zt. Einjährig-Freiwilliger: Über die Prokura mit besonderer Berücksichtigung der Rechtsprechung. Borna-Leipzig 1908: R. Noske. (VIII, 54 S.) 8° [J.]
Leipzig, Jur. Fak., Diss. v. 2. Mai 1908
(Geb. 3. Mai 82 Niederoderwitz b. Zittau; Wohnort: Leipzig; Staatsangeh.: Sachsen; Vorbildung: König-Albert-Gymn. Leipzig Reife O. 03; Studium: Leipzig 7 S.; Rig. 10. Jan. 07.)

Scherell, Friedrich Wilhelm (Leipzig) A. S. 141/15

Dissertatio juridica de emtione atque venditione patris et liberorum in potestate ejus existentium. Präs. Johann Florens Rivinus. Leipzig (Titze) 29. VI. 1724. 33 S.

Gew.: Christian August Frh. von Friesen.
W. v.: Präs. 30284

Scherell, Dr. H. W. Fr., s. Gesetz für das Königr. Sachsen, die Grund- u. Hypothekenbücher &c. betreff.

Scherell, Herm., die allgemeine deutsche Wechselordnung, s. Wechselordnung.

Scheren-Arbeiten f. d. Jugend, s.: Papier- u. Kartonarbeiten f. Kinder.

Scherenberg, Chrn. Frdr., u. das literarische Berlin von 1840 bis 1860, s.: Fontane, Th.

Scherenberg: Der Ehemann auf dem Lande, s. Bühnen-Repertoir, Bd. 13.

Scherenberg. Über Hagelversicherung. Mitteil. der deutschen Landwirtschaftsgesellschaft. 1909.

Scherenberg (Hrsg.), s. Handel und Gewerbe.

Scherenberg, ..., Das Glas Wasser. — Die Fräulein von St. Cyr. — Der Vicomte v. Letorieres. s. Bühnen-Repertoir, Bd. X. XII. XIII.

Scherenberg, Christian Friedrich

Scherenberg, C(hr.) F(riedr.), Abukir die Schlacht am Nil. 2. Aufl. Lex.-8. (VII und 48 S.) Berlin 855, A. Duncker. *

Scherenberg, Chr. Friedr., Gedichte. 16. (9½ B.) Berlin 845, Theod. Enslin. *

Scherenberg, Chr. Friedr., Gedichte. 2. Aufl. gr. 16. (VI und 232 S.) Berlin 850, Hayn.

—— Gedichte. 3., verm. Aufl. 16. (IV und 260 S.) Berlin 853, Hayn. *

Scherenberg, C. F., Gedichte. 4. verm. Aufl. Berlin 869. Hayn's Erben. 16. (VI, 281 S.) n. 15 ngr.; Velinpap. n. 1 Thlr.; geb. mit Goldschn. n. 1 Thlr. 10 ngr.

Scherenberg, C. F. Hohenfriedberg. Berlin 1868. 8°.

— Hohenfriedberg. Berlin 869. F. Duncker. gr. 8. (IV, 81 S.) n. 25 ngr.; in engl. Einb. mit Goldschn. n. 1 Thlr. 10 ngr.

— Leuthen. gr. 8. (IV u. 80 S.) Berlin 849, Bessers Verlag. (Frz. Duncker.) — 2. Aufl. gr. 8. (IV u. 80 S.) Ebd. 850. n. 5/6 Thlr.; in Engl. Einb. m. Goldschn. n. 1 1/3 Thlr.

—— Leuthen. 1. und 2. Aufl. gr. 8. (III und 80 S.) Berlin 852, Besser's Verlag. *

— Leuthen. 3. Aufl. Ebend. 867. gr. 16. (66 S.) n. 10 ngr.; auf Velinpap. n. 15 ngr.; in engl. Einb. mit Goldschn. n. 25 ngr.

— Ligny. Ein vaterländ. Gedicht. 2. Aufl. hoch 4. (27 S.) Berlin 849, Hayn. n. 1/3 Thlr.

—— Ligny. 3. Aufl. gr. 8. (27 S.) Berlin 853, Hayn. *

—— Ligny. 4. Aufl. 16. (31 S.) Berlin 870, Hayn's Erben. *

Scherenberg, Chr. Friedr., Waterloo. Ein vaterländ. Gedicht. 1. und 2. Aufl. 1849—50. und 3. Aufl. (VII und 75 S.) Berlin 851, Hayn. Thlr. *

—— Waterloo. 4. Aufl. 1854. * 20 Ngr. und 5. Aufl. gr. 8. (VII und 75 S.) Berlin 856, Hayn. *

— Waterloo. 6. Aufl. Berlin 869. F. Duncker. gr. 16. (VI, 82 S.) n. 10 ngr.; auf Velinpap. n. 15 ngr.; in engl. Einb. mit Goldschn. n. 25 ngr.

Scherenberg, Ernst, 1866. Dichtungen. Berlin 867. H. Schindler. 8. (45 S.) n. 10 ngr.

Scherenberg, Ernst (Hrsg.), s. Auerbach, Ludw.: Aus dem Schwarzwald.

Scherenberg, Ernst, Fürst Bismarck. Ein Charakterbild für das deutsche Volk. 1. und 2. Aufl. 8. (112 S. mit 1 Holzschn.-Portr.) Elberfeld 885, Bädeker'sche Buchh. Feine Ausg. 75 Pf.; geb.

Ernst Scherenberg's Bismarck-Rede in Münster am 31. März 1900. Hrsg. vom Ausschuss z. Errichtung e. Bismarcksäule in Münster. *Münster i. W. [1900]: 'Der Westfale'.* (22 S.) 8° [F.] [01. 2565 6

Scherenberg, Ernst, Gedichte. gr. 16. (X, 323 S.) Leipzig 874. Keil. geb. m. Goldschn. n. 5. 25

Scherenberg, Ernst, Gedichte. 2. Aufl. 12. (X, 323 S.) Leipzig 879, Keil. geb. mit Goldschn. * 5 25

Scherenberg, Ernst, Gedichte. Gesammt-Ausg. 3. u. 4., stark verm. Aufl. 12. (XII, 387 S.) Leipzig 892. E. Keil's Nachf. Geb. in Leinw. m. Goldschn. n. 6. —

— dasselbe. Gesammt-Ausg. 5., stark verm. Aufl. 12. (XV, 434 S.) Ebd. 894. Geb. in Leinw. m. Goldschn. n. 6. —

Scherenberg, Ernst, Gedichte. 6., verm. Aufl. Mit dem Bildniß des Dichters in Lichtdr. 12. (XII, 439 S.) Leipzig 899. E. Keil's Nachf. Geb. in Leinw. n. 6. —

Scherenberg, Ernst, neue Gedichte. 12. (VII, 94 S.) Leipzig 882, Keil's Nachf. geb. mit Goldschn.

— Germania. Dramatische Dichtg. 12. (96 S.) Ebend. 885. geb. m. Goldschn. n. 3. —

Scherenberg, Ernst, aus tiefstem Herzen. Gedichte. 1. Aufl. 1860. und 2. Aufl. 16. (VII und 117 S.) Berlin (861)62, Schindler. * 20 Ngr.; geb. *

—— s. Künstler-Album, deutsches.

Scherenberg, Ernst, dem Meere zu. Nachgelassene Gedichte. (83 S. m. Bildnis.) kl. 8. Elberfeld 905. A. Martini & Grüttefien. n. 2. —; geb. n. 2. 50

— niemals! Dem Fürsten Bismarck. Frühjahr 1893. 4. Taus. gr. 8. (7 S.) Elberfeld 893. S. Lucas. — 15

— gegen Rom. Zeitstimmen deutscher Dichter. 8. (111 S.) Elberfeld 874. Bädeker'sche Buchh. n. 1. —

—— Stürme des Frühlings. Neue Gedichte. 16. (V und 182 S.) Berlin 865, Schindler. * 1 Thlr.; geb. mit Goldschn. *

— Stürme des Frühlings. Neue Gedichte. 2. Ausg. Ebend. 1870. 16. (V, 182 S.) n. 1 ℛ; geb. mit Goldschn. n. 1 ℛ 10 ngr.

—— Verbannt. Dichtung. gr. 8. (80 S.) Berlin 861, Schindler. *

—— Verbannt. Eine Dichtung. 2. (Min.-)Aufl. 16. (65 S.) Berlin 865, Schindler. * —

Scherenberg, E., Kaiser Wilhelm I. Ein Gedenkbuch für das deutsche Volk. 8. (XI, 228 S. m. Bild.) Leipzig 888. Keil's Nachf. n. — 80; geb. n. 1. —

Scherenberg, Gust., die Kaiser-Gnadenblume. Eine Bismarck-Sage in 3 Abtheilgn. u. 15 Bildern. gr. 8. (63 S.) Berlin 894. G. Nauck. n. 1. —

Scherenberg, H., lustiges Bilderbuch. Der Bauer u. der Kobold. 17 Bilder m. Versen. qu. 4. (8 color. Holzschntaf.) Stuttgart 871. G. Weise. geb. 1. 20

— deutsche Helden u. Staatsmänner. 47 Porträts (Holzschntaf.) berühmter deutscher Männer der neuen Zeit. Mit kurzen biograph. Notizen. [Aus: „Die Männer der neuen deutschen Zeit, v. A. E. Brachvogel."] gr. 8. (92 S.) Hannover 875. Rümpler. geb. 4. 50

Scherenberg, Karl, approb. Arzt aus Grohn, Prov. Hannover: Aus d. Tübinger Universitäts-Augenklinik. **Beitrag zur** Lehre vom reinen Mikrophthalmus. *Tübingen: F. Pietzcker 1900.* (33 S.) 8°
Tübingen, Med. Diss. v. 1900

Scherenberg, Osc., der Galanthomme u. Gesellschafter, wie er sein muß. Ein Rathgeber, sich in Gesellschaften beliebt zu machen, sowie die Gunst des schönen Geschlechts zu erwerben. Enthltd.: die Regeln des Anstandes u. der feinen Sitte, Benehmen Damen gegenüber, Klugheitsregeln 2c. Zur Unterhaltung u. Bildung für junge Leute. Berlin 867. Mode's Verl. 8. (VIII, 262 S.) 25 ngr.

Scherenberg, Oskar, der Galanthomme oder Gesellschafter wie er sein muß. Ein Rathgeber, sich in Gesellschaft beliebt zu machen, so wie sich die Gunst des schönen Geschlechts zu erwerben. Enth. die Regeln des Anstandes und der feinen Sitte, Benehmen Damen gegenüber, Klugheitsregeln, Complimente 2c. Zur Unterhaltung und Bildung für junge Leute. 4.—9. verb. und verm. Aufl. 8. (VIII, 279 S.) Berlin 868—73, Mode's Verlag.

Scherenberg, Osc., der Galanthomme und Gesellschafter, wie er sein muß. Ein Rathgeber, sich in Gesellschaft beliebt zu machen, so wie die Gunst des schönen Geschlechts zu erwerben. Enth. die Regeln des Anstandes und der feinen Sitte, Benehmen Damen gegenüber 2c. Zur Unterhaltung und Bildung für junge Leute. 10.—14. verb. und verm. Aufl. 8. (VIII, 279 S.) Berlin 874—79, Mode's Verlag. 2 50

Scherenberg, Osc., der Galanthomme u. Gesellschafter, wie er sein muß. Ein Rathgeber, sich in Gesellschaft beliebt zu machen, so wie die Gunst d. schönen Geschlechts zu erwerben. Enth. die Regeln d. Anstandes u. der feinen Sitte, Benehmen Damen gegenüber 2c. Zur Unterhaltg. u. Bildg. f. junge Leute. 12. verb. u. verm. Aufl. 8. (VIII, 279 S.) Berlin 876. Mode's Verl. 2. 50

Scherenberg, Osc., der Galanthomme und Gesellschafter, wie er sein muß. Ein Rathgeber, sich in Gesellschaften beliebt zu machen, so wie sich die Gunst des schönen Geschlechts zu erwerben. Zur Unterhaltung und Bildung für junge Leute. 15.—19. verb. und verm. Aufl. 8. (VIII, 279 S.) Berlin 880—82, Mode's Verlag.

Scherenberg, O., der Galanthomme u. Gesellschafter, wie er sein muß. Ein Rathgeber, sich in Gesellschaften beliebt zu machen, sowie die Gunst d. schönen Geschlechts zu erwerben. 21. u. 22. verb. Aufl. 8. (279 S.) Berlin 888. 889. Mode's Verl. 2. 50

Scherenberg, Osk., der Galanthomme u. Gesellschafter, wie er sein muß. Ein Rathgeber, sich in Gesellschaften beliebt zu machen, so wie die Gunst des schönen Geschlechts zu erwerben. Enth. die Regeln des Anstandes u. der feinen Sitte, Benehmen Damen gegenüber, Klugheitsregeln, Complimente, Liebeserklärgn., Heirathsanträge, die Kunst, Geliebte zu fesseln, Stammbuchverse, Denksprüche in verschiedenen Sprachen, Kleidg., Toilette, ernste u. heitere Vorträge, lustige Anekdoten, unterhalt. Gesellschafts- u. Pfänderspiele. Räthsel, Zauber- u. Kartenkünste, Blumensprache, Lieder, Polterabendscherze, Geburtstags- u. Neujahrswünsche, Jubel-Hochzeitsgedichte, Toaste u. s. w. 24. verb. u. verm. Aufl. 8. (VIII, 279 S.) Berlin (900). S. Mode's Verl. 2. 50

Scherenberg, Rudolf, approb. Arzt aus Jever: Aus d. Psychiatr. u. Nervenklinik zu Kiel. Ueber einen Fall von Tumor cerebri. *Lübbecke 1903; F. Wernsburg.* (29 S.) 8°
Kiel, Med. Diss. v. [16. März] 1903

Scherenzis(s), David

Scherenziss, D., Untersuchungen üb. das foetale Blut im Momente der Geburt. Inaug.- Diss. gr. 8. (36 S.) Dorpat 888. (Karow.) n. 1.—

Scherer, der. 1. illustr. Tiroler Witzblatt f. Politik, Kunst und Leben. Hrsg. u. Schriftleiter: Karl Habermann. 1. Jahrg. 1899. 24 Nrn. Fol. (à ca. 12 S.) Innsbruck, Deutschvölk. Scherer-Verlag. n. 8.—

— dasselbe. Illustr. Tiroler Witzblatt f. Kunst u. Laune in Politik u. Leben. Hrsg. u. Schriftleiter: Karl Habermann. 2. Jahrg. 1900. 24 Nrn. Fol. (à ca. 16 S.) Ebd. n. 8.—

— dasselbe. Ins neue Land. Illustr. Tiroler Halbmonatsblatt f. Kunst u. Laune in Politik u. Leben. Hrsg. u. Schriftleiter: Karl Habermann. 3. Jahrg. 1901. 24 Nrn. Fol. (à ca. 16 S.) Ebd. n. 8.—

— dasselbe. Alldeutsches Wochenblatt. Schriftleiter: Karl Habermann. 4. Jahrg. 1902. 52 Nrn. (à ca. 8 S. m. Abbildgn.) Fol. Ebd. n. 10.—

Scherer, der. Alldeutsches Wochenblatt. Schriftleiter: Karl Habermann. 5. Jahrg. 1903. 38 Nrn. (à ca. 16 S. m. Abbildgn.) Fol. Innsbruck. Wien, Verwaltg. d. Scherer. n. 10.—

— dasselbe. Hrsg.: Verein „Deutsche Presse f. Oesterreich". Hauptschriftleitung: Karl Habermann. Verantwortlicher Schriftleiter: Hans Kutrsch. 2. (6.) Jahrg. 1904. 24 Nrn. (à ca. 16 S. m. Abbildgn.) Fol. Ebd. n. 10.—

— dasselbe. Hrsg. u. Schriftleitg.: Karl Pochlatko. 3. u. 4. (7. u. 8.) Jahrg. 1905 u. 1906. à 24 Nrn. (à ca. 12 S. m. Abbildgn.) Fol. Wien, Verwaltg. d. Scherer. à Jhrg. n. 12.—

Scherer, der. Hrsg. u. Schriftleiter: Al. Erben. 9.—12. Jahrg. 1907—1910. à 24 Nrn. (à ca. 12 S. m. Abbild.) 38,5×28,5 cm. Wien, Verwaltg. des Scherer. à Jahrg. 12.—

Scherer. Abbildung des 15 Pfund schweren Meteorsteines von Seres in Macedonien, gefallen im Juni 1818. 5 Tafeln. Wien. 4.

Scherer, ..., s. Begräbniß-Büchlein.

Scherer, das ländliche Gemälde. Schspl. 8. Rostock, Stiller. 6 gr

Scherer, Der Philolog Moritz Haupt. S.-A. 8 S. —.50

Scherer, Hülfstafel zur Berechnung rechtwinkliger Koordinaten (Kreis 360°) m. Scherer's logarithmisch-graphischen Rechentafel. hoch 4. (8 S.) Kassel 892. G. Klaunig. n.n. 1.—

— Noth macht ihn weiser u. glücklich. 8. Lüneb. 804. Herold u. W. 14 gr

— logarithmisch-technische Rechentafel aus Stahlblech od. Aluminium (33×21 cm) m. Schieber aus Glimmer (18×12 cm). Nebst Hilfstafel. Fol. (8 S.) u. Anweisung. gr. 8. (4 S.) Ebd. 893. In Mappe. n.n. 12.—

Scherer's Rechentafeln f. d. 1. 2. u. 3., resp. 4. u. 5. Schulj. 2 lith. Blatt. qu. 4. (à 2 S.) Bonndorf (894). J. A. Binder's Nachf. Für je 100 Stück n.n. 3.—

— der Speculant, oder Theatermanier. Posse. 8. Stade 803. (Ebd.) 6 gr

— das zurückgesetzte Verdienst. Schspl. in 4 A. 8. Schwerin 805. Bödner. 10 gr

Scherer, A. (II.), das Collegium musicum oder Sänger-Gesellschaft und seine Beziehungen zum Orgelbaufond, nebst kurzem Abriß der Geschichte der Orgelbaukunst und Beschreibung der neuen Orgel in Thun. Denkschrift zur Feier der Orgeleinweihung am 11. Septbr. 1881. gr. 8. (44 S.) Thun 881, Stämpfli. *

SCHERER, Adolph (Ebnath): Ueber Gehirn-Entzündung.- München: Weiss 1843. 25 S.,1 Bl.
6.5.1843 - Urk (De encephalitide.); F 66
Diss. Ingolst.-Landsh.-Mchn.

Scherer, Alexander Nikolaus

Scherer, Alex. Nikl., († d. 16. Oct. 1824.) nordische Annalen der Chemie. 1r—8r Bd. à 6 Hfte. gr. 8. St. Petersb. 819—822. (Leipz., Fr. Fleischer). Hbq. Pr. 16 ℛ

Scherer, A. N., nordische Annalen der Chemie. (1ster Jahrg. 1819 in 6 Heften, 2ter Jahrg. 1820 in 9 Heften.) gr. 8. St. Petersburg. (Leipzig, Fr. Fleischer.) à 10 Thlr. 12 Gr.

— Archiv der theoret. Chemie. 4 Hfte. gr. 8. Jena 800—802. (Duncker u. H. in Berl.) 1 ℛ

SCHERER, ALEXANDER NICOLAUS VON.
Beiträge zur Berichtigung der antiphlogistischen Chemie. Weimar, 1795. 8vo.

— Beleuchtung der von W. Nasse in Grindel's Russ. Jahrbuche der Pharmacie gelieferten verbess. Reinigungsart d. Pottasche in Quantitäten. 8. St. Petersb. 805.

— nordische Blätter f. die Chemie. 1r Bd. 1s—4s Hft. 8. Halle 817, 18. Schwetschke u. S. 2 ℛ

Scherer, Alex(ander) Nikol(aus) (Hrsg.):

s.: Cavallo, (Tiberius): Versuch über die medicinische Anwendung der Gasarten nebst Anhängen... (An Essay on the medicinal properties of factitious airs... Dt.) Leipzig: 1799

JB 6.575

Kurze Darstellung der chemischen Untersuchungen der Gasarten. Für seine öffentlichen Vorlesungen entworfen. Weimar, 1799. 8vo. pp. x–62.

— Darstell. der Untersuchung der chem. Gasarten. 8. Weimar 799. 2e A. 802. 3e A. 8. Berl. 809. Gädike. 9 gr

— Darstell. d. Unters. d. chem. Gasarten. 8. Berlin, Gädicke. 808.

Scherer, Alexander Nikolaus: Grundriss der Chemie. 454 S., gbd.

Tübingen: Cotta 1800

JB 335

SCHERER, ALEXANDER NICOLAUS.
Grundzüge der neuern chemischen Theorie. Jena, 1795. pp. xx–400. 8vo. With portrait of Lavoisier. *Contains:* Uebersicht der Literatur der neuern chemischen Theorie. pp. 297–384.
A very valuable bibliography of the earlier period, systematically arranged, including articles published in journals.

Nachträge zu den Grundzügen der neuern chemischen Theorie. Nebst einigen Nachrichten von Lavoisier's Leben und einer tabellarischen Uebersicht der neuern chemischen Zeichen. Jena, 1796. pp. [xlviii]–574, 8vo.

Scherer, Alexander Nikolaus: Grundzüge der neuern chemischen Theorie. (Nebst) Nachträgen, gbd., Abb., Tab.

Jena: Göpferdt 1795 - 1796

JB 334

— Grundzüge der neuern chemisch. Theorie. gr. 8. Jena 795. (Schmid); (a. Gerig in Lpz.) 1 ℛ 12 gr — Nachtrr. dazu. Nebst Nachrr. v. Lavoisiers Leben ꝛc. gr. 8. Ebd. 796. 1 ℛ 18 gr

— Handbuch d. Chemie (in Russ. Sprache). 1r Thl. 8. St. Petersb. 808.

Scherer, Alexander Nikolaus, s. Higgins Protokolle.

— in welchem Verhältnisse stehen Theorie u. Praxis gegen einander? Beantwortet bei d. Uebernahme fr. ordentl. Professur am 14. Oct. 1803. 8. (Dorpat 803.)

In welchem Verhältniss stehen Theorie und Praxis der Chemie gegen einander? . . . Dorpat, 1803. 8vo.

— allgem. Journal d. Chemie, s. Journal.

SCHERER, ALEXANDER NICOLAUS VON, UND CARL CHRISTOPH FRIEDRICH JÄGER.
Ueber das Leuchten des Phosphors im atmosphärischen Stickgas . . . Nebst Chph. Heinr. Pfaff's Bemerkungen zu Göttling's Schrift: Beytrag zur Berichtigung der antiphlogistischen Chemie. Weimar, 1795. 8vo. Ill.

— u. Jäger Phosphor, s. Leuchten.

— Literatura pharmacopoearum, s. Codex medic. Europaeus. Sect. VII.

– s. Mayow: Chem. Schriften.

– s. Pajot de Charmes: Bleichkunst.

A. N. Schaeffer (Alex. Nicol. v. Scherer?) Theophrastus Paracelsus. Gewürdigt in der am 12. Decemb. 1820 gehaltenen Hauptversammlung der pharmaceutischen Gesellschaft zu St. Petersburg. Eine Rede. St. Petersburg (Leipzig) 1822. 8.

— Theophrastus Paracelsus. Gewürdigt in der am 12. Dec. 1820 gehalt. Hauptversamml. der pharmaceut. Gesellsch. zu St. Petersburg. gr. 8. St. Petersb. 822. (Leipz., Fr. Fleischer). 8 gr

Scherer, A(lexander) N(ikolaus) (Hrsg.):

s.: Parmentier, A(ntoine Augustin): Neueste Untersuchungen und Bemerkungen über die verschiedenen Arten der Milch... (Précis d'expériences et d'observations sur les différentes espèces de lait... Dt.) von A.(A.) Parmentier und N(icolas) Déyeux. Jena: 1800

JB 2.875

– s. Sommerville: Uebersicht.

— Uebersicht d. Heilquellen d. russ. Reichs. Mit 11 Charten. gr. 8. St. Petersb. 820, (Leipz., Fr. Fleischer)

Uebersicht der Untersuchungen über die Verwandlung des Wassers in Stickstoff-Gas. Halle, 1800. 8vo.

— Uebers. d. Unters. über die Verwandlung des Wassers in Stickstoffgas. gr. 8. Halle, Hemmerde u. Schw. 800.

— Progr. Uebersicht der Untersuchung üb. die Verwandlung des Wassers in Stickstoffgas. gr. 8. Halle 800. Schwetschke u. S. 4 gr

— Uebersicht der Zeichen f. die neuere Chemie. Fol. Jena 796. Göpfert. 6 gr

SCHERER, ALEXANDER NICOLAUS VON.
Uebersicht der Zeichen für die neuere Chemie. Jena, 1796. Folio.
Another edition, 1811.

— die neuesten Untersuchungen üb. die Mischung d. Blasensteine. 8. Jena 800.

— Versuch e. populären Chemie. gr. 8. Mühlhaus. 795. Danner. 1 ℛ

— Versuch e. systemat. Uebersicht der Heilquellen des Russisch. Reichs. Mit 11 Kart. gr. 8. St. Petersb. 820. (Leipz., Fr. Fleischer). 2 ℛ 16 gr

— Werke d. Erinnerung an das Leben u. die Verdienste v. Tob. Lowitz. gr. 8. St. Petersb. 820. (Leipz., Fr. Fleischer). 8 gr

(Scherer, Ant. Ritt. v. —) Nekrolog nach Herrn Christoph Vetter, k. k. Finanzrath bei der k. k. steierm. illirisch-küstenländischen Finanz-Landes-Direktion ꝛc. Gratz, 1857. Druck und Papier von Josef A. Kienreich. (7 S. 8.) (Geb. 1796 am 17. Juni zu Wien, gest. in Gratz am 25. März 1854.)

Scheror, Arnold. Verbreitung guter Schriften. Vortrag gehalten in der Generalversammlung des südbayrischen Verbandes für Volksbildung in München. Separatabdruck aus der Neuen Zürcher Zeitung. II + 16 S. 8. Zürich, Druckerei der N' Z' Z', [1909].

Scherer, August [aus Bremen]: Erklärung des Satzes: res succedit in locum pretii, pretium in locum rei. . . . Göttingen, Druck d. Univ.-Buchdr. v. W. Fr. Kästner, 1890; 72 S. 8°
Göttingen, Jur. Fak., Inaug.-Diss. v. 18. Jul. 1890

Scherer, Aug. Erklärung d. Satzes: res succedit in locum pretii, pretium in locum rei. Diss. gr. 8. (72 S.) Göttingen 890. (Vandenhoeck & Ruprecht.) n. 1. 60

SCHERER, August: Die Tuberkulose des äusseren Ohrs. Mit kasuistischen Beiträgen.- München: Kastner & Lossen 1900. 39 S.
28.6.1900 - Chr 1900/01,18; Jv 1899/1900,208
Diss.Ingolst.-Landsh.-Mchn.

Scherer, Augustin

Scherer, A., Beicht- und Kommunion-Unterricht in leichten Fragen u. Antworten. 3. verb. Aufl. Innsbruck 858. Pfaundler. 16. (31 S.) 1½ ngr.

Scherer, A., Beicht- u. Kommunion-Unterricht in leichten Fragen u. Antworten. 5., unveränd. Aufl. Innsbruck 865. Pfaundler. 8. (31 S.) 1½ ngr.

Scherer, A., Beicht- und Kommunion-Unterricht in leichten Fragen und Antworten. Neue unveränd. Aufl. 16. (32 S.) Innsbruck 876, Pfaundler. * — 15

—— dass. — 16. (32 S.) Innsbruck 878, Wagner'sche Universitäts-Buchh. * — 10

Scherer, A. (I.), Beicht- und Kommunion-Unterricht in leichten Fragen und Antworten. 16. (32 S.) Innsbruck 882, Wagner'sche Universitäts-Buchh. *

Scherer, P. A., Bibliothek für Prediger, enth. eine reichhaltige homilet. Erklärung aller evangel. Perikopen nebst einer großen Auswahl von Predigt-Skizzen und Thematen auf alle Sonn- und Festtage des Kirchenjahres sowie auf die wichtigsten Gelegenheiten, mit Benützung der ausgezeichnetsten Predigtwerke alter und neuer Zeit, hrsg. im Vereine mit mehreren Capitularen des Stiftes Fiecht. 1. Abthl.: Die Sonntage des Kirchenjahres. 4 Bde. gr. 8. Innsbruck, (Pfaundler.) [Bd. 1. (XXVI und 723 S.) 2. (XVI und 1055 S.) 3. (975 S.) 4. (XII und 1024 S. mit Reg. 56 S.) 853—56.] *

—— Bibliothek für Prediger, enthaltend eine reichhaltige homilet. Erklärung aller evangel. Perikopen nebst einer großen Auswahl von Predigt-Skizzen und Thematen auf alle Sonn- und Festtage des Kirchenjahres 2c. Hrsg. im Vereine mit mehreren Capitularen des Stiftes Fiecht. 2—4. Abthl. gr. 8. Innsbruck, Pfaundler. * 8 15

Inhalt:

Abthl. 2. Die Feste des Herrn. 14 Lfgn. (1334 S.) 857,58. * 3 Thlr. 15 Ngr.
» 3. Die Feste Mariä. 10 Lfgn. (XII und 940 S.) 858.59. * 2 Thlr. 15 Ngr.
» 4. Die Feste der Heiligen. 10 Lfgn. (960 S.) 860—62. * 2 Thlr. 15 Ngr.
1. Abthl.: Die Sonntage des Kirchenjahres. 4 Bde. Ebendas. 1853—56. * 10 Thlr. 7½ Ngr.

—— Bibliothek für Prediger, enth. eine reichhaltige homilet. Erklärung aller evangel. Perikopen, nebst einer großen Auswahl von Predigt-Skizzen und Thematen auf alle Sonn- und Festtage des Kirchenjahres 2c. Hrsg. im Vereine mit mehreren Capitularen des Stiftes Fiecht. 4. Abthl.: Die Feste der Heiligen. 11.—14. Lfg. (Der sämmtl. Predigten 76.—79. Lfg.) Lex.-8. (XVI und S. 961—1271.) Innsbruck 863, Pfaundler. à Lfg. * 7½ Ngr. *

—— dass. — 5. und letzte Abthl.: Gelegenheitspredigten. 10 Lfgn. (Der sämmtl. Predigten 80.—89. [Schluß-]Lfg.) Lex.-8. (XVI und 948 S.) Ebendas. 863—67. à Lfg. * 7½ Ngr. *

—— dass. — 2. Aufl. 1. Abthl.: Die Sonntage des Kirchenjahres. 41 Lfgn. und 2. Abthl.: Die Feste des Herrn. 14 Lfgn. (Der sämmtl. Predigten 1—55. Lfg.) Lex.-8. Ebendas. 855—62. [1. Abthl. 4 Bde. LXIV und 3838 S.) 2. Abthl. (XV und 1336 S.)] à Lfg. * 7½ Ngr. * 1:

Scherer, P. A., Bibliothek für Prediger enth. eine reichhalt. homilet. Erklärung aller evangel. Perikopen nebst einer großen Auswahl von Predigt-Skizzen und Thematen auf alle Sonn- und Festtage des Kirchenjahres 2c. Hrsg. im Vereine mit mehreren Capitularen des Stiftes Fiecht. 5 Abthlgn. in 8 Bdn. oder 89 Lfgn. Lex.-8. Innsbruck 865—73, Pfaundler'sche Buchh. à Lfg. 75 Pf.

Inhalt:

Lfg. 1—41. 1. Abthl.: Sonntagspredigten. 4 Bde. 3. Aufl. (LXIV, 3838 S.) ℳ 30,75.
» 42—55. 2. Abthl.: Festpredigten. 2. Aufl. (XV, 1336 S.) ℳ 10,50.
» 56—65. 3. Abthl.: Predigten auf die Feste Mariä. (III, 940 S.) ℳ 7,50. 2. Aufl. 1869.
» 66—79. 4. Abthl.: Predigten auf die Feste der Heiligen. (XVI, 1271 S.) ℳ 10,50.
» 80—89. 5. Abthl.: Gelegenheitspredigten. (XVI, 948 S.) ℳ 7,50.

— dasselbe, enth. eine reichhält. homilet. Erklärg. aller evangel. Perikopen nebst e. großen Anzahl v. Predigt-Skizzen u. Thematen auf alle Sonn- u. Festtage d. Kirchenjahres, sowie auf die wichtigsten Gelegenheiten, m. Benützg. der ausgezeichnetsten Predigtwerke alter u. neuer Zeit. 2. Aufl. 7. Bd. [4. Abth. Die Feste der Heiligen.] Lex.-8. (XII, 1264 S.) Ebend. 873. 10. 50

— Bibliothek f. Prediger, enth. e. reichhalt. homilet. Erklärg. aller evangel. Perikopen. nebst e. großen Auswahl v. Predigt-Skizzen u. Thematen auf alle Sonn- u. Festtage d. Kirchenjahres, sowie auf die wichtigsten Gelegenheiten, m. Benutzg. der ausgezeichnetsten Predigtwerke alter u. neuer Zeit im Verein m. mehreren Stiftscapitularen hrsg. 5. Abth. Gelegenheitspredigten. [Des ganzen Werkes 8. Bd.] 3. Aufl. Lex.-8. (XVI, 948 S.) Ebend. 876. n. 7. 50

— Bibliothek für Prediger, enth. eine reichhalt. homilet. Erklärung aller evangel. Perikopen, nebst einer großen Auswahl von Predigt-Skizzen u. Thematen auf alle Sonn- u. Festtage des Kirchenjahres, sowie auf die wichtigsten Gelegenheiten, mit Benützung der ausgezeichnetsten Predigtwerke alter u. neuer Zeit. 8. Bd. A. u. d. T.: Gelegenheitspredigten oder die homilet. Erklärung zum Kirchweihfeste, nebst einleit. Aufsätzen u. einer großen Auswahl v. Predigt-Skizzen u. Thematen auf die meisten einem Prediger vorkommenden Gelegenheiten. Hrsg. im Vereine mit mehreren Capitularen desselben Stiftes. 3. Aufl. gr. 8. (XVI, 948 S.) Freiburg i. Br. 878. Herder. n. 7. 50

—— dass. — Neue Folge. 1. Bd. 7 Lfgn., und 2. Bd. 1. Lfg. [des ganzen Werkes 9. und 10. Bd.]: Exempel-Lexikon für Prediger und Katecheten der heil. Schrift, dem Leben der Heiligen und anderen bewährten Geschichtsquellen entnommen. Hrsg. von P. A. Scherer. gr. 8. (1115; 160 S.) Innsbruck 871—74, Wagner'sche Universitäts-Buchh. à Lfg. ℳ 1,20. 9 60

—— Bibliothek für Prediger, enth. eine reichhaltige homilet. Erklärung aller evangel. Perikopen, nebst einer großen Auswahl von Predigt-Skizzen und Thematen auf alle Sonn- und Festtage des Kirchenjahres, sowie auf die wichtigsten Gelegenheiten, mit Benützung der ausgezeichnetsten Predigtwerke alter und neuer Zeit. Neue Folge. 2. Bd. 2.—7. (Schluß-)Lfg. [Des ganzen Werkes 10. Bd.]: Exempel-Lexikon für Prediger und Katecheten, der heil. Schrift, dem Leben der Heiligen und anderen bewährten Geschichtsquellen entnommen. gr. 8. (S. 161—1121.) Ebendas. 878. à Lfg. ℳ 1,20. 7 20

— dasselbe. Neue Folge. 2. Bd. [Des ganzen Werkes 10. Bd.] 4—7. Lfg. gr. 8. Innsbruck 878. 79. Wagner. à 1. 20

Exempel-Lexikon für Prediger u. Katecheten. 2. Bd. 4—7. Lfg. Der neuen Folge 11—14. Lfg. (S. 481—1121.)

—— Bibliothek für Prediger. Fortgeführt von Conventualen des Stiftes Fiecht. Neue Folge. 3. Bd. [Des ganzen Werkes 11. Bd.] 1.—7. Lfg.: Exempel-Lexikon für Prediger und Katecheten. Der neuen Folge 15.—21. Lfg. gr. 8. (S. 1—1122.) Ebendas. 879—84. à Lfg. ℳ 1,20.

Scherer, A., Bibliothek f. Prediger, fortgeführt v. Conventualen d. Stiftes Fiecht. Neue Folge. 3. Bd. [Des ganzen Werkes 11. Bd.] 5—7. Lfg. gr. 8. Innsbruck 883. 84. Wagner. à 1. 20

Exempel-Lexikon f. Prediger u. Katecheten. 3. Bd. 5—7. Lfg. Der neuen Folge 19—21. Lfg. (S. 641—1132.)

Scherer, A., Bibliothek für Prediger, fortgeführt von Conventualen des Stiftes Fiecht. Neue Folge. 22.—26. (Schluß-) Lfg. oder 4. Bd. [Des ganzen Werkes 12. Bd.]: Exempel-Lexikon für Prediger und Katecheten, der heil. Schrift, dem Leben der Heiligen und anderen bewährten Geschichtsquellen entnommen. 4. Bd. in 5 Lfgn. gr. 8. (720 und Sachregister 80 S.) Innsbruck 885—88, Wagner'sche Universitäts-Buchh. à Lfg. ℳ 1.20. *

Neue Folge. 1.—21. Lfg. oder 1.—3. Bd. Ebendas. 1871—84. * ℳ 25.20.; die Neue Folge, 4 Bde., compl. * ℳ 25.—.
Vgl.: Bibliothek für Prediger.

Scherer, Augustin, O. S. B., Exempel-Lexikon f. Prediger u. Katecheten. 2. Aufl., besorgt v. Johs. Bapt. Lampert, s.: Bibliothek f. Prediger.

— und K. Bucher, homiletische Erklärung der sonn= und festtäglichen Evangelien nebst einschlägigen liturgischen Abhandlungen zum Gebrauche für Prediger u. zur Erbauung für gebildete Laien. [Aus der 2. Aufl. des Werkes „Bibliothek für Prediger" abgedr.] 2 Bde. Ebend. 858—61. gr. 8. 5 ℛ︀

Inhalt: 1. Bd.: Homiletische Erklärung der Evangelien auf alle gemeinen Sonntage des Kirchenjahres. (XII, 978 S.) — 2. Bd.: Homiletische Erklärung der Evangelien auf alle Festtage des Kirchenjahres. (VII, 857 S.)

Scherer, P. A., Geographie u. Geschichte von Tirol, ein Lesebuch für die vaterländ. Jugend. Mit einer (lith. u. col.) Karte von Tirol (in 4.) 8. (212 S.) Innsbruck 852, Wagner. 9 ngl

—— Geographie und Geschichte von Tirol, ein Lesebuch für die vaterländ. Jugend. 2., verb. Aufl. 8. (216 S. mit 1 lithogr. und ill. Karte von Tirol in 4.) Innsbruck 860, Wagner'sche Buchh.

Scherer, P. A., Geographie und Geschichte von Tirol. Ein Lesebuch für die vaterländische Jugend. 3. verbesserte Auflage. Mit 1 Karte von Tirol. 16. 8. (240 S.) Innsbruck, Wagner'sche U.-B. 1870

— Geographie u. Geschichte von Tirol u. Vorarlberg, ein Lesebuch für die vaterländische Jugend. 4., von J. Hanzotter umgearb. Aufl. Mit einer (chromolith.) Karte von Tirol u. Vorarlberg (in qu. gr. 4.). 8. (255 S.) Ebend. 876. n. — 80

[Augustin] Scherers Geographie und Geschichte von Tirol und Vorarlberg, ein Lesebuch für d. vaterländische Jugend u. d. Volk. 5. Aufl. Vollst. umgearb. von Alois Menghin, Lehrer. Mit 1 Kt. von Tirol u. Vorarlberg. Innsbruck: Wagner 1895. VII, 395 S. 8° [u. 660

Scherer's Geographie u. Geschichte v. Tirol u. Vorarlberg. 6. Aufl. Vollständig neu bearb. v. Alois Menghin. Mit e. Karte von Tirol u. Vorarlberg. (VIII, 449 S.) 8. Innsbruck 908. Wagner. Geb. in Leinw. n. 1. 80

—— Passionale oder ausführl. Erklärung der ganzen Leidensgeschichte unsers Herrn Jesu Christi, für Prediger zu Kanzelvorträgen und für gebildete Laien zu geistl. Lesung eingerichtet. Lex.=8. (IV und 156 S.) Innsbruck 861, Pfaundler.

Aus der „Bibliothek für Prediger" besonders abgedruckt.

— Die Sonntage des Kirchenjahres, 6. Aufl. v. Johs. Bapt. Lampert, O. S. B., s.: Bibliothek f. Prediger.

Scherer, P. A., faßlicher Unterricht in der Geographie für Schulen und zur Selbstbelehrung. Enthält nebst den Vorbegriffen eine kurze Beschreibung aller Länder der Erde mit vorzugsweiser Berücksicht. von Deutschland und Oesterreich. 1. Aufl. (136 S.) 1850., 2. Aufl. (VIII und 128 S.) 1851. und 3., verb. Aufl. gr. 8. (VII und 128 S. mit 2 Stnt.) Innsbruck 851(52,) Pfaundler. *

Scherer, P. A. — Faßlicher Unterricht in der Geographie für Schulen und zur Selbstbelehrung. Enthält nebst den Vorbegriffen eine kurze Beschreibung aller Länder der Erde mit vorzugsweiser Berücksichtigung von Deutschland und Oesterreich. 4. verbesserte Auflage. Mit 2 Tafeln. 8. (3 Blätter und 130 S.) Innsbruck, Botzen und Meran. In Kommission bei C. Pfaundler. Druck von Felizian Rauch. 1854.

Scherer, P. A. — Faßlicher Unterricht in der Geographie für Schulen und zur Selbstbelehrung. Enthält nebst den Vorbegriffen eine kurze Beschreibung aller Länder der Erde mit vorzugsweiser Berücksichtigung von Deutschland und Oesterreich. Von — —. Fünfte verbesserte Auflage. Mit 2 Tafeln. Innsbruck, Bozen und Meran A. Witting's Buchdruckerei. (136 S. 2 Taf. 8) 1855.

Scherer, P. A. Faßlicher Unterricht in der Geographie für Schulen und zur Selbstbelehrung. Enthält nebst den Vorbegriffen eine kurze Beschreibung aller Länder der Erde mit vorzugsweiser Berücksichtigung von Deutschland und Oesterreich. Von — —. 6te verbesserte Auflage. Mit 2 Tafeln. Innsbruck, Bozen und Meran. 1857. In Kommission bei C. Pfaundler. (133 S. 8.)

— faßlicher Unterricht in der Geographie für Schulen zur Selbstbelehrung. Enthält nebst den Vorbegriffen eine kurze Beschreibung aller Länder der Erde mit vorzugsweiser Berücksichtigung von Deutschland u. Oesterreich. 7. verb. Aufl. Mit 2 (lith.) Taf. Innsbruck 858. Pfaundler. gr. 8. 135 S.) 10 ngr

—— faßlicher Unterricht in der Geographie für Schulen und zur Selbstbelehrung. Enthält nebst den Vorbegriffen eine kurze Beschreibung aller Länder der Erde mit vorzugsweiser Berücksicht. von Deutschland und Oesterreich. 6—8., verb. Aufl. gr. 8. (135 S. mit 2 Stnt.) Innsbruck 857—61, Pfaundler.

—— faßlicher Unterricht in der Geographie für Schulen und zur Selbstbelehrung. Enthält den Vorbegriffen eine kurze Beschreibung aller Länder der Erde mit vorzugsweiser Berücksichtigung von Oesterreich und Deutschland. 9.—11. Aufl. Nach den neuesten staatlichen Veränderungen bearb. von Ant. J. Hofer. gr. 8. (IV und 154 S. mit 2 Stnt.) Innsbruck 863—67, Pfaundler.

— faßlicher Unterricht in der Geographie f. Schulen u. zur Selbstbelehrung. Enthält nebst den Vorbegriffen e. kurze Beschreibg. aller Länder der Erde m. vorzugsweiser Berücksicht. v. Oesterreich u. Deutschland. Mit 2 (lith.) Taf. 13. verb. Aufl., nach den neuesten staatl. Veränderungn. bearb. gr. 8. (IV, 139 S.) Innsbruck 872. Pfaundler. n. 1. —

—— faßlicher Unterricht in der Geographie für Schulen und zur Selbstbelehrung. Enthält nebst den Vorbegriffen eine kurze Beschreibung aller Länder der Erde mit vorzugsweiser Berücksicht. von Oesterreich und Deutschland. Mit 2 (lithogr.) Taf. 12. und 13. Aufl. 1869,71. *M 1., und 14. verb. Aufl., nach den neuesten staatl. Veränderungen bearb. gr. 8. (IV, 139 S.) Innsbruck 875, Pfaundler'sche Buchh. *M 1,15.; cart. * 1 45

Scherer, Bernardus (geb. am 1 Aug. 1841 in Linz a. Rh.): De insufficientia et stenosi valvulae mitralis ... Bonnae, typ. Carthausianis 1866. 27 S. 8.

Bonn, Med. Fak., Diss. v. 12 Juni 1866

Scherer, C.: „Calculations-Tabellen über die vorzüglichsten Colonial-Waaren von London und Hamburg", 1826. — Vorh.: Büch. der Industrie- und Handelskammer Leipzig.

Scherer, C., allgem. Contorist, enthalt. e. ausführl. u. genaue Beschreib. v. d. Rechnungs- u. wirkl. Münzen, dem Papiergelde, den Maassen, Gewichten, Anleihen, Staats-Papieren, Banken, Wechsel- u. Handels-Usanzen etc. aller Länder u. Handelsplätze in u. ausser Europa. 4. (79½ B.) Hamburg 834, Nestler u. Melle.

Scherer, Carl, s. Scherer, Karl.

Scherer, Charles, die Banknote in der Schweiz. Umwandlung der schweizer. Notenbanken in e. einzige Notenbank m. Ausschluss der Staatsbank. Uebersetzung der Broschüre Le billet de banque en Suisse durch deren Verf. gr. 8. (55 S.) Basel 892. Georg & Co. n. 1. —

— la nationalisation du système monétaire suisse et l'adoption de l'étalon d'or. Traduction allemande jointe au texte français. gr. 8. (23 S.) Genève 893. Basel, Georg & Co. n. 1. —

Scherer, Chr., 50 kurze zweistimm. Übungen f. den Gesangunterricht in Volksschulen u. den Unterklassen der höh. Lehranstalten. Op. 5. (8 S.) 13,5×19,5 cm. Fulda (907). A. Maier. — 25

Elfenbeinplastik seit der Renaissance von Christian Scherer. Mit 124 Abb. u. 1 Taf. *Leipzig: H. Seemann Nachf. [1902].* (143 S.) 4°(8°)
= Monographien d. Kunstgewerbes. 8.

Scherer Ch, Elfenbeinplastik seit der Renaissance. (144 S) (Monographien des Kunstgewerbes 8) Leipzig (1903)

Scherer, Christian, das Fürstenberger Porzellan. (IX, 276 S. m. 179 Abb. u. 1 Taf.) Lex. 8. Berlin 909. G. Reimer. 18.—; geb. 20.—

Scherer, Chrn., die Porzellansammlung d. Schlosses Wilhelmsthal bei Kassel. [Aus: „Zeitschr. d. Ver. f. hess. Geschichte".] gr. 8. (25 S.) Kassel 892. (A. Freyschmidt.) n. — 60

Scherer, Christian(Heinrich): De olympionicarum statuis. Göttingen. Phil. F., Diss. 1885

Scherer, Chrn., de Olympionicarum statuis. gr. 8. (58 S. m. 1 eingedr. Grundriss.) Göttingen 885. (Vandenhoeck & Ruprecht.) n. 1. 60

Studien zur Elfenbeinplastik der Barockzeit v. Christian Scherer. M. 16 Abb. im Text u. 10 Taf. *Strassburg: J. H. E. Heitz 1897.* (VIII, 139 S., 10 Taf.) 1 Bd 8.
= Studien z. deutschen Kunstgeschichte. H. 12.

— Technik u. Geschichte der Intarsia. Mit Titelbild u. 25 Abbildgn. im Text. gr. 8. (VIII, 164 S.) Leipzig 891. Chr. Herm. Tauchnitz, früher T. O. Weigel Nachf. n. 5. —; geb. in Leinw. n. 6. —

Scherer, Edmond

— Dogmatique de l'église reformée. Prolégomènes. gr. in-8. Paris 843. (Treuttel et Würtz.) Leipzig, Michelsen. n. 1 ₰

Scherer, Edmond, Esquisse d'une théorie de l'église chrétienne. gr. in-8. Paris. Strasbourg 845, Treuttel et Würtz. n. 1½ ₰

Scherer, Edm., und Athan. Coquerel d. J., zwei französische Stimmen über Renans Leben Jesu. Ein Beitrag zur Kenntniß des französischen Protestantismus. Regensburg 864. Bößenecker. gr. 8. (90 S.) 12 ngr.

Scherer, P. Emmanuel. Beiträge zur Kenntnis der Urgeschichte der Urschweiz. (Beilage zum Jahresbericht ... der Kantonalen Lehranstalt Sarnen.) 2 (Hefte). 8. Sarnen, Louis Ehrli, 1909—1910.
[Heft] 1: Urgeschichtliche Stätten und Funde in Unterwalden, mit 13 Abbildungen. (Beilage zum J' 1908/09 der K' L' S'.) II + 80 S. 1909. (Heft) 2: Urg' St' und F' in Schwyz und Uri mit einem Nachtrag aus Unterwalden. Mit 18 Abb'. (Beilage zum J' 1909/10 der k' L' S'.) II + 36 S. 1910.

Scherer, Emmanuel. (P.) Leo Fischer (1855—1895). Versuch einer Darstellung seines Lebens und Schaffens von P. E' Scherer, O. S. B. ..., Mit sieben Bildnissen [wovon 1 Tafel] und einer Handschriftprobe. (Beilage zum Jahresbericht 1906/07 [der] Kantonale[n] Lehranstalt Sarnen.) VIII + 145 S. 8. Sarnen, Louis Ehrli, 1907.

Scherer, Emmanuel. Studien über Gefässbündeltypen und Gefässformen. Diss. Math.-Naturw. Freiburg in der Schweiz ... von P. E' Scherer, O. S. B. ... [Mit 3 Tafeln. Sep.-Abdr. aus: Botanisches Centralblatt. Beihefte. Orig.-Arbeiten. Band 16, 1904, Heft 1.] IV + 45 S. 8. Jena, Gustav Fischer, 1903.

Scherer, Emmanuel. Studien über Gefässbündeltypen und Gefässformen. Von Dr. P. E' Sch', O. S. B. [Mit 3 Tafeln.] (Nachdruck [aus] den Beiheften zum Botanischen Centralblatt, Bd. 16, Heft 1. S. 67—110.) 30 S. 4.
Beilage zu: Jahresbericht über die Kantonale Lehranstalt zu Sarnen ⟨Obwalden⟩ für das Schuljahr 1903/04. Sarnen, Josef Müller, 1904.

Scherer, Ernst Friedrich (Berlin) U. S. Frankfurt 1764, 3

Dissertatio periodica philosophico-iuridica. Nonnullae de iure vindicandi servos fugitivos positiones. Präs. Joachim Georg Daries. Frankfurt/O. (Winer) 30. VI. 1764. 24 S.

Gew.: Hans Lewin von Burgsdorff. 30287

Scherer, Franz

Scherer, Frz., Onkel Benjamin. Ein illustr. Geschichtenbuch f. die reifere Jugend. 8. (VII, 135 S.) Wien 889. F. Scherer's Verl. geb. 2. —

Scherer, Frz., Onkel Benjamin. E. illustr. Geschichtenbuch f. die reif. Jugend. 8. Aufl. 8. (VII, 135 S.) Wien 890. (Verl. d. Genossenschaft Schriftstellerhaus.) Geb. in Leinw. n. 2. —

Scherer, Frz., Bilder aus dem serbischen Volks- und Familienleben. 8. (215 S.) Neusatz 882, Jocić und Comp. *

Scherer, Frz., Dorfschwalben. Deutsche Dialectdichtgn. aus Oesterreich-Ungarn. In Poesie u. Prosa, f. Geselligkeit u. Unterhaltg. (VII, 200 S.) gr. 8. Wien 901. (A. Jedeck.) n. 1. —

Scherer, Frz., Jugendstürme. Roman in 2 Bdn. gr. 8. (III, 161 u. 157 S.) Wien 891. F. Scherer. n. 4.

Scherer, Franz (Hrsg.), s. Kunstausstellung-Zeitung, Internationale.

— die Mechitharisten in Wien m. e. kurzen Skizze üb. armenische Sprache u. Literatur. 5. Aufl. 8. (26 S. m. 1 Bildnis.) Ebd. 892. n. — 60

— der arme Mujo. Eine oriental. Geschichte. 12. (69 S.) Wien 894. VII., Mechitharistengasse 2, Genossenschaft „Schriftstellerhaus". n. 1. —

— s.: Schriftstellerhaus.

— Selbsthilfe d. Schriftstellers. Vorschläge u. Entwürfe zur Begründg. e. großen Pensions-Institutes f. deutsche Schriftsteller u. zur Errichtg. entsprech. Darlehens-, Kranken-, Witwen- u. Waisen-Cassen f. Angehörige d. Schriftstellerstandes u. e. deutschen Schriftstellerhauses. gr. 8. (42 S.) Ebd. 890. n. 1. —

Der Theologe. Ein Schauspiel in 4 Aufz. von Franz Scherer. Salzburg: Huber 1908. 82 S. 8°

Scherer, Frz., verschlungene Wege, s. Bibliothek für Ost und West.

Scherer, Franz Ernst

Scherer, Frz. Ernst, Gedichte. Ein Festgeschenk f. teutsche Frauen. 8. (9¼ B.) Wien 830, Schaumburg u. Comp.

Scherer, Franz Ernst: Das Lied vom Generalissimus Karl Philipp Fürst Schwarzenberg. Wien 1859. 8°

Scherer, F. E., Lückenbüßer. (Gedichte.) gr. 16. (VI und 170 S.) Wien 856(57,) Seidel. *

Scherer, F. E., sprechende Pflanzen. gr. 16. (VIII und 156 S.) Pressburg 857, Wigand. * –

Scherer, Frz. Er., Puxbaum. Dramat. Gedicht. Lex.-8. Leipzig 836. Engelmann. (Wien, Wallishauser.) n. 2/3 ꝛc.

—— die heissen Quellen u. Bäder zu Pöstény (Piestjan) in Ungarn. gr. 8. (14 B.) Wien 837, (Wallishausser.) *

Scherer, Franz Ernst: Carl Fürst zu Schwarzenberg. Wien 1860. 8°

Scherer, *Franz Joseph* [Dir. Dr.]: Bericht über die Feier des 250jährigen Bestehens des Gymnasium Laurentianum am 18. October 1893. Arnsberg, Druck v. F. W. Becker, kgl. Hofbuchdr., 1894; III—X S. 4.
Arnsberg, k. Laurentianum, P 1894 (345)

Scherer, Fr. Jos., Deutschland im Liede oder Land, Sprache und Volk der Deutschen in Bildern vaterländischer Dichter. Nebst einem Abriß der Geschichte des Vaterlandsgesanges. gr. 8. (XVI, 398 S. mit Holzschntaf., 1 chromolithogr. Titelbild und 1 Stahlst.) Paderborn 876, F. Schöningh. * M 2,50.; geb. * 3 50
geb. mit Goldschn. * 3 80

Scherer, Frz Jsf, Deutschland im Liede der Dichtung vom Beginne des 17. Jahrhunderts bis in die neuere Zeit. Coesfeld 1873. 4.
(Progr.)

Scherer. Fr. Jos. Einweihung des neuen Gymnasialgebäudes am 18. Oktober 1879. XXVI S. **Progr.** *Arnsberg* 1880.

Scherer. *Franz Joseph* Episoden bei Homer und Virgil. — Das Wunderbare in der Dichtung des Homer und Virgil. — Zur Charakterschilderung bei Homer und Virgil. — Von den Gleichnissen bei Homer und Virgil. 8 (S. 21—30).
In: Festschrift z. Erinnerung a. d. 250j. Jubelfeier d. G. Laurentianum *Arnsberg* 1893.
Nicht im Tauschverkehr. **Progr.**

Scherer. Fr. Jos. Die Kaiseridee des deutschen Volkes in Liedern seiner Dichter seit dem Jahre 1806. XXI S. *Arnsberg* 1879.
Progr.

[F.] Die Kaiseridee des deutschen Volkes in Liedern seiner Dichter seit d. Jahre 1806 v. Dr. Fr. Jos. **Scherer**, Dir. d. Gymn. zu Arnsberg. *Arnsberg: F. W. Becker 1896.* (32 S., 1 Portr.) 1 Bd 8. [97. 113]

Scherer, Franz Jos., de Graecorum ἄτης notione et indole. Partic. I. Dissertatio philologica. gr. 8. (III und 66 S.) Münster 858, (Cazin.)

Scherer, Franc. Jos., de Graecorum ἄτης notione et indole. Partic. I. Dissert. philologica. Monasterii 858. Mitsdörffer in Comm. gr. 8. (2 Bl., 66 S.) n. 10 ngr.

Scherer: De Graecorum Ατης notione atque indole p. II. 23 S.–Rheine. Progr. 1866

Scherer, Fr. Jos. [Dir. Dr.]: Rede bei der Gedächtnisfeier für Seine Majestät den in Gott ruhenden Kaiser und König Wilhelm… — Rede bei der Gedächtnisfeier für . . . König Friedrich . . . — Rede an Geburtstage Seiner Majestät des Kaisers und Königs Wilhelm . . . (Umschl.-Tit.: Drei Schulreden.) Arnsberg, Druck v. F. W. Becker, 1889; S. I–XVI; 4°
Arnsberg, k. Laurentianum, OP 1889 (330)

Scherer, Franz Josef (Bearb.), s. Scherer, P.: (Kl.) deutsche Sprachlehre …

Scherer, *Franz Joseph* Vom Schuldrama. 8 (S. 1—20).
In: Festschrift z. Erinnerung a. d. 250j. Jubelfeier d. G. Laurentianum *Arnsberg* 1893.
Metamorphosis salutaris sive Norbertus ex altero Saulo alter Paulus . . factus . . .
Nicht im Tauschverkehr.
Progr.

Scherer, Fr. Jos., griechische Sprachlehre, s. Schnorbusch, H. A.

—— und H. A. Schnorbusch, Uebungsbuch zur griechischen Sprachlehre für die Quarta und Tertia der Gymnasien. gr. 8. (VI, 284 S.) Paderborn 875, Schöningh. *

—— und H. A. Schnorbusch, Uebungsbuch zur griechischen Sprachlehre für die Quarta und Tertia der Gymnasien, nebst Formenlehre für Quarta. 2. verm. und verb. Aufl. gr. 8. (VII, 359 S.) Paderborn 878, F. Schöningh. * 2 40

— u. H. A. Schnorbusch, Uebungsbuch zur griechischen Sprachlehre für die Quarta u. Tertia der Gymnasien, nebst Formenlehre für Quarta. 2., verm. u. verb. Aufl. gr. 8. (VII, 359 S.) Ebend. 879. n. 2. 40

Scherer, Fr. Jos., und H. A. Schnorbusch, Übungsbuch nebst Grammatik für den griechischen Unterricht der Tertia. 3. verb. Aufl. gr. 8. (V, 361 S.) Ebendas. 885. *

Scherer, F. J., u. H. A. Schnorbusch, Übungsbuch nebst Grammatik f. den griechischen Unterricht der Tertia. 4., verb. Aufl. gr. 8. (IV, 347 S.) Paderborn 890. F. Schöningh. n. 2. 40

Übungsbuch nebst Grammatik für den griechischen Unterricht der Tertia bearb. von Dr. F[ranz] J[osef] **Scherer**, Dir. in Arnsberg, u. Dr. H[einrich] A[nton] Schnorbusch, weil. Prof. zu Münster. 5., verb. Aufl. von Scherer. *Paderborn: F. Schöningh 1896.* (346 S.) 8° [F.] [96. 978]

Scherer, Fr. Jos., Vademecum enthaltend Realien aus Mythologie und Sage, Geschichte und Geographie, Wetter- und Arzneikunde, Rechts- und Religionswissenschaft in Gedächtnisversen und Sprüchen. Nebst einem Anhang mit Ana- und Epigrammen und grammat. Spielereien. Zur Belehrung und Erheiterung für jung und alt zusammengestellt. 16. (VII, 88 S.) Paderborn 882, F. Schöningh. *

—— **Vademecum, enthaltend Realien aus Mythologie und Sage, Geschichte und Geographie, Wetter- und Arzneikunde, Rechts- und Religionswissenschaft in Gedächtnisversen und Sprüchen. Nebst einem Anhang mit Ana- und Epigrammen und grammat. Spielereien. Zur Belehrung und Erheiterung für jung und alt zusammengestellt. 2. verm. Aufl. 12. (VI, 108 S.) Paderborn 886, F. Schöningh.** *

Scherer, Franz Xav., Gedanken eines Frauenzimmers über die Irrtümer heutiger Tage in Fragen ohne Ordnung. München, 1778. 8°.

Scherer, Friedrich [app. Arzt aus Speyer]: Zur Lehre von den bösartigen Geschwülsten der Lymphdrüsen . . . Leipzig, G. Thieme, 1892; 25 S. 8.
Tübingen, Med. Fak., Inaug.-Diss. v. 1892

Scherer, Friedrich [Dr.]: Zur Methodik des mineralogischen Anfangsunterrichts. Saargemünd, Buchdr. d. Saargem. Zeitg, 1897; 19 S., 1 Taf. 4.
Saargemünd, G m. Realabt., P 1897 (537)

Zweistellige **Multiplicationstafel** zum Gebrauch im Bureau, Comtoir u. s. w. von Steuerrath (F[riedrich]) **Scherer** in Cassel. *Cassel: Selbstverl. (1901).* (4 Bl.) 4° [Umschlagt.] [01. 1336 4]

Scherer, Friedrich [aus Frankfurt a. Main]: Studien am Arsenkiese . . . (Aus: Zeitschr. f. Krystallogr., Bd XXI Heft 4.) Leipzig, W. Engelmann, 1893; 39 S., 2 Taf. 8.
Strassburg, Math.-naturw. Fak., Inaug.-Diss. v. 1893

Scherer, Friedr., drei Vorträge über die socialen Leiden der Blinden und über die Mittel zu deren Abhülfe. 3., verm. und verb. Aufl. Mit einem Vorwort und einer kurzgefaßten Lebensbeschreibung des Verf. von E. v. T. gr. 8. (67 S.) Leipzig 860, Hübner. *

Scherer, Friedrich, Die Zukunft der Blinden. 5 Vorträge über Blindenverhältnisse und Blindenerziehung. 7. Auflage. Berlin 1863. (S. 5657)

Scherer, G., der alte Wienerfreund, od. kathol. Glaubenslehre für beyderley Geschlecht ꝛc. 12. Wien, Gerold. 736.

Scherer, G. A., praes. Ern. Ant. **Nicolai,** De genesi ebrietatis. 24 pp. Jen. 4°. 1763

Scherer, Georg

Scherer, Geo., Andeutungen zur Ertheilung d. Rechenunterrichts in der Volksschule. gr. 8. (161 S.) Tauberbischofsheim 873. Lang. n. 2. —

Scherer, Geo., Andeutungen zur Ertheilung des Rechen-Unterrichts in der Volksschule. Unter Bezug auf seine Rechentafeln und Rechenaufgaben. 2. Aufl. gr. 8. (III, 220 S.) Tauberbischofsheim 880, Lang.

Scherer, Geo., deutscher Dichterwald. Lyrische Anthologie. 2. Aufl. Stuttgart 857. Ed. Hallberger. 16. (VIII, 549 S. u. 1 Stahlst.) n. 2 ℛ.

Scherer, Geo., deutscher Dichterwald. Lyrische Anthologie. 3. Aufl. 16 (VIII und 549 S. mit 1 Stahlst.) Stuttgart 859, E. Hallberger. geb.

Scherer, Geo., deutscher Dichterwald. Lyrische Anthologie. Mit vielen Porträts u. Illustr. (in eingedr. Holzschn. u. 16 Holzschntaff.) 4. Aufl. Stuttgart 869. E. Hallberger 8 (VI, 536 S.) In engl Einb mit Goldschn. 2 ℛ

Scherer, Geo., deutscher Dichterwald. Lyrische Anthologie. Mit vielen Portraits u. Illustrationen (in Holzschntaf. u. eingedr. Holzschn.) 6. verm. Aufl. 8. (VI. 568 S.) Stuttgart 874. Hallberger. geb. m. Goldschn. 7. —

Scherer, Geo., deutscher Dichterwald. Lyrische Anthologie. Mit vielen Portraits und Illustr. von K. Häberlin, Th. Hosemann, W. v. Kaulbach u. A. 7. verm. Aufl. 8. (VII, 566 S. mit eingedr. Holzschn. und Holzschntaf.) Stuttgart 877, [Hallberger.] Deutsche Verlags-Anstalt. geb. mit Goldschn. 7 —

—— deutscher Dichterwald. Lyrische Anthologie. Mit vielen Portr. und Illustr. (in Holzschn.) von K. Häberlin, Th. Hosemann, W. v. Kaulbach u. A. 8.—10. verm. Aufl. 8. (VIII, 568 S.) Stuttgart 881,82, Deutsche Verlags-Anstalt. geb. mit Goldschn.

Scherer, Geo., deutscher Dichterwald. Lyrische Anthologie. Mit vielen Porträts u. Illustr. v. F. Defregger, K. Häberlin, Th. Hosemann ꝛc. 11. Aufl. 12. (VIII, 572 S.) Stuttgart 885. Deutsche Verlags-Anstalt. geb. m. Goldschn. 7. —

Scherer, Geo., deutscher Dichterwald. Lyrische Anthologie. Mit vielen Porträts u. Illustrationen v. F. Defregger, K. Häberlin, Th. Hosemann u. A. 14., verm. Aufl. 12. (VIII, 572 S.) Stuttgart 891. Deutsche Verlags-Anstalt. Geb. in Leinw. m. Goldschn. 7. —

Scherer, Geo., deutscher Dichterwald. Lyrische Anthologie. Mit 152 Medaillon-Portr. u. 32 Vollbildern v. Arnold Böcklin, Frz. v. Defregger, Wilh. v. Kaulbach u. a. 18. Aufl. Jubiläums-Ausg. gr. 8. (VIII, 562 S.) Stuttgart (902). Deutsche Verlags-Anstalt. Geb. in Leinw. 7. —

Scherer, Geo., deutscher Dichterwald. Lyrische Anthologie. Mit 152 Medaillon-Portr. u. 32 Vollbildern von Arnold Böcklin, Frz. v. Defregger, Wilh. v. Kaulbach u. a. 20.—22. Aufl. Jubiläums-Ausg. (à VIII, 562 S.) 8. Stuttgart (903—906). Deutsche Verlags-Anstalt. Geb. in Leinw. 7. —

Scherer, Geo., deutscher Dichterwald. Lyrische Anthologie. Mit 152 Medaillon-Portr. u. 32 Vollbildern v. Arnold Böcklin, Frz. v. Defregger, Wilh. v. Kaulbach u. a. 23. Aufl. Jubiläums-Ausg. (VIII, 562 S.) 8. Stuttgart (907). Deutsche Verlags-Anstalt. Geb. in Leinw. 7. —

Scherer, Geo., Gedichte. 2., unveränd. Abdr. 16. (VIII und 180 S.) Stuttgart 864, Scherer. cart. mit Goldschn.

— Gedichte. 3. verm. Aufl. Mit 120 Vignetten von Paul Thumann, in Holzschn. ausgeführt von H. Günther. Leipzig 870. A. Dürr. gr. 16. (XII, 240 S. mit 1 Holzschntaf.) In engl. Einb. mit Goldschn. n. 1 ℛ 20 ngr.

—— Gedichte. 3. verm. Aufl. Neue Ausg. Mit (eingedr.) Holzschn. nach Orig.-Zeichnungen von Paul Thumann. 8. (XII, 240 S.) Leipzig 880, A. Dürr. cart. *

— Gedichte. Mit Illustr. v. Paul Thumann. 4., verm. Aufl. 8. (XI, 320 S. m. Bildnis.) Ebd. 894. Geb. in Leinw. m. Goldschn. n. 4. —; in Seide n. 6. —

Scherer, Geo., Gedichte. M. Illustr. v. Paul Thumann. 6. Aufl. 12. (XII, 320 S. m. Bildn.) Stuttgart 897. Deutsche Verlags-Anstalt. Geb. in Leinw. m. Goldschn. n. 4. —

—— der schriftliche Geschäftsverkehr, nebst Rechen- und Geometrie-Aufgaben für Fortbildungsschulen. 8. (48 S.) Tauberbischofsheim 880, Lang. cart. *

Scherer, G., der schriftliche Geschäftsverkehr nebst Rechen- u. Geometrieaufgaben. Mit e. Anh. üb. die landwirtschaftl. Buchführg. f. Fortbildungsschulen. 3. Aufl. gr. 8. (48 u. 16 S.) Tauberbischofsheim 886. Lang. n. — 30

— die Jahreszeiten. Ein Kinderbuch in Bildern u. Liedern. 8. (118 S. m. 12 Chromolith.) Wandsbeck 883. Seitz. geb. 6. —

—— die Jahreszeiten. Ein Kinderbuch in Bildern und Liedern. 8. (118 S. mit 8 Chromolithogr.) Leipzig 887, O. Ruhl. geb. *

— — Jungbrunnen. Die schönsten deutschen Volkslieder. Gesammelt von —. Dritte Auflage. Mit Titelbild von Ludw. Richter. Stuttgart 1873. Kl. 8°. (Mk. 4—.) XII u. 351 S. Enth. 176 Nrn.

Scherer, Geo. (I.), Jungbrunnen. Die schönsten deutschen Volkslieder. Mit einem Titelbild von L. Richter, gestochen von A. Schleich. 3. Aufl. der „Deutschen Volkslieder". gr. 16. (XII, 351 S.) Berlin 874, Herz. ℳ 4.; geb. mit Goldschn. *

— — Jungbrunnen. Die schönsten deutschen Volkslieder. 3. Aufl. der deutschen Volkslieder. Berlin 1875. 16.

SCHERER, G. Georg Scherer's illustrirtes Deutsches Kinderbuch. Alte und neue Lieder, Märchen, Fabeln, Sprüche und Räthsel. Mit [15] Radirungen und [90] Holzschnitten nach Zeichnungen von P. v. CORNELIUS, WILH. v. KAULBACH, GUSTAV KÖNIG, A. KRELING, E. NEUREUTHER, O. PLETSCH, FRANZ POCCI, LUDW. RICHTER, C. H. SCHMOLZE, MORIZ VON SCHWIND, A. STRÄHUBER u. A. Vierte reich vermehrte Auflage. Stuttgart, G. Scherer, 1863. Gr.-8°. Blaugrüner Or.-Lwd. m. großer goldgepr. Deckelkompos. u. Rückenvergold. 65.—
Rum. 2102. Eins der schönsten deutschen Kinderbücher d. 19. Jahrh. Im Anhang 15 Melodien. — Gutes Ex.

—— illustrirtes deutsches Kinderbuch. Alte und neue Lieder, Märchen, Fabeln, Sprüche und Räthsel. Mit Radirungen und Holzschn. nach Zeichnungen von P. v. Cornelius, Wilh. v. Kaulbach, Gust. König ꝛc. (1. Bd.) 4., reich verm. Aufl. 6 Lfgn. 4. (VIII und 199 S. mit eingedr. Holzschn. und 15 Stahlst.) Stuttgart 863, Scherer. [Leipzig, A. Dürr.] *

— illustrirtes deutsches Kinderbuch. Alte u. neue Lieder, Märchen, Fabeln ꝛc. 2. Bd. Mit 1 Radirung u. 120 (eingedr.) Holzschn. nach Zeichnungen von Osk. Pletsch, Ludw. Richter, Gust. Süs ꝛc. Ebend. 869. 4. (200 S.) geb. n. 2 ₰

—— illustrirtes deutsches Kinderbuch. Alte und neue Lieder, Märchen, Fabeln, Sprüche und Räthsel. Mit Radirungen (auf 12 Taf.) und (eingedr.) Holzschn. nach Zeichnungen von P. v. Cornelius, W. v. Kaulbach, Gust. König ꝛc. 1. Bd. 5. verm. Aufl. 4. (VIII, 175 S.) Leipzig 873, A. Dürr. geb. *

—— illustrirtes deutsches Kinderbuch. Alte und neue Lieder, Märchen, Fabeln, Sprüche und Räthsel. Mit Holzschn. nach Zeichnungen von Osc. Pletsch, Ludw. Richter, Gust. Süs u. A. 2. Aufl. 2 Bde. 4. Leipzig, A. Dürr. [1. Bd. (VI, 202 S. mit 1 Radirung und 150 eingedr. Holzschn.) 879; 2. Bd. (IV, 204 S. mit 1 Radirung und 150 eingedr. Holzschn.) 877.] cart. à Bd. * ℳ 6. * 12 —

— deutsches Kinderbuch. Alte u. neue Lieder, Märchen, Geschichten, Fabeln, Sprüche u. Rätsel. Mit 166 Illustr. von Wilh. v. Kaulbach, Aug. v. Kreling, Eug. Neureuther u. a. 7., verm. Aufl. (VIII, 248 S.) Lex.-8. Leipzig 905. A. Dürr. Geb. n. 4. 50

— Deutsches Kinderbuch. Alte u. neue Lieder, Märchen, Geschichten, Fabeln, Sprüche u. Rätsel. Mit 166 Ill. v. Wilh. v. Kaulbach, Aug. v. Kreling, Aug. Neureuther u. a. 9. Aufl. (VIII, 248 S.) gr. 8. Leipzig (905). Dürrsche Buchh. Halblwdd. 4. 50

Scherer, G., alte und neue Kinderlieder, s. Kinderlieder.

— das Lied vom Magdalener-Wein. De lacrymis sanctae Magdalenae carmen inconditum. Aus alten Sagen u. Urkunden gezogen u. ans Licht gestellet v. e. Liebhaber des Weines u. der Poesei. 10. Taus. 8. (III, 16 S. m. Abbildgn.) München (900). Th. Ackermann. n. — 25

Scherer, Geo., Liederborn. 200 Volks- u. volkstümliche Lieder in zwei- u. dreistimm. Satz. Diamant-Ausg. Mit einem Titelbild (Holzschnitt) v. Paul Thumann. 32. (XV, 334 S.) Berlin 880. Grote. geb. m. Goldschn. n. 4.

—— der Osterhas, s. Osterhas.

— der Osterhas, s.: Pocci, Frz.

— Rätselbuch f. Jung u. Alt. 3., verm. Aufl. 8. (164 S. m. Fig.) München (899). Braun & Schneider. Kart. n. 2.—

SCHERER. *Rätselbuch für Jung und Alt.* 7. Aufl. Mchn., Braun & Schneider [o. J.]. 168 S. 8°. Ill. Opbd. 8.—
600 Rätsel von Goethe, Hauff, Hebel, Körner, Schiller u. v. a.

Scherer, Geo., Räthselbüchlein für Kinder. 8. (84 S.) Stuttgart 861, Scherer. Thlr. *

— Räthselbüchlein f. Kinder. 2. reich verm. Aufl. gr. 16. (134 S.) Ebend. 873. n. 1. 50

Scherer, Geo. (II.), Rechen-Aufgaben für Volksschulen. Ausgabe für Schulen mit ein und zwei Lehrern. 1. Heft. 1. und 2. Aufl., 2. Heft. 1.—3. Aufl. gr. 8. (à Heft 36 S.) Tauberbischofsheim 873—75, Lang. à Heft * 20 Pf. *

—— dass. — Ausg. mit den Resultaten für die Lehrer an Schulen mit ein und zwei Lehrern. 1. und 3. Heft. gr. 8. (35; 40 S.) Ebendas. 875. à Heft * 35 Pf. *

—— dass. — Ausg. für Schulen mit drei und mehr Lehrern. 1.—3. Heft. 1. und 2. Aufl. gr. 8. Ebendas. 873—75. à Heft * 20 Pf. *

Inhalt:
Heft 1. Für das 6. Schuljahr. (S. 1—32.)
" 2. Für das 7. Schuljahr. (S. 33—55.)
" 3. Für das 8. Schuljahr. (S. 56—88.)

Scherer, Geo., Rechen-Aufgaben für Volksschulen. Ausgabe mit den Resultaten für die Lehrer an Schulen mit drei und mehr Lehrern. 3 Hefte. [Für das 6.—8. Schulj.] gr. 8. (94 S.) Tauberbischofsheim 876, Lang. à Heft * 40 Pf. *

—— Rechen-Aufgaben für Volksschulen. Ausg. für Schulen mit ein und zwei Lehrern. 3 Hefte. gr. 8. Tauberbischofsheim 877—79, Lang. à Heft * 20 Pf. * — 60

Inhalt:
Heft 1. [Für das 1. Turnusjahr.] 3.—5. Aufl. (31 S.)
" 2. [Für das 2. Turnusjahr.] 4. und 5. Aufl. (30 S.)
" 3. [Für das 3. Turnusjahr.] 4. und 5. Aufl. (31 S.)

—— dass. — für das 4. und 5. Schuljahr. 8. (34 S.) Ebendas. 879. * — 20

—— dass. — Ausg. für Schulen mit drei und mehr Lehrern. 3 Hefte. 3.—5. Aufl. gr. 8. Ebendas. 879. à Heft * 20 Pf. * — 60

Inhalt:
Heft 1. [Für das 6. Schuljahr.] (S. 1—32.)
" 2. [Für das 7. Schuljahr.] (S. 33—56.)
" 3. [Für das 8. Schuljahr.] (S. 57—88.)

—— Rechen-Aufgaben für Volksschulen. Ausg. für Schulen mit ein und zwei Lehrern. 3 Hefte. 6. Aufl. gr. 8. Tauberbischofsheim 883, Lang. à Heft * 20 Pf. *

Inhalt:
Heft 1. [Für das 1. Turnusjahr.] (34 S.)
" 2. [Für das 2. Turnusjahr.] (42 S.)
" 3. [Für das 3. Turnusjahr.] (42 S.)

Scherer, Geo., Rechen-Aufgaben f. das 4. u. 5. Schuljahr. 2. Aufl. gr. 8. (34 S.) Tauberbischofsheim 884. Lang. n. — 20

—— dass. — Ausg. für Schulen mit drei und mehr Lehrern. 3 Hefte. 6. Aufl. gr. 8. Ebendas. 884—86. à Heft * 20 Pf. *

Inhalt:
Heft 1. [Für das 6. Schuljahr.] (26 S.)
" 2. [Für das 7. Schuljahr.] (25 S.)
" 3. [Für das 8. Schuljahr.] (32 S.)

— Rechentafeln f. das 1—3. u. 4. u. 5. Schuljahr. 2 Blatt. 8. (à 4 S.) Ebend. 873. pro 100 Stück n. 2. 35

Scherer, Georg (Hrsg.), s. R i c h t e r , Ludwig: Dt. Art u. Sitte. – Aus d. Dichtung u. Sage. -- Aus der Jugendzeit. -- Richter-Bilder. – Aus dem Volksleben. –

Scherer, G., deutsche Studenten-Lieder, s. Studenten-Lieder, deutsche.

— 88 zwei- und dreistimmige Volkslieder für den Elementar-Gesang-Unterricht systematisch zusammengestellt. München 863. Gummi. gr. 8. (108 S.) n. 7 ngr.

SCHERER, Georg. — D e u t s c h e V o l k s l i e d e r, gesammelt von —. I. und II. (Titel-)Aufl. Leipzig 1851. 8°. 412 S.
Goedeke[2] II, 83, 24.

— — 2. Aufl. Mit Titelbild von Ludw. R i c h t e r. Ebd. 1852. 8°. (1 Mk. 50 Pfg., Erras, Frf. a. M., c. 1885.)

—— deutsche Volkslieder. 3. (Titel-)Ausg. 16. (VIII und 412 S. mit 1 Stahlst.) Altona (851)63, Haendcke und Lehmkuhl. geb.

Scherer, Geo., siehe:
Volkslieder, Deutsche. — Volkslieder der Deutschen.

— deutsche Volkslieder mit ihren eigenthümlichen Singweisen. Mit Holzschn. (im Text) nach Zeichnungen von Ludw. Richter und Radirungen nach Ferd. Rothbart. Die vierstimmige Bearbeitung der Melodien (für Sopran, Alt, Tenor und Baß oder Klavier) von K. M. Kunz. 1. u. 2. Heft. Stuttgart 854, 55. Ed. Hallberger. gr. 4. (S. 1—40 u. 2 Radirungen.) Jedes Heft n. 10 ngr.

—— deutsche Volkslieder mit ihren eigenthümlichen Singweisen. Mit 1 Radirung nach Mor. v. Schwind und 54 (eingedr.) Holzschn. nach Orig.-Zeichnungen von Jac. Grünenwald, Andr. Müller, Carl Piloty rc. Die vierstimmige Bearbeitung der Melodien (für Sopran, Alt, Tenor und Baß, zugleich für Klavier) von C. M. Kunz. 2. Ausg. 6 Hefte. 4. (IX und 126 S.) Stuttgart (861)62, Scherer'sche Buchh. à Heft 10 Ngr. *

—— 120 ein- und zweistimmige Volkslieder für den Elementar-Gesang-Unterricht systematisch zusammengestellt. gr. 8. (VI und 122 S.) München 863, Gummi. *

—— Die schönsten deutschen Volkslieder mit ihren eigenthümlichen Singweisen. Hrsg. v. G. Scherer. M. e. Radirung v. M. v. Schwind u. 54 Holzschn. nach Orig.-Zeichngn. v. L. Richter, A. v. Ramberg, M. v. Schwind u. a. Die vierstimmige Bearbeitg. d. Melodien v. K. M. Kunz. Stuttg. 1863. 4°. (2⅔ Rthl.) (7 Mk. 50 Pfg., Heinr. Hugendubel, München, 1909; 13 Mk., Handexpl. Scherer's mit vielen Notizen, musikal. u. textl. Zusätzen, etc., Südd. Antiqu., 1911.)

—— die schönsten deutschen Volkslieder mit ihren eigenthümlichen Singweisen. Mit einer Radirung nach Mor. v. Schwind und 68 eingedr. Holzschn. nach Orig.-Zeichnungen von Jac. Grünenwald, Andr. Müller, Carl Piloty rc. Die 4stimm. Bearbeitung der Melodien (für Sopran, Alt, Tenor und Baß, zugleich für Klavier) von K. M. Kunz. 2., reichverm. Aufl. gr. 4. (IX und 158 S.) Leipzig 868, A. Dürr. cart.

— die schönsten deutschen Volkslieder. Illustrirte Pracht-Ausg. Mit Holzschn. nach Original-Zeichngn. v. Jac. Grünenwald, Andr. Müller, Carl v. Piloty rc. 4. (232 S.) Leipzig 875. A. Dürr. geb. m. Goldschn. n. 14. —

—— die schönsten deutschen Volkslieder, gesammelt und hrsg. Neue Ausg. Mit (eingedr.) Holzschn. nach Orig.-Zeichnungen von J. Grünenwald, A. Müller, Carl v. Piloty rc. hoch 4. (VIII, 232 S.) Leipzig 880, A. Dürr. cart. *

—— und Frz. Lipperheide, die Wacht am Rhein, das deutsche Volks- und Soldatenlied des J. 1870. Mit Portraits, Facsimiles, Musikbeilagen, Uebersetzungen rc. Zum Besten der Carl Wilhelms-Dotation und der deutschen Invalidenstiftung. Pracht-Ausg. fl. 4. (VIII, 61 S.) Berlin 871, Lipperheide. cart. *
Volks-Ausg. *M. 1.50.; cart. *

Zerstöhrung dess also fälschlich genantens Pabstlichen Offenbahren Kind-Betts, welches von einem, so von Luthero ein vergalleten Hass gegen den römischen Pabst ererbet, aus uhraltem aussgedroschenen und vermoderten Stroh und stinckendem verfaultem Holz dem Papst Joanni dem VIII. in Jenen (!), Dresden, München aufgerichtet und ins Kupfer unverschämbt stechen lassen. Das ist: Grundliche Widerlegung des verlogenen alten Altvettlischen Mahrleins von dem Papst Joannes VIII. (Vf. der Jesuit *Georg Scherer*.) Zu Wahrstadt (Erfurt) 1678. 4°. 20 Bll. (7 Mk., unbedeut. wurmst., Völcker, c. 1905; 6 Kr. Halm & Goldmann, 1907.)
[illegible] Mith (Crolig's)

Dasselbe. 1717.
Weller, fing. Druckorte.

Scherer, Georg Kaspar, s. Scherrer, Georg Kaspar.

Scherer, Gustav, vgl. Scherrer, Gustav.

Scherer, Gust., kleine Toggenburger Chroniken. Mit Beilagen u. Erörtergn. gr. 8. (152 S.) St. Gallen 874 Huber & Co. n. 2. 80

Scherer, Gustav. Die gedruckte St. Gallische Dokumentensammlung. SA. 8. [Zürich 1868.]

Scherer, Gust., St. Gallische Handschriften, s. Handschriften.

Scherer, G[ustav]. Ueber den Unterricht in der Schweizergeschichte. (Abhandlung. Progr.) 4. (St. Gallen 1861.)

Scherer, H. (Hrsg.), s. Actionär, Der.

Scherer, H., Londoner Briefe über die Weltausstellung. 8. (X u. 244 S.) Leipzig 851, Herm. Schultze. n. 1 ℛ

Scherer, H. (I.), die Fonds- und Aktienbörse, s. Flügel's, Geo. Thom., Cours-Zettel.

Scherer, H., allgemeine Geschichte des Welthandels. 1. Thl.: Von den frühesten Zeiten bis zur Entdeckung Amerikas. gr. 8. (XIII und 484 S.) Leipzig 852, Herm. Schultze. *

—— dass. — 2. Thl.: Von der Entdeckung Amerikas bis zum Frieden von Versailles. (1492—1783.) gr. 8. (XXXII und 739 S.) Ebds. 853. *

Scherer, Dr. H., Verfasser des „Sundzolles", Oesterreich. Baiern und das südwestliche Deutschland. In Gemeinschaft ihrer Handels- und Gewerbs-Interessen. (Abdruck aus der „Austria".) Wien, Tendler u. Comp., 1849. VIII. 102 S. 8°.

Scherer, H. (II.), eine Oster-Reise ins heilige Land in Briefen an Freunde. gr. 8. (III und 364 S.) Frankfurt a. M. 860, Brönner. *

Scherer, H. Die Pflege der Beobachtung und ihr Wert für die menschliche Bildung. Eine psychologisch-pädagogische Skizze. S. 106—128. 8. Progr. G. *Giessen 1885

Scherer, H., Reise in Egypten. In Briefen an Freunde. Frankfurt a. M. 866. Winter. 8. (III, 80 S.) n. 10 ngr.

—— Reisen in der Levante in den J. 1859—65. In Briefen an Freunde. 2., verm. Ausg. 8. (VII und 446 S.) Frankfurt a. M. 866, Winter. *

Scherer, H., der Sundzoll, seine Geschichte, sein jetziger Bestand u. seine staatsrechtl.-polit. Lösung. Nebst einem Anh. über die Sundzollfreiheit d. Pommerschen u. Preuß. Städte. Als Beilagen die auf den Sundzoll bezügl. Verträge, Friedensschlüsse, Tarife rc. Lex.-8. (Mit 1 Karte.) Berlin 845, Duncker u. Humblot. n. 2 ℛ

Scherer, Hans: The Pleasant Comedie of Old Fortunatus by Thomas Dekker. (Hrsg. nach d. Drucke von 1600.) *Naumburg a. S. 1900: Lippert & Co.* (30 S.) 8° [Erschien vollst. 1901 als: Münchener Beiträge zur roman. u. engl. Philol., H. 21.] München, Phil. Diss. v. 1900

Scherer, Heinrich

Scherer Henricus: Atlas novus exhibens orbem terraqueum per naturae opera, historiae novae ac veteris monumenta, artisque geographicae leges et praecepta. Hoc est: Geographia universa in septem partes contracta et instructa ducentis fere chartis geographicis ac figuris. P. 1—3. Augustae Vindel. 1710. 1 Bd. 4°. |A 6655
— P. 1—7. Augustae Vindel. 1730–1737. 8 Bde. 4°. |A 6656

Scherer, Heinr., s.: Bahnen, neue.

Scherer, Heinr., Ludwig Bauer, Schulrat. E. Gedenkblatt zu dessen 25jähr. Dienstesjubiläum. gr. 8. (26 S.) Augsburg 896. B. Schmid's Sort. n.n. — 50

— vergangene u. moderne Beziehungen zum Hochgebirge. gr. 8. (27 S.) Immenstadt 894. (Augsburg, Lampart & Co.) n. — 80

Scherer, Hnr., die Brieftasche, oder wer ist schuldig? Ein Lstspl. in 1 Akt. 8. Linz 808.

Die Forderungen der Gegenwart an die Bildung der Volksschullehrer v. H. Scherer, Schulinsp. (in Worms). *Bonn, Berlin, Leipzig: F. Soennecken (1897).* (35 S.) 8.
= Sammlung pädagogischer Vorträge. Bd x. H. 3. [97. 3477

— Führer durch die Strömungen auf dem Gebiete der Pädagogik u. ihrer Hilfswissenschaften, zugleich e. Ratgeber für Lehrer u. Schulbeamte bei der Einrichtung v. Bibliotheken. Hrsg. unter Mitwirkg. von Gelehrten u. Schulmännern. 1. u. 2. Heft. gr. 8. Leipzig 907. E. Wunderlich. n. 3. 20; geb. in Leinw. n. 4. —
1. Religionswissenschaft. (VI, 128 S.) 1. 40; geb. 1. 80
2. Religions- u. Moralunterricht. (VIII, 141 S.) 1. 80; geb. 2. 20

Scherer, Heinr., Führer durch die Strömungen auf dem Gebiete der Pädagogik u. ihrer Hilfswissenschaften, zugleich e. Ratgeber f. Lehrer u. Schulbeamte bei der Einrichtung v. Bibliotheken. Hrsg. unt. Mitwirkg. v. Gelehrten u. Schulmännern. 3.—6. u. 13. Heft. gr. 8. Leipzig, E. Wunderlich. 10.—; geb. 12. —
3. Geschichtswissenschaft. (VIII, 168 S.) 907. 2.—; geb. n 2. 40
4. Geschichtsunterricht. (VIII, 207 S.) 908. 2.—; geb. 2. 40
5. Geographie. (VII, 125 S.) 908. 1.60; geb. 2. —
6. Geographieunterricht. (XI, 210 S.) 910. 2.—; geb. 2. 40
13. Geschichte d. Pädagogik u. ihrer Hilfswissenschaften. (VIII, 247 S.) 910. 2.40; geb. 2. 80
Die Hefte 7—12 sind noch nicht erschienen.

[F.] Der 150. Geburtstag Pestalozzis oder Warum sind wir Lehrer verpflichtet, d. 150. Geburtstag Pestalozzis festl. zu begehen? Von Heinrich Scherer, Lehrer in Roxheim bei Kreuznach. *Bielefeld: A. Helmich [1895?].* (11 S.) 1 Bd 8.
= Abhandlungen, Pädagogische. H. 29. [96. 1131

Scherer, Heinrich. Der 150. Geburtstag [Johann Heinrich] Pestalozzis, oder Warum sind wir Lehrer verpflichtet, den 150. Geburtstag P' festlich zu begehen? 8. Bielefeld (1896).
(Pädagogische Abhandlungen. Heft 29.)

Scherer, H[einrich]. Zum Gedächtnis (Johann) H(einrich) Pestalozzis. (Mit dem Bildnisse H. Pestalozzis [Tafel].) [A.] 8. (Leipzig 1896.)

Scherer, Heinr., Geographie u. Statistik d. Großherzogt. Hessen. Zugleich Handbuch zur Frommann'schen Karte v. Hessen. 20. Aufl. gr. 8. (VI, 177 S. m. 1 lith. Karte.) Gießen 883. Roth. n. 2. 50; geb. n.n. 3. —

Scherer, H., Der Handfertigkeitsunterricht in der Volksschule. (Samml. pädag. Vorträge, Bd. 3, Heft 9.) gr. 8⁰. Bielefeld 1891.

— Der Handfertigkeitsunterricht in der Volksschule. — s. Sammlung pädagog. Vorträge.

Scherer, H., der Handfertigkeitsunterricht in der Volks- u. Fortbildungsschule, s.: Zeit- u. Streitfragen, pädagogische.

— s.: Jahresbericht, pädagogischer.

[F.] Melanchthons Leben u. seine Bedeutg f. d. Schule. Von Heinrich Scherer. *Bielefeld: A. Helmich [1897].* (11 S.) 1 Bd 8.
= Abhandlungen, Pädagogische. H. 33. [98. 1881

— Der Lehrer der Kleinen. Eine Didaktik u. Methodik des Elementar-Unterrichts. Im Anschluß an die 9. Aufl. v. Frz. Wiedemann „Der Lehrer der Kleinen" unt. Mitwirkg. v. Bopp völlig neu bearb. (516 S. m. z. Tl. farb. Abbildgn.) 8. Einbeck 910. A. Oehmigke. 4.50; geb. in Leinw. 5. 25

— Lehrerbildung u. Lehrerfortbildung. Beleuchtet v. Sch. (72 S.) 8. Gießen 908. E. Roth. 1. 20

— Illustrierter Lehrmittel-Katalog für hessische Schulen. (VIII, 80 S.) Lex.-8. Giessen (905). E. Roth. n. 1. 50

— s.: Lesebuch, deutsches, f. die Schulen des Großherzogt. Hessen.

Scherer, H., A. Diesterweg's Pädagogik. In systemat. Anordng. u. zur Einführg. in das Studium der wissenschaftl. Pädagogik bearb. Mit Portr. u. Facsim. Diesterweg's. gr. 8. (VI, 186 S.) Gießen 890. Roth. n. 2. —

— die Pädagogik in ihrer Entwicklg. im Zusammenhange m. d. Kultur- u. Geistesleben u. ihrem Einfluß auf die Gestaltg. d. Erziehungs- u. Bildungswesens m. besond. Berücksicht. d. Volksschulpädagogik u. d. Volksschulwesens. 1. Bd.: Die Pädagogik vor Pestalozzi. gr. 8. (XV, 581 S.) Leipzig 897. F. Brandstetter. n. 8. —

— die Pädagogik in ihrer Entwicklung im Zusammenhange m. dem Kultur- u. Geistesleben u. ihrem Einfluß auf die Gestaltung des Erziehungs- u. Bildungswesens m. besond. Berücksicht. der Volksschulpädagogik u. des Volksschulwesens. II. Bd.: Die Pädagogik als Wissenschaft von Pestalozzi bis zur Gegenwart. 1. Abtlg. Die Entwicklg. des Kultur- u. Geisteslebens. (XX, 416 S.) 8. Leipzig 907. F. Brandstetter. n. 6. 40
1. Bd. Ebd. 897. n. 8. —.

[F.] Die Pädagogik vor Pestalozzi ... v. H. Scherer, Schulinsp. in Worms. *Leipzig: F. Brandstetter 1897.* (xv, 581 S.) 1 Bd 8.
= Scherer, H.: Die Pädagogik in ihrer Entwicklg. Bd 1. [97. 1143

— d. Pestalozzische Pädagogik, nach ihrer Entwickelung, ihrem Auf- u. Ausbau u. ihrem Einfluß auf die Gestaltung des Volksschulwesens dargest. gr. 8. (VI, 312 S.) Ebd. 896. n. 4. —

Scherer, H(einrich). Die Pädagogik als Wissenschaft von [Johann Heinrich] Pestalozzi bis zur Gegenwart in ihrer Entwicklung im Zusammenhange mit dem Kultur- und Geistesleben dargestellt. 3 Abteilungen. 8. Leipzig, Friedrich Brandstetter, 1907.
(Abteilung 1: Die Entwicklung des Kultur- und Geisteslebens.) XX + 416 S. (M. 6. 40, geb. 7. —.) — *A. u. dem, für alle Abteilungen geltenden Titel:* Die Pädagogik in ihrer Entw' im Zus' mit dem K' und G' und ihrem Einfluss auf die Gestaltung des Erziehungs- und Bildungswesens mit besonderer Berücksichtigung der Volksschulpädagogik und des Volksschulwesens. Band 2....

Abteilung 2: Die Entwicklung der wissenschaftlichen Pädagogik. IV + 288 [+ *Prospekt* 8] S. (M. 4. —, geb. 4. 60)
Abteilung 3: Die wichtigsten Darstellungen der empirischen Pädagogik. IV + 298 S. (M. 4. 40, geb. 5. —)

— der Religionsunterricht in der deutschen Nationalschule, s.: Bausteine zur Volksschulpädagogik.

— die Schildwache. Ein Lstspl. in 1 Aufz. 8. Linz 808.

— der seltene Schmaus, oder die Glücklichen. Posse in 1 Akt. 8. Linz 808.

— die Simultanschule, — warum muss sie die Schule der Zukunft sein? gr. 8. (80 S.) Bielefeld 893. A. Helmich. n. 1. —

— die allgemeine Volksschule in Rücksicht auf die soziale Frage, s.: Sammlung pädagogischer Vorträge.

— Wegweiser zur Fortbildung deutscher Lehrer in der wissenschaftlichen u. praktischen Volksschulpädagogik u. zum Ausbau derselben. Auf geschichtl. Grundlage u. m. Angabe der Litteratur u. Lehrmittel bearb. 2 Bde. gr. 8. Leipzig 892. F. Brandstetter. n. 13. —
1. Die wissenschaftl. Volksschulpädagogik. Anh.: Litterarischer Wegweiser. (X, 391 S.) n. 5. —
2. Die prakt. Volksschulpädagogik. (VIII, 535 S.) n. 8. —

Scherer, H., welche Anforderungen stellt unsere Zeit an die Organisation der Volksschule, s.: Sammlung pädagogischer Vorträge.

Scherer, H[einrich]: Der Werkunterricht in seiner soziologischen u. physiologisch-pädagogischen Begründung. Berlin: Reuther & Reichard 1902. (50 S.) 8°
= Sammlung v. Abhandlungen aus d. Geb. d. pädag. Psychologie u. Physiologie. Bd 6, H. 1.

— u. J. Eckert, Zeichnen u. Handfertigkeit. E. Anleitg. zur Erteilg. dieses Unterrichts in der Volksschule. 4. (123 S. m. Abb.) Gotha 895. E. F. Thienemann, Verl. In Mappe n. 3. —

Scherer, Hermann

Scherer, Herm., die Activitätsbezüge der k. k. Staatsbeamten u. Staats-Lehrpersonen. Nach den neuesten gesetzl. Bestimmgn. zusammengestellt. (2. Aufl.) gr. 8. (40 S.) Wien (IX. Strassnitzkygasse 7) 898. Selbstverlag. n.n. — 60

Scherer, Herm., die Aktivitätsbezüge der k. k. Staatsbeamten u. Staatslehrpersonen. Nach den neuesten gesetzl. Bestimmungen zusammengestellt. Handbuch f. Staatsbeamte. 3. Aufl. (28 S.) gr. 8. Wien (III, Hauptstr. 82) 907. Rechnungsrev. H. Scherer. — 50

— der Amtsleiter-Candidat. II. Thl.: Cassen- u. Verrechnungswesen, Postsparkassendienst, Verschleiss u. Verrechng. der Werthzeichen. Handbuch f. Staatsbeamte. gr. 8. (143 S.) Ebd. 901. n.n. 8. 50

Scherer, Herm., Bezüge u. Personalverhältnisse im österr. Post- u. Telegraphendienst. 2. Aufl. (IV, 104 S.) gr. 8. Wien (III, Hauptstr. 82) 908. Rechnungsrev. H. Scherer. 2. —

Scherer, Herm., bunte Bilder aus dem Wanderleben. 3 Thle. 8. Stuttgart u. Wildbad 842, Sonnewald. n. 4 ₰

— Disciplinar-Vorschriften für k. k. Beamte und Diener. Dienstordng. der k. k. Post- u. Telegraphen-Bedienstoten. 2. Aufl. gr. 8. (39 S.) Ebd. 899. n.n. — 60

— Entwurf e. Dienstpragmatik für k. k. Civil-Staatsbeamte. Handbuch f. Staatsbeamte. 2. Aufl. gr. 8. (VI, 52 S.) Ebd. 900. n.n. 1. —

— Handbuch f. den ausübend. Telegraphendienst in Österreich. (VI, 150 S.) gr. 8. Ebd. 907. 3. —

— Das Kassen- u. Verrechnungswesen im österreich. Post- u. Telegraphendienste. Handbuch f. Kandidaten der fachl. Beamtenprüfgn. (IV, 188 S.) gr. 8. Ebd. (907). 4. —

Scherer, Hermann, Rechtsprakt.: Die Klage gegen den toten Mann. Eine rechtsgeschichtl. Studie. Heidelberg: Winter 1909. 57 S. 8° ¶ (Ersch. vollst. als: Deutschrechtl. Beiträge. Bd 4, H. 2.)
München, Jur. Diss. v. 9. Nov. 1909, Ref. v. Amira
[Geb. 14. Febr. 83 Augsburg; Wohnort: Augsburg; Staatsangeh.: Bayern; Vorbildung: Gymn. St. Stephan Augsburg Reife Juli 02; Studium: München 8 S.; Rig. 9. Nov. 09.] [U 10. 3434

Die Klage gegen den toten Mann. Eine rechtsgeschichtl. Studie nach nord- u. südgerman. Rechten. Von Dr. jur. Hermann Scherer. Mit 2 Abb. Heidelberg: Winter 1909. S. 49–192. 8°
(Deutschrechtliche Beiträge. Bd 4, H. 2.)

Scherer, Herm., die Klage gegen d. toten Mann, s.d. Beiträge, deutschrechtliche. IV, 2.

— Leitfaden f. d. Telephondienst. Der Typendruckapparat v. Hughes. (IV, 70 S.) gr. 8. Ebd. 907. 1. 80

Scherer, Herm., Oestreich im Sommer 1842 dargestellt. Besonderer Abdruck aus den „Zeitinteressen." 8. Ulm 843, Stettin'sche Verlagsbuchh. ¾ ₰

— die österreichischen Pensions-Bestimmungen f. Civil-Staatsbeamte (Staats-Lehrpersonen), Diener, deren Witwen u. Waisen. 6. verb. Aufl. gr. 8. (31 S.) Ebd. 899. n.n. — 60

— Die österr. Pensions-Bestimmungen f. k. k. Staatsbeamte (Staats-Lehrpersonen), Diener, deren Witwen u. Waisen. Handbuch f. Staatsbeamte. 7. Aufl. (40 S.) gr. 8. Ebd. 907. — 80

Scherer, Herm., die österr. Pensions-Gesetze f. k. k. Staatsbediensteto. D. Einkommensteuer u. Diensttaxen-Bestimmgn. Das Gesetz, betr. d. Execution d. Bezüge d. im öffentl. Dienste steh. Personen u. deren Hinterbliebenen. gr. 8. (III, 44 S.) Wien 896. (M. Breitenstein.) n. — 50

Scherer, Hermann: Über Phytosterine und einige fette Öle. Mülhausen i. E. 1909: Meininger. 60 S. 8°
Straßburg, Math.-naturwiss. Diss. v. 3. Mai 1909, Ref. Schär
[Geb. 25. Nov. 81 Dillenburg; Wohnort: Haiger; Staatsangeh.: Preußen; Vorbildung: Progymn. Neunkirchen bis O. 98; Studium: Straßburg 9 S.] [U 10. 4133

— Telephonbetriebs-Verordnungen. Telephon-Apparatlehre u. Anleitung zur Behebg. v. Betriebsstörgn. (IV, 50 S.) gr. 8. Ebd. 907. — 80

— die Ultras in Kirche u. Staat, und die kathol. Opposition in Deutschland, besonders im südwestlichen nach ihren polit. Bezügen. 2. Aufl. gr. 8. Stuttgart 842, Sonnewald. ¼ ₰

— Vorschriften üb. d. Disciplinarbehandlung d. k. k. Beamten u. Diener. gr. 8. (III, 48 S.) Wien (IX, Strassnitzkygasse 7) 897. Selbstverlag. n.n. — 60

Auf der Wanderung. Gesammelte Feuilletons aus d. Jahren 1883–1895 von Hermann Scherer. Hrsg. von C. Scherer. Frankfurt a. M.: Wüsten & Co. 1907. (VI, 254 S.) 8° [08. 7423

Scherer, J., Zins-Tabellen nach der neuen deutschen Reichswährung u. zwar aus 1 bis 10000 Mark Kapital von 3, 3½ u. so fort bis m. 6 Prozent Zins auf 1 bis 29 Tage, 1 Monat bis 11 Monat incl., sowie auf e. volles Jahr. gr. 16. (98 S.) Stuttgart 874. W. Müller. n. — 50

Scherer, J. E., Beiträge zur Geschichte d. Judenrechtes im Mittelalter, m. besond. Bedachtnahme auf d. Länder der österr.-ungar. Monarchie. Mit Unterstützung der „Gesellschaft zur Förderung deutscher Wissenschaft, Litteratur u. Kunst in Böhmen". 1. Bd. gr. 8. Leipzig 901. Duncker & Humblot. n. 15. —
Die Rechtsverhältnisse der Juden in den deutsch-österreich. Ländern. Mit e. Einleitg. üb. die Principien der Judengesetzgebg. in Europa während d. Mittelalters. (XX, 671 S.)

Scherer, J. P., Allerheiligen im badischen Schwarzwald. Einst u. Jetzt. Mit e. Kartenbeilage u. Illustr. gr. 16. (84 S.) Leipzig (900). Woerl's Reisebücher-Verl. n. — 50

— dasselbe, s.: Woerl's Reisehandbücher.

Scherer, J. P., Lehrbuch für den Religions-Unterricht nach Dr. Luthers kleinem Katechismus, mit durchgäng. Beziehung auf das für die protestant. Kirchen u. Schulen Bayerns bestimmte Spruchbuch bearbeitet. gr. 8. Nürnberg 842. (Raw.) n. 3/8 ℔

Scherer, Jacob. Das Bad der Seele. Worte der Belehrung an das christliche Volk. [Mit Titelbild.] 90 S. 8. Einsiedeln *etc.*, Benziger & Co. A. G., 1902. [geb. fr. 1. 50]

Scherer, Jak., Festrede an d. Schlachtfeier in Sempach, s.: Grüter, Jos.

Scherer, Jacob. Die Sühnekommunion. Unterrichts- und Gebetbüchlein für die Verehrer des hlgst. Herzens Jesu. Von Jakob Sch', Pfarrer. [Mit Vignetten und 2 Tafeln.] 208 S. 8. Einsiedeln *etc.*, Benziger & Co. A. G., 1906. [geb. fr. —. 95 *bis* 3. —]

Scherer, Jenny: Wie gelangt meine Tochter in den Staatsdienst? Aufnahmsbedingungen u. Anforderungen f. die den weibl. Arbeitskräften vorbeh. Dienstesstellen bei den Staats-, Post-, Telegraphen- u. Telephonämtern, beim Postsparkassenamte u. b. d. Staatsbahnen. — Wien: Perles 1900. 38 S. 8°

SCHERER, Johann (Hochdorf/Schweiz): De febri pituitosa. (Titel nach der Urkunde)
30.8.1838 - Urk; F 64
Diss. Ingolst.-Landsh.-Mchn.

Scherer, Johann Andreas von

Scherer (Joh. Andr.). Beobachtungen und Versuche über das pflanzenähnliche Wesen in den warmen Karlsbader und Töplitzer Wässern in Böhmen. Dresden 1787. 8.

— Beobachtt. u. Versuche über die pflanzenähnl. Wesen in der warmen Karlsbader u. Töplitzer Wassern. 4. Dresd. 787. Walther. 2 ℔

— Beweis dass Johann Mayow vor hundert Jahren den Grund zur antiphlogistischen Chemie und Physiologie gelegt hat. Wien, 1793. pp. xxiv–188, 8vo. With portrait of Mayow on title-page.

— Beweis, daß J. Mayow vor 100 Jahren den Grund zur antiphlogist. Chemie u. Physiologie gelegt hat. gr. 8. Wien 793 (Beck). 16 ℔

Beweis dass Mayow und Pechlin den Grund zu den neueren Theorien des lebenden Organismus gelegt haben. Wien, 1802. 8vo.
Joh. Nicolaus Pechlin died in 1706.

— Beweis, d. Mayow u. Pechlin d. Grund zu d. n. Theorien d. leb Organismus gelegt haben. gr. 8. Leipz. Liebeskind. (Schalbacher in Wien). 802.

— über Einathm. der Lebensluft in langw. Brustentz. 8. Wien, Schaumburg. 793.

— üb. das Einathmen der Lebensluft in langwierigen Brustentzündungen. 8. Wien 794. Schaumburg u. C. 6 ℔

— Eudiometria, seu methodus aëris atmosphaerici puritatem salubritatemque examinandi. 8. maj. Vien. Camesina. 782.

— über Gerbesäure in Pflanzenkörpern, in Hinsicht auf Färbekunst u. Gerberei. gr. 8. Prag 805. Widtmann. 4 ℔

Scherer, Johann Andreas: Geschichte der Luftgüteprüfungslehre für Aerzte und Naturfreunde. Bd 1 - 2, gbd., 1 Taf.

Wien: Wappler 1785

JB 235

Scherer, Joh. And., Geschichte d. Luftgüteprüfungslehre für Aerzte und Naturfreunde, m. K. 2 Bände. 8. Wien, Wappler. (Beck). 785. Rthlr.

Geschichte der Luftgüte-Prüfungslehre für Aerzte und Naturfreunde kritisch bearbeitet. Wien, 1785. 2 parts. 8vo. Folding plate. Part I, pp. xvi–214; Part II, pp. 228.

Scherer, Johann Andreas (Ed.):

s.: Ingen-housz, Jan: Miscellanea physico-medica. Viennae: 1795

JB 205

Scherer, Johann Andreas (Übers.):

s.: Ingen-housz, Jan: Versuche mit Pflanzen, hauptsächlich über die Eigenschaften... die Luft im Sonnenlichte zu reinigen... (Experiments upon vegetables... Dt.) Aus dem französischen (vom Verfasser übersetzten Texte). (Bd 1): verbess.und verm. Aufl. Bd (1), 3. Wien: 1786 - 1790

JB 227

Scherer, Johann Andreas von, s. Nahuys: Chem. Abhandlung.

v. Scherer, Ritter Jh. Andr., genaue Prüfung der Hypothese vom Brennstoffe; aus d. Latein. v. K. Bretfeld. 8. Prag 793. Widtmann. 8 ℔

— von der Schädlichkeit der Lebensluft in langwier. Brustentzündungen gegen Hrn. D. ... Ferro. 8. Wien 793. Al. Doll. 4 ℔

Scherer, Johann Andreas: Versuch einer neuen Nomenclatur für Deutsche Chymisten. 224 S., gbd., Tab.

Wien: Wappler 1792

JB 6.508

— Versuch einer neuen Nomenclatur für deutsche Chymisten. Wien, 1792. pp. [xx]–208–[xvi], 8vo. Two folding tables.
A modification of Lavoisier's nomenclature adapted to the German, and substantially preserved till the present day. Alphabetized under the French names.

Scherer, Johann Benedikt von

Wichtige Anekdoten eines Augenzeugen über die französische Revolution. Ein unentbehrlicher Nachtr. zu Girtanners' histor. Nachrichten und Betrachtungen. [Von Joh. Benedikt v. Scherer.] [T. 1.] 2. Berlin u. Leipzig 1800. 8⁰
[1.] 238 S.; 2. 270 S.
Kl. 3459. Erwähnt vielfach Frmr, Illuminaten, Jakobiner usw. u. ihren Einfluss auf die franz. Revolution. Girtanners Nachrichten erschienen 1791—1804. KB.
Vgl. Anekdoten,...

ANECDOTEN, Wichtige, eines Augenzeugen über die französische Revolution (von *Joh. Benedict v. Scherrer*). Berlin und Leipzig (Nürnberg) 1800. 8⁰.
Anon.-Lex. I. p. 59 (nach Meusel u. Kayser); Weller, fing. Druckorte.

Scherer, J. B. von, üb. die Anpflanzung des Tabaks, Art u. Weise, wie man denselben bearbeiten müsse. 8. Tübing. Osiander. 812.

Scherer, Johann Benedikt von, s. Gedanken. Chinesische.

– s. Geschichte d. Ukrainischen Kosaken.

— Geschichte u. gegenwärt. Zustand des russ. Handels, im Auszuge; aus d. Französ. v. K. Hammerdörfer. gr. 8. Leipz. 789. Weygand. 20 gr.

Gräuel der Verwüstung, oder Blicke in die französische Revolution, wie und durch wen das arme Elsass darein geflochten worden ist (von *J. B. Scherer*). Deutschland (Hermann in Frankfurt) 1793.
Weller, l. c.
Vgl. Gräuel...

v. Scherer, Ritter Jh. Bdkt., nordische Nebenstunden, d. i. Abhandll. über die alte Geographie, Geschichte rc. 1r Thl. 8. Frankf. 776. Fleischer. 18 gr.

– s. Nestor. Des heil.. Jahrbücher.

— Rückblick auf die 25jähr. Regierung Sr. Majest. des Königs. Eine Rede, in d. kön. Akademie d. Wissensch. zur Feier des 16. Febr. 1824 gelesen. gr. 8. Münch. 824. (Lindauer). 6 gr.

– s. Steller, G. W.: Beschreib.

– s. Ursprung aller Revolutionen.

– s. Was ist von d. Elsassern u. Lothringern zu halten.

Scherer, Johann Friedrich (Präs.). s. Grauer. Joh. Martin: De καταποντισμῷ sive supplicio submersionis apud antiquos. ad illustr. Locum Matth. XVIII.

SCHERER, Johann Gabriel: Praktische Abhandlung über die auf den kubischen Inhalt sich gründende Ausmittlung des wahren Holzwerthes. Für Forstinhaber, Forstbedienten... - Glogau 1805

Scherer, Johann Josef

— s. Jahresbericht über die Fortschritte d. Pharmacie rc.

Scherer, J. J., Lehrbuch der Chemie mit besond. Berücksicht. des ärztl. und pharmaceut. Bedürfnisses. 1. Bd. 3 Lfgn. Lex.-8. (VII und S. 1—816 mit 73 in den Text gedr. Holzschn.) Wien 859. 61, Braumüller's Verlags-Conto. [1. Lfg. • 2 Thlr., 2. • 1 Thlr. 10 Ngr., 3. • 2 Thlr. 20 Ngr.] •

Scherer, Dr. J. J., Tabellar. Uebersicht des Verhaltens der gewöhnl. bei analyt. Untersuchungen vorkommenden Stoffe gegen Reagentien. Wien 1861. 8⁰.

Scherer, (J.), chemische Untersuchung der Soole der Philippsquelle zu Orb im Regierungsbezirke Unterfranken und Aschaffenburg in Bayern. gr. 4. (3 S.) Würzburg 855. (Gera, Illgen's Erben.) Thlr.

Scherer, J. J. Dr. (Prof. der Chemie) „Chemische Untersuchung mehrerer fränkischen Weinbergserden". pg. 3—11. 4⁰. Carl Anton Zürn.
Würzburg, Progr. 1843/44

Scherer, Joh(ann) Jos(eph): Chemische und mikroskopische Untersuchungen zur Pathologie angestellt an den Kliniken des Julius-Hospitales zu Würzburg. 232 S., gbd., 1 Taf.

Heidelberg: Winter 1843

JB 1.119

Scherer, Johann Ludwig Wilhelm

Scherer, Jh. Ldw. Wilh., Altargebet am 3n Jubelfeste d. evangel. Kirche. 8. Mainz 817.

— allgem. homilet. liturg. Archiv, s. Archiv.

— Archiv zur Vervollkommnung des Bibelstudiums. 1s Stck. gr. 8. Hamb. 801. (Herold jun.) 9 gr. (A. u. d. T.: exeget., philolog. u. hstor. Untersuchungen üb. die Bibel rc.)

— die kl. Bibel für die Jugend, s. unten: Lesebuch.

— Bibelcommentar, s. Bibelcommentar.

— histor. Einleit. zum richtigen Verstehen der Bibel, mit Rücksicht auf die Zerrenner'schen Auszüge. 8. Halle 802. Gebauer. 18 gr. Mit 25 Kart. u. Kpf. 1 Thlr 18 gr.

— Erklär. über die Entstehung, Benennung u. Bedeutung der Sonn- u. Feiertage in d. christl. Kirche. 8. Marb. 819. Krieger. 3 gr.

— kurze Erklär. der gewöhnl. Sonn- u. Festtags-Episteln u. Evangelien-Abschnitte f. die Jugend rc. 8. Köthen 807. Aue. 16 gr.

— Erklärung der Messianischen Weissagungen, s. Erklärungen.

— Erklärung d. Weissagungen aller Propheten, s. Erklärung.

— Erklärung d. Weissagungen d. N. Testam., s. Erklär.

Ub. d. Freuden d. Thiere; e. Buch f. jederm., bes. f. d. Jugend u. ihre Freunde. *Lpz.*, Bruder u. Hoffmann. 812. 8⁰ m. Kpf. 1 Thlr 8 gr.

— die Freuden d. Thiere. Ein Buch f. Jedermann, besond. f. die Jugend u. ihre Freunde. Mit Kpf. 8. Nürnb. 812. Campe. 1 Thlr 8 gr.

— die schönsten Geistesblüthen des christl. Bundes. 8. Karlsr. 809. (Braun). 20 gr. (Beide Werke auch unt. d. T.: bibl. Parabeln u. andere Dichtungen. 2 Bdchen.)

— die schönsten Geistesblüthen des alt. Orients, für Freunde des Großen u. Schönen. gr. 8. Karlsr. 809. (Braun). 1 Thlr 4 gr.

— d. schönsten Geistesblüthen d. alt. Orients f. Freunde d. Großen u. Schönen. gr. 8. Carlsruhe, Macklot. 809.

— Geschichte d. Israeliten vor Jesus nach ihren H. Büchern f. uns. Zeiten. 2 Thle. 8. Zerbst, Füchsel. 803.

— Geschichte der Israeliten vor Jesus nach ihren heil. Büchern, für unsere Zeiten bearb. 2 Thle. 8. Zerbst 803, 4. (Kummer). 1 Thlr. 20 Gr.

— katechet.-prakt. Handbuch üb. die bibl. Geschichten des alten u. neuen Testaments. 2 Thle. 8. Leipz. 803. 2e Aufl. 820. Reclam. 1 Thlr. (A. u. d. T.: katechet.-prakt. Handbuch über seine Religionsgeschichte ꝛc.)

— allgem. Lehrbuch der bibl. u. Religionsgeschichte f. Kinder. 8. Manh. 807. Löffler. 12 Gr.

— Lehren der Weisheit, Tugend u. Religion, in Gedichten, Parabeln und Erzählungen der heiligen Schrift, für die Jugend und ihre Freunde. gr. 8. Elberfeld, Büschler. 819.

— Lehren der Weisheit, Tugend u. Religion, in Gedichten, Parabeln u. Erzähll. der heil. Schrift, für die Jugend u. ihre Freunde. gr. 8. Elberf. 819. (Schönian). 16 Gr.

— die Leiden der Thiere. Mit 8 ill. Kpf. 12. Leipz. 808. 2e A. 810. (Schönian in Elberf.) 1 Thlr. 8 Gr.

. J.L.W. Scherer: d. Leiden d. Thiere; e. Buch f. jedermann, bes. f. d. Jug. *Lpz.*, Bruder u. Hoffmann. (808.) 809. 8° m. Kpf. 1 Thlr. 8 Gr.

— die Leiden der Thiere ꝛc. 2te Aufl. 8. Leipzig. Jetzt Büschler in Elberfeld.

— allgem. bibl. Lesebuch, enthalt. den Geist u. die Kraft der Bibel. (A. u. d. T.: kleine Bibel für die Jugend). gr. 8. Leipz. 803. Köhler. 1 Thlr.

— bibl. Lieder, Parabeln ꝛc., s. oben: Geistesblüthen.

— neue allgem. Liturgie f. Stadt- u. Landprediger, nach d. Bedürfnissen unserer Zeit. gr. 8. Frankf. 805. (Mohr in Heidelb.) 1 Thlr. 12 Gr. Schrbp. 1 Thlr. 20 Gr.

— neue Predigten auf alle Sonn- u. Festtage zur Bild. des Geist. u. Herzens. 2 Thle. s. d. Predigten von Beckhaus, Göß, Scherer u. and.

— heil. Reden zur Belehrung f. Kinder des Lichts. 2 Bde. gr. 8. Lemgo 799. Meyer. 2 Thlr. 8 Gr.

— neue Religionsgeschichte d. alt. u. neuen Testam. f. die Jugend. 2 Thle. 8. Marb. 797, 98. 2e A. 801. 3e A. 803. Krieger. 12 Gr. 4e Aufl. 8. Ebd. 819. 16 Gr.

— Religionsgeschichte d. alten u. neuen Testaments f. d. Jugend, f. Schulen umgearbeitet von einen kathol. Religionslehrer. 8. Würzb. Stahel. 806.

— Samml. auserles. Homilien. 1r Thl. 8. Frankf. a. M. 799. Zeßler. 16 Gr.

— d. Schriftforscher, s. Schriftforscher.

Scherer, Jh. Ldw. Wlh., der Schriftforscher, zur Belehr. eines gründl. Bibel-Studiums u. Verbreitung der rein. verschönerten Religion. 1r Bd. 4 Stcke. gr. 8. Berl. 803. Gädike. 2 Thlr. 16 Gr. 2r Bd. 1s u. 2s Stck. gr. 8. Altenb. 804, 805. Schnuphase. 1 Thlr.

— Stadt- u. Landprediger. 1r 2r, s. W. H. Bayersdorfer Landprediger 3r 4r.

— Uebersetzung d. Briefe Jacobi, s. Briefe, die kathol.

— Uebers. d. Br. Jacobi. gr. 8. Marburg, Krieger. 799.

— das Vaterland in Gefahr, Gott sein Retter! Ihm sey Lob u. Dank! Eine Rede. 8. Frankf. 806.

— bibl. Völkergeschichte. 1r Thl. gr. 8. Leipz. 804. Weygand. 21 Gr.

Scherer, Johann Philipp Karl

.Scherer, Philipp Carl: „Rechtliche Bemerkungen über das Zehendwesen, nach Verschiedenheit der Quellen und dem wahren, aber verkannten Zwecke seiner Einführung", Mannheim 1793 (Schwan & Götz). — Vorh.: Bibl. des Oberlandesgerichts Celle — Md. 628 — und Bibl. des German. Museums Nürnberg.

— Handbuch des Wechselrechts, f. Rechtsgelehrte, Kaufleute ꝛc. 3 Thle. gr. 8. Frankf. a. M. 799—800. Andreä. (Barth in Leipz.) 7 Thlr. 12 Gr.

Scherer, Johann Philipp Carl: „Handbuch des Wechselrechts, worinnen theils die Art und Weise, wie die Wechselgeschäfte zu behandeln und zu beurtheilen gezeigt, theils die vielen Abweichungen der Wechselgesetze unter sich dargestellt werden", 3 Teile in 3 Bänden, Frankfurt a. M. 1800, 1801 (Andreä). — Vorh.: Bibl. des Kammergerichts Berlin — Ff. 1749 — Com. Bibl. Hamburg, Büch. der Industrie- und Handelskammer Leipzig und der Handelskammer Magdeburg.

Scherer, Jh. Ph. Karl, († 1802.) die verworrene Lehre der ehel. Gütergemeinschaft, systemat. bearb. 2 Thle. gr. 8. Manh. 799—800. Schwan u. G. 3 Thlr.

— Rechtsfälle in Wechselsachen, nebst Literatur des Wechselrechts. 8. Frankf. a. M. 801. Andreä. 1 Thlr. 8 Gr.

Scherer, Johann Philipp Karl: „Rechtsfälle in Wechselsachen, nebst angehängter Litteratur des Wechselrechts", Frankfurt a. M. 1802. — Vorh.: Bibl. des Kammergerichts Berlin — Ff. 335 — und Bücherei der Industrie- und Handelskammer Leipzig.

— der Wechselproceß, mit Rücksicht auf die meisten bekannten Wechselgesetze Deutschlands. 8. Erlang. 802. (Heyder). 2 Thlr.

— d. Wechselproceß m. Rücks. a. d. meist. bekannt. Wechselgesetze. 8. Erlangen, Schubart. (Breuning). 802.
Schreibp.

Scherer, Johann Philipp Karl: „Der Wechselprocess mit Rücksicht auf die meisten bekannten Wechselgesetze", Erlangen 1802; 2. Auflage ebenda 1818. — Beide vorh.: Com. Bibl. Hamburg.

Scherer, P. C., der Wechselprozeß, mit Rücksicht auf die mehresten Wechselgesetze der Länder u. Völker Deutschlands u. d. benachbarten Staaten. 2te Aufl. 8. Erlangen, Heyder. 820.

Scherer, Johann Wilhelm August

— Auszug aus d. evangel. Kirche in Jauer, ausgefertigt bei der Feier des 150jähr. Jubelfestes. 8. Jauer 805.

Scherer, Jh. Wlh. Aug., Gottesverehrungen am Frühmorgen d. 30. Sept. 1805, als d. 50jähr. Jubelfeste d. evangel. Friedenskirche zu Jauer. 8. Liegn. 805.

— frohe Hoffnungen für d. neue Jahrhundert; eine Predigt. 8. Jauer 801.

(Scherer, Joh. Wilh. Aug.,) Sammlung christl. Lieder, s. Sammlung.

Scherer, Josef: Zwei Fälle von sogen. malignem Deciduom. *Berlin 1898: L. Schumacher.* (25 S. mit Taf.) 8° ¶ (Aus: Archiv für Gynäkologie, Bd 56 H. 2.)
Heidelberg, Med. Diss. v. [23. Juli] 1897

Scherer, P. Josef, Täglicher Gang des Barometers zu Port au Prince nach 2jähr. Beobachtungen 1890—92. (Jahrbücher der Centralanstalt f. Meteorol. 1893, Anhang). (17821)

Scherer, J. Geschichte des Wallfahrtsortes Hergiswald. In-8°. 74 S. Luzern, J. Schill. 1890. 1 —

Scherer, Joseph (von): Rede zum Andenken des verstorbenen k.k.Rathes und Professors Doctor Johann Adam Schmidt. Gehalten im Hörsaale der k.k.medicinisch-chirurgischen Josephs-Academie. 30 S., gbd.

Wien: typ.Schmid 1810

JB 5.832

Scherer, Joseph von: Tabulae anatomicae (originales), quae exhibent musaei anatomici Academiae Caes,Reg,Josephinae praeparata cerea. Anatomische (Original-)Tabellen nach der Wachspräparaten-Sammlung der kaiserl.königl. Josephs-Akademie zu Wien. (Nach der Natur gezeichnet, gestochen, gemahlt, systematisch geordnet) und...verlegt von Paul Johann Weindl. Bd 1 - 5, gbd., Abb.

Vindobonae - Wien: Bd 1: Wappler & Beck o.J.; Bd 2 - 3: Gerold o.J.; Bd 4: Grund & Gerold o.J.; Bd 5: Grund 1820 - 1821

JB 863

v. *Scherer*, Jos. H., Tabulae anatomicae, quae exhibent Musaei anatomici Acad. Caes. Reg. Josephinae Praeparata cerea etc. Anatom. Tabellen nach der Wachspräparatsamml. der k. k. Josephs-Akademie zu Wien. 6 Bde. 1r—5r Bd. Mit 245 ill. Kpf. von P. J. Weindl. 6r Bd. Mit ... Kpf. Fol. Wien 817—821. Gerold. (Leipz., Fr. Fleischer). (à 32) 192 — Supplementum. Fol. ibid. 821. 10 16

Scherer, Joseph Ritter v.: Anatomische Tabellen nach der Wachspräparaten-Sammlung der kaiserl. königl. Josephs-Akademie zu Wien. Abgeb. u. gest. u. auf eigene Kosten verlegt von Paul Johann Weindl. Bd 1—5. [Nebst] Nachtrag. Wien [1817—21]. 2°
1. D. Bänderlehre. 2—5. Muskellehre. [Nebst] Nachtrag d. Muskel-Systems. [Auch mit lat. Titel u. Text.]

Scherer, Jos. L., s. Teutoburg.

Scherer, Carl, die Kasseler Bibliothek im 1. Jahrh. ihres Bestehens. (16. u. 17. Jahrh.). [Aus: „Zeitschr. d. Ver. f. hess. Gesch."] gr. 8. (89 S.) Kassel 892. (A. Freyschmidt.) n. — 80

Scherer, Carl, neue Fuldaer Bruchstücke der Weingartener Prophetenhandschrift. (40 S. m. 1 Taf.) gr. 8. Giessen 910. A. Töpelmann. 1. 60
Sonderabdr. aus: „Ztschr. f. d. alttestamentl. Wiss."

Scherer, Carl, die Codices Bonifatiani in der Landesbibliothek zu Fulda, s.: Festgabe zum Bonifatius-Jubiläum 1905.

Scherer, Carolus [Cassellanus]: De Aelio Dionysio Musico qui vocatur .... Bonnae, typ. C. Georgi univ. typogr., 1886; (nur Titelbl., Vita u. Thesen.) 8°.
Bonn, Phil. Fak., Inaug.-Diss. v. 9. Aug. 1886.

Scherer, Carolus [Cassellanus]: De Aelio Dionysio Musico qui vocatur .... Bonnae, typ. Caroli Georgi univ. typogr., 1886; 58 S. 8°.

Bonn, Phil. Fak., Inaug.-Diss. v. 9. Aug. 1886.

Scherer, Karl, Pariser dunkle Existenzen. 8. (143 S.) Berlin (900). H. Steinitz. n. 2. –

Scherer, Carl, der Fuldaer Handschriften-Katalog a. d. 16. Jahrh., s: Centralblatt f. Biblioth.-Wes. 26. Beihft.

Gertrud Elisabeth Schmeling und ihre Beziehungen zu Rud. Erich Raspe und Carl Matthaei. Ein Beitrag z. Lebensgesch. d. Künstlerin in d. Jahren 1766–1774. Von Dr. Carl **Scherer**. Leipzig 1893: Breitkopf & Härtel. S. 99–127. 8°
Aus: Vierteljahrsschrift f. Musikwissenschaft. 1893. A 12.1169

— Gertrud Elisabeth Schmeling u. ihre Beziehungen zu Rud. Erich Raspe u. Carl Matthaei. Ein Beitrag zur Lebensgeschichte der Künstlerin in den J. 1766—1774. [Aus: „Vierteljahrssohr. f. Musikwiss."] gr. 8. (29 S.) Leipzig 893. (Kassel, A. Freyschmidt.) n. — 80

Scherer, Carl Ant., Synodal-Predigt über Matth. 16, 21—23, gehalten bei der Diözesan-Synode zu Speier den 21. Juli 1862. gr. 8. (11 S.) Mannheim 862, Bensheimer. *

Scherer, Carl Christoph, Dr., aus Würzburg: Immanuel Hermann von Fichte und seine Gotteslehre. Ein Beitrag zur Geschichte d. neueren Philosophie. *(Wien) 1902: (F. Jasper).* (XVI, 199 S.) 8°
Würzburg, Phil. Hab.-Schr. v. 1902

Scherer, Carl Chrph., der biologisch-psychologische Gottesbeweis bei Herman Samuel Reimarus. Eine philosophie-geschichtl. Studie. gr. 8. (III, 22 S.) Würzburg 899. Göbel & Scherer. n. — 50

Scherer, Karl Christoph: Die Gotteslehre von Immanuel Hermann Fichte. Ein Beitrag z. Würdigung d. neueren Philosophie in ihrem Verhältnis z. Theologie. Wien: Mayer & Co. 1902. (XVI, 199 S.) 8°
= Studien, Theologische, d. Leo-Gesellschaft. 3.

Scherer, Carl Christoph, Dr. theol. et phil., Privatdoz.: Religion und Ethos. Ein Beitr. z. Darlegung u. Apologie d. Wahrheitsgehaltes d. theozentrischen Moral. Paderborn: Schöningh 1908. 70 S. 8° ¶(Ersch. vollst. als Buch ebd.)
Würzburg, Theol. Diss. v. 4. Nov. 1908, Ref. Kiefl
[Geb. 11. Juni 71 Schweinfurt; Wohnort: Würzburg; Staatsangeh.: Bayern; Vorbildung: Gymn. Würzburg Reife Juli 92; Studium: Würzburg 8 S.; Rig. 28. Juli 06.] [U 09. 4033

Scherer, Carl Christoph, Religion u. Ethos. Ein Beitrag zur Darlegg. u. Apologie des Wahrheitsgehaltes der theozentr. Moral. (X, 207 S.) gr. 8. Paderborn 908. F. Schöningh. 4. 40

Scherer, Karl Christoph: Das Tier in der Philosophie des Herman Samuel Reimarus. Ein Beitrag zur Geschichte der vergleichenden Psychologie. *Würzburg 1898: P. Scheiner.* (IV, 183 S.) 8°
Würzburg, Phil. Diss. v. 1898

Scherer, Karl Christoph, Das Tier in der Philosophie des Hermann Samuel Reimarus. Ein Beitrag zur Geschichte der vergleichenden Psychologie. Würzburg, Göbel, 1898, gr. 8°, VII, 183 S., 2,50 Mk.

Scherer, Karl Friedr., kurzgefaßte Geschichte von Bayern für die Hand der Schüler in den deutschen Oberklassen zusammengestellt. Nürnberg 854. Stein. 8. (71 S.) n. 4 ngr.

Scherer, Karl Frdr., geschichtliche Notizen von den Völkern des Alterthums für die Hand der Schüler in den deutschen Oberklassen. Nürnberg 870. Korn. 16. (IV, 27 S.) cart. n. 2 ngr.

Scherer, Kiaud. Mt., Abhandl. üb. verschied. Badeanstalten. u. ihren Gebrauch. 8. Innsbr. 789.

Scherer, Klaud. Mt., s. Arzt d. Tyrolische.

Scherer M. K.: Akademische Rede üb. die Vortheile d. Thierarzneikunde in den Händen d. Ärzte. (Innsbr.) 1781. 35 S. P.

Scherer, M., und H. Engler, Fritz und Spitz. Bilder aus dem Knabenleben. Text von Frz. Wiedemann. gr. 4. (5 Lichtdr.) Dresden 881, Schwager. cart. * 5 —

—— —— Kinder-Scenen. Erste Serie. gr. 8. (12 Lichtdr.-Taf.) Ebendas. 882. In Leinw.-Mappe 5 —

Scherer, M., und H. Engler, ein Tag aus dem Kinderleben. Scenen, nach dem Leben componirt. Mit Gedichten von Frz. Wiedemann. In Lichtdr. reproducirt von Wilh. Hoffmann. Imp.-4. (6 Bl.) Dresden 877, W. Hoffmann. In Mappe

—— —— Weihnachts-Zauber. Ein Märchen vom Vater Niclas und den Heinzelmännchen in 8 (photozinkogr. und color.) Bildern. Text von Frz. Wiedemann. gr. 4. (17 S.) Ebendas. 882. geb. 4 50
Pracht-Ausg. mit 8 Bildern in Lichtdr. 9 —

Scherer, Martin

Scherer, M., die durch die deutsche Civilprozeß- und Concurs-Ordnung beseitigten Artikel des Code civil. gr. 8. (109 S.) Mannheim 879, Bensheimer. *
Aus: Zeitschrift für französisches Civilrecht, besonders abgedruckt.

Scherer, M., Besprechung d. Entwurfs unseres bürgerlichen Gesetzbuches m. Gegenvorschlägen. gr. 8. (91 S.) Mannheim 891. Bensheimer's Verl. n. 1. 80

Einführungsgesetz zum Bürgerlichen Gesetzbuche für das Deutsche Reich. Erläut. von Dr. M[artin] Scherer, Rechtsanw. in Leipzig. (In 2 Heften.) *Erlangen: Palm & Enke (1899–)1900.* (XXXVI, 269 S.) 8° [F.]
= Gesetzgebung d. Deutschen Reiches mit Erl. Th. 1, Bd 11. [00. 67]

Scherer, Mart. (Geo. Vikt.), die Entscheidungen d. Reichsgerichts zu d. preuß. Einzelgesetzen. In alphabet. Reihenfolge der Gesetze. gr. 8. (VII, 350 S.) Leipzig 895. C. E. M. Pfeffer. n. 6. —; geb. in Leinw. n. 6. 75

— die Entscheidungen d. Reichsgerichts u. d. obersten bayrischen Landesgerichts zum Code civil. Nach der Reihenfolge der Artikel geordnet, seit 1. Oktbr. 1879. gr. 8. (187 S.) Ebd. 892. n. 3. 60; geb. n.n. 4. 40

— die Entscheidungen d. Reichsgerichts u. d. obersten bayr. Landesgerichts zum Code civil. Nachtrag. 8. (IX, 58 S.) Leipzig 895. Roßberg. n. 1. 40
(Hauptwerk u. Nachtrag: n. 12. 40)

Die Entscheidungen des Reichsgerichts und des Bayerischen obersten Landesgerichts zum Gemeinen Recht. Geordnet nach d. Reihenfolge d. Paragr. d. Entw. I d. B.G.B. Von Dr. M[artin] Scherer. *Leipzig: O. Wigand 1895.* (XII, 274 S.) 8° [F.] [04. 443 6]

—— Die Entscheidungen d. Reichsgerichts u. d. bayerischen obersten Landesgerichts zur Civilprozeßordng. Nach der Reihenfolge der Paragraphen geordnet. 6 Lfgn. gr. 8. (583 S.) Lpz. 892,93, Roßberg.
à Lfg.* 1 80; compl. * 11 —; geb. ** 13 —

— die Entscheidungen des Reichsgerichts zum allgemeinen preußischen Landrecht. Nach der Reihenfolge der Paragraphen geordnet. gr. 8. (504 S.) Leipzig 894. O. Wigand. n. 7. —

Die Entscheidungen des Reichsgerichts zum Allgemeinen Preußischen Landrecht. Nach d. Reihenfolge d. Paragraphen geordnet. Von Dr. M[artin] Scherer, Rechtsanw. zu Leipzig. 2., bis Ende 1900 u. Bd 51 d. Reichsgerichtsentscheidungen fortgeführte Aufl. *Leipzig: O. Wigand 1904.* (VII, 563 S.) 8° [F.] [04. 198]

— der Entwurf unseres bürgerlichen Gesetzbuches. An meine Kritiker. 12. (24 S.) Ebd. 892. n. — 60

Erbrecht des Bürgerlichen Gesetzbuches für das Deutsche Reich. BGB. V. Buch. §§ 1922–2385. Von Dr. M[artin] Scherer, Rechtsanw. in Leipzig. *(Erlangen: Palm & Enke 1900.)* (LVI, 492, 5 S.) 8°
= Gesetzgebung d. Deutschen Reiches mit Erl. Th. 1, Bd 10. [00. 46]

Scherer, M., der Erwerb v. Eigentum u. dinglichen Rechten an Grundstücken u. die Änderungen d. Hypothekenrechts nach heutigem rheinischem u. französischem Recht, nebst e. Anh. üb. das Notariat. gr. 8. (XI, 250 S.) Mannheim 887. Bensheimer's Verl. n. 4. —

Familienrecht des Bürgerlichen Gesetzbuches für das Deutsche Reich. Von Dr. M[artin] Scherer, Rechtsanw. in Leipzig. BGB. IV. Buch §§ 1297–1921. (H. 1.) *Erlangen: Palm & Enke 1899.* 8° [F.] [00. 195 II]

= Gesetzgebung d.Deutschen Reiches m.Erl.Th.1.Bd.9.

Scherer, Mart., Festrede an der Schlachtfeier in Sempach, s.: Winiger, Jos.

—— Formulare zur Konkursordnung. Während meiner früheren Thätigkeit auf dem Sekretariate des großherzogl. Handelsgerichtes zu Mainz, gesammelt. gr. 8. (34 S.) Mainz 879, Diemer. *

—— Gutachten über die Stellung der verschiedenen Gesetzgebungen zur Weinfälschungsfrage. gr. 8. (81 S.) Ebendas. 878. *
Aus: Deutsche Wein-Zeitung, besonders abgedruckt.

— das neue Handelsgesetzbuch (unter Ausschluß des Seehandels) u. die Wechselordnung sowie die handelsrechtlichen Nebengesetze. I. Gesetze, betr. das geist., gewerbliche u. industrielle Eigentum über 1. Urheberrecht; 2. bild. Künste; 3. Photographien; 4. Muster u. Modelle; 5. Patentgesetz; 6. Gebrauchsmusterschutz; 7. Warenbezeichnung (früher Markenschutz); 8. unlauterer Wettbewerb. — II. Börsengesetz. — III. Aufbewahrung fremder Wertpapiere. — IV. Genossenschaftsgesetz. — V. Gesellschaften m. beschränkter Haftg. — VI. Binnenschiffahrtsgesetz. — VII. Flößereigesetz. — VIII. Abzahlungsgeschäfte. — IX. Haftpflichtgesetz. — X. Wuchergesetz. — XI. Nahrungsmittelgesetz. — XII. Weingesetz. In der neuesten Fassg. u. m. Stichworten zu den Paragraphen. 8. (XXII, 525 S.) Leipzig 899. O. Wigand. Geb. in Leinw. 4.50

Das Erste Jahr des Bürgerlichen Gesetzbuchs für das Deutsche Reich. Erl. von Dr. M[artin] Scherer. *Erlangen: Palm & Enke 1901.* (156 S.) 8°
= Gesetzgebung d. Deutschen Reiches mit Erl. T. 1, Erg.H. 1. [01. 3976]

— das zweite Jahr des bürgerlichen Gesetzbuchs. Die gesammte Rechtsprechg. u. Theorie 1901 zum BGB., EG. z. BGB., CPO., FG., GBO., ZVG. u. KO. II. „Ergänzungsheft" zu meinem Kommentar. gr. 8. (CXXIII, 560 S.) Erlangen 902. Palm & Enke. n. 11. —

— dasselbe, s.: Gesetzgebung, die, des Deutschen Reiches m. Erläuterungen. I. Erg.-Hft. 2.

— das dritte u. vierte Jahr des bürgerlichen Gesetzbuchs. Die gesamte Rechtsprechg. u. Theorie 1902 u. 1903 zum BGB., EG. z. BGB., CPO., F. G., GBO., ZVG. u. KO. 3. u. 4. „Ergänzungsheft" zu meinem Kommentar. Mit vollständ. systemat. Gesetzesregister. 3 bezw. 2 Lfgn. gr. 8. Erlangen, Palm & Enke. n. 31. —
3. (CX, 801 S.) 913. 16. —. 4. (CXX, 748 S.) 904. 15. —.

— die fünf ersten Jahre des bürgerlichen Gesetzbuchs. Die gesamte Rechtsprechg. u. Theorie vom 1. I. 1900 bis 31. XII. 1904. Mit Inhaltsverzeichnis u. Gesetzesregister. 2 Abtlgn. (CXLIX, 1068 S.) gr. 8. Leipzig 905. O. Wigand. n. 20. —

Scherer, M., Das sechste Jahr des bürgenlichen Gesetzbuchs. Die gesamte Rechtsprechg. u. Theorie vom 1. I. 1905 bis 1. XII. 1905. Mit Inhaltsverzeichnis u. Gesetzesregister. (CL, 364 S.) gr. 8. Leipzig, O. Wigand. 10. —; geb. 11. 50. 1906.
5 *

Scherer, M., Das siebente Jahr des bürgerlichen Gesetzbuchs. Die gesamte Rechtsprechg. u. Theorie vom 1. XII. 1905 bis 1. XII. 1906. Mit Gesetzesregister. (XXIV, 252 S.) gr. 8. Leipzig, O. Wigand. 1907.

Scherer, M., Das achte Jahr des bürgerlichen Gesetzbuchs. Die gesamte Rechtsprechg. u. Theorie. Mit Gesetzesregister. (208 S.) gr. 8. Leipzig, O. Wigand. 1908. 6. —; geb. 7. 20.

Scherer, M., Das neunte Jahr des bürgerlichen Gesetzbuchs. Die gesamte Rechtsprechg. u. Theorie. Mit Gesetzesregister. (190 S.) gr. 8. Leipzig, O. Wigand. 1909. 6. —; geb. 7. 20.

Scherer, M., Das 10. Jahr des bürgerlichen Gesetzbuchs. Die gesamte Rechtsprechg. u. Theorie. Mit Gesetzesregister. (119 S.) gr. 8. Leipzig, O. Wigand. 1910. 6. —; geb. 7. 20.

— dasselbe, s.: Gesetzgebung, die, des Deutschen Reiches.

— s.: Justinian, des Kaisers, Institutionen.

— die Justizgesetze f. d. Deutsche Reich, s.: Delius, M.
— die Konkursordnung f. d. Deutsche Reich, s.: Delius, M.

Scherer, M[artin]: Die handelsrechtlichen Nebengesetze. Leipzig: O. Wigand 1899. (244-525 S.) 8°
= Handelsgesetzbuch, Das neue, ... u. d. Wechselordnung. [3.]

Scherer, M., das rheinische Recht u. die Reichsgesetzgebung. gr. 8. (XV, 287 S.) Mannheim 886. Bensheimer's Verl. n. 5. —

—— Das rheinische Recht u. die Reichs- u. Landesgesetzgebg. 2 Bde. 2. Aufl. gr. 8. Mannh., Bensheimer's Verlag. [1. Bd. (XXII, 710 S.) 889. * 12 —; geb. ** 14 —; 2. Bd. (XXII, 574 S.) 890. * 9 —; geb. ** 11 —.] * 21 —; geb. ** 25 —

Scherer, M[artin]: Recht der Schuldverhältnisse des Bürgerlichen Gesetzbuches für das Deutsche Reich. BGB. II. Buch. §§ 241-853. (Erlangen: Palm & Enke 18(97-) 99.) (XCII, 1408 S.)8°
= Gesetzgebung d. Deutschen Reiches mit Erläut. Th. 1, Bd 7.

Sachenrecht des Bürgerlichen Gesetzbuches für das Deutsche Reich. Von Dr. M[artin] **Scherer**, Rechtsanw. in Leipzig. ⟨BGB. III. Buch. §§ 854–1296.⟩ *Erlangen: Palm & Enke 1899.* (XVIII, 406 S.) 8° [F.] [... 11

— Sachenrecht des bürgerl. Gesetzbuches f. das Deutsche Reich, s.: Gesetzgebung, die, des Deutschen Reiches m. Erläuterungen. 1. Thl. VIII. Bd.

Scherer, M., Das deutsche Seerecht. Textausg. des neuen Handelsgesetzbuchs (4. Buch §§ 474—905) vom 10. V. 1897, m. Gesetzeskraft vom 1. I. 1900, nebst Anmerkgn., den seerechtl. Nebengesetzen, den norddeutschen Seeversicherungs-Bedinggn., der hamburg. Hafengesetzgebg. u. dem hamburg. Ausführungsgesetz zum neuen Handesgesetzbuch. 8. (VIII, 247 u. 140 S.) Leipzig, O. Wigand. 1901. Geb. in Leinw. 4. —

— das deutsche Seerecht. Textausg. des neuen Handelsgesetzbuchs (4. Buch §§ 474—905) vom 10. V. 1897, den vier neuen Reichsgesetzen v. 1902 m. Gesetzeskraft vom 1. IV. 1903, dem neuen Flaggengesetz v. 1899, nebst Anmerkgn., den seerechtl. Nebengesetzen, den allgemeinen Seeversicherungs-Bedinggn. v. 1867, der hamburg. Hafengesetzgebg. u. dem hamburg. Ausführungsgesetz zum neuen Handelsgesetzbuch. 2. verb. u. verm. Aufl. 8. (X, 278 u. 142 S.) Leipzig 902. O. Wigand. Geb. in Leinw. 4. —

— das deutsche Seerecht. Textausg. des neuen Handelsgesetzbuchs (4. Buch §§ 474—905) vom 10. V. 1897, m. der Novelle zur neuen Seemannsordng. vom 23. III. 1903 (R.G.Bl. S. 57), den vier neuen Reichsgesetzen v. 1902 m. Gesetzeskraft vom 1. IV. 1903, dem neuen Flaggengesetz von 1899, nebst Anmerkgn., den seerechtl. Nebengesetzen, den allgemeinen Seeversicherungs-Bedinggn. von 1867, der hamburg. Hafengesetzgebg. u. dem hamburg. Ausführungsgesetz zum neuen Handelsgesetzbuch. 3., verb. u. verm. Aufl. (X, 278 u. 142 S.) 8. Leipzig 903. O. Wigand. Geb. in Leinw. 4. —

Scherer, M., Das Strafgesetzbuch f. das Deutsche Reich vom 15. V. 1871, nebst allen Novellen u. der lex Heinze in seiner jetzigen Gestalt, Stichworten, Zuständigkeit u. s. w. u. den gebräuchlichsten Nebengesetzen. 8. (VIII, 204 S.) Leipzig, O. Wigand. 1900. Geb in Leinw. 1. 80.

— die Strafprozeßordnung f. das Deutsche Reich, s.: Delius, M.

[F.] Allgemeiner Theil des Bürgerlichen Gesetzbuches für das Deutsche Reich. ‘(BGB. I. Buch.)’ ‘(§§ 1—240.)’ Erläut. v. Dr. M[artin] **Scherer**, Rechtsanw. .. in Leipzig. (In 2 Heften.) *Erlangen: Palm & Enke 1897.* (XXXIX, 521 S.) 1 Bd 8.
= **Gesetzgebung**, Die, d. Deutschen Reiches m. Erläut. Th. I. Bd VI. [98. 669

Das schweizerische Übergangsrecht, insbesondere die Übergangsvorschriften des schweizerischen Zivilgesetzbuches von 1907. ⟨Gesetzeskraft 1912.⟩ Von Dr. M[artin] **Scherer**, Rechtsanw. Zürich: Orell Füßli [1910]. 94 S. 8°
Aus: Zeitschrift d. Internationalen Anwalt-Verbandes. [11. 1950

Scherer, M[artin]. Die Verschiedenheiten des Schweizerischen Zivilgesetzbuches und des Deutschen Bürgerlichen Gesetzbuches. (Separat-Abdruck aus der «Zeitschrift des Internationalen Anwalt-Verbandes». Wien. [Jahrg. 6, No 10—12, u. 7, No 1—4.]) 52 S. 8. Zürich, Orell Füssli, [1909]. [fr. —. 60]

—— der Vertragsschluß unter Abwesenden nach rheinisch-französischem und italienischem Recht. gr. 8. (84 S.) Ebendas. 885. *
Aus: Zeitschrift für französisches Civilrecht, Beilage-Heft zum 16. Bd., besonders abgedruckt.

— u. O. Scherer, die Viehwährschaft nach dem ädilicischen Edikt u. der heutigen Landesgesetzgebung, nebst dem Text der sämmtl. in Deutschland gelt. Gesetze. gr. 8. (220 S.) Leipzig 888. Selbstverl. v. M. Scherer. 3. —

— u. Otto Scherer, das in Deutschland geltende Viehwährschaftsrecht in der durch die Reichsgesetzgebung veränderten Gestalt, nebst dem Text sämmtl. Gesetze Deutschlands u. der angrenz. Länder. 2., verm. Aufl. 2 Thle. 8. Ebd. 891. n. 4. 80
1. Systematischer Theil. (XXI, 224 S.) n. 3. 60
2. Die Gesetzestexte. (VIII, 150 S.) n. 1. 20

Scherer, M., das Wesen der Aufsteckung nach französischem, preußischem und gemeinem Recht. gr. 8. (III, 56 S.) Darmstadt 882, Zernin. * 1 25
Aus: Archiv für praktische Rechtswissenschaft, besonders abgedruckt.

Scherer, M., die Civilprozeßordnung f. das Deutsche Reich, s.: Delius, M.

— die Zwangsvollstreckung in das unbewegliche Vermögen im rheinischen Rechtsgebiet, einschließlich Bayern u. Frankreich, nebst e. Anh. üb. den preuß. Entwurf e. Gesetzes, betr. die Zwangsvollstreckg. in das unbewegl. Vermögen. gr. 8. (VII, 200 S.) Mainz 883. Diemer. n. 4. —

Scherer, Max, Assistenzarzt der Kgl. med. Universitäts-Poliklinik zu Kiel: Aus der Psychiatrischen und Nervenklinik zu Kiel. Über die Geistesstörungen beim Zeugungs- und Fortpflanzungs-Geschäft des Weibes. Lübbecke 1905: Fr. Werneburg. (41 S.) 8°
Kiel, Med. Fak., Ref. Siemerling, Diss. v. 19. Okt. 1905
[Geb. 2. Jan. 78 Dillenburg, Hessen-Nassau; Wohnort: Kiel; Staatsangeh.: Preußen; Vorbildung: Gymn. Saarbrücken Reife O. 97; Studium: Greifswald 1, Marburg 3, München 1, Berlin 2, Kiel 2 S.; Coll. 14. März 05; Approb. 20. Febr. 05.]

Scherer, Mich., die Lage der Münchener Dienstmänner u. ihr Verhältniß zu den Instituts-Inhabern. Ein Nothschrei aus den Reihen der Dienstmänner. gr. 8. (16 S.) München 892. (J. Schweitzer.) n. — 60

Scherer, Otto: Die Viehwährschaft ..., s. Scherer, Martin.

Scherer, P., deutsche Sprachlehre in Beispielen, Lehrsätzen u. Übungsaufgaben f. Volksschulen u. Unterklassen höherer Lehranstalten. gr. 8. (IV, 119 S.) Metz 883. Gebr. Even. geb. n. — 75

Scherer, P., deutsche Sprachlehre in Beispielen, Lehrsätzen u. Uebungsaufgaben f. Volksschulen, Mittelschulen, höhere Töchterschulen, Präparandenschulen u. Unterklassen höherer Lehranstalten. 2. unveränd. Aufl. gr. 8. (VI, 119 S.) Metz 890. P. Even. Geb. n. 1. —

Scherer, Fr. Jos., deutsche Sprachlehre in Beispielen, Regeln u. Übungsaufgaben. 5. Aufl. (VIII, 115 S.) 8. Metz 910. P. Even. Geb. 1. —

— kleine deutsche Sprachlehre in Beispielen, Lehrsätzen u. Übungsaufgaben f. Volksschulen. gr. 8. (IV, 83 S.) Ebend. 884. geb. n. — 50

Scherer, P., kleine deutsche Sprachlehre in Beispielen, Lehrsätzen u. Uebungsaufgaben. Neubearb. v. Frz. Jos. Scherer. 3. Aufl. Neue Rechtschreibg. (V, 108 S.) gr. 8. Metz 903. P. Even. Kart. n. 1. —

Scherer, Peter, prakt. Arzt in Lebach: **Aus d. pathol.-anat. Institut d. Universität Marburg. Ueber Resorption des in Weichteile verpflanzten Knochens.** *Marburg 1901: R. Friedrich.* (30 S.) 8°
Marburg, Med. Diss. v. 23. Dez. 1901

Scherer, Petrvs [Rhenanvs]: De particvlae qvando apvd vetvstissimos scriptores latinos vi et vsv. (Typis expresservnt Breitkopf et Haertel Lipsienses.) Argentorati 1883. 8. 48 S.

Scherer, Philipp Karl, s. Scherer, Johann Philipp Karl.

Scherer, R., Bürgerliches Gesetzbuch v. 18. VIII. 1896 nebst dem Einführungsgesetze v. 18. VIII. 1896, m. Anmerkgn. u. Sachregister hrsg. (Ausg. f. das Deutsche Reich.) 8. (XII, 767 S.) Karlsruhe 899. [R. Scherer.] Weinheim, F. Ackermann. Geb. in Leinw. n. 5. 50; ermäßig. Preis n. 4. —

— dasselbe m. Anmerkgn. u. Sachregister, sowie die badischen Spezialgesetze hrsg. 8. (XIV, 849 S.) Ebd. 899. Geb. in Leinw. n. 6. —

Scherer, R., Gewerbeordnung in d. neuesten Fassung u. d. Gesetz zur Bekämpfg. d. unlaut. Wettbewerbs m. Anmerkgn., sow. d. einschläg. Verordngn. 12. (VIII, 364 S.) Karlsruhe 897. R. Scherer. Geb. in Leinw. n. 3. —

Scherer, R., Gewerbeordnung u. das Gesetz zur Bekämpfung des unlaut. Wettbewerbs m. Anmerkungen, sowie die einschläg. Gesetze u. Verordngn. (Ausg. f. Baden.) 2. Aufl. (VIII, 400 S.) 8. Weinheim 904. F. Ackermann. Geb. in Leinw. n. 3. 75

Scherer, R.: Der Selbstschutz gegen Feuersgefahr. Wien 1890

Scherer, Rob., d. künstl. Fußböden- u. Wändebeläge. Mit ausführl. Beschreibg. der Herstellg. v. Steinholz (Xylolit), Linoleum, Kunstmarmor u. Stuck. (VIII, 344 S. m. 46 Abbildgn.) 8. Wien 907. A. Hartleben. 5.—; geb. 5. 80

Scherer R, die künstlichen Fussböden und Wandbeläge. (344 S) (Bibliothek Chemisch-technische 300) Wien 1907

Scherer, Rob., das Kasein. Seine Darstellg. u. techn. Verwertg. (VIII, 192 S. m. 11 Abbildgn.) 8. Wien (905). A. Hartleben. n. 3. —; geb. n. 3. 80

Scherer R, das Kasein, seine Darstellung und technische Verwertung. (192 S) (Bibliothek Chemisch-technische 288) Wien 1905

— Der Magnesit. Sein Vorkommen, seine Gewinnung. u. techn. Verwertg. (VIII, 256 S. m. 22 Abb.) 8. Ebd. 908. 4.—; geb. 4. 80

Scherer R, der Magnesit. Vorkommen, Gewinnung und technische Verwertung. (256 S) (Chemisch-technische Bibliothek 310) Wien 1908

Scherer, Robert. Der schweizerische (*Ausg. A:* Schweizer.) Metallarbeiter-Verband. XII + 108 S. 8.
Ausg. A: Diss. Staatsw. Univ. Zürich ... von R' Sch' ... Luzern, Buchdr. H. Keller, 1906.
Ausg. B: Ein Beitrag zur Arbeiterfrage. Von Dr. jur. R' Sch'. Zürich, Albert Müllers Verlag, (1906). [fr. 3. —]

Scherer, Rolph: Die Heimatlosen. 3 Akte. Berlin-Leipzig: C. Wigand 1908. 118 S. 8°

Scherer, Rolph, Schulrat Weller. Komödie in 3 Aufzügen. (126 S.) 8. Leipzig 904. Modernes Verlagsbureau. n. 2. —; geb. n. 3. —

Scherer, Rud. Ritter v., über das Eherecht bei Benedict Levita und Pseudo-Isidor. Festschrift der k. k. Karl Franzens-Universität Graz aus Anlass der Jahresfeier am 15. Novbr. 1879. gr. 4. (50 S.) Graz 879, Leuschner und Lubensky. *

Scherer, Rud. Ritter v., Handbuch des Kirchenrechtes. 2 Hälften. gr. 8. Graz, Moser. [1. Hälfte. (VI, S. 1—308.) 885. *ℳ 6.40.; 2. Hälfte. (VIII, S. 309—687.) 886. *ℳ 7.60.]

Scherer, Rud. Ritter v., Handbuch d. Kirchenrechtes. 2. Bd. 1. Abth. gr. 8. (IV, 345 S.) Graz 891. U. Moser. n. 6. 60 (I u. II, 1.: n. 19. 60)

Scherer, Rud. Ritter v., Handbuch d. Kirchenrechts. 2. Bd. 2. Abth. gr. 8. (VI u. S. 257—880. Graz 898. U. Moser. n. 14. — (I. u. II.: n. 33. 60)

SCHERER, Rudolf, Ritter v.: Historia patriarchatus Byzantini a primis ejus exordiis usque ad tempora Photii (857). — (1875) XIII, 164 S. 4° (Handschr.) Diss. 347
Diss. Wien, Univ.

Scherer, Rudolf (Hrsg.), s. Humanitas.

Scherer, Rud., Lehrbuch der Chemiegraphie und verwandten Fächer, zum Gebrauche für Buchdrucker, Lithographen, Photographen. gr. 8. (IV, 112 S. mit eingedr. Chemietypien.) Wien 877, Lehmann und Wentzel. *

— von der Process-Fähigkeit der kirchlichen Institute. Mit einer Kritik der Rechtsprechung der österreichischen Gerichte. [Aus: „Archiv für kath. Kirchenrecht".] gr. 8. (52 S.) Mainz 881. Kirchheim. n. — 80

Scherer, Rud. R. v., von der Process-Fähigkeit der kirchlichen Institute. Mit einer Kritik der Rechtsprechung der österreich. Gerichte. gr. 8. (52 S.) Mainz 882, Kirchheim. * — 80
Aus: Archiv für katholisches Kirchenrecht, besonders abgedruckt.

Scherer R, neueste graphische Verfahren zur Anfertigung von Halbton-Clichés für den Buchdruck etc. Wien 1885

Scherer, S., pract. Geschäftsaufsätze für den schriftl. Verkehr im bürgerl. Leben; als Schriftvorlagen f. Schulen. qu. 4. (16 lith. Blätter.) Carlsruhe 843, (Bielefeld.) * —

Scherer, S., deutsche u. englische Schulvorschriften. 4 Abthll. (32 lith. Bl.) qu. 4. Karlsr. 835. Wagner. (Braun.) n. [illegible]

Scherer, S., deutsche u. engl. Schulvorschriften. 4 Abthln. qu. 4. (32 lith. Bl.) Carlsruhe 835. (Baden-Baden, Marx.) *

Scherer, S., neue method. Schulvorschriften nach d. Anforderungen e. geläut. Geschmacks, mit zweckmäss. Inhalt. — Deutsche Schrift. III Hfte. — I. Hft. qu. 4. (24 lith. Bl.) Carlsruhe 836. (Baden-Baden, Marx.) Thlr. *

—— dass. — Englische Schrift III Hfte. — I. Hft. qu. 4. (12 lith. Bl.) Carlsruhe 836. (Baden-Baden, Marx.) *

—— Wandtafeln f. d. Schreibunterricht. 2 lith. Bl. m. 2 Vign. u. Einfass. Imp.-Fol. Carlsruhe 841, Müller'sche Hofbuchh. *

Scherer, Sigmund

— Auszug aus dem Exercir-Reglement für die k. k. Infanterie vom Jahre 1807. (Mit 65 Taf.) gr. 8. 1807.

Scherer, S. Auszug aus dem k. k. Infanterie-Exerzier-Reglement. Wien 1818. 343 S.

(Scherer, Sigmund.) Auszug aller Commando-Wörter aus dem neuen Exercier-Regulament. kl. 8. St. Pölten 1807.

Scherer, Sophie v., Erfahrungen aus dem Frauenleben. Gedanken über weibl. Bestimmung und Bildung. In einer Sammlung von Briefen rc. A. u. d. T.: Bildungs- und Erziehungs-Werk. Erfahrungen aus dem Frauenleben; zum Selbststudium für Frauen, Mütter und erwachs. Töchter. 3 Bde. 8. (XXXI und 1058 S.) Gratz 848, Kienreich's Verlags-Comptoir. (Leipzig, G. Wiegand.) *

Scherer, Theodor Graf von (1816-1885), s. Scherer-Boccard, Theodor Graf von.

Scherer, Theodor: Über die Vollstreckung rechtskräftig erkannter Geldstrafen in den Nachlass ... Erlangen, k. b. Hofbuchdr. v. A. Vollrath, 1893. 40 S. 8°
Erlangen, Jur. Fak., Inaug.-Diss. v. 1893

Scherer, Valent., s.: Dürer, des Meisters Gemälde usw.

Scherer, Val., die Kultur d. Frührenaissance in Florenz, s.: Flugschrift. 70., des Dürer-Bundes zur ästhet. Kultur.

Scherer, Valentin: Die Ornamentik bei Albrecht Dürer. *Strassburg 1902: J. H. E. Heitz.* (29 S.) 8° ¶ (Erscheint vollst. in: Studien zur deutschen Kunstgeschichte.)
Heidelberg, Phil. Diss. v. 1902

Die Ornamentik bei Albrecht Dürer von Valentin Scherer. Mit 11 Lichtdrucktaf. *Strassburg: J. H. E. Heitz 1902.* (VI, 139 S.) 8° = Studien z. deutschen Kunstgeschichte. H. 38. [02. 0351]

Scherer, Victor Emil. Die Haftpflicht des Unternehmers auf Grund des Fabrikhaftpflichtgesetzes und des Ausdehnungsgesetzes. VIII + 284 S. 8. Basel, Helbing & Lichtenhahn, 1905. [geb. fr. 5. —]

Scherer, Victor Emil. Die Haftpflicht des Unternehmers auf Grund des Fabrikhaftpflichtgesetzes und des Ausdehnungsgesetzes. Von Syndicus Dr. Viktor E' Sch'... . 2., durchgearbeitete Aufl. 326 S. 8. Basel, Helbing & Lichtenhahn, 1908. [geb. fr. 6. —]

Scherer, W., das Quodlibet. Ein Spiel. Berlin, Lüderitz.

Scherer, W., Deutschlands Triumph, siehe Deutschland rc.

— die Turn-Fehde, oder: Wer hat recht! 8. Berlin, Schlesinger. 818.

— — Dessen 2r Thl. 8. Berlin, Krause. (Leipzig, Lauffer in Comm.) 819.

Scherer, W. W., vollständiges deutsch-russisches Wörterbuch, s.: Makarow, N. P.

Scherer, Wilh., die Anfänge des deutschen Prosaromans u. Jörg Wickram v. Colmar, s.: Quellen u. Forschungen zur Sprach- u. Culturgeschichte der germanischen Völker.

Scherer, Wilhelm (Hrsg.), s. Anzeiger für deutsches Altertum u. deutsche Litteratur.

Scherer, Wilh., Aufsätze üb. Goethe. gr. 8. (VII, 355 S.) Berlin 886. Weidmann. n. 6. —; geb. n. 8. —

Aufsätze über Goethe von Wilhelm Scherer. (Hrsg.: Erich Schmidt.) 2. Aufl. *Berlin: Weidmann 1900.* (VI, 353 S.) 8° [F.] [00. 10356]

Scherer, Wilhelm, a. Coblenz: Der Ausdruck des Schmerzes und der Freude in den mittelhochdeutschen Dichtungen der Blütezeit. Straßburg 1908: DuMont Schauberg. 75 S. 8°
Straßburg, Phil. Diss. v. 23. Mai 1908, Ref. Martin
[Geb. 8. April 85 Adenau; Staatsangeh.: Preußen; Vorbildung: Gymn. Koblenz Reife M. 04; Studium: München, Bonn, Kiel, Straßburg 9 S.] [U 08. 3853

Scherer, Wilhelm A. S. 1319/29

Coelum triste ad Julias calendas anni MDCCXXXI.
Präs. Johann Jakob Scheuchzer.
Zürich (Byrcklin) I. (1732). 41 S., 1 Taf.

Gew.: Jakob Theodor Klein.

9 Resp. 30295

Scherer, Wilh., Denkmäler deutscher Poesie und Prosa, s. Müllenhoff, K.

Scherer, Wilh., über die gegenwärtige Eintheilung des Königreichs Bayern. München 857. Kaiser. gr. 8. (16 S.) n. 3 ngr.

— aus Goethe's Frühzeit, s.: Quellen u. Forschungen zur Sprach- u. Culturgeschichte der germanischen Völker.

Scherer, Wilh., Emanuel Geibel. 8. (31 S.) Berlin 884, Weidmann'sche Buchh. * 1 —

— **Geschichte der deutschen Dichtung im 11. u. 12. Jahrh., s.: Quellen u. Forschungen zur Sprach- und Culturgeschichte der germanischen Völker.**

—— Geschichte des Elsaßes, s. Lorenz, O.

— Geschichte der deutschen Litteratur. (In ca. 8 Lfgn.) 1—7. Lfg. gr. 8. (S. 1—544.) Berlin 880—82. Weidmann. à n. 1. —

— Geschichte der deutschen Litteratur. 8. u. 9. (Schluß-) Hft. gr. 8. (XII u. S. 545—814.) Berlin 883. Weidmann. à n. 1. —

— dasselbe. 2. u. 3. Aufl. gr. 8. (XII, 814 S.) Ebend. 884. 85. n. 9. —; geb. in Leinw. n. 10. —; in Halbfrz. n. 11. —

Scherer, W., Geschichte der deutschen Litteratur. 4. Aufl. gr. 8. (XII, 816 S.) Berlin 887. Weidmann. geb. in Leinw. n. 10. —; in Halbfrz. n. 11. —

— dasselbe. 5. Aufl. Mit dem Bilde d. Verf. gr. 8. (XII, 816 S.) Ebd. 889. geb. in Leinw. n. 10. —; in Liebhaberbd. n. 12. —

— Geschichte der deutschen Litteratur. 6. Aufl. Mit dem Bilde d. Verf. gr. 8. (XII, 824 S.) Berlin 891. Weidmann. Geb. in Leinw. n. 10. —; in Liebhaberbd. n. 12. —

— dasselbe. 7. Aufl. gr. 8. (XII, 822 S. m. Bildnis.) Ebd. 894. Geb. in Leinw. n. 10. —; in Liebhaberbd. n. 12. —

[F.] Geschichte der Deutschen Litteratur. Von Wilhelm Scherer. 8. Aufl. M. d. Bilde d. Vfs. (Hrsg.: Edward Schröder.) *Berlin: Weidmann 1899.* (XII, 830 S., 1 Portr.) 1 Bd 8. [98. 12233]

Geschichte der Deutschen Litteratur. Von Wilhelm Scherer. 9. Aufl. Mit d. Bilde d. Verf. (Nachw. von Edward Schröder.) *Berlin: Weidmann 1902.* (XII, 827 S.) 8° [F.] [02. 3251]

Scherer, Wilhelm. Geschichte der Deutschen Litteratur. 10. Aufl. ([Hrg. von] Edward Schröder.) Mit dem Bilde des Verfassers [Tafel]. XII + 828 S. 8. Berlin, Weidmann, 1905. [geb. M. 10. — *u.* 12. —]

Geschichte der Deutschen Litteratur. Von Wilhelm **Scherer**. 11. Aufl. Mit d. Bilde d. Verf. (Hrsg.: Edward Schröder.) Berlin: Weidmann 1908. (XII, 833 S.) 8° [F.] [07. 1801]

Wilhelm **Scherer**. Geschichte der deutschen Literatur. (Hrsg.: Edward Schröder.) 12. Aufl. Berlin: Weidmann 1910. XII, 833 S. 8° [11. 827]

Scherer, Wilh., zur Geschichte der deutschen Sprache. Berlin 867. F. Duncker. gr. 8. (XV, 492 S.) n. 2 *Thlr* 20 *ngr.*

—— zur Geschichte der deutschen Sprache. gr. 8. (XV, 492 S.) Berlin [Leipzig] 868, F. Duncker. * 8 —

—— zur Geschichte der deutschen Sprache. 2. Ausg. gr. 8. (XXIII, 660 S.) Berlin 878, Weidmann'sche Buchh. *

— zur Geschichte der deutschen Sprache. 2. Ausg. [Neuer Abdr.] gr. 8. (XXIII, 630 S.) Ebd. 890. n. 12. —

Der Gottesbegriff Plutarchs von Chäronea im Lichte der christlichen Weltanschauung. — Von Dr. Wilhelm Scherer, G.-P. u. Rel.-L. – 1908, Stadtamhof, J. & K. Mayr. — P. 3 - 39.

Progr. Regensburg. K. Altes Gymn.

— Jacob Grimm. (Zwei Artikel der preuß. Jahrbücher aus deren 14., 15. u. 16. Bd. abgedr.) Berlin 865. G. Reimer. gr. 8. (168 S.) 20 *ngr.*

— Jacob Grimm. 2. verb. Aufl. gr. 8. (VIII, 361 S.) Ebend. 885. n. 5. —

—— s. Grimm, Jac., deutsche Grammatik.

Scherer, Wilhelm, Dr., Priester der Diözese Regensburg: Klemens von Alexandrien und seine Erkenntnisprinzipien. München: J. J. Lentner 1907. (83 S.) 8°

München, Phil. Fak., Ref. v. Hertling, Diss. v. 19. Juli 1906

[Geb. 9. Jan. 73 Bayreuth; Wohnort: Alteglofsheim b. Köfering; Staatsangeh.: Bayern; Vorbildung: Altes Gymn. Regensburg Reife Juli 91; Studium: Phil. Lyzeum Regensburg 2, Theol. Innsbruck 8, Freiburg i. B. 3, Phil. München 3 S.; Rig. 19. Juli 06.]

Scherer, Wilh., der erste Clemensbrief an die Corinther, nach seiner Bedeutg. f. die Glaubenslehre der kathol. Kirche am Ausgang des ersten christl. Jahrh. untersucht. gr. 8. (XV, 316 S.) Regensburg 902. F. Pustet. 3. 20; geb. in Leinw. n. 4. —

Scherer, Wilh., über die neue Landtagswahlgesetzgebung in Bayern. 8. (44 S.) Regensburg 870, Pustet. — 60

—— **Leben Willirams Abtes von Ebersberg in Baiern. Beitrag zur Geschichte des 11. Jahrh. Lex.-8. (107 S.) Wien 866, (Gerold's Sohn.) ***

Aus: Sitzungsberichte der k. Akademie der Wissenschaften, besonders abgedruckt.

Scherer, Wlh., s. Mazas, Alex., Geschichte der französ. Revolution.

— s. Meyer von Knonau, Gerold *II*, und Scherer, Wilhelm.

— Karl Müllenhoff. E. Lebensbild. gr. 8. (V, 173 S. m. Bildn.) **Ebd. 896.** n. 4. —

—— **s. Notkers Psalmen.**

—— geistliche Poeten der deutschen Kaiserzeit, s. Quellen und Forschungen zur Sprach- und Culturgeschichte der german. Völker.

—— Poetik. gr. 8. (XII, 303 S.) Ebendas. 888. geb. *

Rede auf Jacob Grimm. Gehalten in der Aula der Königl. Friedrich-Wilhelms-Universität am 4. Jan 1885 von Wilh. **Scherer.** Berlin 1885. (23 S.) 4° * Wieder abgedr. in der Deutschen Rundschau Bd 42 1885 S. 287-298 und in d. Verf. Klein. Schriften hrsg. v. K. Burdach. Berlin 1893

— **kleine Schriften. Hrsg. v. Konr. Burdach u. Erich Schmidt. 2 Bde. gr. 8. Ebd. 893. n. 23. —**

1. Kleine Schriften zur altdeutschen Philologie. Hrsg. v. Konr. Burdach. (XXIV, 782 S.) n. 15. —

2. Kleine Schriften zur neueren Litteratur, Kunst u. Zeitgeschichte. Hrsg. v. Erich Schmidt. (VII, 416 S.) n. 8. —

—— Wolfhart Spangenberg, s. Studien, Strassburger, 1. Bd.

—— deutsche Studien. I. und II. Lex.-8. Wien, (Gerold's Sohn.) * 2 20

Inhalt:

I. Spervogel. (73 S.) 870. *M. 1.

II. Die Anfänge des Minnesanges. (82 S.) 874. *M. 1,20.

Aus: Sitzungsberichte der k. Akademie der Wissenschaften, besonders abgedruckt.

— Deutsche Studien. 1. Spervogel. S. 64 [illegible] vgr.
— — 2. Die Anfänge des Minnesanges. 1. [illegible] Lieder. 2. Der Kürenberger. 3. Meinloh von Sevlingen. 4. Der Burggraf von Regensburg. 5. Der Burggraf von Rietenburg. 6. Spervogel. 7. Dietmar von Aist und das Tagelied. 8. Friedrich von Hausen. 9. Heinrich von Veldeke. 10. [illegible] S. 77 [illegible] vgr.
— — Dramen und Dramatiker. S. [illegible] vgr.
Separatabdruck

—— **deutsche Studien. III. Dramen und Dramatiker. Lex.-8. (60 S.) Wien 878, (Gerold's Sohn.) ****

Aus: Sitzungsberichte der k. Akademie der Wissenschaften, besonders abgedruckt.

I. und II. (Ebendas.) 1870,74. *M. 2,20.

—— **Deutsche Studien. I. u. II. 2. Aufl. gr. 8. (129 S.) Prag 891, Tempsky. — Lpz., Freytag. * 3 —**

Scherer, Wilh., **Uebersichts-Plan von Elberfeld. Nach dem von Leydecker im Auftrage der Stadt-Verwaltung angefertigten Orig.-Plane entworfen. Lithogr. und color. qu. gr. Fol. Elberfeld 876, Löwenstein und Comp. * 1 50**

Scherer, Wilhelm, aus Oedt, Referendar am kgl. Amtsgericht zu Kempen: **Unterschiede zwischen der actio Publiciana und der Klage aus § 1007 des Bürgerlichen Gesetzbuches.** *Kempen (Rhein) 1904: E. Müller.* (54 S.) 8° [F. u. Ant.] Erlangen, Jur. Diss. v. 8. Febr. 1904

—— **über den Ursprung der deutschen Literatur. Vortrag gehalten an der k. k. Universität zu Wien am 7. März 1864. gr. 8. (III und 20 S.) Berlin 864, G. Reimer. ***

Aus: Preußische Jahrbücher, 13. Bd., besonders abgedruckt.

— **Vorträge u. Aufsätze zur Geschichte d. geistigen Lebens in Deutschland u. Oesterreich. gr. 8. (VI, 431 S.) Berlin 874. Weidmann. n. 8. —**

Scherer, Wilh., s.: Vorträge, 6, v. der Generalversammlung der Görresgesellschaft zu Regensburg.

Scherer, Wilhelm: Über den Weinbau bei Regensburg von der Römerzeit bis zur Gegenwart mit Vorschlägen für die Zukunft. Vortrag. Regensburg: Pustet 1869. 19 S. -- 12.95*. N 1

— Die Wiedervereinigung Regensburgs m. Bayern vor 100 Jahren. (27 S. m. Abb.) kl. 8. Regensburg 910. F. Pustet. — 30

Scherer-Boccard, Theodor Graf von

Scherer, Thdr., offener Brief über den Kirchen- und Kaiserstaat an Frhrn. Heinr. v. Andlaw. Luzern 861. Gebr. Räber. gr. 8. (12 S.) 3 ngr.

Scherer-Boccard, Theodor, s. Canisius, [Petrus]. Beat, des ersten Schweizer-Apostels Leben .... Luzern 1851.

— **Erinnerungen am Grabe Karl Ludw. v. Haller's** mit besonderer Beziehung auf seine Schrift „Restauration der Staatswissenschaft" und seine Rückkehr zur katholischen Kirche. Solothurn 854. Scherer. gr. 8. (26 S.) n. 4 ngr.

Scherer, Graf Thdr. v., Franz II. in Rom. Ein Vorbild zur Warnung, aber auch zur Hoffnung für Fürsten und Völker. gr. 8. (58 S.) Mainz 862, Kirchheim. *

— **Geschichte der Armen-Schwestern von Saint-Servan** in Frankreich. Den Freunden der christlichen Wohlthätigkeit, besonders dem edlen Frauengeschlecht erzählt. (Nach Aubineau „Les Petites Soeurs" und andern öffentlichen und Privatberichten bearb.) Luzern 853. Räber. 8. (36 S.) 3 ngr.

[Scheror-Boccard, Theodor.] Geschichte der Rigi und ihrer Umgebung, seit den ältesten bis in die neuesten Zeiten, von Ihr Selbst nach ungedruckten Urkunden..., in gereimter und ungereimter Sprache erzählt. [Mit 1 Tafel.] 8. Luzern [1871].

Scherer, Theod., das heil. Grab in Jerusalem. Worte f. das kathol. Volk. 16. (3¼ B.) Einsiedeln 846, Gebr. Benziger.

—— **Guendaline Fürstin Borghese-Talbot.** Ein Vorbild des edlen Frauengeschlechts. Nach Zeloni u. andern Documenten dargestellt. 12. (4 B. u. 1 Stahlst.) Einsiedeln 843, Gebr. Benziger.

Scherer(-Boccard), Theodor. Guendaline Fürstin Borghese-Talbot (1817–1840). Ein Vorbild des edlen Frauengeschlechts. Nach Zeloni und andern Dokumenten dargestellt. Neue verbesserte Aufl. 8. Freiburg 1890.

Scherer-Boccard, Gf. Th., Handbuch zur Beurtheilung der Vorurtheile u. Irrthümer unserer Zeit. Nach bewährten Quellen encyklopädisch bearb. gr. 8. (IV, 436 S.) Luzern 870. Prell in Comm. n. 3. 20

—— **Heidenthum und Christenthum**, s. Erzählungen, katholische, für die reifere Jugend.

Scherer, Graf Theodor v., Heidentum u. Christentum, betrachtet in den Monumenten des alten u. neuen Rom. Regensburg, Manz (jetzt Verlagsanst.), 1880, 8°, 266 S., 2. Aufl., 1,50 Mk.

In unterhaltender Form. 1. Aufl. 1853, Schaffhausen, Hurter, als 10. Bdchen von: „Kath. Erzählungen f. die reifere Jugend u. d. Volk." Recens. (1. Aufl.): Kath. Littztg 1855, S. 108.

—— Heidenthum u. Christenthum betrachtet in d. Monumenten d. alten u. neuen Roms, s. Zehnpfennigbibliothek, Regensburger.

—— **Helden und Heldinnen des christlichen Glaubens** und der christlichen Liebe aus dem Schweizerland. Versuch einer schweizer. Kirchengeschichte in Lebensbildern. gr. 8. (XI und 435 S.) Schaffhausen 857, Hurter'sche Buchh.

Scherer-Boccard, Graf Theod., Freie Kirche mit freiem Staate. Ein Denkblatt aus Anlaß des Konzils. Solothurn, Schwendimann, 1869, 8°, 16 S.

Recens. Litt. Handw. 1869, S. 486 (Hülskamp).

— **Eugenius Lachat, Bischof v. Basel**, s.: Deutschlands Episcopat in Lebensbildern.

—— Eugenius Lachat, Bischof von Basel, s. Episcopat, Deutschlands, in Lebensbildern.

Scherer-Boccard, Th(eodor). Eugenius Lachat ([geb.] 1819), Bischof von Basel. [Mit Portrat-Tafel.] 8. Würzburg, Wien 1882.

Der Episcopat der Gegenwart in Lebensbildern dargestellt

—— **Lebensbilder aus der Gesellschaft Jesu.** Ein Beitrag zur Geschichte der kathol. Restauration. 8. (XI und 400 S.) Schaffhausen 854, Hurter'sche Buchh.

— s. Leo XII., Papst.

—— Papst Leo XII., s. Papst.

—Papst Leo d. Zwölfte. Nach *Artaud v. Montor*, m. Berücks. anderer Quellen, deutsch bearb. u. m. einer urkundl. Beilage üb. d. Organisation d. Erziehungswesens im Kirchenstaate. Schaffhausen 1844. Gr. 8°. Unbeschn. in Ppb.

VI S., 1 Bl., 519 S. (319 ist Druckf.), 1 S. Err.

—— **Morgenstunden im Staatsgefängniß.** 12. (8½ B., 1 lith. Portr. u. lith. Ttl.) Einsiedeln 844, Gebr. Benziger. —

— **Pogaństwo i Chrześciaństwo** uważane w jego pomnikach starego i nowego Rzymu. Przełożył M. O. Lissa 856. E. Günther. 8. (258 S.) 18 ngr.

Scherer-Boccard, Graf Theodor, Die Reformbewegung unserer Zeit und das Christentum. Neunzehn Briefe an einen Freund des Fortschrittes. Augsburg, Rieger, 1848, 8°, IV, 121 S., 1 Mk.

Scherer-Boccard, [Theodor]. Rétablissement du culte catholique dans la Suisse protestante Par M. le Comte Scherrer (**Umschlag*: Scherer)-B', traduit de l'allemand Par M. [Joseph-]Hubert Thorin .... E. 8. Fribourg 1883 (**Umschlag*: 1886).

Scherer, Thdr. v., Aus dem Tornister eines Soldaten der Revolutions-Armee, s. Aus.

Scherer, Thdr. v., Aus dem Tornister eines Soldaten der Revolutions-Armee. Charakter- u. Sittengemälde aus der französischen Schreckenszeit. Nach dem Tagebuche eines Zeitgenossen (Alexis v. Monteuil) bearb. 856. (619 S.) n. 1 rℓ. 22½ ngr. — 2. Aufl. 3 Bde. Frankfurt a. M. 857. Heyder. (Kirchheim.) 8. (IV, 378; 403; 401 S.) n. 2 rℓ.

—— **aus dem Tornister eines Soldaten der Revoluzions-Armee.** Karakter- und Sittengemälde aus der französ. Schreckenszeit. Nach dem Tagebuch eines Zeitgenossen bearb. 3 Bde. 4., verb. Aufl. 16. (XIII und 890 S.) Mainz 867, Kirchheim.

—— **aus dem Tornister eines Soldaten der Revolutionsarmee.** Charakter- und Sittengemälde aus der französischen Schreckenszeit. Nach dem Tagebuche eines Zeitgenossen bearb. 3 Bdchn. 5. verb. Aufl. 8. (276; 292; 295 S.) Mainz 877, Kirchheim.

—— Der hl. Vater. Betrachtungen über die Mission u. die Verdienste des Papsttums. Augsburg, Rieger, 1850, gr. 8°, VIII, 164 S., 1 Mk.

Inhalt: Immerwährende Dauer d. Papsttums. Benennung, Wahl, Krönung des Papstes. Mission, Autorität, Verdienste der Päpste in sozialer, intellekt. u. relig. Beziehung als Schirmer d. Freiheit, Hüter d. Friedens, Pfleger u. Beförderer d. Künste u. Wiss., Erhalter der Einheit d. Glaubens u. Kultus, Wächter d. christl. Zucht u. Sitte 2c. Vgl. Kath. Littbl. zur Sion 1850, S. 143—7.

— **das Verhältniß zwischen Kirche und Staat.** Nach den Lehrsätzen eines Jesuiten dargestellt. gr. 8. Regensburg 846, Manz. 7/12 rℓ

(S[cherer-Boccard, Theodor].) Der Weissenstein. Handbuch für Touristen und Kuristen, nach ältern und neuern Quellen bearb. ([von] Gf. S. v. S.). [Mit 2 Tafeln und 1 Panorama.] 8. Solothurn [1865].

Scherer-Boccard, Theodor. Wiedereinführung des katholischen Kultus in der protestantischen Schweiz im neunzehnten Jahrhundert, mit Rückblick auf dessen Aufhebung im sechszehnten Jahrhundert. Hrg. in Verbindung mit mehreren Mitarbeitern durch Graf Th' Sch'-B'.... (Mit 26 Abbildungen [auf 5 Tafeln].) 8. Ingenbohl 1881.

Scherer-Boccard, Thdr. Graf v., im Zeichen der Jakobinermütze. Erinnerungen aus dem Tornister e. Soldaten der Revolutionsarmee. Nach dem Tagebuche e. Zeitgenossen bearb. Neue [Titel-]Ausg. (IV, 796 S.) gr. 8. München [902. 903] 903. Münchener Volksschriften-Verlag.
n. 5. —; geb. n. 6. —

Scherer(t)z, Sigismund

— — Fuga Melancholiae cum Speculo Tentationum . . . Oder: Drey geistreiche Bücher, Das Erste: Seelen-Artzney, Wider die Melancholey, Traurigkeit und Schwermuht deß Geistes, etc. Das Andere: Spiegel der geistlichen Anfechtungen, Warum sie Gott über uns kommen lasse. Das Dritte: Trost-Becher. Für alle traurige, wehemuhttige, auch mit seltzamen und wunderlichen Gedancken geplagte Christen. [3 Teile in 1 Bde.] Lüneburg, Sternische Druckerei, 1715. 8°. *Kupferstichporträt des Verfassers, 3 Kupfertitel von I. Friedl*, 6 Bl. 377 S. 3 Bl.; 5 Bl. 350 S. 7 Bl.; 128 S. 2 Bl. (letztes leer). Pgt. d. Z. mit den Initialen C. I. S. u. d. Datum 1729.
C. III, 161, 51, 4 (zitiert frühere Ausgaben).

Scherertz, Sigism., geistlicher Trostbecher f. traurige, wehmütige, auch m. seltsamen u. wunderlichen Gedanken geplagte Christen. Aufs neue hrsg. v. Otto H. Th. Willkomm. (XI, 146 S.) kl. 8. Zwickau 907. J. Herrmann.
Kart. 1. 20

Schereschewski, Emil, Apotheker aus Königsberg i. Pr.: Über Balata und Chicle. Königsberg i. Pr. 1906. IV + 144 S. 8°. [16. II. 06.]
Bern. Phil. Diss. 1905/1906.

Schereschewsky, Jacob [Hermann], a. Moskau: Experimentelle Beiträge zum Studium der Syphilis. Jena 1908: G. Fischer. (16 S.) 8° ¶(Aus: Centralblatt f. Bakt. usw. 1. Abt. Originale Bd 47 H. 1.)
Straßburg, Med. Fak., Ref. Forster, Diss. v. 5. Aug. 1908
[Geb. 31. Dez. 84 Moskau; Wohnort: Moskau; Staatsangeh.: Rußland; Vorbildung: Königstädt. Realgymn. Berlin, St. Michaelis-Sch. Moskau; Studium: Heidelberg 4, Straßburg 6 S.; Rig. 30. Juli 08.]

Schereschewsky, Moses, Untersuchungen stotternder Schulkinder m. bes. Berücksicht. d. Kohlkopfes. Diss. gr. 8. (41 S.) Königsberg 896. (W. Koch.)
n. 1. —

Scherf, A., Rechenbuch, Uebung und Lehre, für die Volksschulen des Königr. Hannover, auch zum Selbstunterrichte für Erwachsene, die auf eine einfache und gründl. Weise in der Schule Versäumtes nachholen wollen. 3 Hefte. 8. Lüneburg 861, Engel's Buchh. [1. Heft. (96 S.) * 5 Ngr., 2. (77 S.) * 5 Ngr., 3. (.. S.) * 7½ Ngr.] —

Scherf, A., **Rechenbuch,** Uebung u. Lehre, für Volksschulen, auch zum Selbstunterrichte für Erwachsene, die auf eine einfache u. gründliche Weise in der Schule Versäumtes nachholen wollen. 1. Heft: Die vier Grundrechnungen in ganzen Zahlen u. Brüchen. 2. Aufl. Lüneburg 866. Engel's Buchh. 8. (96 S.)
n. 5 ngr.

—— deutsche Sprachlehre in stufenmäßig fortschreitenden Aufgaben. 1. Aufl. 1860. und 2. Aufl. gr. 8. (34 S.) Lüneburg 861, Engel's Buchh. *

—— deutsche Sprachlehre in stufenmäßig fortschreitenden Aufgaben. 3., verb. Aufl. gr. 8. (40 S.) Lüneburg 865, Engel's Buchh. *

Scherf, A., deutsche Sprachlehre, in stufenmäßig fortschreitenden Aufgaben. 4. verb. Aufl. gr. 8. (40 S.) Lüneburg 872, Engel's Buchh. * — 30

Scherf, A., deutsche Sprachlehre in stufenmäßig fortschreitenden Aufgaben. 5. verb. Aufl. 8. (40 S.) Lüneburg 876. Engel.
n. — 35

Scherf, Anton, Predge na use Nedele no Svetke celega kersaysko-katolskega cirkvenega leta; kak tydi za use farne cirkvene varihe Sekovske skofije po slovenskem kraji no neke priloxnosti. (Wendische Predigten und Gebetbuch.) 8. Grätz 835. Kienreich. 2½ ₰

— Sakramenti Mirajoqih, najmreq: Pokora, Presveto Resno Telo, no Posledno Olje za bolenega v' veqnost potyjoqega qloveka; to je: kratki Navyki od zaderxaya kristjanov pri naspovednem hodi, ino kratke Molitve, kere se od dyhovnih pastirov, hixnih oqetov, priporaqavcov bolenih, no inspitavavcov kersayskega navyka pri betexniki no umirajoqemi morejo moliti, yemi na veliko povesel no hasen. 12. Ebd. 835 ⅙ ₰

Scherf, Ch[arles]. Ueber Hernien nach Laparotomieen. Diss. Med. Bern. 34 S. 8. Neuenburg, Delachaux & Niestlé, 1902. [fr. 1.50]

Scherf, Gerh., Beiträge zur Lehre von der Magendilatation. Inaugural-Dissertation. gr 8. (20 S. mit 1 Steintaf.) Göttingen 879. (Vandenhoeck & Ruprecht.)
n. — 80

Scherf, Gust., Kochbuch. Wegweiser der modernen u. feineren Küche f. Herrschaften, Pensionen, Hotels, Kochschulen etc. Mit e. Anh.: Zusammenstellg. verschiedener Diners u. Soupers. Russische Küche. (206 S.) 8. Wiesbaden (909). (Moritz & Münzel.) Kart. 2.50

Scherf, Maj. H., die Theilnahme der großh. hessischen [25.] Division an dem Feldzug 1870/71 gegen Frankreich. Auf höchsten Befehl Sr. königl. Hoheit des Prinzen Ludwig von Hessen und auf Grund officieller Acten dargestellt. 1. Lfg.: Von der Mobilmachung [16. Juli] bis 17. Aug. 1870. gr. 8. (144 S. mit 1 lithogr. Skizze und 3 chromolithogr. Karten in gr. Fol. und Beilagen 54 S.) Darmstadt 875, Jonghaus'sche Hofbuchh. ** 1 70

Scherf, H., die Theilnahme der großherzogl. hessischen [25.] Division an dem Feldzug 1870/71 gegen Frankreich. Auf höchsten Befehl Sr. königl. Hoheit des Prinzen Ludwig von Hessen und auf Grund officieller Acten dargestellt. 2. Lfg.: Vom 17. Aug. bis 2. Septbr. 1870. Mit 1 (lithogr.) Skizze (in qu. Fol.) und 4 (chromolithogr.) Karten (in qu. gr. 4. und Imp.-Fol.). gr. 8. (S. 145—400 und Beilagen S. 55—174.) Darmstadt 876. Jonghaus'sche Hofbuchh. **
1. Lfg. Ebendas. 1875. ** ℳ 1,70.

Scherf, H., die Theilnahme der großherzogl. hessischen [25.] Division an dem Feldzug 1870/71 gegen Frankreich. Auf höchsten Befehl Sr. königl. Hoheit des Prinzen Ludwig von Hessen und auf Grund officieller Acten dargestellt. 3. und 4. Lfg.: Vom 2. Septbr. bis 29. Octbr. 1870. Mit 3 (lithogr.) Skizzen und 1 (chromolithogr.) Karte. gr. 8. (S. 401—682 und Beilagen S. 175—197.) Ebendas. 877. à Heft **

—— dass. — 5. und 6. Lfg.: Vom 30. Octbr. bis incl. 2. Decbr. 1870. Mit 1 (lithogr.) Skizze und 1 (lithogr.) Karte. gr. 8. (2. Bd. S. 1—290 und Beilagen S. 1—72.) Ebendas. 878.
à Heft **

Scherf, H., die Theilnahme der großherzogl. hessischen [25.] Division an dem Feldzug 1870/71 gegen Frankreich. Auf Allerh. Veranlassung Sr. königl. Hoheit des Großherzogs Ludwig IV. von Hessen und bei Rhein und auf Grund officieller Acten dargestellt. Nach dessen Tode hrsg. von A. Draudt. 7. und 8. Lfg.: Vom 3. bis incl. 19. Decbr. 1870. Mit 2 (lithogr.) Skizzen und (lithogr.) Karten. 2. Bd. gr. 8. (IV, S. 291—572; Beilagen S. 72—100.) Darmstadt 881, Jonghaus'sche Hofbuchh. à Lfg. ** ℳ 1,70. ** 3 40
1.—6. Lfg. Ebendas. 1876—78. à ** ℳ 1,70.

—— dass. — 9.—11. Lfg.: Vom 20. Decbr. 1870 bis incl. 31. Jan. 1871 [bezw. bis incl. 19. Febr. 1871]. Mit 6 (lithogr.) Skizzen. gr. 8. (2. Bd. VI, S. 573—932; Beilagen S. 101—201.) Ebendas. 883. à Lfg. ** ℳ 1,70. ** 5 10

—— dass. — 12.—14. Lfg.: Vom 1. Febr. bis incl. 31. Juli 1871. Mit 2 (lithogr.) Skizzen. gr. 8. (3. Bd. S. 1—208; Beilagen S. 1—248.) Ebendas. 884. à Lfg. ** ℳ 1,70. ** 5 10

Johann Christian **Scherf**. Einsame Gänge. Leipzig: G. Merseburger 1905. (63 S.) quer-8° [F.]
[08. 11165]

— ein Jahr. Gedichte. (64 S.) 8. Ebd. 906.
Geb. in Leinw. n. 2. —

Scherf, Joh. Christian, Liebe, Leid, Leben. Gedichte. (52 S.) 8. Leipzig 907. G. Merseburger. Geb. in Leinw. 2. —

Scherf, Johann Christian Friedrich,
s. S c h e r f f , Johann Christian Friedrich.

Herzkrankheiten. Ihre Behandlung durch d. Quellen von Orb von Dr. J[osef] Scherf. 3. Aufl. München: Gmelin 1908. 31 S. 8°

Scherf, J., Herzkrankheiten. Ihre Behandlg. durch die Quellen v. Orb. 3. Aufl. (31 S.) 8. München 908. Verlag der ärztl. Rundschau. — 60

Scherf, Karl Friedrich

— alle Arten der Schafwolle, ihrer Natur u. Beschaffenheit nach, leicht kennen zu lernen u. solche zu verarbeiten. 8. Meißen 843, Goedsche. 1½ ₰

— Belehrung über die Anstellung u. Führung d. Waidindigküpe, s. Schauplatz, neuer, der Künste u. H., 120. Bd.

— der Kleinigkeitsfärber, siehe a. Schauplatz, neuer, d. Künste u. Handwerke, 132. Bd.

Scherf C., der Kleinigkeitsfärber. 3. Aufl. (Schaupl. d. Künste 132) Weimar 1860

Scherf, Carl Frdr., die Kleinfärberei u. ihre Nebenindustrien. Praktische Erläuterg. der verschiedenen Arten der Kleinfärberei, einschließl. der Wäscherei, Fleckenreinigg., Bleicherei u. Appretur. 4. Aufl., auf Grund der neuesten Fortschritte vollst. umgearb. v. Max Haller. Mit 41 Textabbildgn. u. 668 Färbevorschriften. gr. 8. (VIII, 221 S.) Leipzig 899. B. F. Voigt. 6. —

—— theoret. u. pract. Lehrbuch d. Färbekunst u. Färber-Chemie. gr. 8. (29 B. u. 4 Stnt. m. 39 natürl. Mustern.) Nordhausen 846, Fürst. Thlr.

Scherf, Carl Friedr., theoret. u. prakt. Lehrbuch der Färbekunst u. Färber-Chemie. Mit 4 Taf. von 39 natürlichen Mustern. gr. 8. (XX u. 441 S.) Nordhausen 847, Fürst. 1⅚ ₰

— theoretisch-prakt. Lehrbuch der Tuch-, Zeug- u. Strumpf-Fabrikation, sowie der Waidküpen und Couleurenfärberei. 8. Quedlinburg 842, Basse. 1½ ₰

Scherf, Phpp., Arbeiterfürsorge nach dem Invalidenversicherungs-Gesetz v. 13. VII. 1899. 2. Aufl. gr. 8. (IV, 76 S.) Darmstadt 900. H. L. Schlapp. n. 1. —

Scherfe in dem Gotteskasten d. Menschenkunde, enth. Ldw. Hellberg, s. a. Hellberg.

Scherfe in d. Gotteskasten d. Menschenkunde ꝛc. 1r u. 2r Bd. (enth. Ludwig Hellberg.) 8. Hamb. Vollmer. 798. 99.

Scherfe, Chr. Fr. A., Gebete für die Frühbetstunden der Bergleute. 12. Sangerhausen 839. Rebland. n. ¼ ₰

Scherfel W. [illegible] 29
Separatabdruck

Scherfel, Aurel W., der älteste botan. Schriftsteller Zipsens u. s. Herbar. [Aus: „Annalen d. k. k. naturhistor. Hofmuseums".] Lex.-8. (9 S.) Wien 895. A. Hölder. n. — 60

Scherfer, Karl, s. S c h e r f f e r , Karl.

Scherff: Zu Caesar bell. Gall. VII. 74. 2 S. Oberschützen. Progr. 1862

Scherff: Platon's J o n. Inhalt u. Tendenz des Dialogs. 17 S. Oberschützen. Progr. 1862

Scherff, C. S., de nativitate Chr. Bethlehemitica, utrum in urbe an extra urbem facta. Lips. 1704. 4.

Scherff, Georges de: S p a z i e r g a n g um die Welt. Reisebriefe. 6. März 1875 bis 23. Februar 1876. (Als Manuskript gedruckt.) Luxemburg: V. Bück 1876. 139 S. 8°

Scherff Gerhard: Die Tauernpässe im Altertum und Mittelalter.
H. 1902 PN 1489 Diss. Wien, Univ. 845

Scherff, J. T., De spasmo ex somno. 45 pp. Lps. 4°. 1742

Scherff, Joh. Das Erntefest. Ein humoristisch-patriot. Festspiel. gr. 8. (12 S.) Berl. 890, (Dewald). * — 50

Scherff, Joh., das Erntefest. Ein humoristisch-patriot. Festspiel. gr. 8. (12 S.) Berlin 890. (Hoeppner.) n. — 50

— die rationelle Pferdefütterung. Zusammengestellt aus prakt. Erfahrgn. u. unter Berücksicht. der in der Literatur geltend gemachten Ansichten. 8. (51 S.) Wien 890. Verlag „Austria", Drescher & Co. n. 1. 20

Scherff, Johann Christian Friedrich

Scherff J. C. F.: Anzeige d. Rettungsmittel bey Leblosen u. in plötzliche Lebensgefahr Gerathenen. Nach d. H. H e n s l e r Plan ausgearb. Altona 1780. (11) 279 S.

— Rettungsmittel bey Leblosen ꝛc. [illegible] Hensler. 3. Lpz. [illegible]

— Rettungsmittel bei Leblosen ꝛc., s. a. P. G. Hensler.

Scherff, Joh(ann) Christian Friedrich (Hrsg.)

s. a. Archiv der medizinischen Polizey und der gemeinnützigen Arzneikunde. Bd 1-6. Leipzig: 1783-87.

JB 6.142

Scherf, J. Archiv d. mediz. Polizei u. d. gemeinnütz. Arzneikunde. Bd. 1—6. Leipzig 1783—87. 3 Bde.
Forts.: Beitr. zu dem Archiv d. medizin. Polizei u. Volksarzneikunde. Bd. 1—8. Leipzig 1789—99. 4 Bde.
Forts.: Allgem. Archiv d. Gesundheitspolizei. 1. Bd. Hannover 1805—6. 1 Bd.

— Archiv der medicin. Polizei u. der gemeinen Arzneikunde. 6 Thle. gr. 8. Leipz. 783—87. Weygand. 6 ₰

— Beitr. zu d. Archiv der medicin. Polizei ꝛc. 8 Bde in 16 Abtheil. gr. 8. Leipz. 788—99. Weygand. 8 ₰

— allgem. Archiv für die Gesundheitspolizei. 1r Bd. 3 Stcke. 8. Hannov. 805 u. 6. Hahn. 1 ₰ 12 ₰

Scherff, Johann Christian Friedrich. s. B e m e r k u n g e n , Medicin., e. Gesellschaft f. Aerzten.

Scherff, Johann Christian Friedrich (Übers.):

s.: Black, William: Entwurf einer Geschichte der Arzeneywissenschaft und Wundarzeneykunst. (An historical Sketch of medicine and surgery from their origin to the present time... Dt.) Lemgo: 1789

JB 5.703

— Briefe üb. den Gesundbrunnen zu Meinberg. 1s Hft. 8. Lemgo 794. Meyer. 14 ₰

– s. Butter's, W.: Abhandlung.

Scherff, Johann Christian Friedrich (Übers.):

s.: Cheston, Richard Browne: Pathologische Untersuchungen und Beobachtungen... Nebst einem Anhang... (Pathological Inquiries and observations in surgery... with an appendix... Dt.) Gotha: 1780

— Dispensatorium Lippiacum genio moderno accommodat. II Ptes. 8maj. Lemgo 792—94. Meyer. 2 ₰

— Lippisches Dispensatorium, aus d. Latein. vom Herausgeber. 2 Bde. gr.8. Lemgo 799—801. Meyer. 5 ₰ 12 ₰

– s. Floyer, J.: Abhandlung.

Scherf, J. Vollst. Hausarzt. 1. Bd. Leipzig 1783.

— vollständ. deutscher Hausarzt. gr. 8. Leipz. 791. Schwickert. 18 ₰

– s. Kirkland, Th.: Versuch.

– s. Medicinalordnung, Gräfl. Lipp.

– s. Rowley: Krankheit d. Brüste.

– s. Smythson: Hausarzt.

— Untersuchung des gegenwärt. Zustandes der medicin. Chirurgie. 8. Leipz. 787.

Scherff, Johann Christian Friedrich: Versuch eines Apothekerbuchs für Landstädte. 466 S., gbd.

Gotha: Ettinger 1782

JB 1.366

– s. Warner, J.: V. d. Krankheiten.

– s. Wienholt: Heilkraft der thier. Magnetismus – Dess. Abhandlung u. Vorlesungen.

Scherff, Johann Heinrich (Gera) A. S. 1272/20

Dissertatio inauguralis medico-chirurgica de spina ventosa. Präs. Johann Adolph Wedel. Jena (Krebs) 5. X. 1715. 24 S.

W. v.: Georg Wolffgang Wedel, Hadrian Slevogt, Präs., Christian Stock. 30296

Nord-Amerika. Reisebilder, sozialpolit. u. wirtschaftl. Studien aus d. Vereinigten Staaten. Von Julius Scherff. *Leipzig: O. Wigand 1898.* (VI, 269 S.) 8° [F.] 1898. 155. 7

Scherff, Jul., Nord-Amerika. Reisebilder, sozialpolit. u. wirtschaftl. Studien aus den Vereinigten Staaten. 2. [Titel-] Ausg. (IV, 269 S.) gr. 8. Leipzig [898] 904. O. Wigand. n. 3. —

Scherff, Paul de: Luxemburger Fragen. I. Die Eisenbahnfrage. Luxemburg: Th. Schroell 1872. 66 S. 8°

Scherff, Paul de: Grund-Credit und Papiergeld. Beitrag zur Beurtheilung der für das Großherzogthum Luxemburg beschlossenen Grundcreditcasse. Luxemburg: V. Bück 1853. 86 S. 12°

Scherff, Paul de: J. P. Pescatore-Stiftung. Motive zu dem Entwurf der Statuten. Luxemburg: L. Schamburger 1880. 41 S. 8°

Scherff, Paul de: Die luxemburgischen Octroiirungen. Luxemburg: V. Bück 1858. 4°

Scherff, Paul de: Das Versorgungshaus der J. P. Pescatore-Stiftung in Luxemburg. Entwurf gedruckt als Manuscript für die Mitglieder des Curatoriums. Luxemburg: Léon Bück [1891]. 17 S.

Scherff, Paul de: Das Versorgungshaus der J. P. Pescatore-Stiftung in Luxemburg. Luxemburg: Léon Bück 1891. 34 S. 8°

Scherff, Wilhelm von

Scherff. Betrachtungen über die Schlacht von Colombey-Nouilly und Vionville-Mars-la-Tour. Die Cernierung von Metz und die Schlacht von Noisseville. (Aus:) „Kriegslehren und kriegsgeschichtl. Beispiele der Neuzeit." Berlin 1894—1896.

Scherff, W. v., Delbrück u. Bernhardi. Eine strateg. Clausewitz-Studie f. Gelehrte u. Militairs. gr. 8. (39 S.) Berlin 892. A. Bath. n. — 80

Scherff, W. v., die Division v. Beyer im Main-Feldzuge 1866. Mit e. Uebersichtskarte u. 2 Skizzen in Steindr. gr. 8. (V, 133 S.) Berlin 899. E. S. Mittler & Sohn. n. 3. 50; geb. in Leinw. n.n. 5. —

Einheitsangriff oder individualisirter Angriff nach den Erfahrungen des südafrikanischen Krieges. Von W[ilhelm] v. Scherff, Gen. d. Inf. z. D. *Berlin: E. S. Mittler & Sohn 1902.* (110 S.) 8° [F.] 1903. 1337

v. Scherff. Erläuterungen zu dem hinterlassenen Werke des Generals v. Clausewitz „Vom Kriege" 8 Berlin 1880.

(Scherff, W. v.) Zur Frage eines Zukunfts-Exerzier-Reglements für die Infanterie. Berlin 1884. 8°.

Gewehr und Gelände im heutigen Angriffskampfe. Von W[ilhelm] v. Scherff, Gen. d. Inf. z. D. Berlin: E. S. Mittler & Sohn 1904. (131 S.) 8° [F.] 1905. 11650

Scherff, W. v., einige taktische Grundsätze als Anhalt für die Ausbildung der Infanterie zum Gefecht und Kampfe. gr. 8. (27 S.) Berlin 879, Bath. *

Scherff, v., v. Görne und Mertens, die Gymnastik, s. Gymnastik, die.

Scherff, W. v., die Infanterie auf dem Exercierplatze Anhaltspunkte u. Beispiele f. die Ausbildg. zum Gefecht. Mit 2 (chromolith.) Taf. Abbildgn. (auf 1 Bl. in gr. Fol.) gr. 8. (30 S.) Berlin 875. Bath. n. 2. —

— unsere heutige Infanterie-Taktik im Spiegel der Augustkämpfe 1870 um Metz. gr. 8. (III, 328 S.) Berlin 893. Militär-Verlag R. Felix. n. 7. 50

— d. Kampf in einheitl. Verbande u. d. Benutzg. d. Geländes im Angriffsverfahren, s.: Beiheft z. Militär-Wochenblatt 1895, Hft. 6.

Scherff, W. v. Vom russ.-japan. Krieg. (München 1905.) 8°. (Aus: Süddeutsche Monatshefte.)

Scherff, W. v. Vom russ.-japan. Krieg. München 1905. 24 S.

Scherff, W. v., von der Kriegführung, zugleich 2. umgearb. Aufl. der Lehre von der Truppenverwendung als Vorschule zur Kunst der Truppenführung. gr. 8. (XVI, 759 S.) Berlin 883, Bath. * 10 —

Scherff, W. v., Kriegslehren in kriegsgeschichtlichen Beispielen der Neuzeit. 1. u. 2. Hft. gr. 8. Berlin 894. E. S. Mittler & Sohn. n. 9. 75
1. Betrachtungen üb. die Schlacht v. Colombey-Nouilly. (X, 133 S. m. 2 lith. Plänen.) n. 3. 25
2. Betrachtungen üb. die Schlacht v. Vionville — Mars la Tour. Mit 1 Plan u. 4 Skizzen in Steindr., sowie 1 Textskizze. (IV, 293 S.) n. 6. 50

— Kriegslehren in kriegsgeschichtl. Beispielen d. Neuzeit. 3.—5. Hft. gr. 8. Berlin, E. S. Mittler & Sohn. n. 20. 50; Einbde. in Leinw. à n.n. 1. 25 (1—5 n. 30. 25)
3. Betrachtungen üb. die Schlacht v. Gravelotte — St. Privat. Mit 2 Plänen in Steindr. u. 1 Textskizze. (III, 272 S.) 895. n. 8. 50
4. Die Cernirung v. Metz u. die Schlacht v. Noisseville. Darstellg. u. Betrachtgn. Mit e. Plane in Steindr. (III, 330 S.) 896. n. 7. —
5. D. Feldzug v. Sedan. Darstellg. u. Betrachtgn. M. 1 Uebersichtskarte u. 3 Skizzen in Steindr. (III, 305 S.) 897. n. 7. —

[F.] Die Lehre vom Kriege auf der Grundlage seiner neuzeitlichen Erscheinungsformen. E. Versuch v. W[ilhelm] v. **Scherff**, General d. Inf. z. D. *Berlin: E. S. Mittler & Sohn 1897.* (VIII, 309 S.) 1 Bd 8. [98. 670]

Scherff, Oberst und Abtheilungs-Chef im grossen Generalstabe, etc Die Lehre von der Truppenverwendung als Vorschule für die Kunst der Truppenführung. I. Bd. Die Formenlehre. Einleitung, 1. und 2. Abth. II. Bd. Die Formenlehre. 2. Abth.: Fortsetzung und Schluss. (2 Bde.) gr. 8. Berlin 1876—1879.

—— **die Lehre von der Truppenverwendung als Vorschule für die Kunst der Truppenführung.** 1. und 2. Bd. à 3 Lfgn. gr. 8. Ebendas. [1. Bd. 1. und 2. Lfg. (VI, VII, S. 1—453.) 876. * M 8.; 3. Lfg. (IX, X, S. 455—664.) 877. * M 4. — 2. Bd. 1. Lfg. (XI—XIII, S. 665—863.) 878. * M 4.; 2. Lfg. (XV—XVI, S. 864—1096.) 878. * M 4,50.; 3. Lfg. (XVII—XVIII, S. 1097—1209.) 879. * M 2.] *

Scherff, W. v. Die Lehre von der Truppenverwendung als Vorschule für die Kunst der Truppenführung. Bd 1. 2. Berlin 1876—79. 8°.
Dass. u. d. T.: Von der Kriegführung. 2. Aufl. 1883.

Vergleichender Rückblick auf die neueste Tagesliteratur über den Infanterieangriff von General [Wilhelm] v. **Scherff**. Berlin: R. Eisenschmidt 1906. (IV, 130 S.) 8° [F.] [07. 1007]

— **die Schlacht bei Beaune la Rolande am 29. Novbr. 1870. Vortrag, geh. in der militair. Gesellschaft zu Berlin. Mit e. (lith.) Karte (in qu. gr. Fol.) [Aus: „Militair-Wochenblatt.“] gr. 8. (44 S.) Berlin 872. Mittler & Sohn.** n. — 80

v. **Scherff.** Die Schlacht bei Beanne la Rolande, 28. Nov. 1870. (44) 8. Mit 1 Karte. Berlin 1873. 0.80.

[F.] Der Schlachtenangriff im Lichte der Schlichting'schen 'Taktischen Grundsätze' und der Boguslawski'schen 'Betrachtgn'. E. krit. Vergl. v. W[ilh.] v. **Scherff**, Gen. d. Inf. z. D. M. Skizzen in d. Text. *Berlin: R. Eisenschmidt 1898.* (IV, 184 S.) 1 Bd 8. [98. 9650]

— ein Schlachtenangriff im Lichte neuerer Kriegsgeschichte. II. Thl. v.: „Der Schlachtenangriff im Lichte der Schlichting'schen Grundsätze u. der Boguslawski'schen Betrachtgn.“ Mit e. Skizze im Text. gr. 8. (III, 197 S.) Berlin 900. R. Eisenschmidt. n. 5. —
1. Thl. Ebd. 898. n. 4. —.

— Generalleutnant v. Schwartzkoppen am 16. VIII. 1870. Meine Antwort auf Fritz Hoenigs „Die Wahrheit üb. die Schlacht v. Vionville — Mars la Tour“. gr 8. (VI, 133 S.) München 899. J. Lindauer. n. 2. 40

Scherff, W. v. Studien zur neuen Infanterie-Taktik. 2. Aufl. Berlin 1872. 110 S.
— 3. Aufl. 1872.
— 4. Aufl. H. 1-4. 1873. 1874

—— **Studien zur neuen Infanterie-Taktik.** 1.—4. Heft. gr. 8. Berlin, Bath. * 6 —
Inhalt:
Heft 1. Die taktischen Formen. 4. Aufl. (110 S.) 873. * M 1,50.
" 2. Die Friedensschule. (49 S.) 873. * M 1.
" 3. Die Infanterie im Verbande mit den anderen Waffen. (156 S.) 873. * M 2,50.
" 4. Die Schlacht. (36 S.) 874. * M 1.

— **reglementarische Studien.** gr. 8. (III, 127 S.) Berlin 891. A. Bath. n. 2. —

— dasselbe. 1. Folge. gr. 8. (III, 60 S.) Ebd. 892. n. 1. 20

Zur Taktik der Gegenwart mit besonderer Rücksicht auf die Zündnadel-Infanterie. Von W. v. Scherff. Berlin 1863. 83 S.

— **preußische Taktik u. taktische Theorie.** Polemische Betrachtgn. üb. reglementar. Fragen. gr. 8. (107 S.) Berlin 893. Militär-Verlag R. Felix. n. 3. —

[F.] Was man von einem Exerzier-Reglement verlangen muss, und was man nicht von ihm erwarten darf. Von W[ilhelm] v. **Scherff**, General d. Inf. z. D. *Berlin: R. Felix 1896.* (1 Bl., 69 S.) 1 Bd 8. [96. 3632]

Scherff, W. v., Zwei- oder dreigliederig? Eine reglementar. Skizze. gr. 8. (79 S.) Berlin 874, Bath. * 1 50

Scherffen, Marie, Liedergrüße unsrer Lieblingsdichter. Eine Sammlg. deutscher Lyrik, ausgewählt. 12. (XII, 187 S.) Leipzig 889. Fock. geb. m. Goldschn. n. 1. 80

Scherffer, Karl

Abhandlung von den zufälligen Farben von *Karl Scherffer*, der Gesellschaft Jesu Priester. Wien, gedruckt bey Joh. Thomas Edlen v. Trattnern, K. K. Hofbuchdruckern und Buchhändlern. gr. 8. 62 S. 1765.

Scherffer, Karl, († d. 25. Juli 1783.) geograph. Abhandlung. gr. 8. Wien ... Trattner. 4 gr.

Scherffer, K., geographische Abhandlung. gr. 8. Wien, Tendler.

Scherffer, Karl. Abhandlung uber die geographische und orthographische Projektion einer bei dem Pole zusammen gedruckten Elliptoide, wie auch uber die Figur des Erdschattens bey Mondesfinsternissen. Wien 1775.

— Abhandl. über geograph. u. orthograph. Projection einer bei den Polen zusammengerückten Ellipoide. Mit Kpf. gr. 8. Wien 778. Trattner. 12 gr.

— Abhandl. von Serien od. Reihen; aus d. Latein. mit Erläuterr. u. Zusätzen von P. P. v. Lilienstern. 4. Wien 782. Gräffer. 1 ß

Abhandlungen von der Wasserschraube, von D. *Scherffer*, Priester. 53 S. 8. m.3 Kupfr.
Wien: Trattner(Tendler) 1774.

Beyträge zur Mathematik, von *Carl Scherffer*, Priester, der Ph. Dr. und öffentl. Lehrer der höhern Mathematik. Wien, bey v. Trattner. 225 S. 19 Kupf. 8. 1781.

— Beitrr. zur Meßkunst auf der Oberfläche d. Erde. gr. 8. Wien 783. Trattner. 6 gr.

— Briefe an Max. v. Moßhardt üb. e. Entwurf e. sphär. Geometrie. gr. 8. Wien 775. Trattner. 4 gr.

— de cellulis apum dissertatio. 4. Vien. Camesina. 760.

— Diss. de cellulis apum. 4. Wien 760. (Heubner). 4 gr

De Coloribus accidentalibus Differtatio phyfica confcripta a P. C. *Scherffer*, e Soc. Jefu. Vindobonae. Typis J. Thomae Trattner — Med. 4. 1½ Bog. 1761.

— Diss. de emendatione telescopiorum dioptricorum per vitrum objectivum compositum. 4maj. Wien 762. Trattner. 2 gr

— institutionum analyticarum Pars I. et II. Cum I tab. aen. 4maj. Wien 770—74. Trattner. 5 ß 8 gr

— Analyticarum. P. I. et II. lib. 1—4. gr. 4. Viennae, Trattner. (Tendler). 770-74. (I. 2 Rthlr. II. 5 Rthlr. 8 gr.)

Scherffer, Karl, institut. astronomicae theoreticae, in us. tironum. Cum XIX tabb. aen. 4maj. Wien 778. Trattner. 2 ß 16 gr

— institut. geometriae sphaericae. 4maj. Wien 776. Trattner. 1 ß 13 gr

P. C. Scherfer inftitutionum geometricarum pars prima, five geometria elementaris. Wien, bey Trattner. 4. 36 Bog. 14 Kupf. 1770.

P. C. Scherfer inftitutionum geometricarum pars fecunda, five trigonometria plana, Wien, bey Trattner. 4. 30 Bog. 10 Kupf. 1770.

P. C. Scherfer, inftitutionum geometricarum pars tertia, de lineis fecundi ordinis, five de fectionibus conicis. Wien, bey Trattner, 4. 25 Bog. 11 Kupf. 1771. Alg. d. Bibl. 18 Band. 1 St. p. 240.

— institutiones Geometricarum. IV Partes. 4. maj. ibid. 770-71. (I-III. 4 Rthlr. 8 gr. IV. 1 Rthlr. 12 gr.)

— institut. geometricae. Cum 48 tabb. aen. IV Ptes. 4maj. Wien 770 u. 72. Trattner. 5 ß 18 gr

— institut. logicae et metaphysicae. Edit. nova. 8maj. Wien 763. Trattner. 16 gr

— institut. mechanicarum seu de motu et aequilibrio corporum fluid. II Ptes. Cum XX tabb. aen. 4maj. Wien 773. Trattner. 2 ß 16 gr

— institut. metaphysicae, conscriptae in usum suorum auditorum. 8. Wien 754.

Scherfer Inftitutionum opticarum Partes quatuor, confcriptae in ufum tyronum. 4. Wien, bey Trattner. I. Theil 10 Bog. 6 Kupft., II. Th. 15 Bog. 9 Kupft., III. Th. 8 Bog. 7 Kupft., IV. Th. 7½ Bog 11 Kupft. 1775.

Scherffer C.: Institutionum opticarum partes 4 conscriptæ in usum tironum. Vindob. 1775. (310) S. 32 Tvl. 4°.

— institution. Opticarum. Pts. IV. 4. maj. Vien. Trattner. (Tendler). 776.

— institut. physicae, cum fig. II Ptes. 8maj. Wien 752. Ed. III. 768. Trattner. 2 ß 6 gr

Scherffer, Karl, s. Lacaille, de: Lectiones ...

Supplementa ad fex Inftitutionum Mathematicarum Volumina etc. a *Carolo Scherffer*, Presbytero, Phil. Doct. Math. Prof. Caef. Reg. Wien, bey v. Trattner. 175 S. 6 Kupf. 4. 1782.

— Supplementa ad sex institut. mathematicar. vol. 4. maj. Vien. Trattner. (Tendler). 784.

— brevis theoria motus corporum projectorum in medio non resistente. 4. Wien 760. (Heubner). 8 gr

Carl Scherfer's theoretifche und praktifche ebene Trigonometrie aus dem Lateinifchen überfetzt m. Anmerkun. Halle im Waifenhaufe. 375 Seit. 11 Kupfertafeln. 8. maj. (20 Gr.) 1782.

Scherffer, K., theoret. u. prakt. ebene Trigonometrie, m. Kupf. a. d. Lat. gr. 8. Halle, Waisenh. Buchhandlung. 783. Rthlr.

— Verbesserung der Dollandischen dioptr. Fernröhre. 4. Leipz. 764. Müller. 5 gr

Scherffer, P. K., Verbeff. dioptr. Fernröhren d. Hrn. Dolland. 4. Leipz. Müller. 764.

— trigonometr. Versuch von der Wahl des Standes, aus welchem man die Entfernung zweier Oerter abmißt. Mit 2 Kpf. gr. 8. Wien 756. Trattner. 9 gr

Trigonometrifcher Verfuch von der Wahl des Standes, aus welchem man die Entfernung zweyer Oerter abmifst, derer nur einem beyzukommen ift, wenn in Beftimmung der nöthigen Winkel entweder nur in einem, oder in zweyen, ein Fehler begangen wird. Von *Carl Scherffer*. Wien, beym Edlen von Trattner, 8. 3 und ein halber Bog. 2 Kupf. 1766.

Scherffer von Scherffenstein, Wenzel

- - , Der unhöffliche // MONSIEUR Klotz /// Mit // Poetischer Feder beschrieben /// Und // Allen gescheuten und CIVILISIR- //ten Gemühtern zu belachen // vorgestellet// Von // W. S. // Sittenau /// Bey Ernst Höfflingshauser / 1708. - Zweiseitiges Titelkupfer, zweiseitiges Titelblatt und 4 Blatt (nicht paginiert) Vorbericht. - 255 S.

E. S. T. 8°.608.

Der unhöffliche MONSIEUR Klotz ... Von W. S. Sittenau, Bey E. Höfflingshausen, 1708. 8°. Mit TK.

Verf. Wencel Scherffer, gest. 1674. Neue Ausg. von „Der Grobian und die Grobianerin" (1654) 1640. S. Flögel Gesch. d. kom. Litt. 3 S. 314—317.

Friedrich Mekum von Lichtenfels. Ein Lebensbild aus d. Reformationszeitalter, nach d. Quellen dargest. von Paul Scherffig, Pastor. Mit e. Faks. von Mekums Handschrift. Leipzig: Heinsius 1909. VIII, 107 S. 8°
(Quellen u. Darstellungen aus d. Geschichte d. Reformationsjhs. 12.) [illegible] 2

Scherffig, Paul, Friedrich Mykonius. Ein sächs. Reformations-Festspiel. 8. (114 S.) Annaberg 896. (Dresden, W. Pfeil.) n. 1. 50

Scherffig, Paul, Stoffdarbietungen f. den Religionsunterricht in der Fortbildungsschule, nach drei Jahrgängen in Verbindg. m. Frdr. Geest u. Max Richter bearb. u. hrsg. 1. Bdchn. gr. 8. (VII, 106 S.) Leipzig 902. W. Richter. n. 1. 50; kart. u. durchsch. n. 2. 50

Scherffig, Paul, Stoffdarbietungen f. den Religionsunterricht in der Fortbildungsschule wie überhaupt für die religiöse Unterweisung der heranwachsenden Jugend, nach drei Jahrgängen in Verbindung m. Frdr. Jeremias u. Max Richter bearb. u. hrsg. 2. Bdchn. (VI, 148 S.) gr. 8. Leipzig 905. (B. Liebisch.) n. 2. —; kart. n. 2. 75
1. Bdchn. Jetzt Ebd. 908. n. 1. 50; kart. n. 2. 50.

— die religiöse Unterweisung der Jugend in Konfirmandenunterricht, kirchlicher Unterredung u. Fortbildungsschule. gr. 8. (20 S.) Ebd. 899. n. — 50

Scherffig, Rich., französischer Antibarbarus. Mit Berücksicht. der Stilistik, Synonymik u. Phraseologie. gr. 8. (IV, 189 S.) Zittau 894. Pahl. n. 3. 50

(8) Scherffig, Rich., französ. Antibarbarus. 894. (KBl. 28.) Strassburg, C. Bongard. Erm. Pr. 2. —

Scherffig, Richard. Beiträge zur französischen Syntax. 1. (40 S.)
Progr. Rg. u. höh. Handelssch. Zittau 1888. (526.)

Scherffig, R., Beiträge zur französischen Syntax. gr. 4. (40 S.) Zittau 888. (Leipzig, Fock.) n. 1. —

Scherffig, Rich., Land u. Leute in Frankreich, s.: Villatte, C.

Scherffig, Wilh., Frohsinn u. Humor. Sammlung heiterer u. humorist. deutscher Gedichte. gr. 16. (VI u. 328 S.) Zwickau 852, Gebr. Thost. — 2. Aufl. gr. 16. (VI u. 328 S.) Ebd. 852. 1 ℳ; in Engl. Einb. 1 ℳ 6 ℊ

Scherffig, W., Frohsinn und Humor, s. Frohsinn und Humor.

Scherfgen, Eutychon. Oden u. Sonette. 16. (127 S.) Bonn 871. Wittmann's Nachf. n. 1. 50

Scherfgen, P., Gedichte. 2 Thle. 16. (449 S.) Trier 860, Braun's Verlag. *
Inhalt:
Thl. 1. Knospenkränze.
" 2. Tageblätter.

Scherfgen, P., Natur, Liebe, Leben. Lyrische Gedichte. Neue Folge. gr. 16. (VIII und 184 S.) Trier 862, Gall's Verlag.

Scherfgen, Petrus (geb. 1829 in Euskirchen): De tuberculosi cerebrali ... Bonnae, form. F. Kruegeri (1866). 29 S., 1 Bl. 8.
Bonn, Med. Fak., Diss. v. 16. Juni 1866.

Scherfig, (Friedr.) Emil, der Begriff der Bildung nach seinen psychischen Momenten und pädagogischen Konsequenzen. Ein Vortrag, gehalten in der „Pädagog. Gesellschaft" zu Leipzig. 8. (IV, 58 S.) Leipzig 885, Matthes. *

Scherfig, über die Erziehung d. Jugend zur Vaterlandsliebe. [Aus: „Aus d. Schule — für die Schule".] gr. 8. (16 S.) Leipzig 897. (Dürr'sche Buchh.) — 20

Scherfig, Emil, Idealismus u. Schule. Vortrag, geh. in der pädagog. Gesellschaft zu Leipzig. Dem königl. Seminare zu Annaberg i. S. zur Feier d. 50jähr. Bestehens gewidmet. gr. 8. (24 S.) Leipzig 892. F. Brandstetter. n. — 50

— s.: Lesebuch, deutsches, f. mehrklassige Schulen.

—— der psychische Wert des Einzel- und des Classenunterrichtes. Eine psychologisch-pädagog. Monographie. Inaugural-Dissertation. gr. 8. (56 S.) Leipzig 882, (Fock.) *

Scherflein, dramatische, für die Bühne v. J. G. Schink. 8. Lüneb. Herold. 810.

Scherflein, noch ein, zur Kehrseite unserer Gewerbsfreiheit, od. Blicke auf d. bisher. Vollzug d. Gesetze üb. Gewerbswesen, Ansässigmachung u. Verehelichung. gr. 8. Passau 828. Ambrosi. 4 ℊ

Scherflein zur Menschenkunde. Mit 1 Vign. 8. Bresl. 793. W. G. Korn. 20 ℊ

SCHERFLEIN zur Menschenkunde. In (romantischen) Erzählungen. Franckfurt und Leipzig (Breslau, W. G. Korn) 1794. 8°.

245 S. incl. Tit. m. Vign. u. 1 Bl. Inh. — Enth. 1. Altar der Kümmerniß in Neiße. 2. Die Wunder-Nächte. 3. Maria Dorningen. 4. Graf Palviani in Rom. 5. Don Pedro, e. Criminalgesch. 6. Genovefa, e. Legende. 7. Des Pachters Mühmchen. (Ziemlich frei.) 8. Vater Zeibriels Lebenslauf.
Zuerst gedr. Breslau u. Leipzig 1793. 8°. (Bibl. Bülov. II. 2. p. 121.)

— pädagog., aufgeklärten Aeltern u. Erziehern gewidmet, (v. Jh. Geo. Schwarz II.) 8. Coburg 787. Ahl. (Riemann). 6 ℊ

Scherflein, Ein, zur Wahrheit. Regensburg 1872. V: *Fick, Joseph.* (Hist. pol. Bl. für das kath. Dtschld 89, 1882, S. 438.)

Scherflein, ein, zur Wahrheit. Von dem Verf. der Broschüre: „Liberal." gr. 8. (72 S.) Regensburg 872. Manz. 1. 20

Scherflein, Zwey, zur neuesten Deutschen Litteratur ... O. O. 1780. V: *Hamann, Joh. Gg.* (Hamann, Schriften, hsg. Roth. VI.) (ML) (Ky) (GGr) (R-N) (Cat. d. Stadtbibl. Zürich. Zürich 1864—97.)

— zwei, zur neuesten deutschen Literatur, (von J. G. Hamann). 8. Riga 780. Hartknoch. 2 ℊ

Scherg, Theodor J., Dr., Kuratus zu Pößneck i. Thür.: Ueber die Religiöse Entwicklung Kaiser Maximilians II. bis zu seiner Wahl zum römischen Könige (1527—1562). *Würzburg 1903: Fränkische Gesellschaftsdruckerei.* (XVI, 107 S.) 8°
Würzburg, Theol. Diss. v. 1903

Scherg, Thdr. J., üb. die religiöse Entwicklung Kaiser Maximilians II. bis zu seiner Wahl zum römischen Könige (1527—1562). (XVI, 107 S.) gr. 8. Würzburg (903). (V. Bauch.) n. 1. 80

Schergoff, Michael: Über die Bedeutung des Schüttelfrostes im Wochenbett. Berlin (1904): G. Schade. (33 S.) 8°
Berlin, Med. Diss. v. 22. März 1904

Scherhag, H., der Kalkulator. (5 S. u. Doppels. 6—45.) 14,5×23 cm. Berlin (909). (B. Staar.) 1. 50

Scherhak, Eduard (Hrsg.), s. Kellnerzeitung, Allgemeine.

Scherhey. [illegible]

Scherhey. [illegible]

Schering, d. Anfangsgründe d. Theodolitmessung, s.: Kraft, Gust.

Schering, s.: Verzeichniss v. Werken aus d. Gebiete der Zollgesetzgebung etc.

Schering, Arnold, Dr.: Die Anfänge des Oratoriums. Leipzig 1907: Breitkopf & Härtel. (66, XVII S.) 8° ¶ (Bruchstück einer größeren Geschichte des Oratoriums.)
Leipzig, Phil. Fak., Hab.-Schr. v. 16. Jan. 1907

Schering, Arnold (Hrsg.), s. Bach-Jahrbuch.

Schering, A., Geschichte des Instrumentalkonzerts bis auf die Gegenwart. (Kleine Handbücher der Musikgeschichte nach Gattgn. Hrsg. v. Herm. Kretzschmar.) (VII, 226 S.) gr. 8. Leipzig 905. Breitkopf & Härtel. n. 3. —; geb. in Leinw. n. 4. —

Schering, Arnold, aus Breslau: **Geschichte des Instrumental-(Violin-)Konzerts bis Ant. Vivaldi († 1743).** *Leipzig 1903: Breitkopf & Härtel.* (115 S.) 8°
Leipzig, Phil. Diss. v. 1903

Schering, Arnold (Hrsg.), s. Hasse, Johann Adolph: La conversione di Sant'Agostino.

— von den Tageszeiten. Oratorium nach eigenen Worten f. Chorgesang, Einzelstimmen, Orchester u. Orgel v. Frdr. E. Koch. Op. 29. Erläutert von Sch. (18 S.) 8. Leipzig 905. C. F. Kahnt Nachf. n. — 20

Schering, Arnold, Bach's Textbehandlung. Ein Beitrag zum Verständnis Joh. Seb. Bach'scher Vokal-Schöpfgn. gr. 8. (38 S.) Leipzig 900. C. F. Kahnt Nachf. n. — 50

Schering, August Ferdinand

Schering, Anleitung zur Anfertigung von Referaten, wissenschaftlichen Arbeiten, Anklageschriften und Akten-Auszügen in Begnadigungssachen mit einer Sammlung von Beispielen. Berlin 860. Guttentag. gr. 8. (VI, 325 S.) n. 1 ₰ 15 ngr.

Schering, Handbuch für die Schiedsmänner in der Provinz Brandenburg. Unter Benutzung der Akten des k. Justiz-Ministeriums und mit Genehmigung des Hrn. Justizmin. Uhden. 2. Ausg. gr. 8. (87 S.) Berlin 847, (C. Heymann.) *
1.Ausg.s.Schering: Die Verordnung für die Schiedsmänner...

Schering, Handbuch für die Schiedsmänner in der Provinz Brandenburg. Unter Benutzung der Akten des Königl. Justiz-Ministeriums rc. herausg. 3. Ausg. 853. — 4. Ausg. Berlin 856. C. Heymann in Comm. gr. 8. (IV, 95 S.) n. 10 ngr.
- Dass.5.Ausg.Ebda.1864.

Schering, Handbuch für die Schiedsmänner in der Prov. Brandenburg. Im Auftrage des Justiz-Ministers hrsg. 6. Ausg. gr. 8. (IV, 96 S.) Berlin 872, v. Decker'sche Geh. Ober-Hofbuchdr. *

—— dass. — für Pommern. 2. Ausg. gr. 8. (87 S.) Ebds. 847. *

— Handbuch für die Schiedsmänner in der Provinz Pommern. Unter Benutzung der Akten des Königl. Justiz-Ministeriums rc. herausg. 3. Ausg. Ebend. 856. gr. 8. (IV, 95 S.) n. 10 ngr.

—— dass. — für die Prov. Pommern. 4. Ausg. gr. 8. (IV, 96 S.) Ebendas. 872. *

—— dass. — für Posen. 2. Ausg. gr. 8. (87 S.) Ebds. 847. *

— Handbuch für die Schiedsmänner in der Provinz Preußen. Unter Benutzung der Akten des Königl. Justiz-Ministeriums rc. herausg. 3. Ausg. Ebend. 854. gr. 8. (IV, 92 S.) n. 8 ngr.

—— Handbuch für die Schiedsmänner in der Provinz Preußen. Unter Benutzung der Akten des k. Justiz-Ministeriums und mit Genehmigung Sr. Exc. des Hrn. Justiz-Ministers Simons hrsg. 3. Ausg. gr. 8. (IV und 92 S.) Berlin 856, (C. Heymann.) *

—— Handbuch für die Schiedsmänner in der Provinz Preußen. Unter Benutzung der Akten des königl. Justiz-Ministeriums und mit Genehmigung Sr. Exc. des Hrn. Justiz-Ministers hrsg. 4. Ausg. gr. 8. (IV und 95 S.) Berlin 861, (C. Heymann's Verlag.) *

—— Handbuch für die Schiedsmänner in der Provinz Sachsen. Unter Benutzung der Akten des königl. Justiz-Ministeriums hrsg. 3. Ausg. gr. 8. (IV und 96 S.) Berlin 854, (C. Heymann.) *

—— dass. — für die Prov. Sachsen. 5. Ausg. gr. 8. (IV, 96 S.) Ebendas. 872. *

Schering, [A. F.]: Handbuch für die Schiedsmänner in der Provinz Schlesien. Unter Benutzung der Akten des Königl. Justiz-Minister. hrsg. 3. Ausg. Berlin 1855.

—— Handbuch für die Schiedsmänner in der Provinz Schlesien. Im Auftrage Sr. Exc. des Hrn. Justiz-Ministers Simons hrsg. 4. Ausg. 8. (IV und 96 S.) Berlin 859, (C. Heymann's Verlag.) *

Schering, Handbuch für die Schiedsmänner in der Provinz Westphalen. Im Auftrage Sr. Exc. des Hrn. Justiz-Ministers Simons hrsg. gr. 8. (IV und 92 S.) Berlin 859, (C. Heymann's Verlag.) Thlr.

—— dass. — für die Prov. Westphalen. 2. Ausg. gr. 8. (IV, 96 S.) Ebendas. 872. *

Schering, allgemeines Landrecht für die preußischen Staaten, s. Landrecht, allgemeines.

Schering: Allgemeines Landrecht für die Preußischen Staaten. Mit Anm. u. e. erg. Nachtr., im Auftr. des Justiz-Ministers hrsg. Berlin 1862—63. 4 Bde

Abth. 1. Text des Allgemeinen Landrechts. Th. 1. 2. Bd 1—4.
„ 2. [Nebentit.:] Nachtr. zum Allgemeinen Landrecht.
Bd 1. 1527—1836.
„ 2. 1837—62 u. Reg.

—— allgemeines Landrecht für die preußischen Staaten. Im Auftrage des Justiz-Ministers mit Anmerkungen und einem ergänz. Nachtrage hrsg. 1. Abthl. [Text]. 4 Bde. 2. verm. und verb. Ausg. gr. 8. (288; 447; 442; XXVII, 525 S.) Berlin 869, Nauck und Comp. * 16 50
—— dass. — Ergänzungsheft. [1863—1869.] gr. 8. (170 S.) Ebendas. 869. * 2 —

Schering, allgemeines Landrecht für die preußischen Staaten. Im Auftrage des Justiz-Ministers mit Anmerkungen und einem ergänzenden Nachtrage hrsg. 3. Ausg. 1. Abthl. Text. 1.—4. Bd. gr. 8. (XX, 286; 435; 432; 338 und Register 166 S.) Berlin 876, Nauck und Comp. *

—— dass. — 5.—7. Bd. [Nachträge.] 2. Ausg. gr. 8. (699; 782; 652 und Sachregister 45 S.) Ebendas. 876. *

Schering, allgemeines Landrecht für die Preußischen Staaten. Im Auftrage des Justiz-Ministers mit Anmerkungen und einem ergänzenden Nachtrage hrsg., fortgesetzt von K. Kurlbaum. 8. (Schluß-)Bd. [Nachtrag. 4. Bd. 1876—1880.] gr. 8. (V, 266 S.) Berlin 881, Nauck und Comp. * 3 40
1.—7. Bd. Ebendas. 1876. * ℳ 43,50.

Schering, (Justizrath,) der Mandats-, summarische u. Bagatell-Prozeß nach der Verordnung vom 1. Juni 1833 und den späteren Bestimmungen. Unter Benutzung der Akten des Justiz-Ministeriums u. mit Genehmigung des Justiz-Minist. Mühler herausgeg. gr. 8. Berlin 843, Heymann. n. 1⅔ ₰

— u. (Friedr. Wilh.) Schulze, Organisation u. Geschäfts-Verwaltung der Preußischen Gerichte. Sammlung der hierauf bezüglichen Verordnungen, Regulative, Instruktionen u. Ministerial-Verfügungen. Mit erläut. Bemerkungen unter Benutzung der Akten des Justiz-Ministeriums hrsg. gr. 8. (XII u. 352 S.) Ebd. 852. n. 1 ₰

—— die Verordnung über die Aufhebung der Privatgerichtsbarkeit ꝛc., s.a. Verordnung.

Schering: Die Verordnung vom 2. Jan. 1849 über die Aufhebung der Privatgerichtsbarkeit und des eximirten Gerichtsstandes . . . nebst den Motiven [usw.]. Berlin 1849.

— die Verordnung für die Schiedsmänner in den Provinzen Brandenburg, Schlesien, Sachsen u. Pommern, nebst der Instruktion vom 1. Mai 1841, mit Ergänzungen, Erläuterungen ꝛc. gr. 8. Ebend. 841. 1/4 ₰
2.Ausg.ff.s.Schering: Handbuch für die Schiedsmänner...

— dies. für die Schiedsmänner in der Provinz Posen ꝛc. gr. 8. Ebend. 841. 1/4 ₰

— dies. für die Schiedsmänner in d. Provinz Preußen ꝛc. gr. 8. Ebend. 841. 1/4 ₰

—— Zusammenstellung der bestehenden Vorschriften über die Prüfung und Beschäftigung der Auskultatoren, Referendarien und Assessoren bei den Gerichten; desgl. über die Anstellung der richterl. Beamten, der Staatsanwalte, Rechtsanwalte und Notarien in Preußen mit Ausschluß der Rheinprovinz. Unter Benutzung der Akten des Justiz-Ministeriums. 1. Aufl. (VIII und 132 S.) 1850. und 2., durch einen Nachtrag verm. Aufl. gr. 8. (VIII und 144 S.) Berlin 851, C. Heymann. *

Schering, E., und J. F. Holtz, der Rechtsstreit in der Patent-Angelegenheit betr. die Salicylsäure zwischen der Chemischen Fabrik auf Actien [vorm. E. Schering] in Berlin und dem Prof. Dr. H. Kolbe in Leipzig. Ein Beitrag zur Patentfrage. Unter Wiedergabe der bezügl. Urkunden dargelegt. gr. 8. (35 S.) Berlin 876, (Polytechn. Buchh.) *

Schering, Er. Fr. Chr. Ldw., commentatio medico-inaug. de Rhinorrhagia. 8. Dorpat 818. (35 S.)

Schering, Ernst, über die conforme Abbildung des Ellipsoids auf der Ebene. Eine von der philosoph. Facultät der Georgia Augusta gekrönte Preisschrift. gr. 4. (IV und 35 S.) Göttingen 858, (Vandenhoeck und Ruprecht's Verlagsh.)

Schering, Ernst, das Anschliessen einer Function an algebraische Functionen in unendlich vielen Stellen. gr. 4. (63 S.) Göttingen 881, Dieterich'sche Verlagsh. * 3 —
Aus: Abhandlungen der k. Gesellschaft der Wissenschaften zu Göttingen, besonders abgedruckt.

Schering, Ernst und Karl, Beobachtungen in Gauss' Erdmagnetischem Observatorium der Königl. Universität Göttingen während der Polar-Expeditionen 1882 und 1883. (Sep.-Abdr. aus: Die Beobachtungs-Ergebnisse der deutschen Stationen. Bd. I. Kingua-Fjord etc. sowie die Magnetischen Observatorien in Breslau und Göttingen. Von [G.] Neumayer und [C.] Börgen. (Berlin 1886.)

Schering, Ernst, Bestimmung des quadratischen Rest-Characters. gr. 4. (48 S.) Göttingen 879, Dieterich'sche Verlagsh. *
Aus: Abhandlungen der kgl. Gesellschaft der Wissenschaften zu Göttingen, besonders abgedruckt.

Schering, Ernst, die Fundamental-Classen der zusammensetzbaren arithmetischen Formen. gr. 4. (16 S.) Göttingen 869, Dieterich's Verlag. * 1 —

Schering, E., Die Fundamentalklassen der zusammensetzbaren arithm. Formen. (Aus d. 14. Bd. d. Abh. d. kgl. Ges. d. Wiss. zu Göttingen.) Göttingen 1869. 4°.

Schering, Ernst, Carl Friedrich Gauss und die Erforschung des Erdmagnetismus. gr. 4. (79 S.) Göttingen 887, Dieterich's Verlag. *
Aus: Abhandlungen der königl. Gesellschaft der Wissenschaften zu Göttingen, besonders abgedruckt.

—— Carl Friedrich Gauss' Geburtstag nach 100jähriger Wiederkehr. Festrede. Vorgetragen in der öffentl. Sitzung der königl. Gesellschaft der Wissenschaften zu Göttingen am 30. Apr. 1877. gr. 4. (40 S.) Ebendas. 877. *

Schering, E. Zur Lösung der Keppler'schen Gleichung. Göttingen 1884.

—— analytische Theorie der Determinanten. gr. 4. (42 S.) Ebendas. 877. *
Aus: Abhandlungen der kgl. Gesellschaft der Wissenschaften zu Göttingen, besonders abgedruckt.

Schering, E., Hamilton-Jacobi'sche Theorie für Kräfte, deren Maass von der Bewegung der Körper abhängt. (Aus d. 18. Bd. der Abh. d. Gött. Gel.-Ges.) Göttingen 1873. 4°.

Schering, Ernst, Hamilton-Jacobische Theorien f. Kräfte, deren Maass v. der Bewegung der Körper abhängt. [Aus: „Abhandlgn. d. k. Ges. d. Wiss. zu Göttingen."] gr. 4 (54 S.) Göttingen 874. Dietrich's Verl. n. 2. 40

—— zur mathematischen Theorie electrischer Ströme. Beweis der allgem. Lehrsätze der Electrodynamik insbesond. der Inductionslehre aus dem electr. Grundgesetze. Eine von der philosoph. Facultät der Georgia Augusta am 13. Juni 1857 gekrönte Preisschrift. gr. 4. (IV und 35 S.) Göttingen 857, (Vandenhoeck und Ruprecht's Verlagsh.)

—— Verallgemeinerung der Poisson-Jacobischen Störungsformeln. gr. 4. (38 S.) Ebendas. 874. 2 —
aus: Abhandlungen der k. Gesellschaft der Wissenschaften zu Göttingen, besonders abgedruckt.

Schering, Ernst, gesammelte mathematische Werke. Hrsg. v. Rob. Haussner u. Karl Schering. (In 2 Bdn.) 1. Bd. gr. 4. (VIII, 412 S. m. Bildnis.) Berlin 902. Mayer & Müller. n. 25. —

Schering, Ernst, gesammelte mathematische Werke. Hrsg. v. Rob. Haussner u. Karl Schering. 2. (Schluss-) Bd. (VIII, 472 S.) Lex. 8. Berlin 909. Mayer & Müller. Kart. 25. —
1. Bd. Ebd. 902. 25.—

Schering, Hans Günther: Chemische Untersuchungen über Löss und Lehm. Freiburg i. B.: Speyer & Kaerner 1909. 50 S. 8°
Freiburg i. B., Phil. Diss. v. 1909, Ref. Gattermann
[Geb. 14. Sept. 83 Berlin; Wohnort: Berlin; Staatsangeh.: Preußen; Vorbildung: Falk-Realgymn. Berlin Reife M. 03; Studium: Lausanne 2, Berlin 5, Freiburg i. B. 5 S.; Rig. 15. Febr. 09.] [U 09. 1043

Schering, Harald, a. Göttingen: Der Elster-Geitelsche Zerstreuungsapparat und ein Versuch quantitativer absoluter Zerstreuungsmessung. Leipzig 1904. Metzger & Wittig. (47 S.) 8°
Göttingen, Phil. Fak., Ref. Riecke, Diss. v. 25. Okt. 1904
[Geb. 25. Nov. 80 Göttingen; Wohnort: Göttingen; Staatsangeh.: Preußen; Vorbildung: Gymn. Göttingen Reife O. 98; Studium: Göttingen 6, Darmstadt T.H. 1, Göttingen 5 S.; Rig. 1. Aug. 04.]

Schering, Hugo [app. Arzt aus Bodenteich]: Zwei Fälle von Krämpfen mit tödlichem Ausgange und negativem Sektionsbefunde ... Göttingen, Druck d. Dieterich'schen Univ.-Buchdr., 1893; 22 S. 8.
Göttingen, Med. Fak., Inaug.-Diss. v. [17. Mai] 1893

Schering, Hugo, 2 Fälle v. Krämpfen m. tödlichem Ausgange u. negativem Sektionsbefunde. Diss. gr. 8. (22 S.) Göttingen 893. (Vandenhoeck & Ruprecht.) n. — 60

Schering, Karl: Beobachtungen in Gauss' Erdmagnetischem Observatorium ... s. Schering, Ernst.

— Karl, Beobachtungen im magnetischen Observatorium (der Sternwarte in Göttingen) im Jahre 1880. I. Bestimmung der Horizontal-Intensität. (Nachrichten von der Königl. Gesellsch. der Wissensch. und der Georg-August's Universität zu Göttingen, 1881, No. 5.) Göttingen. (3324)

Schering, Karl: Über die geschichtliche Entwicklung der Hypothesen in der Physik, besonders in der Lehre vom Lichte und von der Elektricität. Rode. Darmstadt 1901

Schering, Karl, Neuer Corrections-Apparat für das Bifilar-Magnetometer zur Bestimmung der Veränderung des Stabmagnetismus ohne Benutzung der Declination. (Nachrichten von der kgl. Ges. der Wissensch. und der Georg-August-Universität zu Göttingen. No. 21.) [Göttingen] 1887. (12097)

Schering, Karl (Hrsg.), s. Schering, Ernst: Ges. math. Werke.

Schering, Karl: Zur Theorie des Borchardt'schen arithmetisch-geometrischen Mittels aus 4 Elementen. 1879. 4.
Diss. Göttingen.

Schering, R: Preis-Liste über Chemikalien, Drogen usw. Berlin 1902

Schering, R: Preis-Liste über Drogen und Chemikalien für Photographie usw. Berlin 1902

Scheringer, C., Kontrolvorschriften f. die steuerfreie Verwendung v. undenaturirtem Branntwein zu heilwissenschaftlichen u. gewerbl. Zwecken vom 28. Novbr. 1889. Nach den besteh. Bestimmgn. ergänzt u. erläutert. gr. 8. (27 S.) Berlin 890. Springer. cart. n. 1. —

Scheringer, Ernst [Unterarzt im 2. Brandenburg. Feld-Art.-Reg. No. 18 u. am K. Charité-Krankenhause]: Ueber Meningitis cerebrospinalis epidemica mit specieller Berücksichtigung der in Berlin im Winter und Frühling 1885 aufgetretenen Epidemie .... Berlin, Buchdr. v. Knoll u. Wölbling (1886); 31 + 3 S. 8°.
Berlin, Med. Fak., Inaug.-Diss. v. 28. Febr. 1886.

Scheringer, Ernst, über Meningitis cerebrospinalis epidemica mit specieller Berücksichtigung der in Berlin im Winter und Frühling 1885 aufgetretenen Epidemie. Diss. Berlin 1886, Mayer & Müller. 8°. 31 S.

Scherk u. **Focke W. O.**: Zwei bremische Naturforscher. 1. Wilhelm Olbers. 2. G. R. Treviranus. Bremen 1878. 48 S. P.

Scherk, der kleine Pole oder die Kunst, die polnische Sprache in einigen Tagen verstehen, lesen, schreiben und sprechen zu lernen. Ein Hülfsbuch für Militairs, Kaufleute, Landwirthe und alle nach Polen Reisende. Mit durchgehender Angabe der Aussprache des Polnischen. 1.—8. verm. Aufl. gr. 16. (IV, 124 S.) Berlin 863—78, Friedberg und Mode. geb.

Scherk (H.), der kleine Pole oder die Kunst, die poln. Sprache in einigen Tagen verstehen, lesen, schreiben und sprechen zu lernen. Ein Hülfsbuch für Militairs, Kaufleute, Landwirthe und alle nach Polen Reisende. Mit durchgehender Angabe der Aussprache des Polnischen. 9. verm. Aufl. 16. (IV, 124 S.) Berlin 884, Friedberg und Mode. ℳ 1,25.; geb. 1 50

Scherk, der kleine Pole od. die Kunst, die poln. Sprache in einigen Tagen verstehen, lesen, schreiben u. sprechen zu lernen. Mit Angabe der Aussprache. 10., verm. Aufl. 12. (IV, 124 S.) Berlin 887. Friedberg & Mode. 1. 25; cart. 1. 50

Scherk, der kleine Pole od. die Kunst, die poln. Sprache in einigen Tagen verstehen, lesen, schreiben u. sprechen zu lernen. Mit durchgeh. Angabe der Aussprache d. Poln. 11., verm. Aufl. 16. (IV, 124 S.) Berlin 892. Friedberg & Mode. 1. 25; kart. 1. 50

Scherk, der kleine Pole od. d. Kunst, die poln. Sprache in ein. Tagen verstehen, lesen, schreiben u. sprechen zu lernen. Ein Hülfsbuch f. Militairs, Kaufleute, Landwirthe u. alle nach Polen Reisende. M. durchgeh. Angabe d. Aussprache d. Poln. 13., verm. Aufl. gr. 16. (IV, 124 S.) Berlin 897. Friedberg & Mode. 1. 25; kart. 1. 50

Scherk, der kleine Pole od. die Kunst, die poln. Sprache in einigen Tagen verstehen, lesen, schreiben u. sprechen zu lernen. Ein Hülfsbuch f. Militairs, Kaufleute, Landwirthe u. alle nach Polen Reisende. Mit durchgeh. Angabe der Aussprache des Polnischen. 16. verm. Aufl. (IV, 124 S.) kl. 8. Berlin (908). Friedberg & Mode. 1.25; kart. 1. 50

Scherk, Ernst (geb. Strasburg in d. Uckerm. 24. 7. 1844): Die angeborenen Lippenspalten des Menschen, besonders die mediane der Oberlippe. Berlin (1867). (32 S.) 8°
Berlin, Med. Diss. v. 17. Aug. 1867

Scherk, Heinrich Ferdinand

Scherk, H. F., Gedächtnissschrift an ihn, s.: Weyer, G. D. E.

Scherk, (H. F.,) mathematische Abhandlungen. 4. Berlin 825, Reimer.

Scherk partielle Differentialgleichung der Flächen des zweiten Grades, s. Abhandlungen, herausgegeben vom naturwissenschaftlichen Verein zu Bremen.

Scherk, Henr. Ferd. (geb. Posen 27. 10. 1798): De evolvenda functione $\frac{yd.yd.yd\ldots ydX}{dx^n}$ disquisitiones nonnullae analyticae. Berolini (1825). (38 S.) 4°
Berlin, Phil. Diss. v. 27. Aug. 1823

— de evolvenda funct. $\frac{yd.yd.yd\ldots ydx.}{dx^n}$ disquisition. nonnull. analyticae. 4 maj. Regiomonti 824, (Bornträger.)

Scherk, Heinrich Ferdinand: Über d. Theilbarkeit d. Combinationssummen aus d. natürlichen Zahlen durch Primzahlen. Bremen 1864. 20 S. 4°
Schul-/Univ.-Schrift

SCHERK, HEINR. FERD., s. Zins von Zins-Tabellen. 1838.

Scherk, Johannes: Einwirkung von Oxalsäureaethylester und Natriumäthylat auf einige Derivate des Nitrotoluols. *Strasburg U.-M. (1898): C. Hartwig.* (56 S.) 8°
Berlin, Phil. Diss. v. 5. März 1898

Scherk, Carl jun., Anleitung zur Bestimmung des wirksamen Gerbstoffgehaltes in den Naturgerbstoffen. Nach den neuesten Erfahrungen für Inhaber und Leiter von Lederfabriken und Gerbereien, sowie für Gerbstoffhändler und Forstbeamte. 8. (VIII, 70 S.) (Chemisch-technische Bibliothek. Band 190) 1.10
Dasselbe. Gebunden (nur fest) 1.55
Wien: A.Hartleben 1891.

Scherk, Carl, die elektro-magnetische Behandlung der Neurasthenikor. (11 S.) 8. Leipzig 905. B. Konegen.
Sonderabdr. a.: „Reichs-Medizinal-Anzeiger". n. 1. —

Scherk, Carl, Diät-Vorschriften bei Brunnenkuren. [Aus: „Monatsschr. f. prakt. Balneologie".] gr. 8. (30 S.) München 896. Seitz & Schauer. n. — 50

Scherk, Eisenmedikation in ihrer Beziehung zur Hydrolyse u. Katalyse. (8 S.) 8. Leipzig 908. B. Konegen. 1. —
S.-Abdr.aus:Reichs-Medizinal-Anzeiger.

Scherk, Carl, die pathologische Enzymwirkung u. die pathogenen Mikrobienproducte als Krankheitsursachen. gr. 8. (III, 39 S.) Leipzig 899. A. Langkammer. n. 1. 20

Die pathologisch modificirte Fermentwirkung bei Zuckerkranken. Von Dr. med. Carl Scherk ... *Halle a. S.: C. Marhold 1898.* (42 S.) 1 Bd 8.

Aus der weiblichen Geschlechtssphäre. Populär dargest. von Dr. med. C[arl] Scherk, Bad Homburg. *Berlin: Berl. Verlagsanst. 1900.* (39 S.) 8° [F.]

Die experimentellen Glykosurien u. die Pathogenese der Zuckerkrankheit. (8 S.) 8. Ebd. 909. 1. — Sonderabdruck aus: „Reichs-Medizinal-Anzeiger".

— Gout and the effect of the Elisabeth spring in Homburg. (24 S.) 8. Homburg 903. F. Supp. n.n. — 75

Scherk, Carl, die Heilwirkung der Höhen-, See- u. Waldluft. Eine klimatolog. Skizze. gr. 8. (16 S.) Berlin 894. H. Brieger. n. — 50

Die freien Jonen und die ungelösten Salzverbindungen in ihrer Wirkung bei Gebrauch von natürlichen Mineralwassertrinkkuren v. Dr. med. Carl Scherk, pr. Arzt in Bad Homburg. *Halle a. S.: C. Marhold 1898.* (42 S.) 1 Bd 8.

— die neurogene Ursache der Gicht u. ihre Behandlung. (47 S.) gr. 8. Berlin 903. Vogel & Kreienbrink. n. 1. —

Die Wirkung des Homburger Elisabethbrunnen bei Gicht- und Zuckerkranken. Von Dr. med. Carl Scherk, Homburg. *Halle a. S.: C. Marhold 1899.* (48 S.) 8°
= Archiv d. Balneotherapie u. Hydrotherapie. Bd 2, H. 5.

— die Wirkungsweise der elektromagnetischen Kraftlinien. (8 S.) 8. Leipzig 904. B. Konegen. n. 1. — Sonderabdruck aus: „Reichs-Medizinal-Anzeiger".

Die Wirkungsweise der Mineralwassertrinkkuren in ihrer Beziehung zur Fermentwirkung und Jonenspaltung v. Dr. med. Carl Scherk in Bad Homburg ... *Halle a. S.: C. Marhold 1897.* (39 S.) 8.
= Archiv d. Balneotherapie u. Hydrotherapie. H. 3.

Scherk, Louis, praktische Winke f. den Kaufmann. 8. (III, 51 S.) Posen 892. J. Jolowicz. n. — 75

(SCHERKA, GEORG): Kirchengesänge für katholische Christen. Nebst den Sonn- und Festtags-Vespern, Begräbnissgängen, und einem Anhange von Morgen-, Abend-, Meß-, Beicht-, Communion- und andern Gebeten, nebst mehreren Litaneien. Für die Hatzfelder christliche Gemeinde gesammelt. Fünfte verm. u. verb. Aufl. Nagy-Sz.-Miklós (Groß St. Nikolaus) 1861: S. König. 343, 8 S. - 8°
- Dass. Zweite verm. u. verb. Aufl. Hatzfeld u. Maria Radna o. J.: Franz Kremmer. 320 S. 4 f. - 120 mm
- Dass. 8. Aufl. Hatzfeld 1902. Verlag und zu haben bei Franz Kremmer und Sohn in Hatzfeld und in Radna bei Josef Csauscher. 382 S. - 155 mm
- Dass. Neunte verm. u. verb. Aufl. Zsombolya (Hatzfeld) 1912. Eigenthum und Verlag von Franz Kremmer in Zsombolya. Zu haben bei Franz Kremmer in Zsombolya (Hatzfeld) und bei Josef Csauscher in Maria-Radna. 407 S. - 160 mm

Scherks E.: Über die Einwirkung von Metallen auf den α-Brompropionsäureäthyläther. S. 84. II. 517 . . . . vgr.
Separatabdruck

Scherl, August

Scherl, A. Die Ausschreitungen der Spielsucht und deren Bekämpfung durch die Prämien-Verloosung des Scherl'schen Sparsystems. Berlin 1892.

[F.] Berlin hat kein Theaterpublikum! Vorschläge z. Beseitigg d. Missstände unseres Theaterwesens v. August Scherl, Begründer ... d. 'Berl. Lokal-Anzeiger'. *Berlin: A. Scherl 1898.* (1 Bl., 50 S.) 8.

Das Ministerium Eulenburg und das Scherl'sche Sparsystem. Ein Beitrag z. Gesch. d. geistigen Eigenthums von August Scherl. [Verf. vielmehr: Dr. Kornelius Loewe.] [Nebst Beilage.] Berlin: A. Scherl 1894. 2 Bde 8° [F.]
[Beilage.] Deutsche Prämien-Sparkasse. (Scherl'sches System.) Sparmarken-Buch.

— das Ministerium Eulenburg u. das Scherl'sche Sparsystem. Ein Beitrag zur Geschichte d. geist. Eigenthums. gr. 8. (88 S. m. 1 Formular.) Ebd. 894. Nicht im Handel.

Scherl, A. Grundgedanken zu A. Scherl's Sparsystem mit einer vergleichenden Darstellung des Sparkassenwesens in Europa. 4 Bände nebst 4 Heften Gutachten. Berlin (o. J.).

[F.] Die Missstände des Wohnungsuchens in Berlin u. ihre Beseitigung. Ein Vorschlag v. August Scherl, Begründer ... d. Berl. Lokal-Anzeigers ... *Berlin: A. Scherl 1896.* (8 S., 2 Bl.) 1 Bd 4.

Das Scherl'sche Prämien-Sparsystem. Für Freunde u. Gegner dargest. von August Scherl. [Nebst] Sparmarken-Buch. *Berlin 1904: (A. Scherl).* 1 Bd 4°(8°), 1 Bd 8° [F.]

Scherl, Aug., das Scherl'sche Prämien-Sparsystem. Für Freunde u. Gegner dargestellt. (89 u. 12 S.) gr. 8. Berlin 904. A. Scherl. Unentgeltlich.

Scherl, A. Das Scherl'sche Prämien-Sparsystem. Für Freunde und Gegner dargestellt. Berlin. Februar 1904.
Nachtrag zu meinem Prämien-Sparsystem. Noch ein Wort an die preußischen Sparkassen. Mai 1904.

Scherl, Aug., ein neues Schnellbahn-System. Vorschläge zur Verbesserg. des Personen-Verkehrs. (VIII, 122 S. m. Abbildgn., 1 Taf. u. 2 Karten.) 29×36 cm. Berlin 909. A. Scherl. Kart. 3. —

Ein neues Schnellbahn-System. Vorschläge z. Verbesserung d. Personen-Verkehrs von August Scherl. [Nebst] Nachtrag. Berlin: Scherl 1909–10. quer-4°

Zeitungs-Katalog 1906 [der] Annoncen-Expeditionen August Scherl G. m. b. H. [&] Daube & Co. G. m. b. H. (1. 2.) (Berlin 1906.) 8°
1. (Deutsche Zeitungen.) 2. (Ausländ. Zeitungen.)

Scherl, C. F., des wiederauferstandenen Münchhausen neueste Abenteuer und Flausen, s. Münchhausen.

Scherl, Friedr., illustrirtes Lesekränzchen, s. Lesekränzchen, illustrirtes.

Scherl, Otto, Referendar am Kgl. Landgericht zu Frankfurt a. M.: Die Scheinabrede, ihre Gestaltung und bürgerlich-rechtliche Regelung vor und nach 1900. Rostock 1905: C. Hinstorff. (XII, 66 S.) 8° [F.]
Rostock, Jur. Fak., Ref. Bernhöft, Diss. v. 20. Juni 1905
[Geb. 16. Nov. 76 Cöln a. Rh.; Wohnort: Frankfurt a. M.; Staatsangeh.: Preußen; Vorbildung: Gymn. Leopoldinum Detmold Reife O. 97; Studium: Jena 4, Kiel 5 S.; Rig. 22. Apr. 05.]

Scherl, Phil., lyrische Blätter. br. 8. (VIII und 87 S.) Würzburg 857, Goldstein'sche Buchh.

Sehnsucht. Gedichte u. Lieder von Lorenz Scherlag. Berlin-Leipzig: C. Wigand (1907). (60 S.) 8°

Scherlag, M., Einsamkeit. Gedichte. 8. (IV, 61 S.) Dresden 901. E. Pierson. n. 1. —; geb. n. 2. —

Scherlau, H., Friede den Menschen, s.: Theater f. die weibliche Jugend.

Scherlen, Aug[ust]: Allerlei über den Weinbau und die Weinlese im alten Reichsstädtchen Ammerschweier. [Colmar 1910.] S. 76-87. Aus: Offizielle Festschrift zum 25. Deutschen Weinbau-Kongress, Colmar, Sept. 1910. -- Bibliothèque Nationale et Universitaire de Strasbourg*

Scherlen, August. Die Herren von Hattstatt und ihre Besitzungen. Ein Beitrag zur mittelalterlichen Geschichte Süddeutschlands, mit 6 Stammbäumen [in 9 Tafeln] und 2 Wappentafeln. [Mit Titel-Vignette.] XVI + 421 S. 8. Colmar, Strassburger Druckerei und Verlagsanstalt-Filiale, 1908. [M. 8.—]
([Von] der «Industriellen Gesellschaft von Mülhausen» ... [preis-] gekrönt.)

— Summarisches Inventar des alten Archives der Stadt Ammerschweier, Kreis Rappoltsweiler, Ob.-Els. Aufgestellt im Auftrage der Gemeinde. (X, 42 S.) Lex. 8. Ebd. 909. 3. —

Scherler, Joh., die Sage vom Schloßberg bei Zoppot. Ein episches Gedicht. gr. 8. (31 S.) Danzig 883, (Weber.) ** — 75

SCHERLER, OTTO. Ueber die Einwirkung des Chlors auf die beiden Methylnaphtaline. Rostock, 1891. (31 S.)
Rostock, Phil.Fak., Inaug.-Diss.v.[18.III.] 1891.

Scherler, Paul: § 610 BGB. Beiträge zur Lehre vom Realvertrag und der clausula rebus sic stantibus. Greifswald 1903: H. Adler. (XII, 68 S.) 8°
Greifswald, Jur. Diss. v. [1. Febr.] 1903

Scherlich, Leopold

— f. A. Gretsch, hemilet. Nachlaß.

Scherlich, Leop., frommer Gruß. Ein Gebet- und Wallfahrtsbuch für andächtige Christen u. wahre Verehrer Mariens. Mit 1 Kpfr. 8. Leipzig 835. (Fr. Fleischer.) $^2/_3$ Rß

Scherlich, L., Predigt üb. d. ungesäumte Krankenpflege bei d. verheer. Seuche. gr. 8. (1½ B.) Wien 831, Mechitaristen-Congregat.-Buchh.

Scherliess, Arth., über fibrinöse Entzündungen d. oberen Luftwege, nebst 4 neuen Fällen v. Rhinitis fibrinosa diphtherica. Diss. gr. 8. (32 S.) Königsberg 897. (W. Koch.) n. 1. —

Scherling, Christian

Scherling, Chrn., Elementarbuch der latein. Sprache, enthaltend die Etymologie in zwei Cursen mit eingereihten Uebungsbeispielen zum Uebersetzen aus dem Lateinischen ins Deutsche u. umgekehrt, so wie eine Uebersicht der wichtigsten Regeln der Syntax. gr. 8. (VI u. 178 S.) Lübeck 849, v. Rohden. $^5/_{12}$ ß

Scherling, Chrn., Grundriß der Physik und Meteorologie. Mit besond. Berücksichtigung der einfacheren Apparate und Instrumente für Gymnasien und Realschulen. gr. 8. (XI und 243 S. mit 143 eingedr. Holzschn.) Leipzig 862, Haessel. *

Scherling, Chr., Grundriß der Experimentalphysik f. höhere Unterrichtsanstalten. Mit 198 (eingedr.) Holzschn. 2. erweit. u. verb. Aufl. gr. 8. (XVI, 298 S.) Leipzig 871. Hässel. n. 3. 60

— dasselbe. 3. verb. Aufl. Mit 198 (eingedr.) Holzschn. gr. 8. (IV, 307 S.) Ebend. 874. n. 4. —

Scherling, Chr., Grundriß der Experimentalphysik f. höhere Unterrichtsanstalten. Mit 202 Holzschn. 4., unter Mitwirkg. v. W. Schaper umgearb. Aufl. gr. 8. (VIII, 308 S.) Leipzig 884. Haessel. n. 4. —

Scherling, Chr., Grundriß der Experimentalphysik f. höhere Unterrichtsanstalten. 5. Aufl., bearb. v. W. Schaper. gr. 8. (VII, 308 S. m. Abbildgn.) Leipzig 894. H. Haessel. n. 4. —; geb. n. 4. 40

Scherling's, Chr., Grundriß d. Experimentalphysik. 6. Aufl., f. Schüler höh. Unterrichtsanstalten bearb. v. H. Rühlmann. (VIII, 267 S. m. 242 Abbildgn.) 8. Leipzig 904. H. Haessel Verl. Geb. in Leinw. n. 4. 40

Scherling, Chr. Grundzüge der axonometrischen und schiefen Parallel-Projektion. Ein Ergänzungsheft zu jedem Lehrbuch der gewöhnlichen orthogonalen Projektion für Realschulen. Mit 5 lith. Figurentafeln. 24 S. **Progr.** G. Lübeck 1876.

— Grundzüge der axonometrischen u. schiefen Parallel-Projection. Ein Ergänzungsheft zu jedem Lehrbuch der gewöhnl. orthogonalen Projection f. Realschulen. Mit 5 lith. Fig.-Taf. gr. 4. (24 S.) Leipzig 876. Teubner. n. 1. —

Scherling. Chr. Ueber die Curven die enthalten sind in den Polargleichungen $u = a \times F. \text{trig.}\ \varphi$ und $u = a \times Sec\ \varphi - b$. Lübeck 1840. 4.

Scherling, Chr., Lehrbuch der allgemeinen Arithmetik für die obern Klassen der Gymnasien. 8. Lübeck 841, v. Rohden'sche Buchh. $^2/_3$ ß

—— Lehrbuch d. Geometrie, als Leitfaden bei d. Unterr. in höh. Bürgerschulen u. Gymnasien bearb. 2 Abthln. 8. Lübeck, Aschenfeldt.

A. u. d. Titn.:

Abthl. 1. Lehrbuch d. ebenen Geometrie od. Planimetrie. 12 Abschn., mit Anhn. vers. u. in zwei Cursen getheilt. (13 B. u. 3 Figtaf.) 838. 18 Gr.

: 2. Lehrbuch d. ebenen Trigonometrie, Stereometrie u. d. Kegelschnitte. (16 B. u. 4 Figtaf.) 839. 20 Gr.

Scherling, Chrn., Lehrbuch der Geometrie, zum Gebrauch bei dem Unterricht in Gymnasien und höhern Bürgerschulen bearb. 1. Thl., die ebene Geometrie oder Planimetrie enthaltend. 2. umgearb. Aufl. Lübeck 854. Aschenfeldt. gr. 8. (VIII, 160 S. u. 15 lith. Taf.) n. 24 ngr.

—— Leitfaden bei d. Unterrichte in d. allgem. Arithmetik, f. höh. Realschulen, so wie f. d. unt. u. mittl. Klassen d. Gymnasien bearb. 8. (9 B.) Lübeck 837, Aschenfeldt.

— Leitfaden bei dem Unterrichte in der allgemeinen Arithmetik f. höhere Realschulen, so wie f. die untern u. mittlern Klassen der Gymnasien. 2. zu einem Lehr- u. Uebungsbuche umgearb. Aufl., mit einem Anhang, welcher die f. die Schule nöthigen mathemat. Taf. enthält. gr. 8. (IV u. 187 S.) Lübeck 852, Aschenfeldt. 18 ngr

—— Leitfaden bei d. Unterricht in d. Physik, f. Real- u. höh. Bürgerschulen bearb. 1. u. 2. Cursus. 8. Lübeck, v. Rohden'sche Buchh. [1. (6 B.) 838. ¼ Thlr., 2. (15½ B. u. 2 Stnt.) 840. ⅝ Thlr.]

Scherling, Chrn., unsere Realschule, was sie war, geworden ist u. werden muß. Lübeck 865. (Aschenfeldt.) 4. (15 S.) 7½ ngr.

—— die Archimedische Spirallinie. Nach D. Rivaltus a Flurantia und Venatorius frei bearb. und mit Anmerkungen versehen. 4. (25 S. mit 1 Stnt.) Lübeck 865, Aschenfeldt. *

— Vorschule u. Anfangsgründe der descriptiven Geometrie. Ein Cursus für die Secunda einer Realschule erster Ordnung. Mit 155 (eingedr.) Holzschn. Hannover 870. Hahn. gr. 8. (XVI, 167 S.) 21 ngr.

Scherling, Emil: Die Bekämpfung von Sklavenraub und Sklavenhandel seit Anfang dieses Jahrhunderts. Breslau: Schletter 1897. (83 S.) 8°
= Abhandlungen, Strafrechtliche. H. 8.

Scherling, Emil: Die Bestrafung von Sklavenraub und Sklavenhandel ... Breslau: Schletter'sche Buchh., 1897. 2 Bl., 54 S., 1 Bl. 8°
Halle, Jur. Fak., Inaug.-Diss. v. 6. März 1897

Scherling, [Emil]: Die Frau im heutigen deutschen Recht. 4 Vorträge. — Gautzsch b. Leipzig: Dietrich 1908. 67 S. 8° (Kultur u. Fortschritt. 164/67.)

Scherling, Ernst, die schöne Melusine, — die drei Rolandsknappen. — Waidemuth's Ring, } s.: Volksschriften.

Scherling, Ernst, Rübezahl u. andere Märchen, s.: Musäus, J. K. A.

— s.: Schwab, Gust., die Schildbürger.

Scherling, Heinrich Gottlieb

Scherling, Henricus Theophilus: De hydrope scarlatinam subsequente. Halae (1820): Schimmelpfennig. 46 S. 8°
Halle-Wittenberg, Med. Diss. v. 6. Sept. 1820
Geb. Helmstedt 7. 8. 1800. V.

Scherling, Carl: Ad Hyperidis Athenogeneam. *Leipzig 1897.*
in: Beiträge, Philologisch-histor., C. Wachsmuth z. 60. Geburtstage überreicht.

Scherling, *Joannes Henricus* Carolus [Gothanus]: Quibus rebus singulorum Atticae pagorum incolae operam dederint ... (Aus: Leipz. Stud. z. class. Philol., XVIII.) Lipsiae, typ. I. B. Hirschfeldi, 1897; 2 Bl., 103 S. 8.
Leipzig, Phil. Fak., Inaug.-Diss. v. [13. März] 1897

Scherling, Otto, Gothanus Saxo-Coburgiensis: De vocis σκηνή quantum ad theatrum graecum pertinet significatione et usu. Marpurgi Cattorum 1906: (Engelhard-Reyher, Gothae). (45 S.) 8°
Marburg, Phil. Fak., Ref. Birt, Diss. v. 19. Sept. 1906
[Geb. 1. Febr. 84 Gotha; Wohnort: Gotha; Staatsangeh.: Sachsen-Coburg-Gotha; Vorbildung: Gymn. Gotha Reife O. 02; Studium: Leipzig 4, Marburg 4 S.; Rig. 18. Juli 06.]

Scherlock, Thomas, Abhandl. vom Zweck und Gebrauch der Weissagungen. 8. Lemgo, Meyer. 749.

Scherm's Reise-Handbuch f. wandernde Arbeiter. Mit 1 Eisenbahnkarte u. 2 Orientirungskarten. 12. (IV, 260 S.) Nürnberg 894. J. Scherm. Geb. in Leinw. 1. 50

August Scherm. Uber Sophokles Antigone vs. 904—913. 42 S. Bruchsal, P 1851

August Scherm. Darstellung der Antigone des Sophokles. 44 S. Konstanz, P 1846

August Scherm. Zur Geschichte und Statistik des Grossherzoglichen Gymnasiums in Bruchsal von 1753 bis 1803. 48 S. Bruchsal, P 1856

August Scherm. Zur Geschichte und Statistik des Grossherzoglichen Gymnasiums in Bruchsal von 1803 bis auf die neueren Zeiten. 49 S. Bruchsal, P 1860

Scherm, Christoph Wilh., französische Lautschule nach Maßgabe der amtlichen Vorschriften. (32 S.) 8. Nürnberg 909. C. Koch). — 30

Scherm, Joh. Bapt. (kgl. Realienlehrer) „Worin besteht die Aufgabe der Gewerbsschule hinsichtlich des deutschen Sprachunterrichts, und unter welchen Bedingungen kann sie dieselbe lösen?" pg 3—8. 4°. Stadtamhof, Joseph Mayr. Regensburg, Progr. 1852/53

Scherm, Mich., neue Chronik v. Amberg, unter Benützg. der Chroniken v. Schwaiger, Wittmaister, Schenkel, Frhrn. v. Löwenthal's „Geschichte der Stadt Amberg" u. zahlreicher älterer u. neuerer Schriftsteller. In schönen Knittelversen à la Kortüm u. e. Anh. Amberger Volkssagen u. Geschichten. 2. verb., u. stark verm. Aufl. gr. 8. (71 S.) Amberg 902. (Bachmann.) n. 1. 20

Scherman, Georg, Kammergerichtsrefer.: Der Vertrag mit der Staatseisenbahn auf Herstellung eines Privatanschlußgleises. Heidelberg [1910]: Rößler & Herbert. 44 S. 8°
Heidelberg, Jur. Diss. v. 15. Febr. 1910, Ref. Endemann
[Geb. 18. Sept. 81 Nowawes; Wohnort: Wilmersdorf-Berlin; Staatsangeh.: Preußen; Vorbildung: Gymn. Ascherleben Reife O. 01; Studium: Bonn 4, Berlin 3 S.; Rig. 1. Febr. 06.] [U 10. 2003

Scherman, Leo, Imperial- und Ducaten-Tabelle. Zum Course von 445—470 Thlr. pro Pfund fein. 1 Bog. in Fol. Berlin 858, (Geelhaar.) * *

Scherman, Lucian

Schermann L., Dr. und Kuhn Ernst, Dr.: Indo-arische Bibliographie. 1904 ff. . . .

Scherman, Lucian, s.: Bibliographie, orientalische.

Scherman, Lucian, philosophische Hymnen aus der Rig- und Atharva-Veda-Sanhitâ, verglichen mit den Philosophemen der älteren Upanishad's. gr. 8. (VII, 96 S.) Strassburg 887, Trübner. *
München, Inaug.-Diss.v.1887.

Scherman, Lucian: Materialien zur Geschichte der indischen Visionslitteratur. Leipzig, A. Twietmeyer, 1892; V, 161 S. 8.
München, Phil. Fak., Hab.-Schr. v. 1893

Scherman, Lucian, Materialien zur Geschichte der indischen Visionslitteratur. Lex.-8. (V, 161 S.) Leipzig 893. A. Twietmeyer. n. 10.

(B) — Materialien zur Geschichte der indischen Visionsliteratur. 893. (KBL 28.) Jetzt: Leipzig, O. Harrassowitz. Erm. Pr. 4. —

— u. Frdr. S. Krauss, allgemeine Methodik der Volkskunde. Berichte üb. Erscheingn. in den J. 1890—1897. gr. 8. (IV, 134 S.) Erlangen 899. F. Junge. n. 6 —
Sonderabdruck aus: „Krit. Jahresber. üb. die Fortschr. der roman. Philologie".

Schermann, Johann E.

Schermann, zur Frage: Heranbildung der Lehrer des höheren Schulamtes. gr. 8. (21 S.) Tübingen 883, Fues. * — 60
Aus: Correspondenzblatt für die Gelehrten- und Realschulen Württembergs, besonders abgedruckt.

Schermann, J. E., das Verbum u. der lateinische Elementarunterricht. gr. 8. (IV, 39 S.) Ravensburg 886. Dorn. n. — 90

— Dr. Albert Vogelmanns Vermächtnis. Eines Lehrers Leben, Lieben u. Leiden. Mit 2 Bildern u. Fcsm. gr. 8. (III, 129 S.) München (Mariahilfplatz 32) 902. A. Killer. n. 1. 80

Schermann, J. E., von Paris zurück. Kunstbetrachtungen u. französ. Unterrichtswesen, nach der Weltausstellg. 1900 skizzirt. gr. 8. (128 S.) Ravensburg 901. München (Mariahilfplatz 32), A. Killer. n. 1. 50

Schermann, *Joh.* [Prof. Dr.]: Zu Vergils Vorstellungen vom Jenseits. Ravensburg, Buchdr. v. Dr. B. Kah, *1893;* 1 Bl., 25 S. 4.
Ravensburg, k. G, P 1893 (587)

Schermann, I[saak]: N. G. Tschernischewsky als Sozialpolitiker. [Teildruck.] Heidelberg 1909: Pfeffer. 66 S. 8°
Heidelberg, Phil. Diss. v. 16. Aug. 1909, Ref. Gothein
[Geb. 9./22. Sept. 83 Nikolajew; Wohnort: Heidelberg; Staatsangeh.: Rußland; Vorbildung: Handelssch. Odessa Reife; Studium: Heidelberg 3, Zürich 1, Heidelberg 3 S.; Rig. 22. Febr. 09.] [U 10. 2164

Schermann, L. (Leop. Tritsch), Firma Murks. Humorist. Schilderungen aus dem Geschäftsleben. (137 S.) 16. Wien 909. Huber & Lahme Nachf. 1. —

— Murks & Schnapper. Heitere Schildergn. aus dem Geschäftsleben. (140 S.) kl. 8. Ebd. 910. 1.—; geb. 1. 50

Schermann, Max, a. Ellwangen: Der erste punische Krieg im Lichte der Livianischen Tradition. Stuttgart 1905: Union. (130 S.) 8°
Tübingen, Phil. Fak., Ref. Kornemann, Diss. v. 30. März 1905
[Geb. 13. Nov. 73 Ellwangen; Wohnort: Stuttgart; Staatsangeh.: Württemberg; Vorbildung: Gymn. Ravensburg Reife S. 92; Studium: Tübingen 8 S.; Rig. 27. Juli 04.]

Schermann, Max, der erste punische Krieg im Lichte der Livianischen Tradition. Ein Beitrag zur Geschichtschreibg. des Livius u. seiner Nachfolger. Diss. (IV, 120 S.) gr. 8. Tübingen 905. H. Laupp. n. 2. 50

— Lehrbuch der Weltgeschichte, s.: Klein, E.

Schermann, Meyer: Aus d. hygien. Univ.-Inst. zu Königsberg i. P. Ueber die antiseptische Wirkung des Formaldehydseifenpräparates 'Morbioid'. Königsberg i. P. 1909: Jaeger. 23 S. 8°
Königsberg, Med. Diss. v. 22. Juli 1909, Ref. Pfeiffer
[Geb. 13. Aug. a. St. 82 Libau; Wohnort: Libau; Staatsangeh.: Rußland; Vorbildung: Nikolai-Gymn. Libau Reife M. 03; Studium: Königsberg 10 S.; Rig. 15. Juli 09.] [U 09. 2379

Schermann Raschel, aus Nachitschwan-Don (Russland): Ueber Herabsetzung der Hautsensibilität bei Kindern mit Tonsilla Tertia Bern 1907. 19 S. 8°. [27. II. 07.]
Bern. Med. Diss. 1906/1907.

Schermann, Raschel. Ueber Herabsetzung der Hautsensibilität bei Kindern mit Tonsilla Tertia. Diss. Med. Bern. 19 S. 8. Bern, H. v. Kamp-Berger, 1907.

Schermann, Theodor (Hrsg.), s. Elfapostelmoral, Eine.

Schermann, Thdr., eine Elfapostelmoral od. die X-Rezension der „beiden Wege", s.: Veröffentlichungen aus dem kirchenhistorischen Seminar München. II. 2.

Schermann, Thdr., s.: Festgabe, Alois Knöpfler zur Vollendung d. 60. Geburtsjahres gewidmet.

Schermann, Theodor: Die Geschichte der dogmatischen Florilegien vom v.—VIII. Jahrhundert. Leipzig: J. C. Hinrichs 1904. (VI, 104 S.) 8° ¶ = Texte u. Untersuchungen z. Geschichte d. altchristl. Literatur. Bd 28, H. 1. (N. F. 13,1.)
München, Theol. Hab.-Schr. v. 1905

SCHERMANN, Theodor: Die Gottheit des Heiligen Geistes nach den griechischen Vätern des vierten Jahrhunderts. Eine dogmengeschichtliche Studie.- Freiburg i.B.: Herder 1901. XII,245 S.
= Strassburger Theologische Studien. Bd.4,H.4.5.
7.12.1901 - Chr 1901/02,21; Jv 1901/02,265
Diss. Ingolst.-Landsh.-Mchn.

— Der liturgische Papyrus v. Dêr-Balyzeh. Eine Abendmahlsliturgie des Ostermorgens, s.: Texte u. Untersuchungen zur Geschichte der altchristlichen Literatur. III, 6. 1b.

— s.: Prophetarum vitae fabulosae indices apostolorum discipulorumque domini Dorotheo, Epiphanio, Hippolyto aliisque vindicata.

Propheten- und Apostellegenden nebst Jüngerkatalogen des Dorotheus und verwandter Texte, bearb. von D. Theodor **Schermann**, Privatd. Leipzig: J. C. Hinrichs 1907. (VII, 368 S.) 8°
= **Texte** u. Untersuchungen z. Geschichte d. altchristl. Literatur. Reihe 3. Bd 1, H. 3; der ganzen Reihe Bd 31, H. 3. [07. 12149

— die griech. Quellen des hl. Ambrosius in 11. III. de Spir. s., s.: Veröffentlichungen aus dem kirchenhistor. Seminar München. 10.

Schermann, Theodor: Griechische Zauberpapyri und das Gemeinde- und Dankgebet im 1. Klemensbriefe. Leipzig: Hinrichs 1909. VI, 64 S. 8°
(Texte u. Untersuchungen z. Geschichte d. altchristl. Literatur. Bd 34, H. 2b.)

Schermaul, J., die Alpenpflanzen, s. Seboth, J.

SCHERMBACHER, Franz Xaver (Eichstätt): Ueber den Wert der Radikaloperationen bei Brüchen.- München: Wolf 1886. 26 S.
16.2.1886 - Chr 1835/86,17; Jv 1885/86,167
Diss. Ingolst.-Landsh.-Mchn.

Schermbacher, Frz. X., über den Wert der **Radikal**operationen bei Brüchen. München 1886, **A. Buchholz.** 8°. 26 S.

SCHERMBECK v.: Das Wuchsgesetz für unsere Bäume im Freistande und im Bestande. - Stettin 1909. 35 S.

Schermeng, W., Hohofen-Anlagen, s. Hupfeld, W.

Schermer, Frz. Jos., s. 1) Bibliothek kathol. Kanzelberedsamkeit. 2) D. G. Maffei, Leben P. Segner's. 3) Vieira, der Apostel Brasiliens.

Schermer, Frz. Jos., s. Pereira de Vasconcellos, Morgen- u. Abend-Fastpredigten. — Predigt-Bibliothek, neue, des Auslandes. — Vieira, Ant., Predigten.

Schermer, Heinrich [Assistenzarzt a. d. psychiatr. Klinik]: Ueber ein spinales Symptom im Reconvalescenzstadium acuter Manie. (Aus d. Münch. Med. Wochenschr.) . . . München, Jos. Ant. Finsterlin, 1889; 1 Bl. + 27 S. 8°
Freiburg i. B., Med. Fak., Inaug.-Diss. v. 1889

Schermer, Karl, zur Katechismusreform. Wünsche u. Vorschläge f. die Neubearbeitg. des Katechismus der Erzdiöcese München-Freising. 2. Aufl. gr. 8. (27 S.) Freiburg i/B. 899. Herder. n. — 60

Schermer, Siegmund, Tierarzt: Aus d. Veterinärinst. d. Univ. Leipzig. Über die Histogenese der Darmtuberculose des Huhnes nebst einigen Bemerkungen über die Histologie des normalen Hühnerdarmes. Mit 2 Taf. Leipzig 1909: Gerhardt. 32 S. 8°
Leipzig, Veterinär-Med. Diss. v. 9. Febr. 1909, Ref. Eber
[Geb. 27. Febr. 86 Hüttenrode i. H.; Wohnort: Leipzig; Staatsangeh.: Braunschweig; Vorbildung: Oberrealsch. Braunschweig Reife O. 04; Studium: Naturwiss. Jena 2, Tierheilk. Hannover Tierärztl. Hochsch. 6 S.; Coll. 3. März 09; Approb. 1. Febr. 08.] [U 09. 2867

Das Lehrer-Seminar zu Ober-Glogau. Festschrift z. Jubelfeier s. hundertjähr. Bestehens am 12. Mai 1902. Von Dr. (Josef Eduard) **Schermuly**, Sem.Dir. *Breslau: F. Hirt 1902.* (170 S.) 8° [F.]

Schern, Kurt, appr. Tierarzt a. Berlin: Aus dem Veterinärinstitut der Universität Leipzig (Professor Dr. Eber): Ein Beitrag zur Kenntnis der Darmtuberculose des Huhnes. Mit 4 Microphotographieen auf 2 Tafeln. Jena: G. Fischer 1905. (30 S.) 8° ¶ Aus: Zeitschrift für Thiermedicin 1905.
Leipzig, Phil. Fak., Ref. Eber, Chun, Diss. v. 23. Sept. 1905

Schernberg, Dietrich (Schernberk, Theodorich)

Schernberk, Frau Jutta, s.: Zürner, Hugo.

Schernberk, Theodoricus, der Jüngere, Krebse u. derartiges Ungeziefer. Ein Fastnachtsspiel. gr. 8. (2¼ B.) Sudenburg-Magdeburg 845. (Schönebeck, Koch.)

Scherndl, Balth., Führer durch den Mariä-Empfängnis-Dom in Linz. gr. 8. (158 S. m. Abbildgn.) Linz-Urfahr 902. Verlag des kathol. Preßvereins. n. — 90

— liturgisches Handbüchlein zum Gebrauche f. Priester u. Meßner. 2. Aufl. 8. (XV, 159 S. m. Titelbild.) Ebd. 899. n. 1. 50

— ist die katholische Kirche heilig?, s.: Volksbroschüre, katholische. Nr. 10.

SCHERNDORF, Hr. (sol) von. Ein Roman der neuesten Zeiten. Mit curioser Titelvignette (B. fec). Berlin und Altona, bey Joh. Heinr. Kave und Compagnie, 1789. 8°. (⅓ Rthl.)
159 S. (incl. Tit.). 1 Bl. (Titelkpf. oder Vortitel?) fehlte. — Zaam.

Scherndorf, Herr v., Roman d. neuesten Zeit. 8. Lpz. Sommer.

Scherner, A., Der neue Reformator Aloys Anton u. sein Altkatholicismus. **Wien, Eipeldauer,** 1872. 8°. 36 S., 10 kr.
Dazu Linzer Quartalschr. 1872, S. 109—10.

SCHERNER, Anton (Sablitz): Ueber Fremdkörper im Oesophagus und ihre Folgen.- München: Wolf 1886. 24 S.
6.3.1886 - Chr 1885/86,17; Jv 1885/86,167
Diss. Ingolst.-Landsh.-Mchn.

Scherner, Anton, über Fremdkörper im Oesophagus und ihre Folgen. Diss. München 1886, A. Buchholz. 8°. 24 S.

Scherner, Carl Alb., Daß die Seele ist. Neue Forschungen und Entdeckungen in Briefen. gr. 8. (VII, 221 S.) Berlin 879, Schindler. * 5 —

Scherner, Karl Alb., Entdeckungen auf dem Gebiete der Seele. 1. Buch. A. u. d. T.: Das Leben des Traums Berlin 861. Schindler. gr. 8. (XX, 374 S.) n. 2 ₰

Scherner, Carl Alb., aus der Natur. Frühlings-, Sommer-, Herbst- und Winterbilder. 12. (VIII, 222 S.) Breslau 880, [Gosohorsky's Sortiment.] Kuh. * 2 40
geb. * 3 40

Scherner, Carolus: Quid discriminis essentialis intersit inter animi et materiei substantias, et quali modo utraque in homine naturaliter conjungatur alteri. Vratislaviae (1858). (40 S.) 8°
Breslau, Phil. Fak., Hab.-Schr. v. 24. Apr. 1858

Scherner, C. A., Tatra-Führer. Ein prakt. Wegweiser, um bequem in 10 Tagen e. Ueberblick über das Hohe Tatra [Central-Karpathen] u. zugleich e. Einblick in seine grossartigsten Punkte zu gewinnen. Nebst e. (lith. u. color.) Specialkarte d. Hohen Tatra (in qu. gr. 4.) 8. (85 S.) Breslau 875. Gosohorsky. n. 2. 25

Scherner, C. A., Tatra-Führer. 2. Thl., nebst allen noch nöthigen Ergänzungen. Bilder und Fahrten im Süden der Hohen Tatra mit den südl. Alpenseen und den Eis- und Stalaktiten-Höhlen. 8. (III, 105 S.) [Breslau 876, Gosohorsky's Buchh.] Freiburg i. Br., Kiepert. cart. * 2 —

— neuer praktischer Tatra-Führer für Vergnügungsreisende, Herren u. Damen, nach eigenen 7jähr. Erfahrungen. Nebst der (chromolith.) Specialkarte des ungarischen Karpathen-Vereins. 12. (IV, 99 S.) Freiburg i/B. 881. Kiepert & v. Bolschwingh. geb. n. 2 —

Scherner, K. A., neuer praktischer Tatra-Führer. Nebst der (farb.) Specialkarte d. ungar. Karpathen-Vereins. 3. (Titel-)Aufl. 16. (IV, 99 S.) Breslau 891. R. Felder's Verl. Geb. in Leinw. n. 1. 20

Scherner, Karl *(geb. Deutsch-Krawarn bei Ratibor [25. 7.] 1825)*: Vergleichung der Weise, in welcher Diotima lehrend in Platons Gastmahle (p. 210a bis 212a) den Sokrates zur Anschauung des an und für sich Schönen hinleitet, mit der Art, wie wir zur Anschauung des Schöpfers gelangen und ihn auch anschauend begrifflich erfassen und aussprechen können. Breslau (1850). (32 S.) 8° [F.] *(Teil einer Breslauer Preisarbeit.)*
Breslau, Phil. Diss. v. 2. [vielmehr 9.] Nov. 1850

Schernhauer, Ih. Sim., Versuch zu einer Beantwort. der von Klein u. Kleinschrot aufgeworf. Frage: In wiefern läßt sich eine außerordentl. Strafe rechtfertigen. 8. Pirna (u. Dresd.) 800. Arnold. 9 gl.

Schernhorst, Ant., über die balsamischen Bäder des Herrn Jos. Weiß in Zuckmantel. 8. Troppau 846, Traßler. 1/6 ₰

Schernius, Jens, meine Selbstheilg. v. achtzehnjährigen Sprachstörungen nach erfolglosem Besuch mehrerer Heilanstalten. Neue, überraschend einfache u. sichere Methode zur dauernden Heilg. des Stotterns durch systemat. Selbstsuggestion. Vollständige prakt. Anleitg. zur Selbstheilg. (VIII, 70 S.) 8. Berlin (907). Modern-pädagog. u. psycholog. Verlag. 1,50; geb. 2,30

Schernowsky, Karl, Gerichts-Ref.: **Die Bestimmungen des Bürgerlichen Gesetzbuches über die Haftung des Verkäufers für Mängel der verkauften Sachen, verglichen mit den allgemeinen Bestimmungen über Unmöglichkeit der Leistung.** *Bonn 1901: S. Foppen.* (74 S.) 8°
Rostock, Jur. Diss. v. [20. Apr.] 1902

Scherpe, Alfred, approb. Arzt aus Berlin: **Ueber Frakturen der Tibia am oberen Ende.** *Leipzig 1903: B. Georgi.* (81 S.) 8°
Leipzig, Med. Diss. v. (24. Juni) 1903

Scherpe, Hermann [aus Crossen a/Oder]: Über den Einfluss der para- und α-ständigen Methyl-Gruppe bei der Substitution des o-Amido-Chinolins ... Freiburg i. B., F. Wagner'sche Buchdr., 1896; 42 S. 8.
Freiburg i. B., Phil. Fak., Inaug.-Diss. v. 1896

Über den Einfluss des Schwefelkohlenstoffs auf die Stickstoffumsetzungsvorgänge im Boden. Von Dr. R[ichard] **Scherpe**. Berlin: Parey 1909. S. 353–428. 4°(8°)
(Arbeiten aus d. Kais. Biolog. Anstalt f. Land- u. Forstwirtschaft. Bd 7, H. 3.)
[09. 11848 3

Scherpe, Richard [aus Guben]: Über die Einwirkung von anorganischen Salzen auf das optische Drehungsvermögen des Invertzuckers ... Berlin, P. Stankiewicz' Buchdr., *1891*; 2 Bl., 99 S., 1 Bl. 8.
Berlin, Phil. Fak., Inaug.-Diss. v. 15. Aug. 1891

van Scherpenberg, *Paul Adolf* [Dr. phil., app. Arzt aus Driebergen (Niederl.)]: Die Divertikel des Oesophagus und ihre Entstehung ... Erlangen, k. b. Hofbuchdr. v. A. Vollrath, 1893; 33 S. 8.
Erlangen, Med. Fak., Inaug.-Diss. v. [22.] Juli 1893

SCHERPENBERG, P. A. VAN. Ueber das Verhalten des Wismuthes zu Cyan und die Verbindungen dieses Elementes mit Schwefel und Selen. Kritische Beiträge zur Kenntniss des Wismuths. Erlangen, 1884.

Scherpenberg, P. A. van, über das Verhalten des Wismuthes zu Cyan und die Verbindungen dieses Elementes mit Schwefel und Selen. Diss. Erlangen 1886, Th. Blaesing. 8°. 24 S.

Scherpf, der Einjährig-Freiwillige ohne Sprachkenntnisse. Ein Wegweiser f. gewandte junge Leute jeden Berufs, welche die Berechtigg. nach § 89, 6 der deutschen Wehrordng. nachsuchen wollen. 8. (47 S.) Nürnberg (895). Erlangen, Ingenieur Scherpf. Postfrei 1. 20

Scherpf, A., theoretisch-praktische Anleitung zur Erteilg. e. rationellen Gesangunterrichtes in der Volksschule. 8. (128 S.) Speyer 890. Jäger. n.n. 1. 50

Scherpf, A., Gesangschule für Gymnasien, Latein- und Realschulen, Präparandenanstalten, sowie zum Selbstunterricht. 8. (IV, 96 S.) Speyer 878, Kleeberger'sche Buchh. cart. * 1 50

Scherpf, A., theoretisch-praktische, nach pädagogischen Grundsätzen verfaßte Gesangschule für Studienanstalten und Präparandenschulen, sowie zum Privatunterricht. 2. umgearb. und verm. Aufl. gr. 8. (XV, 145 S.) Speyer 884, Kleeberger'sche Buchh. cart. * 2 20

— Gesangschule u. Liedersammlung f. Latein- u. Realschulen. 8. (96 S.) Ebd. 889. n.n. — 50

Scherpf, A., Gesangschule u. Liedersammlg. (1-, 2- u. 3-stimm. Lieder) f. Latein- u. Realschulen. 2. Aufl. 8. (96 S.) Speyer 895. Jäger. n.n. — 50

Scherpf, A., Gesangschule u. Liedersammlung (ein-, zwei- u. dreistimmige Lieder) f. Latein- u. Realschulen. 3. Aufl. 8. (96 S.) Speyer 900. Jäger. n.n. — 50

—— Meßgesänge, Kirchenlieder und Responsorien, aus dem Diöcesanchoralbuche und der Harmonia sacra für die oberen Classen der Volksschulen zusammengestellt, nebst einer kleinen Gesangsschule. 8. (IV, 48 S.) Ebendas. 878. * — 60

— Singübungen u. Lieder, f. die 3. u. 4. Klasse der Volksschule bearb. 8. (16 S.) Ebd. 890. n.n. — 12

— dasselbe. Für die 5., 6., bezw. 7. Klasse der Volksschule bearb. 8. (32 S.) Ebd. 890. n.n. — 20

Scherpf, G. A., Entstehungsgeschichte u. gegenwärtiger Zustand des neuen, unabhängigen, amerikanischen Staates Texas. Ein Beitrag zur Geschichte, Statistik u. Geographie dieses Jahrh. Im Lande selbst gesammelt. Mit 2 Karten, von Texas, Rio Grande u. dem West-Land am stillen Ocean. gr. 8. Augsburg 841, Matth. Rieger'sche Buchh. ¾ ℛ

Scherpf, G. A., über d. Handel mit Staatspapieren u. d. Börsenspiel. Zwei Sendschr. v. D. *....... in *....... beantw. gr. 8. (9½ B.) Augsburg 831, M. Rieger.

—— Streif-Lichter, gerichtet auf ꝛc. H. Beisler's „Betrachtn üb. Gemeinde-Verfassung u. Gewerb-Wesen.“ gr. 8. (5½ B.) Augsburg 831, (M. Rieger.)

Scherpf, J., die Kanalisirung der Stadt Würzburg. Würzburg 867. Stahel'sche Buchh. gr. 8. (88 S.) n. 15 ngr.

Scherpf, Lor., Stahlbad Bocklet u. seine Heilmittel. Dargestellt für Kurgäste u. Aerzte. Mit 72 (lith.) Ansichten u. 1 Karte (in Kpfrst.). 12. (128 S.) Würzburg 880. Stahel. cart. n. 1. 60

Scherpf, Lor., über Resorption und Assimilation des Eisens. Nach eigenen Versuchen. gr. 8. (28 S.) Würzburg 878, Stahel'sche Buchh. * — 80

— die Zustände u. Wirkungen des Eisens im gesunden u. kranken Organismus. Eine Literatur-Studie. [Aus den „Pharmakolog. Untersuchungen“. 2. Bd.] gr. 8. (141 S.) Würzburg 877. Stuber's Verl. n. 3. —

Scherping, Ewald, Schnarsleben (bei Magdeb.): **Über die Sprache und die Quelle des altfranzösischen Livre de Job. (Bibl. de l'Arsénal, Ms. 3142.)** *Halle a. S. 1904: C. A. Kaemmerer & Co.* (66 S.) 8°
Halle, Phil. Diss. v. 1904

Scherr und die gegen ihn erhobenen Anschuldigungen . . . St. Gallen 1872. V: *Brassel, Joh.* (Cat. d. Stadtbibl. Zürich. Zürich 1864—97.)

Scherr und die gegen ihn, resp. gegen die Schule erhobenen Anschuldigungen mit Bezugnahme auf die Widmersche Broschüre. Von einem Verehrer Scherr's (J. Brassel). 8. (23 S.) St. Gallen 873, Köppel. *

Scherr, Dr. J., ein Priester, Historie aus der Gegenwart. 8. Stuttgart 843, Franckh. 1 ℛ 6 ngr

Scherr, ein Priester, Historie aus der Gegenwart. 8. (18 B.) Stuttgart 843, Franckh'sche Vrlgsh.

Scherr, Frau, s.: Kübler, Marie Susanne.

Scherr, Hans

—— Vaters Fluch. Eine wahre Familiengesch. aus d. neuesten Zeit. 12. (3 B. u. Ttlbild.) Reutlingen 837, Fleischhauer u. Spohn.

—— Vaters Fluch. Eine wahre Familiengeschichte aus der neuesten Zeit. 3. Aufl. 8. (64 S. und 1 Stnt.) Reutlingen 847, Fleischhauer und Spohn.

Scherr, Hans, letzter Frühling e. Frühverwelkten. Eine Gesch. aus d. neuesten Zeit. 12. (3 B. u. Ttlbild.) Reutlingen 837, Fleischhauer u. Spohn.

(——) der Kerker auf Neuffen. Ein Seitenstück zu d. beliebten Volks- u. Jugendschriften d. Verf. d. Beatushöhle ꝛc. 12. (2¾ B. u. Ttlbild.) Reutlingen 839, Fleischhauer u. Spohn.

—— der alte Konrad, od. Schicksale u. Abenteuer e. Soldaten. 12. (2⅓ B. u. Ttlbild.) Reutlingen 839, Fleischhauer u. Spohn.

Scherr, Hans, der alte Konrad, oder Schicksale u. Abenteuer eines Soldaten. 2. Aufl. 8. (59 S. m. 1 Lith.) Reutlingen 847, Fleischhauer & Spohn. 3 ngr

Scherr, H., der alte Konrad, od. Schicksale u. Abenteuer e. Soldaten. 3. Aufl. 8. (64 S.) Reutlingen 871. Fleischhauer & Spohn. — 30

— Sagen aus Schwabenland. gr. 12.
Reutlingen: Fleischhauer u.Spohn 1836.

—— Sagen aus Schwabenland. gr. 12. (10⅔ B.) Reutlingen 836, [Mäcken, Sohn.]

—— Siegfried und Chriemhild. Eine äußerst unterhaltende und abenteuerliche altdeutsche Geschichte. Nach dem Nibelungenliede für das Volk bearb. 2. Aufl. 8. (168 S. mit eingedr. Figuren.) Reutlingen 847, Fleischhauer und Spohn.
Vgl. Siegfried...

Scherr, Hans, der Student von Ulm. Zeit- u. Sittengemälde aus dem Anfang des 16. Jahrhunderts. gr. 12. Ulm 841, Wagner'sche Verlagsbuchh. (J. A. Walter.) ⅔ ℛ

Scherr, Hans, der Student von Ulm. Zeit- und Sittengemälde aus dem Anfang des 16. Jahrh. 2., wohlf. Ausg. 8. (159 S.) Ulm 851, Gebr. Nübling. Thlr.

Scherr, Hans, der Student von Ulm. Zeit- und Sittengemälde aus dem Anfang des 16. Jahrhunderts. 3. Aufl. 8. (188 S.) Ulm 877, Gebr. Nübling. * 1 50

Scherr, Hans, d. Student v. Ulm. Zeit- u. Sittengemälde aus d. Anfang d. 16. Jahrh. 4. Aufl. 8. (126 S.) Ulm 898. Gebr. Nübling. 1. 20

—— Herzog Ulrich d. Verbannte v. Wirtenberg, mit Benützung d. bess. geschichtl. Quellen f. d. Volk neu erzählt. 12. (6⅓ B. u. Ttlbild.) Reutlingen 839, Fleischhauer u. Spohn.

—— und F. F. Gessert, Vorträge bei Eröffnung d. ersten Kreissynode zu Bielefeld am 22. Juli 1835. gr. 8. (2 B.) Bielefeld 835, [Velhagen u. Klasing.] *

—— der Wildschütz. Eine Erzähl. aus d. zweiten Hälfte d. 18. Jahrh. 12. (8½ B. u. Ttlbild.) Reutlingen 838, Fleischhauer u. Spohn.

—— der Wildschütz. Eine Erzählung aus der zweiten Hälfte des 18. Jahrh. 2. Aufl. 8. (215 S. und 1 Stnt.) Reutlingen 850, Fleischhauer und Spohn.

Scherr, H., der Wildschütz. Eine Erzählung aus der 2. Hälfte des 18. Jahrh. 3. Aufl. 8. (206 S.) Reutlingen 864, Fleischhauer und Spohn.

Scherr, Ignaz Thomas

Scherr, J. Th., zwei Abende unter d. Zöglingen d. Blinden-Anstalt in Zürich im J. 1826. Ein poet. Versuch. 8. Zürich 827. Orell. 8 gr

Scherr, I[gnaz] Th[omas]. Oeffentliche Aktenversendung an meine Anschuldiger und Richter und an das gerechtigkeitsliebende Publikum. 8. Belle-Vue, bei Kreuzlingen [1840].

—genaue Anleit., taubstummen Kindern ohne künstl. Mimik Fertigkeit in Verstehen u. Anwenden d. Schriftsprache beizubringen. 2 Thle. 8. Gmünd 825. (Leipz., Hartmann). 14 gr

Scherr, J. Th., genaue Anleitung zum Elementar-Unterr. im Reden, Schreiben u. Lesen; nach d. Elementar-Sprachbildungslehre bearb. Mit Hinweis. auf ein hierzu gehör. Tabellenwerk in 25 Blättern (Roy.- u. Imp.-Fol.), als gemeinsam. Lehrmittel f. d. ersten Uebungen im Zeichnen, Schreiben u. Lesen, in d. Begriffs- u. Gedankenbezeichnung. gr. 8. (3 B.) Zürich 833, Orell, Füßli u. Comp.

Scherr, Ign. Thom., genaue Anleitung zum Elementar-unterr. im Reden, Schreiben u. Lesen.— 4 Supplementtafeln. Fol. Zürich 839, Orell, Füßli u. Comp. *
Hauptwerk. Ebendas. 1831. * 3 Thlr. 3 Gr.

—— specielle Anleitung z. Gebr. d. deutschen Schulgrammatik f. d. obern Klassen allgem. Volksschulen. 8. (10 B.) Zürich 835, Orell, Füßli u. Comp.

—— Ansichten üb. den Zustand d. Volksschulwesens im Kanton Zürich, mitgeth. in d. gemeinnütz. Gesellschaft d. Kreuzgemeinde. gr. 8. (1¼ B.) Zürich 831, Orell, Füßli u. Comp.

Scherr, Ign. Thom., Beleuchtung d. Schrift d. Hrn. Pfarrer Beyel üb. d. Volksschulwesen d. Kanton Zürich. gr. 8. (1½ B.) Zürich 839, Orell, Füßli u. Comp. Thlr.

—— Beleuchtung d. Streitschrift v. Dr. Bluntschli geg. d. Direktor d. zürcherischen Schullehrer-Seminars. gr. 8. (2 B.) Zürich 837, Orell, Füßli u. Comp.

—— der pädagog. Beobachter, s. Beobachter.

—— meine Beobachtungen, Bestrebungen u. Schicksale während meines Aufenthaltes im Kanton Zürich v. J. 1825 – 39. 4 Hfte. gr. 8. St. Gallen 840, Scheitlin u. Zollikofer. à ½ Thlr.
Hft. 1. Periode v. 1825—1832. Reform d. Blindenanstalt u. Errichtung d. Taubstummeninstitutes; Betrachtn. üb. d. Leben u. d. Bildung d. Blinden u. d. Taubstummen; allgem. polit. u. besond. gesell. Zustände; Staatsumwälzung u. Anfang d. Schulreform. (7¾ B.)
„ 2—4. Periode v. 1832—1839. (24¾ B.)
Hft. 2. Die zürcher. Schulreform.
„ 3. Der Kampf widerstrebender Meinungen üb. d. Fortführung d. zürich. Schulreform.
„ 4. Das Jahr 1839 u. seine nächsten Folgen.

—— der Bildungsfreund, e. Leseb. f. d. häusl. Kreis u. f. höh. Volksschulen. 2 Thle. 1. Aufl. 835., u. 2., umgearb. A. gr. 8. Zürich 838, Orell, Füßli u. Comp. à ⅔ Thlr.
Prosaischer Thl. (à 22 B.)
Poetischer Thl. (à 21 B.)

Scherr, Ign. Thom., der Bildungsfreund, ein Lesebuch f. den häusl. Kreis u. f. höhere Volksschulen. (2 Thle.) Prosaischer Theil. — Poetischer Theil. 3., verm. u. verb. Ausg. gr. 8. (48¼ B.) Zürich 845, Orell, Füßli u. Comp.

—— der schweizerische Bildungsfreund, ein Lesebuch für den häuslichen Kreis u. für höhere Volksschulen. (2 Thle.) 4. wesentlich veränd. u. vielfach verb. Ausg. Zürich 855. Orell, Füßli u. Co. gr. 8. (VIII, 480; XII, 312 S.) 1 ₰. 10 ngr.

—— der schweizerische Bildungsfreund, ein republikanisches Lesebuch. 5., sorgfältig durchgeseh. u. theilweise veränd. Aufl. Zürich 866. Orell, Füßli & Co. gr. 8. (XV, 734 S.) geb. n. 1 ₰ 10 ngr.

—— der schweizerische Bildungsfreund. Ein republikanisches Lesebuch. 2 Thle. gr. 8. Zürich 876,77, Orell, Füßli und Comp. à Thl. ℳ 2,50. 5 —
cart. in 1 Bd. ** 4 50
Inhalt:
Thl. 1. Prosaischer Theil. 6.—8. Aufl. Ster.-Ausg. Neu bearb. von Geo. Geilfus. (IV, 415 S.)
„ 2. Poetischer Theil. 7. und 8. Aufl. Ster.-Ausg. Neu bearb. von Gfr. Keller. (IV, 385 und XV S.)

—— der schweizerische Bildungsfreund, ein republikan. Lesebuch. 2 Tle. gr. 8. Zürich, Orell, Füßli und Comp. à Tl. *ℳ 2.50. *
Inhalt:
Tl. 1. Prosaischer Teil. 9. und 10. Aufl. (IV, 415 S.) 879,85.
„ 2. Poetischer Teil. 9. und 10. Aufl. (IV, 385, XV S.) 879,82.

—— über Bildungsstufen, Lehrkurse, Vertheilung d. Unterrichtsstoffes, Klasseneintheil. u. gleichzeit. Klassenbeschäftig. in d. Volksschule. M. 4 Lektionsplänen. gr. 8. (3½ B.) Zürich 833, Orell, Füßli u. Comp.

— Elementar-Sprachbildung durch den Unterricht im Sprechen, Schreiben u. Lesen. Kommentar u. method. Leitfaden zu den Lehrmitteln für die drei unteren Jahresklassen der zürcher. Primarschule. Ebend. 866. 8. (110 S. mit eingedr. Holzschn.) n. 14 ngr.

—— Elementar-Sprachbildungslehre. Das ist: Anleit. u. umfass. Stoff, die Kinder auf e. bildende Weise im Reden, Schreiben u. Lesen zu unterrichten. 4 Hfte. gr. 8. (25¼ B. u. 4 Bl. lith. Vorschriften.) Zürich 831, Orell, Füßli u. Comp.
Hft. 1. Handbuch f. den Lehrer. — 2—4. Lesebuch f. den Schüler.

—— Entwurf e. Gesetzvorschlages zur Organisation d. Volksschulwesens im Kanton Zürich. Allen Kennern, Beförderern u. Freunden d. Volksbildung zur Vorberath. mitgetheilt. Diesem Entwurfe sind auch die im letzten Jahre erlass. Schulgesetze beigedruckt. gr. 8. (3¼ B.) Zürich 832, Orell, Füßli u. Comp.

—— Entwurf e. allgem. Unterrichtsplanes f. d. Primärschulen d. Kantons Zürich, nebst Vorbemerkn. u. Erläutern. Bearb. unt. Mitwirk. d. Musterlehrer u. Seminarlehrer. 2. Aufl. gr. 8. (2 B.) Zürich 830, Orell, Füßli u. Comp.

—— Entwurf e. Verordnung üb. Ordnung u. Zucht in d. zürcher. Volksschulen; nebst e. begründ. Einleit. u. e. umständl. Erörterung d. einzelnen Abschnitte u. Paragraphen. gr. 8. (3½ B.) Zürich 835, Orell, Füßli u. Comp.

—— und Johs. Scherr, gemeinfaßl. Geschichte d. religiösen u. philosoph. Ideen; mit besond. Rücksicht auf d. Leben u. Wirken d. Weisen aller Völker u. Zeiten. Für diesen. Klasse d. Gebildeten, welche eigentl. gelehrter Studien ermangelt, dargest. 1. u. 2. Bd. 1—6. Buch. gr. 12. Schaffhausen 841, Brodtmann'sche Buchh. à Bd.
Bd. 1. Buch 1—3. Der alte Orient; Griechenland u. Rom; nordisch-germanische Welt. (17¾ B.)
„ 2. „ 4—6. Christenthum, Islam; Scholastik; Reformation. 2. Aufl. (16 B.)

—— u. Joh. Scherr, gemeinfaßl. Geschichte der religiösen u. philosoph. Ideen, mit besond. Rücksicht auf das Leben u. Wirken der Weisen aller Völker u. Zeiten. 17—22. Lfg. (3. Bd.) gr. 12. (13½ B.) Schaffhausen 842, 43, Brodtmann'sche Bh. à L. 5 Ngr.
1—16. Lfg. Ebendas. 1841. * 2 Thlr. 20 Ngr.

—— leichtfaßl. Handbuch d. Pädagogik f. Lehrer, gebild. Eltern u. Schulfreunde. 1. Bd. Beobachtn. üb. d. Entwicklungsgang d. Menschenwesens, Mittheiln. aus d. Gesch. d. Erzieh. u. d. Unterrichts, allgem. Erziehungs- u. Unterrichtslehre. gr. 8. (30¾ B.) Zürich 839, Orell, Füßli u. Comp.

— leichtfaßliches Handbuch der Pädagogik f. Lehrer, gebildete Eltern u. Schulfreunde. 2. Bd. 1. Hft. — A. u. d. T.: Der Unterricht in der Primarschule. Stufenmäßig geordn., vollständ. Unterrichtsstoff für alle Lehrfächer und spezielle, direkte Lehrmethode. Das 1. Schuljahr: Kinder zwischen dem 5. u. 7. Lebensjahre. gr. 8. Ebend. 843. ⅜ ₰ (I. II. 1: 2⅜ ₰)

— dass. 2. Bd. 2. Hft. Der Unterricht in der Primarschule. Das 2. Schuljahr: Kinder zwischen dem 6. u. 8. Lebensjahre. gr. 8. Ebend. 844. 7/12 ₰

— dass. 2. Bd. 3. Hft. Das 3. Schuljahr: Kinder zwischen dem 7. u. 9. Lebensjahre. gr. 8. Ebend. 844. 1⅙ ₰

— dass. 3. Bd. 1. Hft. Der Unterricht in der oberen Abtheilung der Primarschule. gr. 8. Ebend. 846. 1 ₰ 12 ngr

— dass. 3. Bd. 2. Hft. A. u. d. T.: Unterricht in der oberen Abtheilung der Primarschule. Stufenmäßig geordn., vollständ. Unterrichtsstoff für alle Lehrfächer u. spezielle, direkte Lehrmethode. gr. 8. Ebend. 846. 1 ₰ 21 ngr

— leichtfaßliches Handbuch der Pädagogik für Volksschullehrer, gebildete Eltern u. Schulfreunde. 1. Bd. Beobachtungen über den Entwicklungsgang des Menschen, Mittheilungen aus der Geschichte der Erziehung u. des Unterrichts. Inbegriff der Erziehungs- u. Unterrichtslehre. 2. Aufl. m. vielen Aenderungen u. Zusätzen. gr. 8. (XVI u. 540 S.) Zürich 847, Orell, Füßli & Co. 2 ℛ — 2. Bd. 2 Hfte. A. u. d. T.: Der Unterricht in der Primarschule. Stufenmäßig geordneter, vollständ. Unterrichtsstoff f. alle Lehrfächer u. spezielle, direkte Lehrmethode. 2. unveränd. Aufl. gr. 8. (331 S.) Ebd. 851. — 3. Bd. 3. Hft. A. u. d. T.: Der Unterricht in der obern Abtheilung der Primarschule. Stufenmäßig geordneter, vollständiger Unterrichtsstoff f. alle Lehrfächer u. spezielle, direkte Lehrmethode. gr. 8. (630 S.) Ebd. 847. I: 2 ℛ II: 1 ℛ III, 3: 2 ℛ (cmplt. 9 ℛ 8 ngr)

—— Lehrbuch f. Elementarschüler. 2., verm. Aufl. 8. (12 B.) Zürich 846, Orell, Füßli u. Comp.

—— Lesebuch für die dritte Bildungsstufe der schweizer. allgem. Volksschule (Repetir- und Ergänzungs-Schule). Nebst einer Abhandlung über die Organisation der dritten Schulstufe. 3 Hefte. 8. (634 S.) Zürich 849, Orell, Füßli und Comp.

—— erstes Lesebuch f. Elementarschüler; enthalt.: Stoff zur Uebung im tonricht. u. wohllaut. Lesen; Aufgaben zu Sprach- u. Verstandesübungen; Beispiele zur Anregung u. Entwickel. d. Gemüthsanlagen. 2. Aufl. 8. (6½ B.) Zürich 834, Orell, Füßli u. Comp.

—— dass. — Gebrauchsanweisung hierzu. 8. (2½ B.) Ebdf. 834.

—— erstes Lesebuch f. Elementarschüler rc. 3. Aufl. 8. (6½ B.) Zürich 836, Orell, Füßli u. Comp.

— realistisches Lesebuch für die oberen Klassen der Primarschule, sowie auch zur Belehrung u. Unterhaltung im häusl. Kreise. 1. u. 2. Hft. 8. Ebend. 846. 1. 8 ngr 2. n. 16 ngr

— realistisches Lesebuch f. die obern Klassen der schweizer. Volksschule, so wie auch zur Belehrung u. Unterhaltung im häusl. Kreise. 1 u. 2. Hft. 2. Aufl. 8. (160 u. 224 S.) Ebd. 848. — 3. Hft. 8. (246 S.) Ebd. 847. (1: 8 ngr 2: 16 ngr 3: ½ ℛ) 1 ℛ 9 ngr

—— Lesebüchlein zur Elementarsprachbildung im ersten u. zweiten Schuljahre. gr. 8. (8½ B.) Zürich 844, Orell, Füßli u. Co.

—— Lese- und Lernbüchlein für die 4.—6. Jahresklasse schweizerischer Primarschulen. 3 Hefte. 8. Zürich 867, Orell, Füßli und Comp. *

Inhalt:
Heft 1. Für die vierte Jahresklasse. (184 S.) * 8 Ngr.
„ 2. Für die fünfte Jahresklasse. (196 S.) * 8 Ngr.
„ 3. Für die sechste Jahresklasse. (224 S.) * 10 Ngr.

—— Lesebüchlein für das vierte Schuljahr. 8. (168 S.) Zürich 867, Orell, Füßli und Comp. **

—— Lesebüchlein für das fünfte Schuljahr. 8. (206 S.) Ebendas. 867. *

—— Lesebüchlein für das sechste Schuljahr. 8. (224 S.) Ebendas. 868. *

—— zweites Lesebüchlein z. Elementarbildung. gr. 8. (12¾ B.) Zürich 845, Orell, Füßli u. Comp.

Scherr, Thom., Mutter und Kind, ein Lehr- und Lernbüchlein. 3 Rn. 8. und gr. 8. (LXVII, 257 und 30 lithogr. S., wovon 1 in Buntdr.) Zürich 863, Orell, Füßli und Comp. *

—— die Nothwendigkeit einer vollständigen Organisation der allgem. Volksschule; hergeleitet aus d. zweckwidrigen Beschränkung des Unterrichtes auf die Jahre der Kindheit u. aus der unzureichenden Fortwirkung der Kinderschule auf ein edleres Volksleben. Lex.-8. (5¾ B.) Winterthur 842, [Liter. Compt.]

— Organisation der Volksschule. (2. Ausg.) gr. 8. (90 S.) Leipzig 847, Verlagsbureau. n. 8 ngr

—— Rede, gehalt. in d. Kirche zu Küßnacht d. 7. Mai 1832 bei Eröffnung d. Lehrer-Bildungsanstalt f. d. Kanton Zürich. 8. (1 B.) Zürich 832, Orell, Füßli u. Comp.

—— schweizerisches Schulbuch für den 4. 5. und 6. Jahreskurs des Primarunterrichtes. 1. Heft, dem 4. Jahreskurse entsprechend. 8. (X und 256 S.) Zürich 853, Orell, Füßli und Comp.

—— dass. — 2. Heft, dem 5. Jahreskurse entsprechend. 8. (310 S.) Ebds. 853.

—— dass. — 3. Heft, dem 6. Jahreskurse entsprechend. 8. (XVI und 320 S.) Ebds. 853.
Eine Ausg. für kathol. Schulen, zu gleichen Preisen.

—— erstes Schulbüchlein; für die zweite Elementarklasse der züricherischen Volksschule. 3. Aufl. 8. (128 S.) Zürich 849, Orell, Füßli und Comp.

Scherr, Ign. Thom., Schulbüchlein z. Uebersicht, Wiederholung u. Anwendung des grammatischen Unterrichts in den obern Klassen d. Primarschule. 3 Hfte. 8. Zürich 846, 47, Orell, Füßli u. Comp. [1. (5¼ B.) 5 Ngr., 2. (3¾ B.) 4½ Ngr., 3. (4 B.) 5 Ngr.] Thlr. —

—— Schulbüchlein zur Uebersicht, Wiederholung und Anwendung des grammat. Unterrichts in den obern Klassen der Primarschule. 2. Aufl. 8. (181 S.) Zürich 847, Orell, Füßli und Comp.

—— zweites Schulbüchlein; für die dritte Elementarklasse der zürcherischen Volksschule. 2. Aufl. 8. (192 S.) Zürich 850, Orell, Füßli und Comp.

—— der schweizerische Schul- und Hausfreund, ein Lesebuch für die Ergänzungs- und Sekundarschule und für den Familienkreis. gr. 8. (VIII und 624 S.) Frauenfeld 860, Huber's Buchh. *

—— der schweizerische Schul- und Hausfreund, ein Lesebuch für die Ergänzungs- und Sekundarschulen und für den Familienkreis. 2. Aufl. gr. 8. (VIII und 624 S.) Frauenfeld 863, Huber. cart. *

—— der schweizerische Schul- u. Hausfreund, ein Lesebuch für die Ergänzungs- u. Sekundarschule u. für den Familienkreis. 3. Aufl. Frauenfeld 869. Huber. gr. 8. (VIII, 624 S.) cart. n. 1 ℛ

Scherr's Schul- u. Hausfreund, rev. Ausg., s.: Lehr- u. Lesebuch f. d. Thurgauischen Volksschulen.

—— kurzgef. deutsche Schulgrammatik f. d. obern Klassen allgem. Volksschulen; nach d. neuesten Sprachforschungen u. mit Rücksicht auf Selbstbeschäftigung d. Schüler bearb. 2., verb. Aufl. 8. (9 B.) Zürich 834, Orell, Füßli u. Comp.

—— kurzgefaßte deutsche Schulgrammatik f. d. obern Klassen allgem. Volksschulen; nach d. neuesten Sprachforschungen u. mit Rücksicht auf Selbstbeschäftigung d. Schüler bearb. 3., verb. Aufl. 8. (9 B.) Zürich 836, Orell, Füßli u. Comp.
Dess., specielle Anleitung hierzu: s. oben.

(Scherr, I[gnaz] Th[omas].) Ein freies ... Sendschreiben des Züricherischen Seminardirektors an die Herren XXIIger des sogenannten Glaubenskomite's .... SA. 8. [Zürich] 1839.

(——) Sendschreiben an das Glaubenskomité, s. a. Sendschreiben.

—— Sprachbüchlein für das zweite Schuljahr. 8. (106 S.) Zürich 866, Orell, Füßli und Comp. geb.

—— Sprachbüchlein für das dritte Schuljahr. 8. (147 S.) Zürich 866, Orell, Füßli und Comp. geb.

—— Sprachlehre f. Primarschulen, nebst e. Stufengange zu schriftl. Aufsätzen. 8. (10 B.) St. Gallen 811, Scheitlin u. Zollikofer.

—— realist. u. poet. Sprachübungen f. Volksschulen. 2 Hfte. 8. (5¼ B.) Zürich 838, Orell, Füßli u. Comp.
Hft. 1. Realistische Uebungen. 2½ Gr.
: 2. Poetische Uebungen. 2½ Gr.

Scherr, J. Th., Tabellen zur Sprachbildungslehre. 42 Blatt (wovon 23 lith.). 2. revid. Aufl. Zürich 860. Orell, Füßli & Co. gr. Fol. n. 4 ₰ 5 ngr

—— Vater und Sohn, ein Lehr- und Lernbüchlein. 3 Nrn. der 2. Stufe. (Nr. 4—6 der ganzen Reihenfolge.) 8. (LXXXIX und 635 S.) Zürich 864, Orell, Füßli und Comp. *

Scherr, [Ignaz] Thomas. Vertheidigung dreier Artikel in No. 45 und 46 des pädagogischen Beobachters 1841 gegen die Anklage des Staatsanwalds durch den Redaktor Dr. Th. Scherr vor Bezirksgericht Winterthur den 29. Dezember 1841. Zum Druck befördert von einem Freunde des Rechts.... 8. Glarus 1842.

—— das Votum des Staatsraths Dr. Kaspar Bluntschli im Gr. Rathe des Kantons Zürich, betreffend die zürcherische Schulsynode, beleucht. Lex.-8. (4 B.) Winterthur 843, Liter. Compt.

Scherr, Ignaz Thomas u. Joh. Scherr
—— freundlicher Wegweiser durch den deutschen Dichterwald f. Gebildete außer dem Gelehrtenstande; zugleich ein Schulbuch f. Lehrerseminarien, höhere Töchterschulen u. f. die obern Klassen deutscher Realschulen u. schweizerischer Secundarschulen. Lex.-8. (35 B.) Winterthur 842, Steiner'sche Buchh.

[Scherr, Ignaz Thomas.] Zuchtigung des Zweiundzwanzigsten der XXIIger im sogenannten Glaubenscomité. Vom Verfasser des Sendschreibens an die XXIIger. 8. [Zürich 1839.]

—— Züchtigung des Zweiundzwanzigsten der XXIIger im sogenannten Glaubenskomité. gr. 8. (1 B.) Zürich 839, Orell, Füßli u. Comp.

— Zuschrift u. Antwort, f. Zuschrift u. Antwort.

Scherr, Johannes

Scherr, Johs., 1848. Ein weltgeschichtl. Drama. 2. verb. u. verm. Aufl. 2 Bde. gr. 8. (405 u. 572 S.) Leipzig 875. O. Wigand. n. 13. —

Scherr, Johs., 1870—1871. Vier Bücher deutscher Geschichte. 2 Bde. gr. 8. Leipzig 879, O. Wigand. à Bd. * ℳ 8. * 16 —
geb. * 18 50
Inhalt:
Bd. 1. 1. Buch: Der Mann. — Das Werk. — Der Feind. — 2. Buch: Wörth. — Gravelotte. — Sedan. (455 S.)
: 2. 3. Buch: Straßburg. — Metz. — Paris. — 4. Buch: Orléans. — Belfort. — Versailles. (445 S.)

Scherr, Johs., 1870—1871. Vier Bücher deutscher Geschichte. 2. durchges. und verm. Aufl. 2 Bde. 8. (460; 452 S.) Leipzig 880, O. Wigand. * ℳ 16.; geb. * * 18 50

— f. Ausland, das belletristische, von K. Spindler, 113.—117., 184.—190., 215.—218., 225.—232., 266.—269., 292.—309., 339.—343., 407.—410., 500.—506., 659.—662., 663.—670. Bdchn. —

Scherr, Jh., Die Auswanderungsfrage, vom religiös-socialist. Standpunkte betrachtet. 8⁰. Stuttgart, Franckh'sche V.-B., 1845. (136 S.)

Scherr, J., Bildersaal der deutschen Literatur. [Aus: „Bildersaal der Weltliteratur".] Lex.-8. (592 S.) Stuttgart 887. [Gebr. Kröner.] Union. n. 8. —; geb. n. 10. —

Scherr, Johs., Bildersaal der Weltliteratur. Aus dem Literaturschatz der Morgenländer (Inder, Chinesen, Hebräer, Araber, Perser, Türken), der Alten (Hellenen u. Römer), der Romanen (Provençalen, Italiener, Spanier, Portugiesen, Franzosen), der Germanen (Engländer, Deutschen, Niederländer, Isländer, Schweden, Dänen), der Slaven (Böhmen, Serben, Polen, Russen), der Magyaren (Ungarn) u. der Neugriechen ausgewählt, systematisch geordnet, von d. ältesten bis auf die neueste Zeit fortgeführt, mit Anmerkungen u. einem literarhistor. Katalog. 2 Abthlgn. 1. Abth.: Das Morgenland. Hellas u. Rom. Die Troubadours. Italien. Spanien u. Portugal. Frankreich. 2. Abth.: England [Schottland, Irland, Nordamerika]. Deutschland, Niederland u. Scandinavien. Die Slavenländer, Ungarn u. Neugriechenland. — Ergänzungen. Lex. 8. (XXIV u. 1228 S.) Stuttgart 848, Becher. (1: 1 ₰ 24 ngr 2: 3 ₰) 4 ₰ 24 ngr

Scherr, Johs., Bildersaal der Weltliteratur. Aus dem Literaturschatz der Morgenländer, der Alten, der Romanen, der Germanen, der Slaven, der Magyaren und der Neugriechen ausgewählt, systematisch geordnet, von der ältesten bis auf die neueste Zeit fortgeführt, mit Anmerkungen und einem literarhistor. Katalog versehen. Neue (Titel-)Ausg. gr. 8. (XVIII und 1228 S.) Stuttgart 854(55,) Becher's Verlag.

—— Bildersaal der Weltliteratur. 2., umgearb., vervollständ. und bis zur Gegenwart fortgeführte Aufl. 2 Bde. in 24 Lfgn. Lex.-8. (634; 702 S.) Stuttgart 869, Kröner. à Lfg. 50 Pf. 12 —
geb. * 15 —

— Bildersaal der Weltliteratur. 2., umgearb., vervollständ. u. bis zur Gegenwart fortgef. Aufl. 2 Bde. Stuttgart 869,70. Kröner. Lex.-8. (634 u. 702 S.) 4 ₰

—— Bildersaal der Weltliteratur. 3. neu bearb. und stark verm. Aufl. 30 Lfgn. oder 3 Bde. Lex.-8. (544; 597; 406 S.) Stuttgart 884,85, Gebr. Kröner. à Lfg. 60 Pf. * 18 —
geb. * 24 —

Scherr, Johs. [illegible] Leipzig [illegible] 875.
[illegible] Lukrezia [illegible] Die [illegible]

—— Blätter im Winde. 8. (459 S.) Leipzig 875, E. J. Günther. * ℳ 5.; geb. * 6 50

Scherr, Johs., Blücher. Seine Zeit und sein Leben. Zwölf Bücher in 3 Bdn. gr. 8. Leipzig 863, O. Wigand. [1. Bd. (XXIII und 446 S.) * 2 Thlr. 10 Ngr., 2. Bd. (IV und 544 S.) * 2 Thlr. 10 Ngr., 3. Bd. (IV und 592 S. mit 1 Facs. Blücher's nach der Schlacht von Belle-Alliance.) * 2 Thlr. 20 Ngr.] *

Scherr, Johannes. Blücher, seine Zeit und sein Leben. 12 Bücher in 3 Bänden. 2. verbesserte und vermehrte Aufl., wohlfeile Volksausg. Leipzig. O. Wigand 1865. XVI 432, 398, 432 S. 8.
Bd. 1. Die Revolution (1740—1799). — Bd. 2. Napoleon (1800—1812). — Bd. 3. Blücher (1813—1819).

—— Blücher. Seine Zeit und sein Leben. 3 Bde. 3. (Titel-) Ausg. gr. 8. (XXIII, 446; IV, 544; IV, 592 S.) Leipzig 882, O. Wigand. * ℳ 9.; geb. * 12 —

—— Blücher. Seine Zeit und sein Leben. 4. neu durchges. und verb. Aufl. 10 Bde. in 3 Abthlgn. 8. (1. Abthl. 432; 2. Abthl. 500; 3. Abthl. 546 S.) Leipzig 887, O. Wigand. à Bd. * ℳ 1.—. *

Scherr, Johannes. (Gebhard Leberecht von) Blücher. Seine Zeit und sein Leben. Drei Bände. Mit drei Bildnissen und einer Wiedergabe des Blücher-Denkmals in Rostock. 5. u. 6. Aufl. 8. Leipzig, Max Hesse, (1908). [zus. M. 5. —, geb. Lwd. 7. —, Hfz. 10. —]
Band 1: Die Revolution. ‹1740—1799.› [Mit 2 Porträt-Tafeln.] 458 S.
Band 2: Napoleon. ‹1800—1812.› [Mit 1 P-Tafel.] 539 S.
Band 3: Blücher. ‹1813—1819.› [Mit 1 Tafel.] 590 S.

Scherr, Johs., Blücher. Seine Zeit u. sein Leben. 3 Bde. Mit 3 Bildnissen u. e. Wiedergabe des Blücher-Denkmals in Rostock. 5.—7. Aufl. (458, 539 u. 590 S.) kl. 8. Leipzig (908—10). Hesse & Becker Verl. 5.—; geb. in Leinw. 7.—; in Halbfrz. n 10.

Scherr, Johannes. Reicher Bursch und armes Mädchen. Erzählung. 84 S. 8. Zürich, Jacques Bollmann, Februar 1903. fr. —. 15
Verein für Verbreitung guter Schriften. (Zürich) No. 49. 1903.

Scherr, Johs., reicher Bursch u. armes Mädchen, s.a. Verein für Verbreitung guter Schriften, Zürich. Nr. 49.

Scherr, Johannes [Übers.]
s. Carlén, Emilie: Tutti Frutti. 1845.

— Dämonen. 8. (LXIII, 288 S.) Leipzig 871. O. Wigand. n. 4. 50

—— Dämonen. 2. durchgeseh. Aufl. 8. (LXXVI, 274 S.) Ebendas. 878. * 4 —

Scherr, Johannes [Übers.]
s. Dash Ctesse: Die blutige Marquise. 1850.

Scherr, Johs., Dichterfürsten, s.a. Dichterfürsten.

— Dichterfürsten. Leipzig 857. O. Wigand. 16. (X, 464 S.) n. 2 ℛ.

—— Dichterkönige, s.a. Dichterkönige.

— Dichterkönige. Leipzig 855. O. Wigand. 16. (XVI, 531 S.) n. 2 ℛ. 20 ngr.

— Dichterkönige. 2. verb. u. stark verm. Aufl. 2 Thle Ebend. 861. 16. (XXIV, 770 S.) n. 2 ℛ 20 ngr

— Farrago. Ebend. 870. 8. (VII, 528 S.) n. 2 ℛ

Scherr, Johannes [Übers.]
s. Féval, Paul: Pariser Liebschaften. 1846.

— letzte Gänge. Mit dem Bilde Scherr's in Lichtdr. 8. Stuttgart 887. [Spemann.] Union. n. 6. —
Die Jesuiten. Im Hörsaal. In memoriam. Nekrolog. (XXVI, 264 S.)

—— die Gekreuzigte oder das Passionsspiel von Wildisbuch. 8. (VIII und 219 S.) St. Gallen 860, Scheitlin und Zollikofer.

—— die Gekreuzigte oder das Passionsspiel von Wildisbuch. 2., wohlf. (Titel-)Ausg. 8. (VIII und 219 S.) St. Gallen (860)67, Scheitlin und Zollikofer.

— die Gekreuzigte, od. das Passionsspiel v. Wildisbuch. 2. neu durchgeseh. u. verb. Aufl. 8. (X, 281 S.) Leipzig 874. E. J. Günther. n. 3. —

Scherr, Jh., der Genius. Ein Gedicht. 8. Schaffhausen 842, Brodtmann'sche Buchh. 1/12 ℛ

—— Germania. Zwei Jahrtausende deutschen Lebens. Kulturgeschichtlich geschildert. Mit Bildern der ersten deutschen Künstler (in eingedr. Holzschn. und Holzschntaf.). 34 Hefte. Fol. (371 S.) Stuttgart 876—78, Spemann. à Heft * M 1,50. * 51 —
geb. * 70 —

Scherr, Johannes. Germania. Zwei Jahrtausende deutschen Lebens. (Pracht-Ausgabe.) Mit 64 Vollbildern in Tondruck u. 248 Holzschnitten im Text. Stuttgart, o. J. (187[illegible]). Gr. Fol. Reichvergold. Prachtbd. m. G. XI–371 S. — [illegible] Ausg. in Gartenlaube-Format enthält dieselben Holzschn., aber nur 24 ganzseitige Bilder.

— dasselbe. 3., neu durchgeseh. (bill.) Aufl. Imp.-4. (VIII, 372 S. m. eingedr. Holzschn. u. Holzschntaf.) Ebend. 880. geb. m. Goldschn. n. 20. —

—— Germania. Zwei Jahrtausende deutschen Lebens, kulturgeschichtl. geschildert. 3. neu durchges. (bill.) Aufl. 40 Lfgn. Imp.-4. (VIII, 372 S. mit 250 eingedr. Holzschn. und 25 Holzschntaf.) Stuttgart 881, Spemann.
à Lfg. 40 Pf.; geb. mit Goldschn. * 20 —

—— dass. — 4. Aufl. Pracht-Ausg. 34 Lfgn. Fol. (XI, 374 S. mit 247 eingedr. Holzschn. und 64 Holzschntaf.) Ebendas. 883,84. à Lfg. * M 1,50. * 51 —
geb. mit Goldschn. * 70 —

Scherr, Johannes. Germania. Zwei Jahrtausende dten Lebens ... Phila. 1883.

Scherr, Johs., Germania. Zwei Jahrtausende deutschen Lebens, kulturgeschichtlich geschildert. 5., neu durchgeseh. Aufl. gr. 4. (VIII, 372 S. m. Holzschn.) Stuttgart 885. Union. Geb. in Leinw. m. Goldschn. n.n. 20. —;
auch in 40 Lfgn. à n. — 40

Scherr, Johannes. Germania. Zwei Jahrtausende deutschen Lebens. Kulturgeschichtlich geschildert von J' Sch'. Neu hrg. und bis auf die Gegenwart fortgeführt von Hans Prutz. 6. Aufl. Mit 375 Abbildungen im Text und 50 Kunstbeilagen. [50 Lieferungen.] XII + VIII + 490 S. 4. Stuttgart, Berlin, Leipzig, Union Deutsche Verlagsgesellschaft, ([1904—]1905). [M. 15. —, geb. 20. —]

Germania. 2 Jahrtausende deutschen Lebens. Kulturgeschichtl. geschildert von Johannes Scherr. Neu hrsg. u. bis auf d. Gegenwart fortgeführt von Hans Prutz. 6. Aufl. (Lfg 1–50.) Mit 375 Abb. u. 50 Kunstbeil. Stuttgart, Berlin, Leipzig: Union 1906. (X, 490 S.) 4° [F.] [illegible]

—— allgemeine Geschichte der Literatur von den ältesten Zeiten bis auf die Gegenwart. Ein Handbuch für alle Gebildeten. 1. Hälfte. Lex.-8. (X und 556 S.) Stuttgart 851, Franckh'sche Vrlgsb.
Aus: Neue Encyklopädie für Wissenschaften und Künste. 6. Bd., besonders abgedruckt.

— allgemeine Geschichte der Literatur von den ältesten Zeiten bis auf die Gegenwart. Ein Handbuch für alle Gebildeten. 2. Hälfte. [Aus der „Neuen Encyklopädie für Wissenschaften u. Künste" abgedr.] Lex. 8. (XXII u. 556 S.) Stuttgart 851, Franckh. (1: 1 ℛ 18 ngr 2: 27 ngr) 2½ ℛ

— Literaturgeschichte, s.a. Encyklopädie, neue, d. Wissenschaften.

— allgemeine Geschichte der Literatur. Ein Handbuch. 2., umgearb. u. erweiterte Aufl. Stuttgart 861. Franckh. Lex.-8. (VIII, 583 S.) 2 ℛ 6 ngr.

—— allgemeine Geschichte der Literatur. Ein Handbuch in 2 Bdn., umfassend die nationalliterar. Entwickelung sämmtl. Völker des Erdkreises. 3., neu bearb. und stark verm. Aufl. 8 Lfgn. gr. 8. (VIII, 440; IV, 435 S.) Stuttgart 869, Conradi. à Lfg. M 1,20.

—— dass. — 4. durchgeseh. und ergänzte Aufl. 12 Lfgn. gr. 8. (VIII, 432; VIII, 427 S.) Ebendas. 871,72. à Heft * 80 Pf. *

—— dass. — 5. ergänzte Aufl. 10 Lfgn. gr. 8. (XVI, 432; VIII, 427 S.) Ebendas. 875. à Lfg. M 1.

— allgemeine Geschichte der Literatur. Ein Handbuch in 2 Bdn., umfassend die nationalliterar. Entwickelung sämmtlicher Völker des Erdkreises. 6. Aufl. gr. 8. (X, 472 u. 472 S.) Stuttgart 881. Conradi. 12. —;
geb. n.n. 14. —

—— allgemeine Geschichte der Literatur. Ein Handbuch in 2 Bdn., umfassend die nationalliterar. Entwickelung sämmtl. Völker des Erdkreises. 7. verb., ergänzte und verm. Aufl. 12 Lfgn. gr. 8. (VII, 488; VIII, 479 S.) Stuttgart 887,88, Conradi. à Lfg. * M 1.—. *

— allgem. Geschichte d. Literatur. Ein Handbuch in 2 Bdn. 8., verb., ergänzte u. verm. Aufl. gr. 8. (VIII, 488 u. VIII, 479 S.) Stuttgart 887. Franckh. n. 12. —;
in 1 Leinwbd. n.n. 14. —

— dasselbe. 9. Aufl. Durchges. u. bis auf d. neueste Zeit ergänzt v. Otto Haggenmacher. 2 Bde. gr. 8. (X, 448 u. VI, 452 S. m. 26 Taf.) Ebd. 895. à Bd. n. 8. —; in 1 Halbfrzbd. geb. n. 18. —

Erschien auch in 20 Lfgn. à n. — 90.

Scherr, Johannes: Illustrierte Geschichte der Weltlitteratur. E. Handbuch in zwei Bdn. 9. Aufl. Durchges. u. bis auf d. neueste Zeit ergänzt v. Otto Haggenmacher. Bd. 1. 2. Stuttgart: Franckh [1895]. 8°

1. (X, 452 S., 15 Taf.) 2. (VI, 507 S., 21 Taf.)

Scherr, Johs., illustrierte Geschichte der Weltlitteratur. 10. Aufl. Jubiläumsausg. Durchgesehen u. bis auf die neueste Zeit ergänzt v. Otto Haggenmacher. (Mit 45 Vollbildern u. Taf.) gr. 8. (X, 496 u. VI, 514 S.) Stuttgart (899. 900). Franckh. n. 16. 80; geb. in Halbfrz. n. 18,50; in 2 Bdn. n. 20. —; auch in 21 Lfgn. à n. — 80; u. in 6 Abtlgn. à n. 2. 80

— eine deutsche Geschichte [1848—1849]. 8. (199 S.) Zürich 850, Kiesling. n. 2/3 ₰

— Geschichte der deutschen Frauen. In 3 Büchern nach den Quellen. gr. 8. (VII und 479 S.) Leipzig 860, O. Wigand. *

— Geschichte der deutschen Frauenwelt. In drei Büchern nach den Quellen. 2 Bde. 2., durchgearb. und stark verm. Aufl. 8. (643 S.) Leipzig 865, O. Wigand. 8 Thlr.; geb.

— Geschichte der deutschen Frauenwelt. In 3 Büchern nach den Quellen. 3., durchgeseh. Aufl. 2 Bde. 8. Leipzig 873. O. Wigand. 9. —

1. Bd. 1. u. 2. Buch: Alterthum u. Mittelalter. (X, 320 S.)
2. Bd. 3. Buch: Neuzeit. (310 S.)

— Geschichte der deutschen Frauenwelt. In 3 Büchern nach den Quellen. 4. neudurchgeseh. und verm. Aufl. 2 Bde. 8. (X, 322; 313 S.) Leipzig 879, O. Wigand. 9 — geb. * 10 50

Scherr, Johs., Geschichte d. deutschen Frauenwelt. In 3 Büchern nach d. Quellen. 5. Aufl. 2 Bde. 8. (XIV, 317 u. VIII, 309 S.) Leipzig 898. O. Wigand. 6 —; geb. n.n. 7. 50

Scherr, Johs., gemeinfaßl. Geschichte d. relidſ. u. philos. Ideen rc., s. Scherr, Ign. Th.

— Geschichte deutscher Cultur und Sitte. In drei Büchern dargestellt. gr. 8. Leipzig, O. Wigand. *

Inhalt:
Buch 1. Katholisch-romantische Zeit. (248 S.) 852. * 1 Thlr. 10 Ngr.
» 2. Protestantisch-theologische Zeit. (S. 249—423.) 853. * 24 Ngr.
» 3. Menschlich-freie Zeit. (S. 425—626.) 853. * 1 Thlr. 6 Ngr.

2.Aufl.ff.u.d.T.:Dt.Kultur-u.Sittengeschichte.

— Geschichte der deutschen Literatur. 2., durchgeseh. und verb. Ausg. Mit 50 Portr. der ausgezeichnetsten Dichter und Gelehrten deutscher Nation (in Holzschn.) gr. 8. (X und 218 S.) Leipzig 854, O. Wigand. *

— Geschichte der englischen Literatur. gr. 8. (XIV und 298 S.) Leipzig 854, O. Wigand. *

— Geschichte der englischen Literatur. 2. (Titel-)Aufl. gr. 8. (XIV und 298 S.) Leipzig (854)65, O. Wigand.

— Geschichte der englischen Literatur. 2. verb. u. verm. Aufl. gr. 8. (VII, 267 S.) Leipzig 874. O. Wigand. n. 4. —

Scherr, Johs., Geschichte der englischen Literatur. 3. verb. und ergänzte Aufl. gr. 8. (XII, 267 S.) Leipzig 883, O. Wigand. *

— Geschichte der Religion. (In 6 Büchern.) 1. und 2. (Bd. oder) 1—4. Buch. gr. 8. Leipzig, O. Wigand. [Bd. 1. (X und 245 S.) 855. * 1 Thlr. 10 Ngr., 2. (347 S.) 856. * 2 Thlr.] *

— Geschichte der Religion. (In 6 Büchern.) III. (Bd.) 5. und 6. Buch. gr. 8. (X und 452 S.) Leipzig 857, O. Wigand.

1—4. Buch. Ebendas. 1855,56. * 3 Thlr. 10 Ngr.

— Geschichte der Religion. Darstellung der inneren Entwicklung u. äußeren Gestaltung der religiösen Idee, sowie ihrer Einwirkung auf das geistige u. sittliche Leben der Völker, von der ältesten bis zur gegenwärtigen Zeit. Ein Haus- u. Handbuch für denkende Leser. 3 Bde. 2. Aufl. Leipzig 860. O. Wigand. gr. 8. (VI, 1031 S.) n. 3 ₰

— Gestalten u. Geschichten. 2. Aufl. Berlin u. Stuttgart, W. Spemann (m. Sign.), 1886. 8°.

XXVI—380 S., 1 Bl. Inh.: 1. Offener (interess.) Brief an M. C. in M. (Moritz Carrière in München?). 2. Die Borgia. 3. Eine Emancipirte d. XVII. Jahrh. (Christine v. Schweden). 4. Die betrübsame, jedoch sinnreiche u. lehrhafte Geschichte von dem Bildungsfex Uriel Gumperle u. von der Wagnerfurie Fortissima Pianosa. 5. Römische Cäsaren (Tiberius, Caligula). 6. Eine Verschwörung (der Londoner Emigranten unter Führung von Georges Cadoudal u. Pichegru) gegen Bonaparte (1803: nebst der Episode des an dem Herzoge v. Enghien verübten Mordes). 7. Wallfahrt nach Maria-Einsiedeln.

Eines der interessantesten Bücher Scherr's. — Hayn H., Thesaurus librorum Philol. [illegible] Monacensis. München 1888. Nr. [illegible]

— Graziella, siehe: Bibliothek deutscher Original-Romane. 1 u. 2. Bd.

— Größenwahn. Vier Kapitel aus der Geschichte menschlicher Narrheit. Mit Zwischensätzen. gr. 8. (VIII, 452 S.) Leipzig 876, [E. J. Günther Nachf.] Abel. * ℳ 7,50.; geb. * 9 —

Scherr, Johannes. Grössenwahn. Vier Kapitel aus der Geschichte menschlicher Narrheit. Mit Zwischensätzen. (Mit des Dichters Bildnis.) 522 S. 8. Leipzig, Max Hesse, [1907]. (M. 1.20, geb. 1.80.)

(Max Hesses Volksbücherei. Nr. 388—393.)

— dasselbe, s.a. Hesse's, Max, Volksbücherei.

— Größenwahn. Vier Kapitel aus der Geschichte menschl. Narrheit. Mit Zwischensätzen. (522 S. m. Bildnis.) kl. 8. Ebd. (909). Geb. in Leinw. 2.50

Scherr, Johannes. Haidekraut. Ein neues Skizzen- und Bilderbuch. (Salon-Bibliothek II. Bd.) 8. (298 S.) Teschen, Karl Prochaska. 2 fl. 50 kr., eleg. geb. 2 fl. 80 kr 1883.

— Hammerschläge u. Historien. 2. unveränd. Aufl. 8. (VII, 531 S.) Zürich 872. Schmidt. n. 6. —

— Hammerschläge und Historien. 3. verb. und stark verm. Aufl. in 2 Bdn. 8. (à Bd. 456 S.) Zürich 878, Schmidt. * 10 —

— dass. — Neue Folge. 8. (378 S.) Ebendas. 878. * 5 —

Scherr, Johannes. Hammerschläge und Historien. 5. bis 8. Tausend. 3 Bände. 160 u. 164 u. 160 S. 8. Leipzig, Max Hesse, [1910]. [M. 2. 50, geb. in 1 Bde. M. 3. — u. 4. —]

Scherr, Johannes. Georg Herwegh. Literarische und politische Blätter. Winterthur. Steiner. 1843. 37 S. 8.

— neues Historienbuch. 8. (394 S.) Leipzig 884, O. Wigand. *

— Neues Historienbuch. (Neue [Titel-]Ausg.) (S. 3—394.) kl. 8. Ebd. [884] (909). 2. —; geb. in Leinw. 3. —; Liebhaberbd. 3. 50

— drei Hofgeschichten. 8. (XVI und 331 S.) Leipzig 860, O. Wigand.

—— drei Hofgeschichten. 2. Aufl. 8. (XVI und 331 S.) Leipzig 862, O. Wigand.

— Drei Hofgeschichten. 2. Aufl. Ebd. 1862. 8⁰. (1½ Rthl.) (2 Mk. 50 Pfg. Schaper, Hannover, 1904.)
Katharina v. Russland. — Mathilde v. Dänemark. — Karoline v. England.

—— drei Hofgeschichten. 3., neu durchges. und verb. Aufl. 8. (342 S.) Leipzig 875, O. Wigand.

Scherr, Johannes. Die Jesuiten — Gottlieb Rapser — Raphael Spruhz — Die rote Dame — König Jan der Gerechte (Alles schon dagewesen!). Novellen. 3. Aufl. S. 3—196. 8. Leipzig, Max Hesse, [1907]. [geb. M. 1. —]
[Max Hesses Volksbücherei. Nr. 429—431.] — *Einzel-Ausg. von:* Sch', J'. Novellenbuch.... Band 6....

— Die Jesuitin. Gottlieb Rapser. Raphael Spruhz. Die rote Dame. König Jan der Gerechte (Alles schon dagewesen!). s.a. Hesse's, Max, Volksbücherei.

— Goethes Jugend. Der Frauenwelt geschildert. 16. (188 S.) Leipzig 874. Keil. geb. n. 4. 50

Vom Katholicismus u. Socialismus gegen Joh. Ronge, mit bei Berücksichtigung seines „Aufrufs an die niedere kath. Geistlichkeit". Von einem niedern kath. Geistlichen Württembergs. Herausgeg. von Joh. Scherr. Stuttgart, Franck, 1846, 8°.
Vgl. Vom Katholicismus...

—— deutsche Kultur- und Sittengeschichte. 2., durchgehends umgearb. und verm. Aufl. gr. 8. (VIII und 576 S.) Leipzig 858, O. Wigand.
1.Aufl.unt.d.T.:Geschichte dt.Cultur u.Sitte.

—— deutsche Kultur- und Sittengeschichte. 3., verm. Aufl. gr. 8. (XVI und 599 S.) Leipzig 866, O. Wigand.

—— deutsche Cultur- und Sittengeschichte. 4. Aufl. (XIV, 625 S.) 1870. *ℳ 7.; 5. Aufl. (XVI, 629 S.) 1873, und 6. neu durchges. und stark verm. Aufl. gr. 8. (XV, 648 S.) Leipzig 876, O. Wigand. * 8 —

—— deutsche Kultur- und Sittengeschichte. 7. verb. und ergänzte Aufl. gr. 8. (XII, 652 S.) Leipzig 879, O. Wigand. * 8 —
geb. * 9 50

—— deutsche Kultur- und Sittengeschichte. 8. neu durchges. Aufl. Mit dem (rad.) Bildniß des Verf. gr. 8. (XII, 664 S.) Ebendas. 882. *

—— deutsche Kultur- und Sittengeschichte. 9. neu durchges. Aufl. gr. 8. (XII, 664 S. mit dem Bildniß des Verf. in Kpfrst.) Leipzig 887, O. Wigand. *ℳ 8.—; geb. *

[S.] Deutsche Kultur- und Sittengeschichte. Von Johannes Scherr... 10. Aufl. Revid. Volksausg. *Leipzig: O. Wigand 1897.* (xii, 604 S.) 1 Bd 8.
[97. 2300

Scherr, Johannes. Deutsche Kultur- und Sittengeschichte. 11. Aufl. XII + 664 S. 8. Leipzig, Otto Wigand, 1902. [M. 6.—]

— Deutsche Kultur- u. Sittengeschichte in 3 Bdn. 27.—30. Taus. (382, 264 u. 325 S.) kl. 8. Leipzig (909). Hesse & Becker Verl. 4.50; geb. in Leinw. 6.—; in Halbfrz. n 8. 50

Scherr, Johannes [Übers.]
s. Lamartine, Alphonse de: Raphael. 1849.

—— laute u. leise Lieder. 8. (7 B.) Schaffhausen 842, Brodtmann'sche Buchh.

— die deutsche Literatur ꝛc., s. Bildungs-Halle ꝛc.

—— Michel, s. Album. Bibliothek deutscher Originalromane.

—— Michel. Geschichte eines Deutschen unserer Zeit. 2. Aufl. 1871, und 3. neu durchgeseh. Aufl. 4 Bde. 8. (199; 176; 179; 148 S. mit 1 Photolithogr.) Leipzig 873, E. J. Günther. *
geb. **

—— Michel. Geschichte eines Deutschen unserer Zeit. 5. neu durchgeseh. Aufl. 4 Bde. 8. (199; 176; 179; 148 S.) Leipzig 878, [E. J. Günther Nachf.] Abel. * 9 —
geb. * 11 —

—— Michel. Geschichte e. Deutschen unserer Zeit. 6., neu durchgeseh. Aufl. 4 Thle. in 2 Bdn. 8. (199; 176; 179; 148 S.) Lpz. 889, Abel. * 9 —; geb. ** 11 —

— Michel. Geschichte e. Deutschen uns. Zeit. 7. Aufl. 2 Bde. gr. 8. (312 u. 266 S.) Leipzig 895. Abel & Müller. n. 6. —; in 1 Leinwdbd. n.n. 7. —

— Michel. Geschichte eines Deutschen unserer Zeit. 2 Bde. 8. u. 9. Aufl. 8. (à 312 u. 266 S.) Leipzig (900. 902.) Abel & Müller. n. 6. —; in 1 Leinw.-Bd. n.n. 7. —

Scherr, Johannes. Michel. Geschichte eines Deutschen unserer Zeit. 2 Bände. 10. Aufl. II + 312 *u.* II + 266 S. 8. Leipzig, Abel & Müller, [1905]. [*zus.* M. 6. —, *zus.-geb.* 7. —]

— Michel. Geschichte eines Deutschen unserer Zeit. Mit e. Stammbuchblatt als Handschriftprobe. 2 Bde. 12. u. 13. Aufl. (340 u. 286 S.) kl. 8. Ebd. (909).
In 1 Leinw.-Bd. 3. —

—— Mischmasch. (Welt-Bibliothek.) 8. (III und 146 S.) Berlin 867, Lesser.

—— Mixed-Pickles. gr. 8. (XX und 263 S.) Leipzig 864, O. Wigand.

—— Nemesis, s. Album. Hrsg. von Kober.

Scherr, Johannes. Nemesis. Novelle. 386 S. 8. Leipzig, Max Hesse, [1906]. (M. 1.—, geb. 1.50)
(Max Hesses Volksbücherei. Nr. 316—320.)

— dasselbe, s.a. Hesse's, Max, Volksbücherei.

— Nemesis. Novelle. (386 S.) kl. 8. Leipzig (909). Hesse & Becker Verl. Geb. in Leinw. 2. —

[Scherr, Johannes.] Eine unpolitische Neujahrspredigt. Den Parteien des Kantons Zürich gehalten von Jedediah Gaudelius Enzian. 4. Winterthur 1843.

—— die Nibelungen, s. Nibelungen, die.

—— die Nihilisten. 1.—3. durchges. Aufl. 8. (223 S.) Ebendas. 885. *ℳ 4.—; geb. *

— Die Nihilisten. (Neue [Titel-]Ausg.) (S. 3—224.) kl. 8. Ebd. [885] (909). 2.—; geb. in Leinw. 3.—; in Liebhaberbd. 3. 50

—— Novellenbuch. 1.—8. Bd. 8. Ebendas. à Bd. *
geb. *

Inhalt:
Bd. 1. 2. Schiller. Kulturhistorische Novelle in 6 Büchern. Neudurchgeseh. und verb. Aufl. 2 Bde. (XI, 404; 312 S.) 873.
" 3. Rosi Zurflüh. Brunhild. Werther-Graubart. (391 S.) 873.
" 4. Nemesis. 2. neu durchgeseh. und verm. Aufl. (432 S.) 871.
" 5. Die Tochter der Luft. 2. neu durchgeseh. und verm. Aufl. (376 S.) 874.
" 6. Die Jesuitin. Gottlieb Rapser. Rafael Spruhz. Die rothe Dame. Alles schon dagewesen. (239 S.) 874.
" 7. 8. Die Pilger der Wildniß. Histor. Novelle. 2. neu durchgeseh. und verm. Aufl. 2 Bde. (373; 279 S.) 875.

—— Novellenbuch. 9. und 10. (Schluß-)Bd.: Michel, Geschichte eines Deutschen unserer Zeit. 4. neu durchgeseh. Aufl. 4 Thle. in 2 Bdn. 8. (199, 176; 179, 148 S.) Ebendas. 877. à Bd. * M 4,50. * 9 —
geb. à Bd. * M 5,50. * 11 —

1.—8. Bd. Ebendas. 1873—75. à * M 4,50.; geb. * M 5,50.

Scherr, Johannes. Novellenbuch. Mit des Dichters Bildnis, einem Briefe ([und] einem Stammbuchblatt) als Handschriftprobe und einer Einleitung von Otto Haggenmacher. 10 Bände. *Ausg. A.* 8 Leipzig, Max Hesse. [1907]. (*zus.* M. 7.50; In 5 Leinenbänden M. 10.—, Feine *u.* Luxus-Ausg. 15.— *u.* 20.—)

Band 1 *u.* 2 .. *a. u. d. T.:* (Friedrich) Schiller. Kulturgeschichtliche Novelle in sechs Büchern. Mit des Dichters Bildnis [sowie einer Facsimile-Beilage] und einer Einleitung von O. H. 2 Bände. 7. Aufl. XLVIII + 363 *u.* 280 S.

Band 3 ... *a. u. d. T.:* Rosi Zurflüh — Brunhild — Werther-Graubart. Novellen. 7. Aufl. 336 S.

Band 4 ... *a. u. d. T.:* Die Tochter der Luft. Novelle. II + 304 S.

Band 5 ... *a. u. d. T.:* Nemesis. Novelle. II + 386 S

Band 6 ... *a. u. d. T.:* Die Jesuitin — Gottlieb Kapser — Raphael Spruhz — Die rote Dame — König Jan der Gerechte ‹Alles schon dagewesen!›. Novellen. 6. Aufl. 196 S.

Band 7 *u.* 8 ... *a. u. d. T.:* Die Pilger der Wildnis. Historische Novelle. In zwei Bänden. 309 *u.* II + 232 S.

Band 9 *u.* 10 ... *a. u. d. T.:* Michel. Geschichte eines Deutschen unserer Zeit. Mit einem Stammbuchblatt als Handschriftprobe. 2 Bände. 14. Aufl. — Band 1: [Mit 1 Facsimile.] 340 S.; Band 2. 286 + *Verlagsverzeichnis* 16 S.

(Max Hesses Neue Leipziger Klassiker-Ausgaben.)

Scherr, Johannes. Novellenbuch. ... Band 1—3 *u.* 6 *u.* 9—10. *Ausg. B.* 8. Leipzig, Max Hesse, [1907].

Band 1 *u.* 2 ... *a. u. d. T.:* Schiller... . 5. Aufl. [1907.] — (Max Hesses Volksbücherei. Nr. 415—418 *u.* Nr. 419—422.) (*je* M. —.80, *zus.-geb.* 2.50)

Band 3 ... *a. u. d. T.:* Rosi Zurflüh... . 5. Aufl. [1907.] — (M' H' V'. Nr. 425—428.) (M. —.80, geb. 1.20)

Band 6 ... *a. u. d. T.:* Die Jesuitin... . 4. Aufl. [1907.] — (M' H' V'. Nr. 429—431.) (M. —.60, geb. 1.—)

Band 9 *u.* 10 ... *a. u. d. T.:* Michel... . 12. Aufl. [1907.] — (M' H' V'. Nr. 434—437 *u.* 438—441.) (*je* M. —.80, *zus.-geb.* 2.50)

(Max Hesses Volksbücherei. Nr. 415/22. 425/31. 434/41.) — *Die Bände 4, 5 u. 7 - 8 des Novellenbuchs sind in dieser Ausg. 1906 als Einzelausgaben erschienen.*

— die Pilger der Wildniß. Histor. Roman. 4 Bde. Tabor 853. (Leipzig, Thomas.) n. 2 ₰. — 2. (Titel-)Ausg. 4 Bde. Leipzig 855. Hübner in Comm. 16. (249; 214; 196; 163 S.)
1 ₰. 10 ngr.

Scherr, Johannes. Die Pilger der Wildnis. Historische Novelle. In zwei Bänden. 8. Leipzig, Max Hesse, [1906]. (*zus.-geb.* M. 2. —)

Band 1. 309 S. (M. —.80.) — Band 2. 232 S. (M. —.60)
(Max Hesses Volksbücherei. Nr. 301—304 *u.* Nr. 305—307.)

— die Pilger der Wildnis, s. Hesse's, Max, Volksbücherei.

– Der Pilger der Wildnis. Historische Novelle. 2 Bde. (309 u. 231 S.) kl. 8. Ebd. (909). In 1 Leinw.-Bd. 3. —

—— Poeten der Jetztzeit in Briefen an eine Frau. gr. 8. (26½ B.) Stuttgart 844, Franckh'sche Vrlgsb.

—— Porkeles und Porkelessa. Eine böse Geschichte. 8. (292 S.) Stuttgart 882, Spemann. *

—— Porkeles und Porkelessa. Eine böse Geschichte. 3. Aufl. 8. (XI, 248 S.) Stuttgart 886, Spemann. *

PREUSSEN, Das enthüllte. Vom Verfasser der Schrift: Würtemberg im Jahre 1844 (von *Johannes Scherr*). Winterthur 1845. 8°. 392 S. (In Rostock, Landesbibl.) (15 Mk., Expl. im Origbd., Max Harrwitz, c. 1903.)

Das seltene Werk enthält auf S. 177—217 e. kl. satir. (dramatisirte) Piece, betitelt: „Ein Mährchen als Zwischenakt", welches den Kaiser von China, Germania, verwitw. Kaiserin v. Deutschld., Eckensteher Nante. u. s. w. auftreten lässt. Eingeleitet ist das in Briefen abgefasste Werk durch e. gross. Heldengedicht in 6 Klagliedern „Des Armen Lebenslauf" betitelt. -- Fehlt im Anon.-Lex.

—— der Prophet von Florenz. Wahrheit u. Dichtung. 3 Bde. 8. (71¼ B.) Stuttgart 845, Franckh'sche Vrlgsb.

—— das rothe Quartal, s. Universal-Bibliothek Nr. 1551.

Das rothe Quartal. Eine geschichtliche Episode (März—Mai 1871). 8°. Leipzig, Reclam, s. a.

— Schiller, s. Album. Bibliothek deutscher Originalromane.

—— Schiller, s. Günther's deutsche Romanbibliothek.

Scherr, Johannes. Schiller. Kulturgeschichtliche Novelle in sechs Büchern. 3. Aufl. 2 Bände. 342 *u.* 261 S. 8. Leipzig, Abel & Müller, [1902]. [geb. *zus.* M. 8. 50]

— Schiller. Kulturgeschichtliche Novelle in 6 Büchern. Mit des Dichters Bildnis u. e. Einleitg. v. Otto Haggenmacher. 2 Bde. 6. u. 5. Aufl. (XLVI, 363 u. 280 S.) kl. 8. In 1 Leinw.-Bd. 3. —
Leipz.: Max Hesse 1909.

— dasselbe, s. Hesse's, Max, Volksbücherei.

— Schiller und seine Zeit. Leipzig 859. O. Wigand. 4. (XVIII, 690 S. m. Holzschn. im Text, 24 Holzschntaf. u. Schiller's Portr. in Stahlst.) n. 10 ₰

Scherr, Johannes. (Friedrich [von]) Schiller und seine Zeit. (Volksausg. der Festschrift zur Säkularfeier seiner Geburt.) In drei Büchern. 8. Leipzig 1859.

--Schiller und seine Zeit. Leipzig, 1859; NY, 1860.

—— Schiller und seine Zeit. In drei Büchern. 3. Aufl. 1862. und 4. (Titel-)Aufl. gr. 16. (XII und 632 S.) Leipzig 865, O. Wigand. 1 Thlr. 10 Ngr.; geb.

—— Schiller und seine Zeit. Der illustr. Ausg. neue verb. Aufl. Lex.-8. (XIV, 488 S. mit 33 Holzschntaf. und 1 Stahlst.) Leipzig 876, O. Wigand. M 13,50.; geb. ** 17 —

-- Schiller u. seine Zeit. Neue wohlf. Pracht-[Titel-]Ausg. Mit 1 Stahlst., 14 Portr. u. 20 histor. Bildern. Lex.-8. (XIV, 448 S.) Leipzig [876.] (900). O. Wigand.
Geb. in Leinw. 7.50

Scherr, Johannes. Die Schweiz und die Schweizer. 8. Winterthur 1845.

—— die Schweiz u. die Schweizer. 8. (16¾ B.) Winterthur 846, Steiner'sche Buchh.

Scherr, Johannes. Schweizerspiegel für das Schweizervolk. Hrg. von Dr. J. Sch. 8. Schaffhausen 1843.

Scherr, Johannes [Übers.]
s. Scibe, Augustin-Eugène: Novellen. 1847.

-- Sommertagebuch [1872] d. weiland Dr. gastrosoph. Jeremia Sauerampfer. 8. (IX, 300 S.) Zürich 873. Schmidt. n. 4 —

—— Studien. 3 Bde. 8. (1156 S.) Leipzig 865,66, O. Wigand. 4

Scherr, Johannes [Übers.]
s. Sue, Marie-Joseph-Eugène: Mathilde ... 1845.

Scherr, Johannes [Übers.]
s. Sue, Marie-Joseph-Eugène: Die Verschwörung ... 1847.

—— aus der Sündflutzeit. 8. (307 S.) Leipzig 867, O. Wigand. *

—— die Tochter der Luft, s. Album, hrsg. von J. L. Kober.

Scherr, Johannes. Die Tochter der Luft. Novelle. 304 S. 8. Leipzig. Max Hesse, [1906]. (M. —. 80, geb. 1. 20)
(Max Hesses Volksbücherei. Nr. 328—331.)
Vgl. H e s s e's, M., Volksbücherei.

— Die Tochter der Luft. Novelle. (304 S.) kl. 8. Leipzig (909). Hesse & Becker Verl. Geb. in Leinw. 1. 60

— menschliche Tragi-Komödie. Gesammelte Studien u. Bilder. 3 Bde. gr. 8. (X, 496; 479 u. 491 S.) Leipzig 874. O. Wigand. n. 18. --

—— dass. — 11. und 12. Bd. 8. (139; 114 S.) Ebendas. 883. à Bd. *M 1. *

—— menschliche Tragikomödie. Gesammelte Studien, Skizzen und Bilder. Der Gesammtausg. 2. und 3. durchges. und verm. Aufl. 10 Bde. 8. (130; 145; 166; 135; 142; 138; 161; 149; 176 und 153 S.) Leipzig 882,84, O. Wigand. à Bd. *M 1. *

Menschliche Tragikomödie. Gesammelte Studien, Skizzen u. Bilder von Johannes **Scherr**. Volksausg. Der Gesamtausg. 5. Aufl. Bd 1–12. Leipzig: Hesse [1909]. 8° II. 1148₅ 2

— Menschliche Tragikomödie. Gesammelte Studien, Skizzen u. Bilder. Volksausg. 1.—5. Taus. Der Gesamtausg. 5. Aufl. 12 Bde. (137, 154, 176; 142, 149, 145; 170, 156, 187 u. 164, 150, 127 S.) kl. 8. Ebd. (909). 8.– ; geb. in Leinw. 10.—; in Halbfrz. 13. 50

— das Trauerspiel in Mexiko. Ebend. 868. 8. (XI, 304 S.) n. 1 ℛ 10 ngr.

Scherr, Johs., von Achtundvierzig bis Einundfünfzig. Eine Komödie der Weltgeschichte. 1. Bd. und 2. Bd. 2 Hälften. gr. 8. Leipzig, O. Wigand. [1. Bd. (427 S.) 868. *M. 6.; 2. Bd. 1. Hälfte. (V, 272 S.) 869. *M. 4.; 2. Hälfte. (III, 327 S.) 870. *M. 1,80.] * 14 80

—— die Waise von Wien. Roman. 3 Bde. 8. (1020 S.) Stuttgart 847, Franckh'sche Vrlgsh.

Scherr, Johannes: Freundl. W e g w e i s e r durch den dt. Dichterwald. s. S c h e r r, Ign. Th.

Scherr, Johannes. s. W e l t p a n o r a m a. 72. – 77. Bd.

Wurtemberg im Jahre 1844 (von *Johannes Scherr*. Winterthur 1844.
[illegible] p. 418 (nach Heyd)

— Rosi Zurflüh, s. Album. Bibliothek deutscher Originalromane.

— Rosi Zurflüh, s. Hausbibliothek deutscher Novellen.

—— Rosi Zurfluh, s. Novellenschatz, neuer deutscher.

Scherr, Johannes. Rosi Zurflüh — Brunhild — Werther-Graubart. Novellen. 4. Aufl. S. 3—336. 8. Leipzig, Max Hesse, [1907]. [geb. M. 1. 20]
[Max Hesses Volksbücherei. Nr. 425—428.] — *Einzel-Ausg. von:* Sch', J'. Novellenbuch.... Band 3....

— Rosi Zurflüh. Brunhild. Werther-Graubart, s. Hesse's, Max, Volksbücherei.

— Rosi Zurflüh. Brunhild. Werther-Graubart. Novellen. 5. Aufl. — Die Jesuitin. Gottlieb Kapser. Raphael Spruhz. Die rote Dame. König Jan der Gerechte. (Alles schon dagewesen!). Novellen. 5. Aufl. (S. 3—335 u. 3—196.) kl. 8. Leipzig (909). Hesse & Becker Verl. Geb. in Leinw. 2. 40

Scherr, Johannes. Vom Zürichberg. Skizzenbuch. In-12°, 374 S. Leipzig, Otto Wigand. 1881

—— vom Zürichberg. Skizzenbuch. 2. unveränd. Aufl. 8. (III, 374 S.) Ebendas. 881. *

— Vom Zürichberg. Skizzenbuch. (Neue [Titel-]Ausg.) (V, 374 S.) kl. 8. Ebd. [881] (908). 2.—; geb. in Leinw. 3.—; in Liebhaberbd. 3.50

Scherr, Thomas, s. S c h e r r, Ignaz Thomas.

Scherrans, W[aldemar], Dr.: Didaktische **Grundsätze** des Amos Comenius, dargestellt im Hinblick auf die heute herrschenden, speziell auf die den Perthesschen Reformvorschlägen zu Grunde liegenden Ideen. *Jena 1903: Frommann.* (10 S.) 4°
Bergedorf b. Hamburg, Hansa-S (R u. PG), OP 1903 (832)

Scherrans, Waldemar ... De poetarum comicorum Atticorum studiis Homericis ... Regimonti, ex offic. Hartungiana, 1893; 2 Bl., 57 S., 1 Bl. 8.
Königsberg, Phil. Fak., Inaug.-Diss. v. 22. Dez. 1893

Scherrans, W., de poetarum comicorum atticorum studiis Homericis. Diss. gr. 8. (57 S.) Königsberg 893. (W. Koch.) n. 1.

[M a y e r, Carl Eduard.] Antistes (Georg Caspar) Scherrer (1757–1821) und seine Vorfahren. Ein St. Gallisches Predigergeschlecht aus vergangenen Tagen. Mit einer [Porträt-]Tafel. Njbl. Hist. Ver. St. Gallen. 4. St. Gallen 1882.

Scherrer, Antistes, u. seine Vorfahren. Ein St. Gallisches Predigergeschlecht aus vergangenen Tagen. Hrsg. vom Histor. Verein in St. Gallen. Mit einer Taf. gr. 4. (39 S.) St. Gallen 882. Huber & Co. n. 2. --

S c h e r r e r, Adolf. **Beiträge zur Perkin'schen Reaktion und Synthese von 3-Aethoxyphenanthrenchinon.** Diss. Phil. [II.] Univ. Zürich. 49 S. 8. Zürich, J. F. Kobold-Lüdi, 1902.

(S c h [e r r e r], E[duard].) Zur Eröffnung des St. Gallischen S a n a t o r i u m s auf Knoblisbühl bei Wallenstadt, 14. November 1909. [Mit 1 Wappenvignette und 3 Tafeln.] 17 S. 8. St. Gallen, Zollikofer & Cie., 1909.

Scherrer, F. R., Ueber ternäre biquadratische Formen. **Frauenfeld 1881.**
Progr.

S c h e r r e r, F. R., über ternäre biquadratische Formen. 4. (23 S.) Frauenfeld 881. (Huber.) *

Scherrer, Georg Kaspar

Scherer, Geo. Ksp., († d. 27. Dec. 1821.) Antrittspredigt, gehalten im Wintermonat 1784 vor der Gemeinde zu Hundwyl. gr. 8. St. Gallen 784. Huber. 6 ℛ

S c h e r e r. Georg Caspar. Leichenpredigt bey der Beerdigung des... Herrn Caspar Steinli, Kantons- und Erziehungsraths.... Den 31. Oktober 1814. Gehalten... [zu St. Gallen]. 8. St. Gallen 1814.

S c h e r r e r, G[eorg] C[aspar]. Predigt bey der Beerdigung eines den 6ten July 1788. durch einen Stahlstreich getödteten Ehepaars, nemlich Hrn. Rathsherrn, Ulrich Knöpfels und Frau Barbara Müllerin, welche beyde... den 9ten July... zu Hundweil beerdigt worden sind. Gehalten von Hrn. G. C. Sch'.... 8. St. Gallen 1788

— Predigt bei Beerdigung eines durch einen Strahlstreich getödteten Ehepaares, über 1. Sam. 20, 3. 8. St. Gallen, Huber u. C. 2 ℛ

Scherrer, G. C., Predigten über freye Texte. gr. 8. St. Gallen, Huber. 794.

(Scherrer, Georg Caspar. [und]) Scheitlin. P[eter]. Johann Jakob Scherrer (1721-1772). Pfarrer in Hundwil, und Georg Kaspar Scherrer (1757-1821). Antistes in St. Gallen, oder Lebensgeschichte und Karakteristik des Vaters und des Sohns. Zum Andenken an ... G' K' (*Umschlag: Andenken an J. J. u. G. C.) Scherrer ... von P. Scheitlin .... 8. St. Gallen 1822.

— die Wichtigkeit u. Pflichten des evangel. Lehramts, über Luc. 12, 42. gr. 8. St. Gallen 792. Huber u. C. 2 gl

Scherrer, Gustav, vgl. Scherer, Gustav.

Scherrer, Gust., kleine Toggenburger Chroniken. Mit Beilagen und Erläuterungen. gr. 8. (152 S.) St. Gallen 874, Huber und Comp. *

Scherrer, Gustav (Professor Dr.). Verzeichniss der Incunabeln der Stiftsbibliothek von St. Gallen. Herausgegeben auf Veranstaltung des katholischen Administrationsrathes des Kantons St. Gallen. In-8⁰, 265 und LXIV S. St. Gallen, Huber & Cie. 1880. 12 —

Scherrer, H., dossier des actes compulsé sur l'ordre du comité central de la société fédérale du Grütli. Publié par le secrétariat ouvrier suisse. 8. (96 S.) Bern 888. (Winterthur, Geschwister Ziegler.) n. — 90

Scherrer, H., die schweizerische Haftpflichtgesetzgebung, im Auftrage des Centralcomites des schweiz. Grütlivereins bearb. gr. 8. (92 S.) Zürich 889. (Buchh. d. schweiz. Grütlivereins.) n. — 40

Scherrer, H., Fürsprech in St. Gallen. Die obligatorische Unfallversicherung. Referat. Gr. in-8⁰, 16 S. Zürich, Druck von C. Conzett. 1886

Das Handwerk sonst und jetzt. Hist.-krit. Darstellung von Prof. Dr. Hans Scherrer. Berlin: F. Siemenroth 1907. (73 S.) 8° [5.] [08. 6081]

Scherrer, Hans, Soziologie u. Entwicklungsgeschichte der Menschheit. 1. Tl. (VI, 190 S.) gr. 8. Innsbruck 905. Wagner. n. 4. —

— Soziologie u. Entwicklungsgeschichte der Menschheit. 2. Tl. (V u. S. 191—269.) gr. 8. Innsbruck 908. Wagner. 2. —
1. Tl. Ebd. 905. 4.

Scherrer, Hans, Übersicht der vaterländischen deutschen Geschichtschreibung. [Aus der Einleitung zu der deutschen Verfassungsgeschichte.] gr. 8. (IV, 95 S.) Heidelberg 886, Weiß' Verlag. *

Scherrer, Heinrich

Scherrer, H., Das schweizerische Arbeitersecretariat. 8⁰. St. Gallen 1888.

Die Kunst des Gitarrespiels. Auf Grundlage d. Spielweise d. alten Lautenschläger von Heinrich Scherrer, Kammermusiker. H. 1. München: G. D. W. Callwey 1907. 4° [5.] [07. 6739]

Scherrer, Heinr., s.: Schriften der internationalen Vereinigung f. gesetzlichen Arbeiterschutz.

Scherrer, Heinrich. Deutsche Volkslieder und Balladen zur Guitarre nach Art der alten Lautenmusik bearb. und übertragen für Klavier von H' Sch', Kgl. bayr. Kammermusiker. [Nr.] 13. Der Tod von Basel. 1807. [Mit Titelvignette.] 4 S. 4. München, Georg D. W. Callwey, 1905. M. 1. —

SCHERRER, Hermann (Landau/Pf.): Zur Casuistik des Carcinoms des Keilbeins.- München: Wolf 1908. 50 S.
18.7.1908 - Chr 1908/09,24; U 09.3393
Diss. Ingolst. Landsh.-Mchn.

Scherrer, J., Aphorismen über Heizung u. Ventilation der Schulhäuser. gr. 8. (XVI, 352 S.) Schaffhausen 881. Schoch in Comm. n. 5. 60

Scherrer, J., Bibel und Gesangbuch. Angewiesen für den täglichen Hausgottesdienst. 2. verb. u. verm. Aufl. St. Gallen 862. Huber & Co. qu. 16. (XXXII, 56 S.) n. 5 ngr.

Scherrer, J., Bibel und Gesangbuch. Angewiesen für den tägl. Hausgottesdienst. 2., verb. und verm. Aufl. qu. 16. (XXXII und 56 S.) St. Gallen 863, Huber und Comp. *

Scherrer, J. (Pfarrer in St. Gallen.) Bibelkalender mit Liedernummern a. d. Gesangbuch f. Glarus, Graubünden, St. Gallen und Thurgau, sammt Anweisung zum eigenen Bibellesen. 3. verb. u. verm. Auflage. In-16. XXX u. 56 S. St. Gallen, Huber & Cie. 1880 — 40

—— biblische Lesestücke auf alle Tage des Jahres. Zum Gebrauche beim häusl. Bibellesen. qu. 16. (XV und 56 S.) St. Gallen 861, Huber und Comp. *

—— biblische Lesestücke auf alle Tage des Jahres, zum Gebrauche beim häuslichen Bibellesen. 2., verb. und verm. Aufl. qu. 16. (XXXII und 56 S.) St. Gallen 862, Huber und Comp. *

Scherrer, J., der angehende Mikroskopiker od. das Mikroskop im Dienste der höheren Volks- u. Mittelschule. Ein populärer Leitfaden für Studirende, Lehramtskandidaten, Lehrer an höhern Volks- u. Mittelschulen, sowie f. Dilettanten. Mit 134 in den Text gedr. Holzschn. [z. Thl. Orig.-Abbildgn.]. gr. 8. (XV, 203 S.) Speicher 885. (St. Gallen, Scheitlin & Zollikofer.) n. 4. 50

—— das Pinakoskop und seine Anwendung für den naturwissenschaftlichen, geographischen und kunstgeschichtlichen Anschauungs-Unterricht an Volksschulen, höhern Lehranstalten und in öffentl. Vorträgen, sowie zu belehrenden und unterhaltenden Vorstellungen in Familien, Gesellschaften und Bildungsvereinen. Eine populäre Abhandlung. gr. 8. (61 S. mit 30 Fig. in Holzschn.) Speicher 886. (Bern, Koehler'sche Buchh.) *

— der Reichthum der christlichen Gemeinde. Predigt, gehalten zur Eröffnung der schweizerischen Predigergesellschaft im Münster zu Bern den 13. Aug. 1861. Ebend. 861. gr. 8. (15 S.) 3 ngr.

Scherrer, J., Was unsere neue Freiheit von uns verlange? Bettagspredigt, gehalten den 17. Septbr. 1876 in St. Gallen. 8. (11 S.) St. Gallen 876, Huber und Comp. — 30

Scherrer, J., das Werk d. protestantisch-kirchlichen Hülfsvereins in der Schweiz. Geschichtlich dargestellt. Mit (Lichtdr.-) Portr. v. Wilh. Le Grand. 8. (VIII, 244 S.) St. Gallen 883. Huber & Co. cart. n. 2. 20

Scherrer, Joachim, Rede bei der Friedhofweihe in Schönengrund, gehalten Sonntag den 14. Juni 1874. 8. (11 S.) St. Gallen 874, Huber und Comp.

Scherrer, Johann

Scherrer, J., Ad vorem Druidee. S-A. 1865. 5 S.

Scherrer, Joh., die Gallier u. ihre Verfassung. Eine Abhandlung. Heidelberg 865. Weiss. gr. 8. (72 S.) n. 15 ngr.

Scherrer, Joan. Nicol., commentatio de ophthalmia gonorrhoica. 8 maj. Phorceni 842. (Freiburg, Emmerling.) n. 1/3 rf

Scherrer, Joseph, die Freigebung des apostolischen Glaubensbekenntnisses in der Liturgie. Ein Votum. gr. 8. (24 S.) St. Gallen 871, Huber und Comp. *

Scherrer, Jos., Gegengruß an Herrn Pfarrer J. J. Bernet in St. Gallen. Zur Selbstverständigung. 8. St. Gallen 844, Huber u. Co. 1/8 ß

Scherrer, Jos., das Gericht Gottes. Predigt über 1. Petri IV, 15 – 19. Gehalten d. 18. April 1847 in Wattwil. gr. 8. (14 S.) St. Gallen 847, Huber & Co. n. 1/12 ß

Scherrer, Jos., das christliche Haus. Dargestellt in acht Predigten. 8. (XI und 188 S.) St. Gallen 855, Huber und Comp. Thlr.

—— die Hausbesuchung und der häusliche Gottesdienst. Predigt, gehalten am 20. Novbr. 1853. (Als Mscr. gedr.) 8. (21 S.) St. Gallen 855, Huber und Comp.

—— die Kinderlehre in ihrer hohen Bedeutung für die christl. Gemeinde. Predigt über Marc. X, 15. Gehalten den 3. April 1853 in St. Gallen. 8. (15 S.) St. Gallen 853, Huber und Comp.

Scherrer, J., das ewige Leben. Zehn Predigten. 8. (XIV und 223 S.) St. Gallen 857, Huber und Comp. Thlr.

—— über Prinzip u. Organisation der Kinderlehre. Ein wissenschaftl. Versuch. gr. 8. (2 B.) St. Gallen 842, Scheitlin u. Zollikofer.

Scherrer, Jos., wie wir die Kinder zum Christenthum erziehen müssen. Antrittspredigt an der Katechetenstelle von Fluntern, gehalten den 2. Juni 1839. 8. Zürich 839. Höhr. 1/12 ß

Scherrer, Jos., Johannes Wolf. Ein schweizer. Studirender d. Theologie, in sein. Bildungsgange dargest. 8. (18 3/4 B., W's. Silhouette u. Facsim.) Zürich 840, Höhr. Thlr.

— das Wort von der Liebe. Synodalpredigt über Joh. XIII, 34—35. Gehalten den 17. Juli 1849 in St. Gallen zur Eröffnung der evangel. Synode des Kantons St. Gallen. gr. 8. (16 S.) Ebd. 849. 3 ℛ

Scherrer, Julius, appr. Arzt a. München: Über Polyserositis chronica fibrosa. München 1907: C. Wolf & Sohn. (47 S.) 8°

München, Med. Fak., Ref. v. Bollinger, Diss. v. 14. Febr. 1908

[Geb. 8. Okt. 81 Landau i. Pfalz; Wohnort: München; Staatsangeh.: Bayern; Vorbildung: Gymn. Landau i. Pf. Reife Juli 01; Studium: München 10 S.; Coll. 14. Febr. 08; Approb. 13. Jan. 08.]

Scherrer, C[arl], und Habenicht, H[ermann]. Karte der Alpenländer in 2 Blättern ⟨«Schweiz» und «Ostalpen»⟩ 1 : 925 000 aus Stielers Handatlas. Bearb. von C. Scherrer und H. Habenicht. Sonderausgabe aufgezogen in Buchform mit Namenverzeichnis. II + 58 S. + 1 Bl. quer-fol., *in Einbd.* 8. Gotha, Justus Perthes, [1903]. M. 3. —

Titel auf dem Blatt (d. i. 2 zus.-gesetzte Bll.): Schweiz u. Ostalpen. Alpenländer: Westl. *u.* Östl. Blatt. Bearb. — — Habenicht Stieler's Hand-Atlas N° 14 *u.* 15. Masstab = 1:925000. Gestochen von M[ax] Kern u. A[ugust] Kramer. 339/832 mm. Gotha, Justus Perthes, 1902 *u.* 1901.

Scherrer, C[arl], und Habenicht, H[ermann]. Karte der Alpenländer in 2 Blättern ⟨« Schweiz » und « Ostalpen »⟩ 1 : 925 000 aus Stielers Handatlas. Bearb. von C. Sch' und H. H'. Sonderausgabe, aufgezogen in Buchform mit Namenverzeichnis. II + 58 S. + 1 Bl. quer-fol., *in Einbd.* 8. Gotha, Justus Perthes, (1905). M. 3. —

Titel auf dem Blatt (= 2 zus.-gesetzte Bll.): Schweiz u. Ostalpen. Alpenländer: Westl. *u.* Östl. Blatt. Bearb — — Habenicht. Stielers Hand Atlas № 14 *u.* 15 Masstab = 1 : 925000. 335/817 mm Gestochen von M[ax] Kern u. A[ugust] Kramer. Gotha, Justus Perthes, 1905 *u.* 1905.

Scherrer, Carolvs Gvilelmvs, medico-chirvrgvs in Saarn ⟨geb. am 21 März 1817 in Duisburg⟩: De impedito deflvxv lacrymarvm eivsqve remotione artificiosa ... Bonnae, form. C. Georgi 1862. 22 S. 8.

Bonn, Med. Fak., Nostrifications-Diss. v. [6 Sept.] 1862

(Scherrer, Paul.) Antwort auf die Klage der Gotthardbahn-Gesellschaft in Luzern gegen die Schweizerische Eidgenossenschaft betreffend Feststellung der Rückkaufsentschädigung für die Gotthardbahn an das h. Sch' Bundesgericht in Lausanne. (1908 Oktober 17.) 216 S. 4. ([Basel, Franz Wittmer,] 1908.)

(Scherrer, Paul.) Duplik in Sachen Bern-Neuenburg-Bahngesellschaft contra Schweizerische Bundesbahnen (an das Hohe Sch' Bundesgericht in Lausanne). (1902 Juli 9.) II + 10 S. 4. Basel, Franz Wittmer.

(Scherrer, Paul.) Duplik in Sachen Gotthardbahn-Gesellschaft in Luzern gegen die Schweizerische Eidgenossenschaft betreffend Feststellung der Rückkaufsentschädigung für die Gotthardbahn an das h. Sch' Bundesgericht in Lausanne. (1909 Juli 31.) 220 S. 4. ([Basel, Franz Wittmer,] 1909.)

Scherrer, Walter, med. pract. von Ebnat (Ct. St. Gallen): Ueber die Trepanation des Processus mastoides im Gefolge von Mittelohreiterungen nach Erfahrungen aus der chirurgischen Klinik in Zürich. Zür. F. Lohbauer Dr. 1889. 75 S. 8°.

Zürich, Med. Diss. [v. 9. März 1889].

Scherrer-Füllemann, J[oseph Anton]. Gesetz betreffend die Civilrechtspflege für den Kanton St. Gallen. Mit Anmerkungen, Erläuterungen, Vollziehungsvorschriften und einem Sachregister hrg. XII + 177 S. 8. St. Gallen, Zollikofer, 1902. [geb. fr. 3. —]

Scherrl, J. H. Dreißig Jahre zur See. Ein Buch der Erinnerung. Klgft., Bertschinger, 1898. 115 S.

Scherschewer, David: Ueber die Sterilisation bei tuberkulösen Schwangeren durch Exstirpation des graviden Uterus und der beiderseitigen Adnexe. **Berlin 1909:** Ebering. 28 S. 8°

Berlin, Med. Diss. v. 30. Juli 1909, Ref. Bumm

[Geb. 29. Febr. 84 Ekaterinoslaw; Wohnort: Ekaterinoslaw; Staatsangeh.: Rußland; Vorbildung: Gymn. Pawlograd Reife M. 04; Studium: Berlin 3, Heidelberg 1, Berlin 6 S.; Rig. 26. Juli 09.] [U 09. 101

Scherschlicht, Heinrich [aus Bacharach a/Rhein]: **Beitrag zur Exarticulatio femoris ...** Würzburg, P. Scheiner's Buchdr., 1894; 25 S. 8.

Würzburg, Med. Fak., Inaug.-Diss. v. 1894

Scherschnick, Leopold Johann

— doctrina de epistolis. 8. Teschen 812.

— exempla interpretationis Latinae e Germanico. 8. Teschen 807.

Scherschnick, Leop. Jh., († d. 21. Jan. 1814.) institutiones arithmeticae et algebrae. 8. Oppaviae 781.

— Lesefrüchte aus Quinctilians Werken, zum Unterr. d. Gymnasialschüler im Excerpiren gesammelt. 8. Teschen 810.

— de migratione Serborum dissertatio. 4. Leipz. 773.

— Nachrr. von Schriftstellern u. Künstlern aus d. Teschner Fürstenthume. 8. Teschen 810. Prohaska.

Scherschnick, Leopold Johann. s. Nagoni, J. M.: Civis Rom.

— orbis pictus immutatus. 8. Wien 807.

— von den Wildzen u. Soraben; e. Jablonowsky'sche Preisschr. 4. Leipz. 773.

Schertel, s.: Zeitung, berg- u. hüttenmännische.

Schertel, A., die Rauchschäden in den Wäldern der Umgebung der fiskalischen Hüttenwerke bei Freiberg, s. Schroeder, J. v.

Schertel, L. W., üb. d. Zustand d. bayer. Gewerbsindustrie, insbesond. seit d. segensr. Regierungs-Antritte Königs Ludwig I. gr. 8. (15 B. u. 1 B. Tab. in gr. 4.) München 836, (Franz.) *

Schertel, Ludwig: Studien über einige Verlustquellen des Blei- und Kupfer-Hochofenprozesses. 1910. 49 S., 1 Taf. 8⁰
Dresden, Dr.-Ing.-Diss. v. 2. 11. 1910

Schertel, Max Frh. v., cand. med. aus Dürrenhardt: **Aus d. pharmakol. Institut Würzburg. Kritisch-experimenteller Beitrag zur Lehre von der Absorption und Respiration der tierischen und menschlichen Haut.** *Tübingen: F. Pietzcker 1900 [vielm. 1901/02].* (45 S.) 8°
Würzburg, Med. Diss. v. 1900

Schertel, Sigmund

Schertel, S., s.: **Bibliothek,** mikrologische. (Elementarkurs der Mikrologie.)

Das **Mikroskop.** Mit 90 Abb. Bearb. von **Sigm. Schertel.** Hrsg. von d. Red. d. Guten Kameraden. 3. Aufl. *Stuttgart, Berlin, Leipzig: Union [1901].* (143 S.) 8° [F.]
— **Taschenbücher,** Illustrierte, f. d. Jugend. 18. [01. 1286]

Schertel, Wilhelm: Über die Einwirkung von rauchender Schwefelsäure auf Chinolin bei Wasserbadtemperatur und Gegenwart von Quecksilbersulfat. 1910. 39 S. 8⁰
München, Dr.-Ing.-Diss. v. 30. 12. 1909

Schertel von Burtenbach, Anton Eberhard

Schertel v. Burtenbach, Ant. Ebrh., († d. 16. Nov. 1794.) vermischte Beitr. zur Kriegswissenschaft. gr. 8. Frankf. (Nürnb.) 777. Hauffe. 10 gl.

Schertel, Anton Eberh. Freiherr v. Burtenbach. Vermischte Beiträge zur Kriegswissenschaft. Fortgesetzt unter dem Titel: „Betrachtungen und Erfahrungen über verschiedene militärische Gegenstände und Vorfälle". (2 Bde.)
8. Frankfurt, Leipzig und Nürnberg 1778 u. 1779.

— Beobachtt. u. Erfahrr. über verschied. militär. Gegenstände. gr. 8. Nürnb. 778. Felßecker. 12 gl.

Schertel v. Burtenbach, Ant. Eberh. Betrachtungen u. Erfahrungen über verschiedene militärische Gegenstände und Vorfälle. 8. Nürnberg 1779.

— Einleit. in die Landwirthschaft nach Grundsätzen, f. die Anfänger. 8. Nürnb. 783.

Schertel von Burtenbach, Anton Eberhard: Die Kriegswissenschaft in Tabellen, mit gehörigen Erklärungen. (Mit 4 Taf.) Cöln 1791. 4.

— die Kriegswissenschaft in Tabellen. Mit Kpf. 4. Cöln (Frankf.) 792. Gebhardt u. K. 3 ₰ 12 gl.

Schertel v. Burtenbach, Ant. Eberh. Die Kriegswissenschaft in Tabellen, mit Erklärungen. 4. Cöln 1794.

(—) Nachr. von d. fränk. Kreistruppen; nebst e. Anh. von den Schwäb. Kreisregimentern. 8. (Nürnb.) 782.

Schertel von Burtenbach, Anton Eberhard, s. Ueberzeugungen e. deutschen Generals.

Schertelshöhle und Reissenstein mit Bad-Ditzenbach und ihren Umgebungen. Eine Reise-Skizze für die Besucher dieser Natur- x. Merkwürdigkeiten und des schönromantischen Gaisthälchens. Von einem Touristen. Wiesensteig 861. Schmid. gr. 8. (32 S.) 6 ngr.

Schertle, geb. Friedemann, Claire, Gedichte u. Erzählungen. 8. (8½ B.) Wien 830, Tendler. Thlr.

Schertler, Fr., die Anwendung d. specifischen Gewichtes als Mittel zur Werthbestimmung der Kartoffeln, Cerealien u. Hülsenfrüchte sowie d. Saatgetreides; die praktisch wichtigsten Methoden zur Ermittelg. desselben, nebst Beschreibg. e. neuen dazu dienl. Apparates. Mit e. (lith.) Tafel. gr. 8. (VI, 65 S.) Wien 873. Hartleben. 1. 50

Schertlin, Georg, Medizinalprakt.: **Über die Bedeutung des Befunds von Glykogen in Leberzellkernen.** Leipzig: Hirzel 1909. S. 280—290. 8° ¶(Aus: Arbeiten auf d. Gebiete d. pathol. Anat. u. Bakteriol. aus d. pathol.-anat. Inst. zu Tübingen. Bd 7.)
Tübingen, Med. Diss. v. 4. Febr. 1910, Ref. v. Baumgarten
[Geb. 10. Okt. 85 Weingarten, O.-A. Ravensburg; Wohnort: Stuttgart; Staatsangeh.: Württemberg; Vorbildung: Karls-Gymn. Stuttgart Reife M. 03; Studium: Tübingen 10 S.; Coll. 9. Juni 09; Approb. 1. Jan. 10.] [U 10. 4164

Schertlin, Jakob Bernhard (Neuenburg) A. S. 1349/8

Dissertatio academica, de praecipuis experimentorum physicorum scriptoribus. Präs. Georg Wolfgang Krafft. Tübingen (Löffler) 10.-11. IX. 1753. 34 S.

3 Resp. 30305

Schertlin, Carl Edl. v., k. k. Hauptm. Tilly im 30jährigen Kriege. Von Dr. Onno Klopp. Stuttgart 1862. Recensirt von..... (Separat-Abdruck aus der österr. milit. Zeitschrift 1862, 4. Bd.)
8. Wien 1863.

Schertlin von Burtenbach, Sebastian

Schertlin v. Burtenbach, S., u. seine an die Stadt Augsburg geschriebenen Briefe, siehe: **Herberger, Th.**

Schertlin v. Burtenbach. Das Leben und verrichtete Thaten dess Weyland Wol Edlen und gestrengen Herrn Sebastiani Schartl von Burtenbach, durch ihn selbst deutsch beschrieben. 1. Augsburg 1627. 2 Bde. 8. Nürnberg 1777. 82. — Neu herausgeg. von Schönhut. (VIII. 180) 8. Münster 1858. 2.50.

Schertlin v. Burtenbach, des weiland wohledlen und gestrengen Herrn Sebast., Leben und Thaten, durch ihn selbst deutsch beschrieben. Nach der eigenen Handschrift des Ritter's urkundlichtreu hrsg. von Ottm. F. A. Schönhuth. gr. 8. (VIII und 180 S. nebst dem lithogr. Bildnisse Schertlin's.) Münster 858, Aschendorff'sche Buchh.

Schertlin v. Burtenbach.] Leben u. Taten des weil. wohledlen Ritters Sebastian Schertlin v. Burtenbach. Durch ihn selbst deutsch beschrieben. Aufs neu in Druck gegeben v. Engelb. Hegaur. (286 S.) 8. München (910). M. Langen. 3.50; geb. in imit. Perg. n 5.—; in Halbfrz. 7. -

Schertz ..., s. Scherz ...

Schertz, Johann Georg, s. Scherz

Schertzer, Johann Adam, s. Scherzer

Scherup, Th., s. Lebensbeschreibung der fünf Heiligen.

Schervier, C. G., die Münsterkirche zu Aachen und deren Reliquien mit 6 (lithogr.) Taf. Abbildungen. Bearb. auf Veranlassung des Karls-Vereins bei Gelegenheit der mit der 500jähr. Säkularfeier der Erbauung des Münsterchors zusammenfallenden Heiligthumsfahrt im J. 1853. gr. 8. (XII und 83 S.) Aachen 853. (Bonn, Marcus.)

Schervier, Gerhardus (geb. am 16 Okt. 1821 in Aachen): De persistente nexu vitali partium, harum nexu anatomico per nervos sublato ... Bonnae, form. F. P. Lechneri 1846. 2 Bl., 33 S., 1 Bl. 8.
Bonn, Med. Fak., Diss. v. 22 Aug. 1846

Die Rigaer Jubiläums-Ausstellung 1901 in Bild und Wort. Ein Erinnerungsbuch hrsg. von M. **Scherwinsky,** Dir. d. Gewerbeschule d. Rigaer Gewerbever. *Riga: Jonck & Poliewsky 1902.* (266 S.) 4° [03. 484]

Scherwinsky, Bonaventura, appr. Arzt: Aus d. Univ.-Augenklinik in d. Charité zu Berlin. Dir.: Richard Greeff. Ueber die chronische conglobierte Aderhauttuberkulose. Leipzig 1909: Georgi. 58 S. 8°

Leipzig, Med. Diss. v. 19. Febr. 1909, Ref. Sattler

[Geb. 11. April 80 Glogau; Wohnort: Berlin; Staatsangeh.: Preußen; Vorbildung: Gymn. Guben Reife O. 01; Studium: Berlin 10 S.; Coll. 6. März 09; Approb. 31. Aug. 07.] [U 09. 1868

Scherwinzky, Chr. Fr., s. Betrachtungen üb. d. Erziehung d. Kinder.

– s. Biographien d. Alten.

— auf die Einweihung d. Kurländ. Statthalterschaft; e. Gedicht Nebst e. kurzen Uebersicht d. Liv- u. Kurländ. Geschichte. 8. Riga 796.

– s. Etwas über d. Ehsten.

– s. Etwas von u. f. Lievland.

— Rußlands Flor; e. Versuch in Oden u. Hymnen. 8. Leipz. 788.

Scherwinzky, Chr. Fr., († d. 15. Juli 1809.) an den Frieden. 8. Riga ...

— dem Huldigungstage Sr. Majest. Paul I. Kaisers u. Selbstherrschers aller Reußen am 10. Nov. 1796. 4. Riga 796.

— Leitfaden zur Russ. Geschichte u. Geographie. 8. Reval 801.

— Leitfaden zum Unterr. in d. Russisch. Geschichte f. vaterländ. Schulen. 8. Reval 781.

— Oden u. Hymnen auf Rußland. 4. Riga 793.

– s. Peter d. Große.

— Versuch in Gedichten. 8. ... 774.

Scherwinzky, (Car. Theod.) Ern. (geb. Reppen 20. 3. 1839): De hyperaemia cerebrali. Berolini (1862). (30 S.) 8°

Berlin, Med. Diss. v. 7. Okt. 1862

Fr. Dn. Er. Scherwinzky's Beyspp. bewundernswürd. Handll. a. d. röm. Gesch. v. moral. Maximen begl.; z. Gebr. in Schulen, bes. in Garnison-Schulen. *Züll.*, Darnmann. 806. 8° 14 gl

Scherwinzky, Fr. Dn. Er., Beispiele bewundernswürd. Handlungen aus d. röm. Gesch., mit moral. Maximen begleitet rc. 8. Züllich. 806. (Michelsen in Leipz.) 14 gl

——— Erzahlungen für die Jugend, als ein Beitrag zur Bildung ihres Verstandes und Veredlung ihres Herzens. 8. Berlin 795. (Leipzig, Fr. Fleischer.) 2/3 rf

— Erzähll. f. die Jugend. 8. Berl. 795. (Köchly). 16 gl

— Erzählungen f. d. Jugend. 8. Berlin, Lagarde. 795.

— Moral in Beispielen. 8. Leipz. 800. Gr. Fleischer. 1 rf 4 gl

— üb. d. zu frühen Religionsunterricht, e. Beytr. f. d. Erziehung. 8. Züllichau, Darnmann. 804.

— üb. den zu frühen Religionsunterricht, e. Beitr. f. die Erziehung. 8. Züllich. 804. (Gerig in Leipz.) 16 gl Hbg. Pr. 12 gl

Scherwinzky, F. D. E., Sammlung ähnlich. od. gleichklingend. Wörter von ganz verschied. Bedeutung, alphabetgeordnet. 8. Züllichau, Darnmann. 815.

— Samml. ähnlich. oder gleichklingender Wörter von ganz verschied. Bedeutung, alphabet. geordnet. 8. Züllich. 815. (Fr. Fleischer in Leipz.) 18 gl

Scherwinzky, ... Gleich oder ähnlich klingende Wörter. Züllichau 1846. 8. . . (D.)

F. Dn. E. Scherwinzky's prakt. Tugendlehre nach *Bj. Franklin's* Anleit., f. d. erwachs. Jug. in allen Ständen. *Frkf. a. d. O.*, akad. B. 806. 8° 14 gl

— prakt. Tugendlehre, nach Benj. Franklin; f. d. erwachsene Jugend. 8. Frankf. 806. (Sander in Berl.; a. Voigt in Jena u. Leipz.) 14 gl

Scherwinzky, prakt. Tugendlehre rc. 8. Frankf. a. d. O. 806. Jetzt Fittner, auch Voigt in Jena.

Scherwood, Mstrs., die Familie Fairchild. Zum Heile d. lieben Jugend n. d. französ. Uebersetz. deutsch bearb. 8. (27 1/8 B. u. 6 Stnt.) Düsselthal 839. (Berlin, J. A. Wohlgemuth.) •

Шерwудъ. (Изъ записокъ генералъ-маiора Б—П.) Scherwud, aus den Aufzeichnungen eines General-Majors. 8. (40 S.) Berlin 860, F. Schneider. •

Scherz [Sachliches OW]

Scherz u. Ernst. Ein Lstspl., s. Aug. v. Kotzebue, Almanach. 27r Jahrg.

— und Ernst, v. A. A. Sarazin. s. Sarazin, A. A.

Scherz und Ernst. Aus dem deutsch-französischen Kriege. Halle a. S. o. J. H: *Meyer, Hugo.* (Russell V, 164)

Scherz und Ernst; größtentheils häusliche und freundschaftliche Gedichte. O. O. [1789]. V: *Lavater, Joh. Casp.* (Zuwachsverz. d. Bibl. Zürich 1898 ff. 6.)

Scherz u. Ernst. Ein Spiel in Versen v. Stoll. 8. Berlin. Unger. 804.

Nelius.

Scherz und Ernst, von J. L. Stoll. 8. 804. Ist jetzt Verlag von Schade in Berlin

Scherz und Ernst oder Flucht-Lieder. Napoleon in der Klemme. O. O. u. J. (1813). 8°. 4 Bll.

— und Ernst, Erzählungen von D. Heß. 8. Zürich, Orell. 816.

Scherz und Ernst, von H. Clauren. 8 Thle. 2te Aufl. 8. Dresden, Arnold. 820. 821. à 1 Rthlr.

SCHERZ und Ernst. Sechs Erzählungen für meine Freundinnen. Mit 1 Kpfr. Leipzig, Magazin f. Industrie, 1821. 8°. 216 S. (2 Mk. Taussig, Prag, 1904.)

Inh.: Nun, welche von dreien? — Es hat ja noch Zeit. — Schwärmerey und Herzensgüte. — Die Untreue der Gattin. — Der graue Mann. — Der Maskenball.

Scherz und Ernst. Römisch-katholischer Kalender für das Jahr 1854. Verfaßt von einem Weltpriester. 8. (80 S.) Druck und Verlag von Karl Ueberreuter in Wien. 1853.

Scherz und Ernst. Poetische Spielereien von Pipin Jocosus. gr. 16. (VI und 106 S.) Augsburg 862, (v. Jenisch und Stage'sche Buchh.) *

Scherz u. Ernst. Kleine leichte Theaterstücke für kathol. Jungfrauen-Bündnisse, Mädchen-Institute, Töchterschulen &c. von einem kathol. Priester. 1. Liefg.: Die Nacht bringt guten Rath. Landshut 866. Thomann'sche Buchh. 8. (38 S. mit 1 Notenbeilage in qu. 4.) 6 ngr.

Scherz und Ernst. I. Alte Bekannte. O, der Naseweis! Von innen und von außen. Eine Kirmeßfahrt nach Amsterdam. Kleinere niederländische Erzählungen, übertragen von Edm. Flinke. 8. (154 S. mit 4 Stahlst.) Regensburg 877, Manz. 1 —

Scherz u. Ernst. Allerlei Witze, Schwänke u. Merkwürdigkeiten in zwanglosen Liefergn. 1. Hft. 12. (160 S.) Paderborn 886. Bonifacius-Druckerei. — 45

Scherz u. Ernst. 4. (18 Farbendr. m. eingedr. Text auf Pappe.) Eßlingen 890. J. F. Schreiber. n. 1. 50

Scherz und Ernst: Jahrgang 1—?, Jan. 1895—1900?
Humorous weekly. Sub-title: Illustrierte Sonntags-Beilage der ILLINOIS STAATS-ZEITUNG. Quarto, each issue 8 pages; illustrated.
Chicago, IL

Scherz u. Ernst. Ein Leporelloalbum auf Pappe m. 22 farb. Bildertaf. (m. eingedr. Text). 4. Eßlingen (899). J. F. Schreiber. Kart. n. 2. —

Scherz u. Ernst zu erheit. Abwechselungen in gesell. Kreisen f. Jung u. Alt. 8. (7 B.) Potsdam 835, (Vogler.?)

Scherz und Ernst zu erheiternden Abwechselungen in geselligen Kreisen für Jung u. Alt. 8. Potsdam u. Neustadt-Eberswalde 835. (Vogler.) 3/8 ₰

— in Bildern und Reimen für Kinder. Stuttgart 861. Nitzschke. qu. 4. (12 color. Lithogr.) 15 ngr

—— —— in Bildern und Reimen für Kinder. 2. und 3. Aufl. qu. 4. (12 color. Stnt. mit eingedr. Text.) Stuttgart 871,77, Nitzschke. cart. 1 50

— — aus der jetzigen Kriegszeit. Gesammelt für unsere Soldaten. Halle 870. Lippert'sche Buchh. 8. (IV, 48 S.) 2½ ngr.

SCHERZ und Ernst, für die Aufheiterung suchende Lesewelt. 2. vermehrte Aufl. Neustadt a. d. Aisch, Engelhardt, 1857. 8°. Zahm. XVI—136 SS.

Scherz und Ernst für die Aufheiterung suchende Lesewelt. 2., verm. Aufl. 16. (XVI und 136 S.) Neustadt a. d. Aisch 856(57.) (Nürnberg, Korn'sche Buchh.)

Scherz u. Ernst zur Lust u. Lehre in e. trüben Zeit. Ein Buch f. Bürger, Bauern u. Andere, die es lesen wollen. — A. u. d. T.: Das Testament d. deutschen Volksboten. 8. (21 B.) Offenbach 833, Brede.

SCHERZ UND ERNST AUS DER PHILOMATHIE ZU REICHENBACH IN SCHLESIEN. Zur Feier zehnjährigen Bestehens für die Mitglieder derselben gesammelt. (Heft 1.) Reichenbach. Druck von A. E. Pape (Ad. Pape). 8°.

SCHERZ UND ERNST IN DER PHILOMATHIE ZU REICHENBACH I/SCHL. Heft 2. Nachlese und Fortsetzung. Reichenbach. 1888. (—)

—— und Ernst f. Polterabende. Hrsg. v. Amadeus Lätus. 16. (7½ B. u. Titkpfr.) Berlin 835, Hasselberg'sche Vrlsh.

SCHERZ und Ernst beim Trunke. O. O. (Hamburg) 1753. 8°. 16 Bll.
Cat. Meissner III. p. 541; Goedeke IV, 107, 11. — Rar!

—— und Ernst auf der Wartburg. 8. Aufl. 8. Eisenach 888, Bacmeister. *
Inhalt:
Das menschliche Leben in Thiergestalt. — Wartburg-Sprüche. — Bruchstücke aus dem Gedicht vom Sängerkrieg. Nach Aufzeichnungen des Paters Floribundus. — Sprüche der Wartburg-Restauration. — Der Tintenfleck auf der Wartburg. (23 S. mit Bildern.)

SCHERZ und Ernst, Witz und Laune und Allerley unter allerley Titeln. Hamburg 1785. 8°. Rar!

Scherz u. Ernst, Witz u. Laune. 8. Hamburg, Matthiesen. (Compt. f. Litt. in Lpz.). 785.

SCHERZ und Humor. Jocosa und Curiosa. Herren-Bibliothek. Nur für Herren und recht neugierige Frauen. 5 Bdchn. Wien, o. J. (18**). 8°. (1 Mk. 80 Pfg., G. Priewe, Heringsdorf, 1895; jetzt theurer!)

Scherz und Liebe. In italienischen Novellen. Berlin 1806. H: *Wagner, Gottlieb Heinrich Adolph.* (NN) (Ky) (GGr)

— und Liebe, in italien. Novellen. 8. Berlin, Unger. 806. (Reimer.)

— List u. Rache. Singsp. v. Göthe. 8. Lpz. Göschen. 790.

—— und Satyre, od. sinnige Ausbrüche u. unsinnige Einfälle e. Krähwinkler Poeten. Eine originelle Witz-Lectüre f. Lachfreunde, Humoristen u. Satyriker. 1. 16. (6½ B.) Wien 833, Mausberger.

Scherz u. Satyre, oder sinnige Ausbrüche u. unsinnige Einfälle eines Krähwinkler Poeten. 1. 16. Wien 833. Mausberger. (Leipzig, Hunger.) 1/3 ₰

Scherz [Verfasser]

Scherz, A., zur Ausbildung der schweizerischen Milizinfanterie. gr. 8. (IV, 166 S. mit 1 Skizze und 3 Fig. im Texte und 3 lithogr. Karten.) Bern 879, Jent und Reinert. * 3 60

Scherz, Alfred. Vor 25 Jahren. Aus dem militarischen Notizbuche von A. Sch'.... SA. 8. Bern 1896.

Scherz, C. F., s.: Borkum, die Nordsee-Insel.

Scherz, C. F., die Nordseeinsel Juist u. ihr Seebad. Nebst e. Karte der Reisewege zu den Nordseebädern an der ostfries. Küste. 8. (VII, 96 S.) Norden 886. Soltau. n. 1. 50

Scherz, C. F., die Nordseeinsel Juist u. ihr Seebad. Ausg. f. 1889, m. e. Karte der Reisewege u. e. Anh., enth. Fahrpläne, Fluttabelle, Taxen. 8. (10 u. VII, 96 S.) Norden 889. Soltau. n. 1. 50

Scherz, C. F. Die Nordseeinsel Juist u. ihr Seebad. Ausg. f. 1892, m. e. (lithogr. u. color.) Karte der Reisewege u. e. Anh., enth. Fahrpläne, Fluttabelle, Taxen &c. 12. (VIII, VII, 96 S.) Norden 892, Soltau. * 1 50
Erscheint alljährlich.

— die Nordseeinsel Juist u. ihr Seebad. 2., völlig neubearb. Aufl. gr. 16. (III, 192 S. m. Abbildgn. u. farb. Plan.) Norden 893. D. Soltau. n. 2. —

(8) **Scherz,** C. F., Juist. 893. (KBL 28.) Jetzt: Norderney, H. Hofmann.

Scherz, Ernst, in 50 Jahren, s.: Mehrakter.

Scherz, Ernst, e. Opfer moderner Liebe od. Berlins vermutheter größter Rendez-vous-Held A. O. Z. in e. humorist. Erzählg. entschleiert. Gewidmet den Berliner Frauen durch e. Dedication in Versen u. versehen m. e. längeren Vorrede v. A. O. Z. selbst. 1. Thl : U. 86 od. das Veilchen. gr. 8. (287 S.) Berlin 872. Radetzki. 3. —

Scherz, Ernst, Schloß Ulmenau. Eine Erzählung. 3 Thle. Leipzig 866. Kollmann. gr. 16. (669 S.) n. 2 ℛ

Scherz, Ferd., die schwarze Dame im Kyffhäuser; od. das Abenteuer auf d. Rothenburg. Volkssage u. Erzähl. 2 Thle. 8. (24½ B.) Quedlinburg 829, Basse.

Scherz, Ferd., Kaiser Friedrich d. Rothbart, od. d. Verbannung in d. Kyffhäuser. Roman. 2 Bde. 8. (29 B.) Quedlinburg 837, Basse.

Scherz, G. Th., deutsches Idiotikon, od. Volksausdrücke rc. gr. 8. Nürnb. Schneider u. W.

Scherz, Hermann. Ueber die therapeutische und prophylaktische Anwendung des Antitetanus-Serum am Genfer Kantonsspital. Diss. Med. Genf: Nr. 10. *Kopftitel:* Chirurgische Klinik der Universität Genf. 41 S. 8. Chur, Sprecher & Valer, 1903.

Scherz, J. G., Sammlung ausgeführter Stilarbeiten, s. Sammlung.

—— und Alex. Junghänel, 200 ausgeführte Stilarbeiten für Oberklassen. Ein Hilfsbuch für Lehrer bei Ertheilung des stilist. Unterrichts in Stadt- und Landschulen. gr. 8. (XII und 208 S.) Chemnitz 862, Focke. *

Johannes Augustus Scherz: De Hydrothorace. Berolini (1828): Petschius. 35 S. 8°
Berlin, Med. Diss. v. 29. Mai 1828

Scherz, Johann Georg

Scherz, Ioh. Geo., commentationes binae, v. Gundling.

Scherz, Johann Georg: De imp. Adolphi Nassovii depositione commentationes junctim editae atque indice auctae, s.a. Gundling, Nikolaus Hieronymus

Scherz, Joh. Geo. Dissertatio de imperatoris Adolphi Nassovii depositione 4. Argentorati 1711. — 4. Lipsiae 1749.

Scherz, Johann Georg (Strassburg) A. S. 813/35

Dissertatio inauguralis de dotalitio.
Strassburg (Maag) V. 1701. 44 S.

Gew.: Der Ottonischen Stiftung. 30312

Scherz, Johann Georg A. S. 202/17

Dissertatio de dotalitio Vom Leibgeding.
Jena (Croeker) 1739. 40 S. 30313

Scherz, Jh. Geo., († d. 1. April 1754.) Glossarium germanicum medii aevi, potissimum dialecti Sueviciae, ed. J. J. Oberlin. II Tmi. Fol. Strassb. 781—84. (Barth in Leipz.) 14 ℛ

— Glossarium germanicum medii aevi ed. I. I. Oberlin II Tmi. fol. Strasb. Lorentz. (Barth, Lips.). 781-84.

SCHERZ, CARL: Demuth führt zur Erhöhung. Wallfahrtsrede gehalten im Jahre 1840 bei Gelegenheit der Hitzinger Prozession nach dem Gnadenorte Maria-Zell. Pressburg (1840): Anton Edler von Schmid. 32 S. - 8°

SCHERZ, CARL: Sind christliche Wallfahrten vernunftgemäß? Auf welche Gründe stützen sich christliche Wallfahrten? Wie soll der Christ eine Wallfahrt unternehmen, wenn sie zu seinem Heile gereichen soll? Bei Gelegenheit der von Seite der katholischen Gemeinde zu Pressburg unternommenen 101-sten Wallfahrt nach Gross-Maria-Zell in der Steiermark, in dem Dome daselbst . . . beantwortet von Carl Scherz. Preßburg 1854. Schnellpressendruck v. A. Schreiber. 16 S. gr. 8°

SCHERZ, CARL: Trauungsrede bei der Vermählung meiner theueren Schwester Wilhelmine Scherz de Vaszója mit Herrn Georg von Csarada de Elefant Hofagenten zu Wien. Gesprochen am 16. Mai 1839. Preßburg 1853: Druck v. A. Schreiber. 7 S. - 8°

Scherz, Leander, der Hausarzt im Frack d. Humors od. die schöne Kunst zu leben tausend Jahr, ohne dem Teufel zu lassen nur e. Jahr. Ein Hausmittel-Lexikon in humoristischen Versen gegen mehr als 200 Krankheiten. gr. 8. (151 S.) Graz 889. Cieslar. n. 2. —

Scherz, Paul, „Wasmuth's Hühneraugenringe in d. Uhr". Humoreske. 8. (43 S.) Leipzig 896. Berlin, F. Gnadenfeld & Co. n. — 60

Scherz, S., zur Frage der Errichtung von Einigungsämtern, s.: Vereinigung, schweizer., zur Förderung d. internat. Arbeiterschutzes. 15. Heft. (Zürcher, E.)

Scherzberg, Hans: Verhältnis von Anfechtung und Wandelung. Nürnberg 1909: Hilz. 58 S. 8°
Erlangen, Jur. Diss. v. 11. Juli 1909, Ref. Oertmann
[Geb. 13. März 84 Ichtershausen; Wohnort: Hamburg; Staatsangeh.: Hamburg; Vorbildung: Gymn. Speier Reife Juli 03; Studium: München 4, Berlin 3 S.; Rig. 18. Mai 09.] [U 10. 754

Scherzberg, *Curt: Johann Sebastian Bach. Aus der Rede zur Feier des Geburtstages Sr. Durchlaucht des reg. Fürsten.* 4 (S. 3—4 der Schuln.) **Progr.** Fürstl. Rsch. *Arnstadt* 1896

[F.] **Scherzberg,** *Curt: Über Joh. Sebastian Bach.* Arnstadt, fürstl. Hofbuchdr. v. A. Bussjaeger, 1896; 3—4 S. 4.
Arnstadt, fürstl. R, OP 1896 (730)

Scherzberg, *Curt Aus der Festrede am Sedantage* „Über Friedrich den Grofsen und die von demselben ausgegangene Erneuerung und Befreiung". 4 (S. 8—9). Rsch. *Arnstadt* 1890 (705)
Progr.

SCHERZBIENE. Von *M. J. R.* (Gute Auswahl scherzhafter Anekdoten.) Kempten 1836. 8°. 182 S. (2 Mk. Taussig, Prag, 1906; 1 Mk. 40 Pfg. Isaak St. Goar, Frf. a. M., 1909.)

Scherzbiene. Von M. J. R. (Anekdoten.) gr. 12. (8 B.) Kempten 836, Dannheimer.

— Spiel- u. Gesellschaftsblatt, allgem. Ein neues Vergnügungsmagazin, f. Karten-, Rechnungs-, Taschenspiele u. and. Künste. 1s Hft. gr. 8. Leipz. 811. Joachim. 12 gr

Scherze. Leipz. 1753. V: *Molter, Frdr.* (Ky)

—(von Fr. Molter). 8. Leipz. 753. Dyck. 4 gr

Scherze. Helmstädt u. Leipz. 1762. V: *Schrader, Paul August.* (Mn) (EE) (BGE) (Ky)

Scherze, (von P. A. Schrader). 2 Thle. 8. Leipz. 762. Weygand. 1 ℛ 6 gr

Scherze. Berlin 1765. V: *Reckert, Carl Christian.* (Ky) (ML)

—(von K. Chr. Reckert). 8. Berl. 765. Lange. 5 gr

[F.] Allerlei **Scherze** und Witze. Gesammelt z. Amusement f. lustige Leute. *Berlin: H. Steinitz 1895.* (144 S., 1 Bl.) 1 Bd 8.
: **Welt,** Die Lachende. Sammlg 4. [96. 373

Scherze u. Witze, allerlei, neue Ausg., s.: Blüten des Witzes u. Humors aller Nationen.

Scherze, dramatische, für Freunde unschuldigen Humors. Mit Musikbeilagen. gr. 8. (73 S.) Münster 877, Nasse'sche Verlagsh. * 1 —

Scherze, dramatische, f. Freunde unschuldigen Humors, s.a. Dilettanten-Theater. 16. Hft.

SCHERZE u. Erzählungen beym Puntsch (!). 1760. *** O. O. Kl. 8°. 110 S. (3 Mk. 50 Pfg. Frdr. Klüber, München, 1905; 12 Mk. Fr. Strobel, Jena, c. 1905.) Gestoch. Titel (in Ornament-Bordüre) mit Vignette, 110 pag. u. 1 Blatt Register.

Enth. 37 nicht numer. z. Theil erotische Gedichte und Erzählungen, wobei Derb-Epigrammatisches. — Sehr selten!

— Gedichte u. Lieder. 8. Berl. 759. 5 gr.

— u. Lieder von Consbruch. 8. Frankf. 752.

Scherze in jüdischer Mundart, s. Gedichte und Scherze.

SCHERZE der lyrischen Muse. Leipzig, in Lankischens Buchhandlung. 1760. 8°. (In Berlin: Yl 5831; auch in Dresden u. Stuttgart.) Tit., 3 Bll. Vorr. („Erinnerungen"), 2 Bll. Inh., 124 S.

Zahm. — Darin Übersetzungen aus d. Horaz, die vielleicht noch auf die Spur des Verf. führen. (Notiz im Stuttg. Cat.)

— der lyrischen Muse. 8. Leipz. 760. (Brockhaus). 4 gr.

— d. lyr. Muse. 8. Leipz. Junius. (Knobloch). 760.

— 7, zur Aufführung in Kriegervereins-Festen. (28 S. m. Abbildgn.) gr. 8. Vegesack (890). J. F. Rohr. n. 1. —

Scherze, sieben, zur Aufführung an Kriegervereins-Festen. 8. (28 S. m. Abbildgn.) Vegesack 891. Varel, Bültmann & Gerriets Nachf. n. 1. —

Scherzel, Al.: Der Charakter d. Hauptlehren d. Philosophie Arthur Schoppenhauers. 26 S.–Czernowitz, Progr. 1866.

Scherzer's Erläuterungen d. neuesten Karrikaturen. 2 Hefte. 8. Leipz.: Joachim 1814.

Scherzer, Andreas, Die deutschen Arbeiter. Schauspiel in zwei Aufzügen. 8°. Hamburg, Druck von M. Rosenberg, 1871.

Scherzer, Benignus Freimund, Oeffentlich und Mündlich contra Schriftlich und Genossen, oder die Kriminalreformer vor Aftenburg. Kriegerisches Spektakelstück in zwei Akten. gr. 8. Oschatz 843, Oldecop's Erben. (Lpz., Kollmann.) 2 ngr

Scherzer, Christian Gottlieb (Adorf) A. S. 577/65

Dissertatio de remissione pignoris uxori in bonis mariti competentis absque iureiurando valida. Präs. Josias Ludwig Ernst Püttmann. Leipzig (Langenheim) 16. X. 1773. 14 S.

Gew.: Johann Christoph Pinder, Johann Adam Krausius. 30314

Scherzer, Christoph Wilhelm (Ahorn/Ofr.) Erlg. Thl. 1752/1

Disputatio theologica polemica, qua articulus de redemtione a cavillationibus autoris religionis essentialis vindicatur. Präs. Johann Martin Chladen. Erlangen (Camerarius) 2. V. 1752. 45 S.

W. v.: Präs. 30315

Scherzer, Cr., (Chr. Aug. Glo. Eberhard), Federzeichnungen. 1r Thl. 8. Halle 805. Renger. 1 rℓ 4 gr.

Scherzer, Fr. Euseb., († d. 29. Mai 1775.) Abhandl. von d. Brudernamen im N. Test. 8. Coburg 768. (Riemann). 2 gr.

— Abhandl. von den Glaubenslehren. 8. Coburg 771. (Riemann). 4 gr.

— Prüfung des Zersimann. Predigtbuchs: Gerechtigkeit die vor Gott gilt. Nebst Erh. Andr. Frommann's Vorrede. 8. Coburg 769. Abl. 12 gr.

— Versuch, die Nothwendigkeit eines gleichförm. Lehrbegriffs in Religionswahrheiten zu bestimmen u. zu beweisen. 8. Coburg 768. (Riemann). 2 gr.

Scherzer, G., s.: Ballhorn's Nürnberger Wanderbuch.

Scherzer, G., Nürnberger Wanderbuch, s. Dittmar, F.

Scherzer, Dr. J., Vježbenica za početnu obuku u njemačkom jeziku u pomorskim školama i drugim srednjim zavodima. Wien 1903. K. k. Schulbücher-Verlag. Preis, geheftet 1 K 30 h, gebunden 1 K 50 h.

Scherzer, Johann Adam

Scherzer, Ioh. Ad., Anti-Bellarminus sive in IV Tom. controv. in R. F. Bellarmin. Card. disput. acad. 4. Lips. Weidmann. 703.

Scherzer, Johann Adam [Praes.], s. Behnes, Chn. Friedr.: De conjectura pietatis.

— Bibliotheca pontificia s. papismus vapulans. 4. Lips. 708.

— Collegium anti-calvinianum. 4. Lips. Weidmann. 704.

— — anti-socinianum per CLIV. dissert. acad. absolut. editum. 4. Lips. Fritsch. 702.

Scherzer, Johann Adam (Leipzig) A. S. 744/2

Dissertatio inauguralis de conjectura pietatis. Leipzig (Zschau) 30. VIII. 1703. 38 S.

Gew.: Kirchenkapitel in Wurzen. 30317

Scherzer, J. A., de historia adulterae. Lips. 1682; rec. 1727. 4.

Scherzer, Johann Adam [Praes.], s. Krumholtz, Christian: De historia adulterae ex Johannis IIX, 1–12.

Scherzer, J. A., de purgatorio exusto contra Pontificios. Lips. 1705. 4.

— selecta rabbinico-philologica in loca sacrae script. cur. Abicht. 4. Lips. 705.

Scherzer, Johann Adam (Leipzig) A. S. 211/1

Disputatio juridica de successione foeminarum in feudis, earumque exclusione per masculos, occasione textuum invicem hactenus oppositorum, ... Präs. Gottfried Barth. Leipzig (Zschaue) 15. IV. 1701. 59 S.

Gew.: Jakob Born.
W. v.: Präs., Johann Gunther. 30316

— Systema Theologiae. 4. ibid. 704.

— Vademecum seu manuale philosophicum. ibid. 704.

Scherzer, Joh. Ad., kurzer Weg u. Handgriff durch einen Hauptsatz d. Kern Heil. Schrift zu fassen. 12. Leipz. Crusius. (F. C. W. Vogel). 732. Vithlr.

Scherzer, Johann Heinrich (Neukirchen/Vl.) A. S. 102/7

Actio realis qua res immobilis petitur ad subterfugiendum onus satisdationis actori profutura.
Präs. Christoph Ludwig Crellius.
Leipzig (Schede) 19. IV. 1725. 32 S. 30318

Scherzer, Johann Heinrich (Leipzig) A. S. 1390/13

De insigni veterum quorundam philosophorum fervore in veritate investiganda. Präs. Christian Gottlieb Jöcher.
Leipzig (Takke) 11. III. 1730. 36 S. 30319

Scherzer, Josef

Scherzer, J., k. k. Oberlieut. etc. Lehrbuch der Militär-Chemie, als Leitfaden für die Vorlesungen im k. k. Bombardier-Corps. Mit 5 lithogr. Tafeln. 8. Wien 1845.

Scherzer, Jos., (Oberlieut.,) Lehrbuch der Militair-Chemie, als Leitfaden f. die Vorlesungen im k. k. Bombardier-Corps. Mit 5 lith. Taf. gr. 8. Wien 846, Tendler. n. 3½ ₰

SCHERZER, JOSEPH.
Lehrbuch der Militär-Chemie als Leitfaden für die Vorlesungen im K. K. Bombadier-Corps. Wien, 1846. pp. xiv-735. 8vo. Ill.

SCHERZER, Iwan: Über die stilistischen Elemente in der Krone Heinrichs von dem Türlin. — 1888. 212 S. Diss. Graz, Univ.

Scherzer, Karl v., die Anfänge menschlicher Industrie, s. Sammlung gemeinverständlicher wissenschaftlicher Vorträge.

Scherzer Kv, die Anfänge menschlicher Industrie. (Sammlung gemeinverständlicher wissenschaftlicher Vorträge 419) Berlin 1883

Scherzer, Karl v., die deutsche Arbeit in fremden Erdtheilen. Vortrag, geh. am 24. März 1879 in der Gemeinnützigen Gesellschaft zu Leipzig. gr. 8. (29 S.) Leipzig 880. Roßberg. n. — 50

—— Die deutsche Arbeit in fremden Erdtheilen. Vortrag. Leipzig 1881. 8. (DsB.)

Scherzer, Karl von, Die deutsche Arbeit in aussereuropäischen Ländern. Vortrag gehalten am 5. März 1863.
Ist: Pop. Vorträge geh. im n.-oesterr. Gewerbe-Ver. 1863. H. 4.

Scherzer, Karl v., die deutsche Arbeit, s. Vorträge, populäre.

Scherzer, Karl (Wien)
Ueber das Armthum.
Wien 1848.
[Zur Promotion eingereicht.]
Dr. phil. Giessen 29.6.1849. 26 Kriegsverlust.

Scherzer, Carl, Ueber das Armthum. 8°. Wien, Kaulfuss' Witwe, Prandel u. Co., 1848.

Scherzer Karl Ritter von. Dr.: Auszug aus einem Schreiben desselben, Guatemala, 1. Juli 1854, an den Generalsekretär der Kaiserlichen Akademie der Wissenschaften. S. 13. 348 . . . . . . vgr.
Separatabdruck

— einige Beiträge zur Ethnographie China's gesammelt während des Aufenthaltes der ersten österreichischen Erdumseglungs-Expedition, unter den Befehlen des Herrn Commod. B. v. Wullerstorf-Urbair, in chinesischen Häfen. (Aus den Sitzungsber. der k. Akad. der Wissensch.) Wien 859. Gerold in Comm. gr. 8. (16 S.) 3 ngr.

Scherzer, Karl, Bericht an die k. Akad. der Wissensch. über eine Reise nach Amerika in den J. 1852 bis 1855. (Aus d. Sitzungsberichten d. k. Akad. d. W.) Wien 856. (Gerold.) gr. 8. (29 S.) n. 5 ngr.

—— Bericht an die kaiserl. Akademie der Wissenschaften in Wien über einige während des Aufenthaltes S. M. Fregatte „Novara" im Hafen von Hongkong erzielten Resultate. Lex.-8. (11 S.) Wien 859, (Gerold's Sohn.) *
aus: Sitzungsberichte der k. Akademie der Wissenschaften, Jahrg. 1859 und 1858, besonders abgedruckt.

Scherzer, Karl v., fachmännische Berichte üb. die österreichisch-ungarische Expedition nach Siam, China u. Japan. [1868—1871.] Im Auftrage d. k. k. Handelsministeriums red. u. hrsg. Mit e. Karte v. Indien. e. Weltkarte u. (eingedr.) Holzschn. gr. 8. (XVI, 912 S. m. 4 lith. u. chromolith. Taf. in gr. 8., qu. 4. u. Imp.-Fol.) Stuttgart 872. Maier. n. 15. —

—— ein Besuch bei den Ruinen von Quiriguá im Staate Guatemala in Central-Amerika. Lex.-8. (15 S.) Wien 855, (Gerold's Sohn.) *
aus: Sitzungsberichte der k. Akademie der Wissenschaften, besonders abgedruckt.

— die Buchdruckerkunst u. der Kulturfortschritt der Menschheit, s. a. Zeitfragen, volkswirthschaftliche.

Scherzer Kv, die Buchdruckerkunst und der Kulturfortschritt der Menschheit. (Zeitfragen, Volkswirtschaftliche 31) Berlin 1882

—— —— die Republik Costa Rica, s. Wagner, M.

von Scherzer, Karl: Statistisch-commercielle Ergebnisse der Reise Seiner Majestät Fregatte Novara um die Erde. Bd. 1. 2. Wien 1864—1865. 2 Bde. IX, 368, 20 S., 1 Krt; VI, 540, 150 S., 8 Krt.
= Reise der österreichischen Fregatte Novara um die Erde. Statistisch-commercieller Theil. Bd. 1. 2. 4°. ID 432

Scherzer, Karl v., statistisch-commerzielle Ergebnisse einer Reise um die Erde, unternommen an Bord der österreich. Fregatte Novara in den Jahren 1857—1859. 2., verb. u. mit den neuesten statist. Daten ergänzte Aufl. Leipzig 867. Brockhaus. Lex.-8. (XII, 797 S. mit 4 Karten in lith. Farbendr. in gr. u. qu. gr. 4.) n. 5 ₰; geb. n. 5 ₰ 20 ngr.

—— s. Expedition, die k. k. österreichisch-ungarische, nach Indien 2c.

— *Las historias del origen de los indios de esta provincia de Guatemala. traducidas de la lengua Quiché al Castellano para mas comodidad de los ministros del S. Evangelio. Por el R. P. F. Francisco Ximenez. Exactamente segun el texto español publicado por el Dr. C. Scherzer.*
Separatabdruck Wien 1857.

— Das zweite Jahr der Erdumsegelung S. M. Fregatte „Novara". Bericht vom 29. April 1859. S. 37. 5.
Siehe unter Haidinger Wilhelm Ritter von.
Separatabdruck

Scherzer, Karl: Die Indianer von Santa Catalina Istlávacan (Frauenfuss). Ein Beitrag zur Culturgeschichte der Urbewohner Central-Amerikas. ([S.-A.] Sitzungsberichte der phil.-hist. Classe der kais. Akademie der Wissenschaften in Wien. Bd. 18. Decemberheft.) Wien 1856. 17 S. 8° [L 7721

—— die Indianer von Santa Catalina Istlávacan (Frauenfuss). Ein Beitrag zur Cultur-Geschichte der Urbewohner Central-Amerika's. Lex.-8. (17 S.) Wien 856, (Gerold's Sohn.) *

— das wirthschaftliche Leben der Völker. Ein Handbuch üb. Production u. Consum. Lex.-8. (XI, 756 S.) Leipzig 885. A. Dürr. n. 18. 50; geb. n. 20. 50

Scherzer Karl Ritter von. Dr.: Mitteilungen aus Nordamerika. S. 10. 153 . . . . . . vgr.
Separatabdruck

Scherzer, Karl: Mittheilungen über die handschriftlichen Werke des Padre Francisco Ximenez in der Universitäts-Bibliothek zu Guatemala. ([S.-A.] Sitzungsberichte der phil.-hist. Classe der kais. Akademie der Wissenschaften. Bd. 19. Jahrg. 1856.) Wien 1856. 23 S. 8°. [L 7722

—— aus dem Natur- und Völkerleben im tropischen Amerika. Skizzenbuch. gr. 8. (V und 380 S.) Leipzig 864, G. Wigand.

Scherzer, Karl von, Reise der oesterreichischen Fregatte „Novara" um die Erde, in den Jahren 1857, 58, 59, unter den Befehlen des Commodore B. von Wüllerstorff-Urbair. Wien 1864–66. (752–751)

Scherzer, K. v., s. **Reise** der österreichischen Fregatte Novara um die Erde.

—— und M. Wagner, Reisen in Nordamerika, s. **Wagner, M.**

— Smyrna. Mit besond. Rücksicht auf die geograph., wirthschaftl. u. intellectuellen Verhältnisse v. Vorder-Kleinasien. Im Vereine m. den Herren Humann u. Stöckel bearb. Mit e. (chromolith.) Culturkarte v. Vorder-Kleinasien (in gr. Fol.), e. (lith.) Thermenkarte der Provinz Smyrna (in Fol.), e. Situationsplan, Profiltaf. u. Fluctutations-Tabellen. gr. 8. (273 S.) Wien 873. Hölder. n. 10. —

—— La Province de **Smyrne**, considérée au point de vue géographique, économique et intellectuel. En collaboration avec MM. Ch. Humann et J. M. Stöckel. Traduit de l'allemand par Ferd. Silas. Avec une carte de l'Asie-Mineure, une carte thermale et plusieurs cartes spéciales. gr. 8. (258 S.) Ebendas. 873. *

—— Smyrne, considérée au point de vue géographique, économique et intellectuel, en collaboration avec Ch. Humann et J. M. Stöckel. 2e édit. Avec une carte (chromolithogr.) de l'Asie mineure, une carte thermale (lithogr.) et plusieurs cartes spéciales (lithogr.). gr. 8. (V, 258 S.) Leipzig 880, [Knapp.] Verlag des Maschinenbauer. *

— Sprachen der Indianer Zentralamerikas. 8. 15. ... vgl. Separatdruck

—— wirthschaftliche **Thatsachen** zum Nachdenken. gr. 8. (82 S.) Leipzig 881, O. Wigand. *

Scherzer, K. Ueberlandreise von Valparaiso über den Isthmus von Panama nach Gibraltar. (Aus d. III. Vol. d. Reisebeschreibung d. Novara-Expedition.) Wien 1862. 8.

Scherzer, Carl v., u. Ed. **Brataſſević**. Der wirthschaftliche Verkehr der Gegenwart. Nach den neuesten u. zuverlässigsten Quellen dargestellt. Zugleich als Ergänzungsheft zu Dr. Carl v. Scherzer's: „Das wirthschaftl. Leben der Völker." gr. 8. (VI, 120 S.) Wien 891, Hölzel. * 2 70
Hauptwerk. Lpz. 1885, A. Dürr. * 18 50; geb. * 20 50.

von Scherzer, Karl: Moritz **Wagner**. Ein deutsches Forscherleben. ([S.-A.] Allgemeine Zeitung. Jahrg 1888. No 6 u. ff.) München 1888. 27 S. 8°. [A 4920

—— Wanderungen durch die mittel-amerikanischen Freistaaten Nicaragua, Honduras und San Salvador. Mit Hinblick auf deutsche Emigration und deutschen Handel. gr. 8. (XIX und 516 S. mit 2 chromolithogr. Karten in Fol.) Braunschweig 856(57,) Westermann. *

—— Weltindustrien. Studien während einer Fürstenreise durch die brit. Fabrikbezirke. gr. 8. (XII, 316 S.) Stuttgart 880, Maier. *
Prachtausg. *

von Scherzer, Karl: Bernhard Freiherr v. **Wüllerstorf**. Ein Blatt pietätvoller Erinnerung. ([S.-A.] Beilage der Münchener Allgemeinen Zeitung. [1883.] No. 340.) München 1883. 15 S. 8°. [A 4960

— Central-Amerika in seiner Bedeutung für den Deutschen Handel u. die Deutsche Industrie geschildert. Aus dem 2. Hefte der Abhandlungen und Mittheilungen des Nieder-Oesterreich. Gewerbe-Vereins. Mit 1 erläuternden (lith.) Karte (in Fol.). Wien 857. (Seidel.) gr. 8. (18 S.) n. 6 ngr.

SCHERTZ-FRAGEN, Lustige / Mit welchen sich so wohl das / Löbliche / Frauen-Zimmer, / Als auch Jung-Gesellen, / Bey lustigen / Conversationen / durch / Rätzel, Grab-Schrifften, und / andern lieblichen Spielen, in zuläß- / licher Ergötzlichkeit erlustigen / können. (Typogr. Ornament u. Druckerstock.) Gedruckt im Jahr, da die Liebe kalt war, / Im Monath, da die Floh groß beissen that. (c. 1720?) 8°. 4 Bll. Rar!
In der Art der Bücher f. d. Volk gedruckt. — Enth. 20 Räthsel in Versen (mit beigef. Auflösung), 10 poet. Grabschriften, 5 lustige Scherzfragen (Prosa, mit Antwort). — Einiges derb.

„Poetisch **Schertz-Gedicht**. Auff die jetzigen närrischen Complementen und Frantzösische Kleider-Tracht." Satyrisches Hochzeit-Gedicht vom J. 1643. Treue Copie des bisher unbekannten Abdruckes vom J. 1700 . . .
Tit., 7 handgeschrieb. Bl. 8°.

Schertz-Gedicht, poetisch, auf die jetzigen närrischen Complementen u. Frantzösische Kleider-Tracht. Derbes Hochzeits-Gedicht v. 1643. 12. (13 S.) Köln 890. Teubner. n. — 75

SCHERTZ-GEDICHTE und Lieder. Berlin, bey Joh. Heinr. Rüdigern, dem Jüngern, 1760. 93 S. 8°. (In Berlin, Magistratsbibl.) Rar!

v. Scherzgern, Frhr. (Psdn.), Taschenbuch für Marionetten- u. Kindertheater. Mit 3 ill. Kpft., 1 Musikbeil. u. 1 Vign. 8. Augsb. 825. (Leipz., Hinrichs). 20 gr

Scherzhold [Pseud.], s. Winkler, Theodor

Scherzhold, Hans, Grillen-Pastillen. Humoristisches Allerlei in Geschichten u. Gedichten zur Kurzweil f. Jedermann. gr. 16. (VIII, 338 S.) Bern 874. Heuberger. 1. 50

Scherzinger, J. Arnold, a complete English dictionary of the roots of the world-language Volapük, invented by Mgr. Joh. Mart. Schleyer. II. Volapük-English. 12. (S. 157–343 S.) Konstanz, Schleyer's Weltsprache-Zentralbüro. n. 1. 50

-- dasselbe. Vol. I, s.: Schleyer, Joh. Mart.

Scherz-Cabinet, Das Poetische, Bestehende Aus hundert Theils anmuthigen Historien, Theils Sinnreichen Scherzen. Auf Reisen und in vertrauten Compagnien füglich anzubringen; Mehrentheils mif dem Schlüssel Spanischer, Französischer, Englischer, Holland und Italiänischer auch zum Theil Einheimischer Scribenten aufgesperret und bey müssigen Neben-Stunden zu eigener Ergötzlichkeit In Teutschen Reimen geputzet und ausgeschmücket von J. F. R. [Nürnberg] 1713. V: *Riederer, Iohann Friedrich.* (BGK VII[a], 150—152)

† Scherzlieb, G., (....) Prisen zum Frühstück, s. a. Prisen.

SCHERZLIEB, C. (ps.), Prisen zum Frühstück. Ein Beitrag zu gesellschaftlichen Erheiterungen. 3. verbess. Aufl. Sangerhausen, J. R. Rohland, 1839. 8°. (¼ Rthlr.)
365 Anekdoten. — Zuerst gedr. Frankenhausen 1834. 8°.

Scherzlieb, Ernst [Pseud.], s. a. Lüdemann, Wilhelm von

† Scherzlieb, Ernst, (Geo. Wilh. v. Lüdemann,) Dresden wie es ist, s. a. Dresden.

Scherzlieb, Er., (Wlh. v. Lüdemann,) Dresden wie es ist. 8. Zwickau 830. Gebr. Schumann. 1 ₰ 8 gr Vergl. K. O. Spazier, Scherz u. Ernst.

Scherzlied zum Nachtisch am 25jährigen Beamten-Jubiläum des Br [Friedr. Aug.] Meyer, gewidmet von einem Schulcameraden und Br. Hamburg [1858]: Appel. 2 Bl. 8° [Umschlagtit.]
Ohne Noten: „Ihr Brüder, lasst erklingen ...“
Rekt. Kneisner, Hamburg.

SCHERZ- u. Heyraths-Lotterie, Curiöse, zum Vergnügen für Jederman (!). Berlin u. Leipzig, o. J. (1777). Kl. 8°. (1 Mk. Scheible, c. 1878; jetzt höher!)
56 S. (incl., 7 Bll. Vorber., Tabelle 1—6), dann noch 4 unbez. Bll. (Tabelle 1—4). Sämmtl. Bll. mit Randleisten. Text in Versen (4zeil. Stroph.). — Seltenes Loosbüchlein.

Scherz-
u. Pfänderspiele, allerneueste, in lust. Gesellschaften. 6. Altona, Kaven. (Sommer in Leipz.). 796.
Vgl. Arten, Alle, d. neuesten Scherz-u. Pfänderspiele...

Scherz- u. Lustspiele in angenehmer Compagnie. 8. Frankf. u. Leipz. 758. ... 3 gr

SCHERZ- und Pfänderspiele in lustigen Compagnien. Frankf. 1766. 8°.
Cat. Vandenhöck II. p. 526.

Scherzsuccus in ernsten Stunden des Lebens in Oktavformat zu nehmen, aus heilsamen Kräutern gepreßt von den Briefträgern der k. k. Post-direktion in Gratz, welche die Zustellung der markirten Briefe besorgen und den P. T. hochgeehrten Gönnern zum neuen Jahre 1856 in aller Ehrfurcht überreichen. Gratz. Druck und Papier von J. A. Kienreich. (16 S. 8.)

Schesaeus, Ch.

Schesaeus. Ruinarum pannonicarum libri XVIII cum historia pannonica Solymanni imperatoris Turcarum ultimam expugnationem Gyulae et Szigethi continente. Vitebergae 1573. Cum annotationibus edidit Eder. 4. Cibinii, Viennae 1797. 4.50.

Schesaei, Ch., Ruinae pannonicae libr. XVIII, statum reipublicae et religionis in Ungaria et Transylvania temporibus J. S. Zapolya complexi. 4. Wien 797. Schaumburg u. C. 1 ℳ 12 gr

Schesmer, [illegible] 1866. 28 S. 8°.
Berlin, Med. Diss. v. 8. Mai 1866.

Scheßler, Christian

Christ. Scheßler Euclidis XV Bücher deutsch auf eine besondere kurze Art, jedoch ausführlich abgehandelt mit erforderlichen Kupferfiguren. Zweyte Auflage. Dresden, bey Gottl. Christ. Hilscher. 1729.

Schesler, demonstrationes mathematicae, oder Unter-suchg. mathemat. Wahr- u. Unwahrheiten, m. K. Fol. Dresden. 729.

Christian Scheßler's Arithmetischer Hauptschlüssel, darinnen die also genannte Practica und andere Rechnungen denen Handelsleuten sehr dienlich. Dresden. 1692.
— 1701.
— vermehrt. Dresden. 1720.
— Leipzig b. J. Chr. Mieths Erben. 1720.
— mit Kupf. der 3te Theil. 8. 1722.

— arithmetischer Hauptschlüssel. 8. Dresden, Gerlach. 720.

Chr. Scheßler's des Arithmetischen Hauptschlüssels Continuatio in einer Oekonomischen Arithmetica oder Commercien-Banco, Credit, Interesse, Contribution und andern Rechnungen bestehend. Dresd. b. J. Chr. Mieths Erben. 8. 1720.

Schestag August: Zwei für Philipp von Burgund verfertigte Miniaturenhandschriften der Wiener Hofbibliothek. Diss. Wien, Univ.
D: Erschien unter dem Titel „Die Chronik von Jerusalem“. (Jahrbuch d. Kunsthist. Slgn. d. A. H. Kaiserh. XX, 1899).
1897 PN 1097

Schestauber, Valerian: D. Buchführung im Apothekenbetrieb, s. Barber, Josef

Schestauber, Valerian, die Korrespondenz im Baugewerbe. Ein Lehrbuch f. den Unterricht in Geschäftsaufsätzen an baugewerbl. Abtlgn. der gewerbl. Lehranstalten, zugleich Handbuch f. Baugewerbetreibende. (VI, 298 S.) 8. Wien 908. F. Deuticke.
Geb. in Leinw. 3. 80

— das Uebungskontor. Der Manufakturwarenbranche entnomm. Geschäftsfälle, als Grundlage f. das Uebungs-(Muster-)kontor an zweiklass. Handelsschulen. Mit Berücksichtigg. neuester Verhältnisse zusammengestellt. (48 S.) gr. 8. Wien 905. A. Pichler's Wwe. & Sohn.
n. 1. —

Schestauber Valerian: Wesen der Privatlagerhäuser und ihrer Vinkulationsgeschäfte. 15. ibd. 908. Progr.

Schetter, Fr., Hilfsbuch zum Dienstunterrichte für die k. k. Finanzwache. gr. 8. (544 S.) Salzburg 860. Glonner.

Schestopal, Constantin, Einwirkung von Aceton auf para Amidoazobenzol und ein di α-di γ Tetramethyldichinolylin aus Benzidin. Diss. Rostock 1887, G. B. Leopolds Univ.-Buchh. 8°. 32 S.

Schetelich, Joh., das Lagergeschäft mit Ausschluss des Lagerscheines nach dem Handelsgesetzbuch vom 10. V. 1897. (X, 132 S.) gr. 8. Leipzig 906. Veit & Co.
Leipzig, Diss. v. 31. Juli 1906. n. 3. 80

Schetelig, A., sin Eenzigst. En plattdütsches Charakterbild. 8. (III, 100 S.) Norden 892. D. Soltau. n. 1. —

(B) **Schetelig, A.,** sin Eenzigst. 892. (KBL 28.) Jetzt: Leipzig, O. Lenz.

Schetelig, A.: Mittheilungen über die Sprache der Urenwohner Formosa's. ([S.-A.] Zeitschrift für Völkerpsychologie und Sprachwissenschaft. Bd. 5. 1868.) (Berlin 1868.) 32 S. 8°. |II 921

Schetelig, A., Lieschen Ströh un ehr Söhn. En Lebensbild ut plattdütschen Land'n. 16. (122 S.) Garding 888. Lühr & Dircks. n. 1. —; geb. n. 1. 80

Schetelig, Arnold, Homburg-Spa, an introduction to its waters and their use. 8. (107 S. m. 1 Taf.) Frankfurt a/M. 893. J. Alt. Geb. in Leinw. n. 2. 50

—— **Nervi and its environs, s. Europe, illustrated.**

Schetelig. Arnold. Nervi and its Environs. With (17) Illustrations by C(h[arles]) Fayod. (Illustrated Europe. № 136. 137. 138.) 8. Zurich ([18]90).

Schetelig, Arnold. Nervi u. seine Umgebungen. Ein Handbuch f. Gesunde u. Kranke. 8. (111 S. m. 26 Illustr.) Frankf. a. M. 890, Alt. cart. in Leinw. * 2 40

Schetelig, Georg Konrad Wilhelm: Nachricht über das dem Andenken Heinrich's von Zütphen am 25. Juni 1830 auf dem Heider Begräbnissplatze errichtete Monument. Voran eine Lebensbeschreibung des Märtyrers. Als Beitrag zur Geschichte des Confessions-Jubiläums hrgg. Altona. 1830. 8°

Schetelig, G. C. W., Nachr. über das, dem Andenken Heinrichs von Zütphen am 26. Juni 1830 auf d. Heider Begräbnißplatze errichtete Monument. Voran e. Lebensbeschreib. des Märtyrers. Mit 3 Abbildd. gr. 8. Altona 830. Aue. 7 gGr.

Schetelig, J. C., Predigt über 1. Corinther 13, 13 zufolge der Anordnung der Tilemann-Müller'schen Stiftung am Sonntage Invocavit d. J. gehalten. Kiel 859. (Akademische Buchhandlung.) gr. 8. (16 S.) n. 3¾ ngr.

SCHETELIG, JAC. AUG. Diss. inaug. de partu gemellorum. Chiloniae. 1789.

Schetelig, Johann Andreas Gf.

— erbaul. Abhandll. üb. die Wohlthaten des Leidens uns. Erlösers Christi. 8. Celle 783. Runge. (W. Rauck in Leipz.) 4 gGr.

Schetelig, Jh. Andr. Gf., († d. 28. Juli 1807.) ikonograph. Bibliothek. 1r Bd. 4 Stcke. 8. Hannov. 795—97. Hahn. 1 Rthl. 8 gGr. 2r Bd. 1s Stck. 8. Celle 800. Schulze. 12 gGr.

— Nachr. von d. Leben u. Schriften des Archidiakonus Greve in Hamburg. 8. Hamb. 757.

— die christl. Religion, als e. Grundsäule der wahren Wohlfahrt des gemeinen Wesens. 4. Celle 783.

— Samml. einiger heil. Reden. 8. Hamb. u. Leipz. 776. Müller. 6 gGr.

— von einigen höchst seltenen, merkwürd. Schriften Jh. Bissendorfs, e. Zeugen d. Wahrheit im 17. Jahrh. 4. Hamb. 770.

— Versuch e. histor.-krit. Nachr. von e. alten u. seltenen Gesangbuche d. Böhm. Brüder. 4. Hamb. 767.

SCHETELIG, JOH. FR., Einrichtung der Confirmationsfeier in der luth. Hauptkirche zu Altona d. 31. Oct. 1813. Altona. P.

Scheth, Ritter von Bohuslaw, Jos., Einführung in das Heiligthum der Evangelien, oder: Nothwendige Vorkenntnisse aus d. alten Bunde zum Verständnisse des neuen. Lex.-8. Innsbruck 842, Rauch. (Leipzig, Köhler.) 2 Rthl.

Scheth Ritter v. Bohuslaw, Jos., Einführung in das Heiligthum der Evangelien, oder: Nothwendige Vorkenntnisse aus dem alten Bunde zum Verständniß des neuen. 2. verm. u. verb. Aufl. gr. 8. (XXIV u. 696 S.) Innsbruck 846. (Wagner.) n. 2¼ Rthl.

Scheth v. Bohuslaw, Jos., Einführung in das Heiligthum d. Evangelien, od.: Nothwendige Vorkenntnisse aus d. alten Bunde zum Verständnisse des neuen. 1. Aufl. (39⅛ B.) 842. 2 Thlr. 2., verm. u. verb. Aufl. Lex.-8. (45¼ B.) Innsbruck 847, Rauch. *

Scheth v. Bohuslaw, Jos., praelectiones in Evangelium S. Matthaei. 8maj. (XXIX und 960 S.) Innsbruck 847, libr. Wagner. *

Schetivsky, Fr. C., Lese- u. Vortragsübungen für das zarte Alter. 1s u. 2s Hft. Jedes mit 1 Abbild. 8. Wien 840. Braumüller u. Seidel. (à ¼ Rthl.) ½ Rthl.

Schetla, Andreas Christoph

s. Schelta, Andreas Christoph

Schetla, Christian Friedrich (Wetzlar) A. S. 308/22

Dissertatio inauguralis iuridica quaestionem: utrum in compensatione, prout in solutione, habeatur prius ratio usurarum quam sortis, an vice versa, an pro rata usurarum et sorti simul ? evolvens.
Altdorf (Meyer) 20. XI. 1741. 32 S.

W. v.: Wolfgang Albert Spisius. 30320

Schetlik: Die Maschinenlehre in den Realschulen und ihr Einfluss auf das Gewerbe. 5 S. 8°. – Rakonitz OR., Progr. 1856.

Schett, Frz., Terrainlehre sammt Terrain-Darstellung nebst der Anleitg. zur Aufnahme m. u. ohne Instrumente u. zu Rekognoszirgn. Mit 5 (lith.) Taf. (in Fol.) gr. 8. (VI, 119 S.) Wien 873. Seidel & Sohn. n. 3. —

Schetter, Heinrich

Crayonsskizzen. Bd 1.
Marburg: Elwert 1839. 265 S. 8°

Schetter, J., St. Barbara-Büchlein. Gebet- u. Andachtsbuch f. Berg- u. Hüttenleute. Zum besondern Gebrauche der Mitglieder der St. Barbara-Bruderschaft. 16. (324 S.) Aachen 874. Jacobi & Co. — 75

Schetter, J., St. Barbara-Büchlein. Gebet- u. Andachtsbuch f. Berg- u. Hüttenleute. Zum besondern Gebrauche der Mitglieder der St. Barbara-Bruderschaft. 2., verb. Aufl. 16. (464 S.) Aachen 888. A. Jacobi & Co. n. 1. 20

Schetter's, R., zwei Todtenstädte, Pompeji u. die römischen Katakomben, s.: Studien, katholische.

Schetter, Rudolf, Gerichtsref. aus Wesel: **Die Verjährbarkeit der dinglichen Ansprüche nach dem Bürgerlichen Gesetzbuche.** *Köln 1904: Greven & Bechtold.* (54 S.) 8°
Bonn, Jur. Diss. v. 19. Jun. 1904

Schettler, J.: Bericht der XV. Kommission, betr. den Entwurf e. preuß. Gesetzes üb. d. freiwill. Gerichtsbarkeit.

Bis hierher und nicht weiter! Nachträgl. Gedanken über d. Ausstellung d. Trierer Rockes, d. Wunderberichte darüber u. d. Reliquienwesen überhaupt. Von A. L. (auf d. Umschl.: A. E.) **Schettler**, ev. Pfarrer in Cleinich. Barmen: D. B. Wiemann [1897]. (50 S.) 8° [F.]
— **Streitschriften**, Freundschaftliche. Nr. 64. [04. 15052]

Schettler, A. L., e. fröhliches Christenleben od. Lebensgeschichte v. Billy Bray. Nach dem Engl. frei bearb. 8. (IV, 141 S.) Bonn 891. J. Schergens. n. 1. —

Schettler, A. L., e. fröhliches Christenleben od. Lebensgeschichte v. Billy Bray. Nach d. Engl. frei bearb. Durchges. 2. Aufl. gr. 8. (VIII, 141 S. m. 1 Bildn.) Bonn 895. Frankfurt a/M., J. Schergens. n. 1. —; geb. 1. 80

Schettler, A. L., ein fröhliches Christenleben od. Die Lebensgeschichte von Billy Bray. Nach dem Engl. frei bearb. 3. Aufl. m. Vorwort v. J. Dammann. (XV, 127 S. m. 1 Bildnis.) 8. Dinglingen 904. St. Johannis-Druckerei. n. — 80; kart. n. 1. —; geb. n. 1. 60

Schettler, A. L., einen todten oder einen lebendigen Christus? Eine Gewissensfrage an Viele. I. Unbeweisbar und doch wahr. gr. 8. (108 S.) Hamburg 874, Agentur des Rauhen Hauses. *

Schettler, A. L., Einen todten oder einen lebendigen Christus? Eine Gewissensfrage an Viele. II. Wer glaubt, bekennt. III. (Schluß.) Wo soll's hinaus mit unserer evangelischen Kirche. gr. 8. (VII, 122 S.) Hamburg 876, Agentur des Rauhen Hauses. * 1 25
I. Ebendas. 1874. *M 1.

—— der Glaube und das Bekenntniß. Mit besond. Berücksicht. des apostol. Glaubensbekenntnisses. gr. 8. (IV, 52 S.) Heidelberg 877, C. Winter's Universitäts-Buchh. * — 80

Schettler, A. L., nach der Heimat. Ein Wort der Liebe f. solche, die nach der Heimat fragen. 8. (IV, 145 S.) Basel 899. Kober. n. 1. —; geb. in Leinw. n. 1. 60

— der wahre heilige Rock Jesu Christi. Ein Wort der Liebe an alle ernstgesinnten, frommen, christgläub. Wallfahrer zum heil. Rock in Trier. 8. (29 S.) Ebd. 891. n. — 20

Schettler, Adolf

Schettler, tätiges Christentum. Predigten. (VII, 208 S.) 8. Berlin 908. G. Nauck. 3.—; geb. n 4. —

Schettler, Adolph, Divisionspfarrer in Danzig: Die paulinische Formel „durch Christus". T. 1. Tübingen 1906: H. Laupp jr. (36 S.) 8°
Heidelberg, Theol. Fak., Ref. Deißmann, Diss. v. 20. Aug. 1906
[Geb. 12. Juli 67 Paris; Wohnort: Danzig; Staatsangeh.: Preußen; Vorbildung: Gymn. Gütersloh Reife O. 87; Studium: Straßburg 3, Berlin 3, Erlangen 1 S.; Rig. 23. Juni 06.]

Schettler, Adph., die paulin. Formel „Durch Christus". untersucht. (VIII, 82 S.) gr. 8. Tübingen 907. J. C. B. Mohr. n. 2. 40

Schettler, C., die fünf Hauptstücke d. luther'schen Katechismus. Mit erklär. Anmerkgn. u. fortlauf. Berücksicht. v. Spruchbuch, bibl. Geschichte u. Kirchenlied. gr. 8. (54 S.) Köthen 883. Schettler's Verl. n. — 40

Schettler, C., die fünf Hauptstücke des lutherischen Katechismus. Mit erklärenden Anmerkungen und fortlaufender Berücksichtigung von Spruchbuch, bibl. Geschichte und Kirchenlied. 2. Aufl. gr. 8. (54 S.) Cöthen 887, Schettler's Erben, Verlag. *

Schettler, C., die fünf Hauptstücke d. luther'schen Katechismus. Mit erklär. Anmerkgn. u. fortlauf. Berücksicht. v. Spruchbuch, bibl. Geschichte u. Kirchenlied. 3. Aufl. gr. 8. (54 S.) Cöthen 890. Schettler's Erben, Verl. n. — 40

Schettler, C., die fünf Hauptstücke des kleinen Katechismus Luthers. Mit erklär. Anmerkgn. u. fortlauf. Berücksicht. v. Spruchbuch, bibl. Geschichte u. Kirchenlied. Neue, nach der neuen Rechtschreibg. durchgeseh. Ausg. (48 S.) 8. Cöthen 906. P. Schettler's Erben. n. — 40

Schettler, C. Gottlieb

Schettler, C. Gttl., die Erinnerungen an die Einführ. d. Landes-Verfassung sind zugl. Erinnerungen an d. gnädige Walten Gottes in bedrängt. Lage uns. Vaterlandes. Eine getr. Preis-Predigt. gr. 8. (1¼ B.) Dresden 833. (Leipzig, Kollmann.)

Schettler, C. G., die hundertjährige Jubelfeier d. Einweihung der Kirche zu Nisca bei Großenhain am 10. Novbr. 1851. Gesänge mit neuem Te Deum auf leicht singbare Melodie, Altar-Gebet u. Predigt nebst Beilage zweier Choräle verfaßt u. als Nachklänge f. mitfühlende Herzen hrsg. gr. 8. (26 S.) Großenhain 852, Haffner. n. 4 ngl

Schettler, Franz

Schettler, Frz., „Ich kann's nicht glauben," oder Beleuchtung der ernsten theolog. Zeitfragen: I. Was dünket euch um die Vernunft? II. Was dünket euch um die Wunder der evangel. Geschichte? gr. 8. Magdeburg 845, Falckenberg u. Comp. n. 4 ngl

— die christliche Lehre von der göttl. Dreipersönlichkeit, gegen neuerliche Widersacher gerechtfertigt. Ein Büchlein für ernste u. denkende Christen. gr. 8. Magdeburg 845, Falckenberg u. Comp. ⅙ ß

—— der Protestantismus des Hrn. Prof. Dr. L. Lange zu Jena, kritisch beleuchtet. Anbei einige aphoristische Andeutungen üb. den rechten Protestantismus. gr. 8. (3 B.) Magdeburg 845, Falckenberg u. Comp. *

— C. B. König's unruhiges Wort u. unrechter Standpunct, aus dem II. Hefte seines „rechten Standpunctes" dargestellt u. beleuchtet. Ein ernstes Wort f. ernste u. gebildete evangel. Christen. gr. 8. Leipzig 844, Klinkhardt. n. ⅙ ß

Schettler, Fritz, Referendar in Zwickau: Der Spezifikationskauf nach Handelsrecht. Dresden 1905: Liepsch & Reichardt. (58 S.) 8°
Leipzig, Jur. Fak., Diss. v. 3. Febr. 1905
[Geb. 22. Juni 79 Dresden; Wohnort: Blasewitz; Staatsangeh.: Sachsen; Vorbildung: Gymn. Dresden-N. Reife O. 98; Studium: Kiel 1, Heidelberg 4, Leipzig 3 S.; Rig. 2. Febr. 03.]

Schettler, Fritz, appr. Tierarzt: Aus d. med. Klinik d. Tierärztl. Hochsch. zu Dresden. Versuche über die Wirkung des Klonein. Dresden 1910: (Schönfeld). 132 S. 8°
Leipzig, Veterinär-Med. Diss. v. 26. Febr. 1910, Ref. Schmidt
[Geb. 19. Okt. 83 Buchholz, Erzgeb.; Wohnort: Dresden; Staatsangeh.: Sachsen; Vorbildung: Realgymn. Leipzig; Studium: München 1, Dresden 7 S.; Coll. 5. März 10; Approb. 22. Juli 09.] [U 10. 3050

Schettler, Karl Alex., Commentar üb. Herings Unterr. in d. christl. Lehre. 8. Bresl. 796. (Gosohorsky). 1 ß

Schettler, Karl Alex., Commentar üb. Herings Unterricht in d. christl. Lehre. 8. Breslau, Meyer. 796.

— Wünsche u. Vorschläge zur Beherzigung f. Prediger. 1r Thl. 8. Köthen 808. Aue. 12 gl

Schettler, O.

—— s. Guts Muths, J. Ch. F., Spiele zur Uebung und Erholung des Körpers und Geistes.

Schettler, O., Lesebuch für untere Klassen in Volksschulen. Den Bedürfnissen unserer Schule gemäß zusammengestellt. Plauen 870. Hohmann. 8. (IV, 147 S.) geb. n. 5 ngr

—— Turnschule für Knaben. 1. Thl. Stufe 1—3: Bestimmt für die 3 ersten Turnjahre. gr. 8. (VII, 182 S. mit 96 in den Text gedr. Holzschn.) Ebendas. 875. *

Schettler, O., Turnschule für Knaben. 2. (Schluß-)Thl. Stufe 4 und 5: Bestimmt für Knaben von 12—15 Jahren. gr. 8. (VI, 167 S. mit 97 in den Text eingedr. Holzschn.) Plauen 876, Hohmann. * 2 —
1. Thl. Ebendas. 1875. *M 2.

Schettler, O., Turnschule für Knaben. 1. Thl. Stufe I—III: Bestimmt für die 3 ersten Turnjahre. [Mit 96 in den Text gedr. Holzschn.] 2., verb. Aufl. gr. 8. (X, 182 S.) Plauen 880. Hohmann. n. 2. —

Schettler, O., Turnschule f. Knaben. 2. Tl. Stufe IV u. V: Bestimmt f. Knaben von 12—15 Jahren. [Mit 97 in den Text gedr. Holzschn.] 2., verb. Aufl. gr. 8. (VI, 158 S.) Plauen i/V. 883. F. E. Neupert's Verl. n. 2. —

— dasselbe f. Knaben. 1. Tl. Stufe I—III: Bestimmt f. d. 3 ersten Turnjahre. 3. Aufl., umgearb., verm. u. m. 72 Lehrbeispielen vers. v. M. Zettler. 8. (VIII, 248 S. m. 109 Holzschn.) Plauen 895. Leipzig, F. E. Neupert's Verlag. n. 3. —

(3. Teil der Turnschule f. Knaben siehe: Schettler, O., Turnspiele für Mädchen und Knaben. Plauen.)

Schettler, O., Turnschule für Mädchen, Plauen i. V., 8°. 10 Bde.
T. 1: Stufe 1—3: D. Turnen d. Mädchen v. 8.—11. (9.—12.) Lebensj., 1872.
T. 2: Stufe 4 u. 5: — v. 12.—14. (13.—15.) Lebensj., 1872.
— 6. verm. u. verb. Aufl., 1887.
— 6. unv. Aufl., 1887.
T. 1: 7. verm. u. verb. Aufl., 1893.

— Turnschule f. Mädchen. 1—3. Thl. gr. 8. Ebend. 872—76. n. 3. 75
1. Stufe I—III.: Das Turnen der Mädchen vom 8—11. [9—12.] Lebensjahre. [Mit 70 in den Text eingefügten Holzschn.] (X, 147 S.) 1872. 2. Aufl. 1875. n. 1. 50
2. Stufe IV u. V.: Das Turnen der Mädchen vom 12—14. [bez. 13—15.] Lebensjahre. [Mit 65 in den Text eingefügten Holzschn.] 2. Aufl. (VI, 152 S.) n. 1. 50
3. Spiele f. Mädchen von 8—14 Lebensjahren. (IV, 52 S. m. eingedr. Holzschn.) n. — 75

— Turnschule für Mädchen. 1. u. 2. Thl. 3., verb. Aufl. gr. 8. Ebend. 878. 79. à n. 2. —
1. Stufe I—III: Das Turnen der Mädchen vom 8—11. [9—12.] Lebensjahre. [Mit 72 in den Text eingefügten Holzschn.] (XII, 178 S.)
2. Stufe IV. u. V.: Das Turnen der Mädchen vom 12—14. [bez. 13—15.] Lebensjahre. [Mit 65 in den Text eingefügten Holzschn.] (IV, 147 S.)

—— Turnschule für Mädchen. 2 Thle. 4. Aufl. gr. 8. Ebendas. à Thl. *M 2. *
Inhalt:
Thl. 1. Stufe I—III: Das Turnen der Mädchen vom 8.—11. [bez. 9.—12.] Lebensjahre. (XII, 178 S. mit 72 in den Text gedr. Holzschn.) 880.
„ 2. Stufe IV und V: Das Turnen der Mädchen vom 12.—14. [bez. 13.—15.] Lebensjahre. (IV, 147 S. mit 65 in den Text gedr. Holzschn.) 883.

Schettler, O., Turnschule f. Mädchen. 2 Tle. gr. 8. Plauen 887. Hohmann's Verl. à n. 2. —
1. Stufe I—III: Das Turnen d. Mädchen vom 8.—11. [9.—12.] Lebensjahre. [Mit 73 in den Text eingefügten Holzschn.] 6., verm. Aufl. (XV, 180 S.)
2. Stufe IV u. V: Das Turnen der Mädchen vom 12.—14. [13.—15.] Lebensjahre. [Mit 65 Holzschn.] 5., verm. Aufl. (IV, 156 S.)

Schettler, O. Turnschule f. Mädchen. 1. u. 2. Tl. gr. 8. Plauen, F. E. Neupert's Verlag. * 4 80
1. Stufe I—III: Das Turnen der Mädchen vom 8.—11. [9.—12.] Lebensjahre. 7. Aufl. (XIV, 178 S. m. 73 Holzschn.) 890. * 2 —.
2. Stufe IV u. V: Das Turnen der Mädchen vom 12.—14. [13.—15.] Lebensjahre. 7. verm. Aufl., besorgt v. M. Zettler. (VIII, 202 S. m. 78 Holzschn.) 893. * 2 80.

— dasselbe f. Mädchen. 1. Tl. Stufe I—III: D. Turnen d. Mädchen v. 8.—11. (9.—12.) Lebensjahre. 8. Aufl., umgearb., verm. u. m. 77 Lehrbeispielen vers. v. M. Zettler. 8. (VIII, 291 S. m. 97 Holzschn.) Ebd. 895. n. 3. —

—— Turnspiele für Mädchen und Knaben. [3. Thl. der Mädchen- und der Knabenturnschule.] Mit eingedr. Holzschn. 2. verm. Aufl. (VII, 83 S.) 1876. *M 1,40.; 3. verm. Aufl. gr. 8. (85 S.) Ebendas. 878. * 1 —

Schettler, O., Turnspiele für Mädchen u. Knaben. 3. Tl. der Mädchen- u. der Knabenturnschule. 4., verm. Aufl. 8. (VIII, 87 S.) Plauen 882. Hohmann. n. 1. —

— Turnspiele f. Mädchen u. Knaben. [3. Tl. der Mädchen- u. Knabenturnschule.] 5. Aufl. gr. 8. (VIII, 83 S.) Plauen i/V. 885. Hohmann. n. 1. —

— Turnspiele f. Mädchen u. Knaben. 3. Tl. der Mädchen u. Knabenturnschule. 6. Aufl. gr. 8. (VIII, 83 S.) Ebd. 891. n. 1. —

Schettler's, O., Turnschule. 3. Tl. Turnspiele f. Knaben u. Mädchen. 7. Aufl., umgearb. u. verm. v. M. Zettler. 8. (VII, 117 S. m. 24 Abb.) Leipzig 898. R. Voigtländer. n. 1. 60

—— der Turnunterricht in gemischten Volksschul-Klassen. 8. (III, 76 S. mit 23 Abbild.) Hof 881, [Grau und Comp.] Lion. *

— Unterrichtsbeispiele m. Stoffübersichten für das Mädchenturnen. gr. 8. (VII, 108 S.) Hof 888. Lion. n. 1. 50

Schettler, Paul Alexander, bacc. jur.: Die Pflichten des Spediteurs. Dresden 1909: Liepsch & Reichardt. 48 S. 8°
Leipzig, Jur. Diss. v. 28. Jan. 1909

Schettler, R., u. A. Eppler, Chemie u. Mineralogie f. höh. Mädchenschulen u. Studienanstalten. 2 Tle. 8. Leipzig 910. Quelle & Meyer. Geb. 3. 10
I. Für die Klassen IV u. III. (VI, 168 S. m. Abb.) Geb. 1. 80
II. Für die Klassen II u. I. (VIII, 104 S. m. 63 Abb.) Geb. 1. 30

Schettler, Rudolf: Die Stellung des Philosophen Hermann Samuel Reimarus zur Religion. Leipzig 1904: O. Schmidt. (109 S.) 8°
Leipzig, Phil. Diss. v. 1904

Schettler, Wolfgang, bacc. jur. a. Dresden: Die Haftung des Schenkers für Mängel im Recht und Mängel der Sache nach dem B.G.B. Dresden 1905: Liepsch & Reichardt (53 S.) 8°
Leipzig, Jur. Fak., Diss. v. 15. Febr. 1905
[Geb. 31. Dez. 80 Dresden; Wohnort: Blasewitz; Staatsangeh.: Sachsen; Vorbildung: Gymn. Dresden-N. Reife O. 00; Studium: Kiel 1, Berlin 1, Freiburg i. B. 1, Leipzig 3 S.; Rig. 23. Juni 04.]

Scheu, Andreas

Die Arbeiter-Gesangvereine und ihre Bedeutung für die sozialdemokratische Partei. 8°. Dresden, J. Günther, s. a. (1897/98?).

Scheu, Andr., Gedichte, s. a. Arbeiter-Dichtung, deutsche.

Scheu, Andreas, Gedichte. 8°. Stuttgart, Dietz, 1893. (Deutsche Arbeiter-Dichtung. Bd. 5.)

Scheu, Andr., Maiendämmerung u. and. Frühlingslieder. 8. (56 S. m. Bildnis.) Stuttgart 899. J. H. W. Dietz Nachf. Kart. n. 1. —

Scheu, Chr. Friedr., die praktische Schuhmacherprofession. 8. (1½ B., 1 Stnt. u. 1 tabell. Maaßaufzeichnung.) Künzelsau 845. (Schwäb. Hall, Haspel'sche Buchh.) *

Rastenburger Bürgerbuch. Sammlung von Ortstatuten, Polizei-Verordnungen u. Regulativen f. d. Stadt Rastenburg. Auf Grund amtl. Materials bearb von Emil **Scheu**. Rastenburg: Ahl [1910]. 184 S. 8°
[10. 13340 I O

SCHEU, Erich: Ueber Gravidität bei Uterus bicornis septus cum vagina septa.- München: Wolf 1902. 44 S.
9.5.1902 - Chr 1901/02,26; Jv 1901/02,278
Diss.Ingolst.-Landsh.-Mchn.

Scheu, Erwin: Zur Morphologie der Schwäbisch-Fränkischen Stufenlandschaft. (Stuttgart 1909: Union.) 43 S. 8°
¶ (Aus: Forschungen z. deutschen Landes- u. Volkskunde. Bd 18, H. 4.)
Berlin, Phil. Diss. v. 24. Juli 1909, Ref. Grund
[Geb. 13. März 86 Steinheim a. M.; Wohnort: Weilheim a. Teck; Staatsangeh.: Württemberg; Vorbildung: Oberrealsch. Eßlingen Reife O. 04; Studium: Stuttgart Techn. Hochsch. 2, Leipzig 1, Freiburg i. B. 1, Berlin 3 S.; Rig. 1. März 09.] [U 09. 317

Scheu, Erwin: Zur Morphologie der schwäbisch-fränkischen Stufenlandschaft. Mit 8 Textfig. u. 2 Beilagen. Stuttgart: Engelhorn 1909. 43 S. 8⁰
(Forschungen z. deutschen Landes- u. Volkskunde. Bd 18, H. 4.)

Scheu, (Fidelis,) Meine Beobachtt. über die eigenthümlichen Wirkungen der Bäder in Marienbad. 8., mit Kupfr. (Prag, Krauß) 822.

Scheu, Fidelis, meine Beobachtt. üb. die eigenthüml. Wirkungen der Bäder in Marienbad u. d. Trinkquellen daselbst. Mit 1 Kpf. 8. Prag 822. (Krauß). 16 ℊ. 2e Ausg. Mit 5 Kpf. gr. 8. Prag 824. Neureuter. (Leipz., Fr. Fleischer). 1 ℛ 8 ℊ.

— meine Beobachtt. über die eigenthüml. Wirkungen d. Heilquellen in Marienbad u. d. Bäder daselbst. 2e Ausg. Mit 5 Kpfrn. gr. 8. Prag 824, Neureuter. (Leipz., Fr. Fleischer.)

Scheu, Fidelis, über d. zweckmäß. Gebrauch der versend. Mineralwasser Marienbads, insbesond. aber d. Kreuzbrunnens, in den verschiedenartigst. chron. Krankheiten der Menschen. 8. (7 B., 1 Tab. u. 1 Kpfr.) Leipzig 828, Engelmann.

— die Heilkräfte Marienbads in d. verschiedenartigst. chron. Krankheiten, durch e. Reihe v. Krankengeschichten dargest. gr. 8. (12 B. u. Titkpfr.) Eger 830, Kobrtsch u. Gschihay.

— üb. die chronisch. Krankheiten des männl. Alters, ihre Vorbeugung u. Heilung. gr. 8. Leipz. 825. Engelmann. 1 ℛ 12 ℊ

— üb. Krankheits-Anlagen d. Menschen. 1r Thl. gr. 8. Wien 821. Wolke. 20 ℊ

— Rensignement sur les eaux minérales de Marienbad et leurs propriétés médic. Mit 1 Kpf. u. 1 Tab. 8. Prag 825. (Rorrosch). 12 ℊ

Scheu, G., Grundstock von Rechenübungen u. das Einmaleins als Grundlage der Bruchrechnung. Für die Hand des Lehrers bearb. u. dargestellt. 8. (52 S.) Eßlingen 881. Weismann. n. — 75

Scheu, G., Rechenaufgaben, s.: Schönmann, H.

Scheu, G., Rechenbuch, s. Schönmann, H.

Scheu, Gustav: Österreichs Zivilprozeß. IV. Abteilung: Die Börsengerichtsordnung von Wien, Prag, Triest, Graz, Linz und Czernowitz. Wien: Hölder 1907.

Scheu, Gustav: Die Börsenschiedsgerichtsordnungen von Wien, Prag, Triest, Graz, Linz und Czernowitz samt d. zugehör. Verordnungen. Leipzig: Reclam [1908]. 207 S. 8⁰
(Oesterr. Civilprozessgesetze. Abt. 4.)
(Universal-Bibliothek. 5017. 5018.)

Oesterreichische Civilprozeßgesetze. IV. Abtlg. Die Börsenschiedsgerichtsordngn. v. Wien, Prag, Triest, Graz, Linz u. Czernowitz, s. a. Universal-Bibliothek.

Scheu, G., Oesterreichische Exekutionsordnung, samt dem Einführungsgesetze vom J. 1896. Mit e. Anh., die Instruktion f. Vollstreckungsorgane enth. Textausg. m. den Durchführungsverordngn. u. den in Kraft gebliebenen anderweit. Exekutionsvorschriften, Hinweisen auf zugehör. Gesetze u. Verordngn., dem allgemeinen Motivenberichte zur Regierungsvorlage u. e. ausführl. Register. 2. Aufl. (516 S.) 16. Leipzig, Ph. Reclam jun. 1906 Geb. in Leinw. 1. 50.
Universal-Bibliothek No. 3541—3545.

Scheu, Gust., österreichische Exekutionsordnung, s. a. Universal-Bibliothek.

— Gesetz üb. Gesellschaften m. b. H., s.: Kornfeld, Fel.

— s. a. Gesetzbuch, das österreichische allgemeine bürgerliche.

Scheu, Gust., das österreichische allgemeine bürgerliche Gesetzbuch, s. a. Universal-Bibliothek.

Scheu, Gustav, Die Heimarbeit im Wiener Handschuhmachergewerbe. Schriften d. Vereins f. Socialpol., Bd. 86. gr. 8⁰. Leipzig 1899.

Scheu, Heinr., Der Hochverraths-Process gegen Oberwinder, Andr. Scheu, Most, Papst, Hecker, Perrin, Schönfelder, Berka, Schäftner, Pfeiffer, Dorsch, Eichinger, Gehrke und Baudisch. Verhandelt vor dem k. k. Landesgerichte in Wien, begonnen am 4. Juli 1870. Nach stenogr. Berichten bearb. u. hrsg. 8⁰. Wien, Selbstverl. d. Hrsg., 1870.

Scheu, J., und W. Riehl, Berlin und die Mark Brandenburg, s. Riehl, W.

Scheu, Paul, über spondylitische Lähmungen u. deren Heilung. Diss. gr. 8. (32 S.) Freiburg i/B. 900. Speyer & Kaerner. n. 1. —

Scheu, Richard, aus Proekuls, Referendar am Kgl. Landgericht zu Insterburg: Ueber die Ersitzung durch Dritte, insbesondere die bona fides. *Insterburg 1900: Ostdeutsche Volkszeitung.* (36 S.) 8⁰
Erlangen, Jur. Diss. v. 3. Mai 1900

Scheu, Robert, Die Buchbinderei in Wien. Schriften des Vereins für Socialpolitik, Bd. 71. gr. 8⁰. Leipzig 1896.

— u. Otto Stoessl, tote Götter. Ein Drama. gr. 8. (107 S.) Leipzig 898. R. Friese, Sep.-Cto. n. 2. —

Scheu, Rob., Karl Kraus. Geschrieben zum 10. Jahrestag des Erscheinens der ‚Fackel'. (39 S. m. 1 Bildnis.) 8. Wien 909. Jahoda & Siegel. — 80

Culturpolitik. Von Dr. Robert Scheu. Umschlagzeichnung von Alfred Keller. Wien. 1901. Wiener Verlag. (Rosner.) Gr. 8⁰. 83 S. K 2 —

Scheu, Rob., s.: Mittelschul-Enquête d. „Wage".

s.: Protokolle der Mittelschulenquete.

s.: Schulaufsatz, der, unserer Achtjährigen.

s.: Schülerbriefe üb. die Mittelschule.

Scheu, Rob., der Staatsstreich. Burleske Posse m. Gesang in 5 Aufzügen. (77 S.) 8. Wien 904. (M. Perles.) n. 1.80

Scheu, Robert u. Otto Stoessl
— — Waare. Wiener Stück in 3 Aufzgn. gr. 8. (127 S.) Ebd. 898. n. 2. —

Scheu-Riess, Helene

s.: Kinderbücher, neue.

Scheu-Riess, Helene, in memoriam. Buchschmuck v. Marianne Hitschmann-Steinberger. (33 Bl.) 8. Wien 910. C. Konegen. 2.50

Jahresbericht, Vierter — über das k. k. kathol. Gymnasium zu Ofen, veröffentlicht am Schlusse des Studienjahres 1855. Ofen. Gedr. in der k. k. Univers. Buchdruckerei. (32 S. 4.)
Inhalt: Heinrich Scheuba: Ofen zur Zeit der Türkenherrschaft und dessen Rückeroberung unter Kaiser Leopold I. im Jahre 1686. — Schulnachrichten.

Scheube, Botho, die Ainos. Fol. (82 S. mit 9 lithogr. Taf. und 2 Tab.) Yokohama 882. (Leipzig, Lorentz.) *
Aus: Mittheilungen der deutschen Gesellschaft für Natur- und Völkerkunde Ostasiens, besonders abgedruckt.

Scheube, B., die Beriberi-Krankheit. Eine geographisch-medicin. Studie. gr. 8. (VIII, 220 S. m. 2 lith. Taf. u. 1 farb. Karte.) Jena 894. G. Fischer. n. 9. —

Scheube, Botho, die Filaria-Krankheit, s.: Sammlung klinischer Vorträge.

Scheube, B., über parasitäre Hämato-Chylurie, s. Beiträge zur pathologischen Anatomie und klinischen Medicin.

Scheube, B., d. Krankheiten d. warmen Länder. E. Handbuch f. Aerzte. gr. 8. (VI, 462 S.) Jena 896. G. Fischer. n. 10. —

Die Krankheiten der warmen Länder. Ein Handbuch f. Ärzte von Dr. B[otho] Scheube. F. Physikus in Greiz. Mit 5 geogr. Karten, 7 Taf. u. 39 Abb. im Text. 2. umgearb. Aufl. *Jena: G. Fischer 1900.* (VIII, 661 S.) 4°(8°)

Die Krankheiten der warmen Länder. Ein Handbuch f. Ärzte von Dr. B[otho] Scheube. Physikus in Greiz. 3. umgearb. Aufl. Mit 5 geogr. Karten, 13 Taf. u. 64 Abb. *Jena: G. Fischer 1903.* (VIII, 789 S.) 8°

Scheube, B., die Krankheiten der warmen Länder. Ein Handbuch f. Ärzte. 4. umgearb. u. erweit. Aufl. Mit 5 (farb.) geograph. Karten, 1 (farb.) Taf. u. 142 (z. Tl. farb.) Abb. im Texte. (VIII, 1072 S.) Lex. 8. Jena 910. G. Fischer. 22.50; geb. 25. –

— klinische Propädeutik. Ein Lehrbuch der klin. Untersuchungsmethoden. Mit 109 Abbildgn. gr. 8. (VIII, 415 S.) Leipzig 884. F. C. W. Vogel. n. 8. —

Scheube, H., die Frauen des 18. Jahrhunderts. Culturgeschichtliche Zeit- und Lebensbilder. 1. Bd. und 2. Bd. 1. Hälfte. gr. 8. Berlin, [Wedekind und Schwieger.] Neufeld. * 10 40
Inhalt:
Bd. 1. Von Ludwig XIV. bis auf Friedrich den Großen. (VII, 312 S.) 876. *M 5.
„ 2. Aus dem Zeitalter Friedrichs des Großen. 1. Hälfte. (304 S.) 877. *M 5,40.
Nicht weiter erschienen.

Scheube, H., deutscher Geist u. deutsche Art im Elsaß. Culturgeschichtliche Lebens- u. Charakterbilder. gr. 8. (XI, 363 S.) Berlin 872. Berggold. n. 5. —

Scheube, H., die venerischen Krankheiten in den warmen Ländern. gr. 8. (59 S.) Leipzig 902. J. A. Barth. n. 1.60
Sonderabdruck aus: „Archiv f. Schiffs- u. Tropenhygiene".

Scheube. H.: Das häusliche Leben in Frankreich. Aus dem Englischen. Berlin 1876. 8.

— aus den Tagen unserer Großväter. Culturgeschichtliche Zeit- u. Lebensbilder. (VII, 433 S.) Ebend. 873. n. 7. —

Scheube, H., Wandertage diesseit und jenseit des Rheines. 8. (V, 386 S.) Berlin 875, [Wedekind und Schwieger.] Neufeld.

Scheube, Hugo [Red.]
s. Lesestübchen. Beiblatt zum "Feierabend." 1857.

Scheubeck, Fr. X., Edelsteine aus dem Gnadenschatze der Kirche. Eine Sammlg. v. Ablaßgebeten u. frommen, m. Ablässen begnadigten Übgn. f. heilsbedachte Seelen. 3. Aufl., vermehrt u. nach den neuesten Entscheidgn. revidiert v. Lor. Beer. (295 S. m. 1 Stahlst.) 16. Regensburg 910. J. Habbel. Geb. 1. —

Scheubeck, F. X., Gedächtnisreden aus Anlaß d. Ablebens weil. Ihrer Majestäten der Könige v. Preußen u. deutschen Kaiser Wilhelm I. u. Friedrich III. Geh. im hohen Dome zu Regensburg am 15. März u. 18. Juni 1888. gr. 8. (23 S.) Regensburg 888. Habbel. n. — 20

—— Trauerrede auf den Allerdurchlauchtigsten, Großmächtigsten König Ludwig II. von Bayern, gehalten beim ersten feierl. Trauergottesdienste in der hohen Kathedrale zu Regensburg am 22. Juni 1886. gr. 8. (16 S.) Regensburg 886. Amberg. Habbel. *

Scheuber, Dr., siehe: *Laurenzenbad.*

Scheuber, Adam, üb. die Wirkung einiger Convolvulaceenharze. Diss. gr. 8. (102 S.) Jurjew (Dorpat) 894. (E. J. Karow.) n. 2. —

Scheuber, Joseph. Die mittelalterlichen Chorstühle in der Schweiz, Diss. Phil. [I.] Univ. Zürich. [Mit 1 Tafel.] VIII + 127 S. 8. Strassburg, J. H. Ed. Heitz, 1910.
(Diese Arbeit erscheint auch, mit Abbildungen versehen, als Heft 128 der «Studien zur Deutschen Kunstgeschichte» ....)

Scheuber, Joseph. Die mittelalterlichen Chorstühle in der Schweiz. Mit [1 Tafel und] 11 Lichtdrucktafeln. II + VIII + 127 S. 8. Strassburg. J. H. Ed. Heitz, 1910. (M. 6. —)
Studien zur Deutschen Kunstgeschichte. Heft 128.

Scheuber von Altsellen, Konrad, oder Etwas über Politik und Cultur der Schweizer . . . Luzern 1813. V: *Göldlin von Tieffenau, Franz Bernh.* (ABJP)

Scheuber von Alzellen, Conrad, ein Tochter-Sohn des Sel. Bruder Niklaus von Flüe. Luzern 1812—13. V: *Göldlin von Tieffenau, Franz Bernh.* (AarK)

Scheuberg, Jos., Beiträge zur Kunde u. Fortbildung d. zürcherischen Rechtspflege, s. Beiträge.

Scheuble [illegible]
Separatabdruck

Scheublein, G., Predigt auf d. Jubelfest des Hrn. Augustin Andr. Schellenberger, geistl. Rath u. Stadtpfarrer zu U. L. Frauen in Bamberg, gehalt. am 25. Aug. 1822. gr. 8. Bamb. 822. Dransnick. 2 gr.

Scheubner, Carl Glob. Heinr., Harfentöne. Eine Sammlung christlicher Lieder u. ernster Gelegenheitsgedichte zu kirchlicher u. häuslicher Erbauung. 8. (VIII u. 155 S.) Leipzig 851, Serig. 1/3 Rthlr. In Engl. Einb. 1/2 Rthlr.

Scheubner, C. G. H., das Leben Jesu nach den vier Evangelien in zehn Gesängen. gr. 8. (X, 212 S.) Leipzig 871, Knobloch. [Halle, Gesenius.] M. 1,25.; geb. 1 85

Scheuchenbauer, J. H., die Liebesrechnung. Komödie in 1 Akten. (III, 72 S.) 8. Dresden (907). E. Pierson. 1. —

Scheuchenstuel, Carl v., Idioticon der österreichischen Berg- und Hüttensprache. Zum besseren Verständnisse des österreich. Berg-Getzes und dessen Motive für Nicht-Montanisten. 8. (VIII und 270 S.) Wien 855, Braumüller. *

Scheuchenstuel, Karl von —. Idiotikon der österreichischen Berg- und Hüttensprache. Zum bessern Verständnisse des österr. Berg-Gesetzes und dessen Motive für Nicht-Montanisten. Von — —. Wien, 1856. Druck von M. Auer in Wien. Wilhelm Braumüller. (VIII. 270 S. 8.)

Scheuchenstuel, Karl von —. Motive zu dem allgemeinen österreichischen Berggesetze vom 23. Mai 1854. Aus ämtlichen Quellen von — —. Wien. 1855. Druck von M. Auer. Wilh. Braumüller. (XII, 444 S. gr. 8.) ach.

Scheuchzer. J(ohann) J(acob) Sch'. Njbl. s. [Meyer, Johann Ludwig /].

Scheuchzer. Wilhelm Sch' . Eine biographische Skizze. Njbl. s. [Jentsch,].

Scheuchzer, Aug., Phul u. Nabonassar. Eine chronologische Untersuchung. Lex. 8. (IV u. 24 S.) Zürich 850, Meyer & Zeller. n. 6 ngl.

Scheuchzer, Eug. Ueber die Fissuren der Brustwarzen u. deren Einfluss auf die Ernährg. d. Neugeborenen. Diss. gr. 8. (32 S. m. 1 Tab.) Bern 889, (Körber). * — 60

Scheuchzer, E., üb. die **Fissuren der Brustwarzen** u. deren Einfluss auf die Ernährung des Neugeborenen. Inaug.-Diss. gr. 8. (32 S. m. 1 Tab.) Bern 889. (Huber & Co.) n. — 60

Scheuchzer, F[riedrich]. Salomon Bleuler (1829–1886). Mit den Bildnissen von S' und Aline Bleuler-Hausheer [2 Tafeln]. 8. Bülach 1887.

Scheuchzer, F[riedrich Erhard]. Gottfried Keller's Testament vor Gericht. SA. 8. [Bülach 1891.]

Scheuchzer, H., voir: *Journal des Sapeurs-Pomp.*

Scheuchzer, Heinrich A. S. 1344/48

Dissertationis physico-mathematicae de motibus variatis supplementum in vires centrales exponuntur.
Präs. Johann Gesner.
Zürich (Gessner) II. 1750. 14 S.

9 Resp. 30323

Johann Scheuchzer
1684–1737

Agrostographia sive Graminum, juncorum, cyperorum, cyperoidum, iisque affinium historia. Authore Johanne Scheuchzero [Scheuchzer]. Tiguri: Bodmer 1719. 512 S. 8°

Scheuchzer, Jh., († ...) **agrostographia** seu graminum junc. cyper. iisque affinium historia. Acces. A. v. Haller append. IV. ed. nova, cum fig. 4. Zürich 775. Orell. 2 fl

— Operis **agrostographici idea**. 8. ibid. 719.

Scheuchzer, Johann A. S. 1341/31

Ouresiphoites Helveticus, sive itineris Alpini descriptio physico-medica I.
Präs. Johann Jakob Scheuchzer.
Zürich (Gessner) 9. X. 1702. 32 S. 30324

Scheuchzer, Joh. De tesseris Badensibus. Tiguri 1735. 4.

Scheuchzer, Joh.: Dissertatio inauguralis medica de u s u historiae naturalis in medicina.
Basel, Med. Diss. 1706.

Scheuchzer, Johann Jacob: Beschreibung der Natur-Geschichten des Schweizerlands. Th. 1, 2, 3. Enthaltende vornemlich eine über die höchsten Alpgebirge An 1705. getahne Reise. Zürich 1705–1708. 1 Bd. 188 S., 11 Tf.; 108 S., 6 Tf.; 208 S., 10 Tf., 1 Krt. 4°. [E 9522

Scheuchzer, Johann Jacob. Beschreibung Des Wetter-Jahrs 1731. Besonders aber Des Traurigen-Himmels, Der ob unseren Häubteren geschwebet. Den 1. Heumonat. Auf die Erfahrung... gegründet Von J. J. Scheuchtzer.... 4. Zürich 1732.

Beschreibung des Wetter-Jahrs MDCCXXXI... Von Johann Jacob Scheuchtzero [Scheuchzer]. Zürich: Bürckl 1732. 30 S. 8°

Bibliotheca scriptorum historiae naturalis omnium terrae regionum inserventium. Historiae naturalis Helvetiae Prodromus. Acc. [Jacques] Jacobi Le Long. De Scriptoribus historiae naturalis Galliae. Coll. Joh[annes] Jacobus Scheuchzer. Tiguri: Bodmer 1716. 241 S. 8°

— Bibliotheca scriptorum historiae natural. 8. Zür.: Orell 1751.

Scheuchzer, J. J. Bildnissen verschiedener Fischen und dero Theilen, welche in der Sündfluth zu Grunde gegangen. Zürich. 1708. 4.

Scheuchzer, Joh. Jak. Cataciysmographia Helvetiae. Tiguri 1733. 4.

Scheuchzer, Joh[ann] Jacob. Σ. Θ. Coelum triste Ad Julias Calendas Anni 1731. Publicæ Eruditorum Censuræ subjicient Joh. Jacobus Sch'.... Et pro Consequendo Examine Philosophico Abrahamus Hegius.... Henricus Simlerus.... Ad Diem Januarii [1732]. 4. [Turici.]

Scheuchzer, Joh(ann) Jakob (Übers.u.Comm.):

s.: **Dissertation** de la peste de Provence, par M.A * * * *. – Dissertatio de peste Provinciali. (Frz.u.Lat.) Tiguri: 1721

Scheuchzer (J. J.). Herbarium diluvianum. Tiguri, 1709. fol.

Scheuchzer, Johann Jakob: Helvetiae h i s t o r i a naturalis. s. S c h e u c h z e r : Natur-Historie ...

Scheuchzer, Joh. Jak. Homo diluvii testis. Tiguri 1726. 4.

— **Kern** d. Naturwissenschaft. 8. Ebend. 711.

Kupfer-Bibel, In welcher Die Physica Sacra Oder Geheiligte Natur-wissenschafft Derer In Heil. Schrifft vorkommenden Natürlichen Sachen, Deutlich erklärt und bewährt Von Joh. Jacob Scheuchzer ... In Künstlichen Kupfer-Tafeln Ausgegeben und verlegt Durch Johann Andreas Pfeffel ... Erste (-Vierdte) Abtheilung ... Samt Vorbericht und Verzeichnis der Auctorum, &c. Augsburg und Ulm, Gedruckt bey Christian Ulrich Wagner, 1731–35.

Scheuchzer, Joh. Jacob. Kupfer-Bibel, In welcher Die physica sacra Oder Geheiligte Natur-Wissenschafft Derer In Heil. Schrifft vorkommenden Natürlichen Sachen, Deutlich erklärt und bewährt. Anbey Zur Erlaeuterung und Zierde des Wercks In Kuenstlichen Kupfer-Tafeln Ausgegeben und verlegt Durch Johann Andreas Pfeffel. 4 Bde. Augspurg und Ulm 1731—1735. Fol.

Scheuchzer, J. J. Nova Literaria Helvetica, collecta a Johanne Jacobo Scheuchzero Med. D. Zürich, D. Geßner. 1702. 8°. 169 S. *Mit Holzschnittvignette (Druckermarke?) auf dem Titel.* Etwas bestoßener und benutzter Pbd. mit Goldornamenten (ca. 1800).
Haller II, 277. Erste Ausgabe. Betr. das Jahr 1700/1701.

Λοιμογραφια [Loimographia] Massiliensis. Die in Marseille und Provence eingerissene Pest-Seuche, beschrieben durch Johann Jacob Scheuchzer. [Nebst] Zugab 1. Zürich 1720-21: Bodmer. 1Bd 8°

[Hauptw.:] 1720.
Zugab 1 [u.d.T.]: Von der marsillianischen Pest-Seuch [Pest-Seuche]. Enth. 1. Derselben vollständige Beschreibung (Eine vollständige Beschreibung der marsillianischen Pest) durch [François] Chicoyneau, (J) Verny, Soullier [1721]. 2. Ein Schreiben an Herren de Fornes von [François Chicoyneau, (J) Verny u. [Antoine] Deidier. Dat. 10.Dez. 1720. 3. Ein Schreiben an Herren De Bon von Pons [1721]. Dat. 18.Oct.1720. 4. Beschreibung der Pest zu Aix, vom Anfang des Augusti bis zu End des Jahrs 1720. Verteutschet durch Joh(ann) Jacob Scheuchzer. 1721.

[— Pseud.:] Aletophilus. Lucerna lucens. Aletophili Eines Catholischen Priesters Schreiben An Arctophilum Seinen Lieben Freund und Mit-Capitularen. 1726. Freystadt [= Zürich]. Kl.4°. 128 S. Läd. alte Br.
Barth 2924. Haller VI, 2.

Scheuchzer, J. J. M... dissertatio... J. J. Scheuchzer. Tiguri 171...

(Scheuchzer, Joh[ann] Jacob.) ...Natur-Historie des Schweitzerlands.... 3 Theile. 4. Zürich 1716–1718.
Theil 1 *u. d. T.*: Helvetiae Stoicheiographia. Orographia et Oreographia Oder Beschreibung Der Elementen, Grentzen und Bergen des Schweitzerlands. Der Natur-Histori des Schw. Theil 1. [Mit 5 Tafeln.]
Theil 2 *u. d. T.*: Hydrographia Helvetica. Beschreibung Der Seen, Flüsse, Brünnen... Des Schweitzerlands. Der Natur-Histori des Schw. Theil 2. Von Joh. J. Sch.... [Mit 8 Tafeln.]
Theil 3 *u. d. T.*: Meteorologia et Oryctographia Helvetica. Oder Beschreibung Der Lufft-Geschichten, Steinen, Metallen... absonderlich auch der Überbleibselen der Sündfluth. Von Joh. J. Sch.... Ist der 3. oder eigentlich der 6. Theil der Natur-Geschichten des Schweitzerlands. [Mit 19 Tafeln.]

Scheuchzer, J. J. Helvetiae historia naturalis oder Natur-Historie des Schweizerlandes in 3 Vol. 1. Vol. mit dem ... Titel: Helvetiae Stoicheiographia, Orographia et Oreographia. 2. Vol. Hydrographia Helvetica. 3. Vol. Meteorologia et Oryctographia Helvetica. Zürich 1716–1718. 8.

Scheuchzer, Johann Jacob. J. J. Scheuchzers ... Natur-Geschichte des Schweitzerlandes. Samt seinen Reisen über die Schweitzerische Gebürge. Aufs neue hrg., und mit einigen Anmerkungen versehen Von Joh(ann) Georg Sulzern. 2 Theile. (Je Mit 1 Vignette. 4. Zürich 1746. Orell.
Theil 1. [Mit 18 Tafeln.]
Theil 2. ([Mit 11 Tafeln und Anhang:] Johann Georg Sulzers Untersuchung Von dem Ursprung der Berge. Und andrer damit verknüpften Dinge. [Mit 1 Tafel.] Zürich 1746.)

Scheuchzer, Johann Jacob. J. J. Scheuchzers ... Natur-Historie des Schweizerlandes. 2. und verbesserte Aufl. 3 Theile. 4. Zürich 1752. Orell.
Theil 1. [Mit 4 Tafeln.] – Theil 2. [Mit 8 Taf.] – Theil 3. [Mit 19 Taf.]

Scheuchzer, Joh. Jak. Nova ex ... Tig. 1731. fol. (Handex. des Verf. ... mit handschr. Zusätzen.)

Scheuchzer, Joh. Jak. Physica oder Natur-Wissenschaft. Zürich 1701. 2 Thle.

Physica, oder Natur-Wissenschaft. Verf. durch Joh[ann] Jacob Scheuchzer. Th.1.2. Zürich 1703: Bodmer. 1 Bd 8°

— physica od. Naturwissenschaft. m. K. 2 Thle. 8. Zürich, Orell F. u. Comp. 743.

Scheuchzer, Joh. Jak. Jobi Physica sacra, oder Hiobs Naturwissenschaft verglichen mit der heutigen. Zürich 1721. 4.

— Jobi physica sacra od. Hiobs Naturwissensch. vergl. m. d. heutigen. 4. Ebend. 740.

Jo. Jac. Scheuchzer physica sacra iconib. aeneis illustrata, quibus res naturales in scriptura sacra occurrentes exhibentur. Aug. Vindel. et Ulm. 1731 — 1735. f. 4 Voll. — *Germanice:* Kupferbibel, in welcher die Physica sacra oder geheiligte Naturwissenschaft derer in heil. Schrift vorkommenden natürlichen Sachen deutlich erklärt und bewährt. Augsburg und Ulm 1731 — 1735. f. 4 Voll.

Scheuchzer, J. J., (†...) physica sacra. Cum tab. aen. IV Tmi. Fol. Augsb. 745—54. 45 ℛ — Dass. im Ausz. v. G. G. Donat, mit Vorrede u. Anmerkk. hrsgg. v. A. F. Büsching. 1r—3r Bd. 4. Leipz. 777—779. Breitkopf u. H. 2 ℛ 12 gℊ

Scheuchzer, Johann Jacob, Samuel Gottlob Donats Auszug aus Johann Jacob Scheuchzers Physica sacra ... herausgegeben von Anton Friedrich Büsching. Theil I. Band 1—3. 3 voll. Leipzig 1777—1779. 4.

Scheuchzer, Joh. Jak. Historiae Helveticae naturalis prolegomena. Tiguri 1700. 4.

— Historiae nat. prodromus etc. 8. ibid. 751.

Scheuchzer, Joh. Jak. Piscium querelae et vindiciae. Tiguri 1708. 4.

Scheuchzer, Johann Jakob [Praes.], s. Scherer, Wilhelm: Coelum triste ad Julias calendas anni MDCCXXXI.

Scheuchzer, Johann Jakob [Praes.], s. Scheuchzer, Johann: Ouresiphoites Helveticus, sive itineris Alpini descriptio physico-medica I.

— Sciagraphia lithologica curiosa, seu lapidum figuratorum nomenclator. Auctus et illustratus a J. T. Klein ... Gedani 1740. 77 S. 1 Tvl. 4°.

Scheuchzer, Johann Jakob [Praes.], s. Simler, Heinrich: Coelum triste ad Julias calendas anni MDCCXXXI.

Scheuchzer, Johann Jacob, & Lochmann, Johann. Alphabethi Ex Diplomatibus et Codicibus Thuricensibus Specimen Publicatum a Johanne Jacobo Sch'.... Et Johanne L'.... fol. Tiguri 1730. Orell. Mit 22 Taf.

Scheuchzer J. J.: Specimen lithographiæ Helveticæ curiosæ quo lapides ex figuratis Helveticis selectissimi æri incisi sistuntur & describuntur. Tiguri 1702. 67 S. 7 Tvl. P.

— Specimen lithographiae helveticae curiosae. 8. ibid. Orell. 702.

Jo. Jac. Scheuchzer physicae sacrae specimen de locustis. Turici 1724. 4.

Scheuchzer. Johann Jacob. Helvetiae stoicheiographia, orographia et oreographia, oder Beschreibung der Elementen, Grentzen und Bergen des Schweitzerlands. Der Natur-Histori des Schweitzerlands erster Theil. Zürich 1716. 268 S. 4 T.

Scheuchzer, Joh. Jacobus. Thesaurus numismatum antiquorum Hollanderianus. Tiguri 1717. 8°.

Scheuchzer, Joh. Jak. Die Landschaft Toggenburg gezeichnet 1710. fol.

Scheuchzer, Johann Jacob. Vernunfftmäßige Untersuchung Des Bads zu Baden.... Mit und ohne Kupfer [*d. i.* 2 Tabellen, 1 Vignette und 5 Tafeln]. 4. Zürich 1732. Orell.

***Scheuchzer* de mathefeos ufu in theologia. Tigur. et Francof. apud Onophrion Seiler. 4. 1711.**

Scheuchzer, Joh. Jak. De matheseos usu in theologia. Tiguri 1711. 4.

Scheuchzer, Johann Jakob [Praes.], s. Walder, Heinrich: Coelum triste ad Julias Calendas anni MDCCXXXI.

Scheuchzer, Johann Jakob [Praes.], s. Waser, Johann Jakob: Coelum triste ad Julias Calendas anni MDCCXXXI.

Scheuchzer, Johann Jakob [Praes.], s. Werdmyller, Heinrich: Coelum triste ad Julias Calendas anni MDCCXXXI.

Scheuchzer, Johann Jakob [Praes.], s. Wyss, Konrad: Coelum triste ad Julias Calendas anni MDCCXXXI.

Scheuchzer, Johann Jakob [Praes.], s. Zimmermann, Jakob: Coelum triste ad Julias Calendas anni MDCCXXXI.

Scheuchzer J. J.: Fliegender Zungen-Krebs, eine Vieh-Seuche, welche Anno 1732 die eydgenössische Lande ergriffen. Zürich 1732. 60 S. 1 Tvl.

— fliegender Zungenkrebs, eine Viehseuche. 4. Zürich, Orell. 740.

† Scheue-Niemand, s. Simon jun., F. X.

Scheuenstuhl, J. P., s. Pestalozzi, H., Abendstunden eines Einsiedlers. — dess. Verhältniß zum modernen Leben.

Scheuer, s.: Adreßbuch der Stadt Crefeld.

Kühn, Karl: Fest-Gruss an Br. Kühn [Kammersänger] zu seinem 50 jährigen Maurer-Jubiläum 1. Nov. 1868 gewidmet von **Scheuer.** Mannheim [1868]: Schneider. 1 Bl. 8⁰ [Kopftit.] Gedicht: „Erhebend ist's an diesem Tag der Freude . . .“ 462.

SCHEUER, Adolf (München): Ueber die Actio de in rem verso.- München: Straub 1866. 51 S. 12.6.1866. - Urk: 1 42

Diss. Ingolst.-Landsh.-Mchn.

Scheuer, Adf., über die actio de in rem verso. Eine Inaugural-Abhandlung. München 866. (Kaiser.) gr. 8. (51 S.) n. 7½ *ngr.*

Scheuer, Anton: Über übervanadinsaure Salze. *Würzburg 1897: Stahel.* (33 S.) 8°
Würzburg, Phil. Diss. v. 1897

Scheuer, Ernst: Frau von La Fayette, eine französische Romanschriftstellerin des 17. Jahrhunderts. *Bonn 1898: K. Drobnig.* (127 S.) 8°
Bonn, Phil. Diss. v. 2. März 1898

Scheuer, Ernst, Frau v. La Fayette, e. französ. Romanschriftstellerin d. 17. Jahrh. Diss. gr. 8. (123 S.) Bonn 898. (O. Paul.) n. 1.50

Scheuer, Friedrich: Die seelische Handlung in Schillers „Jungfrau von Orleans“. 1910. 65 S. 8.
In: Festschrift zum 200 jährigen Jubiläum des Realgymn. *Landeshut* 1910 [zu 1911. 305].

Progr.

Scheuer, Fridericus [Brandenburgensis]: De Taciti dialogi codicum nexu et fide pars I. . . . (Ersch. vollst. in: „Bresl. philol. Abh.“ Bd. VI H. I.) Vratislaviae, apud G. Koebner, *1891;* 2 Bl., 82 S., 1 Bl. 8°
Breslau, Phil. Fak., Inaug.-Diss. v. 1. Mai 1891

—— dass. — s. Abhandlungen, Breslauer philologische.

Scheuer H, Untersuchungen zur Verfassungsgeschichte der böhmischen Sagenzeit. (108 S) (Staats- u sozialwissenschaftliche Forschungen XX, 4) Leipzig 1902

SCHEUER, Heinrich (München): Ueber Tracheal-Tumoren.- München: Wolf 1893. 77 S. 6.7.1893 - Chr 1893/94,11 Jv 1892/93,211

Diss. Ingolst.-Landsh.-Mchn.

Scheuer, Carl, zur Kenntniss der Verbindungen des Lithiums und ihrer Beziehungen zu den Verbindungen des Kaliums und Natriums. Inaugural-Dissertation. gr. 8. (44 S.) Göttingen 879, (Vandenhoeck und Ruprecht's Verlag.) *

Scheuer, Max [pr. Arzt aus Berncastel]: Todesursachen Neugeborener und kurz nach der Geburt gestorbener Kinder. . . . *Leipzig-Reudnitz, Druck v. M. Hoffmann, 1891;* 19 S., 1 Bl. 8°
Würzburg, Med. Fak., Inaug.-Diss. v. 1891

Scheuer, Oskar

Scheuer, O., Die geschichtliche Entwicklung des deutschen Studententums in Österreich mit besonderer Berücksichtigung der Universität Wien von ihrer Gründung bis zur Gegenwart. Gr.-8°. (ill. XVI, 425 S.) K 9.—
Wien & Leipzig: Beyer 1910.

Die Syphilis der Unschuldigen (Syphilis insontium). Von Dr. Oskar **Scheuer.** Berlin, Wien: Urban & Schwarzenberg 1910. VIII, 239 S. 8° [10. 1351]

Scheuer, Wilhelm, aus Hannover: 1. Über die Trennung und Bestimmung flüchtiger Fettsäuren. 2. Die Analyse von Graukalk. 3. Die Beurteilung und Unterscheidung der verdünnten Essigsäuren des Handels. *Linden 1902: Gebr. Wengler.* (62 S.) 8°
München, Phil. Diss. v. 1902

Scheuerecker, Andreas

— (**Scheueregger,**) heilige Blicke in die Ewigkeit. Ein Lehr-, Trost- und Erbauungsbuch zum Heile für Lebende und Verstorbene, enthaltend: Morgen-, Abend- u. fünf Meßandachten, wie auch Beicht-, Communion-, Vesper-Gebete etc.; sammt einer Abhandlung über das Fegefeuer u. über unsere Verbindung mit den Verstorbenen. Kraiburg 859. (München, Lentner.) 16. (VIII, 200 S.) n. 4 *ngr.*

Scheuerecker, Andr., heilsame Blicke in die Ewigkeit zum Trost der armen Seelen; enthaltend: Morgen-, Abend- u. sechs Meßandachten, wie auch Beicht-, Kommunion-, Vesper- etc. Gebete; sammt einer Abhandlung über das Fegefeuer u. über unsere Verbindung mit den Verstorbenen. 2. Aufl. Passau 860. Elsäßer & Waldbauer. 16. (VIII, 244 S. u. 1 Stahlst.) 7½ *ngr.*

Scheuerecker, Andr., Blüthen und Früchte für das ewige Leben. Ein vollständ. Andachtsbuch für Katholiken. Mit 1 Stahlst. (u. col. Titel.) 8. Wiesensteig 814, Schmid'sche Buchh. (Leipzig, Stabler.) ½ *ℛ* Mit 3 Stahlst. ¾ *ℛ*

Scheuerecker, Andr., landwirthschaftliche Erfahrungen. Enthaltend: die neue Kunst, mit wenig Kosten Aecker u. Wiesen doppelt fruchtbar zu machen, das Vieh gut zu pflegen etc. 8. (133 S.) Regensburg 847, Manz. ⅓ *ℛ*

— Gebeth- u. Erbauungsbuch, s. Erhebungen des Gemüths zu Gott.

— die Himmels-Weihe. Anleitungen u. Gebete zur Erlangung der Gnade Gottes u. des ewigen Lebens. Ein vollständ. Gebetbuch für Katholiken. Mit 1 Stahlst. 8. (352 S. m. Titel in Goldbr.) Wiesensteig 847, Schmid. 14 *ngr.*

— das heilige Jahr; ein katholisches Gebet- u. Erbauungsbuch, worin nebst fünf heil. Messen u. mehrern Morgen-, Abend-, Beicht-, Communion-, Vesper- u. Kreuzwegandachten, noch viele andere Gebete u. tägl. Betrachtungen vom sel. Abt Blosius, wie auch kurze Lebensbeschreibungen von mehr als 2000 Heiligen Gottes enthaltend sind. Mit 1 Stahlst. 8. (X u. 454 S.) Landshut 850, Krüll. ½ *ℛ*

— neueste ganz probate Kunststücke u. Mittel, die Kartoffel fortan vor Fäulniß zu bewahren u. 40fach zu vermehren, Aecker u. Wiesen doppelt fruchtbar zu machen, Dünger hiezu mit geringen Kosten bereiten zu können, nebst andern nützl. Mitteln für die Hauswirthschaft. 16. Aibling 847. (Passau, Pustet.) 4 *ngr.* — (Neue Ausg.) 16. Aibling 851. München, Finsterlin. ¼ *ℛ*

— das Leiden und Sterben unsers Herrn u. Heilandes Jesus Christus, nach den Betrachtungen der Klosterfrau A. K. Emmerich und anderer von Gott erleuchteter Personen. Mit einer Zugabe von Morgen-, Abend-, Beicht-, Communion-, Vesper- u. Kreuzweg-Andachten — nebst der Abschiedsrede Jesu beim letzten Abendmahle, der Erklärung des heiligen Meßopfers u. der Kirchen-Ceremonien in der Charwoche u. einer Beschreibung des heil. Grabes mit der Zerstörung von Jerusalem. 2. mit 27 Vign. u. 1 Stahlst. versch. Aufl. 8. Sulzbach 846, v. Seidel. 3/4 ℛ

— „Suchet vor Allem das Reich Gottes ꝛc." Luc. 10, 42. Ein vollständ. kathol. Andachtsbuch, mit mehrern Gebeten aus den Schriften der Heiligen; sammt einem Anhange von heilsamen Gedanken über das Eine Nothwendige. Aus dem Französ. des ehrwürd. Vaters Maria Joseph von Geramb. Mit 1 Stahlst. gr. 12. Regensburg 841, Manz. 3/8 ℛ — bass. mit 3 Stahlst. u. auf Velinp. 7/12 ℛ

Scheuerecker, Andreas, s. Wegweiser, Der, zum Himmel.

—— die Weihe d. Andacht, e. vollständ. Gebeth- u. Erbauungsb. f. Katholiken aus allen Ständen, welche d. Herren Tage würdig feiern, zur immer bess. Erkenntniß u. Verehr. Gottes u. somit z. wahr. Frieden gelangen wollen. 3., sehr verb. u. verm. Aufl. gr. 12. (21 1/6 B. u. 2 Stnt.) Kempten 838, Dannheimer. 1/2 Thlr., Vlnp.

— die Weihe der Andacht; ein vollständ. Gebeth- u. Erbauungsbuch für Katholiken jeden Standes. 4. sehr verm. Aufl. gr. 16. (Mit 1 Lithogr.) Kempten 843, Dannheimer. 7/12 ℛ

— die Weihe der Andacht, ein vollständ. Gebeth- u. Erbauungsbuch für Katholiken jeden Standes. 5. Aufl. m. 1 (lith.) Kpfr. u. 10 Meß- u. 3 Vesperandachten. gr. 16. (XII u. 536 S.) Passau 848, Ambrosi. geb. m. Goldschn. 5/6 ℛ — Die Weihe der Andacht, ein Pilgerstab im Erdenthale z. himml. Heimath. Vollständ. Gebet- u. Erbauungsbuch f. kathol. Christen aller Stände. 6. Orig.-Aufl., verm. m. 13 Meß-, 2 Vesper- u. vielen andern Andachten. 18. (XII u. 528 S. m. 2 Stahlst.) Passau 852, Elsäßer & Waldbauer. 1/2 ℛ

Scheuerecker, Andr., die Weihe der Andacht, ein Pilgerstab im Erdenthale zur himmlischen Heimath. Vollständiges Gebeth- u. Erbauungsbuch für kathol. Christen jeden Standes. 7. Aufl., mit 14 Meß- u. 1 Kreuzweg-Andacht. 855. (XII, 518 S. u. 1 Stahlst.) — 8. Aufl. mit 10 heil. Messen, Beicht-, Vesper-, Kreuzweg- u. Maiandachten. Passau 858. Elsäßer u. Waldbauer. 18. (XII, 528 S. m. Holzschn. im Text u. 2 Stahlst.) 15 ngr.

— die Weihe der Andacht, ein Pilgerstab im Erdenthale zur himmlischen Heimath. Vollständiges Gebeth- u. Erbauungsbuch für katholische Christen jeden Standes. 9. Aufl. Ebend. 860. 12. (XII, 492 S., 1 Stahlst. u. Titel in Stahlst.) 15 ngr.

—— das Wiedersehen in der Ewigkeit, s. Geramb, M. J. v., üb. d. Eine Nothwendige ꝛc.

Scheuerer, Franz [aus Aschaffenburg]: Mastitis und Carcinom ... Würzburg, J. B. Fleischmann'sche Buchdr., 1897 40 S., 2 Bl. 8.
Würzburg, Med. Fak., Inaug.-Diss. v. 1897

Scheuerle, J., ausführliche Anleitung zur Ertheilung des vereinigten Sach- und Sprachunterrichts im 2. und 3. Schuljahr, s. Steible, Z.

Scheuerlein, F. W., Grundzüge der allgem. Artilleriewissenschaft. 1. Thl. A. u. d. T.: Die Lehre von der Wirkung. gr. 8. Berlin 846, Reimer. 1 5/6 ℛ

Scheuerlein, F. W., Grundzüge der allgemeinen Artilleriewissenschaft. 2. Thl. A. u. d. T.: Die Lehre vom Gebrauche der Artillerie. Zweiter Haupt-Abschnitt der allgem. Artilleriewissenschaft. Berlin 854. G. Reimer. gr. 8. (1 Bl., XIV, 511 S.) 2 ℛ.
1. Thl. Ebend. 846. 1 ℛ. 25 ngr.

Scheuerlein, H.: Geographie über sämtliche Erdteile ..., s. Ahnert, G.

Scheuerlein, Herm., 100 Lieder für die Jugend mit leichter Pianofortebegleitung. qu. gr. 8. (II und 70 S.) Leipzig 853, Klinkhardt.

Rede, zum feyerlichen Andenken des am 12. Sept. 1804 verstorbenen Brs Joh. Friedr. Zöllner, gehalten in der Loge zu den drey Rosenknospen [in Bochum] von C[arl] W[ilh.] Scheuerlein. Bochum den 2. May 1805. Essen [1805]: Bädeker. 16 S. 8° [Umschlagtit.]
Kl. 1425. 23. 193.

Scheuerlein, (Fr.) Wilhelm (A.)

Scheuerlein, W. Über die Ciceronianische Auffassung und formelle Behandlung der unabhängigen Neben- und Zwischensätze in der directen Rede oder über den Unterschied der geistigen Personen im Ciceronianismus. 50 S. . . .
Halle, W., Progr. 1847

Scheuerlein, W. Über den Character des Modus in der griechischen Sprache. 71 S.
Halle, Wais., Progr. 1842

Scheuerlein. W., commentatio syntactica. Halle a S. 4. 22 *p.*
Schul-/Univ.-Schrift 1867

— W., Der Conjunctivus jussivus d. geforderten Seelentätigkeit im unabhäng. lat. Nebensatze. Pr. 1867. 11 S. 4°. 1.—

Scheuerlein, d. syntakt. Gebrauchsf. d. lat. Verbum n. d. Bedeut. seines Wortbegriffs. Halle. 4. 32 *p.*
Schul-/Univ.-Schrift 1864.

-- Modusgebrauch d. Lateiners in d. unabhängigen Nebensätzen d. direkten Rede. Pr. 1873. 44 S. 4°. —.90

Scheuerlein, Fr. W. A., die Norm des griechischen Modusgebrauchs besond. im Nebensatze. Anhang zur griech. Syntax für die Prima der Gymnasien. gr. 8. (IV und 48 S.) Halle 860, Buchhandlung des Waisenhauses.

Scheuerlein: Ueber die Norm der Subordination und der Coordination des Casusgebrauchs im Lateinischen Satze. 26 S. – Halle Lat. Hptsch., Progr. 1857.

Scheuerlein, W., Syntax der griechischen Sprache. gr. 8. Halle 846, Lippert u. Schmidt. n. 1 1/2 ℛ

SCHEUERLIN, G. *Gottwald* oder der Sieg des Glaubens. Eine Erzählung für die Jugend und ihre Freunde von G. Scheuerlin, genannt Wernberger. Mit sechs illum. Kupfern. Nürnberg, bei Bauer und Raspe, 1834. 237 S. Kl.-8°. Halbleinenbd. mit aufgez. typogr. verziertem Or.-Umschlag. 40.—
Erzählung aus dem 30jährigen Krieg mit protestant. Tendenz. Die Kupfer in frischem Kolorit. Vereinz. Fleckchen. ★★

Scheuermann, Erzählungen aus dem glorreichen Kriege Preußens gegen Oesterreich u. dessen Verbündete. Jauer 866. (Plahn'sche Buchh.) 8. (45 S.) n. 2 1/2 ngr.

Scheuermann, Selbsthülfe. Ein Rathgeber für gering besoldete Beamte, Lehrer, alleinsteh. Frauen sowie für Jedermann, sich einen lohnenden Neben- resp. Haupterwerb zu verschaffen. 8. (76 S.) Jauer 872. (Görlitz, Wollmann.) * — 60

Scheuermann, A., Wald- und Jagd-Gedichte. 16. (VIII, 164 S.) Guben 868, Ehrlich. * 1 50

Scheuermann, Adolf [aus Bad-Schwalbach]: Ein Beitrag zur Behandlung der Wanderniere ... Würzburg, Becker's Univ.-Buchdr., 1893; 35 S. 8.
Würzburg, Med. Fak., Inaug.-Diss. v. 1893

Scheuermann, Beda. Über die Kondensation von Furol mit Bernsteinsäure. Diss. Phil. Basel. [Mit 1 Tafel.] 32 S. 8. Basel, Emil Birkhäuser, 1901.

Scheuermann, E.: Deutschland, die Niederlande, Preussen, Schweiz etc. für Schulen. Aarau: Christen, 1841. Kpfrst. u. kolor. Fol.

Scheuermann, (Kupferstecher,) E., 8 Kärtchen der alten Welt auf 1 Blatt in Fol. Aarau 841. (Christen.) illum. n. 1/4 Thlr.

— 6 weltgeschichtl. Kärtchen auf 1 Blatt in qu. 1/2 gr. Fol. Ebend. 841. illum. n. 1/4 Thlr.

Scheuermann, (Kupferstecher,) E., Karte von Europa für Schulen. Fol. Aarau 841. (Christen.) Kupferst. u. illum. n. 6 1/2 Ngr.

— Karte von Palästina, nebst Plan von Jerusalem u. Kärtchen von Africa. gr. 4. Ebend. 841. illum. n. 1/12 Thlr.

— physische Karte von Europa, in Kupferstich. Fol. Ebend. 841. n. 1/8 Thlr.

Scheuermann, E., Reisebilder, Natur- und Kulturgemälde aus allen Zonen und Welttheilen nach den vorzüglichsten neuern Reisewerken bearb. 2 Bde. in 6 Thln. (1. Bd. 1. und 2. Thl. und 2. Bd. 3—6. Thl.) gr. 8. Schaffhausen 852, Schalch.
Inhalt:
Thl. 1. Die Polarwelt. (XII und 252 S.)
„ 2. Schilderungen aus Amerika. (239 S.)
„ 3. Schilderungen aus Afrika. (S. 1—145.)
„ 4. Schilderungen aus Asien. (S. 147—304.)
„ 5. Schilderungen aus Oceanien. (S. 305—400.)
„ 6. Schilderungen aus Europa. (S. 401—528.)

Scheuermann, Emil, aus Hofgeismar: Ueber chronische Tuberculose der Mamma unter dem Bilde des Fibroadenoma. *Würzburg 1902: C. J. Becker.* (21 S.) 8°
Würzburg, Med. Diss. v. 1902

Scheuermann, Ernst Über reciproke Systeme in einer Ebene.
17 S. Progr. Rg. *Giessen* 1882.

Scheuermann, Ernst Christian August (Wertheim)
A. S. 187/22

Commentatio de concursu actionum.
Präs. Achaz Ludwig Karl Schmid.
Jena (Fickelscherr) IX. 1753. 46 S. 30331

Scheuermann, Ernst Christian August (Wertheim)
A. S. 93/31

Dissertatio iuridica de actionum concursu successivo.
Präs. Achaz Ludwig Karl Schmid.
Jena (Fickelscherr) 11. VIII. 1753. 6 Bl. 30330

SCHEUERMANN, Gustav (Carmel): Ueber die Häufigkeit des runden Magengeschwürs in München.- München: Ernst 1896. 23 S.
24.7.1896 - Chr 1896/97,18; Jv 1895/96,228
Diss.Ingolst.-Landsh.-Mchn.

Scheuermann, Johann Jakob

— Erklärung d. Offenbar. Johannis. 2 Thle. 4. Lippstadt. 722.

— Leben d. Gläubigen nach diesem Leben, in 18 Predigten. 8. Frankf. Stock. 730.

— Reise Adams z. himml. Paradies. 4. Duisburg. 726.

Scheuermann, Joh. Jac., Schaubühne göttl. Gerichte oder Erklärung d. Proph. Joel. 4. Wesel. 711.

Scheuermann, Frl. Julia Virginia, s.: Julia Virginia.

Scheuermann, Carl, kritische Betrachtungen üb. moderne Strassenwirtschaft. Ein Beitrag zur allgemeinen Anwendg. des Kleinpflasters in Stadtstrassen. (20 S. m. Fig.) 32,5×24,5 cm. Berlin 909. J. Engelmann. 1. 50
Sonderabdruck aus: „Ztschr. f. Transportwesen und Strassenbau".

— Die Bewirtschaftung v. Stadtstrassen in technischer, finanzieller u. hygienischer Hinsicht. (32 S.) 8. Wiesbaden (909). Deutscher Roland. — 80

Scheuermann, Rudolf, aus Langen-Schwalbach: Zur Kenntnis der heterocyklischen Verbindungen. *Heidelberg 1904: K. Rößler.* (50 S.) 8°
Heidelberg, Naturw.-math. Diss. v. 1904

Scheuermann, S. (Dr., Rechtsanwalt in Basel). Die persönliche Freiheit und der Entwurf eines eidgenössischen Seuchen- und Impfzwangsgesetzes. Warnungsruf an Behörden und Volk im Namen des schweizerischen Vereins gegen Impfzwang. In-8°, 53 S. Basel, Schweighauser'sche Sort.-Buchhandlung (L. Jenke). 1880. 1 —

Scheuermann, S., die persönliche Freiheit und der Entwurf eines eidgenössischen Seuchen- und Impfzwangsgesetzes. Warnungsruf an Behörden und Volk im Namen des schweizer. Vereins gegen Impfzwang. 2. Aufl. gr. 8. (55 S.) Basel 880, (Jenke.) *

Scheuermann, S. Glossen zum Hüninger-Basler Kanalprojekt. In-8°. 15 S. Basel, Buchdruckerei J. Frehner. 1896. — 50

Scheuermann, Wilh., über die Erwerbung des Grundeigenthums u. deren Eintragung in öffentliche Bücher nach französ. u. badischem Rechte. Ein Beitrag zur Lehre von den liegenschaftlichen (dinglichen) Rechten nach dem Code civil u. dem Landrechte für das Großherzogth. Baden ꝛc., mit Hinweisung auf die neueren deutschen Gesetzbücher. Heidelberg 857. J. Groos'sche Univ.-Buchhdlg. (Emmerling.) gr. 8. (XVI, 340 S.) n. 1 Thlr. 10 Ngr.

Scheuermann, Wilhelm, appr. Arzt a. Offenbach a/M.: Ueber Lähmungen im Anschluss an Frakturen. München 1904: Kastner & Callwey. (40 S.) 8°
München, Med. Fak., Ref. v. Angerer, Diss. v. 17. Jan. 1905
[Geb. 29. Juli 81 Homburg v. d. H.; Wohnort: Offenbach a/M.; Staatsangeh.: Preußen; Vorbildung: Gymn. Offenbach a/M. Reife O. 99; Studium: Lausanne 1, Marburg 4, Berlin 1, München 4 S.; Coll. 10. Juni 04; Approb. 17. März 04.]

Scheuermann, Wilh., die Lehre von den Vermögensübergaben und Verpfründungen, nach den im Großherzogth. Baden darüber geltenden Gesetzen und Verordnungen, mit Hinweisung auf das gemeine Civilrecht dargestellt. gr. 8. (224 S.) Heidelberg 853, (Emmerling.) •

Scheuernpurzel, Der, am See, s.a. Beck, Franz August

Scheuernpurzel's am See, des, Anklage u. Freisprechung. Verhandlungen d. Schwurgerichtes Konstanz am 11. März 1874 gegen d. Ob.-Amtsrichter Frz. Aug. Beck, Theoph. Schneider, Heinr. Zimmermann, Ferd. Förderer u. Ed. Stadtmann wegen Beschimpfg. der kathol. Kirche. 4. Aufl. gr. 8. (92 S.) Konstanz 874. Meck. n. 1. —

Scheufele, J. D., die Huldigung der Genien. Dramat. Gedicht. br. 8. (31 S.) Tübingen 846. (Buchh. Zu-Guttenberg.) n. 1/6 Thlr.

Scheufele, Wilhelm: Die Aufgabe der sechs Punkte in der Photogrammetrie. 1907. 28 S. 8° ¶ Aus: Zeitschrift f. Mathematik u. Physik. Bd 55.
München, Dr.-Ing.-Diss. v. 2. 4. 1907

Scheufele (Wilh.), Die Aufgabe der sechs Punkte in der Photogrammetrie. Leipzig 1907. 28 S.
München, Ing.-Diss. v. 1907

Scheufele, W., das Rückwärtseinschneiden im Raum, s.: **Finsterwalder, S.**

Scheufelein, Hans, la danse des noces. Reproduite par Johs. Schratt et publiée par Edwin Tross. Avec une notice biographique sur Hans Scheufelein par A. Andresen. Paris 865. (Leipzig, H. Vogel.) Fol. (21 Holzschntaff. u. 9 S. Text.) geb. n.n. 12 *ℳ* 20 *ngr.*

Scheufelen C, Oberlenningen. Anlagen der Kunstdruck-Papierfabrik. (15 1) grfol in 2 Mappen. Oberlenningen

— — Druckproben auf Kunstdruckpapier Phönix. 4° Oberlenningen

Scheufelen, Adolf, über Eisenverbindungen als Bromüberträger. Diss. Tübingen 1885, Fues' Sort. 8°. 50 S.

Kinderfreund. Ein Gebetbüchlein f. d. mittlere Schuljugend. Von P. Hubert **Scheufens** O. S. B. *Münster i. W.: Alphonsus-Buchh. 1900.* (127 S.) 8° [F.]

Kinderfreund. Ein Gebetbüchlein f. d. Kleinen. Von P. Hubert **Scheufens** O. S. B. 2. Aufl. Münster i. W.: Alphonsus-Buchh. 1905. (127 S.) 8° [F.]

Scheufens, P. Hubert. Seelenspiegel. Kurze Betrachtungen für alle Tage des Jahres mit einer Zugabe von Gebeten. Nach einer früheren Sonderausgabe für allgemeinern Gebrauch bearbeitet. [Mit Vignetten und 2 Tafeln.] 928 S. 8. Einsiedeln..., Benziger & Co. A. G., 1910. [geb. fr. 2.75 u. 3.50]

Scheuffele, Hermann [Turnl.]: **Über den Betrieb der Turnspiele und Turnfahrten an Mittelschulen. Pforzheim,** Buchdr. v. F. Hamberger, 1897; 16 S. 4.
Pforzheim, grossh. G, MP 1897 (638)

Scheuffelhut, M. A., De hydrope praesertim spasmodico. 16 pp. Erf. 4°.
1795

Scheuffelhuth, Karl Jakob

— Grundſ. d. natürl. Rechtslehre. 8. Halle, Hemmerde u. Schw. 799.

— Grundſätze der natürl. Rechtslehre. 8. Halle 799. Schwetſchke u. S. 18 *gl*

Scheuffelhuth, Karl Jakob [Praes.], s. Sterling, Karl Wilhelm Ludwig: Dissertatio juridica quaestionem tractans an exstantibus jam liberis legitimis, adoptio valide fieri possit?

Scheuffelhuth, Karl Jak., theoria juris romani privati in usum auditorii disposita. 8. Halle 796. (Reinicke). 1 *ℳ*

Scheuffgen, Franz Jakob

Scheuffgen, F. J. Beiträge zu der Geschichte d. grossen Schismas. gr. 8. (VIII, 132 S.) Freib. i. Br. 889, (Herder). * 2 —

Scheuffgen, F. J., Beiträge zu d. Geschichte d. grossen Schismas. gr. 8. (VIII, 232 S.) Freiburg i/Br. 889. Herder. n. 2. —

Scheuffgen u. Lager, das Domcapitel in Trier in seinem Verhältnisse zum dortigen Bantusseminar. gr. 8. (IV, 104 S.) Köln 891. (J. P. Bachem.) n. 1. 50

Scheuffgen, bibliſche Geſchichte, ſ.: Overberg, Bernard.

Die Hierarchie in der Katholischen Kirche. Ein Nachschlagebuch f. Jedermann. Von Dr. theol. F[ranz] J[akob] **Scheuffgen,** Domprobst zu Trier. Mit 1 Bilde d. Papstes. *Münster i. W.: A. Russell 1897.* (VIII, 274 S.) 8° [F.]

— drei Jubiläumsreden zum 50jähr. Prieſterjubiläum, 50jähr. Biſchofsjubiläum, 60jähr. Prieſterjubiläum Sr. Heil. des Papſtes Leo XIII. gr. 8. (40 S.) Trier 902. Paulinus-Druckerei. n. — 30

Scheuffgen, F. J., Leſebuch f. kathol. höh. Mädchenſchulen, ſ.: Verlage.

Der vorgeschichtliche Mensch. Von Dr. F[ranz] J[akob] Scheuffgen, Dompropst. *Hamm i. W.: Breer & Thiemann 1901.* (40 S.) 8° [F.]
— **Broschüren,** Frankfurter zeitgemäße. N. F. Bd 23, H. 9.

Scheuffgen, Franz Jakob u. Lager

— — Prüfung u. Würdigung der Endres'ſchen Schrift: „Das Bantusſeminar zu Trier". gr. 8. (IV, 122 S.) Trier 889, Paulinus-Druckerei. * 1 50
Vgl.: Endres, B. J. — Porten, J. M.

— Gottes Reich auf Erden, ſ.: Verlage.

Scheuffgen, Jak.: Unde Romanorum de Judaeis opiniones conflatae sint. P. I.– Bedburg R. Ak., Progr. 1870. (16 S.)

Scheuffler, die Baptiſten oder Taufgeſinnten. 8. Zwickau 869, Dohner. — 15

Scheuffler, was haben wir von der Civil-Ehe zu halten? Auf Grund der „Zwölf Fragen üb. Civil-Ehe" v. Mühe f. die ſächſiſche u. a. Landeskirchen, die z. Z. noch von der Zwangs-Civilehe verſchont geblieben ſind, im Auftrage der Löbauer allgemeinen Prediger-Conferenz bearb. 8. (16 S.) Löbau 874. Walde. — 50

Scheuffler, Friedrich Gottlob (Lommatzsch)
A. S. 174/13

Dissertatio inauguralis juridica, de eo, quod justum est, circa probationem mortis absentis.
Präs. Heinrich Melchior Schütte.
Erfurt (Hering) 22. IV. 1750. 24 S. 30332

Scheuffler, Heinr., die äußere Einheit d. proteſtant. Kirche, vermittelt durch d. Synodal-Verf., der Weg z. innern Einheit. Ein Verſuch. gr. 8. (5½ B.) Grimma 840, Gebhardt.

Scheuffler, Heinr., ſächſ. Kirchenzeitung, ſ. Kirchenzeitung.

Scheuffler, Hnr., Petrus, Jacobus u. Johannes. Das iſt Evangel. Henotikon. Lex.-8. Meißen 843, Goedſche. 5/12 *ℳ*

—— ſ. Ritual, d. l. liturgiſcher Wegweiſer ꝛc.

Scheuffler, Heinrich Johannes

Scheuffler, der Beſitzſtand d. römiſchen Katholizismus 1815 u. 1888. Im Auftrage d. Zweigvereines d. Evangel. Bundes der ſächſ. Oberlauſitz dargeſtellt. Mit e. Karte v. Krohn. gr. 8. (15 S.) Neuſalza 889. (Oeſer.) n. — 50

Scheuffler, H. J., Bilder aus der Oberlauſitzer Reformationsgeſchichte, ſ. Bruderliebe, evangeliſche.

Scheuffler, Heinr. Johs., die evangeliſche Diaſpora in Sachſen. Denkſchrift an die Einweihg. der evangel. Kirche in Oſtritz. 12. (VI, 123 S. m. 1 Abbildg.) Oſtritz 891. (J. Piſchel.) Kart. n. 1. 25

Scheuffler, Heinr. Johs., ſ.: Ecce, Grimmaiſches.

Scheuffler, H. J., Hans Fabian von Ponickau, ſ. Bruderliebe, evangeliſche.

[F.] Eine Gustav-Adolfs-Reise durch Schlesien und Posen ... Von Heinrich Johannes **Scheuffler,** Pfarrer zu Lawalde '(Oberlausitz)'. [Th. 1.] n. *Barmen: H. Klein [1893—97].* 2 Bde 8.
[1.] '(Sacken u. Heinrichsfelde.)' [1893.] (24 S.)
II. '(Pitschen, Kempen, Kalisch u. Podsamsche.)' [1897.] (19 S.)
— **Feste,** Für die, u. Freunde d. Gustav-Adolf-Vereins. No 161. 179.

— e. Gustav-Adolfs-Reise durch Schlesien u. Posen (Sachsen u. Heinrichsfelde), s. a. Für die Feste u. Freunde des Gustav-Adolf-Vereins.

[F.] Die evangelisch-lutherische Landes-Synode im Königreiche Sachsen in ihrem ersten Viertel-Jahrhundert 1871 bis 1896. Jubiläums-Schrift. hrsg. v. Heinrich Johannes Scheuffler, Pfarrer zu Lawalde ... *(Lawalde:) Selbstv.; Dresden: Kommv. der Buchdr. Julius Reichel (1896).* (VII, 324 S., 7 Bl., 3 Portr.) 1 Bd 8. [97. 3563

— d. evangelisch-lutherische Landes-Synode im Königr. Sachsen in ihrem ersten Viertel-Jahrhundert 1871 bis 1896. Jubiläums-Schrift. 4. (VII, 338 S. m. 3 Bildn.) Dresden 897. (J. Reichel.) n. 8. —

— „Los v. Rom! hin zum Evangelium!" Kirchengeschichtl. Betrachtgn. zur evang. Bewegung in Österreich. gr. 8. (43 S.) Löbau 899. J. G. Walde. n. — 50

[F.] Die Sammlungen von Glockenmetall und Gesangbüchern für arme Pflegekinder des Gustav Adolf-Vereins. Von Heinrich Johannes Scheuffler, ... Pfarrer zu Lawalde '(Oberlausitz)'. [Th.] I. II. *Barmen: H. Klein [1897].* 2 Bde 8.
I. Glockengut (40 S.) II. Gesangbücher. (32 S.)
— Feste, Für die, u. Freunde d. Gustav-Adolf-Vereins. No 181. 183. [98. 8180

— die Sammlgn. v. Glockenmetall u. Gesangbüchern f. arme Pflegekinder d. Gustav-Adolf-Vereins, } s. a. Für d. Feste u. Freunde d. Gustav-Adolf-Vereins.

Scheuffler, Johann Christian (Bad Soden a. T.)
A. S. 607/32

Dissertatio inauguralis juridica, sistens 78 decisiones ex iure publico depromptas.
Präs. Heinrich Ernst Kestner.
Rinteln (Enax) 28. I. 1713. 102 S. 30333

Scheuffler, Otto, die Einführung d. Kirchen-Reformation in Döbeln u. Leminatzsch, im Aug. d. J. 1539, mit erläut. Vorbemerkn. aus d. allgem. Reformationsgesch. 8. (3 B.) Döbeln 839, Thallwitz. (?)

Scheuffler, Otto, Geschichtstafel f. sächs. Volksschulen. 8. (14 S.) Meißen 848, Goedsche. 1 ngl.

— dies. als Wandtafel. 1 Bl. in gr. Fol. Ebd. 848. 1/12 ℔

Scheuffler, P., die Dreikaiserreichsecke, s.: Festschriften f. Gustav-Adolf-Vereine.

Scheufler, Adolph, Referendar in Leipzig: Die rechtliche Stellung des Nachlaßverwalters im B.G.B. Borna-Leipzig 1907: R. Noske. (VIII, 40 S.) 8° [F.]
Leipzig, Jur. Fak., Diss. v. 19. Dez. 1907
[Geb. 21. Febr. 82 Waldheim; Wohnort: Leipzig; Staatsangeh.: Sachsen; Vorbildung: Kgl. Gymn. Dresden-N. Reife O. 01; Studium: Heidelberg 1, München 1, Leipzig 5 S.; Rig. 16. Juli 04.]

Scheufler, David

— das erfüllte Gebet des Pfarrers Gf. Tollmann in Leube; e. Trauergedicht mit histor. Anmerkk. Fol. Görlitz 766.

Scheufler, Dav., († d. 28. Aug. 1774.) Jesus alles in allem, zur Erweckung heil. Jesus-Gedanken. 8. Bresl. 750. Pietsch. 10 gl.

Scheufler, Paul, Bahn frei ... Skizzen u. Erzählgn. (III, 149 S.) 8. Dresden (906). E. Pierson. n. 2. —; geb. n. 3. —

Im Staate Budde. Schauspiel in 3 Akten von Paul Scheufler. Mühlhausen i. Th.: G. Danner [1905]. (52 S.) 8° [F.]
— Volksbühne, Danner's deutsche. No 3. [05. 13686 3

— im Staate Budde, s. a. Danner's, G., deutsche Volksbühne.

Kaisers-Geburtstagsfeier Deutscher Kolonisten in Dar es Salaam. (Huldigungs-Festspiel.) (Einaktig.) Von Paul Scheufler. Wustrau: H. Völker [1906]. (21 S.) 8° [F.] [07. 1587

— die rote Mütze ... Eisenbahndrama in 5 Akten. (VII, 81 S.) 8. München (Feilitzschstr. 1), (906). Verlag „Die Bühne". n. 2. —

Scheufler, Paul, Plaudereien e. jungen Eisenbahners. 8. (111 S.) Leipzig (902). Luckhardt's Buchh. f. Verkehrswesen. n. 1. —; geb. n. 1. 50

Scheuing, Paul, die Führung e. zweiten Firma durch Handelsgesellschaften u. deren Teilnahme an e. offenen Handelsgesellschaft. (Diss.) (64 S.) gr. 8. Stuttgart 905. W. Kohlhammer. n. 1. —

Scheulen, Laurentius (geb. 1808 in Aachen): Placentae humanae physiologia et pathologia ... Bonnae, typ. C. Georgii 1833. 58 S., 1 Bl. 8.
Bonn, Med. Fak., Diss. v. 11 Mai 1833

Scheulen, Wilhelm: Beiträge zur Kenntnis der Bromnitrobenzoesäuren ... Freiburg i. Baden, Universitäts-Buchdr. v. H. M. Poppen & Sohn 1888. 47 + 1 S. + 1 Bl. 8°
Freiburg i. B., Phil. Fak., Inaug.-Diss. v. 1888

Scheumaeder, Ambrosius (Nürnberg) Altd. Thl. 15/30

Analysis et vindicatio illustrium Scripturae S. dictorum doctrinam de fide in Christum de regeneratione et conversione asserentium.
Präs. Johann Wilhelm Baier.
Altdorf (Kohles) 18. VI. 1718. S. 71-94. 30340

Scheumaeder, Ambrosius (Nürnberg) A. S. 218/5

Illustria Davidis facta ex iurisprudentia naturali illustrata. Präs. Konrad Friedrich Feuerlin.
Altdorf (Kohles) 11. IV. 1715. 28 S. 30337

Scheumaeder, Ambrosius (Nürnberg) Altd. lose Phs.

Modus examinandi definitionem.
Präs. Johann David Koeler.
Altdorf (Meyer) 3. II. 1714. 14 S. 30335

Scheumaeder, Ambrosius (Nürnberg) Altd. Phs. 37/37

Dissertatio philosophica de veritatis et caritatis nexu necessario. Präs. Georg Samuel Esenbeck.
Altdorf (Kohles) 13. XII. 1712. 31 S.

W. v.: Alexander Helladius, Sigismund Jakob Apinus.
30334

Scheumaeder, Ambrosius (Nürnberg) A. S. 325/25

Philosophia Marci Aur. Antonini Aug. in theoria et praxi. Präs. Johann David Koeler.
Altdorf (Kohles) 18. VI. 1717. 48 S.

Gew.: Christoph Fürer, Georg Gustav Tetzel, Leonhard Grundherr.
W. v.: Präs. 30339

Scheumaeder, Ambrosius (Nürnberg) Altd. Thl. 19/35

Schedia parallelographica, iuxta seriem periocharum evangelicarum fer. I. Paschatos, dom. Quasimodogeniti, Misericordias Domini, ...
Präs. Christoph Sonntag.
Altdorf (Kohles) 16. V. 1714. S. 75-96.

W. v.: Präs., Johann Christoph Romig, Konrad Friedrich Feuerlin, Adam Rudolph Solger. 30336

Scheumaeder, Ambrosius (Nünrberg) Altd. Thl. 23/5

Dissertatio philologica de erudita virgine Iudaea per transennam docente cum commentatiuncula ad modium in Sinear deportatum Zach. V, 7. sqq.
Präs. Gustav Georg Zeltner.
Altdorf (Kohles) 28. IV. 1717. 46 S.

Gew.: Johann Wulfer.
W. v.: Io. Adam Flessa. 30338

Scheumann, A. Rich., Julius Otto. Sein Leben u. Wirken. Ein Beitrag zur Geschichte des deutschen Männergesanges. Zum 100. Geburtstage Julius Ottos hrsg. u. den deutschen Sängern gewidmet. (VIII, 88 S. m. Abb.) 8. Dresden 904. O. & R. Becker. n. — 60

Scheumann, A. Rich., die grossen deutschen Tondichter. Lebenserzählungen in Bildern. Der musiklieb. Jugend dargeboten. I u. II. gr. 8. Leipzig, (F. Hofmeister). 2. 20

I. Joseph Haydn. W. A. Mozart. L. v. Beethoven. Mit 3 Porträts u. mehreren Notenbeispielen. (XVI, 71 S.) 908. 1. —
II. Franz Schubert. Karl Maria v. Weber. F. Mendelssohn-Bartholdy. Robert Schumann. Mit 4 Porträts u. Notenbeispielen. (XVI, 85 S.) 908. 1. 20

Scheumann, R. H., von der Eroberung der Landschaft. Gedanken üb. ästhet. Naturauffassg., aus Vorträgen, geh. im Dresdner Zeichenlehrerverein. Verzeichnis v. Schriften üb. Kunst u. Kunsterziehg., sowie v. Lehrbüchern u. Vorlagenwerken f. den Zeichenunterricht. Anlässlich des deutschen Zeichenlehrertags, Dresden 1905, hrsg. (88 S.) 8. Dresden 905. [Gewerbe-Buchh.] Holze & Pahl. — 80

Scheunemann, s.: Neisser, A., stereoscop. medicin. Atlas, Lfg. 3.

Scheunemann, Emil, approb. Arzt aus Rügenwalde: Über den Einfluss heisser Bäder auf den Gaswechsel des Menschen. *Halle a. S. 1899: C. A. Kaemmerer & Co.* (29 S.) 8°
Halle, Med. Diss. v. 29. Dez. 1899

Scheunemann, über den Einfluss heisser Bäder auf d. respirator. Stoffwechsel des Menschen, s. Winternitz, H.

Scheunemann, G., der Finanz-Conferenz vom 8. Aug. 1893 in Frankfurt a/M. unterbreitete Zoll- u. Steuercontrol-Reformen, behufs Hebg. des deutschen Volks-Wohlstandes, Lösg. der Deckungsfrage der Militär- u. a. Kosten, Wiederherstellg. der friedl. Beziehgn. zwischen den gesellschaftl. Klassen sowohl, wie den Völkern, namentlich zwischen Deutschland u. Russland, unter gleichzeit. Berücksicht. der sich widersprech. Interessen des Landmanns u. des Fabrikanten, wie viel anderer nützl. u. edler Zwecke. Special-Auszug aus dem später erschein. Werke: „Aus Vaterlands- u. Gerechtigkeits-, Fortschritts- u. Friedensliebe. Allen echt deutsch Gesinnten etc.“ gr. 8. (64 S.) Antwerpen 893. 12 Rempart Ste-Cathérine, Selbstverl. 3. 50

Scheunemann, G. W., über d. Processverfahren bei d. Friedensgerichten des Königr. Westphalen. gr. 8. Halle 811. Gebauer. 18 gl

Scheunemann, Jul(ius) Guil(ielmus) Joach(imus): Nonnulla de pulsationis epigastricae causis et diagnosi. Halae (1835): Karl Grunert. 46 S. 8°
Halle-Wittenberg, Med. Diss. v. 15. April 1835
Geb. [Neu-]Gutzmerow (Kr. Stolp) 1811. V.

Scheunemann, Wilhelm [aus Pommern]: Über zirkuläre Darmnekrose. . . . Greifswald, Druck v. Julius Abel, 1890; 28 S. 8°
Greifswald, Med. Fak., Inaug.-Diss. v. 15. Jul. 1890

Scheunenbaute, Eine zweckmässige. Bern 1888. V: *Müller im Koost, Franz.* (BSchwLk V, 9 ab)

Scheunert, A., s.: Lehrbuch der vergleichenden Physiologie der Haussäugetiere.

Der junge Hebbel. Weltanschauung u. früheste Jugendwerke unter Berücks. d. späteren Systems u. d. durchgehenden Ansichten. Von Arno **Scheunert**. Hamburg & Leipzig: L. Voss 1908. (XVI, 314 S.) 8°
— Beiträge z. Ästhetik. 12. 08. 5498

Scheunert, Arno, aus Hainichen: Der **Pantragismus als System der Weltanschauung und Ästhetik Friedrich Hebbels.** *Hamburg & Leipzig: L. Voss 1902.* (67 S.) 8°
¶ (Erscheint vollst. in: Beiträge zur Ästhetik.)
Würzburg, Phil. Diss. v. 1902

Der Pantragismus als System der Weltanschauung und Ästhetik Friedrich Hebbels. Dargest. von Arno **Scheunert**, Dr. *Hamburg & Leipzig: L. Voss 1903.* (XVI, 330 S.) 8°
— Beiträge z. Ästhetik. 8. 03. 8104

Scheunert, Arthur, aus Dresden: **Über ein neues Phoron und Bihydrophoron.** *Hildesheim 1902: A. Lax.* (60 S.) 8°
Göttingen, Phil. Diss. v. [29. Nov.] 1902

— über e. neues Phoron u. Bihydrophoron. Diss. (60 S.) gr. 8. Hildesheim 902. (Göttingen, Vandenhoeck & Ruprecht.) n. 1. 40

Scheunevogel, David

— Antwort auf die Frage: 1) Ob das Mosaische Gesetz, welches die Ehe mit des Bruders Weib verbietet, zum allgem. Moralgesetze gehöre? 2) Was es mit d. Ausnahme desselben 5 Mos. 25, vor e. Bewandtniß gehabt? 3) Ob die Ehe mit des Bruders Weib, wenn sie bereits vollzogen, zu dulden sey? 8. Hamb. 767. Danzig 768. (Jacobäer in Leipz.) 2 gl

Scheunevogel, später v. Scheinvogel, Dav., († d. 23. Mai 1795.) überzeugender Beweis v. der Wahrheit d. christl. Religion. 1r Thl. 8. Hamb. 760. 2e A. 763. J. G. Herold. 3 gl

SCHEURE, Johann v.: Geschichtliche und forststatistische Verhältnisse der Herrschaft Wittingau. Für die 16. Versammlung des Böhm. Forstvereins. - Prag 1863

Scheurembrandt, Hermann [Hrsg.], s. Architektur konkurrenzen.

Scheurembrandt, Herm., Architektur-Konkurrenzen. 1.—12. Heft. Lex.-8. Berlin 906. E. Wasmuth. Einzelpr. à n. 1. 80; Subskr.-Pr. à n. 1. 25

1. A. Konzert- und Gesellschaftshaus für Königsberg i. Pr. B. Sparkassen- u. Postgebäude f. Kufstein. (32 S. m. Abb.)
2. 3. Kursalon u. Heilbad f. Teplitz-Schönau. (60 S. m. Abb.)
4. A. Hallenschwimmbad f. Iserlohn. B. Realschulgebäude f. Eisleben. (32 S.)
5—7. Arbeiterhäuser f. die Firma (Ph.) Suchard & Co. (Schokoladefabrik) in Lörrach (Baden). (90 S. m. Abb.)
8. A. Waisenhaus in Colmar i. E. B. Fassaden f. das Warenhaus Jacobsen in Kiel. (32 S. m. Abb.)
9. Evang.-prot. Kirche f. Lichtenthal b. Baden-Baden. (32 S.)
10. A. Trink- u. Wandelhalle f. das Kurbad Eisenach. — B. Aussichtsturm auf der Neunkirchener Höhe. (32 S. m. Abb.)
11. Bestehorn-Haus in Aschersleben. (34 S. m. Abb.)
12. A. Realschulgebäude m. Progymnasium in Buer i. W. — B. Realgymnasium in Altenessen. (32 S.)

Scheurembrandt, Herm., Architektur-Konkurrenzen. II.--V. Bd. à 12 Hefte. (Mit Abb.) 30,5×22 cm. Berlin. E. Wasmuth. Subskr.-Pr. à 1.25; Einzelpr. à 1.80
II. 1.2. Saalbau in Mülhausen i. Els. (64 S.) 907.
3. Errichtung kleiner Landhäuser im Harz. (32 S.) 907.
4.5. Warenhaus der Firma Leonhard Tietz A.-G. in Düsseldorf. (64 S.) 907.
6. A. Oberrealschule in der Universitätsstadt Tübingen. B. Realschule in Villingen (Schwarzwald). (36 S.) 907.
7.8. Deutsches Museum f. München. (64 S.) 907.
9.10. Empfangsgebäude des neuen Hauptbahnhofes in Leipzig. (72 S.) 907.
11.12. Entwürfe v. kleinbäuerlichen Gehöften (Büdnereien u. Häuslereien) f. den Heimatbund Mecklenburg. (60 S.) 907.
III. 1. Hotel W. Jacobsen in Kiel. (30 S.) 907.
2. Evangelisch-lutherische Kirche f. Crimmitschau. (32 S.) 908.
3. Entwürfe f. die Verbindung der Schlossbrunn- u. Marktbrunn-Kolonnade m. der Mühlbrunn-Kolonnade in Karlsbad. (32 S.) 908.
4.5. Entwürfe zu Reihenlandhäusern f. 1 u. 2 Familien in Erfurt. (58 S.) 908.
6. A. Volksbücherei in Eger. B. Theater in Aussig a. E. (36 S.) 908.
7. Krematorium in Freiburg i. Br. (32 S.) 908.
8. Rathaus f. Niederschönhausen bei Berlin. (32 S.) 908.
9. 10. Synagoge f. Frankfurt a. M. (56 S.) 908.
11. 12. Krankenhaus der jüdischen Gemeinde zu Berlin. (64 S.) 908.
IV. 1. Kurhaus in Zoppot. (36 S.) 909.
2.3. St. Pauluskirche f. Breslau. (64 S.) 909.
4. Fachschulgebäude f. Schwäb. Gmünd. (30 S.) 909.
5. Wohnhausgruppe in Cöln. (32 S.) 909.
6. 7. A. Vorlesungsgebäude in Hamburg. B. Fassade f. den Neubau der Handwerkskammer in Berlin. (64 S.) 909.
8. 9. A. Errichtung e. Reform-Gymnasialgebäudes in Tempelhof bei Berlin. B. Neubau e. höheren Mädchenschule zu Hirschberg i. Schles. C. Neubau e. Landwirtschaftsschule in Salzwedel. D. Neubau e. höheren Mädchenschule zu Forst (Lausitz). (62 S.) 909.
10. 11. A. Rathaus f. Plauen. B. Amtshaus f. Buer. (62 S.) 909.
12. A. Sparkasse f. Flensburg. B. Logengebäude f. Essen (Ruhr). (32 S.) 909.
V. 1. A. Gemäldegalerie f. Reichenberg. B. Schlossbrunnanlage f. Karlsbad. (32 S.) 910.
2. Saalbau f. den zoologischen Garten zu Berlin. (36 S.) 910.
3. A. Theater f. Hagen i. W. B. Fassadenzeichnungen f. die Häuser Ring 26 u. 27 in Breslau. (32 S.) (910.)
4. Rathaus f. Gleiwitz. (32 S.) 910.
5. A. Schlossteichbrücke f. Königsberg i. Pr. B. Bismarck-Aussichtsturm f. Guben. (32 S.) 910.
6. 7. Krankenhaus der israelitischen Gemeinde in Frankfurt a. M. (58 S.) 910.
8. Kunstgewerbe- u. Handwerkerschule in Cöln. (34 S.) 910.
9. A. Turnhalle m. Feuerwehrdepot in Buchholz i. S. — B. Turnhalle in Friedberg (Hessen). (32 S.) 910.
10. A. Bankgebäude f. die westf.-lippische Vereinsbank in Bielefeld. — B. Börsengebäude (Getreidebörse) in Duisburg. (32 S.) 910.
11. 12. A. Neues Schauspielhaus in Dresden. — B. Reichsduma-Gebäude in St. Petersburg. — C. Volkstheater in St. Petersburg. (68 S.) 910.

Scheuren, Kaspar

Scheuren, C., Fischerleben in Lust und Leid. Zwei Tage in 22 (chromolithogr.) Bildern. Dichtung von Ellen. qu. gr. 4. (8 S. Text.) Düsseldorf 859, Lithographische Kunst-Anstalt. geb. * 5 Thlr. 2½ Ngr.; in Leder geb. *

Scheuren, C., Fischerleben in Lust und Leid. Zwei Tage in 22 (chromolithogr.) Bildern. Dichtung von Ellen. 2. Aufl. qu. gr. 4. (8 S. Text.) M.-Gladbach 864, Spaarmann's Verlag. cart. geb. 3 Thlr.; in Leder geb.

Scheuren, Caspar (Johann Nepomuk) [111.]
s. Hackländer, F. W.: Tag und Nacht. 1860.

Scheuren K, Landschaft, Sage, Geschichte und Monumentales der Rhein-Provinz. (27 T) qu Imp In Mappe. Düsseldorf (1865)

Scheuren, Casp., vom deutschen Rhein. Mit landschaftl. u. architekton. Ansichten nebst Illustr. zu rhein. Dichtgn. 1—7. Lfg. qu. gr. Fol. (24 color. Steintaf. u. 14 Chromolith.) Düsseldorf 876. Baumann. & Co. à 7. 50

Scheuren, Casp., vom deutschen Rhein. Mit landschaftlichen u. architektonischen Ansichten nebst Illustrationen zu rheinischen Dichtungen. 8—12. (Schluß-)Lfg. qu. gr. Fol. (à 2 color. Steintaf. u. 2 Chromolith.) Düsseldorf 877. Baumann & Co. à 7. 50; cplt. in Mappe n. 120. —; geb. n. 150. —

— dasselbe in 25 (chromolith.) Blättern. 2. Aufl. qu. Fol. Ebend. 879. geb. m. Goldschn. n. 30. —

Scheuren, Casp., vom deutschen Rhein. Mit landschaftl. und architekton. Ansichten, nebst Illustr. zu rhein. Dichtungen in 25 (chromolithogr.) Blättern. 2. Aufl. qu. Fol. [Düsseldorf 880, Baumann und Comp.] Berlin, Warschauer's Verlag. geb. mit Goldschn. (*M 30.)

Scheuren, Kasp., s.: Rhein, der, von den Quellen bis zum Meere.

Scheuren, P., Petrus der Apostelfürst u. Statthalter Christi. Nach der hl. Schrift, den Vätern und andern zuverläßigen Quellen zeitgemäß dargestellt. Aachen, Cremer, 1846, gr. 12°, 21 Bg., 3 Mk.

Scheurer, C., biograph. und literar. Nachr. von ehemaligen Lehrern der Hebr. Literatur in Tübingen. gr. 8. Ulm, Wohler. 792. Rthlr.

Scheurer, C. A., das jetzige Kalifornien, s. Kalifornien.

Scheurer, C. A., das jetzige Kalifornien. Allgemeine Schilderung der dortigen Verhältnisse, mit besond. Rücksichtsnahme auf das Interesse Derjenigen, die eine Uebersiedelung dahin oder die Anlegung von Kapitalien in diesem Lande beabsichtigen. Nach Originalbriefen von K. und mit dem neuesten Berichte des schweizer. Konsulats in San Francisco hrsg. 8. (IV und 75 S.) Bern 854, Dalp'sche Buchh. *

Scheurer, Caesar (Oberwesel) A. S. 55/13

Dissertatio inauguralis iuridica de successione hereditaria coniugum ex pactis dotalibus.
Präs. Justus Henning Böhmer.
Halle (Grunert) 29. IV. 1734. 52 S.

W. v.: Präs. 30341

Scheurer, Caesar (Oberwesel) Halle 1741/5

Dissertatio inauguralis iuridica de successione hereditaria coniugum ex pactis dotalibus.
Präs. Justus Henning Böhmer. Rec.
Halle (Grunert) 1741.

Diss. 29. IV. 1734.
W. v.: Präs. 30342

Scheurer, Emil. Wanderstudien. Am Rhein — Pariser Briefe — Riviera. Mit Buchschmuck von Otto Abrecht. VI + 250 S. 8. Bern, Gustav Grunau, 1910. [fr. 4. —, geb. 5. —]

Scheurer, Ernst. Ueber die Konstitution des Catechins. Diss. Phil. Bern. 39 S. 8. Bern, W. Wälchli, 1907.

Scheurer, Georg [Priester d. Diöc. Speyer]: **Das Auferstehungs-Dogma in der vornicänischen Zeit ... Würzburg, A. Göbel, 1896; VII, 115 S. 8.**
Würzburg, Theol. Fak., Inaug.-Diss. v. 1896

Scheurer, J. B., d. große Gebet! 24 sakramental. Predigten. gr. 8. (IV, 316 S.) Paderborn 895. F. Schöningh. n. 3. —

Scheurer, J. B., das große Gebet! 24 sakramental. Predigten. Neue [Titel-]Ausg. gr. 8. (IV, 316 S.) Paderborn [895.] 901. F. Schöningh. n. 3. —

Scheurer, J. E., Wiener Costüme vom Mittelalter bis zur Gegenwart. 12 (autogr.) Blätter. Fol. Wien 890. Schroll & Co. geb. n. 7. 50

Scheurer, Johann Christoph

Scheurer, Joh. Chr., Anmerk. über Nehrings Handbuch der Notarien ꝛc. 4. Nürnb. Lochner. 737.

Scheurer, Johann Christoph (Nürnberg) A. S. 53/12

Dissertatio juridica de provocatione majoris ad divisionem cum minore. Präs. Heinrich Hildebrand. Altdorf (Meyer) 26. II. 1708. 28 S.

Gew.: Joh. Karl Schlüsselfelder, Wolfgang Jakob Nützel, Georg Burkhart Haller, Georg Andreas im Hof, Georg Christoph Kress von Kressenstein.
W. v.: Präs., J. J. Hirsching, P. Benivent. 30343

Scheurer, Johann Christoph (Nürnberg) A. S. 234/15

Disputatio inauguralis juridica de testamento irrevocabili.
Altdorf (Meyer) 10. VI. 1711. 32 S. 30344

Scheurer, P. N., sich selbst lehrendes Rechenbuch, od. gründl. Unterricht auf eine leichte Art Rechnen zu lernen. 8. Ulm 819. Ebner. 8 gr

Scheurer, Paul, I. Assistenzarzt an der Universitäts-Frauenklinik Bern: (Aus der Universitäts-Frauenklinik Bern.) Ueber Cervixverletzungen bei Primiparen. Berlin 1906. 60 S. 8°. S.-A. a. d. Archiv f. Gynäkologie. Bd. 77. Heft 3. [28. VI. 05.]

Bern. Med. Diss. 1905/1906.

Scheurer, Paul. Ueber Cervixverletzungen bei Primiparen. Diss. Med. Bern. ⟨Sonder-Abdruck aus dem Archiv für Gynäkologie. Bd. 77. Heft 3.⟩ *Kopftitel:* ⟨Aus der Universitäts-Frauenklinik Bern.⟩ 59 S. 8. Berlin, L. Schumacher, 1906.

Scheurer, Rud., die Entwicklung des Handarbeitsunterrichts f. Knaben in der Schweiz. Vortrag, geh. am Lehrerkurs in Neuenburg den 20. VII. 1900. gr. 4. (11 S.) Bern (901). (A. Francke.) n. — 80
Sonderabdruck aus: „Zeitschrift f. schweiz. Statistik".

— Lehrgang f. die Arbeiten an der Hobelbank, hrsg. vom schweizer. Verein f. Knabenhandarbeit. gr. 8. (48 u. 43 S. m. Fig.) Zürich 900. (Bern, A. Francke.) n. 2.70

— Vorkurs zu den Arbeiten an der Hobelbank. gr. 8. (10 S. m. 6 Taf.) Ebd. 899. — 60

[Scheurer, Samuel.] Bernerisches Mausoleum oder ... Berühmten, und sonderlich um die Kirchen Gottes in diesem Land Hochverdienten Männeren ... Aufgerichtetes Ehren-Maal In Ihrer kurtzen Lebens-beschreibung .... Von einem der Schweitzerischen Theologen. [Mit 6 Porträt-Tafeln.] 6 Stücke ([in] 2 Theilen). 8. Bern 1740–1743.
(Theil 1. Stück 1–3.)
(Stück 1. Lebens Beschreibung Doctor Thomas Wittenbachs Von Biel ...)
Stück 2. Leben Doctor Sebastian Meyers, von Neustatt am Rhein .... 1740.
Stück 3. Lebens-Beschreibung Berchtold Hallers, Deß Reformators von Bern .... 1741.
(Theil 2. Stück 4–6.)

Scheurer, Sam., kurzgef. Natur d. schriftm. Landtheologie. 8. Bern. 726.

[Scheurer, Samuel.] Nachricht von dem Leben ... Joh(annes) Hallers ...; Pfarrers zu Schertzligen .... Wie auch Joh(annes) Hallers Des Sohns, Pfarrers zu Augspurg und Bern .... [Mit 1 Porträt-Tafel.] 8. Bern 1743.
Das 6. Stück (des Bernerischen Mausoleums).

Scheurer, Steph., Unschuld — oder Buße. Eine Gabe für die reifere Jugend. Nach dem Latein. bearb. Mainz 869. Kirchheim. 8. (XII, 311 S.) 15 *ngr.*

Scheurich, August *(geb. Neumarkt in Schles. 27. 1. 1820)*: Der Schreibekrampf. Hirschberg 1871. (II, 28 S.) 8°
Breslau, Med. Diss. v. 9. Dez. 1871

Scheurich, C. A. G., Predigt bei d. 2ten Synode d. evangel. Geistlichkeit d. Breslauer Landessuperintendentur über Ephes. 4, v. 15 u. 16, den 24. Nov. 1818 gehalten. 8. Bresl. 818. Graß, B. u. C. 2 gr

Ueber die Amputation eines Oberschenkels, nebst der Beschreibung und Abbildung eines künstlichen Oberschenkelgelenkbaues. Von Joseph Scheuring. Bamberg & Würzburg: Goebhardt 1811. 4 Bl. 8°

Scheuring, Jos., († d. 29. Dec. 1813.) üb. die Amputation e. Oberschenkels, nebst d. Beschreib. u. Abbild. e. künstl. Oberschenkelgelenkbaues. Mit 1 Kpf. 4. Bamb. 815. (Frkf. a. M., Wesché). 2 gr

— Parallele d. Vortheile u. Nachtheile d. vorzügl. Operationsmethoden d. grauen Staares. 8. Bamb. 815. (Frankf. a. M., Wesché). 4 gr

Scheuring, Th. A., das Staatsbürgerrecht der Juden. Eine unpartheiische Würdigung in Beziehung auf die von Hirsch zu Würzburg an die Ständeversamml. in Baiern eingereichte Vorstellung. 8. Würzb. 820. (Stahel). 9 gr.

Scheurl, Adolf von,
s. Scheurl, Christoph Gottlieb Adolf von.

Scheurl, Christoph

Scheurl's, Chrph., Briefbuch, ein Beitrag zur Geschichte der Reformation und ihrer Zeit, hrsg. von Frz. Frhrn. v. Soden und J. K. F. Knaake. (In 2 Bdn.) 1. Bd.: Briefe von 1505—1516. gr. 8. (VII und 171 S.) Potsdam 867, Gropius'sche Buchh. *

Scheurl's, Chrph., Briefbuch, ein Beitrag zur Geschichte der Reformation und ihrer Zeit, hrsg. von Frz. Frhr. v. Soden und J. K. F. Knaake. 2. Bd.: Briefe von 1527—1540. gr. 8. (VI, 255 S.) Potsdam 871, Gropius'sche Buchh. * 5 —
1. Bd. Ebendas. 1867. *M 3.

SCHEURL, Christoph Adolph von (Nürnberg): Commentatio ad LL. 2, 3, 4, 72 & 85 D. de verborum obligationibus inserta de dividuis et individuis obligationibus desquisitione.- Erlangae: Jung 1835. 110 S., 1 Bl.
19.8.1834 - Urk (Titel: De dividuis et individuis obligationibus.); F 48
Diss. Ingolst.-Landsh.-Mchn.

Glückwunsch der juristischen Fakultät für Christoph Gottlieb Adolf v. Scheurl in Erlangen zum 50jährigen Dr.-Jubiläum am 19. Aug. 1884.
Halle-Wittenberg. 1 Bl.

Scheurl, Christoph Gottlieb Adolf von

Scheurl, Ch. G. Adf. v., Anleitung zum Studium des Römischen Civilprozesses. Erlangen 855. Blaesing. 12. (IV, 60 S.) n. 10 ngr

Scheurl, Ch. G. Adf. v., Anleitung zum Studium des römischen Civilprozesses. 2. verb. Aufl. 8. (IV, 52 S.) Erlangen 868, Deichert. geb. * 1 —

v. Scheurl, Ch. G. Adf., erläuternde Anmerkungen zu der neuen Strafprozeß- [insbesond. Schwurgerichts-] Ordnung für das diesrhein. Bayern [Gesetz, die Abänderungen des 2. Thls. des Strafgesetzbuches von 1813 betreff.] auf Grundlage der ständischen Ausschußverhandlungen bearb. gr. 8. (XVI u. 181 S.) München 848, Kaiser. n. 22 ngr Schreibpap. n. 1 rf

— Beiträge zur Bearbeitung des römischen Rechts. 1. Bd. gr. 8. (XII und 326 S.) Erlangen 852, Blaesing. *

— Beiträge zur Bearbeitung des Römischen Rechts. 2. Bd. 1. Heft. Erlangen 854. Bläsing. gr. 8. (S. 1—87.) n. 12½ ngr

— Beiträge zur Bearbeitung des römischen Rechts. 2. Bd. 2. u. letztes Heft. A. u. d. T.: Zur Lehre der Nebenbestimmungen bei Rechtsgeschäften. Ebend. 870. gr. 8. (III, 355 S.) n. 2 rf

— Beiträge zur Bearbeitung des römischen Rechts. 2. Bd. 2. und letztes Heft. A. u. d. T.: Zur Lehre von den Nebenbestimmungen bei Rechtsgeschäften. gr. 8. (III, 355 S.) Ebendas. 871. * 6 —
1. Bd. Ebendas. 1853. *M 4,80.; 2. Bd. 1. Heft. 1854. *M 1,20.

Scheurl, Ch. G. Adf. v., weitere Beiträge zur Bearbeitung des römischen Rechts. 1. Heft. A. u. d. T.: Teilbarkeit als Eigenschaft von Rechten. gr. 8. (118 S.) Erlangen 884, Deichert. *

Scheurl, Ch. G. Adf. v., weitere Beiträge zur Bearbeitung des römischen Rechts. 2. Heft: Zur Lehre vom römischen Besitzrecht. gr. 8. (183 S.) Erlangen 886, Deichert'sche Verlagsh. Nachf. *
1. Heft. Ebendas. 1884. *M 2.—.

— Beiträge zur Beleuchtung der Schrift: „Konkordat u. Konstitutionseid der Katholiken in Bayern. Augsburg 1847." 1 u. 2. Beitrag. (Aus der Zeitschrift für Protestantismus u. Kirche besond. abgedr.) gr. 8. (42 u. 46 S.) Erlangen 847, Bläsing. (à 6 ngr) 12 ngr

— Bekenntnißkirche u. Landeskirche. Ebend. 868. gr. 8. (III, 70 S.) n. 10 ngr

Scheurl, A. v., der Beschluß der Baireuther Generalsynode v. 1873 üb. den Luthardt'schen Antrag in Betreff der Kirchenverfassg. gr. 8. (58 S.) Erlangen 874. Deichert. n. — 50

Scheurl, Chr. Th. Ad. de: De usus et fructus discrimine. Hab.-Schr. Erlangae 1846.

Scheurl, Ch. G. Adf. v., das gemeine deutsche Eherecht u. seine Umbildung durch das Reichsgesetz vom 6. Febr. 1875 über die Beurkundung des Personenstandes u. die Eheschließung, mit besonderer Rücksicht auf die Kirchen-Eheordnung dargestellt. gr. 8. (VIII, 393 S.) Erlangen 881. 82. Deichert. n. 6. —

Scheurl, Ch. G. Adf. v., die Entwicklung des kirchlichen Eheschliessungsrechts. gr. 8. (V, 177 S.) Erlangen 877, Deichert. *

Scheurl, Adf. v., zum Gedächtniß Karl v. Raumers. 16. (31 S.) Erlangen 865, Deichert. *

— die Gewissensfreiheit und das Recht der lutherischen Kirche. gr. 8. (31 S.) Erlangen 867, Deichert. *

— s.: Glaubensbekenntnis, das, e. berühmten Rechtslehrers.

— ein juristisches Gutachten über die neue Verfassung der evangel. Kirche im Großherzogthum Hessen. Nebst einer einleitenden Betrachtung über den gegenwärtigen Stand der Verfassungsfrage im Großherzogth. Hessen. gr. 8. (26 S.) [Frankfurt a. M. 875, Zimmer'sche Buchh.] Heilbronn, Gebr. Henninger. *
Aus: Zeitschrift für Protestantismus und Kirche, besonders abgedruckt.

Scheurl, Ch. G. Adf. v., rechtliches Gutachten über den Entwurf zu einer Verfassung für die evangelisch-lutherische Kirche im Hamburgischen Staate. gr. 8. (43 S.) Hamburg 864, Nolte. *

— über die lutherische Kirche in Bayern. Eine kirchenrechtl. Erörterung. gr. 8. (IV und 52 S.) Erlangen 853, Bläsing.

— die lutherische Kirche in Preußen und in Bayern. Eine kirchenrechtliche Erörterung. Separatabdr. aus der Zeitschrift für Protest. u. Kirche. Erlangen 854. Blaesing. gr. 8. (103 S.) n. 10 ngr

— die lutherische Kirche in dem neupreußischen Staatsgebiete. Vortrag auf der Leipziger evangel.-luther. Pastoralconferenz den 13. Juni 1867. Nebst Zustimmungs-Erklärungen. gr. 8. (32 S.) Leipzig 867, Naumann. *

Scheurl, Adf. Frhr. v., die Lehranweisung der Brandenburg-Nürnberger Kirchenordnung von 1533, neu hrsg. Mit einem Vorwort von Fr. Frank. 8. (VII, 70 S.) [Nördlingen 888.] München, Beck'sche Verlagsh. *

— Lehrbuch der Institutionen. gr. 8. (XVIII u. 386 S.) Ebd. 850. n. 1 rf 24 ngr

— Lehrbuch für Institutionen. 2., verb. Aufl. gr. 8. (XV und 415 S.) Erlangen 855, Bläsing. *

— Lehrbuch der Institutionen. 4. verb. Aufl. Erlangen 862. Bläsing. gr. 8. (XXIV, 427 S.) n. 2 rf

— Lehrbuch der Institutionen. 5., verb. Aufl. Erlangen 868. Deichert. gr. 8. (XXII, 432 S.) n. 2 rf

— Lehrbuch der Institutionen. 6. verb. Aufl. gr. 8. (XVIII, 432 S.) Ebendas. 873. * 6 —

— Lehrbuch der Institutionen. 7. verb. Aufl. gr. 8. (XVI, 432 S.) Erlangen 878, Deichert. *

— Lehrbuch der Institutionen. 8. verb. Aufl. gr. 8. (XIV, 432 S.) Ebendas. 883. *

— zur Lehre vom Kirchenregiment. 8. (III und 152 S.) Erlangen 862, [Deichert.] *

— zur praktischen Lösung der Ehescheidungsfragen. gr. 8. (22 S.) Nürnberg 861, Raw'sche Buchh. *

—— die bevorstehende Lutherfeier. Ein Vortrag, im Nürnberger evangel. Arbeiter-Verein gehalten. 1. und 2. Abdr. gr. 8. (16 S.) Nürnberg 883, Löhe's Buchh.

Scheurl, Ch. Th. Adph. de, de juris Romanorum antiqui modis liberos in adoptionem dandi dissertatio. 4maj. (12 S.) Erlangae 850. Blaesing.

—— vom Nexum. Ein Beitr. z. Gesch. d. röm. Rechts. gr. 8. (4 B.) Erlangen 839, Bläsing.

Scheurl, Chr. Th. Ad. de, num juris gentium acquisitionibus dominium civile Romanor. effectum sit. Dissert. 8maj. (5 B.) Erlangae 836, Blaesing. •

— das gute Recht der Lutheraner in Baden. Eine kirchenrechtl. Erörterung. gr. 8. (23 S.) Stuttgart 852, S. G. Liesching. n. 4 ngl

— Rede beim Antritte des Prorektorats der königl. bayer. Friedrich-Alexanders-Universität Erlangen am 4. Novbr. 1854 gehalten. Erlangen 854. Blaesing. gr. 4. (8 S.) 1½ ngr

—— und F. Delitzsch, die Sache des Prof. Baumgarten, s. Delitzsch, F.

—— die Sache der Lutheraner in Baden aus dem Gesichtspunkte der Gewissensfreiheit. gr. 8. (16 S.) Stuttgart 852, S. G. Liesching.

—— Sammlung kirchenrechtlicher Abhandlungen. 1.—4. Abthl. gr. 8. Ebendas. - 10 40

Inhalt:

Abthl. 1. Abhandlungen vermischten Inhalts. (III, S. 1—168.) 872. *M 3.
- 2. Abhandlungen über Gewohnheitsrecht und Lehrgesetzgebung der Kirche. (III, S. 169—264.) 872. *M 1,60.
- 3. Abhandlungen verfassungsrechtlichen Inhalts. (III, S. 265—436.) 872. *M 3.
- 4. Abhandlungen eherechtlichen Inhalts. (IX, S. 437—589.) 873. *M 2,80.

—— Sammlung fliegender Blätter für kirchliche Fragen der Gegenwart. (Nr. I—IV.) Erlangen 857. Bläsing. gr. 8. 18 ngr

Inhalt: I. Ist das Lutherthum in unseren heutigen Landeskirchen wirklich berechtigt? (19 S.) — II. Echter u. unechter Protestantismus in kirchlichen Dingen. (24 S.) — III. Ueber Wiederherstellung der Kirchenzucht u. der alten Gottesdienstordnung. (43 S.) — IV. Ueber Kirchenvorstände u. Synoden. (43 S.)

—— Christoph Scheurl, Dr. Christoph Scheurls Vater, s. Mittheilungen des Vereins für Geschichte der Stadt Nürnberg.

—— der christliche Staat. Ein Vortrag im evangel. Arbeiterverein zu Nürnberg gehalten. gr. 8. (23 S.) Nürnberg 885, Löhe. •

—— die verfassungsmäßige Stellung der evangelisch-lutherischen Kirche in Baiern zur Staatsgewalt. gr. 8. (94 S.) Ebendas. 872. - 1 —

— zur Verfassungsfrage in der protestantischen Landeskirche Bayerns diesseits d. Rheins. gr. 8. (31 S.) Freiburg i/Br. 883. Mohr. n. — 50

—— der Werth des Kirchenrechts für evangel. Geistliche. gr. 8. (24 S.) Erlangen 861, Bläsing.

—— einige Worte über das Recht des evangelisch-luther. Bekenntnisses im Großherzogth. Hessen. gr. 8. (34 S.) Nürnberg 873, Löhe. - — 60

—— einige Worte über Friedr. Carl v. Savigny, am 31. Oktbr. 1850 zu seinen Zuhörern gesprochen. gr. 8. (23 S.) Erlangen 850. [Frankfurt a. M.,] Heyder und Zimmer.

Scheurl, Christoph Wilhelm, s. Scheurl von Defersdorf, Christoph Wilhelm.

Scheurl, E. Frhr. v., das Gesetz, betr. die Abmarkung der Grundstücke, s.: Brettreich, Fr. v.

Scheurl, Eberhard Frhr. v.: Die Annahme an Kindesstatt nach dem Bürgerlichen Gesetzbuch. Nürnberg 1897: U. E. Sebald. (79 S.) 8°
Erlangen, Jur. Diss. v. 25. Okt. 1897

Scheurl, Friedrich Karl A. S. 321/41

De insigni Germaniae eiusque regis titulo.
Präs. Johann Heumann.
Altdorf (Meyer) 7. II. 1744. 30 S. 30351

Scheurl, Jakob Christoph Wilhelm von, s. Anweisung zum Kleebau.

Scheurl J. C. W. v.: Kurze Darstellung d. wichtigsten v. Forstwesen bey Privat- u. Communen-Wäldern; dann v. der bürgerlichen u. landw. Baukunst ... Nürnb. 1802. 118 S.

— kurze Darstell. des Wichtigsten vom Forstwesen bei Privat- u. Communwäldern, von der bürgerl. u. landwirthschaftl. Baukunst. 8. Nürnb. 802. Felßecker. 8 gr.

SCHEURL, Jakob Christoph Wilhelm v.: Forsthandbuch zum allgemeinen Gebrauch für Unterforstbediente und Lehrlinge, auch Liebhaber der Forstwissenschaft aus den bewährten Forstbüchern zusammengetragen und in Fragen und Antworten gebracht. - Nürnberg 1803. Stein. VIII, 356 S.

Scheurl J. C. W. v.: Ueber Uferbefestigungen, Reinigung u. Durchstechungen d. Flüsse, Wiesenwässerung, Gräbenziehung, Teichenutzung u. Verbesserungen; Einebnung u. Aushebung üb. Seen, Mühlenbau u. Misbräuche d. Müller ... Nürnb. 1804. 131 S. 1 Tvl.

— üb. Uferbefestigungen, Reinigung u. Durchstechungen d. Flüsse, Wiesenbewässerungen, Gräbenziehung, Teichnutzungen ꝛc. Mit 20 Fig. auf 1 Kpft. 8. Nürnb. 804. Felßecker. 10 gr.

Scheurl von Defersdorf, Christoph Theophil A. S. 92/5

Periculum academicum de territorio clauso et non clauso sive mixto. Präs. Heinrich Hildebrand.
Altdorf (Meyer) 15. IV. 1715. 56 S.

W. v.: J. W. Feuerlin, C. F. Oelhafen (Opp.), Johann Karl Scheurl von Defersdorf (Vetter, Opp.).

30365

Scheurl von Defersdorf, Christoph Theophil A. S. 776/18

Periculum academicum de territorio clauso et non clauso sive mixto. Präs. Heinrich Hildebrand. Rec.
Altdorf (Kohles) 1718. 52 S.

Diss. 15. IV. 1715. 30366

Scheurl von Defersdorf, Christoph Theophil U. S. Altdorf lose jur.

De territorio clauso et non clauso sive mixto commentatio. Präs. Heinrich Hildebrand.
Altdorf (Grebner) 1751. 59 S.

Diss. 15. IV. 1715. 30367

Scheurl von Defersdorf, Christoph Wilhelm

Scheurl, Christoph Wilhelm (Nürnberg) A. S. 207/26

Dissertatio juris gentium publici de judicio seu censura morum. Präs. Christian Thomasius.
Halle (Salfeld) 10. V. 17o2. 68 S.

Gew. : Stadt Nürnberg. 30349

Scheurl von Defersdorff, Christoph Wilhelm (Nürnberg) A. S. 8/1

Dissertatio juris gentium publici de judicio seu censura morum. Präs. Christian Thomasius.
Halle (Salfeld) 1723. 68 S.

Diss. 10. V. 1702. 30370

Scheurl von Defersdorf, Joh. Karl A. S. 807/37

De donatione Mathildina pontifici R. facta.
Präs. Jo. David Koeler.
Altdorf (Meyer) 1. VI. 1715. 16 S. 30368

Scheurl von Defersdorf, Jo. Karl A. S. 824/49

Collegii feudalis ad B. Stryckii examen juris feud. cap. XIX. disput. X. de speciali juris feudalis altero contractus circa feudum et sub infeudationem nunc adducente. Präs. Heinrich Hildebrand.
Altdorf (Kohles) 9. X. 1715. 8 S. 30369

Scheurl, Johann Karl (Nürnberg) A. S. 224/19

Iura peculiaria quaedam reipublicae Noribergensis.
Präs. Heinrich Hildebrand.
Altdorf (Meyer) VII. 1716. 88 S.

W. v. : Präs., Eucharius Gottlib Rink, Christian Gottlieb Schwartz, Jo. David Koeler, Jakob Wilhelm Feuerlin. 30361

Scheurleer, F., die Souterliedekens. Beitrag zur Geschichte d. ältesten niederländ. Umdichtg. d. Psalmen. gr. 8. (61 S.) Leiden 898. (Leipzig, Breitkopf & Härtel.) n. 7. 50; m. 24 fksm. Titelblättern (84 S.) n. 20. —

Scheurleer, Guil. Ant., disputatio philologica de Demetrio Magnete. Lugd.-Batavorum 858. (Rotterdam, Baedeker.) gr. 8. (VIII, 128 S.) n. 1 ₰. 3 ngr.

Scheurlen, C. F.

— über die Abfassung von Gesetzbüchern, insbesondere einer bürgerl. Prozeß-Ordnung für Würtemberg. gr. 8. Tübingen 834. Osiander. ⁵⁄₁₆ ₰

Scheurlen, C. F., s. Gerichtsverfassungen, Die.

Scheurlen, C. F.: Grundriss zu Vorles. üb. d. kathol. u. protest. Kirchenr. *Tüb.*, Osiander. 825. 8. (12 Gr.)

Scheurlen, C., s. Literatur, Die, des gesammt. würtemberg. Rechts ...

— Materialien z. Behuf d. Anleit. d. jurist. Praxis auf Universitäten. 2e Abtheil. gr. 8. Tübing. 827. Osiander. 16 gr (Die 1e Abtheil. ist noch nicht erschienen).

Scheurlen, C., Sammlung v. Aufgaben zum Behuf d. academ. Anleitung zur jurist. Praxis, nebst e. Anh., e. Samml. v. Urtheils-Formularien nach Württemberg. Rechte enthalt. gr. 8. (13 B.) Tübingen 829, Osiander.

—— der Staatsgerichtshof im Königr. Württemberg, mit Hinweis. auf d. analogen Einrichtn. in and. teutschen Bundesstaaten. gr. 8. (9 B.) Tübingen 835, Fues, Vrlsbuchh.

Scheurlen, C. F., der teutsche gemeine u. württembergische Civilproceß. 1r Bd. gr. 8. Tübingen 836. Osiander. $1^2/_3$ ₰ — 2r Bd. Bog. 1—6. gr. 8. Ebd. 839. ³⁄₈ ₰

Scheurlen, Carl Fr., s. Scheurlen, Karl Fr.

Scheurlen, (Karl Paul) Ernst (geb. Mergentheim in Württ. 5. 2. 1863): Ueber ein Fibrosarkom der Tonsille. Berlin (1885). (27 S.) 8°
Berlin, Med. Diss. v. 12. Aug. 1885

Scheurlen, Karl Fr. [Praes.], s. Kapff, Sixtus Friedrich: De natura juramenti perhorrescentiae.

Scheurlen, Paul. Führer durch die Volks- und Jugendliteratur. Im Auftrag des Vereins von Verlegern christlicher Literatur hrg. 1. Aufl. 30000. 96 S. 8. Leipzig, Verein von Verlegern christlicher Literatur, 1904.

Scheurlin, Geo., Gedichte. 16. (X u. 221 S.) Ansbach 851, Gummi. — 2. verm. Ausg. 16. (X u. 221 S.) Ebd. 852. 1 ₰; in Engl. Einb. m. Goldschn. n. $1^1/_3$ ₰

Scheurlin, Geo., Gedichte. 2. Sammlung. A. u. d. T.: Heideblumen. 16. (XII und 252 S.) Heidelberg 858, K. Winter. *
1. Sammlung. Ansbach 1851. (Ebendas.) * 1 Thlr.

Scheurlin, Geo., Musiker-Novellen. [Die Preis-Composition. — Studien eines verabschiedeten Waldhornisten. — Emil Lange.] 8. (VII, 246 S.) Hannover 872, Rümpler. 3 —

Scheurlin, Georg
Die Preis-Composition. Novelle. Berlin 1868.
In: Roman-Zeitung, Deutsche. Bd 4.

Scheurlin, Georg
Der Scharfrichter von Rothenburg. Chronistische Erzählung. Berlin 1868.
In: Roman-Zeitung, Deutsche. Bd 4.

Scheurlin, Geo., der Scharfrichter von Rothenburg. Chronistische Erzählung. Berlin 869. Janke. 8. (220 S.) n. 20 ngr.

Scheurlin, Georg, Der Scharfrichter v. Rothenburg. Hist. Erzählg. (154 S.) 8. Berlin (910). O. Janke. 1. —; geb. 1. 50

Scheusal, das, v. La Grange. Nach französ. Kriminalakten. — Der Schwiegersohn. — Abner. — Die Kindesmörderin. (96 S.) 8. Neuweißensee (905). E. Bartels. 1. —

Scheuff, Adrian, s. Rudolph der Branntweinsäufer — auch Volks- u. Jugendschriften.

(Scheuß, Ad.,) Rudolph der Branntweinsäufer. Eine Geschichte aus d. Leben. Zur Warnung f. d. Volk hrsg. v. der appenzellischen gemeinnütz. Gesellschaft. 8. (4¾ B.) St. Gallen 812, (Scheitlin u. Zollikofer.)
Vgl. Volks- u. Jugendschriften.

Gerhard Scheuten

De Paedatrophia. Berolini (1824:) Starck. 39 S. 8°
Berlin, Med. Diss. v. 4. Juni 1824

Scheuten, Rudolf: Beiträge zur Kenntniss typischer Bodenarten Bayerns (Oberfrankens) .... München, K. Hof- u. Universitätsbuchdr. v. Dr. C. Wolf & Sohn, 1848; 38 S. 8°
Freiburg i. B., Phil. Fak., Inaug.-Diss. v. 1848

Scheuten, (H.) Theodor: Der reiche Lieutenant. Lustsp. mit Gesang in 1 Akt. (Paderborn: F. Schöningh 1898.) (16 S.) 8°
= Dilettanten-Theater. H. 42.

Scheuten, Thdr., der reiche Lieutenant, s.: Dilettanten-Theater.

Die Welt geht unter! Lustsp. in 1 Akt von H. Th. Scheuten. *Paderborn: F. Schöningh [1899].* (16 S.) 8°
= Dilettanten-Theater. II. 55.

Scheutz, Thor. Ueber Alkylierte Amidobenzolsulfosäuren und Metamidophenole. Diss. Phil. [II. Section]. Univ. Zürich. 51 S. 8. Zürich-Oberstrass, Hans Fischer, 1901.

Schevaßu, ..., Sonntagspredigten u. Gespräche v. Glaubensartikeln; aus d. Französ. (von J. B. Dilg). 4 Thle. gr. 8. Augsb. 770. N. A. 785. Rieger. 3 ₰ 12 ₰

Scheve, v., zur Aufstellung der Schußtafeln f. Wurffeuer u. Tafeln f. das indirekte u. Wurffeuer bis zu 41° Abgangswinkel u. f. Anfangsgeschwindigkeiten v. 240 m an abwärts. Unter Uebersetzg. e. italien. Abhandlg. v. Siacci bearb. u. aufgestellt. Mit 1 Taf. gr. 8. (76 S.) Berlin 886. Mittler & Sohn. n. 1. 75

Scheve, v., zur Aufstellg. v. Schußtafeln f. Mörser u. Haubitzen, nebst Tafeln f. d. indirekte u. Wurffeuer bis zu 46° Abgangswinkel. Neue Ausg. v.: Zur Aufstellg. d. Schußtafeln f. Wurffeuer. Unt. Uebersetzg. e. italien. Abhandlg. v. Siacci bearb. durch v. Sch. [Aus: „Archiv f. Artillerie- u. Ingen.-Offiziere".] 8. (28 u. 76 S. m. 1 Taf.) Berlin (886) 896. E. S. Mittler & Sohn. n. 2. —

Scheve, v. [illegible] zur Ermittelung der Art der [illegible]
Berlin [illegible]

Scheve, s.: Feierstunden.

— die Geschütz-Bedienung der Fuß-Artillerie. Ein Hülfsbuch f. die Ausbildg. am Geschütz. 1. Hft.: Die Bedieng. e. Geschützes m. Fachkeil-Verschluß in Belagerungs-Laffete. gr. 8. (VIII, 124 S.) Berlin 882. Voß. n. 1. 20

— leichtfaßliche Methode zur Lösung ballistischer Aufgaben f. flache Flugbahnen, s.: Braccialini, S.

Scheve, Alfr., s.: Hilfsbote, der.

Die Mission der deutschen Baptisten in Kamerun (West-Afrika) von 1884–1901, von E(d). Scheve. *Cassel: Verlagshaus d. deutsch. Baptisten [1902].* (125 S.) 8° [S.]

Scheve, E., die Mission der deutschen Baptisten in Kamerun (West-Afrika) (von 1884 bis 1901). 8. (126 S. m. Abbildgn. u. 1 Kartenskizze.) Berlin (902). (Cassel, J. G. Oncken Nachf.) n. 1. —; geb. in Leinw. n. 1. 50; eleg. geb. in Leinw. n. 1. 70

Tod und Auferstehung Christi (Death and Resurrection of Christ). Oratorium f. Soli, Chor, Orchester u. Orgel komp. von Edw. B. Scheve. Textbuch. Berlin: Bethel (1908). 15 S. 8°

Scheve, Gust., phrenologische Bilder. Zur Kenntniß des heutigen Standpunktes der Phrenologie. Mit Portr. v. F. J. Gall, 24 in d. Text gedr. Abbildgn. u. 1 Steindrtaf. (in qu. gr. Fol.) gez. v. Mor. Rugendas. gr. 8. (VIII u. 144 S. m. Holzschn.) Leipzig 851, Weber. n. 24 ngr — Zur Naturlehre des menschl. Geistes u. deren Anwendung auf Wissenschaft u. Leben. Mit vielen in den Text gedr. Abbildgn., dem Portr. des Verf. u. 1 Steintaf. (in qu. Fol.), gez. v. M. Rugendas. 2. verm. u. verb. Aufl. I u. II. (Hft.) I. Die Phrenologie im Umrisse. II. Phrenologie u. Psychologie. gr. 8. (VIII S. u. S. 1—264 S.) Ebd. 852. (à n. ½ ₰) n. 1 ₰

Scheve, Gust., phrenologische Bilder. Zur Naturlehre des menschlichen Geistes und deren Anwendung auf Wissenschaft und Leben. 2. verm. u. verb. Aufl. III. (Heft.) Phrenologie und Medicin oder die Organenlehre. Leipzig 854. Weber. gr. 8. (S. 265—400.) n. 15 ngr

— — IV. (Heft.) Die Phrenologie in der Anwendung. Ebend. 855. gr. 8. (XII, S. 401—636. m. Holzschn. im Text.) n. 22½ ngr

Scheve, Gust., phrenologische Bilder. Zur Naturlehre d. menschl. Geistes u. deren Anwendg. auf das Leben. Auch zur Verständigg. zwischen Phrenologie u. Anthropologie. Mit 112 Abbildgn. (Holzschn.) u. dem Portr. d. Verf. in Stahlst. 3. verm. u. verb. Aufl. gr. 8. (XVI, 532 S.) Leipzig 874. Weber. n. 7. 50

— s. Castle, M., phrenolog. Aehrenlese.

—— Christenthum und Papstthum in ihrem Wesen. Versöhnung und Verfluchung. Auch zum Kissinger Attentat und seinen Folgen. gr. 8. (16 S.) Berlin 874, van Muyden. * — 25

— — über die Einheit der Seele. Mit einer Parallele zwischen der speculativen Psychologie und der Psychologie als Naturwissenschaft. gr. 8. (56 S.) Heidelberg 849, Groos'sche Universitäts-Buchh. *

Scheve, Gust., phrenologische Frauenbilder. Dresdens Schriftstellerinnen der Gegenwart. 8. (VIII und 350 S.) Dresden 865, Schöpff. *

Scheve, G., Ideen zu e. erfolgreicheren Taktik in d. grossen medicin. Kampfe uns. Tage. gr. 8. (10 B.) Heidelberg 838, Groos. *

Scheve, Gust., Katechismus der Phrenologie, s.: Weber's, J. J., illustrirte Katechismen.

— Katechismus der Phrenologie. Mit Titelbild u. 18 in den Text gedr. Abbildgn. 8. (XII u. 132 S. m. Holzschn.) Leipzig 851, Weber. — 2. verb. Aufl. 8. (XIV u. 140 S.) Ebd. 852. n. ⅓ ₰

— **Katechismus** der Phrenologie. Mit Titelbild und 18 in den Text gedr. Abbildgn. (in Holzschn.) 3. verb. Aufl. Leipzig 853. Weber. 8. (XIV, 107 S.) n. 10 ngr

Scheve G, Phrenelogie. 6. Auflage. (Weber's Katech. 5) Leipzig 1874

Scheve, Gust., Katechismus der Phrenologie. Mit Titelbild u. 18 Abbildgn. 7. Aufl. 8. (VIII, 107 S.) Leipzig 884. Weber. geb. n. 2. —

Scheve, Gust., Katechismus d. Phrenologie. 8. Aufl. 12. (VI, 110 S. m. 18 Abb. u. 1 Taf.) Leipzig 896. J. J. Weber. Geb in Leinw. n. 2. —

— der König von Preußen und die preußische Verfassung. 8. (23 S.) Cöthen 863, Schettler.
Aus: Phrenologische Reisebilder des Verfassers, besonders abgedruckt.

— die Naturgesetze der Erziehung und des Unterrichts. Praktische Menschenkunde für Eltern und Lehrer. Stettin (855.) Müller. gr. 8. (96 S.) n. 5 ngr.

— das Papstthum u. die deutschen Frauen. Ein Brief an e. Freundin. Mit e. Antwort auf die Thatsachenentstellg. in Reichensperger's „Culturkampf od. Friede in Staat u. Kirche.“ gr. 8. (32 S.) Berlin 876. van Muyden. n.n. — 50

— die Phrenologie und die Gartenlaube. Eine literar. Fälschungsgeschichte. 2., juristisch verb. und mit einem Nachwort verm. Aufl. (Statt der mit Beschlag belegten 1. Aufl.) gr. 8. (IV und 64 S.) Dresden 864, Schöpff. *

— Phrenologie und Medizin. Aus meinen wissenschaftl. Begegnissen zu Hamburg. gr. 8. (V und 53 S. mit Titelbild und 7 in den Text gedr. Abbildungen in Holzschn.) Leipzig 851, Weber. *

— Phrenologie und Religion. Zur Lehre von der Offenbarung Gottes im Menschengeiste. Ein Beitrag zur Lösung der religiösen Wirren unserer Zeit. München 860. Franz. gr. 8. (52 S.) n. 5 ngr.

— die Phrenologie im Umrisse. Mit 23 in den Text gedr. Abbildgn. (Holzschn.) u. 1 Steindrucktaf. (in Fol.) 3. verb. Aufl. Leipzig 858. Weber. gr. 8. (2 Bl., 108 S.) n. 15 ngr.

Scheve, Gust., die Phrenologie in Einer Vorlesung. Gehalten in vielen Städten Deutschlands, und in Amsterdam am 9. Febr. 1856. Mit Abbildungen. gr. 8. (III und 56 S. mit 2 Stnt.) Amsterdam 856, Günst. Thlr.

— zur Prüfung der Phrenologie. An Herrn Prof. Virchow. Breslau 865. Kern's Verlag. gr. 8. (19 S. mit Abbild. in eingedr. Holzschn.) 3 ngr.

— phrenologische Reisebilder. Mit Holzschn. (im Text) u. 1 Steindrucktaf. (in Fol.) Cöthen 863. Schettler. 8. (XVI, 378 S.) n. 24 ngr.

— Rom, Deutschlands Erbfeind. gr. 8. (47 S.) Frankfurt a. M. 871. Boselli in Comm. n. — 50

— Rom, Deutschlands Erbfeind. gr. 8. (47 S.) Frankfurt a. M. 871, (Rommel.) * — 50

Scheve, G., die vergleichende Seelenlehre. Zur Aufklärung üb. diese Wissenschaft u. als Einleitung z. Vorlesungen üb. dieselbe. gr. 8. (5⅓ B.) Heidelberg 846, Groos. *

— die Ungöttlichkeit d. Papstthums u. die Kirche der Zukunft. gr. 8. (IV, 82 S.) Stuttgart 873. Heitz. n. — 80

Scheve, G., über die Zukunft der Heilkunde. gr. 8. Heidelberg 836. Oßwald. ¼ ℛ

— üb. d. Zukunft d. Heilkunde. gr. 8. (3½ B.) Heidelberg 836. [Mannheim, Bensheimer.]

O diese Leutnants! Roman von Marie v. Scheve. Mit Ill. von W. Roegge. Berlin, Eisenach, Leipzig: H. Hillger [1904]. (112 S.) 8° [F.]
= Bücherschatz, Kürschners. No 423. |05. 10600

Scheve, Marie v. (Frau Marie Sommerfeld), o diese Leutnants, s.a. Kürschner's, Jos., Bücherschatz.

Scheve, Th., Bilder aus der Geschichte der Stadt Köln, s.: Rademacher, C.

— germanische Vorzeit, s.: Rademacher, C.

Scheve, Lieut. W. v., Formelbuch der Elementar-Mathematik. Für das Portepeefähnrichs- und Oberförster-Examen, sowie zum Gebrauche an höheren Bildungs-Anstalten bearb. 8. (VI, 82 S. mit 82 in den Text gedr. Fig. in Holzschn.) Berlin 869, Nauck'sche Buchh. cart. ** 1 80

Scheven, v. Üb. d. Schußverletzgn d. Handgelenks (1870/71). (S.-A.) 1876.

Scheven, B. v., unsere Knaben und ihre Spiele. Ein Wort an Eltern, Lehrer und Freunde der Jugend, nebst Beschreibung der beliebtesten Knabenspiele. gr. 8. (51 S.) Berlin 883, Oehmigke's Verlag. * — 60

Scheven, B. v., unsere Knaben u. ihre Spiele. Ein Wort an Eltern, Lehrer u. Freunde der Jugend, nebst Beschreibg. der beliebtesten Knabenspiele. 2. Aufl. gr. 8. (51 S.) Berlin 886. Oehmigke's Verl. n. — 60

Scheven, B. v., unsere Knaben u. ihre Spiele. Ein Wort an Eltern, Lehrer u. Freunde der Jugend, nebst Beschreibg. der beliebtesten Knabenspiele. 3. (Titel-)Aufl. gr. 8. (51 S.) Berlin 895. L. Oehmigke's Verl. n. — 60

Scheven, Ernst v.: Aus d. Hygien. Inst. zu Kiel. Nachweis spärlicher Tuberkelbazillen. Berlin: Trenkel 1910. 20 S. 8°
Kiel, Med. Diss. v. 17. Dez. 1910, Ref. Fischer
[Geb. 29. Juni 83 Barmen; Wohnort: Barmen; Staatsangeh.: Preußen; Vorbildung: Gymn. Barmen Reife O. 03; Studium: Marburg 2, Halle 1, Kiel 4, München 1, Kiel 1, Berlin 1, Kiel 2 S.; Coll. 17. Dez. 09; Approb. 20. Juni 10.]
[U 11. 2595

Scheven, F., aus d. chirurg. Universitätsklinik zu Rostock. Ueber Resection grosser Venenstämme bei Exstirpation maligner Neubildungen. Diss. Rostock 1887, G. B. Leopolds Univ.-Buchh. 8°. 41 S.

Scheven, H: Delphin-Pumpwerk, eine automatische Wasserversorgung. Düsseldorf 1909

Scheven, H. J. A., de illusionibus sensuum earumque causis. 8maj. Götting. 808. Brose. 3 ℊ

Scheven, Carl, Evangelien-Predigten f. die Sonn- u. Festtage d. Kirchenjahres. Hrsg. v. W. Scheven. gr. 8. (IV, 548 S.) Wismar 891. Hinstorff's Verl. n. 4. 50; geb. n. 6. —

Scheven, Carl, Evangelien-Predigten für d. Sonn- u. Festtage des Kirchenjahres, hrsg. v. W. Scheven. 2. Aufl. gr. 8. (IV, 548 S.) Wismar 894. Hinstorff's Verl. n. 4. —; geb. in Leinw. n. 6. —

de Scheven, Car. Joan. Ludov. Ern. (geb. Boblin in Pomm. 20. 1. 1839): De typhi hydrotherapia. Berolini (1864). (32 S.) 8°
Berlin, Med. Diss. v. 11. Aug. 1864

Scheven, Katharina (Hrsg.), s. Abolitionist, Der.

Scheven, Katharina, die positiven Aufgaben u. strafrechtlichen Forderungen der Föderation, s.: Flugschriften, abolitionistische. (Pappritz, A.)

— die positiven Aufgaben u. Ziele der Föderation, s.: Pappritz, A.

Scheurer, J. B., das große Gebet! 24 sakramental. Predigten. Neue [Titel-]Ausg. gr. 8. (IV, 316 S.) Paderborn [895.] 901. F. Schöningh. n. 3. —

Scheurer, J. E., Wiener Costüme vom Mittelalter bis zur Gegenwart. 12 (autogr.) Blätter. Fol. Wien 890. Schroll & Co. geb. n. 7. 50

Scheurer, Johann Christoph

Scheurer, Joh. Chr., Anmerk. über Nehrings Handbuch der Notarien 2c. 4. Nürnb. Lochner. 737.

Scheurer, Johann Christoph (Nürnberg) A. S. 53/12

Dissertatio juridica de provocatione majoris ad divisionem cum minore. Präs. Heinrich Hildebrand. Altdorf (Meyer) 26. II. 1708. 28 S.

Gew.: Joh. Karl Schlüsselfelder, Wolfgang Jakob Nützel, Georg Burkhart Haller, Georg Andreas im Hof, Georg Christoph Kress von Kressenstein.
W. v.: Präs., J. J. Hirsching, P. Benivent. 30343

Scheurer, Johann Christoph (Nürnberg) A. S. 234/15

Disputatio inauguralis juridica de testamento irrevocabili.
Altdorf (Meyer) 10. VI. 1711. 32 S. 30344

Scheurer, P. R., sich selbst lehrendes Rechenbuch, od. gründl. Unterricht auf eine leichte Art Rechnen zu lernen. 8. Ulm 819. Ebner. 8 gr.

Scheurer, Paul, I. Assistenzarzt an der Universitäts-Frauenklinik Bern: (Aus der Universitäts-Frauenklinik Bern.) Ueber Cervixverletzungen bei Primiparen. Berlin 1906. 60 S. 8°. S.-A. a. d. Archiv f. Gynäkologie. Bd. 77. Heft 3. [28. VI. 05.]
Bern. Med. Diss. 1905/1906.

Scheurer, Paul. Ueber Cervixverletzungen bei Primiparen. Diss. Med. Bern. ⟨Sonder-Abdruck aus dem Archiv für Gynäkologie. Bd. 77. Heft 3.⟩ *Kopftitel:* ⟨Aus der Universitäts-Frauenklinik Bern.⟩ 59 S. 8. Berlin, L. Schumacher, 1906.

Scheurer, Rud., die Entwicklung des Handarbeitsunterrichts f. Knaben in der Schweiz. Vortrag, geh. am Lehrerkurs in Neuenburg den 20. VII. 1900. gr. 4. (11 S.) Bern (901). (A. Francke.) n. — 80
Sonderabdruck aus: „Zeitschrift f. schweiz. Statistik".

— **Lehrgang** f. die Arbeiten an der Hobelbank, hrsg. vom schweizer. Verein f. Knabenhandarbeit. gr. 8. (48 u. 43 S. m. Fig.) Zürich 900. (Bern, A. Francke.) n. 2.70

— **Vorkurs** zu den Arbeiten an der Hobelbank. gr. 8. (10 S. m. 6 Taf.) Ebd. 899. — 60

[Scheurer, Samuel.] Bernerisches Mausoleum oder ... Berühmten, und sonderlich um die Kirchen Gottes in diesem Land Hochverdienten Männeren ... Aufgerichtetes Ehren-Maal In Ihrer kurtzen Lebens-beschreibung .... Von einem der Schweitzerischen Theologen. [Mit 6 Porträt-Tafeln.] 6 Stücke ([in] 2 Theilen). 8. Bern 1740–1743.
(Theil 1. Stück 1–3.)
(Stück 1. Lebens Beschreibung Doctor Thomas Wittenbachs Von Biel ...)
Stück 2. Leben Doctor Sebastian Meyers, von Neustatt am Rhein .... 1740.
Stück 3. Lebens-Beschreibung Berchtold Hallers, Deß Reformators von Bern .... 1741.
(Theil 2. Stück 4–6.)

Scheurer, Sam., kurzgef. Natur d. schriftm. Landtheologie. 8. Bern. 726.

[Scheurer, Samuel.] Nachricht von dem Leben ... Joh(annes) Hallers ...; Pfarrers zu Schertzligen .... Wie auch Joh(annes) Hallers Des Sohns, Pfarrers zu Augspurg und Bern .... [Mit 1 Porträt-Tafel.] 8. Bern 1743.
Das 6. Stück (des Bernerischen Mausoleums).

Scheurer, Steph., Unschuld — oder Buße. Eine Gabe für die reifere Jugend. Nach dem Latein. bearb. Mainz 869. Kirchheim. 8. (XII, 311 S.) 15 *ngr.*

Scheurich, August *(geb. Neumarkt in Schles. 27. 1. 1820)*: Der Schreibekrampf. Hirschberg 1871. (II, 28 S.) 8°
Breslau, Med. Diss. v. 9. Dez. 1871

Scheurich, C. A. G., Predigt bei d. 2ten Synode d. evangel. Geistlichkeit d. Breslauer Landessuperintendentur über Ephes. 4, v. 15 u. 16, den 24. Nov. 1818 gehalten. 8. Bresl. 818. Graß, B. u. C. 2 gr.

Ueber die Amputation eines Oberschenkels, nebst der Beschreibung und Abbildung eines künstlichen Oberschenkelgelenkbaues. Von Joseph Scheuring. Bamberg & Würzburg: Goebhardt 1811. 4 Bl. 8°

Scheuring, Jos., († d. 29. Dec. 1813.) üb. die Amputation e. Oberschenkels, nebst d. Beschreib. u. Abbild. e. künstl. Oberschenkelgelenkbaues. Mit 1 Kpf. 4. Bamb. 815. (Frkf. a. M., Wesché). 2 gr.

— Parallele d. Vortheile u. Nachtheile d. vorzügl. Operationsmethoden d. grauen Staares. 8. Bamb. 815. (Frankf. a. M., Wesché). 4 gr.

Scheuring, Th. A., das Staatsbürgerrecht der Juden. Eine unpartheiische Würdigung in Beziehung auf die von Hirsch zu Würzburg an die Ständeversamml. in Baiern eingereichte Vorstellung. 8. Würzb. 820. (Stahel). 9 gr.

Scheurl, Adolf von,
s. Scheurl, Christoph Gottlieb Adolf von.

Scheurl, Christoph

Scheurl's, Chrph., Briefbuch, ein Beitrag zur Geschichte der Reformation und ihrer Zeit, hrsg. von Frz. Frhrn. v. Soden und J. K. F. Knaake. (In 2 Bdn.) 1. Bd.: Briefe von 1505—1516. gr. 8. (VII und 171 S.) Potsdam 867, Gropius'sche Buchh. *

Scheurl's, Chrph., Briefbuch, ein Beitrag zur Geschichte der Reformation und ihrer Zeit, hrsg. von Frz. Frhr. v. Soden und J. K. F. Knaake. 2. Bd.: Briefe von 1527—1540. gr. 8. (VI, 255 S.) Potsdam 871, Gropius'sche Buchh. * 5 —
1. Bd. Ebendas. 1867. *M 3.

SCHEURL, Christoph Adolph von (Nürnberg): Commentatio ad LL.2,3,4,72 & 85 D. de verborum obligationibus inserta de dividuis et individuis obligationibum desquisitione.- Erlangae: Jung 1835. 110 S.,1 Bl.
19.8.1834 - Urk (Titel: De dividuis et individuis obligationibus.); F 48
Diss. Ingolst.-Landsh.-Mchn.

Glückwunsch der juristischen Fakultät für Christoph Gottlieb Adolf v. **Scheurl** in Erlangen zum 50jährigen Dr.-Jubiläum am 19. Aug. 1884.
Halle-Wittenberg. 1 Bl.

Scheurl, Christoph Gottlieb Adolf von

Scheurl, Ch. G. Adf. v., Anleitung zum Studium des Römischen Civilprozesses. Erlangen 855. Blaesing. 12. (IV, 60 S.) n. 10 ngr

Scheurl, Ch. G. Adf. v., Anleitung zum Studium des römischen Civilprozesses. 2. verb. Aufl. 8. (IV, 52 S.) Erlangen 868, Deichert. geb. * 1 —

v. Scheurl, Ch. G. Adf., erläuternde Anmerkungen zu der neuen Strafprozeß- [insbesond. Schwurgerichts-] Ordnung für das diesrhein. Bayern [Gesetz, die Abänderungen des 2. Thls. des Strafgesetzbuches von 1813 betreff.] auf Grundlage der ständischen Ausschußverhandlungen bearb. gr. 8. (XVI u. 181 S.) München 848, Kaiser. n. 22 ngr Schreibpap. n. 1 rℓ

—— Beiträge zur Bearbeitung des römischen Rechts. 1. Bd. gr. 8. (XII und 326 S.) Erlangen 852, Blaesing. *

— Beiträge zur Bearbeitung des Römischen Rechts. 2. Bd. 1. Heft. Erlangen 854. Bläsing. gr. 8. (S. 1—87.) n. 12½ ngr

— Beiträge zur Bearbeitung des römischen Rechts. 2. Bd. 2. u. letztes Heft. A. u. d. T.: Zur Lehre der Nebenbestimmungen bei Rechtsgeschäften. Ebend. 870. gr. 8. (III, 355 S.) n. 2 rℓ

—— Beiträge zur Bearbeitung des römischen Rechts. 2. Bd. 2. und letztes Heft. A. u. d. T.: Zur Lehre von den Nebenbestimmungen bei Rechtsgeschäften. gr. 8. (III, 355 S.) Ebendas. 871. * 6 —
1. Bd. Ebendas. 1853. * M 4,80.; 2. Bd. 1. Heft. 1854. * M 1,20.

Scheurl, Ch. G. Adf. v., weitere Beiträge zur Bearbeitung des römischen Rechts. 1. Heft. A. u. d. T.: Teilbarkeit als Eigenschaft von Rechten. gr. 8. (118 S.) Erlangen 884, Deichert. *

Scheurl, Ch. G. Adf. v., weitere Beiträge zur Bearbeitung des römischen Rechts. 2. Heft: Zur Lehre vom römischen Besitzrecht. gr. 8. (183 S.) Erlangen 886, Deichert'sche Verlagsb. Nachf. *
1. Heft. Ebendas. 1884. * M 2.—.

— Beiträge zur Beleuchtung der Schrift: „Konkordat u. Konstitutionseid der Katholiken in Bayern. Augsburg 1847." 1 u. 2. Beitrag. (Aus der Zeitschrift für Protestantismus u. Kirche besond. abgedr.) gr. 8. (42 u. 46 S.) Erlangen 847, Bläsing. (à 6 ngr) 12 ngr

— Bekenntnißkirche u. Landeskirche. Ebend. 868. gr. 8. (III, 70 S.) n. 10 ngr

Scheurl, A. v., der Beschluß der Baireuther Generalsynode v. 1873 üb. den Luthardt'schen Antrag in Betreff der Kirchenverfassg. gr. 8. (58 S.) Erlangen 874. Deichert. n. — 50

Scheurl, Chr. Th. Ad. de: De usus et fructus discrimine. Hab.-Schr. Erlangae 1846.

Scheurl, Ch. G. Adf. v., das gemeine deutsche Eherecht u. seine Umbildung durch das Reichsgesetz vom 6. Febr. 1875 über die Beurkundung des Personenstandes u. die Eheschließung, mit besonderer Rücksicht auf die Kirchen-Eheordnung dargestellt. gr. 8. (VIII, 393 S.) Erlangen 881. 82. Deichert. n. 6. —

Scheurl, Ch. G. Adf. v., die Entwicklung des kirchlichen Eheschliessungsrechts. gr. 8. (V, 177 S.) Erlangen 877, Deichert. *

Scheurl, Adf. v., zum Gedächtniß Karl v. Raumers. 16. (31 S.) Erlangen 865, Deichert. *

—— die Gewissensfreiheit und das Recht der lutherischen Kirche. gr. 8. (31 S.) Erlangen 867, Deichert. *

—— s.: Glaubensbekenntnis, das, e. berühmten Rechtslehrers.

—— ein juristisches Gutachten über die neue Verfassung der evangel. Kirche im Großherzogthum Hessen. Nebst einer einleitenden Betrachtung über den gegenwärtigen Stand der Verfassungsfrage im Großherzogth. Hessen. gr. 8. (26 S.) [Frankfurt a. M. 875, Zimmer'sche Buchh.] Heilbronn, Gebr. Henninger. *
Aus: Zeitschrift für Protestantismus und Kirche, besonders abgedruckt.

Scheurl, Ch. G. Adf. v., rechtliches Gutachten über den Entwurf zu einer Verfassung für die evangelisch-lutherische Kirche im Hamburgischen Staate. gr. 8. (43 S.) Hamburg 864, Nolte. *

—— über die lutherische Kirche in Bayern. Eine kirchenrechtl. Erörterung. gr. 8. (IV und 52 S.) Erlangen 853, Bläsing.

— die lutherische Kirche in Preußen und in Bayern. Eine kirchenrechtliche Erörterung. Separatabdr. aus der Zeitschrift für Protest. u. Kirche. Erlangen 854. Blaesing. gr. 8. (103 S.) n. 10 ngr

—— die lutherische Kirche in dem neupreußischen Staatsgebiete. Vortrag auf der Leipziger evangel.-luther. Pastoralconferenz den 13. Juni 1867. Nebst Zustimmungs-Erklärungen. gr. 8. (32 S.) Leipzig 867, Naumann. *

Scheurl, Adf. Frhr. v., die Lehranweisung der Brandenburg-Nürnberger Kirchenordnung von 1533, neu hrsg. Mit einem Vorwort von Fr. Frank. 8. (VII, 70 S.) [Nördlingen 888.] München, Beck'sche Verlagsb. *

— Lehrbuch der Institutionen. gr. 8. (XVIII u. 386 S.) Ebd. 850. n. 1 rℓ 24 ngr

—— Lehrbuch für Institutionen. 2., verb. Aufl. gr. 8. (XV und 415 S.) Erlangen 855, Bläsing. *

— Lehrbuch der Institutionen. 4. verb. Aufl. Erlangen 862. Bläsing. gr. 8. (XXIV, 427 S.) n. 2 rℓ

— Lehrbuch der Institutionen. 5., verb. Aufl. Erlangen 868. Deichert. gr. 8. (XXII, 432 S.) n. 2 rℓ

—— Lehrbuch der Institutionen. 6. verb. Aufl. gr. 8. (XVIII, 432 S.) Ebendas. 873. * 6 —

—— Lehrbuch der Institutionen. 7. verb. Aufl. gr. 8. (XVI, 432 S.) Erlangen 878, Deichert. *

—— Lehrbuch der Institutionen. 8. verb. Aufl. gr. 8. (XIV, 432 S.) Ebendas. 883. *

—— zur Lehre vom Kirchenregiment. 8. (III und 152 S.) Erlangen 862, [Deichert.] *

—— zur praktischen Lösung der Ehescheidungsfragen. gr. 8. (22 S.) Nürnberg 861, Raw'sche Buchh. *

Schey, Jos. Frhr. v., üb. den redl. u. unredl. Besitzer im österr. bürgerl. Gesetzbuche, s. a. Festschrift z 70. Geburtstage Dr. Joseph Ungers.

Schey, Jos. Frhr. v., das allgemeine bürgerliche Gesetzbuch f. das Kaiserth. Oesterreich, s.: Gesetze, österreichische. II.

— dasselbe, s.: Taschenausgabe, Manz'sche, der österr. Gesetze. 2.

Schey, Jos. Frhr. v., die Obligationsverhältnisse d. österreichischen allgemeinen Privatrechts. 1. Bd. 1. Hft. Einleitung. — Das Darlehen. gr. 8. (VIII, 186 S.) Wien 890. Manz. n. 3. —

— die Obligationsverhältnisse des österr. allgem. Privatrechts. I. Bd. 2. Hft. Der Leihvertrag. — Der Verwahrungsvertrag u. d. Gastaufnahme. gr. 8. (XIV u. S. 187—418.) Wien 895. Manz. n. 4. — (1 u. 2: n. 7. —

Die Obligationsverhältnisse des österreichischen allgemeinen Privatrechts. I. Bd. 3. Heft: Der Bevollmächtigungsvertrag (Auftrag). (XIII—XVII u. S. 419—756.) gr. 8. Wien 907. Manz. 6. —
1. Bd. 1. u. 2. Heft. Ebd. 895. 7.—.

— das Regreßrecht bei Bezahlung fremder Schulden nach dem österreich. allg. bürgerl. Gesetzbuche. Vortrag, geh. am 20. Febr. 1891 im Juristen-Vereine zu Graz. gr. 8. (36 S.) Graz 891. Leuschner & Lubensky. n. 1. —

— s.: Sammlung v. civilrechtlichen Entscheidungen d. k. k. obersten Gerichtshofes.

— Uebersicht üb. die civilrechtliche Spruchpraxis d. k. k. obersten Gerichtshofes, s.: Gesetze, österreichische, 2. Bd.

Zur Verjährung der Entschädigungsklagen nach § 1489 ABGB. Von Dr. Josef Frh. v. Schey, Prof. Wien: Manz 1905. (64 S.) 8° [05. 0309

Scheyb, Franz Christoph von

v. Scheyb, Frz. Cph., († d. 2. Oct. 1777.) Geschichte des Lebens, der Marter u. d. Wunderwerke d. Joh. v. Nepomuck; aus d. Italien. 8. Wien 783.

Scheyb, Frz. Ch., Lobrede auf Graf Harrach zu Rohrau. 4. Leipz. Heinsius. 750.

v. Scheyb, Frz. Cph., Natur u. Kunst, s. Röremon, ...

— Orestrio, s. Orestrio.

Scheyb, Franz Christoph von. s. Peutingeriana.

SCHEYB, FRANZ CHRISTOPH VON. Theres[illegible] Ehren-Gedicht ... Erster [Zweyter] Theil [illegible] Wienn, gedruckt [illegible] Johann Jacob Jahn 1746. [illegible] Frontispiz von M. Tyrof nach Preißler [illegible] Titel mit je einer Vignette, ein gestochenes [illegible] im Text. Alle Kupfer von Salomon Kleiner [illegible] von Nicolai). Dunkelgrüner [illegible]

Scheyb, F. C. v., Theresie, ein Ehrengedicht. gr. 4. Wien. (Wolf in Augsburg). 746.

— s. Vindobona Romana.

Scheye, Anton: Über die Vorgänge in Elektrolyten, welche vom galvanischen Strome durchflossen werden und von unpolarisierbaren Elektroden begrenzt sind ... Berlin: A. Friedländer's Druckerei 1895. 30 S., 1 Bl. 8°
Berlin, Phil. Fak., Inaug.-Diss. v. 5. Aug. 1895

Scheye, Arthur, aus Breslau: Beiträge zur Kenntnis der Vanadylverbindungen. Bern 1905. 36 S. 8°. [20. XII. 04.]
Bern. Phil. Diss. 1904 1905.

Scheye, Arthur. Beiträge zur Kenntnis der Vanadylverbindungen. Diss. Phil. Bern. IV + 36 S. 8. Bern, Neukomm & Zimmermann, 1905.

Scheye, Ernst, aus Westhofen i. Els., Gerichtsref. in Cassel: Die Nachlassverwaltung nach dem Bürgerlichen Gesetzbuche unter Berücksichtigung des Nachlasskonkurses. *Cassel 1901: Gebr. Gotthelft.* (69 S.) 8°
Erlangen, Jur. Diss. v. 8. Febr. 1901

Scheye, Ernst, die Nachlassverwaltung nach d. bürgerlichen Gesetzbuche unter Berücksicht. des Nachlasskonkurses. gr. 8. (69 S.) Strassburg 901. Schlesier & Schweikhardt. n. 1. 60

Scheye, Israel

Scheye, Is[illegible] De historia systematis [illegible] Berolini 1855 [illegible]
Berlin, Med. Diss. v. [illegible] Okt. 1855

Scheye, Kurt, Referendar: Das Tragen der Gefahr durch den Schuldner und ihr Übergang auf den Gläubiger. Breslau 1910: Breslauer Genossensch.-Buchdr. 37 S. 8°
Breslau, Jur. Diss. v. 23. Juli 1910, Ref. Schott, Leonhard
[Geb. 11. Sept. 84 Breslau; Wohnort: Bernstadt; Staatsangeh.: Preußen; Vorbildung: Johannes-Gymn. Breslau Reife O. 06; Studium: Freiburg i. B. 1, Breslau 6 S.; Rig. 3. Juni 10.] [U 10. 528

Scheyer, Alfred [aus Berlin]: Über die Spätresultate der Osteotomie bei Genu valgum ... Berlin, Buchdr. v. G. Schade, 1896; 32 S., 1 Bl. 8.
Berlin, Med. Fak., Inaug.-Diss. v. 17. März 1896

Scheyer, Johann Georg

Scheyer, Jh. Geo., († d. 26. April 1801.) prakt. Baukunst ökonom. Gebäude, od. Unterricht, wie man stehende Gebäude unterhalten, sie vor Feuersgefahr sichern etc. 2 Thle. Mit 20 Kpftaf. 8. Leipz. 797 u. 98. Fr. Fleischer. 2 Rthlr — Daraus apart: prakt. Anweis. zu Auffsuchung, Fassung u. Leitung der Quellen etc. Mit 2 Kpfr. 8. Ebd. 795. 8 gr — Anweis. zur Wässerung d. Wiesen etc. Mit 8 Kpft. 8. Ebd. 795. 16 gr

Scheyer, J. G., prakt. Baukunst ökonom. Gebäude etc. 2 Thle. m. 20 K. 8. Leipz. Benj. Fleischer. 797-98.

Scheyer J. G.: Praktische Baukunst ökonomischer Gebäude ... 2 Th. Leipz. 1797-98. (14, 598) S. 20 Tvl.

— prakt. ökonom. Straßenbaukunst, od. Anleit. z. Anlegung u. Unterhaltung d. Chausseen etc. Mit 7 Kpft. 8. Leipz. 796. Fr. Fleischer. 16 gr

— prakt. ökonom. Wasserbaukunst. Mit Vorrede von L. J. D. Suckow. 1r Thl. 8. Stuttg. 794. N. A. Leipz. 795. u. 2r Thl. mit 12 Kpf. Ebd. 795. 2e Aufl. mit 30 Kpf. 803. 3e Aufl. 3 Thle. Mit 31 Kpft. u. Anmerkk. von K. C. Langsdorf. 8. Ebd. 820, 21. Fr. Fleischer. 3 Rthlr 18 gr Schrbp. 4 Rthlr 18 gr

— prakt. Wehrbau, als Nachtr. zu dessen Wasserbaukunst. Mit 10 Kpft. 8. Leipz. 800. Fr. Fleischer. 1 Rthlr

Scheyer, Joseph *(geb. Kempen in Pos. 22. 8. 1858)*: Über pseudocardiale und pseudopericardiale Geräusche. Breslau (1884). (41 S.) 8° *[Im Buchhandel 1884 bei Köhler in Breslau]*

Breslau, Med. Diss. v. 13. Mai 1884

Scheyer, Car. Henr. (geb. Lissa in Posen 15. 6. 1844): De epilepsia observationes policlinicae. Berolini (1866). (32 S.) 8°

Berlin, Med. Diss. v. 13. März 1866

Scheyer, Max

Scheyer, M., zur Statistik der Operation der tuberculösen Lymphomata colli. Inaug.-Diss. gr. 8. (51 S.) Breslau 887. (Köhler.) n. 1. —

Scheyer, [illegible] Tabellen zur Bestimmung des [illegible] von [illegible] den Kohlenmeilern, von 12 bis 127 Fuß durchschnittlichem Mittelumfang und von 4 bis 15 Fuß Höhe. 8. (70 S.) Laibach, Giontini. 1868. 50 kr.

Scheyer, Nikolaus Simon

Scheyer, (S. N.), Stadtbaumeister: Kurze **Beschreibung** des Baues (des Progymnasiums zu Saarlouis) (nebst Aubeldruckbild). *Saarlouis 1899: F. Stein Nachf.* (S. 3.) 4°
Saarlouis, PG, P 1899 (490)

Scheyer, Simon B.

— die Lehre vom Tempus u. Modus in der hebräischen Sprache. Ein Beitrag zum richtigeren Verständniß der hebräischen Syntax u. der heil. Schriften, sowie zur Vermeidung der oft gerügten Willkühr bei der Uebertragung der letzteren in die lebenden Sprachen. gr. 8. Frankfurt a/M. 842, Brönner. n. 2/3 ℛ

Scheyer, Simon B., das psychologische System des Maimonides. Eine Einleitungsschrift zu dessen More Nebuchim. Nach den Quellen bearbeitet. gr. 8. Frankfurt a/M. 845, Keßler. 2/3 ℛ

—— das psychologische System des Maimonides. Eine Einleitungsschrift zu dessen More Nebuchim. Nach d. Quellen bearb. gr. 8. (7½ B.) Frankfurt a. M. 845, [Lizius.]

Geschichte der Main-Neckar-Bahn. Denkschrift z. Fünfzigsten Jahrestag d. Eröffng d. Betriebes d. Main-Neckar-Bahn am 1. Aug. 1846. Auf amtl. Veranl. vf. v. Ferdinand **Scheyrer.** *(Darmstadt: A. Bergstraesser) 1896.* (5 Bl., 143 S., 1 Portr., 17 Taf. bezw. Pl. u. Kt.) 1 Bd 4. (6 60)

Scheyrer, Ferd., Geschichte der Main-Neckar-Bahn. II. Thl. (zugleich Schluss). Vom 1. VIII. 1896 bis zur Auflösg. der Direktion 1. X. 1902. Als Anhang: 1. Staatsvertrag zwischen Preussen u. Hessen üb. die gemeinschaftl. Verwaltg. des beiderseit. Eisenbahn-Besitzes v. 23. VI. 1896. 2. Staatsvertrag zwischen Preussen, Baden u. Hessen v. 14. XII. 1901. „Die Neuregelg. der Vertragsverhältnisse der Main-Neckar-Bahn" betr. Lex.-8. (162 u. 63 S.) Darmstadt 902. K. Hess. n. 2. — ; (kplt. n. 6. —)

Geschichte der Main-Neckar-Bahn. Denkschrift z. 50. Jahrestag d. Eröffnung d. Bestehens d. Main-Neckar-Bahn am 1. Aug. 1846. Auf amtl. Veranl. verf. von Ferdinand Scheyrer. Th. [1.] 2. — Darmstadt: Bergsträsser (2: Herbert) 1896—1902. 4°

Scheyrer, Ferdinand. Geschichte der Revolution in Baden 1848/49 in übersichtlicher und unparteiischer Darstellung. Mit einer Übersichtskarte. VIII + 136 S. 8. Darmstadt, Arnold Bergstraesser. 1909. [M. 2. —]

Scheyrer, Ferd., Geschichte des Vereins f. Wissenschaft, Literatur u. Kunst, auf Grund der Sitzungs-Niederschriften verf. u. dem Vereine zu seinem 20jähr. Stiftungsfeste (am 18. IV. 1903) gewidmet. (33 S.) gr. 8. Darmstadt 903. (E. Zernin.) n. 1. —

Scheyrer, F., die Concurrenten d. Volapük [Pasilingua, Bamberger Methode, Kosmos etc.] Ein Beitrag zur Lösg. der Tagesfrage. gr. 8. (18 S.) Darmstadt 888. v. Aigner. n. — 40

— Friedrich List, der große deutsche Volkswirt. Ein Lebensbild. (32 S.) 8. Darmstadt 907. (E. Roether.) — 50

Scheyrer, Ludw., farbige Bilder. Erzählungen für die Jugend. 8. (243 S. mit 1 Holzschntaf. in Buntdr.) Wien 802, Mechitharisten-Congregations-Buchh.

Scheyrer, Ludwig: Zur Geschichte des Wiener Schützenwesens und der Schützenfeste in alter und neuer Zeit. Wien, Wallishausser (Josef Klemm), 1868. (III, 100 S.) 2930

Scheyrer, L., die Schriftsteller Oesterreich's in Reim und Prosa, s. a. Hausschatz, der große österreichische.

Scheyrer, Ludw., die Schriftsteller Oesterreichs in Reim und Prosa auf dem Gebiete der schönen Literatur; aus der ältesten bis auf die neueste Zeit. Mit biograf. Angaben u. Proben aus ihren Werken. Wien 858. Typograf.-liter.-artist. Anstalt. gr. 8. (IV, 595 S.) n. 2 ℛ.

Scheyrer, Ldw., die Waise. Ein Roman aus dem Alltagsleben. 2 Thle. 8. Wien 844, Kaulfuß Wwe., Prandel u. Comp. 1⅚ ℛ

Scheyrer, Ludwig. Johann Strauss's musikalische Wanderung durch das Leben. Wien 1851.

Scheyring, I., de sectione synchrodoseos ossium pubis. 8. maj. Freyburg, Wagner. 778.

Scheyring, Sebastian

Scheyring, Seb., der heilige Wundersmann Antonius von Padua und seine Verehrung durch die neun Dienstage. Getreu und nach authent. Quellen bearb. 2. verb. und verm. Aufl. 16. (250 S. mit 1 Chromoxylogr.) Innsbruck 884, F. Rauch's Buchh. * — 80
1. Aufl. vgl. Die Verehrung des heiligen Antonius.

Scheyring, Seb., der heilige Wundersmann Antonius von Padua und seine Verehrung durch die neun Dienstage. Getreu und nach authent. Quellen bearb. 3. verm. und verb. Aufl. 16. (IV, 296 S. mit 1 Farbendr.) Innsbruck 885, F. Rauch's Buchh.

Scheyring, S., der heilige Wundersmann Antonius von Padua u. seine Verehrung durch die neun Dienstage. 4., verm. Aufl. 16. (315 S. m. 1 Farbendr.) Innsbruck 890. Fel. Rauch. n. — 80; geb. in Leinw. n. 1. 20; m. Goldschn. n.n. 1. 40; in Ldr. m. Goldschn. n.n. 1. 80

Scheyring, Seb., der hl. Wundersmann Antonius v. Padua u. seine Verehrung durch die neun Dienstage. Getreu u. nach authent. Quellen bearb. 5., verm. Aufl. 16. (339 S. m. farb. Titelbild.) Innsbruck 892. F. Rauch. n. — 80; geb. in Leinw. n.n. 1. 20; m. Goldschn. n.n. 1. 40; in Ldr. n.n. 1. 80

Scheyring, P. Sebastian, Der heilige Wundersmann Antonius von Padua und seine Verehrung durch die neun Dienstage. 6. vermehrte und verbesserte Auflage. Mit einem Titelbild. 24. (344 S.) —.40, in Lnwdbd. mit Rothschnitt —.60 In Lnwdbd. mit Goldschnitt —.90
Innsbruck: F. Rauch 1895.

Scheyring, Seb., O. S. Fr., der hl. Wundersmann Antonius v. Padua u. s. Verehrg. Getreu u. nach authent. Quellen bearb. 7., verm. u. verb. Aufl. 16. (399 S. m. 1 Farbdr.) Innsbruck 898. F. Rauch. n. — 80; geb. in Leinw. n. 1. 20; in Ldr. m. Goldschn. n. 1. 80

— dasselbe. Ausg. m. grossem Druck. gr. 16. (XIV, 555 S. m. 1 Farbdr.) Ebd. 897. 1.20; geb. in Leinw. n. 1.80; in Ldr. m. Goldschn. n. 2. 40

— der geistliche Beistand bei Kranken u. Sterbenden. Neu bearb. 4. Aufl. 16. (166 S. m. 1 Stahlst.) Ebd. 895. n. — 60; geb. in Leinw. n. — 90

Scheyring, Sebast., die Verehrung der heiligen Joachim u. Anna nebst der neun Dienstage zu Ehren der heil. Anna, d. heil. Josephs u. des heil. Antonius v. Padua. Ein vollständ. Gebetbüchlein neu bearb. gr. 16. (191 S. m. 3 Holzschn.) Salzburg 873. (Dirr.) n.n. 1. —

—— die Verehrung der Heiligen Joachim und Anna, nebst der der neun Dienstage zu Ehren der heil. Anna, des heil. Josephs und des heil. Antonius von Padua. Ein vollständ. Gebetbuch. 2. durchaus verb. und verm. Aufl. 16. (512 S. mit 1 Stahlst.) Salzburg 881, Pustet. * — 90

—— die Verehrung der heil. Kindheit Jesu und insbesondere des gnadenreichen und wunderthätigen Kindleins zu Loretto in Salzburg. Ein vollständ. Gebetbüchlein. 16. (350 S.) Ebendas. 881. * — 50

Schian, Robert, e. schlesischer Herold der inneren Mission, s.a. Zeugen, schlesische.

Robert Schian, ein schlesischer Herold der inneren Mission. Liegnitz: Schles. Prov. Ver. f. innere Mission [1908]. 10 S. 8°
(Schlesische Zeugen. H. 4.) 09. 5978

Schian B., s. Schian, Robert

Schian, Gottfriede, zur silbernen Hochzeit unsres Kaiserpaares. Schulfeier f. den 27. II. 1906. Verf. u. zusammengestellt. (36 S.) gr. 8. Berlin (906). F. Zillessen. n. — 80

Schian, Gottfriede, fünf Jahrzehnte aus dem Leben Kaiser Wilhelms II. Schulfeier zum 27. I. 1909, aus dem Schatze deutscher Dichtg. zusammengestellt. (36 S.) 8. Berlin (908). F. Zillessen. — 20

Schian, Johann Rob., s. Schian, Robert

Schian, M[artin]: Besteht ein Gegensatz zwischen dem Christentum und der modernen Frauenbewegung? — Görlitz: Dülfer 1903. 30 S. 8°

Schian, Mart., zur Beurteilung der modernen positiven Theologie. (IV, 121 S.) gr. 8. Gießen 907. A. Töpelmann. 2. 80

— s.: Bibliographie der theologischen Literatur.

Schian, Mart., unser Christenglaube. gr. 8. (III, 137 S.) Freiburg i/B. 902. P. Waetzel. Geb. in Leinw. n. 2. —

— Unser Christenglaube. 2. Tausend. (III, 137 S.) 8. Göttingen 910. Vandenhoeck & Ruprecht. Geb. in Leinw. 2. —

— s.: Deutsch-Evangelisch.

Schian, Martin [cand. theol.]: Die Ebed-Jahwe-Lieder in Jes. 40—66 ... (Enth. nur e. Theil d. eingereichten Abh.) Teuchern, O. Lieferenz, *1895*; 4 Bl., 62 S. 8.
Leipzig, Phil. Fak., Inaug.-Diss. v. [12. März] 1895

Schian, Mart., die Ebed-Jahwe-Lieder in Jesaias 40—66. E. litterarkrit. Versuch. Diss. gr. 8. (IV, 62 S.) Halle 895. J. Krause. n. 1. —

Schian, Mart., Fragen der Zeit, s.: Predigt-Bibliothek, moderne. IV, 2.

— Die moderne Gemeinschaftsbewegung, s.a. Gegenwartsfragen.

Schian, Mart., Die moderne Gemeinschaftsbewegung. 8°. Stuttgart, Greiner u. Pfeiffer, 1909. (Gegenwartsfragen, Nr. 5.) 36 S.

— s.: Jahresbericht, theologischer.

— s.: Im Notwendigen Einheit.

Schian, s.a. Kirchen, die evangelischen, u. der Staat.

— die evangelischen Kirchen u. der Staat. (38 S.) gr. 8. Görlitz 904. R. Dülfer. n. — 80

Die evangelische Kirchgemeinde, s.a. Studien zur praktischen Theologie. I, 4.

Die evangelische Kirchgemeinde von Lic. Dr. Martin Schian, Pastor. Giessen: A. Töpelmann 1907. (114 S.) 8°
— Studien z. prakt. Theologie. Bd 1, H. 4. 07. 16018 5

— das kirchliche Leben der evangelischen Kirche der Prov. Schlesien, s.a. Kirchenkunde, evangelische. II.

Das kirchliche Leben der evangelischen Kirche der Provinz Schlesien. Dargest. von Lic. Dr. Martin Schian, Diak. in Görlitz. *Tübingen & Leipzig: J. C. B. Mohr 1903.* (XII, 310 S.) 8° [F.]
— Kirchenkunde, Evangelische. T. 2. 03. 14499

— Mehr Teilnahme am Leben der Gemeinde!, s.: Reden, 4, geh. in den Volksversammlungen bei der 23. Tagung des evangelischen Bundes.

— s.: Mensch, d. moderne, u. d. Christentum.

— Friedrich Nietzsche u. das Christentum. 3 Vorträge. gr. 8. (77 S.) Görlitz 902. R. Dülfer. n. 1. 25

— wider d. Perikopen, s.a. Hefte zur „Christl. Welt".

[F.] Wider die Perikopen. Von Lic. Dr. M. Schian, Pfarrer in Dalkau, Schlesien. (1. Taus.) *Leipzig: J. C. B. Mohr 1897.* (35 S.) 1 Bd 8.
— Hefte z. 'Christlichen Welt'. No 29. 97. 6314

— die Predigt, s.a. Handbibliothek, praktisch-theologische. II.

Die Predigt. Eine Einführung in d. Praxis von Liz. Dr. M[artin] Schian, Pastor. Göttingen: Vandenhoeck & Ruprecht 1906. (VIII, 220 S.) 8° [F.]
— Handbibliothek, Praktisch-theologische. Bd 2. 06. 413, 5

— der deutsche Roman seit Goethe. Skizzen u. Streiflichter. (285 S.) 8. Görlitz 904. R. Dülfer. n. 3. 50; geb. in Leinw. n. 4. 50

— die Sokratik im Zeitalter der Aufklärung. Ein Beitrag zur Geschichte des Religionsunterrichts. gr. 8. (III, 335 S.) Breslau 900. Görlitz, R. Dülfer. n. 5. —; geb. in Leinw. n. 6. —

— Frenssens Roman „Jörn Uhl“, seine Wirkung u. sein Wert. 1. u. 2. Aufl. (à 81 S.) gr. 8. Görlitz 904. R. Dülfer. n. — 60

[Umschlagt.:] **Schian,** Martin [Dr. phil., Pfarrer]: Welches ist die Bedeutung des Andreas Hyperius für die Wissenschaft der Homiletik und inwiefern haben seine homiletischen Lehren bleibenden Wert für die evangelische Predigt? Tl 1 ... (Erscheint vollst. in: Zeitschr. f. Prakt. Theol., Jg. 1896 Heft 4 u. 1897 Heft 1 u. 2.) [o. O.], *1896;* 36 S., 2 Bl. 8.
Breslau, Ev.-theol. Fak., Lic.-Diss. v. 16. Juli 1896

Schian, Rob., Blauveilchen. Dichtungen. 16. (79 S.) Liegnitz 876. (Berlin, Beck.) n. — 90

— neues Ehestandsbüchlein, zu Nutz u. Frommen aller Christenleute, die ehelich sind od. es werden wollen. Gekrönte Preisschrift. Hrsg. vom evangel. Verein zu Hannover. 3. Aufl. 8. (32 S.) Hannover 876. Feesche. n. — 25; Velinpap. geb. m. Goldschn. n. 1. —

Schian, R., neues Ehestandsbüchlein zu Nutz und Frommen aller Christenleute, die ehelich sind oder es werden wollen. Gekrönte Preisschrift. Hrsg. vom Evangel. Verein zu Hannover. 5. und 6. Aufl. 8. (32 S.) Hannover 885,86, Feesche. *

Schian, neues Ehestandsbüchlein, zu Nutz u. Frommen aller Christenleute, die ehelich sind od. es werden wollen. Vom Evangel. Verein zu Hannover gekrönte Preisschrift. 7. Aufl. 12. (32 S.) Hannover 893. H. Feesche. — 25

—— die Gesellen-Herbergen „zur Heimath.“ Vortrag, auf der General Versammmlung des schles. Provinzial-Vereins für innere Mission, den 14. Juni 1867, in Liegnitz gehalten. gr. 8. (12 S.) Breslau 867, (Dülfer.)
Aus: Kirchliches Wochenblatt für Schlesien und die Oberlausitz, besonders abgedruckt.

—— das schlesische evangelische Kirchen- und Haus-Gesangbuch und seine Gegner. Mit besond. Berücksicht. von F. G. Flöter's Schrift: „Zur Beleuchtung der Gesangbuchfrage.“ Ein Wort zur Verständigung. gr. 8. (40 S.) Breslau 869, Dülfer's Verlag. *
Vgl.: Gerhard, R.

Schian, R., 50 Confirmations-Scheine, mit verschiedenen Bibelsprüchen u. Liederversen. Breslau 865. (Dülfer.) qu. 4. In Couvert n. 12 ngr.

Schian, R., die innere Mission in Schlesien, ihre Aufgaben und ihre Arbeit. Im Auftrage des schlesischen Provinzial-Vereins für innere Mission dargestellt. Breslau 864. (Dülfer.) gr. 8. (15 S.) n. 3 ngr.

—— die innere Mission in Schlesien, ihre Aufgaben und ihre Arbeit. Im Auftrage des schles. Provinzial-Vereins für innere Mission dargestellt. gr. 8. (45 S.) Breslau 864, (Dülfer.) *

— die innere Mission in Schlesien, ihre Aufgaben u. ihre Arbeit. Im Auftrage des schles. Provinzial-Vereins für innere Mission dargestellt. 5., umgearb. u. sehr verm. Aufl. Liegnitz 869. (Breslau, Dülfer.) 8. (96 S.) n. 4 ngr.

— die Innere Mission in Schlesien, ihre Aufgaben u. ihre Arbeit. 6. Aufl., dem 24 Kongresse f. Innere Mission in Breslau gewidmet vom Schles. Provinzialverein f. Innere Mission u. in dessen Auftrage bis in die Gegenwart fortgeführt v. Herm. Göbel. 8. (96 S.) Liegnitz 886. (Breslau, Dülfer.) n. — 30

Schian, Joan Rob., Ratio quae intercesserit inter Melanchthonem et Lutherum explicatur et quid ille attribuerit ad ecclesiam evangelicam constituendam exponitur. Dissertatio inauguralis. 8maj. (33 S.) Gottingae 855, (Vandenhoeck und Ruprecht's Vrlgsh.) **

Schian, R., Seid kluge Haushalter! Predigt am 9. Sonntage nach Trinitatis 1858 über Lucä 16, 1—9., bei seiner Einführung in das Amt des Diaconus zu Uns. l. Frauen in Liegnitz gehalten. gr. 8. (14 S.) Liegnitz 858, (Kaulfuß.) *

—— Siehe, dein König kommt! Predigt am 1. Sonntage des Advents 1856 über Matth. 21, 1—9 gehalten. gr. 8. (15 S.) Breslau 857, Dülfer. *

Schian, R., die heilige Taufe. Eine kurze Beleuchtung ihrer Bedeutung u. ihres Segens. 8. (III, 42 S. m. 1 Holzschntaf.) Liegnitz 1876. Breslau 877. Dülfer in Comm. — 30

— was uns zum Gebete treibt. Predigt über Daniel 9, 18 am allgem. Bettage d. 27. Juli 1870 in der Kirche zu Unserer Lieben Frauen gehalten. Liegnitz 870. (Berlin. E. Beck.) gr. 8. (8 S.) n. 2 ngr.

— **Zephanja, der Prophet d. Gerichts. Zur Erweckg. u. Erbaug. f. unser Volk ausgelegt. 8. (71 S.) Liegnitz 875. Breslau, Dülfer's Verl.** n. — 40

Schian, R., das neue Civilstandsgesetz für die evangelische Gemeinde kurz erläutert. 8. (16 S.) Breslau 874, Dülfer's Verlag. *

Schiaparelli, Ernesto, il libero dei funerali degli antichi Egiziani. Ricavato da monumenti inediti e publicato. Tavole. Fol. (VII m. 70 photolith. Taf.) Turin 881. Loescher. cart. n. 80. —

Schiaparelli, Giovanni Virginio

Die Astronomie im Alten Testament [L'astronomia nell' Antico Testamento] von Giovanni **Schiaparelli**, Dir., Mailand. Übers. von Dr. phil. Willy Lüdtke, Hilfsbibliothekar, Kiel. Mit 6 Abb. *Giessen: J. Ricker 1904.* (VIII, 137 S.) 8°

Schiaparelli, Giovanni, die Astronomie im Alten Testament. Uebers. v. Willy Lüdtke. (VIII, 187 S. m. 6 Abbildgn.) gr. 8. Giessen 904. A. Töpelmann. n. 3. 20; geb. n. 4. —

Schiaparelli, J. V., Entwurf e. astronomischen Theorie der Sternschnuppen. Einzig autorisirte deutsche Ausg. der vom Verf. völlig umgearb., „Note e riflessioni sulla teoria astronomica delle stelle cadenti“ aus dem Italien. übers. u. hrsg. von Geo v. Boguslawski. gr. 8. (VIII, 268 S. m. 4 Steintaf. in qu. 4.) Stettin 871. v. der Nahmer. n. 7. —

Schiaparelli, G. V., die homocentrischen Sphären des Eudoxus, des Kallippus und des Aristoteles, s. Abhandlungen zur Geschichte der Mathematik — Zeitschrift für Mathematik und Physik.

Schiaparelli, G. V., Venusbeobachtungen u. Berechnungen der Babylonier, s.: Vorträge u. Abhandlungen, hrsg. v. der Zeitschrift „Das Weltall“. 16.

Schiaparelli, G. V., die Vorläufer d. Copernicus im Alterthum. Historische Untersuchgn. Unter Mitwirkg. d. Verf. in's Deutsche übertr. v. Maxim. Curtze. gr. 8. (VIII, 109 S.) Leipzig 876. Quandt & Händel. n. 2. 80

Schiaparelli, J. V., s. Schiaparelli, Giovanni Virginio

Schiaparelli, Luigi

Schiaparelli, L., e C. e E. Mayr, nuova carta generale del regno d'Italia colla divisione amministrativa attuale per l'insegnamento della geografia nelle scuole. 1 : 920,000. 4a ediz. Fol. (9 Bl.) Gotha 873, J. Perthes. *
aufgez. in Mappe *M 15.; mit Stäben *
lackirt *

Schiaparelli, L., e C. ed E. Mayr, nuova carta generale del regno d'Italia colla divisione amministrativa attuale per l'insegnamento della geografia nelle scuole. 1 : 920,000. 5a ediz. 9 Bl. Chromolithogr. Imp.-Fol. Gotha 879, J. Perthes. *
Auf Leinw. in Mappe *

Schiaparelli, L., Lezioni sulla etnografia dell'Italia antica. Gel. 1878. 56 S.

— Sull' origine della storia Romana dei primi secoli della città. Gel. 1882. 24 S.

Schiaparelli, L. I Pelasghi nell' Italia antica. Gel. 1879. 55 S.

Schiaparelli, (Luigi), s.: Regesta chartarum Italiae.

Schiappoli, Domenico, s.: Festschrift, Emil Friedberg zum 70. Geburtstage gewidmet.

Schiara, Ant. Th., s. Schiara, Thomas Anton

Schiara, Thom. Ant., Theologia bellica omnes fere difficultates ad militiam tum terrestrem tum maritimam pertinentes complectens atque canonico, iuridice, moraliter necnon historice dilucidans, in 8 libros distributa. Augsburg, Veit, 1707, Fol. Rom 1702.

Schiarelli, R., hirtlicher Unterricht üb. die Nothwendigkeit, die Religion zu lehren rc. 8. Brünn ... Gastl. 2 gr

Schiassii, Phil., et Steph. Ant. Morcelli, de Napoleone Magno inscriptiones, s. Morcelli, Steph. Ant.

Schiavi, Arbtskammern, s. Schriften d. Ges. f. soz. Reform.

Schiavi, die italienischen Arbeitskammern, s.: Vinardi.

Schiavi, Lorenzo, d. hl. Cyprian, Märtyrer, s.: Esser's, J., Sammlg. leichtaufführbarer Theaterstücke.

Schiavi, Lorenzo, Manuale didattico-storico della letteratura italiana con annessi svariati, saggi di scelti autori ad esercizio di lettura e memoria per la scolaresca. Testo ad uso delle classi ginnasiali superiori e d'altre scuole. Ediz. 2a riveduta dall' autore ed arricchita di classici brani. Vol. I. gr. 8. (V, 207 S.) Triest 884, Dase. *
Die 1. Aufl. erschien im Selbstverlage des Verfassers.

Schiavi, Lorenzo, manuale didattico-storico della letteratura italiana con annessi svariati saggi di scelti autori ad esercizio di lettura e memoria per la scolaresca. Testo ad uso delle classi ginnasiali superiori e d'altre scuole. Edit. II. riveduta dall' autore ed arricchita di classici brani. Vol. II und III contenente la parte 2 und 3. gr. 8. (S. 209—636.) Triest 885, Dase. à Vol. * *M.* 2.80. *

Schibalski, Günther, Referendar: **Inwieweit berührt das Noterbenrecht die Vermächtnißnehmer? Dargestellt unter Berücks. d. geschichtl. Entwicklung.** *Kattowitz O.-S. 1902: Herlitz & Plaßner.* (X, 96 S.) 8°
Rostock, Jur. Diss. v. [20. Nov.] 1902

Schibas, Frz., Sünde. Eine Priestertragödie in 5 Aufzügen. (72 S.) 8. Leipzig-Gohlis 910. Raschwitz, B. Volger. 1.50

Schibboleth, ..., s. Logen-Bilder.

SCHIBBYE, GUSTAV. Zur Geschichte der Dehydracetsäure. Würzburg, 1882.

Schiber, Adf., die Ortsnamen des Metzer Landes u. ihre geschichtl. u. ethnograph. Bedeutung. Nach e. Vortrag, geh. am 12. XI. 1896. [Aus: „Jahrb. d. Gesellsch. f. lothr. Gesch."] Lex.-8. (S. 46—86.) Metz 898. (Deutsche Buchh.) n.n. 1.25

Schiber, Adf., die fränkischen u. alemannischen Siedlungen in Gallien, besonders in Elsass u. Lothringen. Ein Beitrag zur Urgeschichte des deutschen u. des französ. Volksthums. gr. 8. (IX, 109 S. m. 2 Karten.) Strassburg 894. K. J. Trübner, Verl. n. 4. —

Schibler, Ernst

Schibler, E[rnst]. Die Armee, die Beschützerin unserer Freiheit. Erläuterung der Pflichten des Wehrmannes durch einen Kompagnie-Kommandanten. 48 S. 8. Frauenfeld, Huber & Co., [1907]. [fr. —. 70]

Schibler, E[rnst]. Ueber die Ausbildung des Offiziers im Rahmen des Zuges und der Kompagnie. 32 S. 8. Lausanne, J. Couchoud, 1901.

Schibler, über die Feuertaktik der schweiz. Infanterie, s. Militärzeitung, allgem. schweizer. 1902. Beil. 2.

Schibler, [Ernst]. Über die Feuertaktik der schweiz. Infanterie. Preisgekrönte Aufgabe der schweiz. Offiziersgesellschaft. 1901. II + 20 S. 8. Basel, Benno Schwabe, 1902. [fr. 1. —]
Beilage zur Allgemeinen Schweizerischen Militärzeitung 1902. Redaktion: Oberst U[lrich] Wille. Heft 2.

Schibler, J. J.

Schibler, J., Die Erforschung der Albuminate seit 1830. Ueber Terpentilölhydrat(Terpin). Chemische Analyse eines eisenhaltigen Wassers von Döttingen. Aarau 1866. **Progr.**

Schibler, J. J., Lehrbuch der Agricultur-Chemie für landwirthschaftliche Schulen, Realschulen, Mittelschulen u. für den praktischen Landwirth. Mit 40 Holzschn. (im Text). Aarau 864. Christen. gr. 8. (XI, 247 S.) n. 24 ngr.

Schibler, W. Beiträge zu einer vergleichend-systematischen Anatomie des Blattes und Stengels der Borragineen. Bern 1887.

Schibli, Kaspar

Schibli, Caspar, von Oetlingen [Kt. Zürich]: Über Elephantiasis Arabum. Zür. E. Kiesling Dr. **1854**. 34 S., 1 Bl. 8°.
Zürich, Med. Diss. v. 1. März 1854.

SCHIBLSBERGER, Martin (Stamham): De febre intermittente.- Monachii: Rösl 1833. 14 S.
31.8.1831 – Urk; F 60
Diss. Ingolst.-Landsh.-Mchn.

„Schiboleth!" Ein Wort an die Berliner jüdische Gemeinde zur Repräsentantenwahl. Von einem Gemeindemitgliede. Berlin 865. (Späth.) gr. 8. (38 S.) n. 2½ ngr.

Schiborr, Walter: Das Colles'sche Gesetz im Lichte der modernen Forschung. Strassburg i. E. 1910: Müh. 43 S. 8° Straßburg, Med. Diss. v. 8. Juli 1910, Ref. Fehling
[Geb. 31. Sept. 82 Magdeburg; Wohnort: Straßburg; Staatsangeh.: Preußen; Vorbildung: Gymn. Wollenburg i. E. Reife O. 03; Studium: Halle 6, Straßburg 5 S.; Coll. 6. Mai 10; Approb. 1. April 10.] [U 10. 4059

Schich u. Kießling, die Post-Taxen u. Versendungsbestimmgn. f. d. ges. In- u. Auslands-Verkehr. Bestimmgn. über Postzwang, Portofreiheiten u. Portovergünstiggn.; Verbote u. Beschränkgn. bei Versendg. v. Gegenständen m. d. Post; Zollvorschriften. M. e. „Zonenberechng." f. jeden Ort, e. Verzeichnis der wichtigeren Postorte in Deutschland u. Oesterreich-Ungarn (üb. 3000 Orte) u. e. Anh.: „Telegraphie". Unentbehrl. Handbuch f. Jedermann z. Gebr. im Reichspostgebiet. Nach amtl. Unterlagen bearb. hoch 4. (VI, 184 S.) Zittau 895. Backmann, J. Rath's Verl. n. 2. —

Ferdinand Schichau, ein Fürst der Arbeit im deutschen Osten. — o. O. u. J. [um 1900]. 16 S. 8°

Kriegs- und Handelsschiffe. Ferd. Schichau, Elbing, Danzig, Pillau. — o. O. (1907). 2 Bl., 35 Taf. [In Mappe.] quer-8°

Die Schichau-Werke in Elbing, Danzig und Pillau. — Berlin: Eckstein [1907]. 32 S. 2° [Kopft.] (Dt. Industrie, dt. Kultur. 5, 4.)

Schiche, Theodor, Prof. Dr.: Zu Ciceros Briefen. Berlin: Weidmann 1905. (30 S.) 4°
Berlin, Friedrichs-Werdersches G OP 1905 (59)

Schiche, Thdr., zu Ciceros Briefen. Progr. (30 S.) Lex.-8. Berlin 905. Weidmann. n. 1.—

Schiche, Theod. Zu Ciceros Briefen an Atticus. II. 24 S. (I in der Festschrift zur 2. Säkularfeier des Fr. Werd. Gymn. Berlin 1881.) **Progr.** Fr. Werd. G. *Berlin* 1883

Schiche, Th., zu Cicero's Briefen an Atticus. 2. Abthl. gr. 4. (24 S.) Berlin 883, Gaertner's Verlag. *
Die 1. Abthl. ist in Festschrift zu der zweiten Säcularfeier des Friedrichs-Werder'schen Gymnasiums zu Berlin enthalten.

Schiche, Theodor [Prof. Dr.]: Zu Ciceros Briefwechsel im Jahre 51. Berlin, R. Gaertner, 1895; 31 S. 4.
Berlin, Friedrichs-Werdersches G, OP 1895 (55)

Schiche, Thdr., zu Ciceros Briefwechsel im J. 51. Progr. gr. 4. (31 S.) Berlin 895. R. Gaertner. n. 1.—

— dasselbe währ. s. Statthalterschaft v. Cilicien. Progr. 4. (27 S.) Ebd. 896. n. 1.—

Schiche, Theodor [Prof. Dr.]: Zu Ciceros Briefwechsel während seiner Statthalterschaft von Cilicien. Berlin, R. Gaertner, 1897; 27 S. 4.
Berlin, Friedrichs-Werdersches G, OP 1897 (54)

Schiche, Thdr., de fontibus librorum Ciceronis, qui sunt de divinatione. Dissertatio. gr. 8. (43 S.) Jena 875, [E. Frommann.] (Fischer.) *

Schichhold, Friedrich Gustav Ernst [app. Arzt aus Spremberg (Lausitz)]: Periphere Nerventraumata in ihren Folgeerscheinungen ... Freiburg i. B., F. Wagner'sche Buchdr., 1893; 42 S. 8.
München, Med. Fak., Inaug.-Diss. v. 1894

Schichhold, *Friedrich* Paul *Ferdinand* [kgl. sächs. Assistenzarzt I. Kl. aus Spremberg (Lausitz)]: Ueber die Behandlung der Mittelohr-Eiterungen unter bes. Berücks. d. Natrium tetraboricum ... Leipzig, Druck v. P. Elsert & Kurtze, *1895*; 23 S. 8.
Leipzig, Med. Fak., Inaug.-Diss. v. 13. Dez. 1895

Schichmanow, Milan St., u. Pet. A. Nubow, das Handels-, Wechsel-, Konkurs- u. Seerecht Bulgariens, s.: Handelsgesetze, die, des Erdballs.

Nach der Schicht'. Gesammelte Erzählungen, Skizzen ... aus allen Gebieten z. Unterhaltung, Belehrung u. Aufklärung f. d. Volk. Nr 1. Wiebelskirchen: N. Kolportage Verl. [1908.] 8° 09. 1166

Schicht, Benjamin (Görlitz) A. S. 1172/34

Dissertatio inauguralis medico-practica de affectu magno mortique proximo syncope eiusque causis et cura. Präs. Abraham Vater.
Wittenberg (Gerdes) 27. IX. 1723. 23 S.

W. v.: Präs. 30371

Schicht, Carl Gottlieb, s. Schicht, Karl Gottlieb

Schicht, Franz: Beitrag zur Theorie der Determinanten. 8 (S. 36—37). Staats-G. mit deutsch. Unterrichtssprache *Prag-Altstadt* 1896 **Progr.**

Schicht, Frz., d. äussere elektrische Feld e. Entladungsröhre. gr. 8. (11 S. m. 16 Fig.) Wien (899). (C. Gerold's Sohn.) n. — 70
Sonderabdruck aus: „Sitzungsber. d. k. Akad. d. Wiss."

Schicht, Franz Josef: Das elektrische Feld einer Entladungsröhre.
Prag: Diss. 1900/1901

Schicht, J., s. Schicht, Johann Gottfried

Schicht, Johann Gottfried

— allgem. Choralbuch f. Kirchen, Schulen, Gesangvereine, Orgel- u. Pianofortspieler. 4stimmig gesetzt. 3 Thle. 4. Leipz. 820. Breitkopf u. H. 8 ₰

Schicht, drey- u. vierstimmige Choralmelodien ꝛc. z. Gebrauch für Gymnasien, Bürgerschulen u. Singinstitute ꝛc. 1e Sammlung. Leipz. Kühnel.

Schicht, Jh. Gf., († d. 16. Febr. 1823.) drei- u. vierstimm. Choralmelodien z. Gebr. f. Gymnasien, Bürgerschulen, Singinstitute ꝛc. 1e Samml. Leipz., Peters. 20 ℊ

Schicht, J., sechs Gesänge, von Claudius, Salis u. Matthison, f. 4 u. mehrere Stimmen zum Gebrauch f. Singechöre u. Privatgesellschaften. Fol. Leipzig, Hofmeister. 812.

— Grundregeln d. Harmonie, nach dem Verwechselungssystem entworfen, u. mit Beispielen erläutert. Fol. Leipz. 812. Breitkopf u. H. 2 ₰

[**Schicht, Joh. Gottfr.**] Verzeichniss theoretisch-musikalischer Werke. (Handschriftlich.)

Schicht, Jos., Adonis. Ein Idyll in 3 Gesängen. (Titelbild von Rud. v. Reissschneider.) 8. (62 S.) Wien 901. Neue Literaturanstalt. n. 1.50

Schicht, Jos., Cello am Abend. Lyrik. (Umschlagbild v. Leop. Widlizka. (XI, 172 S.) 8. Leipzig 907. H. Dege. n. 2.60

Schicht, Jos., tiefe Stunde. Die letzten Lieder u. Balladen. Hrsg. v. seiner Frau. (109 S. m. Bildnis.) kl. 8. Leipzig 910. L. Staackmann. 2.—; geb. in Leinw. 3.—

Schicht, Karl Gottlieb

Schicht, Carl Glieb., Anleitung zu religiös-moralischen Selbstbetrachtungen, nebst Morgen- und Abendgebeten auf alle Wochentage für Gefangene in Kriminal- und andern Gerichten. 16. (VIII und 208 S.) Leipzig 847, D. Klemm. —

Schicht, Carl Glieb., Anleitung zu religiös-moralischen Selbstbetrachtungen, nebst Morgen- u. Abendgebeten auf alle Wochentage f. Gefangene in Kriminal- u. andern Gerichten. 16. (VIII u. 208 S.) Leipzig 850, D. Klemm. 3/4 ₰

— Stimmen der innern Mission an Gefangene in Kriminal- u. andern Gerichten nebst einem Anhang von Morgen- u. Abendgebeten auf alle Wochentage. Eine Fortsetzung der Schrift: Anleitung zu religiös-moral. Selbstbetrachtungen für Gefangene ꝛc. von demselben Verf. 8. (VIII u. 206 S.) Halle 851, (Braunschweig) Schwetschke & Sohn. 1/2 ₰

Schichtel, Karl

Schichtel, Carl: Der Amazonen-Strom. Versuch e. Hydrographie d. Amazonas-Gebietes auf orographisch-meteorolog. Grundlage. M. 5 Taf. u. 2 Text-Abb. ... Strassburg, Univ.-Buchdr. v. J. H. E. Heitz, 1893; 3 Bl., 117 S., 1 Taf. 8.
Strassburg, Phil. Fak., Inaug.-Diss. v. 1893

Schichtel, Carl, der Amazonen-Strom. Versuch e. Hydrographie d. Amazonas-Gebietes auf orographisch-meteorolog. Grundlage. gr. 8. (VI, 117 S. m. 2 Textabbildgn. u. 1 Taf.) Strassburg i/E. 893. J. H. Ed. Heitz. n. 2. —

Schichtsegen, der. Ein Gesang- und Gebetbuch für christl. Berg- und Hüttenleute. 8. (X, 165 S.) Plauen 878, Hohmann. *

Schichtsegen. Andachten f. Bergleute auf der Grube u. im Hause. Im Auftrage der Zwickauer Diöcesanversammlg. bearb. durch e. Ausschuß v. Geistlichen u. Laien. 2. Aufl. 8. (87 S.) Zwickau 887. Bär. geb. n. — 80

Schichtsegen, Oberharzer. Zwei Jahrgänge Bergandachten f. Grube u. Haus, nebst e. Anh. v. Berggesängen. Hrsg. v. der Inspektionskonferenz der Geistlichen d. Oberharzes. gr. 8. (XV, 488 S.) Hannover 899. (Clausthal, Grosse.) Geb. in Leinw. n.n. 1.40

Schick's weiter! Ein Schlüssel zu den politischen Bewegungen der Gegenwart f. den deutschen Landmann. 8. (23 S.) Glogau 848, Flemming. 1/24 ℔

Schick, s.: Gaben, mancherlei, f. Geist u. Herz.

Schick, das Gremium der Gemeindebevollmächtigten in Nürnberg u. die Hyperorthodoxie. Ein Streiflicht. Augsburg 867. v. Jenisch & Stage'sche Buchh. gr. 8. (31 S.) 3 ngr.

Schick, Marienbad, s.: Grieben's Reise-Bibliothek.

Palästina zwischen Jaffa und Jerusalem. 120,000. Von Schick. G. M. 1867.

Schick, s.: Tempel zur Zeit Christi.

Schick, A., Beschreibung des Oberamts Tuttlingen, m. e. (farb.) Uebersichtskarte. Hrsg. v. Wilh. C. Rübsamen. (45 S.) 8. Tuttlingen 905. C. L. Kling. n.n. — 25

Schick, Adolf [aus Neckargemünd]: Über die Kondensation von Anisaldehyd mit einfachen und nitrierten Ketonen. Über das Diphenyl-p-Tolylcarbinol. Freiburg (Schweiz) 1904. 63 + 1 S. 8°.
Freiburg i. Schw. Math.-naturw. Diss. 1903/1904.

Schick, Adolf. Über die Kondensation von Anisaldehyd mit einfachen und nitrierten Ketonen ([Mit] Anhang:) Über das Diphenyl-p-Tolylcarbinol. Diss. Math.-Naturw. Freiburg in der Schweiz. 64 S. 8. Freiburg ⟨Schweiz⟩, St.-Paulus-Druckerei, 1904.

Schick, Andreas

Schick, A., kurze Anleitung zur Verwaltung des hl. Bußsacramentes. Nach dem Handexemplar des Verstorbenen hrsg. v. Wilh. Nhiel. 2. Aufl. gr. 8. (98 S.) Fulda 901. Fuldaer Actiendruckerei. n. — 80

Kurze Anleitung zur Verwaltung des heil. Bußsakramentes. Von † A[ndreas] **Schick**, weil. Prof. 3. Aufl. Hrsg. von Dr. J. D. Schmitt, Seminarregens zu Fulda. Fulda: Actiendr. 1905. (95 S.) 8° [F.] [05-6739 4

Schick, A., kurze Anleitung zur Verwaltung des hl. Bußsakramentes. 4. unveränd. Aufl. Hrsg. v. J. D. Schmitt. (IV, 94 S.) 8. Fulda 910. Fuldaer Actiendruckerei. — 80

[F.] Die Darlehnskassen-Vereine in ihrer wirthschaftlichen, socialen und sittlichen Bedeutung. Vortr. geh. auf d. Vereinstage ländl. Genossenschaften zu Cassel v. Msgr. Dr. **Schick**, Proofessor [!] am bischöfl. Priestersem. zu Fulda . . . *Neuwied a. Rh: Raiffeisen & Cons. 1895.* (16 S.) 1 Bd 8.
(Raiffeisen-Bibliothek.) [96. 2791

Die Darlehnskassen-Vereine in ihrer wirtschaftlichen, sozialen und sittlichen Bedeutung. Vortrag geh. zu Cassel 1895 von Dr. [Andreas] **Schick**. Neuwied: Landw. Zentral-Darlehnskasse f. D. [um 1900]. 21 S. 8°
(Raiffeisen-Bibliothek. 3.) [10. 6629 5

Schick, Aron, aus Orscha (Russland): Über nekrotisierende Entzündung des Ösophagus bei Scharlach. Aus der pathologisch-anatomischen Anstalt der Universität Basel (Vorsteher: Prof. E. Kaufmann). Basel 1907. 21 S. 8°.
Basel. Med. Diss. 1906/1907.

Schick, Aron. Über nekrotisierende Entzündung des Ösophagus bei Scharlach. Aus der pathologisch-anatomischen Anstalt der Universität Basel. ⟨Vorsteher: Prof. E[duard] Kaufmann.⟩ Diss. Med. Basel. 21 S. 8. Basel, Friedrich Reinhardt, 1907.

Schick, Aug. Herrm., historisch-liturgische Abhandlungen. gr. 8. (VII und 155 S.) Leipzig 861, Teubner. *

Schick, Aug. Herm., das Büchlein von der Ehe. Die Ehe mit Rücksicht auf die kirchl. Trauung nach der bürgerl. Eheschließung im Geiste des Christenthums dem Volke zu Nutz und Frommen beleuchtet. 8. (94 S.) Nürnberg 876, Raw'sche Buchh. *
Ausg. auf Velinpap. geb. mit Goldschn. **

—— die historischen Gegensätze der evangelischen Heilslehre nebst einem Ueberblick der Reformationsgeschichte im Anschlusse an Thomasius' Grundlinien. gr. 8. (XVIII und 124 S.) Nürnberg 861, Recknagel. *

Schick, Aug. Herm., Gott hat sich geoffenbaret. Ein Zeugniß, abgelegt am Bibelfeste zu Nürnberg, den 14. Juni 1876. 3. Aufl. gr. 8. (20 S.) Nürnberg 876, Raw'sche Buchh. *

Schick, Aug. Herrm., über häusliche Kindererziehung, eine Predigt für Jedermann, gehalten in der evangelischen Pfarr-Kirche dahier am 1. Sonntag p. Epiph. 8. (16 S.) Ingolstadt 864, (Krüll'sche Buchh.)

Schick, Aug. Herrm., die Menschwerdung des Sohnes Gottes. Zwei Predigten am Weihnachtsfeste, gehalten in der evangel. Stadtpfarrkirche zu Ingolstadt. Ingolstadt 866. (Krüll'sche Buchh.) gr. 8. (19 S.) n. 4 ngr.

Schick, Aug. Herm., Predigt zur Eröffng. der Generalsynode, geh. am 15. IX. 1897 in d. Stadtkirche zu Bayreuth. gr. 8. (15 S.) Bayreuth 897. (Niehrenheim & Bayerlein.) n. — 20

Schick, Aug. Herm., Predigt über Evang. Lucae V, 1—11, am V. Sonntage p. trin. 1880 in der neuen evangel. Kirche zu München gehalten. gr. 8. (15 S.) München 880, Kaiser. *

Schick, Aug. Herm., Predigt über Evangel. Matthäi XI, 29 und 30, gehalten am Missionsfeste zu Nürnberg in der St. Lorenz-Kirche den 14. Juni 1887. 1.—3. Aufl. gr. 8. (11 S.) Nürnberg 887, Raw'sche Buchh. *

— eine Predigt über Religion. Bayreuth 862. Gießel in Comm. gr. 8. (27 S.) 3 ngr.

—— eine Predigt über Religion. gr. 8. (27 S.) Bayreuth 863, (Gießel.)

Schick, Aug. Herm., der Rückhalt d. geistlichen Amtes in aller seiner Wirksamkeit. Antrittspredigt, geh. am 1. Oktbr. 1876 in der protestant. Stadtpfarrkirche zu München. gr. 8. (14 S.) München 876. Kaiser. n. — 20

Schick, A. H. Eine Skizze über den Kirchengesang und das Kirchenlied nebst einleitenden Paragraphen über die Entwicklung des Cultus und der Liturgie im Allgemeinen. Bayreuth, St. A., 1859. 24 S. 4. Progr.

— hebräisches Uebungsbuch mit einem Vokabularium zum Gebrauch auf Gymnasien und zum Selbstunterricht. Eine Zugabe zu Dr. Nagelsbachs hebräischer Grammatik. 1. Thl. Die Formenlehre. 1. u. 2. Hälfte. Leipzig 862. Teubner. gr. 8. 22½ ngr.
1. Hälfte. (XIV, 54 S.) 7½ ngr.; 2. Hälfte. (XIV, 146 S.) 15 ngr.

—— hebräisch-deutsches und deutsch-hebräisches Uebungsbuch mit einem Vocabularium zum Gebrauch auf Gymnasien und zum Selbstunterricht. Im Anschluss an Nägelsbach's hebräische Grammatik. 1. Thl. 1. Hälfte und 2. Thl. 1. Hälfte. gr. 8. Leipzig, Teubner. *
Inhalt:
Thl. 1. Die Formenlehre. 1. Hälfte. 2. verb. und verm. Aufl. (XII, 80 S.) 874. *ℳ 1.
» 2. Die Syntax. 1. Hälfte: Syntax des Nomen. (IV, 168 S.) 876. *ℳ 2,40.
1. Thl. 2. Hälfte. Ebendas. 1862. *ℳ 1,50.

—— Welche Stellung haben wir in dem gegenwärtigen Kampfe des Staates mit der römischen Kirche einzunehmen? Vortrag für die allgemeine Pastoral-Conferenz evangelisch-luther. Geistlicher Bayerns. gr. 8. (38 S.) Nürnberg 875, Raw'sche Buchh. *

Schick, B., die Serumkrankheit, s.: Pirquet, C. Frhr. v.

Schick, C., s. Schick, Karl

Schick, Conrad, s. Schick, Konrad

Schick, Emil, Wandtafeln für den Zeichenunterricht an Gymnasien und Realschulen. I.: Umrisse antiker Gefässe und baulicher Zierformen. 10 Taf. gr. Fol. Nebst Erläuterungen. 8. (24 S.) Leipzig 887, Seemann.
In Quart-Mappe *
Text allein *

Schick, Ernst, Abhandlung üb. Shakspeare's König Lear, s. Shakspeare.

Schick, E., ausführl. Beschreibung merkwürd. Bauwerke ꝛc., s. Vogel, K., der deutsche Kinderfreund

—— über d. Epopöe u. Tragödie, nebst vorangeh. Andeutungen üb. d. Poesie u. d. schönen Künste überh. Mit besond. Rücksicht auf die v. Aristoteles in d. Poetik darüber aufgestellt. Ideen. gr. 8. (13 B.) Leipzig 833, Andrä.

Schick, Ernst, Handbuch des deutschen Staatspapier- u. Actienhandels. Zum Gebrauche f. Capitalisten, Staatsbeamte, Kaufleute u. Geschäftsmänner überhaupt. Nebst einer Beilage: Die Verloosungs-Pläne der Staatslotterie-Anleihen. gr. 8. (VIII u. 240 S.) Leipzig 849, Hinrichs. 1½ Thlr.

—— das Innungswesen nach sein. Zwecke u. Nutzen, nebst Vorschlägen zu einigen dabei vorzunehm. zweckmäß. Reformen. Dargest. unt. Benutzung mündl. Mittheilungen u. als Vorläufer e. größern Schrift üb. dens. Gegenstand. gr. 8. (6½ B.) Leipzig 834, Andrä.

Schick, E., Katechismus der praktischen Arithmetik, } s. Weber's, J. J., illustrirte Katechismen.

Schick. Katechismus der praktischen Arithmetik. Kurzgefasstes Lehrbuch der Rechenkunst für Lehrende und Lernende. (Aus: „J. J. Weber's Illustrierte Katechismen“ Nr. 54.) —
Leipzig 1863.

Schick, E., Katechismus der praktischen Arithmetik. Kurzgefaßtes Lehrbuch der Rechenkunst für Lehrende u. Lernende. 2., verb. u. verm. Aufl., bearb. von Max Meyer. 8. (XII, 257 S.) Leipzig 879. Weber. cart. n. 2. —

Schick, E., Katechismus der praktischen Arithmetik. Kurzgefaßtes Lehrbuch d. Rechenkunst f. Lehrende u. Lernende. 3., verb. Aufl., bearb. v. M. Meyer. 8. (X, 273 S.) Leipzig 889. J. J. Weber. geb. n. 3. —

Schick, E., Katechismus der praktischen Arithmetik, 4. Aufl., s.: Riedel, Ernst.

Schick, E., Katechismus der Waarenkunde, s.: Weber's illustr. Katechismen.

— Katechismus der Waarenkunde. 4., von G. Heppe neu bearb. Aufl. 8. (X, 367 S.) Ebend. 877. n. 2. 40

Schick, E., Katechismus der Warenkunde. 5. Aufl., neu bearb. v. G. Heppe. 8. (VIII, 398 S.) Leipzig 886. Weber. geb. n. 3. —

— Katechismus der Warenkunde, 6. Aufl., s.: Pietsch, M.

Schick, Ernst, theoretisch-praktisches Lehrbuch der einfachen u. doppelten Buchhaltung, nebst einer Anleitung zur Ausfertigung der Conto-Corrente. Für Kaufleute u. Geschäftsmänner, insbesondere aber für die Zöglinge des Handels, sowie zum Gebrauche bei Vorträgen. Leipzig 866. Schlicke. gr. 8. (XIII, 274 S.)
1 Thlr. 20 ngr.

— theoretisch-practisches Lehrbuch der einfachen u. doppelten Buchhaltung nebst e. Anleitg. zur Ausfertigg. der Contocorrente f. Kaufleute u. Geschäftsmänner, insbesondere aber f. die Zöglinge d. Handels sowie zum Gebrauch bei Vorträgen. 2. verm. u. verb. Aufl. Hrsg. v. G. Doenges. gr. 8. (XV, 249 S.) Leipzig 875. Schlicke. n. 6. —

—— die Privat-Erziehungs-Anstalt zu Amalienburg bei Grimma. M. 2 lith. Ansichten v. Amalienburg. gr. 8. (3 B.) Leipzig 828, Cnobloch.

Schick, Ernst, Rechenbuch f. d. Geschäftsleben. Enthalt. eine deutliche Erklärung der verschied. Rechnungsarten, nebst zahlreichen Uebungs-Aufgaben u. deren Auflösungen. Zum Gebr. f. Lehrer u. z. Selbstunterr. gr. 8. (28 B.) Leipzig 843, Hinrichssche Bh.

— Rechenbuch für das Geschäftsleben, mit zahlreichen Uebungs-Aufgaben nebst deren Auflösungen. Zum Gebrauche für Lehrer u. zum Selbstunterrichte. Nach den neuesten Münz-, Maaß- u. Gewichts-Bestimmungen bearb. 2., stark verm. u. verb. Aufl. Leipzig 859. Hinrichs. gr. 8. (IX, 394 S.) n. 1 Thlr. 15 ngr.

—— der Sohn. Trauersp. 8. (6 B.) Leipzig 833, Andrä.

—— Uebungs-Aufgaben aus der prakt. Arithmetik, mit vorangehenden Erläuterungen u. Beispielen. Zum Gebr. f. Schulen. gr. 8. (15½ B.) Ebds. 843.

—— Uebungs-Aufgaben aus der practischen Arithmetik, mit vorangehenden Erläuterungen und Beispielen. Zum Gebrauch für Schulen. Nach den neuesten Münz-, Maaß- und Gewichts-Bestimmungen bearb. 2., stark verm. und verb. Aufl. gr. 8. (246 S.) Leipzig 859, Hinrichs'sche Verlagsh. *
Aus des Verf. „Rechenbuch für das Geschäftsleben“ besonders abgedruckt.

— allgemeine Waarenkunde in gedrängter systematischer Darstellung und mit besonderer Berücksichtigung der statistischen Verhältnisse. Ein Handbuch für Kaufleute, Fabrikanten, Kameralisten ꝛc., insbesondere aber für die Zöglinge des Handels. Leipzig 857. Schlicke. gr. 8. (VIII, 336 S.)
n. 1 Thlr. 20 ngr.

— allgemeine Waarenkunde in gedrängter systematischer Darstellung u. mit besonderer Berücksichtigung der statist. Verhältnisse. Ein Handbuch für Kaufleute, Fabrikanten, Kameralisten ꝛc. insbesondere aber für Zöglinge des Handels. 2., verb. u. verm. Aufl. Leipzig 865. Schlicke. gr. 8. (XII, 368 S.) 1 Thlr. 20 ngr.

— allgemeine Waarenkunde in gedrängter systemat. Darstellg. u. m. besond. Berücksicht. der statist. Verhältnisse. Ein Handbuch f. Kaufleute, Fabrikanten, Kameralisten ꝛc., insbesondere aber f. die Zöglinge d. Handels. 3. verb. u. verm. Aufl. gr. 8. (XV, 387 S.) Ebend. 873. 6. —

Schick, Eug., Otto Julius Bierbaum. (68 S.) 8. Berlin 903. Schuster & Loeffler. n. 1.—

(B) Schick, Eug., Otto Julius Bierbaum. 903. Jetzt: München, G. Müller.

Schick, Eug., aus stillen Gassen u. v. kleinen Leuten. kl. 4. (164 S.) Leipzig 902. H. Seemann Nachf. n. 2.—

— die mährische Moderne. (24 S.) Lex.-8. Brünn (906). (C. Winiker.) n.n. 1.—
Sonderabdruck aus: „Ztschr. d. deut. Ver. f. Gesch. Mährens u. Schlesiens".

— empfindsames Notterbüchlein. Gedichte. (62 S.) kl. 8. Stuttgart (905). A. Juncker. n. 1.50

Schick, Ferdinand [app. Arzt]: Zur galvanokaustischen Amputation des Penis ... (Aus: Beitr. z. klin. Chir. IX. Bd. 2. Heft.) Tübingen, H. Laupp, 1892; 2 Bl., 15 S. 8.
Tübingen, Med. Fak., Inaug.-Diss. v. 1892

Schick, Ferdinand, s. Prager Theater- u. Musikzeitung.

Schick, Frz., s.: Zither-Almanach.

Schick, Franz Josef [cand. med., aus Allmendingen]: Über das Verhalten des Cervix in der letzten Zeit der Schwangerschaft ... Erlangen, k. b. Hofbuchdr. v. A. Vollrath, 1894; 18 S., 1 Bl. 8.
Erlangen, Med. Fak., Inaug.-Diss. v. [22.] Juli 1893

Schick, Fritz

—— Guide to Homburg and its vicinity, the upper Taunus, Feldberg, Altkönig, Königstein, Soden etc., Frankfort on Main. Translated from the German. 2d—6th edit. gr. 16. (IV, 66 S. mit 4 lithogr. Karten.) Ebendas. 872—76. *
Ohne Karten *
1. Aufl. siehe Schick, Louis

Schick, Fritz, guide to Homburg and its vicinity, the upper Taunus, Feldberg, Altkönig, Königstein, Soden etc., Frankfort on Main. Translated from the gorman. 7. ed. gr. 16. (IV, 103 S.) Homburg 879. Schick. n. 1.50 m. 4 lith. Karten n. 2.50

Schick, Fritz, guide to Homburg and its vicinity, the upper Taunus, Feldberg, Altkönig, Königstein, Soden etc., and Frankfort on Main. Translated from the german. 11. ed. 12. (IV, 99 S.) Homburg 885. Schick. n. 1.50; m. Karten n. 2.50

Schick, Fritz, guide to Homburg and its vicinity, the upper Taunus, Feldberg, Altkönig, Königstein, Soden etc., and Frankfort on Main. Translated from the German. 9th and 10th revised edit. 12. (IV, 100 S.) Homburg v. d. H. 887,88, Schick. *
With 4 maps *

Schick, Fritz, guide to Homburg and its vicinity, the upper Taunus, Feldberg, Altkönig, Königstein, Soden etc., and Frankfort on Main. Translated from the German. 12., revised ed. 12. (IV, 110 S.) Homburg v/d. H. 891. F. Schick. n. 1.20; with 4 maps n. 2.—

Schick, Fritz, Homburg und Umgegend, der obere Taunus, Feldberg, Altkönig, Königstein, Soden etc., Frankfurt a. M. 2.—11. Aufl. Mit (lithogr.) Stadtplan von Homburg (in 8.), (lithogr.) Karte der Umgegend (in qu. Fol.) und (2 lithogr.) Specialkärtchen vom Hardt- und Tannenwald (in qu. 8.) 16. (63 S.) Homburg 867—76, Schick's Buchh. *
Ohne Karten und Plan *

Schick, Fritz, Homburg und Umgegend, der obere Taunus, Feldberg, Altkönig, Königstein, Soden etc., Frankfurt a. M. 12. Aufl. 12. (IV, 90 S.) Homburg 880, Schick's Buchh. *

— Homburg u. Umgegend, der obere Taunus, Feldberg, Altkönig, Königstein, Soden etc., Frankfurt a. M. 14. Aufl. 12. (IV, 93 S.) Ebend. 885. n. 1.20; m. Karten n. 2.—

— Homburg u. Umgegend, der obere Taunus, Feldberg, Altkönig, Königstein, Soden etc., Frankfurt a/M. 15., verb. Aufl. 12. (IV, 95 S.) Ebd. 888. n. 1.20; m. 4 Karten n. 2.—

Schick, Fritz. Homburg u. Umgegend, der obere Taunus, Feldberg, Altkönig, Königstein, Soden etc., Frankfurt a. M. 18. verb. Aufl. 12. (IV, 109 S.) Homburg v. d. H. 891, Schick. * 1 —
Mit 4 Karten * 1 80

Schick, Fritz, Homburg u. Umgegend, d. obere Taunus, Feldberg, Altkönig, Königstein, Soden u. s. w., Frankfurt a/M. M. 7 Ansichten. 19., verb. Aufl. 12. (IV, 145 S.) Homburg 896. F. Schick. n. 1.—; m. 4 Karten n. 1.80; engl. Ausg. 13. ed. (IV, 144 S.) n. 1.20; m. 4 Karten n. 2.

Schick, Fritz, Homburg and its vicinity, the upper Taunus, Feldberg, Altkönig, Königstein, Soden etc., Frankfort on Main. Translated from the German. 15. rev. ed. 12. (144 S. m. 7 Abbildgn.) Homburg 902. F. Schick. n.n. 1.20; m. 4 Karten n.n. 2.—

Schick, Georg, aus Schurz i. Österr.: 1. Über Isomerieerscheinungen bei Hypophosphiten. 2. Zur Kenntnis der Phosphine. Würzburg 1903: C. J. Becker. (52 S.) 8°
Würzburg, Phil. Diss. v. 1903

Schick, Geo., warum soll ein Christ sein Herz nicht mit irdischen Sorgen beschweren? Predigt wider den Mammonsdienst über Matth. 6, 24—34, gehalten vor der deutschen evangel.-luther. Gemeinde zu St. Louis, Mo. 8. (18 S.) St. Louis, Mo. 858. (Philadelphia, Schäfer und Koradi.) *

Schick, Gli. Sam., Herr Rudolph Wirsing und das Leipziger Stadttheater. Ein statistisch-humorist. Rückblick. Dessau 855. (Leipzig, Naumburg.) 8. (22 S.) 3 ngr.

Schick, H. A., De causis discrepantiae in Zenonis et Senecae philosophia. Gel. 82 S. 4°.

Schick, Dr. H. A., Die Himmelsgloben des Anaximander u. Archimedes. (Progr. des churfürstl. Gymnasiums zu Hanau.) Hanau 1843 u. 1846. 4°. brosch.

Ist das 'Wesen des Christentums' von Ad. Harnack in 16 Vorlesungen wirklich das Wesen des Christentums? Offenes Sendschreiben an denselben von Hermann Schick. Regensburg: W. Wunderlich 1901. (72 S.) 8° [J.]

Schick, J. B., Prof. David u. sein Vaterland. Hft. 1. gr. 12. (2½ B.) Kopenhagen 835. (Hamburg, Nestler u. Melle.) *

Schick, J. G., Leben des Clemens Brentano, s. Leben ausgezeichneter Katholiken.

Schick, J. G., Leben des heil. Fidelis v. Sigmaringen, siehe: Leben ausgezeichneter Katholiken. 4. Bdchn.

Schick, J. G., Leben d. Fürstin v. Gallitzin, s. Leben ausgezeichneter Katholiken.

— Leben des heil. Ignatius, siehe: Leben ausgezeichneter Katholiken. 2. Bdchn.

Schick, J. G., s. Leben ausgezeichneter Katholiken.

Schick, J. G., Leben d. heil. Liguori, — Leben d. Kaiserin Maria Theresia, — Leben d. Bernhard Overberg, — Leben Pius VII., — Leben d. Grafen Fr. Leop. v. Stolberg, s. Leben ausgezeichneter Katholiken.

Schick, Jh., s. Zeitschrift, Wiener. f. Kunst u. Litt.

Schick, Joh. Wilhelm (Wetzlar) [Auctor]
Dissertatio juridica inauguralis De retractu equestri contra manus mortuas non praescriptibili.
Giessae 7. Juli 1783: Joh. Jac. Braun. 32 S. 4°
pro licentia summos in jure honores rite capessendi.

Schick, Josef

Schick, J., Barytomik. (78 S. m. Fig. u. 1 Taf.) gr. 8. München 907. G. Franz' Verl. 2. —

Schick, Jos., s.: Beiträge, Münchener, zur romanischen u. englischen Philologie.

Schick, J., Beziehungen zwischen Isogonalcentrik u. Invariantentheorie. gr. 8. (S. 249—272 m. Fig.) München 900. (G. Franz' Verl.) n. — 40
Sonderabdruck aus: „Sitzungsber. d. bayer. Akad. d. Wiss."

— s.: Forschungen, litterarhistorische.

Schick, J., Grundlagen einer Isogonalzentrik. gr. 8. (91 S.) Tübingen 887, Franz Fues. *
Aus: Korrespondenzblatt für die württembergischen Gelehrten- und Realschulen, besonders abgedruckt.

Schick, J., Grundlagen e. Isogonalzentrik. [Aus: „Korrespondenz-Blatt f. d. Gel.- u. Realschulen Württ."] gr. 8. (91 S.) Tübingen 889. Fues. n. 2. —

— Isomorphopolzentrik. (118 S. m. Fig. u. 11 Taf.) 8. Ebd. 908. 3. —

— Pedale Katablematik. (79 S. m. Fig.) 8. Ebd. 909. 2. —

— s.: Kyd's, Thom., Spanish tragedy.

Schick, Joseph: Nikolaus Lenau und die schwäbischen Dichter in ihren persönlichen, literarischen und dichterischen Beziehungen. Straßburg 1908: DuMont Schauberg. 156 S. 8°
Straßburg, Phil. Diss. v. 31. Juli 1908, Ref. Martin
[Geb. 31. Febr. 79 Meßhofen; Wohnort: Augsburg; Staatsangeh.: Bayern; Vorbildung: Gymn. Kempten Reife Sommer 01; Studium: Augsburg Lyz. St. Stephan 1, München 5, Straßburg 1 S.] [U 09. 3854

Schick, Joseph (aus Risstissen): Prolegomena zu Lydgate's Temple of Glas. . . . Berlin, Druck v. H. S. Hermann, 1880; 88 + 1 S. 8°
Berlin, Phil. Fak., Inaug.-Diss. v. 21. Dez. 1880

Trifolium Hiberniae oder Diametristik der Fusspunktsdreiecke. Von Dr. J[osef] Schick. München & Leipzig: Franz 1910. 150 S. 8°
[10. 14167

Schick, Karl

Beschauliches und Unerbauliches aus Architektur und Kunstgewerbe. Ästhetisch-krit. Betrachtungen von Prof. C[arl] Schick zu Cassel. Cassel: I. Kessler 1907. (30 S.) 8°
[08. 13794

Schick, C., architektonische Details. Eine Sammlg. v. Stützen, Gesimsen, Consolen u. ähnl. Bildgn. Mit besond. Rücksicht auf die Mobiliarausstattg. f. Architekten u. Möbelzeichner, sowie f. den Schulgebrauch entworfen u. autogr. 3. Aufl. 5 Hfte. gr. Fol. (1 Bl. Text m. 30 Taf.) Karlsruhe 894. J. Veith. à 4. 60

Schick, Karl: Elektrolyse mit Wechselstrom. 1904. 67 S. 8° ¶ Ausz. in: Zeitschrift f. physik. Chemie. Bd 46. 1903.
Karlsruhe, Dr.-Ing.-Diss. v. 23. 7. 1903

— s.: Villa, die deutsche.

Schick, Konrad

Schick, Conr., Beit el Makdas oder der alte Tempelplatz zu Jerusalem; wie er jetzt ist. Mit einem Anhang und artist. Beilagen Nr. 1—4. gr. 8. (VI, 174 S.) Jerusalem 887. (Stuttgart, J. F. Steinkopf.) *

Die Stiftshütte, der Tempel in Jerusalem und der Tempelplatz der Jetztzeit. Dargest. v. Conrad Schick, Kgl. Württemb. Baurat in Jerusalem. M. 47 in d. Text gedr. Abb. u. 11 lithogr. Taf. *Berlin: Weidmann 1896.* (VIII, 363 S., 11 Pl. bezw. Taf.) 1 Bd 8.
[96. 3916

Nähere Umgebung von Jerusalem. Entworfen v. Baurat C. Schick in Jerusalem. (Red. v. Lic. Dr. (J.) Benzinger. Massst. 1:10.000. Nebst Namenliste. *Leipzig: Verl. des dtsch. Ver. z. Erforschg Palaestinas; In Comm. b. K. Baedeker 1896.)* 1 Ktnbl. gr. 2. 1 Bd 8.
[Kt.] (1 Ktnbl. 2)
Namenliste u. Erläutergn zu Baur. C. Schick's Kt. d. näh. Umgebg v. Jerus. Bearb. v. Baur. C. Schick u. Lic. Dr. J. Benzinger. Sonderdr. a. d. Ztschr. des Dtsch. Palästina-Ver. Bd XVIII '(1895)', S. 149 ff.) (149—172 S.) [96. 7394

Schick, L., Chicago and its environs. A handbook for the traveler. 8. (510 u. 52 S. m. Text-Abbildgn., Lichtdr.-Taf. u. z. Tl. farb. Plänen.) Chicago 891. L. Schick. (Leipzig, G. E. Schulze.) Geb. in Leinw. 4. —

Schick, Lazarus: * De Maimonidae explicatione prophetiae biblicae theologico-philosophica. 22 S. 2°
Halle-Wittenberg, Phil. Diss. v. 10. Aug. 1863
Geb. [Szenicz] (Kom. Neutra, Ungarn) 17. 9. 1834. V.

Schick Leopold: Beiträge zur Geschichte der Anstalt. 16. Brünn I.BA. 99.
Progr.

Schick, Leop., einige Bemerkungen über die Broschüre: Oesterreich u. dessen Zukunft. 8. Leipzig 843, Weygand'sche Buchh. (Wien, Gerold u. Sohn.) n. 1/4 ₰

Schick, Leop., das Eisenbahn-Actienwesen in besond. Beziehung zur Wiener Börse u. ihren jüngsten Ereignissen. gr. 8. (23 S.) Leipzig 847, G. Wigand. (Wien, Gerold.) 1/4 ₰

Schick, Leop., humorist. Kleinigkeiten. gr. 12. (7 3/4 B.) Wien 835, (Gerold's Brlgh.) *

Schick Leop.: Das Obgebiet u. seine Zukunft. 45. Wiener Neustadt L.-B.-A. 82.
Progr.

Schick, Leop., Rauschgold und Katzensilber. Ein Lieder-Cyklus. 16. (XII und 200 S.) Wien 862, Gerold's Sohn. *

Schick, Louis, der Führer durch Bad Homburg und seine Umgebungen. Ein Wegweiser für Kurfremde. Homburg 855. Schick. 8. (VIII, 144 S.) 15 ngr.

— Guide to Homburg and its environs for visitors and residents. Translated by Fr. Steinhäusser. 8. (XI und 127 S.) Homburg 855, Schick.
2. Aufl. siehe Schick, Fritz

Schick, M., Joh. Seb. Bach; e. musikal. Lebensbild aus der ersten Hälfte d. 18. Jahrh. Dargestellt f. alle Freunde der Tonkunst insbesondere f. Organisten, Cantoren, Lehrer u. Seminaristen. 8. (89 S. m. 1 Steintaf.) Reutlingen 873. Baur. 1. 20

Schick, M., die schöne Agnes Bernauer, eine Baderstochter von Augsburg, ihre Ehe mit dem Herzog Albrecht von Bayern und ihr trauriges Ende. Für das Volk erzählt. Ster.-Ausg. 8. (32 S.) Reutlingen 882, Enßlin und Laiblin's Verlagsh.

Schick, M., das große Erdbeben in Südamerika vom 13—16. Aug. 1868. Reutlingen 869. Baur. 16. (36 S.) 16. 2 ngr.

— illustrirte Kriegsbibliothek. Für das deutsche Volk geschildert. Nr. 1—3. 8. Ebend. 871. à — 20
1. Die Erstürmung v. Weißenburg am 4. Aug. 1870. (31 S. m. e. color. Steintaf. in qu. 4.)
2. Die Schlacht bei Wörth am 6. Aug. 1870. (32 S. m. e. color. Steintaf. in qu. 4.)
3. Die Schlacht bei Saarbrücken am 6. Aug. 1870. (28 S. m. e. color. Steintaf. in qu. 4.)

— das Mädchen von Algier oder Gott leitet u. beschützt Alle wunderbar, die auf ihn vertrauen. 2. Aufl. Reutlingen 870. Enßlin & Laiblin. gr. 16. (48 S.) 1 ngr.

— das Mädchen v. Algier, od. Gott leitet u. beschützt Alle wunderbar, die auf ihn vertrauen. Für's Volk erzählt. 2. Aufl. (48 S.) Reutlingen 874. Enßlin & Laiblin. — 10

Schick, M., deutsche Mannhaftigkeit wider welsche Anmaßung oder: Hofer — Speckbacher — Haspinger. Drei Heldenbilder aus der nationalen Erhebung der Tyroler im J. 1809. 8. (92 S.) Reutlingen 859, Enßlin und Laiblin's Verlagsh.

— Mexiko u. Kaiser Maximilian, od. Queretaro u. Miramare. Für das Volk bearb. Mit dem (lith.) Bildniß des Kaisers Maximilian. Reutlingen 868. Baur. 8. (48 S.) 3 ngr.; Velinp. 6 ngr.

Die drei schönen | Müllerstöchter | in den Händen | eines blutgierigen Räubers. | Eine höchst interessante Begebenheit aus dem | vorigen Jahrhundert. | Für's Volk erzählt | von | M. Schick, Lehrer. | Siebente Auflage. | Reutlingen. | Druck und Verlag von Enßlin und Laiblin. (= *Reutlinger Volksbücher*, 14).
o. J., 32 S., 160 × 105, U.-Fig.: *Frau betritt Kammer mit Totenschädeln*, 57 × 75.
Priv.-Bes.

— die drei schönen Müllerstöchter in den Händen e. blutgierigen Räubers. Eine höchst interessante Begebenheit aus dem vor. Jahrh. Für's Volk erzählt. 6. Aufl. 8. (32 S. m. eingedr. Holzschn.) Ebend. 875. — 10

— — Reutlingen und seine Umgebung; geschildert nach natürl. und geschichtl. Verhältnissen. 24. (56 S. mit 1 lithogr. Ansicht in qu. 4.) Reutlingen 858, Rupp und Baur. *

Schick, M., Gotthilf Heinrich v. Schubert. Ein Lebensbild aus der ersten Hälfte des 19. Jahrh. Geschildert für die deutsche Jugend. 8. (62 S.) Tübingen 864, Osiander'sche Buchh. *

Schick, Mart., Fibel u. 1 Lesebuch f. Elementar-, Bürger u. höhere Mädchenschulen. Mit (z. Tl. farb.) Bildern v. Frz. Müller. (144 S.) 8. Stuttgart 910. Union. Geb. nn 1. 30

— Lesebuch f. die zweite Klasse der Elementarschulen u. höheren Mädchenschulen. s.: Gommel. K.

— Rechenbuch f. Elementarklassen. Für die Hand der Schüler bearb. (142 S. m. Fig.) 8. Stuttgart 907. J. F. Steinkopf. Geb. 1. 20

— u. G. Stäbler, Rechtschreib- u. Sprachbuch f. Elementarklassen. Für die Hand der Schüler bearb. 8., vollständig umgearb. Aufl. (240 S.) 8. Stuttgart 906. J. F. Steinkopf. Kart. n. 1. 20

— u. G. Stäbler, Rechtschreib- u. Sprachbuch f. Elementarklassen. Für die Hand der Schüler bearb. 10. Aufl. (244 S.) 8. Ebd. 909. Geb. 1. 20

Schick, M., u. G. Stäbler, Rechtschreibübungen f. die Elementarklassen höherer Lehranstalten. In 2 Stufen methodisch f. die Hand der Schüler bearb. 6. Aufl. Mit e. Nachwort f. den Lehrer. 8. Stuttgart 902. J. F. Steinkopf. Kart. n. — 85; in 1 Bd. n. — 70
1. (S. 1—62.) n. — 40. — 2. (S. 63—142.) n. — 45.

Schick, M., u. G. Stäbler, Rechtschreibübungen f. die Elementarklassen höherer Lehranstalten. In 2 Stufen methodisch f. die Hand der Schüler bearb. 7. Aufl. Mit e. Nachwort f. den Lehrer. 8. Stuttgart 904. J. F. Steinkopf. Kart. n. — 85; in 1 Bd. n. — 70
1. (S. 1—62.) — 40. — 2. (S. 63—142.) — 45.

— — deutsches Sprachbuch. Für die Hand der Schüler bearb. [Aus: „Rechtschreib- u. Sprachbuch f. Elementarklassen"; 8. Aufl.] (87 S.) kl. 8. Ebd. 906. n. — 60

Schick, Matthäus Joseph

— üb. das reichsständ. Instanzen-Recht, deren unerlaubte Vervielfältigung u. insbesond. v. d. sogenannten Kabinetsinstanz. 8. Gießen 802. Heyer. 16 gr

— v. d. Kabinetsinstanz. 4. Wezlar, Winkler. 789.

Schick, Matthaeus Joseph (Wetzlar, Secretarius beim Reichskammergericht)
Tractatus juris publici De illicita instantiarum multiplicatione, et in specie von der Cabinets=Instanz.
Giessae [23. Aug.] 1788: Braun. 79 S. 4°
(Rez. in: Joh. Klüber: Kleine jurist. Bibliothek. Bd. 5. 1790. S. 194-217, und in: Andr. Jos. Schnaubert: Neueste fortges. jur. Bibliothek. 1. 1789, S. 119 f.
Diss. erschien in dt. Übers.: Über d. Rstand. Instanzieur. Giess. 1802.

Schick, Matth. Jos., Diss. inaug. de illicita instantiarum multiplicatione et in specie v. der Kabinetsinstanz. 4. Gießen 788. Krieger 5 gr

Schick, Oskar: Der Textilchemiker. Gera-Reuß 1910

Schick, Otto Mandolinen-Schule Leipzig

Schick, Paul: Über einen Fall von operativ geheilter Spina bifida. Greifswald (1910): Adler. 32 S. 8°
Greifswald, Med. Diss. v. 18. Aug. 1910, Ref. Payr
[Geb. 7. Juni 83 Follmersdorf; Wohnort: Pfalzgrafenweiler; Staatsangeh.: Preußen; Vorbildung: Gymn. Ohlau Reife O. 04; Studium: Greifswald 5, Breslau 1, München 1, Greifswald 3 S.; Coll. 13. Juni 09; Approb. 1. Juli 10.]
[U 11. 1656

Schick, Paul, a. Homburg v. d. Höhe: Zur Kenntnis der aromatischen Merkaptane, im Besonderen des Dithiobrenzkatechins. Freiburg i. B.: Speyer & Kaerner 1906. (38 S.) 8°
Freiburg i. B., Phil. Fak., Ref. Gattermann, Diss. v. 1907
[Geb. 11. März 83 Homburg v. d. H.; Wohnort: Freiburg i. B.; Staatsangeh.: Preußen; Vorbildung: Oberrealsch. Freiburg i. B. Reife Juli 02; Studium: Freiburg i. B. 3, München 1, Freiburg i. B. 4 S.; Rig. 16. Nov. 06.]

Schick, Rich., die Myomotomie m. retroperitonealer Stielbehandlg., s. a. Sammlung klin. Vorträge.

Die Myomotomie mit retroperitonealer Stielbehandlung. Erfahrgn aus d. deutschen Univ.-Frauenklinik in Prag. Von Richard Schick, (Prag. *Leipzig: Breitkopf & Hartel 1896.* (32 S. 8.
= Sammlung Klinischer Vorträge. N. F. No 158.

Schick, Rud, Tagebuch-Aufzeichnungen aus d. J. 1866, 1868, 1869 über Arnold Böcklin. Mit zahlr. Skizzen nach Bildern u. Entwürfen Böcklins u. m. Böcklins Bild aus dieser Zeit in Holz geschn. v. Alb. Krüger. 1. u. 2. Aufl. Hrsg. v. Hugo v. Tschudi. Gesichtet v. Cäs. Flaischlen. (à IX, 430 S.) Berlin 901. 902. [F. Fontane & Co.] E. Fleischel & Co. n. 12. —; geb. n. 15. —

Schick, S., Haideblumen. Gedichte. Hamburg 865. J. F. Richter. 12. (VII, 262 S.) n. 1 rℓ

Schick, Theodor, aus Orendelsall: **Beiträge zur Kenntnis der Mikrofauna des schwäbischen Lias.** *Stuttgart 1903: C. Grüninger.* (S. 111—177.) 8° ¶ Aus: Jahreshefte d. Ver. f. vaterländ. Naturkunde in Württemb., Jg. 1903.
Tübingen, Naturw. Diss. v. 1903

Schick, W., Obstbaukunde. Kurzes Handbuch d. Obstbaues f. hochstämm. Kernobst unter beschränkter Berücksicht. unseres gewöhnl. Steinobstes. 8. (IV, 76 S. m. Abbildgn.) Kirchhain 893. J. Schröder. — 60

Schick, Wilhelm [pr. Arzt]: Über einen operativ behandelten Fall einer ungewöhnlichen Stirnlappenaffection mit günstigem Ausgang ... Freiburg i. B., Univ.-Buchdr. v. Ch. Lehmann, 1895; 39 S. 8.
Freiburg i. B., Med. Fak., Inaug.-Diss. v. 1895

Schickaneder, Emanuel, s. Schikaneder

Schickard

Schickhard, Christian Friedrich (Nürtingen)
A. S. 637/2

Dissertatio de oppignoratione feudorum regalium particulari sine consensu domini jure et moribus permissa. Präs. Johann Andreas Fromann.
In: Fromann: Syntagma dissertationum selectiorum ...
Tübingen (Schramm) 1738. S. 49-90.

Diss. Tübingen 1699. 30382

Schickard, Christian Friedrich (Nürtingen) A. S. 248/15

Commentatio juridica inauguralis, de transactione in causis minorum. Präs. Ferdinand Christoph Harpprecht.
Tübingen (Graez) IV. 1703. 39 S.

Gew.: Maximilian von Menzingen, Johann Friedrich von Staffhorst, Johann Wolfgang von Rathsamhausen, Jakob Friedrich von Rühle, Johann Rudolph Seubert.

30376

Schickard, Julius Friedrich (Bad Cannstatt)
A. S. 80/32

Dissertatio inauguralis de identitate personae probanda. Präs. Johann Friedrich Moegling.
Tübingen (Bauhof) IX. 1746. 56 S.

W. v.: Johann Wolffgang Hauff (Opp.), Johann Friedrich Stockmayer (Opp.), Ludwig von Montolieu (Opp.), C. L. Scheffer (Opp.), J. F. Eisenbach.

30377

Schickard, Wilh., Grammatica hebraica. 8. Tubingen. 731.

— Horolog. hebraeum. 8. ibid. 714.

Schickardt, M. L. A., Odysseae primi libri locos quosdam explicat. Pr. 1815. 16 S. 4°. 1.—

Schicke, F., Heimatskunde. Vorbereitung f. den Unterricht in der Erdkunde. Der Kreis Schildberg. (16 S. m. Fig.) gr. 8. Lissa 905. O. Eulitz. n. — 60

Heimatkunde des Kreises Adelnau. Unter Benutzung amtl. Quellen bearb. von F. Schicke, Präparandenl. (Mit Karte d. Kreises Adelnau-Ostrowo.) Lissa i. P.: F. Ebbecke 1903. (13 S.) 8° [F.] [03. 14031]

Schicke, Gotthilf, approb. Arzt aus Halle a. S.: **Über Nierentumoren und deren Exstirpation.** *Halle a. S. 1901: C. A. Kaemmerer & Co.* (43 S.) 8°
Halle, Med. Diss. v. 22. Nov. 1901

Schicke, Richard, appr. Arzt aus Naugard, Pomm.: **Melaena neonatorum spuria.** *Marburg 1902: R. Friedrich.* (39 S.) 8°
Marburg, Med. Diss. v. (1. [vielm. 2.] Nov.) 1902

Schickedanz, Abraham Ph. Gf.

Schickedanz, A. P. G., de ara Deo ignoto consecrata. Serv. 1748. 8.

Schickedanz, Abrah. Ph. Gf., († d. 28. Nov. 1808.) Beurtheilung d. Fragments aus d. Wolfenbütt. Bibliothek, die Auferstehungsgeschichte Jesu betreff. 8. Frankf. 779. Strauß. 5 gr

Schickedanz, A. P. G., de Caipha propheta. I—III. Fest. ad V. 1772. 4.

s. **P. E. Jablonsky, institutiones.**

s. **Er. A. Schulze, Compendium.**

Schickedanz, (Divisions-Prediger) D. W. A., Militair-Predigten. 1e Samml. gr. 12. Münst. 832. Coppenrath. 12 gr

Schickedanz, J., de tribus a Paulo profanorum scripturis allegatis. Servest. 1764. 4.

Schickedanz, J. G., quaedam scriptorum ethnicorum loca de jejunio sabbatico. Servest. 1768. 4.

Hottinger, J. H., (Marb. 1718. 4.) Schickedanz, J. H., (Servest. 1738. 4.) de usu salis in cultu sacro.

Schickedanz, Johann Heinrich

— s. Abhandl. üb. die symbol. Bücher.

Schickedanz, Jh. Hnr., geograph. Beschreib. d. Königr. Hannover, nebst einer kurzen Geschichte desselben. gr. 8. Hannov. 819. Helwing. 12 gr. Holl. Pap. 16 gr

— kurze Darstell. d. christl. Lehre. Ein Leitfaden bei d. Unterr. d. Confirmanden. 8. Hildesh. 821.

Schickedanz, Joh. Heinr., kurze Darstellung d. Lehr- u. Erziehungs-Methode Jesu, verbund. mit Bemerkn. u. Rathschlägen f. Eltern u. angeh. Lehrer u. Erzieher. Ein Versuch. gr. 8. (10 B. u. Titkpfr.) Hannover 835, Helwing'sche Hof-Bh. Thlr.

Die freien Hansestädte Hamburg, Lübeck und Bremen. Eine geographisch-statistische Skizze v. Johann Heinrich Schickedanz. Gottingen. 1829. 8°.

— kleines geograph. Handbuch üb. d. Herzogth. Braunschweig-Lüneburg. 8. Hildesh. 818.

— tabellar. Commentar üb. Dr. Gesenii Katechismus. 1r Thl. 8. Hildesh. 817.

Schickedanz, Joh. Heinr., Vaterlands-Katechismus, od. Vaterlandskenntniß u. Vaterlandspflichten. Ein Handbüchl. f. junge Hanneveraner. gr. 8. (7½ B.) Göttingen 831, Dieterich.

— Versuch e. Geschichte der christl. Glaubenslehre u. der merkwürd. Systeme, Compendien, Normalschriften u. Katechismen zc. gr. 8. Braunschw. 827. Vieweg. 1 ₰ 16 gr

Schickedanz, W. A., Handpostille. 2 Thle. (od. 4 Hfte.) gr. 8. (35 B.) Cöslin 838, Hendeß.

— s. St. Martin, nachgelass. Werke.

(**Schickedanz,** W. A.) Schreiben eines Westfalen an seine Freunde in Ostpreußen, in Beziehung auf den Antrag der Stände wegen Einführung einer Repräsentations-Verfassung. Münster, Fr. Wundermann 1841. 56 S. 8.

Schickedanz, Wilhelm Adolph. Die Kirche von Genf im 19. Jahrhunderte.... SA. 8. [Leipzig] 1821.

* **SCHICKEL**, Moses Ephr. (ps.). Was thut man nicht eines Mädchens wegen? Ein (zahmer) Roman für wienerische Mäzene u. Verliebte. Nach *Marmontel* von — — —. (Ornament.) Wien, bei Joh. Dav. Hörling, Buchdr. u. Buchh. 1788. 12°. 63 S. Rar!
Fehlt bei Kayser unter Romanen.

Schickele, Gustav, approb. Arzt: **Beiträge** zur Morphologie und Entwicklung der normalen und überzähligen Milchdrüsen. *Stuttgart: E. Naegele 1900.* (44 S.) 8° (Aus: Zeitschrift f. Morphologie u. Anthropologie, Bd 1.)
Strassburg, Med. Diss. v. 1899

Schickele, Gust., Strafrecht u. Frauenheilkunde. (VIII, 82 S.) gr. 8. Wiesbaden 909. J. F. Bergmann. 1. 35

— s.: Verhandlungen der deutschen Gesellschaft f. Gynäkologie.

Schickelé, M., Etat de l'église d'Alsace avant la révolution. 1. et 2. partie. gr. 8. Colmar, H. Hüffel. n. 2. 20
1. Le diocèse de Strasbourg (clergé séculier). (XLI, 205 S.) 877. n. 1. 40
2. Le diocèse de Bâle doyenné citrà Rhenum. (79 S.) 897. n. — 80

Schickelé, M., a travers l'ordo diocésain de Strasbourg au XIXe siècle. (32 S.) gr. 8. Strassburg 909. F. X. Le Roux & Co. — 50

Schickele, René, der Fremde. (310 S.) 8. Berlin 909. Morgen-Verlag. 4.—; geb. 5. —

René **Schickele**. Der Fremde. [Neue Ausg.] Berlin: Morgen-Verl. 1909. (310 S.) 8° [F.] 108. 18433

Schickele, René, s.: Merker, der.

Schickele, René (Paul Savioux), Pan. Sonnenopfer der Jugend. 12. (88 S.) Strassburg 902. J. Singer. n. 2. —

— Mon Repos. (40 S.) gr. 8. Berlin (905). H. Seemann Nachf. Kart. n. 2. —; Liebh.-Ausg., geb. in Perg. n. 6. —

— der Ritt ins Leben, s.: Juncker's, Axel, Sammlung moderner deutscher Lyrik.

— Sommernächte. Gedichte. (Mit e. Deckzeichng. von G. Ritleng.) gr. 8. (71 S.) Straßburg 902. L. Beust. n. 2. —; geb. n. 3. —

Weiss und Rot. Gedichte von René **Schickele**. Berlin: P. Cassirer 1910. 148 S. 8°

— **Weiss u. rot. Gedichte.** (148 S.) kl. 8. Berlin (910). Leipzig, Verl. d. weissen Bücher. Pappbd. 2. 50

Schickenberg, Wilh., Amor m. d. geflügelten Feder. Lustsp. in 1 Aufz. gr. 8. (24 S.) Berlin (895). (Leipzig, J. H. Robolsky.) n. — 50

Schickenberg, Wilh, Bundes-Liederbuch f. Nationalstenographen. 12. (72 S.) Hannover 899. (Leipzig, Schäfer & Schönfelder.) n. — 60

— die Einigung der Stenographie-Schulen Arends u. Roller auf Grund der Nationalstenographie. gr. 8. (IV, 89 S.) Berlin 898. Ebd. n. 1. —

— die stenographierte Liebeserklärung, s.: Universal-Bibliothek.

— die Lösung der Stenographie-Frage in Deutschland. gr. 8. (20 S.) Hannover 900. (Leipzig, J. H. Robolsky.) n. — 40

— d. Sieg d. Stenographie. Allegor. Festsp. Musik v. Karl Knop. gr. 8. (7 S.) Ebd. (895). n. — 10

— Stenographen, helft! Festspiel f. Stenographen-Vereine in 1 Aufzuge. gr. 16. (20 S.) Ebd. 899. n.n. — 30

Schickendantz, Emil, appr. Arzt: **Beitrag** zur **Recurrenslähmung** mit 50 neuen Fällen. Leipzig 1900: B. Georgi. (71 S.) 8°
Leipzig, Med. Fak., Ref. Hoffmann, Diss. v. 23. Juni 1900
[Geb. 1. Dez. 72 Cusel, Pfalz; Wohnort: Leipzig; Staatsangeh.: Bayern; Vorbildung: Gymn. Landau Reife Juli 91; Studium: München 3, Leipzig 5, Kiel 1, Heidelberg 3 S.; Coll. 23 Juni 00; Approb. 23 Juli 98.]

Führer durch das Museum der Stadt Enns mit Anh. e. geschichtl. Rückblickes auf Laureacum, Lorch u. Enns u. e. Rundganges durch d. Stadt. Mit Abb. Verf. v. Med.-Dr. Josef **Schicker**. Enns: Musealver. 1907. (54 S.) 8° [F.] 08. 10600 3

Schicker, Karl

Schicker, K.: Das Gesetz über die eingeschriebenen Hülfskassen vom 7. 4. 1876 mit Kommentar. Stuttgart 1879.

(Schicker: Die Rechtsverhältnisse der selbständigen Gewerbetreibenden zu ihren Arbeitern und der Hülfskassenzwang. Th. 2.)

Schicker, K. v. (Hrsg.), s.a. Gewerbeordnung, Die, für das Deutsche Reich. 1892.

Schicker, K., die deutsche Gewerbeordnung mit den Ausführungsbestimmungen des Reichs u. Württembergs erläutert. 1. Abth. 8. (VIII, 368 S.) Stuttgart 879. Kohlhammer. n. 3. 60

Schicker, K., die Gewerbe-Ordnung für das Deutsche Reich in der auf Grund des Gesetzes vom 1. Juli 1883 veröffentlichten Fassung, nebst den Ausführungsvorschriften des Reichs. Erläutert von K. S. gr. 8. (IX, 393 S.) Stuttgart 884, Kohlhammer. *
—— dass. — Nebst den Ausführungsvorschriften des Reichs und Württembergs. gr. 8. (IX, 550 S.) Ebendas. 884. *

Schicker, v. Die Gewerbeordnung f. das Deutsche Reich in ihrer Gestaltung nach dem Erlaß d. Gesetzes vom 1. Juni 1891 m. Erläuterungen u. den Ausführungsvorschriften d. Reichs u. Württembergs. 3. Aufl. 2 Hälften. gr. 8. Stuttg. 892, Kohlhammer. [1. Hälfte. (IV, S. 1—352.) * 4 —; 2. Hälfte. (IX, S. 353—788.) * 5 —.] * 9 —

Schicker, v., die Gewerbeordnung f. d. Deutsche Reich in ihrer Gestaltg. nach d. Erlaß d. Gesetzes v. 1. Juni 1891 m. Erläutergn. u. d. Ausführungsvorschriften des Reichs u. Württembergs. 3. Aufl. Suppl. (enth. insbes. d. Vorschriften üb. d. Sonntagsarbeit). gr. 8. (III, 127 S.) Stuttgart 895. W. Kohlhammer. n. 1. 60 (Hauptwerk m. Suppl.: n. 10. 60)

— dasselbe in ihrer Gestaltung nach d. Erlaß d. Gesetzes v. 26. VII. 1897 m. Erläutergn. u. d. Ausführungsvorschriften d. Reichs. 4. Aufl. 1. Lfg. gr. 8. (III—VIII u. S. 1—369.) Ebd. 898. n. 3. 90; kart. n. 4. 30

Schicker, v., die Gewerbeordnung f. das Deutsche Reich nach dem neuesten Stande m. Erläuterungen u. den Ausführungsvorschriften des Reichs. 4. Aufl. 2. u. 3. Lfg. gr. 8. (XXI, VIII u. S. 369—1368.) Stuttgart 901. W. Kohlhammer. n. 13. 50; (kplt. 17. 40; geb. n. 21. —)

— dasselbe m. Erläuterungen u. d. Ausführungsvorschriften des Reichs u. Württembergs. 4. Aufl. gr. 8. (X, 1708 S.) Ebd. 901. n. 20. —; geb. n. 23. 60

Schicker, v., die Invaliditäts- u. Altersversicherung nach dem Reichsgesetz vom 22. Juni 1889 m. sämmtl. Ausführungs-Bestimmungen f. das Königr. Württemberg. gr. 8. (XVIII, 383 S.) Stuttgart 891. W. Kohlhammer. n. 4. —; geb. n. 4. 80

Schicker, K., Krankenpflegeversicherung. Das württemberg. Gesetz vom 16. Dezbr. 1888 betr. die Krankenpflegeversicherung u. die Ausführg. d. Reichsgesetzes vom 15. Juni 1883 üb. die Krankenversicherg. der Arbeiter, nebst Erläuterungen u. Vollzugsvorschriften. 8. (III, 152 S.) Stuttgart 889. Kohlhammer. n. 2. 20

— das Krankenversicherungsgesetz u. das Hülfskassengesetz m. Erläuterungen, Musterstatuten u. den sämmtl. württ. Vollzugsvorschriften, sowie das Gesetz üb. die württ. Krankenpflegeversichergn., nebst Vollzugsvorschriften. 2. Aufl. 3 Lfgn. 8. (VI, 928 S.) Ebd. 893. n. 10. 50; geb. n. 12. —

— dasselbe. Mit Erläutergn. u. Musterstatuten. (Ausg. fürs Reich.) 2. Aufl. gr. 8. (IV, 726 S.) Ebd. 893. n. 9. —

Die Organisation des Handwerks. Reichsges. vom 26. Juli 1897 mit Erl. u. Musterstatuten ... Von Minist.Dir. [K.] v. Schicker. *Berlin, Stuttgart, Leipzig: W. Kohlhammer 1898.* (315 S.) 8° [F.]
Aus: Gewerbeordnung f. d. Deutsche Reich mit Erl. v. Schicker. 4. Aufl. (98. 3674

—— das Polizeistrafrecht und Polizeistrafverfahren im Königr. Württemberg. 2 Thle. 8. Ebendas. 880. [1. Thl. (VIII, 207 S.) *M 2.; 2. Thl. (III, 311 S.) *M 3.] *

Schicker, K., das Polizeistrafrecht und Polizeistrafverfahren im Königreich Württemberg. 2. Aufl. gr. 8. (VII, 632 S.) Stuttgart 887, Kohlhammer. *M 7.—.; geb. *

Das Polizeistrafrecht und Polizeistrafverfahren im Königreich Württemberg. Von K. v. Schicker. 3. Aufl. *Stuttgart: W. Kohlhammer 1899.* (XII, 852 S.) 8° [F.] (03. 10301) 6

Das Polizeistrafrecht und Polizeistrafverfahren im Königreich Württemberg. Von Staatsrat [Karl] v. Schicker. 4. Aufl. (In 2 Lfgen.) Stuttgart: W. Kohlhammer 1907. (XVI, 1000 S.) 8° [F.] (08. 7873

— die Rechtsverhältnisse der selbständigen Gewerbetreibenden zu ihren Arbeitern nach dem Reichsgesetz vom 17. Juli 1878 u. der Hülfskassenzwang nach dem Reichsgesetz vom 8. April 1876. 1. Thl. Hand-Ausg. der abgeänderten Titel VII u. folgende der Reichs-Gewerbe-Ordnung mit Erläuterungen. gr. 8. (VII, 158 S.) Ebend. 878. n. 2. —

—— dass. — 2. Thl.: Das Gesetz über die eingeschriebenen Hülfskassen vom 7. April 1876 mit Commentar, den Vollziehungsverordnungen des Reichs und von Preußen, Sachsen, Württemberg und Baden, sowie Musterstatuten. gr. 8. (IV, 128 S.) Ebendas. 879. *

— dasselbe. 2. Thl.: Das Gesetz über die eingeschriebenen Hülfskassen vom 7. Apr. 1876 mit Commentar, den Vollziehungsverordnungen des Reichs u. von Preußen, Sachsen, Württemberg u. Baden, sowie Musterstatuten. gr. 8. (IV, 128 S.) Ebend. 880. n. 1. 80

—— die Reichsgesetze über die Krankenversicherung der Arbeiter und über die eingeschriebenen Hülfskassen mit Erläuterungen, den württemberg. Vollzugsvorschriften und Musterstatuten. gr. 8. (XII, 434 S.) Ebendas. 884. *

— das allgemeine Sportelgesetz, s.: Zeyer, K.

Schicker, L. Die Dänisch-Dithmarschen Streitigkeiten seit der Vereinigung Holsteins mit Dänemark bis zum Ausbruche des Krieges i. J. 1500. Rostock 1875.

Schickert, Wasserwege u. Deichwesen in d. Memelniederung. (Eine geschichtl. Darstellg. gr. 8. (VI, 472 S. m. 1 Karte.) Königsberg 901. W. Koch. n. 6. —; geb. n. 7. 50

Schickert, Otto (aus Königsberg i. Pr.): Zur conservirenden Behandlung der Schussverletzungen des Kniegelenks .... Berlin, Buchdr. v. Gustav Schade (Otto Francke) (1887); 32 S. 8°.
Berlin, Med. Fak., Inaug.-Diss. v. 28. Jul. 1887.

Schikert, Otto, zur conservirenden Behandlung der Schussverletzungen des Kniegelenks. Diss. Berlin 1887, Mayer & Müller. 8°. 32 S.

[F.] Die Militärärztlichen Bildungsanstalten von ihrer Gründung bis zur Gegenwart. Festschrift z. Feier d. hundertj. Bestehens d. mediz.-chirurg. Friedrich Wilhelms-Instituts. Im Auftr. d. Medizinal-Abtheilg d. Kgl. Kriegsministeriums nach amtl. Quellen bearb. v. Dr. [Otto] Schickert, Stabsarzt am ... Friedr. Wilhelms-Inst. M. 31 Taf. u. 5 Abb. im Text. *Berlin: E. S. Mittler & Sohn 1895.* (XIII, 306 S., 31 Taf.) 1 Bd 4. (8.) (96. 590

Schickert, Otto: Die Feier des hundertjährigen Bestehens des medizinisch-chirurgischen Friedrich-Wilhelms-Instituts. Berlin 1896. 47 S.

Schicket euch in die Zeit, denn es ist gute Zeit . . . Breslau 1712. V: *Neumann, Caspar.* (Kat. d. Druckschr. üb. Breslau. Breslau 1903. S. 11.)

Reise-Erinnerungen aus Norwegen, Italien und Tunis. Karl v. Schickfus u. Neudorff. (*Tilsit 1899: O. v. Mauderode.*) (116 S.) 8° [F.] (99. 10011

Schickfus u. Neudorff, Karl v., Reise-Erinnerungen aus Norwegen, Italien u. Tunis. gr. 8. (116 S.) Tilsit 899. (A. Richter.) n. 1. 25; geb. n. 2. 50

Schickh, Charlotte Edle v., auch e. Gottes-Idee. Dem Zeitgeiste gewidmet. 8. (20 S.) Wien 875. (Perles.) n. — 60

Schickh, Ch. Edl. v., auch e. Gottes-Idee. Dem Zeitgeiste gewidmet. 2. Aufl. gr. 8. (19 S.) Berlin 889. Siegismund. n. — 50

Schickh, Joh., wiener Zeitschrift f. Kunst u. Lit., s. Zeitschrift.

Schickh, Jos., die schöne Holländerin. Lustsp., s. Volkstheater, deutsches, 1. Hft.

Schickh, M. J. v., Rückblicke auf die 32. Versammlung deutscher Naturforscher u. Aerzte in Wien, Ende Septbr. 1856, mit Beziehung auf den Stand der Naturwissenschaften in der Gegenwart, in Ernst u. Scherz, und besonderer Erwähnung der Phänologie, Sagacitognosie u. Electrognosie. Graz 857. (Leipzig, Haessel.) 8. (56 S.) n. 12 Ngr.

Schickh, Melchior v., Oesterreichs Ausstellungen seit 40 Jahren, e. rückerinn. Wegweiser durch die Praterräume der Weltausstellg. 1873. gr. 4. (6 S.) Wien 872. Ficht in Comm. n. — 40

Schickh, Melchior v., Oesterreichs Ausstellungen seit 40 Jahren, ein rückerinnernder Wegweiser durch die Praterräume der Weltausstellung 1873. gr. 4. (6 S.) Wien 873, (Ficht.)

v. Schickh, Melch. Edler, statistisch erwiesene Mittel die österreichische Staatsschuld auf einen mäßigen Zinsfuß zu bringen, den Silbercours wieder auf Pari zu drücken u. den Stand der Staatspapiere u. Bankaktien um mehr als 10 Percente in Kurzem zu heben. 8. (47 S.) Wien 852, Gerold in Comm. n. 1/2 Rf

Schickhard, s. Schickard

Schickhardt, Heinr., Handschriften u. Handzeichnungen. Im Auftrag d. württemberg. Geschichts- u. Altertumsvereins unter Mitwirkg. v. A. Euting u. Bertold Pfeiffer hrsg. durch Wilh. Heyd. 3 Hfte. gr. 8. (VII, 431 S. m. Abb. u. 1 Taf.) Stuttgart 901. 902. W. Kohlhammer. n. 7. —

Schickhardt, Hermann [aus Esslingen]: **Beitrag zur Diagnostik und Therapie der Magenkrankheiten . . . . München, Druck v. M. Ernst (vorm. G. Pollner), 1887; 67 S. 8°**
München, Med. Fak., Inaug.-Diss. v. 1887

Schickhardt, Herm., Beitrag zur Diagnostik und Therapie der Magenkrankheiten. Inaugural-Dissertation. gr. 8. (67 S.) München 887, (Ernst.) *

Schickhelm, [Franz]: [Bericht über seine Einführung als Direktor der Anstalt.] S. 25—30. 4.
Kgl. Gymn. nebst Realschule *Königshütte O.-S.* 1908 (240 statt 256)
Progr.

Schickhelm, Fr. Die Methode d. Anschauungs-Unterrichts auf psycholog. Grundlage, durchgeführt an der Botanik, s. Sammlung pädagog. Abhandlgn.

Schickinger Hermann, Auswahl aus Plutarch. Zwei Teile. I. Teil: Einleitung und Text. Wien und Leipzig 1910. F. Tempsky. Geb. K 3.—.

Schickinger, Hermann: Die Gräcismen bei Ammianus Marcellinus. 8. S. 13—30. Staats-G. *Nikolsburg* 1897.
Progr.

Schickl, Wilh., „Bleamelblatt'ln". Gedichte in niederösterreich. Mundart. 12. (VIII, 86 S.) Wien 900. G. Szelinski. n. 1.20

Schickler, Carl, s. Schickler, Karl

Schickler, E. [approb. Arzt aus Stuttgart]: **Über Haematocele retrouterina . . . Tübingen, Druck v. Heinrich Laupp jr., 1887; 38 S. 8°**
Tübingen, Med. Fak., Inaug.-Diss. v. 1887

Schickler, E., über Haematocele retrouterina. Inaugural-Dissertation. gr. 8. (38 S.) Tübingen 888, (Laupp'sche Buchh.) *

Schickler, Karl

Schickler, Carl, Hilfsbuch f. Gartenliebhaber, enth. kurzgefaßte Belehrgn. üb. die Aussaat u. Zucht der beliebtesten Nutz- u. Ziergewächse, nebst eingeh. Anleitg. zu verschiedenen Culturen, Anlegg. v. Spargel- u. Champignon-Beeten, Zucht d. Beerenobstes, Zwiebeltreiberei, Samen-Tabellen f. Wiesenanlagen ꝛc., sowie Anweisg. zum künstl. Trocknen u. Färben der Blumen ꝛc. Mit in den Text gedr. Holzschn. 8. (III, 176 S.) Stuttgart 874. Schickhardt & Ebner. n. 2. —

Schickler, Carl, Hilfsbuch für Gartenliebhaber. 2. neu durchges. und verm. Aufl. 8. (VIII, 213 S. mit vielen in den Text gedr. Holzschn.) Stuttgart 880, Schweizerbart'sche Verlagsh. geb. *

Schickler, Carl, Verzeichniss mit kurzer Beschreibung über die Aussaat u. Zucht der beliebtesten Nutz- u. Ziergewächse, nebst Anleitung zu verschied. andern Culturen. Stuttgart 865. Metzler's Verlag. 16. (190 S.) n. 12 ngr.

Schickler, *Paul Georg:* Ueber die Condensation von Estern und Benzylcyanid mittelst Natriumäthylats . . . Leipzig-R., Druck v. O. Schmidt, 1894; 11 S. 8.
Leipzig, Phil. Fak., Inaug.-Diss. v. [2. Mai] 1894

SCHICKMAYR, JOSEPH: Lob- und Ehren-Rede bey den feyerlichen Eintritt Deren Hoch- und Wohlehrwürdigen Frauen Frauen regulirten Canonissinen, unter der Regul des Heiligen Augustini, von der Versammlung Unserer Frauen in das neu errichtete Closter-Gebäu, so in Allerhöchster Gegenwart beyder Kayserlichen und Königlichen Magistraten, den 17-ten Tag des Monats Julii 1754 erfolget. Verfasset und vorgetragen von Joseph Schickmayr. Presburg 1754. Gedruckt bey Johann Michael Landerer. 16 f. - 4°

Schicksal, üb. das. 8. Stettin, Kaffke. 785.

Schicksal u. Abenteuer. Lebensdokumente vergangener Jahrhunderte. 1. u. 2. Bd. 8. Ebenhausen b. München, W. Langewiesche-Brandt.
Kart. à 1.80; geb. in Halbfrz. à 3. —
1. Königstochter, e. preußische. Denkwürdigkeiten d. Markgräfin v. Bayreuth, Schwester Friedrichs des Großen. Hrsg. v. Johs. Armbruster. (486 S.) 910.
2. Mann, e. Des Seefahrers u. aufrechten Bürgers Joachim Nettelbeck wundersame Lebensgeschichte, v. ihm selbst erzählt. (159 S. m. 1 Bildnis.) 910.

Schicksal, das, der guten Geschwister Agnes u. Anton. Eine Erzähl. f. die Jugend, insbesondere f. größere Mädchen. Von **d. Verf. des Godfrid. 12. Münst. 827.** Coppenrath. 4 gr.

Schicksal, das, der guten Geschwister Agnes u. Anton. Eine Erzähl. f. d. Jugend, insbesond. f. größere Mädchen. Von d. Verf. des „Godfrid." 12. (1½ B.) Münster 828, Coppenrath.

Schicksal, Das, der guten Geschwister Agnes und Anton. Eine Erzählung für die Jugend. Münster 1829. V: *Farwick, Wilhelm Anton.* (GGr X, 184, 72) (Zeitschr. f. Büch. N. F. 15, 1923, S. 121)

— üb. das, der Antiken- u. Weltschätze zu Paris. gr. 8. Heidelb. 814. Mohr. 3 gr.

Schicksal, Antonii wunderbares. Dresden 1776. V: *Curtius, Charl. Amal. Eleon.* (Ky)

— üb. das, u. die Bestimmung d. Geister. 1r Bd.: Fernando od. üb. die Unsterblichkeit d. Seele. 8. Wiesbaden 819. Schellenberg. 1 gr.

Schicksal, über das, und die Bestimmung der Geister. 1r Bd.: Fernando oder über die Unsterblichkeit der Seele. 8. Wiesbaden, Schellenberg. 820.

— eines Biedermannes. 8. Leipz. 785. Kummer. 12 gr.

Schicksal, Das, der Dannebrogsfahne . . . O. O. [1818]. V: *Falck, Niels Nicolaus.* (LS)

DEUTSCHLANDS Schicksal am Ende des 18ten Jahrhunderts! Ein grosses republikanisches Trauerspiel in drey Erscheinungen voll Witz und Laune. Mit einem Prolog von Iffland und Kotzebue und einem Nachruf aller Churfürsten, Fürsten und Stände des Reichs an den Congress zu Rastatt. Pillnitz (fing.) 1799. 8°. 61 S. (26 Mk., gutes unbeschn. Expl. im Umschl. d. Zeit, Max Perl's Berliner Octob.-Auct. 1907, no. 185.) Selten!

Schicksal, Das eigene. [Tübingen 1795.] V: *Herder, Joh. Gfr.* (MGT)

Schicksal, Endliches, des Freymaurer-Ordens in einer Schlussrede gesprochen . . . Regensburg [Frankfurt] 1794. V: *Grolmann, Ludwig Adolph Christian von.* (SJL) (HS) (MGT) (Wr)

— endliches, d. Freimaurerordens, (v. L. A. Gph. v. Grolmann). 8. Frankf. 794. Hermann. 5 gr.

Das Schicksal der Freymaurer in Oestreich [!] und Bayern. Eine Paralele [!]. [Wien] 1786. 8 S. 8°
Abgedr. in: Sammlung aller aus Gelegenheit d. k. k. Verordn. v. 16. Dez. 1785 z. Vorschein gekommenen Schriften d. Frmr. betr. 9 (1786) S. 73—80.
cf. °Wiener Realztg. 1786 Stück 25; FZ. (Wien) 4 (1877) S. 150 (G. Brabbée).
In Versen.
[Abafi, L.: Gesch. d. Frmrei in Oesterreich-Ungarn. 4 (1893) S. 155.]

— das, der Gelehrten; aus d. Französ. 8. Nürnb. 769. Felsecker. 5 gr

SCHICKSAL. Über das - der Gelehrten. Sonnleithner, Wien 1781 82.

— Genfs, das, geschildert v. Schweizern, herausg. v. E. A. W. v. Zimmermann. 8. Leipz. 796. Kühn. 5 gr

Schicksal, Hannover's, vom Juni bis September 1866. Hannover 1866. V: *Münster-Ledenburg, Georg Herbert Graf zu.* (Kat. der Bibl. d. dtsch. Reichstages. Berl. 1882.) (Löwe, Bibliogr. der Hann. u. Braunschw. Gesch. Posen 1908. S. 107.)

Schicksal. Das jetzige, der vielen französischen und gallo-batavischen Generale, die sich bei so manchen Gelegenheiten ausgezeichnet, und den Krieg überlebt haben. 12. 1802.

Schicksal, Das, derer . . . in Betlehem ermordeten Kinder. Kopenhagen 1756. V: *Lork, Jos.* (Collin, Anonymer. Kiobenh. 1869.)

— Leben u. Reisen Georg Schweighart. 3 Thle. 8. Salzb. 791 u. 792. Duyle. 1 ß

Schicksal, Liebe u. Verhängniß. Schspl. 8. Altona 791. Kave. 12 gr

Schicksal, das, der römischen Lippefestung nach der Varusschlacht. E. Vortrag üb. Aliso. Abdr. m. Quellennachweisgn., Anmerkungen u. Karten. gr. 8. (57 S.) Münster 893. Aschendorff. n. 1. -

— üb. mein, (v. K. Fr. Cramer). 8. Kiel 794. N. A. Altona 795, s. K. Fr. Cramer, menschl. Leben.

Schicksal, über das, des Menschen nach dem Sterben zuerst in der Geisterwelt, nachher im Himmel oder in der Hölle, nebst dreißig Abhandlungen über die Hauptlehren der neuen christlichen Kirche; aus den Kundgebungen des Eman. v. Swedenborg ausgezogen zum Behufe einer Vereinigung wenigstens unter den Protestanten von einem Mitgliede dieser neuen Kirche. Mit einer kurzen Biographie Swedenborg's. gr. 8. (XIV u. 180 S.) Ulm 852, Wohler in Comm. — 2. verb. Aufl. gr. 8. (X u. 146 S.) Ebd. 852. 9 ngr

Schicksal, das menschl., in d. Geschichte Damplers; aus dem Französ. 2 Thle. 8. Kopenh. 767. Proft. 10 gr

— merkwürdige, u. Galanterien eines türkischen Israeliten. Mit 1 Kpf. 8. Ulm 830. Ebner. 22 gr

Schicksal. Das neueste Schiksal der Stadt Schafhausen .... Schafhausen 1799 s. [Habicht, Melchior].

— üb. das, der Oeconomiepfarrer in Baiern u. ihre gerechten Hoffnungen von d. Zukunft, bei d. bevorstehenden neuen Steuerregulirung. 8. Münch. 828. Giel. ...

Schicksal der Protestanten in England; aus d. Engl. von F. E. Rambach l. 1r Thl. gr. 8. Halle 762. (Hahn in Hannover). 18 gr

— d. Protestanten in England, a. d. Engl. von Rambach. 1r Th. gr. 8. Halle, Trampe. 762.

— der Protestanten in Frankreich; aus d. Französ. von F. E. Rambach l. 2 Thle. gr. 8. Halle 759—760. (Hahn in Hannov.) 2 ß 8 gr

Das Schicksal der Auswandererfamilie Rink im Osten und ihre Heimkehr in den Westen. (Liegt ungedruckt als Manuskript von Pastor Friedrich Rink vor)

Das mit dem Preuss. Glück u. Unglück genau verbundene Schicksal Sachsens. (Abtheil. 1. 2.) 1757. 4.

Schreckliches Schicksal | der | Passagiere und der Mannschaft | des Schiffes | Norwill, | (Vignette: *Segelschiff*, 32 × 39) | welche auf der | Reise nach Batavia | von | Seeräubern gefangen und als Sclaven | verkauft wurden. | Hamburg. | Gedruckt bei J. Kahlbrock Wwe., Grünersood Nr. 52. o. J. (um 1850), 8 S., 168 × 102.
Dt. Vl.-Arch. Freiburg.

Schicksal, das, der Schulnovelle u. die Protestbewegung in Württemberg. (III, 177 S.) 8. Stuttgart 906. Deutsches Volksblatt. n. 1. —

SCHICKSAL, Das, zur See in der Geschichte Eduart (so!) Hamilton eines Engeländers. Aus dem englischen übersetzt (von B***). 2 Thle. Mit Titelvignette. Frankfurt und Leipzig 1757. 8°. (Im Besitze Prof. Dr. Ullrich's.) (4 Mk. Jul. Neumann, Magdeb., 1906; 9 Mk., schönes Expl., Adolf Weigel, 1908.)
408 fortlaufend gez. S. (incl. Tit. u. S. 3—4 Vorr.). Der „Zweyte Theil beginnt mit S. 289. — Ullrich, Robinson, S. 163, 61: „Ist ganz sicherlich Original und keine Uebersetzung."

Schicksal. Ueber das Sch' des bernerischen Staatsschatzes .... Bern 1851 s. [Stürler, Moritz von].

Ueber das *Schicksal Straubings.* Predigt eines Landkaplans *J. St.***, gehalten . . . . zu H*** in Baiern. Hrsg. zur Beförderung d. christl. Mitleidens von einem Freunde des Verfassers . . . . Eichstätt, verlegts (sic) Joh. Bapt. Widenmann, u. Compag. (sic), Buchhändler. 1782. 8°. Cart. Beibd.
42 S. Betrifft den grossen Brand von 1780.

Schicksal traurige Struensee Brand
Das traurige Schicksal der zweyen Grafen, Struensee und Brand, geschrieben von einem getreuen Unterthan des besten Königs in..Coppenhagen. Übers.a.d. Dän., 40 S., gbd.

o.O.: 1772

JB 5.744

— trauriges, d. Stadt Dresden, von Sprengung d. Brücke an bis z. Rettung d. Stadt. 8. Leipz. 814. Joachim. 3 gr

Trauriges Schicksal Mannheims 1795.
o. O. 1795. 104 S.

Trauriges Schicksal der churpfälz. Residenz Mannheim von deren Einnahme durch die Franzosen, 20. Sept. 1795 bis zur Wiedereroberung von d. K. G.-F.-M.-Lt. Wurmser, 22. Nov. 1795. 8. s. l. 1795.

SCHICKSAL, Das, der Wilhelmine Tule. Eine wahre Geschichte. O. O. (Wien?) Im October 1793. 8°.
104 SS. Die Heldin dieses (übrigens zahmen) Romans endet im Bordell.

— das, od. Wilhelmine Tule. N. A. 8. Leipz. 808. (Rauck). 6 gl

— — Dasselbe. Neue Auflage. Leipzig, Sommer, 1808. 8°.
Kayser, Roman-Verz. 1827. p. 109.

SCHICKSAL, Das, der Baronesse von Valzan u. ihrer Kammerjungfer Martha. Eine Geschichte, so anmuthig zu lesen. (Kl. Ornam.-Vign.) Leipzig, bey Chrn. Gottlieb Hertel. 1775. 8°. (3 Mk. L. Meder's Nachf., Heidelb., c. 1905.)
Tit., 3 Bll. Vorr., 214 S. Zahm. Fehlt Kayser unter Romanen. — S. 192—206: Das gerettete u. verschenkte Schäfchen. E. Schäferspiel in 1 Aufzuge (in Versen)

— das, v. Verfolgern der Kirche, s.: Volksaufklärung.

Schicksal, Das, der Wahrheit. [Wien ca. 1800?] V: *Richter, Jos.* [?]. (WBL)

Schicksal, Das, der Wahrheit. Eine kleine Volkspredigt. Wien bei Peter Rehms seel. Witwe. 1803. 13 S. 8°. V: *Richter, Josef.* (WBL XXVI/62) (BiblPort) (Hans Viktor Pisk: Josef Richter. Diss. Wien 1927. S. 159)

Schicksal, Das, der Wahrheit. Eine kleine Volkspredigt. Wien 1809. V: *Richter, Joseph.* (EB)

Schicksal, das, der im J. 1794 über den Rhein geflüchteten Werthgegenstände des Cölner Domes, insbesond. die Zurückführung der Manuscripten-Bibliothek. Aktenmässige Denkschrift. (Von Frenken.) gr. 8. (IV, 116 S.) Cöln und Neuss 868, Schwann's Verlag.

FRIEDERICA ***. Der schönen und galanten doch tugendhaften Ober-achsinn —. wunderbares Schicksal. Mit TKpf. Franckfurt u. Leipzig (Leipzig, Mich. Blochberger). 1748. 8°. 4 Mk. Lesser, Breslau; jetzt theurer!
Tit. u. 396 SS.

SCHICKSALE und Abentheuer des Moritz von Greifenklau(,) eines Linzers. 2 Thle. in 1 Bde. Wien 1799. bei J. Camesina & Comp. 8°.
296 fortlaufend pag. S. — Zahm.

Schicksale u. Abentheuer Moritz v. Greifenklau. 8. Wien 799. 799. (Henbner). 20 gl

Schicksale und Abenteuer anhaltischer Krieger in den Jahren 1807 bis 1815. Heft 1. Dessau 1838. V: *Krüger, Gottlieb.* (Berlzu 1917, I, 151)

Schicksale u. Abenteuer Anhaltischer Krieger in d. Jahren 1807 bis 1815. 16 Hft. 8. Dessau 838. Ackermann. 1/3 rl

— — und Abenteuer anhalt. Krieger in d. J. 1807 — 1815. 1. Hft. 8. (7½ B.) Dessau 838, [Aue.]

— u. Abentheuer berühmter Seefahrer u. Freibeuter. 1r Thl. 8. Leipz. 791. Weygand. 20 gl

— — und Abenteuer, die, der aus Sachsen nach Amerika ausgewand. Stephanianer. Ihre Reise n. St.-Louis, ihr Aufenthalt daselbst u. d. Zustand ihrer Colonie in Perry-County. gr. 12. (5½ B.) Dresden u. Leipzig 839, Arnoldische Bh. *

— — abentheuerl., d. schottischen Guckkastenmann's. Eine Tragikomödie in 2 Aufz. Zum Ergötzen d. Oberwelt, verfaßt v. Napoleon Bonaparte in d. Unterwelt, u. ans Licht beförd. durch Harras Springer. 16. (4¼ B.) Leipzig 828, Magazin f. Industrie.

SCHICKSALE, Abentheuerliche, des schottischen Guckkastenmann's. Leipzig. Heinr. Hunger (c. 1830). (¼ Rthl.)
Anzeige des Verlegers.

— außerordentliche, eines Kriegsgefangenen in Rußland. Aus dem Französ. übersetzt von J. Leser. (Mit Titelbild u. Titelvign.) 12. Straßburg 841, Wwe. Levrault. geb. 6½ ngl illum. ¼ rf

SCHICKSALE, Bedenkliche, des besten und redlichsten Freundes und seiner Freundinn bey ihrer oft geprüften, nie besiegten und doch schlecht belohnten Tugend. Frankfurt u. Leipzig (Kritzinger in Leipzig) 1767. 8°. 16 Bogen.
O. M. V. 1767. S. 834, ohne Angabe des Verlegers; Cat. Meissner. — Höchst selten!

Schicksale u. Beobachtungen d. Feldwebels v. Tornges, während d. Rückzuges d. franz. Armee aus Rußland bis zu sein. Wiederankunft auf vaterländ. Boden; vom Nov. 1812 bis April 1813. Von ihm selbst erzählt rc. 16. (6 B.) Iserlohn 831, Langewiesche.

SCHICKSALE eines Biedermanns. Kehl, mit Beaumarchaisschen Lettern, 1785. 4 Bl. u. 184 S. (6 Mk. F. Frensdorff, 1910.)
Sehr selten!

Schicksale James Bristow's während seiner Gefangenschaft unter Hyder Aly und Tippoo Saib. 1793.

— der poln. Dissidenten v. ihrem ersten Ursprunge bis auf jetzige Zeit. 3 Thle. 8. Hamb. 770. Herold. 3 rf

— — und Entdeckungen, letzte, d. franz. Schiffscapitains Grafen de La Perouse u. d. Mannschaft d. Fregatte La Boussole jenseits d. 85. Grades nördl. Breite. Nach den, v. Dr. Reidcliff im J. 1835 auf d. Briccr-Insel aufgefund., Schiffstagebüchern u. Msptn. A. d. Engl. gr. 8. (15 B. u. 1 Karte.) Hanau 837, König.

Schicksale. Die Sch. der Landschaft Entlibuch.... Schaffhausen 1850 s. [Limacher, Anton].

Schicksale, die, der Landwirthschaft Entlibuch im Novbr. des J. 1847. Nach Briefen eines Augenzeugen. 8. (VIII u. 80 S.) Schaffhausen 850, Hurter. ¼ rf

— u. fröhliche Ereignisse d. Stadt Halle, v. Sept. 1813 — 14, s. Chr. A. A. Buhle.

Schicksale u. fröhliche Ereignisse d. Stadt Halle, vom Septbr. 1813 — 14. v. Buhle. 8. Halle, Ruff. 815.
Rthlr.

Schicksale und Erlebnisse einer Kärntnerin im Orient. Laibach 1849. V: *Forneris.* (Verz. d. Stud. Bibl. Klagenfurt. Klagenf. 1901.)

— der französ. Eroberer in Aegypten. 2 Thle. 8. Erfurt 799. Hennings in Gotha. 20 gr

SCHICKSALE, Die, Forndrans. Ein Roman auf unsere Zeiten berechnet. 2 Bde. Eisenach, Wittekindt, 1799. 8°. (1⅓ Rthlr.) Sehr selten!

— u. unerwartete Geburtsaufklärung des Prinzen Gustav Friedr. Adolph v. Hessenstein. 8. Leipz. 796. Weygand. 1 ₰ 8 gr

SCHICKSALE und unerwartete Geburtsaufklärung des Prinzen Gustav Friedrich Adolph v. Hessenstein. Lund und Franckfurt (Bremen, Wilmans) 1796. 8°. Weller, fing. Dr.; Kayser hat „Leipzig, Weygand." — Selten!

Schicksale während seiner Gefangenschaft in Warschau. Posen 1795. V: *Nufer, Friedrich.* (MGT)

Die Schicksale der geheimen Gesellschaften in Deutschland, aus dem Portefeuille eines reisenden Franzosen übers. o. O. 1800. 108 S. 8°

cf. Taschenbuch f. Frmr. 1802 S. 374—392. Tt. 413. Üb. Ursprung der Frmrei, Neuerungen in derselben in Deutschland, Illuminaten.

— die, der geheimen Gesellschaften in Deutschland. 8. Marb. 800. Krieger. 6 gr

Schicksale der Familie Grau. Schausp. v. Cruer. 8. Brünn, Gastl. 792.

Schicksale des Pfarrers Gross zu Eschach, ein Beytrag zur moralischen Klugheitslehre. [Altona 1801.] V: *Pahl, Johann Gottfried.* (MGT)

Schicksale, Die, der Stadt Heidelberg seit dem 30jährigen Kriege. . . . Heidelberg [1803]. V: *Mayer, A. sen.* (ZP)

Schicksale, Italiens, seit 1789 bis Ende 1831. Leipzig 1832. V: *Becker, F. W.* Vgl. Jubil.-Kat. d. Verlgsh. Wilh. Engelmann in Lpzg. 1911, S. 188. (DARP)

— eines Jünglings in zwei Pariser Kerkern; aus d. Französ. 8. Hamb. 795. (A. Campe). 8 gr

— e. Jünglings in 2 Pariser Kerkern, a. d. Franz. 8. Hamburg, Hoffmann. 795.

— über die, der lutherischen Kirche in Schlesien, f. J. G. Scheibel.

—— eines geraubten Knaben, u. d. dornige Lebenspfad e. braven Familie. Zwei Erzähln. f. d. Jugend u. ihre Freunde. gr. 12. (5⅔ B.) Barmen 840, Steinhaus.

Schicksale e. geraubten Knaben u. der dornige Lebenspfad e. braven Familie. Zwei Erzählgn. f. die Jugend u. ihre Freunde. 2. Aufl. 8. (116 S.) Barmen 873. Wiemann. n. — 50

Schicksale e. geraubten Knaben u. der dornige Lebenspfad e. braven Familie. 2 Erzählgn. f. die Jugend u. ihre Freunde. 3. Aufl., umgearb. u. bevorwortet v. Emil Frommel. 8. (III, 104 S.) Barmen 885. Wiemann. cart. n. — 75

Schicksale, komische, eines 5 Gulden Scheins auf seinen Wanderungen durch Wien und die Umgebungen zur Zeit des Congresses, von J. Wahrhold. 8. Brünn. (Haas in Wien in Comm.) 817.

—— eines deutschen Kriegers im Kampfe gegen Frankreich. 8. Nürnberg 871, Himmer. [Leipzig, Wartig.]

Schicksale, Des Hermann von Lehnin, Preußens durch Gottes Fügung. Regensburg 1873. V: *Firnstein, J.* (Sabell, Litteratur der sog. Lehninschen Weissagungen. Heilbronn 1879. S. 106.) (ABJP)

Schicksale u. Leistungen d. k. k. 9. Linien-Infanterie-Regiments Graf Hartmann Klarstein im Doppel-Feldzuge 1866. Mit Benützung der über diesen Feldzug erschienenen Generalstabs-Werke, der Geschichte d. Feldzuges 1866 in Italien vom k. k. Generalstabs-Hauptm. Hold u. mehrerer auf den Krieg bezügl. Aufsätze in der österreich. militär. Zeitschrift, nach den beim Regimente vorhandenen Acten bearb. Prag 870. (Calve.) Lex.-8. (VI, 138 S.) n. 1 ₰ 6 ngr.

Schicksale u. Abenteuer, lesenswerthe, aus d. Leben e. Buchdruckers, v. d. Wiege bis auf sein vierzigstes Jahr. Von ihm selbst beschrieben u. mit erläut. Noten versehen. Nebst e. Vorr. von einigen gelehrten Gönnern. — A. u. d. T.: Der Autor in d. Klemme, od. Aufgesetzte Zwiebelfische f. d. Buchdruckerwelt u. d. leselust. Publikum, z. Gebr. als Porte pages u. Nähmchenüberzug. Eine Auto-Biographie, gegründet auf Wahrheit u. Erfahr. u. verbund. mit poet. Versuchen, v. C. F. Taurinius. 8. (16 B.) Winterthur 841. [Zürich, Fröbel u. Comp.] * —

— die letzten, Jesu, oder Würdigung der „Hypothese Joseph u. Nikodemus." Von einem evangel. Geistlichen Württembergs. gr. 8. Stuttgart 836. Beck u. Fränkel. ⅓ ₰

— einiger Liebenden, v. F. Wächtler. 8. Quedlinb. Ernst. 793.

LIEBENS Schicksale, oder was vermag die Liebe nicht. Geschichte einer Braunschweigerin. Mit Titelkpfr. Berlin, 1797. Bei Chrn. Gfr. Schöne. 8°. (Fehlt bei Kayser.)

— meine, in Syrien, Aegypten u. Arabien. 8. Erfurt, Hennings in Gotha. 2 ₰ 12 gr

Schicksale, Die merkwürdigen, eines Automates, der 19 Jahre in der Einsamkeit auf einer Insel lebte. A. d. Engl. Riga 1798. V: *Kirkby, John.* (Ullrich, Robinson u. Robinsonaden. Weimar 1898.)

Schicksale, die merkwürd., eines Automates, der 19 Jahre in d. Einsamkeit auf e. Insel lebte; aus d. Engl. 8. Riga 798. (Weinshausen). 18 gr

SCHICKSALE, Merkwürdige, und Galanterien eines türkischen Israeliten. (Nebentitel: Der junge glückliche Jude. Aus d. Französ.) Mit TKpf. Ulm, J. Ebner, 1830. Kl. 8⁰. (3 Mk., ohne TKpf., Taussig, 1907; cplt., unbeschn., 2 Mk. 50 Pfg. F. Waldau, 1907.)
3 Bll. u. 192 S. Einiges etwas frei.

Schicksale des Persers Wassili Michailow unter den Kalmücken, Kirgisen und Chiwensern. Riga 1804. Leipzig 1804. V: *Bergmann, Benjamin Fürchtegott Balthasar von.* (MGT) (GGr) (R-N) (Ky)

— des Persers Wassili Michailow unter d. Kirgisen, Kalmücken u. Chiwensern. (Von B. v. Bergmann). 8. Riga 804. Hartmann. 20 gr tl. 8. (Leipz.) 814. (Serig). 12 gr

Schicksale, Die, Napoleons des Grossen nach der Feuersbrunst in Moskau, ein satyrisches Gedicht . . . O. O. 1813. V: *Heinroth, Joh. Aug. Günther.* (Ky)

— Napoleons des Großen, die, nach d. Feuersbrunst in Moskau; ein satyr. Gedicht in 4 Gesängen (von J. A. G. Heinroth). 8. . . . 813.

— eines aus Griechenland zurückgekehrten deutschen Officiers während seines Aufenthalts in Morea, (von M. L. J. Köster). 8. Darmst. 822.

[Schicksale.] Per aspera ad astra. Schicksale eines ehemaligen Offiziers in Amerika. Lebenskampf. Berlin 1907. 8⁰.

— der vermeinten Gräfin Julie v. Ortenburg. 3 Thle. 8. Erfurt u. Gotha 804. Hennings. 3 Thlr

SCHICKSALE der vermeinten Gräfin Julie von Ortenburg. Ihre Verfolgung, Einkerkerung, Aufenthalt unter den Nonnen und Tage des Schreckens unter den französ. Soldaten. 3 Thle. Paris (Erfurt, Hennings) 1805. Kl. 8⁰. (2 Mk., beschäd. Expl., Scheible, vor 1885.)
Zahme Avanturière. Selten! — Weller, fing. Dr.

Schicksale, Ovids, während seiner Verbannung. Riga 1809. V: *Gerber, Aug. Sam.* (MGT)

Schicksale | der | Familie Pardo, | die | unglücklichen Zwillingsbrüder. | Eine Geschichte | aus dem Tscherkessen Krieg. | Oldenburg. | Schnellpressendruck von Büttner & Winter. o. J., 4 Bl. n. n., 172 × 105.
LBO Bänkelsängerlit. II, 35.

SCHICKSALE einiger reisenden Personen zu Wasser und zu Lande. Regensburg 1774. 8⁰.
Citirt Ullrich p. 171 no. 79, hat das Buch aber nicht gesehen.

Schicksale eines dänischen Philhellenen rc., s. Echo.

— eines dän. Philhellenen, auf seiner Reise v. Kopenhagen nach Morea u. Konstantinopel u. v. da wieder zurück in d. Jahren 1821 bis 1822; aus d. Dän. übers. 8. Leipz., Magaz. f. Ind. 8 gr (Aus d. „Ameise" abgedr.)

Schicksale, die, Polens seit d. ersten Theilung 1772 bis zur russ. Oberherrschaft. gr. 12. (1 B.) Altenburg 831, [Expedit. d. Eremiten.] Thlr.
Aus dem „Eremiten, hrsg. v. Fr. Gleich" abgedruckt.

— die, Polens seit d. ersten Theilung 1772 bis z. russ. Oberherrschaft. (Aus d. Eremiten abgedr.) gr. 12. Altenb. 831. (Wien brack in Leipz.) 3 gr

——, Reisen u. Abentheuer, wunderbare, d. Robinson Crusoe rc. Frei n. d. Engl. bearb. v. Chr. Ludw. Hoffmann. 32. (64 Seit. u. ill. Titkpfr.) Hamburg 835. (Neu-Ruppin, Oehmigke u. Riemschneider.)

— die, der St. Petri-Kirche in Berlin von ihrer Gründung bis auf die neueste Zeit. Eine Gelegenheitsschrift z. gegenw. leichten Erörterung der Frage: „Petri-Platz oder Petri-Kirche?" (von G. Kahn.) Mit 1 Abbild. der Kirche vor dem Brande 1809. Lex.-8. Berlin 846, Lindow. 1/12 Thlr

— schauderhafte, eines zu Moskau wohnenden Deutschen während d. Decembertage 1812. Mit Kpf. 8. Bresl., Buchheister. 4 gr

Eulogius Schneiders, ehemaligen Professors in Bonn etc., Schicksale in Frankreich. Strassburg 1797.

Schicksale. Die Sch' der ersten Luzerner Schützenkompagnie . . . . Bern 1845 *s.* [Heller, Irenäus].

Schicksale der Familie von Schwarzburg oder Gottes Führungen sind wunderbar. . . . Augsburg 1846. V: *Schildgen, Joseph.* (Rass)

— der Familie von Schwarzburg, oder: Gottes Führungen sind wunderbar. Eine charakteristische Erzählung aus d. Zeit Kaiser Heinrich IV. Für die reifere Jugend. Mit 1 Stahlst. 8. Augsburg 846, v. Jenisch u. Stage. 18 ngl

Schicksale der Familie v. Schwarzburg, oder Gottes Fügungen sind wunderbar. Eine charakteristische Erzählung aus der Zeit Kaiser Heinrich IV. Der gesammten edlen Lesewelt, namentlich der reiferen Jugend gewidmet. 2. vollständig umgearb. Aufl. 8. (162 S. mit 1 Stahlst.) Regensburg 879, Volks- und Jugendschriften-Verlag. cart.

Schicksale eines Schweizers während seiner Reise nach Jerusalem und dem Libanon. . . . St. Gallen 1815. V: *Mayr, Johann Heinrich.* (Ky) (MGT) H: *Appenzeller, Jos. Conr.* (ABJP) »1821« (Winer)

— eines Schweizers (Jh. Hnr. Mayr's) während seiner Reise nach Jerusalem u. d. Libanon, v. ihm selbst beschrieben u. herausgg. v. J. K. Appenzeller. 3 Bdchn. gr. 8. St. Gallen 815. 2e A. 822. Mit 4 Kpf. Huber u. C. 2 Thlr 8 gr

Schicksale, Die, der Seelen nach dem Tode, ein philosophisches Lehrgedicht. Hannover 17?? V: *Curtius, Michael Conrad.* (Dunkel, Hist.-Crit. Nachrichten v. verstorb. Gelehrten. Dessau u. Cöthen 1753—56. S. 226.)

Schicksale der Seelenwanderungshypothese unter verschiedenen Völkern ... Königsberg 1791. V: *Conz*, *Carl Philipp.* (Ky) (MGT) (ErschDL) (ErGr) (BrMm) (Döll) (Call) (Cat. d. Stadtbibl. Zürich. Zürich 1864—97.)

— der Seelenwanderungshypothese unter verschied. Völkern u. in verschied. Zeiten, (v. K. Ph. Conz). 8. Königsb. 791. (Hinrichs in Leipz.) 12 gr.

— der Seelenwanderungshypothese unter verschied. Völkern u. in verschied. Zeiten, v. K. Ph. Conz. 8. Königsberg, Nicolovius. 791.

Schicksale und Selbstmord, Johann Breuers. Köln 1805. V: *Sommer*, *Ch.* (StBKöln II, 114)

* SCHICKSALE, Seltsame, eines Schottischen Einsiedlers, der das Land der Benadams entdecket hat, vier Bücher, Aus einer verlohrnen Engelischen Handschrift übersetzet. Franckfurt u. Leipzig 1749. 8⁰.
Tit. u. 64 SS. Freier Roman. Schwerlich eine Uebersetzung.

Schicksale, Sinschechli, eines Indianers, in Frankreich; eine satyrische Geschichte; a. d. Franz. Altona 1788. Ü: *Hütter*, *Carl Chn.* (Ky) (MGT)

— eines Indianers Sinschechli in Frankreich; aus dem Französ. (von Karl Chr. Hütter). 8. Altona 788. (Nauck in Leipz.) 10 gr.

Sisetta's merkwürdige Schicksale, | oder: | Dankbarkeit eines Türken. | *(Text)*.
Kol.: Gedruckt mit K. S. Censur bei G. Strahmer in Mügeln. - Zu haben bei S. Heydenreich.
o. J., 1 Bl. zweiseitig bedruckt, 212 × 164.
LBO Bänkelsängerlit. V, 18.

SCHICKSALE, Sonderbare, des Sängers Joseph Gradweg. Ein curioser Roman. An's Licht gefördert von Joseph Jeremias. Weimar, 1832. Druck und Verlag von Karl Gräbner. 8⁰. (In Weimar, Großherzogl. Hofbibl.)
248 S. (incl. Titel). Seiner Zeit unterdrückter Theater-Roman.

Schicksale, Spaniens, in der neuesten Zeit, oder Geschichte Spaniens seit der Rückkehr Ferdinands VII. ... Leipzig 1836. V: *Becker*, *Gottfried Wilhelm.* (Ky) (BrMm)

Schicksale und Thaten merkwürdiger Menschen des alten Testaments ... Münster 1799. V: *Kleine*, *Ant. Frdr.* (Ky) (MGT)

— u. Thaten merkwürd. Menschen z. Zeit d. alten Testaments. Ein Lesebuch f. Ungelehrte (von A. F. Kleine). 2 Thle. Mit Kpf. 8. Münst. 799. (W. Nauck in Leipz.) 2 ß 8 gr

— traurige, Aufenthalt u. Befreiung der Insulaner William u. Naila, Patrik Dun u. Robinson Crusoe. Robinsonaden f. die Jugend. Mit ill. Kpf. 8. Kitzingen, Gundelach. 12 gr

Schicksale des Herzoglich Wirtembergischen Truppen-Corps in dem Winter-Feldzug 1800. O. O. 1801. V: *Theobald*, *Jos. von.* (Heyd)

Schicksale des Herzogl. Würtemberg. Truppencorps im Winterfeldzug 1800—1801. Stuttg., Sonnewald. 2½ gr

— der heil. Väter d. Gesellschaft Jesu in Frankreich. 4. Ulm 762. Stettin. 3 gr

Schicksale der Familie Veits von Helmenrod. Eine wahre Geschichte. Leipzig 1822. V: ***Falckh***, ***J.*** (GGr X, 505) (Zeitschr. f. Büch. N. F. 15, 1923, S. 121)

— der Familie Veits v. Helmenrod; e. wahre Geschichte des 12n Jahrhund. 2 Thle. Mit 1 Kupf. 8. Leipz. 822. Kollmann. 2 ß 12 gr 2e Aufl., s. Veit v. Helmenrod.

— verwirrte und bedenkliche, einiger reisenden Personen, s. Begebenheiten.

Schicksale, Verwirrte und bedenkliche, einiger reisenden Personen beiderlei Geschlechts zu Wasser und zu Lande. Regensburg 1774. V: *Hilter*, *Dietrich Carl.* (Heine, Roman in Deutschl. Halle a. S. 1892. S. 35.)

Schicksale, J. L. Wagner's, während seiner unter den Russen erlittenen Staatsgefangenschaft in den Jahren 1759-63. O. O. u. J. V: *Würtzer*, *Heinrich*[?]. (NN)

— wahre, u. patriot. Seufzer eines veralteten Schulprovisors in Schweden. 8. Frankf. 789. Mehler. 6 gr

— wahrhafte u. merkw., reisend. Personen, s. Sammlung.

Schicksale, Wahrhafte und merkwürdige, reisender Personen, nebst denen ... Denkmählern der göttlichen Vorsehung. Erlangen 1760—63. 2. Aufl. 1766. H: *Esper*, *Johann Friedrich.* (ML) (BB) (Fiker)

— wahrhafte u. merkwürd., reisender Personen, nebst denen anbei sich äußernden Denkmahlen d. göttl. Vorsehung. 6 Bde. 8. Erlang. 782—92. (Heyder). 4 ß 1r u. 2r Bd. ed. 8 Stcke, (von J. F. Esper). (1r Bd. A. u. d. T.: Cl. A. de Martelli, Errettung in u. aus d. türk. Gefangenschaft. Mit e. Einleit. v. G. H. Schubert. (N. A.) 825. 16 gr Mit n. Titel 832. 8 gr 3r—6r Bd. v. J. H. Widmann, J. P. Sattler u. J. G. F. Fick unt. d. T.: Neue Samml. wahrer u. merkwürdiger Schicksale reisender Personen zc. 4 Thle.)

Schicksale, wahrhafte und merkwürdige, von Reisenden als Denkmale der göttlichen Vorsehung. Nördlingen 861. Beck. 8. (X, 462 S.) 27 ngr

Schicksale eines Waisenknaben, s. Abendunterhaltungen, lehrreiche.

— eines Waisenknaben. Eine Erzählung für christl. Familien u. besonders für die reifere Jugend. Vom Verf. des „Uhrenhändler vom Schwarzwalde." 2. Aufl. Mit 1 Stahlst. 8. Augsburg 845, Lampart u. Co. 3/8 ₰

— eines Waisenknaben. Eine Erzählg. f. christl. Familien u. besonders f. die reifere Jugend. Von dem Verf. „Der Uhrenhändler vom Schwarzwalde." 4. verb. Aufl. Mit 1 Stahlst. 8. (168 S.) Regensburg 876. Volks- u. Jugendschriften-Verl. 1. 20

Schicksale eines Waisenmädchen, s. a. Baumblatt, Luitpold

Schicksale eines Waisen-Mädchens. Augsburg 1843. V: *Baumblatt, Luitpold.* (EB)

—— eines Waisenmädchens. Der Jungfernsprung bei Dahn. Zwei Erzählungen f. christl. Familien u. insbesond. f. d. reifere Jugend. Vom Verf. des verführten Jünglings etc. 8. (7¼ B. u. 1 Stahlst.) Augsburg 843, Lampart u. Comp.

Schicksale, Weisshaupts. Pirna 1789. V: *Gottschling, Paul Rudolph.* (KY 2/411) (GGr VII/145, Nr. 16/13) (Pk 1/94) (Hdschr. Mitth. von Gustav Gugitz, Wien) (BiblPort)

Schicksale, Weishaupts. Pirna 1789. V: *Gottschling, Paul Rudolph.* (Kläbe, Neuestes Gel. Dresden. Leipz. 1796.) (OL) (MGT)

— die wichtigsten, d. evangel. Kirche Augsburg. Bekenntnisses, in Ungarn, von d. ersten Einführung desselben, bis zu ihrer Begründung etc., vom J. 1520 bis 1608. gr. 8. Leipzig 827, Hartmann.

Schicksale, Die wichtigsten, der evangelischen Kirche augsb. Bekenntnisses in Ungarn . . . vom Jahr 1520—1608. Leipzig 1828. V: *Doleschall (Dolezsall), Michael.* (KU) (Pk)

—die wichtigsten, d. evangel. Kirche Augsburg. Glaubensbekenntnisses in Ungarn, v. der ersten Einführ. derselben in diesem Lande, bis zu ihrer Begründung u. Sicherstellung durch ein feierl. Reichsgesetz, das ist, v. Jahre 1520 bis 1608, ein nach glaubwürd. Thatsachen, besonders bewährten Handschriften, entworfener histor. Versuch. gr. 8. Leipz. 828. Lehnhold. 1 ₰ 8 gr.

Schicksale, Wismars, während der französischen Kriege. Denkblätter zur Feier des 19. August 1853. Wismar. V: *Crain, C. F.* (Bachmann, Mecklenburg. Güstrow 1889. S. 476.)

Schicksale, Wunderbare,... einer alten Cremonesergeige. Luzern 1878. V: *Wapf, Anton.* (Cat d. Stadtbibl. Zürich. Zürich 1864—97)

Schicksale, Reisen und Abentheuer, Wunderbare, des Robinson Crusoe. Frei nach d. Engl. Hamb. 1835. V: *Hoffmann, Peter Frdr. Ludw.* (Schr)

— wunderbare, eines deutschen Ritters, s. Pfaffenlist u. Rittersinn.

—— wunderbare, des Martin Speelhoven, eines Kaufmanns aus dem Clevischen, in Emden verstorben, von ihm selbst beschrieben und zur Unterhaltung und Belehrung zeitgemäß bearb. von Frz. Geo. Ferd. Schläger. gr. 12. (X und 395 S.) Hannover 858, Hahn'sche Hofbuchh.

—— der Puppe Wunderhold. Zur Unterhalt. f. kleine Mädchen, den „Mémoires d'une Poupée" der Mlle. Louise d'Aulnay, nacherzählt v. A. Cosmar. 12. (10 B. u. 6 Bilder.) Berlin 839. [Leipzig, Brauns.] 20 Gr., m. ill. Abbild.

Schicksalsbrüder, die, oder merkwürdige u. spaßhafte Lebensereignisse von vier Wandergesellen. Ein Buch für Alle, die gern heiter sind, bearb. von Jeremias Schreitaus, einem alten Praktikus im Wandern. Löbau (858.) Walde. 8. (672 S. u. 21 color. Lithogr.) 1 ₰. 18 ngr.

Schicksalsbrüder, die, oder merkwürdige und spaßhafte Lebensereignisse von vier Wandergesellen. Ein Buch für Alle, die gern heiter sind, bearb. von Jeremias Schreitaus, einem alten Praktikus im Wandern. 21 Lfgn. 8. (672 S. mit 21 ill. Steint.) Löbau 859. 60, Walde. à Lfg. 2 Ngr.

Schicksalsfügungen, von B., s. Erzählungen und Novellen, neue.

Schicksals- u. Glücks-Prophet, der nützliche u. unterhalt., od. die Kunst d. Kartenschlagens, Kaffeeschaalen-, Blei- u. Eiergießens, d. Punktirspiels etc. Nebst verschied. überrasch. neuen Kunststücken. 16. (6 B.) Stuttgart 832, (Scheible.)

Schicksals- u. Glücks-Prophet, der nützliche u. unterhaltende, oder die Kunst des Kartenschlagens, Kaffeeschaalen-, Blei- u. Eiergießens; des Punktirspiels etc. Nebst verschied. überraschenden, neuen Kunststücken. 2. Aufl. 12. Schw. Hall 842, Haspel'sche Buchh. 1/4 ₰

Schicksalsschläge, die. Roman, siehe: Bibliothek, Europäische, 815—817. Bd.

Schicksalsspiegel: Der Schicksalsspiegel
Ⓓ Malerischer Schicksalsspiegel (Juli 1846—November 1852). Neuer Malerischer Schicksalsspiegel (1853) Ⓢ Juli 1844—1853—? Ⓖ 4° Ⓩ Monatsblatt Ⓔ Biel: Carl Hofmann (Juli-Oktober 1844); Bern: A. Weingart (November 1844—Mai 1846); Langenthal: K. Hablützel (Juni-September 1846); Burgdorf: K. Hablützel (Oktober 1846—Mai 1847); Bern: Karl Hablützel (Juni 1847); Langenthal: A. Gyr (Juli 1847—Juli 1852), J. Konrad (August 1852—1853) Ⓡ S. Bauder, Bern Ⓘ literarische und kulturelle Belange; Schilderung politischer Ereignisse in radikaler Sicht Ⓑ Be: L Ⓚ Jede Nummer mit einer Lithographie.

Schicksals-Strumpf, s. Fatalis.

Schicksalsstrumpf, Der. Tragödie in zwei Akten . . . Leipzig 1818. V: *Castelli, Ignaz Vincenz Frz. & Alois Jeitteles.* (BrVV)

Schicksalsstrumpf, der, Tragödie in 2 Akten von den Brüdern Fatalis. (v. Castelli.) 8. Leipzig, Brockhaus. 818.

Schicksals Tücke, des, oder Auguste, Roman von Philippine v. Mettingh. 8. Quedlinburg, Basse. 818.

Schicktanz, F., Historisches in Aeschylos' Persern. Progr. 1906. 41 S.

Schicktanz, Karl, Sommerlust, s.: Steinkamp, A.

— u. A. Steinkamp, aus Wald u. Flur. Bild. m. unterhalt. Text für's kleine Volk. Orig.-Zeichngn. v. Sch. Verse v. St. gr. 4. (12 Farbdr. m. eingedr. u. 20 S. Text.) Duisburg 897. J. A. Steinkamp. Kart. 2.—

Schicktanz, Karl, e. neue Welt. 4 (farb.) Blatt humorist. Vogelgruppen. Fol. Leipzig 893. E. Baldamus, Sep.-Cto. n. 4. —; einzelne Blätter 1. 50

Schicktanz, Karl: Wie's rauscht und schallt, s. Steinkamp, A.

Schid, Fr. J., Aus dem Volk und für das Volk. Zwei Erzählungen in solothurner Mundart, nebst einem Anhang von Gedichten. 164 S. 8. Biel, E. Kuhn. 1876.

Schid, J. Andr., Abusus psalmi CIX. imprecatorii, vulgo das Todbeten. Helmst. 708. 4.

Schidar, d. moralischen Aufgaben d. XX. Jahrh. (In russ. Sprache.) 8. (61 S.) Berlin 901. H. Steinitz. n. 1. 50

Schider, Eduard

Schider, Ed., Gastein. Petit manuel de voyageurs à l'usage des baigneurs et des touristes. D'après la 4. éd. Avec une carte itinéraire et un plan de Gastein et de ses environs par Fr. Keil. 16. (64 S.) Salzburg 881. Mayr. geb. n. 1. 20

Schider, E., Bad Gastein. 12. (10 S.) Arco 892. (Leipzig. Verlag d. „Reichs-Medicinal-Anzeigers", B. Konegen.) n. — 30

Schider, Ed., Gastein für Curgäste und Touristen. 5. umgearb. Aufl. Nebst 1 Uebersichts- und Reisekarte von Gastein und Umgebung von Fr. Keil. 16. (52 S.) Salzburg 884, Mayrische Buchh. geb. *
4. Aufl. vgl. : Hönigsberg, v.

Schider, Ed., Gastein für Curgäste und Touristen. 6. umgearb. Aufl. 12. (68 S. nebst 1 Uebersichts- und Reisekarte von Gastein und Umgebung von Fr. Keil.) Salzburg 886, Mayrische Buchh. geb. *

Schider, Ed., Gastein f. Curgäste u. Touristen. 7., umgearb. Aufl. Nebst 1 Uebersichts- u. Reisekarte von Gastein u. Umgebg. v. Fr. Keil. gr. 16. (78 S. m. 1 Ansicht.) Salzburg 889. Mayr. geb. n. 1. 40

— Gastein f. Curgäste u. Touristen. 8., umgearb. Aufl. Nebst 1 Uebersichts- u. Reisekarte u. 1 Plan v. Gastein u. Umgebg. v. Fr. Keil. 16. (85 S. m. 1 Photogr.) Salzburg 892. Mayr. Geb. n. 1. 50

Schider, Ed., Gastein für Curgäste u. Touristen. 9., umgearb. Aufl. 12. (86 S. m. 1 farb. Karte u. 1 Ansicht.) Salzburg 895. Mayr. Geb. in Leinw. n. 1. 50

Schider, Ed., Gastein f. Curgäste u. Touristen. 10. umgearb. Aufl. Nebst e. Uebersichts- u. Reisekarte u. 1 Plan v. Gastein u. Umgebg. von Fr. Keil. gr. 16. (91 S. m. 1 Abbildg.) Salzburg 899. Mayr. Geb. in Leinw. n. 1. 50

Schider, E., Gastein für Kurgäste und Touristen. 11. Aufl. 8°. (ill. 96, 12 S.) geb. K 1.60
Salzburg: Mayr 1904.

Schider, Eduard, Gastein f. Kurgäste u. Touristen. 12., verm. u. verb. Aufl., ergänzt v. Osk. Gerke. Nebst e. Uebersichts- u. Reisekarte u. 1 Plan v. Gastein u. Umgebg. v. Fr. Keil. (98 S. m. Titelbild.) 16. Salzburg 906. Mayr. Geb. in Leinw. n. 1. 50

Schider, Eduard, Gastein f. Kurgäste u. Touristen. 14. Aufl., ergänzt v. Osk. Gerke. (116 S. m. Titelbild u. 1 Karte.) kl. 8. Salzburg 910. 11. Mayr. 1. —

— Wildbad Gastein. 12. (27 S. m. 1 Karte.) Ebd. 896. n. — 80

Schider, F., siehe: *Jugendthorheit.*

Schider, Fritz, plastisch-anatomischer Handatlas f. Akademien, Kunstschulen u. z. Selbstunterr. gr. 4. (III, 20 S. m. 100 z. Tl. farb. Taf.) Leipzig 898. Seemann & Co. n. 10. —; geb. in Leinw. n. 12. —

Schider, Fritz, plastisch-anatomischer Handatlas f. Akademien, Kunstschulen u. zum Selbstunterricht. 2., verm. Aufl. (III, 20 S. m. 116 z. Tl. farb. Taf.) gr. 4. Leipzig (903). Seemann & Co. n. 10. —; geb. in Leinw. n. 12. —

Schider, Fritz, plastisch-anatomischer Handatlas f. Akademien, Kunstschulen u. zum Selbstunterricht. 117 (zum Tl. farb.) Taf. u. Text. 3. Aufl. Bearb. v. M. Auerbach u. F. v. Stuck. (IV, 22 S. m. Abb.) 31,5×24 cm. Leipzig (908). Seemann & Co. Geb. in Leinw. 16. —

Schider, Fritz, plastisch-anatomische Studien f. Akademien, Kunstgewerbeschulen u. zum Selbstunterricht. 1.—3. Thl. Imp.-Fol. Leipzig, E. A. Seemann. In Mappen. à n. 20. —
1. Hand u. Arm. 16 Taf. in unveränderl. Lichtdr. v. J. Schober. (2 Bl. Text.) 891.
2. Fuss u. Bein. 16 Taf. in unveränderl. Lichtdr. v. J. Schober. (1 Bl. Text.) 893.
3. Kopf, Rumpf u. ganze Figur. 24 Taf. in unveränderl. Lichtdr. v. J. Schober. Imp.-Fol. (1 Bl. Text) Nebst Erläutergn. gr. 4. (27 S.) 894.

Schider, H.: Leitfaden für freiwillige Feuerwehren. Mit Atlas. Brünn 1878. Atl. Fol.

Schider, H.: Leitfaden für freiwillige Feuerwehren. 2. Aufl. Mit Atlas. Brünn 1897

Schidermair, E., u. E. Krug, technische Bibliothek für Bautischler, siehe: Krug, E.

Schidkowski, Willy, approb. Arzt aus Berlin: **Beitrag zur Lehre vom Bauchdeckenfibrom.** *Berlin (1903): G. Schade.* (33 S.) 8°
Berlin, Med. Diss. v. 13. Febr. 1903

Schidlo, s.: Zwiedinek Edler v. Südenhorst u. Schidlo.

Schidlof, Auguste, Knospen. Gedichte e. Kindes. (75 S. m. Bildnis.) kl. 8. Berlin (910). Concordia. 1.20; geb. 1.80

Schidlof, Berth., um e. Backhendel, s.a. Geschichten, intime.

Um ein Backhendel. Eine Wiener Erbschaftsgeschichte von Berthold Schidlof. Berlin: Berliner Roman-Verl. [1904]. (48 S.) 8° [F.]
= Geschichten, Intime. 38.

Schidlof, Berth., um e. Backhendel. Des Lebens Maskenspiel. Ein Fehltritt. Pariser Leben, s.: Bibliothek intimer Geschichten.

Die Ehe und ihr Einfluß auf Gesundheit und Lebensdauer. Von Dr. B[erthold] Schidlof. Berlin: W. Reuter [1905]. (91 S.) 8°

— ein Fehltritt, s.: Geschichten, intime.

— Die Frau m. den 3 Ohren. (III, 153 S.) 8. Berlin 907. F. Singer & Co. 2. —

Geschichte des deutschen Volkes. Von Dr. Schidlof. Die vorgeschichtl. Zeit, d. Zeit d. Kriege bis z. Gegenwart. Reich ill. Mit 1 Tit.-Bilde. Berlin: Oestergaard 1908. 416 Sp. 4°
(Wissen. Jg. 1, Beil.)

— Pariser Leben, s.a. Geschichten, intime.

Pariser Leben. Von Berthold Schidlof. Berlin: Berliner Roman-Verl. [1904]. (48 S.) 8° [F.]
— Geschichten, Intime. 33.

Schidlof, B[ertold]: Der Mädchenhandel. Seine Geschichte u. sein Wesen. — Berlin: Steinitz 1904. 380 S. 8°

— d. Lebens Maskenspiel, s.a. Geschichten, intime.

Des Lebens Maskenspiel. Humoreske von Berthold Schidlof. Berlin: Berliner Roman-Verl. [1905]. (48 S.) 8° [F.]
— Geschichten, Intime. 70.

— Sprechsystem „Praxis" z. Selbststudium fremder Sprachen (1000 Worte-System). Englisch (unter Mitwirkg. v. James R. Bradley). 10 Lfgn. (317 S.) 8. Berlin (907). F. Singer & Co. (Urspr. Pr. in Mappe 6. —)

— dasselbe. Französisch. 10 Lfgn. (367 S.) 8. Ebd. (907). (Urspr. Pr. in Mappe. 6. —)

— dasselbe. Italienisch v. Pietro Tripodo (unter Mitwirkg. v. B. Schidlof). 10 Lfgn. (431 S.) 8. Ebd. (908). (Urspr. Pr. in Mappe 6. —)

— Das Sexualleben der Australier u. Ozeanier, s.a. Sexualleben, das, der Naturvölker. I.

Das Sexualleben der Australier und Ozeanier. Von Dr. B[erthold] Schidlof. Leipzig: Leipz. Verl. (1908). XVI, 314 S. 8°
(Das Sexualleben d. Naturvölker. Bd 1.)

Berthold Schidlof. Lillys Spitzenhemd und andere durchsichtige Geschichten. Berlin: J. Singer & Co. 1907. (156 S.) 8° [F.]

Was muß der Briefmarkensammler wissen? Ein Leitfaden z. Anlegen e. Briefmarkensammlung von Berthold Schidlof. Berlin: H. Steinitz (1904). (76 S.) 8° [F.]

Berthold Schidlof. Weiberlist u. Anderes. Ill von Willy Planck. Berlin Singer 1907. 166 S. 8°

Schidlof Ernst: Die deutschen historischen Volkslieder auf Prinz Eugen von Savoyen und seine Taten. II. 1910 PN 2942 Diss. Wien. Univ. 358

Schidloff, N., Neschek bar. Streitschrift in der Messiasfrage. (In hebr. Sprache.) 8. (38 S.) Fürth 864. Berlin, M. Poppelauer. — 40

Ueber gonorrhoische Myelitis und Tabes dorsalis. Von Dr. med. [Emil] Schidlowsky in Fulda. Fulda 1901: Fuldaer Actiendr. 23 S. 8°

Schidlowsky, Emil [Assistenzarzt an der Poliklinik in Erlangen]: Über sogenannte fötale Rachitis . . . . Berlin, Druck v. L. Schumacher, 1885; 26 S. 8°.
Erlangen, Med. Fak., Inaug.-Diss. v. 1885.

Schidlowsky, Emil, über sogenannte fötale Rachitis. Diss. Erlangen 1885, Th. Blaesing. 8°. 26 S.

Schidorsky, Heinrich: Aus d. Kgl. med. Klinik zu Königsberg i. Pr. Kasuistische Beiträge zur Diagnose der Affektionen der Cauda equina und des unteren Rückenmarksabschnittes. Königsberg i. Pr. 1907: Karg & Manneck. (40 S.) 8°
Königsberg, Med. Fak., Ref. Lichtheim, Diss. v. 12. März 1907
[Geb. 4. Nov. 81 Bialystock, Rußland; Wohnort: Königsberg i. Pr.; Staatsangeh.: Preußen; Vorbildung: Gymn. Lyck Reife O. 00; Studium: Königsberg 9 S.; Coll. 6. März 07; Approb. 1. März 06.]

Schidowo [Schlagwort]

Schidowo, s.: Gnesen.

Schidrowitz, Philip. Beiträge zur Kenntniss der Xanthongruppe. Bern, 1893. 45 S.

Schiebe, Aug., Auswahl deutscher Handelsbriefe f. Handelslehrlinge, mit e. franz. Uebersetz. d. meisten darin vorkomm. Wörter u. Wendungen. 8. (9¾ B.) Grimma 837, Gebhardt.

Schiebe, Aug., Auswahl deutscher Handelsbriefe für Handlungslehrlinge, mit einer französ. Uebersetzung der vorzüglichsten Wörter u. Redensarten. 2. ganz umgearb. u. verm. Aufl., besorgt von Carl Gust. Odermann. Grimma 857. Gebhardt. 8. (VIII, 132 S.) 15 ngr.

Schiebe's, Aug., Auswahl deutscher Handelsbriefe für Handlungslehrlinge, mit einer französischen Uebersetzung der wichtigsten Wörter u. Redensarten. 3. Aufl., besorgt von Carl Gust. Odermann. Grimma 861. (Leipzig,) Gebhardt. 8. (VI, 140 S.) 15 ngr.

Schiebe, Aug., Auswahl deutscher Handelsbriefe für Handlungslehrlinge, mit einer französ. u. engl. Uebersetzung der in den Briefen vorkommenden schwierigeren Ausdrücke u. Wendungen. Zum 3. Male verm. u. verb. hrsg. von Carl Gust. Odermann. 4. Aufl. Leipzig 866. Gebhardt's Verlag. gr. 8. (VI, 159 S.) 18 ngr.

Schiebe, Aug., Auswahl deutscher Handelsbriefe f. Handlungslehrlinge m. e. französ. u. engl. Uebersetzg. der in den Briefen vorkomm. schwier. Ausdrücke u. Wendgn. Zum 5. Male verb. hrsg. v. Carl Gust. Odermann. 6. Aufl. gr. 8. (VIII, 164 S.) Leipzig 874. Gebhardt. 1. 80

Schiebe's, Aug., Auswahl deutscher Handelsbriefe für Handlungslehrlinge mit einer französischen und englischen Uebersetzung der in den Briefen vorkommenden schwierigeren Ausdrücke und Wendungen. Zum sechsten Male hrsg. von Carl Gust. Odermann. 7. verm. und verb. Aufl. gr. 8. (VIII, 167 S.) Leipzig 880, Gebhardt's Verlag. geb. *

Schiebe u. **Odermann,** Auswahl deutscher Handelsbriefe f. Handlungslehrlinge, m. e. französ., engl. u. italien. Übersetzg. der in den Briefen vorkomm. Fachausdrücke, schwierigeren Wendgn. u. Sätze. Zum 7. Male hrsg. v. Carl Gust. Odermann. 8. verb. Aufl. gr. 8. (VIII, 209 S.) Leipzig 885. Gebhardt. n. 1. 80; geb. n.n. 2. 10

— u. **Odermann, Auswahl** deutscher Handelsbriefe f. Handlungslehrlinge, m. e. französ., engl. u. italien. Übersetzg. der in den Briefen vorkomm. Fachausdrücke, schwierigeren Wendgn. u. Sätze. Zum 8. Male hrsg. v. C. G. Odermann. 9., verb. Aufl. gr. 8. (VIII, 203 S.) Leipzig 890. Gebhardt. n. 1. 80; geb. n.n. 2. 10

Schiebe u. **Odermann,** Auswahl deutscher Handelsbriefe f. Handlungslehrlinge, m. e. französ., engl. u. italien. Übersetzg. der in den Briefen vorkomm. Fachausdrücke, schwier. Wendgn. u. Sätze. Zum 9. Male hrsg. v. Carl Gust. Odermann. 10. Aufl. gr. 8. (VIII, 203 S.) Leipzig 894. J. M. Gebhardt. n. 1. 80; geb. n.n. 2. 10

– u. **Odermann,** Auswahl deutscher Handelsbriefe f. Handlungslehrlinge, m. e. französ., engl. u. italien. Übersetzg. der in den Briefen vorkomm. Fachausdrücke, schwierigeren Wendgn. u. Sätze. Zum 10. Male hrsg. v. Carl Gust. Odermann unter Mitwirkg. v. A. Adler. 11. Aufl. gr. 8. (VI, 203 S.) Leipzig 899. J. M. Gebhardt. n. 1. 80; geb. n.n. 2. 10

Schiebe, (A.), u. (C. G.) **Odermann,** Auswahl deutscher Handelsbriefe f. Handlungslehrlinge, m. e. französ., engl. u. italien. Uebersetzg. der in den Briefen vorkomm. Fachausdrücke, schwierigeren Wendgn. u. Sätze. 12. Aufl. Bearb. v. A. Adler. (VIII, 205 S.) 8. Leipzig 905. J. M. Gebhardt. n. 1. 80; geb. n.n. 2. 10

—— Auswahl franz. Handelsbriefe f. Handelslehrlinge, mit e. deutschen Uebersetz. d. üblichsten in d. kaufmänn. Correspondenz vorkomm. Wörter u. Wendungen. gr. 12. (6 B.) Leipzig 837, Barth.

—— und Chr. Noback, Blätter f. Handel u. Industrie, s. Blätter.

Schiebe, Aug., kaufmänn. Briefe mit der nöthigen Erklär. u. einer französ. Uebersetzung d. üblichsten im Handel vorkomm. Wörter u. Wendungen. gr. 8. Frankf. 824. 2e verb. Aufl. gr. 8. Grimma 832. Gebhardt. 2 ꝑ 18 gr

Schiebe, Aug., kaufmänn. Briefe, mit der nöth. Erklärung u. e. franz. u. engl. Uebersetz. der üblichst., im Handel vorkomm. Wörter u. Wendungen, bearbeit. 2., umgearb. u. verm. Aufl. gr. 8. ($34\frac{1}{2}$ B.) Grimma 833, J. M. Gebhardt.

—— kaufmänn. Briefe, mit d. nöthigen Erklärung u. ein. französ., engl. u. italien. Uebersetz. d. üblichsten, in d. Briefen vorkomm. Wörter u. Wendungen. 3., verm. Aufl. gr. 8. ($28\frac{1}{2}$ B.) Grimma 837, Gebhardt. •

Schiebe, Aug., kaufmännische Briefe, mit der nöthigen Erklärung u. französ. u. engl. Uebersetzung der gebräuchl. in d. Briefen vorkomm. Wörter u. Wendungen. 4. verm. Ausg. Lex.-8. Grimma 843, Gebhardt. In Leinw. geb. n. $2\frac{2}{3}$ ꝑ

—— **Correspondance** en affaires d'outre-mer, avec differents formulaires y relatifs. gr. in-8. ($23\frac{3}{4}$ B.) Leipzig 845, Barth.

—— Correspondance commerciale, suivie de la traduction allemande et anglaise des principaux termes employés dans les lettres, et terminée par un recueil explicatif des mots les plus usités dans le commerce. gr. in-8. ($25\frac{1}{2}$ B.) Leipzig 833, Barth.

—— **Correspondance** commerciale, suivie de la traduction en allemand des princip. termes employés dans les lettres, et term. par un recueil explic. des mots les plus usités. 2. édit. revue et augm. gr. in-8. (24 B.) Leipzig 843, Barth.

—— **Corrispondenza** mercantile per uso della studiosa gioventù che desidera rendersi familiare col moderno e corretto stile epistolare de commercianti. Voltata in italiano e accresciuta di molte altre lettere originali e complete corrispondenze sopra diversi affari e di una fraseologia tedesca con altre necessarie dichiarazioni da G. B. Ghezzi. gr. 8. (30 B.) Lipsia 840, Barth.

— corrispondenza mercantile per uso della studiosa gioventù che desidera rendersi familiare col moderno e corretto stile epistolare de' commercianti. Voltata in italiano, riveduta, corretta e considerabilmente accresciuta di molte altre lettere originali e complette corrispondenze sopra diversi affari e di una fraseologia italiano-tedesca con altre necessarie dichiarazioni da G. B. Ghezzi. 2. edizione. Lipsia 853. Barth. gr. 8. (XX, 444 S.) 1 ꝑ. 15 ngr

—— **Corrispondenza** mercantile per uso della studiosa gioventù che desidera rendersi familiare col moderno e corretto stile epistolare dei commercianti. Voltata in italiano e data in luce per cura di G. B. Ghezzi. 3. edizione, riveduta, corretta ed ampliata di parechie lettere originali ecc. da A. Muralto. gr. 8. (XXIV und 427 S.) Leipzig 862, Barth.

—— kaufmänn. Handwörterbuch, od. kurzgef. Erklärung der im Handel vorkomm. üblichst. Wörter u. Ausdrücke, mit Angabe der franz. u. engl. Terminologie. Zum Gebr. f. angeh. Kaufleute u. Geschäftsmänner bearb. Lex.-8. (10 B.) Leipzig 833, Fr. Fleischer.

— die Contorwissenschaft mit Ausnahme d. Briefwechsels u. d. Buchhaltung. 2 Bde. gr. 8. Frankf. a. M. 820. (Gebhard in Grimma). 3 ꝑ 18 gr

—— die Contorwissenschaft mit Ausnahme d. Briefwechsels u. d. Buchhaltung. Theoret. u. pract. bearb. 2 Bde. gr. 8. ($34\frac{1}{2}$ B. u. $3\frac{1}{2}$ K. Tab.) Frankfurt a. M. 830. [Grimma, J. M. Gebhardt.]

—— die Contorwissenschaft mit Ausnahme d. Correspondenz u. d. Buchhaltung. Theor. u. prakt. bearb. 2 Thle. 2., verm. Aufl. gr. 8. ($29\frac{3}{4}$ B.) Grimma 837, Gebhardt. •

– u. Karl Gustav Odermann

— — die **Kontorwissenschaft** im engern Sinne. Theoretisch-prakt. Darstellg. der schriftl. Arbeiten d. Kaufmanns, m. Ausschluss der Korrespondenz u. der Buchhaltg. Zum 6. Male hrsg. v. C. G. Odermann. 9., umgearb. Aufl. gr. 8. (XII, 610 S.) Ebd. 888. n. 7. — geb. in Leinw. n.n. 8. —; in Halbfrz. n.n. 8. 50

—— **Correspondenz** in überseeischen Geschäften nebst Formularen darauf Bezug habender contoristischen Arbeiten. gr. 8. (23 B.) Leipzig 845, Barth.

— **Correspondenz** über kaufmännische Rechtsfälle nebst den Entscheidungen. gr. 8. Leipzig 844, Barth. $1\frac{1}{2}$ ꝑ

—— Lehrbuch d. kaufmänn. Arithmetik. 2 Thle. gr. 8. ($47\frac{1}{4}$ B.) Leipzig 834, Leich.

—— Lehrbuch d. Handelsrechts, s. Pardessus.

Schiebe, Aug.: Lehrbuch d. Handelsrechts, m. Ausnahme d. Seerechts. Frei bearb. nach *Pardessus*, Cours de Droit Commercial, u. m. Noten begl. v. Aug. Schiebe, mit e. Vorr. v. C. J. A. Mittermaier. *Leipz.* (Gebhardt u. Reisland.) 838. Lex.-8. (4 Thl. 16 Gr.)

Schiebe, David August: „Kleines Lehrbuch für Handelslehrlinge", Leipzig 1836.

—— Lehrbuch d. Contorwissenschaft. 1—3. Thl. Lex.-8. Grimma, Gebhardt. * 9 Thlr., geb. * 9
A. u. d. Titln.:

Thl. 1. Die Contorwissenschaft mit Ausnahme der Correspondenz u. der Buchhaltung. Theoretisch u. praktisch bearb. 3., verm. Aufl. (37¹/₈ B.) 847. * 3 Thlr. 10 Ngr., geb. * 3 Thlr. 17¹/₂ Ngr.
» 2. Kaufmännische Briefe mit d. nöthigen Erklärung u. e. franz. u. engl. Uebersetzung der nöthigsten in d. Briefen vorkommenden Wörter u. Wendungen. 5., verm. Aufl. (32 B.) 846. * 2 Thlr. 20 Ngr., geb. * 2 Thlr. 27¹/₂ Ngr.
» 3. Die Lehre von der Buchhaltung, theoretisch u. practisch dargestellt. 3., verm. Aufl. (30¹/₄ B.) 847. * 3 Thlr., geb. * 3 Thlr. 7¹/₂ Ngr.

Schiebe, Aug., Lehrbuch der Contorwissenschaft. 2. Thl. A. u. d. T.: Die kaufmännische Correspondenz theoret. und pract. dargestellt, nebst einer französ. und engl. Uebersetzung der nöthigsten in den Briefen vorkomm. Wörter und Wendungen. 6., verm. Aufl. Lex.-8. (XXVI und 490 S.) Grimma 848, Gebhardt's Buchh. *

—— dass. — 3. Thl. 4., verb. und verm. Aufl. bearb. von Carl Gust. Odermann. A. u. d. T.: Die Lehre von der Buchhaltung, theoretisch und praktisch dargestellt. 4., verb. und verm. Aufl. gr. 8. (XIV und 484 S.) Ebds. 852. *

— Lehrbuch der Contorwissenschaft. 1. Thl. 4. sehr verm. u. verb. Aufl., bearb. von Carl Gust. Odermann. A. u. d. T.: Die Contorwissenschaft im engeren Sinne. Theoretisch-praktische Darstellung der schriftlichen Arbeiten des Kaufmanns, mit Ausschluß der Correspondenz und der Buchhaltung. Grimma 853. Gebhardt. gr. 8. (XIV, 687 S.) n. 3 ℛ.

— — 2. Thl. 7. sehr verm. etc. Aufl., bearb. von Carl Gust. Odermann. A. u. d. T.: Die kaufmännische Correspondenz theoret. u. prakt. dargestellt, nebst einer französ., engl. u. italien. Uebersetzung der nöthigsten etc. Wörter etc. Ebend. 855. gr. 8. (XXXI, 597 S.) n. 3 ℛ.

— — 3. Thl.. 5. etc. Aufl., besorgt von Carl Gust. Odermann. A. u. d. T.: Die Lehre von der Buchhaltung, theoret. und prakt. dargestellt. Ebend. 858. gr. 8. (XIV, 514 S.) n. 2 ℛ. 12 ngr.

Schiebe's, Aug., Lehrbuch der Contorwissenschaft. 3 Thle. gr. 8. Leipzig, Gebhardt's Verlag. Thlr. *
Inhalt:

Thl. 1. Die Contorwissenschaft im engeren Sinne. Theoretisch-praktische Darstellung der schriftlichen Arbeiten des Kaufmanns, mit Ausschluß der Correspondenz und der Buchhaltung. 5., sehr verm. und verb. Aufl., bearb. von Carl Gust. Odermann. (XIII und 698 S.) 861. * 3 Thlr.
» 2. Die kaufmännische Correspondenz theoretisch und praktisch dargestellt, nebst einer französ., engl. und italiän. Uebersetzung der vorzüglichsten in den Briefen vorkommenden Wörter und Wendungen. 8., verm. und verb. Aufl., bearb. von Carl Gust. Odermann. (XXXI und 606 S.) 859. * 3 Thlr.
» 3. Die Lehre von der Buchhaltung, theoretisch und praktisch dargestellt. 5. Aufl. 1858. und 6., verb. Aufl., besorgt von Carl Gust. Odermann. (XIV und 512 S.) * 2 Thlr. 12 Ngr.

—— Lehrbuch der Contorwissenschaft. 21 Lfgn. Lex.-8. Leipzig, Gebhardt. à Lfg. * 10 Ngr. *
Inhalt:

Thl. 1. Die Contorwissenschaft im engeren Sinne. Theoretisch-prakt. Darstellung der schriftl. Arbeiten des Kaufmanns, mit Ausschluß der Correspondenz und der Buchhaltung. 6. Aufl. Zum 3. Male verm. und verb. hrsg. von Carl Gust. Odermann. (XII und 724 S.) 865. Einzeln * 3 Thlr.; geb. ** 3 Thlr. 7¹/₂ Ngr.
» 2. Die kaufmännische Correspondenz theoretisch und praktisch dargestellt, nebst einer französ., engl. und italien. Uebersetzung der schwierigeren in den Briefen vorkomm. Wörter und Wendungen. 9. Aufl. 1863. und 10. Aufl. Zum 4. Male verm. und verb. hrsg. von Carl Gust. Odermann. (XXX und 684 S.) 865. Einzeln * 3 Thlr.; geb. ** 3 Thlr. 7¹/₂ Ngr.
» 3. Die Lehre von der Buchhaltung, theoretisch und praktisch dargestellt. 7. Aufl. 1864. und 8., verb. Aufl. Zum 5. Male hrsg. von Carl Gust. Odermann. (XV und 527 S.) 865. Einzeln * 2 Thlr. 12 Ngr.; geb. ** 2 Thlr. 19¹/₂ Ngr.

— Lehrbuch der Contorwissenschaft. 21 Liefgn. Ebend. Lex.-8. Jede Liefg. n. 10 ngr.
1. Theil: Die Contorwissenschaft im engeren Sinne. Theoretisch-prakt. Darstellung der schriftl. Arbeiten des Kaufmanns, mit Ausschluß der Correspondenz u. der Buchhaltung. 6. Aufl. Zum 3. Male verm. u. verb. hrsg. von Carl Gust. Odermann. (XII, 724 S.) 865. Einzeln n. 3 ℛ; geb. n.n. 3 ℛ 7¹/₂ ngr.
2. Theil: Die kaufmännische Correspondenz theoretisch u. praktisch dargestellt, nebst einer französ., engl. u. italien. Uebersetzung der schwierigeren in den Briefen vorkommenden Wörter u. Wendungen. 10. Aufl. 865. u. 11. Aufl. Zum 5. Male verm. u. verb. hrsg. von Carl Gust. Odermann. (XXX, 684 S.) 865. 868. Einzeln n. 3 ℛ; geb. n.n. 3 ℛ 7¹/₂ ngr.
3. Theil: Die Lehre von der Buchhaltung, theoretisch u. praktisch dargestellt. 8., verb. Aufl. Zum 5. Male hrsg. von Carl Gust. Odermann. (XV, 527 S.) 865. Einzeln n. 2 ℛ 12 ngr.; geb. n.n. 2 ℛ 19¹/₂ ngr.; 9. verb. Aufl. zum 6. Male hrsg. von Carl Gust. Odermann. (XV, 520 S.) n. 2 ℛ 15 ngr.; geb. n. 2 ℛ 22¹/₂ ngr.

Schiebe, Aug., Lehrbuch der Contorwissenschaft. 3 Thle. gr. 8. Leipzig 871—76. Gebhardt. n. 26. —
1. Die Contorwissenschaft im engern Sinne. Theoretisch-prakt. Darstellg. der schriftl. Arbeiten d. Kaufmanns, m. Ausschluss d. Correspondenz u. der Buchhaltg. Zum 4. Male verm. u. verb. hrsg. v. Carl Gust. Odermann Mit Schiebe's Bildnisse (in Stahlst.) 7. Aufl. (XIII, 786 S.) n. 9. —
2. Die kaufmänn. Correspondenz theoretisch u. praktisch dargestellt, nebst e. französ., engl. u. italien. Uebersetzg. der schwierigeren in den Briefen vorkomm. Wörter u. Wendgn. Zum 7. Male hrsg. v. Carl Gust. Odermann. 13., verb. u. verm. Aufl. (XXXIII, 718 S.) n. 9. —
3. Die Lehre v. der Buchhaltg., theoretisch u. prakt. dargestellt. Zum 8. Male hrsg. v. Carl Gust. Odermann. 11. unter Zugrundelegg. der deutschen Reichswährg. umgearb. Aufl. (XIV, 517 S.) n. 8. —

Schiebe, Aug., Lehrbuch der Contorwissenschaft. 1. und 2. Thl. gr. 8. Leipzig, Gebhardt's Verlag. à Thl. * ℳ 9. *
geb. à Thl. * ℳ 10. *
Inhalt:

Thl. 1. Die Contorwissenschaft im engern Sinne. Theoretisch-prakt. Darstellung der schriftl. Arbeiten des Kaufmanns, mit Ausschluss der Correspondenz und der Buchhaltung. Zum 5. Male verb. und verm. hrsg. von Carl Gust. Odermann. 8. Aufl. (X, 727 S.) 877.
» 2. Die kaufmännische Correspondenz theoretisch und praktisch dargestellt, nebst einer französ., engl. und italien. Uebersetzung der schwierigeren in den Briefen vorkommenden Wörter und Wendungen. Zum 7. Male hrsg. von Carl Gust. Odermann. 13. Aufl. (XXXIII, 718 S.) 876.
3. (Schluss-)Thl. Ebendas. 1875. * ℳ 8.; geb. * ℳ 9.

—— Lehrbuch der Contorwissenschaft. 2. und 3. Thl. gr. 8. Ebendas. 881. * ℳ 17.; geb. *
Inhalt:

Thl. 2. Die kaufmänn. Correspondenz, theoretisch und praktisch dargestellt, nebst einer französ., engl. und italien. Uebersetzung der schwierigeren in den Briefen vorkommenden Wörter und Wendungen. Zum siebenten Male hrsg. von Carl Gust. Odermann. 13. verb. und verm. Aufl. Neuer unveränd. Abdr. (XXXIII, 718 S.) * ℳ 9.; geb. * ℳ 10.
» 3. Die Lehre von der Buchhaltung, theoretisch und praktisch dargestellt. Zum neunten Male hrsg. von Carl Gust. Odermann. 12. wesentlich umgearb. und verm. Aufl. (XIV, 460 S.) * ℳ 8.; geb. ** ℳ 9.
1. Thl. Ebendas. 1877. * ℳ 9.; geb. * ℳ 10.

– u. Karl Gustav Odermann

— — Lehrbuch der Kontorwissenschaft. 2. Tl. gr. 8. Leipzig 887. Gebhardt. n. 7. —; in Leinw. n.n. 8. —; in Halbfrz. n.n. 8. 50
Die kaufmännische Korrespondenz, theoretisch u. praktisch dargestellt, nebst e. französ., engl. u. ital. Übersetzg. der in den Briefen vorkomm. Fachausdrücke, schwierigeren Wendgn. u. Sätze. Zum 8. Male hrsg. v. C. G. Odermann. 14., umgearb. Aufl. (XXIX, 551 S.)

— — Lehrbuch der Kontorwissenschaft. 2. Tl. gr. 8. Ebd. n. 7. —; geb. in Leinw. n.n. 8. —; in Halbfrz. n.n. 8. 50
Die kaufmänn. Korrespondenz theoret. u. prakt. dargestellt, nebst e. französ., engl., italien. u. span. Uebersetzg. der in den Briefen vorkomm. Fachausdrücke, schwier. Wendgn. u. Sätze. Im Auftrage u. m. Unterstützg. des bisher. Hrsg. C. G. Odermann neu bearb. v. A. Adler. 15., wesentl. umgearb. u. verm. Aufl. (XXXII, 639 S.)

Schiebe, Aug., die Lehre v. d. Buchhaltung, theoret. u. pract. dargestellt. 1. Aufl. ($26^3/_4$ B.) 836., 2., verm. A. Lex.-8. ($29^1/_2$ B.) Grimma 842, Gebhardt. à Thlr. *

Schiebe A, d. Lehre v. d. Buchhaltung. 9. u 12. A. v. C G Odermann. Leipzig 1869. 81

Schiebe, A. Die Lehre von der Buchhaltung, theoretisch und praktisch dargestellt. Zum 9. Male herausgegeben von C. G. Odermann. 12. Auflage. Leipzig 1881.

— d. Lehre v. d. Buchhaltg. Geschäftsgang. 13. Aufl. gr. 8. (28 S.) Ebd. 897. Kart. n.n. — 50

— die Lehre von den Handels-Gesellschaften. Nach französ. Quellen, mit Berücksichtigung der gesetzl. Verfügungen in einigen andern Ländern, namentlich des gemeinen preuß. u. östreich. Rechts bearb. Lex.-8. Leipzig 841. Fr. Fleischer. n. $2^1/_2$ ℛ — 2. Ausg. Lex.-8. Leipzig 845, O. A. Schulz. 1 ℛ

—— die Lehre von den Handelsgesellschaften. Nach franz. Quellen, m. Berücksichtig. der gesetzl. Verfügungen in einigen andern Ländern, namentlich des gemeinen preuss. u. österreich. Rechts. 2. Ausg. Lex.-8. ($24^1/_8$ B.) Leipzig 845, Otto Aug. Schulz.

— die Lehre d. Wechselbriefe, theoret. u. prakt. dargestellt. gr. 8. Frankf. a. M. 818. (Gebhard in Grimma). 1 ℛ 18 gr

Schiebe, A., die Lehre der Wechselbriefe, theoretisch und praktisch dargestellt. gr. 8. Frankf. a. M., Wilmans. 818.

—— die Lehre der Wechselbriefe, theoret. u. pract. dargestellt. 2., umgearb. u. verm. Aufl. gr. 8. ($21^1/_4$ B.) Grimma 834, J. M. Gebhardt.

—— die Lehre von den Wechselbriefen, theoretisch u. praktisch dargestellt, m. Hinweisung auf die Aehnlichkeiten u. Abweichungen mancher Wechselordnungen unter sich, nebst e. Anhang, enthalt. die Uso's u. Respecttage der bekanntesten Wechselplätze Europas. 3., verm. Aufl. Lex.-8. ($22^1/_4$ B.) Grimma 844, Gebhardt. *

—— die Lehre von den Wechselbriefen, mit Berücksichtigung der historischen Entwickelung und der ausländischen Gesetzgebung theoretisch und praktisch dargestellt. 4. völlig umgearb. Aufl. von Heinr. Brentano. gr. 8. (XI, 368 S.) Ebendas. 877. * ℳ 6.; geb. **

Schiebe, Aug., manuel de la correspondance commerciale suivie d'une traduction en allemand, en anglais et en italien des principaux termes y employés. 6 éd. entièrement refondue et considérablement augmentée par Charl. Gust. Odermann. gr. 8. (XXXI, 510 S.) Leipzig 873. Barth. 7. 50

Schiebé, Auguste, manuel de correspondance commerciale suivi d'une phraséologie française-allemande. 7me édit., entièrement refondue et mise au courant de l'état actuel des transactions commerciales par Charles Gustave Odermann. gr. 8. (XXIV, 320 S.) Leipzig 887, Barth. geb. *

Schiebé, Aug., Manuel de correspondance commerciale suivi d'une phraséologie française-allemande. Édité pour la 3. fois par Charles-Gust Odermann. 8. éd. gr. 8. (XXIV, 320 S.) Leipzig 899. J. A. Barth. Geb. in Leinw. n. 5. —

— u. Karl Gustav Odermann

—— Manuel théorique et pratique de la correspondance commerciale, suivi d'une traduction en Allemand, en Anglais et en Italien des principaux termes employés dans cette correspondance et d'un vocabulaire espagnol. 5. Édition revue et augmentée. gr. 8. (XXIV und 477 S.) Leipzig 858, Barth.

— s. Odermann, Carl G., Anleitung zur einfachen u. doppelten Buchhaltung.

— s. Pardessus, Lehrbuch des Handelsrechts. — Dess. Französ. Seerecht.

—— kleines Rechenbuch f. Handelslehrlinge. gr. 8. ($17^1/_2$ B.) Leipzig 836. [Wolfenbuttel, Holle'sche Buchh.]

— kleines Rechenbuch für Handelslehrlinge. gr. 8. Leipzig 836. Leich. $1^1/_3$ ℛ

—— das französ. Seerecht, s. Pardessus.

—— Universal-Lexikon d. Handelswissenschaften, s. Universal-Lexikon.

Schiebe, B., das beste bürgerl. Kochbuch, s.: Allestein, Emma.

Schiebel, A., die Unregelmässigkeiten d. Ganges fehlerhafter Zahntriebe. (36 S. m. Fig. u. 3 Taf.) Lex. 8. Prag 910. J. G. Calve. nn 2. 40
Sonderabdruck aus: „Techn. Blätter".

Schiebel, Edm., Grundriss des kaufmännischen Rechnens. (64 S.) gr. 8. Wien 903. A. Pichler's Wwe. & Sohn. Geb. in Leinw. n. 1. —

Schiebel, Edm., Grundriss des kaufmänn. Rechnens. 2. Aufl. Unveränd. Abdr. der 1. Aufl. (64 S.) gr. 8. Wien 908. A. Pichler's Wwe. & Sohn. Geb. 1.

Schiebel, Edm., Rechenbuch, s.: Villicus, Frz.

— Rechenbuch f. Bürgerschulen. Auf Grundlage des dreiteil. Rechenbuches f. Bürgerschulen v. Frz. Villicus u. Edm. Schiebel bearb. Ausg. in 1 Bde. (V, 248 S.) gr. 8. Ebd. 903. Kart. n. 2. —

Schiebel, Edmund: Rechenbuch für Knaben-Bürgerschulen, s. a. Villicus, Franz.

— Rechenbuch f. Knaben-Bürgerschulen. Auf Grundlage des dreiteil. Rechenbuches f. Knaben-Bürgerschulen v. Frz. Villicus u. Edm. Schiebel bearb. 1. Tl. 9. Aufl. (IV, 64 S.) 8. Ebd. 906. Kart. n. — 76

— Rechenbuch f. Mädchen-Burgerschulen, s.: Villicus, Frz.

Schiebel, Eugen, Wie könnte sich die Socialversicherungsreform gestalten? Darstellung nach praktischen Erfahrungen. 8⁰. Berlin-Charlottenburg, Selbstverlag, 1907.

Schiebel, Franz [Arzt in Peterswaldau i. Schl.]: Ein Fall von gastritis phlegmonosa idiopathica bei einer mit Leberlues und Milztumor behafteten Frau ... München, Buchdr. Kastner & Lossen, 1896; 24 S. 8.
München, Med. Fak., Inaug.-Diss. v. 1897

Schiebel, Guido, die Phylogenese der Lanius-Arten. Untersuchungen üb. die gegenseit. Abstammg. sämtl. Arten der echten Würger auf Grund der Zeichnungs-entwicklg. des Federkleides. Mit 7 farb. u. 1 Schwarzdr.-Taf. u. 2 Skizzen im Text. (219 S.) gr. 8. Berlin (906). (R. Friedländer & Sohn.) n. 8. —
Sonderabdruck aus: „Journal f. Ornithologie".

[Schiebel, Heinrich.] Kleiner Führer durch die Schweiz. Nach der 22. Auflage des grösseren Reisehandbuchs «Die Schweiz». Mit 5 Karten. IV + 144 S. 8. Berlin, Albert Goldschmidt, 1905-1906. ([cart.] M. 2.—)
Griebens Reiseführer. Band 24.

Schiebel Heinrich: Geschichte der Pest in Böhmen und Mähren. 1679—1680.
H. 1909 PN 2647 Diss. Wien. Univ. 1010

Schiebel, Heinr., Lauterbach b. Schramberg im württembergischen Schwarzwald. Führer durch den Kurort, seine nähere u. weitere Umgeb. Mit e. Orts- u. Umgebungsplan, e. Umgebungskarte, 7 Abbildgn. u. e. Profil. (100 S.) kl. 8. Freiburg i/B. 905. F. P. Lorenz. n. — 80

— der Schwarzwald, s.: Grieben's Reiseführer.

[Schiebel, Heinrich.] Die Schweiz. Praktisches Handbuch für Reisende. 22. [neu bearbeitete] Aufl. Mit 13 Karten. VIII + 312 + *Anzeigen* 32 S. 8. Berlin, Albert Goldschmidt, 1905-1906. ([cart.] M. 5. —)
Griebens Reiseführer. Band 23.

— Strassburg, s.: Grieben's Reiseführer.

Strassen-Übersichtskarte von **Deutschland** u. d. angrenzenden Ländern f. Automobilisten, Motor- u. Radfahrer. (Zugl. Orientierungsplan f. die im Verlag von C. Flemming erscheinenden offiz. Automobil-Tourenkarten ... Maßst. 1:2.000,000. Bearb. von Hch. **Schiebel**, Glogau.) Glogau & Berlin: C. Flemming [1907]. (1 Kartenbl. 70×63 cm.) 8° [lith.] [kol.]
Beilage z. Jahrbuch d. Kais. Automobil-Clubs. [07. 13738]

Schiebel, Heinr., die Vogesen, s.: Grieben's Reiseführer.

Schiebel, Karl, a. Osterkappeln: Die Sprache der altenglischen Glossen zu Aldhelms Schrift „De laude virginitatis". Halle 1907: E. Karras. (VII, 61 S.) 8°
Göttingen, Phil. Fak., Ref. Morsbach, Diss. v. 12. Juni 1907
[Geb. 17. Apr. 84 Osterkappeln; Wohnort: Osterkappeln; Staatsangeh.: Preußen; Vorbildung: Realgymn. Osnabrück Reife O. 03; Studium: Göttingen 3, München 1, Berlin 1, Göttingen 4 S.; Rig. 6. Febr. 07.]

Schiebel, Wolfgang Ferdinand (Breslau) A. S. 1160/12

Theses pathologico-practicae, pro specimine inaugurali medico inservientes, de scrutinio pestis synoptico. Präs. Johann Andreas Fischer.
Erfurt (Grosch) 31. VIII. 1724. 24 S., 1 Taf.
30384

Schiebeler, Daniel

— auserles. Gedichte, hrsgg. v. J. J. Eschenburg. 8. Hamb. 773. (Campe). 16 gr (Gesch. in Lpz.) 8 gr

— — dieselben. 8. Hamburg, Hoffmann.

— musikal. Gedichte. 8. Hamb. 769. Bock. 6 gr

GEDICHTE auf eine junge Virtuosinn in der Kunst die Biegsamkeit und Behendigkeit ihrer Glieder zu zeigen .... (von *Daniel Schiebeler*, 1741—71). Göttingen bey Pockwitz und Barmeier. 1764. 8°.
Sehr selten! — W. Maltzahn p. 443 no. 1004.
Hierauf bezieht sich folgendes Gedicht: „Auf ein junges unglückliches Frauenzimmer" (schöne 11jähr. Tänzerin bei einer herumziehenden Truppe), in: *Crome*, Ludw. Gottlieb, Gedichte. 2. Aufl. Leipzig 1795. 8°. S. 13—16.
Vgl. Götting. gelehrte Anzeigen 1764, S. 353 ff.

— die Großmuth d. Scipio, ein dramat. Singgedicht. 8. Lpz. 767.

Schiebeler, Daniel (Hrsg.), s. Heß, Heinrich Ludwig von: Satyrische Schriften.

— die Israeliten in d. Wüste, ein geistl. Singgedicht. 8. Lpz. 767.

Schiebeler, Dn., († d. 19. Aug. 1771.) Clemens an seinen Sohn Theodorus; e. Heroide. 8. Götting. 764.

— Poetik d. Herzens, e. Lehrgedicht. 8. Itzehoe 775.

Schiebeler, Daniel (Hamburg) A. S. 126/23

De modo poenarum. Präs. Johann Theophil Seger.
Leipzig (Breitkopf) 3. III. 1768. 32 S.

Gew.: Stadt Hamburg. 30385

ROMANZEN (von *Daniel Schiebeler*) mit Melodien von Hiller. Leipzig 1767.
Anon.-Lex. III. p. 392 hat *David* (nach Schröder u. Meusel).

SAMMLUNG, Neue, von Romanzen (verfasst von *Daniel Schiebeler*). Hamburg 1771.
Anon.-Lex. IV. p. 20 (nach Meusel, Kayser, Schröder).

Schiebeler, Johann Andreas A. S. 607/14

Dissertatio inauguralis iuridica de votis duplo maioribus ad c. 40. X. de elect.
Präs. Johann Christoph Koch.
Giessen (Braun) III. 1776. 64 S.

Gew.: Stadt Hamburg.
W. v.: Johann Philipp Hettler. 30386

Schieber, ., Konstanzer Freiheits-Chronik vom Jahr 1848. 2 Theile ... 8. Konstanz 1848.

Schieber, Anna

— alle guten Geister ... Roman. (466 S.) 8. Heilbronn 907. E. Salzer. n. 4. —; geb. in Leinw. n. 5. —

Schieber, Anna, alle guten Geister ... Roman. 2.—9. Aufl. (466 S.) 8. Heilbronn 907. 08. E. Salzer. 4.—; geb. in Leinw. 5.

— e. Geschichte vom Heimkommen, s.: Immergrün.

— im Schloß Hausbaden (Die kaiserl. Familie in der Sommerfrische), s.: Immergrün.

Gesammelte Immergrün-Geschichten. (269 S. m. 3 Vollbildern.) 8. Stuttgart 910. Verlag der ev. Gesellschaft. Geb. in Leinw. 3. —

— Allerlei Kraut u. Unkraut. Gesammelte Bilder u. Geschichten f. große u. kleine Leute. (455 S.) 8. Stuttgart 910. D. Gundert. Geb. in Leinw. 4.50

— Anetta, s.: Immergrün.

— Röschen, Jaköble u. andere kleine Leute. Ein Geschichtenbuch f. Kinder u. Kinderfreunde. Mit Bildern v. Amalie Bauerle. (255 S.) 8. Ebd. (907). Geb. in Leinw. 3.60

Schieber, Anna, s.: Schwaben, lieben.

-- Einen Sommer lang, s. Immergrün

— Sonnenhunger. Geschichten von der Schattenseite. 12. (272 S.) Stuttgart 903. D. Gundert. n. 2. — ; geb. in Leinw. n. 2.40

— Sonnenhunger. Geschichten von der Schattenseite. 2. Aufl. (272 S.) kl. 8. Stuttgart 905. D. Gundert. Geb. in Leinw. n. 2.40

— Sonnenhunger. Geschichten v. der Schattenseite. 3. Aufl. 5. u. 6. Tauf. (272 S.) kl. 8. Stuttgart 908. D. Gundert. Geb. in Leinw. 2.40

— Sonnenstrahlen, s.: Immergrün.

Schieber, Anna, s.: Sonntagsbibliothek.

- Wanderschuhe u. andere Erzählungen. 1.—5. Tauf. (242 S.) 8. Heilbronn 911. E. Salzer. 2.50; geb. 3.50

Schieber, Anna, was Annegret zu helfen fand, s.: Immergrün.

— Zugvögel u. andere Geschichten, s.: Sonntagsbibliothek.

— zurückgesetzt?, s.: Immergrün.

Schieber W.: Über den Kristallwassergehalt des Manganosulfates. S. 107. IIb. 282 .
Separatabdruck

SCHIEBINGER, EMIL CARL: Geistliches Andenken an das hundertjährige Jubilarfest der Verbrüderung aus thätiger Nächstenliebe zu Oedenburg, 16. October 1851. Wien 1851: Mechitaristen-Congregations-Buchdruckerei. 15 S. - 8°

Schiebler, wie errichtet man e. Testament?, s.: Volksschriften, Dresdner. Nr. 8.

Schiebler, Augustus Arnim. (geb. Brandenburg a. H. ... 1831): De nervi oculomotorii paralysi. Berolini (1853). (31 S.) 8°
Berlin, Med. Diss. v. 24. Sept. 1853

Schiebler, Bernh., Scheckgesetz vom 11. III. 1908, s.a. Handbibliothek, juristische.

Schiebler, Bernh., Scheckgesetz vom 11. März 1908. Handausg. m. Einl., Erl. u. Sachreg. Leipzig 1908. 8°
(Jurist. Handbibliothek. Hrsg. von Max Hallbauer u. W. Schelcher. Bd 272.)

Schiebler, Carl Wilhelm, s. Schiebler, Karl Wilhelm

Schiebler, D., s. Schiebeler, Daniel

Schiebler, F. A., das metrische Mass u. Gewicht nebst vergleichender Uebersicht d. Verhältnisses zu den hauptsächlichsten europäischen Staaten. Mit Reductionstabellen zur Verwandlg. d. metr. Maasses u. Gewichts in die bisher preuss. Längen-, Flächen- u. Körpermasse in einander. gr. 8. (16 S.) Leipzig 871. Wilfferodt. — 20

Schiebler, F. A., und C. F. Wehmer, Taschenbuch für Kaufleute, s. Wehmer, C. F.

Schiebler, Karl Wilhelm

s.a. Wilh. Fels.

— s. Barthélémy, Voyage de jeune Anacharsis.

s. Böhme's, Jak., sämmtl. Werke.

— s. Bouilly, Contes à ma fille.

— s. Chateaubriand, Atala-René.

s. Cottin, Elisabeth ou les exilés de Sibérie.

Schiebler, Carl Wilh., das Evangelium zu Jerusalem. Predigt z. Feier der Gründung des evangel.-protestant. Bisthums zu Jerusalem in der Kirche zu Obersdorf am 29. Jan. 1843 gehalten. 8. (1¼ B.) Leipzig, Barth.

s. Fénélon, les aventures de Télémaque.

s. Florian, Guillaume Tell.

s. Memoiren Ludwig XVIII.

Schiebler, K. W., Pflicht u. Glauben, od. die Zerstörung Laubans durch die Hussiten im J. 1427. ein Gedicht. gr. 8. Leipz. 827. Reclam. 18 gl.

Schiebler, K. W., † (Wilh. Fels,) der Reichstag zu Augsburg im J. 1550. Nebst d. Glaubensbekenntnisse d. Protestanten u. den churfürstl. sächs. Verordn. zur Jubelfeier dies. Festes in den J. 1630 u. 1730. Beitr. z. 300jähr. Freudenfeste d. evangel. Freiheit. Ein Volksbuch. gr. 12. (9 B.) Leipzig 830, Glück.
Das Glaubensbekenntniß apart, 2 Gr., vgl. Confession, die Augsburg.

s. Saint-Pierre, Bern., Paul et Virginie.

—— der St. Simonismus, od. die Lehre St. Simons u. seiner Anhänger. N. d. Franz. dargest. 8. (8¼ B.) Leipzig 831, Allgem. Niederländ. Buchh.

s. Voltaire, histoire de Charles XII.

—— vollständ. Wörterbuch zur Henriade v. Voltaire. Zu allen Ausgaben brauchbar. gr. 12. (3¼ B.) Leipzig 833, Engelmann.

Schiebler, L. W., s. Schiebler, Karl Wilhelm

Schiebold, Oskar

Schiebold, O., e. Blick auf die unserer Fischzucht, der Forst- u. Feldwirtschaft schädlichen u. nützlichen wirbellosen Tiere. 4. (22 S.) Leipzig 888. Fock. n. — 75

— e. Blick auf die dem heimatlichen Obst- u. Gartenbau nützlichen u. schädlichen wirbellosen Tiere. 4. (22 S.) Ebd. 887. n. 1.—

Schiebold, Osk., Denkschrift zur Feier des 100jähr. Bestehens der pomolog. Gesellschaft des Osterlandes. (VII, 106 S.) gr. 8. Altenburg 903. (Schnuphase.) n. 1.—

Denkschrift zur Feier des 100jährigen Bestehens der Pomologischen Gesellschaft des Osterlandes. Vert. von Oskar Schiebold, Lehrer. *Altenburg, S.-A.: Selbstverl. d. Pomolog. Ges.* **1903**. (VI, 106 S.) 8° [ ]

Schiebold, Rich., wie ernährst du dich? Ein Beitrag zur Ernährungsfrage, nebst vier Nährmitteltabellen in Buntdr. gr. 8. (IV, 84 S.) Penig 893. (C. H. Voigt.) n. 1. —

Schiebold, Wilhelm, a. Altenburg: Kindergestalten bei Dickens. Halle a. S. 1908: C. A. Kaemmerer & Co. (47 S.) 8°
Halle, Phil. Fak., Ref. Wagner, Diss. v. 28. Juli 1908
[Geb. 7. Jan. 85 Altenburg; Wohnort: Halle a. S.; Staatsangeh.: Sachsen-Altenburg; Vorbildung: Ernst-Realgymn. Altenburg Reife O. 04; Studium: Jena 3, Berlin 2, Halle 4 S.; Rig. 3. Juni 08.]

Schieboldt, F. O., De imaginatione disquisitio ex Aristotelis libris repetita. Diss. 1882. 68 S.

Schiebuhr, Thdr., der Aufsatzunterricht in der Volksschule, s. a. Abhandlungen, pädagogische. XIV, 6.

Der Aufsatzunterricht in der Volksschule. Von Theodor **Schiebuhr**, Rektor. Bielefeld: Helmich [1910]. 17 S. 8° [Umschlagt.]
(Pädagogische Abhandlungen. N. F. Bd 14, H 6) A 12.7994

Schiebuhr, Thdr., die Macht der Liebe in der Poesie, s. a. Abhandlungen, pädagogische. 84. Hft.

Die Macht der Liebe in der Poesie. Von Theodor **Schiebuhr**. Bielefeld: A. Helmich 1904. (24 S.) 8° [F.]
= **Abhandlungen**, Pädagogische. H. 84. [05. 14469

— Wie sichert man im Leben der Schule die Wahrnehmung?, s. a. Abhandlungen, pädagogische. XIII, 2.

Wie sichert man im Leben der Schule die Wahrnehmung? Von Theodor **Schiebuhr**, Rektor. Bielefeld: A. Helmich [1908]. (38 S.) 8° [Umschlagt. F.]
= **Abhandlungen**, Pädagogische. N. F. Bd 13, H. 2. [08. 4841

Schiebuhr, Thdr., Winke f. die Übungen im richtigen Gebrauch der Muttersprache in der Volksschule, s. a. Abhandlungen, pädagogische. VI. 4.

Winke für die Übungen im richtigen Gebrauch der Muttersprache in der Volksschule, unter bes. Berücks. d. heimatl. plattdeutschen Mundart. Von Theodor **Schiebuhr**, Rektor in Lychen. *Bielefeld: A. Helmich [1900]* (S. 77–91.) 8° [F.]
= Abhandlungen, Pädagogische. N. F. Bd 6, H. 4. [6.780

Schiebuhr, W., die praktisch-erbauliche Behandlung des 1. Hauptstücks m. besond. Berücksicht. des 2., 3. u. 6. Gebots, s. a. Für die Schule, aus der Schule.

Die praktisch-erbauliche Behandlung des ersten Hauptstucks mit bes. Berücks. d. 2., 3. u. 6. Gebots. Von W. **Schiebuhr**, Mittelschull. in Landsberg a. W. *Neuwied u. Leipzig: Heuser 1900.* (24 S.) 8° [F.]
= **Schule**, Aus der, für die **Schule**. H. 87. [1.967

Schiechtle, D.

— Anleitung choralmäßig zu präludiren. 8. Ebd. 835. 1/12 rf.

Schiechtle, D., zwölf Kirchenlieder, in Musik gesetzt für 1, 2 und 3 Singstimmen und Orgel. 1s Hft. Advent- u. Weihnachtslieder enthaltend. qu. Fol. Innsbruck 836. Wagner. 5/12 rf.

Schieck, über atmosphärische Electricität. Oldenburg 870. Schulze. gr. 8. (46 S.) n. 8 ngr.

Schieck, F. W. und Sohn in Berlin, Preis-Verzeichniss der Mikroskope.

Beiträge zur pathologischen Anatomie der bandförmigen Hornhauttrübung von Dr. F[ranz] **Schieck**, Assistenzarzt. (Aus d. Laborat. d. Kgl. Univ.-Augen-Klinik zu Halle a. S.) *Halle a. S.: C. Marhold 1900.* (28 S.) 8° [01. 9593

— s.: Beiträge zur Augenheilkunde.

Schieck, Frz., die Genese der Stauungspapille. (VII, 91 S. m. 31 Abb. auf 16 Taf. u. 16 Bl. Erklärgn.) Lex. 8. Wiesbaden 910. J. F. Bergmann. 4.80

Schieck, Frz., das Melanosarkom als einzige Sarkomform des Uvealtraktus. Eine pathologisch-anatom. Abhandlg. Mit 86 Abbildgn. im Text u. 18 Fig. auf den (farb.) Taf. I–III. (IX, 130 S. m. 3 Bl. Erklärgn.) Lex.-8. Wiesbaden 906. J. F. Bergmann. n. 7. —

Schieck, Franz [app. Arzt aus Dresden]: Über die ersten Studien der experimentellen Tuberculose der Kaninchencornea ... (Aus: Beitr. z. path. Anat. u. z. allg. Pathol., Bd. XX.) Jena, G. Fischer, 1896 | 1 Bl., 40 S., 1 Taf. 8.
Heidelberg, Med. Fak., Inaug.-Diss. v. [28. Febr.] 1896

Schieck, Franz, Dr. med., Assistenzarzt an d. Kgl. Universitäts-Augenklinik zu Halle a. S.: Klinische und experimentelle Studien über die Wirkung des Tuberculins auf die Iristuberculose. Hierzu 1 Taf. *Leipzig: W. Engelmann 1900.* (117 S.) 8° ¶ (Aus: v. Graefe's Archiv f. Ophthalmologie, Bd 50, Abth. 2.)
Halle, Med. Hab.-Schr. v. 1900

Schieck, *Oskar*: Zur Erinnerung an Ludwig Kunze. Weimar, Druck d. Hof-Buchdr., 1891; S. 6–7; 4°
Weimar, Wilhelm-Ernstisches G, OP 1891 (668)

Schieck, Osk., Über die Neugestaltung des physikalischen Unterrichts. 18 S. **Progr.** G. *Weimar* 1885

Schiecke, Johann (Grimma) A. S. 357/33

Theses inaugurales exhibentes observationes varias theoretico practicas de actione iniuriarum.
Präs. Christian Thomasius.
Halle (Zahn) 1. III. 1715. 32 (richt.: 33) S.

30387

Schiecke, Johannes (Grimma) A. S. 7/35

Theses inaugurales exhibentes observationes varias theoretico-practicas de actione iniuriarum Von der Beschimpffungs=Klage. Präs. Christian Thomasius.
Halle (Hilliger) 1735. 40 S.

Diss. 1. III. 1715. 30388

Schiedat, Max: Ueber den Untergang maligner Geschwulstmetastasen in der Lunge, Leber und Lymphdrüsen. Königsberg i. P. 1908: Quatz. 37 S. 8°
Königsberg, Med. Diss. v. 30. Juni 1909, Ref. Henke
[Geb. 6. Febr. 84 Schaulilenen; Wohnort: Königsberg i. P.; Staatsangeh.: Preußen; Vorbildung: Gymn. Bartenstein Reife O. 03; Studium: Königsberg 10 S.; Coll. 2. Juni 08; Approb. 11. Juni 09.] [U 09. 2380

Schiede, C., s. Schiede, H. C.

Schiede, Chr. Julius Wilhelm

Schiede, C. J. Wlh., de plantis hybridis sponte natis. 8maj. Cassel 825. Krieger. 6 ggr.

Schiede, H., Darstell. einer Confirmationshandlung nach den Bedürfnissen unserer Zeit. 8. Bayreuth 802. (Grau in Hof.) 6 ggr.

APOLOGIE, des Erbadels. Aus den Papieren eines deutschen Fürsten, hrsg. vom Verfasser der privatisirenden Fürsten (verfaßt von *H. C. Schiede*). 2 Thle. Alzey im J. XI der Republik. (Erfurt, Hennings, 1800.) Kl. 8°. (8 Mk. Max Harrwitz, Berlin, 1904.)
I: 20 Bll., 204 S. II: 278 S. Viel über Liebe, Polygamie, Mesalliance, freie Kleidertracht etc. etc.

BRILLENPULVER und Augensalbe (von *H. C. Schiede*, seit 1802 Landprediger unweit Alzey in Hessen). Gelnhausen (Erfurt, Hennings) 1803. Kl. 8°.
Anon.-Lex. I. p. 278 (nach Weller).

ENGEL, Die, der Finsterniss (von *H. C. Schiede*). 2 Thle. Deutschland (Erfurt, Hennings) 1801. 8°. (4 Mk. Frdr. Klüber, 1905.)
XXIV—262 u. 244 S.

— — Dasselbe. tit.: Momus allerneueste Reisen in das Innere von Afrika. Deutschland (ebd.) 1801. 8°.
Anon.-Lex. III. p. 367 (nach Weller, Kayser, Meusel).

— — Ferdinand, vormals König von Neapel. Züge aus seinem öffentlichen und Privatleben. Amsterdam und Cölln (Erfurt, Hennings), 1809. 8°. Tit. u. 436 S.

Schiede, H. C., s.a. Fürsten, die privatisirenden.

§ **FÜRSTEN**, Die privatisierenden (von *H. C. Schiede*, wie die ff. 3 Theile). Th. (1) Bundesstadt (Erfurt, Hennings) 1802. Kl. 8°. Tit., 4 Bll. Zuschr. (an Dalberg), VI—360 S. — Zweytes u. letztes Bdchn. („Weisheit im Julius-Hospitale".) Deutschland (Ebd.), 1802. Tit., 3 Bll. Zuschr. (an den Dr. der Rechte v. Savigny u. dessen beide Freunde, die Herren v. Leonhardi), VIII—416 S., 8 S. Hennings'scher Verlag.) — Th. 3, welcher die Duodezmonarchen enthält. Babylon (ebd.) 1804. XVI (Tit. u. Widm.: „Allen braven Freimaurern", dat.: Enzheim bei Spiesheim, unfern Alzei I. Vendem. l'XII, u. unterz.: *Schiede*), 574 S. — (Th. 4:) Die privatisirenden Fürsten-Frauen. Zugabe zu den privatisirenden Fürsten. Berlin u. Leipzig (ebd.). 1804. Kl. 8°. Tit. u. 398 S., nebst 16 S. Verlag der Firma (wobei Erotica). (Dieser 4. Theil apart 10 Mk. Oskar Rauthe, 1908; 12 Mk., 4 Thle. mit dem folgenden Buche [so cplt. äusserst selten], Gust. Fock, Lpz., 1909.)

Die privatisirenden Fürsten. [Von H. C. Schiede.] Bd 1—3. [Nebst] Nachtr. Erfurt, Berlin: 1808. 8°
in: Th. 3 welcher die Duodezmonarchen enthält. Babylon 1804 XVI, 574 S. „Allen braven Frmrn gewidmet."

Gott der Lazzaroni (!), Der, oder Nivolis Schutzgeist auf der Flucht. Ein Seitenst. zu Saul II., König von Kanonenland. (Stellenw. recht freier Roman von *H. C. Schiede*.) Mit (satyr.) TKpf. Neapel (Erfurt, Hennings) 1800. Kl. 8°. (1½ Rthl.) (In Oettingen, Fürstl. Bibl., laut gedr. Doubl.-Cat., S. 87.) (6 Mk. Baer & Co., Frf. a. M., 1883; jetzt theurer!)

JONAS, Bruder, der Mennonit. Hrsg. vom Verfasser des Fürsten von Schwabenburg oder der neuesten privatisirenden Fürsten (50 histor.-polit.-satyr. u. antirömische Briefe *H. C. Schiede*). 2 Thle. Rom (Erfurt, Hennings) 1805. 8°. (4 Mk. Dieterich, Göttingen, 1907.)
Eifert besonders gegen das Cölibat der Geistlichkeit. I.: XVI (incl. Tit. u. Widm. an den Legationsrath Gerning, mit „Schiede" unterz.). 221 S., 3 S. Verlag der Erfurter Firma. II.: 208 S. (incl. Tit.). — Zahm.

- s. Momus allerneueste Reise.

NACHT, Gute! Dem Erbadel gewünscht, von einem Fursten (von *H. C. Schiede*). 2 Bde. Amsterdam und Cöln (Hennings in Erfurt). 1809. 8°.
Anon.-Lex. III. p. 196 (nach Weller).

SCHIEDE, (H.) C. („Verf. der privatisirend. Fürsten"), Gynaikokratie, oder die Regierung der Frauen und Jungfrauen als einziges Rettungsmittel der Welt. (Griech. Motto, 2 Versz., m. deutscher Uebers.) Zum Angebinde freundlicher Frauen für ihre geliebte Männer. O. O. (Franckf. a. M., Gebhardt & Co.) 1816. 8°. (1 Rthl.) (Schönes Expl. im Orig.-Umschl. in Cassel, ständ. Landesbibl.)
Seltenes Curiosum von kulturgeschichtlichem Interesse. XXIV u. 228 S. Die Anmerkgn. (S. 178 ff.) enth. viel Satyrisch-Politisches über Napoleon I, Jérôme v. Westphalen, Bau d. Opernhauses in Cassel, Personalien aus Hessen-Nassau, Frankf. a. M. etc. Am Schluß (S. 226 ff.): Rundgesang zu singen am jährl. deutschen Siegesfeste, vom Herrn Grafen v. Solms-Rödelheim. (Abdr. eines nur f. Freunde bestimmten Druckes; 9 sechsz. Stroph.).

— — Aretinus Loyola, oder der Geisterseher ohne Geist. 2 Bdchn. Deutschland (Erfurt, Hennings) 1810. 12°.
1: XVI—221 S. 2: 208 S. (incl. Titel). Unter der Vorrede zu 1 nennt sich Schiede.

Die Fürsten von Schwabenburg, oder die neuesten privatisirenden Fürsten (von *H. C. Schiede*). Th. 1 (einz.). Erfurt 1805. Kl. 8°.
— — Dasselbe. Neue Aufl. Ebd. 1808. 8°.
Weller, fing. Dr.

ALLE TEUFEL! Keine Wahrheit! oder!! vom Verfasser der privatisirenden Fürsten *(H. C. Schiede)*. Botany Bay (Erfurt, Hennings?) 1803. 8°.
Bibl. Kürschner. Lpz. 1904. No. 1165; Anon.-Lex. IV. p. 162 (nach Weller).

– Wanderungen
— —, Kosmopolitische, eines Zigeuners (von *H. C. Schiede*). Cöln, Peter Hammer (Basel, Neukirch), 1806. 8°.
Weller, fing. Dr., ohne Theilesangabe; Anon.-Lex. IV. p. 372 hat 2 Bde. Basel, Flick, 1807."

Schiede, Joh. Geo., biga observationum sacrarum de Cod. Bibl. etc. 8. Bremen. 749.

Schieder, Heinrich: Die quantitative Bestimmung des Antimons als Antimontrisulfid. 1908. 45 S. 8°
München Dr.-Ing.-Diss. v. 2. 3. 1908

Schieder, Herm., tief in Ruh'. Gedichte. (79 S.) 8. Leipzig 908. Modernes Verlagsbureau. 1. –

Tief in Ruh'. Gedichte von Hermann **Schieder**. Berlin-Leipzig: C. Wigand 1908. (79 S.) 8°

Schiedermaier, Ed., s. Mustersammlung f. Bautischler.

Schiedermair, Josef

Schiedermair A., Bürgerkunde. s.: Glock. A.

— Das im Königr. Bayern geltende Reichs- u. Landesrecht. s.: Glock. A.

Schiedermair, Jos., Die Vorschriften über die Prüfungen für den höheren Justiz- und Verwaltungsdienst in Bayern und die Vorschriften über die Praxis der geprüften Bewerber um Ansteilung im höheren bayerischen Justizstaatsdienst (geprüfte Rechtspraktikanten) m. e. Anh., enth. d. Studienpläne u. d. Promotionsordn. d. Juristenfakult. d. 3 Landesunir. 3. Aufl. M. Einl., Anmerk. u. alphab. Sachreg. München 1907. 8°. *[1. Aufl. 1893.]*

— Die Vorschriften üb. die Prüfungen f. den höh. Justiz- u. Verwaltungsdienst in Bayern u. die Vorschriften üb. die Praxis der geprüften Bewerber um Anstellung im höheren bayerischen Justizstaatsdienst (geprüfte Rechtspraktikanten), m. e. Anh., enth. die Studienpläne u. die Promotionsordngn. der Juristenfakultäten der drei Landesuniversitäten. 3. Aufl. Mit Einleitg., Anmerkgn. u. alphabet. Sachregister hrsg. (VIII, 206 S.) 8. München 907. J. Schweitzer Verl. Kart. 2. 80

Schiedermair, Ludwig, Dr. phil.: Beiträge zur Geschichte der Oper um die Wende des 18. und 19. Jahrhunderts. 1. Band: Simon Mayr. Marburg 1906: J. A. Koch. (56 S.) 8° ¶ (Einleitung und 1. Abschnitt des ganzen Bandes.)
Marburg, Phil. Fak., Hab.-Schr. v. 1906

Beiträge zur Geschichte der Oper um die Wende des 18. u. 19. Jahrh. I. u. II. Bd. gr. 8. Leipzig, Breitkopf & Härtel. 17.50; geb. in Halbfrz. n 22. —
I. Simon Mayr. (VII, 264 S.) 907. 10.—; geb. n 12.50
II. Simon Mayr (2. Tl.). (VII, 198 S. m. 1 eingedr. Bildnis.) 910. 7.50; geb. 10. —

Schiedermair, Ludwig, aus Regensburg: Künstlerische Bestrebungen am Hofe des Kurfürsten Ferdinand Maria von Bayern. *Freising: F. P. Datterer & Co. 1902.* (S. 81—148.) 4°(8°) ¶ Aus: Forschungen zur Gesch. Bayerns, Bd 10, H. 1 u. 2.
Erlangen, Phil. Diss. v. 24. Juli 1901

Schiedermair, Ludw., Bayreuther Festspiele im Zeitalter des Absolutismus. Studien z. Geschichte der deutschen Oper. (VIII, 164 S. m. 9 Taf. u. Notenbeilagen 1 u. 5 S.) gr. 8. Leipzig 908. C. F. Kahnt Nachf. 3.—; geb. 4. —

Gustav Mahler. Eine biogr.-krit. Würdigung von Ludwig Schiedermair. *Leipzig: H. Seemann Nachf. [1901].* (38 S.) 8° [F.]
(Moderne Musiker.) [illegible] 5966

Gustav Mahler. Erste Symphonie in D-dur. Erl. von Ludwig Schiedermair. *Leipzig: H. Seemann Nachf. [1901].* (19 S.) 8°
= Musikführer. No 222. [illegible]

Gustav Mahler. Dritte Symphonie. Mit Text, Erl. von Ludwig Schiedermair. *Leipzig: H. Seemann Nachf. [1901].* (21 S.) 8°
= Musikführer. No 227. [illegible]

(B) Gust. Mahler. 901. (RBL 32.) Jetzt: Berlin, Harmonie.

Schiedermair, Ludw., Alfred Bruneau's Messidor, s. a. Opernführer.

Messidor. Lyrisches Drama in 4 Aufz. Text von Emile Zola. Musik von Alfred Bruneau. Textl. u. musikal. erl. von Ludwig Schiedermair. *Leipzig: H. Seemann Nachf. [1901].* (28 S.) 8° [F.]
= Opernführer. No 62. [illegible] 5477

— s.: Musikführer, der.

Max Schillings. Symphonischer Prolog zu Sophokles' 'König Oedipus'. Erl. von Ludwig Schiedermair. *Leipzig: H. Seemann Nachf. [1901].* (11 S.) 8°
— Musikführer. No 241. [illegible]

Mahlers Symphonien, s.: Meisterführer. (Istel, Edg.)

Schiedermair, Richard Dr. „Der Graf von Essex in der Literatur". (Teil I.) pg. 3—48. 8°. Hermann Kayser.
Kaiserslautern, Progr. 1907/08

Schiedermair, Richard Dr. „Der Graf von Essex in der Literatur". (Teil II.) pg. 3—27 und I—VI und 1 Bl. 8°. Mit 3 Stammbäumen [Textfig.]. Hermann Kayser.
Kaiserslautern, Progr. 1908/09

Schiedermair, Richard (K. Reallehrer in Kaiserslautern): Der Graf von Essex in der Literatur. Kaiserslautern 1908: H. Kayser. (47 S.) 8° ¶ (Die Fortsetzung erscheint als Progr. d. Kreisoberrealsch. Kaiserslautern.)
München, Phil. Fak., Ref. Schick, Diss. v. 2. Juni 1908
[Geb. 13. Juni 76 Rodling (Oberpfalz); Wohnort: Kaiserslautern; Staatsangeh.: Bayern; Vorbildung: Altes Gymn. Regensburg Reife Juli 95; Studium: München 10 S.; Rig. 2. Juni 08.]

Schiedermayer, K. B., s. Schiedermayr

Schiedermayr, C., s. Schiedermayr, Karl

Schiedermayr, J. B.

— Liedersamml. f. deutsche Schulen. 2e A. gr. 4. Passau, Ambrosi. 5 Ngr

Schiedermayr, J. B., neue theoret. u. prakt. Violinschule. Auszug aus d. großen Violinschule v. Mozart. gr. 4. Linz 812. Eurich. (Leipz., Schmidt). 1 Thlr 8 Ngr

SCHIEDERMAYR, Johannes Baptista: De officiis subditorum erga principes. — (1835) 134 S. 4° (Handschr.) Diss. 45
Diss. Wien, Univ.

Schiedermayr, K. B.

Schiedermayr, C. B., systematische Aufzählung der im Erzherzogth. Oesterreich ob der Enns bisher beobachteten samenlosen Pflanzen, s.: Poetsch, J. S.

Schiedermayr, Karl

Schiedermayr, Carl, Versuch einer Darstellung des Vegetationscharakters der Umgegend von Linz, siehe: Abhandlungen, naturwissenschaftl., hrsg. von W. Haidinger, 3. Bd.

Schiedermayr, C. Versuch einer Darstellung des Vegetationscharakters der [illegible] von Linz. Aus d. Abh. d. [illegible] d. Naturw. Wien. 1849. 4.

Schiedges, Carl, s. Schiedges, Karl

Schiedges, [illegible]
[illegible] 1862 [illegible]
Berlin, Med. Diss. v. 21. Juli 1862

Schiedges, Karl

Schiedges, Carl, Gerichts-Ref. in Düsseldorf: Zum arglistigen Verschweigen des Verkäufers. (Bürgerl. Gesetzbuch, Abschnitt §§ 459—493.) *Düsseldorf 1902: L. Schwann.* (86 S.) 8°
Bonn, Jur. Diss. v. [30. Jan.] 1902

Schiedmayer & Söhne. Geschichtliche Entwicklung der K. Hofpianofortefabrik. (16 S.) Stuttgart 1886

— Hofpianofortefabrik. (Festschrift) (50 S.) Stuttgart 1909

— Hofpianofortefabrik Stuttgart. Vorgeschichte, Gründung und Entwicklung 1809 bis 1909 von A. Eisenmann. (63 S. 9 T.) (Stuttgart 1909.)

Schiedsgericht, das, der rheinischen Autonomie u. die Licitation v. Schlenderhan. gr. 8. (23 S.) Cöln 871. Barnick in Comm. n. — 60

— **internationales,** u. die Verbesserung d. internationalen Rechts. Die Debatte in dem Hause der Gemeinen, London, Dienstag, den 8. Juli 1873 üb. den Antrag Mr. Henry Richard's e. Adresse an die Krone betr. gr. 8. (47 S.) London 874. Sieale. n. — 50

Schieds-Gericht, das neue, f. d. constitution. Staaten in Deutschland. gr. 8. ($1^3/_4$ B.) Frankfurt a. M. 835. (Osterrieth.)

Schiedsgerichte bei Alters- u. Invaliditäts-Versicherungen s. a. Gareis, C., deutsche Reichsgesetze in Einzel-Abdrucken.

Schiedsgerichte b. Alters- u Invaliditätsversichergn. (Gareis Rges. 131) Giessen 1891

Schiedsgerichte, kaufmännische, s.a. **Schriften**, hrsg. v. der Berufsgenossenschaft Deutschnationaler Handlungsgehilfen-Verband.

Kaufmännische Schiedsgerichte mit Anh.: Entwurf e. Gesetzes betr. kaufmänn. Schiedsgerichte. 1. bis 10. Taus. *Hamburg: Deutschnat. Handlungsgehilfen-Verband 1901.* (68 S.) 8° [F.]
— **Schriften** hrsg. von d. Berufsgenossenschaft Deutschnationaler Handlungsgehilfen-Verband. Bd 7. [04. 8226

Schiedsgerichts-Ordnung des Architekten- u. Ingenieur-Vereins zu Hamburg. Beschlossen in der Vereinsversammlg. am 2. IV. 1909. (10 S.) 8. Hamburg 909. Boysen & Maasch. — 40

Schiedsgerichts-Ordnung des Deutschen Beton-Vereins (E. V.) Nebst Gebühren-Ordnung. Biebrich a. Rh. (1909). Anhang: Sachverständigen-Liste. 1910

Schiedsgerichtsordnung des deutschen Bühnenschiedsgerichtes. (IV, 68 S.) 8. Berlin (906). H. Kuhz. n.n. — 75

Schiedsgerichts-Urtheil in Sachen des Kts. Basel-Landschaft contra schweiz. Centralbahn puncto Klage auf Rückleitung des im Hauenstein-Tunnel zu Tage tretenden Wassers in den Homburgerbach. Liestal 1861. Mit Karten und Profilen.

Schiedsmanns-Ordnung. Sühneverhandlung über bürgerl. Rechtsstreitigkeiten. Beleidigung und Körperverletzung. Strafantrag. Hrsg. von der Redaction des Reichs-Gesetzbuches. gr. 8. (IV, 10 S.) [Berlin 886.] Hamburg, Bruer und Comp. geb. *

Schiedsmannsordnung vom 29/3. 79. Textausg Berlin 879.
Mit Erläuterungen von:

Christiani. Berlin 892.	1 50	**Hölnghaus.** Berlin 879.
Eberty. 2. Aufl. Strehlen 881.	1 50	**Krah.** 2. Aufl. Fkft. 880.
Fagiewicz. 4. Aufl. Wiesb. 880.	— 50	**Liertz.** Düsseld. 885.
Florschütz. 11. Aufl. Berl 889.	1 —	**Siegfried.** Berlin 880.
Hasford. Königsb. 879.	— 40	**Turnau.** Berlin 880.
Halle. Berlin 887.	1 —	**Zander.** Thorn 880.

Schiedsmannsordnung vom 29. März 1879, nebst Ausführungsverordnungen vom 9. Juli und 27. Aug. 1879. 8. (18 S.) Berlin 880, Grosser. *

[F.] Die **Schiedsmanns-Ordnung** v. 29. März 1879. Gesetze, Motive u. Ausführgsverfüggn m. e. Geschäftsanw. u. Mustern z. Gebr. f. d. Schiedsmänner vers. v. P[aul] Florschütz, Oberlandesgerichtspräs. ... 12., verm. Aufl. *Berlin: C. Heymanns 1898.* (90 S.) 1 Bd 8. 98 6935

Die **Schiedsmannsordnung** vom 29. März 1879. Gesetz, Motive u. Ausführungsverfügungen mit e. Geschäftsanweisung u. Mustern z. Gebr. f. d. Schiedsmänner versehen von P[aul] Florschütz. 13. verm. Aufl. Bearb. von [Rudolf] Schultze-Görlitz, Kammerger.R. *Berlin: C. Heymann 1904.* (IV, 92 S.) 8° [F.] 04 18794 6

— die neue **preussische**, als praktisches Handbuch für Schiedsmänner und Parteien mit Einfügung der erforderlichen Formulare zu Anträgen, Protokollen und Bescheinigungen bearb. gr. 8. (31 S.) Wiesbaden 879, Gestewitz' Verlag. 40 Pf.; cart. *

Schiedsmannsordnung, preussische. Vom 29. März 1876. gr. 8. (7 S.) Berlin 876, Expedition der deutschen Gemeinde-Zeitung.
Aus: Deutsche Gemeinde-Zeitung, besonders abgedruckt.

— preussische. Vom 29. März 1876. [Aus: „Deutsche Gemeinde-Zeitg."] gr. 8. (7 S.) Berlin 879. Exped. der deutschen Gemeindezeitg. — 25

— die, für das **Herzogthum Sachsen-Meiningen** vom 24. Juni 1879. 8. (16 S.) Saalfeld 881. Niese. n. — 60

— Sachsen-Meiningische, s. **Separatabdruck.**

— die, für die **Preussischen Staaten.** Vom 29. März 1879. Erläutert und ergänzt aus den amtl. Motiven, sowie aus den entsprechenden Bestimmungen der Civil- und Strafprozeßordnung. Mit Formularen zum prakt. Gebrauche versehen. Bearb. von einem Gerichtsbeamten. 16. (43 S.) Limburg a. d. L. 879, Glasser. *

Deutscher Grosslogenbund. Schiedsspruch, erlassen von dem am 29. Mai 1898 durch den Grosslogentag zu Berlin eingesetzten Schiedsgericht, bestehend aus den Brn [Karl] Wiebe, [Bernh. Arthur] Erdmann, [Herm.] Weber. Betr.: Die Neukonstituierung der Loge Hermann zur Beständigkeit im Or. Breslau, durch die Gr. Mutterloge des Eklektischen Freimaurerbundes in Frankfurt a. M. [Dat.:] Leipzig 1899. 4 Bl. 2° [Kopftit.]

[Dasselbe.] [Frankfurt a. M. 1899: Werner & Winter.] 10 S. 8° [Kopftit.] (Beil. zu MitthF. (NF.) 228.)
Abgedr. in: HZC. 32 (1898—1899) S. 111 bis 120; Bh. 42 (1899) S. 65—68: BstF. 8 (1899) S. 54—62; MitthF. (NF.) 229 (1899) S. 43 bis 52; Kreisschreiben d. deutschen Grlogenbundes 1899—1900 Nr 2, Bl. 2—5.
cf. Bbl. 13 (1899) S. 210—212; HZC. 33 (1899 bis 1900) S. 27—32.

Schiedspruch, Der Kölner, vom Jahre 1169, eine kritische Untersuchung über die Echtheit desselben. Köln [1860]. V: *Ennen, Leonhard.* (stBKöln I, 207)

Schiedsspruch in dem Rechtsstreite üb. die Thronfolge im Fürstenth. Lippe. Wortgetreuer, unt. Zustimmg. der Parteien veröffentl. Abdr. m. 8 Anlagen. gr. 8. (47 S.) Leipzig 897. Veit & Co. n. 1. —

Schiedsspruch in dem Rechtsstreite üb. die Thronfolge im Fürstent. Lippe vom 25. X. 1905. Unter Zustimmg. der Parteien veröffentlichter Abdr. (48 S.) gr. 8. Leipzig 906. Veit & Co. n. 1. —

Schiedsspruch im Lippischen Thronfolgestreit. Ergangen am 25. Okt. 1905 im Reichsgericht zu Leipzig. Detmold: W. Bruder (1905). (42 S.) 8° [F.] [06. 3703

Schiedt [Schlagwort]

Schiedt — Eigentlicher Grundriess der Inssel — in Ungarn. Sambt den Herumgrenzenten Haubtvestung und Orter, gegen den Türcken. Hipschmann sc. O. M. 1 Bl.

Schiedt [Verfasser]

Schiedt, Albert, aus Neckarrems (Württ.): Die **Jodometrie** von Ferrocyaniden, Rhodaniden und Xanthogenaten. *Stuttgart 1902: A. Bonz' Erben.* (60 S.) 8°
Freiburg i. B., Phil. Diss. v. 1902

Schief, R., über Aldehydadditions-Produkte und Nitrosothymol. Inaugural-Dissertation. 56 Stn. 8. Zürich, Druck von Orell Füssli & Co. 1876.

Schief-Levinche mit seiner Kalle oder polnische Wirthschaft. Hamb. 1848. V: *Schiff, Hermann Daniel.* (Schr)

Schiefelbein, M., geographische Fibel des Preuß. Staates. Für Preuß. Volksschulen bearb. 12. (VI u. 24 S.) Frankfurt a/O. 849, Hoffmann. 3 ngr

Schiefer, B. Die anorganische Chemie nach der neueren Theorie. 18 S. **Progr.** *Langensalza* 1876.

(**Schiefer,** B[ernhardus]): *De acido arsenico ejusque salibus nonnullis. (Versuche zur Darstellung von Pyroarseniksäure. — Versuche zur Auffindung einer Metarsensäure. — Ueber einige arsensaure Salze.) 17 Bl. 4° (2°)
Halle-Wittenberg, Phil. Diss. v. 7. Dez. 1863
Geb. [Eisleben 1. 4. 1836]
Ersch., unter dtsch. Uebers. des Anfangs, u. d. T.: Untersuchungen über Arsensäure und einige arsensaure Salze. In: Zeitschrift f. d. ges. Naturwissenschaften. Bd 23. Berlin 1864. S. 347—366.

Schiefer, C. G., Zeichenbuch f. Anfänger in d. Landschaftsmalerei. Mit Kpf. 4. Freiberg 804. Craz u. G. 2 ₰ 16 gr

— Zeichenbuch f. Anfänger im Landschaftszeichnen. Mit 6 ill. u. 6 schwarzen Kpf. 4. Dresd. 805. Arnold. 2 ₰

Schiefer, F. Walth., die religiösen u. ethischen Anschauungen des IV. Ezrabuches im Zusammenhang dargestellt. Ein Beitrag zur jüd. Religionsgeschichte. gr. 8. (VII, 76 S.) Leipzig 901. Dörffling & Franke. n. 1.20

Ohm **Michel,** der frühere Zellengefangene, ein Siegerländer Original. Erinnerungsblätter an August Michel in Weidenau, e. Patriarchen aus d. christl. Gemeinschaftsleben d. Siegerlandes, gesammelt von **H. Schiefer,** Neukirchen. *Neukirchen, Kr. Moers: Stursberg & Cie 1900.* (62 S.) 8° [F.] [00. 3434]

Schiefer, H., Ohm Michel, der frühere Zellengefangene, e. Siegerländer Original. Erinnerungsblätter an August Michel in Weidenau, e. Patriarchen aus dem christl. Gemeinschaftsleben des Siegerlandes, m. Hilfe mancher Freunde gesammelt. 2. verb. u. verm. Aufl. (5.—7. Taus.) 8. (64 S. m. 1 Bildnis.) Neukirchen 901. Missionsbuchh. Stursberg & Co. —50; kart. —75

Schiefer, Kajetan — Information für die Beamten des Stadtbauamtes über die bei Wassergefahren im Bereiche der k. k. Haupt- und Residenzstadt Wien eintretenden Geschäfte. Verfaßt und über Genehmigung des wohllöblichen Magistrats-Präsidiums zur Darnachachtung gegeben von — —. Wien, 1856. Druck von Karl Gerold's Sohn. (VII. 149 S. 8. Mit einem Plan der k. k. Haupt- und Residenzstadt Wien. Verhältniß zur Natur. 1 : 14,400.)

Schiefer, Karl Martin [aus Michelwitz]: Johann Sebastian Wieland's Leben und Werke m. bes. Berücks. s. deutschen Verskunst ... Leipzig, Druck v. Ramm & Seemann, 1892; 64 S., 2 Bl. 8.
Leipzig, Phil. Fak., Inaug.-Diss. v. [20. Apr.] 1892

Schiefer, (Karl Martin), Dr.: Prolog zum Gedächtnis des Königs Johann ... gesprochen bei d. Schulfest ... am 12. Dez. 1901. *Plauen i. V. 1902: Neupert.* (S. 53—54) 4°
Plauen i. V., st. RG m. R u. handelswiss. Oberkl, OP 1902 (617)

Schiefer, Martin, s. Schiefer, Karl Martin

Schieferbruch, J D
s. Alvensleben, L.v.: Novellen. 1831

Schieferdecker, Der. Nicht Fallstaf, nicht Eulenspiegel: Sondern ganz Er! ... O. O. 1792. V: *Bahrdt, Carl Frdr.* (Haydinger)

Schieferdecker, C., s. Schieferdecker, Kamilla

Schieferdecker, Fr. Cinna. Tragödie von Corneille übersetzt. 24 S. **Progr.** *Colberg* 1877.

Schieferdecker, G. A., Beicht- u. Communionbuch f. lutherische Christen. 16. (V, 220 S.) St. Louis, Mo., 890. (Zwickau, Schriftenverein.) Geb. in Leinw. n. 1. 60

Schieferdecker, G. A., Geschichte der ersten deutschen lutherischen Ansiedlung in Altenburg, Perry Co., Mo. Mit besonderer Berücksichtigung der dortigen kirchlichen Bewegungen geschrieben zur 25jährigen Gedächtnißfeier der Gründung Altenburgs. Wartburg 865. (Philadelphia, Schäfer & Koradi.) gr. 8. (93 S.) n. 16 ngr.

Schieferdecker, Johann David

Schieferdecker, J. D., de ritibus convocandi ad sacra, maxime apud veteres. Cizae 1701. 4.

Schieferdecker, Johann David [Praes.], s. Woog, Moritz Karl Christian: ... ritus convocandi ad sacra, maxime apud veteres.

Schieferdecker, Kamilla

Schieferdecker, Camilla, u. Schillmann, Olga: Heimatliche Erzählstoffe fürs zweite und dritte Schuljahr. (Bergische Sagen.) Elberfeld 1907: A. Martini & Grüttefien. (S. 4 bis 25.) 4°
Elberfeld-Südstadt, st. Mittel-S f. Mädchen P 1907 [711]

Schieferdecker, C., u. O. Schillmann, bergische Sagen. Heimatliche Erzählstoffe f. die Unter- u. Mittelstufe. Ausgewählt u. erzählt. (IX, 37 S.) 8. Elberfeld (907). W. Bacmeister. Kart. — 50

Bergische Sagen. Heimatl. Erzählstoffe f. d. Unter- u. Mittelstufe. Ausgewählt u. erzählt von C[amilla] **Schieferdecker** u. O[lga] Schillmann. Elberfeld: W. Bacmeister [1908]. (IX, 30 S.) 8° [F.] [08. 14140]

Schieferdecker, I. O., Geschichte des geistlichen Liedes von den ersten Anfängen bis Anfang des 16. Jahrhunderts.
Pr. d. Annen-Realschule zu Dresden 1866. 8

Schieferdecker (P). Indikationen und Kontraindikationen des Radfahrens. 1901. Leipzig. 8°. (83 S.) M. 1.20

SCHIEFERL, Franz, Schützen-G'stanzln. O. O. u. J. Verboten v. L.-G. Wien, 20. October 1868. § 516.

Schieferpergament-Zeichenbuch mit Vorlagen. In 5 Sorten. gr. 16. (à 8 Bl.) Wesel 877. Düms. cart. à — 60

Schieferpergament-Zeichenbuch mit Vorlagen. 8. (13 Taf.) Wesel 882, Düms. cart.

Schieferpergament-Zeichenschule. 8. (9 Bl.) Neu-Ruppin 877, Oehmigke und Riemschneider. *

Schieferstein, Hans, Intarsien. Kunstvolle eingelegte Ornamente aus dem XVI. Jahrh. 14 (Lichtdr.-)Taf. Fol. Berlin 886. Claesen & Co. In Mappe. n. 16. —

Schiefertafelbilder. I. u. II. gr. 16. (à 16 lith. S.) Wesel 876. Düms. à — 18

Schiefertafelbilder. 2 Hfte. 8. (à 16 S.) Wesel 879. Düms. à — 15

SCHIEFERTAFEL-BILDER zu deutschen Kinderliedern nach v. Arnim, Brentano und Simrock [u. A.] Leipzig, Romberg's Verlag [ca. 1852; dies der um ein Bild gruppierte Titel des Einbands, bezw. Or.-Umschlags). 24 Schwarz-Weiß-Lithographien, einschließlich eines Innentitels. Querfol. Gelber verzierter Or.-Karton m. Leinenrücken. 130.—
RümKB. 301. Einzige Ausgabe dieses höchst originellen Buches, mit Illustrationen von Kindersprüchen u. Kinderliedern in Schiefertafelzeichnungen, die die Signatur E. Engelmann oder O. H. tragen. Sehr selten. — Einband m. einigen Fleckchen, leicht gelockert. Gutes Ex. ★★

Schiefertafel-Bilder zu deutschen Kinder-Liedern, nach Arnim, Brentano, Simrock u. A. Berlin (858.) Bachmann. 4. (25 lith. Bl.) n. 10 ngr

— zur nützlichen Selbstbeschäftigung der Kinder. I—III. (Heft.) Wesel (854.) A. Bagel. 8. Jedes Heft von 8 lith. Bl. 2⅓ ngr

— zur nützlichen Unterhaltung für Kinder. Weißenfels (857.) Sueß. 8. (16 lith. S.) 4 ngr

Schiefertafelzeichnen, das, für Schule und Haus. Eine Festgabe für Kinder von 6 bis 9 Jahren. 20 (lithogr.) Bl. Hrsg. vom Bezirks-Lehrerverein Regensburg [Stadt]. qu. 4. (2 S. Text.) München 886, Oldenbourg. In Umschlag *

Schiefertafelzeichnen, das, f. Schule u. Haus. Eine Festgabe f. Kinder von 6 bis 9 Jahren. 20 Blatt. Hrsg. v. Bez.-Lehrerverein Regensburg (Stadt). qu. 4. (IV S. Text.) München (899). R. Oldenbourg. n. 2.—

Schiefertafelzeichnen, das, f. Schule u. Haus. Eine Festgabe f. Kinder von 6 bis 9 Jahren. 20 Bl. Hrsg. vom Bez.-Lehrerverein Regensburg (Stadt). 4. Aufl. (4 S. Text.) qu. 4. München (903). R. Oldenbourg. n. 2.—

Schieffelin, Sam. B., die Grundlagen der Geschichte oder eine Reihe erster Dinge. Uebers. nach der 6. Ausg. 8. (230 S. mit eingedr. Holzschn. und Stnt.) Berlin 880, Brochnow jun. *

Schieffelin, William Jay [aus New-York]: Ueber einige tetrahydrirte Diamine der Naphtalinreihe. . . . München, akad. Buchdr. v. F. Straub, 1889; 42 S. 8°
München, Phil. Fak., Inaug.-Diss. v. 1889

Schieffer, Eberhard

Schieffer, Everhard. (geb. Caster, Dez. 1805): Nonnulla de telis spuriis in corpore humano. Berolini (1831). (31 S.) 8°
Berlin, Med. Diss. v. 12. März 1831

Bericht über das Nafta führende Terrain West-Galiziens. Von **Emil Schieffer.** — Wien: Gründungs-Comité 1865. 14 S. 8°

Schieffer, Franc. Joseph. (geb. Cöln a. Rh. 20. 9. 1807):

Franciscus) Joseph(us) Schieffer: De Hydrope vesiculae felleae. Berolini (1829): Hortmann. 39 S. 8°
Berlin, Med. Diss. v. 22.Okt.1829

Schieffer, Heinrich, aus Köln: **Beitrag zur Kenntnis des Indens und des β-Hydrindons.** *Bonn 1898: C. Georgi.* (43 S.) 8°
Heidelberg, Naturw.-math. Diss. v. [10. Jan.] 1899

Schieffer, Johann

— Meßandachten rc. für d. kathol. Schuljugend, f. Jak. Wagner.

Schieffer, Joh., die kathol. Schuljugend im Tempel Gottes, s. Wagner, J.

Schieffer, Jh., s. Baco v. Verulam, Buch über die Weisheit.

Schieffer, Karl, aus Montabaur, Assistenzarzt im Inf.-Reg. Graf Werder (4. Rhein.) No 30: **Beitrag zur Shockwirkung bei Schrotschüssen.** *Bonn 1904: E. Eisele.* (33 S.) 8°
Bonn, Med. Diss. v. 22. Juni 1904

Schiefferdecker, Wilh. Friedr. Gedächtnissrede auf W. F. S., s. Stieda, Ludw.

Schiefferdecker, Paul

Schiefferdecker, P., die Gewebe d. menschlichen Körpers, s.: Behrens, W.

Indikationen und Contraindikationen des Radfahrens. Von Paul Schiefferdecker, Prof., Bonn. *Leipzig: S. Hirzel 1901.* (83 S.) 8° (n. 1.20)

Schiefferdecker, P., Muskeln u. Muskelkerne. (IX, 317 S. m. 20 Abb.) gr. 8. Leipzig 909. J. A. Barth. 10.—; geb. in Leinw. 11.—

Schiefferdecker, P., Neurone u. Neuronenbahnen. (VIII, 323 S. m. 80 Abbildgn.) gr. 8. Leipzig 906. J. A. Barth. n. 11.—; geb. in Leinw. n. 12.—

— das Radfahren u. seine Hygiene. Nebst e. Anh.: Das Recht des Radfahrers v. Schumacher. gr. 8. (X, 538 S. m. 328 Abbildgn.) Stuttgart 900. E. Ulmer. n. 8.—; geb. in Leinw. n. 9.—

Hinauf gen Jerusalem! Die fünfzehn Wallfahrtslieder – Psalm 120 bis 134 mit Zeugnissen f. ihre Wahrheit u. Kraft den Mitpilgern nach Zion dargeboten von [Richard] **Schiefferdecker,** Superint. a. D. Nebst e. Anh.: 'Hinauf gen Jerusalem!' als Losung d. Jerusalem-Vereins. Königsberg i. P.: Ev. Buchh. d. ostpr. Provinzialver. f. innere Miss. 1907. VIII, 102 S. 8° (n. 1.25)

W. SCHIEFFERDECKER, Bericht über die vom Verein für wissenschaftliche Heilkunde in Königsberg in Preussen angestellten Beobachtungen über den Ozongehalt der atmosphärischen Luft und sein Verhältniss zu den herrschenden Krankheiten. (Mit 15 lith. Tafeln.) (Aus dem Julihefte des Jahrganges 1855 der Sitzungsberichte der mathem.-naturw. Classe der kais. Akademie der Wissenschaften [Bd. XVII, S. 191] besonders abgedruckt.) s. l. & a. 8°.

Schiefferdecker, W., Bericht über die vom Verein für wissenschaftliche Heilkunde in Königsberg in Preussen angestellten Beobachtungen über den Ozongehalt der atmosphärischen Luft u. sein Verhältniss zu den herrschenden Krankheiten. Mit 15 lith. Taf. (in 4. u. Fol.) (Aus d. Sitzungsberichten d. k. Akad. d. W.) Wien 855. (Gerold.) gr. 8. (49 S.) n. 1 ₰. 18 ngr

Schiefferdecker, W., die Choleraepidemie vom J. 1871 in Königsberg. Bericht im Auftrag d. Vereins f. wissenschaftl. Heilkunde bearb. u. hrsg. Mit 2 graph. Darstellgn. gr. 8. (75 S.) Königsberg 873. Bon's Buchh. n. 2.—

Schiefferdecker, W., die Choleraepidemien in Königsberg. Bericht im Auftrage d. Vereins f. wissenschaftliche Heilkunde bearb. u. hrsg. Mit 6 (lith. u.) color. Plänen, 1 (lith.) Profil u. 4 (lith.) graph. Darstellungen (in gr. 8., qu. gr. 4. u. Fol.) Königsberg 868. Bon's Buchh. Lex.-8. (XIII, 177 S.) n. 2 ₰

Dem Geheimen Medicinalrath Professor Herrn Doctor Georg Hirsch zur Feier seines fünfzigjährigen Doctor-Jubiläums am 17. December 1869 von dem Verein für wissenschaftliche Heilkunde zu Königsberg. Ueber den Einfluss der acuten Hautausschläge auf die Kindersterblichkeit von W. SCHIEFFERDECKER. Königsberg. Bon's Buch- und Musikalien-Handlung. A. a. d. Umschlagtitel: W. SCHIEFFERDECKER, Ueber den Einfluss der acuten Hautausschläge auf die Kindersterblichkeit. ib. 1870. — 4°.

— über den Einfluss der acuten Hautausschläge auf die Kindersterblichkeit. Ebend. 870. gr. 4. (IV, 36 S.) n. 15 ngr.

—— über die Ernährung der Bewohner Königsbergs und anderer grosser Städte. Ein Vortrag. gr. 8. (88 S.) Königsberg 869, Koch. *

— die Wasser-Versorgung großer Städte u. die neue Wasserleitung für Königsberg. Ein Vortrag, gehalten in der Königl. physikalisch-ökonomischen Gesellschaft am 6. October 1865. [Aus: Altpreußische Monatsschrift.] Ebend. 865. gr. 8. (47 S.) n.n. 6 ngr.

Schiefferens, Matthias, (gepr. Kand. d. höh. Lehramtes) aus Bettenfeld, Bez. Trier: Quellenmäßige Darlegung der Lehre von der Willensfreiheit bei Thomas von Aquin mit Berücksichtigung derselben Lehre bei Duns Skotus. Münster i. W. 1904: J. Bredt. (43 S.) 8°
Erlangen, Phil. Diss. v. 4. Juli 1904

Schiefler, Gust., der Kaiser, die neue Kultur u. die deutschen Einzelstaaten. 8. (30 S.) Hamburg 902. A. Janssen. n. — 60

Schiefler, Gust., Hamburgische Kulturaufgaben. gr. 8. (VIII, 94 S.) Hamburg 899. A. Janssen. n. 1. 60

Schiefler, Gust., Verzeichnis des graph. Werks Edvard Munchs bis 1906. (VI, 147 S. m. 6 Taf.) gr. 8. Berlin 907. B. Cassirer. Bar 20. --

-- Das graphische Werk v. Max Liebermann. (75 S. m. Abb. u. 6 Taf.) Lex. 8. Ebd. 907. Geb. 20.—; Luxusausg. nn 30. —

Schiefner, Anton, Beiträge zur Kritik des Bhartrhari aus Çârngadhara's Paddhati. (Lu le 4 juin 1847.) [Aus dem BAP. T. IV. No. 18.]

Schiefner, A., ausführlicher Bericht über des Generals Baron Peter v. Uslar abchasische Studien, s. a. Mémoires de l'académie impér. des sciences de St.-Pétersbourg. 7. Serie, Tome VI. Nr. 12.

Schiefner, A., Ausführlicher Bericht über des Generals Baron Peter von Uslar abchasische Studien. [MAP. VIIe Série. Tome VI, No. 12] St.-Petersburg 1863. 4°.

Schiefner, A., ausführlicher Bericht üb. Baron P. v. Uslar's awarische Studien, s. a. Mémoires de l'académie impériale des sciences de St. Petersbourg.

Schiefner, A., Ausführlicher Bericht über Baron P. v. Uslar's awarische Studien. [MAP. VIIe Série. Tome XVIII, No. 6.] St.-Pétersbourg 1872. 4°.

— ausführlicher Bericht üb. Baron P. v. Uslar's hürkanische Studien, s. a. Mémoires de l'Académie impér. des sciences de St. Pétersbourg.

Schiefner, A., Ausführlicher Bericht über Baron P. v. Uslar's hürkanische Studien. [MAP. VIIe Série. Tome XVII, No. 8.] St.-Petersbourg 1871. 4°.

—— ausführlicher Bericht über Baron Peter v. Uslar's kasikumükische Studien, s. a. Mémoires de l'académie impér. des sciences de St.-Pétersbourg. VII. Série, Tome X. Nr. 12.

Schiefner, A., Ausführlicher Bericht über Baron P. v. Uslar's kasikumükische Studien. [MAP. VIIe Série. Tome X, No. 12.] St. Petersburg 1866. 4°.

-- ausführlicher Bericht üb. Baron P. v. Uslar's kürinische Studien, s. a. Mémoires de l'académie impériale des sciences de St.-Pétersbourg.

Schiefner, A., Ausführlicher Bericht über Baron P. v. Uslar's kürinische Studien. [MAP. VIIe Série. Tome XX, No. 2.] St.-Pétersbourg 1873. 4°.

Schiefner, Anton, Bericht über die neueste Büchersendung aus Peking. [SA. aus dem BAP. T. VIII. No. 1. 2.] [St. Petersburg 1851.]

Schiefner, A., Bericht über die wissenschaftliche Thätigkeit des Herrn Prof. Wassiljew. [Mélanges asiatiques T. II.] [St. Petersburg 1854.]

—— s. Bharatae responsa tibetice.

Schiefner, A., über das Bonpo-Sûtra: „Das weisse Nâga-Hunderttausend", s. Mémoires de l'Académie impériale des sciences de St.-Pétersbourg.

Schiefner, Ant., Ergänzungen u. Berichtigungen zu Schmidt's Ausgabe des Dsanglun. Imp. 4. (95 S.) St. Petersburg 852. Leipzig, Voss. n. n. 1 1/3 ₰

—— Heldensagen der Minussinschen Tataren rhythmisch bearb. Lex.-8. (XLVII und 432 S.) St. Petersburg 859. Leipzig, Voss. * *

Schiefner, A.: Kalewala. Das Nationalepos der Finnen. 8°. 1 Bd. J. C. Frenckel & Sohn. Helsingfors. 1852

Von dem Knaben, der ohne Sattel auf dem schwarzen Ochsen ritt. (Dem Mongolischen nacherzählt.) [Von A. Schiefner.] [St. Petersb. Ztg. 1849, No. 79.]

Schiefner, A., et A. Weber, variae lectiones ad Bohlenii editionem Bhartriharis sententiarum pertinentes, e codd. extractae. 4maj. (26 S.) Berolini 850, Dümmler. *

— Mahâkâtjâjana u. König Tshanda-Pradjota, s. Mémoires de l'Académie Imp. des Sciences de St.-Pétersbourg.

Schiefner, A., Ueber den Mythengehalt der finnischen Märchen. [Aus den Mélanges russes T. II.] [St. Petersburg 1855.]

Schiefner, A., Zum Mythus vom Weltuntergange. [Aus dem Bulletin hist.-phil. T. XVI, No. 29. 36.] [St. Petersburg 1859.]

Schiefner, A., Nachträge zu den von O. Böhtlingk und I. J. Schmidt verfassten Verzeichnissen der auf Indien und Tibet bezüglichen Handschriften und Holzdrucke im Asiatischen Museum der Kais. Akademie der Wissenschaften. [Aus dem BAP. T. V. No. 10.] [St. Petersburg] o. J.

—— über Pluralbezeichnungen im Tibetischen, s. a. Mémoires de l'Académie impériale des sciences de St.-Pétersbourg.

— — Über Pluralbezeichnungen im Tibetischen. (Lu le 20 septembre 1877.) [MAP. VIIe série. Tome XXV, No. 1.] St. Pétersbourg 1877. 4°.

Schiefner, Anton, Tibetische Studien. [Aus dem BAP. T. VIII. No. 14, 17, 19, 21 u. 22. 1851.]

—— Tschetschenzische Studien, s.a. Mémoires de l'académie impér. des sciences de St.-Pétersbourg. 7. Serie, Tome VII. Nr. 5.

Schiefner. A., Tschetschenzische Studien. Petersb. 4. *VIII u. 72 p.*
Schul-/Univ.-Schrift 1864

—— s. Târanâtha.

Schiefner. Anton, Ueber das Thier Tarvas im finnischen Epos. Eine nachträgliche Bemerkung über den Tarvas. Noch ein Wort über den Tarvas. [Extrait du BAP. T. V. No. 7. T. VI. No. 18 und 24.] [St. Petersburg 1848. 1849.

—— awarische Texte, s.a. Mémoires de l'Académie impériale des sciences de St. Pétersbourg.

Texte. Awarische. Herausgegeben von A. Schiefner. [MAP. VIIe Série. Tome XIX. No 6.] St.-Petersburg 1873. 4°.

Schiefner, A., Ueber die Verschlechterungsperioden der Menschheit nach buddhistischer Anschauungsweise. [Aus dem Bull. histor.-philol. T. IX. No. 1.] [St. Petersburg 1851.]

Schiefner, Ant., carminis Indici „Vimalapraçnottararatnamâlâ" versio Tibetica. Fol. (26 S.) St. Petersburg 858. (Leipzig, Voss.) * *

—— Versuch über das Awarische, s.a. Mémoires de l'académie impér. des sciences de St.-Pétersbourg. 7. Série, Tome V. Nr. 8.

— — Versuch uber das Awarische. [MAP. VIIe Série. Tome V. No. 8.] St. Petersburg 1862. 4°

—— Versuch über die Sprache der Uden, s.a. Mémoires de l'académie imper. des sciences de St.-Pétersbourg. 7. Série, Tome VI. Nr. 8.

Schiefner, A., Versuch uber die Sprache der Uden. [MAP. VII. Série. Tome VI. No. 8.] St. Petersburg 1863. 4°.

— Versuch über die Thusch-Sprache oder die khistische Mundart in Thuschetien. (Aus den Mémoires de l'Acad. des Sciences de St. Pétersbourg.) St. Petersburg 856. (Leipzig, Voss.) gr. 4. (160 S.) un. 1 *n*ß. 28 *ngr*

Schiefner, Anton. Ueber die logischen und grammatischen Werke im Tandjur (Lu le 3 septembre 1847.) [Aus den BAP. T. IV. No. 18. 19.]

Schiefner, A., Ueber die ethnographische Wichtigkeit der Eigenthumszeichen. (Aus den Mélanges russes. T. II.) [St. Petersburg 1855.]

Schiefordegher, Bernhard (Breslau) A. S. 1146/44

Dissertatio medico-chirurgica solennis, de herniis. Utrecht (vande Water) 23. XII. 1700. 22 S.

30389

Schiefthaler, Frz., Entwurf f. e. eingebautes Wohnhaus. Vorlagenwerk zum Gebrauche an gewerbl. Fortbildungsschulen. Im Auftrage des k. k. Minist. f. öffentl. Arbeiten hrsg. (25 Taf.) 52×38 cm. Mit Text. (IV S. u. 18 Bl. m. 1 Taf.) 31×24,5 cm. Wien (910). K. Graeser & Co. In Mappe 22. —

Schiefthaler, F., Vorlagen f. das elementare Fachzeichnen der Tischler zum Unterrichte an gewerbl. Fortbildungsschulen u. Handwerkerschulen. qu. Fol. (20 farb. Taf. m. 1 Bl. Text.) Wien 897. A. Pichler's Wwe. & Sohn. In Mappe n. 15. —

Schiege's kleine u. große Zeitwerts-Tabelle f. verschiedene fällige Bauaufwendungen. (Je 1 Bl.) 10,5×17,5 cm. Dresden (909). H. Burdach. à — 20; auf Leinw. in Brieftaschenformat à — 40; beide Tle. auf 1 Bl. — 40; auf Leinw. in Brieftaschenformat — 80

Schiege, Werner, Referendar: Die Schiffsgewalt. Borna-Leipzig 1910: Noske. IX, 72 S. 8°
Leipzig, Jur. Diss. v. 10. Mai 1910
[Geb. 1. April 82 Groitzsch; Wohnort: Dresden; Staatsangeh.: Sachsen; Vorbildung: Vitzthumsches Gymn. Dresden Reife O. 02; Studium: Lausanne 1, Leipzig 1, Freiburg i. B. 1, Leipzig 5 S.; Rig. 17. Juli 06.] [U 10. 3860

Schiege, Wilh., d. Wegekrümmungen. Unter bes. Rücksichtnahme auf Langholzverkehr u. auf die Gestaltg. d. Wegeverbindgn. in bebauten Ortstheilen z. Gebrauche f. Strassen-, Eisenbahn- u. Forstbeamte, Stadtbauämter, Geometer u. s. w. bearb. M. 4 Text-Abb., 12 Tab. u. 3 Taf. 12. (48 S.) Freiberg 896. Craz & Gerlach. Kart. n. 1. 60

Schiegg, Ulr., († d. 15. Sept. 1808.) üb. Reibung u. Steifigkeit d. Seile, als Hinderniß d. Bewegung bei Maschinen. Mit Kpf. 8. Salzb. 796

Schiegnitz, Karl Georg

Schiegnitz, Car. Georg. (geb. Halberstadt 22. 4. 1806): De methodo diaphoretica. Berolini (1828). (23 S.) 8° Petsch.
Berlin. Med. Diss. v. 23. Okt. 1828

Schick, J., ein Herr, ein Glaube, eine Taufe. Unser Bekenntniß. 8. (16 S.) Hamburg 876, Koch.

Schick, J., Ein Herr, Ein Glaube, Eine Taufe. Unser Bekenntniß. 2. Aufl. 8. (16 S.) Hamburg 879, Koch. -

SCHIEKOFER, Rupert (Niederaschau): "Aegrorum saluti". Das Musterungsgeschäft, ein Bild der physischen Beschaffenheit der Gesamtbevölkerung. (Titel nach der Urkunde)
25.7.1904 - Urk; Chr 1904/05,12
Diss.Ingolst.-Landsh.-Mchn.

Schiekopp, Julius

Schiekopp, J. Litauische Elementargrammatik. I. Teil: Formenlehre. 72 S. II. Teil: Satzlehre (Syntax). 44 S. G. *Tilsit* 1879. 1881.
Progr.

Schiekopp, J., litauische Elementar-Grammatik. 2 Thle. 4. (72; 40 S.) Tilsit 881, (Schubert und Seidel.) **

Kurschat, Alexander, Prof.: Litauische Elementar-Grammatik von J[ulius] Schiekopp, Prof. 2. Aufl., durchgesehen. (T. 1: Formenlehre.) *Tilsit 1901: O. v. Mauderode.* (97 S.) 8° [Ant. u. F.] ¶[Aufl. 1 erschien als P-Beil. 1879 u. 81.]
Tilsit, k. G, OP 1901 (16)

Kurschat, Alexander, Prof.: Litauische Elementar-Grammatik von J[ulius] Schiekopp, Prof. 2. Aufl., durchgesehen. T. 2: Syntax. *Tilsit 1902: O. v. Mauderode.* (S. 99—148.) 8° [Ant. u. F.] ¶[Forts. d. P-Beil. 1901. — Die 1. Aufl. erschien als P-Beil. 1879 u. 81.]
Tilsit, k. G, OP 1902 (16)

Schiekopp, J., litauische Elementar-Grammatik. 2. Aufl., durchgesehen v. Alex. Kurschat. 2 Tle. (148 S.) 8. Tilsit 901. 02. (M. Bergens.) 3. —

Schiekopp: Die Hebraismen des Neuen Testaments. I.II. 35 S.–Tilsit, Progr. 1859, 1860.

Schiekopp, Jul., die evangelisch-kirchliche Lehrfreiheit. Ein Vortrag gehalten auf der Synodal-Conferenz zu Tilsit am 26. Septbr. 1866. Gotha 867. F. A. Perthes. gr. 8. (85 S.) n. 10 *ngr*

— acht apologetische **Vorträge** über die Person Jesu Christi, mit Rücksicht auf die neuesten Schriften von Strauß, Renan, Schenkel u. A., nebst einem Vorwort von Moll. Königsberg 866. Gräfe & Unzer. gr. 8. (XVIII, 260 S.) n. 1 ℛ 20 ngr.

Schiel. Vide: Zeitung (Demokratische).

Beiträge zur Geschichte des Mädchen-Schulwesens. Festschrift z. Erinnerung an d. Zentralisierung d. Hildesheimer kath. Schulen vor 50 Jahren, am 1. Okt. 1860. Von Adelbert **Schiel**, Rektor. Hildesheim: Borgmeyer 1910. 94 S. 8° [11. 10234 7

Schiel, Alb., Ignaz v. Felbiger u. Ferdinand Kindermann, s. a. **Klassiker**, die pädagogischen. 6. I.

Ignaz v. Felbiger und Ferdinand Kindermann. **Ihr Leben** u. ihre Schriften. Von Adelbert **Schiel**. Seminarl. in Montabaur. T. 1. 2. *Halle a. S.: H. Schroedel 1902.* 2 Bde 8° [F.]
— **Klassiker**, Die pädagogischen. Bd 6, T. 1. 2. [04. 1.726

Schiel, Adelb., **Geschichte** v. Erfurt u. Umgegend. Zugleich heimatgeschichtl. Ergänzungsheft zur deutschen Geschichte von H. Weigand u. A. Tecklenburg, sowie zur Geschichte der Prov. Sachsen v. H. Heine. gr. 8. (61 S.) Hannover 899. C. Meyer. n. — 40

— Geschichte f. katholische, bezw. konfessionell gemischte Schulen, s.: **Hirt's**, Ferd., neues Realienbuch. (Tromnau, Frdr.)

Schiel, Adb., **Geschichts-Büchlein** der vaterländischen Geschichte. Für die Hand der Schüler auf der Mittelstufe. 12. (III, 83 S.) Heiligenstadt 893. F. W. Cordier. n. — 20

Schiel, Adb., **Geschichts-Büchlein** der vaterländ. Geschichte. Für d. Hand der Schüler auf der Mittelstufe. 2., verb. Aufl. 8. (39 S.) Heiligenstadt 895. F. W. Cordier. n. — 20

Schiel, Adelb., Geschichtsbüchlein der vaterländ. Geschichte. Für die Hand der Schüler auf der Mittelstufe. 3., verb. Aufl. (44 S. m. Abbildgn.) gr. 8. Heiligenstadt 903. F. W. Cordier. n. — 20

— **Geschichts-Büchlein** der vaterländischen Geschichte. Für die Hand der Schüler auf der Mittelstufe. 4., durchgeseh. Aufl. (71 S. m. Abb.) 8. Heiligenstadt 908. F. W. Cordier. — 30

— **Heimatkunde** des Reg.-Bez. Erfurt. Mit e. Karte des Regierungsbezirks u. e. Plan der Stadt Erfurt. gr. 8. (31 S.) Gera 900. Leipzig, Th. Hofmann. n. — 25

— das katholische **Kirchenjahr**. Erklärung d. hl. Zeiten u. Feste. Zum Gebrauche in Volks- u. Bürgerschulen. 8. (40 S.) Ebd. 894. n. — 20

Schiel, A., Lehrbuch f. den Geschichtsunterricht in Lehrerbildungsanstalten, s.: **Beck**, A. K. u. **Dahmen**.

— **Die deutsche Lektüre** im Seminar. Ein Wiederholungsbuch f. Seminaristen. 3 Tle. 8. Paderborn, F. Schöningh. 2. 80
1. Lehrstoff der III. Seminarklasse. (IV, 86 S.) 910. — 80
2. Lehrstoff der II. Seminarklasse. (VI, 99 S.) 910. 1. —
3. Lehrstoff der I. Seminarklasse. (VI, 99 S.) 911. 1. —

Schiel, A., die Siebenbürger Sachsen, s. **Sammlung** gemeinnütziger Vorträge.

— **Tabelle** zur Geschichte der Pädagogik. Ein Wiederholungsbuch f. Seminaristen u. Lehrer. (73 S.) 8. Ebd. 910. 1. —

Schiel, Adf., 23 Jahre Sturm u. Sonnenschein in Südafrika. Mit 39 Abbildgn., darunter 20 Sep.-Bilder, e. Karte u. e. Schlachtplan. gr. 8. (592 S.) Leipzig 902. F. A. Brockhaus. n. 9. —; geb. in Leinw. n. 10. —
Erschien auch in 18 Lfgn. à n. — 50.

Schiel, Alb. Demosthenes. Eine Studie. Zwei Hälften. 30, 37 SS. **Progr.** *Kronstadt* 1884. 1885.

Schiel, Albert: Ignaz v. Felbiger und Ferdinand Kindermann, s. Schiel, Adelbert

Schiel, Albert, Lexen, Friedrich und Groß, Julius: Eine Schulreise nach Athen. I. Von Kronstadt nach Athen. Schulreiseerinnerungen. II. Das alte und das neue Konstantinopel. (Vortrag, gehalten in dem grofsen Hörsaal des evang. Obergymnasiums am 17. März 1899.) III. Athen. (Umschlagtitel: I. Athen . . . Konstantinopel. III. Athen.) 4 (51 S.).
Progr. Ev. G. A. B. u. verb. Lehranstalten *Kronstadt* 1899
I. von Schiel. II. von Lexen. III. von Groß

Schiel, Albert: Die polit. Zustände Europas am Ausgange d. Mittelalters. *Kronstadt 1898.*
in: **Zeit,** Aus d., d. Reformation . . . Festschr. z. Honterusfeier. [98. 1235

Schiel, Friedr.: Zur Frage des lateinischen Sprachunterrichtes an unseren Gymnasien. – Kronstadt ev., Progr. 1855.

Schiel, Friedrich Lehrbuch der Geographie für die unteren Klassen der Mittelschulen. (Umschlagtitel: . . . erste Hälfte). 4 (S. 3—41). Schlufs. 4 (S. 3—40).
Progr. Ev. G. A. B. u. damit verb. Lehranst. *Kronstadt* 1893. 1894.

Schiel, Frdr., Lehrbuch d. Geographie f. d. unt. Klassen d. Mittelschulen u. verwandte Lehranstalten. gr. 8. (VII, 109 S.) Kronstadt 896. H. Zeidner. Geb. n.n. 1. 40

Schiel, Frdr., **Lehrbuch der Geographie** f. die unteren Klassen der Mittelschulen (u. verwandte Lehranstalten). 3., umgeänd. u. erweit. Aufl. (V, 208 S. m. 3 Fig.) 8. Brassó (Kronstadt) 909. H. Zeidner. Geb. 2. 20

Schiel, Frdr., Lehrbuch der Weltgeschichte (Mittelalter u. Neuzeit) f. die unteren Klassen der Mittelschulen u. verwandte Lehranstalten. gr. 8. (III, 123 S.) Hermannstadt 894. L. Michaelis. Geb. n. 1. 60

Schiel, Frdr., Lehrbuch der Weltgeschichte (Mittelalter u. Neuzeit) f. die unt. Klassen der Mittelschulen u. verw. Lehranstalten. 2. Aufl. (IV, 186 S.) 8. Nagyszeben (Hermannstadt) 904. F. Michaelis. Geb. n. 2. —

— **Lehrbuch der Weltgeschichte** (Mittelalter u. Neuzeit) f. die unteren Klassen d. Mittelschulen u. verwandte Anstalten. 3. erweit. Aufl. (IV, 148 S.) 8. Nagyszeben (Hermannstadt) 909. F. Michaelis. Geb. 2. —

— **Reisebilder** aus Nordamerika u. Westindien. Nach Tagebuchblättern. (136 S. m. Abbildgn. u. Titelbild.) 8. Kronstadt 909. W. Hiemesch. 1. 50

Schiel, Fr., sächsisches Volksliederbuch, s.: **Herfurth**, Fr.

Schiel, Heinr., Grundzüge d. Pflanzenkunde nach ihrem gegenwärt. Zustande, mit Rücksicht auf Medicin u. Pharmacie dargestellt. gr. 8. (18½ B.) Güns 838, [Reichard u. Söhne.]

Schiel, Henri, le Pape et l'Italie, s. **Pape**, le.

Schiel, J. (I.), Anleitung zur organischen Analyse und Gasanalyse. gr. 8. (VIII und 264 S. mit eingedr. Holzschn.) Erlangen 860, Enke's Verlagsh.

— — Einleitung in das Studium der organischen Chemie. gr. 8. (XX und 292 S. mit eingedr. Holzschn.) Erlangen 860, Enke's Verlagsh. *

Schiel, J., die Methode der inductiven Forschung als die Methode der Naturforschung in gedrängter Darstellung hauptsächlich nach John Stuart Mill. Braunschweig 865. Vieweg & Sohn. gr. 8. (VIII, 184 S.) n. 24 *ngr.*

Schiel, J. (II.), Reise durch die Felsengebirge und die Humboldtgebirge nach dem stillen Ocean. Eine Skizze. br. 8. (III und 139 S.) Schaffhausen 859, Brodtmann'sche Buchh.

Schiel, Joh., die Erzeugung u. Verwendung des überhitzten Dampfes. Mit 70 Fig., 32 Abbildgn. u. 2 Taf. (IV, 125 S.) Lex. 8. Wien 907. Spielhagen & Schurich. 5. —

*Schiel, R[ichard]: Zur Anwendung der Kegelschnitte auf physikalische Fragen im Gymnasialunterrichte. Mit 12 Textfiguren. S. 169 bis 196. 8.
In: Novae symbolae Joachimicae. Festschrift aus Anlaß des 300 jähr. Jubil. veröffentl. v. d. Lehrer-Kollegium des Kgl. Joachimsthalschen Gymn. *Berlin* 1907.
Progr.

Schiel, R., zur Anwendg. der Kegelschnitte auf physikalische Fragen im Gymnasialunterrichte. (28 S. m. 12 Fig.) gr. 8. Halle 907. Buchh. des Waisenhauses. — 80
Sonderabdruck aus: „Novae symbolae Joachimicae".

Schiel, Richard Über Kreisschnittflächen, die aus Oberflächen zweiter Ordnung abgeleitet werden können. 4 (31 S.).
Progr. Joachimsthalsches G. *Berlin* 1887 (52)

Schiel, Sam., Uebungsbuch f. d. ersten Unterricht in d. latein. Formenlehre. 1. u. 2. Curs. 8. (11¾ B.) Kronstadt 843, 44, (Németh's Buchh.)
Einzeln 1. Curs. * 10 Ngr.; 2. Curs. * 12 Ngr.

Schiel, Sam. Traugott, die Theses Dr. Mart. Luthers an das Geschlecht unserer Zeit. Reformationspredigt, gehalten in der evangel. Pfarrkirche zu Kronstadt im Jahre 1868. Kronstadt 868. (Hermannstadt, Michaelis.) gr. 8. (18 S.) n. 4 *ngr.*

Schiela, Ludwig: Die Produktivgenossenschaften in München. München 1909: Seitz. 97 S. 8°
München, Staatswirtsch. Diss. v. 8. März 1909, Ref. Brentano
[Geb. 12. April 81 Dachau; Wohnort: Dachau; Staatsangeh.: Bayern; Vorbildung: Gymn. Freising Reife Juni 00; Studium: Freising Lyz. Theol. 6, Phil. 2, Staatsw. München 4 S.; Rig. 8. März 09.] [U 09. 3373

Schjelderup, Gerh., u. Walt. **Niemann**, Edvard Grieg. Biographie u. Würdigg. seiner Werke. (V, 201 S. m. 2 Abbildgn., 11 Taf. u. 2 Fksms.) 8. Leipzig (908). C. F. Peters. 6. —

Norwegische Hochzeit. ⟨Bruderovet.⟩ Musikdrama in 2 Akten von Gerhard **Schjelderup**. Klav.Ausz. von Egon Pollak u. Dr. W. Zemanek. Mit deutschem u. norweg. Text. *Leipzig: Breitkopf & Härtel (1900).* (118 S.) 4° [01. 9820

Schjelderup, Gerh., die Opferfeuer, s.: Gjellerup, Karl.

Schiele, Predigt am Friedensdankfeste 1866 gehalten zu Zeitz. Zeitz 866. Huch. 8. (14 S.) n.n. 2½ *ngr.*

Schiele, Rede am Kriegerfeste in Zeitz. 3. Juli 1870 gehalten. gr. 16. (8 S.) Zeitz 870, Huch.

Schiele, Alb., Abwasserbeseitigung v. Gewerben u. gewerbreichen Städten unter hauptsächlicher Berücksicht. Englands, s. a. Mitteilungen aus der königl. Prüfungsanstalt f. Wasserversorgung u. Abwässerbeseitigung zu Berlin. 11. Heft.

Abwasserbeseitigung von Gewerben und gewerbereichen Städten unter hauptsächl. Berücks. Englands. Von Dr.-Ing. Albert **Schiele**. Mit 170 Abb. u. 27 Zahlentaf. sowie ausführl. Sach-, Orts- u. Namenverzeichn. Berlin: Hirschwald 1909. XXVIII, 932 S. 8°
(Mitteilungen aus d. Kgl. Prüfungsanstalt f. Wasserversorgung u. Abwässerbeseitigung zu Berlin. H. 11.) [09. 14263 II

Schiele, Albert, Kgl. Bauinsp., Mitglied d. Kgl. Prüfungsanstalt f. Wasserversorgung u. Abwässerbeseitigung zu Berlin: Die Abwasserfrage in der englischen Gesetzgebung und Verwaltung mit besonderer Berücksichtigung des gewerblichen Abwassers. Mit 9 Abb. Berlin: (Hirschwald) 1908. VIII, 178 S. 8° ¶ Vollst. u. d. T.: Abwasserbeseitigung von Gewerben und gewerbereichen Städten unter hauptsächlicher Berücksichtigung Englands, als: Mitteilungen aus d. Kgl. Prüfungsanstalt f. Wasserversorgung u. Abwässerbeseitigung. H. 11.
Dresden, Dr.-Ing.-Diss. v. 3. 6. 1908

— Beseitigung v. gewerblichem Abwasser innerhalb der bebauten Stadtgebiete. Vortrag, geh. vor dem Verein f. Wasserversorgg. u. Abwässerbeseitigg., E. V., am 27. V. 1909 im Architektenhause zu Berlin. (12 S.) gr. 8. Berlin 909. C. Heymann. — 30

— s.: Wasser u. Abwasser.

Schiele, August (geb. Drossen i. d. Neum. 10. 8. 1849): Ueber Vergiftung durch Kohlenoxyd. Berlin (1872). (32 S.) 8°
Berlin, Med. Diss. v. 20. Aug. 1872

Schiele, C., kurzgefaßte Grammatik der deutschen Sprache f. Russen. Etymologie, Syntax, Orthographie. Deutsche Ausg. (VIII, 86 S.) 8. Riga 906. J. Deubner. n. 1. —

Schiele, C. kurzgefaßte Grammatik der deutschen Sprache f. russische Lehranstalten. Etymologie, Syntax, Orthographie u. als Anh.: Abriß der Satzbildg. in Beispielen. Deutsche Ausg. 3. Aufl. (VII, 106 S.) gr. 8. Riga 910. G. Renner. 1.20; geb. 1. 35;
in russischer Sprache (VII, 99 S.) 1.20; geb. 1. 35

Schiele, C. F. W., s. Schiele, K. F. W.

Schiele, E., Syntax der französischen Sprache, s.: Ehrhart, E., u. G. Blanck.

Schiele, die Vereinfachung des Unterrichts in d. französischen Syntax. Nach den Erlassen des Unterrichtsministers Leygues v. 31. VII. 1900 u. 26. II. 1901. (2 Vorträge, geh. am 27. I. u. 4. V. 1901.) gr. 8. (34 S.) Stuttgart 901. W. Kohlhammer. n. — 40
Sonderabdruck aus: „Neues Korrespondenzbl. f. d. Gelehrten- u. Realschulen Württembergs".

Schiele, E. W., Dr. med. in Naumburg a. S. 1900
s. Schiele, Georg Wilhelm. [00. 9381

Schiele, Ed., Friedrich Friesen. Eine Lebensbeschreibung nebst Bildniß desselben. (Holzschntaf.) gr. 8. (26 S.) Berlin 875. F. Duncker. n.n. — 50

Schiele, Eduard. Albert. (geb. Rinteln 28. 11. 1804): De pollutionibus. Berolini (1828). (32 S.) 8°
Berlin, Med. Diss. v. 6. Mai 1828

Schiele, Eugen: Über den Betrieb und die Endziele des französichen Unterrichts in der Höheren Handelsschule. Stuttgart 1909: Strecker & Schröder. 29 S. 4°
Stuttgart, k. Friedrich-Eugens-R P 1909 (816) [S 09. 398

Schiele, Frdr. Mich., die Bibel u. ihre Surrogate in der Volksschule. gr. 8. (47 S.) Frankfurt a/M. 900. Kesselring. n. — 80

Schiele, Frdr. Mich., deutsche Dichter von Luther bis Klopstock. Schulausg., zum Gebrauch in Lehrer- u. Lehrerinnen-Seminaren hrsg. 4. Aufl. (49 S. m. 2 Abb.) gr. 8. Leipzig 908. Dürr'sche Buchh. — 60

— s.: Dürr's deutsche Bibliothek.

— Die kirchliche Einigung des evangelischen Deutschland im 19. Jahrhundert, s.a. Sammlung gemeinverständlicher Vorträge u. Schriften aus dem Gebiet der Theologie u. Religionsgeschichte.

Die kirchliche Einigung des Evangelischen Deutschland im 19. Jahrhundert. Von D. Friedrich Michael **Schiele**, Priv.Doz. Tübingen: J. C. B. Mohr 1908. (83 S.) 8°
= **Sammlung** gemeinverständl. Vorträge u. Schriften aus d. Geb. d. Theologie u. Religionsgeschichte. 50.

— Geschichte der Erziehung. 4 Vorlesgn., geh. im 1. Stuttgarter Hochschulkurs. f. Lehrer u. Lehrerinnen 1909. (166 S.) 8. Leipzig 909. Dürr'sche Buchh. 2. 40

Schiele, Frdr. Mich., deutscher Glaube, s.a. Dürr's deutsche Bibliothek.

Deutscher Glaube. Ein Lesebuch religiöser Prosa z. Schulgebr. :: deutschen Unterricht. Hrsg. von Lic. Friedrich Michael Schiele, Seminarl. a. D. Leipzig: Dürr 1905. (X, 160 S.) 8° [J.]
= **Bibliothek**, Dürrs Deutsche. Bd 12.

[**Schiele, Friedr. M., Vom Kirchenregiment.**] 8°.
Aus: Evangelische Freiheit. Jg 7, 1907.

— Minnesang u. Volkslied. Zum Schulgebrauch in Lehrer- u. Lehrerinnen-Seminaren ausgewählt u. hrsg. (II, 100 S.) gr. 8. Leipzig 904. Dürr'sche Buchh. n. 1. —
Sonderabdruck aus: „Dürr's deut. Bibliothek".

Schiele, Frdr. Mich., Minnesang u. Volkslied. Zum Schulgebrauch in Lehrer- u. Lehrerinnen-Seminaren ausgewählt u. hrsg. [Aus: „Dürr's deut. Bibliothek".] 4. Aufl. (115 S.) gr. 8. Leipzig 909. [Dürr'sche Buchh.] Berlin, Union, Zweigniederlassg. 1. —

Schiele, Friedrich Michael, Th. D.: Die Reformation des Klosters Schlüchtern. Tübingen: J. C. B. Mohr 1907. (VII, 144 S.) 8° [J.]
Tübingen, Ev.-Theol. Fak., Hab.-Schr. v. 1907
(Nicht für den Austausch)

— Die Reformation des Klosters Schlüchtern. (VII, 144 S.) gr. 8. Tübingen 907. J. C. B. Mohr. 4. 50

— s.a. Religion, die, in Geschichte u. Gegenwart.

Schiele, Friedrich Michael: Die Religion in Geschichte und Gegenwart. Handwörterbuch in gemeinverständl. Darst. Bd 1—5. Tübingen 1909—1913. 4°

— Religion u. Schule. Aufsätze u. Reden. (VI, 220 S.) 8. Tübingen 906. J. C. B. Mohr. n. 3. 60

— Sang u. Spruch der Deutschen, s.a. Dürr's deutsche Bibliothek.

Schiele, Friedrich Michael. Sang und Spruch der Deutschen. Eine Auswahl aus der lyrischen und der epigrammatischen deutschen Dichtung zum Schulgebrauch in Lehrer- und Lehrerinnen-Seminaren. [Mit Melodien und 2 Illustrationen.] 8. Leipzig, Dürr.
Dürrs Deutsche Bibliothek, vollständiges Lehrmittel für den deutschen Unterricht an Lehrer- und Lehrerinnen-Seminaren, ... hrg. von Wilhelm Hering .... Gustav vorm Stein .... Lic. Friedrich Michael Schiele .... Band 3....
[1. Aufl.] XVIII + 307 S. 1904. [geb. M. 2.80]
2. durchgesehene und erweiterte Aufl. XX + 416 S. 1906. ([geb.] M. 4. —.)
Darin S. 312/22. 341/6 von Heinrich Leuthold, Konrad Ferdinand Meyer, Gottfried Keller; *s. auch S. 42 f. 73. 80. 82 f. 108. 134 f. 177. 248. 284. 304 f. 378 f. 403 f. 407 etc. die* Schweiz *und Schweizer betr.*

Schiele, Friedrich Michael: Karl Immermanns Studentenjahre und sein Konflikt mit der Hallenser Teutonia. 4°
Aus: Academ. Monatshefte. 1902.

— s.: Volksbücher, religionsgeschichtliche.

— s.a. Weltkongress, 5., f. freies Christentum u. religiösen Fortschritt.

Schiele, Friedrich Michael: Fünfter Weltkongreß für freies Christentum und religiösen Fortschritt, s. Fischer, Max.

— die Zeitgenossen Goethes. Eine Auswahl aus der lyr. u. epigrammat. deutschen Dichtung v. Claudius bis zu Kerner u. Eichendorff. Für den Schulgebrauch in Lehrer- u. Lehrerinnen-Seminaren hrsg. (IV u. S. 143 bis 190.) gr. 8. Leipzig 904. Dürr'sche Buchh. n. — 60
Sonderabdruck aus: „Dürr's deut. Bibliothek".

— Die Zeitgenossen Goethes. Eine Auswahl aus der lyr. u. epigrammat. deutschen Dichtg. von Claudius bis zu Kerner u. Eichendorff. Für den Schulgebrauch in Lehrer- u. Lehrerinnen-Seminaren hrsg. [Aus: „Dürr's deut. Bibliothek".] 3. Aufl. (S. 235 – 286.) gr. 8. Leipzig 907. [Dürr'sche Buchh.] Berlin, Union, Zweigniederlassg. — 60

Schiele, Fritz, das Baugewerbe u. die gesetzl. Unfallversicherung. Prakt. Handbuch zur unmittelbaren Orientierg. für Baugewerktreibende, Innungen, Gewerbe-Vereine, Gemeinde-Vorstände im Königreich Sachsen u. in den Fürstentümern Reuß, sowie die königl. preuß. Enklave Gesell über die Vorschriften des Gewerbe-Unfallversicherungsgesetzes u. des Bau-Unfallversicherungsgesetzes. (XIII, 256 S.) kl. 8. Leipzig 904. Pagel & Co.
Geb. in Leinw. 4. —

Schiele F. Lehrgang für Schlosser. (Fachzeichnen.) (3 Bl) fol Stuttgart (1900)

Schiele, G., & Co.: Auszug aus dem Haupt-Katalog über Ventilatoren usw. Bockenheim-Frankfurt a. M.. 1893. 1895

Schiele, G., & Co.: Haupt-Katalog und Preisliste über Ventilatoren usw. Frankfurt a. M.-Bockenheim 1903

Schiele, G., & Co., Maschinenfabrik und Eisengießerei in Bockenheim bei Frankfurt a. M.: Preisliste. Frankfurt a. M. 1891

Schiele, Georg [cand. med.]: Über Extremitätenkrebs im Anschluss an Caries der Unterschenkel-Knochen ... München, k. Hof- u. Univ.-Buchdr. v. Dr. C. Wolf & Sohn, 1892; 39 S. 8.
München, Med. Fak., Inaug.-Diss. v. [18. März] 1892

Schiele, Georg Wilhelm

Schiele, G. W., Briefe über Landflucht u. Polenfrage. (105 S.) gr. 8. Berlin 906. Hüpeden & Merzyn.
n. 1. 60; kart. n. 2. —

Briefe über Landflucht und Polenfrage von G. W. **Schiele**. Neue Ausg. Leipzig: F. W. Grunow 1908. (105 S.) 8°

— Freiheit, die ich meine! Streitsätze üb. das Wahlrecht, zuerst erschienen in der deutschen volkswirtschaftl. Correspondenz, Grenzboten, Kreuzzeitg., Hamburger Nachrichten u. preuß. Jahrbüchern. (34 S.) 8. Berlin 910. Deutsche Zeitungs-Verlags-Anstalt. 1. —

Schiele, Georg Wilhelm: Die Gemeindebetriebe der Städte Magdeburg, s. Landsberg, Otto

Schiele, G. W., die Gemeindebetriebe der Städte Magdeburg, Naumburg a. S., Frankfurt a. M., s.: Schriften des Vereins f. Sozialpolitik. 129. III. (Landsberg, O.)

Stadterweiterung und Landbesiedelung. Eine Kritik d. Ideen d. Bodenreformer u. Wohnungsreformer von Dr. med. G[eorg] W[ilhelm] Schiele. Berlin: Stilke 1909. 56 S. 8° [Umschlagt.]
Aus: Preuß. Jahrbücher. Bd 136, H. 1/2.
(Schriften d. Zentralverbandes d. städt. Haus- u. Grundbesitzervereine Deutschlands. N. F. Bd 14, H. 1.) 109. 15046

Schiele, G. W., Ueber den natürlichen Ursprung der Kategorien Rente, Zins u. Arbeitslohn. gr. 8⁰. Berlin, Hüpedon u. Merzyn, 1906. (100 S.)

Über den natürlichen Ursprung der Kategorien, Rente, Zins und Arbeitslohn. Von G. W. Schiele. Neue Ausg. Leipzig: F. W. Grunow 1908. (100 S.) 8° 108. 9629

Schiele, Gottlieb Friedrich
(geb. Halberstadt 25. 9. 1805):

Theoph(ilus) Fried(ericus) Schiele [Gottlieb Friedrich Schiele]: De Cura ad puerperas spectante. Berolini (1829:) Brüschcke. 55 S. 8°
Berlin, Med. Diss. v. 24. Apr. 1829

Schiele, Henr. Augustus (geb. Stolp 7. 1. 1811): De animi aegritudine. Berolini (1836). (32 S.) 8°
Berlin. Med. Diss. v. 2. Jan. 1836

Schiele, J., quantum monasteria ad eruditionem conservandam et propagandam contulerint. Magdeb. 1760. 4.

Schiele, K., Aufgaben aus dem Gewerbsleben zur Erlernung der einfachen Buchführung. (Kleine Ausg.) 3. Aufl. gr. 8. (16 S.) Augsburg 901. B. Schmid's Verl. n. — 20

Schiele, K., praktische Aufgaben aus dem Gewerbsleben zur Erlernung der einfachen Buchführung, nebst Bemerkungen über Buchführung und Wechsel. Für Fortbildungsschulen hrsg. 2., nach der Reichswährung umgeänd. Aufl. gr. 8. (90 S.) Augsburg 876, v. Jenisch und Stage'sche Buchh. cart.
— dass. — 3., nach der Reichswährung umgeänd. Aufl. gr. 8. (95 S.) Augsburg 877, Schmid'sche Verlagsh. *

Schiele, K., praktische Aufgaben aus dem Gewerbsleben zur Erlernung der einfachen Buchführung, nebst Bemerkungen über Buchführung und Wechsel. Für Fortbildungsschulen hrsg. 4. verm. Aufl. gr. 8. (112 S.) Augsburg 880, Schmid'sche Verlagsh. *

Schiele, K., praktische Aufgaben aus dem Gewerbsleben zur Erlernung der einfachen Buchführung, nebst Bemerkgn. üb. Buchführg. u. Wechsel. Für Fortbildungsschulen hrsg. 5., unveränd. Aufl. gr. 8. (IV, 108 S.) Augsburg 887. Schmid's Verl. n. 1. —

— dasselbe. Ergebnisse. 8. (7 S.) Ebd. 890. n. — 10

Schiele, K., praktische Aufgaben aus dem Gewerbsleben zur Erlernung der einfachen Buchführung, nebst Bemerkgn. üb. Buchführg. u. Wechsel. Für Fortbildungsschulen hrsg. 6. unveränd. Aufl. gr. 8. (IV, 108 S.) Augsburg 892. B. Schmid's Verl. n. 1. —; kleine Ausg. 1. u. 2. Aufl. (16 S.) 891. 894. n. — 20

Schiele, K., prakt. Aufgaben aus d. Gewerbsleben zur Erlerng. d. einfachen Buchführg., nebst Bemerkgn. über Buchführg. u. Wechsel. Für Fortbildungsschulen hrsg. 7., unveränd. Aufl. gr. 8. (IV, 108 S.) Augsburg 898. B. Schmid's Verl. n. 1. —; geb. n. 1. 25

Schiele, K., prakt. Aufgaben aus dem Gewerbsleben zur Erlernung der einfachen Buchführung, nebst Bemerkgn. über Buchführung u. Wechsel. Für Fortbildungsschulen hrsg. 8., veränd. Aufl. (IV, 112 S.) gr. 8. Augsburg 905. B. Schmid's Verl. n. 1. —; geb. n. 1. 25

Schiele, K. F. W.

Schiele, C. F. W., Handbuch f. den Bau d. leichten Fahrzeuge u. mobilen Brücken üb. Bäche, Flüsse u. Sümpfe, mit besond. Rücksicht auf deren Anwend. bei militär. Operationen im Felde. 1. Thl. Mit takt. Anmerkn. v. J. v. Riedermayr. gr. 8. ½ B. u. 6 lith. Bl. Roy.-Fol.) München 832, (Fleischmann.)

Schiele, Ludw., Theorie der Ausweich-Geleise und Bahn-Kreuzungen. Mit 55 Illustrationen (Holzschn. im Text). Wien 856. Zamarski. (Typogr.-artist.-literar. Anstalt.) Lex.-8. (69 S.) n. 1 ₰.

Schiele, Ludw., Theorie der Ausweich-Geleise und Bahn-Kreuzungen. 2. (Titel-)Ausg. br. Lex.-8. (69 S. mit 55 Illustr. in eingedr. Holzschn.) Leipzig (856)60, Schrag's Verlag. *

Schiele, Ludw., Theorie der Ausweich-Gleise. Vollständig umgearb. von A. E. Friedrich. 3. Aufl. Mit einer (lith.) Fig.-Taf. (in qu.-Fol.) Weimar 870. K. Voigt jun. gr. 8. (III, 56 S.) 15 ngr.

Schiele, Otto [app. Arzt aus Wriezen]: Über den Einfluss der Schlafmittel auf die Magenverdauung. . . . Brandenburg a. H., J. Wiesikes Buchdr., 1891; 24 S., 1 Bl., 1 Tab. 4°
Erlangen, Med. Fak., Inaug.-Diss. v. 31. Jul. 1890

Schiele, R., Deklamationsbuch für Schule und Haus, s. Butscher, A.

Schiele, Wilh., Güter-Tarif, s.: Maenslé, Karl.

Schiele, Wilhelm (Frankfurt a. M.)
Dissertatio juris Germanici inauguralis de opifice senatore et curiae assessore. Giessae 1. Sept. 1757: Braun. 27, (1) S. 4°
pro gradu doctoris rite obtinendo.

Schiele, Wolfg., e. Beitrag zur Bedeutung der Salzsäure bei der Verdauung des Eiweisses im Magen. Diss. gr. 8. (53 S.) Jurjew (Dorpat) 893. (E. J. Karow.) n. 1. —

Schiele, Wolfg., mit den Deutschen im Buren-Kriege. Mit 3 Karten u. 4 Kartenskizzen. gr. 8. (VII, 242 S.) Berlin 901. D. Reimer. Geb. in Leinw. n. 4. —

Schieler, C., s. Schieler, Kaspar

Schieler, Kaspar

Schieler, C., mein Austritt aus der katholischen Kirche, s.: Flugschriften des Neuen Frankfurter Verlags. II.

Die Babel- und Bibelfrage in einem Vortrag beleuchtet von Dr. theol. [Kaspar] Schieler. Danzig: John & Rosenberg 1903. (23 S.) 8° [F.] 103. 4403 10

Die Babel- und Bibelfrage in einem Vortrag beleuchtet von Dr. theol. [Kaspar] Schieler. 2. Aufl. Danzig: John & Rosenberg 1903. (23 S.) 8° [F.] 103. 5543 10

[J. u. Ant.] Bedenk es wohl! Ein Betrachtgsbüchl. f. Christen aus allen Ständen, die es mit ihrem Seelenheile ernst nehmen. Frei nach d. Engl. bearb. von Dr. theol. C[asper] Schieler, Stadtpfarrer. Nebst e. Anh. . . . *Dülmen i. W.: A. Laumann 1897.* (VIII, 372 S., 1 Taf.) 1 Bd 8. [97. 1135

Befürchtungen und Hoffnungen bezüglich der religiösen Frage in Deutschland. Eine Rede geh. auf d. 2. International Council of Unitarians ... von Dr. [Kaspar] Schieler. *Danzig: John & Rosenberg in Komm. 1903.* (18 S.) 8° [04. 810 10

— die religiöse Bewegung unserer Tage u. die freie religiöse Gemeinde. Ein Beitrag zur Kenntnis u. Würdigg. der freien religiösen Gemeinden in der Gegenwart. Allen Freunden der freien religiösen Bewegg. gewidmet. gr. 8. (20 S.) Königsberg 901. (Gräfe & Unzer, Buchh.) n. — 30

Die religiöse Bewegung unserer Tage und die freie religiöse Gemeinde. Ein Beitrag z. Kenntnis u. Würdigung d. freien relig. Gemeinden in d. Gegenw. Allen Freunden d. fr. relig. Bewegung gewidmet von Dr. th. C[aspar] Schieler, Prediger. *Königsberg i. Pr. 1901: R. Leupold.* (20 S.) 8° [J.] [01. 3716 10

— Giordano Bruno, der Dichter-Philosoph u. Märtyrer der Geistesfreiheit. s. a. Flugschriften des Neuen Frankfurter Verlags. VI.

Giordano Bruno der Dichter-Philosoph und Märtyrer der Geistesfreiheit. Seine Lebensschicksale u. s. Bedeutung nach d. Resultaten d. neuesten Forschung dargest. von Dr. theol. C[aspar] Schieler, Prediger, Königsberg i. Pr. *Frankfurt a. M.: Neuer Frankf. Verl. 1901.* (64 S.) 8° [J.]
— Flugschriften d. Neuen Frankfurter Verlags. 6. [01. 8307 10

'Unsere Lebensarbeit' dargest. in e. Predigt geh. 1903 von Dr. [Kaspar] Schieler, Pred. *Danzig: John & Rosenberg 1903.* (20 S.) 8° [04. 611 10

Der kirchliche Liberalismus und die freien religiösen Gemeinden. Vortrag von Prof. DD. Caspar Schieler. Berlin-Schöneberg: Protestant. Schriftenvertrieb 1910. 11 S. 8°
Aus: Protokoll d. 5. Weltkongresses f. Freies Christentum u. Religiösen Fortschritt. Berlin 1910 [11. 10430

Schieler, K., Magister Johannes Nieder aus dem Orden der Prediger-Brüder. Ein Beitrag zur Kirchengeschichte des 15. Jahrh. Mit Unterstützung der Görres-Gesellschaft hrsg. gr. 8. (XVI, 423 S.) Mainz 885, Kirchheim. *

Der Odd-Fellow-Orden ein notwendiger Kulturfaktor unserer Zeit. Eine Propaganda-Rede gehalten auf dem XIV. Deutschen Odd-Fellow-Tage in Nürnberg am 7. August 1910 von Caspar Schieler. Kiel [1910]: Übermuth. 16 S. 8°. [Umschlagtit.]

— Dr. Julius Rupp, ehem. Privatdozent, Oberlehrer u. Divisionsprediger zu Königsberg i. Pr. u. die freie religiöse Bewegung in der kathol. u. evangel. Kirche im 19. Jahrh. Ein Beitrag zur Kirchengeschichte d. 19. Jahrh. (XV, 336 S. m. 1 Bildnis.) 8. Dresden 903. E. Pierson. n. 6. —; geb. n. 7. —

'Die grösste Sünde'. Das Drama von Otto Ernst mit diesem Titel in e. Rede behandelt von Dr. C[aspar] Schieler, Pred. in Königsberg i. Pr. *(Danzig [1902]: M. Dannemann.)* (16 S.) 8° [J.] [03. 1215 10

— (Hrsg.), s. Religiöse Umschau.

Schieler, Kasp. Er., die Verwaltung des Bußsakramentes, s.: Handbibliothek, wissenschaftliche.

Religiöse Vorstellungen von sonst und jetzt oder Der Kirchenglaube im Lichte d. modernen Wissenschaft, zugl. Versuch e. Aussöhnung d. Religion mit unserer Zeit. Von D. theol. C[aspar] Schieler, Prediger. *Königsberg i. Pr.: Gräfe & Unzer in Komm. (1900).* (20 S.) 8° [J. u. Ant.] [00. 10921 10

Ein zweiter Vortrag über Die Babel- und Bibelfrage von Dr. theol. K[aspar] Schieler. *Danzig: John & Rosenberg 1903.* (28 S.) 8° [J.] [03. 10118 10

Schielin, Johann (Lindau) A. S. 601/46

Dissertatio iuris Germanici de bonis liberorum Lindaviensium profectitiis dem verfangenen Guth.
Präs. Karl Friedrich Walch.
Jena (Strauss) 7. VII. 1764. 56 S.

Gew.: Stadt Lindau.
W. v.: Präs., A. F. C. Fhr. von Ziegesar, Heinrich Gottfried Scheidemantel, Jo. Aug. Frid. von Goechhausen, Christian Gottlob Voigt, G. C. G. Voelker, Jo. Gaupp.

30390

Schjellerup, H. C. F. C., genäherte Oerter der Fixsterne, von welchen in den Astronomischen Nachrichten Band 1 — 66 selbständige Beobachtungen angeführt sind. Leipzig. 4. IV u. 40 p.
Schul-/Univ.-Schrift 1867

Schjellerup, H. C. F. C., genäherte Oerter der Fixsterne, von welchen in den Astronomischen Nachrichten Bd. 1—66 selbständige Beobachtungen angeführt sind für die Epoche 1855 hergeleitet u. nach den geraden Aufsteigungen geordnet. (Publication der astronomischen Gesellschaft. VIII.) Leipzig 867. Engelmann. gr. 4. (IV, 40 S.) n. 25 ngr.

Schjellerup, Eine Uranometrie aus dem zehnten Jahrhundert. [Kopenhagen 1869.] 4°.

Schiemann, Carl, s. Schiemann, Karl

Schiemann, H., neues Lehrbuch der einfachen u. doppelten italienischen Buchführung, um kaufmänn. Bücher nach der deutschen Reichswährg. vereinfacht u. übersichtlich zu führen. Nebst der Lehre v. den verschiedenen Arten d. Conto-Corrents, Anleitg. zur Ausfertigg. derselben u. e. Anh., enth.: Das Wichtigste f. den Wechselverkehr, Schema zur richt. Ausstellg. v. Wechseln, sowie die bezügl. Bestimmgn. d. Handelsgesetzes üb. Versteuerg. v. Wechseln, Anweisgn. u. diesen gleichgestellten Papieren. Nach prakt. Verzeichng. f. Kaufleute, Comptoire u. zum Selbstunterricht bearb. 2. Aufl. gr. 8. (VI, 172 S.) Königsberg 877. Beyer. n.n. 3. —

Schiemann, H., theoretisch-practisches Lehrbuch der einfachen und doppelten italienischen Buchführung, nebst dem Wichtigsten für den Wechselverkehr. Nach practischer Verzeichnung für Kaufleute, Comptoire und zum Selbstunterricht bearb. 2. Aufl. gr. 8. (XI, 172 S.) [Berlin 877.] Leipzig, Grieben's Verlag. *

Schiemann, J., e. Beitrag zur Lehre vom Wasserrecht, nach dem Recht der Ostseeprovinzen, m. besond. Berücksicht. der Holzflössg in Curland. gr. 8. (63 S.) Mitau 890. Felsko. n. 2. 50

— inwieweit beziehen sich die durch das Allerhöchst am 3. Juni 1886 bestätigte Reichsrathsgutachten auf die Ostseeprovinzen ausgedehnten civilprocessualischen Bestimmungen auch auf die summarischen Processe? Ein Beitrag zur Interpretation der durch das Allerhöchst am 3. Juni 1886 bestätigte Reichsrathsgutachten f. die Ostsee-Gouvernements eingeführten Gesetze. gr. 8. (24 S.) Ebd. 886. n. — 75

Schiemann, Karl

Schiemann, Carl [pr. Arzt]: Beitrag zur Lehre von den Gelenkerkrankungen bei Tabes und Syringomyelie ... Königsberg i. Pr., Druck v. M. Liedtke, 1894; 51 S., 2 Bl. 8.
Königsberg, Med. Fak., Inaug.-Diss. v. 25. Okt. 1894

Schiemann, Carl, Beitrag zur Lehre v. den Gelenkerkrankungen bei Tabes u. Syringomyelie. Diss. gr. 8. (51 S.) Königsberg 894. (W. Koch.) n. 1. —

Schiemann, Carl, Referendar: Die Genehmigung bei vollmachtloser Stellvertretung nach gemeinem und bürgerlichem Recht. *Greifswald 1902: J. Abel.* (54 S.) 8° [J.]
Greifswald, Jur. Diss. v. [18. Juni] 1902

Schiemann, Karl Chr.

— Baldohn. (Ein Kurländ. Schwefelbrunnen). 8. Mitau 799.

Schiemann, Karl Chr., Diss. inaug. de digitali purpurea. 4. Götting. 786. Dieterich. 2 ℳ

Schiemann, Karl Chr., Tabellen z. Gebrauch bei Einimpfung d. Schutzblattern. Fol. Mitau 811.

Schiemann, Kurt, Arzt: Lokale Lymphogranulomatose unter dem Bilde der Struma maligna. Aus d. chir. Kl. d. Univ. zu Breslau. [In Maschinenschrift.] 53 S. 4°(2°). — Auszug: Breslau 1921: 'Merkur'. 2 Bl. 8°
Breslau, Med. Diss. v. 20. März 1921, Ref. Küttner
[Geb. 11. Mai 95 Breslau; Wohnort: Breslau; Staatsangeh.: Preußen; Vorbildung: Elisabeth-G. Breslau Reife 13; Studium: Breslau 17 S.; Coll. 20. Juli 20; Approb. 29. Juli 20.] [U 21. 3078

Schiemann, Lina: Über Regeneration im Gehirn. Experimenteller Beitrag. Breslau 1908: Favorke. 21 S. 8°
Würzburg, Med. Diss. v. 15. Aug. 1908, Ref. Borst
[Geb. 18. Jan. 79 Patimbern; Wohnort: Würzburg; Staatsangeh.: Preußen; Vorbildung: Gymn. Kreuznach Reife Juli 99; Studium: Freiburg i. B. 1, Breslau 1, Freiburg i. B. 3, Heidelberg 1, Breslau 3, Freiburg i. B. 2 S.; Coll. 6. März 08; Approb. 25. Nov. 05.] [U 09. 4141

Schiemann, Max, die elektrischen Autbahnen. Gleislose Motorbahnen m. elektr. Stromzuführg. Ein neues Verkehrsmittel, e. neuer Industriezweig, e. neue Kapitalsanlage. gr. 8. (35 S. m. Abbildgn.) Leipzig 902. O. Leiner. n. — 75

Schiemann, Max, Bau u. Betrieb elektrischer Bahnen. Anleitg. zu deren Projektierg., Bau u. Betriebsführung. Strassenbahnen. 62 Kapitel m. über 200 Abb., 1 photo-lith. Taf. u. 3 Taf. Diagramme. gr. 8. (VIII, 188 S.) Leipzig 895. O. Leiner. n. 7. 50; geb. in Leinw. 8. 50

— dasselbe. Mit 364 Abb., 2 photo-lith. Taf., 3 Taf. Diagramme u. mehreren Fig.-Taf. 2., verm. Aufl. gr. 8. (VIII, 392 S.) Ebd. 898. n. 12. —; geb. in Leinw. 13. 50

— Bau u. Betrieb elektrischer Bahnen. Handbuch zu deren Projektierg., Bau u. Betriebsführg. 1. u. 2. Bd. gr. 8. Ebd. à n. 12. 50; geb. in Leinw. à 14. —
1. Strassenbahnen. Mit 521 Abbildgn., 1 lith. Taf., 3 Taf. Diagramme u. mehreren Fig.-Taf. u. Tab. 3. verm. u. verb. Aufl. (IX, 678 S.) 900.
2. Haupt-, Neben-, Industrie-, Fernschnell- u. gleislose Bahnen. Mit 274 Abbildgn., Inhalts-, Namen- u. Sachregister. 2. u. 3. verm. Aufl. (VI, 462 S.) 903.
1. Aufl. (VII, 295 S.) 899. n. 18. —; geb. 19. 50.

Schiemann, Max, elektrische Fernschnellbahnen d. Zukunft, s. a Leiner's techn. Bibliothek. I.

— elektrische Fernschnellbahnen der Zukunft. Populäre volkswirtschaftl. Eisenbahnskizze. gr. 8. (55 S. m. 6 Holzschn. u. 1 Taf.) Ebd. 897. n. 1. 50

— Taschenbuch f. Monteure elektr. Bahnen, s.: Loose, Fr.

Schiemann, Oskar, Volontärarzt an d. med. Universitätsklinik: Über quantitative Eiweißbestimmungen nach Tsuchiya. Königsberg i. P. 1910: Kümmel. 11 S. 8°
Königsberg, Med. Diss. v. 23. Juni 1910, Ref. Lichtheim
[Geb. 19. Jan. 75 Mitau; Wohnort: Königsberg i. P.; Staatsangeh.: Preußen; Vorbildung: Gymn. Elberfeld Reife O. 95; Studium: Marburg 4, München 7, Königsberg 4 S.; Coll. 2. Juni 10; Approb. 10. Jan. 10.] [U 10. 2584

Schiemann, Paul, die Arbeiten des estländischen Provinzialrats. Ein Beitrag zur Zeitgeschichte der balt. Landespolitik. (90 S.) 8. Reval 907. Kluge & Ströhm. 2. —

— s.: Kulturfrage, e. baltische.

Schiemann, Paul, aus Kurland: **Rechtslage der öffentlichen Banken im Kriegsfalle nebst einem Anhange, enthaltend amtliches Aktenmaterial betreffend die in Elsaß-Lothringen befindlichen Filialen der Banque de France während des deutsch-französischen Krieges.** *Greifswald 1902: J. Abel.* (127 S.) 8° [J. u. Ant.]
Greifswald, Jur. Diss. v. [12. Sept.] 1902

Schiemann, Paul, Vogelflug u. Kunstflug. Leichtverständliche, geometr. Erklärg. des Gleit- u. Schwingenfluges, nebst vergleich., konstruktiver u. geschichtl. Betrachtg. der Flugarten u. Luftfahrzeuge m. 31 Abbildgn. u. 1 Tab. (47 S.) Lex. 8. Rostock 910. Berlin, C. J. E. Volckmann Nachf. 1. 50

Kaiser Alexander I. und die Ergebnisse seiner Lebensarbeit. Von Theodor Schiemann. *Berlin: G. Reimer 1904.* (x, 637 S.) 8°
= Schiemann: Geschichte Rußlands unter Kaiser Nikolaus I. Bd 1. [04. 4023

— Revals Beziehungen zu Riga u. Russland in den Jahren 1483—1505. Briefregesten u. Briefe aus e. Conceptbuche d. Revaler Rathes. Der Gesellschaft f. Geschichte u. Alterthumskunde der Ostsee-Provinzen Russlands zu ihrem Jubelfeste dargebracht v. der estländ. literar. Gesellschaft. gr. 8. (72 S.) Ebend. 885. n. 2. —

Schiemann, Thdr., s.: Bibliothek russischer Denkwürdigkeiten.

— Fürst Bismarck. Festrede zu s. 80. Geburtstage. Gesprochen auf d. Commers des Bismarckausschusses zu Berlin. gr. 8. (16 S.) Berlin 895. Besser. n. — 40

Schiemann, Thdr., Characterköpfe u. Sittenbilder aus der baltischen Geschichte d. 16. Jahrh. gr. 8. (III, 151 S.) Mitau 877. Behre. n. 3. 75

Schiemann, Thdr., Charakterköpfe u. Sittenbilder aus der baltischen Geschichte d. 16. Jahrh. 2. Titelausg. gr. 8. (IV, 151 S.) Hamburg 885. Behre. n. 2. 50

— Salomon Hennings livländisch-kurländische Chronik. Eine Quellenuntersuchg. gr. 8. (44 S.) Ebend. 874. n. 1. 60

— historische Darstellungen u. archivalische Studien. Beiträge zur balt. Geschichte. gr. 8. (VII, 264 S.) Ebend. 886. n. 5. —

Schiemann, Th., Deutschland u. die große Politik anno 1901. gr. 8. (IV, 450 S.) Berlin 902. G. Reimer. n. 6. —; geb. n. 7. —

Schiemann, Thdr., Deutschland u. die große Politik anno 1902—1905. (2.—5. Bd.) (466, 409, 356 u. 111, 418 S.) gr. 8. Berlin 903—906. G. Reimer. à n. 6. —; geb. à n. 7. —

Schiemann, Thdr., Deutschland u. die große Politik anno 1906—1909. (6.—9. Bd.) (III, 451; 455, 442 u. 475 S.) gr. 8. Berlin 907—10. G. Reimer. à 6.—; geb. in Lw. à 7.—

— die Ermordung Pauls u. die Thronbesteigung Nikolaus I. Neue Materialien veröffentlicht u. bearb. (Mit Titel u. Orig.-Texten in deutscher u. russ. Sprache.) gr. 8. (VI, XXIV, 420 S.) Ebd. 902. n. 10.—; geb. in Leinw. n. 11.—

Schiemann, Theod., Zur Geschichte der Regierung Paul I. und Nikolaus I. Neue Materialien veröff. und eingel. 2. Aufl. Berlin 1906. 8°. [1. Aufl. 1902⁴] [Auch mit russ. Tit.]

Zur Geschichte der Regierung Paul I. und Nikolaus I. Neue Materialien veröffentl. u. eingeleitet von Theodor **Schiemann**, Prof., Berlin. 2. Aufl. Berlin: G. Reimer 1906. (XXIV, 420 S.) 8°
[Nebent.: Russ.] K istorii carstvovanija Pavla I i Nikolaja I. Novye materialy izd. F. F. Šiman. Izd. 2. [06. 1996

— **Geschichte Russlands unter Kaiser Nikolaus I.** I. Bd. Kaiser Alexander I. u. die Ergebnisse seiner Lebensarbeit. (X, 687 S.) gr. 8. Ebd. 904. n. 14.—; geb. in Halbfrz. n. 16.—

— Geschichte Russlands unter Kaiser Nikolaus I. II. Bd. Vom Tode Alexander I. bis zur Juli-Revolution. (XIV, 521 S.) gr. 8. Ebd. 908. 12.—; geb. in Halbfrz. 14.—
I. Bd. Ebd. 904. 14.—; geb. 16.—.

— Viktor Hehn. Ein Lebensbild. gr. 8. (VIII, 348 S. m. Bildnis.) Stuttgart 894. J. G. Cotta Nachf. n. 5.—; geb. n. 6.—

— die ältesten schwedischen Kataster Liv- u. Estlands. Eine Ergänzg. zu den balt. Güterchroniken. Im Auftrage der Felliner liter. Gesellschaft hrsg. Mit 2 Schriftproben in Fcsm. gr. 8. (XVI, 110 S.) Reval 882. Kluge. n. 1. 80

— Heinrich v. Treitschkes Lehr- u. Wanderjahre 1834—1866, s. a. Bibliothek, historische, Bd. 1.

[S.] Heinrich von Treitschkes Lehr- und Wanderjahre 1834—1866. Erz. v. Theodor Schiemann ... *München & Leipzig: R. Oldenbourg 1896.* (VII, 270 S.) 1 Bd 8.
= Bibliothek, Historische. Bd 1. [96. ...

[S.] Heinrich von Treitschkes Lehr- und Wanderjahre 1834—1867. Erzählt v. Theodor Schiemann. ... 2. Aufl. *München & Leipzig: R. Oldenbourg 1898.* (IX S., 1 Bl., 291 S., 1 Bl.) 1 Bd 8.
= Bibliothek, Historische. Bd 1. ... 10

— die Reformation Alt-Livlands. Vortrag, geh. im Saale der Canutigilde zu Reval. gr. 8. (32 S.) Ebend. 884. n. — 80

— **Regesten verlorener Urkunden aus dem alten livländischen Ordensarchiv.** br. 8. (VI, 45 S.) Ebend. 873. n. 1. 60

— **die Regimentsformel u. die kurländischen Statuten v. 1617. Nach dem Original hrsg. u. m. e. Einleitg. versehen.** gr. 8. (XVIII, 38 S.) Ebend. 876. n. 1. 60

— s.: **Revolution, die lettische.**

Schiemann, Th., Rußland, Polen u. Livland im 17. Jahrh., s. a. Geschichte, allgemeine, in Einzeldarstellungen.

Schiemann, Th(eodor): Rußland, Polen und Livland bis ins 17. Jh. Bd 1. 2. — Bln: Grote 1886—1887. 668 und 410 S. mit Ill. und Ktn. (Allg. Geschichte in Einzeldarst., hrsg. von Wilhelm Oncken. Abt. 2, T. 10)

— s.: Zeitschrift f. osteuropäische Geschichte.

Schiemenz, C. A. Gustav Hesse, der Held der Barrikade. Am 18. März 1848. Berlin, L. Schlesinger. 2 Bl. 8.
Flugblatt. Berlin, 1848/49.

Schiemenz, Paulus, Autoren- u. Sachregister, s.: Jahresbericht, zoologischer.

SCHIEMENZ, Paul: Ueber das Herkommen des Futtersaftes und die Speicheldrüsen der Biene nebst einem Anhange über das Riechorgan. - Leipzig 1883. 68 S., 3 Taf. - Diss. Phil. Fak. - (Zschr. f. wiss. Zool. XXXVIII. Bd.)

Schiemenz, Paulus, die Pteropoden der Plankton-Expedition, s. a. Ergebnisse der Plankton-Expedition der Humboldt-Stiftung.

Die Pteropoden der Plankton-Expedition von Paulus **Schiemenz**. Mit 3 Taf. u. 2 Fig. Kiel & Leipzig: Lipsius & Tischer 1906. (37 S.) 4°
= **Ergebnisse** der ... 1889 ausgef. Plankton-Expedition d. Humboldt-Stiftung. Bd 2. F. b. [06. 3173

Schiemenz, Paulus, unsere Versorgung m. frischem Fischfleisch. Festrede, geh. zur Feier des Geburtstages Sr. Maj. des Kaisers am 26. I. 1907 in der Landwirtschaftl. Hochschule zu Berlin. (27 S.) gr. 8. Berlin 907. P. Parey. 1.—

— die Zeesenfischerei im Stralsunder Revier, s. a. Abhandlungen d. deutschen Seefischerei-Vereins III.

Ueber die Zeesenfischerei im Stralsunder Revier. Von Dr. Paulus **Schiemenz**, Doz. ... in Berlin. M. 1 Sk. d. Insel Rügen u. 6 Abb. im Text, sowie 2 Separattaf. *Berlin: O. Salle 1898.* (2 Bl., 29—103 S., 1 Taf.) 4.
= **Abhandlungen** d. deutschen Seefischerei-Vereins. Bd III. [II.] 2. [98 12305

— s.: Zeitschrift f. Fischerei.

Schiems, F., Lesebuch f. mittlere Elementar-Classen. Bearb. u. angeord. f. das Schön- u. Denklesen. 12. (10½ B.) Köln 836, DuMont-Schauberg.

Schiendl, C., Geschichte der Photographie. Mit den Bildnissen der Erfinder u. Gründer der Photographie u. e. Abbildg. der ersten Photographie. gr. 8. (VIII, 380 S.) Wien 891. A. Hartleben. n. 8.—; geb. n. 10.—

Schiendl, C., die optische Laterne u. d. Projection f. Vorträge z. Unterricht u. Unterhaltg. nebst e. Anh.: üb. d. Herstellg. v. Diapositiven f. d. Projection. gr. 8. (V, 137 S. m. Abb.) Karlsruhe 896. Wiesbaden, O. Nemnich. Geb. in Leinw. n. 4.—

Schiendl, C., die künstlerische Photographie. Nebst e. Anh. üb. die Beurteilung u. techn. Behandlung der Negative photograph. Porträte u. Landschaften, sowie üb. die chem. u. artist. Retouche, Momentaufnahmen u. Magnesiumblitzbilder. Mit 38 Abbildgn. u. 1 Taf. 8. (VIII, 320 S.) Wien 889. Hartleben. n. 4. 50; geb. n. 5. 30

Schienen-Walzwerk, Das, der k. k. privilegirten Südbahn-Gesellschaft in Graz. Wien 1863. V: *Etzel, Carl v.* (EB)

Schiener, And., Rechenbüchlein. 8. Nürnb. Endter. (Gratenauer.) 765.

Schiener, A., neues Rechenbüchlein v. unterschiedl. Haus-, Ellen-, Bruch-, Centner-, Pfund- etc. u. andern Rechnungen, in Schulen nützl. zu gebrauchen. 8. Nürnb. 775. Endter. 3 gr.

Andreas Schiener Neues Rechenbüchlein von unterschiedlichen Rechnungen. Nürnb. 8. 8 *Bog.* 1761. *

Schiener, Joh. Leop., Liebeszauber, s.a. Welt, alle.

Liebeszauber. Novelle von Joh. Leopold Schiener. *Berlin: A. Weichert [1900].* (48 S.) 8° [F.]
— Welt, Alle. Bd 36.

Schiener, J. L., der erste Maskenball, s.: Weicherts Wochen-Bibliothek.

— Theresa, s.a. Welt, alle.

Theresa. Roman aus d. Leben von Joh. Leop. Schiener. *Berlin: A. Weichert [1900].* (48 S.) 8° [F.]
— Welt, Alle. Bd 5.

— die schöne Ulrike. Das Geheimnis des Barons, s.a. Weichert's Wochen-Bibliothek.

Die schöne Ulrike. Das Geheimnis des Barons. 2 Kriminal-Erzählungen von Johann Leopold Schiener. Mit 3 Vollbildern. *Berlin: A. Weichert [1902].* (96 S.) 8° [F.]
= Wochen-Bibliothek, Weichert's. Bd 138.

— auf dunklen Wegen, s.a. Weichert's Wochen-Biblioth.

Auf dunklen Wegen. Roman von Joh. Leopold Schiener. Mit 3 Vollbild. *Berlin: A. Weichert [1901].* (95 S.) 8° [F.]
— Wochen-Bibliothek, Weichert's. Bd 110.

Schiener, Thdr., s.: Dürer u. Wolgemut, Gemälde.

Schienert, A., schauderhaft aber wahr! Schilde im Belagerungszustand. 1 B. in gr. Fol. Eilenburg 849. (Leipzig, Weller.) n. 1 ngr

Schienert, F. Die Situationszeichnung für Soldaten. Berlin 1805. VI, 117, 3 S. 14 Taf. 8°.

Schienert, F., Situationszeichnungen für Soldaten. Mit 13 Kpftaf. u. 1 Modell v. Gyps. gr. 8. Berl. 806. Himburg. (Recht; a. Reimer). 2 rf 6 gr

Schienert, (F.,) Situationszeichnung f. Soldaten. Jn Berl. v. Volke in Berlin.

Schienert, Herm., das Schwängerungs- und Alimentations-Gesetz vom 24. April 1854 nebst einem pract. Kommentar zu demselben zur Verständniß für Jedermann. Reichenbach 854. (Breslau, Kern.) 16. (53 S.) 5 ngr

— der Wanderer durch das Eulengebirge. Ein Führer für Bade- u. Gebirgsreisende durch die interessantesten Partieen des Eulengebirges. Reichenbach 855. (Breslau, Aland.) 16. (VII, 112 S.) n. 10 ngr

[F.] Schienke, Gustav: Zum Unterricht in der Erdkunde von Deutschland auf Gymnasien. Friedeberg Nm., Druck v. E. Eisermann, *1897;* 16 S. 4.
Friedeberg Nm., k. G, OP 1897 (75)

Schiepan, Karl [aus Stettin]: Ueber Thränensackblennorrhoe und ihre Behandlung mit Hydrargyrum-oxycyanatum '(Hg O Hg (C N)$_2$)' ... Greifswald, Druck v. J. Abel, 1806; 32 S. 8.
Greifswald, Med. Fak., Inaug.-Diss. v. 17. Febr. 1806

Schiepan, Walter: Über Ovarienimplantation. Berlin 1905: A. Scholem. (48 S.) 8°
Freiburg i. B., Med. Fak., Ref. Krönig, Diss. v. 1905
[Geb. 18. Juli 83 Berlin; Wohnort: Freiburg i. B.; Staatsangeh.: Preußen; Vorbildung: Königstadt. Gymn. Berlin Reife 00; Studium: Berlin 7, Freiburg i. B. 2 S.; Coll. 18. Juli 05.]

Schiepek, Josef. Bemerkungen zur psychologischen Grundlage des Sprichwortes. 8 (S. 3—16). **Progr.** Staats-Ober-G. *Saaz* 1890.

Schiepek, Jos., der Satzbau der Egerländer Mundart, s.a. Beiträge zur Kenntnis deutsch-böhmischer Mundarten. I,2.

SCHIEPEK, Josef
Der Satzbau der Egerländer Mundart. Von Josef Schiepek. I. Theil. Prag. 1899. Verein für Geschichte der Deutschen in Böhmen. In Comm. Calve. Lex.-8°. XIX, 206 S. fl. 3.—

Schiepek, J., Der Satzbau der Egerländer Mundart. II. Teil. [Beiträge zur Kenntnis deutsch-böhmischer Mundarten. I.] Gr.-8°. (Pag. 207—610) † K 10.—
Prag: Calve 1908.

Schiepek, Josef. Ueber die mnemotechnische Seite des sprichwörtlichen Ausdruckes. 8 (S. 3—21). **Progr.** K. k. Staats-Ober-G. *Saaz* (Böhmen) 1891.

Schiepek, Josef. Ueber die Umkehrung der Begriffsverbindungen. 8 (28 S.). **Progr.** K. k. Staats-Ober-G. *Saaz* (*Böhmen*) 1891.

Schiepek, Josef. Untersuchungen über den Satzbau der Egerländer Mundart. I. 8 (42 S.). K. k. Staats-Ober-G. *Saaz* (*Böhmen*) 1895. **Progr.**

Schiepek, Josef: Untersuchungen über den Satzbau der Egerländer Mundart. II. Theil. Modi. (Mit Ausnahme der indirecten Rede.) (Umschlagtitel: ... II.) 8 (46 S.) **Progr.** K. k. Staats-Ober-G. *Saaz* (*Böhmen*) 1896.
Vgl. des Verf. Der Satzbau der Egerländer Mundart. 1. Thl. [Beiträge zur Kenntnis deutsch-böhm. Mundarten I.] 8 (XXVI, 206 S.). Prag 1899 (J. G. Calve).

Schier, Arthur

— Der verkannte Branddirektor od. Die Einweihung der neuen Spritze zu Bummelsdorf, s.: Heidelmann's, A., Theaterbibliothek.

Schier, Arth., das Brandmeister-Jubiläum od. Ein vierfaches Familienfest, s.: Heidelmann's, A., Theaterbibliothek.

— Die Feuerwehr zu Feuermeer od. Die Wehr, wie sie nicht sein soll, s.: Heidelmann's, A., Theaterbibliothek.

— Flitterwochen, s.: Zentraltheater.

Kaisers Geburtstagsfeier in der Gebirgshütte od.: 's treue Hannerl, s.: Zentraltheater.

— Großjener Langestr. 33 od.: Meister Stichs Schwiegersohn, s.: Zentraltheater.

— Vater Packeln od. Der bekehrte Turnerfeind, s.: Lustspiele, turnerische.

— Zum Radfahrer bekehrt od. Ein Radfahrer muß es sein, s.: Lustspiele f. Radfahrer.

Strafinstruktion d. Rauchheimer Feuerwehr, s.: Heidelmann's, A., Theaterbibliothek.

— Die Straf-Instruktionsstunde, s.: Lustspiele.

Durchs Telephon, s.: Heidelmann's, A., Theaterbibliothek.

Turnermädels od. Der Onkel aus Sachsen, s.: Turnerbühne.

— Am Vorabend vor Kaisers Geburtstag od. Des alten Veteranen Traum, s.: Heidelmann's, A., Theaterbibliothek.

Schier, Art., des alten Bergmanns Weihnacht od. das Wiedersehen am Christabend, s.: Theaterbibliothek.

Schier's, Benj., Wiener Humoresken. Eine Sammlg. der ausgewähltesten Einakter, Vorträge, Intermezzos u. Soloscenen. Mit Umschlag-Vignette, nebst dem Portr. d. Verf. gr. 8. (VI, 196 S.) Wien 892. C. Daberkow. n. 2. —; kart. n. 2. 50

-- neues Wiener Kindertheater. Eine Sammlg. leicht aufführbarer Scenen u. Theaterstücke f. die Jugend. Mit e. Musik Beilage. 8. (VII, 69 S.) Ebd. 894. n. — 70

Schier, Benj., der Vereins-Humorist. Sammlung heiterer Vorträge und Scenen im Wiener Genre. 1. und 2. Heft. 8. (à Heft 32 S.) Wien 886, Künast. à Heft *

-- der Vereins-Humorist. Sammlung heiterer Vorträge u. Scenen im Wiener Genre. 1. u. 3. Hft. 8. (32 S.) Wien 893. A. W. Künast. à n. — 60
1. 2. Aufl. (28 S.) — 2. (32 S.)

-- zu lang! s.: Volkstheater, Wiener.

Schier, Bruno u. Josefa Elstner-Oertel. Die Kunstblume von der Antike bis zur Gegenwart: Geschichte und Eigenart eines volkstümlichen Kunstgewerbes. Mit einem Liedanhang von Josefa Elstner-Oertel. Berlin, Akademie-Verlag 1957
VIII + 208 S., 6 Taf., davon 5 farb. 8°
(Deutsche Akademie der Wissenschaften zu Berlin. Veröffentlichungen des Instituts f. Dtsch. Volkskunde Bd. 11.)

Schier, C., Münz-Reductions- u. Zins-Tabelle in 4, je nach Bedürfniss trennbarer, leicht übersichtl. Taf. Ster.-Ausg. Imp.-Fol. (1 Bl.) Frankfurt a/M. 872. Boselli. n. — 80

Schier, Charles H., s. Schier, Karl H.

Schier, Chr. Sam., Eichenblätter. 8. Gotha 820. Hennings. 20 gGr.

Schier, Sam., Erfurts Entstehung. Gedicht in 3 Gesängen. 8. Erf. Knick. 813.

— Erfurts Entstehung. Gedicht in 3 Gesängen. 8. Erfurt 813. (Weygand in Leipz.) 8 gGr.

— die Fischer. 8. Erfurt u. Gotha 817. Hennings. 18 gGr.

— Gedichte. 8. Leipz. 813. Weygand. 20 gGr.

— Gedichte. Neue Gabe. 8. Köln 824. Du-Mont-Schauberg. 18 gGr.

-- Johann Huß. 4. Gotha, Hennings. 1 Thlr. 8 gGr.

Schier, Chr. Sam., Johannes Huß. Dramat. Gemälde in 5 A. 4. Gotha 819. Hennings. 1 Thlr. 8 gGr.

Schier, Chr. Sam., d. köln. Carneval vom Jahre 1824—26. 1r—3r Jahrg. gr. 12. Köln 823. (Schmidt), 1 Thlr. 6 gGr.

— s. Loemann.

Schier, (Ch. S.,) die Macht des Wahns. (oder die beiden Diaz.) Tragödie. gr. 12. Trier 824, Gall.

— Raphael Mengs, oder die Künstlerliebe. Drama in 3 A. Mit Mengs Bildniß. 12. Köln 822. Schmidt. 1 Thlr.

— Palestrina; Künstlerdrama in 2 A. Nebst e. Zugabe lyrischer Gedichte u. einem Festspiel: der Künste Morgenröthe. gr. 12. Köln 825. Badem. 1 Thlr.

— Sonnenwenden. 8. Erfurt 815. Müller. (Leipz., Weygand). 18 gGr.

Schier, Christian Gotthelf (Wilsdruff) A. S. 1356/25

Dissertatio historico-ecclesiastica de erroribus Pauli Samosateni. Präs. Jo. Gottlieb Ehrlich. Leipzig (Langenheim) 11. IX. 1745. 32 S. 30391

Schier, Fr. Xystus, s. Schier, Xystus (Paul)

Schier, Franz

Schier, Fr.: Kurze und gedrängte Vergleichung der slavischen, besonders der böhmischen Sprache mit der deutschen hinsichtlich ihrer Formen. Th. 2 31 S. - Jičin, Progr. 1853,54.

Schier, Franz: Zusatz zu der Sprachvergleichung im Programm 1853/54. Programm Gymnas. Jičin 1855.

Aus d. Verhandlungen d. 13. ord. Landesverbandstages den 27. u. 28. Febr. 1910 in Berlin. Die Hessische Landeskreditkasse in Kassel, ihre Entstehungsgeschichte und jetzige Organisation, Vortrag, geh. von Just.R. Dr. [Heinrich] **Schier**-Kassel, und 2. Die Hannoversche Landeskreditanstalt. Vortrag, geh. von Gen.Sekr. [Heinrich] Beythien-Hannover, nebst Erörterung. Spandau 1910: Dohrn. 24 S. 8°
(Mitteilungen d. Preuß. Landesverbandes d. Haus- u. Grundbesitzer-Vereine. H. 56.) (10. 1038)

Schier, H. Das Reichsgesetz betr. die Gewerbegerichte vom 29. Juli 1890, nebst Anh., enth. Vorschläge zur Aufstellg. v. Orts-(Kreis-, Provinzial-) Statuten, veröffentlicht auf Anordng. d. königl. preuß. Handelsministers. [Normalstatut.] Mit Kommentar. 5 Lfgn. gr. 8. (XVI, 233 S.) Kassel 890,91, Brunnemann. à Lfg. * 1 —; * 5 — geb. * 6 —

Schier, Hnr. Bernh., Handbuch des Königl. Sächs. Civilproceßrechts. Eine Zusammenstellung d. alten u. erläuterten Proceßordnung, mit den sie ergänz. modificir. u. a. dahin einschlag. gesetzlichen Bestimmungen, unter steter Hinweisung auf den Gerichtsbrauch. Mit einer rechtsgeschichtl. Einleitung von Herrm. Thdr. Schletter. 1. Bd. 1. Abthl. gr. 8. Dresden u. Leipzig 842, Arnold'sche Buchh. 1 1/6 Thlr.

— dass. 1. Bd. 2. Abthl. A. u. d. T.: Der ordinarische Civilproceß nach K. Sächs. Rechte. gr. 8. Ebend. 843. 1 1/2 Thlr.

— Polizeikunde von Sachsen. Eine alphabet. Zusammenstellung der im Königr. Sachsen in Bezug auf die Polizei in allen ihren Theilen geltenden gesetzl. Bestimmungen, für Stadt- u. Landbewohner rc. 8. Leipzig 841, O. Wigand. n. 1/2 Thlr.

Schier, Jh. Adm., († ...) Schola Salernitana. 8. Wolfenb. 763.

Schier, Josef [aus Zell a. d. Mosel]: Ueber die Indicationen zum Kaiserschnitt und deren Wert . . . Würzburg, Becker's Univ.-Buchdr., 1898; 40 S. 8°
Würzburg, Med. Fak., Inaug.-Diss. v. …

Schier, Karl H.

Schier, Charles (Hrsg.). s. Abou'l Fédâ, Ismaël: Géographie en arabe.

s. Bionis et Moschi idyllia.

Schier, Charles H., Ciel et enfer ou description du globe céleste arabe, qui est conservé au musée mathématique royal de Dresde (en latin et en allemand) suivie d'un supplément des commentaires sur la Divine comédie de Dante Alighieri (en français). Leipzig 866. (G. E. Schulze.) Lex.-8. (28 S.) n. 15 ngr.

— s. **Hemophilus.**

—— Globus coelestis arabicus qui Dresdae in regio museo mathematico asservatur. Lex.-8. (VIII und 71 S.) Leipzig 865, (G. E. Schulze.) *

Schier, Charles, grammaire Arabe. gr. 8. (X u. 456 S.) Leipsic 849, Arnold. n. 4 ₰

Schier, Charl., grammaire arabe. Nouvelle édition. Leipzig 862. Arnold. Lex.-8. (X, 456 S.)'' 2 ₰

s. **Hierocles.**

s. **Homeri Batrachomyomachia.**

Schier, Karl H., die arabischen Inschriften in der königl. Gemälde-Gallerie, dem grünen Gewölbe und dem Alterthums-Museum zu Dresden. Ein Beitrag zu den Catalogen obiger Kunstsammlungen nebst einem Nachwort des Verf. zu seinen Erklärungen der räthselhaften Verse in Dante's göttl. Comödie und den dagegen erhobenen Einwendungen. Lex.-8. (V, 49 S. mit 4 Stnt. in Lex.-8. und Fol.) Leipzig 870, Matthes. *

Schier, Karl, s. Lokmân, tables.

- s. **Luciani de somnio.**

s. **Maximi Tyrii.**

s. **Mélanges de littérature orientale.**

s. **Phocylidis.**

s. **A. Cl. Prudentius, hymnus.**

s. **Pythagoras, carmen.**

s. **Sherlock, Verhör.**

s. **Specimen editionis Nasireddini Tusensis.**

— Vade-mecum Oriental. hoch 4. (8 lith. S. m. 4 lith. Taf. in Fol. u. Imp. Fol.) Dresde 852. (Löser Wolf.) n. $1^{1}/_{3}$ ₰

Schier, M. [illegible]

Schier Otto, Über die Auflösung der unbestimmten Gleichung [illegible] in rationalen Zahlen. S. 84. II. [illegible]
Separatabdruck

Schier, Otto, üb. die Auflösung der unbestimmten Gleichung $x^n + y^n = z^n$ in rationalen Zahlen. [Aus: „Sitzungsber. d. k. Akad. d. Wiss."] Lex.-8. (7 S.) Wien 880. (Gerold's Sohn.) n. — 20

Schier, Otto, die Kämpfe bei Gundersdorf u. Domstadtl am 28. u. 30. VI. 1758. (44 S. m. 1 Karte.) Lex. 8. Brünn 908. (C. Winiker.) nn 1. —
Sonderabdr. a.: „Ztschr. d. deut. Ver. f. d. Gesch. Mährens u. Schlesiens".

— **Über Potenzensummen rationaler Zahlen. S. 85. II. 303**
Separatabdruck

— über Potenzsummen rationaler Zahlen. [Aus: „Sitzungsber. d. k. Akad. d. Wiss."] Lex.-8. (6 S.) Ebend. 882. n. — 20

— **Zur Theorie der Potenzensummen. S. 82. II. 383**
Separatabdruck

— zur Theorie der Potenzensummen. [Aus: „Sitzungsber. d. k. Akad. d. Wiss."] Lex.-8. (10 S.) Wien 880. (Gerold's Sohn.) n.n. — 25

Schier, P., s. Schier, Xystus (Paul)

Schier, Rich., aus Wald u. Heide. Schilderungen aus deutschen Forsten. gr. 8. (115 S. m. Abbildgn.) Dresden 902. C. Heinrich. Kart. n. 3. —

Schier, R., s.: Waldkalender.

Schier, Sam., s. Schier, Chr. Samuel

Schier, Thdr. (Red.), s. Landbote, Der.

Schier, Wladislaw, die schädlichen Vögel. Mit (chromolith.) Orig.-Bildern, gezeichnet u. lith. von Karl Maixner. 1. u. 2. Hft. gr. 8. (S. 1—134 je mit 4 Chromolith.) Prag 878. 81. (Kosmack & Neugebauer.) à n. 2. 40

Schier, Xystus (Paul)

Schier, X. Die Bischöfe und Erzbischöfe von Wien. Gratz 1786. H: *Tecker, Richard.* (WBL)

Schier, P., Bischofe u. Erzbischofe von Wien. gr. 8. Grätz, Zaunrieth. (Mayr in Salzb. in Comm.) 786.

— die Bischöfe u. Erzbischöfe von Wien; aus d. Manuscript. d. Verstorb. zusammengesetzt u. hrsgg. v. R. Tecker. gr. 8. Grätz 786. Zaunrieth. 8 gr.

Schier, Xystus. Buda sacra sub priscis regibus. Vindob. 1774. H: *Rosnack, Martin.* (Ky) (Schier, Reginae Hungariae Primae Stirpis. Viennae 1776. S. 14.)

— Buda sacra sub priscis regibus, cum fig. 4. Wien 774. (Heubner). 10 gr

— Buda sacra sub priscis regibus, c. fig. 4. Vien. Kurzböck. (Camesina.) 774.

Schier, X. Dicta memorabilia Sanctorum et Beatorum Ordinis fratrum Eremitarum S. P. Augustini ... Graecis 1773. H: *Rosnack, Martin.* (Schier, Reginae Hungariae Primae Stirpis. Viennae 1776. S. 14.) (Ky)

— dicta memorabilia Sanctorum et Beatorum ordinis fratrum Eremitarum S. P. Augustini in pium usum sodalium ejusd. sacri instituti collecta. 8. Grätz 773.

Schier, X. Memoria Academiae Istropolitanae . . . Viennae 1774. H: *Rosnack, Martin.* (Schier, Reginae Hungariae Primae Stirpis. Viennae 1776. S. 14.) (Ky)

— memoria academiae Istropolitanae seu Posoniensis. 4. Wien (775.) (Heubner). 5 ℊ

Schier, X. Memoria antiquae Provinciae Hungariae Augustinianae . . . Viennae 1776. H: *Rosnack, Martin.* (Schier, Reginae Hungariae Primae Stirpis. Viennae 1776. S. 15.)

Schier, X. Succincta notitia de monasteriis provinciae Austriae et Hungariae ordinis fratrum Eremitarum S. Augustini. Vindob. 1776. H: *Rosnack, Martin.* (Ky)

Schier, X. Octava defunctorum seu devotio brevis pro animabus in Purgatorio satisfacientibus . . . Viennae 1775. H: *Rosnack, Martin.* (Schier, Reginae Hungariae Primae Stirpis. Viennae 1776. S. 14.)

Schier, F. X., de regiae Budensis bibliothecae Math. Corvini ortu, lapsu, interitu et reliquiis etc. 8. Viennae, Kaulfuss. 799.

Schier, Fr. Xystus, (eigentl. Paul) († d. 21. März 1772.) Diss. de regiae Budensis bibliothecae Math. Corvini ortu, lapsu, interitu et reliquiis etc. Ed. altera c. M. Rosnak. 8. Wien 799. (Schaumburg). 6 ℊ

— s. F. D. Philocalus, Calendar. antiq.
(NB. Die letztern 6 Wertchen sind von M. Rosnak herausgegebe

Schier, X. Reginae Hungariae primae stirpis. Viennae 1776. H: *Rosnack, Martin.* (EB)

Schierach, Fr., gründliche Anweisung zur Vorrichtung der Jacquard-Maschine, behufs Weben des Jacquard-Damastes, mit Abbild. u. einer Abhandl. über die eingeschlich. heiml. Veruntreuungen mancher Arbeiter ꝛc. 8. (Mit 1 Steintaf.) Erfurt 843. (Otto.) n. 1 ℛ

Schierbaum, Heinr., Blätter vom Osning. Skizzen u. Sagen. (III, 174 S.) kl. 8. Münster 909. Universitäts-Buchh. F. Coppenrath. 2.—; geb. 3.—; erm. Pr. 2.50

— Robert Hamerlings Dichtung „Ahasverus in Rom", s. a Ernte, literarische. I.

Robert Hamerlings Dichtung 'Ahasverus in Rom.' Eine literar. Studie von Dr. Heinr. **Schierbaum**. Münster (Westf.): Coppenrath 1909. 103 S. 8°
(Literarische Ernte. 1.) [09. 10570]

Schierbaum, Heinr(ich): Justus Mösers Stellung in den Literaturströmungen während der ersten Hälfte des 18. Jahrhunderts. Osnabrück: Schöningh in Komm. 1908. 60 S. 8°
(Ersch. auch als Buch ebd. 1909.)
Münster, Phil. Diss. v. 15. Febr. 1909, Ref. Schwering
[Geb. 4. Aug. 82 Voxtrup; Wohnort: Münster i. W.; Staatsangeh.: Preußen; Vorbildung: Gymn. Carolinum Osnabrück Reife O. 04; Studium: München 1, Münster 2, Berlin 1, Münster 3 S.; Rig. 11. Juli 08.] [U 09. 3615]

— Justus Mösers Stellung zur Literatur des 18. Jahrh. I. (60 S.) 8. Osnabrück 909. F. Schöningh. 1. —

dasselbe. II. (43 S.) 8. Ebd. 909. 1. —
Sonderabdr. a.: „Mittlgn. d. Ver. f. Gesch. u. Landeskde. v. Osnabrück".

Schierbel, August, approb. Arzt aus Bayreuth (Bayern): **Welche diagnostische [!] Schwierigkeiten bieten Mesenterialcysten?** *Strassburg i. E. 1899: C. & J. Goeller.* (30 S.) 8°
Strassburg, Med. Diss. v. 1899

Schierbrand, Wolf C. von, Reisebericht aus Java a. d. J. 1825–1826. Für die Familie und die Freunde als Manuscript herausgegeben von A. Schone. Königsberg 1888.

Schiere, Nicol., doctrina Testamentorum et foederum divinorum omnium. 4. Leovard. (Weidmann, Lips.) 718.

Schiereck, J., s. Schiereck, Joseph Friedrich

Schiereck, Joseph Friedrich

Schiereck, J., Beschreibung eines neuen Winkelmessers, nebst e. Anhange, worin Untersuchungen über verschied. andere mathematische Gegenstände enthalten sind. Mit 1 Kpfrtaf. gr. 8. Gießen 813. (Fr. Fleischer in Leipzig.) 1 ℛ

— Beschreib. eines neuen Winkelmessers, nebst Anhang üb. verschiedene mathemat. Gegenstände. Mit 1 Kpf. gr. 8. Gießen 814. Tasché 8 ℊ

Schiereck, J. Fr., Handbuch f. Geometer, od. Anweis. zur richtigen Berechnung aller trigonometr. u. polygonometr. Aufnahmen ꝛc. Mit 3 Steintaf. u. 1 Anh. gr. 4. Köln 827. Bachem. 2 ℛ 8 ℊ

— Lehrbuch d. Polygometrie od. Anweis. zur Berechnung aller aus d. Umfange gemessenen Figuren. Mit 2 Kpftaf. gr. 8. Gießen 820. Heyer. 18 ℊ

Schiereck, Jos. Friedr., errathende Rechenkunst, zur angenehm. Unterhaltung gesellschaftl. Zirkel, u. Aufklär. üb. den merkwürd. Zusammenhang gewisser Zahlenverbindungen, wie auch zur Erleichterung d. Rechnens durch Anwend. besond. Vortheile. gr. 8. (13½ B.) Köln 828, Bachem.

—— Sammlung v. Formeln u. Beispielen f. alle Fälle d. Polygon-Vermessung, aus einander gereihten Dreiecken u. aus d. Umfangs-Linien u. Winkeln, nebst e. leichten Methode zur Bestimm. d. Ortes e. fehlerzeigenden Resultates, ohne Wiederhol. d. Vermessung, u. zur Aufheb. d. zuläss. Messungsfehler ohne Störung d. inneren Uebereinstimm. der Elemente, durch Benutz. der Logarithmen-Differenzen d. goniometr. Größen, ferner e. Anh. v. Quadrat- u. Cosecanten-Tafeln. gr. 4. (24½ B. u. 3 Stnt.) Köln 834, Bachem.
Ist eine neue wohlf. Ausg. v. dess. „Handbuch f. Geometer."

— Tafeln aller Quadrate v. 1—10,000, nebst Anweis., daraus die Quadrate u. die Wurzeln bis 100,000,000 zu bestimmen, nebst e. Anwendung derselben z. leichtern u. richtigen Berechnung d. Holzes. gr. 4. Köln 827. Bachem. 12 ℊ

— s. G. Walter, Anweisung zum Schachspielen.

Schieren, Henr. Martin. (geb. Issum im Rheinl. 13. 11. 1833): De febre puerperali. Berolini (1859). (32 S.) 8°
Berlin, Med. Diss. v. 30. Juli 1859

Schieren, Martin, Referendar: Das Vergehen der Nötigung im deutschen Reichsstrafrecht (§ 240 StGB.). Borna-Leipzig 1910: Neske. VIII. 106 S. 8°
Heidelberg, Jur. Diss. v. 1. März 1910, Ref. v. Lilienthal
[Geb. 26. Mai 86 Issum; Wohnort: Duisburg; Staatsangeh.: Preußen: Vorbildung: Gymn. Kempen a. Rh. Reife O. 05; Studium: Freiburg i. B. 1, Marburg 1, München 1, Bonn 3 S.; Rig. 6. Dez. 09.] [U 10.2004]

Schierenbeck, Joh. Heinr. Con.: Lebens-Beschreibungen, oder Nachrichten von dem Leben und den Schriften aller evangelisch-lutherischen Prediger, welche seit Dr. Heinr. Melchior Mühlenberg's Zeit im Staate Pennsylvanien Gemeinden bedient haben oder noch bedienen, ingleichen von denen welche in andern Staaten ihre Versorgung gefunden, aber mit den ev.-luth. Synoden Pennsylvaniens in Verbindung gestanden haben oder noch stehen. *Zusammengetragen von . . . ev.-luth. Prediger in New-Castle, Lawrence Co., Pa. Selins-Grove, Pa. In der Druckerei des „American Lutheran". 1865. Vier Hefte. 128 S.*

Schierenbeck, Jh. Hnr. Konr., theoret.-prakt. Lern- u. Uebungsbuch aller Volksschul-Unterrichts-Gegenstände (zunächst f. meine Schule). Elementar-Unterricht. 1s Hft. 1e Abtheil. gr. 8. Bremen 832. (Schünemann). 14 gr

Schierenberg, Aug., s. Schierenberg, G. Aug. B.

Schierenberg, Fritz, aus Horn i. Lippe: Ueber den a-Nitrosoresorcinmonoäthyläther und seine Derivate, und die Oxydation des Amidoorcinmonomethyläthers. Erlangen 1902: E. Th. Jacob. (29 S.) 8°
Erlangen, Phil. Diss. v. 25. Nov. 1902.

Schierenberg G., eine Prämien-Sparbank und eine Zentral-Sparkasse des Norddeutschen Bundes, als volkswirtschaftliches Bedürfnis der Zeit. Detmold 1869

Schierenberg, G. Aug. B., der Ariadnefaden f. das Labyrinth der Edda od. die Edda e. Tochter d. Teutoburger Waldes. Mit 4 Abbildgn. gr. 8. (XVIII, 96 S.) Frankfurt a/M. 889. (Reitz & Koehler.) n. 2. 50

Schierenberg, G. A. B., der Externstein zur Zeit des Heidenthums in Westfalen. Dargestellt von einem Dilettanten. gr. 8. (VIII, 60 S. mit 8 lithogr. Abbild.) Detmold 879, (Klingenberg'sche Hofbuchh.) *

Schierenberg, G. Aug. B., die Götter der Germanen od. vom Eddarausch der Skandinavier u. ihrem Katzenjammer (e. Stimme vom Teutoburger Walde). gr. 8. (III, LII, 224 S. m. 1 Grundriß.) Detmold 894. (L. Schenk.) n. 4. —

Schierenberg, G. Aug. B., die Götterdämmerung und die Goldtafeln des Idafelds oder die Teutoburger Schlacht in den Liedern der Edda. Eine Streitschrift über die Heimat und Bedeutung der Eddalieder. [Zur Widerlegung der neuerlich darüber veröffentlichten Ansichten des Prof. Bugge und Dr. Bang dienend.] gr. 8. (XXXII, 156 S.) Detmold 881, (Schenk.) *

Schierenberg, G. Aug. B., die Kriege der Römer zwischen Rhein, Weser und Elbe unter Augustus und Tiberius und Verwandtes. Vervollständigung und Berichtigung der 1. Ausg. von: Die Römer im Cheruskerlande 1862. gr. 8. (198 S. mit 1 Karte.) Frankfurt a. M. 888, (Reitz und Köhler.) *

Schierenberg, G. A. B., Nachtrag zur Varusschlacht. S.-A. O. J. 81 S.

Schierenberg, G. Aug. B., Deutschlands Olympia [Secretiora Germaniae] od.: Vom Gottesgericht üb. Roms Sieggötter! Vermuthungen u. Untersuchgn. üb. die deutsche Götter- u. Heldensage, die wahre Heimath der Eddalieder, ihren Ursprung u. ihre Bedeutg. [Mit e. (lith.) Karte (in qu. gr. 4.) u. 4 (lith.) Abbildgn.] gr. 8. (CXXX, 203 S.) Frankfurt a/M. 875. Jaeger in Comm. n. 5. —

Schierenberg, Aug., die Römer im Cheruskerlande nach den unverfälschten Quellen dargestellt nebst beigefügter Uebersetzung jener Quellen und der Germania des Tacitus. gr. 8. (XII und 232 S. mit 1 lithogr. Karte vom Teutoburger Walde in qu. Fol.) Frankfurt a. M. 862, (Jaeger'sche Buchh.) *

(Schierenberg, G. A. B.,) der Taunus an den Lippequellen, s. Taunus, der, ꝛc.

(Schierenberg, G. A. B.) Der Taunus an den Lippequellen. Streifzüge in die alte Geschichte und Geographie Nordgermaniens an der Hand des Tacitus u. Ptolemaeus. (208) 8. Mit Karte über die Gegend der Varusschlacht. Lemgo und Detmold 1853. 1.50.

Schierenberg, H., Hilfs- u. Wiederholungsbuch zur Lektüre v. Pestalozzis Meisterwerken: Lienhard u. Gertrud u. Wie Gertrud ihre Kinder lehrt. Für Schule u. Haus bearb. (95 S.) gr. 8. Leipzig (909). Jaegers Verl. 1.50; geb. in Leinw. 1.90

Schierenberg, H. A., üb. die ursprüngl. Gestalt der beiden ersten homer. Hymnen. Programm. 4. Lemgo 828. Meyer. 4 gr

Schierenberg, H A., Ueber die Lebensumstände und den Charakter der Personen, an welche die Briefe des Horaz gerichtet sind, und über das verschiedenartige Verhältnis des Dichters zu denselben. II. Teil. Pr. 1847. 26 S. 4°. 1.20

Ausführlicher Lehrplan für die Mittelstufe (Kl. VI, V, IV) und die Oberstufe (Kl. III, II, I) der städtischen höheren Mädchenschule zu Lüdenscheid. Auf Grund der Minist. Bestimmungen vom 31. Mai 1894 ... bearb. von H[ugo] Schierenberg, Rektor. *Lüdenscheid: W. Cronje [1899?]* (32 Bl.) gr. 2° [δ] [00. 3169

Schierenberg, Robert, Referendar: Der Orderlagerschein der zur Ausstellung solcher Scheine nicht ermächtigten Unternehmer nach geltendem Reichsrecht. Borna-Leipzig 1909: Noske. VI, 34 S. 8°
Leipzig, Jur. Diss. v. 20. Dez. 1909
[Geb. 8 Dez. 83 Bonn; Wohnort: Bonn; Staatsangeh.: Preußen; Vorbildung: Städt. Gymn. Bonn Reife O. 02; Studium: Lausanne 1, Berlin 1, München 1, Bonn 5 S.; Rig. 3 Juli 06.] [U 10. 2861

Schierenberg, S. Fr. Aug., (Conrektor,) Henriette, od. das verlohrne Jocal. Mit e. Vorr. v. Fr. Bouterweck. Mit Kpf. 8. Götting. 801.

Schierholz, Arthur von, Referendar aus Plaue (Schwarzburg-Sondershausen): Deutsche Erbpacht und preussische Rentengüter. Arnstadt 1898: A. Bussjaeger. (VI, 63 S.) 8°
Erlangen, Jur. Diss. v. 18. Juli 1898.

Schierholz C., Dr.: Über Entwicklung der Unioniden (mit 4 Taf.). D 55. II. 183
Separatabdruck

Schierholz, C., über Entwicklung der Unioniden. [Mit 4 Taf.] [Aus: „Denkschr. d. k. Akad. d. Wiss."] Imp.-4. (36 S.) Wien 888. (Tempsky.) n. 3. 40

— Zur Trennung von Jod, Brom und Chlor (mit 5 Textfiguren). S. 101. IIb. 4 . . vgr.
Separatabdruck

Schierholz, C. H., Comment. de mercurio in variolis. 8. Gött. Brose. 783.

Schierholz, E., die Örtlichkeit der Varus-Schlacht. Zur 1900-Jahr-Feier der Schlacht. (42 S. m. Abb. u. 1 farb. Karte.) gr. 8. Wismar 909. Hinstorff's Verl. 1. 20

[J.] Chronik von Damm-Hast nach alten und neuen Acten, Traditionen, Berichten alter Bewohner u. eigenen Erfahrgn bearb. v. Schierhorn, Hauptl. emer. *Berlin: Dr. v. F. A. Günther & Sohn 1897.* (117 S., 1 Bl.) 1 Bd 8. [98. 1433

Schierhorn, J. A. Fr., deutsches Lesebuch. I. Obere Stufe. Brandenburg 860. Müller. gr. 8. (VIII, 312 S.) 15 ngr.

— — II. Mittlere Stufe. Ebend. 861. gr. 8. (VIII, 232 S.) n. 10 ngr.

Schierhorn, J. A. Fr., deutsches Lesebuch. Vorstufe. 3. Aufl. gr. 8. (VIII, 156 S.) Brandenburg 874. Wiesike. geb. n. — 80

Schierhorn, J. A. Fr., deutsches Lesebuch. Vorstufe. 4. Aufl. gr. 8. (156 S.) Brandenburg 879, Wiesike. geb. *

Schierhorn, J. A. Fr., Lese-Tafeln zu der Schreiblesschule. 2. verb. Aufl. Ausg. in der neuen Orthographie. Imp.-Fol. (8 Bl.) Brandenburg 881, Wiesike. *

— der vereinigte Lese-, Schreibe-, Sprach- und Anschauungs-Unterricht auf der Unterstufe. (Abdr. aus der „Evangelischen Volksschule.") Brandenburg 863. (Wiesike.) gr. 8. (IV, 32 S.) n. 7⅓ ngr.

— die Schreiblesemethode und ihre Anwendung. Brandenburg 860. Wiesike in Comm. gr. 8. (16 S.) n. 2⅔ ngr.

Schierhorn, Schreiblesschule od. Wie die Kleinen lesen u. schreiben lernen. 8. (VIII u. 64 S. wovon 16 lith.) Brandenburg 850, Wiesike. 4 ngr.

Schierhorn, J. A. Fr., Schreiblesschule, oder: Wie die Kleinen lesen und schreiben lernen. 2. verb. Aufl. Brandenburg 854. Wiesike. 8. (VIII, 64 S. u. 16 lith. S.) 4 ngr.

—— Schreiblesschule. Untere Stufe. 3., verb. und verm. Aufl. gr. 8. (IV und 68 S.) Brandenburg 860, Müller. *
Mit Schreibschrift (16 lithogr. S.) *
Die Schreibschrift apart

Schierhorn, J. A. Fr., Schreiblesschule. 1. Thl. (Untere Stufe.) 4., sehr verb. und verm. Aufl. gr. 8. (IV und 68 S.) Brandenburg 864, Wiesike. *
Mit Schreibschrift (16 lithogr. S.) *
Die Schreibschrift apart

—— dass. — 2. Thl. (Obere Stufe.) gr. 8. (VIII und 152 S.) Ebendas. 863.

— Schreiblesschule, f. den vereinigten Lese-, Schreibe-, Sprach- u. Anschauungsunterricht. 7., verb. Aufl. gr. 8. (IV, 84 S., wovon 16 lith.) Ebend. 872. n. — 40

—— Schreiblesschule für den vereinigten Lese-, Schreib-, Sprach- und Anschauungsunterricht. 8. und 9. Aufl. gr. 8. (68 S.) Ebendas. 873,78. geb. *

—— Schreiblesschule, für den vereinigten Lese-, Schreib-, Zeichen-, Sprach- und Anschauungs-Unterricht bearb. 10. verb. Aufl. [Ster.-Ausg.] [Ausg. mit der neuen Orthographie.] 8. (V, 84 S., wovon 16 lithogr.) Ebendas. 880. *
geb. *

—— dass. — 11. verb. Aufl. [Ster.-Ausg.] 8. (IV, 68 S., wovon 16 lithogr.) Ebendas. 883. * 40 Pf.; geb. *

Schierhorn, J. A. Fr., Schreiblesschule, f. den vereinigten Lese-, Schreib-, Zeichen-, Sprach- u. Anschauungs-Unterricht bearb. 12. verb. Aufl. [Ster.-Ausg.] 8. (V, 68 S. m. 1 Bog. Abbildgn. u. Schreibschrift.) Brandenburg, Wiesike. n. — 40; Einbd. n.n. — 15

Schierhorn, J. A. Fr., der Sprachschreibleseunterricht, oder das einfachste, anregendste u. naturgemäßeste Verfahren bei den ersten Leseübungen. Eine vergleich. Erörterung der verschied. Lesemethoden nach ihrem Wesen u. nach ihrer histor. Entwickelung, nebst einer praktischen Anweisung für den vereinigten Lese-, Schreibe-, Sprach- u. Anschauungsunterricht in der Unterklasse. Brandenburg 867. Wiesike. gr. 8. (VIII, 104 S.) n. 15 ngr.

—— der Sprachunterricht in der Volksschule. In einer Reihe von Sprachübungen bearb. und für die Hand der Schüler berechnet. gr. 8. (80 S.) Brandenburg 862, Müller. * *

— der deutsche Unterricht in einer Reihenfolge von Aufgaben nebst Erläuterungen, für Stadt- u. Landschulen bearb. und auch für die Hand der Schüler berechnet. Brandenburg 857. Müller. gr. 8. (VIII, 136 S.) 11¼ ngr.

Schierhorn, J. A. Fr., der deutsche Unterricht in einer Reihenfolge von Aufgaben nebst Erläuterungen, für Stadt- und Landschulen, sowie für Unter- u. Mittelklassen höherer Lehranstalten bearb. u. auch für die Hand der Schüler berechnet. 2., verb. u. verm. Aufl. Ebend. 861. gr. 8. (VIII, 144 S.) 12½ ngr.

— der deutsche Unterricht in einer Reihenfolge von Aufgaben nebst Erläuterungen, für Bürger- u. Töchterschulen, sowie für höhere Schulanstalten bearb. u. auch für die Hand der Schüler berechnet. 3., ganz umgearb. u. sehr verm. Aufl. Brandenburg 866. Müller. gr. 8. (IV, 192 S.) 15 ngr.

— der deutsche Unterricht in e. Reihenfolge v. Aufgaben nebst Erläutergn. f. gehobene u. höhere Schulanstalten bearb. u. auch f. die Hand der Schüler berechnet. 4., ganz umgearb. u. sehr verm. Aufl. 8. (VIII, 200 S.) Brandenburg 873. Müller. 1. 80

— die Urmethode beim ersten Lese-Unterricht, od.: Die vereinigten Sprach-, Schreib- u. Leseübgn. auf der Unterstufe. 2. sehr verb. Aufl. gr. 8. (IV, 92 S.) Brandenburg 872. Wiesike in Comm. n. 1. 25

Schierhorn, Paul

Schierhorn, P., Hilfsbuch f. den Gesangunterricht. Zunächst f. Charlottenburger Schulen. 8. (VIII, 148 S.) Leipzig 887. Klinkhardt. n. — 50; geb. n. — 60

Schierhorn, Paul, Hilfsbuch f. den Gesangunterricht. Enth.: I. ein- u. mehrstimm. Volkslieder. II. 48 ein- u. dreistimm. Choräle u. III. die Liturgie. 2., verm. Aufl. 8. (VIII, 152 S.) Leipzig 891. J. Klinkhardt. Kart. n. — 60

Schierhorn, Paul, Hilfsbuch f. den Gesangunterricht. Enth.: I. ein- u. mehrstimm. Volkslieder. II. 48 ein- u. dreistimm. Choräle. III. d. Liturgie u. IV. Material zur Notenkenntnis. 3., verm. u. verb. Aufl. 8. (VIII, 168 S.) Leipzig 896. J. Klinkhardt. Kart. n. — 60

Schierhorn, Paul, Hilfsbuch f. den Gesangunterricht. Enth.: I. ein- u. mehrstimm. Volkslieder. II. 41 ein- u. dreistimm. Choräle. III. die Liturgie u. IV. Material zur Notenkenntnis. 4. Aufl. 8. (VIII, 160 S.) Leipzig 900 J. Klinkhardt. Kart. n.n. — 60

Schierhorn, Paul, Hilfsbuch f. den Gesangunterricht. Enth.: I. ein- u. mehrstimm. Volkslieder. II. 41 ein- u. dreistimm. Choräle. III. die Liturgie u. IV. Material zur Notenkenntnis. 5. Aufl. (VIII, 160 S.) kl. 8. Leipzig 905. J. Klinkhardt. Kart. n.n. — 60

Schierhorn, Paul, Hilfsbuch f. den Gesangunterricht. Enth.: I. Lieder f. die Unterstufe. II. Spiellieder. III. Lieder f. die Mittelstufe. IV. Kanons. V. Lieder f. die Oberstufe. VI. Motetten. VII. Choräle u. VIII. Die liturg. Gesänge. 6. Aufl. (VIII, 252 S.) kl. 8. Leipzig 909. J. Klinkhardt. Kart. 1.—; Ausg. ohne Kirchengesänge. Enth. I—VI. 6. Aufl. (VII, 216 S.) 8. 909. Kart. — 80

— Universal-Choralbuch. Enth. die Melodien in der vom königl. Konsistorium der Prov. Brandenburg festgesetzten Form in mehrfacher Bearbeitg., nebst 3000 Strophenzwischenspielen u. 700 Orgelpunkten. qu. gr. 4. (II, 328 S.) Berlin 893. (C. Ulrich & Co.) n.n. 15.

Schierling, J., deutsche Schreib-Lese-Fibel, s.: Böhling, B.

Schierke [Schlagwort]

Schierke. Plan von Schierke i/Harz u. Umgebung. 1 : 25,000. 56×51 cm. Lith. Blankenburg a/H., Höfer. — 60

Schierl, A., etymologische Erklärung der wichtigsten, im Unterricht der Chemie (einschliesslich Mineralogie u. Warenkunde) vorkommenden Fremdwörter. (34 S.) gr. 8. Mähr.-Ostrau (908). (R. Papauschek.) 1. 40

Schierl Alfred: Einteilung der Erzlagerstätten und kurze Darstellung der Theorien über die Entstehung von Erzgängen. 11. Mähr. Ostrau R. 05
Progr.

Schierl Alfred: Mitteilungen aus dem chemischen Laboratorium. 9. Mähr. Ostrau R. 05.
Progr.

Schierl, Alfr., Wandtafeln f. den Unterricht in der allgemeinen Chemie, s.: Schroeder, Geo. v.

Schierl, C., s. Schierl, Karl

Schierl, Karl

Schierl, Dr. K. Genesis der Sozietät zur Versorgung der k. k. Offiziers-Witwen u. -Waisen. Wien 1871. 176 S.

— — Janus. Notiz-Kalender für das k. k. Heer und Seiner Majestät Kriegs-Marine. 1876. VII. Jahrgang. (Enthält das Militär-Pensionisten-Schema.) kl. 8. Wien 1876.

Schierl, Carl, Kalender und Schematismus für pensionirte k. k. Auditore, Militär-Aerzte, Militär-Geistliche und Militär-Beamte. 1871. [1. Jahrg.] 8. (IV, 247 S. mit 1 Tab. in gr. Fol.) Wien 871, (Seidel und Sohn.) *
—— dass. — für k. k. Generale und Stabs- und Ober-Officiere des Ruhestandes. 1871. [3. Jahrg.] 8. (IV, 396 S. mit 1 Tab. in gr. Fol.) Ebendas. 871. *
—— dass. — für die k. k. Generale und Stabs- und Ober-Officiere, dann die k. k. Militär-Geistlichen, Auditore, Militär-Aerzte und Militär-Beamten des Ruhestandes. 1872. [4. Jahrg.] 8. (XVIII, 285 S.) Ebendas. 871. *M. 2,60.; geb. *
Vgl.: Janus.

— — Militär-Pensionisten-Kalender und Schematismus. 1870. (II. Jahrgang.) — (Siehe auch: „Janus".) kl. 8. Wien 1870.

Schierl, Dr. Carl, k. k. Militär-Agent. Schematismus der pensionirten und mit Beibehalt des Charakters quittirten Generale und Stabs- und Ober-Officiere der k. k. österreichischen Armee. 1869. (I. Jahrgang.) Nach officiellen Daten zusammengestellt und herausgegeben. 8. Wien 1869.

Schierlein's, M., Buchhaltungsschlüssel f. Kaufleute, Gewerbetreibende, Handwerker, Buchhalter, Kontoristen, Zöglinge des Handels u. Beamte jeder Kategorie sowie f. Handels- u. Gewerbeschulen. 2. Aufl. (86 S. m. 1 Tab.) gr. 8. Breslau (903). Verlag des Buchhaltungsschlüssels. 4. 50; erm. Pr. n. 3. 50

M. Schierlein's Buchhaltungsschlüssel für Kaufleute, Gewerbetreibende, Handwerker, Buchhalter, Kontoristen, Zöglinge des Handels u. Beamte jeder Kategorie ... 3. Aufl. Breslau: Verl. d. Buchhaltungsschlüssels 1904. (86 S.) 8° [Ant. u. F.] [04. 41,6 2

SCHIERLINGER, Franz (Würzburg): Beitrag zur Casuistik der Resectionen.- Würzburg, Thein 1841. VI S., 1 Bl., 52 S.
10.8.1839 - Urk; F 6A
Diss.Ingolst.-Landsh.-Mchn.

SCHIERLINGER, Franz (München): Die Friedensbürgschaft. Ein historisch-criminalpolitischer Versuch.- Erlangen: Deichert 1877. 109 S.
5.5.1877 - Urk (Titel: De cautione pacis conservandae causa data.); Chr 1876/77,9
Diss.Ingolst.-Landsh.-Mchn

Schierlinger, Frz., die Friedensbürgschaft. Ein historisch-criminalpolitischer Versuch. gr. 8. (109 S.) Erlangen 877, Deichert. *

Das Bürgerliche Gesetzbuch. Dargest. von Franz Schierlinger. Mit e. ausführl. Sachreg. 2. Aufl. *München: C. Haushalter 1900.* (143 S.) 8° [F.]
— Rechtsbeistand, Der praktische. Bd 1. [04. 1536 6

Handels- und Wechselrecht. Urheber- u. Musterschutz. Die jurist. Personen. Civilprocessrecht, dargest. von Franz Schierlinger. Mit e. ausführl. Sachreg. *München: C. Haushalter 1900.* (127 S.) 8° [F.]
— Rechtsbeistand, Der praktische. Bd 2. [04. 1697 6

Schierlinger, Frz., die bayerischen Landesgesetze u. Verordnungen zur Ausführung u. Ergänzung der Civilprozeßordnung u. des Zwangsversteigerungsgesetzes, s. a. Sammlung der landesrechtlichen Civil-Prozeß-Normen. II.

Die bayerischen Landesgesetze u. Verordnungen zur Ausführung u. Ergänzung der Civilprozessordnung u. des Zwangsversteigerungsgesetzes. Zsgest. u. im Anschl. an d. CPO. erl. von Dr. Franz Schierlinger. 3. umgearb. Aufl. d. 'Normen des bayerischen Landesrechts'. T. 1. *Tübingen, Freiburg i. B. & Leipzig: J. C. B. Mohr 1900.* 8° [F.]
= Sammlung d. landesrechtlichen Civil-Prozess-Normen. 2. [00. 6772 11

Die bayerischen Landesgesetze und Verordnungen zur Ausführung und Ergänzung der Civilprozessordnung u. des Zwangsversteigerungsgesetzes. Zsgest. u. im Anschl. an d. CPO. erl. von Dr. F[ranz] Schierlinger. 3. umgearb. Aufl. d. 'Normen d. bayer. Landesrechts'. (T. 1. 2. in 1 Bde.) *Tübingen & Leipzig: J. C. B. Mohr (1900-)1902.* (VIII, 311 S.) 8° [F.]
= Sammlung d. landesrechtl. Civil-Prozess-Normen. 2. [03. 8538

Schierlinger, Frz., die auf d. Civilprozeß bezügl. Normen d. bayer. Landesrechts, s. a. Gaupp, L., d. Civilprozeßordng. f. d. Deutsche Reich, Anhang 1.

Die auf den Civilprozeß bezüglichen Normen des bayerischen Landesrechts. Im Anschl. an d. Reichscivilprozeßordnung dargest. von Franz Schierlinger. 2., verb. u. verm. Aufl. *Freiburg i. B. & Leipzig: J. C. B. Mohr 1897.* (IX, 167 S.) 8° [F.]
— Zivilprozeßordnung, Die, f. d. Deutsche Reich, erl. von L. Gaupp. Anh. 1. [03. 15447 6

— der praktische Rechtsbeistand. Ein Führer durch die Reichsgesetze. 3 Bde. 8. München [C. Haushalter.] Ed. Koch. à n. 1. —; geb. in Leinw. à n. 1. 50; in 1 Leinw.-Bd. n. 3. —
1. Das bürgerliche Gesetzbuch. Mit e. ausführl. Sachregister. 2. Aufl. (5.-10. Taus.) (143 S.) 900.
2. Handels- u. Wechselrecht. Urheber- u. Musterschutz. Die jurist. Personen. Civilprozeßrecht. Mit e. ausführl. Sachregister. (VI, 127 S.) 900.
3. Reichsstaatsrecht, Gewerbewesen, Arbeiterversicherung, Heerwesen, Gesundheitswesen, bearb. v. e. Verwaltungsbeamten. Mit e. ausführl. Sachregister. (VII, 204 u. IV S.) 902.

Schierlinger, Franz: Die unterordnende Satzverbindung bei dem Redner Antiphon. Schweinfurt, Druck v. Fr. J. Reichardt, 1889; 51 S. 8°
Schweinfurt, k. StA, P 1889 •

— d. Strafgesetzbuch f. d. Deutsche Reich, s.: Henle, Wilh.

Schierlitz, G. G., drei Erndte-Predigten. gr. 8. Meißen 795. Gödsche. 5 gr.

Schierlitz, S.Ch. De M. Tullii Ciceronis Philippica Nona. 18 S.
Wetzlar, Progr. 1844

Schierloh, Johann Friedrich, a. Bremen: Über den Koeffizienten der inneren Reibung von reinem Argon und reinem Helium. Halle a. S. 1908: C. A. Kaemmerer & Co. (30 S., 2 Taf.) 8°
Halle, Phil. Fak., Ref. Dorn, Diss. v. 11. April 1908
[Geb. 18. März 82 Bremen; Wohnort: Halle a. S.; Staatsangeh.: Bremen; Vorbildung: Gymn. Bremen Reife O. 02; Studium: Göttingen 5, Halle 7 S.; Rig. 11. Jan. 08.]

Schierloh, Karl: Spezifische Wärmen des Äthers. Kiel 1910: Schmidt & Klaunig. 44 S., 2 Taf. 8°
Kiel, Phil. Diss. v. 1. Sept. 1910, Ref. Dieterici
[Geb. 26. März 84 Bremen; Wohnort: Bremen; Staatsangeh.: Bremen; Vorbildung: Oberrealsch. Bremen Reife M. 04; Studium: Tübingen 3, Berlin 1, Kiel 5 S.; Rig. 8. März 10.] [U 11. 2659

Schiern, Fred

Schiern, F., Uebersicht der Auswanderungen der Normannen aus der Normandie nach Italien und der ersten Eroberungen derselben in Neapel und Sizilien. Aus dem Dänischen übersetzt von Ernst Friedrich Mooyer. (Aus dem Mindener Sonntagsblatt besonders abgedruckt.) Minden 1851.

Schiern, F., Ueber den Ursprung der Sage von den goldgrabenden Ameisen. Ak. 1878. 58 S. 1.50

Schiern, Fred., über den Ursprung der Sage von den goldgrabenden Ameisen. Vortrag in der Sitzung der kgl. Dän. Gesellschaft der Wissenschaften vom 2. Decbr. 1870. gr. 8. (53 S. mit 1 Stnt.) Kopenhagen 873. Leipzig, Lorentz. *
Aus: Verhandlungen der k. Dän. Gesellschaft der Wissenschaften, besonders abgedruckt.

Schiern, Freder. Eginh., Origines et migrationes Cimbrorum. Dissert. histor. critica. 8maj. (5¾ B.) Havniae 843, (Reitzel.) ** —

Schiernbrandt, J., s. Schirnbrandt.

Schjerning. D. Lehre v. d. Mikroorganismen i. ihrem Einfl. auf d. Gesundheitspfl. (S.-A.)

Schjerning. Üb. d. Tod infolge v. Verbrennung u. Verbrühung v. gerichtsärztl. Standpunkt. (S.-A.) Berlin 1884.

Schierning, Fritz, approb. Arzt aus Flensburg: Aus d. pathol. Instituts d. Universität Kiel. Über Stenose und ulceröse Zerstörung des Duodenums durch zerfallende käsige Portaldrüsen, grosse verkäsende Tumoren der Leber. *Kiel 1902: Schmidt & Klaunig.* (23 S.) 8°
Kiel, Med. Diss. v. [21. März] 1902

Schjerning H.: Untersuchungen üb. die in der Bierwürze vorhandenen amorphen, stickstoffhaltigen organischen Verbindungen. Wiesb. 1894. (13) S. 1 Tvl. (Særtr.). P.

Schjerning, Otto v., sanitätsstatistische Betrachtungen üb. Volk u. Heer. s.a. Bibliothek v. Coler- v. Schjerning. 28. Bd.

Sanitätsstatistische Betrachtungen über Volk und Heer. Nach einem 1909 in ... d. Kaiser Wilhelms-Akad. ... geh. Vortrage von Otto v. **Schjerning.** Mit 37 Taf. u. 6 Kt. Berlin: Hirschwald 1910. IV, 116 S. 8°
(Bibliothek v. Coler-v. Schjerning. Bd 28.) [og. 16033

Schjerning, O., s.: Bibliothek v. Coler.

— s.: **Gedenkschrift f. Dr. Rudolph v. Leuthold.**

Schjerning, O. Die letzten 25 Jahre im Militär-Sanitätswesen (1874 bis 1899). S.-A. Leipzig 1900.

— die Organisation des Sanitätsdienstes im Kriege, s.: Vorträge üb. ärztliche Kriegswissenschaft.

— Thöle u. Voss, die Schussverletzungen, s.a. Fortschritte auf dem Gebiete der Röntgenstrahlen.

Die Schussverletzungen von Dr. [Otto] **Schjerning**, Generalarzt, Dr. [Friedrich] Thöle, Stabsarzt, u. Dr. [Otto] Voss, Stabsarzt. Mit 72 Abb. u. 34 Taf. *Hamburg: L. Gräfe & Sillem 1901.* (XIII, 160 S.) 4°
= Archiv u. Atlas d. normalen u. path. Anat. in typ. Röntgenbildern [7.]
= **Fortschritte** auf d. Gebiete d. Röntgenstrahlen. Erg. Bd 7.

Schjerning, Otto (geb. Neustadt-Eberswalde 4. 10. 1853): Die Trepanation bei antiseptischer Methode. Berlin (1877). (30 S.) 8°
Berlin, Med. Diss. v. 9. Febr. 1877

— die Tuberkulose in der Armee. Vortrag, auf dem Kongress „zur Bekämpfg. der Tuberkulose als Volkskrankheit" am 24. V. 1899 geh. Mit 2 Karten u. 6 graph. Darstellgn. im Text. gr. 8. (40 S.) Berlin 899. A. Hirschwald. n. 1.50

Schjerning: Üb. d. Wirkung u. d. kriegschirurg. Bedeutg. d. neuen Handfeuerwaffen, s. Coler, V.

Schjerning, Wilhelm [Dr.]: Aachen und seine Umgebung. E. geograph. Skizze. Aachen, Druck v. C. H. Georgi, 1895; IV, 80 S. 8.
Aachen, k. Kaiser-Wilhelms-G, OP 1895 (433)

— Aachen u. s. Umgebg. E. geograph. Skizze. gr. 8. (IV, 80 S.) Aachen 895. C. Mayer's Verl. n 1.20

Schjerning, Wilhelm [aus Eberswalde]: Ueber die Absorption der ultravioletten Lichtstrahlen durch verschiedene optische Gläser .... Berlin, Druck v. Hermann Blanke (1885); 37 + 2 S. 8°.
Berlin, Phil. Fak., Inaug.-Diss. v. 18. Dez. 1885.

Schjerning, Wilhelm, über die Absorption der ultravioletten Lichtstrahlen durch verschiedene optische Gläser. Diss. Berlin 1885, Mayer & Müller. 8°. 37 S.

Schjerning, W . Neuere Anschauungen über die Entstehung der Alpen. Mit 7 Abbildungen und 1 Karte auf den Sonderbeilagen 2—5. [Artikel 1 *u. ff.*] 4.
In: Geographischer Anzeiger. Blätter für den Geographischen Unterricht. Hrg. von Dr. Hermann Haack ... und Prof. Heinrich Fischer.... Jahrg. 9, 1908. Heft 1 *u. ff.* Gotha, Justus Perthes. *pro Heft* M. —.60. S. 4—8 *u. s. w.*

Über mittabstandstreue Karten von Dr. W[ilhelm] **Schjerning** in Krotoschin. Mit 3 Taf. u. 14 Textfig. Wien: R. Lechner 1904. (30 S.) 4°(8°)
= **Abhandlungen** d. K. k. geogr. Gesellschaft in Wien. Bd 5, No 4.

— der Pinzgau, s.a. Forschungen zur deutschen Landes- u. Volkskunde, Bd. 10.

Der Pinzgau. Physikal. Bild e. Alpengaues. Von Dr. Wilhelm **Schjerning**, Oberl. in Aachen. M. 1 Kt., 9 Taf. u. 1 Abb. im Text. *Stuttgart: J. Engelhorn 1897.* (133 S., 9 Taf., 1 Kt.) 8.
= **Forschungen** z. deutschen Landes- u. Volkskunde. Bd 10. H. 2.

— die Pinzgauer, s.a. Forschungen zur deutschen Landes- u. Volkskunde, Bd. 10.

Die Pinzgauer. Von Dr Wilhelm Schjerning, Oberl. in Aachen. M. 2 Lichtdrucktaf. u. 2 Abb. im Text. *Stuttgart: J. Engelhorn 1897.* (104 S., 2 Taf.) 8.
= Forschungen z. deutschen Landes- u. Volkskunde. Bd 10. H. 3. [97. 3014

Schjerning, W., rechne richtig, s.a. Hilf dir selbst.

10.] Rechne richtig! Rechnen m. unbenannten u. benannten ganzen Zahlen, gemeinen u. Dezimalbrüchen. Z. Selbstunterr. bearb. v. Dr. W[ilh.] Schjerning, Oberl. ... in Aachen. *Aachen: C. H. Georgi [1898].* (40 S.) 1 Bd 8.
(Hilf dir selbst! Dein eigener Lehrer. [No 3.]) [98. 11183

Schjerning, Wilh., s.: Rechts u. links der Eisenbahn.

Schjerning, W., was muss der Kaufmann v. der Geographie des Deutschen Reiches wissen? Ein Überblick über Bodengestalt u. Bewohner Deutschlands m. besond. Berücksicht. der Hauptverkehrslinien, d Mittelpunkte gewerbl. Thätigkeit u. der grossen Handelsstädte, sowie e. Zusammenstellg. der wichtigst. statist. Angaben über Bevölkerg., Produktion u. Verbrauch, Industrie u. Handel unseres Vaterlandes. (Dr. Ludw. Huberti's moderne kaufmänn. Bibliothek.) gr. 8. (VI, 170 S.) Leipzig (901). Dr. L. Huberti. Geb. in Leinw. n. 2. 75

Schierschmid, Jo. Justinus,
s. Schierschmidt, Johann Justin

Schierschmid, Johann Justin [Praes.], s. Baermann, Georg Burchard: Imputationem culpae circa contractus cumprimis innominatos et reales.

Schierschmid, Johann Justin [Praes.], s. Bartholomaei, Joh. Daniel: De furto qualificato.

Schierschmid, Johann Justin [Praes.], s. Cramer, Wilhelm Philipp: De testamento coram solo judice non conficiendo.

— dilucidat. pandectarum ad genuinam juris nat. gent. et civil. oeconomiam. 4. Erlang. Walther. 765.

Schierschmid, Johann Justin [Praes.], s. Eber, Johann Volpert: De dote liberorum separatorum.

Schierschmidt, Ioh. Iust., elementa iuris civilis ad duct. institut. Iustin. methodo scientifica proposita. 8. Lips. et Halae, Weidmann. 735.

— elementa iuris naturalis socialis et gentium. 8. Ienae, Cröcker. 743.

Schierschmid, Jo. Justinus (Gotha) A. S. 3/27

Dissertatione inauguralis imputationem culpae civilem ... disquisitioni subjicit ...
Halle (Hendel) VII. 1734. 48 S. 30392

Schierschmid, Johann Justin [Praes.], s. Kleibert, Georg Christoph: De interpretatione contra eum facienda qui clarius loqui debuit.

— philosophia prima s. entologia. 8. Dresd. 748.

— philosophia rationalis sive logica. 8. ibid. 737.

Schierschmid, Johann Justin [Praes.], s. Sommer, Paul Johann Friedrich: De iudice philosopho.

S[chierschmidt], J[o.] J[ust.]: Specimen jur. de servitutibus earumque speciebus, ad ductum Institutionum Justineanearum methodo system. conscriptum. (Marburgi) 1731.

Schierschmidt, Johann Justin (Gotha) A. S. 569/40

Commentatio iuridica, de testimonio impuberis quandoque admittendo, Erörterung der Sätze: Was zu einem richtigen Beweise erfordert werde? wie ein richtiger Zeuge beschaffen seyn müsse? auch ob und wenn eines Minderjährigen Zeugnüs gültig sei? Rec.
Jena (Heller) 1760. 24 S.

Diss. Erlangen 13. V. 1747. 30393

Schierschmid, Johann Justin [Praes.], s. Wider, Friedrich Gottfried: De domino directo vasallis oppignerando feudo consensum petentibus non difficili.

Schierse, Bruno, cand. phil.: **Das Breslauer Zeitungswesen vor 1742.** *Breslau 1902: R. Nischkowsky.* (48 S.) 8° ¶[Erschien vollst. 1902 bei J. U. Kern in Breslau.]
Breslau, Phil. Diss. v. 26. Juli 1902

Schierse, Bruno, das Breslauer Zeitungswesen vor 1742. gr. 8. (138 S.) Breslau 902. J. U. Kern. n. 3. —

Schierstädt, Reinhold von, aus Potsdam, Referendar am kgl. Landger. zu Halle a. S.: Die **Haftung** der Gesellschafter mit ihrem Privatvermögen im Konkurs der offenen Handelsgesellschaft. *Halle a. S. 1900: Gebauer-Schwetschke.* (48 S.) 8°
Erlangen, Jur. Diss. v. 27. Nov. 1899

Schierstedt, F. v., Wegweiser und Anleitung zum rechtsgültigen parzellenweisen Verkaufe geschlossener Ackergüter, nach den neuen gesetzlichen Bestimmungen. Ein Handbuch für Grundeigenthümer, Kreis- und Ortsvorstände, Parzellen-Verkäufer und Parzellenerwerber. Quedlinburg 853. Basse. 8. (84 S.) 10 ngr.

Schierwasser, Johann Konrad (Magdeburg) A. S. 632/2

Dissertatio inauguralis medica, de excrescentia nasi cum haemorrhoidum anomaliis connexa.
Präs. Michael Alberti.
Halle (Hendel) VIII. 1729. 25 S. 30394

Schierz, *Franz* und Kisch, *Alexander: Ansprachen anlässlich des Ablebens Ihrer Majestät der Kaiserin Elisabeth.* 8. (S. 48 – 51.)
K. k. Neustädter deutsches Staats-Ober-G. am Graben *Prag* 1899
Progr.

Schies, Aug., Leitfaden zum Anschauungsunterricht im Französischen. Einprägen e. Wortschatzes, welcher im Vorstellungskreise der Kinder liegt. Für deutsche Schulen bearb. 8. (28 S.) Freiburg i/Br. 883. Herder. n. — 30

— Lesefibel u. erstes Uebungsbuch der französischen Sprache f. deutschredende Kinder. 8. (144 S.) Ebend. 884. cart. n. 1. —

Schiese, P(aul), appr. Arzt: Aus d. Psychiatr. u. Nervenklinik d. Univ. Kiel. Ein Beitrag zur Symptomatologie der Inanition bei Katatonie. Kiel 1910: Fiencke. 10 S. 8°
Kiel, Med. Diss. v. 6. Aug. 1910, Ref. Siemerling
[Geb. 31. März 77 Treuenbrietzen; Wohnort: Treuenbrietzen; Staatsangeh.: Preußen; Vorbildung: Gymn. Wittenberg Reife O. 99; Studium: Heidelberg 3, Kiel 2, Straßburg 1, Kiel 5 S.; Coll. 14. Juli 10; Approb. 15. Dez. 08.]
[U 10. 2472

Schiesl, J., der neue Reichs-Civilprozeß, nebst Subhastations- und Konkursordnung in gemeinfaßl. Darstellung zunächst für das nicht rechtsgelehrte Publikum in Bayern r. Rhs. 8. (X, 207 S.) Nördlingen 879, Beck'sche Buchh. cart. *

Schiesl, Jos., Dramen in Prosa: Sedan, Trauerspiel. Irredenta, Schauspiel. Die Landesvertheidiger, Trauerspiel. Der Illuminant, Lustspiel. Heidelbeerwein, humorist. Epos. gr. 8. (V, 193 S.) Regensburg 885. (Coppenrath.) n. 3. —

Schiesl, Jos., Plinganser, oder die bayerischen Landesvertheidiger. Vaterländ. Trauerspiel in 5 Akten. 8. Regensburg 843. (Pustet.) 5/12 ℛ

Schiesl, Joseph [Dr.]: Der objektive Unterschied zwischen Tod- und läßlicher Sünde. . . . Augsburg, Verl. d. J. Wolff'schen Buchh., 1891; VI, 110 S., 1 Bl. 8°
München, Theol. Fak., Inaug.-Diss. v. 1890

Schiesl, Jos., der objektive Unterschied zwischen Tod- u. läßlicher Sünde. Diss. gr. 8. (VI, 110 S.) Augsburg 891. Wolff. n. 1. 60

Schieß, J. H., ein Lebensbild, s. Schläpfer, J. J.

Schiess, Emanuel: Über einige neue Formazylverbindungen. Basel 1900. 50 S. 8°.
Basel. Phil. Diss. 1899/1900.

Schieß, Emman., die unter der Kreuzgestalt des täglichen Sterbens sich siegreich offenbarende Herrlichkeit des Predigtamtes. Synodalpredigt über II. Cor. IV., V. 10—12. Gehalten in Trogen den 7. Octbr. 1852. 8. (18 S.) St. Gallen 852, Huber und Comp.

Schiess, H., s. Schiess-Gemuseus

Schiess, H[einrich]. Streifereien im Clubgebiet 1893. SA. 8. [Bern 1895.]

Schiess, [Heinrich]. Tankuban Prahoe und Papan-Dajang, zwei Vulkane auf Java. Vortrag, gehalten im Alpenclub Basel, 15. April 1898. SA. 8. ([Zurich] 1898.)

Schiess, Heinr., Versuch einer speziellen Neurologie der Rana esculenta. gr. 4. (VIII und 36 S. mit 4 Stnt.) St. Gallen 857, Huber und Comp.

Schiefs, J. Das Lateinische als Unterstützung zur Erlernung neuerer Sprachen. Aarau, Kantonssch., 1860. 24 S. 4.
Progr.

Schieß, Jak., Beispielsammlung für italienische Grammatik mit fortlaufender Hinweisung auf die Sprachlehren von Fornasari und Städler. Ein Uebungsbuch zum Uebersetzen aus dem Italien. ins Deutsche u. aus dem Deutschen ins Italienische. Aarau 857. Christen. Lex.-8. (IV, 340 S.) n. 1 ℛ

Schiess, Johann Heinrich [von Basel]: Über benzylierte Acetondicarbonsäuren. Basel 1901. 43 S. 8°.
Basel. Phil. Diss. 1900/1901.

Schiess, Johann Heinrich. Ueber benzylierte Acetondicarbonsäuren. Diss. Phil. Basel. 43 S. 8. Basel, Emil Birkhäuser, 1901.

Schieß, J. Heinr., des Predigtamtes großmächtige Aufgaben und wichtigste Segensbedingungen. Eine Synodal-Predigt über Joh. 21, 15—17. Gehalten zu St. Laurenzen in St. Gallen am 9. Juli 1861. St. Gallen, Huber & Co. gr. 8. (10 S.) 3 ngr.

[Schiess, Johann Heinrich.] Blicke in die vierjährige Amtsführung des gewesenen Pfarrers von Urnäsch, Johann Heinrich Schiess.... 8. St. Gallen 1838.

(Schiess, [Johann Heinrich].) Eine Erinnerung an den frühe vollendeten Victor Schiess (1835–1860), gewesener Pfarrer in Schiers. 8. St. Gallen 1861.

Schieß, Joh. Heinr., der Mensch vor, bei u. nach seiner Bekehrung. Dargestellt in drei Betrachtungen. 8. (1¾ B.) St. Gallen 844. (Zürich, Hanke.)

— Synodalpredigt über Hebr. 10, 23. Gehalten am 10. Febr. 1841 in d. Kirche zu Herisau. gr. 8. Zürich 841, Hanke. 2 ngl

— s. Testament, das Neue. — Zeugnisse, sechs evangel.

Schiess, Josua. Die Landsgemeinds-Predigt, welche ... zu Trogen ... aus Anlaß der Bunds-Erneuerung mit der Krone Frankreich, den 18. des Brachmonats 1777. an einem ausserordentlichen Landtage ... gehalten worden, ... von J' Schieß, Pfarrer daselbst .... 8. Trogen.

Schiess, Ludovicus: De lupo. Halae (1831): Baentsch. 39 S. 8°
Halle-Wittenberg, Med. Diss., nachgeliefert von dem am 13. Okt. 1831 auf Thesen promovierten Verf.
[Beigedr.:] Dzondi, Carolus Henricus: Observationum ophthalmologicarum part. 1. De continuae oculorum refrigerationis lachrimarum evaporatione effectae vi et natura. (1831), vgl. Nr. 754.
Geb. Magdeburg 13. 6. 1809. V.

Schiess, Michael, Apparatus Sacerdotis. 12. Augsb. Wolf. 729.

Schieß, Sebast., s. Lehrbuch f. die Jugend.

Schiess, Sebastian. Predigt am Sonntage nach dem Brande in dem Dorfe Herisau über Jakob. 4: 14. Gehalten am 5 Jenner 1812. 8. St. Gallen.

Schieß, ..., (Decan in Herisau,) Synodalrede, gehalt. zu Trogen am 28. April 1824. Ebnat, Keller. 1½ gr

Schiess, Traug., s.: Blaurer, der Brüder Ambrosius u. Thomas, Briefwechsel.

Schieß, Traug., Briefe aus der Fremde v. e. Zürcher Studenten der Medizin (Georg Keller) 1550—1558, s. a. Neujahrsblatt hrsg. v. der Stadtbibliothek Zürich. Nr. 262.

Briefe aus der Fremde von einem Zürcher Studenten der Medizin ⟨Dr. Georg Keller⟩, 1550–1558, von Dr. T[raugott] Schieß, St. Gallen. [Zürich]: Fäsi & Beer in Komm. (1900). (38 S.) 4° [F.]
— Neujahrsblatt hrsg. v. d. Stadtbibliothek, Zürich. 1906. No 262. [s. 6. 1908]

Schiess, Traugott s. Briefwechsel der Brüder Ambrosius und Thomas Blaurer, 1509–1548.

— s.: Bullinger's Korrespondenz m. den Graubündnern.

Schiess, Traugott, aus Herisau '(Schweiz)' [Kt. Appenzell]: Die römischen collegia funeraticia nach den Inschriften. München Th. Ackermann 1888. 4 Bl., 140 S., 2 Bl. 8°.
Zürich, Phil. Diss. I. S. [v. 30. Juni 1888].

Schiess, Traug., die römischen collegia funeraticia nach den Inschriften. gr. 8. (VII, 141 S.) München 888, Th. Ackermann's Verlag. *

— Philipp Gallicius (1504—1566). Ein Lebensbild, im Auftrag des evangel. Kirchenrates des Kantons Graubünden zur Erinnerg. an den 400jähr. Geburtstag auf die Reformationsfeier 1904 entworfen. (34 S.) 8. Chur (904). (F. Schuler). n. 1. —

Schiess, T[raugott]. Zur Geschichte der Nikolaischule in Chur während der Reformationszeit. Sonderabdruck aus den Mitteilungen der Gesellschaft für deutsche Erziehungs- und Schulgeschichte. Hrg. von K[arl] Kehrbach. Jahrg. 13 ⟨1903⟩. Heft 2.... 39 S. 8. Berlin, A. Hofmann & Comp.

Schiess, Traugott. (Heinrich) Bullingers Korrespondenz mit den Graubündnern. 3 Teile. Hrg. von T' Sch'. 8. Basel, Basler Buch- und Antiquariatsh., 1904—1906.

Teil 1: Januar 1533 — April 1557. XCII + 482 S. 1904. (fr. 13.50)
Teil 2: April 1557 — August 1566. II + LXXIV + 740 S. 1905. (fr. 20.—)
Teil 3: Oktober 1566 — Juni 1575. CXX + 641 S. 1906. (fr. 18.—)
Quellen zur Schweizer Geschichte. Hrg. von der Allgemeinen geschichtforschenden Gesellschaft der Schweiz. Band 23—25.

(Schiess, T[raugott].) Nachträge zu Campell. SA. 8. ([Bern] 1899.)

Schiess, T., siehe: *Niger, Fr.*

Schiess, Traugott. Drei St. Galler Reisläufer aus der ersten Hälfte des XVI. Jahrhunderts (Ambrosius Eigen — Niklaus Guldi — Franciscus Studer). Mit [1 Vignette und] einer Tafel. ([Nebst:] St. Galler Chronik für ... 1905 [sowie:] St. Gallische Literatur aus ... 1905.) II + IV + 74 S. 4. St. Gallen, Fehr, 1906. [fr. 2.40]

(Neujahrsblatt.) Hrg. vom Historischen Verein des Kantons St. Gallen.

Schiess, T., Rhetia, s.: Niger, Franc.

— s.: Urkundenbuch der Abtei Sanct Gallen.

Schiess, W. Über umbilicale Gallenblasenfisteln und ihre Behandlung. In-8°. 67 S. Basel. These. 1895

Schiess, Wilhelm. Quer durch Mexiko vom Atlantischen zum Stillen Ocean von Dr. Wilhelm Schiess [Basel]. Mit 55 Illustrationen und 16 Lichtdrucktafeln [sowie 1 Karte]. XIV + 234 S. 8. Berlin, Dietrich Reimer, 1902. [geb. M. 8.—]

Schiess-Gemuseus, H., krunke Augen in 30 Bildern makroskopisch dargestellt u. beschrieben f. Aerzte u. Studirende. hoch 4. (IV, 118 S. m. eingedr. Holzschn.) Basel 876. Georg. n. 8. —

— Beitrag zur Therapie der Myopie. gr. 8. (20 S. m. eingedr. Holzschn. u. 6 Tab. in qu. Fol.) Basel 872. Meyri. n. 1. —

Schiess-Gemuseus, H. (Prof. a. d. Hochschule zu Basel). Augenheilanstalt in Basel. XIV. Jahresbericht vom 1. Januar 1877 bis 1. Januar 1878, im Auftrag des Comité veröffentlicht. In-8°. 46 S. Basel, F. Riehm. 1878.

Schiess-Gemuseus, s.: Jubiläums-Bericht anlässlich d. 25jähr. Bestehens der Augenheilanstalt Basel.

Schieß-Gemuseus, die Kurzsichtigkeit, ihre Ursachen u. Folgen, mit besonderer Berücksichtigung der Schule. Populärer Vortrag gehalten den 18. Februar 1869. Basel 869. Meyri. gr. 8. (24 S.) n. 5 ngr.

Schiess-Gemuseus, Prof. Dr., Die Kurzsichtigkeit, ihre Ursachen und Folgen. 24 Stn. 8. Basel, Ch. Meyri. 1871 . 60

Schiess, H., kurzer Leitfaden der Refractions- u. Accommodations-Anomalien. Eine leicht fassl. Anleitg. zur Brillenbestimmg. Für prakt. Ärzte u. Studierende bearb. gr. 8. (VII, 69 S. m. 30 Abbildgn.) Wiesbaden 893. J. F. Bergmann. Kart. n. 2.50

Schiess-Gemusius, H., s. Schiess-Gemuseus

Schießanleitung f. d. Feldart. Glarus 1890.
— — Bern 1899.

Schießanleitung für die schweizer. Feldartillerie. Glarus 1890. 8°.

Schiessanleitung f. Feld- u. Gebirgshaubitzen M. 99. Entwurf. (G—42, H. 99—S. A.) (VI, 132 S. m. 4 Tab.) 19×11 cm. Wien 909. (Hof- u. Staatsdruckerei.) Kart. 1.50

— f. Feldkanonen. (G—42, K.—S. A.) (IV, 90 u. 9 S. m. Fig. u. 4 Tab.) 19×11 cm. Ebd. 908. In Leinw. kart. 1.50

— f. die k. u. k. Festungsartillerie. 1. Heft. Belagerungs- u. Festungsgeschütze. Entwurf. (V, 101 S. m. Fig.) 8. Ebd. 910. 1.50

Schießanleitung (Geschütz-Schießvorschrift) f. d. Fußart. München 1882—1900.

Schießanleitung für die Fußartillerie. 12. (VI, 56 S.) Berlin 900. E. S. Mittler & Sohn. — 30; kart. n. — 40

— f. Gebirgshaubitzen M. 8 u. 10. Entwurf. (VI, 147 S. m. Fig. u. 8 Tab.) 8. Ebd. 910. 2.20

— f. Gebirgskanonen M. 8 u. M. 9. Entwurf. (VI, 104 S. m. Fig. u. 4 Tab.) 8. Ebd. 910. 1.80

— f. Gebirgskanonen M. 99. Entwurf. G—42, G.K. 99.—S.A. (VI, 84 S. m. Fig. u. 4 Tab.) 8. Ebd. 909. Kart. 1.40

— f. 15 cm schwere Haubitzen. Entwurf. G—42. s. H.—S.A. (VI, 140 S. m. Fig. u. 4 Tab.) 8. Ebd. 909. Kart. 1.60

Schiessanleitung für Unteroffiziere. (II. Schiesslehre.) 9. Aufl. Entwurf. [Mit 15 Figuren.] II + 31 S. 8. [Bern,] N[eukomm] & Z[immermann.] X. [19]01. [fr. —.20]

Schießbaumwolle, die, s.a.: Erfindung.

Schießbaumwolle, die. Eine vollständ. Zusammenstellung aller bisher gemachten Erfahrungen in Bezug auf die Wirkungen, Vorzüge u. Bereitung der Schießbaumwolle rc. 8. Halberstadt 847 (846). Lindequist u. Schenrock. ¼ ℛ

Schiessbehelf für den Infanterieoffizier. 8°. (57 S.) † K 3.—
Wien: W. W. Seidel & Sohn. k. u. k. Hofbuchhandlung 1907.

Schiessbehelf f. den Infanterieoffizier. Zusammengestellt auf Basis der Schiessinstruktion v. J. 1905. 2. ergänzte Aufl. (IV, 62 S. m. Abb., 2 Taf. u. 1 Pause.) 19×11 cm. Wien 908. (L. W. Seidel & Sohn.) 3. —

Schießbuch für Jäger u. Schützen. Zusammengestellt von Liehr. 12. (52 S.) Berlin 889. Mittler & Sohn. n.n. — 15

— für Pioniere. 12. (29 S.) Ebd. 888. n.n. — 15

Schiess- und Wirkungsdaten sämtlicher eingeführten Feuerwaffen. Wien 1906. V: *Korzen, Anton* & *Rud. Kühn.* (EB)

Schiess- u. Wirkungsdaten sämtlicher eingeführten Feuerwaffen. Behelf f. Schiessaufgaben, Kriegsspiele u. dgl. (II, 89 S.) kl. 8. Wien 906. (L. W. Seidel & Sohn.) n. 2. —

Schießdrill, feldgemäßer, durch einfachste Methode, von V. gr. 8. (21 S.) Berlin (901). Militär-Verlag R. Felix. n. — 75

Das Schießen a. Handfeuerwaffen a. d. weiten Entfernungen u. d. Trefffähigkeit d. aptirten Zündnadel-Waffen. Mit Anl. Berlin 1872.

Schiessen, das, der Infanterie. Vergleichende Betrachtgn. üb. die Schiessausbildg. der Infanterie unter Berücksicht. der in den verschiedenen Staaten eingeführten Schiess-Instruktionen. Mit 1 Taf. in Steindr. gr. 8. (III, 120 S.) Hannover 887. Helwing's Verl. n. 2. 40

Schiessen, das, der Reiterei. Vergleichende Betrachtungen über die Schiessausbildg. der Reiterei unter Berücksicht. der in den verschiedenen Staaten eingeführten Schiess-Instructionen. gr. 8. (III, 95 S.) Hannover 887. Helwing's Verl. n. 2. —

Schiesser, Kaspar, von Schwändi [1812—39]. [Zürich] 1903. V: *Baumgartner, Andr.* (BBullschw 4, 1904) (Zuwachsverz. d. Bibl. Zürich 1898 ff.)

SCHIESSER, Anton: König Maximilian II. und die Verhandlungen wegen Bestätigung seiner Wahl mit Papst Pius IV. (1562—1564) — 1898. 115 S. Diss. Graz, Univ.

Schiesser, Ludwig, Rechtspraktikant in Neumarkt, Oberpfalz: Die Höchstbetragshypothek. Würzburg 1906: P. Scheiner. (X, 71 S.) 8°
Leipzig, Jur. Fak., Diss. v. 23. Juni 1906
[Geb. 30. Juli 80 Thiersheim; Wohnort: Neumarkt, Oberpfalz; Staatsangeh.: Bayern; Vorbildung: Gymn. Neuburg a. D. Reife Juli 99; Studium: München 4, Leipzig 1, Würzburg 3 S.; Rig. 5. Febr. 06.]

Schießer-Kommandirrolle f. d. Infanterie. Bearb. auf Grund d. Schießvorschrift f. d. Infanterie v. 9. IX. 1893 unt. Berücksicht. deren Abänderg. 9. Aufl. gr. 8. (86 S.) Wesel 897. C. Kühler. Geb. in Leinw. n.n. 1. 25

— dasselbe. 10. Aufl. 8. (93 S.) Ebd. 898. Geb. in Leinw. n. 1. —

Schießer-Kommandierrolle für die Infanterie. Nach der Schießvorschrift f. die Infanterie v. 16. XI. 1899. 12.—16. Aufl. gr. 8. (93 S.) Wesel 900—903. C. Kühler. Geb. in Leinw. n. 1. —

Schießer-Kommandierrolle f. die Infanterie. Bearb. nach der Schießvorschrift f. d. Inf. vom 2. XI. 1905. 19. Aufl. (147 S.) 8. Wesel 907. C. Kühler. Geb. in Leinw. n. 1. —

Schießer-Kommandierrolle f. die Infanterie. Bearb. nach der Schießvorschrift f. d. Inf. v. 21. X. 1909. 23. Aufl. (147 S.) kl. 8. Wesel 911. C. Kühler. Geb. in Leinw. 1. —

Schieß-Instruktion. Bestimmungen üb. die Schieß-Uebungen der Infanterie. Anhang zu Parseval, „Der bayer. Infanterist". 8. (50 S. m. 3 Taf.) München 885. Oldenbourg. n. — 25

Schiessinstruktion f. die Artillerie, die technischen Truppen u. die Traintruppe. E – 8, a. (113 u. 23 S. m. z. Tl. farb. Abb.) 8. Wien 910. (Hof- u. Staatsdruckerei.) 1. —

— in Fragen u. Antworten f. d. Infanterie-Unteroffiziere u. Unteroffiziers-Bildungsschüler d. k. u. k. gemeinsamen Heeres, d. k. k. u. k. u. Landwehr. Zusammengest. v. E. N. 12. (22 S.) Budapest 895. C. Grill. n.n. — 20

Schieß-Instruktion in Fragen u. Antworten f. die Infanterie-Unteroffiziere u. Unteroffiziers-Bildungsschüler des k. u. k. gemeinsamen Heeres, der k. k. u. k. u. Landwehr. Zusammengestellt v. E. N. gr. 16. (22 S.) Budapest 902. C. Grill. n.n. — 20

Schieß-Instruction für die Fußtruppen des k. k. Heeres. Wien 1869. 8°.
Dass. u. d. T.: Schieß-Instruktion für die Infanterie und Jäger-Truppe des k. k. Heeres. 1872.
Dass. 1879. 1890. 1895.
Dass. Entwurf. 1902.

Schieß-Instruktion für die Genie-Truppe u. das Pionnier-Regiment des k. k. Heeres. Mit 6 (lith.) Taf. 8. (IV, 158 S.) Wien 882. Hof- u. Staatsdruckerei. n. 1. 30

Schieß-Instruction für die Jäger und Schützen. Berlin 1885. 8°.
Dass. u. d. T.: Schießvorschrift für die Jäger und Schützen. 1887.

— für die Jäger u. Schützen. 16. (VII, 128 u. Anh. 26 S. m. Tab. u. 5 Steintaf.) Berlin 885. Mittler & Sohn. cart. n. — 80

Schieß-Instruktion für die Infanterie. Berlin 1877. 8°.
Dass. 1880. 1882. 1884.
Dass. u. d. T.: Schießvorschrift für die Infanterie. 1887.
Dass. 1889. 1893. 1899. 1905. 1909.

Schieß-Instruktion für die Infanterie. gr. 16. (VII, 99 S. mit 5 Stnt.) Berlin 877, (v. Decker's Verlag.) cart. *

— für die Infanterie. 12. (VII, 114 u. Anh. IV, 26 S. m. 5 Steintaf.) Ebend. 884. n. — 80; cart. n. 1. —

— — für die Infanterie- und Jäger-Truppe des k. k. Heeres. Mit 4 Taf. und 2 Beilagen. Beigeb.: Modalitäten, unter welchen die „ . . . . 1872" bei den technischen Truppen provisorisch Anwendung zu finden hat. (Ad Abth. 5, Nr. 1224, vom 6. Mai 1872.) Modalitäten, unter welchen die „ . . . . . 1872" bei der Cavallerie provisorisch Anwendung zu finden hat. (Ad Abth. 5, Nr. 1224 vom 6. Mai 1872.) Anhang zur . . . . . Mit 1 Taf. (Mit 2 Tabellen.) (1 Bd.) Wien 1872—1874.

Schieß-Instruktion für d. Inf.- u. Jäger-Truppe. Wien 1879. — 2. Aufl. 1890. — 3. Aufl. 1895. — — 1902 (Entwurf). — 1905 (Vorschrift).

—— für die Infanterie und die Jäger-Truppe des k. k. Heeres. 8. (IV, 170 S. mit 6 lithogr. Taf.) Wien 879, Hof- und Staatsdruckerei. *

Schiess-Instruction f. d. Infanterie u. d. Jägertruppe. 3. Aufl. d. Instruction v. J. 1879. 8. (IV, 113 S. m. Fig.) Wien 895. (Hof- u. Staatsdruckerei.) n. — 50

Schiessinstruktion f. die Infanterie u. die Jägertruppe. (V, 140 S. m. Fig., Tab. u. 2 Beilagen.) 8. Wien 905. (Hof- u. Staatsdruckerei.) n. 1. —

Schiessinstruktion für die Infanterie und die Jägertruppe. E.—7. (Zu Abt. 5, Nr. 1344 vom Jahre 1905. — Normalverordnungsblatt für das k. u. k. Heer, 21. Stück.) 8°. (140 S. mit 2 Beilagen) geb. K 1.40
Wien: Hof- und Staatsdruckerei 1905.

E—7. 1. Nachtrag zur Schiess-Instruction für die Infanterie und die Jäger-Truppe. (Zu Abth. 5, Nr. 1008 vom Jahre 1901, —Normal-Verordnungsblatt für das k und k. Heer, 17. Stück.) [Wien 1901. Hof- und Staatsdruckerei.] 8°. 28 S. K —.08

E—7. 2. Nachtrag zur Schiess-Instruction für die Infanterie und Jäger-Truppe auf Grund des Entwurfes des Exercier-Reglements für die k. u. k. Fusstruppen. (Zu Abth. 5, Nr. 2430 vom Jahre 1901 — Normal-Verordnungsblatt für das k. u. k. Heer, 28. Stück.) Wien. 1901. Hof- und Staatsdruckerei. 8°. 16 S. K —.05

Schiessinstruktion für die schweizerische Infanterie. Mit Ermächtigung des schweizerischen Bundesrathes vom Militärdepartement genehmigt den 8. Februar 1881. (Mit 4 Taf. und 9 Beilagen.) kl. 8. Bern 1881.

— für Kadotten. gr. 16. (IV, 67 S.) Bern 884. (Aarau, Sauerländer.) cart. n. — 80

— f. die Kavallerie. Entwurf. (IV, 108 u. 10 S. m. z. Tl. farb. Fig. u. 1 Taf.) 8. Ebd. 905. n. 2. —

Schieß-Instruction für die Kavallerie des k. k. Heeres. Wien 1870. 8°
Dass. 1874. 1882.
Dass. 2. Aufl. 1891.
Dass. Entwurf. 1905.

—— für die Kavallerie des k. k. Heeres. 8. (164 S. mit 5 lithogr. Taf.) Wien 882, Hof- und Staatsdruckerei. *

Schiess-Instruktion für die Cavallerie und die technischen Truppen des k. k. Heeres. Mit 4 Tafeln. 8. Wien 1874.

— f. Maschinengewehre. (V, 45 S.) 8. Ebd. 909. — 80

E—8, d. Schiess-Instruction für die k. u. k. Train-Truppe. (Zu Abth. 5, Nr. 3483 vom Jahre 1899. — Normal-Verordnungsblatt für das k. u. k. Heer. 32. Stück.) [Wien. 1899. Hof- und Staatsdruckerei.] 8° IV, 74 S. fl. —.75

Schiess-Instruction für die technischen Truppen. 8. (IV, 99 S.) —.40
Wien: Hof- und Staatsdruckerei 1898.

E 8, a. 1. Nachtrag zur Schiess-Instruction für die technischen Truppen. (Zu Abth. 5, Nr. 1008 vom Jahre 1901. —Normal-Verordnungsblatt für das k. u. k. Heer, 17. Stück.) [Wien. 1901. Hof- und Staatsdruckerei.] 8°. 24 S. K —.08

— f. die technischen Truppen, die Artillerie u. die Traintruppe. Entwurf. (Zu Abt. 5. Nr. 2041 v. J. 1906 — Normalverordnungsblatt f. das k. u. k. Heer, 38. Stück.) (IV, 99 u. 11 S. m. z. Tl. farb. Abbild. u. 1 Taf.) 8. Wien 906. (Hof- u. Staatsdruckerei.) 2. —

Schießkladde f. das gefechtsmäßige Schießen. 8. Aufl. (102 S.) 8. Wesel 905. C. Kühler. Geb. in Leinw. n. 1. —

Schießl, J., das Testament eines Dichters. Drei Dramen: Torquemada. — Falstaff. — Jan de Witt. gr. 8. (181 S.) Regensburg 880, Wunderling. *

Schießl, Johann, a. Passau: Laut- und Flexionsverhältnisse der frühmittelenglischen Rezeptensammlung Peri Didaxeon. Erlangen 1905: Junge & Sohn. (IV, 141 S.) 8°
München, Phil. Fak., Ref. Schick, Diss. v. 20. März 1905
[Geb. 4. Nov. 70 Eggendorf b. Landau a. I.; Wohnort: Passau; Staatsangeh.: Bayern; Vorbildung: Gymn. Passau Reife Juli 91; Studium: München 8 S.; Rig. 11. März 04.]

Schiessl, Johann Dr. „Die niederbayerische Mundart in der Gegend von Eichendorf". pg. 2—33. 8°. Buchdr.-A.-G. Passavia.
Passau, Progr. 1908/09

*Schießl, Johann: Die niederbayerische Mundart in der Gegend von Eichendorf. 33 S. 8.
K. Kreis-Oberrealschule mit Handels-Abt. u. verb. Nebenanstalten *Passau* 1909.
Progr.

Schießl, Joh., die niederbayerische Mundart in der Gegend v. Eichendorf. Progr. (33 S.) gr. 8. Passau 909. (M. Waldbauer.) 1. —

Schießl, Jos., Gedichte eines Süddeutschen. gr. 16. (X, 164 S.) Augsburg 869, (Kranzfelder'sche Buchh.) *

Schießl, Max. Die stilistische Entwicklungstheorie in der Volksschule. Theorie, Praxis u. Methodik d. Aufsatzunterrichtes. Eine neue Schulstilistik f. Volksschullehrer. Vollendet v. Ad. Stempfle. gr. 8. (XII, 336 S.) Münch. 889, Kellerer. * 2 80
Vgl.: Knilling, Rud. Einführung in die stilist. Entwickelungslehre.

Schießl, Max, d. stilistische Entwicklungstheorie in d. Volksschule. Theorie, Praxis u. Methodik d. Aufsatzunterrichtes. E. neue Schulstilistik f. Volksschullehrer. In dessen Auftrag vollendet v. Ad. Stempfle. 2. Aufl. gr. 8. (XIV, 339 S.) München 896. M. Kellerer. n. 2. 80

Schießl, Max, die stilistische Entwicklungstheorie in der Volksschule. Theorie, Praxis u. Methodik des Aufsatzunterrichts. Eine neue Schulstilistik f. Volksschullehrer. In Sch.'s Auftrag vollendet v. Ad. Stempfle. 3. Aufl. (XVI, 339 S.) gr. 8. München 906. M. Kellerer. n. 2. 80

Schießl, Max, pragmatische Geschichtstabelle. Ueberſicht über die Geschichte des Alterthums, mit besond. Berücksicht. des pragmatischen Zusammenhangs dargestellt. 2 Tabellen. Imp.-Fol. und gr. 8. Kitzingen 877, Killinger. à Tab. * 60 Pf. *
Inhalt:
a) Die Orientalen, die Griechen, die Macedonier. Imp.-Fol. — b) Die Römer. gr. 8. (23 S.)

—— über die Nothwendigkeit einer principiellen Neugestaltung der Stilistik. 8. (55 S.) Kaiserslautern 879, Tascher. *
Aus: Rheinische Schulzeitung, besonders abgedruckt.

Schießl, Max, System der Stilistik. Eine wissenschaftl. Darstellg. u. Begründg. der „stilist. Entwicklungstheorie". gr. 8. (XXII, 376 S.) Straubing 884. Attenkofer. n. 4. 50

Schießl, Thadd., († d. 7. April 1801.) kathol. Religionsbuch, s. **Religionsbuch.**

Schiessl, Thadd., Theoremata de Deo ejusque providentia. 8maj. Salzb. 794.

Schießler, Ign. Jos., prakt. böhm.-deutsche Grammatik für Böhmen, wodurch sie die deutsche Sprache auf eine leichte faßl. Art in kurzer Zeit gründlich erlernen zu können ꝛc. gr. 8. Prag 813. 2e A. 821. Enders 20 gr.

Schießler, Sebastian Willibald
Pseud.: Bellvoglio. – Gustav Borgmann. – Hilaria. – Justinos. – Hermann Waldenroth.

– s. **A B C der Naturgeschichte.**

Schießler, Sebast. Wilib., Alphabet goldener Sprüche im Erzählungsgewande und in Bildern. Ein Lese- u. Unterhaltungsbuch zur Belebung des sittl. u. religiösen Gefühles für die Jugend beiderlei Geschlechtes. Mit 26 color. Kpfrn. 12. Wien 833. Bermann u. Sohn. 1 1/3 Thlr.

Schießler, Seb. Wilib., kleine histor. Bildergallerie aus Böhmens denkwürd. Vorzeit; od.: Interessante Schilderungen v. Regententugend, Heldengröße; Bürgertreue u. Unterthanenliebe. Ein lehrr. u. unterhalt. Geschichtenbuch f. d. Jugend. 8. (15 B. u. 2 Kpfrt.) Wien 833, Müller. Thlr.

(Schiessler, Seb. Willib) Biographie des K. K. Feldzeugmeisters Grafen Hieronimus Colloredo. 8. Prag 1816.

– s. Bunt durch einander.

— u. L. N. Glamurel, Erzähll. für die reifere Jugend. Mit 3 (saubet) illum. Kpf. breit 12. Wien 832. Müller. 1 Thlr. 9 Gr.

– neues Fabelbuch für Groß und Klein. Mit 40 Kpfr. 16 Bdchn. 12. Prag ... (Kronberger u. Rziwnaz.) 3/4 Thlr. ill. 1 Thlr.

— Gedichte. 3 Bde. gr. 12. Prag 826 u. ff. (Enders). 3 Thlr.

– s. Geschichten f. die Jugend.

Schießler, S. W. Handbuch aller bisher erschienenen, in Kraft u. Wirksamkeit stehenden Gesetze rc. in Bezug auf Uniformierung rc. der k. k. österr. Armee; für d. Mil.-Monturs-Ökonomie-Kommissionen. Prag 1834. 405 S.

— Hirlanda, Legende in 11 Romanzen. 12. Prag 818. (Enders). 16 Gr.

JOKUS oder der freundliche Hausfreund .... (von *Sebastian Willibald Schiessler*). Prag 1812.
Anon.-Lex. II. p. 333 (nach Kayser).

— — Frische Judenkirschen. Eine Sammlung belustigender Anekdoten, Einfälle, Schwänke u. Schnurren von Juden u. Judengenossen. Hrsg. v. —. Mit (satyr.) Titelkpfr. Meissen, bei Frdr. Wilh. Goedsche. Kaschau, bei Otto Wigand, 1827. 12⁰. 5 Bll. u. 245 S. (In Hannover, Stadtbibl.)

— — Dasselbe. Mit (satyr.) Titelkpfr. Meißen, bei F. W. Goedsche. Preßburg, bei Otto Wigand. 1827. 12⁰. 4 Bll. u. 245 S.

— — Neue Folge frischer Judenkirschen. Eine Sammlung belustigender Anekdoten, Einfälle, Schwänke u. Schnurren von Juden u. Judengenossen. Hrsg. von — —. 4 Lesen (Hfte.). Mit zahlreichen (über 20) illum., sehr komischen Kpfrn. (von G. Rühl) u. 2 Notentafeln (Hochzeitswalzer, bei Heft 3). Meißen, bei Frdr. Wilh. Goedsche. Pesth, bei Otto Wigand. 1828—29. Breit-12⁰. (4 Mk., nur Lese 1, 3 u. 4, E. Frensdorff. 1907; 5 Mk., nur Lese 3 u. 4, Max Harrwitz. 1891.)
Nur 1—3 lagen vor: 120, 128, 116 S. Mit zus. 19 Kpfrn. — Cplt. selten!

—— christl. Jugend-Spiegel. Erzähln. angeneh. u. sittl. Inhalts, nach d. Grundsätzen u. Formeln der Katechese f. d. erwachs. Jugend beiderlei Geschlechts bearb. 8. (13½ B. u. Ttlkpfr.) Augsburg 831. (Regensburg, Manz.)

—— Carnevals-Almanach, s. Carnevals-Almanach.

— d. Kranz, s. Kranz.

HILARIUS, Justus (d. i. *Sebastian Willibald Schießler*), Coulissen-Blitze in Anekdoten, Schwänken, Schnurren u. witzigen Einfällen, auf Theater u. Schauspieler geschleudert v. —. Erste—Sechste Schleuder (soviel ersch.). Mit 6 (jocosen) illum. Titelkupfern von G. Rühl. Meißen, bei Friedr. Wilh. Goedsche. Pesth, bei Otto Wigand. 1828—29. Breit-16⁰. (8 Mk. E. Frensdorff, 1907.)
34, 45, 47, 47, 45, 47 Seiten. — Saubere Expll. selten zu erlangen, was auch bei den folgenden Werkchen zutrifft.

SCHIESSLER, S. W. *Moralische Lebensbilder*, oder Gallerie kleiner Jugend Gemälde aus Vater Freudenreichs Familienleben. Ein lehrreiches und unterhaltendes Lesebuch . . . von S. W. Schiessler. Mit 24 illuminirten Abbildungen. Meissen, F. W. Goedsche, Pesth, bei O. Wigand, [ca. 1830]. Lithogr. Titel, XVI, 200 S. und 22 [statt 24] handkolor. Lithogr. 12. Chromolith. Or.-Karton. 40.—
Belehrende, oft humoristisch gefärbte kl. Erzählungen mit bemerkenswert hübschen Illustrationen. Kleiner Riß in einer Tafel, teilweise mit kleinen Flecken. Einband bestoßen und benutzt. ★★

— moral. Lebensbilder, od. Gallerie kleiner Jugendgemälde aus Vater Freudenreichs Familienleben. Ein lehrreiches u. unterhalt. Lesebuch z. Bildung d. Geistes, Veredlung des Herzens, u. z. Begründung eines zufriedenen u. glückl. Lebens, f. die Jugend beiderlei Geschlechts. Mit 24 ill. Abbildd. 16. Meißen 832. Goedsche. 1 Thlr. 8 Gr.

— moral. Lebensbilder, oder Gallerie rc. Mit 24 ill. Kpfrn. 16. Meißen 832; Leipzig, Jakowitz. 1 1/3 Thlr.

—— moral. Lebensbilder, od. Gallerie kleiner Jugendgemälde aus Vater Freudenreichs Familienleben. Ein lehrr. u. unterhalt. Leseb. zur Bildung d. Geistes, Veredlung d. Herzens, u. zur Begründ. e. zufried. u. glückl. Lebens, f. d. Jugend beiderlei Geschlechts. M. 24 ill. Abbild. 16. (14 B.) Meißen 832. [Leipzig, Rostosky.]

—— Lustwandlung im anmuth. Gebiete d. Fabel, od. Goldkörner d. Moral u. Lebensklugheit. Ein Geschenk f. d. reifere Jugend. gr. 12. (6 B.) Wien 833, Tendler.

-- Monatrosen, od. Scherz u. Ernst in Erzähll., Novellen, Mährchen, Sagen, Schwänken u. Anekdoten. 1s—6s Bdchen. 8. Prag 826—27. Buchler. 3 Thlr.

Schießler, S. W., Monatrosen, od. Scherz u. Ernst in Erzähll., Novellen, Mährchen, Sagen, Schwänken u. Anekdoten f. 1827. 6 Bdchen. 8. Augsb., Schlosser. 1 Thlr. 12 Gr. — Dieselb. f. 1828, od. neue Folge. 2 Bdchen. 8. Ebd. 3 Gr.

—— Monatsrosen od. Scherz u. Ernst in Erzählungen rc. Neue Folge, 1. u. 2. Bdchn. 8. ... Prag 828. [Augsburg, Schlosser.] 12 Gr., hrbgs. Pr.
Dess. „Monatsrosen" rc. 6 Bdchn. 8. Prag 827. [Augsburg, Schlosser.] 3 Thlr., hrbgs. Pr. 1 Thlr. 18 Gr.

Schießler, Sebast. Wilib., Pharus, od. erleuchteter Wegweiser im Gebiete d. Guten, Wahren u. Nützlichen. Eine Jahresspende f. d. erwachsene Jugend. 2 Jahrg., jed. m. 6 col. Bild. 12. (..B.) Wien 835, 36, Bermann u. Sohn. à 1 Thlr.

— Prag u. seine Umgebungen. 2 Bde. Mit Plan. 8. Prag 812. Enders. 2 Thlr.

— Sinngedichte u. Epigramme. 8. Prag 824. Kronberger u. W. 16 Gr.

— Taschenbuch d. Scherzes u. d. guten Laune auf d. Jahr 1818. 12. Prag 818. Enders. 1 Thlr. 12 Gr.

Schießler, S. W., Thalia. Almanach dramat. Spiele f. d. Jahr 1826. 16. Prag, Buchler. (Wien, J. Mayer). 1 Thlr. 4 Gr. (Schlosser in Augsb.) 12 Gr.

— ders. f. das Jahr 1827. 16. Prag 827, Buchler. (Wien, Mayer in C.)

— s. **Theater-Bibliothek.**

—— der Thurmbrand zu Pilsen am 6. Febr. 1825. Poet. Gemählde nach d. Natur u. d. böhm. Gedichte d. ꝛc. Adalb. Sedlaczek. Nebst e. prosa. Schilderung dies. Brandes. gr. 8. (1 B. u. 1 Abbild.) Prag 835, Haase Söhne.

—— **Vater Freudenreichs** moral.-gesellige Unterhaltungen mit sein. Kindern. Ein lehrr. u. angeneh. Geschichtenbuch f. d. Jugend beiderlei Geschlechts. M. 12 ill. Abbild. 16. (15 B.) Meißen 832. [Leipzig, Rostosky.]

— — **Unterhaltungen für gebildete Leser.** Monatsschrift. Jahrgang 1818. 3 Hefte. Jahrgang 1819. 2 Bände, jeder von 3 Heften. 8. Wien, v. Mösle. 819.

— **Vergißmeinnicht.** Eine Bildungs- u. Unterhaltungsschrift für die Jugend beiderlei Geschlechts. 3 Hefte 8. Prag 826 Haase Söhne. 10 ℊ.

Schießler, S. W., Wahre Reue führt zur Tugend. Erzählungen u. Mährchen moralischen Inhalts f. d. reifere Jugend. (Mit 12 lith. Bildchen u. Ttl. m. verziert. Einfass.) 8. (14½ B.) Wien 841. Grund.

— — Das Weib im natürlichen Gewande, oder die schwere Kunst: das Herz der Frauen mit freiem Auge zu durchschauen. Ein nothwendiges Handbüchlein für die Männerwelt überhaupt; insbesondere für Heiraths-Candidaten. Zum Theil aus eigenen Lebenserfahrungen, zum Theil aus den besten Quellen deutscher, französischer, italienischer u. englischer Schriftsteller geschöpft u. hrsg. v. —. Mit 1 allegor. (Titel-) Kupfer (G. Rühl inv. & sc.). Meißen, bei P. W. Goedsche — Pesth, bei Otto Wigand. 1828. Breit-16°.
10 Bll. Vorst. (incl. gedr. u. gestoch. Titel u. Erklärg. d. Titelkupfers), 286 S., 1 Bl. Verlag d. Firma. S. 243—270 Epigrammat. Blätter u. Blüthen; S. 271—286: Anekdoten

— — Dasselbe. Mit Titelkpf. Meissen, o. J. 8°. (⅓ Thlr. Ferd. Forstemann, Nordhausen, vor 1870; 1 Mk. G. Priewe, Heeringsdorf, 1895.)

— der **Weihnachtsbaum.** Bildungs-Unterrichtsbuch als Geschenk für die Jugend beiderlei Geschlechts, mit 9 color. Kpfrn. 8. Wien 831. Bermann u. Sohn. 1 ℳ

— die **Zauberlaterne** oder Bilder für Geist u. Herz. Ein Lesebuch zum Nutzen u. Vergnügen der Jugend. Mit 6 color. Kpfrn. 8. Wien 832. Bermann u. Sohn. ⅚ ℳ

Schießling

HAUPTGÖTTER, Die, der Fabel in Kupfern, mit ihrer Geschichte und ursprünglichen Bedeutung. (Von Schießling, dem Übersetzer des Palingenius.) Wien 1793. Herausgegeben von den Unternehmern von Ovids Verwandlungen.
[E. III, 103.]
Hayn, bibl. germ. erot. III, 103, führt diese (erste) Ausgabe nicht an. Mit gestochenem Titel und 24 reizenden Kupfern von Gerstner, Mansfeld u. a.

Schiessling, Simon Wertschätzung der Gymnastik bei den Griechen und Würdigung der körperlichen Ausbildung der Jugend in neuerer Zeit. 8 (24 S.). (Fortsetzung: 8 (S. 25—50).
Progr. K. k. Staats-Ober-G. *Mies* 1891. 1892.

Schießlistenbuch. 8. (95 S.) Berlin 893. E. S. Mittler & Sohn. In Wachstuch geb. n. 1. -

Schützen-Corporation Aschersleben. **Schiess-Ordnung** zum Schützenfeste v. 12. bis 19. Juli 1896. Aschersleben: Hallersche Buchdr. (1896). (2 Bl.) 1 Bd 8°

Schiessplan für das Aargauische Kantonalschützenfest pro 1882 in Aarau. In-8°, 30 S. Aarau, H. R. Sauerländer. 1882.

Solothurner [C]Kantonal-Schützenfest in Solothurn vom 9. bis 16. Juni 1901. **Schiessplan** und Reglemente. Preise und Prämien: 60,000 Franken. II + 24 S. 8. Solothurn, Buch- und Kunstdruckerei Union, 1901.

Schiessplan und Schiessreglement f. das eidgenöss. Schützenfest in Lugano im Jahre 1883. In-16°, 16 S. Bern, Jent & Reinert. 1883

Schiessplan des eidgen. Schützenfestes in Basel 1879. In-8°, 48 S. Basel, Druck v. Chr. Krüsi. 1879.

Der **Schießplatz** bei Meppen der Friedr. Kruppschen Gußstahlfabrik. Mit 1 Taf. Essen o. J. 2 S. 4°

Schießplatz-Verwaltungs-Vorschrift. [Sch. V. V.] Entwurf. gr. 8. (V, 81 S. m. Fig.) Berlin 891. E. S. Mittler & Sohn. n. — 75; kart. n. 1. -

Feldschützen-Verein Basel. Schiess-Programm pro 1903. [II + 35 S.] 8.

Schiessprogramm für die freiwilligen Schiessübungen pro 1901. ([Erlassen durch das] Schweizer. Militärdepartement. 1901 Januar 4.) [Mit 1 Tafel.] II + 7 S. 8. ([Bern,] C. St[ur]z[enegger], I. 1901.)

Schiessprogramm für die freiwilligen Schiessübungen pro 1902. ([Erlassen durch das] Schweizer. Militärdepartement. 1902 Januar 10.) [Mit 1 Tafel.] II + 8 S. 8. ([Bern,] C. St[ur]z[enegger], I. 1902.)

Das Schießprogramm, Vorschriften für den turnerischen und bewaffneten Vorunterricht v. 2. 2. 1910, 16 S., 16°.

Schiessprogramme für die Schulen und Kurse der Infanterie. (Vom schweiz. Militärdepartement genehmigt am 29. Januar 1901). 66 S. 8. Bern, Stalder & Sieber, 1901.

Schießpulver und Feuerwaffen. Illustrirte Uebersicht aller auf diesem Gebiete gemachten Erfindungen und Entdeckungen, unter vorzugsweiser Berücksichtigung der gegenwärtig bei den europ. Heeren bestehenden Geschütze und Gewehre. Vom heut. Standpunkte aus dargestellt durch C. v. H. Lex.-8. (VI und 90 S. mit 100 in den Text gedr. Orig.-Holzschn. und 1 Holzschntaf.) Leipzig 866, Spamer. *
Aus: Buch der Erfindungen, Gewerbe und Industrien, 5. Aufl., besonders abgedruckt.

Schiess- u. Spreng-Pulver von G. A. Neumeyer. (Von Wohlfarth.) Leipzig 866. Naumburg. gr. 8. (16 S.) 2½ *ngr.*

Schiessregeln für die schweren, leichten und reitenden Batterien der russischen Feldartillerie (1900). Mit e. Anh.: Schusstafeln. Uebers. von [Oliver] Hofrichter, Oberlt. d. Res. *Berlin: Liebel 1902.* (43 S.) 8°

Schießregeln f. d. Feld-Art. Berlin 1875. 1882.
— — 1875: Desgl. f. d. Fuß-Art.

Schießregeln f. d. Feld-Art. München 1875–1889.
— — 1875: Desgl. f. d. Fuß-Art.

Schießregeln f. die Feld-Artillerie. 16. (19 S.) Berlin 889. Mittler & Sohn. n. — 20

Schiessregeln, die, der k. u. k. Feld-Artillerie in praktischen Beispielen. 3. Aufl. (Auf Grund der Schiessregeln vom J. 1893.) 12. (75 S.) Graz 893. F. Pechel. In Ledertuch kart. n. 2. —

Schiessregeln, die, d. k. u. k. Feldartillerie mit prakt. Beispielen. (Von Kracher.) 12. (88 S.) Wien 898. (L. W. Seidel & Sohn.) In Wachstuch n. 2.40

— die, der k. u. k. Feld-Artillerie, m. prakt. Beispielen. Aufl. vom J. 1899. (Von J. Kracher.) 12. (89 S.) Wien 899. (L. W. Seidel & Sohn.) In Wachstuch n. 2.70

—— die, der russischen Feldartillerie v. J. 1891. A. d. Russ. übersetzt durch v. Seydlitz. 8. (33 S.) Dresd. 892, Höckner's Buchh. — 60

Schieß- u. Correctur-Regeln. 8. (23 S.) Wien 885. Hof- u. Staatsdruckerei. n. — 12

— dasselbe, f. die Gebirgs-Artillerie. 8. (20 S.) Ebend. 885. n. — 12

(F) Schiessregeln für das Schiessen aus Belagerungs- und Festungsgeschützen. (Separat-Abdruck aus dem Artillerie-Unterrichte für die k. u. k. Festungs-Artillerie, III. Theil.) (Zu Abth. 7, Nr. 1377 vom Jahre 1901.) Wien. 1901. Hof- und Staatsdruckerei. 8°. 52 S. K .30

Schießregeln und Schießtafeln der k. k. Feldartillerie. Wien 1890. 8°.

Schießregeln zum Selbstgebrauch f. die m. dem Gewehr 88 ausgerüsteten Mannschaften. In Reime gebracht v. **. 16. (8 S.) Berlin 891. R. Eisenschmidt. n. 5. -

Schieß-Resultate, erzielt mit rauchlosem Geschützpulver R. 89 von den Vereinigten Köln-Rottweiler Fabriken. Köln 1890. 23 S. 4°

Schießschule, die St. Omer'sche, oder das Militärschießgewehr in seiner wichtigen Bedeutung f. den Soldaten u. Bürgerwehrmann. Eine umfassende Abhandlung über die Schießkunst, nebst einer instructiven Anweisung über die zweckmäßige Behandlung des Schießgewehres u. den dienstl. Gebrauch desselben nach den Vorträgen des Panot. In's Deutsche übertr. von Chrn. Heinr. Schmidt. Mit 9 (lith.) Figurentaf. 8. (XVI u. 356 S. m. 1 Tab. in qu. Fol.) Weimar 850, Voigt. 1 1/3 ß

[F.]Schiessstands-Ordnung (Sch.-O.)'. Hierzu e. Atlas. [Text.] Atlas. *Berlin: E. S. Mittler & Sohn 1896.* 1 Bd 8. 1 Bd 4. [Text.] (79 S. 2 Tab.) Atlas (2 Bl. 31 Taf.) [illegible]

Schießstands-Ordnung (Sch. O.) vom 7. X. 1904. (D. V. E. No. 804.) Text u. Atlas. Berlin 904. E. S. Mittler & Sohn. n. 8.45; kart. n. 9.60
Text. (87 S.) kl. 8. n. — 70; kart. n. — 80
Atlas. (51 Taf. m. V S. Text.) 4. n. 7.75; kart. n. 8.80

Schießstands-Ordnung für die gefürstete Grafschaft Tirol u. das Land Vorarlberg. Innsbruck 864. Wagner'sche Universitäts-Buchh. 8. (36 S. u. Landesvertheidigungs-Ordnung 33 S.) n. 8 ngr.

Schießstand-Ordnung f. Tirol u. Voralberg. 8. (24 S.) Innsbruck 846, Wagner. n. 1/6 ß

— dies. Als Plakat gedruckt. Fol. (1 B.) Ebd. 846. 9 ngl

Schießstands-Ordnung für Tirol und Vorarlberg vom 14. Mai 1874. 8. (22 S.) Innsbruck 874, Wagner'sche Universitäts-Buchh.

Schießtafeln

— für 15 cm Batterie-(Panzer-)Haubitzen. 8. (18 S. m. 2 Fig.) Ebd. 895. n — 24

— für glatte Batterie-Kanonen und Batterie-Haubitzen, dann für glatte Feld- und Gebirgs-Geschütze sammt Ergänzungs-Tabellen. kl. 8. Wien 1866—1872.

Schiesstafeln (G—71—10) für 18^cm Belagerungs-Kanonen M. 80. kl. 8. Wien 1895.

Schießtafeln für 8 *cm*-Feldkanonen M. 1875. Auf Carton aufgezogen, in Buchform —.30
— — für 9 *cm* Feldkanonen M. 1875, ebenso —.30

Wien: Hof- und Staatsdruckerei 1889.

Schieß-Tafeln für die gezogenen Feld- und Gebirgs-Kanonen. M. 1863. 8. (41 S.) Wien 877, k. k. Hof- und Staatsdruckerei. cart. *

Schiesstafeln f. die k. u. k. Festungs-Artillerie. 8. (163 S. m. Fig.) Wien 893. (Hof- u. Staatsdruckerei.) In Leinw.-Decke. n. 3. 60

Schießtafeln für 8 cm u. 9 cm Hinterlad-Feld-Kanone M/1875. o. O. u. J.

— — für die eisernen Hinterlad-Kanonen M. 1861. kl. 8. Wien 1880

—— für die 24cm. stählerne Krupp'sche Hinterlad-Kanone. 8. (22 S.) Ebendas. 876. cart. *

— für die 6pfündige gezogene eiserne Hinterladungs-Kanone. kl. 8. Wien 1866.

— für die 12pfündige. kl. 8. Wien 1866.

— für die 24pfündige. kl. 8. Wien 1866.

— — (G—71, 32) für 6cm Kanonen M. 98. (N. V. Bl. f. d. k. u. k. Heer. 6. Stück ex 1904.) 8. Wien 1904

G—71—1. Schiesstafeln für 7 *cm.* Kanonen L/42. (Zu Abthlg. 7 Nr. 6443 vom Jahre 1900. — Normal-Verordnungsblatt für das k. u. k, Heer, 35. Stück.) Wien. 1900. Hof- und Staatsdruckerei. 8°. 8 S. K —.24

Schiesstafeln f. 9 cm. Kanonen M. 61. 8. (12 S. m. 1 Fig.) Wien 895. (Hof- u. Staatsdruckerei.) n. 24

— f. 12 cm Kanonen M. 61. 8. (15 S. m. 1 Fig.) Ebd. 895. n. — 24

— — (G—71, 8) für 12cm Kanone M. 80 und M. 96. (N. V. Bl. f. d. k. u. k. Heer. 6. Stück ex 1904.) 8. Wien 1904

— — (G—71, 12a) für 13cm Kanonen M. 61 (erweiterter Shrapnel Ertrag). (N. V. Bl. f. d. k. u. k. Heer. 21. Stück ex 1897.) 8. Wien 1897

— — (G—71—13) für 15^cm Kanonen M. 61. (N.-V.-Bl. für das k. u. k. Heer, 7. Stück ex 1895.) kl. 8. Wien 1895.

— für 15 cm Kanonen M. 61. 8. (15 S. m. 1 Fig.) Ebd. 895. n. — 24

— — (G—71, 13a) für 15 cm Kanone M. 61 (erweiterter Shrapnel-Ertrag). (N. V. Bl. f. d. k. u. k. Heer. 21. Stück ex 1897.) 8. Wien 1897.

— — (G—71, 9.) für 15 cm Kanonen M. 80. (N. V. Bl. f. d. k. u. k. Heer. 6. Stück ex 1904.) 8. Wien 1904.

— — (G—71—10.) für 18 cm Kanonen M. 80. (N. V. Bl. f. d. k. u. k. Heer. 19. Stück.) 8. Wien 1904.

— für glatte Kanonen und Haubitzen. 8. Wien 1876.

Schießtafeln f. stahlbronzene Kanonen d. Belagerungs-Artillerie-Parkes, dann f. Minimalscharten-Kanonen M. 1880. 8. (148 S.) Wien 885. Hof- u. Staatsdruckerei. cart. n. 1. 20

— (G—71, 29.) für 8 cm Casematt-Kanonen M. 95. (N. V. Bl. f. d. k. u. k. Heer. 9. Stück ex 1897.) 8. Wien 1897.

Schiesstafeln für die 48pfündige eiserne Küstenkanone und 30pfündige eiserne lange Küstenhaubitze. (Lithographiert, mit 1 gedruckten Beilage.) (Donation Liechtenstein.) 8. (Wien) 1859.

— (G—71, 25.) für 15 cm Küsten-Kanone L/40. (N. V. Bl. f. d. k. u. k. Heer. 26. Stück ex 1898.) 8. Wien 1898.

— für 15 cm, 24 cm u. 28 cm Küstenkanonen, dann f. 28 cm Minimalschartenkanonen. 8. (III, 26 S.) Ebend. 885. cart. n. — 80

G—71—27. **Schiesstafeln** für 30·5 *cm* **Küsten-Kanonen** L/40. (Zu Abth. 7, Nr. 3796 vom Jahre 1901. — Normal-Verordnungsblatt für das k. u. k. Heer, 22. Stück.) Wien. 1901. Hof- und Staatsdruckerei. 8°. 9 S. K —.24

G—71—22. **Schiesstafeln** für 21 *cm* Küsten-Mörser M. 73. (Zu Abthg. 7, Nr. 1036 vom Jahre 1899. — Normal-Verordnungsblatt für das k. und k. Heer. 7. Stück.) Wien. 1899. Hof- und Staatsdruckerei. 8°. 12 S. fl. —.12

G—71—21. **Schiesstafeln** für 21 *cm* Küsten-Mörser M. 80. (Zu Abth. 7, Nr. 7060 vom Jahre 1900. — Normal-Verordnungsblatt für das k. u. k. Heer, 38. Stück.) Wien. 1900. Hof- und Staatsdruckerei. 8°. 14 S. K —.24

— — (G—71—20) für 15 cm Mörser M. 78. (Geschosse M. 61 und 66). (N.-V.-Bl. für das k. u. k. Heer, 17. Stück ex 1894.) kl. 8. Wien 1894.

— — (G—71—22) für 21 cm Mörser M. 73. (N.-V.-Bl. für das k. u. k. Heer, 17. Stück ex 1894.) kl. 8. (Wien 1894.)

— (G—71, 22.) für 15 cm Mörser M. 73. (N. V. Bl. f. d. k. u. k. Heer. 7. Stück ex 1899.) 8. Wien 1899.

— — (G—71—17.) für 15 cm Mörser M. 80. (N. V. Bl. f. d. k. u. k. Heer. 19. Stück.) 8. Wien 1904.

Nachtrag 1 zu den Schiesstafeln für 15 *cm*-Mörser M. 78. G.—71—19. 16. (5 S.) —.05
— — G.—71—20. 16. (6 S.) —.05
Wien: Hof- und Staatsdruckerei 1898.

— (G—71, 20.) für 16 cm Mörser, M. 78. (Geschosse M. 61 und 66.) (1894.) (Ergänzung.) Beigeb.: Nachtrag 1. (1898.) 2. (1900.) 8. Wien 1898–1900.

Schiesstafeln (G—71, 24.) für 24 cm Mörser M. 98. (N. V. Bl. f. d. k. u. k. Heer. 16. Stück ex 1901.) 8. Wien 1901.

Schiesstafeln für 24 *cm*-Mörser M. 98. 16°. (8 S.) K —.24, lackiert K —.25
Wien: Hof- und Staatsdruckerei 1903.

— — (G—71, 28.) für 8 cm Panzer-Kanonen und Minimal-Scharten-Kanonen M. 94. (N. V. Bl. f. d. k. u. k. Heer. 37. Stück ex 1896.) 8. Wien 1896.

— — (G—71—23) für 15 cm Panzer-Mörser M. 80. (N.-V.-Bl. für das k. u. k. Heer, 4. Stück ex 1895.) kl. 8. Wien 1895.

Schiess-, Rikochet- und Wurftafeln für die kaiserlich-königlichen Batterie- und Küstengeschütze. (Konstruktionen bis zum Jahre 1859.) (Donation Liechtenstein.) kl. 8. Wien 1859.

Schiesstafeln u. Schiessregeln f. die k. u. k. Feldartillerie. (Zu Abt. 7, Nr. 4620 vom J. 1906.) (III, 67 S.) 8. Wien 906. (Hof- u. Staatsdruckerei.) n. — 40

Schieß- und Wurftafeln f. die kgl. bayer. Feld- u. Batterie-Geschütze. München 1847. 31 S.

Schiess-Uibungs-Platz von der Simmeringer-Haide, sowie Tafeln über Batterie-Bau (6 Tafeln.) (Lithographiert.) (Donation Liechtenstein.) Fol. (Wien zirka 1850.)

Schieß-Versuch gegen eine Deckenhälfte eines Hartguß-Panzerturmes für 2 Stück 30,5 cm Kanonen auf dem Schießplatze des H. Gruson-schen Etablissements in Buckau am 26. und 28. Mai 1884. Mit 3 Beil. Buckau 1884. 5 Bl. 4°

Schiessversuche der k. u. k. Armee-Schiessschule in Bruck an der Leitha. (Als Manuscript gedruckt.) (Zu Abth. 5. Nr. 1875 v. 1900.) (Mit 4 Tabellen.) 8. Wien 1900.

Schiessversuche der Armeeschiessschule im J. 1905 (29 S. m. Fig.) gr. 8. Wien 906. (L. W. Seidel & Sohn.) n. — 50
Sonderabdruck aus: „Streffleurs öst. milit. Zeitschr.“

— — der italien. Artillerie mit 15 cm Stahlpanzer-Granaten der Fabriken Krupp, St. Chamond u. Holtzer am 12. u. 14. April 1886 in Spezia. Mit 1 Taf. Essen 1886. 9 S. 4°

Über die von der Artillerie-Prüfungs-Kommission ausgeführten Schießversuche gegen Schiffspanzer. Berlin 1867. 8°.

Die waehrend der Belagerungs-übung bei Graudenz im Sommer 1873 ausgeführten Schießversuche. Mit Bl. ꝛc. Berlin 1874. 83 S.

Schiessversuche in Belgien gegen Panzerziele u. Erdbrustwehren, zur Feststellung der Armirung der Schelde-Forts. Berichts-Resumé aus dem königl. belg. Kriegs-Ministerio. Ins Deutsche übertragen u. mit einigen Zusätzen versehen v. du Vignau. Mit 9 (lith.) Taff. Zeichngn. (in qu. Fol.) Cassel 870. Kay. gr. 8. (XII, 104 S.) n. 1 ℛ 5 ngr.

Schieß-Versuche bei Graudenz im Sommer 1881. Berlin 1882. 59 S.

Schießversuche des Grusonwerks. Berichte Nr 1—15 nebst Programm 22.—27. 9. 1890. Magdeburg 1889—93. 8°.

Schieß-Versuche der F. Kruppschen Gußstahlfabrik auf dem Schießplatz bei Meppen am 2. u. 3. VIII. 1878. Mit Taf.
Essen 1878. 14 S. 4°

Schießversuche der Gußstahlfabrik Fried. Krupp auf ihrem Schießplatze bei Meppen 1878—97. Schießbericht 1—89. Essen (1878)—98. 4°.

— — mit Krupps 15,5 cm Panzerkanone auf dem Schießplatz bei Bendelar am 28. VI. 1878. Mit Taf. Essen 1878. 2 S. 4°

Schießversuche gegen Panzerplatten in Spezia. Wien 1877. 8 S.

Schieß-Versuche der Pulver-Fabrik Rottweil-Hamburg in Rottweil mit Gewehrpulver 1884 u. 1885. H. 1. 2. o. O. 1884. 1885. 4°

Schieß-Vorschrift. Stuttgart 1846.

Schießvorschrift. Stuttgart 1864.

Schießvorschrift. München 1877—1901.

Schießvorschrift. Berlin 1888—1894.

Schießvorschrift f. die russische Armee vom J. 1890. Übers. von Frhr. v. Tettau. gr. 8. (IX, 134 S.) Hannover 891. Helwing's Verl. n. 2. 50

Schießvorschrift für die Artillerie, Pioniere u. Reiterei des württemb. Truppenkorps. Mit Beil. Ludwigsburg 1864. 38 S.

Schießvorschrift f. die Feld-Artillerie. 12. (VIII, 142 S. m. 5 Mustern.) Berlin 890. Mittler & Sohn. n. 1. 20; cart. n. 1. 40

— f. die Feldartillerie. Entwurf. 12. (VIII, 129 S. m. Fig., 6 Mustern u. Schußtaf.) Berlin 893. E. S. Mittler & Sohn. n. 1. 20; geb. in Halbleinw. n. 1. 35; in Leinw. n. 1. 60

Schießvorschrift f. d. Feldartillerie Entwurf v. 22. 5. 93. Abändergn. f. d. Material C/96. 12. (46 S. m. Tab.) Berlin 898. E. S. Mittler & Sohn. n. —35; kart. n. —50 (kplt. m. Abändergn. u. allen Deckblättern: n. 2. —; kart. n. 2. 40; geb. n. 2. 60)

Schießvorschrift f. die Feldartillerie. 12. (IX, 111 S. m. Fig. u. 8 Mustern) Berlin 899. E. S. Mittler & Sohn. n. 1. 10; kart. n. 1. 25; geb. in Leinw. n. 1. 50

— dasselbe. 12. (IX, 111 S. m. 11 Muster-Beilagen) München 899 (Literarisch-artist. Anstalt.) Kart. n. 1. —

Schießvorschrift f. die Feldartillerie. (Sch. V. f. d. Fa.) Vom 15. V. 1907. D.V.E. Nr. 416. (IX, 137 S. m. Fig. u. 11 Tab.) kl. 8. Berlin 907. E. S. Mittler & Sohn. 1.—; geb. 1. 40

— dasselbe. (Sch. V. f. d. Fa.) Vom Juli 1907. (D.V. 57.) (IX, 140 S. m. Fig. u. 6 Formularen.) kl. 8. München 907. (Th. Ackermann.) Geb. 1. 40

Schießvorschrift für die japan. Feld- und Gebirgsartillerie. Tokio 1903. 8°. (Japan.)
Dass. Mannschaftsausg.
Dass. russ. St. Petersburg 1904.

— die französische. Uebers. u. durch Anmerkgn. erläutert v. K. 12. (152 S.) Leipzig 899. Zuckschwerdt & Co. n. 2.—

Die französische Schießvorschrift für die Infanterie vom 31. Aug. 1905 (**Règlement** du 31 août 1905 sur l'instruction du tir de l'infanterie), in d. wesentl. Punkten übers., erl. u. mit d. deutschen Schießvorschrift (Entwurf v. 2. Nov. 1905) verglichen von [Fritz] Immanuel, Major. Mit 7 Abb. Berlin: Liebel 1906. 103 S.) 8° 07. 1970

Schießvorschrift für die Fuß-Artillerie. 12. (120 S. mit eingedr. Fig. und 1 Taf.) Berlin 887, Mittler und Sohn. ** 70 Pf.; cart. **

Schießvorschrift für die Fußartillerie. Entwurf. Berlin: E. S. Mittler & Sohn 1907. (255 S.) 8° [F.] 07. 13174

— f. die Fußartillerie. (Sch. V. f. d. Fßa.) Vom 19. XI. 1908. D. V. E. Nr. 323.) (231 S. m. Fig., 1 Taf. u. 1 Tab.) kl. 8. Berlin 908. E. S. Mittler & Sohn. 1.—; geb. 1. 35

— Gewehr 88 im Auszuge. 16. (7 S.) Hannover 890. (Helwing's Verl.) n. — 20

— Gewehr 88 im Auszuge. 16. (7 S.) Hannover 890. Leipzig, Zuckschwerdt & Möschke. n. — 20

— für die Jäger u. Schützen. 12. (171 S. m. eingedr. Fig. u. 1 Taf.) Berlin 887. Mittler & Sohn. n.n. — 70; cart. n.n. — 85

—— dass. — Tektur vom Oktbr. 1888. Ebendas. 888. **

Schießvorschrift (Schieß-Instruktion) f. d. Inf. Berlin 1877—1899

—— für die Infanterie. 12. (166 S. mit 1 Taf.) Ebendas. 887. ** 50 Pf.; cart. **

—— dass. — Tektur vom Oktbr. 1888. Ebendas. 888. **

—— dass. — Anlage A. B. C. Ebendas. 888. **

—— für die Infanterie. 12. (147 S. m. 20 Abbildgn. u. 1 Taf.) Ebd. 889. cart. 1 —; Sachregister (13 S.) — 15
Deckblätter Nr. 1—6. (1891) — 10
Vgl.: Brunn, von. Die Ausbildung der Infanterie im Schießen. — Sonderabdruck aus d. Exerzier-Reglement 2c.

—— dass. — Gewehr 88 im Auszuge. 16. (7 S.) Hannov. 890, (Helwing). * — 20

— dasselbe. Sach-Register. 12. (13 S.) Ebd. 890. — 15

— **dasselbe, s.: Sonderabdruck aus dem Exerzier-Reglement.**

— für die Infanterie. gr. 16. (148 S. m. Abbildgn. u. 1 Taf.) Berlin 893. E. S. Mittler & Sohn. n. — 70; kart. n. — 90

— dasselbe. Mit Sachregister. gr. 16. (148 u. 13 S. m. Abbildgn u. 1 Taf.) Ebd. 893. n. — 80; kart. n. 1. —

— dasselbe. Anh. I. Zusätze u. Aendergn. f. die Jäger u. Schützen. gr. 16. (24 S.) Ebd. 893. — 15

— dasselbe. Anh. I. Für Jäger u. Schützen. Nachtrag. 12. (7 S.) Ebd. 894. — 10; Anh. I. u. Nachtrag n. — 20; Schießvorschrift f. Jäger u. Schützen m. Anh. I. u. Nachtrag n. 1. —; kart. n. 1. 20

— dasselbe. Anh. II. Zusätze u. Aendergn. f. die Pioniere u. Eisenbahntruppen. gr. 16. (10 S.) Ebd. 893. — 15

— dasselbe. Anh. II. Abänderungen bz. Ergänzgn. f. die Pioniere u. Eisenbahntruppen. 12. (5 S.) Ebd. 894. — 10; Anh. II. u. Abändergn. n. — 20; Schießvorschrift f. Pioniere m Anh. II. u. Abändergn. n. 1. 10; kart. n. 1. 30

— f. die Infanterie. 12. (167 S. m. Fig. u. 1 Taf.) Berlin 899. E. S. Mittler & Sohn. n. — 70; kart. n. — 90; Anh. I u. II. (28 u. 17 S.) à — 15

— dasselbe. Anh. III. Zusätze u. Aendergn. f. die Maschinengewehr-Abtheilgn. Entwurf. gr. 16. (20 S. m. 1 Fig.) Ebd. (901). — 15

— dasselbe. (Nach der gleichnam. königl. preuß. Vorschrift.) 12. (167 S. m. Fig. u. 1 Taf.) München 900. (Th. Ackermann.) Kart. n. 1. 10

Schießvorschrift für die Infanterie. Entwurf. D. V. E. Nr. 240. (VIII, 169 S.) kl. 8. Berlin 905. E. S. Mittler & Sohn. n. — 70; kart. n. — 90

— dasselbe, vom 2. XI. 1905. Anh. I u. III. kl. 8. Ebd. 905. n. — 25
I. Zusätze u. Aenderungen f. d. Jäger u. Schützen. (D. V. E. Nr. 240 a.) (32 S.) n. — 15
III. Zusätze u. Aenderungen f. die Maschinengewehr-Abteilungen. (D. V. E. Nr. 240 c.) (15 S.) n. — 10

— dasselbe. Sachregister. (20 S.) 16. Ebd. (905). n. — 15

— dasselbe. Entwurf. Anh. II. Zusätze u. Aendergn. f. die Pioniere u. Verkehrstruppen (ausschl. Luftschiffertruppen). (8 S.) 16. Ebd. (906). n. — 10

— f. die Infanterie. (Sch. V. f. d. Inf.) Vom 21. X. 1909. (D. V. E. Nr. 240.) (VII, 144 S. m. Fig.) kl. 8. Ebd. 909. Geb. in Leinw. — 90; m. Sachverzeichnis (VII, 144 u. 24 S.) nn 1.—; Sachverzeichnis allein (24 S.) — 15

— dasselbe. Nebst Anh. A. Zusätze u. Abändergn. f. die Marineinfanterie. Hrsg. v. Reichs-Marine-Amt. (D. E. Nr. 393.) (VII, 148 u. 24 S. m. Abb.) kl. 8. Ebd. 910. — 70; geb. in Leinw. 1. —

— dasselbe. Anh. I—III. kl. 8. Ebd. (909). — 35
I. Zusätze u. Änderungen f. die Jäger u. Schützen. (D. V. E. Nr. 240 a.) (27 S.) — 15
II. Zusätze u. Änderungen f. die Maschinengewehr-Kompagnien u. -Abteilungen. (D. V. E. Nr. 240 b.) (16 S.) — 10
III. Zusätze u. Änderungen f. die Pioniere. (D. V. E. Nr. 240 c.) (8 S.) — 10

Die Schießvorschrift der französischen Infanterie von 1905. (Vorschrift über Die Ausbildung d. Infanterie im Schießen (**réglement** sur l'instruction du tir de l'infanterie). Genehm. v. Kriegsminister unterm 31. Aug. 1905.) Übers. u. eingel. durch [Kurt] v. Knobloch, Hauptm. Berlin: Zuckschwerdt & Co. 1906. (XXIV, 106 S.) 8° [F.] [06. 1315]

Schießvorschrift f. d. Inf. u. Jäger. Mit Zusätzen u. Abänderungen f. d. Fußart., Pion. u. Eisenbahntr. München 1873—1900.

Schießvorschrift für die japan. Infanterie. Tokio 1903. 8°. (Japan.)
Dass. Mannschaftsausg.

Schiessvorschrift für die schweizerische Infanterie, 1905. [Frauenfeld 1906.] V: *Merz, Hermann*. (BBullschw 13, S. 162)

— f. die schweizerische Infanterie. (Vom schweiz. Bundesrate provisorisch genehmigt am 10. VI. 1905.) 2. Aufl. (VII, 162 S.) kl. 8. Bern 906. Raillard & Co. In Leinw. kart. nn 1. 25

— für die Kavallerie. 12. (136 S. mit eingebr. Fig. und 1 Stnt.) Ebendas. 888. ** 50 Pf.; cart. **

— dass. — (Bayer. Ausg.) [Nach der gleichnam. königl. preuß. Vorschrift.] 12. (136 S. mit eingebr. Fig. und 1 Taf.) Ebendas. 888. — München, Th. Ackermann's Verlag. cart. *

— für die Kavallerie. 16. (123 S. m. Abbildgn.) Ebd. 890. n. — 70; cart. n. — 90

— f. die Kavallerie (vom 14. Juni 1894). 12. (VIII, 128 S. m. 2 Abbildgn.) Ebd. 894. n. — 75; kart. n. 1. —

Schiessvorschrift für die Kavallerie. *Berlin: E. S. Mittler & Sohn 1901.* (VIII, 128 S.) 8° [F.]
(D. V. E. No 265.) [01. 10665]

— f. die Kavallerie vom 5. IX. 1906. Entwurf. (D. V. E. No. 265.) (VII, 139 S. m. Abbildgn.) kl. 8. Berlin 906. E. S. Mittler & Sohn. n. — 80; kart. n. 1.—

— für die Kavallerie. Vom 2. XII. 1909. (D. V. E. Nr. 342.) (VI, 126 S. m. Abb.) kl. 8. Berlin 909. E. S. Mittler & Sohn. — 75; geb. — 90

— kleine, für Offiziere, Unteroffiziere u. Mannschaften. Auf Grund der Schießvorschrift u. d. Exercir-Reglements f. Infanterie v. 1889. 1.—3. Aufl. 12. (24 S. m. 10 Abbildgn.) Berlin 890. Liebel. n. — 20

— kleine, f. Offiziere, Unteroffiziere u. Mannschaften. Auf Grund der Schießvorschrift 1893 u. des Exerzir-Reglements f. die Infanterie 1889. 6., verm. Aufl. 16. (32 S. m. 10 Abbildgn.) Berlin 893. Liebel. n. — 20

[F.] Kleine Schiessvorschrift für Offiziere, Unteroffiziere u. Mannschaften. Auf Grund d. Schiessvorschrift 1893 (M. Abändergn bis 18. 9. 96) u. d. Exerzir-Regl. f. d. Inf. Ausz. aus Oberst v. Brunn's Taschenbuch f. d. Schiesslehrer. 7. verm. Aufl. M. 10 Abb. *Berlin: Liebel [1896].* (36 S.) 1 Bd 8. [96. 3950]

— kleine, f. Offiziere, Unteroffiziere u. Mannschaften. Auf Grund der Schießvorschrift 1899 u. der hierzu erschienenen Deckblätter v. Juni 1901, sowie des Exerzir-Reglements für die Infanterie 1889. Auszug aus „v. Brunn's Taschenbuch f. den Schießlehrer". 10. Aufl. gr. 16. (46 S. m. 10 Abbildgn. u. 1 Taf.) Berlin 902. Liebel. n. — 25

— kleine, für Offiziere, Unteroffiziere u. Mannschaften. Auf Grund der Schießvorschrift 1899 u. der hierzu erschienenen Deckblätter bis Juni 1902, sowie des Exerzier-Reglements für die Infanterie 1899. Auszug aus „v. Brunn's Taschenbuch für den Schießlehrer". 11. Aufl. (46 S. m. 10 Abbildgn. u. 1 Taf.) gr. 16. Berlin 904. Liebel. n. — 30

— für die Kaiserliche Marine. 12. (193 S. mit 1 Taf.) Berlin 888, Mittler und Sohn. **M 1.—.; cart. **

— f. d. kaiserl. Marine. Neuabdr. unt. Einfügg. der bis Ende 1894 hrsg. Deckblätter u. d. angeordn. handschriftl. Berichtiggn. in d. Text. gr. 16. (208 S. m. 1 Taf.) Ebd. 895. n.n. 1. 20; kart. n.n. 1. 40

— für Maschinengewehr-Abtheilungen. (M.G.S.) (Entwurf. (14. V. 1902. D. V. E. Nr. 73.) 12. (VI, 56 S. m. Fig.) Berlin 902. E. S. Mittler & Sohn. n. — 40; kart. n. — 55

Entwurf. **Schießvorschrift** für **Maschinengewehr-Abtheilungen**. (M. G. S.) *Berlin: E. S. Mittler & Sohn 1902.* (VI, 56 S.) 8° [F.] (D. V. E. No 73.) (03. 11734

Anhang III. z. Schießvorschrift 1900. Zusätze u. Änderungen f. d. Maschinengewehr-Abtheilungen. München 1902.

— — 1905: Anh. I. z. Entw. d. Schießvorschrift 1905. (Zusätze u. Änderungen f. d. Jäger.)

— für die Pioniere. 12. (138 S. m. eingedr. Fig. u. 1 Taf.) Berlin 887. Mittler & Sohn. n.n. — 70; cart. n.n. — 85

Die russische Schießvorschrift. Übs. v. Tettau. Hannover 1894.
— — Leipzig 1897.
— — Leipzig 1900. Bearb. v. Küster. T. 1. 2. Mit Zeichn.

— die russische, v. J. 1896. (Ergänzg. zu: „D. russ. Schießvorschrift v. J. 1893 f. d. Drei-Linien-Gewehr" v. Frhrn. v. Tettau.) gr. 8. (VI, 38 S. m. Fig.) Leipzig 897. Zuckschwerdt & Co. n. 1. 20

— für den Train. 12. (87 S. m. Fig. u. 1 Taf.) Ebd. 888. n. 65; cart. n. 90

— f. den Train. 12. (80 S. m. Abbildgn.) Berlin 892. E. S. Mittler & Sohn. n. — 70; geb. n. — 90

— dasselbe. 12. (90 S. m. Fig.) Ebd. 894. n. — 75; kart. n. 1. —

Schießvorschrift für den Train vom 10. Nov. 1906. (Entwurf.) Berlin: E. S. Mittler & Sohn 1906. (89 S.) 8° [F.] (D. V. E. No 273.) (07. 13897

Schießvorschriften für die k. württemb. Infanterie. Stuttgart 1864. 8.

Schiessvorschriften, die, d. europäischen Mächte. Vergleich. Studie unt. besond. Berücksicht. d. neuen französ. Schiessvorschrift. Als Fortsetzg. d. Buches „Das Schiessen d. Infanterie" bearb. vom Verf. d. „Schiessens d. Infanterie". M. 4 Abb. u. zahlr. Tabellen. gr. 8. (IV, 120 S.) Ebd. 896. n. 2. 50

Schießvorschriften, Die, der europäischen Mächte. Vergleichende Studie ... Leipzig 1896. V: *Tellenbach.* (KA)

[**Schiesl, Ferdinand.**] Uniformirung und Organisation des Bürger-Militärs in dem Königreiche Baiern. (München) 1807. 31 S. 1 Bl. kol. Stiche. 34 S. Noten. 4°

Schiestl, Josef, *k. k. Bergmeister am Dürrenberg.* Für Jedermann verständlicher Haupt-Schlüssel, oder vollständiger Unterricht zur sicheren und schnellen Umwandlung am Papier und im Kopf! und zwar: der Conventions-, Reichs-, süddeutschen, Wiener-, Thaler-, italienischen und polnischen Währung und umgekehrt. Uebersetzung in alle Sprachen vorbehalten. Dritte Auflage. *Wien* 1858. In Commission bei *Ferd. Klemm.* 51 S. kl. 8°. 8 kr. CM.
Zweite Auflage ebenda.

Schiestl, Jos., *k. k. Bergmeister am Dürrenberg.* Für Jedermann verständlicher Schlüssel für's Papier und für den Kopf u. s. w. *Wien* 1858. Auf Kosten des Herausgebers in Commission bei *Ferd. Klemm.* 23 S., 8°. **6 kr.**

Schiestl, Jos., Theorie alles Civilprozesses oder der Rechtsstreitlehre. 8. Sulzb. 817. (v. Seidel). 8 gr.

Schiestl, Jos., Umwandlungstafeln für die drei deutschen Münzwährungen, die wichtigeren deutschen und fremden Gold- und Silbermünzen sowie für Maße und Gewichte nach dem metrischen System. Salzburg 861. Mayr. 16. (2 Bl., 62 S.) n. 5 ngr.

— üb. d. Ursprung d. Guten u. Bösen, ein Gespräch z. Begründung aller Rechtslehre. 8. Sulzb. 818. (v. Seidel). 8 gr.

— Vademecum zur schnellsten gegenseitigen Umwandlung sämmtlicher Währungen [Gulden u. Kreuzer, Lire u. Centesimi, Thaler u. Groschen zugleich mit einem einzigen Ansatz] u. des Wiener Handelsgewichtes in Zollgewicht u. umgekehrt, so wie aller wichtigeren ausländischen Handelsgewichte, mit einer Beilage in Brieftaschenformat: Ein einziges Blatt Papier, das alle Tabellen für obige Zwecke im Handel u. Wandel vollständig ersetzt u. die wichtigeren Handels-Münzen u. Gewichte enthält. Ebend. 859. 18. (35 S.) n. 4 ngr.; mit Beilage (4 S.) n. 5 ngr.

Virgilii Georgica, tantum abest, ut sint poema omnibus numeris absolutum et perfectum, ut potius sint poema verae germanaeque poesi omnino repugnans. Scrips. Jos. Schiestl, G. P. — 18.. ebend. — 2. 3. — 8.
Progr. Amberg

Schiettinger, Chrstn., Geheimnisse in d. Kunst Türkischroth zu färben, nebst and. Geheimnissen in d. Kunst zu Färben u. zu Drucken überhaupt. 16. (5 B.) Reutlingen 811. (Leipzig, Böhme.?)

Schiettinger, Christ., Geheimnisse in der Kunst, Türkischroth zu färben, nebst anderen Geheimnissen in der Kunst zu Färben u. zu Drucken überhaupt. 1. Aufl. 16. Reutlingen 811. (Leipzig, Stadler.) verklebt 1 1/2 gr

Schievelbein, Georg: Aus d. med. Klinik d. Univ. Greifswald. Der Plattenepithelkrebs des Nierenbeckens. Greifswald (1910): Adler. 34 S. 8°
Greifswald, Med. Diss. v. 13. Juni 1910, Ref. Steyrer
[Geb. 28. Juni 84 Neustettin; Wohnort: Neustettin; Staatsangeh.: Preußen; Vorbildung: Gymn. Neustettin Reife O. 04; Studium: Greifswald 2, Heidelberg 1, Jena 3, München 1, Berlin 1, Jena 2 S.; Coll. 21. März 10; Approb. 15. Mai 10.] [U 10. 1588

Schiever, J. B., Anweisung zu einer zweckmäßigen Rechnungsführung für Landwirthe. Lex.-8. Bergen auf Rügen 845. (Stettin, Morin'sche B.) n. 2/3 gr

Schiever, J. B., Anweisung zu einer zweckmäßigen Rechnungsführung f. Landwirthe. Lex.-8. (6 B.) Bergen auf Rügen 845. (Stettin, Saunier.) *

Schiewe, Gustav, Assistenzarzt im Lehr-Reg. der Feldart.-Schießschule in Jüterbog: Ein **Fall von primärem infrapapillären** Duodenalcarcinom. *Leipzig 1904: B. Georgi.* (25 S.) 8°
Leipzig, Med. Diss. v. (9. Juli) 1904

Schieweck, C., s. Schiewek

Schieweck, O., s. Schiewek, Ottokar

Schiewek, C.

Schieweck, C., Grammatik der polnischen Sprache. Nach genauer Stufenfolge vom Leichten z. Schweren geordnet u. mit d. neuesten Wahrnehmungen versehen. 8. (7½ B.) Fraustadt 846, (Neustadt'sche Buchh.) *

Schiewek, C., Grammatik der polnischen Sprache. Nach genauer Stufenfolge vom Leichten zum Schweren geordnet ꝛc. 8. (VIII u. 110 S.) Fraustadt 847, Neustadt. n. ⅓ ℛ

Schiewek, C., der Polenschüler. Eine Sammlung zweckmäß. Aufgaben zum Uebersetzen ins Polnische. 1. Kursus. 8. Fraustadt 846, Neustadt. n. ⅙ ℛ

Schiewek, Ottokar *(geb. Fraustadt in Pos. 19.3.1837)*: Ueber Pflanzen-Verbänderung. Breslau 1867. (56 S.) 8°
Breslau, Phil. Diss. v. 1. Apr. 1867

Schiewek, Ottokar [Prof. Dr.]: **Über Saké, das Nationalgetränk der Japaner, und die bei seiner Bereitung wirksamen Pilze.** Breslau, Druck v. Graß, Barth & C., *1897*; XVIII S. 4.
Breslau, st. ev. R 1, OP 1897 (230)

Schiewelbein, Karl: Die für die Schule wichtigen französischen Synonyma. Königsberg i. Pr., Hartungsche Buchdr., 1890; 1 Bl., 17 S. 4°
Königsberg in Pr., k. RG auf der Burg, OP 1890

Schiewelbein, Karl, die f. die Schule wichtigen französischen Synonyma. 12. (IV, 49 S.) Bielefeld 891. Velhagen & Klasing. n. — 50

Schiewelbein, Karl, die f. die Schule wichtigen französischen Synonyma. 2. Aufl. (IV, 49 S.) kl. 8. Bielefeld 904. Velhagen & Klasing. Kart. n. — 60

Schiewelbein, Karl, die f. die Schule wichtigen franz. Synonyma. 3. Aufl. (IV, 49 S.) kl. 8. Bielefeld 909. Velhagen & Klasing. Kart. — 60

Schiewick, Heinr., der Insulaner Schicksals-Offenbarung, genau nach eigener Erfahrung, den Insulanern dargebracht zur Warnung. gr. 8. (16 S.) Borkum 893. (Emden, W. Haynel.) n.n. — 50

Schiewitz, S., De S. Theodoro Studita reformatore monachorum Basilianorum. Diss. 1896. 30 S.

Schifahrer-Karte der Berge zwischen Bayrischzell und Inn. 1 : 30 000. München. 1 Bl.

SCHIFERL, Franz. Schützen-G'ftanzeln. O. O. u. J. (Wien 1868). Kl. 8°.

Schiferle, Jos., zweite Pilgerreise nach Jerusalem und Rom in den Jahren 1856 u. 1857 unternommen und beschrieben. Augsburg 858. Kollmann. 12. (1. Bd.: XII, 724 S. u. 6 Holzschn.; 2. Bd.: XII, 468 S. u. 3 Holzschn.) 2 ℛ

Schiferle, Jos., Reise in das heilige Land, im J. 1851 unternommen und beschrieben. 1. und 2. Bd. Mit 2 Beilagen: die Hymnen und Gebete bei den tägl. Prozessionen zu den heil. Stätten in Jerusalem und in Bethlehem, nebst den Melodien-Noten derselben. 12. Augsburg, Kollmann'sche Buchh. [1. (VI und 266 S.) 18 Ngr., 2. (XII und 418 S. mit 12 lithogr. S.) 852. 22½ Ngr.] 1

Schiferli, [Moritz] von. Die Gotthelf-Stiftung. Verein zur Erziehung armer und verwahrloster Kinder im Canton Bern (Schweiz). Separat-Abdruck aus der »Jugendfürsorge« [Jahrg. 3]. 16 S. 8. (Berlin, W. Siebenmark, [1902].)

Schiferli, Rudolf Abraham

— theoret.-prakt. Abhandl. üb. d. grauen Staar. gr. 8. Jena 797. (Knobloch in Leipz.) 10 ℊ

v. *Schiferli*, Rud. Abrah., dissertat. inaug. med.-chirurg. de cataracta. 8maj. Jena 796. (Cnobloch in Leipz.) 8 ℊ

— üb. d. Einfluß d. Gemüthsbewegung auf Gesundheit u. Lebensdauer; e. Rede. gr. 8. Winterthur 808. Steiner. 8 ℊ

— Handbuch der Entbindungskunst f. Hebammen. 2e Aufl. 8. Aarau 821. Sauerländer. 1 ℛ (1e Aufl., s. Handbuch der Hebammenkunst).

Schiferli, R(udolf) A(braham) von: Handbuch der Entbindungskunst für Hebammen. 2.verm. und verbess.Aufl. 215 S., gbd.

Aarau: Sauerländer 1821

JB 3.835

Schiff, das. Zeitung für die gesammten Interessen der Binnenschifffahrt. Redact.: E. Müller. 1. Jahrg. April—Decbr. 1880. 39 Nrn. (à Nr. 1—2½ Bog.) Fol. Dresden, Expedition. *

—— dass. — Redact.: R. Ebert. 2. Jahrg. 1881. 52 Nrn. (à Nr. 1—3 Bog.) Fol. Ebendas. *

—— dass. — Redact.: R. Ebert. Hrsg. unter Mitwirkung von Arth. von Studnitz. 3. Jahrg. 1882. 52 Nrn. (à Nr. 1—3 Bog.) Fol. Ebendas. *

—— das. Zeitung für die gesammten Interessen der Schiffahrt. Redact.: R. Ebert. 4. Jahrg. 1883. 52 Nrn. (à Nr. 1—3 Bog.) Ebendas. *

Schiff, das. Zeitung f. die gesammten Interessen der Schifffahrt. Red.: R. Ebert. Hrsg. unter Mitwirkg. von Arth. v. Studnitz. Große Ausg. 5—7. Jahrg. 1884—1886. à 52 Nrn. (à 1—3 B.) gr. 4. Dresden, Exped. à n. 12. —; Rhein-Ausg. u. Elbe-Ausg. à n. 4. 80

Schiff, das. Wochenblatt für die gesammten Interessen der Binnenschifffahrt. Redact.: R. Ebert. Hrsg. unter Mitwirkung von Arth. v. Studnitz. Große Ausg. 6.—9. Jahrg. 1885—1888. à Jahrg. 52 Nrn. (à Nr. 1—3 Bog.) gr. 4. Dresden, Expedition. à Jahrg. *

Schiff, das. Wochenblatt f. die gesammten Interessen der Binnenschiffahrt. Begründet von Arth. v. Studnitz. Redact.: Rich. Ebert. 10.—13. Jahrg. 1889—1892. à Jahrg. 52 Nrn. (à Nr. 1—2 Bog.) gr. 4. Berl., Exped. à Jahrg. * 12 —

Schiff, das. Wochenblatt f. die gesammten Interessen der Binnenschiffahrt. Begründet von Arth. v. Studnitz. Red.: Rich. Ebert. 12. 14. Jahrg. 1891 1893. à 52 Nrn. (à ca. 2 Bog.) gr. 4. Berlin, Deutsches Druck- u. Verlagshaus. à Jahrg. n. 12. —

— dasselbe. Centralblatt f. die gesamten Interessen der deutschen Schiffahrt, d. Schiff- u. Wasserbaues u. deren Hilfsindustrien. Begründet von Arth. v. Studnitz. Red.: C. Beseke. 15. Jahrg. 1894. 52 Nrn. (à ca. 2 Bog.) gr. 4. Ebd. n. 12. —

Schiff, das. Centralblatt f. d. ges. Interessen d. deutschen Schiffahrt, d. Schiff- u. Wasserbaues u. deren Hilfsindustrien. Begr. von Arth. v. Studnitz. Red.: C. Loewe. 16.—19. Jahrg. 1895—1898. à 52 Nrn. (à ca. 1 Bog. m. Abb.) gr. 4. Berlin, Deutsches Druck- u. Verlagshaus. à Jahrg. n. 12. —
Kann auch vierteljährlich bezogen werden.

Schiff, das. Centralblatt (Umschlag: Central-Anzeiger) f. die gesamten Interessen der deutschen Schiffahrt, des Schiff- u. Wasserbaues u. deren Hilfsindustrien. Begründet von Arth. v. Studnitz. Red.: Gust. Vogt. 20.—23. Jahrg. 1899—1902. à 52 Nrn. gr. 4. (à ca. 8 S. m. Abb.) Berlin, Deutsches Druck- u. Verlagshaus. à Jahrg. n.n. 12. —
Der 20. Jahrg. ist v. E. Mumm, der 21. v. F. R. Schultz redig.

Schiff, das. Centralblatt für die gesamten Interessen der deutschen Schiffahrt, des Schiff- u. Wasserbaues u. deren Hilfsindustrien. Publikations-Organ zahlr. Behörden, Gesellschaften u. Vereine usw. Begründet v. Arth. v. Studnitz. Red.: Rich. Huth. 24.—27. Jahrg. 1903—1906. à 52 Nrn. (418, 428, 418 u. 416 S. m. Abb.) Fol. Berlin, Deutsches Druck- u. Verlagshaus. à Jhrg. n.n. 12. —

Schiff, das. Zentralblatt f. die gesamten Interessen der deutschen Schiffahrt, des Schiff- u. Wasserbaues u. deren Hilfsindustrien. Publikations-Organ zahlr. Behörden, Gesellschaften u. Vereine. Begründet v. Arth. v. Studnitz. Red.: Kreuzkam. 28.—31. Jahrg. 1907—1910. à 52 Nrn. (VIII, 422; X, 416; VIII, 434 u. X, 436 S. m. Abb.) 35,5×25,5 cm. Berlin, Deutsches Druck- u. Verlagshaus. à Jahrg. 12. —

Das Glückhafft Schiff von Zürich. Ein Lobspruch vom d. Glücklichen vnd Wohlfertigen Schiffart, einer Burgerlichen Gesellschaft auss Zürich, auff das aussgeschriben Schiessen gehn Strassburg d. 21 Junij des 76 jars nicht vil erhörter weis vollbracht. Kl. in-4°, 23 S. Strassburg, Schmidt. 1884. 1 35
— dass. Italienisch. In-8°, 57 S. 2 70

Das goldene Schiff. [Berlin] o. J. 1 Bl. 8° [Kopftit.]
Gedicht: „Muthig Schiffer! die Anker gelichtet, . . .“

Schiff, das Regensburger. Ein Lstspl. in 3 A. 8. Salzb. 780. Duyle. 3 ß

Schiff, das Regensburger. Lustsp. v. Schickaneder. 8. Salzb. Waisenh. (a. Stage in Augsb.) 782.

Schiff, das, u. die See. Ein Bilderbuch f. kleine u. große Leutchen, die sich v. Seewesen einen richtigen u. deutl. Begriff verschaffen wollen. Mit 6 illum. Kpf. Taschenformat. Prag, P. Bohmanns Erb. 9 ß

Schiff, ausführliches Wörter-Verzeichniss zum Gil Blas de Santillane bearb. gr. 8. (31 S.) Mannheim 857, Bender. *

Schiff, Alfred, a. Berlin: Alexandrinische Dipinti. Erster Teil. Mit 1 Tafel, 1 Abbildungs-Beilage und 6 Abbildungen im Text. Leipzig 1905: J. B. Hirschfeld. (67 S.) 4°
Rostock, Phil. Fak., Ref. Körte, Diss. v. 3. Febr. 1905
[Geb. 23. Dez. 63 Berlin; Wohnort: Berlin; Staatsangeh.: Preußen; Vorbildung: Realgymn. Berlin Reife O. 81; Studium: Heidelberg 1, Straßburg 4, Berlin 11 S.; Rig. 16. Mai 04.]

Schiff, D., s. Schiff, Hermann David

Schiff, David, s. Schiff, Hermann David

Schiff, Eduard, Erfolge der Röntgentherapie. Mitteilungen aus dem Institute für Radiographie u. Radiotherapie in Wien. (24 S. m. 16 Abbildgn.) gr. 8. Wien (903). M. Perles. n. 1. 50

Schiff, Ed., die Krankheiten der behaarten Kopfhaut, s. a. Zeit- u. Streitfragen, klinische.

Schiff, Dr. Eduard, Die Krankheiten der behaarten Kopfhaut. (Klinische Zeit- u. Streitfragen. Herausgegeben von Prof. Dr. Jos Schnitzler. VI. Band. 7. Heft.) Gr.-8. (30 S.)
Wien: Braumüller 1892. —.60

Schiff, Emil [aus Raudnitz (Böhmen)]: Pierre Jean Georges Cabanis der Arzt und Philosoph (1757—1808). Ein Beitrag zur Geschichte der neueren Medicin und Philosophie. . . . Berlin, Druck v. H. S. Hermann (1886); 55 + 2 S. 8°.
Berlin, Med. Fak., Inaug.-Diss. v. 2. Aug. 1886.

Schiff, Emil, Pierre Jean Georges Cabanis der Arzt und Philosoph (1757—1808). Ein Beitrag zur Geschichte der neueren Medicin und Philosophie. Diss. Berlin 1886, Mayer & Müller. 8°. 55 S.

Schiff, Emil. Aus dem naturwissenschaftlichen Jahrhundert. Gesammelte Aufsätze von Emil Schiff, Med. Dr. Nach seinem Tode hrg. Mit einem Vorwort von Professor Dr. Carl Posner. VIII + 191 S. 8. Berlin, Georg Reimer, 1902. [M. 4. —]
Darin S. 72—81: Emil Du Bois-Reymond. Aus der Wochenschrift »Die Nation«, 2. Januar 1897.

Schiff, Emil, müssen wir Kolonien haben u. sollen sie kaufmännisch verwaltet werden? (36 S.) gr. 8. Dresden 906. W. Baensch. n. — 60

— Unternehmertum od. Gemeindebetriebe? Mit 2 Schaubildertaf. u. 1 Schaubild im Text. (IV, 80 S.) gr. 8. Leipzig 910. Duncker & Humblot. 2. 50

— Die Wertminderungen an Betriebsanlagen in wirtschaftlicher, rechtlicher u. rechnerischer Beziehg. (Bewertung, Abschreibg., Tilgg., Heimfallast, Ersatz u. Unterhaltg.) (VII, 184 S.) 8. Berlin 909. J. Springer. 4.—; geb. in Leinw. n 4. 80

Schiff, Emil, wie bessern wir uns. Kolonialwirtschaft? Anh.: Wichtige dtsch. u. fremde koloniale Daten. (54 S.) gr. 8. München 909. J. F. Lehmann's Verl. 1. 20

Schiff Felix [illegible]
Separatabdruck

Schiff, Fritz, approb. Arzt aus Detmold: Ueber einen Fall von Symblepharon congenitum des linken Oberlides verbunden mit Syndaktylie und Hypospadie. *Leipzig 1901: B. Georgi.* (15 S.) 8°
Leipzig, Med. Diss. v. (10. Dez.) 1901

Schiff, G. A. Constant., Predigten. Zum Andenken an ihn hrsg. v. A. G. Eberhard. 8. (15 B.) Halle 834, Renger. [Leipzig, Volckmar.]

Schiff, Hans, aus Berlin: Ueber die **Einwirkung** von **Diazoverbindungen auf** Hydrazine. *Berlin 1900: A. W. Schade.* (68 S.) 8°
Berlin, Phil. Diss. v. 8. Aug. 1900

Schiff, Hermann, s.a. Schiff, Hermann David

Schiff, Hermann: Über Lord Byrons 'Marino Faliero' und seine anderen geschichtlichen Dramen. Marburg 1910: Noske, Borna-Leipzig. VIII, 57 S. 8°
Marburg, Phil. Diss. v. 30. Aug. 1910, Ref. Viëtor
[Geb. 16. Febr. 87 Berlin; Wohnort: Karlshorst b. Berlin; Staatsangeh.: Preußen; Vorbildung: Friedrichs-Realgymn. Berlin Reife M. 05; Studium: Berlin 5, Marburg 1 S.; Rig. 27. April 10.] [U 11. 3485

Schiff, Hermann David

Schiff, Herm., Almanach für Frauen, s. Almanach.

Schiff, das April-Mährchen rc., s. **Jahrbuch deutscher Bühnenspiele.** 11r Jahrg.

Schiff, Herm., die Aristokraten, s. Aristokraten, die.

Schiff, Dr., s. **Balzac, Lebensbilder.**

Schiff, (Dav.,) Agnes Bernauerin. Eine dialogisirte histor. Novelle. 8. (6¼ B.) Berlin 831, Vereins-Buchh.

Schiff, Herm., Damenphilosophie. Novellen aus der aristokrat. Welt. 2 Bde. Hamburg 865. J. F. Richter. 8. (560 S.) n. 2 ℛ

—— das Elendsfell. Drei Novellen nach Balzac. (Das Elendsfell. Die Herzlose. Die Gutherzige.) 8. (12¼ B.) Berlin 832, Vereins-Buchh.

— Geschichte Napoleons. Mit 6 Stahlst. 1. u. 2. Liefg. 16. (Mit 2 Stahlst.) Leipzig 846, Naumburg. à n. 1/6 ℛ

Schiff, Herm., Geschichte Napoleon's. 3—5. Lfg. 16. (S. 161—365 m. 4 Stahlst.) **Leipzig 847, Naumburg.** à n. 1/6 ℛ (cmplt. n. 5/6 ℛ)

Schiff, H., das Gespensterbuch, s. † Paulmann, H.

—— Glück u. Geld. Novelle. 8. (13½ B.) Hamburg 836, Hoffmann u. Campe.

—— Grundlingen. — Johann Faust in Paris. — Alban u. Alba. — Der Crystall. — Zwei Fliegen mit einer Klappe. Novellen u. Nicht-Novellen. gr. 12. (8 B.) Berlin 835, Vereins-Buchh.

—— das koschere Haus. Novelle. 8. (117 S.) Hamburg 866, J. F. Richter. *

—— Heinr. Heine und der Neuisraelitismus. Briefe an Adf. Strodtmann. 8. (106 S.) Hamburg 866, J. F. Richter. *

— **Höllenbreughel. Novellen.** 8. Lpz. 826. (Lehnhold). 1 ℛ 8 gr.

Schiff, (D.,) Höllenbreughel. — **Novellen.** 8. Leipz. 826, Hartmann.

—— Linchen, od. Erziehungs-Resultate. Novelle. 8. (13¾ B.) Hamburg 841, Berendsohn.

— das Margarethenfest u. des Teufels Schwabenstreich. Kathol. Novellen. kl. 8. Leipzig 846, Museum. 2/3 ℛ

Schiff, Herm., zwei Novellen. I. Ballkleid und Demantschmuck. — II. Redlichkeit und Schwindel. 2 Bde. Hamburg 856. Verlags-Comptoir. 8. (2 Bl., 179; 2 Bl., 174 S.) 2 ℛ.

—— die Ohrfeige. Novelle. 8. (15¼ B.) Hamburg 836, (Berendsohn.)

— die Ohrfeige. Novelle. 8. Hamburg 836. Magazin für Buchhandel rc. 1¼ ℛ

Schiff, David, Pumpauf und Pumprich. Eine (liederliche) Novelle (aus dem Hallenser Studentenleben). Zerbst 1826. Kl. 8°. XX—180 S. (10 Mk., Leihbiblexpl., Leo Liepmannssohn, 1907.)
Jugendarbeit von Heine's Vetter, der sich damals noch David Schiff nannte. — Brümmer II, S. 274.

— Pumpauf u. Pumprich; e. Novelle. 8. Zerbst 826. (Leipz., Kauffer). 1 ℛ

—— die wilde Rabbizin. Novelle. Nebst Anh.: Schabbesschmuh der Familie Absaz. Humoristisch-polit. Gespräche aus den J. 1850—51. 8. (109 S.) Hamburg 866, J. F. Richter. *

— Regina,
— die englische Revolution 1687, } s. Volksbibliothek, norddeutsche.

Schiff, Herm., die französische Revolution, s.: **Ehrenthaten der Bluse.**

— das Recensenten-Kunststück, s. Novellen aus der Theaterwelt.

— Hundert u. ein Sabbat. Oder Geschichten u. Sagen des israelit. Volkes. 1. Bdchn. 8. Leipzig 842, Fr. Fleischer. 3/4 ℛ

—— Schabbesschmuh der Familie Absaz. Humoristisch-polit. Gespräche aus den J. 1850—51. 8. (40 S.) Hamburg 866, J. F. Richter. *

—— Selbstbekenntnisse eines Gesinnungsfloh. Novelle. 8. (80 S.) Hamburg 866, J. F. Richter. *

— s. Sue, E., der ewige Jude.

—— Gevatter Tod. Eine Mährchen-Novelle. 2 Bde. 8. (34¾ B.) Hamburg 838, Hoffmann u. Campe.

——, Varinka, od.: Die rothe Schenke. Und: Die drei Nüsse. Von Clem. Brentano. Zwei Volks-Erzähln. 8. (7½ B.) Berlin 834, Vereins-Buchh.

WAISE, Die, von Tamaris. Eine Tanznovelle vom Verf. des „Schief-Levinche" u. der „Luftschlösser" (*Herm. David Schiff*). Hamburg, Hoffmann u. Campe, 1855. (Halle, Druck v. H. W. Schmidt.) 8°. (1½ Rthl.) 2 Bll. u. 300 S.
Anon.-Lex. V. p. 321 (nach Schröder u. Kayser).

Schiff, Hugo

Schiff, H., Einführung in das Studium der Chemie, s.a. **Bibliothek f. Wissenschaft u. Literatur.**

SCHIFF, HUGO.
Einführung in das Studium der Chemie, nach Vorlesungen gehalten am naturwissenschaftlichen Institut in Florenz. Berlin, 1876. pp. xi-328, 8vo.

Schiff, Hugo, Einführung in das Studium der Chemie. Nach Vorlesungen, geh. am naturwissenschaftl. Institut in Florenz. 2. (Titel-)Ausg. gr. 8. (XI, 328 S.) Berlin 879. Th. Hofmann. n. 6. —

Schiff, Hugo, über einige Naphtyl- und Phenyl-Derivate. Inaug.-Dissert. Göttingen 857. (Vandenhoeck u. Ruprecht.) 8. (39 S.) n. 8 ngr

Schiff, Hugo, Untersuchungen über metallhaltige Anilinderivate und über die Bildung des Anilinroths. gr. 8. (VI und 137 S.) Berlin 864, Springer's Verlag.

Schiff, J. H., Simson und Delila. Trauerspiel in 5 Aufzügen. 8. (124 S.) Stuttgart 877, Grüninger.

Schiff, J. M., s. Schiff, Moritz

Schiff, Jak., Gedichte. Mit dem Bildnis des Verf. 16. (363 S.) Stuttgart 900. Deutsche Verlags-Anstalt. Geb. in Leinw. m. Goldschn. n. 3. —

Schiff, Jos., Aufgabensammlung zum theoretisch-prakt. Lehrgang der Stenographie nach Gabelsberger-System. 8. (16 S.) Wien 903. A. Pichler's Wwe. & Sohn. n. — 30

Schiff, Jos., Aufgabensammlung zum theoretisch-praktischen Lehrgang der Stenographie nach Gabelsbergers System. 2. Aufl. (16 S.) 8. Wien 905. A. Pichler's Wwe. & Sohn. n. — 30

Schiff, Jos., **Aufgabensammlung z. theoretisch-prakt. Lehrgang d. Stenographie nach Gabelsbergers System.** 3. durchgeseh. Aufl. (16 S.) 8. Wien 907. A. Pichler's Wwe & Sohn. — 30

— Beitrag zur Methodik der Stenographie Gabelsbergers. (Nach e. im Centralverein f. Gabelsberger'sche Geschäfts-Stenographie am 30. V. 1899 u. 6. II. 1900 geh. Vortrage.) gr. 8. (29 autogr. S.) Wien 900. Bermann & Altmann. n. — 30

Schiff, Jos., **Dictierbuch f. Stenographen aller deutschen Systeme. Zusammengestellt u. nach Silben u. Wörtern ausgezählt. 1. Thl. f. angeh. Stenographen. gr. 8. (IV, 68 S.) Wien 891. Bermann & Altmann. n. 1. —**

Schiff, Jos., Dictierbuch f. Stenographen aller deutschen Systeme. Zusammengestellt u. nach Silben u. Wörtern ausgezählt. 2. Thl. f. vorgeschrittene Stenographen. gr. 8. (IV, 81 S.) Wien 892. Bermann & Altmann. n. 1. 25 (kplt.: n. 2. 25)

— Praktische Einführg. in d. Wortkürzungslehre d. Gabelsberger'schen Stenographie, s.: Mück's prakt. Taschenbücher. 29. Bd.

— Einführung in d. Stenographie Gabelsbergers, s. a. Mück's prakt. Taschenbücher. 22. Bd.

Schiff, J., Einführung in die Stenographie Gabelsbergers für **den Selbstunterricht. [Mücks praktische Taschenbücher, 22.]** 16°. **(30 S.)** K —.60
Wien: Szellinski & Co 1907.

Schiff, Jos., der Geschäfts-Stenograph. Handbuch zur praktischen Ausbildung in der Gabelsberger'schen Stenographie für Correspondenten, Geschäftsreisende, Comptoiristen, Handelseleven etc. Theorie — Praxis — Faulenzer. gr. 8. (VII, 133 S.) Wien 880. Hölder. n. 3. —

— **der Geschäfts-Stenograph. Hand- u. Übungsbuch f. die stenograph. Praxis im kaufmänn. Berufsleben. 3., umgearb. Aufl. Mit Schlüssel. gr. 8. (III, 80 u. Schlüssel LIX S.) Wien 890. Hölder. n. 2. 60**

— der Geschäfts-Stenograph. Hand- u. Übungsbuch f. die stenograph. Praxis im kaufmänn Berufsleben. 4., durchgeseh. Aufl. Mit Schlüssel. gr. 8. (80 u. LIX S.) Wien 893. A. Hölder. Geb. n. 3. —

— der Geschäfts-Stenograph. Hand- u. Übungsbuch f. die stenograph. Praxis im kaufmänn. Berufsleben, m. Schlüssel. 2 Abthlgn. 5. verb. Aufl. Mit den vom V. deutschen Stenographentage beschlossenen Schreibweisen. gr. 8. Wien 899. A. Hölder. n. 2. 36
1. Theoretischer u. prakt. Thl., Phraseologie u. Kürzungsverzeichnis. (75 S.) — 2. Schlüssel. (LI S.)

— der Geschäftsstenograph. Hand- u. Uebungsbuch f. die stenograph. Praxis im kaufmänn. Berufsleben, m. Schlüssel. 1. u. 2. Abtlg. gr. 8. Wien 904. A. Hölder. n. 2. 30
1. Theoretischer u. prakt. Tl. Phraseologie u. Kürzungsverzeichnis. 6. durchgeseh. Aufl. Im wesentlichen unveränd., nach der neuen Rechtschreibung hergestellter Abdr. der 5. Aufl. (Mit den vom V. deutschen Stenographentage beschlossenen Schreibweisen.) (75 S.) n. 1. 55
2. Schlüssel. 6. durchgeseh. Aufl. Im wesentlichen unveränd., nach der neuen Rechtschreibg. hergestellter Abdr. der 5. Aufl. (LI S.) n. — 75

Schiff Josef, Der Geschäftsstenograph. Erstes Hand- und Übungsbuch für die stenographische Praxis im kaufmännischen Berufsleben. 7. Auflage. Wien 1909. Alfred Hölder. I. Abteilung. Geh. K 1.76. II. Abteilung (Schlüssel). Geh. K —.80.

— Handbuch der geschäfts-stenographischen Praxis. Ein Leitfaden zur prakt. Ausbildg. in der Gabelsberger'schen Stenographie f. Correspondenten, Geschäftsreisende, Comptoiristen, Handlungseleven etc. Theorie — Praxis — Faulenzer. 2. Ausg. gr. 8. (V, 133 S.) Wien 884. Hölder. n. 2. 40

— Kammersigel der Gabelsberger'schen Stenographie, nebst Anh.: Logische Kürzgn. bei Fixierg. bestimmter Redewendgn. im formellen Geschäftsgange parlamentar. Debatten. [Auszug aus den Orig.-Stenogrammen der „Stenograph. Protokolle" d. Herrenhauses u. d. Abgeordnetenhauses d. österreich. Reichsrathes vom 16. März 1886.] 12. (16 S.) Wien 886. Bermann & Altmann. n. — 45

—— Kammersigel der Gabelsberger'schen Stenographie, nebst Anh.: Logische Kürzgn. bei Fixierg. bestimmter Redewendgn. im formellen Geschäftsgange parlamentar. Debatten. [Auszug aus den Orig.-Stenogrammen der „Stenograph. Protokolle" d. Herrenhauses u. d. Abgeordnetenhauses d. österreich. Reichsrathes vom 16. März 1886.] 2. unveränd. Aufl. 12. (16 S.) Wien 891, Bermann u. Altmann. * — 45

— Kammersigel der Gabelsberger'schen Stenographie u. logische Kürzungen bei Fixierg. bestimmter Redewendgn. im formellen Geschäftsgange parlamentarischer Debatten. 4. umgearb. u. verm. Aufl. 12. (31 S.) Wien 902. W. Braumüller. n. — 50

Schiff, Jos., e. neue systemgerechte Consonanten-Verschmelzung in der deutschen Stenographie Gabelsberger's. Die Stellg. der Anlautkürzgn. im Gabelsberger'schen Satzkürzungssystem. Aus den Vorträgen, geh. im Gabelsberger Stenographen-Central-Verein u. im stenograph. Club der „Deutschen Lesehalle" an der Technik in Wien. gr. 8. (11 S.) Wien 882. (Edm. Schmid.) n. — 40

Schiff, Josef, Eine neue systemgerechte Consonantenverschmelzung in d. deutschen Stenographie Gabelsberger's. Die Stellung der Anlautkürzungen. gr. 8. (11 S.) Wien, L. Steckler. 15 kr. 1884.

Schiff, Jos., practischer Lehrgang der stenographischen Correspondenzschrift nach Gabelsberger's System. Mit Berücksichtigung der vom allgemeinen deutschen Stenographen-Bund gefassten Beschlüsse. Für Schul-, Privat- und Selbstunterricht. 8. (V, 68 S., wovon 30 lithogr.) Wien 877, [Altmann's Antiq.] Bermann und Altmann. *

—— theoretisch-praktischer Lehrgang der stenographischen Correspondenzschrift [Wortbildungs- und Wortkürzungslehre] nach Gabelsberger's System. Für Schul-, Privat- und Selbstunterricht. 2. Aufl. (88 S., wovon 30 autogr.) 1878; 3. vollständig umgearb. Aufl. 8. (III, 86 S., wovon 40 autogr.) Wien 882, Bermann und Altmann. *

— theoretisch-praktischer Lehrgang der stenographischen Correspondenzschrift [Wortbildungs- u. Wortkürzungslehre] nach Gabelsberger's System. Für Schul-, Privat- u. Selbstunterricht. Mit 42 stenograph. Taf. 4. Aufl. 8. (V, 48 S.) Ebend. 884. n. 1. 70

—— theoretisch-praktischer Lehrgang der stenographischen Satzkürzung nach Gabelsberger's System. Für Schul-, Privat- und Selbstunterricht. 8. (31 S. mit 16 lithogr. Taf.) Ebendas. 884. *

—— theoretisch-praktischer Lehrgang der stenographischen Satzkürzung nach Gabelsberger's System. Für Schul-, Privat- und Selbstunterricht. 2. Ausg. 8. (31 S. mit 16 lithogr. Taf.) Ebendas. 885. *

Schiff, Josef, Theoretisch praktischer Lehrgang der stenographischen Satzkürzung nach Gabelsberger's System. Für Schul-, Privat und Selbstunterricht. Mit 16 stenogr. Tafeln. 3. Ausgabe. 8. (31 und 16 S.) .65
Wien: Bermann & Altmann 1889.

—— theoretisch-praktischer Lehrgang der Stenographie nach Gabelsberger's System für Schul-, Privat- und Selbstunterricht. 2 Thle. in 1 Bde. [I. Correspondenzschrift. II. Satzkürzung.] 8. (VII, 48; 31 S. mit 58 stenograph. Taf.) Ebendas. 884. *

—— theoretisch-praktischer Lehrgang der Stenographie nach Gabelsberger's System. Für Schul-, Privat- und Selbstunterricht. 2 Thle. in 1 Bd. I. Correspondenzschrift. II. Satzkürzung. 2. unveränd. Aufl. Mit 56 stenograph. Taf. 8. (VII, 48; 31 S.) Ebendas. 887. *
1. Thl. 5. Aufl. allein *

— theoretisch-praktischer Lehrgang der Stenographie nach Gabelsberger's System. 2 Thle. 8. Wien 890. 891. Bermann & Altmann. n. 2. 70
1. Correspondenzschrift. 6., umgearb. Aufl. (VI, 56 S. m. 50 stenogr. Taf.) n. 1. 60
2. Satzkürzung. 5., umgearb. Aufl. (28 u. 17 autogr. S.) n. 1. 10

—— Theoretisch-praktischer Lehrgang der Stenographie nach Gabelsberger's System. Für Schul-, Privat- u. Selbstunterricht. 2 Thle. 8. Ebd. 892. Beide Thle. zusammengeheftet * 2 20
1. Correspondenzschrift. 7. durchgesch. Aufl. 14.—16. Taus. (VI, 56 S. m. 48 autogr. Taf.) * 1 60.
2. Satzkürzung. 6. durchgeseh. Aufl. (29 S. m. 16 autogr. Taf.) * 1 10.

Schiff, Jos., theoretisch-praktischer Lehrgang der Stenographie nach Gabelsberger's System. Für Schul-, Privat- u. Selbstunterricht. 2 Thle. 8. Wien 894. Bermann & Altmann. n. 2. 70;
in 1 Bd., 5. durchgeseh. Aufl., n. 2. 20
1. Correspondenzschrift. 8., durchgeseh. Aufl. 19. Taus. (VI, 56 S. m. 46 stenograph. Taf.) n. 1. 60
2. Satzkürzung. 7., durchgeseh. Aufl. (29 S. m. 16 stenograph. Taf.) n. 1. 10

Schiff, Jos., theoret.-prakt. Lehrgang d. Stenographie nach Gabelsberger's System. Für Schul-, Privat- u. Selbstunterricht. 2 Thle. in 1 Bde. I. Correspondenzschrift. — II. Satzkürzg. 7., umgearb. Aufl. M. d. v. V. deutschen Stenographentage beschloss. Schreibweisen. 8. (IV, 60 S. m. 48 stenograph. Taf. u 31 S. m. 16 stenograph. Taf.) Wien 897. A. Pichler's Wwe. & Sohn. n. 2. 20; 1. Thl. 10., umgearb. Aufl. 23.—26. Taus. allein n. 1. 60

— theoretisch-praktischer Lehrgang der Stenographie nach Gabelsbergers System. Für Schul-, Privat- u. Selbstunterricht. 2 Thle. in 1 Bde. I. Correspondenzschrift. — II. Satzkürzg. Mit den vom V. deutschen Stenographentage beschlossenen Schreibweisen. 8. Aufl. Unveränd. Abdr. der 7. Aufl. (der Correspondenzschrift 11. Aufl., der Satzkürzgn. 10. Aufl.). 8. (IV, 60, 31 u. 48 u. 16 autogr. S.) Wien 900. A. Pichler's Wwe. & Sohn. n. 2. —

— theoretisch prakt. Lehrgang der Stenographie nach Gabelsbergers System. Für Schul-, Privat- u. Selbstunterricht. II. Tl. Satzkürzung. 11. durchgeseh. Aufl. Mit den vom V. deutschen Stenographentage beschlossenen Schreibweisen. Mit 16 stenogr. Taf. (31 S.) 8. Wien 905. A. Pichler's Wwe. & Sohn. n. 1. —

— stenographisches Lesebuch (nach Gabelsberger's System) f. Handels-, Gewerbe- u. Fortbildungsschulen. Stenographischer Text m. Schlüssel. 2 Thle. 8. (III, 83 autogr. u. III, 88 S.) Ebd. 893. n. 2. 20;
Text allein n. 1. 40; Schlüssel allein n. 1. 20

— dasselbe. Stenographischer Text m. Schlüssel. 2., durchgeseh. Aufl. 8. (III, 84 u. 94 S.) Ebd 895. n. 2. 20

Schiff, Jos., stenographisches Lesebuch (nach Gabelsbergers System) f. Handels-, Gewerbe-, Fortbildungs- u. Bürgerschulen. Schlüssel. 4. unveränd. Aufl. 8. (90 S.) Wien (901). A. Pichler's Wwe. & Sohn. n. — 75

— Stenograph. Lesebuch (nach Gabelsbergers System) f. Handels-, Gewerbe-, Fortbildungs- u. Bürgerschulen. 5., veränd. Aufl. (86 u. Schlüssel VI, 78 S.) 8. Wien (907). Szelinski & Co. Kart. u. geb. 2. —

—— stenographisches Lese-Cabinet. Eine Auswahl interessanter Werke deutscher und ausländ. Classiker in stenograph. Schrift nach Gabelsberger's System. 2. Heft Schlüssel und 3.—5. Heft. 12. Ebendas. *

Inhalt:

Heft 2. Chamisso, Adb., Peter Schlemihl's wundersame Geschichte. Schlüssel. (56 S.) 883. * 40 Pf.
» 3. Goethe, J. W., das Kind mit dem Löwen. Novelle. In stenograph. Correspondenzschrift. (31 autogr. S.) * ℳ 1. — Schlüssel. (In gewöhnl. Schrift.) (23 S.) 883. * 30 Pf.
» 4. Schiller, Friedr. v., Spiel des Schicksals. In stenograph. Schrift mit Anwendung der Satzkürzung sammt dem Orig.-Text als „Schlüssel". (16; 15 S.) 884. * 60 Pf.
» 5. Tegnér's, Esaias, Frithjofs-Sage. In Mohnike's Uebersetzung und Zoller's Bearbeitung. In stenograph. Correspondenzschrift. (128 S.) 885. * ℳ 2.

1. und 2. Heft. Ebendas. 1878. * ℳ 2,20.

—— stenographisches Lese-Cabinet. Eine Auswahl interessanter Werke deutscher und ausländ. Classiker in stenograph. Schrift nach Gabelsberger's System. VI. Michael Kohlhaas von Heinr. v. Kleist. In stenograph. Schrift mit Anwendung der Satzkürzung. 12. (115 autogr. S.) Ebendas. 886. *
1.—5. Heft. Ebendas. 1878—85. * ℳ 5.80.

— neue charakteristische Sigel f. die stenographische Correspondenzschrift. (Sigel-Aenderungs-Vorschläge.) Nach e. im Centralvereine f. Gabelsberger'sche Geschäfts-Stenographie geh. Vortrage. 8. (15 S.) Ebd. 893. n. — 30

—— Sigel und Vereinfachungen der stenographischen Correspondenzschrift. Mit einer Biographie Gabelsbergers. 1. und 2. Ausg. gr. 16. (32 S.) Wien 884, (Edm. Schmid.) *

Schiff, Josef, Sigel u. Vereinfachungen d. stenogr. Correspondenzschrift. Mit e. Biographie Gabelsberger's. 3. Aufl. kl. 8. (30 S.) Wien, Edmund Schmid. 15 kr. N. b. 1885.

— Sigel u. Vereinfachungen der stenographischen Correspondenzschrift. Mit e. Biographie Gabelsberger's. 4. Aufl. 16. (32 S.) Wien 886. (Edm. Schmid.) n. — 30

Schiff, Josef, Sigel und Vereinfachungen der stenographischen Correspondenzschrift. Mit einer Biographie Gabelsberger's. 5. Ausgabe. 16⁰. (32 S.) Wien, Edmund Schmid. fl. —.15. 1887.

—— Sigel und Vereinfachungen der stenographischen Correspondenzschrift. Mit einer Biographie Gabelsbergers. 3.—6. Ausg. 16. (32 S.) Wien 888, (Steckler.) *

—— Sigel u. Vereinfachungen der stenographischen Correspondenzschrift. Mit e. Biographie Gabelsbergers. 9. durchgeseh. Aufl. 16. (29 S.) Wien 891, (A. Bauer). * — 30

— Sigel u. Vereinfachgn. der stenographischen Correspondenzschrift. Mit e. Biographie Gabelsberger's. 12., durchgeseh. Aufl. 12. (30 S.) Wien 895. R. Heger. n. — 30

— Sigel u. Vereinfachgn. d. stenograph. Correspondenzschrift. M. e. Biographie Gabelsberger's. 13., durchgeseh. Aufl. 12. (30 S.) Wien 896. R. Heger. n. — 30

— Sigel u. Vereinfachungen der stenographischen Correspondenzschrift. Mit e. Biographie Gabelsberger's. 8., verb. Aufl. 16. (29 S.) Wien 899. Steckler. n. — 30

— Sigel u. Vereinfachungen der stenogr. Korrespondenzschrift. Nebst den durch d. Berliner Stenographentag 1902 eingeführten neuen Sigeln im Anh. Mit e. Biographie Gabelsbergers. 24. durchgeseh. Aufl. (28 S.) 16. Wien 905. R. Heger. n. — 25

Schiff, J., Sigel und Vereinfachungen der stenogr. Korrespondenzschrift. 28. Aufl. 8⁰. (28 S.) 1908. K —.30
Wien: Heyer 1908

Schiff, Jos., Sigel u. Vereinfachgn. d. stenogr. Korrespondenzschrift. Nebst den durch d. Berliner Stenographentag 1902 eingeführten neuen Sigeln im Anh. Mit e. Biographie Gabelsbergers. 31. durchgeseh. Aufl. (28 S.) 16. Wien 910. R. Heger. — 25

— stenographisches Taschenwörterbuch, enth. die deutschen Wurzelwörter u. die gebräuchlichsten Fremdwörter in stenograph. Correspondenzschrift u. Satzkürzg., sowie die häufigsten Fachkürzgn. f. Advocaturstenographen, Beamte aller Art (Gerichts- u. Verwaltungs-, Fabriks-, Verkehrs- u. Versicherungsbeamte etc.), f. Elektrotechniker, Juristen, Kaufleute, Militärs, Secretäre, Studenten u. s. w. 3. vollständig umgearb. Aufl. des stenograph. Wörterbuches. Mit den Beschlüssen des V. deutschen Stenographentages u. den Vorschlägen des System-Ausschusses f. den VI. deutschen Stenographentag als Beilagen. 8. (17 S. u. 784 autogr. S.) Wien 902. W. Braumüller. n. 4.20; geb. in Leinw. n. 5. —

— Stenographisches Taschenwörterbuch, enth. die deutschen Wurzelwörter u. die gebräuchlichsten Fremdwörter in stenograph. Korrespondenzschrift u. Satzkürzg., sowie d. häufigsten Fachkürzgn. f. Advokaturstenographen, Beamte aller Art (Gerichts- u. Verwaltungs-, Fabriks-, Verkehrs- u. Versicherungsbeamte etc.), f. Elektrotechniker, Juristen, Kaufleute, Mediziner, Militärs, Sekretäre, Studenten usw. 3. vollständig umgearb. Aufl. d. stenograph. Wörterbuches. Neue Ausg. Mit den Beschlüssen des V. deutschen Stenographentages in Wien u. des VII. deutschen Stenographentages in Berlin als Beilagen. (15 S. u. 784 u. 48 autogr. S.) kl. 8. Wien 908. W. Braumüller. Geb. in Leinw. 2. 60

—— stenographisches Übungsbuch [nach Gabelsberger-System]. 2 Thle. in 1 Bde. [I. Correspondenzschrift. — II. Satzkürzung.] 8. (105 autogr. S.) Wien 884,85, (Bermann und Altmann.) *
Schlüssel. gr. 8. (59 S.) *

—— dass. — Schlüssel. 1.—3. Ausg. gr. 8. (59 S.) Ebendas. 885,86. *

—— dass. — 2. und 3. unveränd. Aufl. gr. 8. (72; III, 72 S.) (Ebendas.) 887,88. **

— stenographisches Übungsbuch [nach Gabelsberger's System]. 2 Thle. in 1 Bde. I. Correspondenzschrift. — II. Satzkürzung. 4. Aufl. 8. (87 autogr. S.) Wien 890. Bermann & Altmann. n. 1. 50

— stenographisches Übungsbuch (nach Gabelsberger's System). 2 Thle. in 1 Bde. I. Correspondenzschrift. — II. Satzkürzung. 5., umgearb. Aufl. 8. (III, 124 autogr. S.) Wien 894. Bermann & Altmann. n. 1. 70; Schlüssel dazu. 6., umgearb. Aufl. (95 S.) n. — 80

— stenographisches Übungsbuch. (System Gabelsberger.) I. Thl.: Correspondenzschrift. II. Thl.: Satzkürzg. 6. umgearb. Aufl. 8. (IV, 128 S.) Ebd. 902. n. 1. 80; Schlüssel. 7. umgearb. Aufl. gr. 8. (VI, 101 S.) n. — 60

— Schlüssel zum stenographischen Uebungsbuch. I. Tl.: Korrespondenzschrift. II. Tl.: Satzkürzung. 8., unveränd. Aufl., gleichlautend m. der 7. Aufl. (IV, 101 S.) 8. Wien 907. W. Braumüller. n. — 60

— Stenographisches Übungsbuch (System Gabelsberger). I. Tl.: Korrespondenzschrift. II. Tl.: Satzkürzg. 7. durchgeseh. Aufl. (IV, 128 S.) 8. Ebd. 908. 1. 80

— stenographisches Wörterbuch [System Gabelsberger]. Mit Wiener und Dresdener Schreibweisen. Unter Berücksicht. der vom deutschen Gabelsberger Stenographenbunde gefassten Beschlüsse. gr. 8. (VIII, 280 S.) Wien 888. Braumüller. geb. n. 4. 50

— stenographisches Wörterbuch [System Gabelsberger]. Mit Wiener u. Dresdener Schreibweisen. Unter Berücksicht. der vom deutschen Gabelsberger Stenographenbunde gefassten Beschlüsse. 2. unveränd. (Titel-) Aufl. gr. 8. (VIII, 280 S.) Wien 892. W. Braumüller. n. 2. 40

SCHIFF, ISAC BENDIX, Ein Wort zu seiner Zeit: oder Abschiedsrede bey Gelegenheit der Aufhebung der zwischen den jüdischen Gemeinden zu Altona und Hamburg bestandenen 200 jährigen Verbindung. Aus dem Hebraischen übers. ins Deutsche von SAL. COHN. Altona. 1812. P.

Schiff, Julius: Ueber die Drüsen in der Gallenblase und ihre pathologische Bedeutung bei Cholelithiasis und primärem Carcinom der Gallenblase. *Freiburg i. B. 1898: E. Kuttruff.* (29 S.) 8°
Freiburg i. B., Med. Diss. v. 1898

Schiff, über die Entstehung u. Behandlung des Plattfusses im jugendlichen Alter, s.a. **Veröffentlichungen aus dem Gebiete des Militär-Sanitätswesens. 25. Heft.**

Ueber die Entstehung und Behandlung des Plattfußes im jugendlichen Alter. Von Dr. [Julius] Schiff, Oberarzt im 2. Garde-Feldart.-Rgt. Mit 27 Abb. *Berlin: A. Hirschwald 1904.* (79 S.) 8°
— Veröffentlichungen aus d. Gebiete d. Militär-Sanitätswesens. H. 25. (04. 7353

Schiff, J., die einfachsten chemischen Erscheinungen m. Berücksicht. der Mineralogie. Sonderdr. des Anh. zu der v. Th. Maschke neu bearb. 15. Aufl. v. Alb. Trappes Schul-Physik. (84 S. m. 42 Abbildgn.) gr. 8. Breslau 903. F. Hirt. n. — 70

— dasselbe, s.a. **Trappe's**, Alb., Schul-Physik.

Schiff, Jul., die einfachsten chemischen Erscheinungen m. Berücksicht. d. Mineralogie. (84 S. m. 42 Abb.) 8. Breslau 909. F. Hirt. Kart. — 70
Sonderabdr. aus: „Trappes Schul-Physik"

Schiff, Julius, Dr.: Goethes naturwissenschaftliche Forschungen und ihre Bedeutung für den naturwissenschaftlichen Unterricht. *Breslau 1900: Grass, Barth & Co.* (S. 3—32.) 4°
Breslau, st. Johannes-G, OP 1900 (188)

Schiff, Julius *(geb. Breslau 30. 8. 1858)*: Ueber das aetherische Oel von Laurus Sassafras L. Breslau 1882. (39 S.) 8° *[Im Buchhandel 1882 bei Köhler in Breslau.]*
Breslau, Phil. Diss. v. 29. Apr. 1882

Schiff, Jul., über das ätherische Oel von Laurus Sassafras L. Inaugural-Dissertation. gr. 8. (39 S.) Breslau 882, (Köhler.) *

Ueber den in den Herzogthümern Schleswig und Holstein jetzt geltenden Münzfuß und die Berechnungsart nach Reichsbankgeld v. Meyer Isaac **Schiff**. Geschrieben d. 27. Mai 1815. Kiel. (1815.) 8°

Schreiben des Advocaten [**Meyer Isaac**] **Schiff** an den ungenannten Verfasser der patriotischen Rügen eines Holsteiners über das Post- und Poststrassen-Wesen in Holstein. Kiel. 1830. 8°.

⊙ Thesen eines Unpartheiischen, betr. die zwischen den Finanzen und der National-Bank streitige Zwölf-Millionen-Frage. (Verf.: **Meyer Isaac (Schiff)**.) Kopenhagen. 1838. 8°

SCHIFF, [MEYER ISAAC], Versuch eines Verzeichnisses der verschiedenen Gerichtsbarkeiten des Herzogthums Holstein in einer durch die topographische Lage bestimmten Reihenfolge. Mit einem Vorworte und einigen ins Einzelne gehenden Bemerkungen. Kiel. 1831.

Schiff, Moritz

Schiff, M. Beiträge zur Anatomie von Chiton piceus. 1858.

Moritz **Schiff**'s gesammelte Beiträge zur Physiologie. Bd 1—4. Recueil d. mémoires physiol. de Maurice Schiff. (4: Hrsg. v. A[lex.] Herzen u. E. Levier.) Vol. 1—4. *Lausanne: B. Benda 1894—98.* 4 Bde 8.
1. M. 3 Taf., 7 Zeichngn im Text u. d. Portr. d. Vfs. . . 1894. (XI, 796 S., 1 Portr., 2 Taf., 1 Doppeltaf., 1 Tab.)
2. M. 1 Taf. u. 44 Zeichngn im Text . . . 1894. (VII, 784 S., 1 Bl., 1 Taf.)
3. M. 3 Zeichngn im Text . . . 1896. (VI S., 1 Bl., 597 S.)
4. 1898. (VI S., 1 Bl., 475 S., 1 Taf., 1 Tab.) (98. 5888

Schiff, Maur., Leçons sur la physiologie de la digestion, faites au muséum d'histoire naturelle de Florence, redigées par Em. Levier. 2 Bde. Berlin 868. A. Hirschwald. gr. 8. (IV, 975 S.) n. 5 *Thlr* 10 *ngr*

Schiff, (J. M.), Lehrbuch der Physiologie, s. **Cyclus** organisch verbundener Lehrbücher sämmtl. medicin. Wissenschaften.

— Untersuchungen zur Physiologie des Nervensystems mit Berücksichtigung der Pathologie. I. Frankfurt a. M. 855. Literarische Anstalt. gr. 8. (XII, 228 S.) n. 1 *Thlr* 7½ *ngr*

—— Untersuchungen über die Zuckerbildung in der Leber und den Einfluss des Nervensystems auf die Erzeugung des Diabetes. gr. 8. (VI und 156 S.) Würzburg 859, Stahel'sche Buchh. *

Schiff, Mor., de vi motoria baseos encephali inquisitiones experimentales. 8maj. Bockenheim 845, Levy. 12 *ngr*

Schiff, Otto, König Sigmunds italienische Politik bis zur Romfahrt (1410—1431), s.a. **Forschungen, Frankfurter historische. I.**

König Sigmunds italienische Politik bis zur Romfahrt (1410-1431). Von Dr. Otto **Schiff**, Bibliothekar. Frankfurt a. M.: Baer 1909. VII, 155 S. 4°(8°)
(Frankfurter historische Forschungen. H. 1.) (09. 11094

Schiff, Otto [aus Breslau]: Studien zur Geschichte Papst Nikolaus' IV. II. Abschn. Die Politik d. Curie gegenüber Sicilien u. Aragon ... [Erschien vollst. als Heft V von: Histor. Stud. veröffentl. v. E. Ebering.] Berlin, Druck v. E. Ebering, *1897*; 2 Bl., 17—56 S., 1 Bl. 8.
Berlin, Phil. Fak., Inaug.-Diss. v. 13. März 1897

Schiff, Otto, Studien zur Geschichte Papst Nikolaus IV., s.a. **Studien, historische.**

Studien zur Geschichte Papst Nikolaus' IV. Von Otto **Schiff**, Dr. ph. *Berlin: E. Ebering 1897.* [S. 17—56 erschien als Berl. Diss. 1897.] (3 Bl., 84 S.) 1 Bd 8.
— Studien, Historische. H. V. (97. 4213

Schiff, Paul, prakt. Arzt: Die sogenannten intrauterinen Frakturen und ihre Aetiologie. *Leipzig 1904: B. Georgi.* (21 S.) 8°
Leipzig, Med. Diss. v. (30. Juli) 1904

Schiff, Paul, zur Gewinnbetheiligungsfrage. Eine Untersuchung. gr. 8. (III, 32 S.) Berlin 883. Walther & Apolant. n. — 75

Schiff, Pauline, die deutschen Schriften d. Mittelalters in aesthetisch-litterarischer Beziehung. 8. (130 S.) Leipzig 889. [G. Wolf.] Levien. n. 2. —

Schiff, Robert, aus Florenz: Ueber Aldehydadditions-Producte und Nitrosothymol. Zür. Orell Füssli Cie Dr. 1876. 56 S. 8°.
Zürich, Phil. Diss. [v. 23. Mai 1876].

Schiff, Rob., üb. Aldehydadditions-Producte u. Nitrosothymol. Inaugural-Dissertation. gr. 8. (56 S.) Zürich 876 (Orell, Füssli & Co. Sort.) 1. 50

Schiff, Rob., ein Jeder erhält seinen verdienten Lohn, siehe: **Jugendtheater. 3. Bdchn.**

— die bestrafte Schwärmerin, s.: **Jugendtheater. 2. Bdchn.**

Schiff, Sally [aus Gladenbach (Hessen-Nassau)]: Beiträge zur Kenntniss des Acetonchloroforms und einiger seiner Derivate. . . . Freiburg i. B., Univ.-Buchdr. v. H. M. Poppen & Sohn, 1890; 47 S. + 1 Bl. 8°
Freiburg i. B., Phil. Fak., Inaug.-Diss. v. 1890

Schiff, Thdr., Franz Josef I. und seine Zeit. 32 Lfgn. oder 8 Bde. gr. 8. (504; IV, 504; 512 S. mit eingedr. Holzschn.) Prag 878—80, Bensinger. à Lfg. * 50 Pf. *

Schiff, Thdr., aus halbvergessenem Lande. Culturbilder aus Dalmatien. Mit Zeichngn. (in eingedr. Holzschn.) v. K. Klič u. K. Žádnik. hoch 4. (158 S.) Wien 875. Klič & Spitzer. n. 5. —

—— Ritter vom Gelde. Roman aus dem Wiener Leben. gr. 8. (IV, 253 S.) Wien 879, Manz'sche Hofbuchh. *

Schiff, Walt., Oesterreichs Agrarpolitik seit der Grundentlastg. 1. Bd. 2 Halbbde. gr. 8. Tübingen 898. H. Laupp. n. 14. —
1. (XVI, 304 S.) n. 6. —. — 2. (S. 305—676.) n. 8. —.

Schiff, Walt., zur Frage der Organisation d. landwirtschaftl. Kredites in Deutschland u. Österreich, s.a. Beiträge, staats- u. sozialwissenschaftl.

Schiff, Dr. Walt.,
— Zur Frage der Organisation des landwirthschaftlich. Credites in Deutschland u. Oesterreich. Zwei Abhandlungen. (Staats- u. sozialwiss. Beiträge, Bd. 1, Heft 1.) gr. 8°. Leipzig, Duncker u. H., 1892.

Schiff, Walt., Grundriß des Agrarrechtes m. Einschluß des Jagd- u. Fischereirechts, s.a. Grundriß des österreichischen Rechts. III. 4.

Grundriß des Agrarrechts mit Einschluß des Jagd- und Fischereirechts Von Walter Schiff, Privatd. in Wien. *Leipzig: Duncker & Humblot 1903.* (X, 153 S.) 4°(8°) [F.]
— Grundriß d. Oesterreich. Rechts in syst. Bearb. Bd 3, Abt. 4. [illegible]

— die Reform der österreich. Arbeiter-Unfallversicherung. [Aus: „Deutsche Worte".] gr. 8. (48 S.) Wien 893. (J. Eisenstein & Co.) n. 1. —

Schiff, Walt., die Regulierg. u. Ablösg. der Wald- u. Weide-Servituten. — Die Gesetzgebg. üb. agrar. Gemeinschaften. — Die Arrondierg. u. Zusammenlegg. der Grundstücke. Lex.-8. (201 S.) Wien 899. (M. Perles.) n. 4. 80
Sonderabdruck aus: „Geschichte der öst. Land- u. Forstwirtschaft u. ihrer Industrien 1848 bis 1898".

Schiffahrt, Die, auf der Donau. Mel: Bekränzt mit Laub . . . O. O. [ca. 1790]. V: *Jameyer.* (GGr VII, 576)

Schiffahrt, Die, auf der Elbe. Hamb. 1841. V: *Wehncke, H. M.* (CBH)

Schiffahrt, die, auf der Elbe. gr. 8. Hamburg 841, Meißner. 1/4 ₰

Schiffahrt, die, der deutschen Ströme, s.a. Schriften des Vereins f. Socialpolitik. 100.—102. Bd.

Schiffahrt. Die Sch' der deutschen Ströme. Untersuchungen über deren Abgabenwesen, Regulierungskosten und Verkehrsverhältnisse. 3 Bände.... Im Auftrage des Vereins (**Bd. 1:* Vom Verein) für Socialpolitik hrg. 8. Leipzig, Duncker & Humblot, 1903—1905.
Band 1: Mit Beiträgen von G(eorg) Bindewald, O G Giersberg, G(ustav) Seibt. (... Elbschiffahrt ...; ... Wasserstrassen im östlichen Deutschland ...; ... Wartheschiffahrt....) Mit 1 Karte und 1 graphischen Tabelle.] X + 342 S. 1903. [M. 8. 20]
Band 2: Gothein, Eberhard. Geschichtliche Entwicklung der Rheinschiffahrt im XIX. Jahrhundert. X + 306 S. 1903. [M. 7. —]
Band 3: Mit Beiträgen von W(alther) Nasse, F(riedrich) Schulte und A[lexander] Wirminghaus. (1. Der Rhein als Wasserstrasse. Von Dr. W' Nasse; — 2. Die Rheinschiffahrt und die Eisenbahnen. Von Dr. F' Schulte; — 3. Zur Frage der Wiedereinführung von Rheinschiffahrtsabgaben. Von ... A. Wirminghaus....) XII + 554 S. 1905. [M. 12. 20]

Schriften des Vereins für Socialpolitik. (Band) 100—102....

Schiffahrt u. Verkehr auf der Donau u. ihren Nebenflüssen im J. 1865, s.a. **Mittheilungen** aus dem Gebiete der Statistik.

Schiffahrt und Verkehr auf der Donau und ihren Nebenflüssen im Jahre 1865. (Mittheilungen aus dem Gebiete der Statistik. XIII. Jahrg. IV. Heft.) Lex. 8. (IX u. 251 S.) Wien, Prandel in Comm. 1 fl. 60 kr.
1867.

Schiffahrtsabgaben, s.a. Binnenschiffahrtsabgaben, die.

Die Schiffahrtsabgaben. Denkschrift des Arbeitsausschusses der Rheinschiffahrtsinteressenten.
Mainz, 1910. 16 S.

Schifffahrts-Abgaben für die Rheinstrecke zwischen Emmerich u. Neuburg nach den vom 1. Octbr. 1851 ab geltenden Sätzen. Nebst Tabellen zur Gefälleberechnung f. die einzelnen Stromstrecken. 8. (24 S.) Köln 851, Bollig. n. 1/6 ₰

Schifffahrts-Abgaben für die Rheinstrecke zwischen Emmerich und Neuburg nach den vom 1. Octbr. 1851 ab geltenden Sätzen. Nebst Tabellen zur Gefälleberechnung für die einzelnen Stromstrecken. 2. verm. Aufl. Köln 858. Bollig. gr. 8. (28 S.) 12 ngr.

Schiffahrtsgebräuche. Tl. I. Vortrag, geh. in der ordentl. Hauptversammlg. des Central-Vereins f. Hebg. der deutschen Fluss- u. Kanalschiffahrt am 27. II. 1904 v. Behrend. Tl. II. Handelskammer-Gutachten betr. Schiffahrtsgebräuche. Hrsg. vom Central-Verein f. Hebung der deutschen Fluss- u. Kanalschiffahrt. (43 S.) gr. 8. Berlin 904. (Magdeburg, Heinrichshofen's Sort.) n. 2. —
Sonderabdruck aus: „Ztschr. f. Binnen-Schiffahrt".

Schifffahrtsgesetz, das, s. Zollvereinsfragen.

Schiffahrts-Gesetze so wie Handels- u. Schiffahrts-Verträge verschiedener Staaten im J. 1847. Eine übersichtl. Zusammenstellung von Adph. Soetbeer. Nebst einem Anhang enthalt. den deutschen Text der Handels- u. Schiffahrtsverträge der drei Hansestädte so wie Hannover's, Oldenburg's, Mecklenburg-Schwerin's. gr. 4. (VI u. 122 S.) Hamburg 848, Perthes-Besser & Mauke. In Engl. Einb. n. 2 ₰ 12 ngr.

Schifffahrtsgesetzgebung, die englische, nach d. Navigationsacte vom 26. Juni 1849 (von G. Strackerjan). [Abdr. aus den „Neuen Blättern f. Stadt u. Land."] gr. 8. (26 S.) Oldenburg 850, Stalling. n. 1/12 ₰

Schifffahrts-Handbuch, s.a. Strackerjan, F. A.

Schifffahrts-Handbuch. Eine Sammlung der Handels- und und Schifffahrts-Verträge und der Schifffahrts-Gesetze und Verordnungen Oldenburgs. Mit den Angaben der Schiffs-unkosten an den oldenburg. Hafenplätzen und einem Anhange, enth. die Verzeichnisse der oldenburg. Schifffahrts-Behörden und Consuln, Nachrichten über die Versicherungs-Gesellschaften und Schiffer-Wittwen-Cassen ic., die Schifffahrts-Geschäfts-Adressen und das Verzeichniß der oldenburg. See- und Küsten-Schiffe. Für Schiffer, Rheder, Consuln ic. nach amtl. Quellen bearb. und hrsg. von Fr. Ant. Strackerjan. 8. (XIV und 219 S.) Oldenburg 853, Schulze'sche Buchh. Thlr. *

Schifffahrts-Handbuch. Eine Sammlung der Handels- und Schifffahrts-Verträge und der Schifffahrts-Gesetze und Verordnungen Oldenburgs. Mit den Angaben der Schiffsunkosten an den oldenburg. Hafenplätzen und einem Anhange, enthaltend die Verzeichnisse der oldenburg. Schifffahrts-Behörden und Consuln, Nachrichten über die Versicherungs-Gesellschaften und Schiffer-Wittwen-Cassen ic. Für Schiffer, Rheder, Consuln ic. nach amtl. Quellen bearb. und hrsg. von Fr. Ant. Strackerjan. 2., bis zum 1. Oct. 1859 fortgeführte Aufl. gr. 12. (XII und 423 S.) Oldenburg 860, Schulze'sche Buchh. *

Schifffahrtskalender für das Elbe-Gebiet 1884—95. Jhg. 1—15. Herausg. u. red. von Rich. Pollack. Töplitz (Dresden) o. J. 16. . . . .

Schifffahrts-Kalender für das Elbe-Gebiet 1887 und 1888. 5. und 6. Jahrg. Hrsg. und redig. von Rich. Pollack. 12. (186 S. mit 1 Karte; 172 S. mit 1 Plan.) Töplitz. (Dresden, Urban.) geb. à Jahrg. *
Die ersten vier Jahrgänge waren nicht im Buchhandel.

Schifffahrts-Kalender f. das Elbe-Gebiet 1889 u. 1890. 7. u. 8. Jahrg. Hrsg. u. red. v. Rich. Pollack. 12. (166 S. m. 1 Plan; 166 S. m. 2 Plänen.) Töplitz. (Dresd., Urban.) geb. à Ausg. * 2 50
—— dass. — 1891. 9. Jahrg. Mit e. Situations-Plane d. neuen Aussiger Hafens u. d. Umschlagplatzes Schönpriesen. Hrsg. u. red. v. Rich. Pollack. 12. (212 S.) (Ebd.) geb. * 2 50
—— dass. — 1892. 10. Jahrg. Mit Situations-Plänen der Elbeplätze Magdeburg u. Aken. Hrsg. u. red. v. Rich. Pollack. 12. (200 S.) (Ebd.) geb. * 2 50

Schiffahrts-Kalender f. das Elbe-Gebiet 1895. 13. Jahrg. Hrsg. u. red. v. Rich. Pollack. 12. (215 u. 24 S. m. z. Tl. farb. Abbildgn., 1 Tab. u. 1 Plan.) Teplitz. (Dresden, A. Urban.) Geb. in Leinw. n. 2. 50

Schiffahrts-Kalender f. das Elbe-Gebiet 1899. 17. Jahrg. Hrsg. u. red. v. Rich. Pollack. 12. (199 S. m. 1 Tab. u. 1 Formular.) Teplitz. (Dresden, A. Urban.) Geb. in Leinw. n. 2. 50

Schiffahrts-Kalender f. das Elbe-Gebiet 1903. 21. Jahrg. Red. v. Paul Grimm. 12. (VIII, 309 u. XXIV S. m. Fig.) Dresden, C. Heinrich. Geb. in Leinw. n. 2. 50

Schiffahrts-Kalender f. das Elbe-Gebiet 1907. 25. Jahrg. Red. v. Paul Grimm. (IX, 260 u. XXXV S. m. farb. Fig.) kl. 8. Dresden, C. Heinrich. Geb. in Leinw. n. 2. 50

Schiffahrts-Kalender f. das Elbe-Gebiet 1911. 29. Jahrg. Red. v. Paul Grimm. (VIII, 276 u. XXIV S. m. farb. Fig., 1 Taf., 1 farb. Plan u. 1 Bildnis.) kl. 8. Dresden, C. Heinrich. Geb. in Leinw. 2. 50

— Hamburger, f. d. J. 1911. 26. Jahrg. (160 S. m. Wandkalender u. 1 Tab.) 8. Hamburg (Hopfensack 18), Freytag & Bielefeld. — 30

Schiffahrts-Kalender, Ostelbischer, 1909. Hrsg. von P. V. *Queisser* u. E. *Ragoczy*. Berlin (1909). 8°.

-- ostelbischer, 1910. Unter Mitwirkg. v. Benduhn, Bredtschneider, Dietrich u. a. Hrsg. v. P. V. Queisser u. E. Rágóczy. Mit 1 Bildnis, 1 (farb.) Wasserstrassen-Karte, 6 Abbildgn. u. zahlreichen Tabellen. (XIII, 361 S.) kl. 8. Berlin, Gea. Geb. in Leinw. 2. 50

Schifffahrts-Canal, der oberrheinische, Straßburg-Speyer. Ein Vorschlag im Interesse des Verkehrs und der Landescultur. Hrsg. vom Canal-Comité Speyer. gr. 8. (III, 52 S. mit 1 lithogr. Uebersichts-Karte.) Speyer 833, (Kleeberger'sche Buchh. — Lang. — Neidhard's Buchh.) *

Schifffahrts-Canal, der oberrheinische, Straßburg-Speyer. Eine Erwiderg. auf die Schrift v. Max Honsell: Canal od. freier Rhein. Hrsg. vom Canal-Comité Speyer. 8. (IV, 79 S.) Speyer 891. Jaeger. n. 1. —

Schifffahrts-Canäle, die projectirten neuen, im Nordwesten Deutschlands [Dortmund-Emshäfen und Nord-Ostsee-Canal] m. besond. Beziehung auf den Hafen v. Emden u. den Ems-Jade-Canal. [Sep.-Abdr. vom Anhang zum Adreß- u. Geschäfts-Handbuch von Emden 1887.] gr. 8. (III, 67 S.) Emden 887. Haynel. n. 1. —

Schiffahrts-Karte der Donau innerhalb der Grenzen des österreichischen Kaiserstaates, herausgegeben vom k. k. Staatsministerium. Wien, 1862. Folio.

Schiffahrts- und Industriekarte des Rheins. Hrsg. vom Verein zur Wahrung der Rheinschiffahrtsinteressen. 1 : 10 000. Teil 1 (Köln-Emmerich). Duisburg, 1910. 33 Blätter.

Schiffahrts-Kongress, der internationale, zu Brüssel 1898. Bericht an die Handelskammer zu Leipzig. (28 S) Leipzig 1898

IX. Internationaler Schiffahrts-Congress unter d. Protectorat ... d. Kronprinzen d. Deutschen Reiches u. von Preußen. Düsseldorf 1902 v. 29. Juni bis 5. Juli. [1–7.] (Berlin 1902–03: J. Sittenfeld; 3–7: Dr. von P. Stankiewicz.) 5 Bde 8°, 5 Bde 4°(8°)
[1.] Katalog f. d. Wasserbau- u. Schiffahrtsausstellung. (1902.)
[2.] Congressführer. Th. 1–4. (1902.)
1. Geschäftliches. 2. Die Entwicklung d. preuss. Wasserstrassen.
3. Führer durch Düsseldorf u. s. Umgebung.
4. Ausflüge in Rheinland u. Westfalen. (In 8 H., 1 Karte.)
[3. 4.] Abt. 1. Binnenschiffahrt. [1. 2.] (1902.)
[1.] Berichte. [In 27 H.] [2.] Mittheilungen. [In 26 H.]
[5. 6.] Abt. 2. Seeschiffahrt. [1. 2.] (1902.)
[1.] Berichte. [In 19 H.] [2.] Mittheilungen. [In 17 H.]
[7.] Gesammt-Bericht. 1903. [08. 2330

Schiffahrtskongresse, Internationale.
Abt. 1. Binnenschiffahrt. Berichte u. Mitteilungen.
Abt. 2. Seeschiffahrt. Berichte u. Mitteilungen.
Berichte über die Arbeiten der Kongresse.
9. Düsseldorf 1902. Berlin 1902—03
10. Mailand 1905. Mailand 1905—06
11. St. Petersburg 1908. Brüssel 1908
12. Philadelphia 1912. Brüssel 1912

Schifffahrts- und Hafen-Ordnung, die internationale, für den Bodensee. 8. (17 S.) Würzburg 868. Stahel'sche Buchh.

Schifffahrts-, Polizei- u. Floßordnung für den Rhein. Wiesbaden 869. Limbarth. gr. 16. (32 S.) 2⅓ ngr.

Schifffahrts-Ordnung für das Stettin-Swinemünder Revier und die übrigen Binnengewässer des Reg.-Bez. Stettin. 8. (28 S.) Stettin 880, Dannenberg. *

Schifffahrts-Ordnung auf den Kärntner Seen. Redact. Beilage d. Kärnt. Gemeindeblattes. 12. (8 S. m. Tarif-tab.) Klagenfurt 889. (v. Kleinmayr.) n. — 24

Schiffahrts- u. Seepolizei-Ordnung f. d. Seen Kärntens. (Redaction. Beilage d. Kärnt. Gemeindeblattes 1898.) gr. 8. (20 S.) Klagenfurt 898. (J. Heyn.) n. — 40

Schifffahrtsordnung für den Zürichsee vom 4. Sept. 1875. 3 Stn. 1876.

[5.] Schiffahrts- u. Strom-Polizei auf der Elbe von Melnik bis Hamburg. Sammlg d. ... bestehenden ... Vorschriften, im amtl. Auftr. bearb. v. W[ilh.] Schulz, Techn. Secr. d. Kgl. Elbstrom-Bauverwaltg zu Magdeburg. 3. Ausg. [Nebst] Nachtrag. *Magdeburg: Dr. v. E. Baensch jun. 1894 – 99.* 2 Bde 8.
Schiffahrts-Polizei 1894 (XX, 304 S.) Nachtrag 1899 (XVI, 225 S.) [99. 2039

Schiffahrtspolizei- und Flossordnung für den Neckar. Karlsruhe 1884

Schifffahrts-Polizei-Ordnung, neue, für den Rhein und Floß-Ordnung für den Rhein. Amtliche Ausg., veranstaltet durch die Rhein-Schifffahrts-Central-Commission. Mannheim 864. Schneider. 8. (23 S.) 3 ngr.

Holländ. Schiffahrts-Polizei-Verordnungen ... Duisburg: 'Rhein' [1910]. 48 S. 8°

Schifffahrtsvertrag der deutschen Staaten mit China, s. Handels- und Schifffahrtsvertrag.

Schiffahrts- u. strompolizeiliche Vorschriften f. den Schiffahrtsverkehr auf der Elbe von Melnik bis Hamburg, nebst Zusammenstellg. d. f. diese Verordng. vorgesehenen Signale. Gültig ab 1. IV. 1894. (45 S. m. farb. Fig.) kl. 8. Hamburg (Hopfensack 18) 903. Freytag & Bielefeldt. Kart. — 50

Schifffahrtszeichen, die, an der deutschen Küste. Mit 78 (lithogr.) Taf., enth. Abbild. von Leuchtthürmen, Feuerschiffen, Baken, Tonnen etc. Hrsg. vom Reichskanzler-Amt. gr. 8. (XXXI, 375 S.) Berlin 878, G. Reimer. geb. *

Schifffahrtszeichen, die, auf Wangeroge. Eine histor. Skizze zur Orientirg. üb. e. Tagesfrage. gr. 8. (48 S.) Bremen 876. Heyse. n, 1. 20

Allgemeine Deutsche Schiffahrts-Zeitung, Jahrg. I, II, Oktbr.—Dezbr. 1892, 93. Hamburg.

Schiffahrtszeitung, Rheinisch-holländische. Ruhrort: Fleischhauer 1887-1902. 8°

Schiffart, Heinrich von (Ostfriesland) A. S. 1143/32

Disputatio medica inauguralis de ictero. Utrecht (Halma) 27. VI. 1793. 15 S.

W. v. : J. v. Schiffart (Bruder), Johann Tiling.

30399

Schiffart, Jakob von (Ostfriesland) A. S. 797/39

Dissertatio juridica inauguralis, de successione ab intestato secundum ius commune. Präs. Heinrich Bodin Halle (Henckel) 1716. 27 S.

Diss. 30. XI. 1688. 30400

Schiffbarkeit d. Flüsse in Bezug auf Fahrtiefen, Möglichkeit d. Kanalisierung u. s. w., s. a. Verbands-Schriften d. deutsch-österr.-ungar. Verbandes für Binnenschiffahrt.

Schiffbarkeit der Flüsse in Bezug auf Fahrtiefen, Möglichkeit der Kanalisierung u. s. w. H. 1. *Berlin: Siemenroth & Troschel 1897.* 8.
-- Deutsch-Oesterreichisch-Ungarischer Verband für Binnenschiffahrt. Verbands-Schriften. No 16. [98. 4616

Die **Schiffbarmachung** der Rheinstrecke Basel-Konstanz vor dem Zentralverein für Deutsche Binnenschiffahrt in d. Sitzung d. Grossen Ausschusses desselben v. 7. Nov. 1910 in d. Handelskammer in Berlin. o. O. (1910). 10 S. 8° [Kopft.]
(Nordostschweizerischer Verband f. Schiffahrt Rhein-Bodensee. Verbandsschrift. Nr 8.) A 12. 11075

Schiffbau. Zeitschrift f. d. gesamte Industrie auf schiffbautechn. u. verwandten Gebieten. Chefred.: Osw. Flamm. 1. Jahrg. Oktbr. 1899—Septbr. 1900. 24 Nrn. hoch 4. (812 S.) Berlin, E. Grottke n. 10. —

— dasselbe. 2.—4. Jahrg. Oktbr. 1900—Septbr. 1903. à 24 Nrn. hoch 4. (à ca. 40 S. m. Abbildgn.) Ebd. à Jahrg. n. 12. —

Schiffbau. Zeitschrift f. die gesamte Industrie auf schiffbautechn. u. verwandten Gebieten. Chefred.: Osw. Flamm. 5.—8. Jahrg. Oktbr. 1903—Septbr. 1907. à 24 Nrn. (à ca. 48 S. m. Abbildgn. u. Taf.) hoch 4. Berlin, Schiffbau. 5. u. 6. Jhrg. à n. 12. —; 7. u. 8. Jhrg. à n. 16. —; vierteljährl. n. 5. —

Schiffbau. Zeitschrift f. die gesamte Industrie auf schiffbautechn. u. verwandten Gebieten. Chefred.: Osw. Flamm. 9.—12. Jahrg. Oktbr. 1907—Septbr. 1911. à 24 Nrn. (9.—11. Jahrg. 928, 922 u. 894 S. m. Abb. u. 16, 35 u. 14 Taf.) Lex. 8. Berlin, Verlag C. Marfels. à Jahrg. 16. —

Deutscher **Schiffbau.** 1908. Hrsg. aus Anlaß d. ersten Deutschen Schiffbau-Ausstellung in Berlin. Chefred.: Geh. Reg.R. Prof. Oswald Flamm. Berlin: Marfels (1908). 230, XX S. 4° [11. 1556

Schiffbau, Der moderne. Leipzig und Berlin. [Hrsg.] von G. Neudeck, B. Schulz und R. Blochmann.
T. 1. Neudeck, Geschichtliche Entwicklung des Schiffes, theoretischer und praktischer Schiffbau. 1912
T. 2. Schulz, B: Kessel und Hauptmaschine. 1910

[**Schiffbau**] Bücherei der Königlichen Technischen Hochschule Danzig. Schiffbau. Schiffsmaschinenbau. Seewesen. Danzig 1910. 8°

Schiffbauer-Bote. Zeitschrift f. das gesammte Gebiet des Schifffahrtswesens. Organ d. deutschen Schiffbauer, Seeleute, Reepschläger, sowie der an und auf dem Wasser beschäftigten Arbeiter, als: Schauerleute, Ewerführer, Speicherarbeiter ꝛc. Red.: H. Grosz. 9. Jahrg. 1887. 24 Nrn. (1/2 B.) gr. 4. Hamburg, (Jensen & Co.). n. 1. 80
Erschien nicht weiter.

Allgem. Elektr.-Ges., Berlin. Centrale **Schiffbauerdamm-Luisenstrasse** der Berliner Elektricitäts-Werke. *Berlin 1901.* (20 S.) quer-8° [01. 2216

Flensburg. Flensburger **Schiffbau-Gesellschaft.** Die [o. O. u. J.]

Schiffbau-Kalender. Taschenbuch f. die gesamte Schiffbau-Industrie, hrsg. v. Karl Steinike. 1. Jahrg 1903 12. (VIII, 224 S. u. Schreibkalender m. Fig.) Berlin, Gebr. Borntraeger. Geb. n.n. 5. 50

Schiffbau-Studium? Studiengang, Kosten, Aussichten. (22 S.) gr. 8. Berlin 908. (Polytechn. Buchh. A. Seydel.) — 50

Schiffbeck [Schlagwort], s. Schiffbek [Schlagwort]

Schiffbek [Schlagwort]

Schiffbek, s.: Hamburg.

Schiffbruch

— der, nach d. Engl. s. Bilder aus dem Leben zr Thl.

Der **Schiffbruch.** | Eine wahre Begebenheit. | (*Text*).
Kol.: Mügeln, mit K. S. Censur gedruckt bei G. Strahmer. (Zu haben bei C. A. Bornmann.).
o. J., 4 Bl. n. n., 185 × 120.
LBO Jahrmarktslit. R. c. 1, 6.

Schiffbruch, der; Mährchen in 4 Akt., v. Verf. von „Fremore u. Malme." 8. Frankf. 778. Andreä. 4 gl.

Schiffbruch, der,. Trsp. v. Brandes. 8. Lpz. Dyk. 791.

— oder d. Erben. Lustsp. in 1 Akt. Frkft. Eßlinger. (a. Linke in Leipz.)

— der; od. d. Erben, v. A. F. v. Steigentesch. Lustsp. Osnabr. Blothe.

Schiffbruch, Der, oder die Erben. Lustspiel in einem Akte. Frankf. a. M. 1798. V: *Steigentesch, August Ernst Baron von.* (BrMm)

Schiffbruch, der, oder Eleonore im Lande des Friedens. 8. Wien, K. Haas. 16 gr

SCHIFFBRUCH, Der, oder Eleonore im Lande des Friedens. Eine Robinsonade. Mit Titelkpfr. u. (dasselbe verkleinert als) Titelvign. Wien und Prag 1800. bey Franz Haas. 8°. 221 S. (incl. Tit.).

— der, od. die seltsamen Freunde. 8. Wien 809. Gerold. 8 gr.

Schiffbruch, der, von C. Hildebrandt. 8. Ebend. 817.

Schiffbruch, Der, ein Roman nach d. Engl. der Miss S. H. Burney. Jena 1821. B: *Wesselhöft, Elisabeth* [?]. (MGT) (schl)

Schiffbruch, der, oder Peter Viauds merkwürdige Schicksale u. Reisen. Nach d. Französ. von D. v. S. 8. Grimma 827, Göschen — Beyer.

Schiffbruch, Der, oder die Opfer. Nach Eug. Sue freibearbeitet. Herausg. von G. Lotz. Hamb. 1833. B: *Jacobi, Auguste.* (GGr IX, 384) (Zeitschr. f. Büch. N. F. 15, 1923, S. 123)

Schiffbruch, der, oder der Christ in der Drangsal. Erzählung. (Von dem Verf. der Druidin. Aus der kathol. Bibliothek abgedruckt.) 12. Aachen 844, Cremer'sche Buchh. 3/8 Thlr

Schiffbruch und Drangsale, John Byrons. Neu erzählt vom Verfasser der grauen Mappe. Berlin 1793. V: *Haken, Joh. Chn Ludwig.* (GGr)

— der gefährl., des ostind. Jagdschiffs der Schelling. 8. 755.

Schiffbruch, der, in der Geschichte des Untergangs der Medusa geschildert, siehe: Wochenbände.

Schiffbruch, Der glückliche. Eine Curieuse Bretannische und Englische Liebes-Geschichte aus d. Französ. übersetzet. Cölln. (= Altenburg) 1719. V: *Mailly, Chev. de.* (BGE VII[a], 158)

Schiffbruch, der, des Halsewell, Kapitain Pierce, d. 6. Jan. 1786; aus d. Engl. v. G. E. L. Timäus. 8. Hamb. 794. Herold u. W. in Lüneb. 12 gr. 2e Aufl. mit gegenübersteh. Original u. Erklär. d. schwersten Wörter rc. 796. Ebd. 12 gr.

Schiffbruch d. Fregatte Medusa auf ihrer Fahrt nach dem Senegal im Jahr 1816. s. D. B. H. Savigny.

Schiffbruch. Der nächtliche Sch' auf dem Bodensee.... — Das grosse Brandunglück in Glarus... s. N(ageli), J.

— des Dampfboot's „Der Präsident." Nach dem Tagebuche eines mit demselben verunglückten Geistlichen. Gefunden in einer Flasche an der Küste von Cap Breton, unweit Newfoundland. Aus d. Engl. übers. 8. Hamburg 842, Berendsohn. n. 1/6 Thlr

SCHIFFBRUCH, Der, eine unglückliche, doch zuletzt glückliche Reise zur See. Sammt einem Anhange ueber jetzige Kriegsumstände. Bresslau u. Leipzig, Seidel, 1758. 8°. 70 SS.
Moralisirende Robinsonade in Versen, nebst andern Gedichten. Fehlt bei Ullrich. Sehr selten! — Cat. Monath. III. Nürnb. 1784. p. 604; Dr. Franz Schnitzer's Bibl. München 1902. Nr. 453

Schiffbruch, d. unglückselige. 8. Goslar. 733.

Schiffbrüchigen, die, auf Spitzbergen. Ein Gemälde d. Nordpolarwelt für die reifere Jugend. Mit 6 lithochrom. Kunstblättern. 12. Chur 844, Grubenmann'sche B. geb. 5/6 Thlr

Schiffbrüchigen, die, auf Spitzbergen. Ein Gemälde d. Nordpolarwelt für die reifere Jugend. 2. verb. Aufl. Mit 6 color. (lithochrom.) Bildern u. 1 (lith.) Karte. br. 8. (208 S.) Chur 848, Grubenmann. 1 Thlr

* Schiffbruchsscenen v. Theater des letztern Seekrieges, v. C. Schmidt. 8. Goslar, Lohmann. 800.

Deutsche Gesellschaft zur Rettung Schiffbrüchiger
Zur Deutschen Schiffbruchstatistik. Seeunfälle u. Rettungen an den Deutschen Küsten 1869. Bremen 1870, 1875. 8.
(Rückblick a. d. J. 1871. 75. Bremen 1875.)

Schiffel, Adalb., Beitrag zur Begründung d. **Lehre** üb. **die Erziehung der Fichte. Mitteilung aus dem** forstl. Versuchswesen **Österreichs.** (21 S. m. Fig.) gr. 8. Wien 910. W. Frick. 1.—
Sonderabdr. a.: „Centralbl. f. d. ges. Forstwesen"

Schiffel, Adalbert, Zur forstlichen Ertragsregelung. gr. 8. (68 S.) Görz, Das'sche Buchh. (J. Pallich). Geb. 1 fl. 1884

Schiffel, Adb., Form u. Inhalt der Fichte, s.a Mitteilungen a. d. forstl. Versuchswesen Oesterreichs. 24.

SCHIFFEL, Adalbert
Form und Inhalt der Fichte. Von Adalbert Schiffel. Mit 7 Tafeln. Wien. 1899. Frick. 4°. 139 S. fl. 2.—

Schiffel, Adalb., Form u. Inhalt der Lärche, s.a Mitteilungen aus dem forstl. Versuchswesen Oesterreichs. 31. Hft.

SCHIFFEL, Adalbert: Form und Inhalt der Lärche. - Wien 1905. VIII, 122 S. - (Mitt. forstl. Versuchswes. Österreich H. 31)

— Form u. Inhalt d. Tanne, s.a Mitteilungen aus d. forstl. Versuchswesen Österreichs. 34. Heft.

SCHIFFEL, A.: Form und Inhalt der Tanne. - Wien 1906. 96 S. - (Mitt. forstl. Versuchswes. Österreich H. 34)

— dasselbe der Weissföhre, s.a Mitteilungen aus d. forstl. Versuchswesen Österreichs. 32. Heft

SCHIFFEL, Adalbert: Form und Inhalt der Weissföhre. - Wien 1907. VII, 69 S. - (Mitt. forstl. Versuchswes. Österreich H. 32)

— die Kubierg. von Rundholz aus zwei Durchmessern u. der Länge, s.a Mitteilungen a. d. forstl. Versuchswesen Österreichs. 27.

SCHIFFEL, Adalbert: Die Kubierung von Rundholz aus zwei Durchmessern und der Länge. - Wien 1902. VIII, 148 S., 7 Tab. - (Mitt. forstl. Versuchswes. Österreich H. 27)

— **Wuchsgesetze normaler Fichtenbestände, s.a Mitteilungen aus dem forstlichen Versuchswesen Oesterreichs. 29. Hft.**

SCHIFFEL, Adalbert: Wuchsgesetze normaler Fichtenbestände. - Wien 1904. VIII, 106 S., 4 Taf., 7 Abb. - (Mitt. forstl. Versuchswes. Österreich H. 29)

Schiffel, Rudolf

— u. **Fiedler,** zoologische Tafeln. (Ergänzung zu Ad. Lehmanns zoolog. Atlas.) à ca. 61×81 cm. Farbdr. Leipzig (907). F. E. Wachsmuth. à 1.40; Leinw.-Rand m. Ösen nnn —20; Erläutergn. v. Sch. (25 S. m. Abb.) gr. 8. 907. —40
1. 2. Magen e. Wiederkäuers (Rind). I u. II. — 3. Sohlen- u. Zehengänger. — 4. Spitzengänger. — 5. Winkel an den Gliedmassen.

Schiffel, Rud., aus dem niederen Tierreiche, s.: Tafeln, zoologische.

Schiffelholz, vollständ. Methode e. deutschen Kurrent-Schrift, welche auf e. besond. Verfahrungsweise beruhend, eben so leicht als schnell von Jedermann erlernt werden kann; mit besond. Erläutern., die den Erfolg sichern. qu. ½ gr. 4. (17 lith. u. 11 gedr. Bl.) Leipzig 838, [Schrey.]

Schiffelholz, (Prof. der Schönschreibekunst etc.), vollständige Methode einer Deutschen Kurrent-Schrift, welche auf einer besondern Verfahrungsweise beruhend, eben so leicht als schnell von Jedermann erlernt werden kann; mit bes. Erläuterungen, die den Erfolg sichern. qu. ½ gr. 4. Leipz. 838. (Weber.) ½ ₰

— dasselbe. Ausg. B. Für Fortbildungsschulen. (53 S. m. Abb. u. 1 Formular.) 8. Ebd. (907). nn — 40; bei Bezug v. Formularmappen — 30

Schiffels, Jos., die schriftlichen Arbeiten des Geschäfts- u. Verkehrslebens. I. u. II. Tl. 8. Warburg, F. C. Werth Söhne. nn 2. 30

I. Muster u. Merkbüchlein. Ausg. A. Für Volksschulen. (32 S. m. Abb.) (907.) nn — 30

II. Handbuch f. Fortbildungsschulen u. zur Selbstbelehrg. Mit besond. Berücksicht. der maßgeb. amtl. Bestimmgn. Zugleich e. prakt. Anleitg. zu des Verf. Muster- u. Merkbüchlein u. den Formular-Mappen. (138 S.) (910.) Geb. 2. —

Schiffels, Jos., s.: Archiv f. d. Schulpraxis.

— Auswahl pädagogischer Klassiker. Ausführliche Inhaltsangabe wicht. pädagog. Quellenschriften, nebst vielen wörtlich angeführten Kernstellen. Eine Ergänzg zu jeder Geschichte der Pädagogik u. jeder pädagog. Chrestomathie. Für den Unterricht u. die Vorbereitung auf pädagog. Prüfgn. bearb. gr. 8. (IV, 248 S.) Paderborn 901. F. Schöningh. n. 2. 60

— Auswahl pädagogischer Klassiker. Ausführliche Inhaltsangabe pädagog. Quellenschriften, nebst vielen wörtlich angeführten Kernstellen. Ein Lesebuch f. die Geschichte der Pädagogik. Für den Unterricht u. die Vorbereitg. auf pädagog. Prüfgn. bearb. 2., bedeutend verm. Aufl. (VI, 421 S.) gr. 8. Paderborn 905. F. Schöningh. n. 3. 60

Bilder aus dem Leben der Heiligen mit ausführlichen Nutzanwendungen für Schule und Familie. Unter Mitw. von mehreren Geistlichen bearb. u. hrsg. von Jos. **Schiffels**, Rektor. Volksausg. *Trier: N. Disteldorf 1904.* (XVI, 418 S.) 8° [F.] [04. 4825]

Schiffels, Jos., Bilder aus dem Leben der Heiligen m. ausführlichen Nutzanwendungen für Schule u. Familie. Unter Mitwirkg. v. mehreren Geistlichen bearb. u. hrsg. Volksausg. (XVI, 448 S. m. 1 Farbdr.) gr. 8. Trier 904. Loewenberg. Geb. n n. 2. 50

— Erklärung deutscher Kirchenlieder aus dem Gesangbuche f. die Diözese Trier. Für den Schulgebrauch bearb. 8. (IV, 157 S.) Trier 901. Loewenberg. n. 1. 50; geb. n n. 2. —

Schiffels, Jos., Erzählungen aus der Geschichte des Trierischen Landes u. Volkes. Ein Lehr- u. Lesebuch f. Schule u. Haus. Mit 1 Titelbild u. 1 Kartenskizze. gr. 8. (VIII, 178 S.) Trier 895. H. Stephanus' Verl. n. 1. 50; geb. in Leinw. n.n. 2. —

— Erzählungen aus der Geschichte des trierischen Landes u. Volkes. Ein Lehr- u. Lesebuch f. Schule u. Haus. Mit 1 Titelbild u. 1 Kartenskizze. 2., verb. Aufl. (VIII, 186 S.) 8. Trier 905. H. Stephanus. n. 1. 50; geb. in Leinw. n. 2. —

Kurze **Erzählungen** aus der Geschichte des Trierischen Landes und Volkes. Bearb. von Jos. **Schiffels**, Lehrer. *Trier: H. Stephanus 1899.* (20 S.) 8° [F.] [01. 10106 B]

— Führer durch d. neueste schulpädagog. Litteratur. 1. Hft. 1. Halbjahr 1895. D. Inhalt d. Fachlitteratur u. d. neu erschien. Lehr- u. Lernmittel, übersichtl. geordnet. 8. (40 S.) Hamm 895. Breer & Thiemann. — 30

Schiffels, J., Geographiebüchlein f. die Oberstufe der einklassigen Volksschule. Als Fortsetzg. v. d. Verf. „Heimatskunde d. Reg.-Bez. Trier" u. m. besond. Berücksicht. der Rheinprovinz bearb. u. hrsg. 8. (81 S.) Trier 890. Stephanus. n.n. — 30

Schiffels, Jos., Geographiebüchlein f. d. Oberstufe d. Volksschule. 3., verb. Aufl. 8. (86 S.) Trier 897. H. Stephanus. n. — 40

— Geographiebüchlein f. die Oberstufe der Volksschule. 6. u. 7. Aufl. (93 S.) 8. Ebd. 904. n. — 40

— Geographiebüchlein f. d. Oberstufe d. Volksschule. 8. u. 9. Aufl. (93 S.) 8. Trier 907. H. Stephanus. — 40

— Geographiebüchlein f. die Vorstufe der Volksschule. 2., verb. Aufl. 8. (82 S.) Ebd. 894. n. — 40

— Geschichtsbüchlein f. Halbtagsschulen. Nach Maßgabe der neuesten Bestimmungen bearb. u. hrsg. 12. (39 S.) Paderborn 893. F. Schöningh. n. — 30

— Geschichtsbüchlein f. mehrklass. Schulen, nach Maßgabe der neuesten Bestimmgn. bearb. u. hrsg. 8. (IV, 74 S.) Ebd. 892. n. — 40

— Geschichtsbüchlein. Für mehrklass. Schulen nach Maßgabe d. neuesten Bestimmgn. bearb. u. hrsg. 4. Aufl. 8. (80 S.) Paderborn 897. F. Schöningh. n. — 40

Geschichtsbüchlein. Für mehrklass. Schulen nach Massgabe d. neuesten Bestimmungen bearb. u. hrsg. von Jos. **Schiffels**. 6. verb. Aufl. *Paderborn: F. Schöningh 1902.* (84 S.) 8° [F.] [03. 1759 B]

— Geschichtsbüchlein f. die einklassige Volksschule. 8. (IV, 56 S.) Paderborn 890. F. Schöningh. n. — 30

Geschichtsbüchlein für die einklassige Volksschule. Bearb. u. hrsg. von Jos. **Schiffels**. 4. verb. Aufl. *Paderborn: F. Schöningh 1898.* (54 S.) 8° [F.] [00. 6113 B]

— Geschichtsbüchlein für die einklassige Volksschule. 5., verb. Aufl. 8. (55 S.) Paderborn 901. F. Schöningh. n. — 30

— dasselbe, f. einklass. Volksschulen. 6., verb. Aufl. (52 S.) 11. 8. Ebd. 905. n. — 30

Geschichtsbüchlein für mehrklassige Volksschulen. Bearb. u. hrsg. von Jos. **Schiffels**, Rektor. 8. Aufl. Paderborn: F. Schöningh 1905. (84 S.) 8° [F.] [07. 17794 B]

— Geschichtsbüchlein f. mehrklassige Volksschulen. 10. u. 11., verb. Aufl. (96 S.) 11. 8. Paderborn 909. F. Schöningh. — 40

Grundzüge der deutschen Rechtschreibung. Mit e. Wörterverz. Nach d. neuen amtl. Regelbüchlein bearb. von Joseph **Schiffels**, Rektor. *Paderborn: F. Schöningh 1902.* (34 S.) 8° [F.] [03. 527]

Schiffels, Jos., Handbuch f. den gesamten Religionsunterricht auf der Unterstufe der kathol. Volksschule. Zugleich Lehrerausg. zu des Verf. Werkchen: „Der gesamte erste Religionsunterricht". gr. 8. (VIII, 288 S.) Freiburg i/B. 900. Herder. n. 2. 40; geb. in Halbleinw. n. 3. —

— theoretisch-praktisches Handbuch f. den liturgischen Unterricht in der kathol. Volksschule. Enth.: Die schulgemäße Darstellg. d. Kirchenjahres in seinen hl. Zeiten u. Festen, Gebräuchen u. Zeremonien, die Erklärg. sämtl. Evangelien u. e. ausführl. Unterricht üb. die hl. Orte u. die hl. Messe. Zum Schulgebrauch bearb. gr. 8. (XII, 568 S.) Paderborn 892. F. Schöningh. n. 5. —

— theoretisch-praktisches Handbuch f. den liturg. Unterricht in der kathol. Volksschule. Schulgemäße Darstellg. des kathol. Kirchenjahres in seinen hl. Zeiten u. Festen, Gebräuchen u. Ceremonien, Erklärg. sämtl. Evangelien u. ausführl. Unterricht üb. die hl. Handlgn., insbesondere die hl. Messe, u. die hl. Orte. Zum Schulgebrauch bearb. 2., verm. u. verb. Aufl. gr. 8. (X, 580 S.) Paderborn 899. F. Schöningh. n. 5. —

[F.] Handbuch für den Unterricht in der Geographie. Zunächst z. Gebr. f. Lehrer an Volksschulen bearb. u. hrsg. v. Jos. Schiffels, Lehrer. Bd 1. 2. *Trier: H. Stephanus* 1895–97. 2 Bde 8.
1. Deutschland 1895. (X, 287 S.)
2. Europa, d. fremden Erdteile u. d. mathem. Geogr. 1897. (VIII, 357 S.) [98. 9167

Handbuch f. d. Unterricht in d. Geographie. Zunächst zum Gebrauch f. Lehrer an Volksschulen bearb. u. hrsg. 2 Bde. gr. 8. Trier, H. Stephanus. 5.40; geb. n 6. 60
1. Das Deutsche Reich. 2., ganz neu bearb. Aufl. (VIII, 275 S.) 907. 2.60; geb. 3. 20
2. Europa, die fremden Erdteile u. die allgemeine Erd- u. Himmelskunde. 2., ganz neu bearb. Aufl. (VIII, 291 S.) 908. 2.80; geb. n 3. 40

— Handbuch f. den Unterricht in der Geschichte. I. gr. 8. Ebd. 894. n. 2. —
Handbuch f. den Unterricht in der deutschen Geschichte. Nach Maßgabe der neuesten Bestimmgn. zunächst zum Gebrauch f. Lehrer an Volksschulen. Mit ausgieb. Berücksicht. des Lesebuches, der vaterländ. Poesie u. der Quellenstoffe. (VIII, 183 S.)

— Handbuch f. den Unterricht in der Geschichte. I. Handbuch f. den Unterricht in der deutschen Geschichte. Nach den maßgeb. amtl. Bestimmgn. u. method. Fordergn. zunächst zum Gebrauch f. Lehrer an Volksschulen bearb. u. hrsg. 2., neu bearb., verb. u. verm. Aufl. (VI, 240 S.) gr. 8. Ebd. 904. n. 2. 60

— Handbuch f. den Unterricht in der brandenburgisch-preußischen Geschichte. Nach Maßgabe der neuesten Bestimmgn. zunächst zum Gebrauch f. Lehrer an Volksschulen. Mit ausgieb. Berücksicht. d. Lesebuches, der „Ergänzungen I", der vaterländ. Poesie u. der Quellenstoffe. gr. 8. (XVI, 418 S.) Ebd. 893. n. 4. —

— Handbuch f. d. Unterricht in d. brandenburgisch-preußischen Geschichte. Nach Maßgabe d. neuesten Bestimmgn. zunächst z. Gebr. f. Lehrer an Volksschulen. M. ausgieb. Berücksicht. d. Lesebuches, d. „Ergänzgn. I", d. vaterländ. Poesie u. d. Quellenstoffe. 2. Aufl. (Handbuch f. d. Unterricht in d. Geschichte II.) gr. 8. (XVI, 418 S.) Paderborn 895. F. Schöningh. n. 4. —

— Handbuch f. den Unterricht in der brandenburgisch-preußischen Geschichte. Nach den maßgeb. amtl. Bestimmgn. u. method. Forderg. zunächst zum Gebrauch f. Lehrer an Volksschulen bearb. u. hrsg. (Handbuch f. den Unterricht in der Geschichte. II.) 3., neu bearb., verb. u. verm. Aufl. Mit 13 in den Text gedr. Kartenskizzen. gr. 8. (X, 444 S.) Paderborn 902. F. Schöningh. n. 4. 60

— Handbuch f. den Unterricht in der preuß. Geschichte. Nach d. maßgeb. amtl. Bestimmgn. u. method. Forderg. zunächst z. Gebrauch f. Lehrer an Volksschulen bearb. u. hrsg. 4., verb. u. verm. Aufl. Mit 13 in den Text gedr. Kartenskizzen. (X, 439 S.) gr. 8. Paderborn 909. F. Schöningh. 5. —

— Handbuch f. den Unterricht in der Liturgik od. Darstellung des kathol. Kirchenjahres in seinen hl. Zeiten u. Festen, Gebräuchen u. Zeremonien, Erklärg. sämtl. Evangelien u. ausführl. Unterricht üb. die hl. Handlg., insbesondere die hl. Messe u. die hl. Orte. Zum Gebrauch f. Volksschulen u. Lehrerbildungsanstalten bearb. 3., vielfach verb. Aufl. (X, 469 S. m. Abb.) gr. 8. Ebd. 908. 5. 60

— Heimatskunde d. Reg.-Bez. Trier f. die Mittelklasse der Volksschule. 8. (69 S. m. 3 Abbildgn. im Text.) Trier 890. Stephanus. n.n. — 30

— Heimatskunde des Reg.-Bez. Trier f. die Mittelklasse der Volksschule. 3., verb. Aufl. 8. (63 S. m. 4 Abbildgn.) Trier 900. H. Stephanus. n. — 30

— Heimatkunde des Reg.-Bez. Trier, f. die Mittelklasse der Volksschule bearb. 4., verb. Aufl. (64 S. m. Fig.) kl. 8. Trier 904. H. Stephanus. n. — 30

— Hilfsbuch f. d. Unterricht in d. Rechtschreibg. u. Sprachlehre auf d. Mittelstufe d. Volksschule. Lehrer-Ausg. zu d. Sprachbüchlein f. d. Mittelstufe. M. bes. Berücksicht. d. Crüwellschen Lesebuches bearb. 8. (110 S.) Ebd. 895. n. 1. —

Hilfsbuch für den Unterricht in der Rechtschreibung und Sprachlehre auf der Mittelstufe der Volksschule. Mit 305 Diktaten. Lehrer-Ausg. zu d. Sprachbüchlein f. d. Mittelstufe. Bearb. von Jos. Schiffels, Rektor. 2., bedeutend verm. u. verb. Aufl. *Paderborn: F. Schöningh* 1902. (IV, 176 S.) 8° [F.] [02. 13918

— Hilfsbuch f. den Unterricht in der Rechtschreibung u. Sprachlehre auf der Mittelstufe der Volksschule. Mit 305 Diktaten. Lehrer-Ausg. zu dem Sprachbüchlein für die Mittelstufe. 3. Aufl. (VIII, 175 S.) 8. Paderborn 905. F. Schöningh. n. 1. 50

— Hilfsbuch f. den Unterricht in der Rechtschreibung u. Sprachlehre auf der Mittelstufe der Volksschule. Mit 305 Diktaten u. e. Stoffverteilg. Lehrer-Ausg. zu dem Sprachbüchlein f. d. Mittelstufe. 4. Aufl. (VIII, 175 S.) 8. Ebd. 908. 1. 50

[F.] Hilfsbuch für den Unterricht in der Rechtschreibung u. Sprachlehre auf der Oberstufe der Volksschule. Lehrer-Ausg. zu d. Sprachbüchlein f. d. Oberstufe. M. bes. Berücks. d. Crüwellschen Lesebuches bearb. v. Jos. Schiffels ... *Paderborn: F. Schöningh* 1898. (IV, 218 S.) 1 Bd 8. [98. 7103 Mr

Hilfsbuch für den Unterricht in der Rechtschreibung und Sprachlehre auf der Oberstufe der Volksschule. Mit 300 Diktaten. Lehrer-Ausg. zu d. Sprachbüchlein f. d. Oberstufe. Bearb. von Jos. Schiffels, Rektor. 2, bedeutend verm. u. verb. Aufl. *Paderborn: F. Schöningh* 1903. (IV, 287 S.) 8° [F.] [04. 11017

Hilfsbuch für den Unterricht in der Rechtschreibung und Sprachlehre auf der Oberstufe der Volksschule. Mit 300 Diktaten. Lehrer-Ausg. z. d. Sprachbüchlein f. d. Oberstufe. Bearb. von Jos[ef] Schiffels, Rektor. 3. Aufl. Paderborn: F. Schöningh 1906. (IV, 287 S.) 8° [F.] [07. 10543 B

— dasselbe auf der Oberstufe d. Volksschule. Mit 308 Diktaten. Lehrer-Ausg. zu dem Sprachbüchlein f. d. Oberstufe. 4., verb. Aufl. (VIII, 334 S.) 8. Ebd. 910. 3.

— Hilfsbüchlein f. den ersten Unterricht in der Geschichte. Nach der regressiven Methode f. die Mittelstufe der Volksschule bearb. u. hrsg. 12. (40 S.) Paderb. 892, F. Schöningh. * — 25

Schiffels, Jos., Hilfsbüchlein f. den ersten Unterricht in der Geschichte. Nach der regressiven Methode f. die Mittelstufe der Volksschule bearb. u. hrsg. 2. Aufl. 8. (40 S.) Paderborn 894. F. Schöningh. n. — 25

[F.] Hilfsbüchlein für den ersten Unterricht in der Geschichte. Nach der regressiven Methode f. d. Mittelstufe d. Volksschule bearb. u. hrsg. v. Jos. Schiffels . . . 4. Aufl. *Paderborn: F. Schöningh 1896.* (40 S.) 1 Bd 8. [58.6582 M

— Hilfsbüchlein f. d. ersten Unterricht in d. Geschichte. Nach d. rückschreit. Methode f. d. Mittelstufe d. Volksschule bearb. u. hrsg. 6. Aufl. 8. (40 S.) Ebd. 898. n. — 25

Hilfsbüchlein für den ersten Unterricht in der Geschichte. Nach d. rückschreitenden Methode f. d. Mittelstufe d. Volksschule bearb. u. hrsg. von Jos. Schiffels. 6. Aufl. *Paderborn: F. Schöningh 1899.* (40 S.) 8° [F.] [00. 6777 6

— Hilfsbüchlein f. den ersten Unterricht in der Geschichte. Nach der rückschreit. Methode f. die Mittelstufe der Volksschule bearb. u. hrsg. 8. u. 9., verb. Aufl. 8. (40 S.) Ebd. 902. n. — 25

Hilfsbüchlein für den ersten Unterricht in der Geschichte. Nach der rückschreitenden Methode f. d. Mittelstufe d. Volksschule bearb. u. hrsg. von Jos. **Schiffels**. 12. u. 13. Aufl. Paderborn: F. Schöningh 1905. (40 S.) 8° [F.] [07 17795 6

— Hilfsbüchlein f. d. ersten Unterricht in d. Geschichte. Nach der rückschreit. Methode f. die Mittelstufe d. Volksschule bearb. u. hrsg. 18. u. 19. Aufl. (40 S.) kl. 8. Ebd. 910. — 25

— s. a. Jahresrundschau, pädagogische.

— pädagogische Jahresrundschau 1893. Auf Grund der kathol. Fachpresse bearb. gr. 8. (VIII, 190 S.) Breslau 894. F. Goerlich. n. 2. —

— pädagog. Jahresrundschau 1894. Auf Grund der kathol. Fachpresse bearb. 2. Jahrg. gr. 8. (IV, 218 S.) Breslau 895. F. Goerlich. n. 2. —

— dasselbe 1895. 3. Jahrg. gr. 8. (VI, 254 S.) Paderborn 896. F. Schöningh. n. 2. —

— dasselbe 1896. 4. Jahrg. gr. 8. (VI, 193 S.) Ebd. 897. n. 1. 60

— dasselbe. Hauptschriftl. auf Grund d. kathol. Fachpresse bearb. Jahrg. 1898. 4 Hfte. (à ca. 2 Bog.) gr. 8. Trier, Loewenberg. n. 2. —

— pädagogischer Katalog. Eine Auswahl brauchbarer u. empfehlenswerther Werke m. Angabe d. Titels, Verfassers, Verlegers, Umfanges u. Preises, sowie e. kurze Kennzeichng. derselben. Ein Ratgeber u. Führer bei der Auswahl u. Beschaffg. pädagog. Werke f. Lehrer u. Schüler an kathol. Volksschulen. gr. 8. (252 S.) Lingen 893. R. van Acken. n. 1. 80

Katalog empfehlenswerter pädagogischer Werke aus allen Unterrichtsfächern mit bes. Berücks. d. kath. Litt. 2. verm. u. verb. Aufl. Zsgest. von Josef Schiffels. *Hamm 1901: Breer & Thiemann.* (53 S.) 8° [F.] 6

— Katalog empfehlenswerter pädagog. Werke aus allen Unterrichtsfächern m. besond. Berücksicht. der kathol. Literatur. 8., verb. Aufl. (108 S. u. Verlegerschlüssel 2 S. in Lex. 8.) 16. Hamm (910). Breer & Thiemann. — 15

— Kinder-Legende. Bilder aus dem Leben der Heiligen, ausgewählt f. die kathol. Jugend. (XVI, 104 S. m. 1 Farbdr.) 16. Trier 905. Loewenberg. Geb. in Leinw. n. 1. —

Kleines Lehrbuch der katholischen Religion für Präparandenanstalten. Nach d. amtl. Lehrplan v. 1. Juli 1901 bearb. von Jos. Schiffels, Rektor. T. 1. *Breslau: H. Handel 1903.* 8° [F.] [04. 7394 2

Kleines Lehrbuch der katholischen Religion für Präparandenanstalten. (2. 3: Unter Mitw. von mehreren Geistlichen) nach d. amtl. Lehrplan vom 1. Juli 1901 bearb. von Jos. **Schiffels**, Rektor. T. 1–3. Breslau: H. Handel 1903–05. 3 Bde 8° [F.]
1. ⟨1. Schuljahr.⟩ 1903. 2. ⟨2. Schulj.⟩ 1904. 3. ⟨3. Schulj.⟩ 1905. [06 1000

— kleines Lehrbuch der katholischen Religion f. Präparandenschulen. Unter Mitwirkg. v. mehreren Geistlichen nach dem amtl. Lehrplan vom 1. VII. 1901 bearb. 3 Tle. 8. Breslau, H. Handel. Geb. u. kart. n.n. 3. 95
1. 2., verb. u. verm. Aufl. 1. Tl. (1. Schulj.) (VI, 103 S.) 906. Geb. n.n. 1. 65
2. (2. Schulj.) (IV, 138 S.) 904. n. 1. 20; geb. n.n. 1. 50
3. (3. Schulj.) (IV, 72 S.) 905. Kart. n. — 80

— Kleines Lehrbuch d. kathol. Religion f. Präparandenschulen. Unter Mitwirkg. v. mehreren Geistlichen nach dem amtl. Lehrplan v. 1. VII. 1901 bearb. II. u. III. Tl. 8. Breslau, H. Handel. Geb. 2. 40
II. (2. Schulj.) 2., verb. Aufl. (161 S.) 908. Geb. 1. 60
III. (3. Schulj.) 2. Aufl. (IV, 72 S.) 910. Geb. — 80

Papst Leo XIII. Ein Bild s. Lebens u. s. Wirkens. Festgabe z. silbernen Papstjubiläum von Jos. Schiffels, Rektor. *Trier: N. Disteldorf 1903.* (28 S.) 8° [F.] [03. 4166 5

— Papst Leo XIII. Ein Bild seines Lebens u. seines Wirkens. Festgabe zum silbernen Papstjubiläum. (28 S. m. 1 Bildnis.) 12. Trier 903. (Loewenberg.) n. — 25

— Liederschatz f. gemischten Chor. Eine Sammlg. 4stimm. Gesänge f. außerliturg. Bedürfnisse eines Kirchenchores. Op. 26. 8. (VII, 240 S.) Münster (901). H. Schöningh. n. 1. 50; geb. n. 1. 80

— Palästina. Geschichte u. Geographie d. hl. Landes. Ein Kommentar zu jeder bibl. Geschichte. Für den Schulgebrauch bearb. 8. (27 S.) Freiburg i/B. 891. Herder. n. — 20; kart. n.n. — 25

— Palästina. Geschichte u. Geographie des heil. Landes. Ein Kommentar zu jeder bibl. Geschichte. Für den Schulgebrauch bearb. 2., verb. Aufl. 8. (30 S. m. 3 farb. Karten.) Freiburg i/B. 900. Herder. Kart. n.n. — 30

— Palästina. Geographie u. Geschichte des Hl. Landes. Eine Zugabe zu jeder bibl. Geschichte. Für den Schulgebrauch bearb. 3., verb. Aufl. (31 S. m. 3 farb. Karten.) 8. Freiburg i/B. 904. Herder. Kart. n. — 35

— Palästina. Geographie u. Geschichte des hl. Landes. Eine Zugabe zu jeder bibl. Geschichte. Für den Schulgebrauch bearb. 4., verb. Aufl. (31 S. m. 5 [4 farb.] Karten.) 8. Freiburg i/B. (910). Herder. Geb. — 40

— Papst Pius X. Ein Bild seines Lebens u. Wirkens. 1858. 1908. Festgabe zum goldenen Priesterjubiläum. (40 S. m. 1 Bildnis.) 16. Trier (908). Loewenberg. — 30

— die Praxis des Lehrerberufes. Ratgeber u. Wegweiser f. Lehrer u. Lehrerinnen an Volksschulen. Mit besond. Berücksicht. der amtl. Bestimmungen bearb. 1. Bd.: Die Schulaufsicht u. die Schulverwaltg. Die amtl. u. die außeramtl. Verhältnisse des Lehrers. Die äußeren Verhältnisse der Schule. (VI, 336 S.) gr. 8. Paderborn 903. F. Schöningh. n. 3. 60

— Die Praxis d. Lehrerberufes. Ratgeber u. Wegweiser f. Lehrer u. Lehrerinnen an Volksschulen. Mit besond. Berücksicht. d. amtl. Bestimmgn. bearb. 2. Bd. Methodik des Volksschulunterrichts. (XI, 665 S.) gr. 8. Paderborn 907. F. Schöningh. 7.60

— d. gesammte erste Religionsunterricht. E. Lernbüchlein f. d. drei unt. Schuljahre d. Volksschule. 12. (80 S. m. Abb.) Freiburg i/B. 898. Herder. n. — 35; Kartonnage n.n.n. — 05

— der gesamte erste Religionsunterricht. Ein Lernbüchlein f. die drei unteren Schuljahre der Volksschule. 2.verb.Aufl. 12. (80 S. m. Abbildgn.) Ebd. 900. Kart. n.n. — 40

— der gesamte erste Religionsunterricht. Ein Lernbüchlein f. die drei untern Schuljahre der Volksschule. 3. u. 4., verb. Aufl. (80 S. m. Abbildgn.) kl. 8. Freiburg i/B. 904. Herder. Kart. n. — 40

Schiffels, Jos., der gesamte erste Religionsunterricht. Ein Lernbüchlein f. die drei untern Schuljahre d. Volksschule. 5. u. 6., verb. Aufl. (80 S. m. Abb.) kl. 8. Freiburg i/B. (908). Herder. Kart. — 45

— Sammlung vaterländisch. Dichtungen, s.a. Schöningh's Ausgaben deutscher Klassiker. Erg.-Bd. III.

Sammlung vaterländischer Dichtungen. Zur Belebung d. Geschichtsunterr. u. zur Feier vaterland. Gedenktage zsgest. von Joseph Schiffels. *Paderborn: F. Schöningh 1899.* (XVIII, 262 S.) 8° [F.]
— Ausgaben. Schöninghs, deutscher Klassiker. Erg.Bd. 3

— u. Fr. **Schumacher**, Sammlung dreistimmiger Lieder f. Frauenstimmen zum Gebrauch beim Gottesdienste, insbesondere für höhere Mädchen-Schulen u. Lehrerinnen-Bildungsanstalten. Unter Mitwirkg. namhafter Komponisten hrsg. 8. (IV, 119 S.) Münster 901. H. Schöningh. Geb. in Leinw. n. 1. —

— u. Fr. **Schumacher**, Sammlung dreistimm. Lieder f. Frauenstimmen z. Gebrauch beim Gottesdienste. Unter Mitwirkg. namhafter Komponisten hrsg. 3. verb. u. verm. Aufl. (IV, 123 S.) kl. 8. Münster (910). H. Schöningh. Geb. in Leinw. 1. —

— Sammlung v. Quellenstoffen f. den Unterricht in der Geschichte. Für den Schulgebrauch ausgewählt. gr. 8. (IX, 196 S.) Paderborn 899. F. Schöningh. n. 1. 80

— Sängerfreund. Eine Sammlg. v. Volks- u. volkstüml. Liedern. Den deutschen Männerchören gewidmet. Op. 28. (159 S.) kl. 8. Hamm (907). Breer & Thiemann. Geb. in Leinw. 1.50

— Sprachbüchlein. Grammatische und orthographische Sprachübgn. f. die Mittelstufe der einklass. Volksschule. Im Anschluß an das Lesebuch bearb. 8. (39 S.) Paderborn 890. F. Schöningh. n. — 25

— Sprachbüchlein. Grammatische u. orthograph. Sprachübgn. f. die Oberstufe der einklass. Volksschule. Im Anschluß an das [Crüwellsche] Lesebuch bearb. 12. (63 S.) Paderborn 891. F. Schöningh. n. — 40

— Sprachbüchlein f. d. Mittelstufe. Schüler-Ausg. M. bes. Berücksicht. d. Crüwellschen Lesebuches bearb. 8. (36 S.) Paderborn 895. F. Schöningh. n. — 20

Sprachbüchlein für die Mittelstufe. Schüler-Ausg. Mit besond. Berücks. d. Crüwellschen Lesebuches bearb. von Jos. Schiffels. 3. Aufl. *Paderborn: F. Schöningh 1900.* (38 S.) 8° [F.] [01. 9823 6

— Sprachbüchlein f. die Mittelstufe. Schüler-Ausg. zu dem Hilfsbuch f. den Unterricht in der Rechtschreibg. u. Sprachlehre auf der Mittelstufe. 4., verb. Aufl. 8. (47 S.) Ebd. 902. n. — 20

— Sprachbüchlein f. die Mittelstufe. Schüler-Ausg. zu dem Hilfsbuch f. den Unterricht in der Rechtschreibg. u. Sprachlehre auf der Mittelstufe. 6. Aufl. (45 S.) kl. 8. Paderborn 906. F. Schöningh. n. — 20

Sprachbüchlein für die Mittelstufe. Schüler-Ausg. zu d. Hilfsbuch f. d. Unterr. in d. Rechtschreibung u. Sprachlehre auf d. Mittelstufe. Bearb. von Jos. **Schiffels**, Rektor. 7. Aufl. Paderborn: F. Schöningh 1907. (45 S.) 8° [F.] [07. 11735

— Sprachbüchlein f. die Mittelstufe. Schüler-Ausg. zu dem Hilfsbuch f. den Unterricht in der Rechtschreibg. in Sprachlehre auf d. Mittelstufe. 9. Aufl. (45 S.) kl. 8. Paderborn 910. F. Schöningh. — 20

— dasselbe f. d. Oberstufe. Schüler-Ausg. M. bes. Berücksicht. d. Crüwellschen Lesebuches bearb. 2., verb. Aufl. 8. (50 S.) Ebd. 898. n. — 30

— dasselbe f. die Oberstufe. 3., durch e. Wörterverzeichnis verm. Aufl. 8. (55 S.) Ebd. 900. n. — 30

Sprachbüchlein für die Oberstufe. Schüler-Ausg. zu d. Hilfsbuch f. d. Unterr. in d. Rechtschreibung u. Sprachlehre auf d. Oberstufe. Bearb. von Jos. Schiffels, Rektor. 4., verb. Aufl. *Paderborn: F. Schöningh 1903.* (60 S.) 8° [F.]

— dasselbe f. die Oberstufe. Schüler-Ausg. zu dem Hilfsbuch f. den Unterricht in der Rechtschreibg. u. Sprachlehre auf der Oberstufe. 6. Aufl. (68 S.) kl. 8. Paderborn 906. F. Schöningh. n. — 30

dasselbe f. die Oberstufe. Schüler-Ausg. zu dem Hilfsbuch f. den Unterricht in der Rechtschreibg. u. Sprachlehre auf der Oberstufe. 8. Aufl. (63 S.) kl. 8. Ebd. 910. — 30

— s.a. Taschenkalender, pädagogischer.

Pädagogischer Taschenkalender für das Jahr 1902 von Jos. Schiffels. [Jg. 1.] *Trier: N. Disteldorf [1902].* 8° [F.] [02. 3248

Sachlich geordnetes Verzeichnis empfehlenswerter Jugend-Schriften für katholische Schüler-Bibliotheken. Zsgest. von Josef Schiffels. *Hamm 1901: Breer & Thiemann.* (11 S.) 8° [F.] [01. 2871 6

— Sachlich geordnetes Verzeichnis empfehlenswerter Jugend-Schriften f. kathol. Schülerbüchereien u. zu Geschenkzwecken. 4., ganz umgearb. Aufl. (40 S.) 16. Hamm (908). Breer & Thiemann. — 20

Schiffer, der, von Helgoland, s. Schillings-Bücher rc.

Schiffer, Die, zu Caub, oder Übergang der Preussen über den Rhein. Ein Volksspiel ... Berlin 1815. V: *Dieterici, Wilhelm*; Mitarbeiter: *General v. Müffling*. (Westdtsch. Ztschr. 32, 457ff.) (Zeitschr. f. Büch. N. F. 15, 1923, S. 121)

Schiffer, Die, zu Caub, oder Uebergang der Preußen über den Rhein. Ein Volksſp. in 3 Aufz. mit Gesang. 8. Berl., Dieterici.

Schiffer, die, zu Caub, od. Uebergang der Preußen üb. den Rhein. Ein Volksspiel für Preußen in 3 Aufz. 8. Berl. 815. (Mittler). 9 ¼

Anonym: „Der wohl instruirte Schiffer", Hamburg 1732. — Vorh.: Com. Bibl. Hamburg. — 3. verm. und verb. Auflage, u. d. T.: „Der wohlinstruirte Schiffer, und zwar, was derselbe vor angetretener, während der und nach abgelegter Reise zu beobachten hat. Nebst einem Anhange, in welchem die vornehmsten See-Contracten, Schiffs-Documenten und andere denen zur See fahrenden und negotiirenden nützliche Nachrichten enthalten", Lübeck und Wismar 1773. — Vorh.: Com. Bibl. Hamburg. — Weitere Neuauflage, bearbeitet von J. A. Engelbrecht. Lübeck 1792, vorh.: Com. Bibl. Hamburg.

Der wohl instruirte Schiffer, und zwar was derselbe vor angetretener, währender und nach abgelegter Reise zu beobachten hat. Nebst einem Anhange, in welchem die vornehmsten Seekontrakten, Schiffs-Documenten, und andere denen zur See fahrenden und negotiirenden nützliche Nachrichten enthalten. Lübeck und Wissmar. Auf Kosten guter Freunde. 8. 1769.

Der wohl instruirte Schiffer. Lübeck. 8. (wird in einem Bücherkataloge angeführt und ist wahrscheinlich die zweite Auflage des eben genannten Werks.) 1771.

— — Dritte vermehrte und verbesserte Auflage. Lübeck und Wissmar. Auf Kosten guter Freunde. 8. 176 S. 1773. *

Schiffer, der wohlunterrichtete, s. J. A. Engelbrecht.

Der wohl unterwiesene **Schiffer** oder Unterricht was derselbe vor, während und nach abgelegter Reise zu beobachten hat nebst e. Anh., in welchem Formulare versch. Schiffs-Documente enth. sind. Neu bearb. von Joh. Andr. Engelbrecht. Lubeck 1792.

Schiffer, der wohlunterwiesene, herausg. von J. A. Engelbrecht. 8. Lübeck, Donatius. (Niemann) 792.

Schiffer, August [app. Arzt aus Grünstadt '(Rheinpfalz)']: Über den Einfluss einiger Desinfizientien, insbesondere der Karbolsäure auf die Färbbarkeit der Tuberkelbacillen ... Würzburg, kgl. Universitätsdr. v. H. Stürtz, 1892; 34 S. 8.
Würzburg, Med. Fak., Inaug.-Diss. v. 1892

Schiffer, C. M., s. Schiffer, Karl Mathias

Schiffer, Carl, s. Schiffer, Karl

Schiffer, Emil, Referendar: Die rechtliche Natur des Geschäfts mit vorbehaltener Bezeichnung der Gegenpartei nach § 95 des Handelsgesetzbuches. Borna-Leipzig 1909: Noske. IX, 68 S. 8°
Leipzig, Jur. Diss. v. 19. Jan. 1909
[Geb. 6. März 80 Krefeld; Wohnort: Krefeld; Staatsangeh.: Preußen; Vorbildung: Oberrealsch. Krefeld Reife O. 99; Studium: Leipzig 2, Berlin 2, Bonn 3 S.; Rig. 14. Dez. 06.] [U 09. 2667

Schiffer, Emil Chr., aus Bendorf a. Rh.: (I.) Das **Verhalten** der Ceritoxyde gegen Aluminium bei hohen Temperaturen. (II.) Chemische Untersuchung eines körnigen Dolomits aus dem Gneiss von Wattegama in Ceylon. *München 1900: V. Höfling.* (45 S.) 8°
München, Phil. Diss. v. 1900

Schiffer, Eug., über die Blockpolitik, Wahlreform in Preußen, Schulpolitik u. a., s. a. Schriften, nationalliberale.

Landtagsabgeordneter [Eugen] **Schiffer** über die Blockpolitik, Wahlreform in Preußen, Schulpolitik u. a. Rede geh. in Magdeburg 1907. Berlin: Buchh. d. Nationallib. Partei 1907. (12 S.) 4° [F.]
= **Schriften**, Nationalliberale. No 9. [08. 2177

[F.] Der neueste Entwurf zur Reform des Strafverfahrens. Von Eugen Schiffer, Amtsrichter. *Kattowitz: O.-S.: Gebr. Böhm 1896.* (1 Bl., 25 S.) 1 Bd 8. [96. 230

— u. **Hackenberg,** zur Lehrerbesoldungsfrage. Reden im preuß. Abgeordnetenhaus am 28. u. 29. X. 1908. (Stenograph. Bericht.) (24 S.) 8. Berlin (908). Buchh. der nationalliberalen Partei. n. — 10

Die Rechtskonsulenten. Von Eugen Schiffer, Amtsrichter. *Berlin: O. Liebmann 1897.* (VIII, 47 S.) 1 Bd 8. [97. 6215

— Die Regelung der konfessionellen **Verhältnisse** u. die Lehrerberufung in Preußen. 4. Anweisg. vom 14. III. 1908 zum preuß. Volksschulunterhaltungsgesetz vom 28. VII. 1906, erläutert. (16 S.) kl. 8. Essen 908. G. D. Baedeker. — 30

Schiffer, Eug., das preuß. Volksschulunterhaltungsgesetz (Gesetz vom 28. VII. 1906 betr. die Unterhaltung der öffentl. Volksschulen). Erläutert, eingeleitet u. m. ausführl. alphabet. Sachregister versehen. Mit e. Anh., enth. folg. Gesetze: 1. Die einschläg. Paragraphen der preuß. Verfassungsurkunde v. 31. I. 1850 m. der Veränderung durch das Ges. v. 10. VII. 1906. — 2. Schulaufsichtsgesetz v. 11. III. 1872. — 3. Feststellg. v. Anforderngn. f. Volksschulen v. 26. V. 1887. — 4. Erleichterung der Volksschullasten v. 14. VI. 1888/31. III. 1889. — 5. Bau der Schul- u. Küsterhäuser v. 21. VII. 1846. — 6. Pensionierung der Lehrer u. Lehrerinnen an den öffentlichen Volksschulen v. 6. VII. 1885. — 7. Fürsorge f. die Waisen der Lehrer an öffentl. Volksschulen v. 27. VI. 1890. — 8. Ruhegehaltskassen f. die Lehrer u. Lehrerinnen an den öffentl. Volksschulen v. 23. VII. 1893. — 9. Lehrerbesoldungsgesetz v. 3. III. 1897. — 10. Fürsorge f. die Witwen u. Waisen der Lehrer an öffentl. Volksschulen v. 4. XII. 1899. — 11. Die einschläg. Paragraphen des Gesetzes betr. die Verhältnisse der Juden v. 23. VII. 1847. — 12. Die einschläg. Paragraphen des Zuständigkeitsgesetzes v. 1. VIII. 1883. — 13. Die einschläg. Paragraphen des Gesetzes betr. Erweiterg. des Rechtsweges v. 24. V. 1861. (IV, 167 S.) kl. 8. Essen 906. G. D. Baedeker. Kart. n. 1. 50

— Das preuß. Volksschulunterhaltungsgesetz (Gesetz vom 28. VII. 1906 betr. die Unterhaltung der öffentl. Volksschulen). Erläutert, eingeleitet u. m. ausführl. alphabet. Sachregister versehen. Mit e. Anh., enth. folg. Gesetze: 1. Die einschläg. Paragraphen der preuß. Verfassungsurkde. v. 31. I. 1850 m. der Veränderung durch das Gesetz v. 10. VII. 1906. — 2. Schulaufsichtsgesetz v. 11. III. 1872. — 3. Feststellg. v. Anfordergn. f. Volksschulen v. 26. V. 1887. — 4. Erleichterg. der Volksschullasten v. 14. VI. 1888/31. III. 1889. — 5. Bau d. Schul- u. Küsterhäuser v. 21. VII. 1846. — 6. Pensionierung der Lehrer u. Lehrerinnen an den öffentl. Volksschulen v. 6. VII. 1885. — 7. Fürsorge f. die Waisen der Lehrer an öffentl. Volksschulen v. 27. VI. 1890. — 8. Ruhegehaltskassen f. d. Lehrer u. Lehrerinnen an den öffentl. Volksschulen v. 23. VII. 1893. — 9. Lehrerbesoldungsgesetz v. 3. III. 1897. — 10. Fürsorge f. d. Witwen u. Waisen d. Lehrer an öffentl. Volksschulen v. 4. XII. 1899. — 11. Die einschläg. Paragraphen d. Gesetzes betr. die Verhältnisse d. Juden v. 23. VII. 1847. — 12. Die einschläg. Paragraphen des Zuständigkeitsgesetzes v. 1. VIII. 1883. — 13. Die einschläg. Paragraphen d. Gesetzes betr. Erweiterung des Rechtsweges v. 24. V. 1861. 2. durch die minist. Anweisgn. v. 25. II., 2. VII. u. 6. XI. 1907, sowie die Entscheidg. des kön. Oberverwaltungsgerichts v. 9. II. 1906 betr. die Dienstwohng. des Lehrers u. einige andere minist. Erlasse verm. Aufl. (IV, 211 S.) kl. 8. Ebd. 908. Kart. 1. 50

Verband nationallib. Ortsvereine im Reichstagswahlkreis Charlottenburg-Teltow-Beeskow-Storkow. **Ziele** und Aufgaben der nationalliberalen Partei. Vortrag geh. im nationallib. Ortsver. Charlottenburg von Landger.R. [Eugen] **Schiffer**-Magdeburg. Charlottenburg 1905: Gutenberg. (8 S.) 4° [F.]
= **Mittheilungen** f. d. Vertrauensmänner d. nationallib. Partei. Jg. 17, No 2, Beil. [06. 913

SCHIFFER, FRANZ: Erläuterung der allgemeinen Rechte und Pflichten der Mitglieder des katholischen Gesellen-Vereins, herausgegeben von Alois Kászony. Hermannstadt 1900: Kathol. Gesellen-Verein. Druck v. Reissenberger. 19 S. - 160 mm

Schiffer, Fridericus (Theophilus) *(geb. Tschertwitz bei Oels [21. 2.] 1806)*: De ischiade nervosa Cotunni. Vratislaviae (1830). (42 S.) 8°
Breslau, Med. Diss. v. 19. [vielmehr 22.] Nov. 1830

Schiffer, Friedrich [cand. med. aus Grünstadt (Rheinpfalz)]: Der Transversalschnitt bei der Sectio alta. . . . Würzburg, Druck d. F. Röhrl'schen Buchdr., 1890; 26 S., 1 Bl. 8°
Erlangen, Med. Fak., Inaug.-Diss. v., 1890

Schiffer, Fritz [app. Arzt aus Bouthen, O.-Schl.]: Aus d. Patholog.-Anatom. Anstalt d. städt. Krankenhauses „Moabit" '(Prof. Dr. Langerhans)'. Ueber Veränderungen am Magen alter Leute . . . Berlin, Druck v. E. Rieger, *1897;* 32 S. 8.
Leipzig, Med. Fak., Inaug.-Diss. v. 5. Juli 1897

Schiffer, Georg, approb. Arzt aus Pfeddersheim: Aus d. pathol. Institut zu Giessen. Über die Blutcysten der seitlichen Halsgegend. *Giessen 1900: v. Münchow.* (36 S.) 8°
Giessen, Med. Diss. v. 1900

Schiffer, Georg [pr. Arzt]: Die Endresultate der in den letzten 8 Jahren in der Königl. Frauenklinik zu Breslau gemachten Ovariotomieen. . . . Breslau, Druck d. Bresl. Gen.-Buchdr., 1890; 45 S., 1 Bl. 8°
Breslau, Med. Fak., Inaug.-Diss. v. 30. Okt. 1890

Schiffer, Geo. Die Endresultate der in den letzten 8 Jahren in der königl. Frauenklinik zu Breslau gemachten Ovariotomieen. Diss. gr. 8. (45 S.) Bresl. 890, (Köhler). * 1 —

Schiffer, Gerhardus (geb. am 19 Febr. 1801 in Köln): De diabetis melliti causa remota . . . Coloniae, typ. J. Mathieux viduae (1828). 3 Bl., 12 S., 1 Bl. 4.
Bonn, Med. Fak., Diss. v. [hs. 18 Dez.] 1828

Schiffer, Hub., d. Kunsttöpfer v. Raeren. E. Sang aus Raerens Vergangenheit. 12. (128 S.) Eupen 895. (Aachen, R. Barth's Verl.) Geb. in Leinw. n. 1. 50; m. Goldschn. n. 1. 75

Schiffer, Hub., die alte und die neue Kunsttöpferei Raerens. Vortrag, gehalten im Aachener Gewerbe-Verein. gr. 8. (16 S. mit 4 Textfig. und 2 Fig.-Taf. in Lichtdr.) Aachen 887, (M. Jacobi.) *
Aus: 8. Jahresbericht des Aachener Gewerbe-Vereins, besonders abgedruckt.

Schiffer, H., Raubritter v. Reifferscheidt oder Tringe-Männcheus-Klosson-Tringche. 12. (X, 135 S.) Aachen 900. O. Müller. n. 1. —; geb. n. 1. 50

(b) **Schiffer,** H., Raubritter v. Reifferscheidt. 900. Jetzt: Eupen, C. Braselmann. (Nur direkt.)

Schiffer, Hub., d. Steinmetz-Lehrling, s.: Koepper's, Gust., Handwerkerbibliothek. 19. Bd.

— Der Tannenhoff. Erzählung aus der Heimat. Verf. in Raerener Mundart. (III, 180 S.) 8. Eupen 910. (Aachen, Creutzer.) nn 2. —

Der Tannenhoff. Erzählung aus d. Heimat. Von H[ubert] Schiffer. Verfasst in Raerener Mundart. Eupen: Esch 1910. 180 S. 8°

Schiffer, Hugo Gulelmus *(geb. Oels [...] 1841 [Bl...] 1842)*: De hydroceles operatione. Vratislaviae (1865). (26 S.) 8
Breslau, Med. Diss. v. 16. Dez. 1865

Schiffer, Julius (geb. Bielschowitz bei Beuthen 13. 12. 1840): De gasorum quorundam in cordis actionem efficacitate. Berolini (1863). (32 S.) 8°
Berlin. Med. Diss. v. 13. Aug. 1863

Schiffer, Karl

Schiffer, Carl, die Behandlung u. Erziehung der Kinder in den verschiedenen Lebensperioden. Ein belehr. Handbuch f. Mütter. 2. Ausg. 8. (VIII, 197 S.) Wien 870. Leo & Co. n. 2. —

Schiffer, Karl Mathias

Schiffer, C. M., Anleitung zur Inanspruchnahme des deutschen Vereins- u. Versammlungsrechts auf Grund des Reichsvereinsgesetzes. (Schriften des Gesamtverbandes der christl. Gewerkschaften.) 1. u. 2. unveränd. Aufl. (51 S.) 8. Cöln 908. Verlag des Generalsekretariates der christl. Gewerkschaften. — 50

— s.: Protokoll des 5. internat. Kongresses christlicher Textilorganisationen

Internationale Verbindungen der christlichen Textil-Arbeiterorganisationen, unter besond. Berücks. der seit d. J. 1900 abgeh. internat. Berufs-Konferenzen u. -Kongresse. Hrsg. von d. Leitung d. Internat. Ver. christl. Textilarbeiterorganisationen. (C. M. Schiffer-Düsseldorf.) Cöln: Christl. Gewerkschaftsverl. 1908. 162 S. 8°

Schiffer, Leop., Oesterreich in Wien und der Geist der gesellschaftl. Kreise daselbst. 16. Wien 846, Benedikt's Wwe. 3/8 ℔

Schiffer, Leop., Oesterreich in Wien u. der Geist der gesellschaftlichen Kreise daselbst. 16. (110 S.) Wien 847, Benedikt's Wwe. 3/8 ℔

Schiffer, (Phil. Guil.) Osc. (geb. Oels 11. 1. 1837): De ranula. Berolini (1860). (32 S.) 8°
Berlin, Med. Diss. v. 31. März 1860

Schiffer, Pet., eine Blumenlese in Sage u. Dichtung, s.: Haus u. Herd.

— Führer durch das Killtal. (58 S. m. 15 Abb. u. 1 Karte.) kl. 8. Trier 910. J. Lintz. — 60

Schiffer, Peter: Ueber Glutol. *München 1897: Kastner & Lossen.* (34 S.) 8°
München, Med. Diss. v. 1897

Schiffer, Sina, aus Wadowice, Oesterreich: Historisch-geographische Untersuchungen zur Geschichte der Aramäer. Kirchhain N.-L. XIV + 57 S. 8°. Die vollständige Arbeit erscheint im Verlage der J. C. Hinrichs'schen Buchhandlung in Leipzig. [17. III. 10.]
Zürich. Univ. Phil. Diss. 1. S. 1909/10.

Schiffer, Sina. Historisch-geographische Untersuchungen zur Geschichte der Aramäer. Diss. Phil. I. Univ. Zürich. IV + X + 57 S. 8. Kirchhain N.-L., Max Schmersow. [1910].
(Die vollständige Arbeit ... erscheint im Verlage der J. C. Hinrichs'schen Buchhandlung in Leipzig.)

Schiffer, Sinai. Das Buch Kohelet. gr. 8. Lpz. 884. Berl., Felber. * 3 —

Schiffer, Sinai, das Buch Kohelet. Nach der Auffassung der Weisen des Talmud und Midrasch und der jüd. Erklärer des Mittelalters. 1. Thl.: Von der Mischna bis zum Abschluss des babylon. Talmud. Von 200—500 n. d. g. Z. Nebst zahlreichen krit. Noten und einer grösseren Abhandlung: Ueber den Abschluss des alttestamentl. Kanon und die Abfassungszeit des Buches Kohelet. gr. 8. (VIII, 140 S.) Leipzig 884, O. Schulze.

Schiffer, Sinai, die Pirke Aboth u. ihre Verwerthg. f. d. Religionsunterr. 12. (16 S.) Frankfurt a/M. 895. J. Kauffmann. n. — 40

Schiffer, S., keilinschriftliche Spuren der in der 2. Hälfte des 8. Jahrh. v. den Assyrern nach Mesopotamien deportierten Samarier (10 Stämme). s.a. Literatur-Zeitung, orientalistische. I. Beiheft.

S[inai] Schiffer. Keilinschriftliche Spuren der in der zweiten Hälfte des 8. Jahrhunderts von den Assyrern nach Mesopotamien deportierten Samarier (10 Stämme). (Verr.: F[elix] E[rnst] Peiser.) Berlin: W. Peiser 1907. (IV, 43 S.) 4°
= Literatur-Zeitung, Orientalistische. Beihefte. 1. [08. 11356

Schiffer, Theodor [aus Wevelinghoven]: Synthetische und vergleichende Studien über Camphersäure und alkylierte aliphatische Dicarbonsäuren ... Heidelberg, Univ.-Buchdr. v. J. Hörning, 1895; 57 S. 8.
Heidelberg, Naturw.-math. Fak., Inaug.-Diss. v. [31. Okt.] 1895

Schiffer, Thdr., synthet. u. vergleichende Studien üb. Camphersäure u. alkylierte aliphatische Dicarbonsäuren. Diss. gr. 8. (57 S.) Heidelberg 895. (J. Hörning) n. 1. 20

Schiffer, Wilhelm, approb. Arzt aus Bedburg-Broich (Rheinl.): Aus d. med. Klinik d. Hrn Geh. Med.-Rat Prof. Dr. Riegel zu Gießen. Kasuistischer Beitrag zur klinischen Diagnostik der Persistenz des Ductus arteriosus Botalli. *Würzburg 1903: H. Stürtz.* (21 S.) 8°
Gießen, Med. Diss. v. 1903

Schiffer, Zippora: Die Anfänge der Signorie des Markgrafen Hubert Pallavicini. Eine Studie aus d. 13. Jh. Leipzig: Quelle & Meyer 1910. 50 S. 8° ¶(Ersch. vollst. ebd. u. d. T.: Markgraf H. Pallavicini. Ein Signore Oberitaliens im 13. Jh.)
Heidelberg, Phil. Diss. v. 22. Juli 1910, Ref. Hampe
[Geb. 14. Juni 87 Karlsruhe i. B.; Wohnort: Karlsruhe; Staatsangeh.: Baden; Vorbildung: Gymn. Karlsruhe Reife Juli 05; Studium: Straßburg 1, Freiburg i. B. 2, Heidelberg 5 S.; Rig. 11. Jan. 10.] [U 10. 2165

Markgraf Hubert Pallavicini. Ein Signore Oberitaliens im 13. Jh. Eine Biographie. Von Dr. Zippora Schiffer. Leipzig: Quelle & Meyer 1910. 120 S. 8°
Ein Teil ersch. als Inaug.-Diss. Heidelberg 1910. [10. 10530

Schiffer-Dienstbuch. 8. (63 S.) Duisburg (902.) H. Bautzmann. — 60

Die Bierbrauerei A. Schifferer in Kiel. Eine Jubiläumsschrift. o. O. (1906). (24 S.) 4° [07. 1389 8

Die Bierbrauerei A. Schifferer in Kiel. Eine Jubiläumsschrift. Leipzig. 1906. Quer-Fol.

Schifferer, Ant., prakt. Betriebskontrolle e. Mälzerei- u. Brauereibetriebes, s.a. Handbibliothek, techn. 2.

Praktische Betriebskontrolle eines Mälzerei- und Brauereibetriebes von Dr. Anton Schifferer in Kiel. *München & Berlin: R. Oldenbourg 1901.* (XII, 304 S.) 8°
= Handbibliothek, Technische. Bd 2. [01. 11173

Praktische Betriebskontrolle eines Mälzerei- und Brauereibetriebes (2: Praktische Mälzerei- u. Brauerei-Betriebskontrolle) von Dr. Anton Schifferer in Kiel. T. [1.] 2. München & Berlin: R. Oldenbourg 1901–10. 8°
2. Maschinen- u. feuerungstechnischer Teil. Bearb. von Gottfried Jakob. 1910
(Technische Handbibliothek. Bd 2. 13.) [10. 13836

Betriebslaboratorium und Betriebskontrolle für Brauereien. Eine Zusammenstellung von Dr. Anton Schifferer in Kiel. Mit e. Vorw. von Dr. C[arl] J[osef] Lintner, Prof. in München. Berlin: P. Parey 1906. (VIII, 84 S.) 8° [07. 11790

Schifferer, A., praktische Mälzerei- u. Brauerei-Betriebskontrolle. II. Maschinen- u. feuerungstechnischer Tl., bearb. v. Gottfr. Jakob, s.a. Oldenbourg's techn. Bibliothek. 13. Bd.

Schifferer's A., praktische Malzerei- u Brauerei-Betriebskontrolle. II. Maschinen- und feuerungstechnischer Teil von G Jacob. (521 S) München 1910

SCHIFFERER, ANTON. Ueber die nicht krystallisierbaren Produkte der Einwirkung der Diastase auf Stärke. (Basel) Kiel, 1892.

Schifferfreund, der. Ein Rathgeber für Seefahrende u. die es werden wollen. Herausgeg. v. J. P. N., ehemal. Schiffscapitain u. Navigationslehrer in Hamburg. Neue verm. u. verb. Aufl. 8. Rostock 844, Oeberg. (Leipzig, Klinkhardt.) n. 2/3 ₰

Schifferfreund, der. Ein Handbuch für die Correspondenz, Buchführung u. den sonstigen Geschäftsverkehr des Seemanns. 3. verm. u. verb. Aufl. Rostock 861. Stiller. 8. (VII, 216 S.) 1 ₰

Allhiesiges Chur-Märckisches Schiffer-Gülden-Reglement, welches S. Königl. Majestät in Preußen etc. . . . zu Beförderung des Commercii und desto richtiger Spedirung derer Kauffleuthen Güther allergnädigst confirmiret. [Dat.:] Berlin den 18. April 1716. fol.

Deutscher Schiffer-Kalender. Ein Kalender... Hrsg. von d. Vereinigung z. kirchl. Fürsorge f. d. Flußschiffer Berlins u. Charlottenburgs. [1.] Auf d. J. 1904. Berlin: Berliner Stadtmission (1904). 8° [F.] [05. 6710

Schiffer-Kalender, deutscher, f. d. J. 1906. 3. Jahrg. Hrsg. im Auftrage der Vereinigung zur kirchl. Fürsorge f. die Fluß- u. Kanalschiffer zu Berlin v. Wilh. Krause. (XXXII, 72 S. m. Abbildgn. u. Wandkalender.) 8. Berlin, Vaterländ. Verlags- u. Kunstanstalt. n. — 30
Erscheint nicht mehr.

Schifferkalender, Hamburger, s. a. C. Gl. D. Müller.

Schifferkalender, Hamburgischer, (v. Chr. Gll. Dan. Müller), f. d. J. 1786, 88, 89 bis 1794. gr. 8. u. gr. 4. Hamb., Hoffmann. 3 ₰ 18 ß

Schifferle, Josef

—— Zweite Pilgerreise nach Jerusalem und Rom, in den Jahren 1856 und 1857 unternommen. Mit 9 Abbildungen. Ebendai., 1858, 8°, 2 Bde, 7,50 Mk.

Schifferle, Jos., Reise in das hl. Land, im Jahre 1851 unternommen und beschrieben. Augsburg, Kollmann, jetzt Regensburg, Verl.-Anst., 1852, 8°, 2 Bde, 1,05 Mk.

Schifferli, Arthur, Tierarzt von Döttingen (Aargau): Die aseptischen Beugesehnen-Veränderungen des Pferdes unter besonderer Berücksichtigung der histologischen Vorgänge. (Aus dem veterinär-chirurgischen Institut der Universität Zürich. Leiter Prof. Bürgi.) Zürich 1908. 64 S. und vier Tafeln. 8°. S.-A. aus dem Schweizer-Archiv für Tierheilkunde. Band 50. Heft 1 und 2. [27. 11. 08.]
Zürich. Vet.-med. Diss. 1907/08.

Schifferli, Arthur. Die aseptischen Beugesehnen-Veränderungen des Pferdes, unter besonderer Berücksichtigung der histologischen Vorgänge. Diss. Vet.-Med. Univ. Zürich. Mit 8 Figuren auf Tafel I bis IV. [Sep.-Abdr. aus: Schweizer-Archiv für Tierheilkunde, Band 50, 1908.] *Kopftitel:* Aus dem veterinär-chirurgischen Institut der Universität Zürich. Leiter: Prof. O[scar] Bürgi. 64 S. 8. Zürich, Orell Füssli, 1908.

Schiffermädchen, Das, Seitenstück zum Jägermädchen. Prag 1801. V (nicht): *Cramer, Carl Gottlob.* (GGr)

— — Dasselbe. 2 Thle. Mit Kupf. Leipzig, Joachim, 1802. 8°. Kayser p. 109 nennt keinen Verfasser.

Schiffermädchen, d., Seitenst. z. K. G. Cramers Jägermädchen, m. K. 8. Prag. Polt. (Joachim in Lpz.) 802.

Schiffermüller, Ign., († 1809.) Versuch eines Farbensystems. Mit illum. Kpf. gr. 8. Wien 772. (Beck). 2 ℳ

— systemat. Verzeichniß d. Schmetterlinge d. Wiener Gegend. 4. Wien 776.

Schiffers, M. J., Amwâs, das Emmaus d. heil. Lucas, 160 Stadien von Jerusalem. Mit Titelbild, e. Grundplan u. e. Karte v. Judäa. gr. 8. (VIII, 286 S.) Freiburg i/Br. 890. Herder. n. 3. —

Schiffers, Otto, Bismarck als Christ. (161 S.) 8. Elberfeld 906. Buchh. der ev. Gesellschaft. n. 1. 80; geb. in Leinw. n. 2. 40

Schiffert, J., Gedanken über die socialen Zustände u. Verhältnisse der Landbewohner u. vornehmlich die der Arbeiter. gr. 8. (VI u. 40 S.) Königsberg 849, Gräfe & Unzer. n. 6 ngl

Schiff . . ., s. : Schiff . . . .

Schiffini, Sancto, disputationes metaphysicae specialis. 2 voll. gr. 8. Turin 888. (H. Loescher. — Freiburg i/B., Herder.) n.n. 9. 60
I. De natura corporali et anima rationali. (VIII, 692 S.)
II. Quaestiones theologiae naturalis. (448 S.)

Schiffini, Sanctus. Disputationes philosophiae moralis. 2 voll. 8. Augustae Taurinorum 891. (Freib. i. B., Herder.) *. 9 60
I. Ethica generalis. (432 S.) — II. Ethica specialis. (699 S.)

Schiffini, Sancto, S. J., Tractatus de gratia divina. gr. 8. (IX, 704 S.) Freiburg i/B. 901. Herder. n. 8. 40; geb. in Halbfrz n. 10. 40

Schiffini, P. Sanctus, institutiones philosophicae ad mentem Aquinatis, tribus voluminibus iam evolutae, ab eodem auctore nuper in compendium redactae. 8. (VIII, 670 S.) Augustae Taurinorum 889. (Freiburg i/Br., Herder.) n.n 4. 80

— institutiones philosophicae in compendium. Vol. II. Ethica sive moralis. gr. 8. (IV, 395 S.) Ebd. 893. n.n. 3. 20

— principia philosophica ad mentem Aquinatis. Ed. II. ab auctore recognita et indice alphabetico locupletata. gr. 8. (XVI, 702 S.) Ebd. 892. n.n. 6. —

Schiffini, Sanctus, S. J., Tractatus de virtutibus infusis. (XI, 695 S.) gr. 8. Freiburg i/B. 904. Herder. n. 8. 80; geb. in Halbfrz. n. 11. —

Schiffkorn, Ferdinand, s. Schifkorn

Schifflein, das, Christi in Paris. 1—5. Jahrg. 1864—68. à Jahrg. 12 Nrn. (Bgn.) Paris. (Hamm, Grote'sche Buchh.) 8. Jeder Jahrg. n. 20 ngr

Schifflein, das, Christi in Paris. 5. und 6. Jahrg. 1868 und 1869. à Jahrg. 12 Nrn. (Bog.) Paris. (Hamm, Grote.) à Jahrg. *

Das Schifflein im Sturm. Tai. (Jahrg. 1. Heft 5.)

Schiffler, Walburga, die deutsche Hausfrau in der Küche, Speisekammer u. im Keller, od.: Kochkunst u. Haushaltung unf. Tage rc. 8. (16 B., Portr. d. Verfn. u. 7 Stnt.) Leitmeritz 837, Medau.

Schifflin, Johann Sigismund (Augsburg) A. S. 301/1

De fidei formularum praecipue Augustanae confessionis iustitia et usu. Präs. Johann Balthasar Bernhold. Altdorf (Meyer) 21. VII. 1730. 38 S. 30401

Schifflin, Phil., Anleitung z. Erlernung d. engl. Sprache. 1. Curs. gr. 8. (13½ B.) Essen 841, Baedeker.

Schifflin, Phil., Anleitung zur Erlernung der engl. Sprache. 2. Curs. M. Wörterbuch. gr. 8. (26¾ B.) Essen 846, Bädeker.*

Schifflin, Ph., Anleitung zur Erlernung der engl. Sprache. 1. Cursus. 2. Aufl. gr. 12. (VIII u. 168 S.) Essen 849, Bädeker. 5/12 ℳ

Schifflin, Phil., Anleitung zur Erlern. d. franz. Sprache. 1. u. 2. Curs. 8. Elberfeld, Becker. [1. (9 B.) 832. 6 Gr., 2. (23½ B.) 833. 16 Gr.]

—— Anleitung z. Erlern. d. franz. Sprache. 1—3. Curs. 8. Elberfeld, Becker. [1. 2—5. Aufl. (à 9 B.) 837—42. à ¼ Thlr., 2. 2., umgearb. Aufl. (21½ B.) 841. ⅔ Thlr., 3. (16 B.) 840. ½ Thlr.]

— Anleitung zur Erlernung der französ. Sprache. 1. Cursus. 5. Aufl. 8. Elberfeld 842, Becker. ¼ ℳ — 6. Aufl. 8. Ebend. 843. ¼ ℳ — 7. Aufl. Ebend. 844. ¼ ℳ — 8. Aufl. Ebend. 846. ¼ ℳ

— Anleitung zur Erlernung der französischen Sprache. 1. Cursus. 9. Aufl. 8. (IV u. 140 S.) Elberfeld 847, Becker. (Bädeker.) — 11. Aufl. 8. (IV u. 140 S.) Wesel 850, Bagel. ¼ ℳ

— dies. 2. Cursus. 3. neu umgearb. Aufl. 8. (XVI u. 308 S.) Wesel 851, Bagel. ½ ℳ

Schifflin. Ueber die Casus und Zeitwörter in ihrem Verhältniss zu einander. Barmen, H. B., 1837. Progr.

— neues Lehrbuch der französ. Sprache für die zweite Unterrichtsstufe. 12. Barmen 846, Langewiesche. 12 ngl

— neues Lehrbuch der französischen Sprache f. die zweite Unterrichtsstufe. 12. (IV u. 208 S.) Barmen 847, Langewiesche. 12 ngl

Schifflin, Phil., wissenschaftl. Syntax d. franz. Sprache. gr. 8. (25½ B.) Essen 840, Bädeker. Thlr.

Schiffmacher, Aug., s.: Heimbach, B.

Schiffmacher, Jakob [aus Mainz]: Über die syphilitische Erkrankung der Lunge ... Berlin, Buchdr. v. G. Schade, 1896; 31 S. 8.
Berlin, Med. Fak., Inaug.-Diss. v. 11. Aug. 1896.

Schiffmann. Jost Josef Niklaus Sch'. Njbl. s.a. [Reinhardt, Heinrich].

Schiffmann, Jost Joseph Nikolaus. [Zürich 1886.] V: *Reinhardt, Heinrich.* (Cat. d. Stadtbibl. Zürich. Zürich 1864—97.)

Schiffmann u. Vormfelde, Hauptprüfung v. Kleinmotoren. s. a. Arbeiten der deutschen Landwirtschafts-Gesellschaft.

Hauptprüfung von Kleinmotoren. Bericht von Dipl.-Ing. **Schiffmann** u. Dipl.-Ing. Vormfelde. Berlin: Deutsche Landwirtsch.-Gesellsch. 1908. (45 S.) 8° [F.]
— **Arbeiten** d. Deutschen Landwirtsch.-Gesellschaft. H. 135, [1.] (08. 29.3

Schiffmann, A. G., s. Schiffmann, Gustav Adolf

Bericht über die 50jährige Jubiläumsfeier der K. Lateinschule Hassfurt. (Anhang zum Jahresbericht.) — Von Andreas Schiffmann, S.-R. — 1899, Hassfurt, J. Müller. — P. 21–28.
Progr. Hassfurt (Unterfranken), Kgl. Lateinschule

Schiffmann, A[nton]. Schimberg-Bad im Entlebuch .... 8. Interlaken.
Ausg. A. 1875. — *Ausg. B* 1876.

Schiffmann, A[nton]. Schimberg-Bad im Entlebuch .... Mit Ansicht [Tafel] und Panorama. 8. Leipzig 1881.

Schiffmann, A[nton]. Schimberg-Bad im Entlebuch .... [Mit 1 Tafel und 1 Panorama.] 8. Luzern 1884.

Schiffmann, Arthur, Referendar: Die Wirkungen der Verheiratung einer Geschäftsfrau auf das von ihr betriebene Geschäft: Borna-Leipzig 1910: Noske. x, 63 S. 8°
Breslau, Jur. Diss. v. 9. Juni 1910, Ref. Meyer, Schott
[Geb. 27. März 86 Meseritz, Posen; Wohnort: Fraustadt; Staatsangeh.: Preußen; Vorbildung: Gymn. Meseritz Reife O. 05; Studium: Freiburg i. B. 1, Breslau 2, Berlin 1, Breslau 2 S.; Rig. 30. Juli 08.] [U 10. 529

Schiffmann, C., das französische Kaninchen [Lapin] u. dessen rationelle Zucht in Deutschland. 2. verm. u. verb. Aufl. 8. (16 S.) Nürnberg 872. (Korn.) n.n. — 50

— dasselbe. 3. verm. u. verb. Aufl. 8. (23 S.) Nürnberg 873. (Berlin, Wiegandt, Hempel & Parey.) n. — 80

Schiffmann, C., Leitfaden des Wasserbaues. s. a. Weber's illustr. Katechismen. 254. Bd.

Schiffmann C, Leitfaden des Wasserbaues. (559 S 8 T) (Webers illustrierte Katechismen 254) Leipzig 1905

Schiffmann, Conrad, s. Schiffmann, Konrad

Schiffmann, Fr[an]z Jos[eph]. Ueber Dr. Thomas Murners früheste Ankunft in Lucern, und seinen bisher unbekannten Lucernerdruck. ⟨SA.⟩ 8. Einsiedeln 1872.

Schiffmann, Frz. Jos., Samuel Apiarius, } s. a. Publikationen des Börsen-Vereins der deutschen Buchhändler.

Schiffmann, Franz Jos[eph]. Samuel Apiarius, der älteste Buchdrucker Solothurns ⟨1565–1566⟩. [SA.] 8. [Leipzig 1883.]

— zwei Luzerner Buchdrucker und Buchhändler, } s. Publikationen des Börsen-Vereins der deutschen Buchhändler.

Schiffmann, Frz. Jos., die Buchdruckerei im Lande Uri, s. a. Neujahrs-Blatt, histor., hrsg. v. d. Gesellschaft f. Geschichte u. Alterthümer d. Kantons Uri, 1896.

Schiffmann, Franz Jos[eph]. Die Buchdruckerei im Lande Uri von ihren Anfängen bis in die Gegenwart. Historische Scizze. (Histor. Njbl. Uri 1896 [Theil 2].) kl.-4. (Altdorf 1895.)

Schiffmann, Friedrich Emil, approb. Arzt aus Eilenburg, Prov. Sachs.: Ueber die Ruptur der A. meningea med. *Leipzig 1902: B. Georgi.* (41 S.) 8°
Leipzig, Med. Diss. v. (28. Apr.) 1902

Schiffmann, Fritz, Rathgeber f. Lebensversicherg.-Agenten f. d. Verkehr m. der Direktion, Subdirektion, d. General- od. Haupt-Agentur, sowie d. Publikum. (63 S.) 8. Gr.-Lichterfelde (898). Wallmann. 1. 50

Schiffmann, Fritz, Vademecum der gesamten in Deutschland direkt arbeitenden Versicherungs-Gesellschaften. (1901.) 12. (XI, 350 S.) Gr.-Lichterfelde, F. Schiffmann. Geb. in Leinw. n. 3. 50

Neue patriotische Lieder u. lyrische Gedichte von Georg **Schiffmann**. Rügenwalde: Selbstverl. [1907.] (10 S.) 8° [F.] (08. 1360

Schiffmann, Gustav Adolf

Schiffmann, G. A., die Bedeutung der Augsburgischen Confession für die evangelische Kirche der Gegenwart. Ein Vortrag im Unionsverein zu Berlin gehalten. gr. 8. (16 S.) Berlin 869, Geelhaar. *

Als Ms. gedr. f. d. Capitel-Brr der Gr. Landes-Logen. Beleuchtung des Promemoria des Br. [Adolf] Widmann betreffend die Einwendungen gegen das neue Gesetz über die freie Wahl des Ordens-Meisters von [Gust. Adolf] **Schiffmann.** Stettin 1874: Hessenland. 43 S. 8° [Umschlagtit.]
Auszug in: Bh. 18 (1875) S. 89—92; FZ. 29 (1875) S. 81—84; Findel, J. G.: Schiffmann u. d. Gr. L. L. 1877 S. 33—45; Neue Ausg. 1880 S. 33—45.
cf. Bh. 19 (1876) S. 193—197; VM. 14 (1876) S. 603—606 (H. Buechler).

Offener Brief an [Friedr.] Nielsen als Antwort auf seine Schrift Freimaurerthum und Christenthum von G[ust.] A[dolf] **Schiffmann.** Leipzig: Zechel 1883. 52 S. 8°
Recens: DrL. 12 (1882—1883) S. 912; Bh. 26 (1883) S. 94—95 (J. G. Findel); FZ. 37 (1883) S. 262—263 (K. Pilz); L. 6 (1883) S. 48 (B. Cramer); Z. 13 (1883) S. 67—68 (Jörg).
Tt. 1771.

[Autogr.] [Entgegnung des Br. Gust. Adolf **Schiffmann** wider Cäsar Karl Ludw. v. Dachröden.] [Stettin 1876.] 7 Bl. 2°
Abgedr. in: Bh. 19 (1876) S. 345—348; Z. 6 (1876) S. 170—171, 178—179; Findel, J. G.: Br. Schiffmann u. d. GrLL. 1877 S. 117 bis 126; Neue Ausg. 1880.
Tt. 457. Betr. ein Zirkular der GrLL. an die Logenmstr in Sachen Schiffmanns.

Die Entstehung der Rittergrade in der Freimaurerei um die Mitte des 18. Jahrhunderts. Nach den ältesten freimaurerischen Hand- und Druckschriften bearb. von G[ust.] A[dolf] Schiffmann. Ms. f. Brr. Mit einer lithogr. Taf. Leipzig: Zechel 1882. IV, 191 S. 8⁰
Recens: L. 5 (1882) S. 208 (K. W. Bleich); DrL. 12 (1882—1883) S. 872; ML. 11 (1882 bis 1883) S. 129—136 (F. Krüger), abgedr. in: Bh. 26 (1883) S. 156–159, 164—167; FZ. 37 (1883) S. 22 (K. Pilz).
cf. Bh. 26 (1883) S. 6—7, 13—14 (J. G. Findel); BN. 8 (1883) S. 214—217 (J. P. Vaillant); Z. 13 (1883) S. 5—6 (G. L.); AGr. 4, 13 (1884) S. 21—35 (K. Gartz II); HL. 31 (1898) S. 2697—2699 (J. Moltmann).
Tt. 341. Die Taf. enth. die älteste Stammtafel des schwedischen Kapitels.

Die Freimaurerei in Frankreich in der ersten Hälfte des XVIII. Jahrhunderts. Nach den ältesten franz. Schriften und Documenten bearb. von G[ust.] A[dolf] Schiffmann. Ms. f. Brr. Mit einem Holzschn. Leipzig: Zechel 1881. X, 215 S. 8⁰
Auszug in: L. 3 (1880) S. 34—37.
Recens: DrL. 10 (1880—1881) S. 704; ML. 9 (1880—1881) S. 105—108, 113—116 (F. Krüger); Al. 7 (1881) S. 127—128 (A. Steck); Bh. 24 (1881) S. 45—47 (J. G. Findel); O. 7 (1881) S. 7.
cf. Hn. 8 (1881) S. 94—96; L. 4 (1881) S. 3—5 (K. W. Bleich u. B. Cramer), 41–43, 49—50; MW. Ser. 4 Jg. 1 (1881) No 19; Z. 11 (1881) S. 16; LgIsl. 9 (1881—1882) No 8; Fr. 18 (1885) S. 217 (G. W. Speth).
Tt. 414.

Die Freimaurerei in Frankreich in der ersten Hälfte des XVIII. Jahrhunderts. Nach den ältesten franz. Schriften und Documenten bearb. [Von Gust. Adolf Schiffmann. Leipzig: Zechel 1881.] 12 S. 8⁰ [Umschlagtit.]
Aus: L. 4 (1881) S. 57—59, 65—67.
Abgedr. in: LgIsl. 9 (1881–1882) No 20, 21.
Tt. 415. Replik auf F. Krügers Kritik der Schiffmannschen Schrift: „D. Frmrei in Frankr.“ im ML. 1880—1881.

Ms. f. Capitel-Brr. Geschichte des Capitels der Gr. Landes-Loge von Deutschland und seiner Akten von [Gust. Adolf] Schiffmann. H. 1. Stettin 1876: Hessenland. 8⁰
1. Die Eckleff'schen Capitel. 56 S.
Auszug (die Akten d. Eckl. Kapitels) in: Bh. 19 (1876) S. 322—324, 329—331; Findel, J. G.: Br. Schiffmann u. d. GrLL. 1877 S. 70—83; Neue Ausg. 1880.
cf. Bh. 19 (1876) S. 218—219; Findel, J. G.: Br. Schiffmann u. d. GrLL. 1877 S. 64—70; 84—88; Neue Ausg. 1880.

—— die evangelische Lehre von der Rechtfertigung durch den Glauben, s. Vorträge, protestantische.

Schiffmann, G. A., Lessing's Nathan der Weise in seiner religiösen Bedeutung. Ein Vortrag. Stettin 856. Nagel. 8. (28 S.) 6 ngr.

Schiffmann, Gust. Adolf: Der Ordensrath der GrLL. und die histor.-krit. Forschungen. Stettin 1875.
Auszug in: Findel, J. G.: D. Zeitalter d. Verirrungen. 1892 S. 102–106.
cf. Bh. 19 (1876) S. 201—203; Findel, J. G.: Br. Schiffmann u. d. GrLL. 1877 S. 56—64; Neue Ausg. 1880.
[Findel, J. G.: Gesch. d. Frmrei. 6. Aufl. 1893 S. 302.]

Schiffmann, Predigt am Jahresfest d. Gustav-Adolph-Vereins zu Stettin am 16. Novbr. 1873 geh. gr. 8. (13 S.) Stettin 874. Nagel. n. — 25

—— Predigten, s. Schwarz, C.

Andr. Mich. Ramsay. Eine Studie zur Geschichte der Freimaurerei von G[ust.] A[dolf] Schiffmann. Ms. f. Brr. Leipzig: Zechel 1878. 99 S. 8⁰
Recens: Al. 4 (1878) S. 340.
cf. Bh. 21 (1878) S. 351—354, 359—361 (J. G. Findel); D. Bund. 1 (1878) S. 104; Z. 8 (1878) S. 175—176 (M. Amster); DrL. 8 (1878—1879) S. 532 (E. A. F. Rumpelt gen. Walther); Hn. 6 (1879) S. 9; KfF. 19 (1879) S. II—III; Bh. 26 (1883) S. 337—339 (F. Schwalbach).
Tt. 340. Verteidigung Ramsays.

Schiffmann, G. A., Rede bei der Jubelfeier der Loge drei goldene Anker zu Liebe u. Treue in Stettin am 3. März 1870 gehalten. Ein faktischer Beweis aus dem Leben der Großen Landesloge gegen die neuesten Anklagen d. Br. Findel. (Mscr. f. Brüder.) Stettin 870. (Nagel.) gr. 8. (15 S.) 3 ngr.

Rede bei der Jubelfeier der Loge drei goldene Anker zu Liebe und Treue in Stettin am 3. März 1870 gehalten von G[ust.] A[dolf] Schiffmann. Ein faktischer Beweis aus dem Leben der Gr. Landesloge gegen die neuesten Anklagen des Br. [Jos. Gabr.] Findel. Ms f. Brr. Stettin 1870: v. Rédei. 15 S. 8⁰
Tt. 2183. Wünscht Erforschung der geschichtl. Grundlagen, zeitgemässe Formen des Bundes, begrenzt dessen Aufgabe.

Mein Verhalten als Architect der Gr. Landes-Loge und der Grund meiner Verurtheilung. [Unterz.: Gust. Adolf] **Schiffmann.** [Stettin 1876: Hessenland.] 8 S. 4⁰ [Kopftit.]
Abgedr. in: Bh. 19 (1876) S. 299—301, 309—310; T. 22 (1876) S. 155—157, 163—164; Findel, J. G.: Br. Schiffmann u. d. GrLL. 1877 S. 104—116; Neue Ausg. 1880.
cf. HL. 9 (1876) S. 708—712, 716—717; T. 22 (1876) S. 171—172; 23 (1877) S. 73—75, 84—85; HL. 10 (1877) S. 768; OF. 1 (1877) S. 6—7. Tt. 456.

Das Verhältnis der Freimaurerei zum Christenthum und zur Kirche. Ein Vortrag von G[ust.] A[dolf] Schiffmann. Stettin: Nagel 1857. VII, 30 S. 8⁰
Auszug in: FZ. 11 (1857) S. 175—176.
cf. L. 16 (1859) S. 61—65.

Blätter und Blüthen, gesamm. in den Mussestunden am Pfade des Lebens von Heinr. Fr[iedr.] **Schiffmann.** Berlin: Selbstverl. 1880. 46 S. 8⁰
20 nichtmrische Gedichte.

Blätter und Blüthen. Gesamm. am Pfade des Lebens von Heinr. Friedr. **Schiffmann.** Berlin: Selbstverl. 1893. 135 S. 8⁰
Sammlung von Gedichten, darunter einige frmrische.

Durch Sturm zum sicheren Hafen. Schauspiel in vier Akten. Von Heinr. Friedr. **Schiffmann.** [Lankwitz 1900: Wallmann.] 55 S. 8⁰
[Umschlagtit.:] Meinen lieben BBr zum Abschiede gewidmet. Berlin, Januar 1900.
cf. Bbl. 15 (1901) S. 184 (G. Diercks).

Gebet eines Freimaurers von [Heinr. Friedr.] **Schiffmann.** Berlin, den 1. Jan. 1896. [Berlin: 1896.] 2 Bl. 8⁰ [Umschlagtit.]
Gedicht: „Was ich von meinem Gotte mir erflehe, . . .“

[Gedicht.] Den lieben Brüdern von Nah und Fern zum Johannestage 1893 gewidmet von Heinr. Friedr. **Schiffmann.** „Blätter und Blüthen“. Berlin [1893]: Jedeck. 2 Bl. 4⁰ [Umschlagtit.]
„Was ich in meines Herzens Tiefe finde, . . .“

Schmidt, Alexis: [Gedicht ohne Reime.] Zum hundertjährigen Stiftungs-Feste des Mittwochs-Tisches seinem Leiter, unserem vielgeliebten Br. Alexis Schmidt in Dankbarkeit und wahrhafter Verehrung gewidmet von Heinr. Fr[iedr.] **Schiffmann.** Berlin, den 4. Oct. 1893. [Berlin 1893]: Denter & Nicolas. 2 Bl. 8⁰ [Umschlagtit.]

**Schiffmann, H. F.* Die Geheimnisse der Lebensversicherung. Berlin 1883.

Mein Glaube. [Unterz.:] Heinr. F[riedr.] **Schiffmann.** [Berlin] o. J. 1 Bl. 4⁰ [Kopftit.]
Gedicht: „Das was ich glaube soll ich Euch verkünden, . . .“

Schiffmann, Heinr. Frdr., die Hyänen d. Lebens. 8. (64 S.) Berlin 876. Staube. — 75

I. Johannisfeier. II. Forschungen nach den ersten Anfängen der Maurerei. III. Bekenntnisse eines Seniors der Königl. Kunst von Heinr. Friedr. **Schiffmann.** [Berlin 1901: Dietze.] 10 S. 8⁰ [Umschlagtit.]
Monolog u. 2 kurze Betrachtungen.

Johannis-Fest 1887. Den gel. Br gewidmet von Heinr. Fr[iedr.] **Schiffmann.** [Dat.:] Berlin, den 24 Juni. Or. Hamburg. □ Bruderkette. [Hamburg: 1887.] 2 Bl 8⁰ [Umschlagtit.]
Gedicht: „Drei Rosen schmücken des Maurers Brust . . .“

Zum Johannistage im Jahre des Heils 1884 von Heinr. Fr[iedr.] **Schiffmann.** Lankwitz-Gr.-Lichterfelde [1884]: Wallmann. 2 Bl. 8⁰ [Umschlagtit.]
Gedicht: „Die Rose grüsst!“

— die Lebens-Versicherung. gr. 8. (27 S.) Berlin 873. (Puttkammer & Mühlbrecht.) n. — 80

[Lied.] Zum Stiftungs-Fest der hochehrw. Loge zur goldenen Kugel Or. Hamburg von Heinr. Friedr. **Schiffmann.** Friedrichroda o. J.: J. Schmidt & Co. 2 Bl. 8⁰ [Umschlagtit.]
„Heil, Heil dem Meister, Heil an diesem Tage, . . . Rekt. Kneisner, Hamburg.

*— Memoiren aus meinem Versicherungsleben. 1892.

Schiffmann, Heinr. Fr., Memoiren aus meinem Versicherungsleben. Als Mskr. gedr. gr. 8. (IV, 86 S. m. Bildn.) Berlin (S., Oranienstr. 56, II) 896. H. F. Schiffmann. n. 1.40

— dasselbe. 3. Aufl. gr. 8. (IV, 86 S. m. Bildn.) Berlin 897. Nicolai's Verl. n. 1.—

— Nur eine Police von 2000 Talern. 1876.

O! Du schönes, Du heil'ges Johannisfest mit Deinen drei lieblichen Rosen. Der Gr. Loge Royal York zur Freundschaft [in Berlin] zum Johannisfeste 1885 in br. Zuneigung gewidmet von Heinr. Fr[iedr.] **Schiffmann.** ▭ Bruderkette Or. Hamburg. [Dat.:] **Berlin,** den 24. Juni 1885. **[Berlin: 1885.] 2 Bl.** 8° [Umschlagtit.]
Gedicht: „Was bewegt heut so mächtig des Maurers Herz, . . ."

— Was ist das beste Festgeschenk für meine Frau? Berlin 1884.

Schiffmann, J. G., Verhältnisse des Militärarztes. gr. 8. Potsd. 814, Horvath. 8 gl.

Schiffmann, Joh., das Feuerversicherungswesen des preußischen Staates. Eine Sammlung aller auf dasselbe Bezug habenden gesetzl. Bestimmungen, insbesond. der in der Gesetzsammlung, in den v. Kamptz'schen Annalen, den Ministerialblättern und sonst. Sammlungen enthaltenen Verordnungen, Rescripten ꝛc. Als Handbuch für Agenten und Ortspolizeibehörden bearb. gr. 8. (V und 86 S.) Leipzig 860, E. H. Mayer. Thlr.

Schiffmann, Johann Adam (Strassburg) 4° Misc. 180b/3

Os liberum et mors ambitiosa Helvidii Prisci senatoris Romani. Präs. Jakob Schaller.
Strassburg (Staedel) III. o.J. 18 Bl.

Gew.: Elias Brackenhoffer, Johann Leonhard Froreisen. 30402

Schiffmann, Jos. Laur., Lebensgeschichte d. Chorherrn u. Prof. Aloys Gügler. 2 Bde. gr. 8. (26½ B.) Augsburg 833, Kollmann.

Schiffmann, Konr., s.: Archiv f. die Geschichte der Diözese Linz.

— Ein altes Bilderbuch. Kulturgeschichtliche Skizzen. (240 S. m. Abb.) 8. Linz 908. Zentraldruckerei vorm. E. Mareis. 1.60

Schiffmann, Conr., Bruchstücke aus e. mhd. Passionsgedichte d. XIV. Jahrh. Aufgef. u. veröffentl. v. Sch. gr. 8. (12 S. m. 2 Abb.) Linz 895. (F. J. Ebenhöch.) n. —80

Schiffmann, Konr., Magister Georg Calaminus, e. Schulmann des 16. Jahrh. in Linz, s.a. Beiträge zur österreichischen Erziehungs- u. Schulgeschichte. 2. Hft.

Magister Georg Calaminus, ein Schulmann des 16. Jahrhunderts in Linz. Von Konrad Schiffmann. *Wien & Leipzig: W. Braumüller 1899.* (S. 91–14, XIII–XVII.) 8°
= Beiträge z. Österreichischen Erziehungs- u. Schulgeschichte. H. 2, 4. [oo. 5996

— Drama u. Theater in Oesterreich ob der Enns bis zum J. 1803. (240 S. m. Abbildgn. u. 17 Taf.) Lex.-8. Linz a/D. 905. Museum Francisco-Carolinum. (Nur direkt.) n. 3.40

— s.a. Helmbrecht.

(F) **Schiffmann, K.,** Helmbrecht. Ein Gedicht aus dem 13. Jahrhundert. 2. Aufl. 8°. (69 S.) K 2.—
Linz: Pirngruber 1910.

— Katalog e. schulhistor. Sammlung f. das Erzherzogt. Oesterreich ob der Enns II., s.: Beiträge zur österreich. Erziehungs- u. Schulgeschichte. 11. Heft.

Schiffmann Dr. Konrad: Notkers Mischprosa in seinem Kommentar zu den Psalmen X—XX u. C—CIV. incl. 27. Urfahr 08.
Progr.

— Die oberösterreich. Ortsnamen. II. (48 S.) 8. Linz 907. (Qu. Haslinger.) nn 1.50
Sonderabdr. aus: „Archiv f. d. Gesch. d. Diöz. Linz".

— das Schulwesen im Lande ob der Enns bis zum Ende des 17. Jahrh. (299 S.) gr. 8. Linz a/D. 900. Museum Francisco-Carolinum. (Nur direkt.) n. 1.25

— Die mittelalterlichen Stiftsurbare des Erzherzogtums Österreichs ob der Enns. I. und II. Teil. Siehe III. Abt., Österreichische Urbare. III. Abt., 2. und 3. Band.

Die K. k. Studienbibliothek in Linz. Von Dr. Konrad Schiffmann. Mit 17 Abb. Linz 1910: Wimmer. 32 S. 8°
Aus: Linzer Tages-Post. Unterhaltungsbeilage. [ıc 11131

— Ein Mondseer Urbarfragment aus dem XII. Jahrhundert. Ar. 89. . . . .
Separatabdruck

— ein Mondseer Urbarfragment aus dem 12. Jahrh. gr. 8. (14 S.) Wien 901. (C. Gerold's Sohn.) n. —40
Sonderabdruck aus: „Archiv f. österr. Geschichte".

Schiffmann Konrad, Dr.: Ein Vorläufer des ältesten Urbars von Kremsmünster. Ar. 87. . . . .
Separatabdruck

Schiffmann, Konr., ein Vorläufer des ältesten Urbars v. Kremsmünster. gr. 8. (19 S.) Wien 899. (C. Gerold's Sohn. n. —50
Sonderabdruck aus: „Archiv f. österr. Geschichte".

Schiffmann, U. C., Das Ganze der Schwimmkunst für Schwimmschüler und Freischwimmer, München 1880, 33 S., 8°.

Schiffmann-Holz, Hans Waldmann, s.a. Bibliothek vaterländischer Schauspiele. 69.

Hans Waldmann. Trauerspiel in 4 Akten u. 7 Aufz. nach Scholz, Forrer u. Spindler. Umgearb. u. arrangiert von Schiffmann-Holz, Fürsprech in Baar. *Aarau: H. R. Sauerländer & Co. 1901.* (61 S.) 8° [F.]
— **Bibliothek** vaterländischer Schauspiele. 69. [w. 8000

Schiffner, Albert

—— Beschreibung v. Sachsen u. d. ernestin., reuß. u. schwarzburg. Lande. (8 Lfgn.) Lex.-8. (52¼ B., 192 Stahlst. u. 2 Kart.) Stuttgart 838—40. [Dresden, Grimm.]
* 7 Thlr. 22 Gr., hrbgs. Pr.
Daraus apart: Höhenkarte d. Königr. Sachsen u. theilweise Böhmen, von Alb. Schiffner. ½ Imp.-Fol. Ebds. 839. 5 Gr.
Vgl. Erdball, der, hrsg. v. K. F. V. Hoffmann, 3—9. Lfg.

— Beschreibung von Sachsen u. der Ernestinischen, Reußischen u. Schwarzburgischen Lande. Vollständig in Einem Bande. 8 Lfrgn. Mit 192 Stahlstichen u. 2 Karten. Lex.-8. Stuttgart 838—40. Scheible. n. 7 11/12 ß

Schiffner, Albert, Beschreibung von Sachsen u. der Ernestinischen, Reußischen u. Schwarzburgischen Lande (Thüringen). 2. bericht. u. wohlf. Ausg. In 12 Liefg., mit 200 Ansichten in Stahlst. Lex.-8. (Mit 73 Stahlst.) Dresden 844, 45, Grimm. (à n. 1/6 ₰) n. 2 ₰

— dass. Supplement-Heft zu beiden Ausg. Lex.-8. Ebend. 845. n. 1/6 ₰

—— Beschreibung d. gesammten sächs.-böhm. Schweiz in ihrer neuesten Gestalt. Für Reisende. 2 Bdchn. gr. 12. (18½ B. u. 1 Wege- u. Reise-Karte.) Meißen 835, Goedsche.

Schiffner, Alb., der Führer im Muldenthale, s. Führer.

—— Handbuch d. Geographie, Statistik u. Topographie d. Königr. Sachsen. 1. u. 2. Lfg. Lex.-8. Leipzig, Fr. Fleischer. *

Lfg. 1., den zwickauer Kreisdirectionsbezirk enthalt. (34 B.) 839. * 2 Thlr.

" 2., den dresdener Kreisdirectionsbezirk enthalt. (44 B.) 840. * 2 Thlr. 16 Gr.

—— Haus- u. Schulbedarf d. Kunde Sachsens f. höh. Lehranstalten u. jeden sächs. Staatsbürger, dem d. genaue Kenntniß seines Vaterlandes Bedürfniß ist. — A. m. d. Umschl.-Ttl.: Handb. d. neuesten Geographie v. Sachsen. gr. 12. (14½ B.) Grimma 836, Verlags-Comptoir. *

Schiffner, Alb., Sebast. Bach's geist. Nachkommenschaft, mittels d. steten Fortgehens vom Lehrer zum Schüler construirt. Bruchstück einer viel größern Tafel u. Probe vieler ähnlicher Darstelln. Als Beilage zur „Neuen Zeitschrift für Musik". 2 Bl., Fol., zusammengeklebt. Leipzig 840, Friese. *

— das Königreich Sachsen rc., s. Erdball, der.

Schiffner, Alb., s. Sachwörterbuch rc.

—— vollständ. Staats-, Post- u. Zeitungs-Lexikon v. Sachsen, 15—18. Bd., s. : Schumann, A.

Schiffner, Alfr., die Maschinen-Einrichtungen v. Rohzuckerfabriken u. Zuckerraffinerien m. besond. Berücksichtg. ihres Dampfverbrauches. Ein Handbuch f. Maschineningenieure u. Zuckerfabriksbeamte. (VI, 150 S.) gr. 8. Prag 906. (F. Řivnáč.) n. 5. —

Schiffner, C., s. Schiffner, Karl

Schiffner, Carl, s. Schiffner, Karl

Schiffner, Christian Friedrich (Chemnitz) A. S. 168/9

Dissertatio juridica de inventarii confectione, et rationum redditione, matri tutrici et haeredi in dispositione patris inter liberos institutae, remissa invalida. Präs. Karl Matthias Daegener.
Leipzig (Zschau) 11. VIII. 1724. 36 S.

Gew.: Gf. Christoph Heinrich von Watzdorff.
W. v.: Präs. 30403

Schiffner, Franz (Bearb.), s. Arithmetik und Geometrie für Gymnasien u. Realgymnasien

— Beiträge zum Unterrichte in der darstellenden Geometrie an Realschulen. 6. ibd. 01.
Progr.

Schiffner Franz: Über die bildliche Darstellung geometrischer Raumgebilde in zwei centralen Projectionen oder die Doppelperspective. 22. Wien III. R. 97.
Progr.

Schiffner, Frz., Grundzüge der photographischen Perspektive, s. a. Lechner's photographische Bibliothek.

Schiffner, Franz, Grundzüge der photographischen Perspective. Vorschule für wissenschaftliche und künstlerische Photographie. (Lechner's photogr. Bibliothek. II) Mit 25 Figuren. Gr.-8. (54 S.) 1.20
Wien: Lechner 1893.

Schiffner, Frz., Lehrbuch der Arithmetik u. Geometrie, s.: Jacob, Jos.

Schiffner, Frz., Leitfaden f. den Unterricht in der darstellenden Geometrie an österreich. Oberrealschulen u. verw. Lehranstalten. Mit 153 Fig. im Text, 1 lith. Taf. u. 288 Uebungsaufgaben. 2., durchgeseh., textlich unveränd. Aufl. (VI, 180 S.) 8. Wien 906. F. Deuticke. Geb. in Leinw. n. 3. —

— Leitfaden f. den Unterricht in der darstellenden Geometrie an österr. Oberrealschulen u. verwandten Lehranstalten. 1. u. 2. Tl. 8. Wien, F. Deuticke. Geb. in Leinw. 3.40

1. Für die 5. Klasse. Mit 113 Fig. im Text, 1 farb. Taf. u. zahlr. Übungsaufgaben. (120 S.) 910. Geb. 2. —
2. Für die 6. Klasse. 3. Aufl. Mit 54 Fig. im Text u. zahlr. Übungsaufgaben. (76 S.) 910. Geb. 1.40

— Leitfaden f. d. Unterricht in d. darstell. Geometrie an österr. Oberrealschulen u. verwandten Lehranstalten. 8. Aufl. III. Tl. Für d. 7. Klasse. Mit 42 Fig. im Text u. zahlr. Übungsaufgaben. (55 S.) 8. Wien 910. F. Denticke. Lwbd. 1.20

Schiffner, Frz. Die photographische Messkunst od. Photogrammetrie, Bildmesskunst, Phototopographie. gr. 8. (XI, 134 S. m. 83 Fig.) Halle a. S. 892, Knapp. * 4 —

— Über den geometrischen Ort von Punkten, deren drei rechtwinkelige Raumcoordinaten ein constantes Product haben. 41. ibd. 00.
Progr. Wien

— Planimetrie. (Ebene Geometrie.) I. u. II. Tl. 8. Ebd. Kart. à 1. —

I. Leitfaden f. den Unterricht in der Geometrie u. dem geometr. Zeichnen in der II. Klasse an den österr. Realschulen u. verwandten Lehranstalten. Mit 66 Fig. u. 78 Übungsbeispielen im Text, e. Anh. üb. das geometr. Zeichnen m. 6 Textfig. u. 1 Fig.-Taf., sowie e. Aufgabensammlung. (52 S.) 907.
II. Dasselbe in der III. Klasse an d. österr. Realschulen u. verwandten Lehranstalten. Mit 63 Fig. u. 98 Übungsbeispielen im Texte, e. Anh. üb. d. geometr. Zeichnen m. 4 Textfig. u. e. Sammlg. v. 110 Aufgaben. (53 S.) 908.

Schiffner, F. und Travniček, J., Raumlehre. [Lehrbuch der Arithmetik und Geometrie für Gymnasien und Realgymnasien.] Unterstufe. I. Teil. Gr.-8°. (43 S.)
Wien: Deuticke 1909. K —.70, geb. K 1.—

Schiffner, F., Raumlehre für die 1.—3. Klasse. [Lehrbuch der Arithmetik und Geometrie für Realschulen.] Gr.-8°. (140 S.)
Wien: Fromme 1909. K 2.—, geb. K 2.40

— Vorschule der Geometrie. Ein Leitfaden f. den Unterricht in der geometr. Formenlehre an österreich. Realschulen u. verwandten Lehranstalten. Mit 60 Fig. im Text u. e Anh. v. 163 Uebungsaufgaben. (48 S.) 8. Ebd. 906. Geb. n. 1. —

— Geometrisches Zeichnen. Leitfaden f. den Unterricht an österreich. Unterrealschulen u. verwandten Lehranstalten. (IV, 75 S. m. 114 Abbildgn.) Ebd. 910. Geb. 1.20

Schiffner, Friedr., und Leop. **Friess**, Panorama von der Spindeleben bei Waldhofen an der Ybbs [3360′ = 1062 m.]. qu. Fol. (2 Stnt.) Wien 878, (Hölder.) *
Aus: Jahrbuch des österreichischen Touristen-Club, besonders abgedruckt.

Schiffner, G., Diät u. Diätkuren, s.: **Recklegel's**, M., vegetar. Koch- u. Rohkostbuch.

Der psychomechanische Betrieb im Weltall und im Menschen. 3 Vorträge über naturwissenschaftl. Probleme mit 2 Taf. u. mehreren Abb. von Gustav **Schiffner**. Meißen: Selbstverl. [1908]. 40, 80 S. 8°
[Umschlagt.]
[Sondert. 1:] Wissenschaftl. Probleme. 1. Das Rätsel von d. Schwerkraft ... von Schiffner.
[2.] ... 2. Kant-Laplace oder energische Weltenformation ... von Schiffner.
[3.] ... 3. Der Mensch ein Akkumulator u. Transformator ... von Schiffner.
[09. 5888

Der psychomechanische Betrieb im Weltall und im Menschen. 2 Vorträge über naturwissenschaftl. Probleme mit 2 Taf. u. mehr. Abb. von Gustav **Schiffner**. Meißen: Selbstverl.; ([Görlitz: Worbs in Komm.] 1908.) 80 S. 8°
[Sondert. 1.] Wissenschaftl. Probleme von Schiffner. 2. Kant-Laplace oder energetische Weltenformation.
[2.] Wissenschaftl. Probleme von Schiffner. 3. Der Mensch e. Akkumulator u. Transformator. [09. 3999 2

Schiffner, Gust., die Burg, s.: **Mehrakter**.

— Eine Stunde Dienstmädchen, s.: **Arbeiterbühne**.

Schiffner, Gust., wissenschaftl. Probleme. I. Das Rätsel v. der Schwerkraft. — II. Kant-Laplace od. energet. Weltenformation. — III. Der Mensch, e. Akkumulator u. Transformator. (Umschlag: Der psychomechan. Betrieb im Weltall u. im Menschen. 3 Vorträge üb. naturwissenschaftl. Probleme.) (40 u. 80 S. m. Abb. u. 2 Taf.) gr. 8. Meissen (908). (Görlitz, R. Worbs & Co.) nn 2.—; II u. III allein. (80 S. m. Abbildgn. u. 2 Taf.) nn 1.20

Schiffner, J., s. Schiffner, Joseph Johann

Schiffner, Jos. Jh., Gallerie merkwürd. Personen Böhmens 5 Thle. gr. 8. Prag 804—8. Buchler. 5 ₰ — Anh.: Denkwürdigkeiten d. Natur u. Kunst. 8. Ebd. 808.

Schiffner, Jos. Jh., neuere Geschichte d. Böhmen, v. d. Thronbesteigung Kaiser Joseph II. bis z. Frieden v. Paris. Als Fortsetzung von Pelzels Geschichte d. Böhmen. gr. 8. Prag 815. Enders. 1 ₰ 16 gr

Schiffner. Inhalt des Conscriptions- und Recrutirungs-Systems, ddto. Wien, vom 25. October 1804, nach alphabetischer Ordnung 8. Prag 1805.

— histor.-chronolog. Lebensbeschreibb. böhm. Landespatrone. Mit 37 Kpf. 3 Bde. 8. Prag 801. Buchler. 3 ₰

— das Riesengebirg u. sein vorgeblicher Bewohner Riebezahl. Nebst Beschreib. des Zustandes d. Bewohner des Innern im Riesengebirge. 8. Prag 805. Buchler. 4 gr (Joachim in Leipz.) 10 gr

— das **Riesengebirge** u. sein vorgebl. Bewohner Riebenzahl, nebst Beschr. d. Zustandes der Bewohner des Innern im Riesengebirge rc. 8. Ebend. 806.

Schiffner, K., Wilhelm Jordan. Mit drei Bildnissen des Dichters a. d. J. 1848, 1868 u. 1888, sowie e. Titelzeichng.: Abbildg. der v. Fr. Schierholz modellirten Portraitbüste Jordan's. gr. 8. (IV, 232 S.) Frankfurt a/M. 889. Osterrieth. n. 3.—; geb. n. 4.—

(G) **Schiffner**, K., Wilh. Jordan. 889. (KBL 26.) Jetzt: Frankfurt a/M., M. Diesterweg.

Schiffner, Karl

Schiffner, C., radioaktive Wässer in Sachsen. I. Tl. (57 S. m. Abbildgn.) Lex. 8. Freiberg 908. Craz & Gerlach. 2.—

— u. **M. Weidig**, radioakt. Wässer in Sachsen. II. Tl. (S. 59—144 m. 19 Abb.) Lex. 8. Ebd. 909. 3.—

Schiffner, C., welche Erfahrungen hat man m. dem sogenannten pyritischen Schmelzen gemacht? (15 S.) Lex.-8. Berlin 904. (Freiberg, Graz & Gerlach.) n. 1.—
Sonderabdruck aus: „Bericht des V. internat. Kongresses f. angewandte Chemie zu Berlin 1903".

Schiffner, Ludwig

Schiffner, L., über die Beziehungen d. Rechts in der universitas litterarum. Rectoratsrede aus Anlaß der Verkündigg. d. Ergebnisses v. Preisaufgaben der k. k. Universität Innsbruck. gr. 8. (47 S.) Wien 889. Manz. n. 1.20

Schiffner, Ludw., die Erbrechtsreform in der Novelle zum österr. allgem. bürgerl. Gesetzbuche. (VIII, 90 S.) gr. 8. Wien 908. Manz. 1.50

Schiffner, Ludw., der Erbvertrag nach dem bürgerl. Gesetzbuche f. das Deutsche Reich, s. a. **Abhandlungen** zum Privatrecht u. Civilprozeß des Deutschen Reiches. IV. 1.

[F.] Der Erbvertrag nach dem Bürgerlichen Gesetzbuche für das Deutsche Reich. Von Dr. Ludwig **Schiffner**, Prof. . . . and. Innsbrucker Univ. *Jena: G. Fischer 1899.* (1 Bl., VIII, 212 S.) 1 Bd 8.
= **Abhandlungen** z. Privatrecht u. Civilproz. d. Deutschen Reiches. [Bd] IV. [H.] 1. [99. 2310

Schiffner, Ludw., die geplanten Höfebücher f. Deutschtirol. gr. 8. (VI, 76 S.) Berlin 892. C. Heymanns Verl. n. 1.60

—— systematisches Lehrbuch des österreichischen allgemeinen Civilrechtes. 1.—4. Heft. gr. 8. Ebendas. *

Inhalt:
Heft 1. Einleitung und 1. Abthl. der allgemeinen Lehren. (VIII, S. 1—82.) 877. *M 2.
" 2. Die Lehre von dem Wesen und den Arten der Privatrechtsverhältnisse und die Lehre von den Personen enthaltend. (S. 83—216.) 878. *M 3,20.
" 3. Die Lehre von den Sachen und vom Vermögen. (90 S.) 879. *M 2,20.
" 4. Die allgemeinen Lehren des materiellen Grundbuchrechtes. (106 S.) 879. *M 2.40.

Schiffner, Ludw., systematisches Lehrbuch des österreichischen allgemeinen Civilrechtes. 5. Heft. gr. 8. (VIII, 240 S.) Wien 882, Hölder. *
1. Bd. compl. *
1.—4. Heft. Ebendas. 1877—79. *M 9,80.

Schiffner, Ludw., Lehrbuch d. französischen allgemeinen Civilrechtes [m. Berücksicht. d. bad. u. rumän. Rechtes], systematisch bearb. 1. Hft. gr. 8. (IX, 84 S.) Wien 877. Hölder. n. 1. 60

Schiffner, Ludw., Pflichtteil, Erbenausgleichung u. d. sonst. gesetzl. Vermächtnisse nach dem bürgerl. Gesetzbuch f. d. Deutsche Reich, s. a **Abhandlungen** zum Privatrecht u. Civilprozeß d. Deutschen Reiches, 1. Bd., 3. Hft.

[F.] Pflichtteil, Erbenausgleichung und die sonstigen gesetzlichen Vermächtnisse nach dem Bürgerl. Gesetzb. f. d. Deutsche Reich. Von Dr. Ludwig **Schiffner**, Prof. d. Rechte. *Jena: G. Fischer 1897.* (1 Bl., XII S., 1 Bl., 192 S.) 8.
= **Abhandlungen** z. Privatrecht u. Civilproz. d. Deutschen Reiches. Bd 1. H. 3. [97. 5926

— der Vermächtnißbegriff nach oesterreichischem Recht, unter Bezugnahme auf das gemeine Recht entwickelt. gr. 8. (45 S.) Wien 873. Manz. n. 1. —

— die sogen. gesetzl. Vermächtnisse. Eine erbrechtl. Studie auf Grundlage d. röm. u. österr. Privatrechtes unt. Berücksicht. and. bedeut. Codificationen. gr. 8. (X, 222 S.) Leipzig 895. Veit & Co. n. 7. —

—— Der Vermächtnißvertrag nach österreichischem Recht m. Berücksicht. d. gemeinen Rechts wie der neueren Codificationen u. Entwürfe, insbesondere auch d. deutschen Entwurfs. gr. 8. (XII, 180 S.) Lpz. 891, Duncker u. Humblot. * 3 —

Schiffner, Vict., e. neuer Beitrag zur Erklärung der „Zwangsdrohungen", s.: Nestler, A.

Schiffner, Vict., Botanik, s.: Lehrbuch f. Aspiranten der Pharmazie. III.

Conspectus Hepaticarum Archipelagi Indici. Vollständige Synonymik aller bisher von den Inseln des Indischen Archipels, der Malayischen Halbinsel und den Inseln Penang und Singapore bekannten Lebermoose m. Angabe d. Fundorte u. d. geogr. Verbreitg. sowie zahlr. krit. Bemerkgn v. Dr. Victor **Schiffner,** a. o. Prof. . . . zu Prag. (Hrsg. v. Botan. Garten in Buitenzorg.) *Batavia: Staatsdr. 1898.* (382 S.) 1 Bd 4. (8.) [99. 7

Exkursion in das österreichische Küstenland. Von Prof. Dr. Viktor **Schiffner.** Mit Taf. u. 1 Textabb. Wien: Selbstverl. d. Organisationskomitees 1905. (26 S.) 4°(8°)
= **Führer** zu d. wissenschaftl. Exkursionen d. 2. internat. bot. Kongresses, Wien 1905. 2. [05.

Schiffner Viktor Dr. *Expositio plantarum in itinere suo indico annis 1893–1894 suscepto collectarum speciminibusque exsiccatis distributarum, adjectis descriptionibus novarum. Series prima hepaticarum partem continens.* D 67. — — *Series secunda hepaticarum partem alteram continens.* D 70.
Separatabdruck

Schiffner, V., Expositio plantarum in itinere suo indico annis 1893/94 suscepto collectarum speciminibusque exsiccatis distributarum, adjectis descriptionibus novarum. Series I, Hepaticarum partem continens. [Aus: „Denkschr. d. k. Akad. d. Wiss."] gr. 4. (51 S.) Wien 898. (C. Gerold's Sohn.) n. 3. 20

Schiffner, V., Expositio plantarum in itinere suo indico annis 1893/94 suscepto collectarum speciminibusque exsiccatis distributarum, adjectis descriptionibus novarum. Series II, Hepaticarum partem continens. gr. 4. (S. 53—116.) Wien 900. (C. Gerold's Sohn.) n. 3. 90
Sonderabdruck aus: „Denkschr. d. k. Akad. d. Wiss."

— üb. exotische Hepaticae, hauptsächlich aus Java, Amboina u. Brasilien, nebst einigen morpholog. u. krit. Bemerkgn. üb. Marchantia. Arbeiten des botan. Institutes d. k. k. deutschen Universität in Prag. II. [Aus: „Nova acta d. ksl. Leop.-Carol. Deutschen Akad. d. Naturforscher".] gr. 4. (100 S. m. 14 Taf.) Ebd. 893. n. 16. —

— die Hepaticae der Flora v. Buitenzorg, s. a. Flore de Buitenzorg. IV.

Die Hepaticae der Flora von Buitenzorg bearb. von Dr. Victor Schiffner, Prof. zu Prag. Bd 1. *Leiden: E. J. Brill 1900.* 4°
= Flore de Buitenzorg. P. 4. [00.

Schiffner, Vict., die Lebermoose der deutschen Südpolar-Expedition, s. a. Südpolar-Expedition, deutsche.

Die Lebermoose der deutschen Südpolar-Expedition 1901—1903 von Prof. Dr. Victor **Schiffner** (Wien). Mit Taf. 6. (Berlin: G. Reimer 1906.) (S. 59–80.) 4°
— **Südpolar-Expedition,** Deutsche, 1901—1903. Bd 8, H. 1, 3. [07.

Schiffner, V., Lehrbuch für Aspiranten der Pharmazie. III. Bd. Gr.-8°. (ill. VII, 338 S.) geb. K 9.60
Wien: Fromme 1909.

Schiffner, V. Monographia Hellebororum, s. a. Acta, nova, academiae caes. Leop.-Carol.

— monographia Hellebororum. Kritische Beschreibg. aller bisher bekannt gewordenen Formen der Gattg. Helleborus. [Aus: „Nova acta d. ksl. Leop.-Carol. Deutschen Akad. d. Naturforscher".] gr. 4. (198 S. m. 8 z. Th. farb. Taf.) Halle a/S. 890. (Leipzig, W. Engelmann.) n. 20. —

Schiffner, Vict., Thallophyta u. Bryophyta, s.: Ergebnisse der botanischen Expedition der kaiserl. Akademie d. Wissenschaften nach Südbrasilien 1901.

Schiffner, Vict., Tortula Velenovskýi, e. neue Art der Gattung Tortula aus Böhmen. [Aus: „Nova acta d. ksl. Leop.-Carol. Deutschen Akad. d. Naturforscher".] gr. 4. (12 S. m. 1 Taf.) Halle a/S. 893. (Leipzig, W. Engelmann.) n. 1. 50

Schiffner, V., über Verbascum-Hybriden und einige neue Bastarde des Verbascum pyramidatum M. B., s. Bibliotheca botanica.

Schiffner, Wlh., das königl. sächs. Immobiliar-Brandkassen-Institut. gr. 8. (Mit 9 Tabell. in Fol. u. gr. 4.) Zwickau 832. Richter. 18 gl

Lübeckisches wohlgeordn. Schiff- u. Seerecht, in nachfolg. Artikeln u. Punkten, welchen alle diejen., so üb. See gedenken zu fahren, gehorsamlich nachleben müssen. *Lübeck.* **708.**

Schiffs-Almanach für 1863, enth. Listen der von der Nord- und Ost-See zur See fahrenden Segel- und Dampf-Schiffe im Anfange des J. 1863 mit ihren Signal-Nummer-Flaggen. gr. 8. (III und 177 S.) Hamburg 863, Salomon und Comp.

Schiffsarzt, der, oder gründl. u. leichtfaßl. Anleitung, die an Bord gewöhnl. inneren u. äußeren Krankheiten zu erkennen u. zu heilen. Nebst einer Belehrung über den Gebrauch der in den Medicinkasten vorhand. Arzneien. Von e. Schiffsarzte. 8. Hamburg 846, Heubel. 1/2 ß

Schiffsarzt, der. Aerztlicher Rathgeber für Schiffsführer. Nebst Anweisung zum richtigen Gebrauch der in der Medizinkiste enth. Arzeneien bearb. von einem prakt. Arzte. gr. 16. (52 S.) Danzig 850, (Saunier.) **

Schiffs- u. Ansiedler-Arzt, der amerikanische. Ein medizin. Noth- u. Hilfsbüchlein für Auswanderer, im Hafen, auf dem Schiffe u. während der Landreise, sowie in den Ansiedlungen selbst, auf Kosten des Londoner Missions- u. Auswanderervereins hrsg. u. ins Deutsche übertr. v. Herrm. Zirkel. gr. 16. (58 S.) Grimma 850, Verlags-Comptoir. 6 ngl

Schiffs- und Ansiedler-Arzt, der amerikanische. Ein medizin. Noth- und Hilfsbüchlein für Auswanderer, im Hafen, auf dem Schiffe und während der Landreise, sowie in den Ansiedlungen selbst, auf Kosten des londoner Missions- und Auswanderervereins hrsg. und ins Deutsche übertr. von Herrm. Zirkel. gr. 16. (58 S.) Grimma 851. [Wurzen,] Verlags-Comptoir.

Schiffs-Arzt, der homöopathische, oder Gebrauchs-Anweisung bei der Seekrankheit, den Klimafiebern, den Schiffsfiebern u. bei sonst vorkommenden Krankheiten. Nach vielfachen Erfahrungen niedergeschrieben von einem erfahrenen homöopath. Arzte. 8. (XVI u. 31 S.) Bremen 848, Geisler. 1/4 ß

Flensburger Schiffsbau-Gesellschaft. (Mit 1 Lichtdruck u. 10 lithogr. Blättern.) Flensburg. o. J. (nach 1892). 4° k.

[Kopftit.:] [F.] Der Schiffsbestand der Kaiserlichen Marine nach dem Flotten-Gründungsplan v. 1873 u. seine Erhaltg. *[O. O. & J.]* (23 S.) 1 Bd 4.

Schiffsbrand, Der, ein Gedicht. Weimar 1774. V: *Musäus, Johann Carl August.* (ML)

Schiffsbrand, ein. 16. (15 S.) Barmen 875. Wiemann. n. — 10

Schiffsbrand, ein. 16. (16 S.) Barmen 879, Wiemann.

Schiffsbrand | des Dampfschiffes Austria, | mit 538 Personen. von Hamburg nach New York bestimmt. | (Fig.: *Zwei Segelschiffe, eines brennt,* 90 × 90) | Das Schiff wurde durch Räuchern mit Theer im | Zwischendeck, indem ein Gefäß umstürzte und Feuer fing, in Brand gesteckt. | Gedruckt bei J. Kahlbrock Wwe., Grünersood No. 52. o. J. (1858), 4 Bl. n. n., 168 × 102. Dt. Vl.-Arch. Freiburg V 1. 1135/1.

Schiffs- u. Küstengeschütze, die, der deutschen Marine. Auf dienstl. Veranlassg. gedr. Mit 203 Holzschn. im Text u. 11 lith. Taf. (in gr. 8. u. qu. 4.) gr. 8. (IX, 230 S.) Berlin 876. Mittler & Sohn. n. 7. —

Schiffshebewerk, das, bei Henrichenburg am Dortmund-Ems-Kanal. Mit 5 Zeichngn. u. 1 Karte des Kanals v. Dortmund bezw. Herne bis Lüdinghausen. schmal gr. 8. (12 S.) Dortmund 902. W. Crüwell. — 50

Schiffsjungenschule, Die, der k. k. Kriegsmarine. Deren Zweck, Aufnahmsbedingungen für dieselbe, das Leben an Bord des Schulschiffes und die weitere Laufbahn der austretenden Schüler. 8. (16 S.) —.15
Wien: Hof- und Staatsdruckerei 1889.

Schiffs-Kalender, deutscher, der Kriegsmarine und Handelsflotte für 1887. Hrsg. von Schwarz-Flemming. 1. Jahrg. gr. 16. (VI, 430 S. mit 4 Flaggen-Taf.) Leipzig, Grunow. geb. *

—— deutscher, für Kriegsmarine und Handelsflotte 1888. Taschenbuch für Seeleute aller Grade, Konsulate, Hafenbeamte, Seemannsämter, Rheder, Schiffstechniker, Werften, Maschinenfabriken, Zeitungs-Redaktionen etc. Unter Mitwirkung hervorragender Fachleute hrsg. von Schwarz-Flemming. 2. Jahrg. gr. 16. (XXVIII, 450 S. mit 1 Portr. und 6 chromolithogr. Flaggenkarten.) Berlin. (Leipzig, Grunow.) geb. **

—— dass. — 1889. Taschenbuch für Marine-Offiziere, Seeleute aller Grade, Consulate, Hafenbeamte, Seemannsämter, Rheder, Schiffstechniker, Schiffsmakler etc. Unter Mitwirkung hervorragender Fachleute hrsg. von Schwarz-Flemming. 3. Jahrg. gr. 16. (XL, 444 S. mit 1 Portr. und 6 chromolithogr. Flaggenkarten.) Berlin, Siegismund. geb. *

Schiffskalender, deutscher, f. Kriegsmarine u. Handelsflotte 1890. Taschenbuch f. Marine-Offiziere, Seeleute aller Grade, Konsulate etc. Hrsg. v. Schwarz-Flemming. 4. Jahrg. gr. 16. (XV, 288 S. m. 7 Flaggenkarten.) Berl., Siegismund. geb. * 5 —
Nicht weiter erschienen.

Schiffs-Kapitain, der, od. Ausflüge in 5 Welttheile. Ein neues Spiel z. nützl. u. angenehmen Unterhaltung f. die Jugend in d. Stunden d. Muse. Mit 1 Reise-Plan, 16 fein ill. Figuren u. 16 Spielkarten, 2 Würfeln u. 2 Marken. 32. Nürnb. 832. Renner (u. Schuster). In Etuis 16 gl

Schiffscapitain, der alte. Eine belehrende Jugendschrift. Mit Illustr. gr. 16. (XIV u. 394 S. m. eingedr. Holzschn.) Halle 850, Riese. In Engl. Einb. 1 1/2 ₰

SCHIFFSKAPITAN, Der lustige, auf dem Dampfschiff. Erste—Vierte Station. Stuttgart, o. J. (c. 1835). 8°. (2 Mk., nur 1 u. 3, A. Buchholz, München, 1906.)

Schiffskapitain, der lustige, auf dem Dampfschiff. In 4 Stationen, in 1 Bd. (Neue Titel-Ausg. v. „Bibliothek des Frohsinns." N. F. 5. Bd. 1—4. Hft.) gr. 16. (532 S.) Stuttgart 847, H. Köhler. 18 ngr

Schiffs-Kassenvorschrift. Sch. K. V. (D. E. Nr. 242.) (VI, 133 S.) gr. 8. Berlin 909. (E. S. Mittler & Sohn.) 1.25; geb. in Leinw. 1. 75

Schiffs-Katastrophe, die, v. Apia-Samoa-Inseln im J. 1889, s.: Eisenschmidt's Büchersammlung.

Schiffskessel-Dampfüberhitzer, System Wilhelm Schmidt. Cassel 1902

Schiffs-Compass, der, die erdmagnetische Kraft und die Deviation vom praktisch-seemännischen Standpunkte. 8. (30 S. mit eingedr. Holzschn.) Oldenburg 879, Schulze'sche Hofbuchh. geb. *

Schiffs-Liste, Bremer, bezw. Oldenburger u. preuss., s.: Verzeichnis der etc. Seeschiffe.

Schiffs-Listen

— der Dampf- u. Segelschiffe der Nord- u. Ostsee sowie der österreichischen Handels-Marine im Anfange des J. 1866. Mit Anh. bis Anfang des Jahres 1867. Ebend. 867. 8. (255 S.) 1 ₰ 15 ngr.
Anhang apart. (55 S.) 18 ngr.

Schiffs-Listen der Segel- u. Dampfschiffe der Nord- u. Ostsee im Anfange des J. 1866. Hamburg 866. Salomon & Co. 8. (III, 201 S.) 1 ₰ 15 ngr.

Schiffs-Modellier-Buch. (6 farb. Bl. m. 2 Bl. Text.) 31 — 26,5 cm. Nürnberg (909). E. Nister. 1. 20

Schiffsnachrichten. Wochenausg. Red.: J. Seiderer. 9. Jahrg. Apr. 1894—März 1895. 52 Nrn. 4. (Nr. 1. 48 S.) Hamburg, Franke & Scheibe. Vierteljährlich 5. 25

Schiffsnachrichten. Wochenausg. Red.: J. Seiderer. 10.—12. Jahrg. 1895—1897. à 52 Nrn. (à ca. 50 S.) 4. Hamburg (Grimm Nr. 8), Franke & Scheibe. à Jahrg. 21.—

— dasselbe. 13. Jahrg. 1898. 52 Nrn. (à ca. 50 S.) 4 Ebd. 15.—
Kann auch vierteljährlich bezogen werden.

Schiffsnachrichten. (Wochenausg.) Red.: J. Seiderer. 14. u. 15. Jahrg. 1899 u. 1900. à 52 Nrn. 4. (à ca. 48 S.) Hamburg (Grimm Nr. 8), Franke & Scheibe. à Jahrg. 15.—

— dasselbe. 16. u. 17. Jahrg. 1901 u. 1902. à 52 Nrn. 4. (à ca. 48 S.) Ebd. Postfrei à Jahrg. n.n. 21.—

Schiffsnachrichten. (Wochen-Ausg.) Red.: Aug. Eggers. 18. u. 19. Jahrg. 1903 u. 1904. à 52 Nrn. (à ca. 40 S.) 4. Hamburg, Franke u. Scheibe. Postfrei à Jhrg. n.n. 21. —

Schiffs-Ordnung und Seerecht, der erbarn Hanse-Städte, daran sich ihre Bürger, sonderlich die Schiffs-Rheder, Befrachter, Schiffer u. Schiffs-Volk zu verhalten. Von neuem übersehen u. unter gewisse Titul gestellt. Stade 860. Pockwitz. 8. (32 S.) n. 4 ngr.

Schiffspatron, der, od. der neue Gutsherr. Operette. 8. Lpz. 793. (Gera, Heinsius). 8 gl.

Schiffspredigt, eine, des Herrn, s.: Sammlung neu-theosoph. Schriften.

Schiffsräume, moderne, des Norddeutschen Lloyd. Nach Entwürfen v. Bruno Paul, R. A. Schröder u. F. A. O. Krüger. (III, 36 S. m. Abbildgn.) Lex. 8. München 908. F. Bruckmann. 1. 50
Erweiterter Sonderdr. aus: „Dekorat. Kunst".

Schiffs-Repertorium, Hannoversches. Alphabetisches Verzeichniss aller Seeschiffe des Königr. Hannover mit Angabe ihrer Eigenschaft (Bauart), ihrer Heimath (auch der Landdrosteibezirke und der See- oder Stromgebiete, welchem die Schiffe angehören), ihrer Grösse nach Schiffslasten etc. nach dem Bestande Mitte Octbr. 1861. 2. Jahrg. 4. (42 S.) Hannover 862, (Meyer.) * —

Schiffsrollen (für Sr. Maj. Kriegsmarine). 8. (IV, 309 S.) Pola 876, (Schmidt.) geb. *

Schiffsunfälle, die, an der deutschen Küste in den J. 1873 bis 1877. Mit (lithogr.) Wrackkarte (in qu. gr. Fol.) Hrsg. vom kaiserl. statist. Amt. Imp.-4. (21 S.) Berlin 879, Puttkammer und Mühlbrecht. *
Aus: Monatshefte zur Statistik des Deutschen Reichs, besonders abgedruckt.

Schiffsunfälle, die, an der deutschen Küste in den J. 1878 bis 1882. Hrsg. vom kaiserl. statist. Amt. Imp.-4. (37 S. mit chromolithogr. Wrackkarte.) Berlin 883, Puttkammer und Mühlbrecht. *
Aus: Monatshefte zur Statistik des Deutschen Reichs, besonders abgedruckt.

Schiffsunfälle, die, an der deutschen Küste in den J. 1883 bis 1887 mit Wrackkarte. Hrsg. vom kaiserl. statist. Amt. [Aus: „Monatshefte zur Statistik d. Deutschen Reichs".] Imp.-4. (33 S.) Berlin 888. Puttkammer & Mühlbrecht. n. 1. 60

Schiffsunfälle, die, an der deutschen Küste in den J. 1888—1892. Mit Wrackkarte. Hrsg. vom kaiserl. statist. Amt. [Aus: „Vierteljahrshefte z. Statistik d. Deutschen Reichs".] Imp.-4. (27 S.) Berlin 894. Puttkammer & Mühlbrecht. n. 1. —

Schiffsunfälle, die, an der deutschen Küste in den J. 1893 bis 1897. Mit Wrackkarte. Bearb. im kaiserl. statist. Amt. Imp.-4. (23 S.) Berlin 899. Puttkammer & Mühlbrecht. n. 1. —
Sonderabdruck aus: „Vierteljahrshefte z. Statistik des Deutschen Reichs".

Schiffsunfälle, die, an der deutschen Küste in den J. 1898 bis 1902. Mit Wrackkarte. Bearb. im kaiserl. statist. Amt. (23 S.) 4. Berlin 904. Puttkammer & Mühlbrecht. n. 1. —
Sonderabdr. a.: „Vierteljahrshefte z. Statistik d. Deutschen Reichs".

Schiffsunfälle, die, an der deutschen Küste in den J. 1903—1907. Mit Wrackkarte. Bearb. im kaiserl. statist. Amt. (24 S.) 32 × 25,5 cm. Berlin 909. Puttkammer & Mühlbrecht. 1. —
Sonderabdruck aus: „Vierteljahrshefte z. Statist. d. Deut. Reichs".

Schiffsunglück, das, bei Blankenese am 22. VII. 1902. 8. (16 S.) Leipzig 902. J. Milde —30; m. Mynvord, der Untergang des Lloyddampfers „Elbe". (16 u. 88 S. m. Abbildgn.) 1. —

Schiffs-Vermessungs-Ordnung, die, vom 5. Juli 1872 u. die allgemeine Verfügg. vom 28. Jan. 1873, betr. die Eintragg. der Größe u. der Ladungsfähigkeit deutscher Schiffe in das Schiffsregister u. in die Certificate. 8. (27 S.) Berlin 873. Grosser. n. — 50

Schiffsverpflegungs-Reglement. gr. 8. (VIII, 165 S.) Berlin 888. Mittler & Sohn. n. 1. 80; geb. n. 2. 25

Schiffs-Verzeichniß. o. O. (1874). 2°. (Lithogr.)

Die Schiffs-Werft und Maschinen-Fabrik von J. W. Klawitter zu Danzig erlaubt sich, anläßlich der Fertigstellung ihres Neubaus No 300 . . . in nachstehender Festschrift eine kurze Übersicht über ihre Entwicklung und den derzeitigen Stand des Unternehmens zu geben. — (Berlin: Eckstein o. J. [um 1905].) 147 S. quer-4° [Umschlagt.:] J. W. Klawitter, Danzig. 38 A.

Schiffszimmerer, der. Zeitschrift f. die Interessen d. Schiffszimmerer u. verwandten Berufsgenossen. Organ d. Verbandes der Schiffszimmerer Deutschlands. Red.: W. Müller. 1. Jahrg. Juli—Decbr. 1890. 12 Nrn. (2 B.) Fol. Hamburg 890. Jensen & Co. n. 4. —

Schiffszimmerer, der. Zeitschrift f. die Interessen der Schiffszimmerer u. verwandten Berufsgenossen. Organ d. Verbandes der Schiffszimmerer Deutschlands. Red.: W. Müller. 2. Jahrg. 1891. 24 Nrn. (2 Bog.) Fol. [Hamburg, Jensen & Co.] Hamburg-Eilbeck, Fr. Meyer. n. 4. —

Schifkorn, Ferd., aus der Gesellschaft, s. Collection Reinhold.

Schifkorn, Ferd., unter südlichem Himmel. Roman. 8. (380 S.) Stuttgart 891. Deutsche Verlags-Anstalt. n. 4. —

Schifkorn, Ferd., unter südlichem Himmel. Roman. (Wohlf. [Titel-] Ausg.) 8. (380 S.) Stuttgart (891) 896. Deutsche Verlags-Anstalt. n. 1. —; geb. n. 1. 25

Schifkorn, Ferd., Kulturbilder aus dem Osten. 8. (VI, 486 S.) Leipzig 887. Peterson. n. 6. —

— **Kulturbilder** aus dem Osten. 2. (Titel-)Aufl. 8. (VI, 486 S.) Dresden 890. Minden. n. 4. —; geb. n.n. 5. —

— **Rufer im Streite.** Roman. 8. (403 S.) Ebd. 890. n. 4. —; geb. n.n. 5. —

Schifkorn, F., vom deutschen Stamme. Roman. 8. (414 S.) Dresden 889. Minden. n. 4. —; geb. n.n. 5. —

Schifkorn, Ferd., dunkle Wege. Roman. (160 S.) Berlin 898. J. Gnadenfeld & Co. n. 1. —

Dunkle Wege. Roman von Ferdinand Schiffkorn. *Berlin: J. Gnadenfeld & Co. [1899].* (160 S.) 8° [J.]

Schifkorn, R. Beschreibung der 1852 privilegierten Träger für Brücken etc. (1854). fol.

Schifron, Gabriel: Aus d. Kgl. chirurg. Universitätsklinik Königsberg i. Pr. Dir. Prof. Dr. E. Lexer. Ueber den durch die isoliert verlaufende Vena mesenterica inferior verursachten Strangileus. Königsberg i. Pr. 1906: O. Kümmel. (37 S.) 8°

Königsberg, Med. Fak., Ref. Lexer, Diss. v. 2. Dez. 1906

[Geb. 1. Sept. 81 Taschkent (Russ. Turkestan); Wohnort: Königsberg i. Pr.; Staatsangeh.: Rußland; Vorbildung: Gymn. Taschkent Reife Juni 00; Studium: Königsberg 10 S.; Rig. 29. Nov. 06.]

Schiftan, Ludovicus *(geb. Brieg 13. 11. 1837)*: Nonnulla ad febris scarlatinae historiam eique similium exanthematum. Vratislaviae 1860. (24 S.) 8°

Breslau, Med. Diss. v. 4. Apr. 1860

Schiftan, Otto [pr. Arzt aus Berlin]: Über die Tuberculose der Diaphysen langer Röhrenknochen ... Berlin, Druck v. H. S. Hermann, *1893;* 35 S. 8.

Berlin, Med. Fak., Inaug.-Diss. v. 14. Aug. 1893

Schiften, das, od. die verschied. Schmiegenschnitte d. Zimmermannskunst. Zum Gebr. f. Landzimmerleute. 8. (2 B. u. 2 lith. Taf. Fol.) Meißen 831, Klinkicht u. Sohn.

Schigon Josef: Henrik Ibsens historische Dramen „Nordische Heerfahrt" und „Die Kronprätendenten" in ihrer Beziehung zur altisländischen Saga.
H. 1909 PN 2738 Diss. Wien Univ. 309

Schigut, Eug., die Buchführung im Buchdruckgewerbe, theoretisch u. praktisch dargestellt, m. e. Anh. üb. die Buchführg. bei kleinen Betrieben, Zeitungsdruckereien, Aktiengesellschaften etc. (Dr. Ludw. Huberti's prakt. gewerbl. Bibliothek.) gr. 8. (III, 128 S.) Leipzig 902. H. Klasing. Geb. in Leinw. n. 3.—

Schigut, Eug., die Buchhaltung des Buchdruckers, s. a. Gruber, Joh., u. Wallantschek, Lehrbuch der gewerblichen Buchführung. II.

(F) Schigut, E., Die Buchhaltung des Buchdruckers. [Ergänzungshefte zu Gruber-Wallantschek's Lehrbuch der gewerblichen Buchführung. II.] Gr.-8°. (82 S.) K —.80
Wien: Deuticke 1906.

Einfuhr- und Ausfuhr-Atlas von Oesterreich-Ungarn. Zum Gebrauche für Handelsschulen aller Kategorien. Zusammengestellt nach den officiellen Daten für das Jahr 1899 von Engelbert Schigut. Wien. [1901.] Freytag & Berndt. Lex.-8°. 5 Tafeln K 1.50

Schigut, E., Einfuhr- und Ausfuhr-Atlas von Österreich-Ungarn. Verlag von G. Freytag & Berndt. Wien. Preis 1 K 50 h. 1903.

— Lehrbuch der Handelskorrespondenz f. zweiklassige Handelsschulen. (In neuer Rechtschreibg.) (IV, 382 S.) gr. 8. Wien 903. A. Hölder. Geb. in Leinw. n. 3. 50

Schigut Eugen, Lehrbuch der Handelskorrespondenz für zweiklassige Handelsschulen. 2. Auflage. Wien 1908. Alfred Hölder. Geb. K 3.50.

— Lehr- u. Ubungsbuch der kaufmänn. Arithmetik, s.: Grossmann, Bruno.

— u. Bruno Grossmann, Lehr- u. Uebungsbuch des kaufmännischen Rechnens f. zweiklassige Handelsschulen. 2. Aufl. Durchgesehen u. verb. v. Eug. Schigut. (V, 325 S.) 8. Wien 904. A. Hölder. Geb. n. 2. 60

— Leitfaden der Handelskorrespondenz f. kaufmännische Fortbildungsschulen. 2 Tle. gr. 8. Ebd. 905. Geb. n. 1. 93
1. (III, 86 S.) n. 1.05. — 2. (III, 72 S.) n. —83.

— methodischer Leitfaden f. den Unterricht der kommerziellen Lehrfächer an den kaufmänn. Fortbildungsschulen Oesterreichs, Deutschlands u. der Schweiz. (III, 148 S.) gr. 8. Ebd. 906. n. 2. 40

— Die kaufmännische Organisation der Buchdruckereien. (Betriebsbuchhaltung, Kalkulation ꝛc.) Für die Praxis u. die Schule zusammengestellt. (V, 170 S. m. 1 Taf.) 8. Ebd. 910. Geb. in Leinw. 3. 20

— die praktische Organisation des Buchdruckereibetriebes sowohl nach der gewerblichen wie nach der technischen Seite hin, m. Berücksicht. der Grundlagen zu e. genauen Preiskalkulation. (Dr. Ludw. Huberti's prakt. gewerbl. Bibliothek.) gr. 8. (V, 65 S.) Leipzig 902. H. Klasing. Geb. in Leinw. n. 2. 40

— kaufmännische Praxis, s.: Lehrbuch f. Aspiranten der Pharmazie. V.

— Status der Professoren u. Lehrer an österreichischen Handelslehranstalten, s.: Bittner, Eduard.

Schigut, Eug., Uebersicht üb. die Währungsverhältnisse u. die diesbezügliche Gesetzgebung in Oesterreich seit der pragmatischen Sanction. Mit einigen Paritätstabellen. gr. 8. (30 S.) Wien 893. A. L. Hasbach. n. — 80

— die Usancen des internationalen Kaffeehandels. Progr. gr. 8. (19 S.) Allina 899. (Wien, G. Szelinski & Co.) — 60

***Schihulszky,* J.,** nova commodissima ac utilissima apum cultura in duplicatis alveariibus, cum nova theoria de propagatione apum. Casseviae 817. Wigand. 8 gl.

Schil, J., Adam u. Eva. Ein Akt. 8. (29 S.) Zürich 896. Verlags-Magazin. n. — 60

Schil, Frdr., bei Fürst Bismarck, s.: Poschinger, Heinr. v.

Schik, J. C., Repetitorium der Chemie mit besond. Rücksicht auf Physiologie, Pathologie und Pharmacologie für Mediciner. gr. 16. (XVIII und 242 S.) Prag 864, Kuranda.

Schik, Ignaz, oesterreichische Flugblätter. (3. Bd.) gr. 8. (256 S.) Prag 872, Mouref. ~
Ausg. auf Velinp. geb. ~
—— dass. — 1. und 2. Bd., s. Unterhaltungs-Bibliothek.

Schik-Markenau, Alfr. v., s.: Sport-Kalender.

Schikaneder, Emanuel

— der Grandprofos. Trspl. 8. Regensb. 787. Montag u. W. 8 gl.

— der Königssohn aus Ithaka. Oper. 8. Wien 797. (Liebeskind in Leipz.) 7 gl.

— s. Laster, das, kommt an den Tag.

— s. Lyranten, die, oder das lustige Elend.

— die Raubvögel. Schspl. 8. Salzb. 783. Mayr. 4 gl.

— das Regensburger Schiff. Lstspl. 8. Augsb. 782. (v. Jenisch u. St.) 4 gl.

— der Spiegel von Arkadien. Heroisch-kom. Oper in 2 A. 8. Wien 796. (Wienbrack in Leipz.) 10 gr. Augsb. 815. v. Jenisch u. St. 3 gr.

Schikaneder, Emm., († d. 24. Sept. 1812.) sämmtl. theatral. Werke. (1r Bd. Hans Dollinger, oder das heiml. Blutgericht. — Der Bucentaurus, oder die Vermählung mit d. Meere zu Venedig. — Die Postknechte, oder die Hochzeit ohne Braut. 2r Bd. Herzog Ludwig v. Steyermark, oder Sarmäts Feuerbär. — Philippine Welserin, oder die schöne Herzogin v. Tyrol. — Die getreuen Unterthanen, oder d. ehrl. Bandit.) 8. Wien u. Leipz. 792. A. Doll. 1 Rthlr (Aue in Alt.) 1 Rthlr 16 gr.

Schickaneder, Em., theatral. Werke. 2 Bde. (Enthaltend: Hans Dollinger, d. Bucentaurus, d. Postknechte, Philippine Welserin, Sarmäts Feuerbrände u. d. ungetreuen Unterthanen.) 8. Wien, Doll. (a. Doll in Augsburg). (Liebeskind in Leipzig in Commission). 792.

— — dieselben. 2 Bde. 8. Leipz. Jacobäer. 792.

Schikaneder, Eman., die Zauberflöte, s. a. Mode's Opern-Text-Bibliothek.

Schikaneder, Eman., die Zauberflöte, s. a. Mozart, Wolfg. Amadeus.

Schikaneder, E., die Zauberflöte, s. a. Universal-Bibliothek.

Schikaneder, († d. 21. Sept. 1812), s. a. Zauberflöte, die.

— die Zauberflöte. Oper. 8. Altona 794. a. 799. Kave. 6 gr.

— dies. 8. Passau 795. Ambrosi. 4 gr.

— dies. 8. Prag 796. Barth. 3 gr.

Schikaneder, Eman., die Zauberflöte. Oper in 2 Akten. Musik von W. A. Mozart. Text der Gesänge. Berlin (858.) Lassar. 8. (31 S.) n. 4 ngr.

Schikaneder, Emanuel, Die Zauberflöte. Oper in zwei Akten. Musik von W. A. Mozart. Neu revidirter Text der Gesänge mit Angabe des Inhalts der Oper und einer Einführung in dieselbe von Hermann Mendel. Berlin, Mode. (ca. 1880.) kl. 8. 28 S.

Schickaneder, Em., Die Zauberflöte. Große Oper in 2 Aufzügen. Musik von Wolfgang Amadeus Mozart. 8. (72 S.) * —.25
Wien: Künast 1892.

Schikert, Otto, s. Schickert

Schi-King, oder chinesische Lieder, s. a. Reich, das himmlische, 3. Bd.

Schi-King. Chines. Liederbuch, gesamm. v. Confucius, dem Deutschen angeeignet v. Friedr. Rückert. 8. (23¼ B.) Altona 833, Hammerich.

Schi-king. Das kanonische Liederbuch der Chinesen. Aus dem Chines. übers. und erklärt von Vict. v. Strauß. gr. 8. (528 S.) Heidelberg 880, C. Winter's Universitäts-Buchh. * geb. *

Schikofsky, Karl. Reproductions-Methoden zur Herstellung v. Karten. gr. 8. (61 S. m. 28 Fig.) Wien 890, Seidel u. Sohn. * 1 —

Schikofsky, Karl, die Vertheidigung des Brückenkopfes v. Pressburg im J. 1809. [Aus: „Organ d. milit.-wiss. Vereine".] gr. 8. (46 S. m. 1 Karte.) Wien 893. (Pressburg. C. Stampfel.) n. 1. 20

Schikora, Ernst, prakt. Arzt: Aus d. Universitäts-Kinderklinik zu Breslau. Zur Kenntnis der Gallenfarbstoffe in den Fauces der Säuglinge. *Breslau 1901: Bresl. Genossenschafts-Buchdr.* (32 S.) 8°
Breslau, Med. Diss. v. 18. Juni 1901

Schikore, Karl, Verbrennungsmaschinen, s.: Wörterbücher, illustrierte technische.

Schikorowski, Erich, approb. Arzt aus Triebel: Die Verbreitung des Trachoms in der Provinz Sachsen. (Zusammengestellt auf Grund d. Journale 1891—1901 d. Kgl. Universitäts-Augenklinik zu Halle a. S.) *Halle a. S. 1903: Plötz.* (34 S.) 8°
Halle, Med. Diss. v. 26. März 1903

Schikorra, Georg, a. Berlin: Fusarium-Krankheiten der Leguminosen. (Langensalza 1906: H. Beyer & Söhne.) (34 S.) 4°(8°)
Berlin, Phil. Fak., Ref. Schwendener, Diss. v. 28. Juli 1906
[Geb. 7. April 82 Berlin; Wohnort: Berlin; Staatsangeh.: Preußen; Vorbildung: Königstädt. Realgymn. Berlin Reife M. 00; Studium: Berlin 8 S.; Rig. 10. Mai 06.]

Schikorra, Walter: Über die Entwickelungsgeschichte von Monascus. (Jena: Fischer 1909.) 30 S. 8°
Berlin, Phil. Diss. v. 28. Mai 1909, Ref. Schwendener
[Geb. 21. Okt. 86 Berlin; Wohnort: Berlin; Staatsangeh.: Preußen; Vorbildung: Königstädt. Realgymn. Berlin Reife M. 05; Studium: Berlin 7 S.; Rig. 6. Mai 09.] [U 09. 368

Schikowski, John *Leopold*: Über Arbeitslosigkeit und Arbeitslosenstatistik ... Leipzig, W. Friedrich, 1895; 3 Bl., 36 S., 1 Bl., 66 S., 1 Bl. 8.
Leipzig, Phil. Fak., Inaug.-Diss. v. [23. Febr.] 1895

Schikowski, John, üb. Arbeitslosigkeit u. Arbeitslosenstatistik. gr. 8. (III, 88 S.) Leipzig 894. W. Friedrich. n. 1. 20

Schikowski, John, die Entwicklung der deutschen Bühnenkunst. (VII, 176 S.) 8. Leipzig 906. J. v. Schalscha-Ehrenfeld. Geb. in Leinw. n. 3. —

Ⓑ Schikowski, John, die Entwicklung d. deutschen Bühnenkunst. 905. (KBL 34.) Jetzt: Leipzig, G. Merseburger.

Schikowski, John, zur Methode der Arbeitslosenstatistik. gr. 8. (III, 66 S.) Leipzig 895. W. Friedrich. n. 1. —

— Philipp Langmann's, Bartel Turaser, s.: Volksbühne, die.

Schiktanz, Max, Kaplan in Altwasser: Die Hilarius-Fragmente. Breslau 1905: R. Nischkowsky. (162 S.) 8° (Ersch. zugleich i. Verlage v. Müller & Seiffert, Breslau)
Breslau, Kath.-theol. Fak., Ref. Nürnberger, Diss. v. 11. Juli 1905
[Geb. 5. Aug. 77 Schweidnitz; Heimatsort: Reichenbach i./Schl.; Staatsangeh.: Preußen; Vorbildung: Gymn. Reichenbach Reife 96; Studium: Berlin 2, Breslau 6 S.; Rig. 11. Juli 05.]

Schiktanz, Max, die Hilarius-Fragmente. Diss. (VI, 162 S.) 8. Breslau 905. (Müller & Seifert.) n. 2. 40

Schiläufer-Karte der Berchtesgadener Alpen. 1 : 100 000. München. 1 Bl.

Schiläufer-Karte der Lenggrieser Berge, Benediktenwand-Gebirge u. anschließende Gebiete. 1 : 100 000. München. 1 Bl.

Schilläufer-Karte der Berge zwischen Saalach u. Inn umfassend die Chiemgauer Berge, das Kaisergebirge u. die Kitzbühler Alpen. 1 : 100 000. München. 1 Bl.

Schilläufer-Karte vom Wetterstein-Gebirge, Ammer- und Ester-Gebirge, Mieninger-Gruppe u. anschließende Gebiete. 1 : 100000. München. 1 Bl.

Schilbach, Arthur: Der Todtenpapyrus des Anx-F-En-Amen. Diss. Leipzig 1880. 53 S.

Schilbach, C. [aus Gröbzig]: Beiträge zur Kenntniss des Berberins.... Marburg 1886; 59 S. 8°.
Marburg, Phil. Fak., Inaug.-Diss. v. 26. Mai 1886.

Schilbach, C., **Beiträge zur Kenntniss des Berberins.** Diss. Marburg 1887, N. G. Elwertsche Univ.-Buchh. 8°. 59 S.

Schilbach, Christ. Frdr. Leberecht, Lehrer in Oelsnitz, Volksthümliche Belehrung über das Wesen der Monarchie und Republik, veranlaßt durch die am 22. Juni d. J. im hiesigen Bürgervereine über Monarchie und Republik gepflogenen Erörterungen. Nebst einem Vorworte, örtliche Verhältnisse betreffend. Ein Wort zur Verständigung für Alle. Oelsnitz (Plauen, M. Wieprecht), 1848. 20 S. 8°.

Schilbe, A., B. Menkel, F. Iber, Handbuch für Lehrer zur unterrichtlichen Behandlung biblischer Geschichten in d. Volksschule. 2 Bde. gr. 8. 1. Bd.: Geschichten d. alten Testaments. (X u. 340 S.) 2. Bd.: Geschichten d. neuen Testaments. (VI u. 274 S.) Cassel 849, Luckhardt. 1¼ ₰

——, B. Menkel, F. Iber, Handbuch für Lehrer zur unterrichtl. Behandlung bibl. Geschichten in der Volksschule. 2 Bde. 2., verb. und verm. Aufl. gr. 8. (1. Bd.: Geschichten des alten Testaments. XV und 448 S.) Cassel 858, J. G. Luckhardt. Subscr.-Pr. 1 Thlr. 22½ Ngr.; Ladenpr.

Schilbe, A., B. Menkel, F. Iber, Handbuch für Lehrer zur unterrichtlichen Behandlung biblischer Geschichten in der Volksschule. 2 Bde. 3., verb. u. verm. Aufl. Cassel 865. Leipzig, J. G. Luckhardt. gr. 8. (XX, 736 S.) n. 1 ₰ 22½ ngr.

Schilbe, Adam, der Bekenntnißstand der sogenannten reformirten Kirche Kurhessens. Zugleich eine Beleuchtung des von Prof. Dr. Heppe zu Marburg an die Herren Proff. Dr. Thomasius, Dr. Hofmann und Dr. Schmid zu Erlangen erlassenen Sendschreibens. Marburg 855. Koch. gr. 8. (109 S.) n. 10 ngr.

Schilbe, A., Prüfung der Regeln für die deutsche Rechtschreibung von H. E. Bezzenberger. Mit einem Gutachten von Vilmar. gr. 8. (41 S.) Marburg 859, Elwert'sche Universitäts-Buchh.

Schilberg, Chrn., **Orgel- et Pianofortebegleitung zu den Melodien des geistl. Palmgärtleins von Thdr. Wollersheim, mit einem Vorworte von Wallenborn.** qu. gr. 4. (104 S. mit lithogr. Titel.) Braunschweig 860. (Köln und Neuss, Schwann'sche Verlagsh.)

Schilberg, Michael (Danzig) A. S. 1362/6

Quaestio: an moribundis committ queat ut pridem defunctis amicorum superstitum nomine salutem nuntient? h. e. Ob man denen Sterbenden einen Gruss an gute Freunde im ewigen Leben könne mitgeben?
Präs. Johann Fecht.
Frankfurt, Leipzig 1731. 44 S.

Diss. Rostock 21. VIII. 1706.
W. v.: Präs., J. N. Quistorp. 30404

Schilcher, Eduard, approb. Arzt: **Zur Casuistik der Periurethritis des Mannes.** *München 1903: Kastner & Callwey.* (36 S.) 8°
München, Med. Diss. v. 1903

SCHILCHER, Franz Sales: Über die zweckmässigste Methode, den Ertrag der Waldungen zu bestimmen. - Stuttgart 1796. 128 S., VIII Tab.

Schilcher, Joseph Polykarp

Schilcher, J. P., bibl. Alterthümer 2c. 8. Wien, Al. Doll. (Leipzig, Liebeskind.)

Schilcher, J. Pol., Biblische Alterthümer für die erwachsene Jugend. Wien, Doll, 1810, 8°, 2 Mk.

Schilcher, Jos. Polyk., bibl. Alterthümer f. die erwachsene Jugend leichtfaßl. beschrieben. 8. Wien 814. Al. Doll; (a. Tendler). 16 gr.

Schilcher, Jos. Pol., Christenlehrpredigten über d. 1ste Hauptst. d. Katechism. 8. Krems, Möstl. 797.

— kurze Christenlehrpredigten üb. d. 2e Hauptstück d. Katechismus. 8. Krems 797. Mösl. 10 gr.

— kurze Christenlehrpredigten üb. die 5 Hauptstücke d. Katechismus. 5 Bdchn. 8. Wien 808. Al. Doll. 3 ₰ 16 gr. 2e A. 820. Ebd. Hbg. Pr. 1 ₰ 16 gr.

— kurze Ermahnungen nach d. heil. Messe auf alle Sonn- u. Festtage d. Jahres an d. Landvolk gehalt. 8. Wien 802. 2e A. 820. Al. Doll. 1 ₰ 4 gr. Hbg. Pr. 16 gr.

* — Ermahnungen nach d. heil. Messe auf alle Sonntage. 8. Krems. (Leipz. Schmidt.) 802.

* — — dieselben auf alle Festtage. 8. Ebend. 804.
(Auch die ältern Schriften v. Schilcher sind bei Schmidt in Leipz. zu haben.)

— homilet. Frühpredigten, od. sittl. Erklär. d. sonn- u. festtägl. Evangel. 2 Thle. 8. Augsb. 791. N. A. 801. Doll. 1 ₰ 7e Aufl. 2 Thle. 8. Regensb. 821. Daisenberger. 1 ₰

— homiletische Frühpredigten, oder sittliche Erklärungen d. sonn- u. festtägl. Evangelien, nach den Bedürfnissen des Landvolkes eingerichtet. 2 Thle. 8te nach d. neuern Schreibart verb. Aufl. 8. Ebd. 839. 1 ₰ — 9e verb. Aufl. 8. Ebd. 841. (Leipzig, Böhme.) 1 ₰

—— homilet. Frühpredigten, od. sittl. Erklärungen d. sonn- u. festtägl. Evangelien, nach d. Bedürfnissen d. Landvolkes eingerichtet. 2 Thle. 8., nach d. neuern Schreibart verb. Aufl., u. 9. A. 8. (à 28 B.) Regensburg 839, 41, Daisenberger. à

— kurze Frühpredigten f. d. christl. Landvolk auf alle Sonn- u. Festtage. 2 Thle. 8. Krems 795. (Schaumburg in Wien). 1 ₰

Schilcher, Jos. Polyk., kurze Frühpredigten f. d. christl. Landvolk auf alle Sonn- u. Festtage d. ganzen Jahres. 3., verb. Aufl. v. Frz. Deinl. 2 Thle. 8. (28¼ B.) Wien 836, C. Doll.

—— dass. 4., verb. Aufl. v. Frz. Deinl. 8. (28¼ B.) Regensburg 837, Daisenberger.

— Gelegenheitspredigten üb. verschied. Gegenstände d. Religion. 8. Wien 805. Al. Doll. 1 ₰ 4 gr.

Schilcher's, Jos. Polykarp, sämmtl. Kanzelvorträge. 1. u. 2. Bd. A. u. d. T.: Kurze Frühpredigten für das christliche Landvolk auf alle Sonn- u. Festtage des ganzen Jahres. 2 Thle. Neue verb. Aufl. 8. Regensburg 843, 44, Manz. 1¼ ₰

— katechet. Predigten üb. die heil. Sacramente. 8. Linz 793. Haslinger. 16 gr.

— kurze Predigten auf alle Sonn- u. Festtage d. Jahres. 2 Bde. 8. Augsb. 788. 805. Doll. 1 rthl 8 gr.

— vollständ. christkathol. Religionsunterricht f. Kinder. 8. Wien 799. XL. Doll. 1 rthl Hbg. Pr. 16 gr.

— — christl. kathol. Unterricht f. Kinder. 8. Jetzt Ebendaselbst.

Schild des Achilles. Eine Schreibtafel für den Militärstand. (Verschiedene militärische Berechnungen.) 8. Germanien 1791.

Schild, der, des Achilleus. (Von Karl Nauwerck.) 5 lith. Bl. in Imp.-Fol. u. 1 Bog. Text, gr. Fol. u. 1 Bl., kl. 4. Berlin 841, (Eichler.) •

Schild, geistlicher, gegen alle Gefahren des Leibes und der Seele. Ein Unterrichts- und Gebetbuch für kathol. Soldaten. In Kriegs- und Friedenszeiten zu gebrauchen. Vom Verf. der „Marienkapelle" rc. 1. Aufl. 1851. und 2. Aufl. 12. (192 S. und 2 Stnt.) Einsiedeln 852, Gebr. Benziger.

Schild, geistlicher, gegen alle Gefahren des Leibes und der Seele. Ein Unterrichts- und Gebetbuch für kathol. Soldaten. In Kriegs- und Friedenszeiten zu gebrauchen. Vom Verf. der „Marienkapelle", der „Passionsblumen", des „Missionsbuches" rc. 3. Aufl. 1863. und 4. Aufl. 24. (192 S. mit 2 Steintaf.) Einsiedeln 866, Gebr. Benziger. 4½ Ngr.; geb. *

Schild, geistlicher. Gebetbüchlein für kathol. Soldaten. 5. Auflage. 192 S. in-18. Einsiedeln, Gebr. Benziger. 1871. —. 55

Schild, geistlicher, gegen Gefährlichkeit Leibs und der Seele. Ein christkathol. Gebetbüchlein zum Nutzen und Frommen eines gläubigen Gemüthes. Umgearb. von einem Priester des Bisthums Rottenburg. 24. (144 S. mit 1 Holzschn.) Wiesensteig 852, Schmid'sche Buchh.

SCHILD, Geistlicher, gegen geistliche (so!) und leibliche Gefahrlichkeiten allezeit bey sich zu tragen, darinnen sehr kräftige Seegen und Gebether, so theils von GOtt offenbaret, theils von der Kirchen und heiligen Vättern gemacht, und von Urbano römischen Pabst approbirt worden. Erstlich gedruckt zu Cöln. 12°.
1770 in München verboten!

Schild, geistl., u. Schutzwehr wider alle Gefährlichkeiten des Hochgewitters rc. 12. Leipz., Joachim. 2½ gr. d. Dutz. 1 rthl

— der, des Glaubens. Nach dem Französ. Bouclier de l'assurance du salut par G. A. Rosselet-d'Ivernois. Königsberg 867. Meyer & Co. 16. (76 S.) 6 ngr.

— das, des Glaubens wider die jetzigen Irrthümer. 12. Augsb. Wolf. 722.

— der, des Glaubens, wider alle zeitlichen Uebel; oder gründl. Unterricht, wie jeder Christ sich selbst in Krankheiten, Versuchungen u. Unglücksfällen helfen, sie von sich abtreiben u. dagegen sich verwahren kann. Allen Geplagten zum Trost u. z. Hilfe herausgeg. durch einen Priester der Erzdiözese Freiburg. 8. Regensburg 846, Manz. ¾ rthl

Schild wider Hieb u. Stich, betr. d. Gesch. d. Lazarismus. 8. Leipz. Weygand. 793.

Schild u. Pfeil. Mit Vorwort v. Emil Frommel u. Nachwort v. Otto Funcke. 1. Aufl. (VIII, 180 S.) 889. * 2 80; geb. ** 4 —; 2. verm. Aufl. 8. (VIII, 268 S.) Bremen 890, Müller. * 3 —; geb. ** 4 20

Schild u. Pfeil. Mit Vorwort v. Emil Frommel u. Nachwort v. Otto Funcke. 3. Aufl. 8. (VIII, 268 S.) Bremen 894. C. E. Müller's Verl. n. 3. —; geb. n. n. 4. 20

Schild und Pfeil. Von der Verfasserin von Hin und Zurück . . . 4. Aufl. Halle a. d. S. 1905. V: *Abbot, Caroline L.* (Berl)

Schild u. Pfeil. Von d. Verf. v. Hin- u. Zurück, Allerhand, Blicke in Herz u. Welt. Mit Vorwort v. Emil Frommel u. Nachwort v. Otto Funcke. 4. Aufl. (VIII, 268 S.) 8. Halle 906. C. E. Müller. n. 3. —; geb. n. 4. —

Schild und Schwert. Herausgegeben von J. Chr. Endlich. Wien: Bader 1848.

Schild, der wahre geistliche, so vor 300 Jahren von dem heil. Papst Leo X. bestätigt worden, wider alle gefährl. böse Menschen sowohl, als aller Hexerei u. Teufelswerk entgegengesetzt. Darinnen sehr kräft. Segen u. Gebete, so theils v. Gott offenbart, theils v. der Kirche u. d. heil. Vätern gemacht u. approbirt worden. Nebst e. Anh. heil. Sagen, zum Gebrauch frommer kathol. Christen, um in allen Gefahren, worin sowohl Menschen als Vieh oft gerathen, gesichert zu sein. 32. (192 S.) Reutlingen 873. Enßlin & Laiblin. geb. in Etui. — 40

Schild. Dr. Joseph Schild (1824–1866). Ein getreues Lebensbild, dargestellt von Freunden des Verewigten. (Mit dem wohlgetroffenen Portrait [Tafel].) 8. Biel 1866.

Schild, Carl, s. Schild. Karl

Schild, Carl Heinrich Theodor,
s. Schild. Karl Heinrich Theodor

Schild, Erich, der preußische Feldprediger. I. Bilder aus dem kirchl. Leben der preuß. Armee älterer Zeit. gr. 8. (VIII, 245 S.) Eisleben 888, Mähnert. * M 3.—.; geb. *

Schild, Erich. Der preußische Feldprediger. II. Das brandenburgisch-preuß. Feldpredigerwesen in seiner geschichtl. Entwickelg. 8. (X, 283 S. m. 2 Portraits.) Halle 890, Strien. * 4 —

Schild, Erich, zum 350jährigen Jubiläum (5. Octbr. 1894) der Garnisonkirche auf Schloß Hartenfels in Torgau. Festschrift. [Aus: „Deutsch-evangel. Blätter".] gr. 8. (20 S.) Halle 894. (E. Strien.) —30

— Luther in Torgau, s.: Neujahrsblätter, hrsg. v. der histor. Kommission der Prov. Sachsen.

Schild, Erich, Predigt, gehalten am 22. März 1881 zur Feier des Geburtstages Sr. Maj. des Kaisers und Königs im Militair-Festgottesdienst der Garnison Torgau. gr. 8. (13 S.) Torgau 881, (Jacob.) *

—— Ursprung und erste Gestalt des preußischen Feldpredigeramtes, s. Beiheft zum Militär-Wochenblatt.

Schild, E. Ursprung und erste Gestalt des preuß. Feldpredigeramtes. Berlin 1880. 8°. (Bh. z. M. W. B.)

Vortrag über Milzbrand in der Gemeinde Illhäusern, Kr. Rappoltsweiler, geh. 1901 von Eusebius Schild. *Rappoltsweiler 1901: E. Schlatter.* (32 S.) 8° [...] [illegible]

Schild, F., s. Schild, Franz Joseph

Schild, Franciscus Anton. (geb. am 1 Jan. 1800 in Dülmen Westf.): Dissertatio ... de partu lento ... Bonnae, typ. P. Neusseri (1822). 35 S. 8.
Bonn, Med. Fak., Diss. v. [16] Aug. 1822

Schild, Franz Joseph

Schild, F. D'r Fenner-Joggeli (Johann Jak. Hugi). Erzählung in Solothurner Mundart. In-8°, 236 S. Burgdorf, C. Langlois. 1885. 2 40

Schild, Fr. Jos., Gedichte, Sagen u. Erzählungen in Solothurner-Mundart. Beitrag zum schweizer. Idiotikon. 2. Bdchn. Biel 867. Steinheil. 16. (VIII, 151 S.) n. 16 ngr.

— **der Großätti aus dem Leberberg. Sammlung von Volks- u. Kinderliedern, Spottreimen, Sprüchwörtern, Wetter- u. Gesundheitsregeln** rc. **aus dem solothurner Leberberg. Ein Beitrag zum schweizer. Idiotikon.** Ebend. 864. 16. (XVI, 150 S.) n. 15 ngr.

Schild, Frz. Jos., d'r Großätti us' em Leberberg. 1.—3. Bd. 2. verm. und verb. Aufl. 8. Burgdorf, Langlois. *

Inhalt:
Bd. 1. Erzählungen in Solothurner Mundart. (191 S.) 880. *M 2.
» 2. Gedichte und Sagen in Solothurner Mundart. (219 S. mit zinkogr. Portr.) 881. *M 2,40.
» 3. Aus dem Volksmund. Mittheilungen aus der Kinderwelt, Spottreime, Sprichwörter, Wetter- und Gesundheitsregeln, Zauberei, alte Lieder rc. (264 S.) 882. *M 2,40.

Schild, Frz. Jos., **Juraklänge in Solothurner Mundart. Vermischt mit einzelnen hochdeutschen Gedichten. Zürich 853.** (Meyer u. Zeller.) 16. (IV, 76 S.) n. 9 ngr.

Schild, Fr. Jos., **aus dem Leberberg. Gedichte und Sagen in Solothurner Mundart. Beitrag zum schweizer. Idiotikon.** 1 Bdchn. 16. (IV und 106 S.) Biel 860, Steinheil. *

Schild, Franz Josef. Öppis ab 'em Schrybtisch vom Grossätti us'em Leberberg. Rymereie in Solothurner Mundart. Beitrag z. schweiz. Idiotikon. In-16°, 94 S. Solothurn, Zepfel's Buchdruck. 1879. 1 50
*** Der Ertrag wird zu Gunsten des Kantonsspitals in Olten verwendet.

Schild, Frz. Jos., aus dem Volk und für das Volk. Zwei Erzählungen in solothurner Mundart nebst einem Anhang von Gedichten. 8. (164 S.) Biel 876, Kuhn. *

Schild, Frz. Xav., der öffentliche Gottesdienst im katholischen Kirchenjahre oder Erklärung der festlichen Zeiten, der gottesdienstlichen Gebräuche u. Verrichtungen in demselben. Ein Hilfsbuch für Katecheten u. Lehrer, zugleich zum Gebrauche für vorgerücktere Schüler u. Christenlehrpflichtige. 2. (Titel-)Ausg. Stuttgart (856)65. Koch. 12. (XII, 340 S.) 18 ngr.

Schild, Frz. Xav., der öffentliche Gottesdienst im katholischen Kirchenjahre od. Erklärg. der festl. Zeiten, der gottesdienstl. Gebräuche u. Verrichtgn. in demselben. Ein Hilfsbuch f. Katecheten u. Lehrer, zugleich zum Gebrauche f. vorgerücktere Schüler u. Christenlehrpflichtige. Neue Ausg. 8. (VIII, 340 S.) Lindau 873. Stettner. 1. 50

— manuale liturgicum sive explicatio sacrorum rituum juxta rubricas, ex probatis auctoribus desumpta. Fasc. I. Stuttgardtiae 858. Gebr. Scheitlin. Lex.-8. (S. 1—80.) n. 10 ngr.

Schild, F. X., Manuale liturgicum sive explicatio sacrorum rituum juxta rubricas, ex probatis auctoribus desumpta. Fasc. I—VI. Lex.-8. (1. Bd. XII und 452 S.) Stuttgart 859, Gebr. Scheitlin. à Fasc. * 10 Ngr. *

Schild, Fr. X., s. **Maria-Lourdes-Predigten.**

Schild, Friedrich: Zwischen Warthe und Obra. Ein Beitrag zur Heimatskunde. Meseritz 1906: P. Mathias. (30 S.) 4° [F.]
Meseritz, k. G P 1906 (202)
Die Landschaft. Die Oberflächengestaltung u. Bewässerung. Die Seen. Die Ursachen der Oberflächengestaltung.

Schild, Gfr., **Jugendfreuden. Ein Bilderbuch für folgsame Kinder. Mit Versen.** Stuttgart (853.) Gebr. Scheitlin. 4. (8 Bl. u. 7 color. Lithogr.) 15 ngr.

Schild, Gfried., Jugendfreuden. Ein Bilderbuch für folgsame Kinder. Mit Versen. 1. und 2. Aufl. qu. 4. (7 ill. Stnt. und 7 Bl. Text.) Stuttgart 854, Gebr. Scheitlin.

Schild, Gfried., **Jugendfreuden. Ein Bilderbuch für folgsame Kinder. Mit Versen. 3. Aufl.** qu. 4. (12 S. mit 8 lithogr. und ill. Bildern.) Stuttgart 867, Gebr. Scheitlin. cart.

—— **Jugendlust im Freien. Ein Bilderbuch für fleißige Kinder. Mit Versen. qu. 8. (8 ill. Stnt. und 8 Bl. Text.) Stuttgart 853, Gebr. Scheitlin.** *

Schild, Gfried., Jugendlust im Freien. Ein Bilderbuch für fleißige Kinder. Mit Versen. 2. Aufl. qu. 8. (16 S. mit 8 lithogr. und ill. Bildern in Tondr.) Stuttgart 858, Gebr. Scheitlin. *

Schild, Günther, **deutliche Anweis. üb. d. richtigen u. zweckmäß. Gebr. d. Jagdflinte.** 8. Nordhaus. 824. Landgraf. (Dörffling in Leipz.) 14 gl

— **prakt. Jägerschule f. angehende Jäger u. Jagdliebhaber** rc. 8. **Nordhausen 824. Landgraf.** (Dörffling in Leipz.) 14 gl

Schild, Günther, prakt. Jäger-Schule f. angeh. Jäger u. Jagdliebhaber. 2. Ausg. 8. (9¾ B.) Leipzig 836, Dörffling.

Methode Rustin. Der Civilprozess von Ger. Ass. H. **Schild.** Lfg 1. Potsdam & Leipzig: Bonneß & Hachfeld [um 1905]. 4°(8°) [F.]
= **Selbst-Unterrichts-Briefe.** [21.] [08. 3re

Schild, Hermann

Schild, H., Anleitung zum Ersparen v. Brennmaterial bei der Dampfkesselheizung. Ein Handbuch f. praktische Heizer u. Kesselwärter. 8. (52 S. m. 1 Taf.) Tübingen 889. Laupp. cart. n. 1. —

Schild, Herm., Tabellen zu Rauchgasanalysen. 8. (VIII, 83 S.) Berlin 888, Winckelmann und Söhne. cart. in Leinw.

Schild, J. M., Göthe's schönste Gedichte nach den Bedürfnissen unserer Zeit verbessert. Dresden 860. Schöpff. gr. 8. (7 S.) n. 2 ngr.

Schild, Joseph

Schild, Jos., de l'augmentation de l'agriculture et de la diminution de la culture alpestre de la Suisse. (Tiré du Journal de la société d'histoire naturelle bernoise.) gr. 8. (33 S.) Bern 863, [Fiala.]

Schild, J., augment. de l'agricult. de la Suisse. Bern. 1863. 33 p.
Schul-/Univ.-Schrift

Schild, Jos. Die Branntweinfrage, mit besonderer Berücksichtigung des Kantons Bern. gr. 8°. Bern, Blom, 1864.

—— die **Branntweinfrage**, mit besond. Berücksichtigung des Kantons Bern. gr. 8. 56 S.) Bern 864, [Fiala.] *

Schild, Jos., die Drainage, deren nützliche Folgen und Vorzüge vor dem Dohlen und Anregung zu deren Einführung im Kanton Luzern. Hrsg. von der Direktion des kantonalen luzerner. Vereins für Landwirthschaft und Gewerbe. gr. 8. (19 S. mit 2 Stnt.) Luzern 855, Kaiser.

Schild, Jos., die Entwicklung des Polytechnikums und der Gewerbschulen der Schweiz, als Antwort auf das Cirkular des eidgenöss. Schulrathspräsidenten. Aus Auftrag seiner Herren Kollegen verfaßt. gr. 8. (IV und 44 S.) Bern 858, (Huber und Comp.) *

Schild, Jos. Die Gewerbeschulen im Verhältnis zum eidgenössischen Polytechnikum. Luzern 1855.

Schild, Jos., der Mist in den Alpen u. Hochgebirgsthälern der Schweiz. Ein offenes Wort an die schweiz. Alpenbewohner. Bern 866. (Jent & Reinert.) 8. (48 S.) n. 4 *ngr.*

Schild, Jos. Die Zunahme der Land- und Abnahme der Alpen-Wirthschaft der Schweiz. Zürich 1852.

Schild: Die Zunahme d. Land- u. d. Abnahme d. Alpen-Wirtsch. d. Schweiz. Bern. 1863.
Schul-/Univ.-Schrift

—— die **Zunahme** der Land- und die Abnahme der Alpen-Wirthschaft der Schweiz. gr. 8. (20 und Anh. 14 S.) Bern 863, [Fiala.]
Aus: Mittheilungen der bernischen naturforschenden Gesellschaft, besonders abgedruckt.

Schild, Karl

Schild, Carl, Auskunftei- u. Darlehns-Schwindel. (2. [Umschlag-]Aufl.) 8. (43 S.) Zürich u. Leipzig (902). Verlags-Anstalt. n. — 50

Schild, Karl [von Grenchen (Solothurn)]: Untersuchungen über die räumliche Verteilung der magnetischen Kraft in ringförmigen Lufträumen. Zürich-Oberstrass 1901. 71 S. 1 Taf. 8°.
Zürich. Phil. Diss. II, S. 1900/1901.

Schild, Karl Heinrich Theodor

Schild, Carolus Henricus Theodorus: Quibus de causis factum sit, ut futurum Graecum careret forma coniunctivi. Halis Saxonum 1864: Orphanotropheum. 34 S. 8°
Halle-Wittenberg, Phil. Diss. v. 2. Aug. 1864
Geb. [Stedten (Seekr. Mansfeld)] 26. 11. 1839]
Im Buchhandel Halle (Wittenberg: Herrosé) 1864. 35 S. 8°

Schild, Car. Henr. Thdr., quibus de causis factum sit, ut futurum graecum careret forma conjunctivi. Dissertatio inauguralis. gr. 8. (35 S.) Halis 864. (Wittenberg, Herrosé.) *.

Schild, Ludwig [aus Speier]: Ein Fall von congenitaler Ectopie der Harnblase bei einem $1^1/_2$ jährigen Mädchen .... Stuttgart, Druck v. Gebr. Kroner, 1886; 14 S. u. 1 Taf. 8°.
München, Med. Fak., Inaug. Diss. v. 1886.

Schild, Ludwig, ein Fall von congenitaler Ectopie der Harnblase bei einem $1^1/_2$ jährigen Mädchen. Diss. München 1886, A. Buchholz. 8°. 14 S. mit einer Taf.

Schild, Max [cand. med. aus Marktbreit]: Ueber die auf der medizinischen Klinik zu Erlangen im Winter 1889/90 beobachteten Fälle von Influenza. ... Marktbreit, Druck v. F. Horooth's Druckerei, *1890*; 31 S., 5 Taf. 8°
Erlangen, Med. Fak., Inaug.-Diss. v. 10. Jul. 1890

Schild, Melchior

Schild, M., das Alpenhorn, s. **Alpenhorn, das.**

Schild, M., der Fischer v. Inselwald, s.a. Bibliothek vaterländ. Schauspiele.

[F.] Der Fischer von Inselwald. Schausp. in 4 Aufz. v. M. Schild. *Aarau: H. R. Sauerländer & C. 1898.* (V S., 1 Bl., 80 S.) 1 Bd 8.
= Bibliothek vaterländischer Schauspiele. [Bdch.] 55. '97. 6216

Schild, M[elchior]. Hannes. Ein Trauerspiel aus den Alpen in 5 Aufzügen. Zeit der Handlung: Ende des 18. Jahrhunderts. Von M. Sch[ild]-Studer in Brienz). [Mit 1 Tafel.] 76 S. 8. Biel, Buchdr. Andres & Kradolfer, 1906. [fr. 1. —]

Schild, Otto [aus Varel '(Oldenb.)']: Beiträge zur Kenntnis antagonistischer Gifte ... Würzburg, J. M. Richter's Buch- u. Kunstdr., 1893; 27 S. 8.
Würzburg, Med. Fak., Inaug.-Diss. v. 1893

Schild, Otto, aus Dortmund: Zur **Entstehung** freier Gelenkkörper im Ellbogengelenk (Abschälungsfractur). *Würzburg 1901: J. B. Grunwald.* (51 S.) 8°
Würzburg, Med. Diss. v. 1901

Schild, Peter: Brienzer Mundart. I. Teil Die allgemeinen Lautgesetze und Vokalismus. ... Liestal, Druck v. Gebr. Lüdin, 1891; 106 S., 1 Bl. 8°
Göttingen, Phil. Fak., Inaug.-Diss. v. [2. Aug.] 1891

Schild, Peter, Brienzer Mundart. I. Tl. Die allgemeinen Lautgesetze u. Vokalismus. Diss. gr. 8. (106 S.) Basel 891. C. Sallmann. n. 2. 80

Schild, Robert. Quibus in rebus Sallustius Thucydidem respexerit aut respexisse credatur. 1 (16 S.) **Progr.** Rg. *Nordhausen* 1888 (252)

Schild, [Robert]: 'De **responsione**, quae in Aeschyli fabula Thebana inter binas nuntii regisque orationes intercedere creditur.' *Nordhausen 1900: C. Kirchner.* (S. 3—16.) 4°
Nordhausen, k. RG, OP 1900 (278)

Schild, Rudolf, approb. Arzt aus Frankfurt a. M.: **Ueber Gastrostomie** mit besonderer Berücksichtigung der neueren Methoden. *München 1898: Kastner & Lossen.* (58 S.) 8°
München, Med. Diss. v. 1898

Schild, Theodor

Schild, Denkwürdigkeiten Wittenbergs. Ein Führer durch die Lutherstadt. 3., verm. u. m. Ansichten Wittenbergs verseh. Aufl. 8. (110 S. m. Abbildgn.) Wittenberg 892. R. Herrosé. n. 1. 50

Schild, Festschrift zur Aufführung d. Luther-Festspiels v. Hans Herrig am 26., 27., 30. u. 31. Oktbr. 1886 zu Wittenberg. 12. (52 S. m. eingedr. Holzschn.) Wittenberg 886. (Wunschmann.) n. — 60

Aus des Freimaurers Heiligtum. Reden und Ansprachen von Th[eod.] Schild. Wittenberg: Herrosé 1887. 221 S. 8°
Recens: Al. 13 (1887) S. 355—356; Bh. 30 (1887) S. 341 (J. G. Findel); FZ. 41 (1887) S. 350; DrL. 17 (1887—1888) S. 1310; Bbl. 2 (1888) S. 34—35.
Reden z. Joh.-, Stiftungs-, Schwesternfest, z. Kaisersgeburtstag, z. Trauer ☞, Ansprachen a. Neuaufgenommene, Toaste.

Schild, Th., aus d. Freimaurers Heiligtum. Reden u. Ansprachen. 8. (III, 221 S.) Wittenberg 888. Herrosé Verl. n. 2. 50

Schild, Th., Der sittliche Nutzen des Turnens, Wittenberg 1867, 11 S., 4°.

Schild, *Theodor* (Bürgermstr.) *Rede bei der Grundsteinlegung zum neuen Gymnasialgebäude.* 1 (S. 16—19 der Schuln.).
Progr. G. *Wittenberg* 1887 (241).

Schild, Wie soll der Landmann seine Kinder ausbilden? Vortrag gehalten im landwirthschaftl. Verein zu Wittenberg. gr. 16. (24 S.) Wittenberg 873, Herrosé.

Schild, Theodor Walther, s. Schild, Walther

Schild, W., Erlebnisse eines Polizei-Beamten. 1. Heft. 8. (48 S.) Elberfeld 869. Loewenstein und Comp. *

Schild, *Theodor* Walther [app. Arzt aus Wittenberg]: Zur Frage der Calomelwirkung bei renalem Hydrops ... Halle a. S., Gebauer-Schwetschke'sche Buchdr., 1892; 32 S., 1 Bl. 8.
Halle, Med. Fak., Inaug.-Diss. v. 11. Aug. 1892

Schild, Wilhelm: Galla Placidia. *Halle a. S. 1897: C. A. Kaemmerer & C.* (81 S.) 8°
Halle, Phil. Diss. v. [29. Dez.] 1897

Schild, Wolfg., auf treuer deutscher Wacht. Eine Erzählg. aus dem nationalen Leben der Deutschböhmen. 1—14. Lfg. gr. 8. (1. Bd. IV, 450 S. u. 2. Bd. S. 1—124.) Leipzig 886. Leiner. à n. — 40

Schild, W., auf treuer deutscher Wacht. Eine Erzählung aus dem nationalen Leben der Deutschböhmen. 15. u. 16. (Schluß-)Lfg. gr. 8. (2. Bd. S. 225—305.) Leipzig 887. Leiner. à n. — 40 (cplt.: n. 6. 40)

Schild, Wolfg. (Adf. Lilie), auf treuer deutscher Wacht. Kulturhistorischer Roman aus Deutschböhmen. (Umschlag: Eine Erzählg. aus dem nationalen Leben der Deutschböhmen.) 2. (ergänzte u. bericht.) Aufl. 7 Hefte. (639 S.) 8. Leipzig 908. 09. O. Leiner. 4.80; geb. n 6. 30

Schild, Wolfg., Wunderkuren. Ein Arbeiterroman. 8. (173 S.) Berlin 891. Breitkreuz n. 1. 50; geb. n. 2. 50

Schildau [Schlagwort]

Schildau, s.: Preussen. Messtischblätter.

Schildau, s.: Sachsen. Karte. Messtischblätter.

Schildbach, Bernh., Verfassung u. Verwaltung der freien Gewerkschaften in Deutschland. (VI. 81 S.) Lex. 8. Leipzig 910. A. Deichert Nachf. 1. —

Schildbach, C. Ch., s. Schildbach, Karl Hermann

Schildbach, C. H., s. Schildbach, Karl Hermann

Schildbach, Ernst Sigismund **A. S. 24/27**

Dissertatio iuridica de rerum communione, Germanice: Von gemeinschafftlich besitzenden Gütern, und den offt darbey vorkommenden rechtlichen Fällen.
Präs. Georg Adam Struve.
Jena (Heller) 1740. 32 S.

Diss. V. 1664. **30410**

SCHILDBACH, JOHANN GOTTLIEB: Die Religion. Eine Hymne. Am Tage der Einweihung der neuen Kirche in der Leopoldstadt zu Pest, den 15. Tag Juni 1817. Pesth 1817. Auf Kosten des Verfassers. 4 f. - 4°

Schildbach, Karl Hermann

Schildbach, C. H., Bericht über die gymnastisch-orthopädische Heilanstalt der DD. Schreber und Schildbach zu Leipzig. gr. 8. (16 S.) Leipzig 861, Hinrichs'sche Sortimentsbuchh. *

Schildbach, C. H., zweiter Bericht über die gymnastisch-orthopädische Heilanstalt zu Leipzig, nebst Mittheilungen über die Grundsätze und Erfolge bei der Behandlung der Rückgratsverkrümmungen. gr. 8. (20 S.) Leipzig 864, Hinrichs'sche Sortimentsb. *

Schildbach, C. H., Kinderstuben-Gymnastik. Eine Anleitung zur körperlichen Ausbildung d. Kinder in den ersten Lebensjahren. Für Aeltern, Lehrer u. Kindergärtnerinnen. Mit 48 (eingedr. Holzschn.) Abbildungen. gr. 16. (VI, 89 S.) Leipzig 880. Veit & Co. n. 1. 60

Schildbach, C. Ch., orthopädische Klinik. Mittheilungen aus der Praxis der gymnastisch-orthopäd. Heilanstalt zu Leipzig. gr. 8. (XVI, 64 S.) Leipzig 877, Veit und Comp. *

Schildbach, C[arl] H[ermann]. Das Bad St. Moritz in der Schweiz. (SA.) 8. Leipzig 1862.

Schildbach, C. H., die Schulbankfrage u. die Kunze'sche Schulbank. Unter Mitwirkung v. Ernst Kunze in Chemnitz. Mit 11 in den Text gedr. Abbildungen (in Holzschnitt). Leipzig 869. Keil. gr. 8. (IV, 61 S.) 10 ngr.

Schildbach, C. H., die Schulbankfrage u. die Kunze'sche Schulbank. Unter Mitwirkg. v. Ernst Kunze in Chemnitz. Mit 11 erläut. Abbildgn. auf 6 Taf. (in Holzschn.) 2., gänzlich umgearb. Aufl. gr. 8. (XI, 117 S.) Leipzig 872. Weber. n. 2. 40

— die Skoliose. Anleitung zur Beurtheilg. u. Behandlg. der Rückgratsverkrümmgn. f. prakt. Aerzte. Mit 8 (eingedr.) Holzschn. gr. 8. (VII, 148 S.) Leipzig 872. Veit & Co. n. 3. —

Schildbach, C. H., das Wasser als Schutzmittel gegen die Cholera. Danzig 855. Devrient. 8. (8 S.) 2⅓ ngr.

Schildbach, Mor., der königl. Zwinger in Dresden, s.: Schmidt, Karl.

Schildbach, Richard: Über das elektrochemische Verhalten des Kobalts. 1910. 62 S. 8° ¶ Ausz. in: Zeitschrift f. Elektrochemie. Jg. 16.
Dresden, Dr.-Ing.-Diss. v. 22. 6. 1910

Schildberg [Schlagwort]

Schildberg (Pommern), s.a. Geologische Karten. Preussen 94.

— s. a.: Forstkarten.

Schildberg (Posen), Kreis, s.a. Posen. Reg.-Bez.

Schildberg, Kreis. Baron, P., Spezialkarte d. Kreises Schildberg. Rev. v. den zuständ. Behörden. 1 : 100,000. 33,5×35,5 cm. Farbdr. Lissa (902). F. Ebbecke. n. — 50

Schildberg, Kreis. Baron, Paul, Wandkarte des Kreises Schildberg, entworfen nach den neuesten Hilfsquellen. 1 : 25,000. 4 Blatt à 61×66 cm. Farbdruck. Lissa (909). O. Eulitz. 12.—; auf Leinw. m. Stäben 15.—

— Spezialkarte des Kreises Schildberg. Rev. v. d. zuständ. Behörden. 1 : 100,000. 2. Aufl. 32,5×35,5 cm. Farbdr. Ebd. (910). — 50; auf Leinw. in Etui 1.—

Schildberger, Frau Herm., s.: Offen, H. Fr. v.

Schildberger, Max, Zinsen-Berechnungstafel. Fol. Berlin 883. Schildberger. — 75

Schildberger, Nanny, unsere Theater- u. Konzert-Erinnerungen. E. Sammelbuch f. Theater-, Konzert- u. and. Programme. 3. Aufl. gr. 4. (VII, 96 S.) Berlin 898. M. Schildberger. Geb. in Leinw. 4. 50; eleg. Ausg. m. Goldschn. 7. 50

Die elegante Ausgabe ist vergriffen.

Schildberger, Nanny, unsere Theater- u. Konzert-Erinnerungen. Ein Sammelbuch f. Theater-, Konzert- u andere Programme. 4. Aufl. Fol. (104 S.) Berlin 902. H. Schildberger. Geb. in Leinw. 4.50; Pracht-Ausg. m. Goldschn. 7. 50; Luxus-Ausg. in Ldr. 15.—

Schildberger, Nanny, meine Theater- u. Konzert-Erinnerungen. Ein Sammelbuch f. Theater-, Konzert- u. andere Programme. 5. Aufl. (96 S.) 4. Berlin 905. H. Schildberger. Geb. in Leinw. n. 5.—

Die Schildbürger.

o. J. (18. Jahrh.), Amsterdam, 8°. Jüdisch-Deutsch.
Steinschneider, Serapeum X (1849), S. 47, Nr. 288 und Catalogus, Nr. 3965, Wolf IV, S. 1060 Nr. 631.

Die Schiltbürger. || Wunderselzame || Abentheurliche | vnerhörte || vnd bißher vnbeschriebene Geschichten || vnd Thaten der obgemelten Schiltbürger | in Misnopotamia hinder Vtopia || gelegen. || Itzundt also frisch | Männiglichen zu || Ehrlicher Zeitverkürtzung | auß vnbekannten || Authoren zusammen getragen | vnnd auß Vtopi || scher auch Rothwelscher in Deutsche || Sprach gesetzt. || Durch || M. Aleph | Beth | Gimel | der Festung || Ypsilonburger Amptmann. ||

1747,* Frankfurt u. Leipzig, 8°.
Von J. Xph. Langner wider die genauen doch ungebührlichen Außagen.
Cf. Reichhard, Bibliothek der Romane, Bd. XX, S. 295.

Die Schildbürger. St. 1.-2. o. O. 1765. 8°

1785, Riga u. Leipzig, J. Fr. Hartknoch, 8°.
Titel Lalenburg, 2. A.
Reichhards Bibl. der Romane, Bd. VIII, S. 49–5?.

Schildbürger, die. Eine abentheuerliche, wunderseltsame Geschichte zur fröhlichen Unterhaltung der Jugend. Mit 10 col. Bildern. qu. 8. Leipzig 844, Baumgärtner. n. 1/3 ℛ

— die, oder: Das Lallen- u. Narrenbuch. Höchst wundeseltsame, abentheuerliche Geschichten u. Thaten. Mit schönen Figuren. Herausgeg. von F. S. Haarer. 12. Reutlingen 844, Fleischhauer u. Spohn. 1/8 ℛ

Die **Schildbürger** [**Schiltbürger**]. Ihre Weisheit u. große Thorheit z. Ergötzung von Jung u. Alt aufs neue hrsg. von Johannes Nickol u. mit lustigen Bild. gezieret von **Georg Barlösius**. Berlin: Fischer & Franke [1907]. (128 S.) 8° [F.]

Schildbürger, die. Nach Gust. Schwab u. unter Benutzg. älterer Quellen f. die Jugend bearb. v. Mitgliedern des Dresdner Jugendschriftenausschusses. Bilder u. Buchschmuck v. William Krause. (71 S.) gr. 8. Dresden 908. C. Heinrich. Kart. 2. 50

Schildbürger, die neuen, oder Lalenburg in den Tagen der Aufklärung, durch Heinrich Ringwald, 8. Halle, 791. Dost. 15 sgl.

Schildbürger, d. neuen, oder Lalenburg, in den Tagen der Aufklärung, durch Heinrich Ringwald. 8. Halle, Dost. (Vollmer in Hamburg.) (a. Benj. Fleischer in Lpz.) 792.

Schildbürger, die neuen, oder Lalenburg, (v. H. Ringwald: Jh. Glo. Schulz). 8. Hamb. 792. (Herold jun.) 12 gl

Schildbürger, Die neuen.
Illustriert von Ludwig Stutz. Berlin 1895.
V: *Pfannekuchen, Glieb.* (Berl)

Schildbürger, der, höchst sonderbare u. abenteuerliche Thaten u. Narrenstreiche. Zur Unterhaltg. u. Erheiterg. f. Jung u. Alt aufs Neue hrsg. gr. 16. (64 S.) Reutlingen 874. Enßlin & Laiblin. — 20

Schildbürger, die, von Utopien, s. Hausfreund, Leitmeritzer.

— der, wunderseltsame ꝛc. Geschichten u. Thaten, s. Volksbücher. 4.

Schildbach, ..., Biedersinn u. Vaterlandsliebe; ländl. Lstspl. in 4 A. 8. Wien 809. Wallishausser. 6 K

— s. 1) Fürstentempel. 2) Generalprobe, die.

— Glück durch Unglück. Lstspl. in 1 A. 8. Wien 808. Wallishausser. 8 K

— die Heirath aus Desperation; ein Lstspl. in 4 Aufz. 8. Prag 793.

— der Millionär. Lstspl. in 4 A. Wien 804. Wallishausser. 8 K

— das Narrenhaus. Lstspl. in 1 Aufz. Aus d. Französ. Wien 805. Wallishausser. 5 K

— Pauline. Lstspl. in 3 A., frei nach Claud. de Florian. 8. Wien 806. ... 6 K

— die Rekrutirung. Lstspl. 8. Prag 793. Neureutter. 3 K

— die Verlegenheit. Lstspl. 8. Prag 793. (Hinrichs in Leipz.) 6 K

Schilde [Schlagwort]

Schilde, s.: Geologische Karten. Preussen 105.

Schilde [Verfasser]

Schilde, s.: Luther, Mart., der kleine Katechismus.

Schilde, Constantin von, s. S c h i l d e , Konstantin von

Schilde, Frdr., die Hebung der Kartoffelkrankheit! Eine auf mehrjährige Erfahrung begründete Schrift. 12. (12 S.) Camenz 851, Krausche. 2 ngr

Schilde, Friedr., die Kartoffelkrankheit. Ihre Entstehung nebst Anweisung zur gänzl. Beseitigung derselben. Eine auf mehrfache Erfahrung begründete Schrift. 2. und 3., verm. und verb. Aufl. 8. (16 S.) Wittenberg 852, (Mohr.) *

Schilde, Johs. Schach dem Darwinismus, s. Zeitschrift. Berliner entomologische.

Schilde, Johs., gegen pseudodoxische Transmutationslehren. Ein entomolog. Nachweis irriger Studien zur Descendenztheorie. gr. 8. (IV, 154 S.) Leipzig 879, O. Wigand. *

Schilde, Konstantin von

Schilde, Constantin v., Das Hau-Stoß-Fechten in der normalen Terz-Auslage. Leitfaden zur systematischen Erlernung dieser Kunst. 8. (31 S.) Nur fest oder baar --.60
Wien: Amonesta 1889.

Schilde, Kurt, Dr.: Die Unrichtigkeit des Grundbuchs nach neuem deutschen Reichsrecht. *Leipzig: Veit & Co. 1899.* (94 S.) 8° ¶ — Ausgewählte Doktordissertationen d. Leipziger Juristenfakultät [No 20].
Leipzig, Jur. Diss. v. 1899
(Nicht für den Austausch)

Schilde, Kurt, die Unrichtigkeit des Grundbuchs nach neuem deutschen Reichsrecht. (Ausgewählte Doktordissertationen der Leipziger Juristenfakultät.) gr. 8. (94 S.) Leipzig 899. Veit & Co. n. 2. 60

Schilde, Theoph., s. Grundsätze u. Lehren aus d. W. Nierenbergs.

Schilde, Theoph., Im dem Glauben befestigte und wider die Verführung des Irrtums bewaffnete Seele, oder: Kurze Beweistümer der Religion, welche jedem Verstande begreiflich und allen Ständen angemessen sind. Aus dem Französ. Wien 1784, 8°.

Schildeck, Heinrich Walter Wilhelm von
4°Misc. 180q/19

Discursus historico-politicus de archicancellariatu et primatu S. R. I. principis abbatis Fuldensis.
Präs. Philipp Adam Ulrich.
Würzburg (Engmann) VI. 1724. 95 S.

Gew.: Abtei Fulda, Abt Konstantin von Fulda.

30412

Schildeck, Heinrich Walter Wilhelm von A. S. 119/31

Discursus historico-iuridicus de archicancellariatu et primatu S. R. I. principis abbatis Fuldensis.
Präs. Philipp Adam Ulrich. Ed. nova.
Leipzig (Langenheim) 1733. 96 S.

Diss. Würzburg 30. VI. 1724. 30413

Schildecker, A., Katechesen zum 1. u. 2. Tl. des bad. Lesebuchs. gr. 8. (IV, 127 S.) Bonndorf 899. Spachholz & Ehrath. Geb. n.n. 1. 80

Schildecker, Alb., Gesinnungsbildung f. Schule u. Haus, theoretisch u. praktisch dargestellt. (XV, 221 S.) gr. 8. Leipzig 906. E. Wunderlich. n. 2. 40; geb. n. 3. —

Schildener, Carl, s. S c h i l d e n e r , Karl

Schildener, Herm., der Prozeß der Weltgeschichte als Grundlage der Metaphysik oder Wissen des Wissens ist Wissen der Geschichte. Greifswald 854. Koch. gr. 8. (XXII, 227 S.) n. 1 ₰. 10 ngr.

Schildener, Karl

Schildener, Carl, zwey juristisch-philosophische Abhandlungen. 8. Berlin. 807. Nest Reimer. Rthlr.

Schildener, Karl, zwey philosophisch-jurist. Abhandlungen. 8. Berlin, Lange. 807.

— An cogere in societatem civilem hominem homini liceat. 4. Lond.-Goth. 808.

Schildener, Karl, kleine Aufsätze aus bedrängter Zeit. gr. 8. (7¼ B.) Rostock 833, [Oeberg.]

Schildener, Karl, Beylage zu meiner Abhandl.: üb. d. religiöse Gemeinschaft d. alten Mitschwörenden unt. einander u. mit d. Principal. Veranlaßt durch e. Recension in d. berliner Jahrbüchern f. wiss. Kritik. gr. 8. (1 B.) Greifswald 835, [Koch's Vrlsbuchh.]

— Beitrr. z. Kenntniß d. german. Rechts. 2 Bde. A. u. d. T.: Versuche üb. deutsche Sinnesart u. Beziehung auf deutsches Recht. gr. 8. Greifswalde 822—27. Koch. (à 12 gr) 1 ₰

— Bemerkk. zu Jak. Grimm's Abhandl., betitelt: Literatur der altnord. Gesetze, soweit sie die schwed. Gesetze betrifft. gr. 8. Greifsw., Mauritius. 4 gr

— üb. die Beschäftigung mit Denkmalen unserer Vorzeit. 8. Greifswalde 816. (Mauritius). 4 gr

— Considérations sur la Politique du Gouvernement Danois. gr. 8. la même. 813.

Schildener, Carl (aus Schoenebeck a. d. E.): Ein Fall von Hemi-Cyclo-Rhinocephalus mit Spina bifida .... Berlin, Buchdr. v. Gustav Schade (Otto Francke) (1867); 30 S. + 1 Bl. 8°
Berlin, Med. Fak., Inaug.-Diss. v. 12. Nov. 1867

—— über d. religiöse Gemeinschaft d. alten Mitschwörenden, unter einander u. mit dem Principal. Nach deutschen u. scandinav. Rechtsquellen. gr. 8. (2¾ B.) Greifswald 833, Koch.

—— das Gottesbewußtsein im Volksrechte d. Germanen, nebst einigen Betrachtn. verwandter Art üb. d. neuere Zeit. Bruchstücke aus dess. Papieren. gr. 8. (3¼ B.) Greifswald 839, [Koch's Vrlsbuchh.]

— s. Gula-Lagh.

Schildener, Karl, einige Ideen üb. ständische Volksvertretung in Neu-Vorpommern u. Rügen. gr. 8. Greifsw. 818. (Stralf., Löffler). 6 gr.

— in probatione per testes semipleno majori juramentum suppletorium ex lege civili communi succans adiimandi in genere haud concedendum; purgatorium potius neganti. 8. Greifsw. 802.

— — De prisco in patria etc. vide Calonii, Math.

Schildener, K., üb. das Continentalsystem rc. gr. Berl. Realschulbuchh. 813.

— — dasselbe Französisch.

— des schwed. Bauern u. Malers Pehr Hörberg Lebensbeschreibung, s. Pehr Hörberg.

— s. Philosophie d. freien Künste u. setze hinzu: (von K. Schildener).

— Testamentum reciprocum secundum leges scriptas. Commentatio juridica. 8. Jena. 801.

— üb. die schwed. Verfassung, bei Gelegenheit d. letzten Regierungsreform v. 6. Juni 1800. 1e Abtheil. gr. 8. Berl. 811. Reimer. 12 gr.

— üb. die schwedische Verfassung; bei Gelegenheit d. letzten Regierungsreform vom 6. Juni 1809. 1ste Abtheil. gr. 8. Ebend. 811.

— Versuch üb. die Grundsätze der Civilgesetzgebung. 8. Berl. 804. Reimer. 6 gr.

— Vorbereitung z. Studium d. Rechtswissenschaft. Ein Grundriß zu seinen Vorlesungen. 8. Greifsw. 820.

— Greifswalder akadem. Zeitschrift, s. Zeitschrift.

Schilder, Kartuschen u. Rahmen. Hrsg. v. d. deutschen Fachschule für Drechsler u. Bildschnitzer zu Leipzig. gr. Fol. (46 lith. Taf. m. 1 Bl. deutschen, franz. u. engl. Text.) Dresden 898. O. Kühtmann. n. 30.

Schilder, s.: Mappe-Mal-Vorlagen.

Schilder. C. De rerum scriptoribus, quibus Plutarchus in Themistoclis vita perscribenda usus est. 30 S.
Leobschütz, Progr. 1850

Schilder, Ernst, über das Rodeln u. Schilaufen. Hrsg. vom Fremdenverkehrs-Verband f. Mähren u. Schlesien. (80 S. m. Abbildgn.) kl. 8. Wien 908. 09. (Brünn, R. Knauthe.) nn — 90

Schilder, Frz., Dramen. 1. Bdchn. gr. 12. (8½ B.) Wien 828, Tendler.
Inh.: Das Demantauge. Schausp. — Die Erscheinung. Schausp. — Die seltene Bewerbung. Lustsp.

Schilder, Sigm., üb. die Bedeutung des Genies in der Geschichte. gr. 8. (37 S.) Leipzig 894. Duncker & Humblot. n. 1. —

Schilder, Sigm., agrarische Bevölkerung u. Staatseinnahmen in Oesterreich. (VIII, 176 S.) gr. 8. Wien 906. F. Deuticke. n. 3. 60

Schildereien aus dem Alpenlande. 30 Lichtdr.-Bilder nach Gemälden von Karl u. Ernst Heyn. Gedichte von Rud. Baumbach. Randzeichnungen von Joh. Stauffacher. Imp.-Fol. Leipzig 882. Liebeskind. geb. m. Goldschn. n. 55. —; in 11 Lfgn. à n. 4. —

Schildereien aus Griechenland. Reutlingen 1785. V: *Conz, Carl Philipp.* (MGT) (GGr) (Ky) (EngG)

Schildereien aus altfränkischen Häusern, s. Tröfteinsamkeit, katholische.

Schildereien, Kleine, aus der grossen Welt. Leipz. 1810. Elberfeld 1824. V: *Rössler, C.* (Bibl. Görres. III, 67.)

Schildereyen, kleine, aus der großen Welt rc. 8. Leipzig, Bruder und H. 810. (Büschler in Elberfeld.)

Schildereien, kleine, aus der großen Welt rc. 8. Leipz. 810. (Schönian in Elberf.) 1 rf Wohlf. Ausg. 824. Ebd. 12 gr.

Schildereien aus dem Tagebuche des Johannes Clericus. München 857. (Finsterlin. — Regensburg, Manz.) 16. (438 S.) n. 15 ngr.

Schilder-Schau, eine Gesch. eines nachmittäg. Spazierganges durch die Stadt, v. Ch. Kuffner. 2 Thle. Brünn, Trofsler. (Leipzig, Hartmann, 821.)

Schilderung

— der Stadt Aachen f. Reisende; aus d. Französ. gr. 8. Frankf. 787. Fleischer. 18 gr.

Schilderung des Apollo Saales. Wien 1808. V: ***Ehrimfeld, Tobias Frch. von*** (Joh. Fch. Reichardt, Vertraute Briefe, München 1915, Bd. I, S. 158) (Neue Annal. d. Litt. Wien 1808, I, S. 128) (BiblPort)

Schilderung der neufränkischen Apostel in Strassburg, *Eulogius Schneider, Johann Jakob Kammerer, Thaddaus Anton Dereser*, u. *Karl Franz Schwind.* O. O. 1792. 8°. Ppb.
112 S. incl. Tit. mit kl. Vign. Heftige kathol. Polemik gegen die 4 Freidenker (u. Bischof Brendel zu Strassburg). — Sehr selten!

— der neufränkischen Apostel in Strasburg, Eul. Schneider, J. J. Kämmerer, Th. A. Dereser u. K. Fr. Schmidt. 8. Augsb. 792. Doll. 5 gr.

Hülfsgesellschaft. Inhalt: **Schilderung** der Armen- und Hülfsanstalten der Stadt St. Gallen. 32 Stn. 4. Mit Abbildungen. Neujahrsblatt. 1871.

Schilderung der Aerzte, oder Die Aerzte wie sie sind, und wie sie seyn sollen. Aus d. Franz. überg. Th. 1. 2. Straßburg: König 1777. 224 S. 1 Bd 8°
Th. 1: Oder ironischer Theil enth. den Begriff, wie die Aerzte gemeiniglich sind.
Th. 2: Oder ernsthafter Theil. Enth. den Begriff, wie die Aerzte eigentlich seyn sollen.
vgl. Schilderungen...

Schilderung, Aufrichtige, des wahren Karakters der dermaligen Kritiker. Verfasst im Monat Jänner 1786 unter dem Namen Beata Veritas o. O. u. o. J. V: *Valentini, Benedict.* (Kirchenzeitung 1788, S. 9) (BiblPort)

—— des Brandes d. Stadt Schluckenau v. 13. April 1838. gr. 8. (1 B. u. 2 Abbild.) Leitmeritz 838. (Wien, Braumüller u. Seidel.) •

— u. Anekdoten, charakterist., des regier. Herzogs v. Würtemberg, (v. E. K. L. v. Scheler). 8. Heilbr. 794. Claß. 4 gr.

vgl. Schilderung, Kurze . . .

— charakterist., des Lebens u. der Thaten Lord Wellingtons. 8. Wien 813. Gerold. 8 gr.

— charakterist., berühmter Männer. 1r Bd. 8. Leipz. 794. Fr. Fleischer. 1 Rthlr.

—— chronologische, der Schicksale u. Zustände der riga'schen Theater-Direction von 1837 bis jetzt. gr. 8. (1 B.) Leipzig 844, Phil. Reclam jun. *

Schilderung von Eisgrub, Feldsberg und deren Umgebungen. Wien 1840. V: *Häufler, Joseph Vincenz.* (WBL)

Schilderung von Eisgrub, Feldsberg u. deren Umgebungen. 8. (4½ B., nebst Wegweiser u. Plan auf Stahl m. 17 Ansichten u. ein. Panorama an d. Rande, Fol.) Wien 840, Rohrmann. •

Schilderung, Erste, Kaiser Josephs II. Zittau 1790. V: *Hortzschansky, Joh.* (MGT)

— der zu Ehren d. 25jähr. Regierungs-Jubiläums Sr. Maj. d. Königs Friedrich Wilhelm III. in Aachen begangenen Feierlichkeiten rc. so wie d. bei Legung d. Grundsteine z. Mineraltrinkbrunnen u. z. Theaterbau gehaltenen Reden d. Hrn. Daniels u. Höpfner. gr. 8. Aachen 822. Mayer. 12 gr.

Schilderung, der zu Ehren des 25jähr. Regierungs-Jubiläums Sr. Maj. des Königs Friedrich Wilhelm III. in Aachen begang. Feierlichkeiten rc. gr. 8. Aachen 824. Mayer.

SCHILDERUNG der Franzosen während der Revolution. Von einem Augenzeugen. Frankfurt u. Leipzig 1797. 8⁰. (3 Mk. E. Frensdorff, 1908.)

— der Franzosen während d. Revolution. 8. Ulm 797. Stettin. 16 gr.

Schilderung eines römischen Gastmahls zur Zeit des Kaisers Nero. Nach d. Latein. des Petronius. Nebst Bruchstücken aus demselben Autor u. erläut. Anmerkungen. 8. (6 B.) Berlin 843, Ende.† *

Schilderung, gedrängte, des Lebens d. vornehmsten Feldmarschälle Frankreichs, welche in d. Schlacht bei Leipzig am 18. Oct. 1813 unter Napoleon befehligten. 8. (2 B. u. 1 Stahlst. gr. 4.) Burg 834, Otto.

— gedrängte, des ehemaligen Bürgermeisters Tschech u. seines versuchten Mordanfalles auf Se. Maj. den König von Preußen. gr. 8. Nordhausen 844. (Büchting.) n. 1/12 Rthlr.

— d. Gefängnisse zu Paris unter Robespierre; aus d. Französ. gr. 12. Manh. 795. Schwan u. G. 16 gr.

Schilderung der französischen Generale, die während des siebenjährigen Krieges in Teutschland gedient haben. Leipzig 1791. V: *Schatz, Georg.* (ML) (Ky) (AarF)

— der französ. Generale, die während des 7jähr. Krieges in Deutschland gedient haben (v. G. Schatz). gr. 8. Leipz. 791. Dyck. 12 gr.

Schilderung, getreue, d. Abentheurers u. Sektirers Proli, früher in Offenbach wohnhaft, welcher sich nebst seinen ihn begleit. Anhängern dermalen in Pensylvanien befindet, u. daselbst sein Wesen treibt. Aus Originalbriefen aus Pittsburgh in Nordamerika. 8. (3½ B.) Frankfurt a. M. 834, (Körner.)

— aus Griechenland (v. K. Ph. Conz). 8. Reutlingen 785.

Schilderung historische Pestseuchen

Historische Schilderung der Pestseuchen in Wien in den Jahren 1679 und 1713, dann der im Jahre 1495 aus Amerika gekommenen ganz fremdartigen Seuche. 32 S., gbd.

Wien: Benedikt 1832

JB 4.872

—— histor., der Pestseuchen in Wien, in d. J. 1679 u. 1713, dann der im J. 1495 aus Amerika zu uns gekomm. ganz fremdart. Seuche, in Vergleichung mit d. jetzigen Zeitumständen. M. d. Sterbe-Tabellen v. 1679 u. 1713 sowohl v. Wien, als auch von d. umlieg. Ortschaften. 8. (2 B.) Wien 832, Benedikt. Thlr.

Schilderung, Historisch-malerische, der Gemählde, die zur Erlangung des aus der Reichelschen Stiftung . . . für die Historienmaler ausgesetzten Preises eingeschickt . . . waren . . . Wien 1809. V: *Siegler, Franz & Friedrich Fröhlich.* (GGr VII, 35)

Schilderung der vier Jahreszeiten; der Jugend gewidmet. Nürnberg 1783. V: *Roth, Johann Ferd.* (Ky) (MGT)

— d. vier Jahreszeiten, der Jugend gewidmet (v. J. F. Roth). Mit 4 Kpf. Fol. Nürnb. 783. Schneider u. W. 6 gr. ill. 12 gr. Dies. in 8. Ebd. 3 gr.

— der 4 Jahreszeiten, d. Jugend gewidmet, m. K. 8. Nrnbg. Schneider u. W. 797. illum.

— Jesu Christi; aus e. Schreiben in latein. Sprache, welches d. Statthalter in Judäa, Publius Lentulus, zu d. Zeit, als der Ruf unsers Heilandes sich in d. Welt auszubreiten anfing, an d. röm. Senat sandte. gr. 4. Dresd. 797. Walther. 1 gr.

Schilderung der Illuminaten. Nürnberg 1786. V: *Weishaupt, Adam.* (Kl)

— der Illuminaten. 8. Nürnb. 786. Grattenauer. 5 gr.

— d. Klöster u. einiger sehr merkwürd. Klostergeschichten; aus d. Französ. von F. X. Sonnleithner. 8. Wien 783. Hörling. 10 ggr

— d. russischen Krieger, sowohl d. regulären Truppen u. Kosaken ꝛc. nebst einem deutsch-alphabet. Verzeichnisse d. nöth. Wörter ꝛc. 8. Leipz. Leo. 813.
Hat auch d. Titel:
Klein. russisch. Dollmetscher ꝛc.

— d. Preuß. Kriegshelden, s. J. von Mauvillon.

Schilderung der Preussischen Kriegsverfassung. 8. Schwerin 1776.

— d. Preuß. Kriegsverfassung. 8. Schwerin, Buchenröder. 779.

Schilderung der Cultur- und Bevölkerungsverhältnisse, zu dem des Handels, der Verkehrsmittel und der vornehmsten Industriezweige im Grossherzogthume Krakau und den westlichen Kreisen Galiziens während der Jahre 1854–1856 und theilweise auch 1857. Verfasst von der Krakauer Handels- und Gewerbekammer. 8. Krakau **1861.**

Schilderung und Anekdoten, Kurze charakteristische, von dem ... regierenden Herzog von Württemberg und dessen Familie. Heilbronn 1794. V: *Scheler, Eugen Carl Ludwig von.* (MGT) (Ky) (Heyd)

vgl. Schilderung, Charakteristische ...

— kurze, d. unmittelb. Folgen d. schädl. Dienstverkaufes. 8. Memming. Seyler. 790.

§ * **BARRY.** — Schilderung, Kurtze historische, des Lebens der Frau Gräfinn du Barry, mit ihrem Bildnisse gezieret. Aus d. Französ. übers. Paris (Frankf., Varrentrapp) 1774. 8°. (2 Mk., etwas fleckiges Expl., G. Priewe.)

— — Dasselbe. Ibid. 1775. 8°.
Orig.: Précis historique de la vie de Mme. la comtesse du Barry. 1774. 8°. av. portr.

SCHILDERUNG, Kurze, (der) von einem ehrbaren (!) Hurenwirthe namens Dans auf dem Hamburger Berge in diesen Tagen verübten schrecklichen Grausamkeit an einem unschuldigen Mädchen. Hamburg 1801. 8°. (3 Mk. 75 Pfg. Auction Salomon, Dresden, März 1875, no. 412.)
Aeusserst rar!

Schilderung, Kurze, des überaus gesegneten Grossfürstenthums Siebenbürgen. Bud. 1781. V: *Gottschling, Paul Rudolph.* (OL) (Kläbe, Neuest. Gel. Dresden. Leipzig 1796.)

—— kurze, d. Staats-, Bürger- u. Naturverhältnisse d. Vereinigten Staaten Nordamerika's, nebst nützl. Belehrn. üb. d. Nöthige bei d. Auswanderung ꝛc. 8. (8 B.) Quedlinburg 837, Ernst'sche Buchh.

— kurze topograph., des alten Roms, nebst e. perspectiv. Plan aller Tempel, Amphitheater, Monumente ꝛc. Wien, Bauer u. D. 10 ggr

Schilderung, Kurzgefaßte, der Reise Sr. k. u. k. Apost. Maj. (Franz Joseph I.) nach dem Orient. Wien 1870. V: *Dudik, Bela & Joh. Groller von Mildensee.* (EB)

— des Lebens u. Charakters d. Königin Antoinette v. Frankreich (v. ... Evers). 2 Thle. 8. Bremen 793. Müller. (Fr. Wilmans in Frankf.) 16 ggr

Schilderung des Lebens und Charakters der Königin Maria Antoinette von Frankreich. Bremen 1794. V: *Evers, Joach. Lor.* (MGT) »1793« (Ky)

Schilderung des Lebens und Wirkens von G. Stephenson. Stuttgart, 1860.

Schilderung der Provinz Limousin und deren Bewohner ... Berlin 1817. 2. Aufl. 1829. V: *Neigebaur, Joh. Ferd.* (MGT) (Ky) (EngG) (ADB)

— der Provinz Limousin u. deren Bewohner; aus d. Tagebuche e. preuß. Officiers (F. F. Neugebaur). gr. 8. Berl. 817. Maurers B. 1 rthl 4 ggr

— von Louisiana; aus d. Französ. mit Anmerkk. u. Zusätzen v. Ehrmann, s. a. Bibliothek d. Reisebeschreibb. 10r Bd.

Schilderung von Lousiana; a. d. Franz. ... Weimar 1804. V: *Duvallon.* (EngG) V: *Wichmann, Chn August.* (MGT)

Schilderung von Louisiana. Aus dem Französischen des von Duvallon herausgegebenen Werkes zweckmässig abgekürzt. Mit einer Einleitung und Zusätzen herausgegeben von Theophil Friedrich Ehrmann. Nebst einer Charte von Louisiana. Weimar 1804. XXVIII, 344 S., 1 Krt. 8°.

— von Louisiana, a. d. Franz. m. Anmerk. u. Zusätz. von Ehrmann. gr. 8. Weimar, Ind. Compt. 804. (a. d. Bibliotb d. Reisebeschr. 10r Bd.)

— vortreffl. Menschen. 8. Berl. 782. Rottmann. 1 rthl 8 ggr

— moral., der Sitten u. Gebr. d. heutig. Welt 8. Nürnb. Felsecker. 764.

— d. Müßiggänger u. Taugenichts in London. 3 Thle. 8. London, Adlard. (Nicolai in Berlin.) 787–90. (I. 10 gr. II. 8 gr. III. 12 gr.)

vgl. Schilderung, Offenherzige ...

Schilderung einer Nationalscene bestehend in einem prosaischen Aufsatze und einigen Gedichten. O. O. 1782. V: *Dassdorf, Carl Wilh.* (JL) (GGr) (Kläbe, Neuest. Gel. Dresden. Leipzig 1796.) »1792« (MGT) (Ky)

— einer National-Scene, besteh. in e. pros. Aufsatze u. einigen Gedichten (von K. W. Daßdorf). gr. 8. Dresd. 782. Walther. 2 ggr

Schilderung, Offenherzige, der Müssiggänger und Taugenichtse in London. Berlin 1787—90. V: *Karsten, Franz Christian Lorenz.* (Russell XVI, I, 2, 1866)

vgl. Schilderung der Müssiggänger . . .

— einiger im amerikanisch. Kriege ausgezeichneten britt. u. deutschen Officiere. 8. Leipz. 784. Hilscher. 6 gr.

Schilderung aus Paris. Aus dem Franz. (des Mercier) auszugsweise übersetzt. nicht Breslau 1782—1784. Ü: ***Bürde, Samuel Gottlieb*** (?). (schr I, 538)

— v. Paris, im Auszuge; aus d. Französ. (des Mercier, v. S. G. Bürde). 4 Thle. 8. Bresl. 782—84. (W. Rauck in Leipz.) 1 rthl. 12 gr.

Schilderung von Paris, a. d. Franz. auszugsweise übers. Breslau 1783—84. V: *Mercier, Louis Séb.* (NN) Ü: *Bürde, Samuel Gottlieb.* (Schr) (GGr) (JL) (MGT) (Ky) »1782—84« Ü: *Claudius, Matthias.* (Kordes, Schlesw.-holst. u. eutin. Schriftst. Schleswig 1797.)

— v. Paris im Ausz a. d. Franz. 4 Thle. 8. Bresl. Löwe. (Sommer in Lpz.) 783–84.

Des Hamburgischen Patrioten Schilderung der despotischen Regierung Napoleon Bonaparte's, und der in Hamburg verübten Frevelthaten des Marschall Davoust genannt Prinz von Eckmühl. Aus authentischen Quellen. Hamburg. 1814. In: Der Patriot, ein Bürgerblatt (11. 12. 13. und letztes Stück). 8°.

Schilderung des Kaisers Paul. Germanien 1805. V: *Hastenpflug, Wilhelm von.* (Ky) (Wr)

— philosoph., der Verfassung v. Island, nebst Stephensens Beschreib. d. Erdbrandes 1783. Mit Kpf. 8. Altona 786. (Brummer in Kopenh.; a. Schubothé). 2 rthl.

— philosoph., der Verfassung v. Island, nebst Stephesens Beschreib. des Erdbrandes 1783. m. K. 8. Altona. (Gleditsch in Lpzg.) 786.

— poetische, d. thüringischen Landschaft, d. güldene Aue genannt, von K. F. v. Kamiensky, m. Chart. u. K. 8. Leipzig, Feind. 806.

— d. Privatlebens des Prinzen Heinrichs v. Preußen in Rheinsberg. 8. Leipzig, Böhme. 784.

— des Privatlebens d. Prinzen Heinrich v. Preußen in Rheinsberg. 8. Leipz. 784. (Knobloch). 5 gr.

Schilderung des Privat-Lebens eines grossen Prinzen; oder geheime Nachrichten von den Vergnügungen des Prinzen Heinrichs von Preussen zu Reinsberg. Frankfurt und Leipzig 1785. V: *Guyton de Morveau, N.* (StBiblBerlin XII, S. 168)

Schilderung der jetzigen Reichsarmee nach ihrer wahren Gestalt . . . Kölln 1796. V: *Laukhard, Friedrich Christian.* (MS) (Mn) (Wr)

— d. jetzigen Reichsarmee. 8. Leipz. 796. Gr. Fleischer. 10 gr.

— satyr. u. sittl., in Briefen. 8. Jena, Cuno. 763.

— der merkwürd. Säugethier etc., s. Naturgeschichte d. Säugethiere.

— d. merkw. Säugethiere, m. K. (ist ein neuer Tit. d. Naturgesch. d. Säugethiere.) 8. Leipz. Supprian. (Mittler.) 797.

Schreibp.

Schilderung der Sitten, öffentlichen Anstalten . . . von Berlin. O. O. [17??]. V: *Frentzel, Carl Heinrich.* (MGT)

Schilderung, Statistische, vom gegenwärtigen Russland unter Alexander dem Ersten. Leipz. 1809. V: ***Kaffka, Joh. Chph.*** (Ky 3/292) [Plagiat aus Chph. Herm. Bencken's Geographstatist. Uebersicht des Russischen Reichs. Riga 1808.] (GGr VII/461, Nr. 5/25) (BiblPort)

Schilderung, Topographische, des Markgrafthums Mähren. Prag u. Leipzig 1786. V: *Schwoy, Franz Joseph.* (WBl.) (MGT) (Ky) (Weber)

— topograph., des Markgrafth. Mähren v. F. J. S(wey). 2 Thle. gr. 8. Prag 786. Widtmann. 2 rthl.

— der Insel Van Diemensland, einer höchst merkwürd. britt. Colonie in der Südsee, ein Handbuch für die, welche dahin auszuwandern geneigt wären. Nach den von Hrn. v. Bibra gesamm. Materialien bearb. v. C. N. Röding. gr. 8. Hamb. 823. (Herold.)

Schilderung, Vergleichende, der Organisation der französischen Staatsverwaltung in Beziehung auf das Königreich Westphalen. Frankf. u. Leipz. [Hannover] 1808. V: *Berg, Günther Heinrich von.* (MGT) (Ky)

— vergleichende, der Organisation d. französ. Staatsverwaltung in Beziehung auf d. Königr. Westphalen (v. G. H. v. Berg). 8. Hannov. 808. Hahn. 20 gr.

— d. vornehmsten Völker aller Welttheile etc. Mit 24 color. Abbildd. 8. Nürnb. 811. Bieling. 1 rthl. 8 gr.

Schilderung der deutschen Vorzeit. 8. Leipzig, Jacobäer. 793. Rthlr.

vgl. Schilderungen ...

— aufrichtig u. einzig wahre, des französ. Rückzugs aus Rußland 1812. 8. Sondersh. 813. Voigt in Ilmenau. 6 gr.

Schilderung d. gegenw. Zeit. 8. Frankf. u. Leipz. 760.
Weidbltr.

SCHILDERUNG der gegenwärtigen Zeit von einem bekannten Schriftsteller. Aus dem Französischen übersetzt. Γνῶθι σεαυτόν. (Ornament-Barock-Vignette mit Bienenkorb.) Frankfurt und Leipzig (o. Adresse), 1761. 8⁰.

Tit., 7 Bll. Vorr., 165 S., 1 unbez. Inh. Mit typogr. Schlußornament. U. a.: Vom Frauenzimmer (etwas frei; S. 14—23). — Von Klöstern (S. 55—81). — Von Moden (S. 140—146). — Von Schauspielen (S. 146—165).

Schilderung des Zustandes von England und Schottland. Berlin 1797. V: *Lally-Tolendal, Trophime Gérard Marquis de.* (Ky)

— des Zustandes v. England u. Schottland. (v. Lally Tolendal). 2 Thle. 8. Berl. 797. Felisch. (Wienbrack in Leipz.) 1 ₰ 12 gr

Schilderungen

Schilderungen. Frankfurt u. Leipzig 1759—60. V: *Reupsch (Reuptsch), Joh. Frdr. Leber.* (Kat. der Bibl. Franz Schnitzer. München 1902. S. 57.) (Ky) (BrMm)

— (v. Jh. Fr. Lebr. Reupsch). 2 Thle. 8. Quedlinb. 759 u. 60. Biesterfeld. 16 gr

§ **SCHILDERUNGEN** und Anekdoten von Paris, oder Beyträge zu den französischen Revolutionsbegebenheiten. Frankfurt und Leipzig (Gräff in Leipzig) 1792. 8⁰. (In Dresden: Hist. Gall. D 457.)

Tit., 1 Bl. Vorber. des Herausgebers (dat.: Im November 1791, unterz.: M.), 2 Bll. Inh. (der XLV Nrn.), 174 S., 1 Bl. Gräff's in Lpz. Verlagsbücher, wobei: „Neue Szenen (s. ob.) in Paris und Versailles. Erster Theil. Mit Musik und einem Kupf. 8⁰. 14 gl."

— u. Anekdoten v. Paris, od. Beitr. zu d. Revolutionsbegebenheiten. 8. Leipz. 792. (Wienbrack). 12 gr

§ **SCHILDERUNGEN**, Angenehme moralisch-satyrische, in allen Auftritten des menschlichen Lebens. Durch Träume ohne Vorrede. Gotha. b. Chr. Mevius sel. Erben in Commission. 1767. 8⁰. 326 S.
O. M. V. 1767. S. 834; Cat. Vandenhoeck II. p. 528.

SCHILDERUNGEN der Aerzte, oder die Aerzte, wie sie sind, und wie sie seyn sollen. 2 Thle. Strassburg 1777. 8⁰. Rar!
vgl. Schilderung . . .

Schilderungen und Begebnisse eines Vielgereisten der ausruht. Leipzig 1833. 2. Ausg. 1836. V: *Wit, Ferdinand Johann gen. von Dörring.* (EE) (Nowack, Schles. Schriftst.-Lex. Bresl. 1836—43. III, 160.) (A)

Schilderungen u. Begebnisse e. Vielgereisten, der ausruht. (Von J. Wit. v. Dörring.) 3 Thle. 1. Aufl. 833. 2 Thlr. 20 Gr. u. 2. A. (à 23¾ B.) gr. 12. Leipzig 836, O. Wigand.

Schilderungen u. Begebnisse e. Vielgereisten d. ausruht. 3 Bde. 2. (wohlf.) Ausg. gr. 12. (24 B.) Leipzig 836, Otto Wigand.

Schilderungen von Teutschland; aus dem Tagebuche eines Reisenden . . . Glatz 1798. V: *Kaffka (Engelmann), Johann Christoph.* (Ky) (MGT) (BrMm) (GGr)

— von Deutschland; aus d. Tagebuche e. Reisenden, voll interessant. Lokalbemerkk. u. Wahrheiten (v. J. Ch. Kaffka). Mit 1 Kpf. 8. Glatz 798 (Leipz., Andrä). 12 gr

— dichter., v. Gegenden in Sachsen, vorzügl. um Dresden. m. K. 4 Hfte. Dresd. Gerlach. 786–95. (à 16 gr.)

Schilderungen, Dichterische, von den berühmtesten Sächsischen Lustörtern . . . vorzüglich um Dresden, Meissen und Pirna . . . Stendal 1786. V: *Müller, Carl.* (Ky) (MGT)

— dichterische, von d. berühmt. Sächs. Lustörtern, romant. Ansichten u. maler. Gegenden, vorzügl. v. Dresden, Meißen u. Pirna 2c. (v. Karl Müller). Mit Kpf. 18 u. 26 Stck. gr. 4. Dresd. 786. Gerlach 2 ₰ 16 gr

— u. Einfälle, welche die Thorheit d. Welt lächerlich machen. 8. Magdeb. Hechtel. 766.

Schilderungen u. Einfälle, welche Thorheiten der Welt lächerlich machen. 46 S. Magdeb. 8°. 1767.

— u. Einfälle, welche die Thorheit d. Welt lächerlich machen. 8. Magdeb. 796. Hechtel. 3 gr

SCHILDERUNGEN, Empfindsame, in den Reisen eines Engländers, des Lord Stafford. Mit Titelkpf., Titelvign. u. 28 illum. (oder schwarzen) Kpfrn. (F. A. Scheureck del. & sc.) Römhild u. Leipzig (o. Adresse). 1781. 8⁰. (9 fl., Expl. mit color. Kpfrn., Gilhofer & Ranschburg, 1888:)

Die 28 Kupfer bringen costümlich sehr interessante Darstellungen von Charakterfiguren u. Standespersonen verschiedener Nationalitäten.

340 S. (incl. Tit. u. 2 Bll. Vorr. d. Herausg.). 1 Bl. Bericht an den Buchbinder Sehr selten! — Die Kpfr. stellen dar: 1. Ein Franzos. 2. E. Französin. 3. E. Spanier. 4. E. Engländer. 5. E. Jenenser. 6. E. Kurländer. 7. E. Landmagister. 8. E. Landmagisterinn. 9. E. Edelmann. 10. E. alter Doktor. 11. E. Edelmann. 12. E. Haushofmeisterinn. 13. E. Fräulein. 14. E. Advokat. 15. E. Edelfrau. 16. E. Putzmacherinn. 17. E. Philantropinist. 18. E. alte Matrone. 19. E. Italiäner. 20. E. Italiänerinn. 21. E. Amme. 22. E. Kaufmannsfrau. 23. E. Bürgerstochter. 24. E. Bayerinn. 25. E. französ. Mamsell. 26. E. deutsche Mamsell. 27. E. Kammermädchen. 28. E. rußischer Officier.

SCHILDERUNGEN, Empfindsame, in den Reisen eines Engländers, des Lord Stafford . . . . (Hrsg. von Mosbach.) Mit Titelkpfr., Titelvign. u. 28 blattgr. illum. Costümkpfrn., meist deutsche Volkstrachten darstellend, mit deutscher u. französ. Unterschrift. Römhild und Leipzig 1781. 8⁰. Sehr selten cplt.! (10 Mk. Scheible, c. 1893. 15 Mk., mit nur 21 color. Kpfrn., fleckig, B. Seligsberg, Bayreuth, 1907.) (In Berlin: Bibl. Lipperheide no. 566:)

Schilderungen aus d. englischen Familienleben niederer u. höherer Stände in volksthüml. Erzählungen. 2 Bde. Von Mary Howitt. Aus d. Engl. mit Einleitung u. Erklärungen v. J. Gambihler. 8. (39 B.) Nürnberg 845, [Geiger.]
Bd. 1. Wenig Geld, viel Sorge od. wie die Armen leben.
„ 2. Arbeit u. Lohn od. Leben im Dienst.

Schilderungen aus dem Englischen Familienleben niederer u. höherer Stände in volksthümlichen Erzählungen. 1. Bd.: Wenig Geld, viel Sorge od. wie die Armen leben. Von Mary Howitt. Aus dem Engl. mit Einleitung u. Erklärungen von J. Gambihler. 2. Bd.: Arbeit u. Lohn oder Leben im Dienst. Von Mary Howitt. Aus d. Engl. von demselben. 8. Nürnberg 845, Stein. Beide Bände, die nicht getrennt werden, 1¼ ℛ

Schilderungen . . . aus den Feldzügen. Kopenhagen 1852. V: *Lobedanz, Edmund Adolph Johs.* (Collin, Anonymer. Kiobenh. 1869.)

Schilderungen merkwürdiger Frauen. ib. 1807. 8°.
citirt Kayser p. 132.

Schilderungen berühmter Gegenden des Altertums und neuerer Zeiten. Altenburg 1765. V: *Breitenbauch, Georg August von.* (Bresl 31, S. 210)

—— aus d. Gesellschaftsleben. Aus d. Schwed. v. Carl Eichel. 8. (21 B.) Leipzig 843, Kollmann.

— histor., interessanter Reiseabenteuer zu Wasser u. zu Lande ec., s. Ed. **Morgan,** das Buch des Schrecklichen u. Abenteuerlichen.

Schilderungen, Historisch-moralische, eines Helden nach Vernunft und Religion. Halle 1763. V: *Rothe, Immanuel Friedrich.* (Ky)

— histor.-moral., eines Helden nach Vernunft u. Religion, (von Im. Fr. Rothe). gr. 8. Halle 763. Renger. 8 gr.

—— interessante, aus d. Orient u. einigen Inseln ec. A. d. Werken v. de Lamartine, Michoud u. A. gr. 8. (6¼ B.) München 835, [Augsburg,] Jaquet.

Schilderungen aus Edwin's Kindheit. Zur Förderung eines lebendigen Christenglaubens. Der Jugend und ihren Freunden gewidmet von einem früheren Erzieher und jetzigen Geistlichen. Tübingen 854. (Ulm, Nübling.) 16. (96 S.) 9 ngr.

Schilderungen d. menschl. Lebens, in Erzähl. v. A. Lafontaine. 1r 2r Bd. (a. unt. d. Tit.: die Gefahren der großen Welt, od. Bertha v. Waldeck. 2 Bde.) 8. Halle, Ruff. 811.

— — desselben 3r 4r Bd. (a. unt. d. Tit.: Tinchen, oder die Männerprobe. 2 Bde.) 8. Ebend. 811.

— des menschl. Lebens, in Erzähl. v. A. Lafontaine. 5r u. 6r Bd. Auch unt. d. Titel:
Die Moralsysteme, od. Ludwig v. Eisach. 1r u. 2r Bd. 8. Halle, Ruff. 812.

Schilderungen des menschl. Lebens, in Erzählungen von Aug. Lafontaine. 7r bis 10r Bd. 8. Halle, Ruff. 817 — 819.
7r 8r auch unter dem Titel:
Isidore, oder die Waldhütte. 2 Bde. 8. 817.
9r 10r auch unter dem Titel:
Freunde, die beyden. 2 Bde. 8. 819.

Schilderungen aus dem menschl. Leben, v. F. A. Klob. Berl. Neue Societätsbuchh. 813.

— glücklicher Leidenschaften, zur Einladung in d. Schäferstunden, a. d. bürgerlichen Leben. 8. Lpz. Weygand. 790.

SCHILDERUNGEN glücklicher Liebschaften. Zur Einladung in die Schäferstunden. Aus dem wirklichen Leben. Mit (freier) Titel-Vignette. Leipzig, 1790, in der Weygandschen Buchhdlg. 8°. (2 Mk. W. Koebner, Breslau, vor 1885; jetzt theurer!)
288 S. (Schluß fehlte). Enth. 9 „Schilderungen" (zieml. freie oriental. Mährchen), deren letzte (Nr. 8) über die Hälfte des Bdchns. füllt u. auch Verse enthält (S. 137 ff.)

Schilderungen, Moralische, zur Belebung des Edelsinnes und der Tugend. München 1826. V: *Hauber, Johann Michael.* (MGT)

Schilderungen, Moralische, für Verstand und Herz. Jena 1762. V: *Hohl, Christian David.* (MGT)

Schilderungen aus Natur-, Welt- u. Menschenleben, ein angenehmes u. nützl. Geschenk f. die Jugend, mit K. 8. Nürnb. Campe. 815.

Schilderungen aus Natur-, Welt- u. Menschenleben; ein angenehmes u. nützliches Geschenk f. d. Jugend. 1r u. 2r Thl. 2te verb. Aufl. mit 8 illum. Kpfrn. 8. Nürnberg, Campe. 820. 21. à 1 Thlr. 12 Gr.

Schilderungen, Pasquillantische. Wien u. Prag 1782. V: *Häckl, Heinrich.* (Ky) (MGT)

Schilderungen, Poetische, für Lebensklugkeit, Welt- und Menschenkenntnis. Altona 1821—22. H: *Pinckvoss, Christian Gottlieb.* (GGr)

Poetische Schilderungen für Lebensklugheit, Welt- und Menscherkenntnisz oder Fabellese für die Jugend auch zur Beherzigung für Erwachsene. 1—2. Th. Altona. 1822.

Schilderungen aus dem Reiche der Natur und der Sittenlehre durch alle Monate des Jahrs . . . Hamb. u. Leipz. 1757—60. H: *Dusch, Joh. Jac.* (JL)

— aus d. Reiche d. Natur u. d. Sitten nach d. Monaten d. Jahres. 4 Thle. 8. Hamb. 757—60. Holle. 1 ℛ 8 gr.

— od. Reisen eines Kosmopoliten, hrsgg. v. W. S. 8. Jena 795. Gabler. (Knobloch in Lpzg.) 16 gr.

[Schilderungen aus den Nidwaldner Schreckenstagen von 1798.] Njbl. Hülfsges. Zürich 1802 s. [Schulthess, Johannes II].

SCHILDERUNGEN [illegible]

Schilderungen, Sittliche, von Amerika; getreues Gemählde der innern Lage, Denkungsart ... von Nordamerika ... a. d. Engl. Liegnitz 1784. V: *Crevecœur, Hector Saint-John.* Ü: *Schreiter, Carl Gottfried.* (MGT) (Ky)

— sittliche, von Amerika, in Briefen von Hekt. St. John; aus dem Engl. (von K. G. Schreiter). 8. Liegnitz 784. Siegert. 1 ℛ 6 g.

— sittliche, auf ein. Reise v. Braunschweig üb. Pyrmont, Rinteln, Cassel ꝛc. herausg. von W. Ch. v. Florencourt. a. Berlin, Fellisch. (Belitz) 801.

Schilderungen der Suaheli v. Expeditionen v. Wißmanns, Dr. Bumillers, Graf v. Götzens u. Anderer. Aus dem Munde von Suahelinegern gesammelt u. übers. v. C. Velten. gr. 8. (XII, 308 S.) Göttingen 901. Vandenhoeck & Ruprecht. Geb. in Leinw. n. 6. —

Schilderungen Treue, des amerikanischen Lebens, des Acker- und Weinbaues, des Handels und der Gewerbe, sowie der Schicksale Ausgewanderter ... Ulm 1852. H: *Raible, Wilhelm.* (EngG)

Schilderungen, treue, des amerikanischen Lebens, des Acker- u. Weinbaues, des Handels u. der Gewerbe, sowie der Schicksale Ausgewanderter. Nach brieflichen Mittheilungen hrsg. u. mit erklärenden Notizen versehen von Wilh. R..... gr. 12. (108 S.) Ulm 852, Fr. Ebner. ½ ℛ

Schilderungen aus Urschriften unserer Voreltern. Insbruck 1789. V: *Gassler, A.* (Feil)

Schilderungen aus Urschriften unserer Voreltern. Innsbruck 1789. V: *Gassler, Franz.* (EB)

Schilderungen der deutschen Vorzeit. 8. Leipz. 793. (Aue in Altona). 12 g.
vgl. Schilderung ...

SCHILDERUNGEN der deutschen Vorzeit. I. Weibersache. (Erotisch.) II. Jutta, Gräfin zu Sonnenstein. Leipzig, Friedrich Gotthold Jacobaer, 1794. 8°. Rar! (3 Mk. 50 Pfg., Heckig. Südd. Antiqu., München, 1905.)
Tit., 192 S. Dramatisirte Rittergeschichten, in deren erster (S. 1–88) ein vornehmes Freudenmädchen, Tochter einer Buhlerin, die Heldin ist.

— aus der Wirklichkeit, von Louise Brachmann. 8. Leipzig, Voß. 820.

Schilderungen des Zoll- und Steuerwesens in Mecklenburg.
s. a. Langfeldt, Ernst

Schilderungen des Zoll- und Steuerwesens in Mecklenburg ... [Grabow 1860.] V: *Langfeld.* (CBH)

Zwei Schilderungen aus der Geschichte der Reichsstadt Bopfingen. 1. Kirchen-Reformation. 2. Französ. Invasionskrieg 1796. 8. Nördlingen 1862.

Schildge, Ad., Der wirtschaftliche Mechanismus oder die Lösung der sozialen Frage. 2. Ausg. 8°. Rüss 1881.

Schildgen: Die Facultäten als Grundlage eines Theiles des algebraischen Unterr. in d. oberen Klass. höherer Lehranstalten. Münster 1864. 18 S. 4°
Schul-/Univ.-Schrift

Schildgen, Theod. St. Vitus und der slawische Swantovit in ihrer Beziehung zu einander. 18 S. **Progr.** Rg. *Münster* 1881

SCHILDHAUS, GUSTAV. Beiträge zur Kenntniss des electrochemischen Verhaltens der Lösungen von Eisen, Nickel und Kobalt. (Basel) München, 1891.

Schildheim; eine deutsche Geschichte. Gotha 1779. V: *Wagenseil, Christian Jacob.* (NN) (MGT)

Schildheim; e. deutsche Geschichte. 2 Thle. 8. Gotha 779. Ettinger. 1 ℛ 4 g.

Schildknecht, C. F.: „Vorschläge zur Hebung der deutschen Industrie und Abhülfe der Geldnoth des Staates, dem preussischen und deutschen Parlamente zugeeignet", Berlin 1848. — Vorh.: Com. Bibl. Hamburg.

Schildknecht, Ch. Bilder der im Kriege 1866 gefallenen bayerischen Offiziere. Fürth, um 1867. 1 Taf. 2°

Schildknecht, Ch. Bilder der im Kriege 1870/71 gefallenen bayerischen Offiziere. Fürth, um 1872. 2 Taf. 2°

Schildknecht, Gottlieb, med. pract. aus Stettfurt (Thurgau): Aus der geburtshülflich gynaekologischen Klinik des Herrn Professor Wyder in Zürich. Zwei interessante Fälle puerperaler Eklampsie, der eine complicirt durch acute gelbe Leberatrophie. Zür. F. Lohbauer Dr. 1895. 34 S., 1 Bl. 8°.
Zürich, Med. Diss. [v. 12. Febr. 1895].

Schildknecht, J., Führer durch die Flora von Freiburg. Verzeichniss der in ihrem Gebiete wildwachsenden Gefässpflanzen mit Angabe ihrer Standpunkte und Blüthezeit, zum Gebrauche auf botan. Excursionen. Mit einem Vorworte von A. de Bary. 8. (XVI und 206 S.) Freiburg im Br. 863, Wagner'sche Buchh. *

Schildknecht, J., Führer durch die Flora von Freiburg. Verzeichniss der in ihrem Gebiete wildwachsenden Gefässpflanzen mit Angabe ihrer Standpunkte und Blüthezeit, zum Gebrauche auf botanischen Excursionen. Mit einem Vorworte von A. de Bary. 2. Ausg. 8. (XVI, 206 S.) Freiburg i. Br. 870, Wagner'sche Buchh. *

J. Schildknecht. Nachtrag zu Speners Flora Friburgensis. 86 S. Freiburg, P 1862

J. Schildknecht. Skizze aus der Flora von Ettenheim. 32 S. Ettenheim, P 1855

Schildknecht, Jos., allerleichteste Begleitung zum Ordinarium missae für Orgel od. Harmonium. Zum kirchl. u. Unterrichts-Gebrauche bearb. Op. 34. qu. gr. 4. (IV, 177 S.) Regensburg 897. A. Coppenrath's Verl. n. 6. —; geb. in Leinw. n.n. 7. —

— dasselbe, Singstimme, s.: Ordinarium missae.

Schildknecht, Jos., allerleichteste Begleitung zum Ordinarium missae u. zu anderen Gesängen m. Vor- u. Nachspielen f. Orgel od. Harmonium. Zum kirchl. u. Unterrichts-Gebrauche bearb. Op. 84. 2. Aufl. (VI, 177 S.) qu. gr. 4. Regensburg (904). A. Coppenrath's Verl. n. 5. —

— Harmoniumschule, m. den allerersten Anfängen beginnend u. progressiv fortschreitend, unter Berücksicht. des Spielens beim kathol. Gottesdienste u. der Unterhaltg. im Familienkreise verf. op. 86. 2. Aufl. (VIII, 269 S.) qu. gr. 8. Ebd. 906. n. 7. 50; geb. in Leinw. n. 8. 50

Schildknecht, Jos., Harmoniumschule, m. den allerersten Anfängen beginnend u. progressiv fortschreitend, unter Berücksicht. des Spieles beim kathol. Gottesdienste u. der Unterhaltg. im Familienkreise verf. op. 36. 3., v. V. Goller umgearb. Aufl. (VIII, 263 S.) 23×27,5 cm. Regensburg 909. A. Coppenrath's Verl. 7.50; geb. n 8.50

Schildknecht, Jos., Jugendträume. Poetische Versuche. 12. Konstanz 845, Bannhard'sche Buchh. 1/4 ℳ

Schildknecht, Jos., Jugendträume. Poet. Versuche. 12. (2 1/2 B.) Konstanz 845. [Meck.]

— Orgelschule f. Präparandenschulen, Lehrerseminarien u. Kirchenmusikschulen, sow. f. d. Privat- u. Selbst-Unterr. m. bes. Rücksicht auf d. Orgelspiel b. kathol. Gottesdienste. Op. 33. qu. gr. 4. (VII, 9, 284 S.) Regensburg 896. A. Coppenrath's Verlag. n. 7. 50; geb. in Leinw. n.n. 8. 60

Schildknecht's, J., Orgelschule f. Präparandenschulen, Lehrerseminarien u. Kirchenmusikschulen, sowie f. den Privat- u. Selbst-Unterricht, m. besond. Rücksicht auf das Orgelspiel beim kathol. Gottesdienste. op. 33, I. u. II. Bd. 3., verb. u. verm. Aufl., besorgt v. F. J. Breitenbach. qu. gr. 4. (XVII, 188 S.) Regensburg 903. A. Coppenrath's Verlag. n. 8. —
I. (Das Manualspiel. Elementarübgn. im Pedalspiel.) (XVII, 188 S.) n. 4. 50
II. (Das kunstvollere Pedalspiel. Vortragsstücke.) (IV, 148 S.) n. 3. 50

— Orgelschule f. Präparandenschulen, Lehrerseminarien u. Kirchenmusikschulen, sowie f. den Privat- u. Selbst-Unterricht, m. besond. Rücksicht auf das Orgelspiel beim kathol. Gottesdienste. op. 33. I. Bd. (Das Manualspiel. Elementar-Uebgn. im Pedalspiel.) 4. Aufl., besorgt v. F. J. Breitenbach. (XVII, 188 S.) qu. gr. 8. Ebd. n. 4. —; geb. in Leinw. n. 5. —

— Orgelschule für Präparandenschulen, Lehrerseminarien u. Kirchenmusikschulen, sowie f. den Privat- u. Selbst-Unterricht, m. besond. Rücksicht auf das Orgelspiel beim kathol. Gottesdienste. op. 33. 2 Bde. 7. bedeutend verm. u. verb. Aufl., besorgt v. Max Springer. 23×27,5 cm. Ebd. 910. 8.50; geb. n 10.50; in 1 Bd. n 10. —
1. Das Manualspiel. Elementar-Übungen im Pedalspiel. (XVI, 192 S.) 4.—; geb. n 5. —
2. Das kunstvollere Pedalspiel. Vortragsstücke. (IV, 279 S.) 4.50; geb. n 5. 50

Schildknecht, L. Ernst, Wünsche u. Bemerkungen zu dem neuen Postgesetz-Entwurfe. gr. 8. (16 S.) Berlin 852, Springer. n. 4 ngr

Schildmacher, Bruno, die Erfordernisse, das Verfahren u. die Folgen der Ehescheidung! Gemeinverständlich u. m. Formularen zu Schreiben u. Anträgen dargestellt. (28 S.) 8. Magdeburg 905. Leipzig, Ernst. — 60

Schildmacher, B., Die Erfordernisse, das Verfahren u. die Folgen der Ehescheidung! Gemeinverständlich u. m. Formularen zu Schreiben u. Anträgen dargestellt. (28 S.) 8. Magdeburg, Heinrichshofen's Sort. 1905. —. 60.

Die Erfordernisse, das Verfahren und die Folgen der Ehescheidung! Gemeinverständl. u. mit Formularen zu Schreiben u. Anträgen dargest. von Landger.Sekr. Bruno **Schildmacher**. Magdeburg: Selbstverl. 1905. (30 S.) 8° [J.] [08. 1908

Schildmacher, Bruno, die Gebührenvorschriften f. Kreisärzte, Gerichtsärzte, prakt. Ärzte u. Chemiker. a) Gesetz, betr. die Gebühren der Medizinalbeamten, vom 14. VII. 1909 (Ges.-S. S. 325), b) Bekanntmachg., betr. den Erlaß e. Gebührenordng. f. approbierte Ärzte u. Zahnärzte, v. 15. V. 1896 (Minist.-Bl. f. d. i. V. S. 105) u. c) Taxbestimmg. f. die elektrotherapeut. Behandlg. Kranker durch Ärzte (Minist.-Bl. f. d. i. V. 1892, S. 83). Mit Anmerkgn. versehen. (62 S.) gr. 8. Magdeburg 909. (Heinrichshofen's Sort.) 1.25

Die Gebührenvorschriften für Kreisärzte, Gerichtsärzte, prakt. Ärzte und Chemiker ... Mit Anm. vers. von Bruno **Schildmacher**, Landger.Sekr. Magdeburg: Selbstverl. 1909. 64 S. 8° [10. 2220 3

— Rechtshilfe. Verfahren u. Kosten. Nach den f. Preußen besteh. Bestimmgn. dargestellt. 2 Bde. gr. 8. Magdeburg (Heinrichshofen). n. 6. —
1. (VII, 104 S.) 904. 2. —. — 2. (VII, 280 S.). 905. 4. —.

Rechtshilfe, Verfahren und Kosten. Nach den für Preußen bestehenden Bestimmungen dargest. von Bruno **Schildmacher**. Buch [1] 2. Magdeburg: Selbstverl. 1904–05. 2 Bde 8° [J.] [05. 10189

Schildmacher, Bruno, der Rechtshilfeverkehr m. dem Auslande nach dem Haager Abkommen üb. den Zivilprozeß v. 17. VII. 1905 u. den neusten außerdem noch geltenden Vorschriften. Für die Praxis zusammengestellt. (119 S.) gr. 8. Magdeburg (Sternstr. 2) 910. Landger.-Sekr. Schildmacher. 2.50

Schildmacher, Bruno, der Zweitschuldner nach dem deutschen Gerichtskostengesetze (R. G. Bl. 1898, S. 659). (VI, 50 S.) gr. 8. Magdeburg 906. (Heinrichshofen's Sort. — R. Kundmüller.) n. 1.25

Der Zweitschuldner nach dem Deutschen Gerichtskostengesetze. Erl. v. Landger.Sekr. Bruno **Schildmacher**. Magdeburg: Selbstverl. 1906. (50 S.) 8° [J.] [06. 6334

Der Zweitschuldner nach dem deutschen Gerichtskostengesetze u. seine Haftbarkeit f. die Gerichtskosten. 2. Aufl. (64 S.) 8. Breslau 907. J. U. Kern. 1.50

Schildmacher, Theodor, aus Elsterwerda (Prov. Sachsen): Über herzlose Missgeburten. *Greifswald 1898: J. Abel.* (27 S.) 8°
Greifswald, Med. Diss. v. 31. Aug. 1898

Schildner, die, zubenannt die „Böcke". Zur Erinnerung an das Sechseläuten 1880, den Zürcher Zünften gewidmet von der Stadtzunft (Gedicht). In-8°, 6 S. Zürich, Druck v. Schmidt & Stäheli. 1880.

Schildregläer, Wiener- od. Anweis., wie man im Nu auf d. Stelle helfen kann, wenn man in Wien d. Schild ein. Hauses nicht find. Leporello. Prag. Schmidt. 795.

Schildt, Arthur [Halberstadt]: Die Giebelgruppen von Aegina ... M. 2 Taf. Leipzig, *H. Meyer's Buchdr., Halberstadt,* 1895; 148 S., 2 Bl., 2 Taf. 8.
Leipzig, Phil. Fak., Inaug.-Diss. v. [11. März] 1895

Schildt, Arth., d. Giebelgruppen v. Aegina. Archaeologische Diss. gr. 8. (149 S. m. 2 Taf.) Leipzig 895. (K. W. Hiersemann.) n. 4. —

Schildt, Carl, s. Schildt, Karl

Schildt, F. Auszug aus der mecklenburgischen Geschichte. Zum Gebrauche für höhere Schulen. 19 S. Progr. *Schönberg* 1879.

Schildt, F. C. J., Geschichte des Dorfes Büschow im mecklenburgischen Domanialamte Warin. gr. 8. (V, 97 S.) Schwerin 884, (Stiller'sche Hofbuchh.) *

Schildt, Frz., Geschichte der Stadt Wismar v. der Gründg. bis zum Ende d. 13. Jahrh. gr. 8. (133 S. m. e. Steintaf. in qu. Fol.) Rostock 872. Werther. 2. 25

Schildt, Karl

Schildt, Carl, holsteinisches Bauernleben. Zeichnungen v. C. Sch. (Eingedr.) Text v. Joach. Mähl. gr. Fol. (13 Lichtdr.-Taf.) Hamburg 894. O. Meißner's Verl. In Leinw.-Mappe. n. 10. —

Schildt, Rich., preußische Rechte, s. Rechte.

Schildt R, preussische Rechte, enthaltend alle die Benutzung der Flüsse etc. und die Reinigung und Instandsetzung derselben betreffenden Gesetze. J. Breslau 1844

Schildt, R., Verordnungen, die, über den Mandats-, summarischen und Bagatell-Prozeß 2c., s. Verordnungen.

Schildt, Rich., die Verordnungen vom 1. Juni 1833 über den Mandats-, summarischen und Bagatell-Prozeß u. 21. Juli 1846 über das Verfahren in Civil-Prozessen nebst allen darauf Bezug habenden Gesetzen, Bestimmungen, Erläuterungen 2c. Ein Handbuch für Beamte, Geschäftsmänner, Landwirthe und Gewerbetreibende, systematisch zusammengestellt. Brieg 855. Schwartz. 8. (XXVI, 236 S.) n. 24 ngr.

Schildwach der Freymaurer, m. K. 8. Neustadt, Riedel. 785.

Schildwachbüchel, oder das Opfer des neuen Bundes (Gebetbuch). Prag, C. Vetterl 1852. fl. 8.

Schildwachbüchlein, das echte, wahre, große — aus der Ursprache vom J. 1560 von einem katholischen Geistlichen übersetzt und verbessert, mit 48 Abbild. 2. Aufl. 12. (426 S.) Prag, Joh. Spurny 1852.

Schildwachbüchlein, das echte, wahre, große — aus der Ursprache vom Jahre 1560 von einem kathol. Geistlichen neu übersetzt und verbessert, mit 48 Abbildungen nebst vielen anderen Gebeten und Andachtsübungen. Dritte unveränderte Auflage. Prag, 1856. Druck und Verlag von Johann Spurny (426 S. 16. Mit einem Titelbild.)

Die Schildwache. Herausgegeben von Andreas Georg Fr. Rebmann. Altona: Bechtold 1796–97. 8°
Fortges. u. d. T.: Neue Schildwache.

Schildwache, Die. Ein Lustspiel in einem Aufz. Linz 1808. V: *Scheerer, Joachim Gottfried Wilhelm.* (GGr)

Schildwache, geistl., vor d. allerheil. Sakrament d. Altars. 12. Leipz. . . . Joachim. 1 K d. Duk. 6 K

Schildwache an den Grenzen des Kantons Solothurn zur Bewahrung des katholischen Glaubens . . . Mülhausen 183?. V: *Dietler, Anselm.* (Bibliogr. d. Schweiz. Landeskunde. Bern 1892 ff. V, 10e.)

Schildwache, Die, am Jura. Wochenzeitung. O. O. 1830—40. Red.: *Scheerer, Joach. Gfr. Wilh.* (Th)

Schildwache: Die Schildwache am Jura (So)
④ Echo vom Jura ⑤ 8. 10. 1836—6. 1. 1841 ⑥ 2°; 4° (seit 5. 7. 1837) ⑦ Wochenblatt; wöchentlich 2× (seit 5. 7. 1837) ⑧ Solothurn: Ludwig Vogelsang (1758—1837), Franz Vogelsang-Graff (1802—1842) (seit 5. 7. 1837), Josef Tschan (seit 1840) ⑨ Tagblatt des Eidgenössischen Freischießens (eine Schützenzeitung) ⑩ die Drucker ⑪ Theodor Scherer (1816—1885), der spätere Redaktor der Schweiz. Kirchenzeitung ⑫ konservativ ⑬ BGSZ: 392, 1059, 1060; Mösch, J.: Theodor Scherer und seine »Schildwache am Jura (Solothurn 1945); Letter, Paul: Theodor Scherer I (Einsiedeln 1949) ⑭ So: Z. St; Be: L ⑮ Gründer und Leiter des Blattes war Graf Theodor Scherer. Zu den eifrigsten Mitarbeitern gehörte Karl Ludwig von Haller (1807—1893). Die Schildwache am Jura gehörte zu den bedeutendsten konservativen Zeitungen der Schweiz in der Regenerationszeit. Der Redaktor wurde am 6. 1. 1841 als Führer der Oppositionspartei verhaftet, so daß das Blatt sein Erscheinen einstellen mußte.

Schildwache, Neue. Herausgegeben von Andreas Georg Fr. Rebmann. Hamburg: Herold 1798. 8°

Schildwache, Tod u. Teufel, oder so prellt man die Füchse. Posse mit Gesang. 8. Wien 794 Pichler. (Leipz., Köhler). 6 K

Schildwachen, vier, auf einen Posten. 8. Regensb. 799. Montag u. W. 8 K

Schildwacht, die. (Satyr.-polit. Wochenschrift, redig. von C. *Moots* in Braunschweig.) 17 Nrn. (in 1 Bde.). Braunschweig, Exped. d. Wartburg (Geor. Meyer), 1851. 4°. Geles. Hsrsb
Nr. 7–11, 13–24. Mit vielen komischen Illusch.-Illustrat. — Selten!

Schildwächter, Theodor (Homberg/Ohm)
Ein exquisit osteomalaktisches Becken.
Giessen: Brühl I. 1850. 24 S. u. 1 Taf. (in Δ mit ... Thesen)
Diss. med. 29.4.1850. vorh. 26. 11. Δ.

Schildwächter, Thdr., ein exquisit osteolomalaktisches Becken. Inaugural-Abhandlung. gr. 8. (24 S. und 1 Stnt. in gr. 4.) Gießen 850, (Ferber'sche Universitäts-Buchh.) *

Schiler, Franz [app. Arzt aus Calw]: Ein Fall von Endocarditis verrucosa nach Abortus . . . Tübingen, F. Pietzcker, 1892; 26 S. 8.
Tübingen, Med. Fak., Inaug.-Diss. v. 1892

Schiler, Frz., e. Fall v. Endocarditis verrucosa nach Abortus. Diss. gr. 8. (26 S.) Tübingen 892. A. Moser. n.n. — 70

Schiler, Frdr., die Schreckenstage v. Wörth im Kriege 1870/71. Rückblicke e. Elsässers auf 22 Jahre. Erlebt u. geschildert. 1.—4. Aufl. 12. (91 S.) Straßburg 893—895. F. Bull. n. 1. —

[F.] Die Schreckenstage von Wörth i. E. im Kriege 1870/71 und das jetzige Schlachtfeld. Rückblicke e. Elsässers. Erlebt u. geschild. v. Friedrich Schiler, Stationskommandant a. D. v. Wörth. M. 26 Ill. u. 1 Kt. 5. verb. Aufl. *Strassburg: F. Bull 1898.* (150 S., 2 Bl.) 1 Bd 8. (98 2225

Schiler, Frdr., die Schreckenstage v. Wörth i. E. im Kriege 1870/71 u. das jetzige Schlachtfeld. Rückblicke e. Elsässers. Erlebt u. geschildert. 10. verb. Aufl. (165 S. m. 37 Abbildgn. u. 1 Karte.) 8. Straßburg 910. F. Bull. 1. 25

Schiler, Herman, Approb. Arzt aus Calw (Württ.): Ueber die Resultate der palliativen und operativen Behandlung der Genitaltuberkulose beim Weibe. *Freiburg i. B. 1903: K. Henn.* (46 S.) 8°
Freiburg i. B., Med. Diss. v. 1903

Schilf, Hans, Faust. Tragödie in 5 Acten. 8. (128 S.) St. Petersburg 891. H. Schmitzdorff. n. 2.—

Gedichte von Hans **Schilf**. Bd 1. St. Petersburg 1893: H. Schröder. 8° [F] [07. 6771

— Gedichte. 1. Bd. 12. (268 S.) Ebd. 893. n. 4.—

Schilf, Hans, die unsterbliche Saite. Eine Erzählg. aus dem Petersburger Stillleben. 12. (83 S.) St. Petersburg 893. (Eggers & Co.) n. 1.20

— Iwan Zwetók od. die Pilgerfahrt nach Erlösg. Eine Erzählg. in 7 Gesängen. 12. (103 S.) St. Petersburg 891. H. Schmitzdorff. n. 2.50; geb. in Leinw. m. Goldschn. n.n. 3.50

Schilffahrt, Ludwig

Schilffahrt, L., Auswahl v. Dichtgn. u. Prosastücken z. Einführg. in d. deutsche Literatur, } s.: Kobmann, G.

Schilffarth, L., Gesangübungen, eine Beigabe zu Liedersammlungen. Erlangen 868. Deichert. gr. 8. (20 S.) n. 2 ngr

Schilffarth, Ludw., Gesundheitslehre. 2., umgearb. Aufl. (VI, 76 S. m. Abb.) 8. Nürnberg 909. F. Korn. — 60

Schilffahrth, Ludw., Haushaltungskunde u. Gesundheitslehre. gr. 8. (IX, 216 S.) Nürnberg 899. F. Korn. Geb. in Leinw. n. 1.80

Haushaltungskunde u. Wirtschaftslehre. 2., umgearb. Aufl. (VII, 150 S.) 8. Ebd. 909. Kart. 1.20

— Lehr- u. Lesebuch f. weibliche Sonntags- u. Fortbildungsschulen, s.: Kobmann, G.

— Lesebuch f. d. 8. Schuljahr, s.: Kobmann, G.

Schilg, Paul, zur Freiheit! Ein Festspiel f. Guttempler in 1 Aufzuge. (22 S.) 8. Flensburg (905). Deutschlands Großloge II. Regiebuch n. 1.—; Rollenez. à n. —40

Schilgen, [illegible] Rheine [illegible] De febris [illegible] pathologia. [illegible] Berlin. Med. Diss. v. 16. Dez. 1832

Schilgen, Friedrich von

Schilgen, F. v., d. Gesetz betr. d. Fischerei d. Ufereigenthümer u. d. Koppelfischerei in d. Prov. Hannover vom 26. VI. 1897, nebst d. übrigen f. d. Prov. Hannover ergang., d. Binnenfischerei betreff. Gesetzen u. Verordngn. 8. (IV, 110 S.) Hamm 897. E. Griebsch. n. 1.25

— das Gesetz betr. d. Fischerei d. Ufereigenthümer in den Privatflüssen der Rheinprovinz vom 25. Juni 1895, nebst d. übr. f. d. Rheinprovinz gelt., d. Fischerei betr. Gesetzen u. Verordngn. 8. (IV, 118 S.) Ebd. 895. n. 1.25

Schilgen, F. v., das Gesetz, betr. die Fischerei der Ufereigentümer in den Privatflüssen der Rheinprovinz vom 25. VI. 1895, nebst den übrigen f. die Rheinprovinz geltenden die Fischerei betr. Gesetzen u. Verordnungen. 2., vervollständ. Aufl. (IV, 143 S.) 8. Hamm 905. Emil Griebsch. n. 1.50

Schilgen, Frdr. v., das Gesetz, betr. die Fischerei der Ufereigenthümer in den Privatflüssen der Prov. Westfalen vom 30. Juni 1894, nebst den übr. f. die Prov. Westfalen ergangenen, die Fischerei betreff. Gesetzen u. Verordngn. 8. (IV, 82 S.) Hamm 894. E. Griebsch. n. 1.—

Schilgen, Friedr. v., das kirchliche Vermögensrecht und die Vermögensverwaltung in den katholischen Kirchengemeinden der gesamten preußischen Monarchie. Ein Handbuch für Geistliche, Kirchenvorstände, Gemeindevertretungen, Juristen und Verwaltungsbeamte. gr. 8. (VI, 219 S.) Paderborn 885, Bonifacius-Druckerei.

— das kirchliche Vermögensrecht u. die Vermögensverwaltung in den katholischen Kirchengemeinden der gesamten preußischen Monarchie. 1.—3. Bd. gr. 8. Paderborn, Bonifacius-Druckerei. n. 10.40; geb. n. 13.—

1. Die Rheinprovinz im Geltungsbereiche d. bürgerl. Gesetzbuchs Napoleons. 2., umgearb. Aufl. (VII, 303 S.) 891. n. 3.20; geb. n. 4.—
2. Der Geltungsbereich d. gemeinen deutschen Rechts. (Hannover m. Ausnahme v. Ostfriesland, Lingen u. Eichsfeld, Hessen-Nassau, Schleswig-Holstein, Reg.-Bez. Stralsund, Hohenzollernsche Lande, Bezirk d. früheren Justizsenats Ehrenbreitstein in der Rheinprovinz.) 2., umgearb. Aufl. (VII, 324 S.) 895. n. 3.20; geb. n. 4.—
3. Der Geltungsbereich des preußischen allgemeinen Landrechts. (Brandenburg, Ostpreußen, Westpreußen, Pommern m. Ausnahme des Reg.-Bez. Stralsund — Posen, Schlesien, Sachsen, Westfalen, Ostfriesland, Jadegebiet, Lingen, Hannöversches Eichsfeld u. in der Rheinprovinz die Kreise Essen (Stadt u. Land), Rees, Mühlheim a. d. Ruhr, Ruhrort, Duisburg). (VIII, 387 S.) 894. n. 4.—; geb. n. 5.

Schilgen, F. v., deutsches Vormundschaftsrecht unter besond. Berücksicht. der preuß. Ausführungsbestimmgn. Textausg. m. ausführl. Kommentar u. alphabet. Sachregister. gr. 8. (VIII, 240 S.) Köln (899). J. P. Bachem. n. 4.—; geb. n. 4.50

SCHILHORN, FRID. CHR., Diss. inaug. de eo, quod justum est circa abusum rerum corporalium licitum atque illicitum. Kiliae. 1752. 4. [Praes. Frid. Gottlieb Struvius].

Schili, Matthias Chr.

— s. Blätter, neue homilet., Register.

— Entwürfe zu sonn- u. festtägl. u. andern Predigten verschied. Inhalts. 4 Jahrgg. 1801, 1802, 1804 u. 1823. gr. 8. Grätz, Kienreich. 4 rℓ

— Entwürfe zu sonn- u. festtägl. u. andern Predigten verschied. Inhalts. 2 Thle. gr. 8. Grätz 801. Tusch. 5 fl — Dies. 3 Jahrgg. in 6 Bden. gr. Brünn 802—4.

Schili, Matth. Chr., sechs Fastenpredigten. gr. 8. Grätz 823. Kienreich. 1/3 rℓ

— Predigt am Namensfeste Franz II. 8. Grätz 804. Tusch. 3 gl

s. Seneca, sämmtl. Werke.

Schili, Matth. Chr., Versuch einer Erläuter. d. k. k. Ehepatents v. 16. Jan. 1783 mit allen bis 1805 darüber ergang. Verordnn. 8. Grätz 805. 2e A. 807. Tusch. 1 fl 8 gl

Schilina, Ludmilla [aus Krasnojarsk (Ostsibirien)]: Vergleich von Ludwigs Kymographen mit Hürthles Tonographen. München 1899. 56 S. 8°. (S.-A. aus Zeitschrift für Biologie, Bd. 38.)
Bern, Med. Diss. 1899/1900

Über Lebensmittelmärkte und Markthallen. Vortrag, geh. 1910 in Riga von Edgar Schilinzky. Als Ms. gedr. Riga 1910: Häcker. S. 80–116. 8°
(Hefte d. Gesellschaft f. kommunale Sozialpolitik in Riga. No 19.) Au 202,10

Schilke, Emil, die Newton'sche Erzeugungsweise der Kegelschnitte. Inaugural-Dissertation. gr. 8. (25 S. m. 1 Steintaf. in qu. gr. 4.) Göttingen 875. (Vandenhoeck & Ruprecht.) n. — 60

Schilke, E. Die Lösungen und Erweiterungen des apollonischen Berührungsproblems. 51 S. Progr. *Hagenau* 1880.

Schilke, E., Sammlung planimetrischer Aufgaben f. den Gebrauch an höheren Schulen. gr. 8. (IV, 54 S.) Leipzig 890. Teubner. cart. n. 1. —

Schilke, Jh. Fr., Erbarmet euch eurer Kinder! Eine Ermunterung d. Hausväter u. Hausmütter, z. Einimpfung d. Kuhpocken ꝛc. 8. Berl. 804.

— Passionsandachten üb. die beiden Evangelisten Matthäus u. Johannes. Zur häusl. Erbauung. Mit e. Vorrede v. Probst Hanstein. (2 Abtheill.) gr. 8. Stendal 808. Franzen u. Gr. 1 ♂

Schilke, Jh. Fr., Predigt am Tage d. Feier des neuen glorreichen Einzuges unserer Heere in Paris. gr. 8. Berl. 815. Mittler. 3 gl.

— ein paar Worte für u. an Landprediger. Oder: Soll d. Landprediger wirklich ein Schullehrer werden? 8. Berl. 804. Mylius. 4 gl.

Schilling, B., Oldenburg-Album. 6 Ansichten u. Titelbild in Lichtdr. ausgeführt v. Römmler & Jonas. qu. gr. Fol. Oldenburg 875. Schulze. In Carton. 15. —

Villen-Kolonie Ostsee Bad Schilksee bei Kiel. (Kiel.) o. J. 8°

Schill, oder das Declamatorium von Krähwinkel; Posse in drei Akten . . . Helmstädt 1812. V: *Klingemann, Ernst August Friedrich.* (MGT) (Ky)

Schill, oder das Deklamatorium zu Krähwinkel. Eine Posse in 3 Akt. Fortsez. d. deutschen Kleinstädter u. des Carolus Magnus, (v. A. Klingemann). 8. Helmst. 812. Fleckeisen. 16 gl.

Schill, oder die Bestürmung Stralsunds. Ein Gedicht in 2 Akten. In einer freyen Versart, von Ad. v. Schaden, mit Schills Portrait. gr. 8. Berlin, Krause. 818.

Schill, **Major v.** Scenen aus der vaterländischen Geschichte. Von einem Zeitgenossen. Eine Reliquie. Breslau 856. Kern. 16. (221 S.) 1 ♂.

Schill, Ferdinand von. Ein militairisch-politisches Charakterbild. Nebst Beilagen, enthaltend die wichtigsten officiellen Actenstücke aus dem Jahre 1809. Potsdam 860. Riegel'sche Buchhdlg. 16. (143 S.) n. 15 ngr.

Schill, Der Major Ferdinand v., sein Auszug aus Berlin, sein Kampf, sein Tod und die eilf Offiziere . . . welche . . . erschossen wurden. Burg 1836. V: *Curtius, Julius.* (Mitth. Dr. H. Bäsecke.)

Schill, Ferdinand von, in Liedern der Deutschen. Braunschweig 1841. H: *Vechelde, Carl Friedrich v.* (Mitth. Dr. H. Bäsecke.)

Schill, Ferdinand von, und seine Schaar. Braunschw. 1837. 2. Ausg. 1838. V: *Vechelde, Carl Frdr. von* [?]. (EB)

—— und seine Schaar, s. a. Soldaten-Freund.

Schill und seine Schaar. (62) 8. Berlin 1852.

Schill, Adolf: Die Einführung des Landratsamtes in Cleve-Mark. (Leipzig: Duncker & Humblot 1909.) IV, 54 S. 8° Berlin, Phil. Diss. v. 7. Aug. 1909, Ref. Hintze
[Geb. 27. Mai 85 Düsseldorf; Wohnort: Charlottenburg; Staatsangeh.: Preußen; Vorbildung: Gymn. Düsseldorf Reife O. 03; Studium: Tübingen 3, Berlin 7 S.; Rig. 6. Mai 09.] [U 09. 369

Schill, Adolf. Architekton. Reiseskizzen aus Belgien. Stuttgart 1868. Fol. [2 Ex.]

Schill, A., Architektonische Reiseskizzen aus Belgien. (Zur Autographiensammlung der Architekturschule vom Stuttgarter Polytechnikum.) 1870. Fol.

Schill, Adf., silberner Tafelschmuck des deutschen Kronprinzen-Paares. Festgeschenk, dargebracht ihren kaiserl. u. königl. Hoheiten dem Kronprinzen des Deutschen Reiches u. v. Preussen u. der Kronprinzessin Cecilie zu höchstderen Vermählg. am 6. VI. 1905 v. den Prov.-Verbänden der Rheinprovinz u. Westfalens u. deren Stadt- u. Landkreisen. Entworfen u. hrsg. im Auftrage der genannten Prov.-Verbände. (21 [2 farb.] Taf. u. 11 S. Text m. 3 Abbildgn.) 44,5×31,5 cm. Düsseldorf 908. L. Schwann. In Leinw. Mappe 30.

Schill, Alb. Frieder., Grundriss d. patholog. Semiotik, z. Gebr. bei Vorlesn. gr. 8. (22 B.) Tübingen 386, Laupp'sche Buchh. Thlr.

—— üb. d. Irritation. gr. 8. ($13\frac{1}{2}$ B.) Tübingen 838, Laupp'sche Buchh.

—— allgem. Pathologie. Nach dess. hinterlass. Papieren hrsg. v. Vict. Ad. Riecke. Mit e. Vorr. v. Leop. v. Riecke. gr. 8. ($31\frac{1}{2}$ B.) Tübingen 810, Laupp'sche Buchh.

Schill, Andr., die Constitution Unigenitus, ihre Veranlassung u. ihre Folgen. Ein Beitrag zur Geschichte d. Jansenismus. Nach den Quellen dargestellt. gr. 8. (VIII, 336 S.) Freiburg i/Br. 876. Herder. 3. —

Schill, Andr., theolog. Principienlehre. Lehrbuch d. Apologetik, s. a. Handbibliothek, wissenschaftl., IX.

Schill, Andreas, Theologische Principienlehre. Lehrbuch der Apologetik. Paderborn, Schöningh. 1895. 8°. XII, 512 S. 5,60 Mk.,

Schill, Andr., theolog. Prinzipienlehre, 2. Aufl. v. Osk. Witz, s. a. Handbibliothek, wissenschaftliche. IX.

Theologische Prinzipienlehre. Lehrbuch d. Apologetik von Andreas Schill, Dr. u. Prof., Freiburg i. Br. 2. Aufl., neu bearb. von Oskar Witz, Repetitor. *Paderborn: F. Schöningh 1903.* (XIII, 515 S.) 8°
= Handbibliothek, Wissenschaftliche. Reihe 1, 9.

Schill, A., theologische Prinzipienlehre, 3. Aufl. v. Straubinger, s. a. Handbibliothek, wissenschaftliche. 1, 9.

Theologische Prinzipienlehre. Von Dr. A[ndreas] **Schill**. 3. Aufl. besorgt von Dr. [Heinrich] Straubinger, Privatd. Paderborn: Schöningh 1909. X, 485 S. 8°
(Wissenschaftliche Handbibliothek. Reihe 1, 9.) [10. 277]

Schill, Andr., die Vermählung mit der Kirche. Festpredigt, den am 2. Aug. 1859 ordinirten Priestern der Erzdiöcese zur Feier ihres silbernen Jubiläums in der Convictskirche zu Freiburg am 5. Aug. 1884 gehalten. gr. 8. (27 S.) Freiburg i. Br. 881, Herder'sche Verlagsh. *

Schill, Andr., die Vermählung m. der Kirche. Festpredigt, den am 2. Aug. 1859 ordinirten Priestern der Erzdiözese zur Feier ihres silbernen Jubiläums in der Convictskirche zu Freiburg am 5. Aug. 1884 geh. gr. 8. (27 S.) Freiburg i/Br. 884. Herder. n. — 30

Schill, Carl, s. Schill, Karl

Schill, E., therapeutischer Almanach, s.: Bock, G.

— s.: Jahresbericht üb. die Fortschritte d. Diagnostik.

Schill, Eduard, Postexpeditor 1. Cl. aus Bolanden (Rheinpfalz): **Der Postscheck nach dem Entwurfe der deutschen Postscheckordnung vom Jahre 1899 und dem Reichsetatgesetze vom 30. März 1900.** *München 1901: Wild.* (32 S.) 8°
Erlangen, Phil. Diss. v. 17. Juli 1901

Schill, Eduard, der Post-Ueberweisungs- u. Scheckverkehr in verkehrstechnischer, volkswirtschaftlicher u. verkehrspolitischer Beziehung. Mit Beilagen: Scheckgesetz vom 11. III. 1908 m. Erläutergn. sowie Postscheckordng. 1.—3. Taus. (VII, 84 S.) kl. 8. München 909. G. Franz'sche Hofbuchdr. Kart. 1.20; geb. in Leinw. 1.50

Schill, Emil, aus Stuttgart: **Über das 2-Aminofluoren und dessen Überführung in 2 isomere Diaminofluorene.** *Berlin (1903): G. Schade.* (32 S.) 8°
Berlin, Phil. Diss. v. 24. Jan. 1903

Anleitung zur Erhaltung und Ausbesserung von Handschriften durch Zapon-Imprägnirung. Von Dr. E[rnst] Schill. K. Sächs. Oberstabsarzt. *Dresden: F. Hoffmann 1899.* (17 S.) 8°

— Anleitung zur Erhaltung u. Ausbessorg. v. Handschriften durch Zapon-Imprägnirung. gr. 8. (17 S.) Dresden 899. Verlag des „Apollo". n. — 60

Schill, das Militär-Medicinalwesen, s. a. Medicinalwesen, das deutsche.

Schill: Das Militär-Medicinalwesen. 1887.

in: Medicinalwesen, Das deutsche. Hrsg. von S. Guttmann.

Schill, Ernst, die Typhus-Recidive. Inaugural-Dissertation. gr. 8. (39 S. m. 1 Tab. in qu. Fol.) Jena 876. (Deistung.) n. — 60

Schill, Ferdinand von

v. Schill s, (Major,) († 1834.) Sendschreiben aus d. Reiche d. Todten an die obere Welt. 8. Magdeb. 809. v. Schütz. (Kauffer in Leipz.) 6 ℋ

Schill, Friedrich August (Dresden) A. S. 126/29

Pacis commendatio. Präs. Georg Stephan Wiesand. Wittenberg (Gerdes) 23. XII. 1767. 32 S. 30417

Schill, J., Amruh Abur. Roman-Gedicht aus d. alt-tibetan. Heroenzeit. 8. (214 S.) Dresden 899. E. Pierson. n. 4. —; geb. n. 5. —

Schill, J. G., s. H. A. Zwick, Reise v. Sarepta 2c.

Schill, Johs., was ist Wahrheit? Briefe an e. junge Dame. (XVI, 426 S.) 8. Brixen 910. Preßvereins-Buchh. 3.60; geb. in Leinw. 5. —

Schill, Jos., Gott u. die Welt. Philosophische Abhandlung. M.-Gladbach 868. Hoster. 8. (108 S.) 18 ngr

Schill, Jul., geognostisch-mineralogische Beschreibung des Kaiserstuhl-Gebirges. 8. (110 S. mit 1 lithogr. und ill. Karte und 1 Taf. mit Durchschnitten in 4. und qu. Fol.) Stuttgart 854, Schweizerbart'sche Vrlgsh.
Aus: Beiträge zur mineralog. und geognost. Kenntniss des Grossherzogth. Baden, 2. und 3. Heft, besonders abgedruckt.

Schill, Jul., die Tertiär- und Quartärbildungen des Landes am nördl. Bodensee und im Höhgau. gr. 8. (III und 126 S. mit 1 Stnt. in qu. gr. Fol.) Stuttgart 858, Ebner und Seubert. *
Aus: Württembergische naturwissenschaftliche Jahreshefte, XV. Jahrg., besonders abgedruckt.

Schill, Julius (Stockach)
Die Tertiär- und Quartärbildungen am nördlichen Bodensee und im Höhgau.
(In: Jahreshefte des Vereins für vaterländische Naturkunde in Württemberg. Jg. 15, 1859. S. 130 - 248.)
Stuttgart: Ebner & Seubert 1859.
Diss. phil. Giessen 14.8.1858. vorh. 4.

Schill, Karl

Schill, Carl v., das Buch der schönsten und besten Gesellschafts- und Pfänderspiele im Zimmer und im Freien. Ein unerschöpfl. Maître de plaisir für fröhliche Gesellschaften. 8. (144 S.) Oberhausen 880, Spaarmann. *

Schill, Karl, Der Gau Rheinhessen, sein Werden, sein Wachsen und seine Feste, Osthofen 1899, 20 S., 8°.

Schill, Karl Friedrich (Jena)
Dissertatio inauguralis medico-practica de mensium defectu cum casu huc pertinente.
Giessae 8. März 1793: officina libraria acad. 36 S. 4°

Schill, Otto, Justizref. in Stuttgart: **Die Einreden des Bürgen und ihre Geltendmachung im Prozeß.** *Borna-Leipzig 1904: R. Noske.* (VIII, 71 S.) 8°
Leipzig, Jur. Diss. v. 1904

Schill, Rud., geometr. Anschauungslehre u. Leitfaden des geometrischen Zeichnens f. Knabenbürgerschulen. 1. Tl. (IV, 76 S. m. 165 Abbildgn.) 8. Wien 910. F. Deuticke. Geb. 1. —

Schill, Rud., Maturitätsaufgaben aus der darstellenden Geometrie nebst vollständigen Lösungen. Für die oberen Klassen der Realschulen u. verw. Anstalten sowie f. das Selbststudium zusammengestellt u. gelöst. 1. Tl. 140 Aufgaben m. 137 Fig. auf 31 autogr. Taf. (V, 72 S.) gr. 8. Wien 904. F. Deuticke. n. 2. —

- Maturitätsaufgaben aus der darstellenden Geometrie nebst vollständigen Lösungen. Für die oberen Klassen der Realschulen u. verwandter Anstalten sowie f. das Selbststudium zusammengestellt u. gelöst. 2. u. 3. Tl. Lex. 8. Ebd. 907. 6. —
  2. Darstellung v. Körpern m. Parallel- u. Zentralstrahlenflächen sowie regelmässige Körper samt ihren Schattenkonstruktionen. 198 Aufgaben m. 130 Fig. auf 24 autograph. Doppeltaf. (V, 92 S.) 907. 3. —
  3. Darstellung v. Durchdringungen, Rotationskörpern, Schattenkonstruktionen sowie v. dem Wichtigsten aus der Linearperspektive. 218 u. 33 Aufgaben m. 117 Fig. auf 18 autograph. Doppeltaf. (VI, 108 S.) 908. 3. —

— der Naturgeschichts-Unterricht nach biologischen Grundsätzen u. seine Durchführung in der Schule. (VI, 55 S.) 8. Trautenau 904. (Wien, F. Deuticke.) n. 1. —

Schillbach, Curt Hermann Ludwig, s. Schillbach, Kurt

Schillbach, Ernst [aus Jena]: Zwei Fälle von Durchlöcherung der Tricuspidalklappe mit Cyanose. . . . Jena, Druck v. B. Engau, 1891; 28 S. 8°
  Jena, Med. Fak., Inaug.-Diss. v. (21. Jun.) 1891

Schillbach, Ernst, zwei Fälle v. Durchlöcherung der Tricuspidalklappe m. Cyanose. Diss. gr. 8. (27 S.) Jena 891. (Rudolstadt, Dabis.) n. — 50

Zur deutschen Maurerei. Ansprache bei der Nachfeier des 80. Geburtstages des Fürsten [Otto v.] Bismarck in der Loge Carl August zu den drei Rosen, Jena, am 2. April 1895. Von [Ernst Ludw.] **Schillbach.** [Berlin 1895: Büxenstein.] 8 S. 8° [Kopftit.]
  Abgedr. in: FZ. 49 (1895) S. 145—148.
  Betr. die Einigung der Logen.

Schillbach, Hans [aus Jena]: Mikroskopische Untersuchung des Schaumkalkes bei Jena. . . . Jena, Frommannsche Buchdr., 1890; 1 Bl., 37 S. 8°
  Jena, Phil. Fak., Inaug.-Diss. v. 1890

Schillbach, Hans, mikroskopische Untersuchung des Schaumkalkes bei Jena. Inaug.-Diss. gr. 8. (V, 37 S.) Jena 890. (Pohle.) n. — 75

Schillbach, Horst [aus Jena]: Gypsdolomite im Röth der Umgegend von Jena . . . M. e. Taf. Jena, Druck v. B. Engau, 1893; 28 S., 1 Bl., 1 Taf. 8.
  Jena, Phil. Fak., Inaug.-Diss. v. 1893

Schillbach, Karl Moritz Richard, s. Schillbach, Richard

Schillbach, Kurt

Schillbach, Curt *Herrmann Ludwig* [pr. Arzt aus Breslau]: Über Zungenbelag beim Abdominaltyphus. . . . Berlin, Buchdr. v. G. Schade, *1891;* 41 S., 1 Bl. 8°
  Berlin, Med. Fak., Inaug.-Diss. v. 31. Jul. 1891

Schillbach, Ludw., Beiträge zu den Resectionen der Knochen. (1. Abth.) Jena 858. Mauke. gr. 8. (VIII, 124 S.) n. 16 *ngr.*

Schillbach, Ludw., Beiträge zu den Resectionen der Knochen. 2. Abth.: Resectionen der oberen Extremitäten. Jena 859. Mauke. gr. 8. (S. 125—240.) n. 16 *ngr.*

— — 3. Abth. Mit 1 lith. Taf. Ebend. 861. gr. 8. (S. 241—439.) n. 28 *ngr.*

Die deutsche Loge von L[udw.] Schillbach. Leipzig [1886]: Vollrath. 32 S. 8°
  Aus: FZ. 40 (1886) S. 265—268, 274—280.

[Dasselbe.] [Jena: Selbstverl. 1887.] 32 S. 8°
  Holländ. Übers. in: MW. Ser. 4 Jg. 6 (1886) No 42, 43, 45.
  Recens: FZ. 41 (1887) S. 30—31.
  cf. L. 9 (1886) S. 145—148 (B. Cramer); FZ. 41 (1887) S. 153—158, 265—267, 329—334.
  Betr. Schaffung einer deutschen Nationalloge.

Schillbach, Richard

Schillbach, Beitrag zur griechischen Gewichtskunde. 37. Programm zum Winckelmannsfeste der Archaeolog. Gesellschaft zu Berlin. Mit 2 (lith.) Taf. gr. 4. (17 S.) Berlin 877. G. Reimer. n. 2. —

Schillbach, Rich.: De Cannis et pugna Cannensi. 17 S. - Neu-Ruppin. Progr. 1860.

Schillbach, R., Ueb. d. Musenthal im Helikon. Archäol.-topogr. Abh. S. A. 1862. 10 S. u. 1 Taf. 4°.

Schillbach, Rich., über das Odeion des Herodes Attikos. Imp.-4. (27 S. mit 2 Stnt. Abbild. in Tondr. und in qu. gr. Fol.) Jena 858, Mauke. Thlr.

Schillbach: De Isocratis oratione, quae inscribitur περὶ εἰρήνης 16 S. - Potsdam. Progr. 1868. 4°

Schillbach, [illegible]

Schillbach, Rich., zwei Reisebilder aus Arkadien. Jena 865. (Breslau, Gosohorsky's Buchh.) gr. 8. (36 S.) n. 5 *ngr.*

Schillbach, Rich. De Thespiarum oppidi situ ac finibus. 16 S. Neu-Ruppin, Progr. 1856

Schille, Otk., s.: Aufgaben zur Buchführung e. Fleischers.

Schillemeit, Ernst, Dichterfrühling. (77 S.) Leipzig 910. Modernes Verlagsbureau. 2. 50

Schiller, Charlotte v., und ihre Freunde. (Hrsg. von Ludw. Urlichs.) 1. und 2. Bd. Mit 6 Abbild. in Steindr. und Holzschn. gr. 8. Stuttgart 860,62, Cotta'sche Buchh. [1. Bd. (V und 710 S.) 3 Thlr. 6 Ngr., 2. (V und 456 S.) 2 Thlr. 10 Ngr.]

Schiller, Charlotte von, und ihre Freunde. (Herausg. von Ludw. Urlichs.) 2 Bde. Mit 6 Abbildgn. in Steindr. u. Holzschn. Stuttgart 861, 62. Cotta. 8. (3 Bl., 710 S.; 3 Bl., 456 S.) 5 *ℛ* 16 *ngr.*

Schiller, Charlotte v., und ihre Freunde. Hrsg. von Ludw. Urlichs. 3. Bd. gr. 8. (XXVI und 430 S.) Stuttgart 865, Cotta'sche Buchh.
  1. und 2. Bd. Ebendas. 1860,62. 5 Thlr. 16 Ngr. — Ermäß. Preis complet • 2 Thlr. 20 Ngr.

Schiller, Charlotte v., u. ihre Freunde. Auswahl aus ihrer Korrespondenz. Hrsg. v. Ludw. Geiger. (XLII, 419 S. m. 1 Taf.) 8. Berlin 908. H. Bondy. Geb. 5. —

Schiller, d. Herrn v., Familiengeschichte. 2 Thle. 8. Altona, Kaven. 788.

— — dasselbe. 8. Göthe in Lpz.

Schiller, der Herrn von, Familien-Geschichte, ein Roman in Kapiteln ohne Ueberschrift, herausgegeben von Anton Stix, 2 Theile, zweyte Aufl. 8. Altona, 793. Kaven. 1 Rthl. 20 sgl.

Schiller. – F r i e d r i c h von Schiller, s.a. S c h i l l e r , Friedrich von

Schiller. Vide: Freigeist (Der).

Schiller, Grundzüge der Wasserversorgung in Städten u. ländlichen Ortschaften. [Aus: „Fortschritte der öffentl. Gesundheitspflege".] gr. 8. (12 S.) Frankfurt a/M. 894. Jaeger's Verl. n. — 80

Schiller, das heutige Japan u. das Christentum, s.: Flugschriften-Reihe des allgem. evang.-protestant. Missionsvereins. 8. Hft.

Schiller, ist das Disziplinarverfahren gegen Lehrer im Königr. Sachsen e. Reform bedürftig? Vortrag, geh. im Leipziger Lehrerverein am 20. IX. 1906. (30 S.) 8. Leipzig 907. A. Hahn. — 50
Sonderabdruck aus: „Leipz. Lehrerztg."

— die Lebenseigenschaften der Cholerabacterien, s.: Cholera. Das Wesen der Cholera.

Schiller, die landwirtschaftlichen Maschinen auf der Pariser Weltausstellung, s.: Albert.

Schiller, ..., Philosophie f. Damen, angenehmen u. unterhalt. Inhalts. 8. Frankf. 803. Gebhardt u. K. 12 gr

Schiller, Regeln aus d. latein. Syntax für untere Classen. Pr. 1855. 27 S. 4°.

Schiller, Verzeichnis d. Bauentwürfe aus d. Sammlg. d. deutschen Landwirtschafts-Gesellschaft, s.a. Arbeiten d. deutschen Landwirtschafts-Gesellschaft, Hft. 12.

[F.] Verzeichnis der Bauentwürfe aus der Sammlung der Deutschen Landwirtschafts-Gesellschaft. Zsgest. u. bearb. im Auftr. d. Deutsch. Landw.-Ges., Geräte- u. Bauabtlg v. Regiergsbaum. **Schiller**, Geschäftsführer d. Geräte- u. Bauabtlg. M. 49 Abb. *Berlin: Dr. v. Gebr. Unger 1896.* (2 Bl., II, 32 S.) 1 Bd 8.
=**Arbeiten** d. Deutschen Landwirtschafts-Gesellschaft. H. 12. (96 1506

Schiller. Vier Wochen auf dem Kriegsschauplatz in Schlesw.-Holstein. (S.-A.) Würzburg 1864.

Schiller, A., die wichtigsten Gebete u. Betrachtungen f. katholische Kranke, s.: Schutzengelbrief.

Schiller, A., s.: Polisch, C., ornamentale Entwürfe.

Schiller, Adf., Geschichte u. Sage der Kynsburg. (29 S. m. 1 Abb.) kl. 8. Schweidnitz (908). G. Brieger. — 20

— Die evang. Gnadenkirche in Hirschberg, genannt zum Kreuze Christi. Volksfestschrift zur Feier des 200-jähr. Bestehens der Kirche. (32 S. m. 1 Abbildg.) 8. Ebd. (907). nn — 25

Die Evang. Gnadenkirche in Hirschberg genannt zum Kreuze Christi. Volksfestschrift z. Feier d. 200jähr. Bestehens d. Kirche. Von Adolf **Schiller.** Schweidnitz: G. Brieger [1908]. (31 S.) 8° [F.] (08. 6641 2

— Kynast-Sagen. (56 S.) kl. 8. Ebd. (907). — 20

— Die Schlacht bei Leuthen. Zur 150jähr. Erinnerg. an die Schlacht bei Leuthen u. an die Einweihg. des Denksteines auf dem Schlachtfelde am 5. XII. 1907 durch Se. Maj. Kaiser Wilhelm II. In volkstüml. Darstellg. (24 S. m. 2 Abbildgn.) kl. 8. Ebd. (907). — 15

— Schlesische Volksmärchen. (82 S.) 8. Breslau 907. „Allegro." Kart. 1. —

Schiller, Albert, allgemeines Bücher-Lexikon, s. Heinsius, Wilh.

Schiller u Wahler, Formenschatz aus der Pflanzenwelt. (20 T) fol Stuttgart (1898)

Schiller u Wahler, Formenschatz aus der Pflanzenwelt. (29 T) fol Stuttgart (1898)

— **u. Carl Wahler,** Formen-Schatz aus der Pflanzenwelt, dargestellt in Naturabdrücken. (In 5 Serien.) 1. Serie. Fol. (20 Bl. m. 1 Bl. Text.) Stuttgart 899. M. Kielmann. In Mappe n. 8. —

Schiller, Alb., Monogramme. 1.—7. Lfg. hoch 4. (à 8 lith. Taf.) Ravensburg 897. 98. O. Maier. Subskr.-Pr. à Lfg. n. 2. —; Einzelpr. à Lfg. n. 2. 50

Schiller, Alb., Monogramme f. Gewerbe u. Haus. 650 Monogramme auf 81 Taf. 8.—10. Lfg. hoch 4. (25 lith. Taf.) Ravensburg (899). O. Maier. Subskr.-Pr. à n. 2. —; Einzelpr. à n. 2. 50; (kplt. in Mappe n. 20. —)

Schiller A, Monogramme für Gewerbe u Haus. (81 T) 4° Ravensburg (1900)

— Schriften-Schatz. E. Samml. prakt. Alphabete f. Berufszweige aller Art. 1. Serie. 10 Hfte. qu. hoch 4. (à 8 z. Tl. farb. Taf. u. 4 S. Text.) Ebd. 895. 96. Subskr.-Pr. à Hft. n. 1. —; Einzelpr. à Hft. n. 1. 20 (1. Serie kplt. in Mappe: n. 11. —)

— dasselbe. 2. Serie. 1.—9. Hft. qu. hoch 4. (à 8 z. Tl. farb. Taf.) Ebd. 897. 98. Subskr.-Pr. à Hft. n. 1. —; Einzelpr. à Hft. n. 1. 20

— Schriften-Schatz. Eine Sammlg. prakt. Alphabete f. Berufszweige aller Art. 2. Serie. 10. (Schluss-) Heft. qu. hoch 4. (8 z. Tl. farb. Taf. m. 4 S. Text.) Ebd. 899. Subskr.-Pr. n. 1. —; Einzelpr. n. 1. 20

— die gebräuchlichsten Vornamen, dargestellt in Monogrammen. 4. (8 farb. Taf.) Ebd. 900. n. 3. 50

Schiller, Alb., Zeittafeln der Baustile. Für den Stillehre-Unterricht zusammengestellt. (13 S.) kl. 8. Stuttgart (906). (H. Enderlein.) n. — 50

Schiller, Armin Friedrich Maximilian: Aus d. Universitäts-poliklinik f. Hals- u. Nasenkranke d. Prof. Gerber zu Königsberg i. P. Über intratracheale Strumen. Wehlau 1907: Scheffler. 35 S. 8°
Königsberg, Med. Diss. v. 2. Sept. 1908, Ref. Lexer
[Geb. 6. Mai 83 Zabrze; Wohnort: Königsberg i. P.; Staatsangeh.: Preußen; Vorbildung: Gymn. Wehlau Reife O. 02; Studium: Königsberg, Berlin, Freiburg i. B., Breslau, zus. 10 S.; Coll. 15. Okt. 07; Approb. 27. Aug. 08.] [U 09. 2381

Schiller, Arnold, a. Siegburg: Der Minnesang als Gesellschaftspoesie. Bonn 1907: C. Georgi. (58 S.) 8°
Bonn, Phil. Fak., Ref. Wilmanns, Diss. v. 6. Aug. 1907
[Geb. 23. Mai 83 Siegburg; Wohnort: Coblenz; Staatsangeh.: Preußen; Vorbildung: Kgl. Gymn. Bonn Reife O. 01; Studium: Bonn 9 S.; Rig. 8. Mai 07.]

Agenda zum Gebrauch bei Abschiedsfeierlichkeiten am offenen Sarge verklärter Brr von August Schiller. Hs. für Brr. Freimaurer. Zittau: Graun 1904. 40 S., 6 lose Blatt in Mappe [d. i. 1 Bl. Nachtrag, 1 Bl. Harmoniumstücke, 4 Bl. Sprüche.] 8°.
W. 36007 ist dementsprechend zu ergänzen.

Melodrama, vorgetragen zum Schwesternfest am 15. Febr. 1891 von [Aug.] Schiller. Musikbegleitung von Ludwig. [Zittau 1891: Neboisa & Böhme.] 7 S. 8° [Kopftit.]
Abgedr. in: FZ. 45 (1891) S. 261—263.
Ohne Noten: „Ich weiss eine Loge seltner Art . . .“

Schiller, Aug. Über die klimatischen Verhältnisse Zittaus während der letzten zwanzig Jahre. 39 S. **Progr.** Rg. *Zittau* 1885.

Schiller, C., s.a. Schiller, Karl

Schiller, C.: Einige pädagogische Winke zur Handhabung der Muttersprache an der Realschule. 28 S.– Wien OR.Sch., Progr. 1858.

Schiller, Carl, s. Schiller, Karl

Schiller, Carl Friedrich, s. Schiller, Karl Friedrich

Schiller, Carl Georg Wilhelm, s. Schiller, Karl Georg Wilhelm

Schiller, Charlotte v., Briefe ꝛc., s. Briefe von Schiller's Gattin ꝛc., herausg. von Düntzer.

Schiller, Ed., Grundzüge der Cacteenkunde. gr. 8. (IV, 123 S.) Breslau 886, Selbstverlag, Mauritiusstr. 6. (Leipzig, Gracklauer.) *

Schiller, Eduardus *(geb. Pleß 24. 12. 1822)*: De diarrhoea. Vratislaviae (1847). (44 S.) 8°
Breslau, Med. Diss. v. 4. Dez. 1847

Schiller, Erich von, Referendar: Der Thronverzicht. Breslau 1910: Breslauer Genossensch.-Buchdr. VIII, 47 S. 8°
Breslau, Jur. Diss. v. 28. Jan. 1910, Ref. Brie, Dahn
[Geb. 23. April 83 Seifferdorf, Kr. Ohlau; Wohnort: Hirschberg i. Schl.; Staatsangeh.: Preußen; Vorbildung: Maria-Magdalena-Gymn. Breslau Reife O. 04; Studium: Lausanne 1, Breslau 1, München 3, Breslau 3 S.; Rig. 25. Juli 08.] [U 10. 530

Schiller, **Erich, s. Wörterbuch, technologisches.**

Schiller, Ernst [aus Töss b. Winterthur]: Das mystische Leben der Ordensschwestern zu Töss bei Winterthur. Zürich 1903. 90 S. 8°. [24. VII. 02.]
Bern. Phil. Diss. 1903/1904.

Schiller, Ernst. **Das mystische Leben der Ordensschwestern zu Töss bei Winterthur. Diss. Phil. Bern. 90 S. 8. Zürich, F. Lohbauer, 1903.**

Schiller, F., kurzgefaßte Chemie der Rübensaft-Reinigung, s. Sykora, W.

Schiller, F., die Fürsorgeerziehung Minderjähriger, s. a. Fortschritt, sozialer, Nr. 74.

Schiller F., d. Fürsorgeerzieh. Minderjährig. (14 S.) (Soz. Fortschr. 74) Leipzig 1906

Schiller, F.: Das Handlungsgehilfengesetz. (In Wirksamkeit vom 1. Juli 1910.) [Sonderabdruck aus der „Österr.-ungar. Buchhändler-Correspondenz“.]
Wien: Schiller 1910. 15 S. 8°

Schiller, F., Lieder u. Fest-Spiele f. d. Maskenzug d. Künstler in München am 17. Febr. u. 2. März 1840. gr. 8. (1 B.) München 840, Franz. *

Ebenbürtigkeit und Thronfolge. Der Fall Welsburg von Dr. Felix **Schiller**. Berlin: Puttkammer & Mühlbrecht 1907. (111 S.) 4°(8°)
Aus: Zeitschrift f. ungar. öff. u. Privatrecht. [08. 1381

Schiller's, (Fel.), München. Vollständige Beschreibung der Sehenswürdigkeiten, des öffentl. Lebens und der Umgebungen nebst Ausflügen in's bayerische Gebirge. 4. Aufl. 853. (2 Bl., 263 S.) n. 22 *ngr.* **— 5. verb. ꝛc. Aufl. Mit 1** Stahlst. u. 1 (lith.) Plane der Stadt (in Fol. mit 16 Randansichten). München 857. Palm. 16. (2 Bl., 248 S. mit Holzschn. im Text.) 18 *ngr.*

Schiller's München. Vollständige Beschreibung der Sehenswürdigkeiten, des öffentl. Lebens und der Umgebungen, nebst Ausflügen in's bayer. Gebirge. 5., verb. und verm. Aufl. 16. (IV und 248 S. mit eingedr. Holzschn. nebst 1 Stahlst. und 1 in Stahl gest. Plane der Stadt in Fol.) München 857, [Grubert.] geb.

—— München, dess. Kunstschätze, Umgebungen u. öffentl. Leben. 16. (17¾ B., 1 Plan d. Stadt m. Randansichten, u. Vign.) München 841, Palm's Hofbuchh.

Schiller, F., München, dessen Kunstschätze, Umgebungen u. öffentliches Leben. 2. Aufl. Mit Frontisp., Vignn. u. 1 Plan d. Stadt m. Rundansichten. Munchen, Joh. Palm's Hofbuchh., 1843. 12°. Orig.-Srsb., etw. benutzt.
XIV + 270 S. Noch jetzt brauchbar.

Schiller, Felix, († d. 31. Jan. 1853), München, dessen Kunstschätze, Umgebungen u. öffentl. Leben. 3. Aufl. Mit 1 Stahlst., Vignetten u. einem Plane d. Stadt mit Randansichten. gr. 16. (VI u. 258 S. m. eingedr. Holzschn. u. Stahlst. in Fol.) München 851, Palm. n. 22 *ngr.*

—— **Munich its treasures of art and science, manners and customs. Translated from the german, with additional remarks made from personal observation by an english tourist. 16. (V und 274 S. mit 1 Stahlst. und 1 Plan der Stadt in Fol.) Munich 852, Palm's Hofbuchh.** *

Schiller, Fr., s.: Handbuch, enzyklopädisches, des Kinderschutzes u. der Jugendfürsorge.

Schiller, Franz Ludw. Albert, allgemeines Bücherlexikon, s. Heinsius, W.

Schiller, Frdr., Bilder aus Grillparzer. Nach zwei aus Anlaß des 30. Todestages Grillparzer's im Wiener Buchhandlungsgehilfen-Verein „Buchfink“ geh. Vorträgen. schmal gr. 8. (37 S.) Wien 902. (J. Eisenstein & Co.) n. 1. —

Schiller, Frdr., der deutsche Buchhandel als Prügelknabe, s.: Horst, Herm., neue Kritiken üb. die v. Herrn Professor Dr. Bücher usw. verf. Denkschrift.

Schiller, Friedrich [aus Coburg]: Das Grüssen im Altfranzösischen. . . . Halle a. S., Hofbuchdr. v. C. A. Kaemmerer & Co., 1890; 57 + 1 S. 8°
Halle, Phil. Fak., Inaug.-Diss. v. [1. Jul.] 1890

Schiller's Jahrbuch f. Postkarten-Sammler. Ein Universum f. die Freunde des Ansichtskarten-Sammelsports. Jahrg. 1900. Mitarbeiter: Ludw. Aub, Rob. Albrecht, Carl George etc. 12. (111 S. m. Abbildgn.) Nürnberg (ob. Schmiedgasse 15), Frdr. Schiller. 1. —

Schiller, Fridericus, Vratislaviensis: De iteratione Nonniana. Trebnitziae 1908: Marotzke & Märtin. (75 S.) 8°
Breslau, Phil. Fak., Ref. Foerster, Diss. v. 25. April 1908
[Geb. 23. Juni 84 Breslau; Wohnort: Breslau; Staatsangeh.: Preußen; Vorbildung: Johannes-Gymn. Breslau O. 03; Studium: Tübingen 1, Greifswald 1, Breslau 8 S.; Rig. 5. Febr. 08.]

Schiller, Friedrich, Referendar a. Delitzsch: Die Person des Schwurpflichtigen. Halle a. S. 1906: C. A. Kaemmerer. (XI, 89 S.) 8°
Halle, Jur. Fak., Ref. Stein, Diss. v. 11. Juli 1906
[Geb. 7. Juni 80 Werben, Kr. Delitzsch; Wohnort: Halle a. S.; Staatsangeh.: Preußen; Vorbildung: Gymn. Pforta Reife O. 99; Studium: München 1, Leipzig 2, Halle 3 S.; Rig. 26. Juni 06.]

Schiller, F. (Red.), s. Postkarten-Zeitung, Internationale.

— H. Schmidt u. P. Köhne, Zwangs-(Fürsorge-)Erziehung u. Armenpflege, s. a. Schriften des deutschen Vereins f. Armenpflege u. Wohltätigkeit. 64. Hft.

Zwangs-(Fürsorge-)Erziehung und Armenpflege. Berichte von Magistrats-Ass. Dr. F(riedrich) Schiller (Breslau), Landesrat H(einrich) Schmidt (Düsseldorf) u. Amtsger.-R. Dr. P[aul] Köhne (Berlin). *Leipzig: Duncker & Humblot 1903.* (142 S.) 8° [F.]
— Schriften d. deutschen Vereins f. Armenpflege u. Wohltätigkeit. H. 64.

Schiller, Friedrich von
Deutscher Dichter (1759 – 1805)

Schiller [Sachl. Ordnungswort]
s.a. Schiller's (am Ende dieser Gruppe)

von Schiller, Friedrich. Ein Dichterleben, siehe: Hausbücher, Deutsche. Nr. 6.

Schiller, Friedr. v., s.a. Lorenz, O.

Schiller, Frdr., s.a. Weltrich, R.

Schiller, Friedrich. Skizze einer Biographie und ein Wort über seinen und seiner Schriften Charakter. Leipz. 1805. V: *Gruber, Johann Gottfried.* (Mn) (EE) (Ky)

— Skizze einer Biographie, u. ein Wort üb. seinen u. seiner Schriften Charakter, (v. J. G. Gruber). 8. Leipz. 805. Tauchnitz. 12 gl.

Schiller oder Scenen und Charakterzüge aus seinem späteren Leben . . . Stendal 1805. V: *Oemler, Christian Wilhelm.* (Mn) (EE) (GGr) (BrMm)

Schiller, F. v. Feier seinen Manen durch seinen Geist. Gotha 1808. V: *Benzel-Sternau, Carl Christian Ernst Graf von.* (Ky)

— Feier seinen Manen durch seinen Geist. (Von K. C. E. Graf v. Benzel-Sternau). gr. 8. Gotha 808. Becker. 16 gl.

Schiller, Friedrich v. Gedenkbuch zur 100jähr. Geburtstagsfeier des Dichters. Für das Volk und seine Schulen. 16. (32 S.) Leipzig 859, Wengler.
Vgl.: Gedenkbücher für das Volk und seine Schulen.

Schiller, Fr. Album der Schiller-Feier im Rütli und am Mythenstein 1859 und 1860. Schwyz 1860.

Schiller, Friedrich v. (Festschrift.) (16 S. m. Abbildgn.) Lex.-8. Berlin (905). Buchh. Vorwärts. n. — 20

– Gedenk-Schrift zur 100jähr. Wiederkehr seines Todestages, den 9. V. 1905. Für Volk u. Jugend. Gewidmet vom „Sächs. Gustav-Adolf-Boten". (16 S. m. Abbildgn.) 8. Dresden 905. F. Sturm & Co. n. — 10

Schiller, Friedrich v., 8 Vorträge aus Anlaß d. 100jähr. Todestages geh. in Hermannstadt. (208 S.) 8. Hermannstadt 905. W. Krafft. n. 1.65

Schiller. Friedrich [von] Sch', Gedenkblatt zur Jahrhundertfeier seines Todestages, 9. Mai 1905. 1805—1905. Beilage zum St. Galler Tagblatt. [Illustriert.] 12 S. 4. (St. Gallen, Zollikofer, [1905].)

Schiller, der Dichterfürst, gefeiert durch das Volk am 10. Novbr. 1859, dem 100jähr. Tage der Wiederkehr seines Geburtsfestes. 32. (64 S.) Frankfurt a. M. 859, Küchler. -

Schiller im Dichtermund von D. S. Stuttgart 1896. H: *Saul, Daniel.* (Hirsch, Friedrich E. Schiller im Roman und Drama in Ztschr. für Bücherfreunde 1909. S. 272.)

—— u. Goethe. Ihr Leben rc., s. Laue, Max.

Schiller u. Göthe. Ein psychologisches Fragment. 8. Hamburg 841, Hoffmann u. Campe. 1/4 ℛ

—— in Jena, s. Litzmann, Berthold.

— der Jüngling, od. Scenen u. Charakterzüge aus seinem spätern Leben (v. K. W. Oemler) 8. Stendal 805. Franzen u. Gr. 16 gl.

Schiller, der Juengling oder Scenen und Charakterzüge aus seinem frühern Leben. Stendal 1806. V: *Oemler, Christian Wilhelm.* (Mn) (Ky) (EE)

v. Schiller, Fr., der Jüngling, od. Scenen u. Charakterzüge aus seinem frühern Leben (v. K. W. Oemler). 8. Stendal 806. Franzen u. Gr. 16 gl.

—— u. die Schwestern Lengefeld, s. Kaempf, W.

Schiller. – Schiller und Meiningen, s.a. Braun, Adolf

Schiller und Meiningen. Meiningen [1901]. V: *Braun, Adolph.* (Berl)

—— der wahre deutsche Nationaldichter. Eine Denkschrift zur Feier des 100jahr. Schiller'schen Geburtstages am 10. Nov. 1859. Von einem Freunde der Geistesfreiheit. gr. 8. (48 S.) Hildburghausen 859. (Berlin, Stargardt.) *

— als Philosoph u. seine Beziehungen zu Kant. Festgabe der „Kantstudien" m. Beiträgen v. R. Eucken, O. Liebmann, W. Windelband, J. Cohn, F. A. Schmid, Tim Klein, B. Bauch u. H. Vaihinger. Hrsg. v. Hans Vaihinger u. Bruno Bauch. Mit 3 Schillerportraits. (III, 166 S.) gr. 8. Berlin 905. Reuther & Reichard.
Sonderabdruck aus: „Kantstudien". 10. n. 3. —

Schiller und seine Statue. Zwei Frühlingsgrüße an Deutschland. Denkschrift auf d. 8. Mai 1839. 16. (1 1/2 B.) Stuttgart 839. (Tübingen, Fues, Brldb.)

— im Urteil des 20. Jahrh. Stimmen üb. Schillers Wirkg. auf die Gegenwart. Eingeführt v. Eug. Wolff. Mit e. Bilde nach dem Gemälde v. Anton Graff. (XXXIII, 172 S.) 8. Jena 905. H. Costenoble.
Geb. in Leinw. n. 4. —

Schiller's ...

Schiller's Album. Eigenthum des Denkmals Schiller's in Stuttgart. gr. 8. (20 1/4 B., 1 Stahlst. u. Facsim.) Stuttgart u. Tübingen 837, Cotta'sche Buchh. Thlr. *

Schiller's, Friedrich v., Beziehungen zu Eltern, Geschwistern und der Familie von Wolzogen. Aus den Familien-Papieren mitgetheilt. Mit 4 (lith.) Portr. Stuttgart 859. Cotta. gr. 8. (XIII, 488 S.) n. 2 ℛ 16 ngr.

—— Bibliothek. Mit einem (lithogr.) Facs. aus seinem eigenhändigen Bücherverzeichnisse (in Fol.) 8. (16 S.) Berlin 859, Stargardt. *

— Biographie u. Anleit. z. Kritik seiner Werke. Von J. K. S. 2 Thle. gr. 8. Wien 810, unveränd. Ausg. 812. Gräffer u. Schmidl. 1 ₰ 20 gl Hbg. Pr. 1 ₰

Schiller's Biographie u. Beurtheil. sein. Werke. 2te Aufl. 2 Abtheil. gr. 8. Wien, Gräffer. 812.

— Denkmal von Thorwaldsen. Lithogr. u. gedruckt bei Hanfstaengl in Dresden. 2 Blätter in 1/2 Roy.-Fol. Glogau 837. Flemming. n. 1½ ₰ Chines. Papier n. 2 ₰ — s. auch Thorwaldsen.

— Flucht v. Stuttgart u. Aufenthalt in Mannheim v. 1782—1785 (v. Andr. Streicher), s.a. Literaturdenkmale, deutsche, des 18 u. 19. Jahrh. Nr. 134.

Schiller's Flucht von Stuttgart u. Aufenthalt in Mannheim v. 1782 — 1785. 8. (14 B.) Stuttgart u. Augsburg 836, Cotta'sche Buchh.

— — Garten bey Jena. Zeichnung von Rour, Poesie von Wilhelmi. gr. Fol. Nürnberg, Campe. 816.

Schiller's Leben, s.a. Düntzer, Heinr.

—— Leben, s.a. Palleske, E.

—— Leben, s.a. Peter, S.

— Leben, s.a. Weltrich, R.

Schiller's Leben, verfaßt aus Erinnerungen der Familie, sein. eignen Briefen u. den Nachrichten sein. Freundes Körner. (Von Karoline v. Wolzogen.) 2 Thle. 8. (45⅛ B.) Stuttgart 830, Cotta.

—— Leben. Verfaßt aus Erinnerungen der Familie, seinen eigenen Briefen u. den Nachrichten seines Freundes Körner. (Hrsg. von Caroline v. Wolzogen, geb. v. Lengefeld.) gr. 8. (21¾ B.) Stuttgart 845, Cotta'sche Buchh.

Schillers Leben. Verfaßt aus Erinnerungen der Familie, seinen eigenen Briefen u. den Nachrichten seines Freundes Körner (v. Caroline v. Wolzogen). gr. 16. (IV u. 383 S.) Stuttgart 850, Cotta. 18 ngl — (Neue Aufl.) gr. 8. (VI u. 339 S.) Ebd. 851. 1 ₰

Schiller's, Friedrich v., Leben bei Gelegenheit seiner hundertjährigen Geburtstagsfeier, am 10. Novbr. 1859, für die deutsche Schuljugend geschildert u. herausg. vom Vorstande des Sächsischen Pestalozzivereins. Leipzig 859. Klinkhardt. 8. (68 S.) n. 4 ngr.

— Leben, aus Anlaß seines 100jährigen Sterbetages am 9. V. 1905 der deutschen Jugend geschildert. (20 S.) 8. Znaim 905. Fournier & Haberler. n. — 20

— Leben u. Beurtheilung seiner vorzügl. Schriften. 8. Basel 810. (Neukirch). 8 gl 2e Aufl. 12. Heidelb. ... 3e Aufl. 817. Oswald. 10 gl

—— Leben und Gedichte, s. Bibliothek der deutschen Classiker.

— u. v. Göthes Leben, nebst krit. Würdigung ihrer Schriften. Supplement zu deren sämmtl. Werken, v. Viana. 2 Bde. 8. Dinkelsbühl 826. Walther. (Nürnb., Monath u. K.; Leipz., Central-Compt.) 1 ₰ 8 gl

—— Sein Leben u. seine Werke, s. Hamann, Chr. — Lyon, Otto. — Minor, J. — Palleske, Emil. — Weltrich, Rich.

v. Schiller, (Fr.,) Leben u. Wirken, s.a. J. L. Greiner.

—— des deutschen Dichters, Leben und Wirken. Ein biograph. Abriß dem deutschen Volke gewidmet als kleine Festgabe zu Schillers 100jähr. Geburtsfeier am 10. Novbr. 1859. Nebst Anhang: Das Lied von der Glocke. 16. (32 S.) Mittweida 860, Verlags-Buchdruckerei. [Billig.]

— Leben u. Wirken. In zwanglos gebundener Rede dargestellt von e. Ungenannten aber doch Bekannten. 12. (III, 136 S.) Stuttgart 888. Lutz. n. 2. —; geb. n. 2. 50

Schillers Maria Stuart, s. Bernhard.
Fockens, Pieter.

— Todtenfeier, s.a. Sophie Bernhardi.

— Todtenfeyer, ein Prolog von Bernhardi u. Pellegrin. gr. 8. Berlin, Himburg. 806.

—— polit. Vermächtniß. Ein Seitenstück zu Börne's „Briefen aus Paris." 8. (3 B.) Hamburg 832, Hoffmann u. Campe.

Schiller, Friedrich von: Abhandlung über naive und sentimentalische Dichtung, s. Schiller: Über naive und sentimentalische Dichtung.

— Ambulatio. Elegia e Germanica in Latin. ling. translata a J. D. Fufs. Acc. Ode de Schilleri poesi. Colon. 819. 8. 4 gr.

— Ambulatio; elegia germanica in latinam linguam translata a J. D. Fuss. 8maj. Cöln 820. Dü-Mont-Schauberg. 4 gl

—— s. Ander's, E. F., Schillers Flucht aus der Heimat.

v. Schiller, Frdr., siehe a. Anthologie auf das J. 1782.

SCHILLER. — Anthologie / auf das Jahr / 1782. / Vignette. (Apollokopf, gest. von Verhelst.) / Gedruckt in der Buchdruckerei / zu Tobolsko. (Stuttgart, J. B. Metzler.) 8°. 8 Bll. u. 271 S. (200 Mk., sehr schönes Expl. in altem Ppbd., Adolf Weigel, 1907: Auf einer Berliner Auktion, 1907, für Mk. 241— verkauft; 140 Mk., Expl. auf besserem Papier, Auct. Deneke, Frf. a. M. 1909, no. 758.)

Originalausgabe mit dem ursprünglichen Titelblatt und der Dedikation, auf Bl. 2.: Meinem Prinzipal dem Tod zugeeignet. — Bei Trömel No. 21 u. Goedeke V, 165, 28, genaue Inhaltsangaben. Goedeke V, 165: Sämtliche Gedichte sind mit Chiffren unterzeichnet; die Autorschaft ist nicht immer festzustellen. Weltrich bezeichnet 7 Gedichte als zweifelhaft, 24 als nicht von Schiller stammend.

Goedeke² V, 22: „Und von dem Schiller, der in der Anthologie vor uns auftritt, wendet man gern den Blick. Sie ist schlimmer als die Gedichte der lüsternen Poeten aus Wielands Schule, als der entarteten Anakreontiker in Grécourts Geschmack, da diese mit der Sittenlosigkeit ein ekelhaftes Spiel treiben, während die Sittenlosigkeit der Anthologie zur wirklichen Natur geworden ist und kaum eine Ahnung einer reineren Welt übrig gelassen hat."

Die von Schiller in der Anthologie angebetete „Laura" ging aus seinem Verhältnis zu der verwitweten Hauptmann Luise Vischer hervor.

— — Dasselbe. Herausgegeben von Friedrich Schiller (Vign.) Stuttgart, bei Johann Benedikt Metzler. (Ostermesse 1798.) 8°. 9 Bll. u. 271 SS. (35 Mk., Hfrzb. d. Zeit, Auct. Deneke, no. 759.)

Titelauflage der ersten Ausgabe; nur hat der Verleger ein Vorwort beigefügt, das beginnt: „Schiller, dessen Namen der Deutsche, wie die Namen Klopstock, Goethe und Wieland mit patriotischem Stolz und Ehrerbietung ausspricht, gründete seinen Ruhm schnell und auf immer. Nächstens erhalten wir an seinem Wallenstein ein neues Meisterwerk . . . ." Die Vorrede schliesst mit dem Passus: „Vorzüglich sind die mit M. P. Wd. und Y bezeichneten Gedichte von Schiller. Vielleicht findet der Herr Verfasser mehrere derselben der Aufnahme in eine künftige Sammlung seiner Werke nicht unwürdig." Trotzdem hat Schiller einige von diesen Gedichten, z. B. das mit Y unterzeichnete „Die Journalisten und Minos" in die 1800—03 veranstaltete Ausgabe seiner Gedichte nicht mit aufgenommen. — Trömel 21.

Kritische Litteratur verzeichnet Goedeke V. 165.

— — Dasselbe. Mit einer einleitenden Abhandlung über das Dämonische und einem *Anhange* neu herausgegeben von Eduard Bülow. Heidelberg 1850. 8°. 6 Bll. XLII. 210 S. u. 5 Bll. Varianten. (2 Mk. Auct. Biltz, no. 942; 3 Mk. Bernh. Liebisch, Lpz., 1908.)

Sehr gut ausgestatteter Neudruck mit facsim. Titelbl. der Orig.-Ausgabe.

Anthologie auf das Jahr 1782. [Verf.: Friedrich v. **Schiller.**] Gedruckt in d. Buchdruckerei zu Tobolsko. Hrsg. u. mit e. Nachw. versehen von Fedor v. Zobeltitz. Berlin: E. Frensdorff [1905]. (271, 28 S.) 8°
— **Neudrucke** literarhistorischer Seltenheiten. No 5. [07. 3373]

– s.a Anmut, Über, und Würde.

—— über Anmuth und Würde, s.a. Meyer's Volksbücher.

Schiller, Friedr., über Anmuth u. Würde. 8. Leipz. Göschen. 793.

— akademische Antrittsrede: Was heißt u. zu welchem Ende studiert man Universalgeschichte? sowie dessen Abhandlg.: Über naive u. sentimental. Dichtg. hrsg. v. M. Schmitz-Mancy, s.a. Schöningh's, Ferd., Ausgaben deutscher Klassiker.

[Friedrich v.] **Schillers** Akademische Antrittsrede: Was heißt und zu welchem Ende studiert man Universalgeschichte? sowie dessen Abhandlung Über naive und sentimentalische Dichtung. Für d. Schulgebr. eingerichtet u. mit Erl. versehen von Prof. Dr. M[ax] Schmitz-Mancy. 2., vielfach erg. u. verb. Aufl. Paderborn: F. Schöningh 1907. (174 S.) 8° [F.]
= **Ausgaben**, Schöninghs, deutscher Klassiker. Bd 20. [08. 8013]

Schiller, Friedrich von.
Aphorismen, Sentenzen und Maximen über Natur und Kunst . . . Leipzig 1806. H: *Michaelis, Christian Frdr.* (GGr) (Ky) (MGT)

— Aphorismen, Sentenzen u. Maximen üb. Natur u. Kunst, Welt u. Menschen, (v. Chr. Fr. Michaelis III.) 8. Leipz. 806. Baumgärtner. 12 gr. Schrbp. 16 gr.

—— historische Aufsätze, s. Volksbibliothek für Kunst und Wissenschaft.

Schiller, Frdr. v., kleinere philosoph. Aufsätze, s.: Velhagen & Klasing's Sammlung deutscher Schulausgaben.

[Friedrich v.] **Schiller**. Philosophisch-ästhetische Aufsätze. Für d. Schulgebr. ausgewählt u. hrsg. von Dr. J[osef] Wahner, Oberl. zu Gleiwitz. 1. *Münster i. W.: Aschendorff 1903.* 8° [F.]
= **Ausgaben**, Aschendorffs, f. d. deutschen Unterricht. [34.] [04. 7471]

— Göthe's, Lichtenberg's u. d. vorzügl. deutschen Klassiker zerstreute Aufsätze. Hamb. 798. (Herold jun.) 14 gr.

— s.: Auslese aus Schiller.

— Auswahl aus seinen Gedichten u. Prosaschriften, hrsg. v. Paul Richter, s.: Dürr's deutsche Bibliothek. 11. Bd.

— Auswahl aus seinen Prosaschriften, hrsg. v. Gust. vom Stein, s.: Dürr's deutsche Bibliothek.

Schiller, F. v., Avanturen des neuen Telemachs, s. Avanturen.

— das Avertissement zur rheinischen Thalia vom 11. IV. 1784. Neudr. nach dem Original der königl. Landesbibliothek Stuttgart. (8 S.) Lex.-8. Leipzig 905. J. Zeitler. n. 4. —

— Balladen, s.a. Goethe, Joh. Wolfg. v.

—— dass. — s.a. Universal-Bibliothek Nr. 1710.

— dasselbe, s.a. Volksbücher der deutschen Dichter-Gedächtnis-Stiftung. 3. Hft.

—— Balladen. Mit (8) Stahlst. nach Zeichnungen von A. Noack und Ph. v. Foltz. 8. (40 S.) Darmstadt 880, Literar.-artist. Anstalt. geb. mit Goldschn. * 2 50

—— dass. — Mit (8) Stahlst. nach Zeichnungen von A. Noack und Ph. v. Foltz. 8. (VIII, 62 S.) Darmstadt 883, Hoffmann's Buchh. geb. mit Goldschn. 2 25

—— Balladen. 2. Aufl. 8. (IX, 62 S. mit 8 Stahlst. nach Zeichnungen von A. Noack und Ph. v. Foltz.) Kaiserslautern 885, A. Gotthold's Verlag. geb. mit Goldschn. *

— ausgewählte Balladen, hrsg. v. J. Heuwes, s.: Goethe, J. W. v.

— ausgewählte Balladen, s.: Schöningh's Ausgaben deutscher Klassiker.

— klassische Balladen, s.: Elzevier-Ausgaben, illustr.

—— Balladen u. Romanzen. — Samml. bildl. Darstellungen u. maler. Scenen hieraus, s. Lütgendorf, F. Frh. v.

—— s. Baumgartner, Alex., Goethe und Schiller.

– Szenische Bearbeitung des Liedes von der Glocke, s. Schiller: Das Lied von der Glocke.

—— s. Brahm, O.

s. Braun, J. W., Schiller und Goethe im Urtheile ihrer Zeitgenossen.

– Die Braut von Messina.

— dasselbe, s.a. Bibliothek der Gesamt-Litteratur d. In- u. Auslandes.

— die Braut v. Messina, s.a. Classiker, deutsche, f. den Schulgebrauch.

—— Die Braut v. Messina od. die feindl. Brüder, s.a. Erläuterungen zu den deutschen Klassikern. 52. Bdchn.

— dasselbe, s.a. Hausbibliothek deutscher Classiker.

— dasselbe, s.a. Hempel's Klassiker-Bibliothek.

— dasselbe, s.a. Hölder's Classiker-Ausgaben.

— dasselbe, s.a. Klassiker-Ausgaben, illustr., „Minerva".

—— dass. — Erklärt. s. Krafft, M.

Schiller, Friedr. v., die Braut von Messina oder die feindlichen Brüder. Ein Trauerspiel mit Chören, s.a. Lektüre, gewählte, für Schule und Haus.

— dasselbe, s.a. Litteraturwerke des Vereins Minerva.

— dasselbe, s.a. Meisterwerke, die, der deutschen Bühne.

—— dass. — s. a. Meisterwerke unserer Dichter.

— dasselbe, s. a. Meyer's Volksbücher.

—— dass. — s. a. Museum.

—— dass. — s. a. Repertoire des herzogl. Meiningenschen Hoftheaters.

— dasselbe, hrsg. von Seb. Englert, s.: Sammlung deutscher Dichtungen u. Prosawerke. XXIV.

— dasselbe, hrsg. v. Veit Valentin, s.: Schul-Ausgaben, deutsche.

— dasselbe, s. a. Schulausgaben deutscher Klassiker.

—— dass. — s. a. Schulausgaben classischer Werke.

—— dass. — s. a. Stecher, Ch., deutsche Dichtung für die christliche Familie und Schule.

— — s. a. Theaterbibliothek, classische.

— dasselbe, s. a. Universal-Bibliothek.

— dasselbe, s. a. Velhagen & Klasing's Sammlung deutscher Schulausgaben.

— dasselbe, s. a. Volksbibliothek des Lahrer hinkenden Boten.

— die Braut von Messina. 8. Tübing. 803. N. A. 818. v. Cotta. 16 K

v. Schiller, Fr., die Braut von Messina, oder die feindlichen Brüder. Neue Aufl. 8. Stuttgart 836. v. Cotta. 2 ₰

—— Braut von Messina, od. d. feindl. Brüder. Ein Trauersp. mit Chören. — A. u. d. T.: The Bride of Messina, or the hostile Brothers. A tragedy with Chorusses. (Deutsch u. Engl.) gr. 8. (17½ B.) München 839, (Franz.) Thlr. *

— die Braut von Messina oder die feindlichen Brüder. Ein Trauerspiel mit Chören. (Miniatur-Ausg.) Mit 1 Stahlst. 16. Stuttgart 846, v. Cotta. geb. 1 ₰

Schiller, (Fr. v.), die Braut von Messina oder die feindlichen Brüder. Ein Trauerspiel mit Chören. (Neue Ausg.) Stuttgart 854 u. 858. Cotta. 8. (XV, 119 S.) 10 ngr.

Schiller, (Fr. v.), die Braut von Messina oder die feindlichen Brüder. Ein Trauerspiel mit Chören. Stuttgart 867. Cotta'sche Buchh. gr. 16. (XVI, 104 S.) n. 5 ngr.

— — Ebend. 867. 16. (102 S.) n. 2 ngr.

—— die Braut von Messina, oder die feindlichen Brüder. Ein Trauerspiel mit Chören. 8. Stuttgart 870, Cotta'sche Buchh. * — 70

—— dass. — 8. (115 S.) Teschen 871, Prochaska. [Leipzig, Zieger.] cart. (* 75 Pf.) 50 Pf.; geb. (ℳ 1.) — 75
Auf feinerem Papier mit Photogr. geb. (ℳ 2.) 1 —

— die Braut v. Messina, od. die feindlichen Brüder. Ein Trauerspiel m. Chören. Schulausgabe m. Anmerkgn. v. J. W. Schaefer. gr. 16. (115 S.) Stuttgart 874. Cotta. n. 1. —

— die Braut von Messina oder die feindlichen Brüder. Ein Trauerspiel mit Chören. Nach den vorzüglichsten Quellen rev. Ausg. Hrsg. von Wendelin v. Maltzahn. gr. 16. (100 S.) Berlin 879. Hempel. geb. n. — 60

—— die Braut von Messina oder die feindlichen Brüder. Ein Trauerspiel mit Chören. Schulausg. 8. (86 S.) [Elberfeld 880, Loll's Nachf.] Berlin, Friedberg und Mode. geb. * — 60

— dasselbe, hrsg. v. J. Trötscher, s. a. Graeser's Schulausgaben klassischer Werke. 20. Hft.

Schiller, Friedrich v., Die Braut v. Messina od. d. feindl. Brüder. Ein Trauersp. mit Chören. Mit Einleitung u. Anmerkungen. v. J. Trötscher. (Graeser's Schul-Ausg. class. Werke XX.) 8. (XIII u. 96 S.) Wien, Carl Graeser. 36 kr.
1885.

— die Braut v. Messina od. die feindl. Brüder. Ein Trauersp. m. Chören. Schulausgabe m. Anmerkgn. v. J. W. Schaefer. 12. (XX, 115 S.) Stuttgart 886. J. G. Cotta Nachf. Kart. n. 1. —; erm. Pr. n. — 60

— die Braut v. Messina od. die feindlichen Brüder. Ein Trauerspiel m. Chören. Mit ausführl. Erläutergn. f. den Schulgebrauch u. das Privatstudium. 8. (170 S.) Paderborn 887. F. Schöningh. n. 1. 20

— die Braut v. Messina od. die feindlichen Brüder. Ein Trauerspiel m. Chören. (Min.-Ausg.) gr. 16. (89 S.) Leipzig 893. Ph. Reclam jun. Geb. in Leinw. n. — 60

— dasselbe. Illustr. Ausg. gr. 8. (48 S.) Berlin (894). Leipzig, Verl. d. Literaturwerke „Minerva“.
Geb. in Leinw. 1. 20

Schiller, Friedrich von, Die Braut von Messina oder die feindlichen Brüder. Ein Trauerspiel mit Chören. Für den Schulgebrauch herausgegeben von Dr. Karl Tumlirz. 8. (150 S.) Geb. —.40
Prag: Tempsky 1894.

— die Braut v. Messina od. die feindlichen Brüder. Ein Trauerspiel m. Chören. 1. Tl.: Textausg. 8. (98 S.) Leipzig 902. H. Bredt. n. — 50

Die Braut von Messina oder die feindlichen Brüder. Ein Trauerspiel mit Chören von Friedrich v. Schiller. Für d. Schulgebr. hrsg. von A[nton] Kleffner, Oberl. zu Vechta. *Münster i. W.: Aschendorff 1902.* (XVI, 146 S.) 8° [F.]
— Ausgaben, Aschendorffs, f. d. deutschen Unterricht. [15.] [03. 3206]

— dasselbe, hrsg. v. Heinr. Heskamp u. Schmitz-Mancy, s. a. Schöningh's, Ferd., Ausgaben deutscher Klassiker.

Die Braut von Messina oder die feindlichen Brüder. Ein Trauerspiel mit Chören von Friedrich v. Schiller. Mit ausführl. Erl. f. d. Schulgebr. u. d. Privatstud. von Dr. Heinrich Heskamp. 6., vielf. veränd. Aufl. besorgt von Prof. Dr. [Max] Schmitz-Mancy. *Paderborn: F. Schöningh 1902.* (162 S.) 8° [F.]
— Ausgaben, Schöninghs, deutscher Klassiker. Bd 11. [03. 4246]

— dasselbe, s. a. Schöningh's Textausgaben alter u. neuer Schriftsteller Nr. 1.

Die Braut von Messina oder die feindlichen Brüder. Ein Trauerspiel mit Chören von Friedrich v. Schiller. *Paderborn: F. Schöningh [1903].* (VIII, 86 S.) 8°
= Textausgaben, Schöninghs, alter u. neuer Schriftsteller. 1. [04. 6304]

— dasselbe, s. a. Weber's, Frz., Hausbibliothek.

Die Braut von Messina oder die feindlichen Brüder. Ein Trauerspiel mit Chören von Friedrich v. Schiller. Taschenausg. mit großer Schrift u. in neuester Rechtschreibung. Breslau: F. Goerlich [1905]. (108 S.) 8° [F.]
— Hausbibliothek, Franz Webers. No 28–30. [07. 8927]

— dasselbe s. a. Handbibliothek, Cotta'sche.

Die Braut von Messina oder die feindlichen Brüder. Ein Trauerspiel mit Chören von Friedrich v. **Schiller**. Mit e. Einl. von Karl Goedeke. Stuttgart & Berlin: J. G. Cotta Nachf. [1905]. (106 S.) 8° [F.]
= **Handbibliothek**, Cotta'sche. No 110. [05. 1843

— **die Braut v. Messina od. die feindl. Brüder. Ein Trauerspiel m. Chören. Mit Einleitg. u. Anmerkgn. versehen v. J. Trötscher. 13.—15. Taus. (XIII, 87 S.) 8. Leipzig (906). B. G. Teubner. n. — 50**

Die Braut von Messina oder die feindlichen Brüder. Ein Trauerspiel mit Chören von Friedrich v. **Schiller**. Mit ausführl. Erl. f. d. Schulgebr. u. d. Privatstud. von Dr. Heinrich Heskamp. 7., vielf. veränd. Aufl., besorgt von Prof. Dr. [Maximilian] Schmitz-Mancy. Paderborn: F. Schöningh 1906. (165 S.) 8° [F.]
= **Ausgaben**, Schöninghs, deutscher Klassiker. Bd 11. [07. 10715 6

(F) **Schiller, F. v., Braut von Messina. Herausg. von J. Trötscher.** [Graesers Schulausgaben klassischer Werke. Heft 20.] 8°. (XIII, 87 S.) K —.50
Wien: Graeser 1906.

Schiller, [Friedrich von]. Die Braut von Messina. Oper in 3 Akten. Nach den Worten der Schiller'schen Dichtung [im Auszug zusammengestellt] von Julius Mai. 30 S. 8. Bern, Buchdr. Berner Tagblatt, 1910.

— Die Braut von Messina od. die feindl. Brüder. Ein Trauerspiel m. Chören. Für den Schulgebrauch hrsg. v. Karl Tumlirz. 2. Aufl. (150 S.) kl. 8. Leipzig 910. G. Freytag. — Wien, F. Tempsky. Geb. — 70

— **dasselbe, s. a. Freytag's Schulausgaben klassischer Werke f. den deutschen Unterricht.**

(F) **Schiller,** F. v., Die Braut von Messina oder die feindlichen Brüder. Herausgegeben von Dr. Karl Tumlirz. 2. Aufl. [Freytag's Schulausgaben klassischer Werke für den deutschen Unterricht.] 8°. (150 S.) K —.85
Wien: Tempsky 1910.

the bride of Messina. A tragedy with choruses. Translated into English from the German by J. Towler. 8. (119 S.) Carlsruhe 850, Bieleseld. n. ½ ß

— **u. Göthe's Briefe mit geschichtlichen Einleitungen u. Erläuterungen. Ein unentbehrl. Suppl. zu den Werken beider Dichter, zu denen ihre Briefe gehören. 5 Bde. Berlin, allgem. deutsche Verlags-Anstalt. 16. (5566 S.) 11 ß 9 ngr.**

—— Briefe. Mit erläut. Anmerk. hrsg. von Heinr. Döring. A. u. d. T.: Supplemente zu Schiller's Werke. 1. Bd.: Briefe aus den J. 1780—1790. 2. Bd.: Briefe aus den J. 1791—1796. gr. 16. (VII, 347 und 432 S.) Altenburg 846, Pierer.

Schiller's, (Friedr. v.,) Briefe. Mit geschichtlichen Erläuterungen. Ein Beitrag zur Charakteristik Schillers als Mensch, Dichter und Denker. (Schiller's sämmtliche Werke. 13. Bd.) 1—13. Lfg. gr. 16. Berlin 853—56, [Allgem. deutsche Verlags-Anstalt.] [1. Bd. (XXXVII und 922 S.) 2. (S. 1—80.) à Lfg. 4 Ngr.]

—— Briefe. Mit geschichtl. Einleitungen und Erläuterungen. Ein Beitrag zur Charakteristik Schillers als Mensch, Dichter und Denker und ein nothwend. Suppl. zu dessen Werken. 14—27. (Schluß-)Lfg. gr. 16. (2. Bd. S. 81—1225.) Berlin 857. 58, Allgemeine Deutsche Verlagsanstalt. à Lfg. * 4 Ngr. *
1—13. Lfg. Ebendas. 1853—56. * 1 Thlr. 22 Ngr.

—— dass. — 2. Aufl. 1. Lfg. gr. 16. (1. Bd. XXXIII und S. 1—48.) Ebds. 856. *

— Briefe. Mit geschichtlichen Erläuterungen. Ein Beitrag zur Charakteristik Schillers als Mensch, Dichter und Denker und ein nothwendiges Supplement zu dessen Werken. 2 Bde. Berlin 854—57. Hempel. 16. (960; 1225 S.) n. 3 ß. 18 ngr.

— — 2. Aufl. 1—18. Liefg. Berlin (857, 58.) Allgemeine Deutsche Verlags-Anstalt. 16. (1. Bd.: 922 S.; 2. Bd.: S. 1—480.) Jede Liefg. n. 4 ngr.

Schiller's und Goethe's Briefe mit geschichtlichen Einleitungen und Erläuterungen. Ein unentbehrl. Supplement zu den Werken beider Dichter, zu denen ihre Briefe gehören. 1.—113. Lfg. 16. (4735 S.) Berlin [Leipzig] 870, Allgem. deutsche Verlags-Anstalt. à Lfg. 30 Pf. 33 90

— **Briefe. Kritische Gesamtausg., hrsg. u. m. Anmerkgn. versehen v. Fritz Jonas. 1.—55. Lfg. gr. 8. (1. Bd. VII, VIII, V, 517 S.; 2. Bd. III, 484 S.; 3. Bd. V, 560 S.; 4. Bd. III, 564 S.; 5. Bd. S. 1—432, m. Bildnissen.) Stuttgart 892—894. Deutsche Verlags-Anstalt. à n. — 25; à Bd. n. 3. — ; geb. in Halbfrz. n. 4. 80**

— Briefe. Hrsg. u. m. Anmerkgn. vers. v. Fritz Jonas. Krit. Gesamtausg. 56.—80. (Schluß-) Lfg. 8. (5. Bd. III u. S. 433—576; 6. u. 7. Bd. V, 529 u. V, 414 S. m. Bildn. u. Register, bearb. v. Alb. Leitzmann, (XXVIII S.) Stuttgart 895. 96. Deutsche Verl.-Anstalt. à Lfg. n. — 25 (in Bdn. à n. 3. —; geb. in Halbfrz. à n. 4. 80)

— des jungen, Briefe. Ausgewählt u. eingeleitet v. Max Hecker. (VIII, 290 S. m. Bildnis.) 8. Leipzig 909. Insel-Verlag. In Pappbd. 2. —

— 18 Briefe an F. W. von Hoven, s. Fr. W. v. Hoven, Biographie.

— auserlesene Briefe in den Jahren 1781—1805. Herausg. von Heinr. Döring. gr. 8. Zeitz 834. Webel. 1½ ß — Sehr verm. Ausg. in 3 Bdchen. 16. Ebd. 835. 1¾ ß

—— auserles. Briefe in d. J. 1781—1805. Hrsg. v. Heinr. Döring. Sehr verm. Ausg. 3 Bdchn. 16. (74¼ B.) Zeitz 835. [Leipzig, O. A. Schulz.] 1¾ Thlr., hrbgs. Pr.

— **ausgewählte Briefe, ausgewählt v. Eug. Kühnemann, s. a. Hausbücherei der deutschen Dichter-Gedächtnis-Stiftung.**

Ausgewählte Briefe von Friedrich v. **Schiller**. Ausgew. u. eingel. von Univ.Prof. Dr. Eugen Kühnemann. Bd 1. 2. Hamburg-Großborstel: Deutsche Dichter-Gedächtnis-Stiftung 1905. 2 Bde 8° [F.]
1. Mit Bildn. Schillers von J. H. v. Dannecker. 2. Mit Bildn. Schillers von C. Schmidt.
= **Hausbücherei** d. Deutschen Dichter-Gedächtnis-Stiftung. Bd 12. 13. [07. 1875 11

— **Briefe in Auswahl, s. a. Goethe, Joh. Wolfg. v.**

— Briefe in Auswahl. Für d. Schulgebrauch hrsg. v. G. Bötticher. 12. (189 S.) Leipzig 897. G. Freytag. Geb. n. 1. —

Schiller's Briefe in Auswahl. Für den Schulgebrauch herausgegeben von G. Bötticher. Kl. 8. (189 S.) Geb. —.50
Prag: Tempsky 1897.

— Briefe üb. Don Carlos, s. a. Velhagen & Klasing's Sammlg. deutscher Schulausgaben.

[F.] [Friedrich v.] **Schiller.** Briefe über Don Carlos. Hrsg. v. Prof. Dr. Max Schneidewin. *Bielefeld & Leipzig: Velhagen & Klasing 1895.* (XII, 55 S.) 1 Bd 8.
= **Sammlung,** Velhagen & Klasings. Deutscher Schulausgaben. Lfg 72. 96. 1764

— Briefe an den Freiherrn Heribert von Dalberg, s.a. Bibliothek der Gesamt-Litteratur des In- und Auslandes.

— Briefe an d. Frhrn. H. v. Dalberg in d. Jahren 1781 bis 1785. Ein Beitr. zu Schillers Lebens- u. Bildungs-Geschichte. Nebst einem fac simile v. Schillers Handschrift. (Herausgg. v. D. M. Marx). 8. Karlsr. 819. Marx. 22 gr

— Briefe üb. die ästhetische Erziehung d. Menschen. Zunächst f. die oberste Klasse höherer Lehranstalten m. e. Einleitg. u. erklär. Anmerkgn. hrsg. v. Arth. Jung. 8. (VII, 374 S.) Leipzig 875. Teubner. 2. 40

Briefe von Schiller an Herzog Friedrich Christian von Schleswig-Holstein-Augustenburg über ästhetische Erziehung. Hrgg. v. Andreas Ludwig Jakob Michelsen. Berlin. 1876. 8°.

— Briefe an Herzog Friedrich Christian v. Schleswig-Holstein-Augustenburg üb. ästhetische Erziehung. In ihrem ungedr. Urtexte hrsg. v. A. L. J. Michelsen. 8. (176 S.) Berlin 876. Paetel. n. 3. —

—— Briefe an A. W. Schlegel, s. Briefe.
Vgl. unten: Schiller's Supplemente.

— Briefe bis zu seiner Verlobung, s.: Bücher, die, der Rose.

—— und Goethe, Briefwechsel, s. Briefwechsel.

— u. Fichte's Briefwechsel, aus dem Nachlasse des Erstern mit einem Vorworte herausg. von J. H. Fichte. 8. (75 S. m. 1 Facsimile.) Berlin 847, Veit & Co. 12 ngl

— u. Wilh. v. Humboldt, Briefwechsel. 3. verm. Ausg., m. Anmerkgn. v. Alb. Leitzmann. Nebst e. Portr. Wilh. v. Humboldts. gr. 8. (X, 456 S.) Stuttgart 900. J. G. Cotta Nachf. n. 7. —; geb. n. 8. —

— Briefwechsel m. seiner Schwester Christophine u. seinem Schwager Reinwald. Hrsg. von Wendelin v. Maltzahn. Mit dem Bildniß (in Stahlst.) der Christophine Reinwald, geb. Schiller. gr. 8. (XLIII, 354 S.) Leipzig 875. Veit & Co. n. 8. —

— Briefwechsel m. Cotta, s.: Briefwechsel.

— Briefwechsel m. dem Herzog Friedrich Christian v. Schleswig-Holstein-Augustenburg. Eingeleitet u. hrsg. v. F. Max Müller. gr. 8. (88 S.) Berlin 875. Paetel. n. 2. 40; geb. n. 4. —

Schiller's Briefwechsel mit Goethe, s. Collection Spemann.

— Briefwechsel mit Huber, s. Bibliothek, Cotta'sche, der Weltlitteratur.

— Briefwechsel m. W. v. Humboldt, s.: Briefwechsel.

— u. W. v. Humboldt, Briefwechsel in den J. 1792—1805, s.: Bibliothek, Cotta'sche, der Weltlitteratur.

— u. Joh. Wolfg. v. Goethe, Briefwechsel in den J. 1794—1805, s.a. Universal-Bibliothek.

SCHILLER und Goethe's Briefwechsel in den Jahren 1794 bis 1805. Herausg. von Philipp Stein, Leipzig (Reklam)

Schiller, F. v. und Johann Wolfgang von Goethe. Briefwechsel ... in den Jahren 1794 bis 1805. Stuttgart u. Tübingen 1828—29. H: *Goethe, Johann Wolfgang von.* (BrMm)

— Briefwechsel mit Körner, s.a. Bibliothek, Cotta'sche, der Weltlitteratur.

—— Briefwechsel mit Körner. Von 1784 bis zum Tode Schillers. 4 Thle. 8. (1563 S.) Berlin 847, Veit und Comp. à Thl. * 1 Thlr. *

Inhalt:
Thl. 1. 1784—1788.
" 2. 1789—1792.
" 3. 1793—1796.
" 4. 1797—1805.

— Briefwechsel mit Körner. Von 1784 bis zum Tode Schiller's. 2., wohlfeile Ausg. 4 Thle. Leipzig 859. Veit & Co. 8. (XIX, 1563 S.) n. 2 ngl

—— Einleitung dazu, s. Marggraff, Herm.

—— Briefwechsel mit Körner. Von 1784 bis zum Tode Schillers. 2. verm. Aufl. Hrsg. von Karl Goedeke. 2 Thle. gr. 8. Ebendas. 874. à Thl. *M. 8. — 16 —
geb. ** 20 —

Inhalt:
Thl. 1. 1784—1792. (VI, 483 S.)
" 2. 1793—1805. (VIII, 505 S.)

— Briefwechsel mit Körner. Von 1784 bis zum Tode Schillers. 2., verm. Aufl. Hrsg. von Karl Goedeke. Wohlfeile (Titel-)Ausg. 2 Thle. in 1 Bde. Lex.-8. (V, 483 u. 505 S.) Leipzig (1874) 878. Veit & Co. n. 8. —; geb. n. 10. —

— Briefwechsel mit Lotte, s. Bibliothek, Cotta'sche, der Weltlitteratur.

—— Briefwechsel mit Lotte, s. Briefwechsel.

Briefwechsel zwischen Schiller und [Joh. Fdr.] Cotta. Hrsg. von Wilh. Vollmer. Mit Cottas Portr. Stuttgart. Cotta 1876.

— s.a. Briefwechsel zwischen Schiller u. Goethe.

[Schiller, Friedr. v.]. Briefwechsel zwischen Schiller und Goethe. M. Einl. von Houston Stewart *Chamberlain.* Bd 1. 2. Jena 1905. 8°.

— s.a. Briefwechsel zwischen Schiller und Humboldt.

Briefwechsel zwischen [Friedr. v.] Schiller und Wilhelm v. Humboldt. 3. verm. Ausg. mit Anm. von Albert Leitzmann. Nebst e. Portr. Humboldts. Stuttgart: J. C. Cotta 1900. (X. 456 S.) 8°

— s.a. Briefwechsel zwischen Schiller u. Lotte.

Briefwechsel zwischen [Friedr. v.] Schiller und Lotte. 1788–1805. Hrsg. u. erl. von Wilhelm Fielitz. Bd 1–3. Stuttgart: J. G. Cotta Nachf. (1897). 3 Bde 8°
(Cotta'sche Bibliothek d. Weltlitteratur.)

Briefwechsel zwischen [Friedrich v.] Schiller und Lotte [Charlotte v. Schiller]. 1788–1805. Hrsg. u. erl. von Wilhelm Fielitz. (5. Aufl.) Bd 1–3. Stuttgart & Berlin: J. G. Cotta Nachf. [1905]. 3 Bde 8° [F.]
(Cottasche Bibliothek d. Weltlitteratur.) [06. 3761

—— s. Buchner, W., Friedrich v. Schiller.

— Bühnen-Bearbeitung von Wilhelm Tell, s. Schiller: Wilhelm Tell.

—— die Bürgschaft, s. Volksbibliothek des Lahrer Hinkenden Boten.

Schiller, F. v. Cabal and Love translated from the German. Leipzig 1795. Ü: *Timaeus, Johann Jacob Carl.* (MGT)

— Cabal and Love. Translated from the German by J. J. K. Timäus. 8. Leipz. 796. Hinrichs. 12 gr

—— Wallenstein's camp. Translated by Edw. Thornton. 16. (67 S.) Frankfort a. M. 851, (Hermannsche Buchh.) **

— — Campana, latine reddita metro archetypi adjecti a D. P. Heine. 8. Hameliae. (Hannoverae, Helwing.) 819.

Schilleri, Fr. de, Campana. Latine reddita a D. P. Heine. Hamel. 820. 8. 6 gr.

— id. lib. ed. Leo. Füglistaller. 8. Luzern 821, Anich.

— la campana. Trad. dal Tedesco in versi Ital. da C. B. Schade. gr. 8. Sorau 824, (Fr. Fleischer in Leipz.)

— Campana, latine reddita, metro archetypi adjecti, a D. Ph. Heine. Edit. II. emend. 16. Hannover 826, Helwing.

— de campana carmen. Latine reddidit G. L. B. de Diepenbroick-Grüter. Editio II. Hamm [Berlin] 865. Grote'sche Buchh. 16. (III, 43 S.) cart. n. 10 ngr.

— de campana carmen. Latine redd. G. L. B. Diepenbroick-Grüter. Ed. 3. 32. (35 S.) Berlin 872 Grote. n. 1. 20

— Don Carlos (, Infant von Spanien)

—— dass. — erläutert von H. Düntzer, s. Erläuterungen zu den deutschen Klassikern.

—— dass. — erläutert von H. Deiter, s. Erläuterungen zu den Meisterwerken der deutschen Litteratur.

— Don Carlos, Tragödie im Depeschen-Stil f. 3 Herren frei nach Sch., s.: Fastnachts-Bühne.

— — s.a. Haus-Bibliothek deutscher Classiker.

— — s.a. Hempel's Klassiker-Bibliothek.

dasselbe, s.a. Meisterwerke, die, der deutschen Bühne

-- dasselbe, s.a. Meyer's Volksbücher.

— dasselbe (Hamburger Theatermanuscript), s.: Möller, Marx, Studien zum Don Karlos.

—— Don Carlos, s.a. Museum.

— dasselbe, s.a. Plays, German classical.

— dasselbe, s.a. Sammlung deutscher u. ausländischer Dichtungen in Gabelsbergerscher Stenographie. 4. Bd.

— dasselbe, hrsg. v. Engelb. Ammer, s.: Sammlung deutscher Dichtgn. u. Prosawerke.

Schiller, Friedr. v., Don Karlos, Infant von Spanien, s.a. Schulausgaben ausgewählter klassischer Werke.

— — s.a. Theater-Bibliothek. Klassische.

—— dass. — s.a. Universal-Bibliothek.

– dasselbe, hrsg. v. R. Franz, s.: Velhagen & Klasing's Sammlung deutscher Schulausgaben. 18. Lfg.

— Don Carlos, Infant v. Spanien. Trspl. 8. Leipz. 787. N. Aufl. 804. Göschen. 1 ₰ 8 gr Velinp. mit 6 Kpf. 6 ₰ 16 gr

— dass. Nebst Anhang: die Abweichung der Stellen der ersten Ausg. enthaltend. gr. 8. Zweybr. ... Ritter. 20 gr

— dass. f. d. Bühne bearb. v. J. F. E. Albrecht. 8. Hamb. 808. Herold jun. 18 gr

—— Don Carlos, a dramatical poem, from the German. By John Wyndham Bruce. gr. 12. (15 B.) Mannheim 837, Schwan and Goetz. *

Schiller, (Joh. Chrstph. Friedr. v.,) Don Carlos nach dess. ursprüngl. Entwurfe, zusammengest. mit d. beiden späteren Bearbeitn. Mit e. literarhistor.-krit. Einleitung. (Neue Ausg.) 16. (27¼ B.) Hannover 842, Helwing'sche Hofbuchh. Thlr. *
Die frühere Ausg., s. u.: Nachträge zu Schiller's Werken.

—— Don Carlos. A dramatical poem from the German by John Wyndham Bruce. 2. edit. gr. 12. (15 B.) Mannheim 843, Schwan u. Götzische Hofbuchh. *

Schiller, Friedr. v. (Joh. Chrstph.), Don Carlos, Infant von Spanien. Ein dramat. Gedicht. Zum Uebersetzen aus d. Deutschen in das Französische f. bereits vorgerückte Schüler. Mit Anmerk. der nöthigen Phraseologie u. e. Wörterbuche. Zum Schul- u. Privat-Gebrauch. Hrsg. v. E. Schnabel. gr. 12. (10⅚ B.) Leipzig 846, Baumgärtners Buchh. Thlr. -

— Don Carlos, Infant von Spanien. Ein dramat. Gedicht. 16. (Mit 1 Stahlst.) Stuttgart 846, Cotta'sche Buchh. In Leinw. geb. mit Goldschnitt. 2 ₰

—— Don Carlos Infant von Spanien. Ein dramat. Gedicht. 8. (304 S.) Stuttgart (847. und) 850, Cotta'sche Buchh.

v. Schiller, Frdr., († d. 9. Mai 1805), Don Carlos, Infant von Spanien. Ein dramat. Gedicht. 8. (304 S.) Stuttgart 848, Cotta. — (Neue Ausg.) 8. (304 S.) Ebd. 850. ⅔ ₰

—— Don Carlos Infant von Spanien. Ein dramat. Gedicht. 8. (304 S.) Stuttgart 853, Cotta'sche Buchh.

— Don Carlos, Infant von Spanien. Ein dramat. Gedicht. Stuttgart 866. Cotta'sche Buchh. 8. (226 S.) n. 14 ngr.

—— dass. — 16. (226 S.) Ebendas. 867. *

Klassikerausgabe [illegible] Schiller, Fr. Don Carlos Infant von Spanien. 12. [illegible] Wien, Perl, [illegible] 24 Nr 2 3 1870.

—— Don Carlos, Infant von Spanien. 8. (226 S.) Teschen 871, Prochaska. [Leipzig, Zieger.] cart. (ℳ 1,25.) — 50
geb. (ℳ 1,60.) — 75
Auf feinerem Papier mit Photogr. geb. (ℳ 2,60.) 1 20

—— dass. — Mit Zeichnungen von Ad. Schmitz, in Holz geschn. von R. Brend'amour. 2. Aufl. 8. Berlin 873, Grote'sche Verlagsh. geb. ℳ 2.; mit Goldschn. * 2 50

—— Don Karlos, Infant von Spanien. Ein dramat. Gedicht. Nach den vorzüglichsten Quellen revid. Ausg. Hrsg. von Wendelin v. Maltzahn. gr. 16. (226 S.) Berlin 879, Hempel. geb. * 1 –

—— Don Carlos, s.a. Hölder's Classiker-Ausgaben.

Schiller, Friedrich, Don Carlos, Infant von Spanien. Ein dramatisches Gedicht. Mit Einleitung und Anmerkungen von Wilh. Swoboda. (Hölder's Classiker-Ausgaben f. d. Schulgebrauch. Heft 21—22.) 8. (XIV, 213 S.) —.50
Wien: Hölder 1889.

Schiller, Friedrich von, Don Carlos, Infant von Spanien. Ein dramatisches Gedicht. Für den Schulgebrauch herausgegeben von Ottokar Hans Stoklaska. 8. (228 S.) Geb. —.50
Prag: Tempsky 1895.

— Don Carlos, Infant v. Spanien. E. dramat. Gedicht. F. d. Schulgebrauch hrsg. v. Ottokar Hans Stoklaska. 12. (228 S.) Leipzig 898. G. Freytag. Kart. n. — 90

—— Don Karlos, s.a. Bibliothek der Gesamt-Litteratur des In- und Auslandes.

Don Karlos, Infant von Spanien. Ein dramat. Gedicht in 5 Aufz. von **Friedrich v. Schiller**. Für d. deutsche Bühne bearb. u. inszeniert von C. W. Schmidt. *Halle a. d. S.: O. Hendel [1904].* (152 S.) 8° [F.]
(Bibliothek d. Gesamtlitteratur d. In- u. Auslandes. No 1804. 1805.) [04. 1478]

— **dasselbe, s.a. Handbibliothek, Cotta'sche.**

Don Karlos, Infant von Spanien. Ein dramat. Gedicht von Friedrich v. **Schiller**. Mit e. Einl. von Karl Goedeke. Stuttgart & Berlin: J. G. Cotta Nachf. [1905]. (228 S.) 8° [F.]
= **Handbibliothek**. Cotta'sche. No 111. [05. 5866]

— **dasselbe, hrsg. v. F. Khull, s.a. Graeser's Schulausgaben klassischer Werke.**

(F) **Schiller, F. v.**, Don Carlos. Herausg. von Dr. Ferd. Khull. [Graesers Schulausgaben klassischer Werke. Heft 8.] 8°. (XIII, 171 S.) K —.50
Wien: Graeser 1906.

dasselbe, hrsg. v. G. Frick, s.a. Schulausgaben, deutsche.

Don Karlos Infant von Spanien. Ein dramat. Gedicht von Friedrich v. **Schiller**. Für Schulgebr. u. Selbstunterr. hrsg. von Dr. G[eorg] **Frick**. Leipzig & Berlin: B. G. Teubner 1907. (242 S.) 8° [F.]
(Deutsche Schulausgaben hrsg. von H. Gaudig u. G. Frick.) [08. 1811]

· Don Karlos, Infant v. Spanien, hrsg. v. M. Gorges, s.a. Schöningh's, Ferd., **Ausgaben deutscher Klassiker.**

[Friedrich v.] **Schillers** Don Karlos, Infant von Spanien. Ein dramat. Gedicht. Mit Einl. u. Erl. f. d. Schulgebr. u. d. Privatstud. von Dr. Max Gorges. Paderborn: F. Schöningh 1907. (255 S.) 8° [F.]
= **Ausgaben**. Schöninghs, deutscher Klassiker. Bd 38. [08. 2021]

[Friedrich v.] **Schillers** Don Karlos. Infant von Spanien. Ein dramat. Gedicht. Mit einl. u. erl. Anm. von Dr. Max Gorges, Oberl. Paderborn: F. Schöningh 1908. (211 S.) 8° [F.]
= **Textausgaben**, Schöninghs, alter u. neuer Schriftsteller. 49. 50. [08. 8333]

—— **Don Carlos Infante of Spain. A dramatic poem. Transl. into english heroic metre from the german by I. Towler. 8. (17 B.) Carlsruhe 813, Nöldeke.**

Friderici de Schiller Carmina optima [Gedichte. Ausw.] eademque a Joanne Dominico Fuss conversa ed. Joseph Plassmann. Monasterii Guestf.: Aschendorff 1909. VII, 150 S. 8°
[Nebent.:] Die schonsten Gedichte von Friedrich v. Schiller. Mit d. lat. Übers. von J. D. Fuss hrsg. von J. Plassmann.

—— **Carmina, selecta, lat. redd. Ph. H. Welcker. (Deutsch u. lat.) 8maj. (3¼ B.) Gothae 840, libr. Becker.**

— **le chant de la cloche, trad. par Brochier, s. Brochier.**

— **Chant de la Cloche, s.a. Noël, Ch.**

— **le chant de la cloche traduit en vers Franç. par Poyrelle. gr. 8. (20 S.) Rostock 848, Leopold. n. 8 ngr**

Schiller, F. v. La Cloche, poème, traduit . . . Zuric 1808. Ü: *Küstner, Johann Heinrich.* (MGT)

—— **la congiura di Fiesco in Genova. Tragedia republicana trad. dal tedesco in ital. dall' Aless. Baccani. gr. 8. (9½ B.) Vienna 841, (Wallishausser.)**

– The conspiracy of Fiesco at Genoa, s.: Plays, German classical.

—— Demetrius, erläutert von H. Düntzer, s. Erläuterungen zu den deutschen Klassikern.

— **Demetrius, hrsg. u. erläutert v. Heinr. Klenz, s.: König's, Wilh., Erläuterungen zu den Klassikern.**

-- dasselbe, s.a. Schaarschmidt, Karl Emil.

--- Demetrius, s.a. Schriften der Goethe-Gesellschaft.

— dasselbe, hrsg. v. H. Löschhorn, s.: Velhagen & Klasing's Sammlung deutscher Schulausgaben.

—**Demetrius. Trspl. bearb. v. Frz. v. Maltitz. gr. 12. Karlsr. 817. Marx. 21 kr**

— das Fragment des Demetrius m. der Fortsetzung des Frhrn. Frz. v. Maltitz, s.a. Graeser's Schulausgaben classischer Werke.

Graeser's Schulausgaben classischer Werke. Unter Mitwirkung mehrerer Fachmänner herausgegeben von Prof. J. Neugebauer. 48. Heft. Inhalt: Friedrich von Schiller, Das Fragment des Demetrius mit der Fortsetzung des Freiherrn von Maltiz. Mit Einleitung und Anmerkungen von Dr. Adolf Lichtenheld. Gr.-8. (XIX, 131 S.) —.25
Wien: Graeser 1893.

— Demetrius. Für den Schulgebrauch hrsg. v. Frdr. Seiler. 12. (130 S.) Leipzig 897. G. Freytag. Geb. n. — 70

Schiller, Friedrich von, Demetrius. Für den Schulgebrauch. Herausgegeben von Friedrich Seiler. 8. (129 S.) geb. —.35
Prag: Tempsky 1897.

— dasselbe, s.a. Bibliothek der Gesamtlitteratur.

Demetrius. Ein dramat. Fragment von **Friedrich v. Schiller**. Mit d. Bilde d. Dichters u. e. Vorbemerkung. *Halle a. d. S.: O. Hendel (1902).* (44 S.) 8° [F.]
(Bibliothek d. Gesamtlitteratur d. In- u. Auslandes. No 1591.) [03. 333]

— Demetrius. Das Fragment, dazu e. Nachspiel m. Prolog u. rhapsod., v. 4 leb. Bildern begleiteten Epilog. Von Mart. Greif. gr. 8. (IV, 60 S.) Leipzig 902. C. F. Amelang. n. 1.—

– Demetrius. Das Fragment, dazu e. Nachspiel m. Prolog u. rhapsod., v. 4 leb. Bildern begleitetem Epilog. Von Mart. Greif. 2. Aufl. (IV, 60 S.) 8. Leipzig 909. C. F. Amelang. 1.

--- dasselbe od. Die Bluthochzeit zu Moskau. Ein Trauerspiel. Für den Schulgebrauch u. das Privatstudium hrsg. v. Karl Betke. (125 S.) kl. 8. Münster 909. Aschendorff. Geb. 90

— - Denkwürdigkeiten und Bekenntnisse über sein Leben, seinen Charakter und seine Schriften. Nebst seinen Urtheilen über berühmte Personen und Werke, Ansichten über Welt und Menschen, Religion und Philosophie, Kunst und Literatur. Geschrieben von ihm selbst. Geordnet von A. Diezmann. (Supplement zu Friedr. von Schiller's sämmtlichen Werken.) gr. 16. (484 S. mit 1 Stahlst.) Leipzig 854, Baumgärtner's Buchh. *

—— Denkwürdigkeiten und Bekenntnisse über sein Leben, seinen Charakter und seine Schriften. Nebst seinen Urtheilen über berühmte Personen und Werke, Ansichten über Welt und Menschen, Religion und Philosophie, Kunst und Literatur. Geschrieben von ihm selbst, geordnet von A. Diezmann. 2., mit Schiller's Portr. und 7 Ansichten in Stahlst. (in qu. 4) verm. Aufl. gr. 16. (VIII und 481 S.) Leipzig 862, Baumgärtner's Buchh.

— über naive u. sentimentalische Dichtung, s.a. Classiker f. den Schulgebrauch.

— über naive u. sentimentalische Dichtg., s.a. Graeser's Schulausgaben classischer Werke, Hft. 9.

— dasselbe, s.a. Hölder's Classiker-Ausgaben.

— dasselbe, s.a. Meyer's Volksbücher.

— dasselbe, hrsg. von Paul Geyer, s.: Schul-Ausgaben, deutsche.

— — s.a. Schulausgaben klassischer Werke.

— dasselbe, s.a. Velhagen & Klasing's Sammlung deutscher Schulausgaben.

-- Abhandlung: Uber naive u. sentimentalische Dichtung, sowie dessen akademische Antrittsrede: Was heißt u. zu welchem Ende studiert man Universalgeschichte?, s.a. Schöningh's Ausgaben deutscher Klassiker.

[Friedrich v.] Schillers Abhandlung: Über naive und sentimentalische Dichtung, sowie dessen akad. Antrittsrede: Was heisst u. zu welchem Ende studiert man Universalgeschichte? Für d. Schulgebr. eingerichtet u. mit Erl. vers. von Prof. Dr. M[aximilian] Schmitz. *Paderborn: F. Schöningh 1901.* (170 S.) 8° [F.]
— Ausgaben, Schöninghs, deutscher Klassiker. Bd 20.

Schiller, [Friedrich von]. Dramatische Dichtungen. Band 1. (Herausgeber...: Max Hecker.) 671 S. 8. Leipzig, Inselverlag, 1905. [geb. Lwd. M. 4. —, Leder 4. 50]
(Grossherzog Wilhelm Ernst Ausgabe [deutscher Klassiker]. Hrg. im Auftrage von Alfred Walter Heymel.)
Darin S. 555—668: Wilhelm Tell. Ein Schauspiel.

—— lyrisch-didaktische Dichtungen, für die Schule ausgewählt und erläutert von A. v. Sanden. 1. Tl.: Das Lied von der Glocke. Der Spaziergang. 8. (IV, 107 S.) Breslau 885, Morgenstern's Verlag. *

—— dass. — s.a. Philippi, E.

—— Dichtungen in lateinischer Uebersetzung, s. Dichtungen.

—— Dramen, s. Bellermann, L.

— Dramen in erzählender Form, bearbeitet von Mehreren. 1. Bdchn. — A. u. d. T.: Wilhelm Tell. Historisch-romant. Gemälde von H. E. R. Belani. 16. Leipzig 842, Ph. Reclam jun. n. 2/3 ₰

Schiller's Dramen in erzählender Form, bearb. v. Mehreren. 1. Bdchn. — A. u. d. Ttl.: Wilhelm Tell. Histor.-romant. Gemälde v. H. E. R. Belani. 16. (15⅛ B.) Leipzig 842, [Otto Aug. Schulz.] Thlr. *

— Dramaturgie, gesammelt u. ausgewählt v. Otto Falckenberg, s. a. Dramaturgie, deutsche. II.

[Friedrich v.] Schillers Dramaturgie [Werke, Ausz.]. Drama u. Bühne betr. Schriften, Aufsätze, Bemerkungen Schillers, gesammelt u. ausgewählt von Otto Falkenberg. München & Leipzig: G. Müller 1909. (VII, 460 S.) 8° [F.]
= Dramaturgie, Deutsche. Bd 2. 108. 1608;

— dzieła dramatyczne przekład M. B. Tom. I. Z portretem Autora. 8. Leipzig 843. (Librairie étrangère.) 1½ ₰ — Tom. II. (Dom Karlos.) 8. Ebend. 844. 1½ ₰

— Dramatische Entwürfe, s.a. Hempel's Klassiker-Bibliothek.

— dramatische Entwürfe zum erstenmal veröffentlicht durch Schillers Tochter Emilie Freifrau v. Gleichen-Rußwurm. Stuttgart 867. Cotta'sche Buchh. Lex.-8. (III, 123 S.) n. 18 ngr.

[F.] [Friedrich v.] Schillers Dramatische Entwürfe und Fragmente. Aus d. Nachlass zsgest. v. Gustav Kettner. Ergänzgsbd zu Schillers Werken. *Stuttgart: J. G. Cotta 1899.* (307 S.) 1 Bd 8.

— Epigramme. 12. Neustrelitz 796. Albanus. 4 gl. Aufs neue aus dessen erstem Museum besond. abgedr. 12. Berl. 819. Albanus 3 gl.

—— Vom Erhabenen, s. Universal-Bibliothek Nr. 2731.

Schillers Sohn Ernst. Eine Briefsammlung mit Einl. von Dr. Karl Schmidt, Oberl. Ger. R., Colmar. Mit Bildnissen u. 2 Handschr. von Schiller u. Goethe. Neue Ausg. Paderborn: F. Schöningh 1905. (VIII, 531 S.) 8°

—— Erzählungen, s. Meyer's Volksbücher.

— Erzählungen, s.: Volksbibliothek des Lahrer hinkenden Boten.

— Erzählungen u. Nachlaß, s.: Hausbibliothek deutscher Classiker.

— Ästhetische Erziehung, s.: Erzieher zu deutscher Bildung.

— über die ästhetische Erziehung d. Menschen. In einer Reihe von Briefen. 12. (121 S.) Brandenburg 877. Wiesike. — 75; cart. m. Goldschn. n. 1. 20

Schiller, Fr. v., Fest, (das Eleusische,) Schillers Dichtung bildlich dargestellt v. J. M. Wagner. qu. Fol. Stuttgart, Cotta. 819. Rthlr.

— s.a. Festgabe aus Schillers Werken.

Festgabe aus [Friedrich v.] Schillers Werken. Zum 9. Mai 1905. (Hrsg.: Dr. Hermann Jantzen.) Berlin, Leipzig: H. Hillger (1905). (VIII, 160 S.) 8° [F.]

— Fiesko, s.a. Erläuterungen zu den deutschen Classikern.

— Fiesco, s.a. Repertoir des herzogl. Meiningen'schen Hof-Theaters.

(F.) Schiller, F. v., Fiesko. Herausg. von Dr. R. Richter. [Graesers Schulausgaben klassischer Werke. Heft 33.] 8°. (XII, 53 S.) K —.50
Wien: Graeser 1906.

-- Das Fragment des Demetrius, s. Schiller: Demetrius.

An die Freude von [Friedr. v.] Schiller. [Melodie von K.] Hamburg 1790. 4 Bl. 8° [Umschlagtit.]
Selten. Lied ohne Noten.
[N. Ausg. u. d. Tit.:]

An die Freude [von Friedr. v. Schiller]. Rundgesang zur Feier des Johannisfestes der Loge Carl zu den drei Schlüsseln in Regensburg. [Regensburg] 1811: Augustin. 4 Bl. 8° [Umschlagtit.]
Ohne Noten.
[N. Ausg. u. d. Tit.:]

Schillers Ode: An die Freude. In Musik gesetzt von C. F. Luja; gesungen bei der Feyer der St.·. J.·. F.·. den 24ten Juny 5820 in der g.·. u.·. v.·. St.·. Joh.·. □ Wilhelmine Caroline, i.·. O.·. v.·. Hanau. [Hanau 1820: Scharneck.] 7 S. 8⁰ [Umschlagtit.]
Ohne Noten. — Selbstverständlich findet man den Text des Liedes in allen Ausgaben der Schillerschen Gedichte. Erläuterungen: Düntzer 3. Aufl. Bd 1—4 1888—1893; Viehoff 7. Aufl. Bd 1—3 1895; Stecher T. 1—4 1903; Vgl. Strecker: Sonntagsbetrachtungen 1908.

Fr[iedrich] v. Schiller. Freude, schöner Götterfunken. Auswahl aus Schillers Dichtungen. Cassel: Winter [1910]. 160 S. 8⁰

— Gallerie, Scenen aus Schillers Gedichten rc., in Kpfrn. 1e—8e Liefg. mit Text. 8. Leipzig 825—27, Hinrichs.

—— Gallerie. 9. u. 10. (letzt.) Lfg. à 3 Bl., v. Frz. Stöber, Jg. Krepp, Leybold, Langer u. A. Zu allen Ausgaben d. Schiller passend. gr. 8. Leipzig 828, 29, Hinrichs. à Thlr.
1—8. Lfg. Ebendas. 1825—27. 8 Thlr. 16 Gr.

— der Gang nach dem Eisenhammer; der Taucher, s.: Volksbibliothek d. Lahrer Hinkenden Boten.

—— Zum Gedächtniß seines historischen Lehramtes in Jena, s. Lorenz Ottokar.

— Gedankenlyrik, s.a. Velhagen & Klasing's Sammlung deutscher Schulausgaben. (Goethe, Joh. Wolfg. v.)

— Gedankenlyrik. Für Schule u. Haus. Hrsg. v. Adf. Matthias. (179 S.) 12. Leipzig 908. G. Freytag.
Geb. n. 1.—

(F) Schiller's Gedankenlyrik. Für Schule und Haus. [Freytag's Schulausgaben und Hilfsbücher f. d. deutschen Unterricht.] 8⁰. (177 S.) geb. K 1.20
Wien: Tempsky 1903.

– Gedichte.

—— diss. — s.a. Bibliothek der Gesamt-Litteratur des In- und Auslandes.

— dasselbe, s.a. Brauns, Jul., stenographische Unterrichts-Bibliothek.

—— diss. — erläutert von H. Düntzer, s. Erläuterungen zu den deutschen Klassikern.

—— diss. — s.a. Hausbibliothek deutscher Classiker.

— dasselbe, s. a. Hempel's Klassiker-Bibliothek.

— dasselbe, s.a. Klassiker-Ausgaben, illustr., Minerva.

dasselbe, Erläut. v. Ad. Baumann, s. Koch's deutsche Schulausgaben.

— dasselbe, s.a. Lektüre, gewählte, f. Schule u. Haus.

— dasselbe, s.a. Litteraturwerke des Vereins „Minerva".

— dasselbe. s.a. Meisterwerke unserer Dichter.

— dasselbe, s.a. Meisterwerke der deutschen Litteratur.

—— dass. — s.a. Meyer's Volksbücher.

—— dass. — s.a. Museum.

—— dass. — s.a. Schulausgaben classischer Werke.

— dasselbe, hrsg. v. H. Löschhorn, s.: Velhagen & Klasing's Sammlung deutscher Schulausgaben.

— — erläutert von Viehoff, s. Viehoff.

— dasselbe, s.a. Volks-Bibliothek, allgemeine.

— Gedichte. 2 Thle. Mit 2 Kpf. 8. Leipz. 800—803. 2e A. ... 3e A. 807—8. (W. Vogel). 2 ₰ 8 gl Schrbp. 2 ₰ 16 gl Velinp. 3 ₰ 8 gl Stereotyp-Ausgabe. 2 Thle. Mit 2 Kpf. Taschenformat. Ebd. 818. 1 ₰ 8 gl Schrbp. 1 ₰ 16 gl Velinp. 2 ₰ 12 gl

— Gedichte, m. K. 2 Thle. 8. Leipz. Crusius. (F. C. W. Vogel) 807-8. (à 1 Thlr. 4 gr.)
Schreibp. (à 1 Thlr. 8 gr.)
Velinp. (à 1 Thlr. 16 gr.)

Schiller Fr. Gedichte. N. A. Stuttgart 1841. 2 Bde.

Schiller, F. v., Gedichte. 2 Thle. wohlf. Ausg. 12. Leipz. F. C. W. Vogel. 816.

— — Gedichte. Stereotyp-Ausgabe. 2 Thle. mit 2 Kpfr. Taschenformat. Leipzig, W. Vogel. 818.
Schreibpap.
Velinpap.

— Gedichte. 2 Bde. Neue Ausg. 16. Stuttg. 840. Cotta. 2 ₰

—— Gedichte. 2 Bde. (Neue Ausg.) 16. (30 B.) Stuttgart u. Tübingen 841, Cottasche Buchh.
Erläuterungen hierzu, vgl. Viehoff.

— Gedichte. 2 Bde. (Neue Miniatur-Ausgabe in 1 Bde.) 16. (Mit 2 Stahlst.) Stuttgart 845, Cotta'sche Buchh. In engl. Leinwandbd. mit Goldschn. 2 ₰

—— dass. — Schul-Ausg. 8. (VIII und 464 S.) Leipzig 848, Vogel. Stuttgart, Cotta'sche Buchh. *

— Gedichte. 2 Thle. Wohlf. (Titel-) Ausg. 16. (X u. 517 S.) Leipzig 849, Vogel. 1/2 ₰

— Gedichte. Schul-Ausg. 8. (VIII u. 464 S.) Stuttgart 851, Cotta. Leipzig, Vogel. 24 ngl

— Gedichte. 2 Bde. 16. (XIV u. 475 S. m. 2 Stahlst.) Stuttgart 852, Cotta. In Engl. Einb. m. Goldschn. 2 ₰

— Gedichte. (Neue Ausg.) Stuttgart 854 u. 855. Cotta. 8. (VIII. 464 S.) n. 24 ngr

— — (Neue wohlf. Aufl.) Stuttgart 854, 856 u. 858. 16. (VIII. 420 S.) n. 12 ngr

— — 2 Bde. (Miniatur-Ausg.) (Neue Aufl., besorgt von Joach. Meyer.) Stuttgart 855. Cotta. 16. (VIII, 230; VIII, 265 S. u. 2 Stahlst.) 2 ₰

—— Gedichte. Auswahl für die Jugend. 8. (VI und 178 S.) Stuttgart 859, Cotta'sche Buchh. *

—— Gedichte. Jubiläums-Prachtausg. mit Photographieen und Holzschnitten. (In 16 Lfgn.) 1—12. Lfg. gr. 4. (S. 1—432 mit 34 Photogr. und eingedr. Holzschn.) Stuttgart 859—62, Cotta'sche Buchh. à Lfg. * 1 Thlr. 24 Ngr. *

—— Gedichte. Jubiläums-Ausg. mit Photographien nach Zeichnungen von Böcklen, Kirchner, C. Piloty, F. Piloty, Ramberg, Schwind ꝛc. und Holzschn. nach Zeichnungen von Jul. Schnorr. 13.—16. (Schluß-)Lfg. gr. 4. (VIII und S. 433—568 mit 10 Photogr. und eingedr. Holzschn.) Stuttgart 863, Cotta'sche Buchh. à Lfg. * 1 Thlr. 24 Ngr. *

Einbände in Chagrinleder * *
Einbände in billigerer Ausstattung * *

1.—12. Lfg. Ebendas. 1859—62. * 21 Thlr. 18 Ngr.

— Gedichte. Jubiläums-Ausg. mit Photographien nach Zeichnungen von Böcklen, Kirchner, C. Piloty, F. Piloty, Ramberg, Schwind ꝛc. u. Holzschn. nach Zeichngn. von Jul. Schnorr. (In 16 Liefgn.) Stuttgart 860—63. Cotta. gr. 4. (VIII, 568 S. u. 44 Photogr.) Jede Liefg. n. 1 ℛ 24 ngr.

— — Miniaturausg. Ebend. 865. 16. (VIII, 496 S. mit 1 Stahlst.) geb. mit Goldschn. n. 1 ℛ 5 ngr.

— — Taschenausg. Ebend. 866. gr. 16. (VIII, 418 S.) n. 8 ngr.

— — Stuttgart 867. Cotta'sche Buchh. 8. (VIII, 428 S.) n. 14 ngr.

— — Auswahl für die Jugend. Ebend. 867. 8. (VI, 178 S.) n. 6 ngr.

— — Wohlfeile Miniaturausg. Ebend. 867. 16. (VIII, 343 S.) n. 2½ ngr.

— Gedichte. Berlin 868. Grote. 32. (VIII, 382 S.) n. 4 ngr.

—— dass. — Illustrirte Pracht-Ausg. Mit Zeichnungen von A. Liezen-Mayer, Heinr. Lossow, Gabr. Max, Paul Thumann u. A., in Holz geschn. von Closs und Ruff. 9 Lfgn. 4. (IV, 290 S. mit eingedr. Holzschn. und 15 Holzschntaf. und 1 Stahlst.) Berlin 868, Grote'sche Verlagsh.
(à Lfg. *ℳ 1,50.); geb. mit Goldschn. * 15 —

— — Illustr. Pracht-Ausg. Mit Zeichngn. v. A. Liezen Mayer, Heinr. Lossow, Gabr. Max ꝛc., in Holz geschn. v. R. Brend'amour u. A. Ebend. 870. 4. (IV, 290 m. eingedr. Holzschn., 15 Holzschntaff. u. 1 Stahlst.) 4 ℛ 15 ngr.

—— Gedichte. 1.—6. Aufl. 32. (VIII, 382 S.) Berlin 868—75, Grote'sche Verlagsh. (* 40 Pf.) * — 60
geb. *ℳ 1,20.; mit Goldschn. * 1 60

—— dass. — Diamant-Ausgabe mit Illustr. nach Bosch, Brinckmann, Liezen-Mayer, Schlesinger u. A. 1.—3. Aufl. 32. (VIII, 381 S. mit 15 Holzschntaf.) Ebendas. 868—74.
geb. mit Goldschn. (*ℳ 3.) * 4 —

—— dass. — Mit Zeichnungen von C. Schlesinger u. A., in Holz geschn. von R. Brend'amour. 1.—3. Aufl. 8. (XXIV, 368 S. mit eingedr. Holzschn. und 16 Holzschntaf.) Ebendas. 868—73. (*ℳ 2.); geb. * 4 —
geb. mit Goldschn. 4 50
geb. in roth Lnwd. mit Goldschn. * 5 —

— — Brünn 868. Winiker. 16. (368 S.) n. 4 ngr.; geb. n. 11½ ngr.; geb. m. Goldschn. n. 17½ ngr.
Velinp. n. 7 ngr.; geb. n. 14½ ngr.; geb. m. Goldschn. n. 21 ngr.

Schiller, Friedr. v., Gedichte. Illustrirte Pracht-Ausg. 4. Berlin 868. Gera, Griesbach's Verlag. geb. mit Goldschn. 15 —

— — Leipzig 868. Ph. Reclam jun. gr. 16. (IV, 281 S.) n. 3 ngr.; geb. n. 6 ngr.; in engl. Einb. m. Goldschn. n. 10 ngr.

Schiller's, (Friedr. v.), Gedichte. Mit Holzschn. nach Zeichnungen von Böcklen, Heil, Kirchner, Makart, Carl Piloty, Ferd. Piloty, Ramberg, Rothbart, J. Schnorr, Schwind und Schwoiser. In 12 Lfgn. gr. 4. Stuttgart 868,69, Cotta'sche Buchh.
à Lfg. *ℳ 1,80. * 21 60

— — Schulausg. Mit Anmerkungen von Denzel u. Kratz. Ebend. 868. gr. 16. (VIII, 316 S.) n. 8 ngr.

— — Wien 868. Wenedikt. 16. (368 S. mit 10 Orig.-Illustr. in Holzschn.) 6 ngr.

—— dass. — 8. (XV, 512 S. mit 1 Holzschntaf.) Teschen 871, Prochaska. [Leipzig, Zieger.] cart. (*ℳ 1,80.) — 75
geb. (ℳ 2,25.) * 1 —
Auf feinerem Papier mit Photogr. ℳ 2.; geb. 3 —

— dasselbe. erläutert u. auf ihre Veranlassgn., Quellen u. Vorbilder zurückgeführt nebst Variantensammlg. v. Heinr. Viehoff. 4., abermals gänzlich umgearb. Ausg. in 3 Bdn. 1. Bd.: Gedichte der ersten u. zweiten Periode. 1. Lfg. gr. 16. (S. 1—64.) Stuttgart 872. Conradi. — 50

—— Gedichte, erläutert und auf ihre Veranlassungen, Quellen und Vorbilder zurückgeführt nebst Variantensammlung von Heinr. Viehoff. 4., abermals gänzlich umgearb. Ausg. 3 Bde. in 12 Lfgn. gr. 16. Stuttgart 872, Conradi. à Lfg. * — 50
*ℳ 6.; geb. * 7 —

— dasselbe. Poems complete. Ed. a. translated by Henry D. Wiroman. 8. (LI, 413 S.) Philadelphia 873. (Schaefer & Koradi.) geb. n. 8. —

—— dass. — Schulausgabe. Mit Anmerkungen von Denzel und Kratz. gr. 16. (315 S.) Stuttgart 873, Cotta'sche Buchh. cart. * 1 —

— Gedichte. Mit Zeichngn. (in eingedr. Holzschn.) v. J. Füllhaas u. e. Stahlst. gr. 8. (477 S.) Leipzig 875. Amelang. geb. m. Goldschn. n. 6. —

Schiller's Fr. v., Gedichte. Mit 10 Original-Illustrationen in Tondr. (Holzschn.) 3. Ausg. gr. 16. (368 S.) Wien 875. Wenedikt. — 90

-- dasselbe. Elzevier.-Ausg. gr. 16. (439 S.) Leipzig 876. O. Schulze. n. 4. —; geb. n. 9. —

—— dass. — travestirt. Beiträge zu komisch-humorist. Vorträgen. 3 Bdchn. 16. (à 128 S.) Erfurt 878, Körner'sche Buchh.
à Bdchn. *ℳ 1. * 3 —

—— dass. — in W. Stolze'sche Schrift übertragen von Otto Kurzmann. 8. (248 autogr. S.) Schwerin 878. (Hannover, Schulbuchh.) * 6 —

—— dass. — Ausg. für die Schule. gr. 16. (X, 216 S.) Berlin 879, Hempel. * — 80

—— dass. — Mit Zeichnungen von J. Füllhaas. gr. 8. (477 S. mit eingedr. Holzschn. und 1 Stahlst.) Leipzig 879, Amelang's Verlag. geb. mit Goldschn. 6 —

— Gedichte. 8. (IV, 310 S.) Leipzig 882, Grimme und Trömel. geb. *

— dasselbe. Mit Einleitung von K. Goedeke. 8. (304 S. m. Holzschn.-Portr.) Stuttgart 882. Cotta. n. — 80; geb. n. 1. —

— dass. — Travestirt. Beiträge zu komisch-humorist. Vorträgen. Eine Anthologie. 3 Bdchn. 2. Aufl. 12. (à Bdchn. 128 S.) Erfurt 883, Körner'sche Buchh. à Bdchn. *ℳ 1. *

— dasselbe. (Neue Min.-Ausg.) 16. (VIII, 507 S.) Stuttgart 883. Cotta. geb. m. Goldschn. n. 3. 50

— dasselbe. (Neue Aufl.) 8. (VIII, 427 S.) Ebend. 883. n. 1. 10

— dasselbe. Für das deutsche Volk erläutert u. m. ausführl. Namen- u. Wortregister versehen v. Karl Ed. Butsche. Mit Schillers (Holzschn.-)Portr. 8. (XII, 339 S.) Leipzig 884. Wartig's Verl. n. 2. 40; geb. n. 3. —

— dasselbe, travestirt. Beiträge zu komisch-humorist. Vorträgen. Eine Anthologie. 1. u. 2. Bdchn. 12. Erfurt, Körner. 1. 50
1. 3. Aufl. (128 S.) 885. n. — 50. — 2. 2. Aufl. (128 S.) 885. n. 1. —

— Gedichte. 8. (IV, 296 S.) Halle 886. Hendel. geb. m. Goldschn. 1. 30

— Gedichte. Nach den vorzüglichsten Quellen rev. Ausg. Hrsg. v. R. Boxberger. 8. (XVI, 640 S.) Berlin 888. Dümmler's Verl. n. 2. —; geb. n.n. 2. 45

— dasselbe. Min.-Ausg. 12. (VIII, 448 S.) Stuttgart 888. Krabbe. geb. n. 3. —

— dasselbe. Mit Illustr. v. Paul Thumann, A. Liezen-Mayer, Alex. Zick u. e. Einleitg. v. Gust. Wendt. 6., neu bearb. Aufl. 8. (XXIV, 344 S.) Berlin 889. G. Grote. Geb. in Leinw. n. 4. —; in Renaissance-Bd. m. Goldschn. n. 5. —

— dasselbe m. Zeichnungen v. J. Füllhaas. 2. Aufl. gr. 8. (450 S.) Leipzig 889. Amelang. geb. m. Goldschn. n. 6. —

— dasselbe. Für die Frauenwelt ausgewählt v. Clara Braun. Diamant-Ausg. Illustr. v. R. E. Kepler. 16. (XXXII, 280 S. m. 8 Lichtdr.-Bildern.) Stuttgart 889. Greiner & Pfeiffer. geb. m. Goldschn. n. 3. 50

— Gedichte. Neue illustr. Ausg. 12 Lfgn. 8. (544 S.) Stuttg. 889, Neff. à Lfg. * — 50; * 6 —; geb. * 7 —

— dasselbe. 12. (VI, 307 S.) Berlin 890. Warschauer. geb. in Halbleinw. n. — 65; in Leinw. n. — 80; m. Irisfarbendr. n. 1. —

— desgl. — Schul-Ausg. m. Anmerkgn. v. Denzel u. Kraz. 12. (316 S.) Stuttg. 890, Cotta Nachf. cart. * 1 —

— dasselbe. Neue Ausg. Mit Portr., Lebensskizze u. Anmerkgn. 8. (430 S.) Stuttgart 890. Neff. n. 1. 50; geb. n. 2. —

— dasselbe. Neue illustr. Ausg. 12 Lfgn. 8. (544 S.) Ebd. 889. à n. — 50 (cplt. geb.: n. 7. —)

— dasselbe. Illustrirt v. ersten deutschen Künstlern. gr. 4. (198 S. m. 1 Lichtdr.-Bild, 87 Text-Illustr. u. 20 Tonbildern.) Stuttgart 891. Deutsche Verlags-Anstalt. Geb. in Leinw. m. Goldschn. n. 12. —

— desgl. — in Auswahl. Gemeinfaßlich erläutert f. Schule u. Haus v. Frz. K. Hartert. 3. Aufl., durchgesehen v. Albr. Dieterich. 3 Lfgn. 8. (IV, 345, III S.) [Kassel 891.] Lpz., G. H. Wigand. à Lfg. * 1 —; * 3 —

— Gedichte. 8. (VI, 306 S.) Berlin 892. Friedberg & Mode. Geb. in Leinw. n. 1. 40

— dasselbe. 8. (IV, 310 S.) Leipzig (892). Th. Knaur. Geb. in Leinw. 1. —

— dasselbe. Mit Einleitg. Illustr. Ausg. gr. 8. (166 S. m. 11 Ton- u. 35 Textbildern.) Berlin 894. Literatur-Verein Minerva. n. 1. 50; geb. in Leinw. n. 2. —

— dasselbe. Schulausg. Mit Anmerkgn. v. Denzel u. Kraz. 12. (VIII, 316 S.) Stuttgart 894. J. G. Cotta Nachf. Kart. n. 1. —

— Gedichte. 12. (VIII, 342 S.) Leipzig 895. G. Fock, Verl. Geb. in Leinw. n. 1. —; fein geb. m. Goldschn. n. 2. —

— dasselbe. (Auswahl.) F. d. Schulgebrauch hrsg. v. Frdr. Bachmann. 12. (202 S. m. Titelb.) Leipzig 895. G. Freytag. Kart. n. — 80

— — Gedichte. (Auswahl.) Für den Schulgebrauch herausgegeben von Prof. Dr. Friedrich Bachmann. Mit einem Titelbilde. 8. (202 S.) Geb. —.40
Prag: Tempsky 1895.

— dasselbe. (Min.-Ausg.) 2. Aufl. 12. (VIII, 448 S.) Stuttgart 897. C. Krabbe. Geb. in Halbleinw. n. 3. —

— dasselbe. Mit Einleitg. von Karl Goedeke. gr. 8. (XII, 368 S. m. Bildn.) Stuttgart 898. J. G. Cotta Nachf. Geb. in Leinw. n. 3. —

— dasselbe. Mit Einleitung v. Karl Goedeke. 8. (307 S. m. Bildnis.) Stuttgart (899). J. G. Cotta Nachf. Geb. in Leinw. n. 1. —

— dasselbe. (Volks-Ausg.) 12. (280 S. m. Bildnis.) Ebd. 899. Geb. in Leinw. n. — 60

— dasselbe. Mit Einleitg. v. Karl Goedeke. gr. 8. (XII, 368 S. m. Bildnis.) Ebd. 899. Geb. in Leinw. n. 3. —

— dasselbe. 8. (307 S. m. Bildnis.) Geb. in Leinw. n. 1. 50

— dasselbe. (Min.-Ausg.) 12. (XIV, 456 S. m. Bildnis.) Ebd. 899. Geb. in Leinw. n. 3. —

— dasselbe. Schulausg. m. Anmerkgn. v. Denzel u. Kraz. (Neue Ausg.) 12. (VIII, 316 S.) Ebd. 901. Geb. in Leinw. n. 1. —

— Gedichte. Mit e. biograph. Einleitg. v. Gust. Karpeles. 12. (XXIV, 224 S. m. Bildnis.) Leipzig (902). M. Hesse. Geb. n. — 60

— dasselbe. 12. (320 S.) Ebd. (900). Geb. in Leinw. — 75; m. Goldschn. n. 1. —

— dasselbe. 12. (XXIV, 320 S. m. Bildnis.) Ebd. 901. Geb. n. — 60

— dasselbe. (Auswahl.) Für den Schulgebrauch hrsg. von Frdr. Bachmann. 2. verb. u. verm. Aufl. (235 S. m. 1 Titelbild.) kl. 8. Leipzig 903. G. Freytag. Geb. n. 1. —

— dasselbe. (Textrevision, Einleitg. u. Erläutergn. von Rich. Weissenfels.) (Pantheon-Ausg.) (XL, 411 S. m. Bildnis.) 16. Berlin (904). S. Fischer, Verl. Geb. in Ldr. m. Goldschn. n. 3. —; in Pergament n. 3.50

Schiller, Fr. v., Gedichte. (Pantheon-Ausg.) Geb. in Pergam. erhöht. Pr. n. 4. —.

(F) Schiller, F. v., Gedichte. (Auswahl.) 2. Aufl. [Freytag's Schulausgaben und Hilfsbücher für den deutschen Unterricht.] 8°. (235 S.) geb. K 1.20
Wien: Tempsky 1904.

— dasselbe, s.a. Graeser's Schulausgaben klassischer Werke.

— dasselbe. Ausgewählt, eingeleitet u. erläutert v. Ambros Mayr. (Graesers Schulausgaben klass. Werke.) 12. bis 14. Taus. (VIII, 122 S.) 8. Leipzig (905). B. G. Teubner. n. — 50

— dasselbe, s.a. Handbibliothek, Cotta'sche.

[Friedrich v.] Schillers Gedichte. Mit e. Einl. von Karl Goedeke. Stuttgart & Berlin: J. G. Cotta Nachf. [1905]. (307 S.) 8° [F.]
= Handbibliothek, Cotta'sche. No 109. [05. 3864]

[Friedrich v.] Schillers Gedichte. Schulausg. mit Anm. von d. Prof. [Bernhard Gottlieb] Denzel u. [Heinrich] Kraz. [Neue Ausg.] Stuttgart & Berlin: J. G. Cotta Nachf. 1905. (VIII, 315 S.) 8° [F.]
(Schul-Ausgaben deutscher Klassiker.) [06. 3760]

Schiller, Frdr. v., Gedichte. Illustriert von ersten deutschen Künstlern. (220 S.) Lex.-8. Stuttgart (905). Deutsche Verlags-Anstalt. Geb. in Leinw. n. 4. —

— dasselbe. (348 S. m. Bildnis.) 16. Weimar (905). H. Grosse. n. — 60; geb. in Leinw. n. — 75; in Pappbd. n. 1. 25; in Ldr. n. 2. 40

— Gedichte, s.a. Bibliothek, kleine.

(Fr[iedrich] v.) Schillers Gedichte. Auswahl. Hrsg. von Laurenz Kiesgen. Hamm i. W.: Breer & Thiemann [1906]. (XIII, 320 S.) 8° [F.]
= Bibliothek, Kleine. No 107/110. [07. 4777 6]

Schiller's, Frdr. v., Gedichte. Schulausgabe z. Gebrauch in Lehrer- u. Lehrerinnen-Seminaren, hrsg. v. Paul Richter. 2. Aufl. (53 S.) gr. 8. Leipzig 906. [Dürr'sche Buchh.] Berlin, Union, Zweigniederlassg. — 60
Sonderabdruck aus: „Dürr's deutsche Bibliothek".

— Gedichte. Mit e. Einleitg. u. Erläutergn. v. Ludw. Bellermann. Kritisch durchges. Ausg. (324 S. m. Bildnis.) 8. Leipzig (907). Bibliograph. Institut. Geb. in Leinw. 1. 50

— dasselbe. Auswahl, f. den Schulgebrauch hrsg. v. Léon Wespy. (3. Aufl.) (288 S. m. Bildnis.) kl. 8. Leipzig 908. G. Freytag. — Wien, F. Tempsky. Geb. 1. 20

— dasselbe in leichtfaßlicher Lautschrift m. einleitender Aussprachelehre. Ein prakt. Hilfsbuch, f. den Gebrauch an süddeutschen Mittelschulen u. Lehrerbildungsanstalten, sowie zum Selbstunterricht f. Vortragende jeder Art, insbesondere auch f. den Deutsch lern. Ausländer eingerichtet v. O. Heilig. (VII, 95 S.) 8. Weinheim 910. F. Ackermann. Geb. 1. 50

— Ausgewählte Gedichte.

—— dass. — s. a. Meisterwerke unserer Dichter.

— ausgewählte Gedichte, s. a. Meyer's Volksbücher.

— dasselbe, s. a. Velhagen & Klasing's Sammlung deutscher Schulausgaben.

— ausgewählte Gedichte, s. a. Volksbücher, Wiesbadener. Nr. 63.

—— ausgewählte Gedichte, erläutert von J. Ev. Haselmayer. gr. 8. (X, 330 S.) Würzburg 882, Stahel'sche Universitäts-Buchh. *

— ausgewählte Gedichte 16. (151 S.) Leipzig 892. Versandt-Bureau (W. Fiedler). Geb. m. Goldschn. n. — 75

— dasselbe, hrsg. v. Adf. Weinstock, s. a. Schöningh's Ausgaben deutscher Klassiker.

[F.] Ausgewählte Gedichte [Friedr. v.] Schillers. M. ausführl. Erl. f. d. Schulgebr. u. d. Privatstudium v. Adolf Weinstock, Kgl. Seminarlehrer. *Paderborn: F. Schöningh 1897.* (XI, 239 S.) 1 Bd 8.
= Ausgaben, Schöninghs, deutscher Klassiker. Bd 23. [97. 8700]

— ausgewählte Gedichte. Illustriert von Sigm. v. Sallwürk. (Illustrierte Elzevier-Ausgaben.) gr. 16. (216 S.) Leipzig (901). H. Seemann Nachf. Geb. in Ldr. n. 3. —

Ausgewählte Gedichte [Friedrich v.] Schillers. Mit ausführl. Erl. f. d. Schulgebr. u. d. Privatstud. von Adolf Weinstock, Kreisschulinsp. 2. Aufl. Mit e. Bildn. Schillers. *Paderborn: F. Schöningh 1903.* (X, 241 S.) 8° [F.]
= Ausgaben, Schöninghs, deutscher Klassiker. Bd 23. [03. 4050]

— dasselbe, s. a. Schöningh's Textausgaben alter u. neuer Schriftsteller Nr. 4.

Ausgewählte Gedichte von Friedrich v. Schiller. *Paderborn: F. Schöningh [1903].* (XV, 156 S.) 8° [F.]
= Textausgaben, Schöninghs, alter u. neuer Schriftsteller. 4. [03. 4050]

— dasselbe, s. a. Weber's, Frz., Hausbibliothek. Nr. 50—52.

Ausgewählte Gedichte von Friedrich v. Schiller. Taschenausg. mit großer Schrift u. in neuester Rechtschreibung. Breslau: F. Goerlich [1905]. (154 S.) 8° [F.]
= Hausbibliothek, Franz Webers. No 50–52. [07. 8935]

— Ausgewählte Gedichte. (509 S.) 5,2×3,9 cm. Leipzig 907. H. Schmidt & C. Günther. Geb. in Ldr. m. Goldschn. 1. 50

— Gedichte in Auswahl, s. Schiller: Gedichte.

— Gedichte u. Dramen, s. a. Lektüre, gewählte, f. Schule u. Haus.

— Gedichte u. Dramen. Ausgewählt u. m. erläut. Anmerkgn. versehen f. die deutsche Jugend u. unser Volk v. A. Hentschel u. K. Linke. 16. (V, 716 S. m. Holzschn.-Portr.) Leipzig 883. Peter. n. 2. —; geb. n. 3. —

— Gedichte u. Dramen. Mit e. Vorwort: Aus Schillers Leben. (VIII, 475 S. m. Abbildgn.) gr. 8. Berlin (905). H. Hillger. Geb. in Leinw. 2. —

SCHILLERS GEDICHTE UND DRAMEN. Volksausgabe zur Jahrhundertfeier 1905. Mit einer Abbildung der Schillerbüste von Dannecker und einer biographischen Einleitung. Stuttgart und Marbach (1905). Verlag des Schwäbischen Schillervereins. 4°.

— 5 Gedichte, s.: Roller, Stenographie; Lesebogen.

— Lyrische Gedichte, s. Erläuterungen zu den deutschen Klassikern. 39. Bd.

— lyrische Gedichte, s.: Goethe, Joh. Wolfg. v.

— philosophische Gedichte, s.: Hausbücherei der deutschen Dichter-Gedächtnis-Stiftung. 11. Bd.

— sämmtliche Gedichte. 16. (368 S.) Brünn 868, Winiker. * 4 Ngr.; geb. * 11⅓ Ngr.; geb. mit Goldschn. * - Velinp. * 6 Ngr.; geb. * 14⅓ Ngr.; geb. mit Goldschn. *

— dass. — gr. 16. (IV und 281 S.) Leipzig 868, Ph. Reclam jun. * 3 Ngr.; geb. * 6 Ngr.; geb. mit Goldschn. *

— dass. — 16. (368 S. mit 10 Orig.-Illustr. in Holzschn.) Wien 868, Wenedikt.

— dasselbe, travestirt. Beiträge zu komisch-humoristischen Vorträgen. 1—3. Bdchn. 16. (à 128 S.) Erfurt 878. Körner. à n. 1. —

— dasselbe. 1. Bdchn. 2. Aufl. 12. (128 S.) Ebend. 881. n. 1. —

— dasselbe, in W. Stolze'sche Schrift übertragen von Otto Kurzmann. 8. (248 autogr. S.) Schwerin 878. (Hannover, Schulbuchh.) n. 6. —

— sämmtliche Gedichte. gr. 16. (XIV, 216, 152, 56 S.) Berlin 879, Hempel. geb. * 1 50

— dasselbe, mit Zeichnungen von J. Füllhaas. gr. 8. (477 S. m. eingedr. Holzschn. u. 1 Stahlst.) Leipzig 879. Amelang. geb. m. Goldschn. 6. —

— dasselbe. Ausg. für die Schule. gr. 16. (X, 216 S.) Ebend. 879. geb. n. — 80

— sämmtl. Gedichte in's Lat. übers., s. unt. dess. „Lyrica omnia lat."

— schönste Gedichte, s.: Haus- u. Herz-Bücher.

— Die schönsten Gedichte. Mit der latein. Übersetzg. v. Joh. Dominicus Fuss hrsg. v. Jos. Plassmann. — Friderici de Schiller carmina optima. Eademque a Jon. Dominico Fuss conversa ed. Jos. Plassmann. (VII, 150 S.) 8. Münster 909. Aschendorff. Geb. in Leinw. 2. —

— der Geisterseher, s. a. Haus-Bibliothek

— der Geisterseher, s. a. Hempel's Klassiker-Bibliothek.

— der Geisterseher, s. a. Meyer's Volksbücher.

— der Geisterseher. 2—4. Thl., s. Morvell, E.

— der Geisterseher, s. a. Universal-Bibliothek.

— Der Geisterseher, s. a. Volksbibliothek des Lahrer hinkenden Boten.

— dass. — s. a. Volksbibliothek für Kunst und Wissenschaft.

Der Geisterseher. Eine Geschichte aus den Memoiren des Grafen von O** von Friedr. [v.] Schiller. Leipzig: Göschen 1789. 338 S. 8°
Erst erschienen in: Thalia H. 4—8; kritisch abgedr. in: Schiller: Sämmtl. Schriften. Hrsg. von K. Goedeke. 4 (1868) S. 196 bis 349.
cf. Goedeke: Grundriss zur Gesch. der deutschen Dichtung. 2. Aufl. 5 (1893) S. 177, wo die Ausg. u. die Literatur bibliogr. behandelt sind; Hanstein, A. v.: Wie entstand Schillers Geisterseher? 1903.
TB. 60, 90a, 131a. In vielen Ausg.

v. Schiller, Fr., der Geisterseher, e. Geschichte aus d. Papieren des Grafen v. O. 8. Leipz. 789, N. A. 792, 3e A. 799. Göschen. 1 ₰ Velinp. 1 ₰ 16 gr — 2r u. 3r Thl. Fortsetzung von X. Y. Z. (C. F. W. E. Follenius). 8. Leipz. 796 u. 797. Barth. 2 ₰

Schiller, F. v. Geisterseher. Aus den Memoiren des Grafen von O. Dritter Theil . . . Strassburg [Leipz.] 1796. V: *Follenius, Eman. Frdr. Wilh. Ernst.* (Wr) (Th. 2 u. 3) »[1789—97]« (Ky)

— dass. 2r u. 3r Thl. von X. Y. Z. (Follnius.) 3e u. 4e Aufl. 16. Leipzig 840. Barth. 3/8 ₰

— Geisterseher. Aus den Papieren des Grafen von O**. 2. u. 3. Thl. Von X** Y** Z**. 4. Aufl. gr. 16. Leipzig 841, Barth. 12 ngr — 5. Aufl. gr. 8. Ebend. 846. 24 ngr —

— der Geisterseher. Aus den Papieren des Grafen v. O**. (Neue Ausg.) 8. (160 S.) Stuttgart 854, Cotta'sche Buchh.

— der Geisterseher. Aus den Papieren des Grafen v. O**. Schulausg. Stuttgart 866. Cotta'sche Buchh. 8. (VI, 130 S.) cart. n. 8 ngr.

— — Mit Anmerkungen zum Uebersetzen ins Engl. für den Schulgebrauch hrsg. von Ludw. Gantter. Ebend. 866. 8. (VIII, 171 S.) n. 12 ngr.

— der Geisterseher. Aus den Memoires des Grafen von O***. Nach den vorzüglichsten Quellen revid. Ausg. Hrsg. von Wendelin v. Maltzahn. gr. 16. (132 S.) Berlin 879, Hempel. geb. * 1 —

— der Geisterseher, s. a. Bibliothek d. Gesammtlitteratur d. In- u. Auslandes.

[F.] Der Geisterseher. Von Friedr. v. Schiller. SA. aus d. Gesamt-Ausg. *Halle a. d. S.: O. Hendel (1897).* (1 Bl., 77—171 S., 1 Portr.) 1 Bd 8. = Bibliothek d. Gesamtlitteratur d. In- u. Auslandes. No 1039. [97. 1956

(Schiller.) Genius a. sein. Werken, v. H. Döring, s. Bibliothek deutscher Schönheiten, 1. Bd.

— Geschäftsbriefe. Gesammelt, erläutert u. hrsg. v. Karl Goedeke. gr. 8. (XV, 357 S.) Leipzig 875. Veit & Co. n. 7. 20

— Geschichte des Abfalls der vereinigten Niederlande v. der spanischen Regierung, s. a. Bibliothek der Gesamtlitteratur des In- u. Auslandes.

— dasselbe. s. a. Hausbibliothek deutscher Classiker.

— dasselbe, s. a. Hempel's Klassiker-Bibliothek.

— dasselbe, s. a. Meyer's Volksbücher.

— dasselbe. s. a. Museum.

-- dasselbe, s. a. Velhagen & Klasing's Sammlung deutscher Schulausgaben.

— Geschichte d. Abfalls d. vereinigten Niederlande von d. span. Regierung. 1r Thl. 1r u. 2r Bd. 8. Leipz. 788. 2e A. 801. (W. Vogel). 1 ℛ 12 ℊ Schrbp. 2 ℛ 12 ℊ Velinp. 3 ℛ 12 ℊ 2r—4r Thl. fortgesetzt von K. Curths. (A. u. d. T.: der niederländ. Revolutionskrieg. 3 Thle.) 8. Ebd. 808—10. 3 ℛ 20 ℊ Schrbp. 7 ℛ 2 ℊ Velinp. 9 ℛ 4 ℊ (Vergl. unten sämmtl. Werke, Supplement).

Schiller, Friedrich. Geschichte des Abfalls der vereinigten Niederlande von der spanischen Regierung. (3 Bde.)
8. Leipzig 1801—1810.

— — desselb. 2r—4r Thl. fortges. v. K. Curth, (a. unt. d. Tit.: d. Niederländ. Revolutionskrieg, 3 Thle.) 8. Ebend. 808–10. (II. 1 Thlr. III. 1 Thlr. 6 gr. IV. 1. 2. 1 Thlr. 14 gr.)
Schreibp. (II. 2 Thlr. III. 2 Thlr. 8 gr. IV. 1. 2. 2 Thlr. 18 gr.)
Velinpap. (II. 2 Thlr. 12 gr. III. 3 Thlr. IV. 1 2. 3 Thlr. 16 gr.)

— -- Geschichte des Abfalls der Niederlande von der spanischen Regierung; fortgesetzt von Carl Curths. Aus Friedrich v. Schillers sämmtliche Werke: 29.—38. Th., beziehungsweise 15.—19. Bd. (In jedem Bde. je 1 Kupferstich.) (10 The. in 5 Bdn.)
8. Grätz 1834.

—— Geschichte d. Abfalls d. vereinigten Niederlande.
Schiller's histor. Schriften. 1—3. Supplementbd.: Geschichte d. Abfalls d. vereinigten Niederlande, fortges. v. Ed. Duller. 3 Bde. (Von d. Ankunft Alba's in d. Niederlanden bis z. Waffenstillstand v. Antwerpen 1609.) 16. (68½ B.) Köln 841, DuMont-Schauberg. 1 Thlr. 18 Gr.
Dess., Gesch. d. Abfalls d. vereinigt. Niederlande, fortges. v. Curths 2c. 6 Bde. 16. Leipzig 824, Vogel. 2 Thlr. 6 Gr.

—— Geschichte des Abfalls der vereinigten Niederlande von der spanischen Regierung. 8. (IV und 418 S.) Stuttgart 866, Cotta'sche Buchh. *

— Geschichte d. Abfalls der vereinigten Niederlande v. der spanischen Regierung. Leipzig 870. Ph. Reclam jun. gr. 16. (246 S.) 3 ngr.

— dasselbe. gr. 16. (IV, 256 S.) Stuttgart 871. Cotta. n. — 80

— Geschichte d. Abfalles der vereinigten Niederlande v. der spanischen Regierung. gr. 16. (245 S.) Leipzig 873. Ph. Reclam jr. — 30

v. Schiller, Fr. Geschichte des Abfalls der vereinigten Niederlande. 2 Bde. 8. Leipzig 1788. — ib. 1801. 4,50. — (bildet den 8. Bd. von Schiller's Werken.) N. A. von Wendelin v. Maltzahn. 2 Thle. (196; 163.) 8. Berlin 1877. 1,80.

— Geschichte des Abfalls der vereinigten Niederlande von der spanischen Regierung. Nach den vorzüglichsten Quellen rev. Ausg. Hrsg. von Wendelin v. Maltzahn. 2 Thle. gr. 16. (196 u. 163 S.) Ebend. 879. In 1 Bd. geb. n. 1. 80

— Geschichte des Abfalls der vereinigten Niederlande v. der spanischen Regierung. 12. (284 S.) Leipzig 899. M. Hesse. Geb. in Leinw. — 75

— dasselbe. Für den Schulgebrauch hrsg. v. Walth. Böhme. 12. (226 S.) Leipzig 900. G. Freytag. Kart. n. 1. —

— Geschichte d. 30jähr. Krieges, s. a. Bibliothek der Gesamt-Litteratur d. In- u. Auslandes.

—— dass. — s. a. Hausbibliothek deutscher Classiker.

— — s.a. Hempel's Klassiker-Bibliothek.

— Geschichte d. dreißigjährigen Krieges, s. a. Meyer's Volksbücher.

— dasselbe. s. a. Museum.

Schiller, F. v. Geschichte des 30 jährigen Kriegs. (T. 1. 2.) Leipzig 1791—92. 8°. (Histor. Taschenbuch f. Damen.)

— Geschichte d. 30jähr. Krieges. Mit 2 Bildn. u. 1 Kärtchen. 2 Thle. 8. Leipz. 793. N. A. 802. Göschen. 2 ℛ 12 ℊ Schrbp. 3 ℛ Holländ. Pap. 4 ℛ 3r u. 4r Thl. fortges. von K. L. v. Woltmann. (A. u. d. T.: Geschichte d. westphäl. Friedens. 2 Thle.) 8. Ebd. 809. 2 ℛ 12 ℊ Schrbp. 3 ℛ (Vergl. sämmtl. Werke, Supplement).

Schiller, Friedrich. Geschichte des dreyssigjährigen Kriegs. Fortgesetzt von K. L. von Woltmann. (4 Bde.) 8. Leipzig 1802—1809.

—— Geschichte des dreißigjährigen Krieges. (Neue wohlf. Schulausg.) gr. 8. (25 B.) Stuttgart 845; Cotta'sche Buchh. *

—— Geschichte des dreißigjährigen Kriegs. 8. (567 S.) Stuttgart 850, Cotta'sche Buchh. *

—— Geschichte des dreißigjährigen Kriegs. 8. (547 S.) Stuttgart 854, Cotta'sche Buchh. *

Schiller, (Fr. v.), Geschichte des 30jährigen Kriegs. Leipzig 869. Ph. Reclam jun. gr. 16. (276 S.) 3 ngr.

—— Geschichte des dreißigjährigen Kriegs. gr. 16. (296 S.) Stuttgart 871, Cotta'sche Buchh. * — 80
—— dass. — 8. Ebendas. 868. * 1 50

—— dass. — Mit Zeichnungen von Wilh. Diez, in Holz geschn. von W. Hecht. 2. Aufl. 8. Berlin 873, Grote'sche Verlagsh. geb. * ℳ 4.; mit Goldschn. *

Schiller, Friedr. v., Geschichte des dreißigjährigen Krieges. gr. 16. (276 S.) Leipzig 873, Ph. Reclam jr.

— Geschichte des dreißigjährigen Krieges. Nach den vorzüglichsten Quellen rev. Ausg. Hrsg. von Wendelin v. Maltzahn. 2 Thle. gr. 16. (175 u. 196 S.) Berlin 879. Hempel. In 1 Bd. geb. n. 1. 80

— Geschichte des 30jährigen Kriegs. 12. (319 S.) Leipzig 899. M. Hesse. Geb. in Leinw. — 75

— dasselbe. Für den Schulgebrauch hrsg. u. erläutert v. Walth. Böhme. 12. (347 S.) Leipzig 902. G. Freytag. Geb. n. 1. 40

(F) **Schiller,** Fr. v., Geschichte des dreissigjährigen Krieges. [Freytag's Schulausgaben und Hilfsbücher f. d. deutschen Unterricht.] 8°. (347 S.) geb. K 1.60
Wien: Tempsky 1902.

– (Vorr.), s. G e s c h i c h t e des Malteserordens.

– (Hrsg.), s.a. G e s c h i c h t e merkwürdiger Rebellionen und Verschwörungen aus den mittlern und neuern Zeiten.

Geschichte der merkwürdigsten Rebellionen und Verschwörungen aus den mittlern und neuern Zeiten. Bearb. v. verschiedenen Verfassern, gesammelt u. hrgg. v. Friedrich **Schiller.** Bd. 1. Leipzig 1788. 8°.

Schiller, Friedrich. Geschichte der merkwürdigsten R e b e l l i o n e n u n d V e r s c h w ö r u n g e n aus den mittlern und neuern Zeiten. 1. Bd. (1347 in Rom, 1478 in Florenz, 1618 in Venedig.) 8. Leipzig 1788.

— Geschichte merkw. Verschwör. u. Rebellionen aus mittl. u. neuern Zeiten. 1r Bd. 8. Leipz. Crusius. (F. C. W. Vogel.) 788.

—— Geschichte von Württemberg bis zum J. 1740. (Zum ersten Male im Druck hrsg. und aus der „württemberg. Volksbibliothek" abgedr. zur 100jähr. Geburtstagsfeier des Verf.) 5 Lfgn. gr. 16. (1. Bd. VII und 260 S. mit 2 Holzschnt.) Stuttgart 859, Schaber. à Lfg. * 6 Ngr. *

—— dass. — s. a. Volksbibliothek, württembergische.

— Glocke, hrsg. v. M. Evers, s.: Klassiker, die deutschen, erläutert u. gewürdigt f. höhere Lehranstalten.

— die Glocke, s.: Kuenen, E., u. M. Evers, die deutschen Klassiker, erläutert u. gewürdigt.

— die Glocke, s.: Wehner, A., die Glocke.

Schillers, Fr. v., Glocke. — S. a. R o l l e r.

— — Glocke, ins Lateinische übers. v. G. G. Röller, nebst Abdruck des deutschen Originals. 12. Leipzig, Franz. 817.

— Glocke, ins Latein. übers. v. G. G. Röller, nebst Abdruck d. deutschen Originals. 12. Leipz. 817. (Taubert). 6 gr.

— die Götter Griechenlands, z. Behuf d. Declamation v. C. F. Eelbrig. 8. Leipz. 804. Steinacker 4 gr.

Deutsche Größe, ein unvollendetes Gedicht [F r i e d r i c h v.] **Schillers** 1801. Nachbildung d. Hs., im Auftr. d. Vorst. d. Goethe-Ges. hrsg. u. erl. von Bernhard S u p h a n. *Weimar: Goethe-Ges. 1902.* (20 S., 1 Facs.) 2° [F.]
= Schriften d. Goethe-Gesellschaft. [Sonderpubl.] (03. 15097

—— der **H a n d s c h u h** in 13 Sprachen, s. S c h a l k - B i b l i o t h e k.

—— s. Hepp, C., Schiller's Leben und Dichten.

—— s. Hettler, Aug., Schiller's Dramen. Eine Bibliographie.

Hilfsbuch zu [F r i e d r i c h v.] **Schiller** [Werke, Ausz.]. Für d. Schulgebr. ausgew. u. hrsg. von Dr. Rudolf F r a n z, Gymn. Dir. *Bielefeld & Leipzig: Velhagen & Klasing 1903.* (196 S.) 8° [F.]
= Sammlung, Velhagen & Klasings, deutscher Schulausg. Lfg 90. (03. 10695

de Schiller, Fr. Histoire de la guerre de trente ans. Trad. par Arnex. 8. Berne 1794. 5,00. — trad. p. Champfeu. 2 v. 8. Paris 1803. — p. A. Mailher de Chassat. 2 v. 8. ib. 1820. fr. 13,50. — p. de Carlowitz. 8. ib. 1842. — p. Schmidt et Th. Leclair. (XV. 481). 16. ib. 1873. 3 fr. — ib. 1879. 2.50. — p. E. Halberg. 18. ib. 1880.

— Histoire de la Guerre de 30 ans; trad. de l'allemand. II Vols. gr. 8. Bern 794. Haller. 1 Rthlr 20 gr.

— histoire de la guerre de trente ans. 2 Parties. Ein Lesebuch für Schulen rc. herausgeg. von J. H. Meynier. 8. Coburg 813. Leipzig, Brauns. 1/3 Rthlr

— Histoire de la Guerre de 30 ans. Ein Lesebuch f. Schulen mit deutschen Noten, hrsgg. v. J. H. Meynier. Mit Portr. 8. Coburg 813. Sinner. 1 Rthlr 4 gr.

— the history of the defection of the United Netherlands from the Spanish empire. Transl. from the original german by Eastwick, Lt. E. B., By. n. I. 12. Frankfort o/M. 844, Hermann. (Krebs.) n. 1 5/6 Rthlr

—— the h i s t o r y of the thirty years war in Germany. Transl. from the original german by Blaquiere. (Jugel's Pocket-Novelists No. 20.) 18. (484 Seiten.) Frankfort o. M. 842, Jugel's Verlag. *

— Hochzeitlied. 8. Hamb. 810. (Aue in Altona). 2 gr.

— Hochzeitlied. 8. Hamb. Gundermann. 810.

– (Hrsg.), s.a. H o r e n, Die

— die Horen, eine Monatsschrift f. d. J. 1795–97. gr. 8. Tübingen, Cotta. (der Jahrgang von 12 Stck. 6 Thlr. 8 gr.)

— die Huldigung der Künste. Demetrius, s.: Meisterwerke, die, der deutschen Bühne. Nr. 40.

— die Huldigung der Künstler. 8. Tübing. 805. v. Cotta. 3 gr.

—— ich habe mich rasieren lassen. Ein dramat. Scherz. Aus der Orig.-Handschrift im Einverständniß mit der Familie Schiller's zum erstenmal hrsg. von Carl Künzel. hoch 4. (55 S.) Leipzig 863, Payne. cart. *

—— das Ideal und das Leben. Zum Schulgebrauch erklärt von Emil Grosse. Mit einem Anhang. gr. 8. (88 S.) Berlin 886, Weidmann'sche Buchh. *

— Das Ideal u. das Leben. Zum Schulgebrauch erklärt von Emil Grosse. Mit e. Anh. 2. Aufl. (88 S.) 8. Berlin 908. Weidmann. 1.60

—— dass. — erläutert, s. G o l d s c h m i d t, J., Schiller's Weltanschauung.

— Jeanne d'Arc. Tragédie romanes, trad. par J. B. Daulnoy. 8. Düsseld. 815. Dänzer. 1 Rthlr

—— Illustrationen zu S c h i l l e r s G e d i c h t e n. 6 Photographien von Friedr. Brandseph. Royal-Fol. Grösse 53 zu 35 Centimtr. Stuttgart 872, Cotta'sche Buchh. à Blatt (M. 22,50.) 12 —
complet (M. 126.) 72 —

Inhalt:
I. Laura,
II. Die Erwartung,
III. Punschlied,
IV. Die Braut (Glocke), } von Arthur v. Ramberg.
V. Graf Eberhard der Greiner, von Ferd. Piloty.
VI. Hero und Leander, von Carl Piloty.

—— zwölf Illustrationen zu Schillers Gedichten von Arth. v. Ramberg, Ferd. Piloty, Carl Piloty, Kirchner und Schwind. Photographirt von Friedr. Brandseph. Cabinet-Format. Ebendas. 873. à Blatt ℳ 1. 12 —

Inhalt:

I. Laura am Klavier.
II. Die Schlacht.
III. Graf Eberhard der Greiner.
IV. Dido.
V. Die Erwartung.
VI. Punschlied.
VII. Die Kraniche des Ibykus.
VIII. Hero und Leander.
IX. Der Gang nach dem Eisenhammer.
X. Der Graf von Habsburg.
XI. Der Spaziergang.
XII. Die Braut (Glocke).

– (Hrsg.), s. Journal für deutsche Frauen.

— Iphigenia in Aulis. Trspl. in 5 A. gr. 8. Tübing. 807. v. Cotta. 10 gr

– Iphigenie in Aulis.

– – s.a. Hempel's Klassiker-Bibliothek.

—— Iphigenie in Aulis, s.a. Museum.

— Iphigenie in Aulis. Übers. aus dem Euripides. Nebst Anh.: Scenen aus den Phönicierinnen. Nach den vorzüglichsten Quellen rev. Ausg. Hrsg. von Wendelin v. Maltzahn. gr. 16. (91 S.) Berlin 879. Hempel. geb. n. — 60

– Die Jungfrau von Orleans.

—— dass. — s.a. Bibliothek der Gesamt-Litteratur des In- und Auslandes.

—— dass. — s.a. Bibliothek der deutschen Classiker.

—— s.a. Breitsprecher, K., Johanna d'Arc.

—— dass. — s.a. Classiker, deutsche, für den Schulgebrauch.

— dasselbe, s.a. Dürr's deutsche Bibliothek. 4. Bd.

—— dass. — Erläutert von Heinr. Düntzer, s. Erläuterungen zu den deutschen Klassikern.

—— dass. — erklärt von Gysell, s. Erläuterungen zu den Meisterwerken der deutschen Litteratur.

Schiller, Frdr. v., die Jungfrau v. Orleans, s.a. Freytag's Schulausgaben klassischer Werke.

— dasselbe, hrsg. v. Hans Kny. s.: Graeser's Schulausgaben klassischer Werke. 7. Hft.

— dasselbe. s.a. Hausbibliothek deutscher Classiker.

—— dass. — s.a. Haus-Bibliothek für Stolze'sche Stenographen.

— dasselbe, s.a. Hempel's Klassiker-Bibliothek.

— dasselbe, s.a. Hölder's Classiker-Ausgaben

— dasselbe, s.a. Klassiker-Ausgaben, illustr., Minerva.

— dasselbe, hrsg. v. Herm. Müller, s.: Koch's deutsche Klassikerausgaben.

— dasselbe, s.a. Lektüre, gewählte, f. Schule u. Haus.

— dasselbe, s.a. Litteraturwerke des Vereins Minerva.

— dasselbe, s.a. Meisterwerke, die, der deutschen Bühne. Nr. 6.

– – s.a. Meisterwerke unserer Dichter.

— dasselbe, s.a. Meyer's Volksbücher.

—— dass. — s.a. Museum.

—— dass. — s.a. Plays, German classical.

— dasselbe, s.a. Repertoire d. herzogl. Meiningen'schen Hof-Theaters.

— dasselbe, s.a. Sammlung deutscher Dichtgn. u. Prosawerke.

— dasselbe, hrsg. v. Paul v. Boltenstern, s.: Sammlung, Jaeger'sche, deutscher Schulausgaben f. höhere Lehranstalten.

— dasselbe, s.a. Schulausgaben, deutsche.

— dasselbe, hrsg. v. Heinr. Engelen, s.: Schulausgaben deutscher Klassiker. V.

— dasselbe. s.a. Schulausgaben ausgewählter klassischer Werke.

—— dass. — s.a. Stecher, Ch., deutsche Dichtung für die christliche Familie und Schule.

— — s.a. Theater-Bibliothek, classische. — Universal-Bibliothek.

Schiller, Frdr. v., die Jungfrau von Orleans. Eine romant. Tragödie, s.a. Velhagen & Klasing's Sammlung deutscher Schulausgaben.

- dasselbe, s.a. Volksbibliothek des Lahrer hinkenden Boten.

— die Jungfrau von Orleans. 12. Berl. ... N. A. 822. Herbig. 16 gr Mit 11 Kpf. 1 ß 8 gr

— die Jungfrau von Orleans. Rom. Tragödie. N. A. gr. 8. Tübing. 816. v. Cotta. 12 gr

v. Schiller, (F.,) die Jungfrau v. Orleans; eine romant. Tragödie. Mit 12 Kupf. Neue Ausg. 12. Berlin 822, Herbig. Geb. mit Goldschn. 1 Rthl. 8 gr., ord. Ausg. mit Titelkupfer.

—— die Jungfrau von Orleans. Eine romantische Tragödie. 8. (182 S.) Stuttgart (847. und) 850, Cotta'sche Buchh.

— die Jungfrau von Orleans. Eine romantische Tragödie. (Neue Aufl.) Ebend. 854, 855, 856 u. 857. 8. (182 S.) 12 ngr.

— die Jungfrau von Orleans. Eine romantische Tragödie. Stuttgart 868. Cotta'sche Buchh. 8. (172 S.) n. 7 ngr.

— — (Reisebibliothek.) Ebend. 867. gr. 16. (V, 152 S.) n. 5 ngr.

— — Ebend. 868. 16. (136 S.) n. 2 ngr.

—— die Jungfrau von Orleans. Eine romant. Tragödie. Mit Einleitung von Gust. Wendt. 8. (XII, 156 S.) Berlin 871, Grote'sche Verlagsb. *

—— dass. — Mit Zeichnungen von Wilh. Diez, in Holz geschn. von W. Hecht. 2. Aufl. 8. Ebendas. 873. geb. *
geb. mit Goldschn. *

—— dass. — 8. (140 S.) Teschen 871, Prochaska. [Leipzig, Zieger.] cart. (* ℳ 1.)

— dasselbe. Schulausgabe m. Anmerkgn. v. J. W. Schaefer. gr. 16. (158 S.) Stuttgart 874. Cotta. n. 1. —

— die Jungfrau v. Orleans. Eine romant. Tragödie. 8. (101 S.) Leipzig 875. Siegismund & Volkening. n. — 40

— die Jungfrau v. Orleans. Eine romant. Tragödie. Nach den vorzüglichsten Quellen rev. Ausg. Hrsg. von Wendelin v. Maltzahn. gr. 16. (120 S.) Berlin 879. Hempel. geb. n. — 80

—— die Jungfrau von Orleans. Eine romant. Tragödie. Schulausg. 8. (107 S.) [Elberfeld 880, Loll's Nachf.] Berlin, Friedberg und Mode. geb. *

- die Jungfrau v. Orleans. Eine romant. Tragödie. Mit ausführl. Erläutergn. f. den Schulgebrauch u. das Privatstudium v. A. Funke. 8. (172 S.) Paderborn 886. F. Schöningh. n. 1. 20; geb. n. 1. 50

— die Jungfrau v. Orleans. Eine romant. Tragödie. Mit ausführl. Erläuterungen f. den Schulgebrauch u. das Privatstudium v. A. Funke. 2. Aufl. 8. (190 S.) Paderborn 889. F. Schöningh. n. 1. 20

— dasselbe. Eine romant. Tragödie. Schulausg. m. Anmerkgn. v. J. W. Schaefer. 12. (XVI, 159 S.) Stuttgart 891. J. G. Cotta Nachf. Kart. n. 1. —

— die Jungfrau v. Orleans. Eine romant. Tragödie. 8. (107 S.) Berlin 892. Friedberg & Mode. Geb. in Leinw. n. — 80

Schiller, Friedrich von, Die Jungfrau von Orleans. Eine romantische Tragödie. Für den Schulgebrauch herausgegeben von Franz Ullsperger. Mit 1 Kärtchen. 8. (151 S.) Cart —.30
Prag: Tempsky 1893.

— dasselbe. Schauspiel. gr. 8. (60 S. m. 10 Illustr.) Berlin 894. Literatur-Verein Minerva. n. — 50; geb. in Leinw. n. 1. —

[F.] Die Jungfrau von Orleans. E. romant. Tragödie v. Friedrich v. Schiller. Schulausg., 2. wesentlich veränd. Aufl. besorgt v. Prof. M[athias] Evers ... in Barmen. Ausg. f. Töchterschulen. M. 1 Kt. *Berlin: Reuther & Reichard 1896.* (127, 21 S., 1 Kt.) 1 Bd 8.
= Meisterwerke d. deutschen Litteratur. [No] 7. [98. 1436

— die Jungfrau von Orleans. E. romant. Tragödie in 5 Aufzgn. Für d. Schulgebrauch hrsg. v. O. Lehmann. 8. (144 S.) Leipzig 897. Fr. Brandstetter. Kart. n. — 60

— dasselbe, hrsg. v. A. Funke, s. a. Schöningh's, Ferd., Ausgaben deutscher Klassiker. 9. Bd.

[F.] Die Jungfrau von Orleans. E. romant. Trag. v. Friedrich v. Schiller. M. ausführl. Erl. f. d. Schulgebr. u. d. Privatstud. v. Dr. A[ug.] Funke, Seminardir. in Warendorf. 5. Aufl. *Paderborn: F. Schöningh 1897.* (192 S.) 1 Bd 8.
= Ausgaben, Schöninghs, deutscher Klassiker. Bd IX. [97. 1311

— dasselbe. Schulausg. m. Anmerkgn. v. J. W. Schaefer. (Neue Ausg.) 12. (XVI, 159 S.) Stuttgart 899. J. G. Cotta Nachf. Geb. in Leinw. n. — 60

— dasselbe, hrsg. v. M. Evers, s. a. Meisterwerke der deutschen Litteratur. 7. Bd.

Die Jungfrau von Orleans. Eine romant. Tragödie von Friedrich v. Schiller. Schulausg. 3. veränd. Aufl. besorgt von Prof. M[atthias] Evers, Gymn.-Dir. in Barmen. Mit 1 Karte. *Berlin: Reuther & Reichard 1901.* (143 S.) 8° [F.]
= Meisterwerke d. deutschen Litteratur. 7. [01. 1867

Die Jungfrau von Orleans. Eine romant. Tragödie von Friedrich v. Schiller. Mit ausführl. Erl. f. d. Schulgebr. u. d. Privatstud. von Schulr. Dr. A[ugust] Funke, Sem.Dir. in Warendorf. 7. Aufl. *Paderborn: F. Schöningh 1901.* (192 S.) 8° [F.]
= Ausgaben, Schöninghs, deutscher Klassiker. Bd 9. [01. 3791

— dasselbe. Für den Schulgebrauch hrsg. v. Frz. Ullsperger. 2. Aufl. (155 S. m. 1 Kärtchen.) 12. Leipzig 902. G. Freytag. Geb. n. — 60

Schiller, Frdr. v., die Jungfrau v. Orleans. Eine romant. Tragödie. Für den Schulgebrauch hrsg. v. Karl Menge. 8. (189 S. m. 1 farb. Karte.) Münster 902. Aschendorff. Geb. in Leinw. n. 1. 10
= Ausgaben, Aschendorffs, f. d. deutschen Unterricht. [12]

— dasselbe, hrsg. v. Herm. Berdrow, s. a. Weise's deutsche Bücherei.

Die Jungfrau von Orleans. Eine romant. Tragödie von Friedrich v. Schiller. Mit Einl. u. Anm. sowie e. Übersichtskarte. Hrsg. im Auftr. d. Literar. Vereinigung d. Berliner Lehrerver. von Hermann Berdrow. *Berlin: A. Anton & Co. [1903].* (XII, 139 S.) 8° [F.]
= Bücherei, Weises Deutsche. 4. [03. 9631

— dasselbe, s. a. Bibliothek, kleine. Nr. 79. 80.

Die Jungfrau von Orleans. Eine romant. Tragödie von Friedrich v. Schiller. Hrsg. von Laurenz Kiesgen. Hamm i. W.: Breer & Thiemann [1903]. (166 S.) 8°
= Bibliothek. Kleine. No 79/80.

Die Jungfrau von Orleans. Eine romant. Tragödie von Friedrich v. Schiller. Mit ausführl. Erl. f. d. Schulgebr. u. d. Privatstudium von Schulrat Dr. A[ugust] Funke, Sem.Dir. in Warendorf. 8. Aufl. Mit 4 Ill. *Paderborn: F. Schöningh 1903.* (192 S.) 8° [F.]
= Ausgaben, Schöninghs, deutscher Klassiker. Bd 9. [04. 5330

— dasselbe, s. a. Schöningh's Textausgaben alter u. neuer Schriftsteller. Nr. 11.

Die Jungfrau von Orleans. Eine romant. Tragödie von Friedrich v. Schiller. *Paderborn: F. Schöningh [1903].* (127 S.) 8° [F.]
= Textausgaben, Schöninghs, alter u. neuer Schriftsteller. 11. [04. 6334

— dasselbe, s. a. Handbibliothek, Cotta'sche. Nr. 60.

Die Jungfrau von Orleans. Eine romant. Tragödie von Friedrich v. Schiller. Mit e. Einl. von Karl Goedeke. *Stuttgart & Berlin: J. G. Cotta Nachf. [1903].* (134 S.) 8° [F.]
= Handbibliothek, Cotta'sche. No 60. [03. 14570

(F) Schiller, F. v., Die Jungfrau von Orleans. Eine romantische Tragödie. 2. Aufl. [Freytag's Schulausgaben und Hilfsbücher f. d. deutschen Unterricht.] 8°. (155 S. mit 1 Kärtchen) Wien: Tempsky 1903. geb. K —.70

— dasselbe, s. a. Weber's, Frz., Hausbibliothek. Nr. 13—15.

Die Jungfrau von Orleans. Eine romant. Tragödie von Friedrich v. **Schiller**. Taschenausg. mit großer Schrift u. in neuester Rechtschreibung. Breslau: F. Goerlich [1905]. (148 S.) 8° [F.]
— **Hausbibliothek**, Franz Webers. No 13–15. [07. 8130]

Die Jungfrau von Orleans. Eine romant. Tragödie von Friedrich v. **Schiller**. Mit ausführl. Erl. f. d. Schulgebr. u. d. Privatstudium von Schulrat Dr. A[ugust] Funke, Sem.Dir. 9. Aufl. Mit 4 Ill. Paderborn: F. Schöningh 1905. (192 S.) 8° [F.]
— **Ausgaben**, Schöninghs, deutscher Klassiker. Bd 9. [06. 1315]

— dasselbe. Für den Schulgebrauch hrsg. v. Frz. Ullsperger. 3. Aufl. (163 S. m. 1 Kärtchen.) kl. 8. Leipzig 906. G. Freytag. — Wien, F. Tempsky. Geb. — 75

— dasselbe, hrsg. v. Baumann, s.a. Teubner's Sammlung deutscher Dicht- u. Schriftwerke f. höh. Töchterschulen. 11.

[Friedrich v.] **Schillers** Jungfrau von Orleans. Hrsg. u. bearb. von Dr. [Max] Baumann, Oberl. zu Berlin. 3. Aufl. Leipzig & Berlin: B. G. Teubner [1906]. (123 S.) 8° [F.]
— **Sammlung**, Teubners, deutscher Dicht- u. Schriftwerke f. höh. Mädchenschulen. Bdch. 11. [06. 8784]

— die Jungfrau v. Orleans. Eine romant. Tragödie. Hrsg. v. Otto Gerlach. 2. Aufl. (94 S. m. 1 farb. Karte.) gr. 8. Leipzig 907. Dürr'sche Buchh. n. — 85

— Die Jungfrau v. Orleans. Eine romant. Tragödie. (544 S.) 5,1×3,8 cm. Leipzig (907). H. Schmidt & C. Günther. Geb. in Ldr. m. Goldschn. 1. 50

Die Jungfrau von Orleans. Eine romant. Tragödie von Friedrich v. **Schiller**. Mit ausf. Erl. f. d. Schulgebr. u. d. Privatstud. von Schulrat Dr. A[ugust] Funke. 10., verb. Aufl. Mit 4 Ill. Paderborn: F. Schöningh 1907. (191 S.) 8° [F.]
— **Ausgaben**, Schöninghs, deutscher Klassiker. Bd 9. [08. 8016]

Schiller, F. v., Die Jungfrau von Orleans. Eine romantische Tragödie. Herausgeg. von F. Ullsperger. 3. Aufl. [Freytag's Schulausgaben und Hilfsbücher für den deutschen Unterricht.] 8°. (163 S.) geb. K —.90
Wien: Tempsky 1907.

— Kabale u. Liebe, s.a. Bibliothek der Gesamt-Litteratur d. In- u. Auslandes.

— dass. — erläutert von Heinr. Düntzer, s. Erläuterungen zu den deutschen Klassikern.

— dasselbe, hrsg. v. Adf. Lichtenheld, s.: Graeser's Schulausgaben klassischer Werke. 35. Hft.

— Kabale u. Liebe, s.a. Hempel's Klassiker-Bibliothek.

— dasselbe, s.a. Klassiker-Bibliothek, illustrirte.

— dasselbe, hrsg. v. Geo. Witkowski, s.: Meisterwerke, die, der deutschen Bühne. Nr. 23.

— Kabale u. Liebe, s.a. Meyer's Volksbücher.

— Kabale und Liebe, s.a. Museum.

— Cabale u. Liebe, s.a. Plays, German classical.

— — s.a. Theater-Bibliothek, classische.

— dass. — s.a. Universal-Bibliothek.

— Kabale u. Liebe. gr. 8. Manh. 784. N. A. 804. Schwan u. G. 10 gr. N. A. gr. 8. Tübing. 816. b. Cotta. 9 gr.

— Kabale und Liebe. Ein bürgerl. Trauerspiel. 8. (151 S.) Stuttgart 847, Cotta'sche Buchh.

— Kabale und Liebe. Ein bürgerliches Trauerspiel. (Neue Aufl.) Ebend. 855. 8. (145 S.) 12 ngr.

— Kabale und Liebe. Ein bürgerliches Trauerspiel. Stuttgart 867. Cotta'sche Buchh. 16. (96 S.) n. 2 ngr.

— Cabale und Liebe. 8. (134 S.) Teschen 871. Leipzig, Zieger. n. — 75; cart. n. 1. —; geb. 1. 25

— Kabale und Liebe. Ein bürgerliches Trauerspiel. Nach den vorzüglichsten Quellen revid. Ausg. Hrsg. von Wendelin v. Maltzahn. gr. 16. (111 S.) Berlin 879, Hempel. geb. * — 6

— Kabale u. Liebe. E. bürgerl. Trauerspiel. Für den Schulgebrauch hrsg. von Karl Hachez. 12. (148 S.) Leipzig 895. G. Freytag. Kart. n. — 80

Schiller, Friedrich von, Cabale und Liebe. Ein bürgerliches Trauerspiel. Für den Schulgebrauch herausgegeben von Dr. Karl Hachez. 8. (148 S.)
Prag: Tempsky 1895.

— Kabale u. Liebe, s.a. Handbibliothek, Cotta'sche.

Kabale und Liebe. Ein bürgerl. Trauerspiel von Friedrich v. **Schiller**. Mit e. Einl. von Karl Goedeke. *Stuttgart & Berlin: J. G. Cotta Nachf. [1903].* (98 S.) 8° [F.]
— **Handbibliothek**, Cotta'sche. No 79. [04. 2971]

— Kabale u. Liebe, hrsg. v. G. Frick, s.a. Schulausgaben, deutsche.

Kabale und Liebe. Ein bürgerl. Trauerspiel von Friedrich v. **Schiller**. Zum Schulgebr. u. Selbstunterr. hrsg. von Dr. G[eorg] Frick. Leipzig & Berlin: B. G. Teubner 1907. (125 S.) 8° [F.]
(Deutsche Schulausgaben hrsg. von H. Gaudig u. G. Frick.) [07. 14471]

— Calender. Nach dem im J. 1865 erschienenen Text ergänzt u. bearb. v. Ernst Müller. gr. 8. (XII, 309 S. m. 1 Facsm.) Stuttgart 893. J. G. Cotta Nachf. n. 6. —

v. Schiller, Fr., histor. Kalender f. d. J. 1791—93, enth. die Geschichte d. 30jähr. Krieges. 16. Leipz., Göschen. 3 ₰ 16 gr. Für d. J. 1794, enth. Gesch. u. Begebenheiten d. 18. Jahrh. 16. Ebd. 1 ₰ 8 gr.

— s.a. Kalender, Historischer, für 1794.

Schiller's Calender vom 18. Juli 1795 bis 1805. Hrsg. von Emilie v. Gleichen-Rußwurm geb. von Schiller. Stuttgart 865. Cotta'sche Buchh. gr. 8. (V, 193 S. mit 2 Steintaf. in 4.) 22½ ngr.
Ermäß. Preis n. 6 ngr.

— der Kampf m. dem Drachen; die Bürgschaft, s.: Volksbibliothek d. Lahrer Hinkenden Boten.

— Don Karlos, s. Schiller: Don Carlos.

— Kassandra, erläutert, s. Goldschmidt, J., Schiller's Weltanschauung.

— die Kinder d. Hauses. Schauspiel-Fragment. Für die deutsche Bühne bearb. v. Alex. Wald. Mit e. Vorwort v. Uli Schanz. 8. (71 S.) Preßburg 891. Heckenast's Nachf. n. 1. —

— die Kindermörderin, eine Ballade. 4. Köln, Imhof-Schwarz. 2 gr.

- - Klockenlied. Plattdütsch van Willem Täpper. 3. Oplage. 8. (16 S.) Bochum 884. (Hengstenberg.) n.n. — 25

— Kraftsprüche f. Deutsche. 8. Leipz. Baumgärtner. 813.

— Kraftsprüche f. Deutsche. 16. Leipz. 814. Baumgärtner. 4 gr.

— die Künstler, erläutert von Friedemann, s.a. Friedemann.

Schiller, (Fr. v.), die Künstler. Ein didaktisches Gedicht. Erläutert von Friedr. Friedemann. gr. 16. (IV und 71 S.) Leipzig 858, Fr. Fleischer. Thlr.

— die Künstler. Mit Anmerkgn. v. J. Imelmann. 8. (VIII, 70 S.) Berlin 875. Schröder. n. 1. 60

—— Die Künstler. 1789. Erklärt v. Emil Grosse. gr. 8. (X, 120 S.) Berl. 890, Weidmann. * 2 40

—— dass. — An der Hand d. Textes erläutert, s. Kleß, Alfr.

—— Wallenstein's Lager. In Arends'scher Stenographie, s. Bibliothek deutscher und ausländischer Klassiker.

—— dass. — s.a. Repertoire des herzogl. Meiningen'schen Hof-Theaters.

— Wallensteins Lager, s.a. Reuter's Bibliothek f. Gabelsberger-Stenographen.

- - s.a. Theater-Bibliothek. Klassische.

- - s.a. Universal-Bibliothek.

— dasselbe. Die Piccolomini, s.: Volksbücher der deutschen Dichter-Gedächtnis-Stiftung 4. Heft.

dasselbe, s.a. Von Buch zu Buch.

—— Wallensteins Lager ins Latein. übers., mit gegenüberstehenden deutschen Text, v. G. Griesinger. — A. u. d. T.: Wallenstenii castra. Latine reddidit. 8. (9 B.) Tübingen 830, Osiander.

— Wallenstein's Lager. Ein dramat. Gedicht. In Arends'scher Stenographie autographirt u. hrsg. v. G. Wendtland. 8. (38 lith. S.) Strassburg 875. Astmann. n. 1. —

— dasselbe in freier metrischer Uebersetzung in's Englische m. Gegenüberstellg. des Originals, grammat., etymolog. u. geschichtl. Noten am Fuße jeder Seite u. dem Schluß-Reiterliede in Musik gesetzt, f. Deutsche u. Engländer als Sprachstudie v. M. Vertrüzen. 12. (167 S. m. Musikbeilage, 1 Bl. in gr. 4.) Hamburg 899. (C. Boysen.) Geb. in Leinw. n.n. 3. 50

— Wallensteins Lager. Für die Jugend hrsg. v. Emil Geißler. 2. durchgeseh. Aufl. (6.—10. Taus.) (48 S.) 8. Leipzig 905. A. Hahn. n. — 15

Schiller, Frdr. v., Wallensteins Lager. Für die Jugend hrsg. v. Emil Geißler. 3. durchgeseh. Aufl. (11.—15. Taus.) (48 S.) kl. 8. Leipzig (908). A. Hahn. — 15

— Lebensbild, s.: Brahm, O.

— Lichtstrahlen aus seinen Werken, s.: Wechsler, Adf.

— Liebesfrühling. Aus seinem Briefwechsel m. Lotte während der Brautzeit. (111 S.) kl. 8. Leipzig 909. E. F. Amelang. Geb. in Leinw. 1.—; in Ldr. 2. —

— Lied an die Freude — s.a. Roller.

— Lied an die Freude, m. beygefügter latein. Uebersetzung, nebst 1r u. 2r Forts. gr. 8. Berl. Hitzig. 809-11.

— Lied an die Freude, in franz., latein. u. engl. Uebersetzung. 3 Hefte. gr. 8. Berl. Dümmler. 811.

– Das Lied von der Glocke.

—— dass. — s.a. Büchersammlung, Gabelsberger stenographische.

— Das Lied v. der Glocke, s.a. Heidelmann's, A., lebende Bilder.

— dasselbe, szen. Bearbeitg., s.: Im Hof, Th.

— dasselbe u. andere Gedichte in stenotachygr. Schrift, s.: Miniatur-Bibliothek.

— dasselbe, deutsch u. lateinisch, s.: Quaßnigk, K. G.

— dasselbe m. dem Goetheschen Epilog. Zur Aufführg. eingerichtet v. Wilh. Pfeiffer, s.: Universal-Bibliothek.

—— dass. — s.a. Volksbibliothek des Lahrer Hinkenden Boten.

— dasselbe, s.a. Zum 100. Todestage Friedrichs v. Schiller.

— Lied von der Glocke. 8. Zeitz 800. Webel. 2 gr.

— Lied v. d. Glocke. In gereimten latein. Rythmen nachgesungen (v. C. Füglistaller). 8. Bern 821. Anich. Schrbp. 8 gr.

— Lied von d. Glocke, u. Schubarts Ode: Die Fürstengruft in latein. Verse übersetzt, von J. B. Niethammer. 8. Tübingen 823, Verfasser.

— Lied von d. Glocke, u. Schubarts Ode: die Fürstengruft, in latein. Verse übers., v. J. B. Niethammer. 8. Tübing. 825. Verfasser. (Reutling., Ind.-Compt.) 10 gr.

—— Lied v. der Glocke, der Taucher, die Ideale u. Schubarts Ode: die Fürstengruft, in latein. Verse übers. v. J. B. Niethammer. 8. (5 B.) Leipzig 828, [Lehnhold.]

—— Lied von der Glocke, nebst and. Liedern v. Schiller, Schubart u. Bürger, in gleichem Metrum u. Reim lat. übers. v. J. B. Niethammer. 3. Aufl. gr. 16. (6 B.) Reutlingen 838, Fleischhauer u. Spohn.

—— Lied von der Glocke. Lat. im Metrum d. Orig. mit Reimen u. Beobacht. d. röm. Sylben-Quantität v. Gust. v. Diepenbroick-Grüter. 16. (3½ B.) Hamm 841, Schulzische Buchh. •

— das Lied von der Glocke. The song of the bell. With a translation by the late J. H. Merivale. London 856. Williams u. Norgate. (Leipzig, Brockhaus) 8. (1 Bl., 31 S.) n. 10 ngr.

— Lied von der Glocke u. Ode an die Freude. Mit der Uebersetzung ins Latein von Leonz Füglistaller. Nebst einer kurzen Biographie Füglistallers. Luzern 869. Gebr. Räber. gr. 8. (XV, 47 S.) n. 10 ngr.

— Lied v. der Glocke. Mit Illustr. v. Andr. Müller u. Carl Jäger. gr. 4. (21 S. m. 12 Photogr.) München 871. Bruckmann. geb. m. Goldschn. 42. —

— dasselbe. Mit Illustr. v. A. Müller u. C. Jäger. Neue Cabinet-Ausg. hoch 4. (26 S. m. 12 Photogr.) Ebend. 872. geb. m. Goldschn. 24. —

—— das Lied von der Glocke. Illustrirt in 32 Compositionen von Alex. Liezen-Mayer. Mit 43 ornamentalen Zeichnungen von Rud. Seitz. Ausgeführt in 6 Kpfrst. von J. F. Deininger, E. Forberg und Fr. Ludy und in 69 Holzschn. aus Wilh. Hecht's xylograph. Anstalt. 26 Compositionen Liezen-Mayer's auf Holz gezeichnet von W. Hecht. 7 Lfgn. gr. 4. (55 S. mit 6 Kpfrst.) München 878,79, Ströfer's Kunst-Verlag. à Lfg. * M. 5.; geb. in Halbleder * 40 — geb. in Leder * 50 —

—— Lied von der Glocke. Mit Illustr. von G. Jäger und A. Müller. gr. 4. (22 S. mit 12 Photogr.) München 882, [Bruckmann's Verlag.] Verlagsanstalt für Kunst und Wissenschaft. geb. mit Goldschn. *

Schiller Friedrich von, Das Lied von der Glocke. 8. (16 S.) geh. 10 kr.
Wien: Fritz 1882.

— das Lied v. der Glocke. Deutsch u. englisch. 8. (29 S.) Philadelphia 885. Schäfer & Koradi. n. — 40

— dasselbe u. s. geistvollsten Parodieen. E. Hausschatz deutschen Humors. Gesammelt u. hrsg. v. Frdr. Schaefer. 8. (VIII, 171 S.) Berlin 895. (A. Pritschow.) n. 2. 50

— das Lied v. d. Glocke, m. d. latein. Übersetzg. v. Joh. Dominicus Fuss. Neuer Abdr. 8. (32 S.) Warendorf 895. J. Schnell. n. — 50

— das Lied v. der Glocke. gr. 8. (7 S.) Hannover (900). Norddeutsche Verlagsanstalt O. Goedel. — 10

— dasselbe, illustr. m. leb. Bildern von Frz. Freih. v. Dingelstedt, s.a. Bibliothek der Gesamtlitteratur.

[Friedrich v.] Schillers Lied von der Glocke. Ill. mit lebenden Bildern von Franz Frh. v. Dingelstedt. Musik von Lindpaintner. Hrsg. u. mit e. Vorbemerkung vers. von Paul Sonnekalb. Bühneneinrichtung d. k. k. Hofburgtheaters. *Halle a. S.: O. Hendel (1901).* (30 S.) 8° [F.]
(Bibliothek d. Gesamtlitteratur d. In- u. Auslandes. No 1498.) [01. 10621]

— dasselbe. Uebersichtlich geordneter Text m. nebensteh. eingeh. Gliederg. u. e. bildl. Veranschaulichg. des Glockengusses, hrsg. v. F. Teetz. gr. 8. (32 S. m. 1 Taf.) Leipzig 901. W. Engelmann. n. — 50

— dasselbe, s.a. Schulze's Zehnpfennigbücher. Nr. 32.

Das Lied von der Glocke. Von Friedrich v. Schiller. (Berlin: F. Schulze [1904].) (16 S.) 8° [Umschlagt. Text stenogr.]
= Zehnpfennigbücher, Schulzes. No 32. [05. 7391]

— dasselbe f. die Bühnendarstellg. m. leb. Bildern eingerichtet v. Demetr. Schrutz, s.a. Heidelmann's, A., Theaterbibliothek.

Das Lied von der Glocke. Von Christoph Friedrich v. Schiller. Für d. Bühnendarstellung mit lebenden Bild. eingerichtet von Demetrius Schrutz. Musik von Peter Joseph v. Lindpaintner. Bonn: A. Heidelmann [1904]. (19 S.) 8° [F.]
= Theaterbibliothek, A. Heidelmann's. H. 123. [04. 6117]

— das Lied v. der Glocke. Mit 19 Illustr. nach Orig.-Gemälden von Alex. v. Liezen Mayer u. m. Ornamenten von Wanda v. Debschitz. (39 S.) Lex.-8. Nürnberg (905). Th. Stroefer. Geb. in Leinw. m. Goldschn. 6. —

[Schiller, Friedrich von.] Szenische Bearbeitung des Liedes von der Glocke (*Umschlag:* Das Lied von der Gl'. Szen' Bearb') von Dr. Th[eodor] Im Hof. [Mit 1 Planskizze.] 38 S. 8. Bern, Gustav Grunau, [1909]. [fr. 1. —]

— dasselbe u. Ode an die Freude, m. lateinischer Übersetzung in Versen v. Leonz Füglistaller. (51 S.) 8. Luzern 909. Räber & Co. — 60

— Lieder, m. 2- u. 3stimmigen Weisen, s.: Geyer, G. B.

— an Lotte, s.: Liebesbriefe berühmter Männer u. Frauen.

—— s. Loewenberg, Jac.

—— Lyrica omnia latinis modis aptare tentavit G. Feuerlein. II Vol. — A. u. d. T.: Schiller's sämmtl. Gedichte in's Latein. übers. v. G. Feuerlein. (Latein. u. Deutsch.) 2 Bde. gr. 12. (26⅔ B.) Stuttgart 831, Metzler.

— Lyrik, s.: Klopstock.

—— Macbeth, s.a. Shakespeare.

—— Macbeth, s.a. Universal-Bibliothek.

— Macbeth. Ein Trauerspiel von Shakespeare. Zur Vorstellung auf dem Hoftheater zu Weimar eingerichtet. — Turandot, Prinzessin von China. Ein tragikom. Mährchen nach Gozzi. Stuttgart 867. Cotta'sche Buchh. 16. (190 S.) n 2 ngr.

—— Macbeth. Ein Trauerspiel von Shakespeare, zur Vorstellung auf dem Hoftheater zu Weimar eingerichtet. Nach den vorzüglichsten Quellen revid. Ausg. Hrsg. von Wendelin v. Maltzahn. gr. 16. (78 S.) Berlin 879, Hempel. geb. * — 60

— the Maid of Orleans, s.: Plays, German classical.

— Maria Stuart.

—— dass. — s.a. Bibliothek der Gesamt-Litteratur des In- und Auslandes.

—— dass. — s.a. Bibliothek der deutschen Classiker.

—— dass. — s.a. Classiker, deutsche, für den Schulgebrauch.

— s.a. Deutschlands Stolz.

— dasselbe erläutert, s.: Düntzer, H.

—— dass. — erläutert von H. Düntzer, s. Erläuterungen zu den deutschen Klassikern.

—— dass. — s.a. Graeser's Schulausgaben classischer Werke.

Schiller, (Fr. v.), Maria Stuart. Ein Trauerspiel, s.a. Hausbibliothek deutscher Classiker.

— dasselbe, s.a. Hempel's Klassiker-Bibliothek.

— dasselbe, s.a. Hölder's Classiker-Ausgaben.

— dasselbe, mit Erläutergn. v. Vinzenz Lößl, s.: Koch's deutsche Klassikerausgaben.

— dasselbe, s. a. Lektüre, gewählte, f. Schule u. Haus.

— dasselbe, hrsg. v. A. Cüppers, s.: Lesestoff, deutscher, f. Mädchenbildungsanstalten.

— dasselbe, s. a. Meisterwerke, die, der deutschen Bühne. Nr. 4.

—— dass. — s. a. Meisterwerke unserer Dichter.

— dasselbe, s. a. Meisterwerke der deutschen Litteratur.

—— dass. — s. a. Meyer's Volksbücher.

—— dass. — s. a. Museum.

—— dass. — s. a. Plays, German classical.

— dasselbe, s. a. Repertoire des herzogl. Meiningen'schen Hof-Theaters.

— dasselbe, s. a. Sammlung deutscher Dichtgn. u. Prosawerke.

— dasselbe, hrsg. v. Br. Gumlich, s.: Sammlung, Jaeger'sche, deutscher Schulausgaben f. höhere Lehranstalten.

— dasselbe, s. a. Schulausgaben, deutsche.

—— dass. — s. a. Schulausgaben classischer Werke.

—— dass. — s. a. Stecher, Ch., deutsche Dichtung für die christliche Familie und Schule.

— — s.a. Theater-Bibliothek, Klassische.

— — s.a. Universal-Bibliothek.

— dasselbe, hrsg. v. C. Rauch, s.: Velhagen & Klasing's Sammlung deutscher Schulausgaben.

dasselbe, s. a. Volksbibliothek des Lahrer hinkenden Boten.

— Maria Stuart. Trspl. 8. Tübing. 801. 5e A. 815. v. Cotta. 16 ℬ gr. 8. Velinp. 2 ℛ

—— Maria Stuart, ein Trauerspiel. 7. Aufl. 8. (13 B.) Stuttgart 816, Cotta'sche Buchh.

— dass. 16. (13 B. u. 1 Stahlst.) Ebds. 846. In eleg. gepreßt. Einbd. m. Goldschn.

— Maria Stuart. Ein Trauerspiel. (Miniatur-Ausg.) Mit 1 Stahlst. 16. Stuttgart 846, v. Cotta. geb. 1½ ℛ

—— Maria Stuart. Ein Trauerspiel. 8. (199 S.) Stuttgart 851, Cotta'sche Buchh.

—— Maria Stuart. Ein Schauspiel. 8. (199 S.) Stuttgart 852 (und 855), Cotta'sche Buchh.

Schiller (Fr. v.), Maria Stuart. Ein Trauerspiel. (Neue Aufl.) Stuttgart 854, 855, 856 u. 857. Cotta. 8. (199 S.) 12 ngr.

Schiller, Maria Stuart. Trauerspiel in fünf Aufzügen von — —. Uebersetzt und für die Bühne eingerichtet von H. Andrea Maffei. Wien, 1856. Druck von L. C. Zamarski (vorm. J. P. Sollinger.) 8. (65 S.) geh.

—— Maria Stuart. Ein Trauerspiel. Zum Uebersetzen in das Französ. bearb. von G. H. F. de Castres. gr. 12. (IV und 176 S.) Hamburg 857, Perthes-Besser und Mauke. *

— Maria Stuart. Ein Trauerspiel. Stuttgart 867. Cotta'sche Buchh. 8. (194 S.) n. 7 ngr.

— — (Reisebibliothek.) Ebend. 867. gr. 16. (V, 168 S.) n. 5 ngr.

— — Ebend. 867. 16. (146 S.) n. 2 ngr.

—— dass. — Ein Trauerspiel. Schulausgabe mit Anmerkungen von J. W. Schaefer. gr. 16. (XII, 161 S.) Stuttgart 870, Cotta'sche Buchh. cart. *

—— Maria Stuart. 8. (152 S.) Teschen 871, Prochaska. [Leipzig, Zieger.] cart. (*ℳ 1.)
geb. (ℳ 1,25.)
Auf feinerem Papier mit Photogr. geb. (*ℳ 2,40.)

—— dass. — Mit Zeichnungen von A. Liezen-Mayer und Ad. Schmitz, in Holz geschn. von R. Brend'amour und Closs & Ruff. 2. Aufl. 8. Berlin 873, Grote'sche Verlagsb. geb. *
geb. mit Goldschn. *

—— Maria Stuart. Ein Trauerspiel. Nach den vorzüglichsten Quellen revid. Ausg. Hrsg. von Wendelin v. Maltzahn. gr. 16. (128 S.) Ebendas. 879. geb. * — 80

— Maria Stuart. Ein Trauerspiel. Mit ausführl. Erläutergn. f. den Schulgebrauch u. das Privatstudium v. Heinr. Heskamp. 8. (193 S.) Paderborn 884. F. Schöningh. n. 1. 35

— Maria Stuart. Ein Trauerspiel. Mit ausführl. Erläutergn. f. den Schulgebrauch u. das Privatstudium v. H. Heskamp. 2., verb. Aufl. 8. (213 S.) Paderborn 888. F. Schöningh. n. 1. 35; geb. n. 1. 65

— Maria Stuart. Ein Trauerspiel. Schulausg. m. Anmerkgn. v. J. W. Schaefer. 12. (XII, 161 S.) Stuttgart 891. J. G. Cotta Nachf. Kart. n. — 80

— Maria Stuart. Ein Trauersp. F. d. Schulgebrauch hrsg. v. Edm. Aelschker. 12. (171 S.) Leipzig 896. G. Freytag. Kart. n. — 80

— — Maria Stuart. Ein Trauerspiel. Für den Schulgebrauch herausgegeben von Edm. Aelschker. 8. (171 S.) Geb. - .40
Prag: Tempsky 1895.

— dasselbe, hrsg. v. Heinr. Heskamp, s. a. Schöningh's, Ferd., Ausgaben deutscher Klassiker. 6. Bd.

[F.] Maria Stuart. E. Trauersp. v. Friedrich v. Schiller. M. ausführl. Erl. f. d. Schulgebr. u. d. Privatstud. v. Dr. Heinrich Heskamp. 4. Aufl. *Paderborn: F. Schöningh 1896.* (217 S.) 1 Bd 8.
= Ausgaben, Schöninghs, deutscher Klassiker. Bd VI. [97. 1312]

— dasselbe. Schulausg. m. Anmerkgn. v. J. W. Schaefer. (Neue Ausg.) 12. (XIII, 161 S.) Stuttgart 898. J. G. Cotta Nachf. Geb. in Leinw. n. — 60

— Maria Stuart. Ein Trauerspiel. Für den Schulgebrauch hrsg. v. Edm. Aelschker. 2., unveränd. Abdr. der 1. Aufl. 12. (171 S.) Leipzig 901. G. Freytag. Geb. n. — 80

Maria Stuart. Ein Trauerspiel von Friedrich v. Schiller. Für d. Schulgebr. hrsg. von Dr. Jos. Arns, Oberl. zu Brühl. *Münster i. W.: Aschendorff 1902.* (184 S.) 8° [F.]
= Ausgaben, Aschendorffs, f. d. deutschen Unterricht. [16.] [03. 1977

— dasselbe, hrsg. v. Alfr. Knopke, s.a. Weise's deutsche Bücherei.

Maria Stuart. Ein Trauerspiel von Friedrich v. Schiller. Mit Einl. u. Anm. Hrsg. im Auftr. d. Literar. Vereinigung d. Berliner Lehrerver. von Alfred Knospe. Berlin: A. Anton & Co. [1903]. (VIII, 150 S.) 8° [F.]
= Bücherei, Weises Deutsche. 7. [06. 2084

— Maria Stuart. Ein Trauerspiel. Mit Einleitg. u. Anmerkgn. versehen v. Emerich Müller. (Graeser's Schulausgaben klass. Werke. Unter Mitwirkg. v. Fachmännern hrsg. v. J. Neubauer.) 18—21. Taus. (XIV, 106 S.) gr. 8. Leipzig (903). B. G. Teubner. n. — 50

— dasselbe. Ein Trauerspiel. Für den Schulgebrauch hrsg. v. Jos. Arns. 2. Aufl. (184 S.) kl. 8. Münster 903. Aschendorff. Geb. 1. —

Maria Stuart. Ein Trauerspiel von Friedrich v. Schiller. Mit ausführl. Erl. f. d. Schulgebr. u. d. Privatstud. von Dr. Heinrich Heskamp. 7. Aufl. besorgt von Prof. Dr. [Max] Schmitz-Mancy. *Paderborn: F. Schöningh 1903.* (223 S.) 8° [F.]
= Ausgaben, Schöninghs, deutscher Klassiker. Bd 6. [03. 4744

— dasselbe, s.a. Schöningh's Textausgaben alter u. neuer Schriftsteller. Nr. 5.

Maria Stuart. Ein Trauerspiel von Friedrich v. Schiller. *Paderborn: F. Schöningh [1903].* (134 S.) 8° [F.]
= Textausgaben, Schöninghs, alter u. neuer Schriftsteller. 5.

— dasselbe, s.a. Schulausgaben deutscher Klassiker.

Maria Stuart. Ein Trauerspiel von [Friedrich v.] Schiller. Schulausg. mit Einl. u. Anm. von Prof. Dr. J[ohann] W[ilhelm] Schaefer. *Stuttgart & Berlin: J. G. Cotta Nachf. 1903.* (XII, 161 S.) 8° [F.]
(Schul-Ausgaben Deutscher Klassiker.) [04. 6277

— dasselbe. Für den Schulgebrauch hrsg. v. Edm. Aelschker. 1. Aufl. 3. Abdr. in neuer Rechtschreibg. (171 S.) kl. 8. Leipzig 904. G. Freytag. — Wien, F. Tempsky. Geb. n. — 80

— dasselbe, s.a. Handbibliothek, Cotta'sche.

Maria Stuart. Trauerspiel in 5 Aufz. von Friedrich v. Schiller. Mit Einl. von Karl Goedeke. *Stuttgart & Berlin: J. G. Cotta Nachf. [1904]* (154 S.) 8° [F.]
= Handbibliothek, Cotta'sche. No 92.

(F) Schiller, F. v., Maria Stuart. Ein Trauerspiel. [Freytag's Schulausgaben und Hilfsbücher für den deutschen Unterricht.] 8°. (171 S.) geb. K 1.—
Wien: Tempsky 1904.

— dasselbe, s.a. Weber's, Frz., Hausbibliothek. Nr. 98—100.

Maria Stuart. Trauerspiel in 5 Aufz. von Friedrich v. Schiller. Taschenausg. mit großer Schrift u. in neuester Rechtschreibung. Breslau: F. Goerlich [1905]. (164 S.) 8° [F.]
= Hausbibliothek, Franz Webers. No 98—100. [07. 6749

Maria Stuart. Ein Trauerspiel von Friedrich v. Schiller. Mit ausführl. Erl. f. d. Schulgebr. u. d. Privatstudium von Dr. Heinrich Heskamp. 8. Aufl. besorgt von Prof. Dr. M[ax] Schmitz-Mancy. Paderborn: F. Schöningh 1905. (224 S.) 8° [F.]
= Ausgaben, Schöninghs, deutscher Klassiker. Bd 6. [07. 14202

Maria Stuart. Ein Trauerspiel von [Friedrich v.] Schiller. Schulausg. mit Einl. u. Anm. von Prof. Dr. J[ohann] W[ilhelm] Schaefer. [Neudr.] Stuttgart & Berlin: J. G. Cotta Nachf. 1905. (XII, 161 S.) 8° [F.]
(Schul-Ausgaben deutscher Klassiker.) [06. 3763

— dasselbe, s.a. Bibliothek, kleine. Nr. 111.12.

Maria Stuart. Ein Trauerspiel. Von Friedrich v. Schiller. Hrsg. von Laurenz Kiesgen. Hamm i. W.: Breer & Thiemann [1906]. (168 S.) 8° [F.]
= Bibliothek, Kleine. No 111/112. [07. 4778 6

— dasselbe, s.a. Teubner's Sammlung deutscher Dicht- u. Schriftwerke f. höhere Töchterschulen.

[Friedrich v.] Schillers Maria Stuart. Hrsg. u. bearb. von Prof. Dr. [Max] Baumann, Oberl. zu Berlin. 2. Aufl. Leipzig & Berlin: B. G. Teubner [1907]. (XXI, 136 S.) 8° [F.]
= Sammlung, Teubners, deutscher Dicht- u. Schriftwerke f. höh. Mädchenschulen. Bdch. 13. [07. 7749

Maria Stuart. Ein Trauerspiel von Friedrich v. Schiller. Mit ausführl. Erl. f. d. Schulgebr. u. d. Privatstud. von Dr. Heinrich Heskamp. 9. Aufl. besorgt von Prof. Dr. M[ax] Schmitz-Mancy. Paderborn: F. Schöningh 1907. (223 S.) 8° [F.]
= Ausgaben, Schöninghs, deutscher Klassiker. Bd 6. [08. 8013

— Maria Stuart. Ein Trauerspiel in 5 Aufz. (607 S.) 5 × 4 cm. Leipzig 910. H. Schmidt & C. Günther. Geb. in Ldr. m. Goldschn. 1. 50

— dasselbe. Für den Schulgebrauch hrsg. v. M. Jahn. (Schulausgaben deutscher Klassiker.) (168 S.) kl. 8. Leipzig 911. Röder & Schunke. Geb. — 60

— Marie Stuart, s.: Répertoire du théâtre Français. Nr. 359.

—— Marija Stuart. Tragedija v 5 djanjih. Poslovenil France Cegnar. 16. (223 S.) Klagenfurt 861, Leon's Buchh. *

— Mary Stuart, s.a. Plays, German classical.

Schiller, F. v. Mary Stuart. A tragedy in five acts. Munich 1839. Ü: *Percival, Edward Lockwood.* (BrMm)

v. Schiller, Fr., Mary Stuart; a Tragedy, from the German with other versions of some of his best poems by William Peter Esq. A. M. Ch. Ch. Oxford. 8. Heidelberg 841, C. F. Winter. 1¼ ₰ — Velinp. u. in engl. Leinwand geb. 1⅔ ₰

— Meisterdramen. 10 Tle. in 2 Bdn. Mit Einleitgn. u. Anmerkgn. v. Alb. Köster, Alb. Leitzmann, Frz. Muncker, Geo. Witkowski. (XXII, 114; XVI, 93; XVIII, 86; XXXIV, 174; XIV, 112; XX, 219; XVI, 104; XII, 82; XVIII, 92 u. XXIV, 80 S. m. 2 Karten u. Bildnis.) kl. 8. Leipzig (908). Hesse & Becker Verl. In 2 Leinw.-Bdn. à 2.

— dramatische Meisterwerke. Mit beleuchtenden Einleitungen u. Schiller's Lebensgang v. H. Viehoff. Stuttgart 864. Hoffmann. 8. (XXIII, 858 S.) cart. 1 ₰
Enthält das 5., 16., 21., 26., 31., 40., 41., 47., 52. u. 55. Bdchn. der in gleichem Verlag erschienenen „Theater Bibliothek."

—— dramatische Meisterwerke. Mit beleuchtenden Einleitungen und Schiller's Lebensgang von H. Viehoff. 8. (XXIII, 80; VIII, 63; VII, 60; VII, 124; XIII, 62; 94; VII, 84; IX, 79; VII, 59; XII, 74 S.) Stuttgart 869, Hoffmann'sche Verlagsb. cart.
Enthält das 5., 16., 21., 26., 31., 40., 41., 47., 52. und 55. Bdchn. der „Theater-Bibliothek".

—— poetische Meisterwerke. Gedichte und Dramen. 8. (XIX, 980 S. mit Holzschn.-Portr.) Cannstatt 882, Bosheuyer's Buchh. geb. *

Schiller, Fr. v., poetische Meisterwerke. Gedichte und Dramen. 8. Cannstatt 882. Straßburg, Straßb. Druckerei und Verlagsanstalt. geb. * 4 50

—— Poetische Meisterwerke. Gedichte u. Dramen. 8. (XIX, 980 S. m. 1 Portr.) Straßb. 892, Straßburger Druckerei u. V.-A. geb. * 4 50

— poetische Meisterwerke. Gedichte u. Dramen. (Neue Aufl.) 8. (XIX, 977 S. m. Bildnis.) Straßburg 893. Straßburger Druckerei u. Verlagsanstalt. Geb. in Leinw. n. 4. 50

—— der Menschenfeind, s. Hausbibliothek.

—— s. Müller, Ernst (III.)

— Musenalmanach 1796. 12. Neustrelitz, Michaelis. (Albanus.)

— s.a. Musen-Almanach f. d. J. 1797.

— — 1797. 12 Tubing. Cotta.

— — Anhang zu demselb. s. Fr. Nicolai.

— — f. 1798—800. 12. Tubing. Cotta. (à 1 Thlr. 8 gr.)

— Nachlaß, s. Museum.

—— dramat. Nachlaß. Nach dessen vorlieg. Planen ausgeführt. (In 2 Bdn. od. 4 Lfgn.) — 1. Lfg. — A. u. d. Ttl.: Warbeck. Histor. Drama in 5 Aufz. 16. (16 B.) Nürnberg 842, Winter. ?

— dramatischer Nachlaß. Nach d. Handschriften hrsg. v. Gust. Kettner. 2 Bde. gr. 8. Weimar 895. H. Böhlau's Nachf. à n. 6. —
1. Demetrius. Nach den Handschriften des Goethe- u. Schiller-Archivs hrsg. (LXX, 312 S.)
2. Kleinere dramatische Fragmente. (XI, 307 S.)

— Nachlese zu seinen Werken. gr. 8. Wien 810. Gräffer. 16 gr

—— der Neffe als Onkel, s.a. Auswahl deutscher Bühnenstücke, zum Uebersetzen in das Französische bearbeitet.

— der Neffe als Onkel, s.a. Bibliothek der Gesamt-Litteratur d. In- u. Auslandes.

— — zum Uebersetzen ins Engl. eingerichtet von Franz, s. Britannia.

— s.a. Hempel's Klassiker-Bibliothek.

— dasselbe, s.a. Meyer's Volksbücher.

— dasselbe, s.a. Museum.

—— dass. — s.a. Raccolta di pezzi teatrali tedeschi.

—— dass. — s.a. Sammlung deutscher Lust- und Schauspiele zum Uebersetzen in das Englische.

— — s.a. Theater-Bibliothek, classische.

— dasselbe, s.a. Übungs-Bibliothek, französische.

— s.a. Übungsbibliothek zum Übersetzen in die neueren Sprachen.

— — s.a. Universal-Bibliothek.

— der Neffe als Onkel. Lstspl., nach d. Franzôs. gr. 8. Tûbing. 808. v. Cotta. 6 gr

—— der Neffe als Onkel. Lustsp. in 3 Aufz. A. d. Franz. d. Picard. (Neue Aufl.) 8. ($4^3/_4$ B.) Stuttgart u. Tübingen 836, Cotta'sche Buchh.

—— der Neffe als Onkel u. der Parasit. Lustspiele. Zum Uebersetzen aus d. Deutschen in das Französische, f. bereits vorgerückte Schüler, die in den Geist des zuletzt genannten Idioms tiefer eindringen, u. Fertigkeit in der Unterhaltungssprache erlangen wollen. Mit sprachwissenschaftl. Erläuterungen u. einem Wörterbuche. Zum Schul- u. Privat-Gebrauch. Bearb. u. hrsg. v. C. Schnabel. 1. Aufl. ($8^1/_2$ B.) 842. u. 2., verm. u. verb. Aufl. 8. ($12^7/_8$ B.) Leipzig 845, Baumgärtners Buchh.

—— dass. Zum Uebersetzen aus d. Deutschen in das Italienische f. bereits vorgerückte Schüler. Mit sprachwissenschaftl. Erläuterungen. Zum Schul- u. Privatgebrauch bearb. u. hrsg. v. G. B. Ghezzi. 12. (8 B.) Leipzig 841, Baumgärtners Buchh.

—— dass. Zum Uebersetzen aus d. Deutschen in das Englische mit vollständ. Phraseologie, grammatikal. Andeutungen u. e. kleinen Wörterbuch v. J. Chr. Rosseck. 12. ($8^1/_2$ B.) Leipzig 844, Baumgärtners Buchh.

— der Neffe als Onkel u. der Parasit. Lustspiele. Zum Uebersetzen aus dem Deutschen in das Französ. Mit sprachwissenschaftl. Erläuterungen u. einem Wörterbuche. Zum Schul- u. Privatgebrauch. Bearb. u. hrsg. v. C. Schnabel. 3. verm. u. verb. Aufl. 8. (X u. 194 S.) Leipzig 848, Baumgärtner.

—— der Neffe als Onkel und der Parasit. Lustspiele. Zum Uebersetzen aus dem Deutschen in das Französische. Mit sprachwissenschaftlichen Erläuterungen und einem Wörterbuche. Zum Schul- und Privat-Gebrauch. Bearb. und hrsg. von C. Schnabel. 4., verm. und verb. Aufl. 8. (X und 194 S.) Leipzig 852, Baumgärtner's Buchh.

— — Lustspiel in 3 Aufzügen. Zum Uebersetzen in das Englische m. Anmerkungen u. Wörterbuch herausg. von Charles Dickens jun. (Otto Fiebig). A. u. d. T.: The nephew as uncle etc. Arranged for translations in to English with notes and a copious vocabulary. Leipzig 854. Voigt u. Günther. 8. (VII, 84 S.) $7^1/_2$ ngr.

—— der Neffe als Onkel. Lustspiel in drei Aufzügen aus dem Französ. des Picard. Zum Uebersetzen in das Französische mit Anmerkungen und Wörterbuch hrsg. von O. Fiebig und St. Leportier. 8. (VIII und 88 S.) Leipzig 855, Voigt und Günther.

— der Neffe als Onkel. Lustspiel in 3 Aufz. Aus dem Französ. des Picard. (Neue Aufl.) Stuttgart 855 u. 856. Cotta. 8. (70 S.) $7^1/_2$ ngr.

— — und der Parasit. Lustspiele. Zum Uebersetzen aus dem Deutschen in das Französische. Mit sprachwissenschaftl. Erläuterungen u. e. Wörterbuche. Zum Schul- und Privatgebrauch. Bearb. u. herausg. von C. Schnabel. 6. Aufl. Aufs Neue durchges. u. berichtigt von K. Hapatzky. Leipzig 857. Baumgärtner. 8. (X, 194 S.) 15 ngr.

— der Neffe als Onkel und der Parasit. Lustspiele. Zum Uebersetzen aus dem Deutschen in das Französische. Mit sprachwissenschaftlichen Erläuterungen u. einem Wörterbuche. Zum Schul- u. Privatgebrauch. Bearb. u. herausg. von C. Schnabel. 7. Aufl. Auf's Neue durchgesehen u. berichtigt von K. Hapatzky. Leipzig 862. Baumgärtner. 8. (VIII, 195 S.) 15 ngr.

— der Neffe als Onkel. Lustspiel in 3 Aufzügen. Zum Uebersetzen in das Englische mit Anmerkungen u. Wörterbuch herausg. von Charles Dickens jun. 4. Aufl. Leipzig 862. (Voigt &) Günther. 8. (VIII, 87 S.) $7^1/_2$ ngr.

— — Zum Uebersetzen in das Engl. mit Anmerkungen und Wörterbuch hersg. von Charles Dickens jun. 5., durchgesehene Aufl. Leipzig 865. E. J. Günther. 8. (VIII, 85 S.) cart. $7^1/_2$ ngr.

— — Zum Uebersetzen in das Französ. mit Anmerkungen und Wörterbuch hersg. v. O. Fiebig u. St. Leportier. 3. Aufl. 1865. u. 4., verb. Aufl. Ebend. 868. 8. (VIII, 88 S.) cart. $7^1/_2$ ngr.

— — Zum Uebersetzen in das Italienische mit Anmerkungen und Wörterbuch hersg. von Angelo de Fogolari. Ebend. 867. 8. (VI, 98 S.) cart. 7⅓ ngr.

— der Neffe als Onkel. Lustspiel in 3 Aufzügen. Aus dem Französ. des Picard. — Der Parasit oder die Kunst sein Glück zu machen. Ein Lustspiel nach dem Französ. — Phädra, Trauerspiel von Racine. Stuttgart 867. Cotta'sche Buchh. 16. (178 S.) n. 2 ngr.

—— der Neffe als Onkel und Der Parasit. Lustspiele. Zum Uebersetzen aus dem Deutschen in das Französische für den Schul- und Privatgebrauch bearb. und mit Erläuterungen und einem Wörterbuche versehen von C. Schnabel. In der 5.—7. Aufl. aufs neue durchges. und berichtigt von K. Hapatzky. 8. wiederum revid. Aufl. 8. (IV, 196 S.) Leipzig 882, Baumgärtner's Buchh. cart.

-- The nephew as uncle, s.a. Students library. 3.

– – s.a. Übungsbibliothek zum Übersetzen in die neueren Sprachen.

—— the nephew as uncle. Comedy in 3 acts. Arranged for translation into english with notes and a copious vocabulary by Charles Dickens jun. — Der Neffe als Onkel. Lustspiel in 3 Aufzügen. Zum Uebersetzen in das Englische mit Anmerkungen und Wörterbuch hrsg. von Charles Dickens jun. 8. (VII und 81 S.) Leipzig 851, Voigt und Günther.

—— the same. — A comedy in 3 acts; translated from the german by G. Shirley Harris. 8. (50 S.) Leipzig 855(56,) Voigt und Günther.

—— the Nephew as Uncle. A comedy in 3 acts, translated by T. C. Wilkinson. 8. (48 S.) Münster 881, Coppenrath'sche Buchh. *

– il nipote qual zio. Commodia in 3 atti. Soggetto dal francose il Picard. Versione italiana di Georgio Arnstädt. 8. (V, 111 S.) Dresden 894. (H. Burdach.) n. 3. –

– Ode an die Freude, s.a. Schiller: An die Freude.

— Ode an die Freude, in latein. Uebersetzung v. Günther u. G. G. Röller. 8. Sorau, (Bengang). 4 Gr. Mit beigefügter latein. Uebersetz. v. C. Füglistaller. gr. 8. Luzern 809. Anich. 3 Gr. Berl., Dümmler. 2 Gr.

v. Schiller, Fr., Ode an die Freude. 1e Fortsetz., enthalt. noch e. latein. Fortsetz. im Versmaße d. Originals v. G. G. Röller, u. eine engl. in gleichem Versmaße v. Beresford. gr. 8. Berl. 810. Dümmler 2 Gr. 2e Fortsetz., enthalt. eine französ. Uebersetz. im Versmaße d. Originals v. K. Fröbel. gr. 8. Ebd. 811. 2 Gr.

– — Ode an die Freude in gereimter lat. Uebersetz. v. C. Füglistaller. gr. 8. Luzern, Anich. 810.

— Ode à la joie, trad. de l'allemand par K. P. Fröbel. 8. Rudolst. 810.

Orpheus in der Unterwelt. Ein Balladen-Entwurf von [Friedrich v.] Schiller. (Berlin 1909: Brücker in Friedenau.) 1 Taf. 4⁰ [Umschlagt.]
Seinen Münchner Freunden z. 26. Sept. 1909 der Berliner Bibliophilen-Abend.

—— s. Palleske, E., Schiller's Leben.

— der Parasit, od. die Kunst sein Glück zu machen, s.a. Auswahl deutscher Bühnenstücke.

– Der Parasit.

—— dass. — s.a. Museum.

— dasselbe, s.a. Raccolta di pezzi teatrali.

—— dass. — s.a. Sammlung deutscher Lust- und Schauspiele zum Uebersetzen in das Englische.

— — s.a. Universal-Bibliothek.

— der Parasit, oder der Vetter als Neffe. gr. 8. Stuttg. 806. v. Cotta. 12 Gr.

— der Parasit u. der Neffe als Onkel. Lustspiele. Zum Uebersetzen aus dem Deutschen in das Französische, für bereits vorgerückte Schüler, die in den Geist des zuletzt genannten Idioms tiefer eindringen, und Fertigkeit in der Unterhaltungssprache erlangen wollen. Mit sprachwissenschaftl. Erläuterungen u. einem Wörterbuche. Zum Schul- u. Privat-Gebrauch. Bearb. u. herausgeg. von C. Schnabel. gr. 12. Ebend. 841. 1/2 Thlr.

— der Parasit und der Neffe als Onkel. Lustspiele. Zum Uebersetzen aus dem Deutschen in das Englische mit vollständ. Phraseologie, grammatikal. Andeutungen u. einem kleinen Wörterbuche versehen von J. Chr. Rosfek. 12. Ebend. 844. 1/2 Thlr.

— der Parasit u. der Neffe als Onkel. Lustspiele zum Uebersetzen aus dem Deutschen in das Englische mit vollständ. Phraseologie, grammatikal. Andeutungen u. einem kleinen Wörterbuche versehen von J. Chr. Rossek. 2. Aufl. gr. 12. (IV u. 149 S.) Ebd. 849. 1/2 Thlr.

Schiller, Friedr. (Joh. Chrstph.) v., der Parasit und der Neffe als Onkel. Lustspiele zum Uebersetzen aus dem Deutschen in das Englische mit vollständ. Phraseologie, grammatikal. Andeutungen und einem kleinen Wörterbuche versehen von J. Chr. Rossek. 2. Aufl. gr. 12. (IV und 149 S.) Leipzig 851, Baumgärtners Buchh.

— der Parasit und der Neffe als Onkel. Lustspiele. Zum Uebersetzen aus dem Deutschen in das Englische mit vollständiger Phraseologie, grammatikal. Andeutungen und einem kleinen Wörterbuche versehen von J. Chr. Rossek. 3. durchaus verb. Aufl. von D. Asher. Leipzig 855. Baumgärtner. 8. (VI, 150 S.). 12 ngr.

— — Lustspiel in 5 Aufzügen aus dem Französ. Zum Übersetzen in das Englische mit Anmerkungen u. Wörterbuch herausg. von Charles Dickens jun. (Otto Fiebig). A. u. d. T.: The parasite or the art to make one's fortune. A comedy etc. Arranged etc. Leipzig 856. Voigt u. Günther. 8. (VIII, 116 S.) 7½ ngr.

— — Zum Übersetzen in das Französische mit Anmerkungen u. Wörterbuch herausg. von O. Fiebig u. St. Leportier. Ebend. 856. 8. (VI, 125 S.) 7½ ngr.

— der Parasit oder die Kunst sein Glück zu machen. Ein Lustspiel nach dem Französ. (Neue Aufl.) Stuttgart 856. Cotta. 8. (104 S.) 7½ ngr.

– der Parasit und der Neffe als Onkel. Lustspiele. Zum Uebersetzen aus dem Deutschen in das Englische mit vollständiger Phraseologie, grammatikalischen Andeutungen u. einem Wörterverzeichnisse versehen von J. Chr. Rossek. 4., durchaus verb. Aufl. von D. Asher. Leipzig 864. Baumgärtner. 8. (VIII, 163 S.) 12 ngr.

– der Parasit oder: die Kunst, sein Glück zu machen. Lustspiel in 5 Aufzügen. Zum Übers. in das Englische mit Anmerkungen und Wörterbuch herausg. von Charles Dickens jun. 2. verb. Aufl. Leipzig 864. Günther. 8. (VIII, 123 S.) 7½ ngr.

— — Zum Uebersetzen in das Französ. mit Anmerkungen und Wörterbuch hersg. von O. Fiebig u. St. Leportier. 3., verb. Aufl. bearb. von St. Leportier. Ebend. 865. 8. (VI, 129 S.) cart. 7½ ngr.

— — Lustspiel in 5 Aufzügen. Zum Uebersetzen in das Engl. mit Anmerkungen u. Wörterbuch hersg. von Charles Dickens jun. 2., verb. Aufl. Leipzig 866. E. J. Günther. 8. (VIII, 123 S.) 7½ ngr.

— der Parasit oder: die Kunst, sein Glück zu machen. Ein Lustspiel nach dem Französ. Stuttgart 866. Cotta'sche Buchh. 8. (98 S.) n. 5 ngr.

— the Parasite or the art to make one's fortune. A comedy in 5 acts translated from the German by Fr. Simpson. A. u. d. T.: A key to the Parasite etc. arranged for translation into English with notes and copious vocabulary by Charles Dickens jun. (Otto Fiebig). Ebend. 856. 8. (2 Bl., 84 S.) 6 ngr.

—— the parasite or the art to make one's fortune. A comedy in 5 act's translated from the German by Francis Simpson. 8. (84 S.) Leipzig 856, Voigt und Günther.

—— the parasite, or the art to make one's fortune. A comedy in 5 acts. Imitated from the French. And translated into English for the use of learners etc. by J. S. S. Rothwell. 8. (IV und 100 S.) München 859, [Grubert.]

— tho parasite or the art to make one's fortune. A comedy in 5 actes, from the German. Revised by Ph. Hangen. 12. (90 S.) Dresden 892. L. Ehlermann. Geb. in Leinw. n. — 80

— Phädra, s.a. Bibliothek der Gesamt-Litteratur des In- u. Auslandes.

Phädra, s.a. Graeser's Schulausgaben klassischer Werke. (Racine.)

– – s.a. Hempel's Klassiker-Bibliothek.

—— Phädra, s.a. Universal-Bibliothek.

—— Phädra. Trauerspiel von Racine. Nach den vorzüglichsten Quellen revid. Ausg. Hrsg. von Wendelin v. Maltzahn. gr. 16. (58 S.) Berlin 879, Hempel. geb. * — 60

– Die Piccolomini.

—— dass. — s. Repertoire des herzogl. Meiningen'schen Hof-Theaters.

— poems and ballads, transl. by Bulwer, s. Collection of British Authors: Bulwer Works, Vol. 59.

— minor poems of the second and third periods with a few of those of earlier date translated for the most part into the same metres with the original by John Herman Merivale. 8. London 841. (Williams et Norgate.) In Leinwand geb. n. $2^{1}/_{2}$ ₰

—— Poésies, trad. par Bonafont, s. Poésies.

— Prosa, s.a. Hölder's Classiker-Ausgaben.

—— Prosa. Auswahl für die Jugend. 8. (VI und 450 S.) Stuttgart 861, Cotta'sche Buchh.

—— Prosa. Schulausgabe mit Anmerkungen von J. W. Schaefer. 8. (X, 209 S.) Stuttgart 877, Cotta'sche Buchh. cart. * 1 —

— Prosa. Schulausg. m. Anmerkgn. v. J. W. Schaefer. 12. (X, 198 S.) Stuttgart 890. J. G. Cotta Nachf. Kart. n. 1. —

—— la Pucella d'Orleans. Tragedia romantica. Fedelmente trad. dal Tedesco in tanti versi italiani, quanti l'originale ne contiene da Carlo Benj. Schade. 8. ($14^{1}/_{4}$ B.) Sorau 831, Julien.

— la pulcella d'Orleans. Tragedia romantica. Fedelmente tradotta dal tedesco in tanti versi italiani, da Carlo Benj. Schade. IIda edizione. 8. Sorau 816, Julien. n. $^{2}/_{3}$ ₰

—- Punsch-, Freude- u. Glockenlied aus d. Deutschen ins Latein. übers. u. in beyden Sprachen gleichmetr. gegen einander gestellt; nebst den tagtägl. Gebeten e. röm.-kathol. Christen in d. zärtl. altröm. Versart, v. Frz. Mich. Schumm. 8. ... Bamberg 832, [Literar.-artist. Institut.]

— s. Racine, Phädra.

Schiller, d. Räuber, travestiert, s.: Carnevals-Possen.

—— dass. — erläutert von Heinr. Düntzer, s. Erläuterungen zu den deutschen Klassikern.

— — s.a. Hausbibliothek deutscher Classiker.

– – s.a. Hempel's Klassiker-Bibliothek.

—— Die Räuber, s.a. Hölder's Classiker-Ausgaben.

Schiller, Frdr. v., die Räuber, hrsg. v. Geo. Witkowski, s.: Meisterwerke, die, der deutschen Bühne. Nr. 20.

— die Räuber, s.a. Meyer's Volksbücher.

— dass. 2r Thl., fortges. von Frau v. Wallenrodt, s. Karl Moor

– – s.a. Museum.

—— dass. — s.a. Plays, German classical.

— dasselbe, s.a. Räuber, die.

—— dass. — s.a. Repertoir des herzogl. Meiningischen Hof-Theaters.

– – s.a. Stahlstich-Illustrationen.

– – s.a. Theater-Bibliothek, Klassische.

—— dass. — Mannheimer Bühnenausg., s. Universal-Bibliothek Nr. 878.

— Die Räuber, s.a. Volksbibliothek des Lahrer hinkenden Boten.

— die Räuber. Trspl. gr. 8. Manh. 781. N. Aufl. 782. u. 804. Schwan u. G. 8 ℊℊ

— dass. fürs Berliner Theater bearb. v. K. M. Plümicke. 8. Berl. ... 2e A. 787. Maurers B. 10 ℊℊ

— dass. N. A. gr. 8. Tübing. 816. v. Cotta. 9 ℊℊ

— die Räuber. Ein Schauspiel. 8. (194 S.) Stuttgart 847, Cotta. — (Neue Aufl.) 8. (194 S.) Ebd. 851. 12 ngr.

—— die Räuber. Ein Schauspiel. 8. (194 S.) Stuttgart (847. und) 850, Cotta'sche Buchh.

— die Räuber. Ein Schauspiel. (Neue Aufl.) Stuttgart 854. Cotta. 8. (186 S.) 12 ngr.

— — Ein Schauspiel. Stuttgart 1867. Cotta. 16. (124 S.) n. 2 ngr.

— die Räuber. Ein Trauerspiel in 5 Akten. [Von demselben für die Bühne in Mannheim bearb. Orig.-Aufl. vom Jahre 1802.] Mit Andeutung der bühnenüblichen Abkürzungen und Aenderungen, neu hrsg. von Leop. Weigel. Halle 868. Herrmann. 16. (112 S.) n. 4 ngr.

— die Räuber. 8. (173 S.) Teschen 871. Leipzig, Zieger. n. — 75; cart. n. 1. —; geb. 1. 25; auf feinerem Pap. m. Photogr. n. 1. 35; geb. 2. 40

—— die Räuber. Ein Trauerspiel in 5 Akten. Nach der Mannheimer Orig.-Aufl. vom J. 1802. Für die Bühne bearb. 8. (102 S.) [Halle 878, Herrmann.] Leipzig, Opetz. — 60

—— dass. — Ein Schauspiel. Nach den vorzüglichsten Quellen revid. Ausg. Hrsg. von Wendelin v. Maltzahn. gr. 16. (139 S.) Berlin 879, Hempel. geb. * — 80

—— die Räuber. Ein Schauspiel. Zur 100jähr. Jubel-Feier der Räuber gedr. in der Werkstatt der Heinzelmännchen. 128. (XVIII, 222 S.) München 880, Ad. Ackermann. geb. *

Schiller, Friedr. von, Die Räuber. Ein Schauspiel. Herausgegeben von Dr. Franz Spengler. (Hölder's Classiker-Ausgaben. Heft 23.) Gr.-8. (V, 128 S.) —.25
Wien: Hölder 1890.

— die Räuber. E. Schauspiel. Für d. Schulgebrauch hrsg. v. Rud. Scheich. 12. (176 S.) Leipzig 895. G. Freytag. Kart. n. 80

Schiller, Friedrich von, Die Räuber. Ein Schauspiel. Für den Schulgebrauch herausgegeben von Rudolf Scheich. 8. (176 S.) Cart. —.40
Prag: Tempsky 1895.

— die Räuber, s.a. Handbibliothek, Cotta'sche.

Die Räuber. Ein Schauspiel von Friedrich v. Schiller. Mit e. Einl. von Karl Goedeke. *Stuttgart & Berlin: J. G. Cotta Nachf. [1902].* (130 S.) 8° [F.]
— Handbibliothek. Cotta'sche. No 28. [03. 1435]

— die Räuber, s.a. Bibliothek der Gesamt-Litteratur d. In- u. Auslandes.

Die Räuber. Ein Schauspiel in 5 Aufz. von Friedrich v. Schiller. Für d. deutsche Bühne bearb. von C. W. Schmidt. *Halle a. d. S.: O. Hendel [1903].* (110 S.) 8° [F.]
— Bibliothek d. Gesamtlitteratur d. In- u. Auslandes. No 1706. 1707. [04. 1372]

— die Räuber. Schauspiel in 5 Aufzügen. Für Schulgebrauch u. Selbstunterricht hrsg. v. G. Frick. (Deutsche Schulausgaben, hrsg. v. H. Gaudig u. G. Frick.) (VIII, 160 S.) 8. Leipzig 905. B. G. Teubner. n. — 60; geb. in Leinw. n. — 80

Die Räuber. Ein Schauspiel [von Friedrich v. Schiller]. Frankfurt und Leipzig 1781. Im Faks.-Neudr. nebst d. unterdrückten ursprüngl. Fassung u. e. litterarhist.-krit. Anh. hrsg. von Dr. Carl Schuddekopf. Leipzig: A. Weigel 1905. (222, 59 S.) 8° [F.] [05. 1900 7]

— dasselbe, hrsg. v. R. Richter, s.a. Graeser's Schulausgaben klass. Werke.

Die Räuber. Ein Schauspiel von Friedrich v. Schiller. Mit Einl. u. Anm. versehen von Dr. R[ichard] Richter, Prof., Wien. 10.–12. Taus. Leipzig: B. G. Teubner [1906]. (XII, 110 S.) 8° [F.]
(Graesers Schulausgaben klassischer Werke.) [07. 1037]

— Rechtsfälle, s. Rechtsfälle.

— Resignation, nebst Witschels Antwort darauf. 8. Leipz., Joachim; (a. Kehr in Kreuznach). 2 gr.

— the robbers, s.: Plays, German classical.

—— Romanzen und Balladen nebst dem Lied von der Glocke, erläutert von J. Ev. Haselmayer. [Auszug aus Schiller's ausgewählten Gedichten.] gr. 8. (IV, 89 S.) Würzburg 882, Stahel'sche Universitäts-Buchh.

—— s. Rönnefahrt, J. G.

Schiller, Friedr., Prof. der Philosophie in Jena. Allgemeine Sammlung historischer Memoires, vom 12. Jahrhundert bis auf die neueste Zeit (1726). (Mit Portraits.) (33 Bde.)
8. Jena 1790—1806.

— allgem. Samml. histor. Memoiren v. 12ten Jahrh. bis auf die neuest. Zeiten, m. K. 1ste u. 2te A. th. od. 33 Bde. gr. 8. Jena, Mauke. 790–806. (I. Abth. 1r 21 gr. 2r 1 Thlr. 4 gr. 3r 4r à 1 Thlr. II. Abth. 1r—3r à 1 Thlr. 4r 1 Thlr. 3 gr. 5r 1 Thlr. 6 gr. 6r 1 Thlr. 12 gr. 7r 1 Thlr. 3 gr. 8r 9r à 1 Thlr. 12 gr. 10r 1 Thlr. 9 gr. 11r 1 Thlr. 12 gr. 12r 1 Thlr. 3 gr. 13r 1 Thlr. 12 gr. 14r 1 Thlr. 3 gr. 15r 16r à 1 Thlr. 12 gr. 17r 18r à 1 Thlr. 9 gr. 19r 20r à 1 Thlr. 12 gr. 21r 1 Thlr. 6 gr. 22r 1 Thlr. 8 gr. 23r 1 Thlr. 9 gr. 24r 1 Thlr. 12 gr. 25r 1 Thlr. 9 gr. 26r 27r à 1 Thlr. 12 gr. 28r 1 Thlr. 8 gr. 29r 1 Thlr. 10 gr.)

— (Hrsg.), s. Sammlung, Allgemeine, merkwürdiger Memoires vom 12. Jahrhundert an bis auf die neuesten Zeiten.

Schiller. Ein Schauspiel aus seiner Jugendzeit. Berlin 1905. V: *Krevet* (Mühlhausen i. Th., Dr.). (Dähne, Willy, Schiller im Drama und Festspiel. Rostock 1909. S. 18.)

— ein Schauspiel aus seiner Jugendzeit. Von ***. (112 S.) 8. Berlin 905. H. Steinitz. n. 2. —

(Friedrich [v.]) Schiller. Hrsg. von Dr. Rudolf Steiner. (Mit Portr. u. Einl.) *Berlin: G. E. Kitzler [1902].* (96 S.) 8° [F.]
[Auszüge.]
— Dichter, Deutsche, in Auswahl für's Volk. H. 4. [03. 1024]

Schiller, mein Begleiter. Lieblingsstellen aus seinen Gedichten u. Dramen ausgew. von P[eter] J[osef] Tonger. 3. Aufl. Köln: Tonger [1910]. (160 S.) 8°
(Tonger's Lebensfreude. Bd. 5.) [10. ...]

Schiller in Briefen und Gesprächen. Sammlung der briefl. und mündlichen Bemerkungen und Betrachtungen Schillers über Werke und Erscheinungen der Wissenschaft und Kunst usw. Berlin 1853. H: *Gubitz, Frdr. Wilh.* Vgl. dessen ‚Erlebnisse' 1, S. (334). (DARP)

Schiller (Friedr. v.) in Briefen u. Gesprächen. Sammlung der brieflichen u. mündlichen Bemerkungen u. Betrachtungen Schiller's über Werke u. Erscheinungen der Wissenschaft und Kunst, des Lebens und der Menschenseele. Supplement zu den Werken des Dichters. Berlin 853. Vereinsbuchhandlung. 8. (XII, 158 S.). 1 Thlr.

— in seinen Briefen. Auswahl von Frz. Ritter v. Haymerle, s.a. Bibliothek der Gesamtlitteratur.

Schiller in seinen Briefen. Auswahl aus 2000 Briefen, gruppiert u. erl. von Dr. Franz R. v. Haymerle. Halle a. S.: Hendel [1910]. VI, 641, VIII S. 8°
(Bibliothek d. Gesamtliteratur d. In- u. Auslandes. Nr 2166–75.) [10. 16,113]

[Friedrich v.] Schiller und der Herzog (Friedrich Christian von Augustenburg) in Briefen. Mit Erl. von Hans Schulz, [Bibliothekar, Leipzig]. Mit 1 Bildn. Jena: E. Diederichs 1905. (188 S.) 8° [F.] [05. ...]

Schiller und Goethe, s. Briefwechsel.

—— u. Lotte, s.a. Ackermann, W.

Schiller und Lotte. 1788. 1789. (Herausg. von Emilie v. Gleichen-Rußwurm, geb. v. Schiller.) Stuttgart 856. Cotta. 8. (2 Bl., 584 S., 2 Portr. in Stahlst. u. 1 lith. Facsim.) n. 2 Thlr. 12 ngr

Schiller u. Lotte. 1788—1805. 2., den ganzen Briefwechsel umfassende Ausg., bearb. von Wilh. Fielitz. 3 Bücher. 12. (XX, 334; VI, 316 u. VI, 238 S. m. 3 Portr. in Holzschn.) Stuttgart 879. Cotta. In 1 Bd. geb. n. 4. —

— dasselbe. 3., den ganzen Briefwechsel umfassende Ausg., bearb. von Wilh. Fielitz. 3 Bde. 8. (XX, 334; VI, 316 u. VI, 238 S.) Ebend. 879. n. 9. —; geb. n. 12. —

—— —— dass. — s. a. Volksbibliothek, deutsche.

— u. Lotte. Ein Briefwechsel. Hrsg. v. Alex. v. Gleichen-Rußwurm. 2 Bde. (XVI, 657 S.) 8. Jena 908. E. Diederichs. 5.—; geb. in Leinw. 7.—; in Ldr. 9. —

(Friedrich v. Schiller.) Ein unbekannter Schillerbrief (an Göschen 1789). Zum 10. Nov. 1902 in Druck gegeben von Carl Schüddekopf. Als Hs. gedr. o. O. (1902). 3 Bl. 8°

Schillerworte [Friedrich v. Schiller, Ausz.] zum 9. Mai 1905, dem Tag d. 100. Wiederkehr d. Todestages d. großen Dichters, aus Schillers Dramen der deutschen Jugend und d. deutschen Volke dargeboten von Friedrich Schläger. Gießen: E. Roth 1905. (XI, 156 S.) 8°

Freimaurerische Schillerworte. [Zsgest. von Bruno Alwin Wagner. Berlin 1905: Litfass.] 16. S. 8° [Umschlagtit.] Aus: ArSt. 2 (1905) S. 172—185.

— historische Schriften, Geschichte des Abfalls der Niederlande. — Geschichte des 30jährigen Krieges, s.: Bücher der Weisheit u. Schönheit.

Schiller, Friedrich von

Friedrich von Schiller's historische Schriften. Fortges. von Eduard Duller. Suppl.-Bd 1-3. Köln: Du Mont-Schauberg 1841. 8°

Geschichte des Abfalls der vereinigten Niederlande.

1. Von der Ankunft Alba's in den Niederlanden bis zum Tode Don Juan's von Oesterreich, 1567-1578.
2. Von dem Abschluß der Utrechter Union bis zur Vernichtung der spanischen Armada, 1579-1588.
3. Vom Feldzug des Jahres 1589 bis zum Waffenstillstand von Antwerpen 1609.

Kleine Schriften vermischten Inhalts, s. Museum.

— kleine prosaische Schriften, s. a. Bibliothek d. Gesamtlitteratur d. In- u. Auslandes.

[F.] (Friedrich) v. Schillers Kleine prosaische Schriften. S.A. a. d. Ges.-Ausg. ... Halle a. d. S.: O. Hendel (1896). (IV, 187 S., 1 Portr.) 1 Bd S.
— Bibliothek d. Gesamtlitteratur d. In- u. Auslandes. No 950 951.

— kleinere prosaische Schriften, s. a. Hempel's Klassiker-Bibliothek.

— kleinere pros. Schriften. 4 Thle. 8. Leipz. Crusius. (F. C. W. Vogel.) 792-802. (I. 20 gr. II—IV. à 1 Thlr. 4 gr.)
Schreibp. (I. 1 Thlr. 4 gr. II—IV. à 1 Thlr. 12 gr.)
Velinp. (à 2 Thlr. 12 gr.)

— — kleinere prosaische Schriften. 4 Thle. Wohlf. Ausg. 8. Leipzig, W. Vogel. 817. Schreibpap.

—— kleinere prosaische Schriften. Nach den vorzüglichsten Quellen revid. Ausg. Mit Einleitungen und Anmerkungen von Rob. Borberger. 2 Thle. gr. 16. (784; 832 S.) Berlin 879, Hempel. geb. * 6 —

— novellistische Schriften. Der Verbrecher aus verlorner Ehre. — Spiel d. Schicksals. — Der Geisterseher. — gr. 16. (III, 114 S.) Stuttgart 871. Cotta. n. — 25

— philosophische Schriften. (Auswahl.) Für den Schulgebrauch hrsg. v. G. Bötticher. 12. (160 S.) Leipzig 896. G. Freytag. Geb. n. — 80

Schiller, Friedrich von, Philosophische Schriften. (Auswahl.) Für den Schulgebrauch herausgegeben v. G. Bötticher. 8. (160 S.) Geb. —.40 Prag: Tempsky 1896.

— philosophische Schriften u. Gedichte, hrsg. v. Eug. Kühnemann, s. a. Bibliothek, philosophische. 103.

[Friedr. v.] Schillers philosophische Schriften u. Gedichte. (Auswahl.) Zur Einführung in s. Weltanschauung. Mit ausführl. Einl. hrsg. von Eugen Kühnemann. Leipzig: Dürr 1902. (327 S.) 8°
= Bibliothek, Philosophische. [Neue Ausg.] Bd 103.

— Prosaische Schriften, s. Museum.

— Prosaische Schriften, hrsg. v. M. Schmitz-Mancy, s.: Schöningh's, Ferd., Ausgaben deutscher Klassiker.

— — sämmtliche Schriften. Historisch-krit. Ausg. Im Verein mit A. Ellissen, R. Köhler, W. Müldener, H. Oesterley, H. Sauppe u. W. Vollmer von Karl Goedeke. (15 Thle. in 16 Bdn.) 1—6., 8. u. 9 Thl. Stuttgart 867,70. Cotta'sche Buchh. Lex.-8. Subscr.-Pr. Jed. Thl. n. 1 ₰ 6 ngr.; Einzeln n. 2 ₰

1. Thl. Jugendversuche herSg. von Karl Goedeke. (VIII, 407 S.)
2. Thl. Die Räuber. Wirtembergisches Repertorium. HerSg. von Wilh. Vollmer. (VIII, 395 S.)
3. Thl. Fiesko. Kabale u. Liebe. Rheinische Thalia. HerSg. von Wilh. Vollmer. (XVI, 596 S.)
4. Thl. Arbeiten der Leipzig-Dresdner Zeit. HerSg. von Karl Goedeke. (VII, 352 S.)
5. Thl. 1. Don Karlos. HerSg. von Herm. Sauppe. — Wort- u. Namenverzeichniß zu Thl. II—V. 1. (VIII, 415 S.)
5. Thl. 2. Don Karlos. HerSg. von Herm. Sauppe. (VII, 454 S.)
6. Thl. Vermischte poetische u. prosaische Schriften 1787—1792. HerSg. von Karl Goedeke. (VIII, 430 S.)
8. Thl. Geschichte des dreyßigjährigen Kriegs. HerSg. von Herm. Oesterley. (VI, 414 S.)
9. Thl. Kleine historische Schriften. HerSg. von Wilh. Müldener. (XXII, 407 S.)

Der 7. Thl. erscheint später.

— sämmtliche Schriften. Historisch-kritische Ausg. Im Verein m. A. Ellissen, R. Köhler, W. Müldener, H. Osterley, H. Sauppe u. W. Wollmer v. Karl Goedeke. 10—14. Thl. u. 15. Thl. 1. u. 2. Bd. Lex.-8. Stuttgart 871—76. Cotta. à n. 3. 60

10. Aesthetische Schriften. Hrsg. v. Rhold. Köhler. (VIII, 553 S.)
11. Gedichte. Hrsg. v. Karl Goedeke. (XXIV, 461 S.)
12. Wallenstein. — Maria Stuart. Hrsg. v. Herm. Oesterley. (VIII, 580 S.)
13. Macbeth. — Die Jungfrau v. Orleans. — Turandot. Hrsg. v. Wilh. Vollmer. (XX, 498 S.)
14. Die Braut v. Messina. — Der Neffe als Onkel. — Der Parasit — Wilhelm Tell. Hrsg. v. Herm. Oesterley. (XVIII, 426 S.
15. 1. Letzte Dichtungen u. Nachlaß. Hrsg. v. Karl Goedeke. (VII 422 S.)
15. 2. Nachlaß. [Demetrius.] Hrsg. v. Karl Goedeke. (IX, 603 S.

Schillers Seelenlehre. [Friedrich v. Schiller. Ausz.] Aus s. philos. Schriften zsgest. von H[ans] Draheim. Berlin: Weidmann 1907. (34 S.) 8 [8°]

— — Selbstcharakteristik, s. Doering, H.

— s. Semele.

— — s. Hempel's Klassiker-Bibliothek.

— s. Shakspeare, Macbeth.

— song of the bell. Translated by W. H. Furness. With illustrations. (11 photographs) by C. Jaeger a. A. Müller. Grösse IV. hoch 4. (22 S. m. eingedr. Holzschn.) London 874. München, Bruckmann. geb. m. Goldschn. 42. —

— dasselbe. Grösse V. Ebend. 874. geb. m. Goldschn. 24. —

[Friedrich v.]Schiller's Spaziergang. Lateinisch v. Friedrich Schultess. Dem Kloster Unser Lieben Frauen in Magdeburg z. zweihundertjähr. Jubelfeste seines Pädagogiums dargebr. *Hamburg: Gedr. b. Lütcke & Wulff 1898.* (16 S.) 1 Bd 8. [9. 10241]

— Spiel des Schicksals, s.: Gabelsberger-Bibliothek.

— Spiel d. Schicksals, s.: Schiff, J., stenographisches Lese-Cabinet.

— Spiknuli Fieska v Janově. Občanska truchlobra. Překlad J. Sl. Haštalského. Prag 860. Bellmann. 8. (VI, 160 S.) n. 16 ngr.

— la sposa di Messina. Trag. in versi ital. da W. E. Frye. 8. Manh. 826. Schwan u. G. 1 ℛ

Schiller. Spruchblüthen aus d. Werken des Meisters im einhundertundfünfzigsten Geburts-Jahre erschienen. Berlin: Borngraeber [1909]. 91 S. 8°

Schiller's, Frdr. v., Spruchblüten, aus den Werken d. Meisters. (92 S.) kl. 8. Berlin (909). Verlag Neues Leben. Geb. in Leinw. 1. —

Schiller's Sprüche, Reflexionen u. lyrische Ergüsse, meist in Lapidar-Styl f. künstlerische Zwecke, auch als Motto, Inschriften, Thema, Denksprüche, Devisen, Tendenzen rc. zu gebrauchen. gr. 16. ($16\frac{1}{2}$ B.) Aarau u. Thun 837, Christen.

– Maria Stuart, s. Schiller: Maria Stuart.

—— Supplemente. A. u. d. Ttl.: Briefe. Mit erläut. Anmerkungen. Hrsg. v. Heinr. Döring. 1. u. 2. Bd. Briefe aus d. Jahren 1780—1796. 16. ($49\frac{1}{8}$ B.) Altenburg 846, Pierer.

—— Szenen aus den Phönizierinnen, s. Museum.

SCHILLER, Der Tanz. Für's Klavier oder Pianoforte. Neustrelitz. Michaelis. o. J. 12 SS. Qu.-4. Selten! (12 Mk. Jacques Rosenthal, c. 1903.)

— der Tanz. 4. Neustrel. Albanus. 796.

—— der Taucher, s. a. Volksbibliothek des Lahrer Hinkenden Boten.

-- der Taucher. Ballade (als Melodram). Musik von E. Paul. Textbft. gr. 8. (6 S.) Leipzig 896. M. Brockhaus. 10

— — Teatro scelto, recato per la prima volta dal tedesco in italiano da Pompeo Terrario. Sono sei Tragedie: La Pucella d'Orleans. 1 Thlr. — Maria Stuarda. 16 Gr. — la Sposa di Messina. 12 Gr. — Don Carlo. 16 Gr. — Guglielmo Tell. 16 Gr. — la Congiura di Fiesco. 20 Gr. in 12. Milano. (Vienna, Volke.) 815—819.

— Guglielm Tell, drama en 5 acts. Vertius et publicaus e lungatg rhätoromonsch da J. A. Bühler. Chur 865. Hitz. 8. (VIII, 174 S.) n. 18 ngr.

— Guilherme Tell. Versão por J. Scherrer. (IV. Akt. 1. Szene.) (7 S.) kl. 8. Zürich (Mainaustr. 33) 908. J. Scherrer. nn — 50

— Guillaume Tell, trad. de l'allemand, par J. H. Merle-d'Aubigny. 8. Hamb. 819.

— Guillaume Tell, dont les deux premiers actes sont accomp. de notes explicatives pour faciliter l'étude de la langue Allemande, et de tableaux cont. les élémens de la grammaire; à l'usage des colléges et des pensionnats; par Ed. Dürre. Mit 2 Tabellen. gr. in-12. Paris et Strasbourg 834. Levrault. $\frac{3}{4}$ ℛ — Nouv. Edit. Mit 3 Tabell. Ebd. 839. $\frac{3}{4}$ ℛ

—— Guillaume Tell, dont les deux premiers actes sont accompagnés de l'explication étymol. des mots du texte, et de tableaux contenant les rudiments de la grammaire; à l'usage des collèges, et des personnes, qui veulent apprendre l'allem. sans maître par M. Ed. Dürre. 3. edit. gr. in-12. ($8\frac{1}{2}$ B. u. 3 Tab.) Strasbourg 842, libr. Levrault.

—— dass. — Drame en 5 actes. Accompagné de notes historiques et géographiques, et de la solution des mots et des tournures les plus difficiles par Eug. Favre. 8. (IV und 184 S.) Genève 848, Kessmann.

— Guillaume Tell. Traduction française avec le texte allemand en regard, notes explicatives et aperçu des recherches critiques sur la tradition de Tell. gr. 8. (IV, 271 S.) Dresden 871. Schöpff. n. 2. —

Schiller, Guillaume Tell, poëme dramatique. Trad dans le mètre de l'original par F. Sabatier. 152 pp. 8. Lucerne, Prell. 1875. 2. —

Schiller, Fr. de, Guillaume Tell, drame, traduit par Jules Mulhauser de Genève. 2e édition soigneusement revue 224 pp. in-12. Bâle, H. Georg. 2. —

— Viljem Tell. Poslovenil France Cegnar. Klagenfurt 862. (Leon.) 16. (208 S.) n. 25 ngr.

Wilhelm Tell.

— dasselbe, s. a. Auswahl deutscher Bühnenstücke.

– dasselbe, Bühnen-Bearbeitung von Heinr. Jantsch, s.: Bibliothek der Gesamtlitteratur d. In- u. Auslandes.

— dasselbe, s. a. Bibliothek der deutschen Nationalliteratur.

— dasselbe, s. a. Bredt's Text-Ausgabe deutscher Klassiker. 4. Bd.

—— dass. — s. a. Classiker, deutsche, für den Schulgebrauch.

– – s. a. Deutschlands Stolz.

— dasselbe, s. a. Dürr's deutsche Bibliothek. 4. Bd.

—— dass. — erläutert von H. Düntzer, s. Erläuterungen zu den deutschen Klassikern.

— dasselbe, s. a. Freytag's Schulausgaben klassischer Werke.

— dasselbe, s. a. Hausbibliothek deutscher Klasiker.

— dasselbe, s. a. Klassiker-Ausgaben, illustr., Minerva.

— dasselbe, hrsg. v. A. Hentschel u. K. Linke, s.: Lektüre, gewählte, f. Schule u. Haus. Nr. 2.

— dasselbe, s. a. Litteraturwerke d. Vereins „Minerva".

—— dass. — s. a. Meisterwerke unserer Dichter.

—— dass. — s.a. Miniatur-Bibliothek classischer Dichterwerke.

—— dass. — s.a. Museum.

—— , Wilh. Tell. — Umrisse dazu, s. Oesterley, C.

—— dass. — s.a. Plays, German classical.

— — s.a. Repertoire des herzogl. Meiningischen Hof-Theaters.

— dasselbe, s.a. Sammlung deutscher u. ausländischer Dichtungen in Gabelsbergerscher Stenographie. 3. Bd

— dasselbe, erklärt v. J. B. Krallinger, s.: Sammlung deutscher Dichtungen u. Prosawerke.

— dasselbe s.a. Sammlung deutscher Lust- u. Schauspiele zum Uebersetzen in das Engl. bearb.

— dasselbe, hrsg. v. Heinr. Leineweber, s.: Schulausgaben deutscher Klassiker. II.

— dasselbe, hrsg. v. Jul. Naumann, s.: Schulausgaben ausgew. klassischer Werke in vollst. Kommentaren. 3.

—— dass. — s.a. Stecher, Ch., deutsche Dichtung für die christl. Familie und Schule.

— — s.a. Stoffel, J.

—— dass. — s.a. Theater-Bibliothek, classische.

—— s.a. Tomaschek, Karl.

— dasselbe, s.a. Übungs-Bibliothek, englische.

— dasselbe, zum Übersetzen in das Französische bearb. v. Arth. Peter, s.: Übungs-Bibliothek, französ. 9.

—— dass. — s.a. Universal-Bibliothek Nr. 12.

— dasselbe, hrsg. von A. Thorbecke, s.a. Velhagen & Klasing's Sammlg. deutscher Schulausgaben.

— dasselbe, s.a. Verein f. Verbreitg guter Schriften. Basel.

— dasselbe, s.a. Volksbibliothek des Lahrer hinkenden Boten.

Schiller, Frdr. v., Wilhelm Tell, s.a. Volksbücher der deutschen Dichter-Gedächtniß-Stiftung. 2. Heft.

—— dass. — erläutert, s. Weber, Wilh. Ernst.

— Wilhelm Tell. Trspl. gr. 8. Tübing. 804. 3e A. 817. v. Cotta. 8 gr.

— dass. Mit einer geschichtl. Einleitung u. erklär. Anmerkk. herausg. von Gb. H. Hugendubel. 8. Bern 836. Dalp. 1/2 ₰ weis Pap. 7/12 ₰

—— Wilhelm Tell. Ein Schausp. (Neue Ausg.) 16. (.. B. u. 1 Stahlst.) Stuttgart u. Tübingen 840, Cotta'scher Verl. Geb. in Leinw. u. m. Goldschn.

—— Wilhelm Tell. Ein Schauspiel. 8. (10¼ B.) Stuttgart 840, Cotta'sche Buchh.

— Wilhelm Tell. Ein Schauspiel. 8. (168 S.) Ebd. 848. — (Neue Aufl.) 8. (168 S.) Ebd. 850. — (Neue Aufl.) 8. (168 S.) Ebd. 851. 1/3 ₰

— Wilhelm Tell. — Guillaume Tell drame en 5 actes. Accompagné de notes historiques et géographiques, et de la solution des mots et des tournures les plus difficiles par Eug. Favre. 8. (IV u. 184 S.) Genève 848, Kessmann. 1/3 ₰

—— Wilhelm Tell. Ein Schauspiel. 8. (168 S.) Stuttgart (847., 850. und) 851, Cotta'sche Buchh.

— Wilhelm Tell. Ein Schauspiel. (Neue Aufl.) Stuttgart 853, 855 u. 856. Cotta. 8. (168 S.) 10 ngr.

—— Wilhelm Tell. Poëme dramatique traduit dans le mètre de l'original par Franç. Sabatier-Ungher. gr. 8. (XXVIII und 153 S.) Königsberg 859, Bon's Verlag.

— William Tell. An historical play from the German. With notes and illustrations by William Peter. 2. edit. Luzern 867. Gebhardt. 8. (VIII, 200 S.) cart. n. 1 ₰

— Wilhelm Tell. Ein Schauspiel. Stuttgart 868. Cotta'sche Buchh. 8. (160 S.) n. 6 ngr.

— — Schulausg. mit Anmerkungen von Denzel. Ebend. 865. 8. (VI, 154 S.) cart. n. 8 ngr.

— — Mit engl. erklärenden Noten versehen von Emil Otto. Ebend. 866. 8. (X, 185 S.) n. 12 ngr.

— — (Reisebibliothek.) Ebend. 867. gr. 16. (VI, 146 S.) n. 5 ngr.

— — Ebend. 867. 16. (128 S.) n. 2 ngr.

—— Wilhelm Tell. Schauspiel. Mit Einleitung von Gust. Wendt. 8. (XX, 148 S.) Berlin 871, Grote'sche Verlagsb. *

—— dass. — Diamant-Ausg. Mit Zeichnungen von A. v. Werner, in Holz geschn. von H. Käseberg. 32. (138 S.) Ebendas. 873. (* ℳ 1,80.) geb. mit Goldschn. *

—— dass. — Mit Zeichnungen von A. v. Werner, in Holz geschn. von H. Günther. 2. Aufl. 8. Ebendas. 873. geb. *
geb. mit Goldschn. *
geb. in rother Lnwd. *

—— dass. — 8. (133 S.) Teschen 871, Prochaska. [Leipzig, Zieger.] cart. (* 75 Pf.)
geb. (ℳ 1.)
Auf feinerem Papier mit Photogr. geb. (* ℳ 2.)

— dasselbe. Mit 1 (lith.) Karte. 8. (92 S.) Leipzig 876. Siegismund & Volkening. n. — 40

— dasselbe. In stenograph. Schrift übertragen v. J. Lautenhammer, in Stein gravirt v. Adf. Haas. 8. (100 S.) München 877. Lindauer. n. 1. 80

—— Wilhelm Tell. Ein Schauspiel. Illustrirt von Friedr. Schwörer. Enthält 10 photogr. Lichtdrucke von J. B. Obernetter und (eingedr.) Holzschn., ausgeführt in Wilh. Hecht's xylogr. Anstalt. gr. 4. (102 S.) München 878, Stroefer's Kunstverlag. geb. mit Goldschn. * 30 —

— Wilhelm Tell. Schauspiel. Nach den vorzüglichsten Quellen rev. Ausg. Hrsg. von Wendelin v. Maltzahn. gr. 16. (112 S.) Berlin 879. Hempel. geb. n. — 80

—— dass. — (Schul-Ausg. in neuer Rechtschreibung.) 8. (97 S.) [Elberfeld 880, Loll's Nachf.] Berlin, Friedberg und Mode. cart. *

— dasselbe. Mit ausführl. Erläuterungen in katechet. Form für den Schulgebrauch u. das Privatstudium v. C. A. Funke. 8. (164 S.) Paderborn 880. F. Schöningh. n. 1. 20

Schiller's Wilhelm Tell. Translated into english blank verse by Tarkari. In-8°, 207 p. London. (Leipzig, F. A. Brockhaus' Sort.)

—— Wilhelm Tell. Schauspiel in 5 Aufzügen. Mit ausführl. Erläuterungen in katechet. Form für den Schulgebrauch und das Privatstudium von C. A. Funke. (164 S.) 1880; 2. verb. Aufl. 8. (162 S. mit 1 eingedr. Karte.) Paderborn 883, F. Schöningh. *

—— dass. — s.a. Dichtungen, klassische deutsche, mit kurzen Erläuterungen für Schule und Haus.

Schillers Wilhelm Tell v. O. Kallsen. Gotha. 1884. 8°
= Klassische deutsche Dichtungen . . ., hrgg. v. Karl Heinrich Keck. T. 2.

—— Wilhelm Tell. Schauspiel in 5 Aufzügen. Mit ausführl. Erläuterungen für den Schulgebrauch und das Privatstudium von A. Funke. Mit 1 Kärtchen. 3. und 4. verb. Aufl. 8. (V, 170; 178 S.) Paderborn 886,88, F. Schöningh. * geb. *

Schiller's, Friedr. v., Wilhelm Tell, s.a. Meyer's Volksbücher.

Schiller. Wilhelm Tell. Schauspiel in 5 Akten. In-16°, 103 S. Leipzig, Bibliographisches Institut (Meyer). 1887. — 30
*** Meyer's Volksbücher, N° 4—5.

—— dass. — s.a. Schulausgaben classischer Werke.

Schiller, F. von. Wilhelm Tell. Ein Schauspiel. Mit Einleitung und Anmerkungen von *F. Prosch.* 2. Aufl. Gr. in-8°, XIV u. 95 S., mit 2 Kärtchen. Wien, Carl Gräser. 1887. — 90
*** Schulausgaben klassischer Werke, herausgegeben von *J. Neubauer*, Heft 12.

— Wilh. Tell, s.a. Hölder's Classiker-Ausgaben.

Schiller, Fr. Wilhelm Tell. Ein Schauspiel. Hrsg. von *J. Pölzl.* Gr. in-8°, 106 S. Wien, Alfred Hölder. 1888. — 70
*** Hölder's Klassiker-Ausg. für den Schulgebrauch. N° 2.

Schillers Wilhelm Tell. Von Otto Kallsen. Gotha 1889. 8°
= Klassische deutsche Dichtungen, hrgg. v. Karl Heinrich Keck. Tl.2.

— Wilhelm Tell. Ein Schauspiel. Illustriert von Frdr. Schwörer. Enthält 6 Heliogr. und 2 Typogr. von E. Albert & Co. in München, sowie 50 Holzschn., ausgeführt in Wilh. Hecht's xylograph. Anstalt. gr. 4. (102 S.) München. 890. Stroefer. geb. m. Goldschn. n. 15. —

—— dass. — Schul-Ausg. m. Anmerkgn. v. J. W. Schäfer. (In 2 Bdchn.) 12. I. Bdchn.: Wallensteins Lager. Die Piccolomini. (XII, 162 S.) Stuttg. 890, Cotta Nachf. cart. * — 80

SCHILLER, F. VON. *Wilhelm Tell.* Illustrirt von *Friedrich Schnörer.* Zürich & München [c. 1890]. M. 10 Lichtdrucktaf. u. zahlr. Holzschnitten. Gr.-4°. Or.-Lwd. 9.—

— Wilhelm Tell. Schauspiel in 5 Aufzügen. Mit ausführl. Erläutergn. f. den Schulgebrauch u. das Privatstudium v. A. Funke. Mit 1 Karte. 5., verb. Aufl. 8. (176 S.) Paderborn 891. F. Schöningh. n. 1. 20; geb. n. 1. 50

— dasselbe. Schulausg. m. Anmerkgn. v. Denzel. 12. (VI, 154 S.) Stuttgart 892. J. G. Cotta Nachf. Kart. n. — 80

— Wilhelm Tell. Schauspiel. Für den Schulgebrauch herausgegeben von Paul Strzemcha. Mit 2 Abbildungen und einem Kärtchen. 8. (141 S.) Cart. —.80
Prag: Tempsky 1893.

— dasselbe. gr. 8. (54 S. m. 12 Illustr.) Berlin 894. Litteratur-Verein Minerva. n. — 50; geb. in Leinw. n. 1. —

— dasselbe, hrsg. v. Ludw. Sevin, s.a. Meisterwerke der deutschen Litteratur. 2. Bd.

[F.] Wilhelm Tell. Schausp. in 5 Aufz. v. Friedrich v. Schiller. Schulausg. bes. v. Ludwig Sevin, Dir. . . . in Baden. 3. Aufl. M. 1 Kt. *Berlin: Reuther & Reichard 1895.* (121 S., 1 Kt.) 1 Bd 8.
= Meisterwerke d. deutschen Litteratur. [No] 2. [96. 8417]

— dasselbe, hrsg. v. A. Funke, s.a. Schöningh's Ausgaben deutscher Klassiker. 4. Bd.

[F.] Wilhelm Tell. Schausp. in 5 Aufz. v. Friedrich v. Schiller. Mit ausführl. Erl. f. d. Schulgebr. u. d. Privatstud. v. Dr. A[ug.] Funke, Seminardir. in Warendorf. M. 1 Kt. 8. verb. Aufl. *Paderborn: F. Schöningh 1896.* (177 S., 1 Kt.) 1 Bd 8.
= Ausgaben, Schöninghs, deutscher Klassiker. Bd IV. [97. 1513]

— Wilhelm Tell. Schauspiel. Neue durchgeseh. Ausg. v. Müller (Mart. Böhm). Musik v. Triller; also d. Zuschauer was will er? 12. (24 S.) Berlin (897). M. Böhm. 1. 50

[F.] Bühnen-Bearbeitung von Wilhelm Tell. Schausp. in 5 Aufz. v. Friedr. v. Schiller. M. vollständ. Scenarium unter Zugrundlegg d. neuen Systems e. Regie-Partitur v. Heinrich Jantsch, . . Dir. . . d. Jantsch-Theaters in Wien. M. Titelbild. *Halle a. S.: O. Hendel (1898).* (XX, 195 S., 1 Taf.) 1 Bd 8.
Bibliothek d. Gesamtlitteratur d. In- u. Auslandes. No 1120—1122. [98. 8473]

Wilhelm Tell. Schausp. in 5 Aufz. von Friedrich v. Schiller. Schulausg. bes. von Ludwig Sevin, Dir. in Baden. 4. Aufl. Mit e. Karte. *Berlin: Reuther & Reichard 1900.* (123 S.) 8° [F.]
= Meisterwerke d. deutschen Litteratur. 2. [00. 7939]

Schiller, Friedrich von. Wilhelm Tell. Ein Schauspiel von Friedrich von Schiller. Für den Schulgebrauch hrg. von Dr. J Heuwes.... Mit einer Karte und 6 Bildern im Text. 203 S. 8. Münster i. W., Aschendorff, 1901. ([geb.] M. 1. --)
Aschendorff's Ausgaben für den deutschen Unterricht. [5.]

— Wilhelm Tell. Ein Schauspiel. Schulausg. m. Anmerkgn. v. Denzel. (Neue Aufl.) 12. (VI, 157 S.) Stuttgart 901. J. G. Cotta Nachf. Geb. in Leinw. n. — 60

— dasselbe, s.a. Dichter, deutsche, in Auswahl für's Volk. 5.

Wilhelm Tell. Schauspiel in 5 Aufz. von Friedrich v. Schiller. *Berlin: G. E. Kitzler [1902].* (96 S.) 8° [F.]
= Dichter, Deutsche, in Auswahl für's Volk. H. 5. [03. 1800]

— dasselbe, s.a. Hempel's Klassiker-Bibliothek.

Schiller, Fr[iedrich] v[on]. Wilhelm Tell. Ein Schauspiel in fünf Aufzügen. Nach den vorzüglichsten Quellen revidirte Ausgabe. Hrg. von Wendelin v. Maltzahn. 112 S. 8. Leipzig, Dr. Josef Petersmann, [1902].
(Hempels Klassiker-Bibliothek [No.] 928. Einzelausgaben mit Anmerkungen. Preis jeder Nummer M. --. 25)

Wilhelm Tell. Schauspiel in 5 Aufz. von Friedrich v. Schiller. Mit ausführl. Erl. f. d. Schulgebr. u. d. Privatstud. von Schulrat Dr. A[ugust] Funke, Sem.Dir. in Warendorf. 11., verb. Aufl. Mit 3 Bild. u. 1 Karte. *Paderborn: F. Schöningh 1902.* (182 S.) 8° [F.]
= Ausgaben, Schöninghs, deutscher Klassiker. Bd 4. [03. 4943]

— dasselbe, s.a. Handbibliothek, Cotta'sche.

Schiller, Friedrich von. Wilhelm Tell. Schauspiel. Mit einer Einleitung von Karl Goedeke. 130 S. 8. Stuttgart und Berlin, Cotta, [1902]. (M. —. 25)
Cotta'sche Handbibliothek. (Nr. 27.)

— dasselbe, hrsg. v. H. Heilmann, s.a. Weise's deutsche Bücherei. Nr. 3.

Schiller, Friedrich von. Wilhelm Tell. Schauspiel. Mit Einleitung und Anmerkungen, sowie einer Übersichtskarte [im Text]. Hrg. im Auftrage der Literarischen Vereinigung des Berliner Lehrervereins von H[orst] Heilmann. XII + 132 S. 8. Berlin, A. Anton & Co., für den Buchh. Th. Fröhlich, [1903]. (M. —. 30)
Weises Deutsche Bücherei Nr. 3.

Schiller, [Friedrich von]. Wilhelm Tell. Schauspiel. Mit Illustrationen von A[nton] von Werner, in Holz geschnitten von R[ichard] Brend'amour und A Closs [wovon 7 Tafeln], und einer Einleitung von G[ustav] Wendt. 6. Aufl. XX + 148 S. 8. Berlin, G. Grote, 1903. [geb. M. 2. —]

Schiller, Friedrich von. Wilhelm Tell. Schauspiel. Für den Schulgebrauch hrg. von Paul Strzemcha. Mit zwei Abbildungen und einem Kärtchen. 2. Aufl. 144 S. 8. Leipzig, G. Freytag, 1903. geb. M. —. 75
Freytags Schulausgaben und Hilfsbücher für den deutschen Unterricht.

— dasselbe, s.a. Meisterwerke, die, der deutschen Bühne. Nr. 6

Schiller, Friedrich von. Wilhelm Tell. Schauspiel in fünf Aufzügen. Mit Einleitung und Anmerkungen von Dr. Georg Witkowski.... Mit einer Kartenskizze. XVIII + 92 S. 8. Leipzig, Max Hesse, (1903). (M. —. 30, geb. M. —. 50)
(Die Meisterwerke der deutschen Bühne. Hrg. von Prof. Dr. Georg Witkowski. Nr. 6.)

Schiller, Friedrich von. Wilhelm Tell. Schauspiel in 5 Aufzügen. Für Schulgebrauch und Selbstunterricht hrg. von Dr. H Gaudig. II + 144 S. 8. Leipzig und Berlin, Teubner, 1903. (cart. M. —. 40, geb. —. 65)
Deutsche Schulausgaben, hrg. von Dir. Dr. H Gaudig und Dr. G Frick.

— dasselbe, hrsg. v. Frz. Prosch, s.a. Graeser's Schulausgaben klass. Werke. 12. Hft.

Schiller, Friedrich von. Wilhelm Tell. Ein Schauspiel. Mit Einleitung und Anmerkungen versehen von Dr. Franz Prosch.... 31.—34. Tausend. (Mit 2 Kärtchen [auf 1 Tafel].) XVI + 92 S. 8. Leipzig und Berlin, B. G. Teubner, [1903]. (M. —. 50)
Graesers Schulausgaben klassischer Werke. (Heft 12.)

Schiller, Fr. v., Wilhelm Tell. Schauspiel. [Freytag's Schulausgaben und Hilfsbücher für den deutschen Unterricht.] 2. Aufl. 8°. (ill. 144 S. mit einer Karte) geb. K —.90
Wien: Tempsky 1903.

— dasselbe. Hrsg. v. Wilh. Ewerding. Mit e. Karte. (76 S.) gr. 8. Leipzig 904. Dürr'sche Buchh. n. — 75

Wilhelm Tell. Schauspiel in 5 Aufz. von Friedrich v. **Schiller**. Mit ausführl. Erl. f. d. Schulgebr. u. d. Privatstudium von Schulrat Dr. A[ugust] Funke, Sem.Dir. in Warendorf. 12., verb. Aufl. Mit 3 Bild. u. 1 Karte. *Paderborn: F. Schöningh 1904.* (182 S.) 8°
= **Ausgaben**, Schöninghs, deutscher Klassiker. Bd 4. (04. 5?3

— dasselbe, s.a. Schöningh's Textausgaben alter u. neuer Schriftsteller. Nr. 21.

Wilhelm Tell. Schauspiel in 5 Aufz. von Friedrich v. **Schiller**. *Paderborn: F. Schöningh [1904].* (113 S.) 8° [F.]
= **Textausgaben**, Schöninghs, alter u. neuer Schriftsteller. 21. (04. 634

— dasselbe. Schulausg., m. Anmerkgn. v. Denzel. (Neudr.) (VIII, 157 S.) kl. 8. Stuttgart 904. J. G. Cotta Nachf. Geb. in Leinw. n. — 60

Schiller, Friedrich [von]. Wilhelm Tell. Schauspiel von F' Sch' (1759—1805). Zum hundertsten Jahrestage von Schillers Tod 9. Mai 1905 mit Unterstützung von Bund und Kantonen für die schweizerische Jugend hrg. vom Verein für Verbreitung guter Schriften. [Mit Porträt auf dem Umschlag.] 122 S. 8. Basel-Bern-Zürich (Satz: Huber & Co., Frauenfeld; Druck: Haller, Bern), 1905. [fr. —. 30]

Schiller, Friedrich [von]. Wilhelm Tell. Mit biographischer Einleitung von Dr. Otto Weddigen und Erläuterungen von Paul Fischer-Graudenz. Mit [Porträt auf dem Umschlag,] 13 Illustrationen und 1 Übersichtskarte [im Text]. (Zum hundertjährigen Todestage Schillers.) 128 S. 8. Berlin-Leipzig, Hermann Hillger, [1905]. [M. —. 30]

Schiller, Friedrich [von]. Wilhelm Tell. Schauspiel in 5 Aufzügen von F' Sch'. Mit 59 Abbildungen [Tafeln] nach Gemälden und Studien von Ernst Stückelberg ([sowie 1 Porträt des Malers im Text und 1 Karte. Vorwort von] Prof. Dr. Ed[uard] Heyck). XII + 114 S. 4. Bielefeld, Leipzig und Berlin, Velhagen & Klasing, 1905. [geb. M. 6. —]

— dasselbe, s.a. Weber's, Frz., Hausbibliothek. Nr. 10—12.

Wilhelm Tell. Schauspiel von Friedrich v. **Schiller**. Taschenausg. mit großer Schrift u. in neuester Rechtschreibung. Breslau: F. Goerlich [1905]. (140 S.) 8° [F.]
— **Hausbibliothek**, Franz Webers. No 10–12. (07. 8?1?

— dasselbe, s.a. Volksbücherei. Nr. 88.89.

Schiller, Fr., Wilhelm Tell. Schauspiel. [Volksbucherei Nr. 88—89.] 8°. (XI, 145 S.) K —.40
Graz: Styria 1905.

Schiller, Friedrich von. Wilhelm Tell. Ein Schauspiel. Für den Schulgebrauch hrg. von Dr. Anton Sattler.... Mit einer Karte und fünf Vollbildern. XXIV + 152 S. 8. Graz, Verlagsbuchh. »Styria«, 1905. ([geb.] M. —. 85)
(Styria-Ausgaben deutscher Klassiker.)

— dasselbe, s.a. Bibliothek, kleine. Nr. 103. 104.

Wilhelm Tell. Schauspiel. Von Friedrich v. **Schiller**. Hrsg. von Laurenz Kiesgen. Hamm i. W.: Breer & Thiemann [1905]. (150 S.) 8° [F.]
= **Bibliothek**, Kleine. No 103/104. (07. 4775 6

— dasselbe. Volksausg. Mit Vorgeschichte u. Erläutergn. v. A. Schreiner. Hrsg. als Schillergabe f. die sächs. Volksschulen v. den siebenbürgisch-sächs. Hochschülern. (Zum 100jährigen Todestage Schillers.) (142 S. m. Bildnis u. 1 Karte.) kl. 8. Hermannstadt 905. W. Krafft. n. — 34

— dasselbe. Für den Schulgebrauch hrsg. v. Paul Strzemcha. 3. Aufl. (144 S. m. 2 Abbildgn. u. 1 Kärtchen.) kl. 8. Leipzig 905. G. Freytag. — Wien, F. Tempsky. Geb. n. — 75

— dasselbe, bearb. v. Baumann, s.a. Teubner's Sammlung deutscher Dicht- u. Schriftwerke. 14.

Schiller, Fr(iedrich) v[on]. Wilhelm Tell. Schauspiel in fünf Aufzügen. Bearb. von Dr. [Max] Baumann.... [Mit biographischer Einleitung.] 3. Aufl. XXVI + 114 S. 8. Leipzig und Berlin, B. G. Teubner, [1905]. [cart. M. —. 80]
Teubners Sammlung deutscher Dicht- und Schriftwerke, für höhere Mädchenschulen ... hrg. von Dr. G Bornhak.... Bändchen 14....

Wilhelm Tell. Schauspiel in 5 Aufz. von Friedrich v. **Schiller**. Mit ausf. Erl. f. d. Schulgebr. u. d. Privatstudium von Schulrat Dr. A[ugust] Funke, Sem.Dir. 13., verb. Aufl. Mit 3 Bild. u. 1 Karte. Paderborn: F. Schöningh 1905. (182 S.) 8° [F.]
= **Ausgaben**, Schöninghs, deutscher Klassiker. Bd 4. (06. 1?1)

Wilhelm Tell. Ein Schauspiel von Friedrich v. **Schiller**. Schulausg. mit Anm. von Prof. Denzel. Stuttgart & Berlin: J. G. Cotta Nachf. 1905. (VIII, 157 S.) 8° [F.]
(Schul-Ausgaben Deutscher Klassiker.) (0?. 6?8?

Schiller, F. v., Wilhelm Tell. Schauspiel. 3. Aufl. [Freytags Schulausgaben und Hilfsbücher für den deutschen Unterricht.] 8°. (144 S.) geb. K —.90
Wien: Tempsky 1905.

Schiller, (Friedrich [von]). Wilhelm Tell. Kvinakta dramo de Sch'. Laŭ la versmetro de la germana originalo esperantigita de L[udwig] E[mil] Meier. *Mit Vignetten.* 148 p. 8. Basel, Eldono de la Svisa Esperanta Societo, H. A. Tanner, presisto, 1906. [fr. 1. 50]

— dasselbe. hrsg. v. P. Hellwig, s.a. Schulausgaben, deutsche.

Schiller, [Friedrich von]. Wilhelm Tell. Ein Schauspiel von Sch'. Hrg. von Prof. Dr. P[aul] Hellwig. Vorausgeschickt ist eine Einleitung: Ueber das Wesen der dramatischen Poesie. [Mit 1 Karte.] 170 S. 8. Leipzig – Dresden – Berlin, L. Ehlermann, [1906]. ([geb.] M. 1.20)
Deutsche Schulausgaben. Hrg. von Dr. J[ulius] Ziehen. Nr. 41.

Schiller, Fr[iedrich] v[on]. Wilhelm Tell. Schauspiel in fünf Aufzügen. 496 S. 8 (= 5/3,5 cm.). Leipzig, Schmidt & Günther, 1907. (geb. M. 1.50)
(Liliput-Bibliothek.)

Wilhelm Tell. Schauspiel in 5 Aufz. von Friedrich v. Schiller. Mit ausf. Erl. f. d. Schulgebr. u. d. Privatstud. von Schulrat Dr. A[ugust] Funke. 14., verb. Aufl. Mit 3 Bild. u. 1 Karte. Paderborn: F. Schöningh 1907. (180 S.) 8° [F.]
= Ausgaben, Schöninghs, deutscher Klassiker. 4. [08. 8014

— dasselbe, hrsg. v. Fr. Dorner, s.a. Koch's deutsche Klassikerausg.

Schiller, Friedrich von. Wilhelm Tell. Schauspiel in fünf Aufzügen. Mit Einleitung und Erläuterungen von Dr. Friedrich Dorner. Mit einer Kartenskizze [im Text]. 16 + 120 S. 8. Nürnberg, C. Koch, [1908]. (M. —. 30)
(Kochs Deutsche Klassikerausgaben. Billigste Schulausgaben. [Bändchen 2.])

Schiller, (F[riedrich von]). Wilhelm Tell. Bearb. von Professor Paul Schäfenacker. 96 S. 8. Karlsruhe i. B., Ferd. Metzler, 1909. (M. —. 80)
Professor [Emil] Walthers Erläuterungen zu den Klassikern, mit Dispositionen und Aufsätzen. Bändchen 6.

— dasselbe. Schauspiel in 5 Aufzügen. Für den Schulgebrauch hrsg. vom Leipziger Lehrerverein. (128 S. m. 1 Fksm., 1 farb. Karte u. 1 Karte auf dem Umschlag.) 8. Leipzig (909). A. Hahn. — 40; in Schulbd. — 50

— dasselbe, s.a. Quellen.

Schiller, Friedrich von. Wilhelm Tell. Schauspiel in fünf Aufzügen. [Mit Vignetten.] 128 S. 8. München, Verlag der Jugendblätter. [1909]. [cart.] M. —. 20
Quellen. Bücher zur Freude und zur Förderung. Hrg. von Heinrich Wolgast. (II. Reihe. [Band] 10.)

— dasselbe, hrsg. v. Karl Knabe, s.a. Sammlung, Jaeger'sche, deutscher Schulausgaben f. höhere Lehranstalten.

Schiller, Friedrich von. Wilhelm Tell. Schauspiel. Mit Einleitung und Anmerkungen, sowie einer Übersichtskarte [und 1 Figur] hrg. von Dr. Karl Knabe.... X + 132 S. 8. Leipzig (und Berlin), Jaeger. [1910]. (M. —. 30, geb. —. 40)
Jaeger'sche Sammlung deutscher Schulausgaben für höhere Lehranstalten. Nr. 3.

— dasselbe. Ein Schauspiel. Hrsg. v. Wilh. Ewerding. 3. Aufl. (76 S. m. 1 farb. Karte.) gr. 8. Leipzig 911. [Dürr'sche Buchh.] Berlin, Union, Zweigniederlassg. — 75

—— William Tell; an histor. play, from the German with notes and illustrations, by Will. Peter. 8. (13 B.) Heidelberg 839, C. F. Winter.

— William Tell, an historical play. The German text, with an interlineary translation, grammatical and historical notes, and an introduction containing the Elements of German grammar. For the Use of English scholars. By Arthur Ch. White and Lewis Braunfels. gr. 8. Bonn 841, Henry and Cohen. 1 1/2 ß

—— William Tell. An historical play from the German. With notes and illustrations by William Peter. 2. edit. 8. (VIII und 200 S.) Luzern 867, Gebbhardt. cart. *

— William Tell. A historical play from the german with notes by Will. Peter. 3. ed 8. (VIII, 200 S.) Luzern 873. Gebhardt. n. 3. —

Schiller, Frdr. v., William Tell. A historical play from the German, with notes and illustrations by William Petor Esq. 4. ed. 8. (VIII, 206 S.) Luzern 899. A. Gebhardt. n. 1. 50

— Testament. Perlen für das deutsche Volk. Sentenzen aus seinen Werken in alphabetischer Reihenfolge. gr. 16. Leipzig 846, Melzer. 1/2 ß

—— Testament. Perlen f. das deutsche Volk. Sentenzen aus seinen Werken in alphabetischer Reihenfolge. gr. 16. (13 1/8 B.) Leipzig 846, [Braunschweig, Westermann.]

— Thalia. 12 Hefte. gr. 8. 1s Heft, Mannh. Schwan u. G. 2s — 12s Heft, Leipz. Göschen. 782 – 90. (1s 18 gr. 2s 3s à 12 gr. 4s 8 gr. 5s 12 gr. 6s 14 gr. 7s 10 gr. 8s 9 gr. 9s — 12s à 12 gr.)

— Thalia. 1s — 12s Heft. gr. 8. Leipz. 782 — 90. Göschen. 5 ß 21 gr. Neue Thalia f. 1792 u. 93. 12 Stcke. gr. 8. Ebd. 6 ß

— rhein. Thalia. 1s — 3s Hft. gr. 8. Manh. 785, 86. Schwan u. G. 10 gr.

— Theater, m. K. 5 Bde. gr. 8. Tübing. Cotta. 805 – 8. (I. enth. a) Jungfrau v. Orleans, b) Huldigung d. Künste, c) Don Karlos. II. a) die Räuber, b) die Verschworung des Fiesko, c) Kabale u. Liebe, d) Parasit. III. a) Wallenstein, b) Braut v. Messina. IV. a) Maria Stuart, b) Macbeth, c) Turandot, d) Iphigenia in Aulis. V. a) Wilhelm Tell, b) Phädra, c) Neffe als Onkel, d) Menschenfeind, e) Semele.) (à Bd. 1 Thlr.) 5 —
Weiß Druckp. (à 1 Thlr. 16 gr.) 8 8
Schreibpap. (à 2 Thlr. 16 gr.) 13 8
Velinpap. (à 5 Thlr.) 25 —

v. Schiller, Fr., Theater. 5 Bde., mit Kpf. gr. 8. Stuttg. 806 — 8. v. Cotta. 8 ß 8 gr. Schreibp. 10 ß (I. Enth.: a) Jungfrau v. Orleans. b) Huldigung der Künste. c) Don Carlos. II. a) Die Räuber. b) Die Verschwörung des Fiesko. c) Kabale u. Liebe. d) Parasit. III. a) Wallenstein. b) Braut v. Messina. IV. a) Maria Stuart. b) Macbeth. c) Turandot. d) Iphigenia in Aulis. V. a) Wilhelm Tell. b) Phädra. c) Neffe als Onkel. d) Menschenfeind. e) Semele.)

—— Theater in 8 Bdn. gr. 16. Stuttgart 871, Cotta'sche Buchh. à Bd. * 25 Pf. *

Inhalt:

Bd. 1. Die Räuber. — Die Verschwörung des Fiesco zu Genua. (III, 183 S.)
" 2. Kabale und Liebe. — Maria Stuart. (III, 183 S.)
" 3. Don Karlos. — Der Menschenfeind. (III, 183 S.)
" 4. Wallensteins Lager. — Die Piccolomini. — Wallensteins Tod. (III, 208 S.)
" 5. Die Jungfrau von Orleans. — Braut von Messina. (III, 173 S.)
" 6. Wilhelm Tell. — Die Huldigung der Künste. — Iphigenie in Aulis. — Scenen aus den Phönicierinnen des Euripides. (III, 167 S.)
" 7. Macbeth. — Turandot. — Der Parasit. (III, 187 S.)
" 8. Der Neffe als Onkel. — Phädra. — Nachlaß. (III, 145 S.)

— Theater. Nach den vorzüglichsten Quellen rev. Ausg. Hrsg. von Wendelin v. Maltzahn u. Rob. Boxberger. 8 Thle. gr. 16. (253, 336, 244, 344, 177, 224, 199 u. VII, 688 S.) Berlin 879. Hempel. In 4 Bde. geb. n. 10. —

— Wallenstein's Tod, s.a. Dichtungen, klassische deutsche, m. kurzen Erklärungen f. Schule u. Haus.

— — s.a. Repertoire des herzogl. Meiningischen Hof-Theaters.

— — s.a. Universal-Bibliothek.

— Wallensteins Tod, s.a. Volksbücher der deutschen Gedächtnis-Stiftung 5. Heft.

— Wallensteins Tod, bearb. v. N. Tarral, s.a. Theater-Bibliothek (f. Vereine u. Gesellschaften). 35. Bdchn.

Wallensteins Tod. Ein Trauerspiel in 5 Aufz. von Friedrich v. Schiller. Für d. Schul- u. Vereinsbühne bearb. von Oberl. Dr. N[ikolaus] Tarral. Trier: Paulinus-Dr. 1905. 56 S. 8°
(Theaterbibliothek. Bdch. 35.)

v. Schiller, Fr., drei Trauerspiele. (Enth.: 1) Kabale u. Liebe. 2) Fieskos Verschwörung. 3) Die Räuber.) gr. 8. Manh. 784. N. Aufl. 804. Schwan u. G. 1 ₰ 6 𝒦 Velinp. 2 ₰

— Triumph d. Liebe. Eine Hymne. In gereimten latein. Rythmen, nachgesungen von K. F. Dräxler. 12. Königsgrätz 826. Pospischil. (Prag, Kronberger u. W.) 6 𝒦

— erste bis jetzt unbekannte Jugendschrift: (Die Tugend in ihren Folgen betrachtet. — Zu Schiller's Nachlaß. — Herausg. u. mit einem Vorworte begleitet von F. Frhr. v. Böhnen.) 2e Aufl. 8. Amberg 840. Klober. 1/6 ₰

—— erste bis jetzt unbekannte Jugendschrift (: Die Tugend in ihren Folgen betrachtet. — Zu Schiller's Nachlaß. — Hrsg. u. mit e. Vorw. begl. v. F. v. Böhnen.) 2. Aufl. 8. (1½ B.) Amberg 840, [Manz.]

—— erste, bis jetzt unbekannte Jugendarbeit. (Die Tugend in ihren Folgen betrachtet.) 2. Aufl. 32. (48 S.) Stuttgart 859, Fischhaber.

—— Turandot, Princess of China; a tragi-comic drama in five acts. From the German with considerable alterations and the introduction of new characters; with the view of its adaption to the english stage. By Archer Thompson Gurney. gr. 8. (7½ B.) Frankfort o. M. 836, (Fr. Wilmans.)*

— Turandot, Prinzessin v. China, s.a. Hempel's Klassiker-Bibliothek.

— Turandot, s.a. Meyer's Volksbücher.

—— Turandot, s.a. Universal-Bibliothek.

— Turandot, Prinzessin von China. 8. Tübing. 802. v. Cotta. 16 𝒦

—— Turandot Prinzessin von China. Ein tragikom. Mährchen nach Gozzi. 8. (III und 122 S.) Stuttgart 855, Cotta'sche Buchh.

— Turandot, Prinzessin von China. Ein tragi-komisches Märchen nach Gozzi. Stuttgart 863. Cotta'sche Buchh. 8. (III, 122 S.) n. 5 ngr.

Schiller, Friedr. v., Turandot, Prinzessin von China. Ein tragikom. Märchen nach Gozzi. Nach den vorzüglichsten Quellen revid. Ausg. Hrsg. von Wendelin v. Maltzahn. gr. 16. (88 S.) Berlin 879, Hempel. geb. *

— dasselbe. Stenotachygraphisch dargest. v. Karl Lang. Mit 9 Illustr. von Paul Lang. gr. 8. (II, 66 S.) Pfarrhaus Obertürkheim i/Württ. 896. K. Lang. Kart. n.n. 1. 60

— Turandot, Prinzessin v. China, s.a. Bibliothek d. Gesamtlitteratur d. In- u. Auslandes.

[F.] Turandot, Prinzessin von China. E. tragikom. Märchen nach v. Gozzi v. Friedrich v. Schiller. SA. aus d. Gesamt-Ausg. *Halle a. d. S.: O. Hendel (1897).* (1 Bl., 921—998 S., 1 Portr.) 1 Bd 8.
= Bibliothek d. Gesamtlitteratur d. In- u. Auslandes. No 1048. (97. 7937)

— Uebersetzungen, s.: Hausbibliothek deutscher Klasiker.

— dasselbe, s.: Theater-Bibliothek.

— — s. Universal-Bibliothek.

* VENUSWAGEN, Der. (Gedicht von *Frdr. Schiller.*) 24 Seiten. Ohne jede Bezeichnung, aber Stuttgart bei J. B. Metzler 1781. 12°.

— — Der Venuswagen. Nach der alten Ausgabe buchstabengetreu abgedruckt. Stuttgart, Ed. Fischhaber, o. J. (c. 1860) 12°. 16 S. (6 Mk. 50 Pfg. Adolf Weigel, 1905; 6 Mk. F. Waldau, 1907.)

— — Venuswagen, Band I: Der Venuswagen (dann rot gedruckt). Ein Gedicht von — —. 1781. (Acht farbige) Lithographien von Lovis Corinth. 1 weißes Bl., 33 S. (32/33 Anmerkung), 1 S. weiß, 1 S. Notiz, 3 S. weiß. 700 numer. Expl. Vorzugsausgabe in Seide auf Büttenpapier vom Künstler handschriftlich signiert.

— der Verbrecher aus verlorener Ehre, s.: Bücher, bunte.

—— der Verbrecher aus verlorener Ehre, s.a. Büchersammlung, Gabelsberger stenographische.

—— der Verbrecher aus verlorener Ehre, s.a. Erzählungen des deutschen Hausfreundes.

—— dass. — s.a. Haus-Bibliothek.

—— der Verbrecher aus verlorner Ehre, s.a. Novellenschatz neuer deutscher.

— der Verbrecher aus verlorner Ehre. Hrsg. in Stolze'scher Stenographie v. W. Dieckmann. gr. 8. (34 autogr. S.) Elberfeld 885. Fassbender. n. — 90

Schiller, F. v. Politisches Vermächtniss. Ein Seitenstück zu Börnes Briefen aus Paris. Hamburg 1832. H: *Campe, Julius.* (GGr)

— polit. Vermächtniß. Ein Seitenstück zu Börne's Briefen aus Paris. 8. Hamb. 832. Hoffmann u. Campe. 6 𝒢.

— die Verschwörung d. Fiesco zu Genua, s.a. Bibliothek der Gesamt-Litteratur d. In- u. Auslandes.

— dasselbe, hrsg. v. R. Richter, s.: Graeser's Schulausgaben klass. Werke.

— dasselbe, s.a. Hausbibliothek deutscher Klassiker.

— die Verschwörung des Fiesko zu Genua, s.a. Hempel's Klassiker-Bibliothek.

— dasselbe, hrsg. v. Geo. Witkowski, s.: Meisterwerke, die, der deutschen Bühne Nr. 21.

— die Verschwörung des Fiesko zu Genua, s.a. Meyer's Volksbücher.

— dasselbe. s.a. Museum.

— — s.a. Theater-Bibliothek, classische. — Universal-Bibliothek.

— dasselbe, s.a. Volksbibliothek des Lahrer hinkenden Boten.

— die Verschwörung des Fiesko zu Genua. Trspl. gr. 8. Manh. 783. N. A. 804. Schwan u. G. 12 𝒦

— dass., bearb. v. K. M. Plümicke. 8. Berl. 784. 2e A. 792. N. A. 796. Leipz., Sommer. (Nauck). 12 𝒦

— dass. N. A. 8. Tübing. u. Stuttg. 818. v. Cotta. 9 ℛ

—— die Verschwörung des Fiesco zu Genua. Ein republicanisches Trauerspiel. 8. (167 S.) Stuttgart 847, Cotta'sche Buchh.

— die Verschwörung des Fiesco zu Genua. Ein republikan. Trauerspiel. (Neue Aufl.) Ebend. 856. 8. (162 S.) 12 ngr.

— die Verschwörung des Fiesco zu Genua. Ein republikanisches Trauerspiel. Stuttgart 867. Cotta'sche Buchh. 8. (148 S.) n. 7 ngr.

— — Ebend. 867. 16. (106 S.) n. 2 ngr.

— die Verschwörung d. Fiesco zu Genua. 8. (141 S.) Teschen 871. Leipzig, Zieger. n. — 75; cart. n. 1. —; geb. 1. 25

Schiller, Fr. v., die Verschwörung des Fiesko zu Genua. Ein republikanisches Trauerspiel. Nach den vorzüglichsten Quellen rev. Ausg. Hrsg. von Wendelin v. Maltzahn. gr. 16. (115 S.) Berlin 879. Hempel. geb. n. — 60

Schiller, Frdr. v., die Verschwörung d. Fiesko zu Genua. E. republikan. Trauerspiel. F. d. Schulgebrauch hrsg. v. Osk. Langer. 12. (172 S.) Leipzig 895. G. Freytag. Kart. n. — 80

Schiller, Friedrich von, Die Verschwörung des Fiesco zu Genua. Ein republikanisches Trauerspiel. Für den Schulgebrauch herausgegeben von Oscar Langer. 8. (172 S.) Geb. —.40
Prag: Tempsky 1895.

— dasselbe, s.a. Handbibliothek, Cotta'sche. Nr. 112.

Die Verschwörung des Fiesco in Genua. Ein republikan. Trauerspiel von Friedrich v. Schiller. Mit e. Einl. von Karl Goedeke. Stuttgart & Berlin; J. G. Cotta Nachf. [1905]. (112 S.) 8° [J.]
= Handbibliothek, Cotta'sche. No 112. [05. 5807

— die Verschwörung des Fiesko zu Genua. Ein republikan. Trauerspiel. Mit Einleitg. u. Anmerkgn. v. R. Richter. 6.—8. Tausf.) (XII, 88 S.) 8. Leipzig (906). B. G. Teubner. n. — 50

Die Verschwörung des Fiesko zu Genua. Ein republik. Trauerspiel von Friedrich v. Schiller. Für Schule u. Haus hrsg. von Dr. Ferdinand Hoffmann, Prof., Gera. Münster i. W.: Aschendorff 1907. (187 S.) 8° [J.]
(Aschendorff's Sammlung auserlesener Werke d. Literatur.) [07. 3469

— Versuch üb. d. Zusammenhang d. thier. Natur des Menschen mit seiner geistigen. 4. Stuttg. 780.

— Versuch üb. den Zusammenhang d. thier. Natur des Menschen mit sein. geistigen. gr. 8. Wien, Wallishäuser. 811.

—— s. Viehoff, Heinr., Schillers Leben, Geistesentwickelung und Werke.

— über Völkerwanderung, Kreuzzüge u. Mittelalter. Lateinische Übersetzg. m. ausführl. Exkursen. Für Studierende u. Lehrer v. R. Bouterwek. gr. 8. (68 S.) Paderborn 887. F. Schöningh. n. 1. 20

— Wallenstein.

-- dasselbe, s.a. Auswahl f. die Schule aus den Werken deutscher Dichter. (Gevin, L.)

—— dass. — s.a. Bibliothek der Gesamt-Litteratur des In- und Auslandes.

—— dass. — s.a. Classiker, deutsche, für den Schulgebrauch.

— dasselbe, s.a. Dürr's deutsche Bibliothek. 5. Bd.

—— dass. — erläutert von Heinr. Düntzer, s. Erläuterungen zu den deutschen Klassikern.

dasselbe, Bearbeitg. f. das Schultheater, s.: Frey, Edm.

— dasselbe, hrsg. v. Eduard Castle, s.a. Graeser's Schulausgaben klassischer Werke.

— dasselbe, s.a. Hempel's Klassiker-Bibliothek.

— dasselbe, s.a. Hölder's Classiker-Ausgaben f. den Schulgebrauch.

-- dasselbe, hrsg. v. Herm. Müller, s.: Koch's deutsche Klassikerausgaben.

— — s.a. Kuenen u. Evers: Die deutschen Klassiker.

— dasselbe, s.a. Lektüre, gewählte, f. Schule u. Haus.

-- dasselbe, hrsg. v. Jgn. Breme, s.: Lesestoff, deutscher, f. Mädchenbildungsanstalten.

— dasselbe, s.a. Meisterwerke, die, der deutschen Bühne Nr. 2 u. 3.

—— dass. — s.a. Meisterwerke unserer Dichter.

— dasselbe, hrsg. v. Ludw. Sevin, s.: Meisterwerke d. deutsch. Litteratur. 8.

— — dass. — s.a. Meyer's Volksbücher.

—— dass. — s.a. Museum.

—— dass. — s.a. Plays, German classical.

— dasselbe, hrsg. v. L. Fränkel, s.: Sammlung deutscher Dichtgn. u. Prosawerke.

-- dasselbe. Mit Einleitg. v. Justus Walter, s.: Sammlung Jaeger'sche, deutscher Schulausgaben f. höhere Lehranstalten.

—— dass. — s.a. Stecher, Ch., deutsche Dichtung für die christliche Familie und Schule.

— dasselbe, s.a. Teubner's Sammlung deutscher Dicht- u. Schriftwerke f. höhere Töchterschulen.

— dasselbe, hrsg. v. C. Michaelis, s.: Velhagen & Klasing's Sammlung deutscher Schulausgaben.

-- dasselbe, s.a. Volksbibliothek des Lahrer hinkenden Boten.

— dasselbe, hrsg. v. Paul Schneider, s.: Weise's deutsche Bücherei.

— Wallenstein. Dramat. Gedicht. 800. 2e A. 801. 3e A. 801. 4e A. 802. 5e A. 8. Tübing. 816. v. Cotta. 1 ℛ 8 ℛ

Schiller, Friedrich v. Wallenstein ... in 5 Aufz. Zur Aufführung eines Abends, für die Bühne bearbeitet. Mannheim 1802 bis 1805. B: *Vogel, Wilhelm.* (Zeitschr. f. Büch. N. F. 15, 1923, S. 121)

— dass. in 5 A., für d. Bühne bearb. von K. F. W. Fleischer. 8. Glogau 803. N. Günter'sche B. 10 gGr

— dass. zur Aufführung eines Abends, für d. Bühne bearb. in 5 A. 8. Manh. ... N. A. 805. Löffler. 12 gGr

— Wallenstein, Poëme dramatique, traduct. nouv. par F. Lefrançois. II Pts. (Franz. u. Deutsch.) gr. in-8. (58¾ B.) Strasbourg 837, libr. de Levrault.

— Wallenstein. Ein dramatisches Gedicht. 2 Thle. (Mit 2 Stahlst.) 16. Stuttgart 843, Cotta'scher Verlag. In gepreßt. Einband mit Goldschn. 2 ℳ

— Wallenstein. Ein dramat. Gedicht. 8. (25 B.) Ebds. 846.

— Wallenstein. Ein dramat. Gedicht. 8. (403 S.) Ebd. 852. ¾ ℳ

— Wallenstein. Ein dramatisches Gedicht. (Neue Aufl.) Ebend. 853, 855, 856 u. 858. 8. (3 Bl., 403 S.) 22½ ngr.

— Wallenstein. Ein dramat. Gedicht. Für Schule und Haus hrsg. von Karl Gust. Helbig. 8. (IX und 492 S.) Stuttgart 856, Cotta'sche Buchh. *

— Wallenstein. Nach den Handschriften und Veränderungen des Verf. vom J. 1799. Hrsg. von Wendelin v. Maltzahn. gr. 8. (X und 89 S.) Stuttgart 861, Cotta'sche Buchh. *

— Wallenstein. Ein dramat. Gedicht. Stuttgart 866. Cotta'sche Buchh. 8. (378 S.) n. 14 ngr.

— — 2 Theile. Ebend. 867. 16. (306 S.) n. 4 ngr.

— — Schulausgabe mit Anmerkungen von J. W. Schaefer. 2 Bdchn. gr. 16. Ebend. 869, 70. cart. Jedes Bdchn. n. 8 ngr.
1. Wallenstein's Lager. — Die Piccolomini. (XII, 102 S.)
2. Wallenstein's Tod. (164 S.)

— dass. — 8. (310 S.) Teschen 871, Prochaska. [Leipzig, Zieger.] cart. (*ℳ 1,25.) — 50
geb. (ℳ 1,60.) — 75
Auf feinerem Papier mit Photogr. geb. (ℳ 2,60.) 1 20

— dass. — Mit Zeichnungen von Wold. Friedrich, in Holz geschn. von H. Kaeseberg u. A. 3. Aufl. 8. Berlin 873, Grote'sche Verlagsh. geb. *ℳ 4.; mit Goldschn. * 4 50
Schiller's Gräfin Terzky, vgl.: Bülau, Frz. Alf.

— Wallenstein. Ein dramatisches Gedicht. Nach den vorzüglichsten Quellen revid. Ausg. Hrsg. von Wendelin v. Maltzahn. gr. 16. (244 S.) Berlin 879, Hempel. geb. *

— Wallenstein. Ein dramat. Gedicht. 2 Abtlgn. (Schul-Ausg. in neuer Rechtschreibung.) 8. [Elberfeld 880, Loll's Nachf.] Berlin, Friedberg und Mode. cart. à Abtl. * 60 Pf. * 1 20
Inhalt:
Abtl. 1. Wallensteins Lager. — Die Piccolomini. (116 S.)
" 2. Wallensteins Tod. (119 S.)

— Wallenstein. Ein dramat. Gedicht. Mit ausführl. Erläutergn. f. den Schulgebrauch u. das Privatstudium v. A. Funke. 8. (334 S.) Paderborn 886. F. Schöningh. n. 1. 80

— dasselbe. Schulausg. m. Anmerkgn. v. J. W. Schaefer. 2 Bdchn. 12. Stuttgart, J. G. Cotta Nachf. Kart. à n. — 80; erm. Pr. à n. — 60
1. 1. Wallensteins Lager. 2. Die Piccolomini. (XII, 162 S.) 890.
2. Wallensteins Tod. (164 S.) 892.

— Wallenstein. Ein dramat. Gedicht. gr. 16. (412 S.) Stuttgart 890. Krabbe. geb. n. 3. —

— Wallenstein. Ein dramat. Gedicht. Mit ausführl. Erläutergn. f. den Schulgebrauch u. das Privatstudium v. A. Funke. 2. Aufl. 8. (335 S.) Paderborn 891. F. Schöningh. n. 1. 80; geb. n. 2. 10

[F. u. Anz.] Wallenstein. E. Trauersp. v. Friedrich [v.] Schiller. Ed. '(w. introd., Engl. notes, a. an append.)' (T. II: w. introd., notes, appendices a. a map) by Karl Breul, ... univ. lecturer in German. (T. 1: Ed. f. the syndics of the Univ. Press.) ([T.] 1.) II. *Cambridge: Univ. Press 1894—96.* 2 Bde 8.
(1.) 1894. (LVI, 209 S.)
II. Wallensteins Tod. 1896. (LXVII, 394 S.)
(Pitt Press Series. IV. German. [No 23. 26.])

— Wallenstein. Ein dramat. Gedicht. Für d. Schulgebrauch hrsg. v. Frz. Ullsperger. Mit 1 Märtchen. 12. (336 S.) Ebd. 896. Geb. n. 1. 25

— dasselbe, hrsg. v. A. Funke, s. a. Schöningh's, Ferd., Ausgaben deutscher Klassiker. 7. Bd.

[F.] Wallenstein. E. dramat. Ged. v. Friedrich v. Schiller. M. ausführl. Erl. f. d. Schulgebr. u. d. Privatstud. v. Dr. A[ug.] Funke, Seminardir. in Warendorf. 4., verb. Aufl. *Paderborn: F. Schöningh 1896.* (362 S.) 1 Bd 8.
= Ausgaben, Schöninghs, deutscher Klassiker. Bd VII. [97. 1914]

Wallenstein. Ein dramatisches Gedicht. Für den Schulgebrauch herausgegeben von Franz Ullsperger. Mit einem Märtchen. 12. (336 S. In Lnwd. geb. —.80
Wien: Tempsky 1897.

Wallenstein. Ein dramat. Gedicht von Friedrich v. Schiller. Schulausg., besorgt von Ludwig Sevin. Dir. in Baden. Mit 1 Titelb. 2. verb. Aufl. Berlin: Reuther & Reichard 1899. (163 S.) 8°
= Meisterwerke d. deutschen Litteratur. 8.

— Wallenstein. 12. (217 S.) Leipzig 899. M. Hesse. Geb. in Leinw. — 75

Wallenstein, e. dramat. Gedicht von Friedrich v. Schiller. Für d. Schulgebr. hrsg. von Dr. Heinrich Vockeradt, Dir. zu Recklinghausen. *Münster i. W.: Aschendorff 1901.* (445 S.) 8° [F.]
= Ausgaben, Aschendorffs, f. d. deutschen Unterricht. [2.] [01. 10718]

Wallenstein. Ein dramat. Gedicht von Friedrich v. Schiller. Mit ausführl. Erl. f. d. Schulgebr. u. d. Privatstud. von Schulrat Dr. A[ugust] Funke, Sem. Dir. 7., verb. Aufl. *Paderborn: F. Schöningh 1901.* (302 S.) 8° [F.]
— Ausgaben, Schöninghs, deutscher Klassiker. Bd 7. [01. 6607]

— dasselbe. Ein dramat. Gedicht. Schulausg. m. Anmerkgn. v. J. W. Schaefer. 1. Bdchn. 1. Wallensteins Lager. 2. Die Piccolomini. (Neue Ausg.) 12. (XII, 162 S.) Stuttgart 901. J. G. Cotta Nachf. Geb. in Leinw. n. — 60

— dasselbe, s. a. Schulausgaben deutscher Klassiker.

Wallenstein. Ein dramat. Gedicht. Von [Friedrich v.] Schiller. Schulausg. mit Anm. von Prof. Dr. J[ohann] W[ilhelm] Schäfer. Bdch. 1. 2. Stuttgart: J. G. Cotta Nachf. 1901—04. 2 Bde 8° [F.]
1, 1. Wallensteins Lager. 2. Die Piccolomini. 1901. 2. Wallensteins Tod. 1904.
(Schul-Ausgaben Deutscher Klassiker.) [05. 7205]

— dasselbe. Für den Schulgebrauch hrsg. v. Frz. Ullsperger. 2. Aufl. (336 S. m. 1 Märtchen.) 12. Leipzig 902. G. Freytag. Geb. n. 1. 25

— dasselbe. Für den Schulgebrauch hrsg. v. Heinr. Bockeradt. 8. (445 S.) Münster 902. Aschendorff.
Geb. in Leinw. n. 1. 65

— **Wallenstein.** Ein dramat. Gedicht in 2 Tln. Für den Schulgebrauch u. Selbstunterricht hrsg. v. G. Frick. (Deutsche Schulausgaben, hrsg. v. H. Gaudig u. G. Frick.) 8. Leipzig 903. B. G. Teubner. à n. — 40; geb. in Leinw. à n.n. — 65; in 1 Bd., geh. n. — 80; geb. n. 1. 20
1. Wallensteins Lager u. Die Piccolomini. (155 S.)
2. Wallensteins Tod. (153 S.)

Wallenstein. Ein dramat. Gedicht von Friedrich v. Schiller. Mit ausführl. Erl. f. d. Schulgebr. u. d. Privatstudium von Schulrat Dr. A[ugust] Funke, Sem.Dir. in Warendorf. 8., verb. Aufl. Mit e. Portr. Wallensteins. *Paderborn: F. Schöningh 1903.* (346 S.) 8° [F.]
= Ausgaben, Schöninghs, deutscher Klassiker. Bd 7. [04. 5119

— dasselbe. s.a. Schöningh's Textausgaben alter u. neuer Schriftsteller Nr. 14 u. 15.

Wallenstein. Ein dramat. Gedicht von Friedrich v. Schiller. 1. 2. *Paderborn: F. Schöningh [1903].* 2 Bde 8° [F.]
1. Wallensteins Lager. Die Piccolomini. 2. Wallensteins Tod.
= Textausgaben, Schöninghs, alter u. neuer Schriftsteller. [14. 15.] [04. 6337

— dasselbe. Schulausg. m. Anmerkgn. v. J. W. Schaefer. 2 Bdchn. 8. Stuttgart, J. G. Cotta Nachf.
Geb. in Leinw. à n. — 60
1. Wallensteins Lager. 2. Die Piccolomini. (Neue Aufl.) (XII, 162 S.) 903.
2. Wallensteins Tod. (Neue Aufl.) (164 S.) 904.

Schiller, Fr. v., Wallenstein. Ein dramatisches Gedicht. [Freytag's Schulausgaben und Hilfsbücher für den deutschen Unterricht.] 2. Aufl. 8°. (336 S. mit einer Karte) geb. K 1.50
Wien: Tempsky 1903.

— dasselbe. Hrsg. v. Karl Heinemann. (164 S.) gr. 8. Leipzig 904. Dürr'sche Buchh. n. 1. 50

Wallenstein. Ein dramat. Gedicht von Friedrich v. Schiller. Mit Einl. u. Anm. Hrsg. im Auftr. d. Literar. Vereinigung d. Berliner Lehrerver. von Paul Schneider. Berlin: A. Anton & Co. [1905]. (XV, 296 S.) 8° [F.]
= Bücherei, Weises Deutsche. 8/9. [06. 1085

— dasselbe. s.a. Weber's, Frz., Hausbibliothek Nr. 70—75.

Wallenstein. Ein dramat. Gedicht von Friedrich v. Schiller. T. 1. 2. Taschenausg. mit groß. Schrift u. in neuester Rechtschreibung. Breslau: F. Goerlich [1905]. 2 Bde 8° [F.]
1. Wallensteins Lager. Die Piccolomini.
2. Wallensteins Tod. Ein Trauerspiel in 5 Aufz.
= Hausbibliothek, Franz Webers. No 70—75. [07. 8941

— dasselbe. Für den Schulgebrauch hrsg. v. Frz. Ullsperger. 3. Aufl. (352 S. m. 1 Kärtchen.) kl. 8. Leipzig 905. G. Freytag. — Wien, F. Tempsky. Geb. n. 1. 25

Wallenstein. Ein dramat. Gedicht von Friedrich v. Schiller. Mit ausf. Erl. f. d. Schulgebr. u. d. Privatstudium von Schulrat Dr. A[ugust] Funke, Sem.Dir. 9., verb. Aufl. Mit 1 Portr. Wallensteins. Paderborn: F. Schöningh 1905. (355 S.) 8° [F.]
— Ausgaben, Schöninghs, deutscher Klassiker. Bd 7. [06. 1314

— dasselbe. s.a. Handbibliothek, Cotta'sche. Nr. 113. 114.

Wallenstein. Ein dramat. Gedicht von Friedrich v. Schiller. Mit Einl. von Karl Goedeke. T. 1. 2. Stuttgart & Berlin: J. G. Cotta Nachf. [1905]. 2 Bde 8° [F.]
1. Wallensteins Lager. Die Piccolomini. 2. Wallensteins Tod.
= Handbibliothek, Cotta'sche. No 113. 114. [05. 5168

Schiller, F. v., Wallenstein. Ein dramatisches Gedicht. 8. Aufl. [Freytags Schulausgaben und Hilfsbücher f. d. deutschen Unterricht.] 8°. (352 S. mit 1 Karte) geb. K 1.50
Wien: Tempsky 1905.

— dasselbe. Für Schule u. Volk hrsg. v. Heinr. Bockeradt. 2. Aufl. (445 S.) kl. 8. Münster 906. Aschendorff.
Geb. 1. 65

Wallenstein. Ein dramat. Gedicht von Friedrich v. Schiller. Mit ausführl. Erl. f. d. Schulgebr. u. d. Privatstud. von Schulrat Dr. A[ugust] Funke. 10. verb. Aufl. Mit e. Portr. Wallensteins. Paderborn: F. Schöningh 1906. (355 S.) 8° [F.]
= Ausgaben, Schöninghs, deutscher Klassiker. Bd 7. [07. 10713 8

— dasselbe. Hrsg. v. Karl Heilmann. 2., durchgeseh. Aufl. (164 S.) gr. 8. Leipzig 908. Dürr'sche Buchh. 1. 50

— **Wallenstein.** Ein dramat. Gedicht. 2 Tle. 5×3,5 cm. Leipzig 908. H. Schmidt & C. Günther.
Geb. in Ldr. à 1. 50
1. Wallensteins Lager. Die Piccolomini. (594 S.)
2. Wallensteins Tod. (611 S.)

— Was heißt u. zu welchem Ende studiert man Universalgeschichte?, s.a. Bretschneider, O, du mein Jena!

— was heißt u. zu welchem Ende studirt man Universalgeschichte? 8. Jena 790. (Hennings in Neisse). 3 gr

Eleonore Lemp. [Friedrich v.] Schillers Welt- und Lebensanschauung in Aussprüchen aus s. Werken u. Briefen. Mit e. Geleitwort von Prof. Dr. J[akob] Wychgram. Frankfurt a. M.: M. Diesterweg 1905. (VII, 300 S.) 8° [F.] [05. 4209

— s. Weltrich, R., Friedrich Schiller, Geschichte seines Lebens und Charakteristik seiner Werke.

— Werke.

— dasselbe. s.a. Bibliothek deutscher Klassiker. 7.—9. Bd.

— Werke, s.a. Bibliothek der deutschen Nationalliteratur.

— Werke, s.a. Classiker, deutsche.

— (in Auswahl), hrsg. v. Rud. Steiner, s.a. Dichter, deutsche, in Auswahl für's Volk. Nr. 4.

Schiller's, Frdr. v., Werke, s.a. Klassiker-Bibliothek, deutsche.

— dass. — s.a. National-Bibliothek sämmtlicher deutschen Classiker.

Schiller's, Fr. v., Werke, s.a. National-Litteratur, deutsche.

— dasselbe. s.a. Wallroth's Klassiker-Bibliothek.

Schiller's, Fr. v., Werke. Erste illustr. Ausg. m. erläut. Einleitgn (12 Bde. od. 30 Lfgn.) 3. verb. Aufl. 30 Lfgn. 8. Berlin 873. 74. Grote. à — 50
1. Bd. Gedichte. Mit Zeichngn. v. E. Schlesinger u. A.; in Holz geschn. v. R. Brend'amour u. e. Einleitg. v. Gust. Wendt. 3. verb. Aufl. (368 S.)
2. Bd. Die Räuber. Ein Schauspiel. Mit Zeichngn. v. A. v. Werner, in Holz geschn. v. Ad. Closs u. e. Einleitg. v. Gust. Wendt. 4. Aufl. (XV, 146 S.)
3. Bd. Die Verschwörung d. Fiesko zu Genua. Ein republikan. Trauerspiel. Mit Illustrationen v. A. Liezen, Mayer u. J. G. Füllhaas, geschn. v. O. Roth u. W. Aarland, u. e. Einleitg. v. Gust. Wendt. 3. Aufl. (XII, 120 S.) — Kabale u. Liebe. Ein bürgerl. Trauerspiel v. Schiller. Mit Illustrationen v. H. Lessow, in Holz geschn. v. Closs u. Ruff, u. e. Einleitg. v. Gust. Wendt. 3. Aufl. (114 S.)

4. Bd. Don Carlos, Infant v. Spanien. Ein dramat. Gedicht. Mit Zeichngn. v. Adf. Schmitz u. Paul Thumann, in Holz geschn. v. R. Brend'amour, u. e. Einleitg. v. Gust. Wendt. 3. Aufl. (XV, 267 S.) — Der Menschenfeind. Ein Fragment. Die Huldigung der Künste. Ein lyr. Spiel. Mit einer Einleitg. v. Gust. Wendt. 3. Aufl. (VII, 38 S.)

5. Bd. Wallenstein. Ein dramat. Gedicht. Mit Zeichngn. v. Woldem. Friedrich, in Holz geschn. v. C. H. Schulze, H. Käseberg u. A. u. e. Einleitg. v. Gust. Wendt. (XX, 350 S.)

6. Bd. Maria Stuart. Ein Trauerspiel. Mit Zeichngn. v. A. Liezen-Mayer u. Adf. Schmitz in Holz geschn. v. R. Brend'amour Closs u. Ruff, u. e. Einleitg. v. Gust. Wendt. 4. Aufl. (XV, (168 S.)

7. Bd. Die Jungfrau v. Orleans. Eine romant. Tragödie. Mit Illustrationen von A. v. Werner, in Holz geschn. v. H. Günther u. A. Neumann, u. e. Einleitg. v. Gust. Wendt. 4. Aufl. (XII, 156 S.) — Wilhelm Tell. Schauspiel. Mit Illustr. von A. v. Werner, in Holz geschnitten v. R. Brend'amour u. A. Closs u. einer Einleitg. v. G. Wendt. (XX, 148 S.)

8. Bd. Die Braut v. Messina od. die feindl. Brüder. Mit Illustrationen v. P. Grot-Johann, in Holz geschn. v. R. Brend'amour u. e. Einleitg. v. Gust. Wendt. 2. Aufl. (XIV, 120 S.)

9. Bd. Uebersetzungen v. Schiller. 2. Bd. Turandot. — Der Parasit. — Der Neffe als Onkel. — Phädra. — Mit Illustrationen v. E. Bosch, J. Ehrentraut, W. Friedrich ɛc. in Holz geschn. v. R. Brend'amour u. A. u. e. Einleitg. v. G. Wendt. 3. Aufl. (X, 318 S.)

10. Bd. Geschichte d. Abfalles der vereinigten Niederlande v. der span. Regierung. Mit Illustr. v. Wold. Friedrich, in Holz geschn. v. H. Günther, G. Treibmann u. A., u. e. Einleitg. v. Gust. Wendt. 4. Aufl. (XIV, 300 S.)

11. Bd. Geschichte d. 30jähr. Krieges. Mit Illustr. v. Wilh. Diez, geschn. v. W. Hecht u. e. Einleitg. v. Gust. Wendt. 3. Aufl. (XII, 395 S.)

12. Bd. Erzählungen u. Nachlaß. Mit Zeichngn. v. P. Grot-Johann u. Paul Thumann, in Holz geschn. v. A Neumann, u. e. Einleitung v. Gust. Wendt. 4. Aufl. (X, 210 S.)

Schiller's, Fr. v., Werke. Illustrirt von ersten deutschen Künstlern. 4 Bde. hoch 4. (à ca. 450 S. m. eingedr. Holzschn. u. Holzschntaf.) Stuttgart 877. 78. Deutsche Verlags-Anstalt. n. 32. 50

— dass. — Illustrirt von ersten deutschen Künstlern. 65 Lfgn. oder 4 Bde. Lex.-8. (XIX, 435; VIII, 447; VIII, 450; VIII, 423 S. mit eingedr. Holzschn.) Stuttgart 877—79, [Hallberger.] Deutsche Verlags-Anstalt. à Lfg. * 50 Pf. * geb. in Leinw. à Bd. * ℳ 12. *

— dasselbe. 2. Aufl. 65 Lfgn. oder 4 Bde. Lex.-8. (XIX, 435; VIII, 447; VIII, 450 u. VIII, 423 S. m. eingedr. Holzschn. u. Portr. in Holzschn.) Ebend. 881. à Lfg. n. — 50; cplt. geb. n. 48. —

— Werke. Nach den vorzüglichsten Quellen revid. Ausg. Hrsg. von Wendelin v. Maltzahn u. A. Nebst der Biographie des Dichters von H. J. Heller und einem Facs. der Handschrift Schiller's. 16 Thle. gr. 16. (LXXXVI, 424; 253; 336; 244; 344; 177; 224; 199; 132; 196; 163; 175; 196; 784; 832; VII, 688 S.) Berlin 879, Hempel. geb. in 8 Bde. *

Schiller's, Friedr. v., **Werke.** Auswahl, die Dichtungen enth. 9 Thle. (Thl. 1—9 der Gesammtausg.) gr. 16. Berlin 879, Hempel. geb. in 4 Bde. * 10 —

— Werke. Illustrirt von ersten deutschen Künstlern. 2. Aufl. 65 Lfgn. oder 4 Bde. Lex.-8. (XIX, 435; VIII, 447; VIII, 450; VIII, 423 S. mit eingedr. Holzschn. und 1 Portr. in Holzschn.) Stuttgart 881, Hallberger. à Lfg. * 50 Pf.; geb. in Leinw. * 48 —

— dass. — 9 Bde. 8. [Elberfeld 882,83, Loll's Nachf.] Berlin, Friedberg und Mode. geb. à Bd. * ℳ 1,50. * 13 50

Inhalt:

Bd. 1. Gedichte. (VIII, 307 S.)
- 2. Die Verschwörung des Fiesco zu Genua. — Die Räuber. — Kabale und Liebe. — Maria Stuart. — (95; 115; 91; 118 S.)
- 3. Wallensteins Lager. — Die Piccolomini. — Wallensteins Tod. — Wilhelm Tell. — Jungfrau von Orleans. (116; 119; 97; 107 S.)
- 4. Don Carlos. — Braut von Messina. — Phädra. — Der Neffe als Onkel. — Der Menschenfeind. — Huldigung der Künste. (179; 86; 52; 44; 21; 10 S.)
- 5. Iphigenie in Aulis. — Szenen aus den Phönizierinnen. — Macbeth. — Turandot. — Der Parasit. — Nachlaß. (68; 22; 74; 80; 64; 85 S.)
- 6. Geschichte des Abfalls der vereinigten Niederlande. (312 S.)
- 7. Geschichte des dreißigjährigen Kriegs. (336 S.)
- 8. Prosaische Schriften. (332 S.)
- 9. Kleine Schriften vermischten Inhalts. (616 S.)

— dass. — 3. Aufl. 65 Lfgn. oder 4 Bde. Lex.-8. (XIX, 435; VIII, 447; VIII, 450; VIII, 423 S. mit eingedr. Holzschn. und 1 Holzschn.-Bildniß.) Stuttgart 884—86, Deutsche Verlags-Anstalt. à Lfg. * — 50 geb. in Leinw. * 48 —

— desgl. — Nach den vorzüglichsten Quellen rev. Ausg. Nebst e. Biographie d. Dichters. Neu hrsg. v. R. Boxberger u. W. v. Maltzahn. 18 Thle in 5 Bdn. 8. (XCVI, 640; 253; 336; 244; 344; 177; 224; 199; 132; 196; 163; 175; 196 S.) Berl. 889, Dümmler's Verlag. * 10 —; geb. * 13 —

— desgl. — Mit Lebensbeschreibg., Einleitgn. u. Anmerkgn. hrsg. v. Rob. Boxberger. 6. Bde. 2. Aufl. 8. (CL, 486; CXL, 644; LII, 535; LXXVIII, 564; XXXVI, 744; XXXVI, 640 S.) Berl. 890, Grote. geb. in Leinw. * 12 —; in Hlbfrz. * 15 —

— desgl. — Hrsg. v. Rob. Boxberger. Neue illustr. Ausg. 6 Bde. 3. Aufl. 8. (CXCV, 628; LVII, 485; LII, 519; LXXVIII, 556, XXXVI, 758; XXXV, 588 S.) Ebd. 891. * 18 — geb. in Kaliko * 22 50; in Hlbfrz. * 30 —

— desgl. — Mit Einleitgn. v. Alfr. Richter u. e. Lebensabriß d. Dichters von Otto v. Leixner. Ausg. in 6 Bdn. gr. 8. (LXV, 690; LXIII, 536; V, 808; XXII, 621; XVI, 799; XVI, 655 S.) Berl. 892, Trenkel. geb. in Leinw. * 16 —; in Hlbfrz. * 20 — geb. in Liebhaberbd. * 24 —

— Werke. Illustrirt v. ersten deutschen Künstlern. Hrsg. v. J. G. Fischer. 5. Aufl. 4 Bde. Lex.-8. (XIX, 435; VIII, 447; VIII, 450; VIII, 423 S. m. 740 Textbildern, 1 Heliograv. u. 11 Lichtdr.) Stuttg. 892, Deutsche Verlags-Anstalt. geb. in 4 Leinwbde. * 48 — Erschien in 65 Lfgn. à * — 50.

[F.] [Friedrich v.] Schillers Werke. Bd 1—7. *Gera: C. B. Griesbach 1895.* 7 Bde. 8.

1. Gedichte. — D. Räuber. — D. Verschwörg d. Fiesco zu Genua. (1 Bl., XII, 623 S.)
2. Kabale u. Liebe. — Don Karlos. — Maria Stuart. (3 Bl., 502 S.)
3. Wallenstein. — D. Jungfrau v. Orleans. — D. Braut v. Messina. (3 Bl., 692 S.)
4. Wilhelm Tell. — D. Huldigg d. Künste. — Macbeth. — Turandot. — Phädra. — D. Neffe als Onkel. — D. Parasit. (3 Bl., 614 S.)
5. Iphigenie in Aulis. — D. Phönizierinnen. — D. Zerstörg v. Troja. — Dido. — D. Menschenfeind. — Nachlass. — Novellen. (3 Bl., 556 S.)
6. Gesch. d. dreissigj. Kriegs. (2 Bl., 452 S.)
7. Gesch. d. Abfalls d. vereinigten Niederlande. (3 Bl., 396 S.) [97 542

— dasselbe. Neue Prachtausg. in 2 Bdn. M. 300 Abb. v. W. Arnold, Edm. Brüning, Geo. Friedrich u. a. 34 Lfgn. gr. 8. (560 u. 512 S.) Berlin 895. G. C. Nagel. à Lfg. — 20

— dasselbe. Illustr. v. ersten deutschen Künstlern. Hrsg. v. J. G. Fischer. 6. Aufl. 1.—49. Lfg. Lex.-8. (1. u. 2. Bd. XIX, 435 u. VIII, 447 S. u. 3. Bd. S. 1-432 m. 8 Lichtdr.) Ebd. 897—898. à Lfg. n. — 50

— dasselbe. Hrsg. v. Ludw. Bellermann. Kritisch durchgesch. u. erläut. Ausg. 14 Bde. 8. (400; 449; 454; 394; 532; 584; 466; 469; 496; X, 510; 382; 469; 584 u. 540 S. m. Bildn. u. 1 Fksm.) Leipzig 895—897. Bibliograph. Institut. Geb. in Leinw. à Bd. n. 2. —; in Halbsaffian à Bd. n. 3. —
(Meyers Klassiker-Ausgaben in 150 Bänden.)

— Werke. Hrsg. v. Ludwig Bellermann. Kritisch durchgesehene und erläuterte Ausgabe in 14 Bden. Leipzig: Bibliograph. Institut [1895—98]

Schiller, Frdr. v., Werke. Gesamt-Ausg. in 4 Bdn. m. e. biographisch-literar. Einleitg. v. Ludw. Jacobowski. 8. (XXXIV, 850; 998; IV, 897 u. IV, 863 S. m. Bildn.) Halle 896. O. Hendel. Geb. in Leinw. 7.50; in Halbfrz. 10.—

— dasselbe. Hrsg. v. J. G. Fischer. M. d. Bildn. Friedrich Schillers nach d. Büste von J. H. v. Dannecker. Lex.-8. (959 S.) Stuttgart 898. Deutsche Verlags-Anstalt. Geb. in Leinw. n. 3. —; feine Ausg. geh. n. 5. —; geb. in Halbfrz. n. 7.—

— dasselbe. Illustrirt v. ersten deutschen Künstlern. Hrsg. v. J. G. Fischer. 6. Aufl. 50.–65. Lfg. Lex.-8. (3. Bd. VIII u. S. 433—450 u. 4. Bd. VIII, 423 S. m. 2 Lichtdr.) Stuttgart 899. Deutsche Verlags-Anstalt. à n. — 50; (kplt. geb. n. 48.—)

Schiller, Frdr. v., Werke. Mit Lebensbeschreibg., Einleitgn. u. Anmerkgn. hrsg. v. Rob. Boxberger. 6 Bde. 6. Aufl. 8. (CL, 486; CXLI, 644; LII, 636; LXXVIII, 564; XXXVI, 744 u. XXXVI, 640 S.) Berlin 901. G. Grote. Geb. in Leinw. 12.—; in Halbfrz. 15.—

— Werke. Illustrirte Ausg. in 2 Bdn. Mit 320 Zeichngn. v. E. Brüning, Ludw. Berwald, R. Edler, E. Zinkel. gr. 8. (554 u. 473 S.) Leipzig 901. O. Maier. Geb. in Leinw. 4.—

Schiller's, Frdr. v., Werke. 7 Bde. (Neue Ausg.) (XII, 623; V, 692; V, 692; V, 644; V, 556, 452 u. V, 396 S. m. Bildnis.) 8. Leipzig 902. C. Grumbach. Geb. in Leinw. n. 14.—; in Halbfrz. n. 21.—; in Halbkalbldr. n. 38.60

— dasselbe. Hrsg. v. J. G. Fischer. Mit dem Bildnis Friedrich Schillers nach der Büste von J. H. v. Dannecker. 8.—16. Aufl. (959 S.) gr. 8. Stuttgart (903—906). Deutsche Verlags-Anstalt. Geb. in Leinw. n. 3.—; feine Ausg. geh. n. 5.—; geb. in Halbfrz. n. 7.—

— dasselbe. Illustr. Volks-Ausg. m. reich illustr. Biographie v. H. Kraeger. 4 Bde. (IX, CX, 435 S. m. farb. Bildnis, VIII, 447, VIII, 460 u. VIII, 423 S.) Lex.-8. Ebd. (905). Geb. in Leinw. à n. 6.—; auch in 60 Lfgn. à — 30

— Werke. Auswahl. Mit e. Biographie u. dem Bildnisse Schillers. (XV, 156, 134, 139, 134, 127, VIII, 86 u. 113 S.) 8. Paderborn (904). F. Schöningh. Geb. in Leinw. n. 3.—

Schiller's, Frdr. v., Werke. Hrsg. v. J. G. Fischer. Mit dem Bildnis Friedrich Schillers nach der Büste v. J. H. v. Dannecker. 17.–20. Aufl. (959 S.) gr. 8. Stuttgart (907–10). Deutsche Verlags-Anstalt. Geb. in Leinw. 3. —; feine Ausg., geh. 5.—; geb. in Halbfrz. 7.

— Werke, s. a. Klassiker-Bibliothek, goldene.

(Friedrich v.) **Schillers** Werke. Auf Grund d. Hempelschen Ausg. von K. Boxberger u. W. v. Maltzahn neu hrsg. mit Einl. u. Anm. versehen von Arthur Kutscher u. Hans Heinrich Zisseler. T. 1–10 [in 4 Bden]. Berlin, Leipzig, Wien, Stuttgart: Bong & Co. [1908] 10 Bde 8° [J.]
1. Gedichte. Hrsg. u. mit e. Lebensbild versehen von A. Kutscher.
2. Semele. Die Räuber. Fiesko. 3. Kabale u. Liebe. Don Karlos.
4. Wallenstein.
5. Maria Stuart. Die Jungfrau von Orleans. Die Braut von Messina.
6. Wilhelm Tell. Die Huldigung d. Künste. Demetrius. Unterhaltungsschriften.
7. Übersetzungen.
8. Die ästhet. Erziehung d. Menschen. Über naive u. sentimentale Dichtung.
9. Geschichte d. Abfalls d. Niederlande.
10. Geschichte d. dreißigjähr. Krieges.
(Goldene Klassiker-Bibliothek.) 08. 6369

Schiller, F. v.: Werke. Neu hrsg. mit Einl. u. Anm. v. A. Kutscher. Berlin 1909. 15 Tle
1. Gedichte.
2—3. Semele. Die Räuber. Fiesko. — Kabale und Liebe. Don Karlos.
4—5. Wallenstein. — Maria Stuart. Die Jungfrau v. Orleans. Die Braut von Messina.
6. Wilhelm Tell. Die Huldigung der Künste. Demetrius. Unterhaltungsschriften.
7. Übersetzungen.
8—9. Über die ästhetische Erziehung des Menschen. — Über naive u. sentimentalische Dichtung. — Geschichte des Abfalls der Niederlande.
10. Geschichte des 30jährigen Krieges.
11. Kleinere historische Schriften.
12—13. Philosophische Schriften u. Kritiken. — Zu den Werken u. Zeitschriften.
14. Dramatische Fragmente.
15. Bühnenbearbeitungen. (Die Räuber. Fiesko.)

Schillers Werke. Gedichte u. Dramen. In 6 Bden. Bd 1–6. Stuttgart & Berlin: Cotta [1909]. 8°
1. Gedichte.
2. Die Räuber. Die Verschwörung d. Fiesco. Kabale u. Liebe.
3. Don Karlos. Semele. Der Menschenfeind. Iphigenie in Aulis.
4. Wallensteins Lager. Die Piccolomini. Wallensteins Tod.
5. Maria Stuart. Die Jungfrau von Orleans. Phönizierinnen d. Euripides.
6. Wilhelm Tell. Die Huldigung d. Künste. Die Braut von Messina. Macbeth.
09. 1231

— Werke. Gedichte u. Dramen. In 6 Bdn. (280, 292, 259, 216, 228 u. 252 S.) kl. 8. Stuttgart (909). J. G. Cotta Nachf. In 3 Leinw.-Bdn. 3.—

Schillers Werke. In 10 Bden. Mit e. biogr. Einl. von Franz Mehring. Bd 1–10. Berlin: Vorwärts (1910). 8°
1. Gedichte. Semele. Der Menschenfeind. 2. Die Räuber. Fiesco. 3. Kabale u. Liebe. Iphigenie in Aulis. Szenen aus d. Phönizierinnen d. Euripides. 4. Don Karlos. 5. Wallenstein. 6. Maria Stuart. Die Jungfrau von Orleans. 7. Die Braut von Messina. Wilhelm Tell. 8. Erzählungen. Dramat. Nachlaß. 9. Über d. ästhet. Erziehung d. Menschen. 10. Geschichte d. Abfalls d. Niederlande.
10. 983

— Werke. In 10 Bdn. Mit e. biograph. Einleitg. v. Frz. Mehring. (LV, 351, 400; 426, 418 u. 183 u. 316 S.) 8. Berlin (910). Buchh. Vorwärts. In 3 Leinw.-Bdn. 3.50

—— ausgewählte Werke. Auswahl für Volk und Schule mit kurzen Erläuterungen. 2 Bde. gr. 16. (VII, 482; 500 S.) Münster 881, Aschendorff'sche Buchh. * 1 80

— ausgewählte Werke. Mit Biographie u. Bildnis des Dichters. Taschenausg. m. großer Schrift u. in neuester Rechtschreibg. 2 Bde. (XLIV, 164, 166, 180 u. III, 164, 148, 108, 146 S.) kl. 8. Breslau (905). F. Goerlich. Geb. in Leinw. à n. 2.—

— Werke in Auswahl. Besorgt von Jul. Richter, Rich. Siegemund, u. Osw. Trost. Zum Gedächtnis unseres großen Dichters am 9. V. 1905. (740 S. m. Bildnis.) 8. Dresden 905. A. Köhler. Geb. in Leinw. n. 2 50

—— dramatische Werke. Mit Einleitungen und Anmerkungen. 2 Bde. 8. Wien 884—87, Graeser. geb. à Bd. *

Inhalt:
Bd. 1. Die Räuber. — Maria Stuart. — Jungfrau von Orleans. (XV, 124; XIII, 119; XIV, 112 S.)
" 2. Don Carlos. — Die Braut von Messina. — Wilhem Tell. (XIV, 208; XIII, 96; XIV, 95 S.)

— poetische Werke in 7 Bdn. Brünn 868. Winiker. 16. (368 S.) n. 5⅓ ngr.

Sämtliche Werke.

dasselbe, s. a. Bibliothek, Cotta'sche, der Weltlitteratur.

— — s. a. Bibliothek der deutschen Nationalliteratur. —

Hrsg. v. Jul. Jezower, s.: Bücher der Gegenwart. I.

—— dass. — s. a. Classiker, deutsche.

— dasselbe, s. a. Klassiker-Ausgaben, illustr., „Minerva".

— dasselbe, s. a. National-Bibliothek sämmtlicher deutschen Classiker.

Schiller's, Friedr. v., sämtliche Werke in 12 Bdn. Illustrirt von ersten deutschen Künstlern, s. National-Litteratur, deutsche.

— dasselbe, s. a. Volksbibliothek, Cotta'sche.

—— dies. — Nachlese v. H. Döring, s. Nachlese.

— ders. Supplement, s. Karl Hoffmeister.

—— dies. — Supplement, s. Xenien.

Schiller, F. v. Sämmtliche Werke . . . Stuttg. u. Tübingen 1812—18. H: *Körner, Christian Gottlob.* (MGT)

v. Schiller, Fr., († d. 10. Mai 1805.) sämmtl. Werke, (herausgg. v. Chr. Gli. Körner). 12 Bde. gr. 8. Tübing. 812—815. v. Cotta. 14 ₰ 6 gGr. Weiß Druckp. 19 ₰ 3 gGr. Schweizerp. 28 ₰ 12 gGr. Velinp. 34 ₰ 12 gGr. 2e Aufl. 12 Bde. gr. 8. Ebd. 818, 19. 12 ₰ 18 gGr. Wiener Ausg. 18 Bde. 8. Ebd. (u. Wien) 818, 19. Ebd. (a. Gerold). 18 ₰ 16 gGr. Velinp. 26 ₰ 6 gGr.

— — Dieselben Taschen-Ausg. in 18 Bden. 12. Ebendas. 818—820.
weiß Druckpap. 1
Schweizerpap. 2
Velinpap. 3

— 18 Titelkupfer zur wohlfeilen Taschenausgabe v. Schillers Werken in 18 Bdchn. 12. Leipz. 822, G. Fleischer. 1 Rthl. 8 gr. 6 Kupfr. zu 6 Suppl.-B.

Schiller's sämmtl. Werke. 18 Thle. in 10 Bdn. Carlsr. 1818. Ppbde. 8. 5. —

— sämmtl. Werke. 18 Bde. 16. Stuttg. 818, 19. v. Cotta. 13 ₰ 8 gGr. Schweiz. Pap. 20 ₰ Velinp. 30 ₰ N. (3e) A. 822—24. Pr. Pr. 4 ₰ 16 gGr. N. A. 826—29. 6 ₰ 8 gGr. 1r—6r Suppl.-Bd. v. Woltmann, Fortsetz. d. 30jähr. Kriegs, u. Curths Fortsetz. d. Geschichte d. Abfalls d. Niederlande. 6 Bde. 16. Leipz. 824. W. Vogel. 2 ₰ 6 gGr. 7r Suppl.-Bd. enthält: Fr. v. Schiller's Leben, hersgg. von H. Döring. 16. Weimar 824. Hoffmann. 12 gGr. 8r Suppl.-Bd. Fr. v. Schillers Briefe an d. Freihrn. v. Dalberg, u.: Demetrius. Herausgg. von v. Maltitz. 16. Karlsr. 823. Marx. 1 ₰ 6 gGr. Hög. Pr. 18 gGr. Dass. zur Ausg. in 1 Bde. schmal gr. 4. Ebd. 830. 18 gGr. 18 Titelkupfer z. wohlfeilen Taschenausgabe v. Schillers Werken in 18 Bdchn. 12. Leipz. 822. Er. Fleischer. 1 ₰ 8 gGr. 6 Kpf. zu 6 Suppl.-Bden. 12 gGr.

v. Schiller, (Fr.,) sämmtl. Werke. 18 Bde. (Neue Aufl.) 16. Stuttg. 826—27, v. Cotta. Pr.-Pr.

Schiller (Joh. Chrstph.) Friedr. v., sämmtl. Werke in Einem Bande (od. 2 Lfgn.). Mit d. Portr. d. Dichters (Stahlst.), e. Facsimile seiner Handschr. u. e. Anh. (enthalt.: Nachrichten aus Schiller's Leben. — Einige noch nicht abgedruckte Briefe Schiller's.) 1. Aufl. (163½ B.) 829, 30., N. Ausg. (154 B.) Schmal gr. 4. Stuttgart 833, 34, Cotta.
Inhalt: Verzeichniß d. Gedichte zu Schiller's Werken in 1 Bde. Schmal gr 4. (1 Bl.) Berlin 832, [Litt u. Klemann.] 1½ Gr.

—— dies. — Ergänzungs-Band. — A. u. d. Ttln.: Dem Andenken Fr. v. Schillers. Poet. u. pros. Aufsätze, vor dieser noch in keiner Samml. v. Schillers Werken abgedruckt; also zum ersten Male gesamm. v. J. L. Greiner. — Nicht od. wenig bekannte poet. u. pros. Aufsätze aus Schillers Jünglings- u. Mannesalter, nebst and. Dichtungen auf dess. Grab u. Tod. Orig.-Ausg. 12. (10½ B. u. 9 Kpfr.) Grätz 829, Ferstl. 20 Gr., Vlnp. 1 Thlr. 6 Gr., Schrb.-Vlnp.

—— dies. Ausg. 16. (16 B.) Ebds. 829. 16 Gr., Vlnp.
Reihet sich an dess. „sämmtl. Werke." 18 Bde. Taschenausg. Stuttgart, Cotta. 1826 u. f. 4 Thlr. 16 Gr.

—— dies. — Supplement hierzu, enthalt. I. Fr. v. Schiller's Briefe an d. Frh. H. v. Dalberg. — II. Demetrius, Trauersp. Nach d. hinterlass. Entwurfe d. Dichters bearb. v. Frz. v. Maltiz. Schmal gr. 4. (8½ B. u. 1 Vign.) Carlsruhe 830, Marx. — 12

Schiller's sämmtliche Werke. Mit dem Portrait des Dichters, einem Facsimile seiner Handschrift und einem Anhang. 2 Bde. München, Stuttgart und Tübingen. J. G. Cotta. 1830. 4°.

— sämmtl. Werke. Vollständ. Ausg. in 1 Bde. schmal gr. 4. Stuttg. 830. v. Cotta. 6 ₰ 18 gGr. Dass. in 1 Bde. gr. 8. Rotterd. 830. Hartmann jun. 6 ₰ 12 gGr. (Als Nachdruck verboten). Suppl.-Bd., enthalt. die Fortsetz. d. Gesch. d. Abfalls d. vereinigten Niederlande v. C. Curths, u. d. Gesch. d. 30jähr. Krieges v. K. v. Woltmann. schmal gr. 4. Leipz. 831. W. Vogel. 2 ₰

—— dies. — Supplement-Band, enthalt. die Fortsetzn. der Geschichte d. Abfalls d. vereinigten Niederlande v. C. Curths, u. der Gesch. d. 30jähr. Krieges v. K. F. v. Woltmann. Schmal gr. 4. (56 B.) Leipzig 831, Vogel. 2 —
Beide Schriften schließen sich an dess. „sämmtl. Werke in Einem Bde."

— sämmtl. Werke in Einem Bande (oder 2 Lfrgg.) Mit d. Portrait des Dichters, einem Facsimile seiner Handschrift und e. Anhang. schmal gr. 4. Ebd. 833, 34. 6¾ ₰ — 3e Aufl. au. Lex. 8. Ebd. 839, 40. 7 ₰

—— sämmtl. Werke. 12 Bde. gr. 8. (388½ B. u. 13 Stahlst.) Stuttgart u. Tübingen 835, 36, Cotta'sche Buchh.
Bd. 1. Sämmtliche Gedichte.
- 2. Die Räuber. — Die Verschwörung d. Fiesko zu Genua. — Kabale u. Liebe. — Der Menschenfeind.
- 3. Metrische Uebersetzungen: Iphigenie in Aulis. Uebers. v. d. Euripides. — Scenen aus den Phönicierinnen d. Euripides. — Don Carlos, Infant v. Spanien.
- 4. Wallenstein.
- 5. Maria Stuart. — Die Jungfrau v. Orleans. — Die Braut v. Messina.
- 6. Wilhelm Tell. — Die Huldigung d. Künste. — Macbeth. — Turandot, Princessin v. China.
- 7. Phädra. — Der Parasit od. d. Kunst, sein Glück zu machen. — Der Neffe als Onkel. — Nachlaß: Demetrius; Warbeck; die Maltheser; die Kinder des Hauses.
- 8. Geschichte d. Abfalls d. vereinigten Niederlande v. d. spanischen Regierung.
- 9. Geschichte d. dreißigjährigen Kriegs.
- 10. Prosaische Schriften, erste u. zweite Periode.
- 11., 12. Kleine Schriften vermischten Inhalts. — Anhang: Nachrichten v. Schillers Leben. — Charlotte v. Schiller.

Die Stahlstiche hierzu apart unt. folg. Ttl.:

Gallerie zu Schillers sämmtl. Werken. 2 Lfgn. 12 Blätter. gr. 4. Ebds. 836. In Mappe mit Bändern. * 3 Thlr., chines. Pap. * 3 Thl. 8 Gr.
Lfg. 1. Portrait von Schiller. — Portrait d. Frau v. Schiller. — Scene aus den Räubern. — Die Kraniche des Ibikus. — Scene aus Wallensteins Lager. — Scene aus Wilhelm Tell.
- 2. Rudolph v. Habsburg. — Scene aus Don Carlos. — Scene aus Jungfrau von Orleans. — Scene aus Maria Stuart. — Scene aus Turandot. — Scene aus Fiesko.

Schiller, Friedrich von
Schillers sämmtliche werke. bd 7.
Stuttgart, Tubingen: Cotta 1837. 339 s. 8°

—— sämmtl. Werke. 12 Bde. 16. (347 B. u. Portr., Stahlst.) Stuttgart u. Tübingen 838, Cotta'sche Buchh.
Inhalt wie bei vorstehender Ausg. in gr. 8.

Nachträge zu Schillers sämmtl. Werken:

Schiller's Werke. — Supplemente. Aus seinem Nachlaß im Einverständniß u. unt. Mitwirk. d. Familie Schillers hrsg. v. Karl Hoffmeister. 1. Abthl. 4 Bde. — A. u. d. T.: Nachlese zu Schillers Werken, nebst Variantensammł. 4 Bde. 16. Stuttgart u. Tübingen, Cotta'sche Buchh. 2 Thlr. 4 Gr.

Schiller's Werke. — Supplemente.
Bd. 1. Gedichte u. Dramen d. ersten Periode bis auf Don Carlos. (21¾ B.) 840. 12 Gr.
: 2. Dichtungen d. zweiten Periode, von Don Carlos bis zu seiner Rückkehr zur Poesie. (20¼ B.) 840. 12 Gr.
: 3. Gedichte u. Dramen d. dritten Periode, von seiner Rückkehr zur Dichtung bis zu seinem Tode. (25½ B.) 840. 12 Gr.
: 4. Prosaische Schriften, erste Periode. (38½ B.) 841. 16 Gr.

Schillers sämmtl. Werke. — Nachträge. Gesammelt u. hrsg. v. Ed. Boas. 1. u. 2. Bd. (od. 4 Abthln.) 16. (66½ B. u. 1 Stahlst.: Schiller nach e. Zeichn. v. F. Jagemann an sein. Todestage, 9. Mai 1805.) Stuttgart 839, Schweizerbart'sche Buchh. * 1 Thlr. 12 Gr.
—— dass. 3. (letzt.) Bd. 16. (31¼ B.) Stuttgart 840, [Scheible, Rieger u. Sattler.] 21 Gr.

Schiller's sämmtl. Werke. — Supplement. (Briefe an d. Frhrn. Heribert v. Dalberg. — Demetrius. Ein Trauersp. Nach d. hinterlass. Entwurfe d. Dichters bearb. v. Frz. v. Maltitz.) 16. (18 B.) Baden-Baden 838, Marx. * 6 Gr.
—— Ergänzungsheft. Enth.: Don Carlos nach dess. ursprüngl. Entwurfe, zusammengest. mit d. beiden späteren Bearbeitn. Mit e. literarhistor.-krit. Einleit. gr. Lex.-8. (6½ B.) Hannover 840, Helwing'sche Hofbuchh. * 16 Gr.
—— dass. 16. (24¾ B.) Ebds. 840. * 16 Gr.
—— dass. kl. 16. (24¾ B.) Ebds. 840. * 16 Gr.
Neue Ausg., welche nicht als Ergänzungsheft bezeichnet ist, s. unter den einzelnen Schriften.

Schiller's, Friedr. v., Geisterseher. A. d. Papieren d. Grafen v. O** 2. u. 3. Thl. Von X** Y*** Z*. 3. u. 4. Aufl. 16. (à 21 B.) Leipzig 840, Barth. à Thl. 9 Gr.

Erläuterungsschriften.

Schiller's sämmtl. Werke vollständig in allen Beziehn. erklärt v. Schlegel. 1—4. Ausg. 16. (à 12 B. u. S's. Portr. u. Facsim.) Leipzig 840, 42, Polet. à 8 Gr.

Schiller's sämmtl. Werke. — Supplement. — A. u. d. T.: Schiller im Verhältniß z. Christenthum, mit e. einleit. Abhandl. üb. das Verhältniß von Poesie u. Religion, üb. antike u. christl. Poesie, v. Rud. Binder. 2 Bdchn. 16. (24½ B.) Stuttgart 839, Metzler'sche Buchh. 16 Gr.

Schiller's sämmtl. Werke. — A. u. d. T.: Friedrich v. Schiller. Ein biograph. Denkmal v. Heinr. Döring. 1. Aufl. (18 B.) 839. 2. verb. Aufl. 16. (15¾ B.) Jena 841, Mauke. à * 12 Gr.

Bilderwerke.

Holzschnitte zur Taschenausg. d. Werke Schillers in 12 Bdn. 4 Lfgn. 16. (24 Blätter.) Stuttgart u. Tübingen 839, 40, Cotta'sche Buchh. à 4 Gr. 16 Gr.
Lfg. 1. Wilhelm Tell. — Vieilleville. — Abfall d. Niederlande. — Wallensteins Tod. — Wallensteins Lager. — Die Räuber. (6 Bl.)
: 2. Verbrechen aus verlorner Ehre. — Dreißigjähr. Krieg. — Gesch. d. Abfalls d. Niederlande. — Herzog Alba zu Rudolstadt, 1547. — Kabale u. Liebe. (6 Bl.)
: 3. Graf Eberhard d. Greiner. — Don Carlos. — Wallensteins Tod. — Der Parasit. — Das Mädchen aus der Fremde. — Der Taucher. — Warbeck. — Schiller. (8 Bl.)
: 4. Die Braut v. Messina. — Die Jungfrau v. Orleans. — Maria Stuart. — Fiesko. (4 Bl.)

Illustrationen zu Schiller's sämmtl. Werken. 8 Hfte. (40 Holzschnitte.) 16. Stuttgart 840, [Scheible, Rieger u. Sattler.] 1 Thlr., hrbgs. Pr. * 6 Gr.

Schiller-Gallerie. Illustrationen zu Schiller's dramat. Meisterwerken, v. Jul. Nisle. 4 Abthln. Lex.-8. (72 lith. Umrisse u. Schiller's Brustbild, Stahlst.) Stuttgart, [Becher's Verl.] 2 Thlr. 4 Gr.
Abthl. 1. Die Räuber. — Die Braut v. Messina. (18 Stnt. u. 3 Bl. Text.) 840.
: 2. Wilhelm Tell. (18 Stnt. u. 4 Bl. Text.) 840.
: 3., 4. Die Jungfrau v. Orleans. Turandot. — Schiller's Brustbild. Wallenstein. Cabale u. Liebe. (36 Stnt., 1 Stahlst. u. 4 Bl. Text.) 841.

Stahlstiche zu Schillers sämmtl. Werken. 6 Lfgn. (20 Blätter.) 16. Stuttgart 838, 39, [Scheible, Rieger u. Sattler.] à 6 Gr. 1 Thlr. 12 Gr.
—— dies. 6 Lfgn. Lex.-8. (20 Bl.) Ebds. 840. [1—4. à * 6 Gr., 5., 6. à * 8 Gr.] * 1 Thlr. 16 Gr., chines. Pap. * 2 Thlr. 12 Gr.
Umrisse zum Lied v. d. Glocke, } s. 8. Bd.: Retzsch, M.
—— zum Pegasus im Joche, }
Die unmittelbar zu den Werken gehörenden Bildwerke s. oben.

v. Schiller, Fr., sämmtl. Werke in 12 Bden. 16. Stuttgart 838, 39 Cotta. 4 ℛ — Mit 1 Portr. u. 24 Holzschn. 4⅔ ℛ

— ders. Supplemente. Aus seinem Nachlaß im Einverständniß und unter Mitwirkung der Familie Schillers herausg. v. Karl Hoffmeister. 1e Abthl. 1r—3r Bd. A. u. d. T.: Nachlese zu Schillers Werken, nebst Variantensammlung. 1r—3r Bd. 16. Ebd. 840. à 1 ℛ

— ders. Ergänzungsbd. (Inh. wie vorst.) 16. Ebd. 840. n. ⅔ ℛ

— ders. Ergänzungsbd. zu der Ausg. in 12 Bden. (Inhalt wie vorsteh.) 8. Ebd. 840. n. ⅔ ℛ

Schiller's, (Joh. Chrstph. Friedr. v.,) sämmtl. Werke in 1 Bde. (3. Aufl.) gr. Lex.-8. (79¼ B., 1 Stahlst., die Schillerstatue zu Stuttgart darstell., u. 1 Facsim.) Stuttgart u. Tübingen 840, Cotta'scher Verlag. *

—— dass. — Prachtausg. gr. Lex.-8. (79¼ B., 13 Stahlst. u. 1 Facsim.) Ebds. 840. *
Gallerie hierzu. 13 Stahlstiche nach Zeichnungen v. W. Kaulbach. apart * 2 Thlr.

Schiller's, Friedr. v., (Joh. Chrstph.) sämmtl. Werke. 10 Bde. gr. 8. (283½ B.) Stuttgart 844, Cotta'sche Bh. à * 20 Ngr. *
10 Stahlstiche dazu. gr. 8. Ebds. 844. *

Inhalt:
Bd. 1. Nachrichten von Schiller's Leben. — Sämmtliche Gedichte.
: 2. Die Räuber. — Die Verschwörung des Fiesko zu Genua. — Kabale u. Liebe. — Der Menschenfeind. — Die Huldigung der Künste.
: 3. Metrische Uebersetzungen: Iphigenie in Aulis. — Scenen aus den Phönicierinnen des Euripides. — Don Carlos. — Phädra, Trauersp. v. Racine.
: 4. Wallenstein. — Macbeth v. Shakespeare.
: 5. Wilhelm Tell. — Turandot, Prinzessin von China, nach Gozzi. — Der Parasit od. die Kunst sein Glück zu machen. — Der Neffe als Onkel. Aus d. Französ. des Picard.
: 6. Maria Stuart. — Die Jungfrau von Orleans. — Die Braut von Messina, od. die feindlichen Brüder. Nachlaß. (Demetrius, Warbeck. Malthefer. Die Kinder des Hauses.)
: 7. Geschichte des Abfalls der vereinigten Niederlande von d. spanischen Regierung.
: 8. Geschichte des dreißigjährigen Krieges. — Prosaische Schriften. Erste Periode.
: 9. Prosaische Schriften. Zweite Periode.
: 10. Kleine Schriften vermischten Inhalts.

— — s.a. Nachträge zu Schillers sämtlichen Werken.

Schiller (Fr. v.), sämmtliche Werke. Nachträge dazu. Gesammelt u. herausg. von Ed. Boas. 2 Bde. Mit 1 Stahlst. Neue (Titel-)Ausg. Stuttgart (839.) 853. Schweizerbart. 16. (1. Bd.: XIV, 304 S.; 2. Bd.: VIII, 516 S.) n. 28 ngr.

— sämmtliche Werke. Supplement. (Neue Titel-Ausg.) Mannheim (830.) 854. Bensheimer. 16. (XV, 276 S.) n. 8 ngr.
Inhalt: I. Schiller's Briefe an Freih. v. Dalberg. — II. Demetrius.

Schiller's, (Fr. v.), sämmtliche Werke. Vollständige Ausg. in 2 Bdn. gr. Lex.-8. (IX und 1381 S. mit Portr. in Stahlst.) Stuttgart 858, Cotta'sche Buchh.

—— sämmtliche Werke in 12 Bdn. 8. (LXXXIX und 5125 S.) Stuttgart 860. 61, Cotta'sche Buchh. à Bd. 15 Ngr.

dass. — In 12 Bdn. gr. 8. Ebendas. 861 62. [1 4. Bd. (XL und 1486 S.) 5. und 6. (VI und 859 S.) 7. und 8. (VII und 828 S.) 9. und 10. (II und 838 S.) 11. und 12. (X und 744 S.) à Bd. * 22½ Ngr.] *

— sämmtliche Werke vollständig in allen Beziehungen erklärt. Mit Stahlst.: Schiller's Handschrift, Geburtshaus u. Büste. 5. verm. Aufl. Berlin 862. Reymann. 16. (IV, 184 S.) 15 ngr.

— — (Mit Einleitungen von K. Goedeke.) 12 Bde. Ebend. 865,67. gr. 8. (1—6. Bd. CXXVI, 1989 S., 7—12. Bd. LXIV, 2515 S.) Jeder Bd. n. 15 ngr.
1. Bd. Schillers Lebensbeschreibung von Karl Goedeke. Gedichte.
2. Bd. Die Räuber. Fiesko. Kabale u. Liebe.
3. Bd. Don Carlos. Der Menschenfeind.
4. Bd. Wallenstein.
5. Bd. Maria Stuart. Die Jungfrau von Orleans.
6. Bd. Wilhelm Tell. Die Huldigung der Künste. Die Braut von Messina.
7. Bd. Uebersetzungen: Iphigenie in Aulis. Scenen aus den Phönizierinnen. Macbeth. Turandot. Phädra. Parasit. Neffe als Onkel.
8. Bd. Geschichte des Abfalls der vereinigten Niederlande.
9. Bd. Geschichte des dreißigjährigen Kriegs.
10. Bd. Der Geisterseher. Der Verbrecher aus verlorener Ehre. Kleinere prosaische Schriften aus der ersten u. zweiten Periode.
11. Bd. Kleine Schriften vermischten Inhalts.
12. Bd. Aesthetische Abhandlungen. Recensionen. Dramatischer Nachlaß.
Bd. 1—6. erschienen a. u. d. T.: Fr. v. Schiller's Ausgewählte Werke.

— — (Min.-Ausg.) 12 Bde. Ebend. 867. 16. (LXVIII, 4044 S.) Jeder Bd. n. 2½ ngr.; compl. geb. n. 1 ℛ 22 ngr.

— — (Mit Einleitungen von K. Goedeke.) Taschenausg. 12 Bde. Ebend. 867. 16. (CXLIV, 4490 S.) Jeder Bd. n. 5 ngr.
Bd. 1—6. erschienen auch in 30 Liefgn. à n. 2 ngr. u. d. T.: Fr. von Schiller's Ausgewählte Werke.

— — (Ohne Einleitungen.) Taschenausg. 12 Bde. Ebend. 869. 16. (XXVIII, 4490 S.) Jeder Bd. n. 2¼ ngr.

— — 6 Bde. Leipzig 867. Payne. [Zieger.] gr. 16. (XLVI, 632 S., III, 653 S., III, 728 S., IV, 500 S., III, 574 S., III, 528 S., mit 2 Stahlst.) n. 1 Thlr; geb. in 3 Bdn. n.n. 1 Thlr 20 ngr; geb. in 6 Bdn. n.n. 1 Thlr 20 ngr u. n.n. 2 Thlr

Schiller's, (Fr. v.), sämmtliche Werke in 12 Bdn. Leipzig 867, 68. Ph. Reclam jun. gr. 16. (VI, 2922 S.) Jeder Bd. 2½ ngr; compl. 1 Thlr; geb. in 3 Halbleinbdn. n. 1 Thlr 15 ngr; geb. in 4 Leinbdn. n. 1 Thlr 24 ngr; geb. in 4 Halbfrzbdn. n. 2 Thlr

Schiller's, (Fr. v.), sämmtliche Werke in 12 Bdn. Brünn 868. Winiker. n. 2 Thlr; geb. in 6 Bdn. n. 3 Thlr 22 ngr; geb. in 12 Bdn. n. 4 Thlr 18 ngr; Velinpap. n. 3 Thlr 10 ngr

—— dass. — Kritische Ausg. in 9 Bdn. von Heinr. Kurz. 31 Lfgn. br. 8. (VIII, 517; IV, 505; 519; 475; 480; 531; 610; 607; 787 S.) Hildburghausen [Leipzig] 868—70. Bibliograph. Institut. à Lfg. 50 Pf. geb. *

— — Amerikanische Ster.-Ausg. Philadelphia 868. (Schäfer & Koradi.) gr. 8. (VI, 1126 S.) n. 1 Thlr

— — Vollständige Ausg. Teschen 868. Prochaska. Lex.-8. (880 S.) geb. n. 1 Thlr Ausg. auf feinerem Papier n. 1 Thlr 6 ngr; geb. n.n. 1 Thlr 12 ngr

— — Vollständige neu durchgesehene Ausg. in Einem Bande. Stuttgart 869. Cotta'sche Buchh. Lex.-8. (IV, 1124 S.) n. 27 ngr; cart. n. 1 Thlr

Schiller's, (Fr. v.), sämmtliche Werke, vollständige Ausg. in 2 Bdn. Lex.-8. (XVIII und 893 S., III und 700 S., mit 12 Stahlst. nach Zeichnungen von W. v. Kaulbach und Schiller's Portr.) Stuttgart 869, Cotta'sche Buchh. *

— — Vollständige neu durchgesehene Ausg. in 1 Bde. mit 32 Stahlst. [Volks-Ausg.] Stuttgart 869. Göpel. Lex.-8. (1124 S.) n. 3 Thlr 22½ ngr

— Hrsg. v. Heinr. Kurz. In 6 Bdn. mit 32 Stahlst. Ebend. 869. 8. (1. Bd. XX, 622 S., 2. Bd. 625 S., 3. Bd. 776 S., 4. Bd. 593 S., 5. Bd. 553 S., 6. Bd. 564 S.) Jeder Bd. 8 ngr

—— dass. — 12 Bde. in 30 Lfgn., mit 32 Stahlst. gr. 16. (XLVIII, 392; VIII, 372; IV, 290; IV, 354; IV, 324; VI, 281; VIII, 532; VIII, 364; VI, 400; VI, 384; IV, 376; VIII, 420 S.) Ebendas. 869,70. à Lfg. * 45 Pf. geb. in 6 Bdn. *

Daraus apart: Ausgewählte Werke. 6 Bde. mit 24 Stahlst., geb. in 3 Bdn. * ℳ 9.

—— dass. — Vollständig in 2 Bdn. 8. (XI, 907; VI, 848 S.) Teschen 870, Prochaska. [Leipzig, Zieger.] * geb. in Lnwdbd. * geb. in Halbfrz.

— s. a. Nationalschatz, deutscher.

—— dass. — Vollständige Ausg. in 1 Bde. mit Portr., einem Tonbild nach W. v. Kaulbach gez. von Jul. Schnorr, und 13 Illustr. von Häberlin, Liezenmayer, Lossow. (Kaiser-Ausg.) Lex.-8. (880 S. mit 1 eingedr. Holzschn. und 14 Holzschntaf.) [Ebendas.] 871. geb. *

Erschien u. d. T.: Deutscher Nationalschatz. 2. Bd.

—— dass. — in 10 Bdn. 8. (XV, 542 S. mit 1 Holzschntaf.; III, 481; III, 526; III, 525; III, 618; IV, 424; 511; III, 494; III, 465; III, 471 S.) [Ebendas.] 871. (* ℳ 12.) In 5 Leinenbdn. (* ℳ 16.) * Auf feinerem Papier mit Photogr. (* ℳ 20.) In 10 Leinenbdn. (* ℳ 27.) *

— sämmtliche Werke in 12 Bdn. 8. (XLVIII, 430; VIII, 440, 442, 371, 462, 399, 447, 476, 540, 516, 539 u. 428 S. m. Portr. in Stahlst.) Philadelphia 871. (Schäfer & Koradi.) geb. n. 20. —

— dasselbe. Vollständige Ausg. in 2 Bdn. Lex.-8. (XVI, 871 u. 742 S. m. Portr. in Stahlst.) Philadelphia 871. (Schäfer & Koradi.) In 1 Bd. geb. n. 8. —

Schiller's, Fr. v., sämmtliche Werke in 10 Bdn. 8. (XV, 542 S. m. e. Holzschn.-taf.; III, 481; III, 526; III, 525; III, 618; IV, 424; 511; III, 494; III, 465 u. III, 471 S.) Teschen. Leipzig 871. Zieger. n. 12. —; in 15 Leinenbdn. n. 16. —; auf feinerem Pap. m. Photogr. n. 20. —; in 10 Leinenbdn. n. 27. —; in 10 Lederbdn. m. Goldschn. n. 42. —

— dasselbe. Vollständige Ausg. in e. Bde. m. Portrait, e. Tonbild nach W. v. Kaulbach gez. v. Jul. Schnorr, u. 13 Illustr. v. Häberlin, Liezen-Mayer, Lossow. (Kaiser-Ausg.) Lex.-8. (880 S. m. e. eingedr. Holzschn. u. 14 Holzschntaf.) Teschen 871. Leipzig, Zieger. n. 4. —

— sämmtliche Werke. Neue Ausg. in 4 Bdn. Mit Einleitgn. v. Karl Goedeke. gr. 16. (XVIII, 726; 810; 765 u. 800 S.) Stuttgart 874. Cotta. n. 3. —

— dasselbe. Mit Einleitgn. v. Karl Goedeke. 6 Bde. 8. (XCV, 512; XII, 498; XX, 614; XII, 506; XVI, 653 u. VIII, 528 S.) Ebend. 872. n. 9. —

— dasselbe. Vollständige Ausg. in 2 Bdn. Mit 12 Stahlst. Lex.-8. (XIV, 1147 S.) Ebend. 874. n. 5. 60; geb. in Lwd. n. 8. 40; geb. in Hfrzbd. n. 9. —

Schiller's, (Friedr. v.), sämmtliche Werke. Vollständige neu durchgeseh. Ausg. in 1 Bd. Lex.-8. (IV, 1147 S.) Stuttgart 874, Cotta'sche Buchh. * cart. * ℳ 3,60.; geb. *

—— dass. — 12 Bde. 16. [Miniatur-Ausg.] Ebendas. 874. * geb. in 6 Lnwdbdn. * geb. in 6 Reliefbdn. *

—— dass. — in 12 Bdn. Mit Einleitungen von Carl Goedeke. 16. [Taschen-Ausg.] (XLVIII, 392; VIII, 372; IV, 290; IV, 354; IV, 324; VI, 281; VIII, 532; VIII, 364; VI, 400; VI, 384; IV, 376; VIII, 420 S.) Ebendas. 874. geb. in 6 Lnwdbde. *

—— dass. — Neue Ausg. in 4 Bdn. 1871 und 1874. * ℳ 3., und Neue Ausg. Mit Einleitungen von Karl Goedeke. gr. 16. (XVIII, 726; XXII, 788; XVI, 748; XII, 788 S.) Ebendas. 876. * ℳ 3,50.; geb. *

Schiller's, Friedr. v., sämmtliche Werke. Mit Biographie, Einleitung und Anmerkungen. Hrsg. von Rob. Boxberger. Neue illustr. Ausg. Mit eingedr. Holzschn. und Holzschntaf. 50 Lfgn. oder 8 Bde. 8. (CXCV, 628; LVII, 482; LII, 519; LXXVIII, 555; XXXVI, 758; XXXV, 588; XXXII, 656; IX, 552 S.) Berlin 877,78, Grote'sche Verlagsh. à Lfg. * 50 Pf.; compl. * geb. * ℳ 30. und * ℳ 34.; in Halbfrz. *

—— dass. — Mit Biographie, Einleitung und Anmerkungen von Rob. Boxberger. Auswahl. 6 Bde. 8. (628; 485; 519; 556; 758; 588 S.) Ebendas. 877,78. * geb. * ℳ 22,50.; geb. in Halbfrz. *

— dasselbe. In 4 Bdn. Mit Einleitungen von Karl Goedeke. gr. 16. (XVIII, 726; XXII, 788; XVI, 748 u. XII, 788 S. m. Portr. in Stahlst.) Stuttgart 877. Cotta. n. 3. 50; geb. n. 6.

—— dass. — Mit Einleitungen von Karl Goedeke. 6 Bde. 2. Aufl. 8. (XCV, 512; XII, 498; XX, 614; XII, 506; XVI, 653; VIII, 528 S.) Ebendas. 877. geb. *

—— dass. — Mit Einleitungen von Karl Goedeke. Mit dem (Holzschn.-)Portr. des Dichters. 4 Bde. 8. (XVIII, 726; XXII, 788; XVI, 754; XII, 788 S.) Stuttgart 879, Cotta'sche Buchh. * M. 4,50.; geb. in Leinw. *

— dasselbe in 12 Bdn. Mit Einleitungen von Karl Goedeke. 8. (XLVIII, 392; VIII, 372; VI, 290; IV, 354; VIII, 324; X, 281; VIII, 532; VIII, 364; VI, 400; VI, 384; II, 376 u. VI, 424 S.) Stuttgart 881. Cotta. geb. n. 12. —

— dasselbe in 10 Bdn. 8. (IV, 351; III, 400; III, 426; III, 418; III, 328; III, 316, 366; III, 343; III, 287 u. III, 362 S.) Leipzig 882. Grimme & Trömel. geb. n. 10. —

Schiller's, Friedr. v., sämmtliche Werke in 4 Bdn. Mit Einleitgn. v. Karl Goedeke. Mit dem Portr. d. Dichters. 8. (XVIII, 726; XXII, 788; XVI, 754; XII, 788 S.) Stuttg. 885, Cotta Nachf. geb. * 7 —

Schiller's, Frdr. v., sämtliche Werke in 12 Bdn. 8. (307, 324, 251, 226, 296, 252, 227, 298, 332, 316, 330 u. 261 S.) Berlin 886. Warschauer. geb. in 4 Bde. 6. —; in 6 Bde. 7. 50

— dasselbe. Illustrirt von ersten deutschen Künstlern. Hrsg. v. J. G. Fischer. 4. Aufl. 65 Lfgn. Lex.-8. (1. Bd. XVIII, 435 S.; 2. Bd. VIII, 447 S.; 3. Bd. VIII, 450 S.; 4. Bd. VIII, 423 S.) Stuttgart 888 — 890. Deutsche Verlags-Anstalt. à Lfg. n. — 50; cplt. n. 32. 50; geb. in 4 Bdn. n. 48. —

— dasselbe. Nach den vorzüglichsten Quellen rev. Ausg. Nebst e. Biographie d. Dichters. Neu hrsg. v. R. Boxberger u. W. v. Maltzahn. 13 Thle. in 5 Bdn. 8. (XCVI, 640; 253, 336, 244, 344, 177, 224, 199, 132, 196, 163, 175 u. 196 S.) Berlin 889. Dümmler's Verl. n. 10. —; geb. n. 13. —

— dasselbe. (Hrsg. v. F. A. Krais.) 5 Bde. 8. (XII, 623; 592, 692, 644 u. 556 S.) Leipzig 889. Grunow. geb. in Leinw. n. 15. —; in Halbfrz. n.n. 22. 50; in Liebhaberbd. n.n. 30. —; in Ldr. n. 40. —

Schiller's, Frdr. v., Werke. Mit Lebensbeschreibg. Einleitgn. u. Anmerkgn. hrsg. v. Rob. Boxberger. 6 Bde. 2. Aufl. 8. (CL, 486; CXL, 644; LII, 535; LXXVIII, 564; XXXVI, 744 u. XXXVI, 640 S.) Berlin 890. G. Grote. Geb. in Leinw. n. 12. —

— dasselbe. Hrsg. v. Rob. Boxberger. Neue illustr. Ausg. 6 Bde. 3. Aufl. 8. (CXCV, 628; LVII, 485; LII, 519; LXXVIII, 556; XXXVI, 758 u. XXXV, 588 S.) Ebd. 891. n. 18. —; geb. in Kaliko n. 22. 50; in Halbfrz. n. 30. —

— dasselbe. Mit Lebensbeschreibg., Einleitgn. u. Anmerkgn. hrsg. v. Rob. Boxberger. 6 Bde. 3. Aufl. 8. (CL, 486; CXL, 644; LII, 535; LXXVIII, 564; XXXVI, 744 u. XXXVI, 640 S.) Ebd. 893. Geb. in Leinw. n. 12. —; in Halbfrz. n. 15. —

—— dass. — in 12 Bdn. 12. (280; 292; 259; 216; 228; 252; 223; 298; 328; 316; 264; 332 S. m. Portr.) Stuttg. 890, Cotta Nachf. geb. in 6 Bde. * 6 —

— dasselbe in 4 Bdn. Mit Einleitgn. v. K. Goedeke. Mit dem Portr. d. Dichters. 8. (XVIII, 726; XXII, 788; XVI, 754 u. XII, 788 S.) Ebd. 888. geb. n. 7. —

— dasselbe in 12 Bdn. 12. (280, 292, 259, 216, 228, 252, 223, 298, 328, 316, 264 u. 332 S. m. Bildn.) Stuttgart (891). J. G. Cotta Nachf. In 6 Leinwbdn. n. 6. —

— dasselbe. Mit Einleitgn. v. Alfr. Richter u. e. Lebensabriß d. Dichters von Otto v. Leixner. Ausg. in 6 Bdn. gr. 8. (LXV, 690; LXIII, 536, V, 808; XXII, 621; XVI, 799 u. XVI, 655 S.) Berlin 892. R. Trenkel. Geb. in Leinw. n. 16. —; in Halbfrz. n. 20. —; in Liebhaberbd. n. 24. —

Schiller, Frdr. v., sämtliche Werke in 10 Bdn. 8. (IV, 351; III, 400; III, 426; III, 418; III, 328; III, 316; 366; III, 343; III, 287 u. III, 362 S.) Leipzig (892). Th. Knaur. Geb. 15. —; 16. —; 18. —; 21. — u. 30. —; in 5 Bdn. 10. —; 12. —; 12. 50; 15. — u. 20. —; in 4 Bdn. n. 7. —

— dasselbe. Illustrirt v. ersten deutschen Künstlern. Hrsg. v. J. G. Fischer. 5. Aufl. 65 Lfgn. Lex.-8. (1. Bd. XIX, 435 S.; 2. Bd. VIII, 447 S.; 3. Bd. VIII, 450 S.; 4. Bd. VIII, 428 S.) Stuttgart 892. 893. Deutsche Verlags-Anstalt. à n. — 50 (kplt. geb. in 4 Bde.: n. 48. —)

— sämtliche Werke in 16 Bdn. Mit Einleitgn. v. Karl Goedeke. gr. 8. (XII, 365; X, 405; VI, 339; VIII, 387; VIII, 346; X, 302; X, 242; VI, 336; X, 401; VIII, 230; 264; XII, 364; VIII, 242; III, 265; IV, 427 u. X, 461 S.) Stuttgart 893. 894. J. G. Cotta Nachf. à n. 1. 10; geb. in Halbleinw. à n. 1. 50; je 2 Bde. geb. in 1 Halbfrzbd. à n. 4. —

— sämtliche Werke in 12 Bdn. M. e. biograph. Einleitg. v. Gust. Karpeles. 12. (XVI, 304; 285; 191; 284; 286; 258; 219; 284; 319; 307; 255 u. 254 S. m. Bildn.) Leipzig 895. G. Fock, Verl. Geb. in 3 Halbleinw.-Bde. n. 4. 50; in 4 Leinw.-Bde. 6. —; feine Ausg. auf starkem Papier geb. in 4 Halbfrz. Bde. n. 9. 50

— dasselbe. Vollständig in 4 Bdn. Mit Einleitgn. v. Karl Goedeke. 8. (XVIII, 726; XXII, 788; XVI, 754 u. XII, 788 S. m. Bildnis.) Stuttgart (897). J. G. Cotta Nachf. Geb. in Leinw. n. 7. —

— dasselbe in 16 Bdn. Mit Einleitgn. v. Karl Goedeke. 8. (307, 340, 272, 319, 284, 248, 196, 264, 334, 194, 219, 296, 203, 219, 362 u. 310 S. m. Bildnis.) Ebd. (900). In 8 Leinw.-Bdn. n. 16. —; in 8 Halbfrz.-Bdn. n. 24. —

Schiller's, Frdr. v., sämtliche Werke in 12 Bdn. Mit e. Portr., e. Biographie u. Charakteristik Schillers v. Gust Karpeles. 12. (XXIV, 320, 285, 191, 284, 286, 258, 219, 284, 319, 307, 255 u. 254 S.) Leipzig (899). M. Hesse. In 4 Leinw.-Bdn. 6. —; in 4 Halbfrz.-Bdn. n. 9. 50; in 4 Liebhaberhalbfrz.-Bdn. m. Goldschn. 12. 50

— sämtliche Werke in 12 Bdn. Mit e. biograph. Einleitg. v. Frdr. Düsel. Illustriert v. ersten deutschen Künstlern. (LII, 380, 309, 200, 293, 290, 266, 232, 304, 362, 330, 274 u. 271 S.) 8. Leipzig (903). [Bibliograph. Anstalt A. Schumann.] Deutsche Verlags-Akt.-Gesellsch. In 4 Leinw.-Bdn. n. 10. —

— dasselbe. Säkular-Ausg. in 16 Bdn. In Verbindg. m. Rich. Fester, Gust. Kettner, Alb. Köster u. a. hrsg. von Eduard v. der Hellen. 8. Stuttgart, J. G. Cotta Nachf. à n. 1. 20; geb. in Leinw. à n. 2. —; in Halbfrz. à n. 3. —

1. Gedichte I. Mit Einleitg. u. Anmerkgn. von Eduard v. der Hellen. (XXII, 360 S. m. Bildnis.) (904.)
2. Dasselbe II. Erzählungen. Mit Einleitgn. u. Anmerkgn. von Eduard v. der Hellen u. Rich. Weißenfels. (XXXVIII, 426 S.) (905.)
3. Die Räuber. — Fiesco. — Kabale u. Liebe. Mit Einleitg. u. Anmerkgn. v. Erich Schmidt. (XLVIII, 468 S.) (905.)
4. Don Carlos. Mit Einleitg. u. Anmerkgn. v. Rich. Weißenfels. (XLIV, 332 S.) (904.)
5. Wallenstein. Mit Einleitg. u. Anmerkgn. v. Jak. Minor. (XLIV, 424 S.) (905.)
6. Maria Stuart. Die Jungfrau v. Orleans. Mit Einleitg. u. Anmerkgn. v. Jul. Petersen. (XXX, 40 S.) (904.)
7. Die Braut v. Messina. Wilhelm Tell. Semele. Menschenfeind. Huldigung der Künste. Mit Einleitg. u. Anmerkgn. v. Osk. Walzel. (XLIV, 374 S.) (904.)
8. Dramatischer Nachlaß. Bearb. v. Gust. Kettner. (XL, 365 S.) (905.)
9. 10. Uebersetzungen. Mit Einleitgn. u. Anmerkgn. v. Alb. Köster. 1. u. 2. Tl. (XXIV, 409 u. XX, 292 S.) (904.)
11. 12. Philosophische Schriften. Mit Einleitg. u. Anmerkgn. v. Osk. Walzel. 2 Tle. (LXXXIV, 838 u. 407 S.) (905.)
13—15. Historische Schriften. Mit Einleitg. u. Anmerkgn. v. Rich. Fester. 3 Tle. (XL, 324, 454 u. 463 S.) (904, 905.)
16. Vermischte Schriften. Mit Einleitg. u. Anmerkgn. v. Jul. Petersen. (XXII, 438 S.) (905.)

Schiller's, Frdr. v., sämtliche Werke in 6 Bdn. (Grossherzog Wilhelm Ernst-Ausg. Hrsg. im Auftrage v. Alfr. Walt. Heymel. Druckleitung v. Harry Graf Kessler u. Emery Walker.) kl. 8. Leipzig, Insel-Verlag. Geb. in Ldr. n. 24. —; Ldr.-Kasten dazu n. 3. —

1. Dramatische Dichtungen. (Hrsg. v. Max Hecker.) (669 S.) 905. 4. 50
2. Dasselbe. 2. Bd. (Hrsg. v. Alb. Köster.) (683 S.) 906. 4. —
3. Gedichte u. Erzählungen. (Hrsg. v. Alb. Köster.) (553 S.) 906. 4. —
4. Philosoph. Schriften. (Hrsg. v. Alb. Köster.) (637 S.) 906. 4. —
5. Histor. Schriften. (Hrsg. v. Alb. Köster.) (871 S.) 906. 4. —
6. Uebersetzungen. (Hrsg. v. Alb. Köster.) (485 S.) 906. 3. 50

Schillers Sämtliche Werke. Hist.-krit. Ausg. in 20 Bden. Unter Mitw. von … hrsg. von Otto Güntter u. Georg Witkowski. Bd 1–20. Leipzig: Hesse (& Becker) 1909(–11). 8°
1. (Vorw. Schillers Lebensgang. Nachtr. z. d. Xenien. (Bd 2).) 1910. 2. 3. Gedichte m. Anm. von O. Güntter. 1909. 4–11. (Dramen.) [1910.] 12. 13. (Dramen. Erzählungen.) [1910.] 14. 15. (Geschichte d. Abfalls d. ver. Niederlande. 30j. Krieg.) [1910.] 16. 17. (Hist. u. philos. Aufsätze.) [1910.] 18. 19. (Ästhet. Erziehung d. Menschen. Vermischte Aufsätze.) [1910.] 20. Abt. 1. 2. (Lesarten. Reg. 1911). [11. 10107]

— sämtliche Werke. Historisch-kritische Ausg. in 20 Bdn. Unter Mitwirkg. v. Karl Berger, Erich Brandenburg, Th. Engert u. a. hrsg. v. Otto Güntter u. Geo. Witkowski. 1.—19. Bd. (110, 267, 287; 440, 234; 279, 375; 310, 361; 302, 527; 288, 258; 415, 456; 319, 756; 189 u. 399 S. Bildnis m. 3 Fksms. u. 2 Karten.) kl. 8. Leipzig (910). Hesse & Becker Verl. In 9 Bde. geheftet à 1.50; in Leinw. à 2

Schiller Sämtliche Werke. Bd 1–13. Leipzig: Tempel-Verl. [1910–12.] 8°
(1.) Gedichte. (Hrsg.: Dr. Fritz Strich u. Dr. Walter Strich.) [1912.] (2.) Die Räuber. Fiesco. Kabale u. Liebe. (Hrsg.: Dr. Paul Merker.) [1911.] (3.) Don Carlos. Briefe über Don Carlos. Der Menschenfeind. (Hrsg.: Dr. Ludwig Strecker.) [1911.] (4.) Ästhetische Schriften. (Hrsg.: Prof. Dr. Otto Harnack.) [1911.] (5.) Wallenstein. (Hrsg.: Max Hermann.) [1910.] (6.) Maria Stuart. Die Jungfrau v. Orleans. Die Braut v. Messina. (Hrsg.: Max Hermann.) [1911.] (7.) Wilhelm Tell. Demetrius. Dramat. Nachlaß. (Hrsg.: Dr. Stephan List.) [1911.] (8.) Dramat. Übersetzungen. (Hrsg.: Dr. Julius Zeitler.) [1911.] (9.) Erzählungen. Kleine Prosaschriften. (Hrsg.: Dr. Julius Zeitler.) [1911.] (10.) Geschichte d. Abfalls d. Vereinigten Niederlande. (Hrsg.: Paul Kluckhohn.) [1911.] (11.) Geschichte d. Dreißigj. Kriegs. (Hrsg.: Prof. Karl Hohn.) [1912.] (12.) Vermischte Schriften. (Hrsg.: Dr. Fritz Strich u. Dr. Walter Strich.) [1911.] (13.) Erg.Bd. Strich, Fritz: Schiller. Sein Leben u. s. Werk. [1912.]
(Tempel-Klassiker.) A 12. 13411

— sämtliche Werke. (Horenausg.) (In 16 Bdn.) 1. Bd. (VIII, 587 S.) gr. 8. München (910). G. Müller. kart. 5. —; geb. in Buckram n 6.50; in Halbfrz. 8. —; Luxusausg. in Ldr. 21. —

Aus Schillers Werkstatt. Seine dramat. Pläne u. Bruchstücke. Hrsg. von Georg Witkowski. Mit 2 Faks.Beil. Leipzig: Hesse 1910. 301 S. 8° [10. 13139]

Schiller, Friedrich von
s. Willkomm, Benedict: Geistes-Blüthen … 1812–16.

— Worte der Weisheit. Ausgewählt v. Herm. Kölling, s.: Hillger's Herm., illustrierte Volksbücher.

— erläuterndes Wörterbuch zu dessen Dichterwerken, s. Rudolph, Ludw.

— s. a. Würde der Frauen.

— Würde der Frauen; Gedicht. gr. Royal-Fol. Hamb. u. Itzehoe, Schubert u. N. 1 ⅙ 12 gℓ

— s.: Xenien 1796.

— Xenien, s.: Goethe, Joh. Wolfg. v.

— und Goethe, Xenien, s. Meisterwerke der deutschen Litteratur.

— Xenien, s.: Meyer's Volksbücher.

— Xenien, s. Universal-Bibliothek.

Schiller's und Goethe's Xenien-Manuscript. Zum erstenmal bekannt gemacht von Ed. Boas u. herausg. von Wendelin v. Maltzahn. Berlin 856. Hirsch. 8. (XV, 263 S.) n. 1 ⅙ 15 ngr

Schiller, Friedrich Wilhelm (Breslau) Halle 1780/2

Dissertatio iuridica inauguralis exhibens observationes selectas de incestu.
Präs. Philipp Jakob Heisler.
Halle (Curtius) 28. X. 1780. 32 S.

Gew.: Johann Heinrich Kasimir von Carmer.
W. v.: Präs., Johann Heinrich Otto König, Johann Christ. Bathe (Opp.), Karl Friedrich Finke (Opp.), Johann Philipp Heisler (Opp.). 30419

Schiller, Fritz [von Zürich]: Rechtsverhältnisse des Automaten. Zürich 1898. 93 S. 8°.
Zürich. Jur. Diss. 1897/98.

Schiller (G. W.). Catalog der Orchideon-Sammlung . . . zu Ovelgucnne an der Elbe. Ed. 3. Hamb. 1857. 8°.

Schiller, Georg, aus Berlin: **Beitrag zur Kenntnis der Cobaltarsenate.** *(Berlin 1904: O. Werner.)* (32 S.) 8°
Berlin, Phil. Diss. v. 12. März 1904

Schiller, Georg, a. Buchholz i. S.: **Die Bewegung einer homogenen Kugel auf einer materiellen Parabel unter dem Einfluß der Schwerkraft.** Borna-Leipzig 1908: R. Noske. (45 S., 1 Tab.) 8°
Leipzig, Phil. Fak., Ref. Neumann-Hölder, Diss. v. 4. Febr. 1908
[Geb. 24. Sept. 81 Buchholz; Wohnort: Zwickau; Staatsangeh.: Sachsen; Vorbildung: Realgymn. Annaberg Reife O. 03; Studium: München 2, Leipzig 8 S.]

Schiller, Geo., (Karl Fr. Stein), Drillingskinder meiner Muse. Erzählungen. 8. Hamb. 803. Wettach. 1 ℳ

Schiller, G., Drillingskinder meiner Muse, eine Samml. v. Erzählungen. 8. Hamb. Wetrach. 806.

Schiller, Geo., (Karl Fr. Stein), der Sonderling als Ehestandskandidat. Lstspl. in 4 A. 8. Berl., Krause. 1 ℳ Hbg. Pr. 12 gr.

Schiller, Geo. Ldw., Trostgründe in allerlei Vorfällen des menschl. Lebens. 8. Heilbronn 775. Claß. 3 gr.

— Trostquellen, d. Kreuzträgern z. Erquickung. 8. Heilbr. 757. Eckebrecht. 5 gr.

Schiller, Hans, prakt. Arzt in Abbach: Ein Fall von Melanosarkom der Parotis. Erlangen 1906: Junge & Sohn. (27 S.) 8°
Erlangen, Med. Fak., Ref. Hauser, Diss. v. 1. Mai 1906
[Geb. 4. Jan. 78 Kosbach; Wohnort: Abbach; Staatsangeh.: Bayern: Vorbildung: Gymn. Erlangen Reife Juli 97; Studium: Erlangen 10 S.; Coll. 10. März 06; Approb. 3. März 03.]

Schiller, Heinrich: Beiträge zur Wiederherstellung der Odyssee. I. Teil. 41 S. S. II. Teil. S. 45–88. S. K. hum. Gymn. *Fürth* 1907. 1908.
§ 1. Das Gebet der Penelope. § 2. Die lachenden Freier. § 3. Penelopes entscheidender Schritt. § 4. Die kokette Penelope (σ 158—303). § 5. Penelopes Plan (τ 53–60?). § 6. Telemach als Gegenspieler. § 7. Athene als Erzieherin. § 8. Zum Anfang des Tisis. § 9. Die Beratung unter dem heiligen Ölbaum (υ 372ff.) — Eingang der Tisis (Text). Ursprüngliche Gestalt des Buches υ. — § 1. Das Gewebe der Penelope. § 2. Garstige Spinnweben. § 3. Chronologie und Doppelhandlung. § 4. Die Telemachie und die zweite Götterversammlung. § 5. Der Eingang des Nostos. § 6. Der Eingang der Tisis. Schlußwort.
Progr.

Schiller, Heinrich, Dr., Prof.: Über **Entstehung** und Echtheit des Corpus Caesarianum. *Fürth 1899: L. Limpert.* (48 S.) 8°
Fürth, k. humanist. G, P 1899

Schiller, Heinr., d. Entwurf d. ungarischen Strafverfahrens. M. e. Sachregister. gr. 8. (75 S.) Budapest 895. C. Grill. n. 2. —

Schiller, H. Gesetzentwurf über die Privat-Vers.-Unternehmungen. Referentenentwurf. Budapest 1894.

(Schiller, [Heinrich].) † Ernst Laufer, geboren 28. Juni 1851 (in Kloten, Kanton Zürich), gestorben 24. März 1903. ([Von] Schiller, Asyl Wil. — Separatabdruck aus der «Zeitschrift für Psychiatrie etc.» Bd. 60.) 11 S. + S. 665—671. 8. (Berlin, Georg Reimer.)

Schiller, Heinrich, med. pract. aus Töss bei Winterthur [Kt. Zürich]: Aus dem Züricher Hygiene-Institut. Experimentelle Untersuchungen ueber die Wirkung des Wassergases auf den thierischen Organismus. (S. A. aus: Zeitschrift für Hygiene. Bd IV [S. 440–497]). Leipz. Veit u. Cie Dr. 1888. 62 S., 1 Bl. 8°.
Zürich. Med. Diss. [v. 11. Aug. 1888].

Schiller, Hermann [app. Arzt]: Aus d. patholog. Institut zu Giessen. Ueber die Aktinomykose des Menschen, e. Beitr. z. Pathogenese derselben ... Giessen, C. v. Münchow, Univ.-Buch- u. Steindr., 1892; 24 S. 8.
Giessen, Med. Fak., Inaug.-Diss. v. 1892

Schiller, Herm., der Aufsatz in der Muttersprache, s.a. Sammlung v. Abhandlungen aus dem Gebiete der pädagog. Psychologie. IV. 1 u. V. 3.

Der Aufsatz in der Muttersprache. Eine pädag.-psychol. Studie von H[ermann] **Schiller**, Geh. Oberschulrat in Leipzig. 1. 2. *Berlin: Reuther & Reichard 1900–03.* 2 Bde 8°
1. Die Anfänge d. Aufsatzes im 3. Schulj. 1900.
2. Der Aufsatz im 4. bis 8. Schulj. (Alter 9 bis 14 Jahre). 1902.
= **Sammlung** von **Abhandlungen** aus d. Geb. d. pädag. **Psychologie** u. Physiologie. Bd 4, H. 1. Bd 5, H. 3. (0). 9006

— **Aufsätze über die Schulreform 1900 u. 1901.** (In 3 Hftn.) 1. u. 2. Hft. gr. 8. Wiesbaden, O. Nemnich. à n. 1. 20
1. **Die Berechtigungsfrage.** (44 S.) 901.
2. **Die äussere Schulorganisation.** (56 S.) 902.

Schiller, Herm., Aufsätze üb. die Schulreform. (III, 44 u. 56 S.) gr. 8. Wiesbaden 903. Leipzig, O. Nemnich. n. 2. 50; geb. n. 3. 20

Schiller, Herm., die schulhygienischen Bestrebungen der Neuzeit. Vortrag, geh. am 14. u. 21. Oktbr. 1893 in der Frankfurter allgemeinen Lehrerversammlg. gr. 8. (65 S.) Frankfurt a/M. 894. M. Diesterweg. n. — 60

Schiller, Herm., Geschichte d. römischen Kaiserreichs unter der Regierung d. Nero. gr. 8. (IX, 720 S.) Berlin 872. Weidmann. n. 14. —

Schiller, H., Geschichte der römischen Kaiserzeit, s. a. Handbücher der alten Geschichte.

Schiller, Herm., Geschichte der römischen Kaiserzeit. 1. Bd. 2 Abtlgn. gr. 8. Gotha, F. A. Perthes. à Abtl. * ℳ 9. * 18 —
Inhalt:
Abtl. 1. Von Cäsars Tod bis zur Erhebung Vespasians. (VIII, S. 1—496.) 882.
» 2. Von der Regierung Vespasians bis zur Erhebung Diokletians. (IV, S. 497—980.) 883.

Schiller, Herm., Geschichte der römischen Kaiserzeit. 1. Bd. 1. Abtlg.: Von Cäsars Tod bis zur Erhebung Vespasians. gr. 8. (VIII, 496 S.) Gotha 883. F. A. Perthes. n. 9. —

Schiller, Herm. Die einheitliche Gestaltung u. Vereinfachung d. Gymnasialunterrichts, s. a. Sammlung pädagog. Abhandlungen.

— Die einheitliche Gestaltung und Vereinfachung des Gymnasialunterrichts unter V[or]aussetzung der bestehenden Lehrverfassung 1890. 139 S. I

— H, D. Griech. im Gymn. Pr. 1875. 40 S.

—— s. **Handbuch der klassischen Altertumswissenschaft.**

Schiller, Herm., Handbuch der praktischen Pädagogik für höhere Lehranstalten. gr. 8. (XI, 604 S.) Leipzig 886, Fues Verlag. *

— Handbuch der praktischen Pädagogik f. höhere Lehranstalten. 2., umgearb. Aufl. gr. 8. (XII, 658 S.) Leipzig 890. Reisland. n. 10. —; geb. n.n. 11. 30

[H.] Handbuch der praktischen Pädagogik für höhere Lehranstalten. Von Dr. Hermann Schiller, ... Prof. ... a. d. Univ. Giessen. 3., umgearb. u. verm. Aufl. *Leipzig: O. R. Reisland 1894.* (XIV, 702 S.) 1 Bd 8.

— Handbuch der praktischen Pädagogik f. höhere Lehranstalten. 4., umgearb. u. verm. Aufl. (XIV, 760 S.) gr. 8. Leipzig 904. O. R. Reisland. n. 12. —; geb. n.n. 13. 60

Schiller, H, Jahresbericht üb. röm. Geschichte u. Chronologie 1876—1878, 1879, 1880, 1881, 1882, 1883, 1884, 1885, 1886, 1887, 1888. 11 Teile. S.-A. 129, 99, 98, 67, 85, 87, 85, 104, 75, 80, 72 S.

Schiller, H., Jahresbericht üb. die römischen Staatsaltertümer für 1874—1878. 1880. 1881. 1882. 1883. 1884. 1885. 1886. 1887. 1888. 10 Teile. S. A. 178, 82, 67, 79, 65, 102, 89, 68, 68, 44 S. à 1.—

— röm. Kriegsalterthümer, s.: Handbuch der klassischen Altertumswissenschaft. 4. Bd.

— Lehrbuch der Gechichte der Pädagogik. Für Studirende u. junge Lehrer höherer Lehranstalten. gr. 8. (V, 352 S.) Leipzig 887. Reisland. n. 6.—

— Lehrbuch der Geschichte der Pädagogik. Für Studierende u. junge Lehrer höherer Lehranstalten. 2. Aufl. gr. 8 (V, 392 S.) Ebd. 891. n. 6. 60

— dasselbe. 3. Aufl. gr. 8. (VII, 400 S.) Ebd. 894. n. 6. 60

Lehrbuch der Geschichte der Pädagogik. Für Studierende... Von Dr. Herman Schiller, weil. Univ.Prof. a. D. 4. Aufl. Leipzig: O. R. Reisland 1904. (VI, 470 S.) 8°

— Leitfaden f. den geschichtlichen Unterricht in den oberen Klassen höherer Lehranstalten, s.: Bruß, Hans.

—— Nekrolog auf Prof. Wilh. Clemm in Giessen. 8. (12 S.) Berlin 884, Calvary und Comp. * 1 20
Aus: Biographisches Jahrbuch für Alterthumskunde, besonders abgedruckt.

Dr. Hermann Schiller. Die stoische Opposition unter Nero. Ein Beitrag zur Geschichte der Julischen Kaiser. I. Teiles 1. Abteilung. 38 S.
Derselbe. Die stoische Opposition unter Nero u. s. w. I. Teiles 2. Abteilung. 41 S. Wertheim. P 1867. 1868

Dr. Hermann Schiller. Die stoische Opposition unter Nero. Ein Beitrag zur Geschichte der Julischen Kaiser. Ersten Teiles dritte Abteilung. 63 S. Karlsruhe. P 1869

Schiller, H., die Organisation d. höh. Unterrichts in Belgien u. Luxemburg, s.: Collard, Fr.

— die Organisation d. höheren Unterrichts im Grossherzogt. Hessen. [Aus: „Baumeister's Handb. d. Erziehungs- u. Unterrichtslehre f. höh. Schulen".] gr. 8. (11 S.) München 897. C. H. Beck. n. —40

Schiller, H, E. Problem d. Tacituserklärung. S.-A. 1877. 9 S. 4°.

— s.: Sammlung v. Abhandlgn. aus dem Gebiete d. pädagog. Psychologie u. Physiologie.

— Schularbeit u. Hausarbeit. Ein Vortrag. gr. 8. (51 S.) Berlin 891. Weidmann. n. —60

— die Schularztfrage, s.a. Sammlung v. Abhandlungen aus dem Gebiete der pädagog. Psychologie. III. 1.

Die Schularztfrage. Ein Wort z. Verständigung von Herman Schiller. Berlin: Reuther & Reichard 1899. (56 S.) 8°
= Sammlung v. Abhandlungen aus d. Geb. d. pädag. Psychologie u. Physiologie. Bd 3, H. 1.

— s.: Schul-Ausgaben, deutsche.

Schiller, Herm. Pädagogische Seminarien f. das höhere Lehramt. Geschichte u. Erfahrung. gr. 8. (VI, 171 S.) Lpz. 890, Reisland. * 4 —

— röm. Staats- u. Rechtsalterthümer, s.: Handbuch der klassischen Alterthumswissenschaft. 4. Bd.

— die römischen Staats- u. Kriegsaltertümer, s.: Handbuch der klassischen Altertums-Wissenschaft.

— Der lateinische Stil im Gymnasium. Pr. 1877. 19 S. 4°.

— Studien und Versuche über die Erlernung der Orthographie, s.a. Sammlung von Abhandlungen aus dem Gebiete der pädagog. Psychologie und Physiologie.

Studien und Versuche über die Erlernung der Orthographie. In Gemeinschaft m. Lehramtsassessor Heinrich Fuchs u. Lehrer August Haggenmüller veröff. v. Hermann Schiller. *Berlin: Reuther & Reichard 1898.* (63 S.) 1 Bd 8.
= Sammlung v. Abhandlungen a. d. Gebiete d. pädagog. Psychologie u. Physiologie. Bd II. H. 4.

— Der Stundenplan, s.a. Sammlung von Abhandlungen aus dem Gebiete der pädagog. Psychologie und Physiologie.

Der Stundenplan. E. Kapitel a. d. pädagog. Psychologie u. Physiologie. Von H[ermann] Schiller. *Berlin: Reuther & Reichard 1897.* (63 S., 2 Bl.) 8.
= Sammlung v. Abhandlungen a. d. Gebiete d. paedagog. Psychologie u. Physiologie. Bd 1. H. 1.

— vergleichende (synchronist.) Uebersicht der Hauptthatsachen der Weltgeschichte. Zugleich Ergänzg. der Weltgeschichte v. Herm. Schiller. gr. 8. (89 S.) Berlin 901. Stuttgart, W. Spemann. n. 3. —; geb. n. 4. —

Schiller, Herm., die lyrischen Versmaße d. Horaz. Nach den Ergebnissen der neueren Metrik für den Schulgebrauch dargestellt. Leipzig 869. Teubner. 8. (IV, 32 S.) n. 5 ngr.

— die lyrischen Versmaße des Horaz. Nach den Ergebnissen der neueren Metrik für den Schulgebrauch dargestellt. 2. Aufl. 8. (IV, 32 S.) Leipzig 877. Teubner. — 45

— die lyrischen Versmaße d. Horaz. Nach den Ergebnissen der neueren Metrik f. den Schulgebrauch dargestellt. 3. Aufl. gr. 8. (IV, 32 S.) Leipzig 891. B. G. Teubner. Kart. — 60

— Volksbildung u. Volkssittlichkeit, s.a. Bausteine, pädagogische. 12. Hft.

Volksbildung und Volkssittlichkeit. Eine zeitgemässe Erörterung. Von Geh. Oberschulr. Prof. Dr. Herman Schiller in Leipzig. *Dessau: Oesterwitz & Voigtländer [1901].* (32 S.) 8°
— Bausteine, Pädagogische. H. 12.

—— über die pädagogische Vorbildung zum höheren Lehramt. Eine akadem. Antrittsrede. 8. (56 S.) Giessen 877, Ricker. *

Weltgeschichte. Von den ältesten Zeiten bis Anfang d. 20. Jahrh. Ein Handbuch von Dr. **Herman Schiller**, Geh. Oberschul.R. *Berlin & Stuttgart: W. Spemann 1900–01.* 4 Bde 8° [F.]
1. Geschichte d. Altertums 1900. 2. Gesch. d. Mittelalters 1900.
3. Gesch. d. Übergangs v. Mittelalter z. Neuzeit 1901
4. Gesch. d. Neuzeit 1901. [illegible]

— **Weltgeschichte.** Von den ältesten Zeiten bis zum Anfang des 20. Jahrh. Ein Handbuch. 4 Bde. gr. 8. Berlin. Stuttgart, W. Spemann. à n. 8. —; geb. in Leinw. à n. 10. —; auch in 80 Lfgn. à n. — 40 od. in 16 Abtlg. à n. 2 —
1. Geschichte des Altertums. (XIV, 689 u. 78 S. m. 20 Taf. u. 7 Karten.) 900.
2. Geschichte des Mittelalters. (VII, 656 u. 74 S. m. 20 Taf. u. 3 Karten.) 901.
3. Geschichte des Übergangs vom Mittelalter zur Neuzeit. (VIII, 771 u. 88 S. m. 20 Taf. u. 2 Karten.) 901.
4. Geschichte der Neuzeit. (VIII, 971 u. 69 S. m. 20 Taf. u. 3 farb. Karten.) 901.

Hermann Schiller. Paedagogische Zeitfragen. 1) Das Griechische im Gymnasium. 40 S. Konstanz, P 1875

Schiller, Herm. Pädagogische Zeitfragen. 2. Der lateinische Stil im Gymnasium. 19 S. **Progr.** G. *Giessen* 1877.

Schiller, Hermann Ernst (Hildesheim) A. S. 760/30

De eo, quod circa alienationem rerum minorennium justum est. Präs. Tobias Jakob Reinharth. Erfurt (Grosch) 17. VIII. 1709. 28 Bl. 30420

Schiller, Hugo, der Infinitiv bei Chrestien. Abhandlung. gr. 8. (V, 69 S.) Oppeln 883, Franck's Buchh. * 1 80

Schiller, J., Sommerfrische im Bayerischen Hochland (Chiemgau). 1. Bergener Thal. 2. Touristenhaus auf der Hochfelln. 3. Ruhpolding [Aus: „Wohin?"] gr. 8. (11 S. m. Abbildgn.) Traunstein 902. (W. Endter.) n. — 40

Schiller, Ignaz, aus Odessa: Ueber den feineren Bau der Blutgefässe bei den Arenicoliden. Jena 1907. II + 28 S. und drei Tafeln. 8°. S.-A. aus der Jenaischen Zeitschrift für Naturwissenschaft. Bd. 43, 1907. [25. I. 08.]
Zürich, Phil. Diss. II. S. 1907/08.

Schillor, Ignaz. Ueber den feineren Bau der Blutgefässe bei den Arenicoliden. Diss. Phil. [II.] Univ Zürich. Mit 3 Tafeln und 2 Figuren im Text. [Sep.-Abdr. aus: Jenaische Zeitschrift für Naturwissenschaft. Band 43, Heft 2.] II + 28 S. 8. Jena, Gustav Fischer, 1907.

Schiller, Jh., kurzes Antwortschreiben an die Gemeinde Ingenheim. kl. 8. Frankfurt a/M. 846, Zimmer. 1/24 ß

—— der Sickinger-Bote. Ein Schreibkalender f. das evangel. Christenvolk. Jahrg. 1845, 1846. 4. Frankfurt a. M., Zimmer. [1845 (8 B.) 1846 (6 B.) à 2½ Ngr.]

— der Sickinger Bote. Ein Schreibkalender für das evangel. Christenvolk. Jahrg. 1845 u. 1846. 4. Ebend. à 1/12 ß — Jahrg. 1846 ohne den astronom. Kalender u. d. T.: Hausvater od. Altes u. Neues z. Unterhaltung u. Erheiterung rc. Ebend. 2 ngl

—— offener Brief an Hrn. Pfarrer Frantz in Ingenheim, Herausgeber d. protest. Kirchenblatts aus d. bayer. Pfalz: „Morgenröthe." 2. Aufl. gr. 8. (3 B.) Frankfurt a. M. 846, Zimmer. *

— gedenket an eure Lehrer! Evangel. Zeugnisse aus Pfalzbaiern bei Gelegenheit des 18. Febr. 1846. gr. 8. Frankfurt a/M. 846. (Zimmer.) n. 1/2 ß

— christlicher Glaubens- u. Tugendspiegel in Beispielen. 8. Frankfurt a/M. 844, Zimmer. 1/4 ß

—— Hie Schwert des Herrn und Gideon. Gedichte. gr. 16. (282 S.) Neustadt a. H. 856, Gottschick's Buchh. *

Schiller, Joh., das Irrlicht aus Heidelberg, betitelt: „Ein Streiflicht auf die rheinpfälz. Landtagswahlen vom J. 1855." heimgeleuchtet. 3. Aufl. gr. 8. (22 S.) Neustadt a. H. 855, Gottschick's Buchh. **

—— über christl. Kinderzucht in Luthers Geist u. Wort. Mit vorangeschicktem Berichte Just. Jonas üb. Luthers sel. Hinfahrt u. Melanchthons Rede üb. d. Leiche dess. Zum 300jähr. Ehren- u. Trauergedächtnisse an d. 18. Febr. 1546. 8. (9¾ B.) Frankfurt a. M. 846, Zimmer. *

—— komm u. siehe: Wie stehet geschrieben? Wie liesest du? (Joh. 1, 46. Luk. 10, 26.) Kurzer Inbegriff der Unterscheidungslehren der evang.-protestant. u. röm.-kathol. Kirche nach ihren Bekenntnißschriften mit biblischen Nachweisen. 8. (7¾ B.) Frankfurt a. M. 844, Zimmer. *

— s. Prediger-Almanach.

—— Prediger-Almanach. In Verbindg. m. einigen Freunden u. Brüdern hrsg. gr. 16. (23⅝ B. u. Prof. Dr. Harleß's Portr.) Frankfurt a. M. 846, Zimmer. *

—— nachträgliches Promemoria in Sachen d. evang. Kirchenzeitung gegen die 86 vom 15. Aug., nebst Vor- u. Nachtrab. gr. 8. (3 B.) Frankfurt a. M. 846, Zimmer. *

—— an die Unkirchlichen unserer Zeit. Predigt. gr. 8. (1 B.) Frankfurt a. M. 845, Zimmer.

Schiller, Jh., das große Unrecht des Rationalismus gegenüber d. guten Recht d. vereinigten Kirche der Pfalz. gr. 8. Speyer 846, Neidhard. 1/8 ß

— warum sind wir ausgegangen aus der römisch-kathol. Kirche? Reformationspredigt. gr. 8. Frankfurt a/M. 845. Zimmer. 1/12 ß

Schiller, Jh. Chr., nützl. Beschreib. gewöhnl. Krankheiten, nebst d. Mitteln sie zu heilen; e. Hausbuch f. alle Stände. 8. Quedlinb. 788. Ernst. 5 gl

Schiller, Joh. Chr. Sebald., über d. denkwürd. Ereignisse währ. der Monate seit d. Uebergabe d. evangel.-protest. Glaubensbekenntnisses bis zu d. Abschlusse d. Reichstages zu Augsburg im J. 1530. Eine Predigt am Reformationsfeste, nebst 2 Reden am 3. Säcular-Jubelfeste 1830. gr. 8. (3 B.) Halle, Kümmel. 1831.

Schiller, Gustav Adolph, König v. Schweden, Einst; Friedrich Wilhelm III. Jetzt d. Protestanten hohes Augenmerk. Eine Predigt. gr. 8. (1¼ B.) Halle 839, (Knapp.)

Schiller, Joh. Chr. Seb., Journal f. Landschullehrer u. alle, die es werden wollen. 2 Bde. à 4 Stück. 8. Zeitz, Webel. 810—15. (à 6 gr.)

— einige Predigten während d. Erndtezeit gehalten. gr. 8. Zeitz 812. Webel. 8 gl

— von d. vorzügl. Ursachen, welche d. zweideutigen u. lauen Zustand d. Religiosität u. Sittlichkeit herbeigeführt rc. 8. Merseburg 819. (Leipz., Märker). 6 gl

* **SCHILLER,** J. Chr. S., Ursachen des zweideutigen und lauen Zustandes der Sittlichkeit. Merseburg 1829. 8°.

Schiller, Johann Christoph Friedrich von,
s. Schiller, Friedrich von

Schiller, Jh. Fr. l., Anthology or Choice collected of instructive Fables, Sales etc. — Deutsch: Anthologie, oder Samml. auserles. Fabeln, Erzähll. u. Gespräche 2c. 2 Thle. gr. 8. Mainz u. (Frankf.) 786. 87. (Varrentrapp). 2 *ℳ* 12 *gℛ*

Moral. Erzähll. u. Versuche a. d. Engl. v. J. F. **Schiller.** *Mainz* u. *Frankf. a. M.*, Varrentrapp. 785-87. 2 Bde. 8°

— s. Haushaltungskunst d. menschl. Lebens. — Hawkesworth, Geschichte. — W. Penn, Früchte.

Schiller, Jh. Fr. l., s. **Prinz, der, von Abyssinien.**

Schiller, J. Friedr.: Rechtsfälle in Preußischen Gerichtshöfen erzählt u. beurtheilt. Breslau u. Leipzig 1806.

Schiller, Jh. Fr. ll., Rechtsfälle in preuß. Gerichtshöfen. 1r Bd. gr. 8. Bresl. 807. W. G. Korn. 1 *ℳ* 8 *gℛ*

Rede des Königl. Ober-Landes-Gerichts-Vice-Präsidenten Hr. [J. Friedr.] **Schiller**, geh. bei dessen Introduction am 1. Oct. 1819 in Breslau. (Breslau 1819.)

— s. W. Robertson, Geschichte. — Kon. Schmitt, Untersuchung.

— s. a. Versuche, moral.

Schiller, J. F., moral. Versuche u. Erzählungen, aus d. Engl. 2 Bde. Neue Auflage. 8. Mainz, Kupferberg. 815.

Schiller, Johann Gotthard (Krommendorf bei Brieg)
A. S. 1206/40

Morbos corporis morbis mentis non curari nec curandos esse ... disputans demonstrat ...
Präs. Christian Gottfried Stentzel.
Wittenberg (Eichsfeld) 28. VIII. 1736. 48 S.

30425

Schiller, Jo. Gottl., praes. Chr. God. **Stentzel,** Morbos corporis morbis mentis non curari nec curandos esse. 48 pp. Viteb. 4°.
1736

Schiller, Jo. Kap., († d. 7. Sept. 1796.) die Baumzucht im Großen, nach 20jähr. Erfahrr. im Kleinen. 8. Neustreliz 795. Albanus. 1 *ℳ* N. A. Mit 2 Pl. 8. Gießen 806. Heyer. 16 *gℛ*

— d. Baumzucht im Grossen, nach 20jähr. Erfahr. im Kleinen etc. 8. Neustrelitz, 1795. Neue Aufl. mit 2 Plänen. 1800. Neuere Aufl. Giessen. 1806. Heyer. — 20

— s. Betrachtt. üb. landwirthschaftl. Dinge, u. setze hinzu: (v. J. K. Schiller).

Schiller, Johann Kaspar[1]): „Betrachtungen über landwirthschaftliche Dinge", 5 Stücke samt Zugabe, Tübingen 1769 (Cotta).

Schiller, Joh. Casp., Gedanken üb. d. Baumzucht im Grossen z. Besetzung d. Haupt- u. Landstrassen mit Bäumen. 8. Leipzig, 1793. Göschen. — 2

Schiller, Jh. Mich., vermischte Aufsätze chem., physikal. u pharmaceut. Inhalts. Mit e. Vorrede v. H. F. v. Delius. 8. Nürnb. 790. Zeh. 8 *gℛ*

— s. Geschichte e. Apothekers, u. setze hinzu: (v. J. M. Schiller).

— Ideen z. Verbesser. u. Vervollkomm. d. gesammten Apothekerwesens. 8. Nürnb. 805. Monath u. K. 20 *gℛ*

Schiller, Jh. Mich., Versuch e. Darstell., wie Apothekerbücher (Pharmacopöen, Dispensatorien) in vollkomm. 2c. Zustande verfaßt werden sollen. gr. 8 Nürnb. 821. Riegel u. W. 1 *ℳ* 8 *gℛ*

Schiller, Jos., Beiträge zur Kenntnis d. Entwicklung der Gattung Ulva. (26 S. m. 1 Fig. u. 2 Taf.) gr. 8. Wien 907. A. Hölder. 1. 15

— Beiträge zur Kenntnis der Entwicklung der Gattung *Ulva* (mit 2 Taf. und 1 Textfigur). S. 116. [illegible] — .35
Separatabdruck

Schiller, Josef [Commorantpriester]: Abaelards Ethik im Vergleich zur Ethik seiner Zeit. München 1906: M. Steinebach. (51 S.) 8°
München, Phil. Fak., Ref. v. Hertling, Diss. v. 9. Dez. 1904
[Geb. 25. Feb. 75 Hirschbach in Niederbayern; Wohnort: München; Staatsangeh.: Bayern; Vorbildung: Gymn. Passau Reife Juni 96; Studium: Lyzeum Passau 2, Univ. München 4, Lyz. Passau 2, Univ. München 6 S.; Rig. 9. Dez. 04.]

— Vorläufige [illegible] in der Adria 1911—1912 [illegible] 3 Taf. [illegible] S. 122 [illegible] — 80
Separatabdruck

SCHILLER, Josef: Optische Untersuchungen von Bastfasern und Holzelementen. - Wien 1906. 37 S., 8 Abb. - (Sitzungsber. Akad. d. Wiss. i. Wien, Math.-nat. Klasse, Bd. 115, Abt. 1)

Schiller, Jos., Untersuchungen üb. Stipularbildungen. (27 S. m. 3 Taf.) gr. 8. Wien 903. (A. Hölder.) n. — 80
Sonderabdruck aus: „Sitzungsber. d. k. Akad. d. Wiss."

Schiller Josef, [illegible] Untersuchungen über Stipularbildungen [illegible] 3 Taf. S. 112 [illegible] — 80
Separatabdruck

Schiller, Jul., Abriß der Geschichte der christlichen Kirche f. sämtliche Mittelschulen u. f. die christliche Familie. 1. u. 2. Aufl. (à 137 S.) 8. Nürnberg 906. U. E. Sebald. Geb. n. 1. 60

—— über Shakespeares Entwicklungsgang, s. Zeitfragen des christlichen Volkslebens.

Schiller, Jul., die Frauenbewegg. in christl. Beleuchtung, s. a. Zeitfragen d. christl. Volkslebens.

Schiller, Julius: Die Frauenbewegung in christlicher Beleuchtung. — Stuttgart: Belser 1898. 31 S. 8° (Zeitfragen d. christl. Volkslebens. Bd 23, H. 5.)

Schiller, Jul., auf der Hallig, s. a. Trewendt's Jugendbibliothek.

Schiller, Jul., auf der Hallig. Ein Bild aus dem deutschen Strandleben. Für die Jugend bearb. Mit 4 Bildern v. Ludw. Löffler (in Holzschn.). Breslau 868. Trewendt. 8. (126 S.) cart. 7½ *ngr.*

— Hans Hildebrand. Eine Geschichte aus der Hussitenzeit. Der Jugend erzählt. Mit 4 Bildern (in Holzschn.) v. Ludw. Löffler. Ebend. 870. 8. (138 S.) cart. 7½ *ngr.*

— Leitfaden für den geographischen und geschichtlichen Unterricht in Volksschulen [zunächst für die Mark]. Berlin 867. Oehmigke's Verlag. 16. (47 S.) n. 2 *ngr.*

— — [zunächst für Schlesien.] 3. bericht. Aufl. Bunzlau 870. Appun's Buchh. 8. (24 S.) 1¼ ngr.

Schiller, Jul., Leitfaden f. den geographischen und geschichtlichen Unterricht in Volksschulen [zunächst f. Schlesien]. 4. gänzlich umgearb. Aufl. 8. (24 S.) Bunzlau 874. A. Appun. — 20

—— Nach Gelde gefreit. Eine Dorfgeschichte. 8. (156 S.) Gotha 870, F. A. Perthes. [Basel, Spittler.] cart. (* ℳ. 1,20.) * — 80

Schiller, Julius *(geb. Sohrau in Oberschles. 30. 3. 1855)*: Die Operationen der geburtshilflichen Klinik zu Breslau vom 1. Januar 1866 bis dahin 1879. I. Zange. — II. Perforation. Breslau 1879. (39 S.) 8° *(Im Buchhandel 1879 bei Koebner in Breslau.)*

Breslau, Med. Diss. v. 13. Nov. 1879

Schiller, Jul., die Operationen der geburtshilflichen Klinik zu Breslau vom 1. Jan. 1866 bis dahin 1879. I. Zange. — II. Perforation. Inaugural-Dissertation. gr. 8. (39 S.) Breslau 879, (Köhler.) *

Schiller, Jul., opfere Gott Dank u. bezahle dem Höchsten deine Gelübde! Predigt, am 70jähr. Geburtstag Sr. königl. Hoheit d. Prinz-Regenten Luitpold v. Bayern geh. den 12. März 1891 in der St. Sebaldus-Kirche zu Nürnberg. gr. 8. (10 S.) Nürnberg 891. J. Ph. Raw. n — 20

Schiller, J., Probleme aus der christlichen Ethik. gr. 8. (VII, 116 S.) Berlin 888. Reuther. n. 2. —

— Prüfungen. Eine Erzählg. für die Jugend. Mit 4 Bildern v. Ludw. Löffler (in Holzschn.). Breslau 868. Trewendt. 8. (109 S.) cart. 7½ ngr.

— Prüfungen, s.a. Trewendt's Jugendbibliothek.

[S.] Prüfungen. E. Erzählg f. d. Jugend v. Julius Schiller. M. 4 Bild. v. Ludwig Löffler. 2. Aufl. *Breslau: E. Trewendt [1898].* (107 S., 4 Taf.) 1 Bd 8.
= Jugendbibliothek, Trewendt's. Bd 44. :96. 8647

—— Saat und Ernte. Eine Erzählung für die Jugend. 8. (144 S. mit 4 Stahlst.) Breslau 867, Trewendt. cart.

Schiller, Jul., Saat u. Ernte, s. a. Trewendt's Jugendbibliothek. 41.

Saat und Ernte. Eine Erzählung f. d. Jugend von Julius Schiller. Mit 4 Stahlst. 2. Aufl. *Breslau: E. Trewendt [1900].* (135 S.) 8° [S.]
= Jugendbibliothek, Trewendt's. Bd 41. [01. 580

—— Gerhard Schenk, Erlebnisse eines Deutschen in Amerika. Eine Erzählung für die reifere Jugend. 8. (172 S. mit 4 Stahlst.) Breslau 866, Trewendt. cart.

—— die Schule der Trübsal. Eine Geschichte aus dem Alltagsleben. Der Jugend erzählt. 8. (142 S. mit 4 Bildern in Holzschn. von Emil Schuback.) Ebendas. 870. cart. — 75

Shakspere als Mensch und als Christ. Eine Studie von Julius Schiller, Stadtpfarrer zu Nürnberg. *Leipzig: A. Deichert 1891.* (208 S.) 8° [91. 9343

— Susanna. Eine Erzählg. f. die Jugend. Mit 4 Bildern in Holzschn.) v. Ludw. Löffler. 8. (111 S.) Ebend. 872. — 75

—— die Tataren in Schlesien. Eine Erzählung für die Jugend aus der vaterländ. Geschichte. 8. (126 S. mit 4 Stahlst.) Breslau 866, Trewendt. cart.

— die Tataren in Schlesien, s. a. Trewendt's Jugendbibliothek. 37.

Die Tataren in Schlesien. Eine Erzählung für die Jugend aus der vaterländ. Gesch. von Julius Schiller. Mit 4 Stahlst. 3. Aufl. Breslau: E. Trewendt [1901]. (126 S.) 8°
(Trewendt's Jugendbibliothek. Bd 37.)

— Vater u. Sohn. Eine kleine Geschichte aus großer Zeit. Der deutschen Jugend erzählt. Berlin 870. Sacco Nachf. 8. (98 S.) n. 10 ngr.

— von Pfingsten bis Weihnachten. Eine Erzählg. aus dem J. 1870. Mit 4 Bildern (Holzschntaf.) v. Ludw. Löffler. 8. (125 S.) Breslau 871. Trewendt. — 75

— aus vergangener Zeit. Zwei Erzählungen aus der deutschen Geschichte. Mit 4 (lith.) Illustr. in Farbendr. Dresden 869. Meinhold & Söhne. br. 8. (142 S.) cart. 21 ngr.

Schiller, K., Eisenbahn-Karte der österreichisch-ungarischen Monarchie. Lithogr. qu. gr. Fol. Wien 877, Pichler's Wwe. und Sohn. — 24

Schiller, K., englische und deutsche Erziehung. Ein Beitrag zur Heranbildg. unserer Jugend im Geiste der Zeit. Mit 2 Abbildgn. (auf 2 Holzschntaf.) Wien 868. Hartleben. 8. (VIII, 115 S.) 20 ngr.

— praktisches Handbuch der mütterlichen Erziehung und des Unterrichtes in der deutschen Muttersprache für jeden Stand. A. u. d. T.: Allgemein praktisches Handbuch der Erziehung insbesond. für Mütter jeden Standes. 1. Th. Wien 868. Wachter. 8. (VI, 197 S.) 1 ₰

— u. H. Herzog, das Kind, s. Frauenwelt, deutsche.

Schiller K., Leitfaden der Buchhaltung für zweiklassige Handelsschulen. Wien 1904. A. Pichlers Witwe & Sohn. Preis, gebunden 4 K 20 h.

Schiller, Karl

Schiller, Prof. Carl, Die Behandlung und Erziehung der Kinder in den verschiedenen Lebensperioden. Ein belehrendes Handbuch für Mütter. 2. Ausgabe. 1870. 8. (IV u. 197 S.) Wien, Leo. 1 fl.
1869.

Schiller, Karl, Beiträge zu einem mittelniederdeutschen Glossar. Schwerin 1867. 4.
Progr. Gymn. Schwerin. . . . . (D.)

Schiller, Carl, gastronom.-kom. Betrachtungen, als Nachtisch servirt beim Schlusse d. Winterversammln. d. braunschweiger Kunstklubs. gr. 12. (1⅔ B.) Braunschweig 839, Leibrock. *

Schiller, Karl, methodisch eingerichtete Dictando-Uebungen für die deutsche Orthographie. Für Mittelschulen. gr. 8. (IV, 244 S.) Wien 879. Gerold's Sohn. *

Schiller, Karl, Einführung in die deutsche Metrik und Literatur. gr. 8. (122 S.) Wien 872. Hügel. n. 1. 80

— Einführung in die deutsche Metrik u. Literatur. 2., verm. Aufl. gr. 8. (VIII, 136 S.) Ebend. 878. n. 2. 40

Schiller, Carl, Geschichte der Harzburg. Mit 1 Stahlst. Goslar 861. Brückner. 8. (IV, 132 S.) 15 ngr.

Schiller, Carl, Prof. der deutschen Sprache an der k. k. Oberrealschule am Schottenfeld etc. Deutsche Grammatik für Mittelschulen. 8. Wien 1871.

—— deutsche Grammatik für Mittelschulen. 5. unveränd. Aufl. gr. 8. (IV, 212 S.) Wien 876, [Hügel'sche Buchh.] Pichler's Wwe. und Sohn. *

Schiller, Karl, deutsche Grammatik für Mittelschulen. 7. Aufl. 8. (IV, 212 S.) Wien 881, Pichler's Wwe. und Sohn. * 2 40

Schiller's, Karl, Handbuch der deutschen Sprache. In 2., gänzlich umgearb. u. verm. Aufl. hrsg. v. Fidr. Bauer u. Frz. Streinz. 1. Tl.: Wörterbuch der deutschen Sprache u. der gebräuchl. Fremdwörter. 2. Tl.: Grammatik, Stilistik, Metrik, Poetik, Literaturgeschichte. (720 u. VIII, 470 S.) gr. 8. Wien (903—906). A. Hartleben.
Erschien auch in 25 Lfgn. à —50. Geb. in Leinw. n. 18.—

Schiller, K: Handbuch der deutschen Sprache. 2. Aufl. von F. Bauer und F. Streinz. Wien, Pest und Leipzig
T. 1. Wörterbuch der deutschen Sprache und der gebräuchlichen Fremdwörter. (1904)
T. 2. Grammatik, Stilistik, Metrik, Poetik, Literaturgeschichte. Wien und Leipzig (1905)

Schiller, Karl, a. Köln-Deutz: Photographische Helligkeiten und mittlere Örter von 251 Sternen der Plejadengruppe nebst einer Untersuchung über die Durchmesserkurven bei verschiedenen photographischen Objektiven. Karlsruhe 1907: G. Braun. (26 S.) 4°
Heidelberg, Naturw.-math. Fak., Ref. Wolf, Diss. v. 20. April 1907
[Geb. 27. März 82 Cöln-Deutz; Wohnort: Bothkamp (Holstein); Staatsangeh.: Preußen; Vorbildung: Lessing-Gymn. Frankfurt a. M. Reife O. oo; Studium: Würzburg 1, Straßburg 6, Heidelberg 3 S.; Rig. 5. Juli 06.]

—— Commentar zu einigen Oden d. Horatius. I. Bdchn. Comment. z. Od. I, 3. 4. 9. 15.; II, 1. 6., III, 11. 12. 13. 17.; IV, 7. 12. nebst Hofm. Peerlkamp's Bemerkn. dazu. gr. 8. (10¼ B.) Leipzig 837, [Köhler'sche Vrlsh.]

Schiller, Karl, Leitfaden zum Unterrichte in der deutschen Sprache f. die Unterabtheilung der I. Classe der Gremial-Handelsfachschule zu Wien u. f. verwandte Lehranstalten. gr. 8. (240 S.) Wien 884. Gerold's Sohn. n. 3.—

— deutsches Lesebuch für die gewerblichen Fortbildungsschulen Oesterreichs. gr. 8. (VI, 139 S.) Wien 878. Hölder. n. 1. 12

Schiller, Karl, deutsches Lesebuch für Mittelschulen. 1. und 2. Bd. gr. 8. Wien 872, [Hügel'sche Buchh.] Pichler's Wwe. und Sohn. [1. Bd. (152 S.) * ℳ 1,80.; 2. Bd. (216 S.) * ℳ 2,20.] *

—— —— dass. — Mit besond. Rücksicht auf den deutschen Aufsatz. 3. und 4. Bd. gr. 8. Wien 875, [Hügel'sche Buchh.] Pichler's Wwe. und Sohn. [3. Bd. (IV, 303 S.) * ℳ 3.; 4. Bd. (II, 309 S.) * ℳ 3,20.] *

—— und Willomitzer, deutsches Lesebuch für Mittelschulen. 2. Bd. 2. verm. und verb. Aufl. gr. 8. (254 S.) Wien 877, Pichler's Wwe. und Sohn. *

—— deutsches Lesebuch für Mittelschulen. 1. Thl. 3. Aufl. gr. 8. (V, 192 S.) Wien 881, Pichler's Wwe. und Sohn. * 1 80

—— deutsches Lesebuch für Mittelschulen. 3. Thl. 2. Aufl. Mit besond. Rücksicht auf den deutschen Aufsatz. 8. (248 S.) Ebendas. 881. * 2 60

—— und F. Willomitzer, deutsches Lesebuch für Mittelschulen. 2. Thl. 3. Aufl. gr. 8. (235 S.) Ebendas. 882. * 2 20

— deutsches Lesebuch f. Mittelschulen. 2. Thl. 3. Aufl., der Schreibg. d. k. k. Schulbücher-Verlags angepasst. gr. 8. (235 S.) Wien 883. Pichler's Wwe. & Sohn. n. 2. 20

Planigloben für Handelsschulen und ähnliche Anstalten eingerichtet von Karl Schiller, Professor der Wiener Gr. Handelsschule etc. kl. Fol. Farbendruck. Wien, Carl Wachter. In Commission. 20 kr.
1866.

—— der deutsche Satzbau für Mittelschulen. gr. 8. (IV, 88 S.) Wien 878, Hölder. *

Schiller, Car., s. Sluiter, J. O., Lectiones.

Schiller, Carl, Stimmen über die Bauten und Kunstwerke Rotenburg's ob der Tauber, gesammelt. 8. (64 S.) Würzburg 885, (Stuber's Verlag.) *

Schiller, Carl (IV.), zum Thier- und Kräuterbuche des mecklenburgischen Volkes. 1. und 2. Heft. gr. 4. Schwerin 861, Bärensprung. [1. Heft. (III und 32 S.) 2. (34 S.) à Heft * 10 Ngr.] *

Schiller, Carl, zum Thier- und Kräuterbuche des mecklenburgischen Volkes. 3. Heft. gr. 4. (42 S.) Schwerin 864, (Stiller'sche Hofbuchh.) *
1. und 2. Heft. (Ebendas.) 1861. * 20 Ngr.

— Umrisse einer Handels-Geographie für die Gremial-Handels-Fachschule des Wiener Handelsstandes. Mit Tabellen über die bedeutendsten Fund- u. Fabriksorte der wichtigsten Handelsartikel der Erde. 2. Aufl. gr. 8. (253 S.) Wien 878. Gerold's Sohn. n. 2. 40

—— Umrisse einer Handels-Geographie für die Gremial-Handels-Fachschule des Wiener Handelsstandes, sowie für Industrie- und kaufmänn. Fortbildungsschulen. Mit Tabellen über die bedeutendsten Fund- und Fabriksorte der wichtigsten Handels-Artikel der Erde. 3. Aufl. gr. 8. (284 S.) Wien 884, Gerold's Sohn. * 3 20

Schiller, Karl, Umrisse einer Handels-Geographie für die Gremial-Handels-Fachschule des Wiener Handelsstandes, sowie für Industrie und kaufmänn. Fortbildungsschulen. Mit Tabellen über die bedeutendsten Fund- und Fabriksorte der wichtigsten Handelsartikel der Erde. 4. verb. Aufl. gr. 8. (284 S.) Wien 885, Gerold's Sohn. geb. *

—— deutsche Unterrichtsbriefe in systematischer Stufenfolge über die Laut- und Biegungslehre, Wortbildung, Orthographie, Syntax, Stilistik, Metrik und Literaturgeschichte der deutschen Sprache in populär-wissenschaftl. Darstellung. gr. 8. (VIII, 568 S.) Wien 881, Hartleben's Verlag. * ℳ 5,40.; geb. *

Schiller, Karl, Verband- und Transport-Lehre für die königliche II. Sanitäts-Compagnie. 3. Aufl. Würzburg 856. (Stahel.) 4. (48 S. m. Holzschn.) n. 15 ngr.

Schiller, Carl (I.), Verband- und Transport-Lehre für die königl. II. Sanitäts-Compagnie. 3. Aufl. 4. (48 S. mit eingedr. Holzschn.) Würzburg 856(59), (Stahel'sche Buchh.)

Schiller, Carl, Verband u. Transportlehre für Sanitäts-Truppen. 4. gänzlich umgearb. u. erweit. Aufl. Mit 111 in den Text gedr. Holzschn. Würzburg 870. Stuber. gr. 8. (VII, 85 S.) n. 26 ngr.

Schiller, C. D. Verband-Unterricht. E. Entwurf f. d. 2. Sanitäts-Kompagnie. (Umdruck.) Würzburg 1854. 4.

— militärärztliche Wanderungen auf der grossen internationalen Ausstellung zu Paris. [Aus den Verhandlungen der physikalisch-medizin. Gesellschaft.] Würzburg 868. Stahel. gr. 8. (23 S. mit eingedr. Holzschn.) 7½ ngr.

Schiller, Karl. Praktischer Wegweiser im deutschen Sprachunterrichte für den Vorbereitungs-Jahrgang und die erste Klasse der Wiener-Gremial-Handelsschule. Herausgeg. vom Vorstande des k. k. priv. bgl. Handelsstandes in Wien. *Wien* 1859. *A. Schweiger.* 139 S. 8°. 30 kr.

Schiller, Karl, praktischer Wegweiser im deutschen Sprachunterrichte für Handelsschulen und zum Selbststudium. Wien 859. Seibel in Komm. gr. 8. (IV, 139 S.) nn. 20 ngr.

Schiller, Karl, und Aug. Lübben, mittelniederdeutsches Wörterbuch. 1.—12. Heft. Lex.-8. (1.—6. Heft: 1. Bd. XXVI, 756 S.; 7.—12. Heft: 2. Bd. 758 S.) Bremen 871—75, Kühtmann und Comp. à Heft * ℳ 2,50. * 30 —

—— und Aug. Lübben, mittelniederdeutsches Wörterbuch. 13.—27. Heft. gr. 8. (3. Bd. 538 S.; 4. Bd. 649 S.; 5. Bd. S. 1—720.) Bremen 876—79, [Kühtmann und Comp.] Fischer. à Heft * ℳ 2,50. * 37 50
1.—12. Heft. Ebendas. 1871—75. à * ℳ 2,50.

Schiller, Karl, und Aug. Lübben, mittelniederdeutsches Wörterbuch. 28.—31. (Schluss-)Heft. gr. 8. (5. Bd. IV, S. 721—791; Verzeichniss der Quellen und Hülfsmittel XX S.; 6. Bd. Nachtrag IV, 319 S.) [Bremen 880,81, Kühtmann und Comp.] Norden, Fischer Nachf. à Heft *ℳ 2,50. * 10 —
1.—27. Heft. Ebendas. 1871—79. à *ℳ 2,50.

—— Wörterbuch der deutschen Sprache und der gebräuchlichsten Fremdwörter. gr. 8. (572 S.) Ebendas. 881. *
geb. *
Beide Werke erschienen ursprünglich zusammen in 24 Lfgn. à 50 Pfg.

SCHILLER, Karl August
Gallerie interessanter Personen. Oder Schilderung des Lebens und Charakters der Thaten und Schicksale berühmter und berüchtigter Menschen der ältern und neuern Zeit. Herausgegeben von Karl August Schiller.
Berlin-Wien: Doll. 1798. 336 S. 8°.
John Carter Brown Library Providence, R. I.
Ausg. 2 Bde., Wien 1798-1799 [Kayser, V, 83] konnte nicht gefunden werden.

SCHILLER, Karl Aug., Gallerie interessanter Personen, oder Schilderung des Lebens u. Charakters, der Thaten u. Schicksale berühmter u. berüchtigter Menschen der ältern u. neuern Zeit. Hrsg. v. —. 2 Bde. Mit 2 Titelkpfrn. 3. verb. u. verm. Aufl. Wien, Ant. Doll, 1799. 8°.
Vorher: Berlin u. Wien (Wien, Doll) 1798. — Neue Aufl. 1804. (Weller, fing. Dr.)
Inh. I: 1. Joseph II. 2. Gustav III. 3. Katharina II. 4. Bonaparte. 5. Reubell. 6. Carnot. 7. Lafayette. 8. Dumouriez. 9. Pitt. 10. Kaunitz. 11. Herzberg. 12. Potemkin. 13. Loudon. 14. Mirabeau. 15. Robespierre. 16. Danton. 17. Marat. 18. Eulog. Schneider. 19. Franklin. 20. Cook. 21. Mohamed. 22. Cromwell. 23. Johanne d'Arc. 24. Ulrich v. Hutten. 25. Petrarca.
II: 1. Maria Theresia. 2. Friedrich II. 3. Stanislaus August. 4. Prinz Eugen. 5. Prinz v. Coburg. 6. Wurmser (General). 7. Suworow (sol). 8. Pichegru. 9. Custine. 10. Moreau. 11. Hoche. 12. Charette. 13. Barras. 14. Merlin v. Douai. 15. Sieyes. 16. Voltaire. 17. Necker. 18. Fox. 19. Thomas Paine. 20. Bahrdt. 21. Ninon de l'Enclos. 22. Shakespeare. 23. Columbus. 24. Thomas Münzer. 25. Tokoly.

Schiller, Karl Aug., Gallerie interessanter Personen, od. Schilderungen d. Lebens u. Charakters berühmter Menschen. 2 Bde. 8. Wien 798, 99. N. A. 804. Al. Doll. 1 ꝑ 16 gr.

Schiller, K. A., Gallerie interessanter Personen, oder Schilder. d. Lebens u. Charakt. berühmt. Menschen. 2 Bde. 8. Wien, Al. Doll. (Liebeskind in Lpz.) 804.

Schiller, Karl August. Gedrängte Geschichte der französischen Revolution und des dadurch entstandenen Krieges. (Mit 3 Abbild.) (3 Bde.) 8. Leipzig 1800—1804.

— gedrängte Geschichte d. französ. Revolution u. des dadurch entstandenen Krieges. 3 Bde. 8. Wien 804. Al. Doll. 4 ꝑ

Schiller, Karl Friedrich

Schiller, Carl Friedrich [aus Liptitz]: Ueber Ectropium der Augenlider .... Dresden, Druck v. H. G. Münchmeyer, 1887; 30 S. 8°
München, Med. Fak., Inaug.-Diss. v. 1887

Schiller, Carl Friedrich, über Ectropium der Augenlider. Diss. München 1887, A. Buchholz. 8°. 30 S.

Schiller, Karl Georg Wilhelm

Schiller, Carl Geo. Wilh., die mittelalterliche Architectur Braunschweigs und seiner nächsten Umgebung, erläutert. Mit 8 lithogr. Grundrissen und einem Stadtplane in 4. und Fol. Braunschweig 852, Ramdohr's Hofkunsth.

Schiller, Carl G. W., Lessing im Fragmentenstreite, nach Form u. Inhalt seiner Polemik gewürdigt. Leipzig 865. Dyk'sche Buchh. gr. 8. (III, 74 S.) n. 12 ngr.

Schiller, Karl G. W., Braunschweigs schöne Literatur in den Jahren 1745 bis 1800, die Epoche des Morgenrothes der deutschen schönen Literatur. Zum hundertjähr. Stiftungsfeste des Collegii Carolini. gr. 8. Wolfenbüttel 845, Hollesche Buchh. n. 1 ꝑ

– (Hrsg.), s. Tischbein, Johann Heinrich Wilhelm: Aus meinem Leben.

Schiller, Carl (Geo. Wilh.), Ueberblick des Entwickelungsganges der Kirchen-Architektur, als Anlage eines Ausschreibens des Herzogl. Braunschw. Consistoriums, die Erhaltung der kirchlichen Alterthümer im Herzogthum Braunschweig betreffend. Mit 3 lith. Taf. (in Fol.) Braunschweig 854. (Leibrock.) 8. (VIII, 63 S.) n. 20 ngr.

Schiller, Karl Hnr., neueste Nachr. üb. China u. dessen innere Verfassung. gr. 8. Leipz. 799. (Andrä). 8 gr.

Schiller, K. H., neueste Nachr. über China u. dessen innere Verfassung. gr. 8. Leipz. Klerfeld. (Bauer.) 799.

Briefe von Karoline v. Schiller. (Hrsg.: B. Frh. v. Maltzan.) *Berlin: W. Süsserott 1901.* (47 S.) 8° [F.] . (ot. 5084

Schiller, Ludw. (Bearb.), s. Aeschylus: Perser.

Kritische und exegetische Bemerkungen zu den Persern des Aeschylus von Dr. Ludwig Schiller, Stdl. — 1850. E., Barfus. — S. 3—26.
Progr. Erlangen

Schiller, Ludw., kritische und exegetische Bemerkungen zu den Persern des Aeschylus. (Programm zum Jahresbericht der k. b. Studienanstalt zu Erlangen.) gr. 4. (26 S.) (Erlangen 850, Blaesing.)

— Das Carolo-Alexandrinum. Dritter Beitrag zur Geschichte der Schule. 51 S. 8. [I. II: 1873. 1875.] **Progr.** *Ansbach* 1880.

Schiller, Ludw., die Erbschafts- u. Schenkungs-Steuern nach der österreichischen Regierungsvorlage. Eine Studie. (64 S.) gr. 8. Prag 910. J. G. Calve. 2. —

Schiller, Ludw. Erinnerung an Dr. Christoph von Elsperger. 24 S. 8. **Progr.** *Ansbach* 1878.

– John Lockes Erziehungslehre. Prag. Phil. Diss. 1905/06

Schiller, Ludw., Europa und die Nachbarländer in historisch-geographischer Entwicklung ihrer Staaten und Reiche. Ein Hülfsbuch für Unterrichts-Anstalten u. Geschichts-Freunde. In Verbindung mit dem histor. Schul-Atlas von Rud. Gross. Stuttgart 854. Schweizerbart. gr. 8. (VII, 152 S.) 22½ ngr.
Vgl. Gross, histor. Schulatlas.

Die Lehre des Aristoteles von der Sklaverei von D. Ludwig Schiller, Stdl. — 1847. E., Barfus. — S. 3—28.
Progr. Erlangen

Schiller, L. Medea im Drama alter und neuer Zeit. Ansbach, St. A., 1865. 26 S. 4. Progr.

Schiller, Ludw., Medea im Drama alter u. neuer Zeit. Ansbach 865. (Erlangen, Deichert.) 4. (26 S.) 7½ ngr.

Schiller, Ludov., de rebus Thuriorum. Comment. praem. reg. ornata. 4maj. (8 B.) Gottingae 838, libr. Dieterich.

Die Ansbacher gelehrten Schulen unter Markgraf Georg von Brandenburg. — Von Dr. Ludwig Schiller, Stdr. — 1875. Ansbach, ibid. — S. 3—36*.
Progr. Ansbach, K. Gymn.

Schiller, Ludw., die Ansbacher gelehrten Schulen unter Markgraf Georg v. Brandenburg. gr. 4. (36 S.) Ansbach 875. Brügel & Sohn n. 1. —

SCHILLER, Ludwig (Dillingen): Einige Schussfracturen des Femur.- Würzburg: Thein 1867. 23 S.
18.6.1866 - Urk (Titel: Quaedam ossis femoris fracturae sclopetariae.); F 71
Diss. Ingolst.-Landsh.-Mchn.

Stämme und Staaten Griechenlands nach ihren Territorialverhältnissen bis auf Alexander. I. Abschnitt. Elis, Arkadien, Achaja. Von Dr. Lud. Schiller, Stdl. — 1855. E., Junge u. S. — S. 3—30. [S. Nr. 86.]
Progr. Erlangen

—— Stämme und Staaten Griechenlands nach ihren Territorialverhältnissen bis auf Alexander. I. Abschn.: Elis, Arkadien, Achaja. (Jahresbericht von der königl. Studienanstalt zu Erlangen.) gr. 4. (48 S.) Erlangen 855, (Bläsing.)

Stämme und Staaten Griechenlands nach ihren Territorialverhältnissen bis auf Alexander. II. Abschnitt. Messenien und Lakonien. Von Dr. Ludwig Schiller, k. G. P. — 1858. Ebend. — 2. 3—25.
Progr. Ansbach

— — III. Argolis. Pr. 1861. 29 S. 4°.

Schiller, Ludw., Stämme und Staaten Griechenlands nach ihren Territorialverhältnissen bis auf Alexander. 2. und 3. Abschn. gr. 4. Ansbach. (Erlangen, Blaesing.)

Inhalt:
Abschn. 2. Messenien und Lakonien. (25 S.) 858. 7½ Ngr.
» 3. Argolis. (29 S.) 861. * 10 Ngr.
1. Abschn. (Ebendas.) 1855. 7½ Ngr.

Reden gehalten bei dem Jubelfeste der fünfzigjährigen Lehrthätigkeit des Herrn D. Mart. Friedr. Christian von Bomhard, K. Schulr. u. R. der Verdienstorden der bayr. Krone u. v. h. Mich. im Hörsaale der Studienanstalt zu Ansbach am 13. Novemb. 1858. — In Commission bei Fr. Seybold in Ansbach. — Oratio gratulatoria habita a D. Christoph. Stephano Elsperger, G. R. S. 3–10. Festrede gehalten von Prof. D. Ludwig Schiller. „Worauf gründet sich die Pietät des Schülers." S. 11–16. — Rede gehalten von Schulrath Dr. von Bomhard. S. 17–23. [Gilt als Programm für 1859.]
Progr. Ansbach

Schiller, M., Untersuchung elektr. Pfluganlagen, s.a. Arbeiten der deutschen Landwirtschafts-Gesellschaft. 85. Hft.

Untersuchung elektrischer Pfluganlagen. Bericht im Auftr. d. Deutschen Landwirtsch.-Gesellsch., Geräte-Abt. erstattet von Ingen. M. Schiller-Berlin. *Berlin: Deutsche Landwirtsch.-Ges. 1903.* (70 S.) 8° [F.]
— Arbeiten d. Deutschen Landwirtschafts-Gesellschaft. H. 85.
(04. 13094)

Schiller, Max: Über Pfählungsverletzungen nebst zwei kasuistischen Beiträgen. Freiburg i. B.: Hammerschlag & Kahle 1909. 48 S. 8°
Freiburg i. B., Med. Diss. v. 1910, Ref. Kraske
[Geb. 21. Dez. 85 Liegnitz; Wohnort: Freiburg i. B.; Staatsangeh.: Preußen; Vorbildung: Städt. Gymn. Liegnitz Reife O. 04; Studium: Freiburg i. B. 3, München 2, Berlin 3 S.; Coll. 21. Mai 09.] [U 10. 1000

Schiller, Mauritius (geb. Plep [22. 12.] 1819): De febris natura. Vratislaviae (1843). (29 S.) 8°
Breslau, Med. Diss. v. 1. [vielmehr 2.] Nov. 1843

Schiller, Otto Ernst Karl Emil Albert (geb. Berlin ... 1858): Ueber die Desinfektion der Nabelschnur bei Thieren und wilden Volksstämmen. Berlin (1884). (32 S.) 8°
Berlin, Med. Diss. v. 14. Febr. 1884

Zur Haftpflicht der Lehrer an deutschen Volksschulen. Von Dr. O[tto] Schiller, Rechtsanw. in Leipzig. *Leipzig: A. Hahn 1901.* (24 S.) 8° [F.]
(01. 1010)

Schiller, Ph., Deutscher Gegengruß an die Deutschen Brüder am Rheine. gr. 8. Sangerhausen 840. Rohland. 1 gl.

Schiller, R.: Handbuch der deutschen Sprache. s. Schiller, Karl

Schiller, R., die städtische Versorgungs- und Strafanstalt zum Georgenhause in Leipzig 1865—1876, s. Verwaltungsbericht der Stadt Leipzig.

Schiller, Rich., die Schiller-Geschlechter Deutschlands m. besond. Berücksicht. der schwäbischen Schiller u. d. Stammbaums des Dichters Friedrich v. Schiller. Festschrift z. 150. Geburtstage des Dichters. Wappen unter Leitg. v. Ad. M. Hildebrandt ausgeführt durch Osk. Roick. (366 S. m. Abb., 86 zum Tl. farb. Taf. u. 5 Stammtaf.) 31×26 cm. Stuttgart 909. J. Hoffmann. Geb. in Leinw. 100.—

Schiller, Rudolf, Aufgaben-Sammlung für kaufmännische Arithmetik. 3. Aufl. Wien 1892. A. Pichler's Witwe u. Sohn.

— — Supplement zur Aufgaben-Sammlung für kaufmännische Arithmetik. 3. Aufl. Wien 1892. A. Pichler's Witwe und Sohn.

Schiller, Rud., Aufgaben-Sammlung f. kaufmänn. Arithmetik. 4. Aufl. gr. 8. (VI, 198 S.) Wien 896. A. Pichler's Wwe. & Sohn. Kart. n. 2. —;
Suppl. 4. Aufl. (IV, 84 S.) n. 1. 20

SCHILLER, Rudolf
(F) Aufgaben-Sammlung für kaufmännische Arithmethik. Zusammengestellt von Rudolf Schiller. 5. Auflage. Mit Erlass des hohen k. k. Ministeriums für Cultus und Unterricht vom 8. Januar 1901, Z. 34.511, zum Unterrichtsgebrauche an zweiclassigen Handelsschulen zulässig erklärt. Wien. 1901. Pichler's W. & S. Gr.-8°. VI, 199 S. Cart. K 2.—

Schiller, Rud., Aufgaben-Sammlung f. kaufmännische Arithmetik. 6. Aufl. (VI, 208 S.) 8. Wien 905. A. Pichler's Wwe. & Sohn. Kart. n. 2. —

Schiller R., Aufgabensammlung für kaufmännische Arithmetik. 7. Auflage. Wien 1907. A. Pichlers Witwe & Sohn. Geb. K 1.80, kart. K 2.—.

Schiller, Rud., Aufgabensammlung f. kaufmännische Arithmetik. 8. Aufl. Unveränd. Abdr. der 7. Aufl. (VI, 209 S.) 8. Wien 910. A. Pichler's Wwe. & Sohn. Geb. 2.—

Schiller, Rud., Aufgaben-Sammlung für Handels-Lehranstalten. 3 Thle. gr. 8. Wien 883, Pichler's Wwe. und Sohn. * 5 70
Resultate (30 S.) * — 50

Inhalt:
Thl. 1. Aufgaben für einfache und doppelte Buchhaltung. (IV, 95 S.) 883. * ℳ 1,20.
» 2. Aufgaben für Correspondenz und Comptoirarbeiten. (IV, 125 S.) 883. * ℳ 1,50.
» 3. Aufgaben für kaufmännisches Rechnen. (III, 236 S.) 884. * ℳ 3.

Schiller, Rudolf, Aufgaben-Sammlung für Handelslehranstalten. III. Aufgaben für kaufmännische Arithmetik. 2. Aufl. Wien 1889. A. Pichler's Witwe & Sohn. Geh. 1.40, geb. 1.55.

Schiller, Rudolf, Beiträge zur Buchhaltung im Versicherungswesen. (Separat-Abdruck aus dem Jahresberichte der Wiener Handels-Akademie für 1898.) Gr.-8. (100 S.) — 90
Wien: Pichler 1898.

Schiller, Beiträge zur Buchhaltung im Versicherungswesen. Wien 899.

Schiller, Rudolph. Beiträge zur Kenntniss der Sulfoderivate des Benzol's und Toluol's. Rostock, 1876.

— Kritische Bemerkungen über einige neue Abschlussmethoden u. Buchführungssysteme. 48. Wien H.-A. 85.
Progr.

—— theoretische und praktische Darstellung der Comptoirarbeiten. A. Warengeschäft. B. Waren- und Bankgeschäft. C. Fracht-, Speditions- und Assecuranz-Geschäft. D. Bankgeschäft. 2. Aufl. gr. 4. (VIII, IV, 56; X, 94; IV, 31; IV, 31 S.) Ebendas. 884. * 5 —

Schiller, Rud., theoretische u. praktische Darstellung der Comptoirarbeiten. 3. Aufl. gr. 4. (XLII, 132 S.) Wien 890. Pichler's Wwe. & Sohn. geb. n. 4. —

— theoret. u. prakt. Darstellg. d. Comptoirarbeiten. 4. Aufl. gr. 4. (176 S.) Ebd. 897. Kart. n. 3. 80; geb. n. 4. —

SCHILLER, Rudolf
Theoretische und praktische Darstellung der Comptoirarbeiten von Rudolf Schiller. 5. Auflage. Zum Unterrichtsgebrauche an höheren Lehranstalten (Handelsakademien) zufolge Erlasses des hohen k. k. Ministeriums für Cultus und Unterricht vom 24. Juli 1901, Z. 21931, allgemein zugelassen. Wien und Leipzig. 1901. Pichler's W. & Sohn. 4°. 178 S. Geb. K 4.—

— theoret. u. prakt. Darstellung der Kontorarbeiten. 6. Aufl. (178 S.) 4. Ebd. 904. Geb. in Leinw. n. 4.—

Schiller Rudolf, Theoretische und praktische Darstellung der Kontorarbeiten. 7. Auflage. Wien und Leipzig 1907. A. Pichlers Witwe & Sohn. Geb. K 4.—.

— Theoretische u. praktische Darstellung der Kontorarbeiten. 8. Aufl. Unveränd. Abdr. d. 7. Aufl. (178 S.) 31×24 cm. Ebd. 910. Geb. in Leinw. 4.—

—— Comptoirarbeiten. Theoretisch und praktisch dargestellt. 4 Abthlgn. gr. 4. Ebendas. 881. In 1 Bd. * 5 —
Einzeln * 5 30

Inhalt:
Abthl. A. Comptoirarbeiten im Warengeschäfte. (VI, 54 S.) *ℳ 1,20.
» B. Comptoirarbeiten im Waren- und Bankgeschäfte. (X, 96 S.) *ℳ 2,40.
» C. Comptoirarbeiten im Fracht-, Speditions- und Assecuranz-Geschäfte. (IV, 28 S.) * 90 Pf.
» D. Comptoirarbeiten im Bankgeschäfte. (IV, 32 S.) * 80 Pf.

— Lehrbuch der Buchhaltung f. höhere Handelslehranstalten. 3 Thle. gr. 8. Ebd. 887. 888. n. 8. 40
1. Allgemeine Einleitung u. einfache Buchhaltung. (VI, 218 S.) n. 2. 60
2. Die Hauptlehren der doppelten Buchhaltung u. deren Anwendung bei Einzelfirmen u. offenen Handelsgesellschaften. (IV, 287 S.) n. 3. 40
3. Die Verbuchung auf den Commissionswaren-Conti, auf Conto mio [nostro], bei Participations-, stillen, Commandit- u. Actien-Gesellschaften u. im Fabriksgeschäfte. (III, 206 S.) n. 2. 40

Schiller, Rudolf, Lehrbuch der Buchhaltung für höhere Handelslehranstalten. I. Theil. Allgemeine Einleitung und einfache Buchhaltung. 2. Auflage. Wien und Leipzig 1892, bei A. Pichler's Witwe & Sohn.

Schiller, Rudolf, Lehrbuch der Buchhaltung für höhere Handelslehranstalten. II. Theil: Die Hauptlehren der doppelten Buchhaltung und deren Anwendung bei Einzeln-Unternehmungen und offenen Handels-Gesellschaften. 2. Auflage. Wien 1893, bei A. Pichler's Witwe und Sohn. (Min.-Erl. v. 4. Juli 1893, Z. 14442.) Geheftet 1.60, gebunden 1.80

Schiller, Rudolf, Lehrbuch der Buchhaltung für höhere Handelslehranstalten. I. Theil. Allgemeine Einleitung und einfache Buchhaltung, 3. Auflage. Wien und Leipzig 1896. A. Pichler's Witwe und Sohn. (Min.-Erl vom 21. März 1896, Z. 5269.) Geb.

Schiller, Rudolf, Lehrbuch der Buchhaltung für höhere Handelslehranstalten. II. Theil. 3. Aufl. Wien und Leipzig 1897. Verlag von A. Pichler's Witwe und Sohn. (Min.-Erl. v. 22. Dec. 1896, Z. 30331.) Geb. 1.80

Schiller, Rudolf, Lehrbuch der Buchhaltung für höhere Handelslehranstalten. III. Thl. 2. Aufl. Wien und Leipzig 1897. Verlag von A. Pichler's Witwe & Sohn. (Min.-Erl. v. 14. Juni 1897, Z. 14924.) Geb. 1.50

SCHILLER, Rudolf
Lehrbuch der Buchhaltung für höhere Handelslehranstalten von Rudolf Schiller. I. Theil. Allgemeine Einleitung und einfache Buchhaltung. Zum Unterrichtsgebrauche an höheren Handelslehranstalten (Handelsakademien) zufolge Erlasses des hohen k. k. Ministeriums für Cultus und Unterricht vom 5. September 1900, Z. 24722, allgemein zugelassen. 4. Auflage. Wien und Leipzig. 1900. Pichler's W. & S. Gr.-8°. 181 S Cart. K 2.40

SCHILLER, Rudolf
Lehrbuch der Buchhaltung für höhere Handelslehranstalten von Rudolf Schiller. II. Theil. Die Hauptlehren der doppelten Buchhaltung und deren Anwendung bei Einzelunternehmungen und offenen Handelsgesellschaften. Zum Unterrichtsgebrauche an höheren Handelslehranstalten (Handelsakademien) zufolge Erlasses des hohen k. k. Ministeriums für Cultus und Unterricht vom 12. Februar 1901. Z. 850, allgemein zugelassen. 4. Auflage. Wien und Leipzig. 1901. Pichler's W. & S. Gr.-8°. 274 S. Geb. K 3.60

SCHILLER, Rudolf
Lehrbuch der Buchhaltung für höhere Handelslehranstalten von Rudolf Schiller. III. Theil. Die Verbuchung auf den Commissionswaren-Conti, auf Conto Mio (Nostro), bei Participations-, Stillen, Commandit- und Actien-Gesellschaften und im Fabriksgeschäfte. 3. Auflage. Zum Unterrichtsgebrauche an höheren Handelslehranstalten (Handels-Akademien) zufolge Erlasses des hohen k. k. Ministeriums für Cultus und Unterricht vom 19. April 1901, Z. 10884, allgemein zugelassen. Wien und Leipzig. 1901. Pichler's W. & S. Gr.-8°. 237 S. Geb. K 3.—

— Lehrbuch der Buchhaltung f. höhere Handelslehranstalten. 1.—3. Tl. gr. 8. Ebd. Geb. in Leinw. n. 9. 20
1. Allgemeine Einleitung u. einfache Buchhaltung. 5. Aufl (III, 181 S.) 904. n. 2. 60
2. Die Hauptlehren der doppelten Buchhaltung u. deren Anwendung bei Einzelunternehmungen u. offenen Handelsgesellschaften. 5. Aufl. (III, 276 S.) 904. n. 3. 60
3. Die Verbuchg. auf den Kommissionswaren-Konti, auf Konto mio (nostro), bei Partizipations-, stillen, Kommandit- u. Aktiengesellschaften u. im Fabriksgeschäfte. 4. Aufl. (III, 236 S.) 905. n. 3 —

— Lehrbuch der Buchhaltung f. höhere Handelslehranstalten. 3 Tle. gr. 8. Ebd. Geb. 9. 60
1. Allgemeine Einleitung u. einfache Buchhaltung. 6. Aufl. (III, 187 S.) 908. Geb. 2. 60
2. Die Hauptlehren der doppelten Buchhaltung u. deren Anwendung bei Einzelunternehmungen u. offenen Handelsgesellschaften. 6. Aufl. (III, 246 S.) 908. Geb. 3.50
3. Die Verbuchg. auf den Kommissionswarenkonten, auf Konto mino (nostro) bei Partizipations-, stillen Kommandit- u. Aktiengesellschaften, bei Gesellschaften m. beschränkter Haftg. u. im Fabrikgeschäfte. 5. Aufl. (III, 243 S.) 909. Geb. 3. 50

— Leitfaden der Buchhaltung f. zweiklassige Handelsschulen. (IV, 386 S.) gr. 8. Ebd. 904. Geb. in Leinw. n. 4. 20

Schiller R., Leitfaden der Buchhaltung für zweiklassige Handelsschulen. 2. Auflage. Wien 1906. A. Pichlers Witwe und Sohn. Geb. K 4.20.

Schiller Rudolf, Leitfaden der Buchhaltung für zweiklassige Handelsschulen. 3. Auflage. Wien 1908. Verlag A. Pichlers Witwe & Sohn. Geb. K 4.20.

— Leitfaden der Buchhaltung f. 2klassige Handelsschulen. 4. Aufl. Unveränd. Abdr. der 3. Aufl. (IV, 386 S.) gr. 8. Ebd. 910. Geb. in Leinw. 4.20

— — Uebungshefte für Comptoir-Arbeiten. 4 Geheftet —.50
Wien: Pichler 1889.

Schiller Rud.: Über den Unterricht in Correspondenz u. Comptoirarbeiten. (18.) Kroms II. Schulo. 77.
Progr.

Schiller, S., deutsche Klänge aus Ungarn, s. Billitzer, A.

Schiller, Sal. Marc., der Bund Gottes mit Israel! Gottesdienstl. Vortrag über Jes. 59, 21 zur ersten Confirmationsfeier am 12. Juni 1845 zu Eperies gehalten. 8. Leipzig 845, Hunger. 1/4 ℳ

—— die Heiligung d. göttl. Namens. Ein Kanzelvortrag. gr. 8. (1 B.) Leipzig 816, C. L. Fritzsche. *

— die zweite Rabbinerversammlung zu Frankfurt a/M. Eine vollständ. Beleuchtung der Tendenz, Richtung u. Gesinnung, so wie insonders des Geistes, der bei u. in derselben vorwaltend war. 1. u. 2. Hft. 1. Hft. 2. Aufl. 845. gr. 8. Leipzig 845, 46, Hunger. à 1/4 ℳ

—— die Versammlung deutscher Rabbiner. M. besond. Beziehung auf die zweite zu Frankfurt a. M. vom 15.—28. Juli 1845 abgehaltene. 2. Hft. gr. 8. (2 B.) Leipzig 846, C. L. Fritzsche.

Schiller, S. M., עֲטֶרֶת שָׁלוֹם, Das letzte Wort des scheidenden Israelitischen Lehrers an die theure Gemeinde. Abschiedspredigt am Sabbate שִׁירָה 5608 [22 Jänner 1848] in Eperies gehalten. 2. unveränd. Aufl. 8. (31 S.) Eperies 848, Benczur & Vetter. — Leipzig, C. L. Fritzsche. n. 1/6 ℳ

Schiller, Sigm., Materialien zu einer Flora des Pressburger Comitates. Vortrag, gehalten in der Sitzung des Vereines für Natur- und Heilkunde zu Pressburg am 20. Febr. 1884. gr. 8. (50 S.) Pressburg 884, (Steiner's Buchh.) * 1 60
Aus: Verhandlungen des Vereines für Natur- und Heilkunde, besonders abgedruckt.

Schiller, Theodor, Krefeld: Die unrichtige Übermittelung von telegraphischen Erklärungen. Rostock 1902: C. Hinstorff. (103 S.) 8°
Rostock, Jur. Diss. v. [27. Juni] 1902

Schiller, Viktorine, neuestes Süddeutsches Kochbuch für alle Stände. Eine Sammlung von mehr als 800 in 40jähriger Erfahrung erprobter Recepte der feinen und bürgerlichen Kochkunst. gr. 8. Stuttgart 843, Schweizerbart'sche Verlagsb. n. 3/4 ℳ

Schiller, W., Bilder aus der vaterländ. Geschichte, s.: Teutsch, Frdr.

(Schiller W.): Die rationell-praktische Milchwirthschaft, Butter- u. Käsebereitung ... Görlitz 1860. 60 S. P.

Schiller, W.: Die Revolution von 1848/49. *Hermannstadt 1896.*
in: Jahre, Hundert, sächsischer Kämpfe. Zehn Vortr. 96. 5:35

Schiller, Walt., die Rehabilitation Verurteilter im schweizerischen Recht, s.a. Beiträge, Zürcher, zur Rechtswissenschaft. IV.

Schiller, Walter, von Zürich: Die Rehabilitation Verurteilter im schweizerischen Recht. Zürich 1905. 105 S. 8°. Zürcher Beiträge z. Rechtswissenschaft IV. [6. II. 05.]
Zürich, Jur. Diss. 1904 1905.

Schiller, Walter. Die Rehabilitation Verurteilter im Schweizerischen (*B: sch') Recht. 8. Zürich, Schulthess & Co., 1905.
Ausg. A: Diss. Staatsw. Univ. Zürich. XVI + 105 S.
Ausg. B: XII + 105 S. (fr. 3. —) — Zürcher Beiträge zur Rechtswissenschaft.... [Heft] 4.

Schiller, Walther, aus Dahme, Brandenb.: Geologische Untersuchungen im östlichen Unterengadin. I. Lischannagruppe. Mit 5 Taf. u. 21 Zeichn. im Text. Freiburg i. B. 1904: C. A. Wagner. (74 S.) 8° (Aus: Berichte d. naturf. Ges. zu Freiburg i. B., Bd 14.)
Freiburg i. B., Phil. Diss. v. 1904

Schiller, Walth., geologische Untersuchungen im östlichen Unterengadin. I. Lischannagruppe. (75 S. m. 21 Abbildgn. u. 5 Taf.) gr. 8. Freiburg i/B. (904). (Tübingen, J. C. B. Mohr.) n. 3. —
Sonderabdruck aus: „Berichte d. naturforsch. Gesellsch. zu Freiburg i. B."

Schiller, Wilhelm: Die römischen Altertümer an unsern Gymnasien. 4 (33 S.).
Progr. Ev. G. A. B. u. verbund. Rsch. *Hermannstadt* 1900

Schiller, Wilh., zur Eides-Vorbereitung vor und bei der Eides-Abnahme. Materialien, Verordnungen u. Formularien gesammelt zum Gebrauche für den Geistlichen. Stuttgart 864. Schiller. 8. (VII, 119 S.) 12 ngr.

Schiller v. der Weile, unrecht Gut. Novellette. 8. (23 S. m. Bildn.) Lübeck 897. Verl. d. Novellen-Bibliothek. n. — 50

Schiller-Tietz, neue Wege der Gährkunde u. die Maltonweine, s. a. Sammlung gemeinverständl. wissenschaftl. Vorträge.

Schiller-Tietz: Neue Wege der Gährkunde und die Maltonweine. Hamburg: Verl. Anst. & Dr. 1898. 48 S. (Sammlung gemeinverständlicher wissenschaftlicher Vorträge. N. F. H. 287/288.) -- 18°

Schiller-Tietz, Nikolaus

Die volkswirtschaftliche Bedeutung des Fremdenverkehrs. Vortrag v. Schiller-Tietz. Hamburg. 1905. 8°

Schiller-Tietz-Berlin, Folgen, Bedeutung u. Wesen der Blutverwandtschaft [Inzucht] im Menschen-, Tier- u. Pflanzenleben. 2., verm. Aufl. gr. 8. (94 S.) Neuwied 892. Heuser's Verl. 1. 80

Schiller-Tietz, Folgen, Bedeutung u. Wesen der Blutsverwandtschaft (Inzucht) im Menschen-, Tier- u. Pflanzenleben. 3. unveränd. [Titel-]Aufl. gr. 8. (III, 94 S.) Leipzig [892.] (900). O. Borggold. n. 1. 80

[illegible] durch Pinneberg und Umgegend. Im Auftrage des Vereins zur Förderung des Fremdenverkehrs in Pinneberg v. **Schiller-Tietz** in Klein-Flottbek. Pinneberg. [illegible] 8°.
[illegible] Führer durch Pinneberg und Umgegend. Hrsg. von dem Verein zur Förderung des Fremdenverkehrs Pinneberg.

Führer durch Carl Hagenbecks Tierpark in Stellingen v. **Schiller-Tietz**. 4. Aufl. Hamburg. 1907. 8°
—— 7. Aufl. Hamburg-Stellingen. 1908. 8°

Schiller-Tietz, Hamburg u. Umgebung, s. a. Grieben's Reiseführer.

Hamburg und Umgebung. Praktischer Reiseführer. 22. Aufl. Neu bearb. v. Nikolaus **Schiller-Tietz**. Mit 2 Karten u. 2 Grundrissen. Berlin. 1908—09. 8°
Umschlagt.: Hamburg und Umgebung 1908—1909.

— Heer u. Nationalkraft, s. a. Sammlung militärwissenschaftlicher Vorträge u. Aufsätze.

Schiller-Tietz, Heer und Nationalkraft. Volkswirtschaftliche nationalökonomische Untersuchung in Beziehung auf die zweijährige Dienstzeit (Samml. militärwissenschaftl. Vorträge u. Aufsätze, H. 2), Düsseldorf 1892, 28 S., 8°.

— Die Insel Helgoland, s.: Grieben's Reiseführer.

Schiller-Tietz, Inzucht und Consanguinität. gr. 8. (34 S.) Osterwieck 887. Zickfeldt. n. 1. —

Liederbuch für die Kriegsvereine Schleswig-Holsteins v. Schiller-Tietz. Kleinflottbek i. H. 1905. 8°

— der Mechanismus der Immunität. Eine krit. Beurtheilg. der neueren Forschungen an der Hand der v. Nägeli-Jäger'schen Seuchenlehre. gr. 8. (40 S.) Ebd. 888. n. 1. 50

Die Schönheiten der Unterelbe in Wort und Bild. Mit einer Uebersichtskarte. [Verf.: (**Schiller-Tietz**).] Blankenese. [1907]. Quer-8°

Wegweiser durch Hamburg und Umgebung. 5. verb. u. verm. Aufl. Hrgg. vom Verein zur Förderung des Fremdenverkehrs in Hamburg. Verf.: Nikolaus **Schiller-Tietz.** Hamburg. 1907. 8° Umschlagt.: Wegweiser durch die Freie und Hansestadt Hamburg.

Schiller-Wechsler, Max. Ueber die Synthese einer Anilidobrenzweinsäure (α-Methyl-α-Anilidobernsteinsäure) und deren Derivate. Berlin, 1885.

Schiller-Album. Zum Gedächtnis des 100jährigen Todestages 1805—9. V.—1905. (20 Taf.) qu. 16. Dresden (905). J. L. Stange. n. — 50

Schiller-Album zur hunderjährigen Feier der Geburt des Dichters. Philadelphia: Schaefer & Konradi. 1859. CSP

Schiller-Album zur hundertjährigen Feier der Geburt des Dichters. Eine Festgabe der Freunde Schiller's in der neuen Welt. gr. 8. (VII und 184 S.) Philadelphia 860, Schäfer und Koradi. geb. *

Schiller-Album, kleines, enthaltend 15 Illustr. Holzschntaf. 1. u. 2. Aufl. qu. 16. Weimar 882. T. F. A. Kühn. n. 1. —

Schiller-Album vom 10. November 1859. Geordnete Zusammenstellung aller mir zugesendeten Programms vieler Bühnen u. Vereine. Herausg. von Otto Aug. Seyffert. Leipzig 860. (Hunger.) gr. 8. (2 Bl., 64 S.) n. 10 ngr.

Schiller-Almanach

— der Lustigen Blätter. (96 S. m. Abbildgn.) 8. Berlin (905). Verlag der „Lust. Blätter". 1. 50

Schiller-Almanach (zum Concordia-Ball 1905). (20 u. 7 S. m. 46 S. Abbildgn.) kl. 8. Wien (905). (G. Szelinski.) Geb. 7. —

Schiller-Almanach auf alle denkwürdigen Ereignisse der J. 1848 u. 1849. 12. (VI u. 61 S. m. 1 Holzschn.) Berlin 850, Th. Grieben. n. ⅓ ₰; In Engl. Einb. n. ¾ ₰; m. Goldschnitt n. ⅚ ₰

Schiller-Archiv, s. Minor, J.

Zum 9. Mai 1905. **Schiller-Ausstellung** im Goethe- und Schiller-Archiv. (Vorr.: Bernhard Suphan.) Weimar 1905: (Hof-Buchdr.). (IV, 33 S.) 8° [Fj.] [05. 5101]

Schiller-Ausstellung der Kgl. Hof- und Staatsbibliothek. Zum 100. Todestage d. Dichters 9. Mai 1905. Mit e. Facs. s. Handschrift. 2. Ausg. München 1905: [illegible] (26 S.) 8° [05. 8684]

Schiller-Ausstellung im Schillermuseum zu Marbach 1905. Stuttgart (1905): Deutsche Verlagsgesellsch. (40 S.) 8° [Fj.] [06. 3034]

Schiller-Bibliothek. (Von Herm. Hartung.) Leipzig 855. Hartung. gr. 8. (VIII, 40 S.) 15 ngr.

Schillerbildnisse. (5 Taf.) gr. Fol. Berlin (905). Photograph. Gesellschaft. In Mappe 10. —

Schillerbuch, e., hrsg. v. der k. k. Reichshaupt- u. Residenzstadt Wien. Zur Erinnerg. an den Todestag des großen deutschen Dichters. (157 S. m. Abbildgn.) kl. 8. Wien (905). Gerlach & Wiedling. Geb. in Leinw. n. 1. 50

Schillerbuch f. Deutschlands Jugend, hrsg. v. der literar. Vereinigg. des Berliner Lehrervereins. Eine Auswahl aus Schillers Gedichten. Mit e. Einleitg.: Schillers Leben u. Schaffen v. Jonas. Mit Federzeichngn. u. Buchschmuck v. Frz. Staffen. 2. verm. u. verb. Aufl. (141 S.) kl. 8. Steglitz-Berlin (910). Stuttgart-Cannstatt, A. W. Francke. Geb. 1. —

Marbacher, hrsg. v. Otto Güntter, s. a. Veröffentlichungen des schwäbischen Schillervereins.

[illegible] **Schillerbuch.** Zur hundertsten Wiederkehr von Schillers Todestag hrsg. vom Schwäbischen Schillerverein. [illegible] Stuttgart: Cotta 1905 [illegible] 4°

Marbacher **Schillerbuch.** [1] [illegible] Stuttgart & Berlin: J. G. Cotta Nachf. 1905. 09. [illegible] 4° (2. [illegible] 8°)

[1.] Zur 100. Wiederkehr von Schillers Todestag hrsg. v. Schwäb. Schillerverein. 1905. [illegible] 3. Hrsg. von Otto Güntther. 1907. [illegible]

(Veröffentlichungen d. schwäbischen Schillervereins. Bd 1–3.) [illegible]

Schillerbuch. Marbacher Sch'. Zur hundertsten Wiederkehr von (Friedrich von) Schillers Todestag hrg. vom Schwäbischen Schillerverein. [Mit Illustrationen, 4 Tafeln und 2 Facsimile-Beilagen.] X + 380 S. gr.-8. Stuttgart und Berlin, J. G. Cotta Nachfolger. 1905. [geb. M. 7. 50]

Darin u. a. Beiträge von Adolf Frey *und* Oskar [Franz] Walzel.

Marbacher **Schillerbuch.** Zur 100. Wiederkehr von [Friedrich v.] Schillers Todestag hrsg. v. Schwäb. Schillerverein. (Vorr.: Otto Güntter.) 2. Aufl. Stuttgart & Berlin: J. G. Cotta Nachf. 1905. (X, 380 S.) 4°(8°) [Fj.] [05. 6701]

Schillerbund [illegible] St. Louis, MO [illegible]

Schiller-Denkmal. 2 Bde. in 14 Lfgn. gr. 16. Berlin 860. [Danz.] [1. Bd. (800 S.) 2. (798 S.)] à Lfg. * 10 Ngr. * 4 Thlr. 20 Ngr.; jetzt * geb. * 5 Thlr. 10 Ngr.; jetzt * — Festausg. in br. 8. à Lfg. * 20 Ngr., * 9 Thlr. 10 Ngr.; jetzt *

Schiller-Denkmal in Hamburg enthüllt am 9. Mai 1866. [illegible]

Schiller-Denkmal, das, in Wien. Bericht des Comites zum 10. Novbr. 1876. Mit e. Abbildg. (e. Lichtdr.) gr. 8. (91 S.) Wien 876. Hölder. n. 2. —

Erinnerungs-Gabe des Berliner Tageblattes zu Friedrich Schillers hundertstem Todestag. Zwei **Schiller-Dokumente.** Die National-Liste d. Eleven Schiller. Schillers Vorschläge f. d. medizin. Probe-Arbeit im Herbst 1780 ... z. ersten Mal in hs. Nachbild. hrsg. Erl. v. Archiv-Ass. Dr. Rudolf Krauß. Berlin: R. Mosse 1905. (2 Bl.) 4° [Fj.] [07. 5334]

Schillerer, Fritz, der Tauchaer, s. a. Wallner's Thespiskarren.

Der Tauchaer. Romant. Machwerk in 5 Akt., teils in Jamben, teils in Prosa. Nach e. Ballade in's Dramatische u. Bühnengerechte herumgearb. [Verf.: Fritz **Schillerer.**] [Erfurt: F. Bartholomäus 1894.] (S. 125-132.) 8°
= Thespiskarren, Wallner's. Lfg. 18.

Schiller-Erinnerungen aus Marbach am Neckar (Württemberg). (Zur Erinnerung an Schillers Geburtshaus in Marbach a. N.) 20 Kartons in photograph. Lichtdr. 12. (4 S. Text.) Stuttgart 892. Deutsche Verlags-Anstalt. In Leinw.-Mappe n. 4. 50; einzelne Kartons à — 30

Schiller-Feier. Eine Sammlung von Portraits und Ansichten zu Schillers Leben und Werken. Fol. (III und 11 S. mit 20 Stahlst.) Leipzig 859, Baumgärtner's Verlagsbuchh.

—— die. Gedenkblatt an die Säcularfeier von Schillers Geburtstag 10. Novbr. 1859. 1 Bog. mit eingedr. Holzschn. Imp.-Fol. Leipzig 860, Expedition der illustrirten Zeitung. *

Schillerfeier 1859. Stuttgart 1863. V: *Gleichen-Rußwurm, Emilie v. geb. v. Schiller.* (Hauptkat. d. Univ.-Bibl. Tübingen. K. Nachtr. 10.)

Schillerfeier 1859. Verzeichniß der zum 100jähr. Geburtstage Schillers seiner Tochter eingesandten Festgaben. Lex.-8. (III und 48 S.) Stuttgart 863, Cotta'sche Buchh.
Ermäß. Preis

Schillerfeier, die, in Eisenach. 6.—9. V. 1905. (30 S.) 8. Eisenach (905). H. Kahle. — 30
Sonderabdruck aus: „Eisenacher Zeitg."

Vereinigung „Felsenfest". 1805 9. Mai 1905. **Schillerfeier.** Hamburg 1905: [J. H. Meyer]. 2 Bl. 1 Bl. Noten. 8⁰ [Umschlagtit.]
Programm u. Lied mit Noten: „An die Freude."

[illegible]

Schillerfeier. Die Sch.-F. in Genf. Nebst einem Nachtrag enthaltend die diesjährige Todtenfeier für Robert Blum. 8. Genf 1859

— te 's-Gravenhage. 1805—9. V.—1905. Feestrede v. E. F. Kossmann. Met eene nederlandsche Schiller-Bibliographie door Wouter Nijhoff. (VII, 83 S.) Lex.-8. Haag 905. M. Nijhoff. n. 1. 80

—— die hamburger, ein deutsches Volksfest. Zur Erinnerung an den 11., 12. und 13. Novbr. 1859. gr. 8. (64 S.) Hamburg 859, J. F. Richter.

—— Innsbrucks. Zur Erinnerung an den 9., 10., 11. und 12. Nov. 1859. 16. (78 S.) Innsbruck 860, Wagner'sche Universitäts-Buchh.

DIE SCHILLERFEIER im Casino, 9. November 1859. Veranstaltet von dem literarisch-geselligen Verein in Oldenburg. Oldenburg, 1859. Verlag der Schulzeschen Buchhandlung. (W. Berndt.) 8⁰.

-- die, in Prag. Geschichte u. Beschreibung der Festlichkeiten zu Schiller's 100jähriger Geburtsfeier in Prag. Festreden in böhmischer und deutscher Sprache, Prolog, Festgedichte und Toaste. 1—3. verm. Aufl. Prag 859. Lehmann. gr. 8. (31 S.) n. 5 ngr.; Velinp. 7½ ngr.

Schiller- und Rütlifeier, schweizerische, s. Rütli- und Schillerfeier.

Joh. Loge Eintracht an der Elbe in Blankenese. **Schillerfeier** am Sonnabend, den 27. Nov. 1909. [Blankenese 1909: Kröger.] 2 Bl. 8⁰ [Umschlagtit.]
2 Lieder ohne Noten.

Die Stuttgarter Schillerfeier 1905. (Amts- und Anzeigeblatt der Stadt Stuttgart 1905 Nr. 116. 119.) 4⁰.

– die, der alten und neuen Welt. Leipzig 860. Lorck. Fol. (16 S.) n. 5 ngr.

— — s. Lorck's Zeithefte.

Schillerfest, das breslauer, 1840, s. Hoffmann, A. H.

Schillerfest, Das Breslauer, 1840. Hamburg 1841. V: *Hoffmann, genannt von Fallersleben, August Heinrich.* (GGr) (Kat. d. Druckschr. üb. Breslau. Bresl. 1903. S. 34.) (EE)

——, das, in Stuttgart am 8. Mai 1839. Lex.-8. (3¼ B.) Stuttgart 839, (Metzler'sche Buchh.) *

Schillerfeste, Die, in Stuttgart 1825—74 . . . Stuttg. [1875]. V: *Elben, Otto.* (Heyd)

(Friedrich v.) Schiller-Festschrift der 'Göttinger Zeitung' hrsg. von Kurt Kuchler. Göttingen: L. Hofer 1905. (17 S.) 8⁰ [ ] 05. 6719

Schillerfreund und Schillerfeind. Breslau 1859. V: *Pulvermacher, Christian Leopold Julius.* (Kat. der Druckschr. über Breslau. Breslau 1903. S. 63.)

Schillergabe zum Gedächtnis an den 100. Todestag des Dichters. Zeichnungen v. Ernst Liebermann. (64 S. m. 1 farb. Bildnis.) gr. 8. München (905). (C. A. Seyfried & Co.) Geb. in Leinw. n. — 60

— für Deutschlands Jugend, hrsg. v. der literar. Vereinigg. des Berliner Lehrervereins, m. biograph. Einleitg. v. Jonas. Mit Federzeichngn. u. Buchschmuck v. Fr. Stassen. (XVIII, 148 S.) kl. 8. Düsseldorf (905). Berlin, Fischer & Franke. Kart. n. 1. —

Schiller-Gallerie. Illustrationen zu Schillers dramatischen Meisterwerken, von Jul. Nisle. (1e Abthl. Die Räuber. — Die Braut v. Messina.) 18 Steintaf. u. Text. Lex.-8. Stuttgart 840. Literatur-Comptoir. 1⅛ ₰

Schiller-Gallerie. Illustrationen zu Schillers dramat. Werken, von Jul. Nisle. 2e Abthl. Wilhelm Tell. 18 Steintaf. u. Text Lex.-8. Stuttgart 840. Literatur-Comptoir. 1⅛ ₰

— dies. 3e Abthl. Die Jungfrau von Orleans. 12 Bl. u. Turandot 6 Bl. Ebd. 840. 1⅛ ₰

— dies. 4e Abthl. Wallenstein, 13 Bl. Kabale u. Liebe, 5 Bl. u. 1 Brustbild Schillers. Ebd. 840. 1⅛ ₰

Schiller-Gallerie. Illustrationen zu Schillers dramatischen Meisterwerken, von Jul. Nisle. 3. u. 4. Abthl. Die Jungfrau v. Orleans. Turandot. — Schillers Brustbild. Wallenstein. Cabale und Liebe. gr. Lex.-8. (37 Taf. u. Text.) Stuttgart 841, Literatur-Comptoir. à 1 1/8 ℛ

Schiller-Galerie. Charaktere aus Schiller's Werken. Gezeichnet von Friedr. Pecht und Arth. v. Ramberg. In Stahl gest. von Fleischmann, Froer, Geyer, Goldberg u. A. Mit erläuterndem Texte von Friedr. Pecht. 10 Lfgn. 1. Ausg. * 12 Thlr. und 2. Ausg. gr. 4. (50 Stahlst. mit XIII und 204 S. Text.) Leipzig 859, Brockhaus. à Lfg. * 1 Thlr. 10 Ngr. *
geb. in Leinwand * 15 Thlr. 10 Ngr.; geb. in Leder *
Prachtausg. in Imp.-Fol. * 24 Thlr; geb. in Leder *

— Charaktere aus Schiller's Werken. Gezeichnet von Friedr. Pecht und Arth. v. Ramberg. 50 Blätter in Stahlst. Mit erläut. Texte von Friedr. Pecht. Neue Ausg. 10 Liefgn. Leipzig 866. Brockhaus. 8. Jede Liefg. (5 Stahlst. mit 20 S. Text.) 12 ngr.
cplt. geb. in Leinw. n. 5 ℛ; in Leder n. 6 ℛ

Schiller-Galerie. Charaktere aus Schiller's Werken. Gezeichnet von Friedr. Pecht und Arth. v. Ramberg. 50 Blätter in Stahlst. Mit erläut. Texte von Friedr. Pecht. 2. Aufl. 20 Lfgn. 8. (50 Stahlst. mit 166 S. Text.) Leipzig 869, Brockhaus. à Lfg. * 60 Pf. * 12 —
geb. in Lnwd. ℳ 5.; in Leder 6 —

Ausg. in 4. Ebendas. 1859. * ℳ 40.; geb. in Lnwd. ** ℳ 47.; in Leder ** ℳ 52. — Pracht-Ausg. in Fol. * ℳ 72.; geb. in Leder ** ℳ 90.

Schiller-Galerie. Photographirt von J. Eberhardt. 12 Blatt. Nürnberg 864. v. Ebner'sche Buchh. gr. 16. 4 ℛ
Einzelne Blatt n. 10 ngr.

— Nach Orig.-Zeichnungen von W. v. Kaulbach, C. Jäger und A. Müller. Photographische Album-Ausg. mit erläut. Texte von Erwin Förster. München 867. Bruckmann. br. 8. (21 Photogr. mit 144 S. Text.)
Folio-Ausg. (Gr. III.) geb. in Leinw. 45 ℛ 15 ngr.
Quart-Ausg. geb. in Leinw. 20 Thlr.;
geb. in Leder 24 ℛ
Album Octav-Ausg. geb. in Leinw. 10 ℛ;
geb. in Leder 12 ℛ
Miniatur-Ausg. geb. in Leinw. 5 ℛ

Schiller-Gallerie. Nach Original-Cartons von Wilh. v. Kaulbach, C. Jäger, A. Müller. Th. Pixis, R. Beyschlag, W. Lindenschmit. Mit erläut. Text v. Erwin Förster. Cabinet-Ausg. 5. Aufl. 4. (142 S. m. 22 Photogr.) München 871. Bruckmann. geb. m. Goldschn. 42. —

— dasselbe. Album-Ausg. 2. Aufl. 8. (98 S. m. 22 Photogr.) Ebend. 871. geb. m. Goldschn. 27. —

— dasselbe. Visit-Ausgabe. 16. (22 Photogr.) Ebend. 871. In Etui. 15. —; einzelne Blätter à — 75

Schiller-Gallerie nach Orig.-Cartons von W. v. Kaulbach, C. Jäger, A. Müller, Th. Pixis, R. Beyschlag, W. Lindenschmit. Mit erläut. Text v. E. Förster. Neue Ausg. 4. (21 Photogr. m. 42 S. Text.) München 885. Verlags-Anstalt f. Kunst u. Wissenschaft. geb. m. Goldschn. n. 20.—

Schiller-Galerie. Nach Orig.-Kartons von Wilh. v. Kaulbach, C. Jäger, A. Müller, Th. Pixis, R. Beyschlag, W. Lindenschmit. M. erläut. Text v. E. Förster. gr. 4. (88 S. m. 21 Heliograv.) München (895). Verlagsanst. F. Bruckmann. Geb. in Leinw. m. Goldschn. n. 20. —

Schiller-Galerie deutscher Bühnen. Illustrationen sämtl. Orig.-Dramen Schillers nach Orig.-Bühnen-Aufnahmen. Unter Mitwirkg. der ersten Hof- u. Stadttheater, ihrer Intendanten, Direktoren u. Regisseure. 1.—10. Lfg. (à 10 Bl. m. je 1 Bl. Text.) gr. Fol. Berlin-Steglitz (905. 906). Neue photograph. Gesellschaft. à 10. —

Schiller-Galerie Deutscher Bühnen. Illustrationen sämtl. Orig.-Dramen Schillers nach Orig.-Bühnenaufnahmen. Ser. [1.] Berlin-Steglitz: Neue Photogr. Gesellsch. [1908]. quer-2° 08. 8311

— neue, nach Orig.-Zeichnungen Frankfurter Künstler. Photographirt von J. Schäfer. 1. Abthl. Frankfurt a. M. 867. Kellner. Fol. (6 Blatt.) In Mappe. n. 4 ℛ 15 ngr.

Schiller-Gallery. From the original drawings of William Kaulbach, C. Jäger, A. Mueller etc. With explanatory text by Erwin Foerster. Cabinet-Ausg. hoch 4. (136 S. m. 22 Photogr.) Ebend. 872. geb. m. Goldschn. 42. —; Fol.-Ausg. [Gr. III.] geb. m. Goldschn. 94. 50

— dasselbe. Album-(8) Ausg. (39 Bl. m. 22 Photogr.) Ebend. 872. geb. m. Goldschn. 27. —

Gemeinsame **Schiller-Gedächtnisfeier** 9. Mai 1905 veranstaltet unter Leitung der Grossen Loge von Hamburg von den Logen zur Brudertreue a. d. E., zur Bruderkette, Globus, Absalom, St. Georg, Emanuel, Ferdinande Caroline, Ferdinand zum Felsen und Gudrun. [Hamburg 1905.] 2 Bl. 8° [Umschlagtit.]
Programm u. 3 Liedertexte.

Schiller-Gedächtnisnummer. 1759–1805. Beilage ... *zu verschiedenen Schweizerischen Zeitungen.* [Illustriert.] (Redigiert unter Verantwortlichkeit von Th. Freund.) 8 S. 4. (Stuttgart. Union Deutsche Verlagsgesellschaft, [Mai 1905].)

S. 1–7: Friedrich [von] Schiller. Ein Rückblick zur Feier seines hundertjährigen Todestags. Von Johannes Proelß.

Beilage zum Berner Tagblatt — B' zum Volksblatt vom Bachtel.

Schillergedenkblatt. Illustriertes Schweizerisches Sch'-G' zum 9. Mai 1905. Hrg. vom Institut «Erica», Zürich ‹Direktion: Prof. Dr. [Walther] Keller und Dr. [Ernst] Wenk›. Beilage zur «Schweiz. Lehrerzeitung» [Jahrg. 50, No. 17]. 20 S. 8. Zürich, J. Leemann, 1905.

Schiller-Gedenkblatt der Basler Nachrichten auf den 9. Mai 1905. (Extra-Beilage zu Nr. 125 der B' N' vom 8. Mai 1905.) [4 S.] fol. [Basel, Basler Berichthaus.]

Schillergedenkblatt. Schweizerisches Sch'-G' zum 9. Mai 1905. Hrg. vom Institut «Erica» Zürich IV, Direktion Prof. Dr. [Walther] Keller und Dr. [Ernst] Wenk. [Illustriert.] 8 S. gr.-4. (Zürich, J. Leemann, [1905].)

Beilage zum «Eidgenossen» [Luzern] *und zu andern Zeitungen.*

Chicago : Schiller-Gedenkfeier. Souvenir. Chicago, 1905.

Schiller-Halle. Alphabetisch geordneter Gedanken-Schatz aus Schiller's Werken und Briefen. Im Verein mit Gfr. Fritzsche u. Max Moltke herausg. v. Moritz Bille. Leipzig 870. Brockhaus. gr. 8. (XII, 622 S.) n. 2 ℛ; in engl. Einb. n. 2 ℛ 10 ngr.

Schillerhaus, Das, in Gohlis. Leipzig 1905. V: *Hieronymi, Georg.* (EB)

Schilleriana, Leben, Charakterzüge u. Schriften Friedrich's v. Schiller rc. Mit dessen Portr. 8. Hamb. 809. (Perclo jun.) 15 gr. N. u. d. T.: Bibliothek Aufsehen erreg. Männer rc. 18—48 Hft.)

Schiller-Jubiläum, das, in Leipzig im November 1859. Ein Gedenkbuch herausg. im Auftrage des Festzugs-Comité's. Leipzig 860. Hinrichs in Comm. gr. 8. (IV, 64 S.) n. 6 ngr.; Schreibp. n. 8 ngr.

Schiller-Kalender, Der. Wien 1859. H: *Wurzbach-Tannenberg, Constantin Ritter von.* (WBL)

Schiller-Kalender. Auf das Säcular-Jahr von Schiller's Geburt. Wien 859. Lechner. 16. (IV, 104 S.) n. 20 ngr.

Schiller-Kalender f. 1892 u. 1893. qu. 12. (à 12 farb. Bl. m. Seidenbändern.) [Münch.] Nürnb., Stroefer. à Jahrg. * 1 —

(Schillerkalender) 1805—1905. Hrg. von der Hamburger Ortsgruppe des Schiller-Verbandes Deutscher Frauen. [Mit Leitworten aus Schillers Werken in facsimilierter Handschrift von 370 Männern und Frauen der Gegenwart, sowie 1 Porträt.] [II S. fol. + II + 370 Bl.] 8. Hannover, J. C. König & Ebhardt [für die Schweiz bei Rüegg-Naegeli & Cie. in Zürich]. ([M. 1. 80;] Sammelbuch *dazu* M. 1. —)

Darin verschiedene Daten betr. Wilhelm Tell *etc., sowie Facsimiles von mehreren Schweizern.*

Schillerkarte [Schlagwort]

— s. a.: Tell, Wilhelm

Schillerkarte. Schmitt-Hartlieb, Max, Schillerkarte f. Schulen. Graphische Darstellg. von Schillers Leben u. Werk. Tabelle. 37×32 cm. Rheydt (903). (W. R. Langewiesche.) n. — 40

Schillerkranz geflochten aus frischen Blüthen. Berlin 1860. H: *August, Ernst Ferd.* (Ky)

Schillerkranz geflochten aus frischen Blüthen. (Hrsg. von E. F. August.) (1. Heft.) 8. (VIII und 120 S.) Berlin 860, (Gaertner.)

Schiller-Lexikon, s. Rudolph, Ludw.

Schillerlieder von Goethe, Uhland, Chamisso, Rückert, Schwab, Seume, Pfizer u. Anderen. Nebst mehr. Gedichten Schillers, die sich in den bisher. Ausgaben v. Schiller's Werken nicht finden. Gesammelt v. Ernst Ortlepp. Supplement zu Schiller's Werken. 16. (23½ B. u. 1 Stahlst.) Stuttgart 839, [Scheible, Rieger u. Sattler.]

Schiller-Literatur, Die, in Deutschland. Cassel 1852. H: *Balde, E.* (GGr)

Schiller-Literatur, die, in Deutschland. Vollständiger Catalog sammtl. in Deutschland erschienenen Werke Fr. v. Schiller's, sowohl Gesammt- als Einzel-Ausg., aller bezüglichen Erläuterungs- u. Ergänzungsschriften, wie endlich aller mit ihm in irgend einer Beziehung stehenden sonstigen literar. Erscheinungen. Von 1781 bis Ende 1851. Supplement zu allen Werken Fr. v. Schiller's. (51 S.) Cassel 852, Balde. n. ¼ Thlr.

Schillermuseum in Marbach. [Wegweiser mit Abbild., hrsg. vom Schwab. Schillerverein.] Stuttgart: D. Verl.-Anstalt 1906.

Das Schillermuseum in Marbach. Stuttgart: Union 1906 (66 S.) 8°

Schiller-Nummer der Appenzeller-Zeitung. 1805—1905. Herisau, den 9. Mai 1905. [Mit Vignetten.] [4 S.] fol. [Herisau, Schläpfer & Cie.]

Schiller-Reden, geh. v. Jac. Grimm, Ludw. Doederlein, Frdr. Thdr. Vischer, Aug. Stoeber, Carl Grunert, Karl Gutzkow, Karl S. Schwarz, Ernst Curtius, Ernst Guhl, Mor. Carrière, Rud. Gottschall, Wilh. Mangold, Geo. Zimmermann, nebst Goethes Epilog. Mit „Schiller im Tode“, nach Jagemann. (V, 144 S. m. 1 Taf.) gr. 8. Ulm 905. H. Kerler. n. 2. —; geb. in Leinw. n. 3. —

Drei Schillerreden gehalten bei öffentlichen Konstanzer Gedächtnisfeiern des Dichters und dem Festakt des Gymnasiums von Mitgliedern des Kollegiums. 23 S. 4. Großh. Gymn. *Konstanz* 1905 (733)

I. Martens, W[ilhelm]: Ansprache bei der städtischen Feier der Pflanzung einer Schillerlinde am 7. Mai 1905. II. Demoll, F[riedrich] K[arl]: Rede beim Festakt des Gymnasiums am 8. Mai 1905. III. Kimmig, O[tto]: Rede bei der vom Verwaltungsrat der Wessenbergdenkmalstiftung veranstalteten öffentlichen Feier in der städtischen Turnhalle am 8. Mai 1905.

Progr.

— zwei, in Hamburg, am 5. u. 8. V. 1905 geh. (Metz, Adf., Schiller, seine Kunst im Zusammenhange m. seiner Menschheit. Festrede, geh. im Verein f. Kunst u. Wissenschaft. — Ruckteschell, N. v., Schiller der Prophet des deutschen Geistes u. deutschen Ideals. Festrede, geh. bei der öffentl. nationalen Schillerfeier. Nach stenograph. Aufzeichngn. wiedergegeben.) (36 S.) gr. 8. Hamburg 905. Herold. n. — 50

Schiller's ..., s.a. Schiller. – Friedrich von Schiller.

Schiller's, Charlotte v., Leben, s. Fulda, K.

Schiller's, Prof. Dr. H., „Schulpolitisches Vermächtniß“ im Lichte der Wahrheit. Von e. Fachmann. gr. 8. (16 S.) Mainz 899. L. Wilckens. n. — 20

Schiller's Tante, Krawall u. Liebe um Louise, s.: Fastnachts-Bühne, 61. Hft.

Schiller-Spruchbüchlein. (63 S.) 16. Karlsruhe (905). F. Gutsch. Kart. n. — 60

Schiller-Spruchbüchlein. 8.—10. Taus. (63 S.) 16. Karlsruhe (909). F. Gutsch. Kart. — 60

Schillert, Bruno (geb. Posen 16. 12. 1845): Ueber infectiöse Lipome. Breslau 1870. (31 S.) 8°

Breslau, Med. Diss. v. 5. Febr. 1870

Schillert, Bruno, üb. infectiöse Lipome. Inaugural-Dissertation. gr. 8. (29 S.) Breslau 870 (Maruschke & Berendt.) n. — 80

Schillertage, Stuttgarter. Huldigung u. Festzug am 100. Todestage Schillers, dem 9. V. 1905, in Stuttgart. Hrsg. vom Stuttgarter Gewerbe-Verein. (39 Taf. m. Text VIII S. u. Bl. 40 u. 41.) qu. gr. 8. Stuttgart 905. Eßlingen, P. Neff Verl. 4. —

Schiller-Verein v St Louis. Ausgabe 1908. StL. 1908.

Schiller-Vorträge, 3, s.a. Sammlung gemeinnütziger Vorträge.

Schillervorträge. 3 Sch'-V': 1. Demetrius. Von Prof. Dr. A(lexander) v(on) Weilen; 2. Die Jungfrau von Orléans und ihr Urbild. Von Dr. Valentin Pollak; 3. (Friedrich [von] Schillers) Wilhelm Tell und seine Vorstufen nebst der historischen Grundlage. (... Vortrag ... 1899 ... gehalten.) Von Josef Wörnhart. II S. + S. 53—102 (3: S. 79—102). 8. (Prag, Verlag des deutschen Vereines zur Verbreitung gemeinnütziger Kenntnisse, Komm. J. G. Calve.) K. 1. —

Sammlung Gemeinnütziger Vorträge. Hrg. vom Deutschen Vereine zur Verbreitung gemeinnütziger Kenntnisse in Prag. Nr. 330—332. März-April-Mai 1906.

Schillerwein, Ignaz, die österreichisch-ungarischen Zollgesetze, dargestellt auf Grundlage der Zoll- und Staatsmonopolordnung und der gegenwärtig in Kraft stehenden Zoll-Manipulations- und Berechnungsvorschriften. gr. 8. (XX, 758 S.) Ungar.-Hradisch 887, Kráčelik. *
Vergriffen.

Schillerwein, Ign., die österreichisch-ungarischen Zollgesetze, dargestellt auf Grundlage der Zoll- u. Staatsmonopols-Ordng. u. der gegenwärtig in Kraft steh. Zoll-, Manipulations- u. Verrechnungs-Vorschriften. gr. 8. (XX, 797 S.) Wien 893. (Ung. Hradisch, L. K. Kráčelik.) n. 12. —

SCHILLERWEIN, Ignaz
Die österreichisch-ungarischen Zollgesetze dargestellt auf Grundlage der Zoll- und Staatsmonopols-Ordnung und der gegenwärtig in Kraft stehenden Zoll-, Manipulations- und Verrechnungs-Vorschriften von Ignaz Schillerwein. 3., vermehrte und verbesserte Auflage. Wien. 1900 Manz. Gr.-8°. XXV, 889 S. K 12.—, geb. K 14.—

Schillerwein, Johann, Lesebuch für österreichische Blindenschulen. III. Theil. Im Auftrage des Ministeriums für Cultus und Unterricht zusammengestellt unter Mitwirkung des Directors des k. k. Blinden-Erziehungs-Institutes A. Mell. Wien 1894. Im k. k. Schulbücher-Verlage. (Min.-Erl. v. 12. April 1894, Z. 6501.) Steif

Schillerwein, Wilh. Abriß der allgemeinen Geschichte in sachlicher Disposizion. 1. Abth. Wien 861. Sallmayer & Co. 8. (VIII, 176 S.) n. 18 ngr

Schillerwein, Wilh., Abriß der deutschen Litteratur für den ersten Unterricht an Töchterschulen und Privatlehranstalten. 8. (128 S.) Wien 863, Sallmayer und Comp. *

Schillerwein, Wilh., Abriß der Weltgeschichte für den ersten Unterricht an Töchterschulen und Privatlehranstalten. 8. (V und 101 S.) Wien 863, Sallmayer und Comp. *

Schillerworte, s. Schiller, Friedrich von: Schillerworte.

Schiller-Zimmer, das, im Großherzogl. Residenz-Schloß zu Weimar. Fresco-Gemälde von Bernh. Neher, nach dessen Federzeichn. in getreuen Facsimile's gest. von Wlh. Müller. Liefg. I. (4 Blätter auf chines. Papier.) ½ Fol. Weimar 842. Leipzig, Rud. Weigel. n. 1½ ₰

Schilliana, s. oben: Schill.

Schilliana d. i. Züge und Thatsachen aus dem Leben und Charakter des preussischen Majors v. Schill . . . Germanien [Hamb.] 1810. V: *Liliencron, L. K. Chph Baron von.* (Pr) (Wr) (Ky)

Schilliana, enth. Züge u. Thatsachen aus d. Leben d. königl. preuß. Majors v. Schill. 8. Hamb. 810. (Herold jun.) 10 gr
2r Thl. Auch u. d. T.: Schill's Kreuz- u. Querzüge durch Deutschland, (v. Baron v. Lilienkorn). 8. Ebd. 819. 5 gr

Schilliana enth. Züge u. Thatsachen aus d. Leben d. preussisch. Majors v. Schill. 8. Hamb. Vollmer. 810.

— — desselb. 2r Thl. unt. d. Tit.: Schills Kreuz- u. Querzüge durch Deutschland ic. 8. Ebend. 810. — 5

Schilliger, Josef). Das Lesen in der Primarschule. 8.
Jahres-Bericht über die Primar- und Sekundarschulen der Stadt Luzern. Schuljahr 1902/1903. ... Beilage... Luzern, J. Burkhardt, 1903. S. 111—123.

Schilling, Anleitung zum Unterricht in der Fleischbeschau. Querfurt 90. (Selbstverlag.)

Schilling, Bemerkungen über den gegenwärtigen Stand der elektrischen Beleuchtung. (58 S.) München 1883

Schilling, Betriebs- u. Ertragsregelung e. ca. 1500 ha großen Privatwaldes (Hochwald — Niederwald). [Aus: „Deutsche Forst-Zeitg."] Lex.-8. (62 S. m. Abbildgn.) Neudamm 892. J. Neumann. n. 1. —

Schilling, s.: Darstellung v. Gasflammen m. vollständ. u. unvollständiger Verbrennung.

Schilling, über d. Grundsätze d. Auswahl, Anordng. u. Behandlg. d. Lehrstoffes f. den Geschichtsunterricht. E. Vortrag, geh. auf der Directorenkonferenz d. Schulinspektionsbez. Zwickau (Novbr. 1896). [Aus: „Sächs. Schulzeitg."] 8. (43 S.) Leipzig 897. (J. Klinkhardt.) n. — 50

Schilling, Dr. H., Journal für Gasbeleuchtung u. verwandte Beleuchtungsarten; Organ des Vereins von Gas-Fachmännern Deutschlands u. seiner Zweigvereine, sowie des Vereins für Mineralöl-Industrie. München 1858—80 — Jahrg. 1—23 — 8°. Suppl.-Bd. zu Jahrg. 11 (1868) u. zu Jahrg. 20 (1877): Statistische Mittheilungen über die Gasanstalten Deutschlands, der Schweiz u. einige Gasanstalten anderer Länder.
(Gen.-Reg. zu Jahrg. 1858—73. München 1875. 8°.)

Schilling's Journal für Gasbeleuchtung und Wasserversorgung 1858-1900. (Mit Supplement 1868 u Generalregister für 1858-88 in 2 Bden) 4° u fol München 1858-1900

Schilling's Journ. f. Gasbeleucht. u Wasserversorg. 1901-07. 4° München 1901-07

Schilling's, Eug., Journal f. Gasbeleuchtung u. verwandte Beleuchtungsarten, sowie f. Wasserversorgung. Organ d. deutschen Vereins v. Gas- u. Wasserfachmännern. Hrsg. u. Chefred.: H. Bunte. 34.—37. Jahrg. 1891—1894. à 36 Nrn. (à ca. 5 Bog. m. Abbildgn.) Fol. München. R. Oldenbourg. à Jahrg. n. 20. —
Frühere Jahrgge. s. u. d. T.: Journal f. Gasbeleuchtung u. Wasserversorgung.

Schilling's, N. H., Journal f. Gasbeleuchtung u. verw. Beleuchtungsarten, sow. f. Wasserversorgung. Organ d. deutschen Vereins v. Gas- u. Wasserfachmännern. Hrsg. u. Chefred.: H. Bunte. 38.—41. Jahrg. 1895—1898. à 52 Nrn. (à ca. 16 S. m. Abb.) Fol. München, R. Oldenbourg. à Jahrg. n. 20. —
Kann auch halbjährlich bezogen werden.

Schilling's Journal f. Gasbeleuchtung u. verwandte Beleuchtungsarten, sowie f. Wasserversorgung. Organ des deutschen Vereins v. Gas- u. Wasserfachmännern. Hrsg. u. Chefred.: H. Bunte. 42.—45. Jahrg. 1899—1902. à 52 Nrn. Fol. (V, 932; V, 1045; V, 1029 u. V, 1035 S. m. Abbildgn. u. 8, bezw. 15, 7 u. 5 Taf.) München, R. Oldenbourg. à Jahrg. n. 20. —

Schilling's Journal f. Gasbeleuchtung u. verwandte Beleuchtungsarten, sowie f. Wasserversorgung. Organ des deutschen Vereins v. Gas- u. Wasserfachmännern. Hrsg. u. Chefred.: H. Bunte. 46.—49. Jahrg. 1903 bis 1906. à 52 Nrn. (V, 1194; V, 1194; VI, 1206 u. VI, 1191 S. m. Abbildgn. u. 12, 7, 1 u. 10 Taf.) Fol. München, R. Oldenbourg. à Jhrg. n. 20. —

— dasselbe. General-Register zum Jahrg. 32—46 (1889 bis 1903). Bearb. v. Alb. Schmidt. (XI, 460 S.) Lex.-8. Ebd. 905. n. 16. —

Schilling's Journal f. Gasbeleuchtung, Fortsetzg., s.: Journal f. Gasbeleuchtung.

Schilling, ..., die Irrgänge des Lebens. (A. u. d. T.: Felixens Abentheuer, eine Robinsonade). 8. Gera 802. (Joachim in Leipz.) 18 gr.

Schilling Karte der Fürstenthümer Jägerndorf und Troppau, sowie des Kreises Teschen Breslau 1830 und 1831 3 Bl. [illegible]

— der Hirschberger Kreis, (z. Liegnitzer Regier. Bezirk gehörig) nebst d. Riesengebirge v. d. Tafelfichte an bis zum Paßberge oberhalb Schmiedeberg, mit seinen Verzweigungen nach Böhmen u. Schlesien, u. einer tabellar. Uebersicht d. Entfernungen d. besuchtesten Gegenden d. Riesengebirges. lith. gr. Fol. Bresl. 832. Leuckart. 12 gr.

— Kreiskarten von Regierungsbezirk Breslau. s. Wiesner

Schilling, Wiesner und **Grell**. Kreiskarten vom Regierungs-Bezirk Liegnitz. Breslau 1829 1832 15 Bl. [illegible]

Schilling u. **Wiesner**. Kreiskarten vom Regierungs-Bezirke Oppeln. Breslau 1830 1832 12 Bl. [illegible]

Schilling u. Graebner, Landkirchen. Entworfen u. ausgeführt. Mit e. Geleitswort v. Paul Schumann. (18 Lichtdr.-Taf. m. V S. Text.) gr. Fol. Leipzig (903). Gilbers. In Mappe n. 18. —

Schilling, Lustreise in d. Graffsch. Glaz, e. Wegweiser f. Schaulustige, u. Taschenb. f. Bade- u. Brunnengäste d. Glätzischen Hochlandes. (Nebst e. oreograph. od. Uebersichtskarte d. Hauptgebirgszüge.) gr. 12. (9½ B.) Breslau 830, Leuckart.

v. Schilling, ..., s. a. Militärmeuterei, die, in Baden.

Schilling, [illegible]

Schilling, Quellen zur Geschichte der Stadt Zwickau während des 30jährigen Krieges 1632—1633, s. Mitteilungen des Altertumsvereins für Zwickau, 2. Heft.

Schilling, neueste Schrift-Vorlagen, s. Prescher, R.

Schilling sen. über d. gegenwärtigen Stand d. elektr. Beleuchtg. München 1887

Schilling. De studiis mathematicis in gymnasiis colendis. 29. mit d. Schulnachr. 44 S. Freiburg. P 1830

— Uebersichtskarte d. Verheerungszuges d. Cholera morbus, zusammengetragen nach authent. Quellen u. fortgeführt bis zur Mitte d. Jahres 1831. Fol. Bresl. 831. Pics. 4 gr.

Schilling. Der erste Unterricht im Englischen. I. Elbing, R., 1852.
Dasselbe. II. Ebd., 1853.
Progr.

Schilling, Verzeichniß der in Pommern vorkommenden Vögel rc., s. Hornschuch, Chr. F.

Schilling, die Zahnpflege in der Schule, Armee, Strafanstalt u. Krankenkasse. (30 S.) gr. 8. München 905. Verlag der ärztl. Rundschau. n. — 60

Schilling, A. v., auf u. davon! Humoristische Wanderbriefe. e. Wieners. 8. (112 S.) Neutitschein 871. Enders. 1. 60

Schilling, A. v., Auf und davon! Humoristische Wanderbriefe eines Wieners. 2. Aufl. 8. (112 S.) [Wien 878.] Neutitschein, Enders. *

— Lucubrationum Statianarum, quoad Silvarum quae vocantur comprendunt carmina, s. Schilling, Hermann

Schilling, A., Dunkelwege. 2 Criminalbilder. (Unterwegs u. Daheim.) schmal 8. (159 S.) Breslau (900). Schles. Buchdruckerei rc. n. — 75; geb. n. 1. —

Dunkelwege. 2 Criminalbilder von **A. Schilling**. *Breslau: S. Schottlaender [1900]*. (159 S.) 8° [F.]
— Unterwegs und Daheim. [7. 9.] [01. 1256

Schilling, A., die Frauen, liebenswürdig wie sie waren, liebenswürdig wie sie sind u. liebenswürdig wie sie seyn werden, od. Ausgleichung d. Schicksals d. Vortheile u. Nachtheile zwischen den beiden Hälften der menschl. Gattung. 12. Köln 824. Schmitt. 6 gr.

— s.a. Schillings, Albert

Schilling, A., die Frauen, liebenswürdig wie sie waren, sind und sein werden. 12. Cöln 824. (Gaul u. Tonair.) 1 ⅓ ℛ

Schilling, A. F., de imposturis sanctitatis titulo factis. Helmst. 1717. 4.

— s.a. Schilling, Christian Heinrich

Schilling, A., die Reichsherrschaft Justingen. Ein Beitrag zur Geschichte von Alb und Oberschwaben. Nach urkundl. und anderen authent. Quellen zusammengestellt und bearb. gr. 8. (V, 162 S.) Stuttgart 881, (Anheißer.) * 1 20

Schilling, A. J.

Schilling, A. S., Johann Jakob Dillenius, sein Leben und Wirken, s. Sammlung gemeinverständlicher wissenschaftlicher Vorträge.

Schilling A.J. Dillenius, sein Leben und Wirken. (Sammlung gemeinverständlicher wissenschaftlicher Vorträge N.F. 66) Hamburg 1889

Schilling, [illegible] 1891

Schilling, A. S., s. Schilling, A. J.

Schilling. [illegible]
Berlin, Med. Diss. [illegible]

Schilling, Ado.: De aequitatis notione, ex sentent. juris rom. recte definienda. *Lips.*, (Göthe.) 835. 4. (2 Gr.)

Schilling, Alb., Langenargen. Seine Geschichte u. die seiner Beherrscher, insbesond. der Grafen v. Montfort. Mit einer kurzen Geschichte der ehemal. Amtsorte v. Langenargen. Nach authent. Quellen zusammengestellt u. bearb. Ursendorf 870. (Lindau, Stettner.) gr. 8. (192 S.)
n. 18 ngr.

Schilling, Alb. Carl, graphische Darstellungen zur Psychologie. Studie. gr. 8. (60 S. m. Fig.) Leipzig 901. E. Wunderlich. n. — 80; geb. n. 1. 20
Sonderabdruck aus: „Pädagogisch-psycholog. Studien".

Schilling, Albr., Gedichte aus der Jugendzeit. (V, 123 S.) kl. 8. München 908. M. Steinebach. 2. 50

Verlauf der Trauerarbeit der Grossloge „Zur Sonne" [in Bayreuth] vom 3. XI. 1907 für den am 15. X. 1907 i. d. e. O. eingegangenen Br. Aug. v. Reinhardt. [Unterz.: Alex.] **Schilling.** [Bayreuth 1907: Mühl.] 22 S. 8⁰ [Kopftit.]
Als Sonderbeil. zum BayrBbl. 8 (1907—1908) Nr 3, 4 erschienen.

Schilling, Anna

Schilling, A., aus Richard Wagners Jugendzeit. Mit e. Doppelportr.: Richard Wagner u. seine Lieblingsschwester. 2. Aufl. 8. (128 S.) Berlin (902). E. Globig. Geb. in Leinw. n. 3. —

Schilling, A., aus Richard Wagners Jugendzeit. Mit e. Doppelportr.: Richard Wagner u. seine Lieblingsschwester. 2. Aufl. (128 S.) 8. Berlin (909). E. Globig. Geb. in Leinw. 3. —

Schilling Aug. Dr. Album dramatischer Spiele. Leitmeritz, C. W. Medau 1852. kl. 8.

Schilling, Aug., satyr. Anklänge. 16. (18 B.) Wien 836, v. Hirschfeld. (Leipzig, Kummer.)

Schilling, Aug., romantisch-lyrische Dichtungen. 16. (210 S.) Leipzig 859, Pönicke. geh. * 26 Ngr.; geb. mit Goldschn. *

Schilling, Aug., Ehe u. Eheschliessung im Lichte d. Offenbarg. u. nach d. Gedanken, welche d. modernen Gesetzgebg. zu Grunde liegen. gr. 8. (29 S.) Leipzig 897. Volksschriften-Verlag. n. — 50

Schilling, Dr August Feldsträusschen Lieder aus dem Kriegs und Soldatenleben. (Donation Liechtenstein.) 8. Wien 1849.

Schilling, Aug., Feldsträußchen. Lieder aus dem Kriegs- und Soldatenleben, dem tapferen Heere gewidmet. 2. Aufl. gr. 12. (IV und 68 S.) 1849. * 8 Ngr. und 3., verm. Aufl. 8. (VI und 78 S.) Wien 851, [Schaumburg.]

Schilling, Aug., d. Kampf um d. apostolische Glaubensbekenntnis in s. Verlauf u. in s. Bedeutg. Ein Conferenz-Vortrag. 8. (100 S.) Kassel 894. (Th. Kay) n. 1. —

Schilling, Aug., dramatische Conturen: Die Eisenbahn. — Der Mann allein. — Löbeneg. — Die Nacht im Försterhause. — J. J. Rousseau's letzte Augenblicke. 8. Prag, Leitmeritz u. Teplitz 842, Medau. 2/3 Rthlr.

Schilling, Aug., die chronischen Krankheiten des Clerus. München 868. Neuburger jun. 16. (251 S.) n. 25 ngr.

— humoristische Wiener-Lichtbilder, komische Tabletten aus der Zeit u. d. Leben. Genreskizzen u. Reisestaffagen, Phantasien, Novelleten u. Miszellen. 8. (8⅛ B.) Wien 845, Grund.

— Lieder u. Balladen. gr. 12. Wien 841. (Leipzig, Fr. Fleischer.) n. 2/3 Rthlr.

— neue Liederflur. Mit dem Bildniß des Verf. 12. Wien 843, Tauer u. Sohn. 1 Rthlr.

— Reifperlen. Novellen: Der Atbomist. — Das Zimmer eines Improvisators. — Natur und Sutta. — Antonio Negrino. — Emmi. Mit 1 Stahlstich. gr. 12. Leipzig 838. (Wien, Tendler u. Schafer.) 5/6 Rthlr.

— satyrisch-komische Wiener-Skizzen. Zeitbilder, Humoresken, Novelletten und Phantasien. 16. Wien 841. Mausberger; Leipzig, (Hunger.) 2/3 Rthlr.

— Spaziergänge eines Wiener Humoristen. Bilder, Launen u. Skizzen aus d. heiteren Leben. 8. Wien 842, Mausberger. (Leipzig, Hunger.) n. 2/3 Rthlr.

Schilling, Aug., neues Verfahren den Gebärmutter- und Scheidenvorfall durch einen neu construirten Mutterträger vollständig zu heilen oder leicht und ganz sicher zurückzuhalten. 3., mit besonderer Berücksichtigung auch zum Gebrauche für Nichtärzte neu umgearb., verm. und mit (1) Lithogr. versehene Aufl. gr. 8. (VIII und 67 S.) Erlangen 854, Enke's Vrlgsh. *

— Vogelperspektiven eines Wanderlustigen. 8. (XII u. 240 S.) Wien 847, Klang. 2/3 Rthlr.

Schilling, August Friedrich (Pegau) A. S. 740/28

Dissertatio juridica de mansione constituta et reservata, Von ausgesetzten und vorbehaltenen Beysitz oder Winckel. Präs. Heinrich Hildebrand.
Altdorf (Meyer) 22. XII. 1702. 68 S.

W. v.: Christoph Sonntag, Präs., Christian Ludwig Grötzsch, Johann Heinrich Grams. 30430

Schilling, August Friedrich (Pegau) A. S. 92/8

Dissertatio juridica de mansione constituta et reservata, Von ausgesetzen und vorbehaltenen Beysitz oder Winckel. Präs. Heinrich Hildebrand. Rec.
Altdorf (Kohles) 1722. 68 S.

Diss. 22. XII. 1702.
W. v.: Christoph Sonntag, Präs., Christian Ludwig Grötzsch, Johann Heinrich Grams. 30431

Schilling, August Jakob, Dr. phil.: Der Einfluss von Bewegungshemmungen auf die Arbeitsleistungen der Blattgelenke von Mimosa pudica. Jena: Fischer 1895. 20 S. 8⁰
Aus: Jenaische Zeitschrift f. Naturwissenschaft. Bd 29. N. F. Bd 22.
Darmstadt Te. H., Hab.-Schr. v. 13. 4. 1895

Schilling, B.: Aphorismen zu dem Entwurf eines BGB. für das Deutsche Reich. (Allgemeiner Theil.) Anh.: Aphorismen zum Gesetzentwurf über Ermäßigung der Anwalts-Gebühren. Köln 1888.
(S.-A. a.: Kölnische Volkszeitung. 1886. 88.)

Schilling, B., Aphorismen zu dem Entwurf e. bürgerlichen Gesetzbuches f. das Deutsche Reich. Allgemeiner Theil [Aus: „Köln. Volkszeitg."] Anh.: Aphorismen zum Gesetzentwurf üb. Ermäßigg. der Anwalts-Gebühren. gr. 8. (76 S.) Köln 888. Bachem. n. 1. 20

Schilling, B., Ueber Gesichtsfeldsamblyopien ohne ophthalmoscopischen Befund. Berlin 1875. Diss.

Schilling, B., allgemeines deutsches Handelsgesetzbuch. Erläutert u. mit einem Sachregister versehen. Elberfeld 859. Friderichs. gr. 8. (VII, 278 S.) 27 ngr.

Schilling, B.: Allgemeines Deutsches Handelsgesetzbuch. Erl. u. mit e. Sachreg. versehen. (Commentirte Ausg. des Allg. dt. HGB.) Elberfeld 1861.

Schilling, B., allgemeines deutsches Handelsgesetzbuch. Erläutert und mit einem Sachregister versehen. gr. 8. (VII und 279 S.) Elberfeld 861, Friderichs.

Schilling, B., allgemeines deutsches Handelsgesetzbuch. Erläutert und mit einem Sachregister versehen. Ausg. für Oesterreich, mit dem österreich. Einführungsgesetz vom 17. Decbr. 1862. gr. 8. (XVI und 279 S.) Elberfeld 863, Friderichs.

Schilling, B., die neue Hauptmarkthalle in Köln. (24 S. m. 32 Abbildgn. u. 7 Taf.) Fol. Berlin 906. W. Ernst & Sohn. Kart. n. 8. —
Sonderabdruck aus „Zeitschrift für Bauwesen".

— das neue Stadttheater in Köln. Architekt: Karl Moritz in Köln. (14 S. m. 14 Abbildgn. u. 8 Taf.) Fol. Ebd. 904. In Mappe n. 15. —
Sonderabdruck aus: „Ztschr. f. Bauwesen".

Schilling, Bar. N., die beständigen Strömungen in der Luft u. im Meere. Versuch dieselben auf e. gemeinsame Ursache zurückzuführen. gr. 8. (56 S.) Berlin 874. D. Reimer. n. 1. 20

Schilling, *Otto* Bernardus: De scholiis Bobiensibus. (= Inaug.-Diss. Leipzig 1892.) Dresden, Druck v. B. G. Teubner. 1892; 3—32 S. 4.
Dresden, Vitzthumsches G, OP 1892 (532)

Schilling, *Otto* **Bernardus** [Chemnitiensis]: De scholiis Bobiensibus ... [= Progr. d. Vitzth. Gymn. zu Dresden 1892.] Dresdae, typ. B. G. Teubneri, 1892; 1 Bl., 32 S., 1 Bl. 4.
Leipzig, Phil. Fak., Inaug.-Diss. v. [2. März] 1892

Schilling, Bruno, animadversionum criticarum ad diversos juris Justinianei locos specimen XI. Lipsiae 857. (Dürr'sche Buchhdlg. 4. (15 S.) 3 ngr.

— s. Concilium Tridentinum.

Schilling, Bruno, s. a. **Corpus** juris canonici.

Schilling, Bruno u. Sintenis, Carl Friedr. Ferd.: Das corpus iuris canonici in seinen wichtigsten u. anwendbarsten Theilen, in's Deutsche übers. u. system. zsgest. Bd 1. 2. Leipzig 1834. 37. 2 Bde

Das Corpus juris canon., in seinen wichtigsten u. anwendbarsten Theilen ins Deutsche übers. u. systematisch zusammengestellt von Bruno Schilling u. E. Fr. Ferd. Sintenis. 2 Bde. *Lpz.*, Focke. 834—38. gr. 8. (8 Thl.)

— s. Corpus juris civilis.

Schilling, Bruno, Examen doctrinae juris feudalis circa feudi genesin propositae. 8 maj. (4 B.) Lipsiae 829, Voss.

Schilling, Bruno, aus Celle (Hannover): Zur Kenntnis der Griess'schen γ-Diamidobenzoësäure und über die Verbindungen derselben mit Zuckerarten. *München 1899: V. Höfling.* (44 S.) 8°
München, Phil. Diss. v. 1899

Schilling, Bruno, der Kirchenbann nach canonischem Rechte, in seiner Entstehung und allmäligen Entwickelung dargestellt. Leipzig 859. Graefe. gr. 8. (VIII, 213 S.) 1 Thl. 10 ngr.

Schilling, Bruno, die Kirchenversammlung zu Trient, s. Concilium.

Schilling, Bruno: Die allgemeine Kirchen-Versammlung zu Trient nebst sämmtl. dahin einschlagenden päpstlichen Bullen, deutsch. Berlin 1845.
[Nebent.:] Concilium Tridentinum. Deutsch.

Schilling, (B.,) de origine jurisdictionis Ecclesiast. in caussis civilibus. 4 maj. Lips. 825, Göthe.

Schilling, Bruno, Pandektenrecht für Studirende. gr. 8. Berlin 844, Heymann. 3 Thl.

Schilling, Bruno, der kirchliche Patronat nach canonischem Rechte und mit besonderer Rücksicht auf Controversen dogmatisch dargestellt. gr. 8. (VIII und 128 S.) Leipzig 854, Dyk'sche Buchh.

Schilling, C., s.a. Schilling, Karl

— s.a. Schilling, Klaus

Schilling, C., Die Ausstossung des Präsidenten Bernhard Becker und der allgemeine deutsche Arbeiterverein. 8°. Berlin 1865.

Schilling, C., u. H. Wiegand, der Einfluß d. Derivationswinkels bei Schiffs-Kollisionen. gr. 8. (48 S.) Bremen 888. Kühtmann. n. 1. 80

Schilling, C., nautische Hülfstafeln, s.: Breusing, Arth.

Schilling, C., der Kompaß an Bord eiserner Schiffe, s.: Breusing.

— das Meer u. die Seeschiffahrt, s.: Franzius, L.

Schilling, C., der Obst- u. Gemüse-Verwertungs-Kursus. Kurze Anleitg. zur Herstellg. v.: Dörrobst, Dörrgemüsen, Sauerkraut, sauren Bohnen, weißen Rüben, roten Rüben, eingemachten Gurken, Mixed-Pickles, Obst- u. Gemüse-Konserven, Dunstobst, Essigfrüchten, Obstmus, -Gelee, -Marmeladen, -Kraut, -Latwerge, Obstsäften u. Obstweinen. 3. verb. Aufl. (38 S. m. 43 Abb.) 8. Geisenheim (907). (Leipzig, Fritzsche & Schmidt.) — 75

— s.a. Olbers, Wilh., sein Leben u. seine Werke.

Schilling, C., Dr., Wilhelm Olbers. Sein Leben und seine Werke. Berlin 1894.

— Steuermannskunst, s.: Breusing.

— Nautische Tafeln, s.: Breusing.

Schilling, C. H., Marine-Erinnerungen. Umschlagzeichnung u. Buchschmuck v. Vict. Laubner. (93 S.) gr. 8. Dresden 906. W. Baensch. n. 1. 75

Schilling, Carl, s. Schilling, Karl

Schilling, Carl Adolf Hermann, s. Schilling, Hermann

Schilling, Carl Theophil, s. Schilling, Karl Theophil

Schilling, Christian Friedrich (Pegau) A. S. 19/25

Disputatio iuridica de bonis pricipis patrimonialibus.
Präs. Andreas Florens Rivinus.
Leipzig (Breitkopf) 9. IV. 1737. 31 S.

Gew.: Johann Christian von Hennicke. 30432

Schilling, Christian Heinrich (Bühle/Hann.)
A. S. 339/28a

Historia bullae Clementis XI. unigenitus dictae curiae Romanae fatalis continuata.
Helmstedt (Schnorr) 1721. 60, 32 S. 30437

Schilling, Christian Heinrich (Bühle/Hann.)
A. S. 339/28

Historia bullarum Clementis VI. et XI. unigenitus dictarum curiae Romanae fatalium.
Helmstedt (Schnorr) 1719. 156 S.

Gew.: Gerhard Abt von Loccum, David Rupert Erythropel, Levin Burkard Langschmid, Philipp Ludwig Böhmer. 30436

Schilling, Christian Heinrich (Bühle/Hann.)
A. S. 826/1

Dissertatio I. de imposturis sanctitatis titulo factis. Präs. Gottlieb Samuel Treuer.
Helmstedt (Hamm) 3. II. 1717. 32 S.

Gew.: August Stisser, Anton Ulrich Burchtorff, Anastasius Witten. 30433

Schilling, Christian Heinrich (Bühle/Hann.)
A. S. 826/2

Dissertatio II. de imposturis sanctitatis titulo factis. Präs. Gottlieb Samuel Treuer.
Helmstedt (Hamm) 31. VII. 1717. 30 S.

Gew.: Christian Ludwig von Hardenberg. 30434

– – s.a. Schilling, A. F.

Schilling, Christian Heinrich (Bühle/Hann.)
A. S. 288/10

Oeconomia systematis moralis atheorum.
Präs. Gottlieb Samuel Treuer.
Helmstedt (Schnorr) 12. XI. 1718. 62 S.

Gew.: Heinrich Christoph Hattorff.
W. v.: Präs. 30435

Schilling, Christian Ludwig (Dresden) A. S. 224/3

Dissertatio juridica inauguralis de probatione landsassiatus ex situ terrarum.
Präs. Johann Balthasar Wernher.
Wittenberg (Gerdes) 18. XI. 1717. 56 S. 30438

Schilling, Christian Ludwig (Dresden) A. S. 20/35

Dissertatio juridica inauguralis de probatione landsassiatus ex situ terrarum.
Präs. Johann Balthasar Wernher. Ed. nova.
Wittenberg (Scheffler) 1737. 44 S.

Diss. 18. XI. 1718. 30439

Schilling, Christoph Peter (Ansbach) A. S. 131o/9

Dissertatio medica inauguralis de anorexia sive ciborum fastidio.
Altdorf (Meyer) 16. VIII. 1712. 12 S. 30440

Schilling, Claus, s. Schilling, Klaus

Schilling, D., praktische Methode zur Erlernung der hebräischen Sprache, s. Kihn, H.

Schilling, David (Lissen) A. S. 1276/21

Theses medicae inaugurales de perpetuo mobili maris rubri microcosmici seu de sanguine purpurato fluidorum principe. Präs. Johann Friedrich de Pre.
Erfurt (Grosch) 10. X. 1718. 36 S.

W. v.: Präs., Hieronymus Ludolff. 30441

Schilling, Diepold, Beschreibung d. Burgundischen Kriege u. e. and. Begebenheiten. Fol. Bern, Bischiff. (Orell, F. u. Comp. in Zürich.) 743.

Diebold Schillings | Beschreibung Der Burgundischen Kriegen. Und einicher anderer in der Schweitz, und sonderlich zu Bern, Um selbige Zeit vorgefallenen Merckwürdigen Begebenheiten. ... (Kpfst.: Wappen der Stadt Bern.) BERN, Gedruckt bey Frantz Samuel Fätschernn, 1743. Folio.

Sehr schönes vollst. Ex. mit 7 Kpfn., die meistens fehlen. Werthvolles Werk der mitgetheilten histor. Volkslieder wegen. Der Verf. war Gerichtschreiber 1465—1470 in Bern. S. Ebert Nr. 20552.

— Beschr. d. Burgund. Kriege. Fol. Bern, Haller. 743.

Schilling, Diebold, dio **Bernor-Chronik** 1468—1484. Im Auftr. d. histor. Voroins d. Kantons Born hrsg v. Gust. Toblor. 1. Bd. gr. 8. (VIII, 400 S.) Born 897. K. J. Wyss. n. 6. --

Schilling, Diebold, dio Bornor-Chronik 1468—1484. Im Auftrago dos histor. Voroins dos Kantons Born hrsg. v. Gust. Toblor. 2. Bd. gr. 8. (481 S.) Born 901. K. J. Wyss. n. 6. —

Schilling's, Diebold, des Lucerners, Schweizer-Chronik. Abgedr. nach der Orig.-Handschrift auf der Bürgerbibliothek der Stadt Lucern. Mit (8) lith. Abbildgn. u. 1 (lith.) Facsim. Luzern 862. Schiffmann in Comm. gr. 8. (IV, 309 S.) n. 3 ℛ 6 ngr.

Schilling, Diebold / s. Tschachtlan, Bendicht. B' Tschachtlans Berner Chronik. Basel 1877.

Schilling, E., die Ehresburg, s. Original-Romane, histor., von Horvath. 2r Bd.

Schilling's, E., Führer durch die alkoholfreien Hotels, Speisehäuser, Conditoreien u. Kaffees Deutschlands u. der Schweiz. Nebst Anh.: Die Trinkerheilanstalten. (Lorenz' Reiseführer.) (2. Aufl.) (67 S.) kl. 8. Freiburg i/B. 906. F. J. Lorenz. n. — 30

Schilling, E. Gust., de medullae spinalis textura, ratione imprimis habita originis, quae dicitur, cerebralis nervorum spinalium. Dissertatio inauguralis. Accedunt II tab. lith. gr. 8. (64 S.) Dorpati Liv. 852. (Mitaviae, Reyher.) n. 24 ngl

Schilling, Elisabeth [wirkl. Name]
s. **Lingen**, Ernst [Pseud.] [10. 11390]

SCHILLING, EMIL. Ueber Coffeinmethylhydroxyd, ein Beitrag zur Kenntniss des Coffeins. (Freiburg im Breisgau) Halle a. S., 1884.

Schilling, Ernst, approb. Arzt aus Celle: Aus d. chirurg. Klinik in Kiel. Ueber Pseudoarthrosen im Anschluss an eine durch Geburtstrauma entstandene Pseudoarthrose. Kiel 1900: H. Fiencke. (25 S.) 8°
Kiel, Med. Diss. v. [12. Nov.] 1900

— Archiv f. d. Cameralrecht, s. Archiv.

Schilling, Ernst Mor., Chatinka, das Mädchen vom Ararat. Histor.-romant. Darstell. aus d. letzten russ.-pers. Kriege. 8. (14 B.) Meißen 835, Goedsche.

Schilling, Ernst Mor., der Ehescheidungsproceß in den sächs. Gerichten. gr. 8. (19¾ B.) Leipzig 831, Magazin f. Industrie.

—— Entwurf zu e. Städte-Ordnung f. d. Königr. Sachsen. Nach d. vorzügl. Quellen zusammengest. gr. 8. (6½ B.) Leipzig 830, (Kayser.)

— Entwurf zu einer Stadte-Ordnung für das Königreich Sachsen. Nach den vorzuglichsten Quellen zusammen gestellt. 8. Leipzig 830. (Melzer.) ¼ ß

– (Hrsg.), s. Erhard, Christian Daniel: Handbuch des im Königreich Sachsen geltenden peinlichen Rechts.

—— forst- u. jagdrechtl. Erörterungen, als 1. Nachtr. zu dem (dess.) „Handbuche d. im Königr. Sachsen giltigen Forst- u. Jagd-Rechts." gr. 8. (4 B.) Leipzig 829, (Fest.)
Dess. „Handb. d. im Königr. Sachsen gilt. Forst- u. Jagd-Rechts. gr. 8. Leipzig, Baumgärtner. 1827. 2 Thlr.

—— die wilde Fischerey, od. vollständ. Lehre üb. d. verschied. dahin gehör. Fischarten, der Laich- u. Fangzeit, nebst dazu gehör. Geräthschaften, der Feinde ders, u. deren Aufbewahrung. 8. (4 B.) Leipzig 831, Baumgärtner.
Aus der „Allgem. Encyklopädie d. gesammt. Land- u. Hauswirthschaft etc., hrsg. v. Putsche" besond. abgedruckt.

SCHILLING, Er. Mor.: Handbuch des im Königr. Sachsen giltigen Forst- u. Jagdrechts. *Leipzig*, Baumgärtner. 827. gr. 8. (2 Thl.)

—— Handbuch d. geistl. Geschäftsstyls u. d. geistl. Geschäftsverwaltung. Nebst e. Einleit. üb. d. kirchl. u. geistl. Verfassung u. d. privatrechtl. Verhältnisse d. Kirchen- u. Schuldiener im Königr. Sachsen u. d. K. S. Oberlausitz. gr. 8. (28 B.) Leipzig 830, [Krappe.]

— Handbuch d. geistl. Geschäftsstyls u. der geistl. Geschäftsverwaltung. Nebst e. Einleit. üb. die kirchl. u. geistl. Verfassung u. die privatrechtl. Verhältnisse der Kirchen- u. Schuldiener im Königr. Sachsen u. der königl. sächs. Oberlausitz. gr. 8. Leipz. 830. Taubert. 1 ß 18 gl

Schilling, E. M.: „Handbuch des Landwirthschaftsrechts der deutschen Bundesstaaten"; 1. Teil: „Landwirthschaftsrecht der Sächsischen Länder", 2. Teil: „Landwirthschaftsrecht des Kgl. Preußischen Staats", Leipzig 1829 (Fest).

— Handbuch d. Mühlenrechts. Mit besond. Beziehung auf die preuß. u. sächs. Gesetzgebung bearb. gr. 8. Leipz. 829. (Fest). 1 ß 12 gl

SCHILLING, Er. Mor.: Handbuch d. Mühlenrechts. Mit besond. Beziehung auf d. Preuss. Gesetzgebung bearb. *Leipz.*, (Gebhardt u. Reisland.) 829. gr. 8. (1 Thl. 12 Gr.)

—— Handbuch d. Mühlenrechts. Mit besond. Bezieh. auf d. Preuß. Gesetzgebung bearb. gr. 8. (14½ B.) Leipzig 829, [Weygand'sche Vrlsbuchh. L. Gebhardt.]

—— Handbuch d. im Königr. Sachsen gelt. peinlichen Rechts, s. Erhard, Chr. Dan.

– (Bearb.), s. Köhler, Johann Chr.: Abhandlung vom Kirchenstuhlrechte.

—— das Landwirthschafts-Recht d. deutschen Bundesstaaten, od. systemat. Zusammenstell. der, üb. d. Ackerbau im größern Umfange, so wie üb. d. gutsherrl. u. bäuerl. Verhältnisse, gegenwärtig besteh. Rechte u. Verbindlichkeiten. 1. Bd. — A. u. d. T.: Handb. d. Landwirthschafts-Rechts d. Sächs. Länder. gr. 8. (23 B.) Leipzig 828, Fest.

—— dass. 2. Bd. — A. u. d. T.: Handb. d. Landwirthschafts-Rechts d. Kgl. Preuß. Staaten. gr. 8. (38¼ B.) Ebds. 829.

SCHILLING, Er. Mor.: Lehrb. des gemeinen in Deutschland gültigen Forst- und Jagdrechts. *Dresden*, Arnold. 822. 8. (2 Thl.)

SCHILLING, Ernst Mor.: Lehrbuch d. Stadt- u. Bürgerrechts d. deutsch. Bundesstaaten. 2 Bde. *Leipzig*, Gebhardt u. Reisland. 830. 8. (4 Thl.)

—— Lehrbuch d. Stadt- u. Bürgerrechts d. deutschen Bundesstaaten. 2 Bde. gr. 8. (52 B.) Leipzig 830, [Weygand'sche Vrlsbuchh. L. Gebhardt.]

– (Bearb.), s. Leonhardi, Friedrich Gottlob: Der Förster und Jäger in seinen monatlichen Amtsverrichtungen und Beschäftigungen.

—— der vollkomm. Münzenkenner, od. alphabet. Verzeichniß aller Münzen d. bekannt. Welt, mit Angabe ihres Werthes nach Conventionsgelde. Ein Handb. f. Geschäftsmänner, Geldwechsler etc. 12. (2 B.) Leipzig 831, Magazin f. Industrie.

SCHILLING, Ernst Moritz: Über das Roden der Stöcke. Eine forstwirthschaftliche Abhandlung. - Leipzig 1823. X, 38 S. - 2. Aufl. ebd. 1825

— üb. das Roden der Stöcke. 2e wohlfeile Ausg. gr. 8. Leipz. 825, Müller.

Schilling, Er. Mor.: „Der Waldschutz, oder vollständige Forstpolizeylehre", Leipzig 1826 (Brockhaus).

Indirekte Beleuchtung von Schul- und Zeichensälen mit Gas- und elektrischem Bogenlicht. Bericht über Versuche in München erstattet ... von Dr. E[ugen] **Schilling**. München & Berlin: Oldenbourg 1907. 71 S. 8°

– Journal für Gasbeleuchtung .... s. Schilling

Schilling, E., Kalender f. das Gas- u. Wasserfach, s.: Schaar.

Schilling, Eug. **Neuerungen auf dem Gebiete der Erzeugung u. Verwendung d. Steinkohlen-Leuchtgases. Zugleich Nachtrag zu Schillings Handbuch f. Steinkohlengas-Beleuchtung. gr. 4. (VII, 259 S. m. 196 Abbildgn.) Münch. 892, Oldenbourg. * 12 —**
geb. * 13 20

Schilling, E., s.: Schaar's, G. F., Kalender f. das Gas- u. Wasserfach.

Schilling, Eugen: Untersuchungen über Stickstoffgehalt und Ammoniakproduction verschiedener Gaskohlen .... München, Druck v. R. Oldenbourg, 1887; 60 S. u. 3 Taf. 8°.
Erlangen, Phil. Fak., Inaug.-Diss. v. 1887.

Schilling, Eugen, Untersuchungen über Stickstoffgehalt und Ammoniakproduction verschiedener Gaskohlen. Diss. Erlangen 1887. München, R. Oldenbourg. 8°. 60 S. mit 3 Taf.

Deutscher Verein von Gas- u. Wasserfachmännern. E. V. Verwendung von Gaskoks für Zentralheizungen. Bericht über e. vom ... Verein ... bei d. Heizungsindustriellen geh. Umfrage auf d. Hauptversammlung zu Bremen erstattet von Dr. E[ugen] **Schilling**. Mit 1 Taf. 2. unveränd. Aufl. München & Berlin: R. Oldenbourg 1910. 14 S. 8°

Schilling, F.

— De nonnullis causis, cur Iurisconsulti Romani reprehendendi videantur, brevis disputatio. Gel. 1884. 12 S. 4°.

— Imperatoris Honorii constitutio De conventibus annuis in urbe Arelatensi habendis. part. III. Gel. 1850. 15 S. 4°. 1.—

Schilling, F. R., Geschichte des Krieges d. Preußen u. Russen in Frankreich u. d. Rheinbunde. Halle 808. Dietlein. 12 gr.

Schilling, Fr.

Schilling, F., animadvers. in revolutionem novumque sic dictum systema democrat. in Gallia. 8. Vien. Stahel. (Schaumburg.) 791.

— Betracht. üb. die Revolution.

Schilling, Fr., s.: Ernährung u. Gesundheit.

Schilling, Fr., Generalkarte über alle in Europa vorkommenden Eisenbahnen in Verbindung mit den Haupt- und Poststrafsen, Kanälen und Dampfschifffahrten etc. Graetz u. Leipzig. 1843. Fol. 1⅓ Thlr.

Schilling, Fr., General-Karte über alle in Europa vorkommenden Eisenbahnen in Verbindung mit den Haupt- u. Post-Straßen, Canälen u. Dampfschifffahrten. Imp.-Fol. 843. (Leipzig, Hermann.) Auf Leinwand u. in Etui. n. 1⅔ Thlr.

Schilling, (Schul- u. Armen-Kassen-Rendant) Fr. H., prakt. Geschäftsanweisung f. die Schulzen d. Dorfgemeinden im preuß. Staate. 8. Potsd. u. Neustadt-Eberswalde 832. (Vogler). 1 Thlr.

Schilling, F.: „Geschäftsanweisung für die Schulzen der Dorfgemeinden in den Preussischen Staaten", Berlin 1833 (Kecht).

Schilling, Fr., kurzes Lehrbuch d. bürgerlichen Rechnens in systemat. Darstellg. m. angeschloss. Aufgabensammlg. Für Realschulen, Seminare, höh. Bürger- u. Fortbildungsschulen bearb. I. Hft. u. II. Hft., 1. Abtlg. gr. 8. Frankfurt a/M. 898. Kesselring. n. — 70
I. (60 S.) n. — 40. — II., 1. (29 S.) n. — 30.

Schilling, Fr., kurzes Lehrbuch des bürgerl. Rechnens in systemat. Darstellung m. angeschlossener Aufgabensammlung. Für Realschulen, Seminare, höh. Bürger- u. Fortbildungsschulen bearb. II. Hft., 2. Abtlg. u. III. Hft. gr. 8. Frankfurt a/M. (899). Kesselring. n. — 70
II. 2. (32 S.) n. — 30. — III. (36 S.) n. — 40.

Schilling, F., Steuerpflicht, Steuerdeklaration u. -Reklamation f. Aerzte u. Zahnärzte aller deutschen Bundesstaaten. 2. verm. Aufl. gr. 8. (67 S.) Leipzig 902. B. Konegen. n. 1. 40
1. Aufl. (61 S.) 901. n. 1. 20.

— **Steuerpflicht**, Steuerdeklaration u. -Reklamation f. Aerzte, Zahnärzte u. Tierärzte aller deutschen Bundesstaaten. 3., verm. Aufl. (84 S.) 8. Leipzig 907. B. Konegen. n. 1. 40; kart. n. 1. 70

— die Niederkunft eines geliebten Mäuschens, in 3 Gesängen. 8. Wien 776.

Schilling, Fr. I., († d. 3. Juli 1803.) ein Wort zur rechten Zeit über einige wichtige Gegenstände. 8. Wien 782. (Heubner). 3 gr.

Schilling, Fr. G., s. Schilling, Gustav

Schilling, Fr. Max Die Diphthongisierung der Vokale û, iu und î. Ein Beitrag zur Geschichte der nhd. Schriftsprache. 36 S.
Progr. Werdau 1878.

Schilling, Fr. Wilhelm Ludwig

— Advents-Predigten z. Vorlesen in d. Kirche. 8. Zerbst (Leipz.) 810. (Joachim). 4 gr.

Schilling, Fr. Wlh. Ldw., Betstunden üb. sämmtl. Psalmen z. Gebrauch für Schulmeister. 2 Abtheill. N. Ausg. 8. Leipz. (805.) N. A. 823. Joachim. 1 Thlr. 20 gr.

— Erbauungsreden üb. die sieben letzten Worte des sterbenden Erlösers. 8. Zerbst 778.

Schilling, Franz Aufgaben zur Einübung der lateinischen Syntax für die fünfte Klasse der lateinischen Schule (Obertertia). 43 S. 8.
Progr. *Kempten* 1884.

Schilling, Franz [aus Neuburg a/D.]: Ein Fall von Extrauterinschwangerschaft mit missbildeter Frucht ... Mit 1 zinkogr. Taf. Würzburg, Druck d. Stahel'schen k. Hofbuchdr., 1893; 55 S., 1 Taf. 8.
Würzburg, Med. Fak., Inaug.-Diss. v. 1893

(Schilling, Frz. Xav., Kaplan) Marianisches Register der löbl. *deutschen Congregation der Herrn, u. Burgern* (sic) unter d. Titel *der gnadenreichen Verkündigung .... Mariä*, in der kgl. Haupt- u. Residenzstadt München auf d. J. Christi 1810. München, Jos. Zängl. 8°. Cart.
10 Bll., 00 S.

Schilling, Frdr., üb. die Anwendungen der darstellenden Geometrie, insbes. üb. die Photogrammetrie. Mit e. Anh.: Welche Vorteile gewährt die Benutzg. des Projektionsapparates im mathemat. Unterricht? Vorträge, geh. bei Gelegenheit des Ferienkurses f. Oberlehrer der Mathematik u. Physik, Göttingen, Ostern 1904. (VI, 198 S. m. 151 Fig. u. 5 Doppeltaf.) gr. 8. Leipzig 904. B. G. Teubner. Geb. in Leinw. n. 5. —
(= Neue Beiträge zur Frage d. math. u. physik. Unterrichts. T.2.)

(Schilling, Friedrich): Ueber die Begräbnisse in Wien. 28 S., gbd.

Wien: 1781
angeb.: Begräbnisse, Uiber die, in Wien. 1781

JB 6.666

Schilling, *Georg* Friedrich [aus Hildesheim]: Beiträge zur geometrischen Theorie der Schwarz'schen S-Function ... Leipzig, Druck v. B. G. Teubner, 1894; 2 Bl., 100 S., 1 Bl. 8.
Göttingen, Phil. Fak., Inaug.-Diss. v. [9. Febr.] 1894

Schilling, Frdr., Diätotherapie f. Aerzte u. Studirende. 12. (XII, 166 S.) Wiesbaden 895. J. F. Bergmann Geb. in Leinw. n. 3. —

Schilling, F., die Erkrankungen des Wurmfortsatzes, s.: Abhandlungen, Würzburger, aus dem Gesamtgebiet der praktischen Medizin. V. 2. 3.

Schilling, Frdr., das deutsche Fortbildungsschulwesen. s.a. Aus Natur u. Geisteswelt.

Das deutsche Fortbildungsschulwesen. Von Dr. Friedrich **Schilling**, Dir. zu Werdau. Leipzig: Teubner 1909. 153 S. 8°
(Aus Natur u. Geisteswelt. Bdch. 256.) [09. 6946

Schilling, Fr., die Gallensteinkrankheit, ihre Ursachen, Pathologie, Diagnose u. Therapie. (85 S.) gr. 8. Leipzig 904. [H. Hartung & Sohn.] Würzburg, C. Kabitzsch. n. 1. 80

Schilling, F., Handbuch der speciellen Therapie, s.: Kunze, C. F.

Schilling-Gr. Wartenberg, Hydrotherapie f. Aerzte. gr. 8. (VII, 61 S.) Neuwied 889. Heuser's Verl. n. 1. 50

Hydrotherapie für Ärzte. Von Kreisphys. Dr. F[riedr.] Schilling, Vf. d. spec. Pathol. u. Ther. ... 2. verm. Aufl. Leipzig, Berlin [&] Neuwied a. Rh.: Heuser 1895. (4 Bl., 64 S.) 1 Bd 8°

— Hydrotherapie f. Aerzte. 2., verm. Aufl. gr. 8. (V, 64 S.) Neuwied 895. Leipzig, Max Spohr. n. 1. 50

— **Hydrotherapie f. Aerzte. 2., verm. Aufl. (Neue [Titel-]Ausg.) (VII, 64 S.) gr. 8. Berlin [895] (903). Berlin. Verlagsanstalt.** n. 1. 50

Schilling, F., Hygiene u. Diätetik des Darmes. 8. (V, 152 S. m. 15 Abbildgn.) Leipzig 902. H. Hartung & Sohn. n. 3. —

— dasselbe des Magens. 8. (IV, 132 S. m. 9 Abbildgn.) Ebd. 901. n. 2. 40

— dasselbe der Stoffwechselkrankheiten. 8. (VI, 345 S. m. 8 Abbildgn.) Ebd. 903. n. 5. 40; geb. n. 6. 40

Ⓡ **Schilling,** F., Hygiene u. **Diätetik d.** Darms — dasselbe des Magens — dasselbe d. **Stoffwechselkrankheiten.** (KBl. 32.) Jetzt: Würzburg, C. **Kabitzsch.**

— Kompendium der diätetischen u. physikalischen Heilmethoden. 8. (VII, 263 S. m. 122 Abbildgn.) Ebd. 900. Geb. in Leinw. n. 5. —

— Kompendium d. ärztlichen Technik. 8. (X, 397 S. m. 492 Abb. im Text u. auf 1 farb. Taf.) Leipzig 897. H. Hartung & Sohn. Geb. in Leinw. n. 8. —

— **Kompendium der ärztlichen Technik m. besond. Berücksicht. der Therapie. 2., erweit. u. verm. Aufl. (VIII, 513 S. m. 454 Abbildgn.) 8. Würzburg 906. C. Kabitzsch. Geb. in Leinw. n. 10. —**

Schilling, s.: Kunze's, C. F., Compendium der praktischen Medicin.

— **das peptische Magengeschwür m. Einschluss des peptischen Speiseröhren- u. Duodenalgeschwürs, s.a. Klinik, Berliner.**

Das peptische Magengeschwür mit Einschluß des peptischen Speiseröhren- und Duodenalgeschwürs. Von Dr. F[riedrich] **Schilling**, Leipzig. Berlin: Fischer 1905. (71 S.) 8°
= **Klinik**, Berliner. H. 206. [05. 9658

— Die Krankheiten des **Afters**, s.: Klinik, Berliner.

— Die Krankheiten des **Mastdarms**, s.a. Klinik, Berliner.

Die Kranheiten des Mastdarms. Von Kreisphys. a. D. Dr. F[riedrich] **Schilling**, Leipzig. Berlin: Fischer 1909. 50 S. 8°
(Berliner Klinik. H. 249.)

— **die Krankheiten der Speiseröhre. (IV, 86 S. m. 14 Abbildgn.) 8. Leipzig 903. [H. Hartung & Sohn.] Würzburg, C. Kabitzsch.** n. 1. 80

Schilling, Frdr., über neue kinematische Modelle, sowie e. neue Einführg. i. d. Theorie d. cyklisch. Kurven, s.a. Abhandlungen, mathemat. N. F. 1.

Über neue kinematische Modelle sowie eine neue Einführung in die Theorie der cyklischen Kurven. Von Dr. Fr[iedrich] **Schilling**, Prof., Göttingen: Mit 2 Taf. Halle a. S.: M. Schilling 1899. (15 S.) 8°
=[Abhandlungen, Mathematische. N. F. 1.]

— **über neue kinematische Modelle zur Verzahnungstheorie, s.a. Abhandlungen, mathematische. N. F. 6.**

Über neue kinematische **Modelle** zur Verzahnungstheorie, nebst e. geometr. Einführung in dieses Gebiet. Von Dr. Friedrich **Schilling**, Prof., Göttingen. Mit 2 Taf. u. 18 Fig. *Halle a. S.: M. Schilling 1904.* (29 S.) 8°
Aus: Zeitschrift f. Mathematik u. Physik. Bd 51.
— **Abhandlungen**, Mathematische. N. F. No 6. [04. 15349 3

— über die Nomographie v. M. d'Ocagne. Eine Einführg. in dieses Gebiet. gr. 8. (47 S.) Leipzig 900. B. G. Teubner. n. 2. —

Schilling, F. **Principles and rules of accent in the English language chiefly in modern English. Liegnitz, Ritterakad., 1885. 30 S. 4. Progr.**

— die neuere Richtung unserer Therapie. gr. 8. (7 S.) Leipzig 899. H. Hartung & Sohn. n. — 50
Sonderabdruck aus: „Aerztl. Monatschrift".

Schilling, Frdr., Schiller u. seine Bedeutung f. die Pädagogik der Gegenwart, s.: Zur Pädagogik der Gegenwart. 18. Hft.

— s.: Taschenbuch üb. die Fortschritte der physikalisch-diätetischen Heilmethoden.

Schilling, Frdr., geometrisch-analytische Theorie der symmetr. S-Functionen m. e. einfachen Nebenpunkt, s.a. Acta, nova, academiae etc. naturae curiosorum. LXXI, 5.

Geometrisch-analytische Theorie der symmetrischen S-Functionen mit einem einfachen Nebenpunkt. Habilitationsschr. d. math. u. naturwiss. Abth. d. Kgl. Techn. Hochsch. zu Aachen ... vorgelegt v. Dr. Friedrich **Schilling**. M. 2 Taf. ... Halle: Dr. v. E. Karras; In Comm. bei W. Engelmann in Leipzig 1897. (94 S., 2 Taf.) 4°
= Acta, Nova, Academiae Caes. Leopoldino-Carolinae Germ. naturae curiosorum. T. 71. No 5.

Schilling, Friedrich: Die Ubersetzungen[!] ins Deutsche, namentlich aus dem Französischen. *Liegnitz 1898: O. Heinze.* (11 S.) 4° [F.]
Liegnitz, k. RAk, OP 1898 (205)

Schilling, Friedrich; Der litteraturgeschichtliche Unterricht im sächs. Seminar. Leipzig [1897] : Sturm & Koppe. (60 S.) 8°
Leipzig, Phil. Diss. v. [27. Sept.] 1897

— die Verdaulichkeit der Nahrungs- u. Genussmittel auf Grund mikroskopischer Untersuchungen der Faeces. gr. 8. (132 S. m. 102 Abbildgn.) Leipzig 901. H. Hartung & Sohn. n. 2 80

(II) — Die Verdaulichkeit d. Nahrungs- u. Genussmittel. 901. (KBL 32.) Jetzt: Würzburg, C. Kabitzsch.

— wie befreie ich mich v. meiner Nervosität? Symptome, Ursachen u. neue ärztl. Ratschläge zur raschen Beurteilg. u. Selbstheilg. 8. (48 S.) Leipzig (900). A. F. Schlöffel. n. — 60

Schilling, Frider. Ado., Animadversionum criticarum ad Ulpiani fragmenta Spec. I—IV. 8maj. Lipsiae, Barth. [I. II. (5 B.) 830. 9 Gr., III. IV. (2¼ B.) 831. 4½ Gr.]

Schilling, Fred. Ad.: Animadversionum criticarum ad diversos iuris Justinianei locos specimen 1—11. (Progr.) Lipsiae (1841—57).

[Schilling, Friedr. Adph.], Animadversionum criticarum ad diversos juris Justinianei locos specimen XI. gr. 4. (15 S.) Leipzig 857, (Dürr'sche Buchh.) Thlr.

—— Bemerkungen üb. röm. Rechtsgeschichte. Eine Kritik üb. Hugo's „Lehrbuch d. Gesch. d. röm. Rechts bis auf Justinian." gr. 8. (28 B.) Leipzig 829, Barth.

Schilling, Frdr. Adph., commentatio, qua quaeritur, jurisconsultorum romanorum de naturali et gentium jure opiniones quamnam vim habuerint in jure civili excolendo? Leipzig 862. Dürr'sche Buchhdlg. 4. (18 S.) 4½ ngr

Schillingus, Freder. Adolphus: De Ulpiani fragmentis. Vratislaviae (1824). (105 S.) 8° [Im Buchhandel 1824 bei Max & Ko in Breslau u. bei Barth in Leipzig.]
Breslau, Jur. Fak., Antr.-Progr. als ord. Prof. v. 22. Juli 1824

Schilling, Fried. Ado.: Diss. critica de Ulpiani fragmentis. 8maj. *Vratislaviae*, (Max et Comp.) 824. (15 Gr.)

Schilling, Fridericus Adolphus, Dr. phil.: •Dissertatio critica de fragmento juris Romani Dositheano, denuo graece et latine edito. [P. 1.] 74 S. 8° (4°)
Halle-Wittenberg, Jur. Diss. v. 13. Juli 1819
Geb. [Pegau (Sachs.) 9. 3. 1792]
Verf. wurde abwesend promoviert. Die Arbeit erschi. Lipsiae: Weygand (1819). 64 S. 8° und ist zugleich Leipzig, Phil. Diss. v. 21. Juli 1819; auf S. 64: 3 Theses. Buchausg. m. bes. Tit. und ohne die Theses: 1. continens et ipsum textum fragmenti Dositheani et quaestiones nonnullas, ad totum hoc fragmentum spectantes. 63 S.

Schillingus, Fred. Ad.: Dissertatio critica de fragmento iuris Romani Dositheano denuo graece et latine edito. P. 1. [cinz.] Lipsiae 1819.

Schilling, F. A., de fragmento juris Romani Dositheano denuo graece et latine edito. Pars I. 8maj. Lipsiae, Weygand. 819.

—— Lehrbuch d. Institutionen u. Gesch. d. röm. Privatrechts. 1. Lfg., d. Einleitung enthalt. gr. 8. (11¼ B.) Leipzig 834, Barth.

Schilling, Friedr. Ad., Lehrbuch f. Institutionen, u. Geschichte d. röm. Privatrechts. 2. Bd., die Institutionen in Verbind. mit d. innern Rechtsgeschichte, u. zwar d. allgem. Theil u. das Sachenrecht enth. gr. 8. (48 B.) Leipzig 837, Barth.
1. Bd. 1. Abthl. Ebendas. 1834. 1 Thlr.

Schilling, Friedr. Ad., Lehrbuch f. Institutionen u. Geschichte des römischen Privatrechts. 3. Bd. Das Obligationenrecht zum größten Theil enthaltend. gr. 8. (63 B.) Leipzig 846, Barth.
1. Bd. 1. Abthl. u. 2. Bd. Ebendas. 834, 37, 4 Thlr. 15 Ngr. Die 2. Abthl. des 1. Bds. erschien zur Zeit noch nicht.

Schilling, Friedr. Ad.: Lehrbuch des Naturrechts oder der philosophischen Rechtswissenschaft mit vergleichender Berücks. positiver Rechtsbestimmungen. Leipzig. 2 Bde
Abth. 1. Einl., allg. Theil u. Privatrecht. 1859.
„ 2. Das natürliche Staats- und Völkerrecht. 1863.

— Lehrbuch des Naturrechts oder der philosophischen Naturwissenschaft mit vergleichender Berücksichtigung positiver Rechtsbestimmungen. 2 Abthlgn. Ebend. 859—62. gr. 8. (XXVI, 287 S.; VIII, 346 S.) 4 ℳ
Inhalt: 1. Abth.: Einleitung, allgemeiner Theil u. Privatrecht. — 2. Abth.: Das natürliche Staats- u. Völkerrecht.

. . . . Schilling: Leibnitz als Denker; Auswahl sr. kleinen Aufss. z. übersichtl. Darstellung sr. Philos. *Lpz.*, H. Fritzsche. 846. gr8° 24 Ngl

— — s.a. Schilling, Gustav

Schilling, Friedrich Gustav, s.a. Schilling, Gustav

Schilling, Friedrich Gustav (Schwarzfeld)
De momento affectuum in facultatem cognoscendi. Diss.inaug.
MS. 24 S. 4°
Diss. phil. Giessen 2.2.1835. vorh. Univ.-Archiv.

Friedrich Wilhelm Schilling

Fridericus Guilielmus Schilling: De Trepanatione.
Marburgi (1825:) Kriger. 26 S. 8°
Marburg, Med. Diss. v. 11. Juli 1825

Schilling, Fritz: Die Verdaulichkeit der Nahrungs- und Genußmittel auf Grund mikroskopischer Untersuchungen der Faeces. s. Schilling, Friedrich

Schilling, G., Advents-Predigten. 8. Leipz. Fr. Bruder. 810.

Schilling, G., üb. Drehstrommotoren. [Aus: „Sitzungsberichte d. k. Akad. d. Wiss."] Lex.-8. (13 S. m. 1 Fig.) Wien 892. (F. Tempsky.) n. — 40

Schilling, Baron G., Mittheilungen üb. den am 16/28. Juni 1872 Mittags, beim Dorfe Tennasilm, im Kirchspiel Turgel d. Kreises Jerwen in Ehstland niedergefallenen Steinmeteoriten. Mit 1 (lith.) Taf. gr. 8. (20 S.) Dorpat 873. Schnakenburg. n. — 60

Schilling, G., u. C. S. Cornelius, das Problem d. Materie. s.a. Magazin, pädagogisches.

Das Problem der Materie. Von G. Schilling u. C[arl] S[ebastian] Cornelius. Eingeleitet von O[tto] Flügel. Langensalza: Beyer 1908. 78 S. 8°
(Pädagogisches Magazin. H. 323.)

Schilling, G. G., de Lepra commentationes, ed. Jh. Dav. Hahn. 8maj. Leyd. u. Frankf. a. M. 778.

Schilling, (G. N.,) histor. Anthologie f. Deutschlands Söhne u. Töchter. Eine Samml. v. Biographieen d. merkwürdigsten Männer, Kriegsscenen, Schlachten u. and. geschichtl. Begebenheiten auf alle Tage d. Jahres. 2 Thle. gr. 8. (58 B., 1 Ttlkpfr. u. 2 Ttlvign.) Berlin 835, C. F. Amelang.

Schilling, (G. N.), histor. Anthologie f. Deutschlands Söhne u. Töchter. Eine Sammlung von Biographieen der merkwürdigsten Männer, Kriegsscenen, Schlachten u. anderer geschichtl. Begebenheiten auf alle Tage des Jahres. 2 Thle. (Neue Titel-Ausg.) gr. 8. (1: X u. 438 S. m. gest. Tit. u. 1 Stahlst. 2: VIII u. 471 S. m. gest. Tit.) Brandenburg 852. Müller (jetzt: Leipzig, Holtze). 1½ ℛ

Schilling, G. N., der allbewanderte Reisebegleiter durch alle deutsche Staaten. Ein Jahrbuch u. Chronik von Deutschland. Grimma 856. (Hering.) gr. 8. (XII, 221 S.) n. 1 ℛ.

Schilling, (Lehrer D.) **G. N.,** Tagebuch d. Weltbegebenheiten, oder: Anzeichnung d. wichtigsten Ereignisse auf d. Tag, wo sie sich zugetragen. 8. Berl. 832. L. Oehmigke. 1 ℛ 3 gℛ

Schilling, Georg, Prof.: Kurzgefasste **Interpunktionslehre** für den Schulgebrauch. *Gross-Glogau (1899): C. Flemming.* (10 S.) 8°
Gross-Glogau, k. kath. G, OP 1899 (195)

Schilling, G., Laokoon-Paraphrasen. Umschreibungen u. Erweitergn. der wichtigsten Kapitel v. Lessing's „Laokoon", aus der Schulpraxis hervorgegangen u. zusammengestellt. gr. 8. (180 S.) Leipzig 887. Teubner. n. 2. 80

[J.] **Schilling,** Georg [Prof. Dr.]: Dramaturgische Propädeutik im Anschlusse an Lessings „Hamburgische Dramaturgie" für d. Unterr. in Gymn.-Prima bearb. (1. Tl.) Züllichau, Druck v. H. Hampel, 1894; 1—42 S. 4.
Züllichau, k. Pd u. Waisenhaus (Steinbart'sche Erz.- u. Unt.-A)', OP 1894 (91)

[Umschlagt.:] [J.] **Schilling,** Georg [Prof. Dr.]: Dramaturgische Propädeutik im Anschlusse an Lessings „Hamburgische Dramaturgie" f. d. Unterricht in Gymn.-Prima bearb. '(2. Tl)'. (Forts. d. P-Beil. 1894.) Züllichau, Druck v. H. Hampel, 1896; 3—62 S. 4.
Züllichau, k. Pd u. Waisenhaus '(Steinbart'sche Erz.- u. Unt.-A)', OP 1896 (90)

Schilling, Georg: Dramaturgische **Propädeutik** im Anschlusse an Lessings „Hamburgische Dramaturgie" für den Unterricht in Gymn.-Prima bearbeitet (3. T.). *Züllichau 1898: H. Hampel.* (37 S.) 4° • [Fortsetzung d. P-Beilagen 1894. 96.] [δ.]
Züllichau, k. Pd u. Waisenhaus (Steinbart'sche Erz.- u. Unt.-A., OP 1898 (91)

Schilling, G. Die Tmesis bei Sophokles. 15 S. **Progr.** *Oppeln* 1884.

Schilling, Georg [Oberl.]: Die Tmesis bei Euripides. Zu d. griech. Tragikern II. (Forts. d. P-Beil. Oppeln 1884.) Gross-Glogau, Druck v. C. Flemming, *1892:* 34 S. 8.
Gross-Glogau, k. Kath. G, OP 1892 (184)

Schilling, Georg Friedrich. s. Schilling, Friedrich

Schilling, Georg N. Ueber die Getränke und die Gelage der Deutschen, vornehmlich in der ersten Hälfte des dreizehnten Jahrhunderts. Züllichau 1869 J. A. Lange.
S. 1—24. 8°.
Züllichau, K Pädagogium und Waisenhaus. P 1869

Schilling, G(eorgius) N(icolaus): De usu dicendi Ulrici de Zatzikhoven. Halae (1866): Ploetz. 41 S. 8°
Halle-Wittenberg, Phil. Diss. v. 16. Jan. 1866
Geb. Riga 11. 1. 1840. V.
S. 3—4 fehlt in der Paginierung.
Im Buchhandel Halae (Berlin: Calvary) 1866. 42 S. 8°

Schilling, G. N., de usu dicendi Ulrici de Zatzikhoven. Dissertatio inauguralis philologica. Halae 866. (Berlin, Calvary u. Comp.) gr. 8. (42 S.) n. 10 *ngr.*

Schilling, Gerh. [aus Eich bei Worms]: **Ueber die Geschwülste der Kiemenspalten** .... Würzburg, Paul Scheiner's Buchdr., 1886; 60 S. 8°.
Würzburg, Med. Fak., Inaug.-Diss. v. 1886.

Schilling, Gerh., über die Geschwülste der Kiemenspalten. Diss. Würzburg 1886, Stahelsche Univ.-Buchh. 8°. 60 S.

Schilling, Gottfried [Pseud.], s. Kühne, Christian Friedrich Gottlob

Schilling, Gottlieb (Hrsg.). s. Arndt, Ernst Moritz: Deutsche Art.

Schilling, Gustav

– s.a. Kuckuck, Zebedäus [Pseud.]

— Abendgenossen. 2 Thle, 2e A. 8. Dresd. 814. Arnold. 2 ℛ 8 gℛ

— Akustik, siehe a. Volks- u. Jugendbibliothek. 2. Section. 6. Thl.

Schilling, Gust., Akustik oder die Lehre vom Klange. Ein Versuch ihrer Einführung in's Leben durch allgemein faßliche, theoretisch-prakt. Darstellung ihrer Wissenschaft für alle Freunde der Natur und Kunst, insbesondere Musiker, Instrumentenmacher und Architekten. 2. (Titel-)Ausg. 8. (VIII und 224 S.) Stuttgart 856, Hallberger'sche Vrlgsh.

Schilling Dr Gustav: Die Astronomie und mathematische Geographie an Realschulen. 21. Olmütz R. 94.
Progr.

Schilling, Gust., musikalischer Autodidakt od. Anleitung zu vollständ. Kenntniß der musikal. Harmonie durch Selbstunterricht. gr. 8. (17 B.) Stuttgart 846, Hallberger'sche Vrlgsh.

Schilling, Gustav (Hrsg.), s. Bach, Carl Philipp Emanuel: Versuch über die wahre Art das Clavier zu spielen.

Kukuk, Zebedäus (**Schilling,** Fr. Gust.) Bagatellen aus dem zweiten Feldzuge am Mittel-Rhein. Im Jahre des Rastädter Congresses. **8. 1799.**

— s. Barnbeck, Fr., Anleitung zum Violinspiel.

— die Bedrängten; e. kom. Roman. 8. Dresd. 817. Arnold. 1 ℛ

— — Der Beichtvater. Vom Verfasser des Weibes wie es ist 2 Thle. Pirna. Arnold. 1803. 8°. (1 Mk. 80 Pfg., geles. Expl. ohne Kpfr.. Taussig, 1904.)

— — Dasselbe. Ebd. 1808. 8°.

Schilling, Gust., Beiträge zur Geschichte u. Kritik des Materialismus. Leipzig 867. Pernitzsch. gr. 8. (58 S.) 12 *ngr.*

Schilling, Gustav

Die alten Bekannten.
Dresden, Leipzig: Arnold 1827. 172 S. 8°

Schilling, Gust., ästhet. Beleuchtung d. kgl. Hoftheaters zu Stuttgart. Ein zeitgemäß. Wort an alle Theater-Directionen, alle Künstler rc. 8. (4½ B.) Stuttgart 832, (Neff.)

— s. Beloselsky Dyanialogie.

Schilling, Gustav

Häusliche Bilder. Th. 2.3.
Dresden: Arnold 1822. 8°

Schilling, Gustav
Blätter aus dem Buche der Vorzeit.
Dresden: Arnold 1818. 208 S. 8°

(**SCHILLING**, Fr. G.) Die Brautschau. Vom Verfasser des Weibes, wie es ist. 2 Bde. Dresden 1809. 8°.

— die Brautschau. 2 Thle. 8. Dresd. 809. Arnold. 2 ß 12 Gr

Schilling, Gust., Briefe üb. d. äußere Canzel-Beredtsamkeit od. d. kirchl. Declamation u. Action. (1—9. Lfg. od.) 1. Bd. (5 Lfgn), u. 2. Bd. (1—4. Lfg.) gr. 8. (52¾ B.) Stuttgart 833, 34, [Beck u. Fränkel.] à L. Thlr.

Schilling, Gust., Briefe über die äußere Canzel-Beredtsamkeit oder die kirchl. Declamation u. Action. 1r Bd. (5 Lfrgg.) u. 2r Bd. (4 Lfrgg.) gr. 8. Stuttgart 833, 34. Löflund u. Sohn. (à Lfrg. n. ⅓ ß) 3 ß

— s. v. Colmar. Elise.

– (Bearb.), s. Coquerel, Chr.: Die Verfolgungen der protestantischen Kirche in Frankreich seit dem Ende der Regierung Ludwigs XIV. bis auf die neueste Zeit.

Schilling, G., Daniel, der Bergknappe, s. a. Groschen-Bibliothek für das deutsche Volk.

Daniel der Bergknappe. Von Gustav **Schilling**. Barmen: H. Klein [1903]. (30 S.) 8°
= Dämmerstunde, Für die. Reihe 3, [5.]

§ **DENKWÜRDIGKEITEN** des Herrn von H., eines teutschen Edelmanns. (Sotadischer Roman von *Gustav Schilling*, geb. 25. Nov. 1766 zu Dresden, † ebd. 30. Juli 1839 als pens. Artillerie-Hptm.). 2 Thle. Mit 2 (erot.) Titelvignetten. Rom (Berlin, Himburg), 1787. 8°. 327 fortlauf. gez. S. (10 Mk. 50 Pfg. G. Priewe, Heringsdorf, 1895; jetzt viel theurer!) (Expl. in Wien, Stadtbibl.: Secr. A 86.)
Berüchtigtes, vielgesuchtes Buch! — Weller, fing. Dr. — Original-Ausgabe?

— — Dasselbe. 2 Thle. Ebd., o. J. 8°. 318 (320?) S. (40 Mk. F. E. Lederer, Berlin, Cat. 73; 30 Mk., schönes Expl., Scheible, 1905. ohne Theilesangabe; 9 Mk., mit 1 erot. Bild, ohne Theilesangabe, Auction G. Salomon, Dresden, März 1875, no. 382.) (In Wien, Stadtbibl.: Secr. A 75.)

— — Dasselbe. (Neudruck.) Boston, Reginald Chesterfield (Altona, Verlagsbureau), o. J. (1861). 12°. 269 S.
Weller, fing. Dr. — Verboten vom L.-G. Wien, 17. Novbr. 1863. § 516.

— — Dasselbe. Einzig vollständige Ausgabe. Ebd., o. J. (c. 1870). 12°. (2 Rthl. Scheible, c. 1872.)
285 S. (incl. Tit.), 1 Bl. erot. Verlag der ungenannten obigen Firma.

— — Dasselbe. Rom (Stuttgart), o. J. (186*). 8°.

— — Dasselbe. Neue Ausgabe. Rotterdam, Artist. Bureau, MDCCCLXXXIV. (1884.) Kl. 8°.
326 S. (incl. Tit.). In 4 Bücher getheilt. Sehr fehlerhafter Antiqua-Druck.

— — Dasselbe. Privatdruck, Leipzig 1908, 300 S. 8°. (In nur 400 Expll. in 2 Farben gedr., in der Presse numerirt und in grün. Hfrzbd. gebd. — Subscr.-Preis Mk. 20—.)
„Die „Denkwürdigkeiten des Herrn v. H." sind seit 50 (?) Jahren vollständig vergriffen und es werden die schwer zu beschaffenden Exemplare sehr hoch bezahlt."
„In diesen wirklich entzückenden (!?) „Denkwürdigkeiten", die unter den deutschen erotischen Werken einen allerersten Platz einnehmen, erzählt ein junger, eleganter Edelmann und Offizier die Geschichte seines Lebens, besser gesagt, die Geschichte seines amoureusen, aventurenreichen Lebens. Ohne dabei gemein und derb zu werden, schildert er doch genau und eingehend alle Einzelheiten seines Verkehres mit schönen Frauen, malt seine vielfachen Beziehungen und Erlebnisse in so glühenden Farben aus, dass man diesem Herrn v. H. sehr treffend als den deutschen Casanova bezeichnen kann." (Aus dem Prospekt.)

— — — — Gallerie zu den Denkwürdigkeiten des Herrn v. H. . . . Boston, Reginald Chesterfield, o. J. (Altona, um 1860). 12 Lithogr. in kl. 4°, mit Umschlag. (6 Kr., H. Bukowski, Stockholm, 1884; jetzt theurer!) Rar!

— musikalische Didaktik od. die Kunst des Unterrichts in der Musik. Ein nothwend. Hand- u. Hülfsbuch für alle Lehrer u. Lernende der Musik, Erzieher, Schulvorsteher, Organisten etc. 4 Lfgn. gr. 8. (XVI u. 666 S.) Eisleben 850. 51, Kuhnt. Subscr.-Pr. (à ½ ß) 2 ß Ladenpr. 3 ß Herabges. Pr. n. ⅔ ß

Schilling, Gustavus (Anhaltinus Cothenensis)
Aristotelis de continuo doctrina. Diss. inaug.
Gissae: Heyer 1840. 31 S.
Diss. phil. 14.8.1840. vorh. 26. Δ.

Schilling, Gust., (I.,) Aristotelis de continuo doctrina. Dissert. inaug. 4maj. (4 B.) Gissae 840, [Heyer's Verl.] •

— Drako, Dämon der Hölle. R. A. 8. Dresd. 811. Arnold. 18 Gr

Schilling Dr. Gustav: Der osmotische Druck. 21. Olmütz R. 94. Progr.

—— musikalische Dynamik, od. die Lehre vom Vortrage in der Musik. gr. 8. (23⅝ B.) Cassel 843, Krieger'sche Buchh.

—— populäre Einleitung in d. sämmtl. Schriften d. n. Testam. Für d. gebild. Christen jed. Standes u. jed. Confession, besond. d. Religionslehrer deutsch. Volksschulen verfaßt. gr. 8. (18 B.) Reutlingen 840, Raach. (Hall, Haspel'sche Buchh.)

— populäre Einleitung in die sämmtlichen Schriften des Neuen Testaments. Für den gebildeten Christen jeden Standes und jeder Confession, besonders den Religionslehrer deutscher Volksschulen verfaßt. gr. 8. Reutlingen 840. Raach. (Leipzig, Meißner.) ⅚ ß

—— Encyklopädie d. musikal. Wissenschaften, s. a. Universal-Lexikon d. Tonkunst.

Schilling, Gustav. Encyclopädie der gesammten musikalischen Wissenschaften oder Universal-Lexicon der Tonkunst. Band 1—6. Stuttgart 1835—1838.

— Encyclopädie der gesammten musikalischen Wissenschaften . . . . Zweite (neue) Ausgabe. Band 1-6. Stuttgart 1840. Supplement-Band. Stuttgart 1842.

Schilling, Gustav
Erzählungen. Th. 2-4.
Dresden: Arnold 1811. 8°

— das musikalische Europa, oder Sammlung v. durchgehends authent. Lebens-Nachrichten über alle jetzt in Europa lebende ausgezeichnete Tonkünstler, Musikgelehrte, Componisten, Virtuosen, Sänger etc. etc. In alphabet. Ordnung. 3 Liefg. gr. 8. Speyer 841, 42, Neidhard's Buchh. 1⅚ ß

FLITTERWOCHEN, Die, meiner Ehe, von *C. S.* (d. i. *Friedr. Gust. Schilling*). (Freier Roman.) Dresden, 1812. in der Arnoldischen Buchhdlg. 8°. Titel u. 174 S. (2 Mk. Lehmann & Lutz, c. 1885.)
Anon.-Lex. II. p. 102 (nach Meusel u. Necrolog)

—— für Freunde d. Tonkunst. Kleine Schriften verm. Inhalts. 1. Bd. Zugleich Fortsetz. des gleichnam. Werkes v. Friedr. Rochlitz, u. als solche des Gesammtwerks 5. Bd. 8. (35 B.) Kitzingen 845, Köpplinger'sche Buchh. ?

— für Freunde d. Tonkunst. Kleine Schriften vermischten Inhalts. 1. Bd. Zugl. Fortsetz. des gleichnam. Werkes von Fr. Rochlitz, und als solche des Gesammtwerks 5. Bd. 8. Kitzingen 846, Köpplinger. 2 ß

Schilling, (Fr.) Gust., Gedichte. 1r Bd. 8. Freiberg 790. Craz u. G. 12 Gr

— — Röschens Geheimnisse. Vom Vf. des Guido von Sohnsdom. („Allen Röschen und Rosen zur Beherzigung gewidmet".) 2 Thle. Pirna (1798—99). 8⁰.

— — Dasselbe. 2 Thle. Mit 1 TKpf. u. 2 TVign. Berlin 1801. 8⁰. (3 Mk. Bernh. Stern. Wien, 1901.)

— — Dasselbe. 3. Aufl. Dresden 1815. 8⁰. (3 Mk. 50 Pfg. L. Rosenthal, 1910.)

—— allgem. **Generalbasslehre, mit besond. Rücksicht auf** angeh. Musiker u. gebild. **Dilettanten bearb. (4 Hfte.) gr. 8.** (9 B.) Darmstadt 839, **Pabst.**

— allgemeine Generalbaßlehre, mit besond. Rücksicht auf angehende Musiker, Organisten u. gebildete Dilettanten. 2. unveränd. Ausg. gr. 8. Darmstadt 844, Pabst. n. 1 ß

—- allgemeine Generalbasslehre, nebst der Lehre von den zum Generalbassspiel nöthigen verschiedenen Hülfswissenschaften als: Harmonie, Modulation, Begleitung etc. mit besonderer Rücksicht auf angehende Musiker, Organisten und gebildete Dilettanten bearb. 3. Ausg., 2. Aufl. 1853. und 3. Aufl. gr. 8. (VIII und 356 S.) Giessen 854, Ferber'sche Universitäts-Buchh. Thlr. *

Schilling, Gust., Geschichte d. Hauses Hohenzollern in genealogisch fortlaufenden Biographien aller seiner Regenten v. den ältest. bis auf d. neuest. Zeiten, nach Urkunden u. andern authent. Quellen. gr. 8. Leipz. 843, Fr. Fleischer. 3 1/2 ß

—— Geschichte d. heutigen od. modernen Musik. In ihrem Zusammenhange mit d. allgem. Welt- u. Völkergeschichte. (2 Lfgn.) Lex.-8. (52 1/8 B.) Karlsruhe 840, 41, Groos.

Schilling, Gustav

Die Geschwister. Th. 1.2.
Dresden, Leipzig: Arnold 1826.

— — Clärchens Geständnisse. Seitenstück zu Röschens Geheimnisse. Von demselben Verfasser. 3 Thle. Freyberg 1799. 8⁰.

— — Dasselbe. Mit 1 Kpfr. u. 3 Titelvign. Berlin 1801. 8⁰. (2 Mk. 40 Pfg. Taussig. 1904.)

§ **GLOSSEN** über einige Gegenden u. Städte des nördlichen Deutschlands im Jahre 1806 (von ***Friedr. Gustav Schilling,*** geb. 1766, † 1839) .... O. O. 1806. Kl. 8⁰. (In München: Itinera sing. 8⁰. 395; auch in Dresden.) (7 Mk. 50 Pfg. Paul Neubner, Köln, 1892; 10 Mk. Franz Teubner, Cöln, c. 1895.)

Vortitel, 164 S. (incl. Haupttit.), 1 Bl. Drückf. — Scharfe Sittenschilderungen der hauptsächlichsten Städte Deutschlands.

— Glossen üb. einige Städte u. Gegenden d. nördl. Deutschlands im J. 1806. 8. Dresd. 807. 2e Aufl. 809. 3e Aufl. 811. Arnold. 21 gr

— Glossen üb. einige Städte u. Gegenden des nördlichen Deutschlands. 3te verb. Aufl. 8. Dresd. Arnold. 811.

Schilling, Gust., die verschiedenen Grundansichten über das Wesen des Geistes. Akademische Festrede zur Feier des hohen Geburtsfestes Sr. Königl. Hoheit des Großherzogs Ludwigs III. am 9. Juni 1863 gehalten. Gießen 863. (Leipzig, Pernitzsch.) gr. 4. (17 S.) n. 6 ngr

Die verschiedenen Grundansichten über das Wesen des Geistes. Von Dr. Gustav Schilling, weil. o. Prof. ... a. d. Univ. Giessen. 2. Aufl. *Langensalza: H. Beyer & Söhne 1896.* (24 S.) 1 Bd 8. [96. 4510

— — Guido von Sohnsdom. 4 Thle. Freyberg 1791 — 96. 8⁰.

— Guido v. Sohnsdom. 4 Thle. 8. Freiberg ... 3e Aufl. 802. Craz u. G. 3 ß 4 gr

—— musikal. Handwörterbuch, nebst einigen vorangeschickt. allgem. philosoph.-histor. Bemerkn. üb. d. Tonkunst. Insbesond. f. Clavierspieler bearb. 12. (5 B.) Stuttgart 830, Neff.

—— vollständ. Harmonielehre. (4 Lfgn.) — A. u. d. T.: Polyphonomos, od. d. Kunst, in 36 Lect. sich e. vollständ. Kenntniß d. musikal. Harmonie zu erwerben. Ein Lehrb., zugleich z. Weckung u. Förderung e. ächten musikal. Bildung. gr. 8. (52 3/8 B.) Stuttgart 839, [Stoppani.]

2., verb. Ausg., s. unten: Ders., Polyphonomos.

— vollständige Harmonielehre. Ein Band in 4 Lfrgg. A. u. d. T.: Polyphonomos, oder die Kunst, in 36 Lectionen sich eine vollständige Kenntniß d. musikal. Harmonie zu erwerben. Ein Lehrbuch, zugleich zur Weckung u. Förderung einer ächten musikal. Bildung. 4 Lfrgg. gr. 8. Stuttgart 839. Weise u. Stoppani. 3 ß

—— Jahrbücher des deutschen Nationalvereins für Musik rc., s. Jahrbücher.

— s. Ich u. meine Frau.

— Julius, e. Seitenstück zu Guido v. Sohnsdom. 2e Aufl. 8. Freiberg ... N. A. 808. Craz u. G. 1 ß

— s. Fr. Kind, das Gespenst.

Schilling, Gust., (II.,) musik. Conversations-Handlexicon, enth. d. vollständigste Erklär. aller musikal. Realien, wie zugleich die Biographien aller um d. Tonkunst nur irgend verdienter od. sich darin ausgezeichn. Personen, Componisten, Virtuosen, Sänger, Schriftsteller rc., u. zwar von d. ältesten bis auf d. neuesten Zeiten, wie aller Länder u. Völker. 2 Bde. (8 Lfgn.) gr. 8. (43 B.) Mergentheim 840. [Augsburg, Schlosser's Buchh.] Thlr.

— Conversations-Hand-Lexicon, musikalisches, enthaltend d. vollständige Erklärung aller musikalischen Realien, wie zugleich die Biographien aller um die Tonkunst nur irgend verdienter, oder sich darin ausgezeichneter Personen, Componisten, Virtuosen, Sänger rc. rc. In 2 Bden. oder 8 Lfrgg. gr. 8. Mergentheim 840. Neue Buchhandlg. (Augsburg, Schlosser.) 1e—3e Lfrg. à Lfrg. n. 5/12 ß

— musikalisches Conversations-Handlexicon. 1. Bd. 4. Liefg. u. 2. Bd. 1.—4. Liefg. gr. 8. Mergentheim 840—42, Neue Buch- u. Kunsth. (à) 5/12 ß (I. II. 3 1/3 ß)

—— musikalisches Conversations-Handlexikon rc. 2 Bde. 2. Ausg. gr. 8. (43 B.) Augsburg 844, Schlosser's Buchh.

—— musikalisches Conversations-Handwörterbuch, enth. die Erklärung sämmtlicher in das Bereich der theoret. und prakt. Musik gehörender Gegenstände, Kunstausdrücke, Schriftzeichen rc. für Künstler und Dilettanten rc. 8. (VIII und 410 S.) Stuttgart 849, Verlags-Bureau.

—— musikalisches Conversations-Handwörterbuch enthaltend die Erklärung sämmtlicher in das Bereich der theoret. und prakt. Musik gehörender Gegenstände, Kunstausdrücke, Schriftzeichen rc. für Künstler und Dilettanten, Sänger und Instrumentalisten rc. 2. (Titel-)Ausg. 8. (VI S. und 880 Sp.) Stuttgart 856, Hallberger'sche Vrlgsh.

— die Kunst der äußeren Kanzel-Beredtsamkeit, oder die Lehre von der kirchl. Declamation u. Action in ihrem ganzen Umfange dargestellt. 2. umgearb. u. verb. Aufl. 2 Thle. in 1 Bde. gr. 8. Stuttgart 845, Hallberger. 3 ß

— die schöne Kunst der Töne, siehe a. Volks- u. Jugendbibliothek. 8. Sektion. 3. Thl.

— die schöne Kunst der Töne oder heutige Musikkunst, zur Orientirung über ihr gesammtes inneres u. äußeres Wesen für Jedermann, historisch, theoretisch-praktisch dargestellt. 2 Bde. 2. (Titel-)Ausg. Stuttgart (852.) 856. Hallberger'sche Verlhdlg. 8. (XII, 528; VIII, 448 S.) 1 ₰. 12 ngr.

— — Laura im Bade. 2 Thle. Dresden 1815. 8⁰.

— — Dasselbe. Ebd. 1828. Kl. 8⁰. 190 S.

—— Lehrbuch d. allgem. Musikwissenschaft od. bess., was Jeder, d. Musik treibt od. lernen will, nothwendig wissen muß. Nach e. neuen Methode, z. Selbstunterr., u. als Leitfaden bei allen Arten von prakt. wie theoret. Musikunterr. bearb. (4 Lfgn.) gr. 8. ($52\frac{1}{4}$ B.) Karlsruhe 839, 40, Groos.

Schilling, Gust., Lehrbuch der Psychologie. gr. 8. (VIII u. 214 S.) Leipzig 851, Fr. Fleischer. 1 ₰

—— **Leibniz als Denker.** Auswahl seiner kleinern Aufsätze zur übersichtl. Darstellung seiner Philosophie. Uebersetzt und eingeleitet. Wohlfeilere (Titel-)Ausg. gr. 8. (XL und 144 S.) Leipzig (846)63, H. Fritzsche. *

— — s.a. Schilling, Friedrich Adolph

— — Der Liebesdienst: Komischer Roman. 4 Thle. Dresden 1810. 8⁰.

— Lieder f. Erzgebirge. 2 Theile. 8. Dessau, Gelehrte Buchhandl. (Graff in Lpz.) 791.

— — s.a. Schilling, M. G.

—— **Franz Liszt. Sein Leben u. Wirken aus nächster Beschauung dargestellt. Mit mehreren documentarischen Beilagen.** gr. 8. ($17\frac{3}{4}$ B., L's. Portr. u. Facsim.) Stuttgart 844, Steppani. (Leipzig, Siegel u. Stoll.)

Schilling, Gust., die Macht d. Wallungen; ein Schspl. in 3 A. K. Frberg 789. Graz u. G. 4 K

— — Der Mädchenhüter. Dresden 1808. 8⁰.

— — Dasselbe. 2 Thle. Wien 1816. 8⁰.

— — Dasselbe. Ebd. 1823. 8⁰.

— — Der Mann wie er ist. Dresden 1808. 8⁰.

— — Dasselbe. Dritte Auflage. Ebd. 1810. 8⁰.

— s. Mantel, der.

KUKUK, Zebedäus, d. jüng. (d. i. *Frdr. Gust. Schilling*, 1766—1839). — Mondstein-Würfe, von *Zebedäus Kukuk* dem jungern, erschlagenen Feld-Hauptmann der geschlagenen Reichsstadt Eulenhausen. — Das Glück der Schlachten ist das Urteil Gottes. — Im 1. Jahre des ewigen Friedens. 8⁰. O. O. u. J. 190 Seiten. (5 Mk. A. Bielefeld. Karlsruhe, 231, 1911.)

Sehr selten! Scharfe Kritik und Satire uber die preussische Kriegführung, über den Tilsiter Frieden und die Schlacht von Jena. Gute Christen durfen den Ausgang der Schlacht von Jena zu den unerkannten Wohlthaten Gottes rechnen; Sachsen wurde dadurch von dem aufgedrungenen und ihm abgezwungenen Kriege erlost u. s. w.

— **Mondsteinwürfe v. Zebedäus Kuckuck.** 8. Dresden, Arnold.

— Mythologie oder die Götterlehre d. Alten, s. a. Volks- u. Jugendbibliothek, 5. Section.

—— Mythologie oder die Götterlehre der Alten. Für Leser aller Stände, namentlich auch für die Jugend in höheren Lehr- und Bildungs-Anstalten. 2. (Titel-)Ausg. br. 8. (VIII und 453 S.) Stuttgart 856, Hallberger'sche Vrlgsh.

Schilling, Gust., Naturlehre f. die unteren Klassen der Mittelschulen, s.: Pöfler, Alois.

—— der deutsche Orthograph. Eine Samml. kleiner Fabeln, Erzähl., Gedichte u. Aufsätze vermischten Inhalts, aus d. besten deutsch. Schriftwerken, nebst e. Reihe deutsch. Calembours od. Wortspiele in Versen, zu Dictirübung f. d. Unterr. gr. 8. ($16\frac{1}{2}$ B.) Ulm 839, Nübling.

— **der Ocean oder physisch-geograph.-histor. Beschreibung des Weltmeers u. seiner einzelnen Theile. Nach Humboldt, Marmier, Forster** rc. Zur Belehrung und Unterhaltung für die reifere Jugend u. den gebildeten Naturfreund überhaupt. gr. 8. Stuttgart 845, Verlagsbureau. 2 ₰ 12 ngr

— **der Ocean od. physisch-geographisch-histor. Beschreibung des Weltmeers u. seiner einzelnen Theile. Nach Humboldt, Marmier, Forster, Cook** rc. **zur Belehrung u. Unterhaltung für die reifere Jugend u. den gebildeten Naturfreund überhaupt bearb.** 2. neu durchgeseh., verb. Aufl. 8. (X u. 620 S.) Stuttgart 849, Verlags-Bureau. 2 ₰ 12 ngr (W. Bach, herabges. Pr. 21 ngr)

—— der Pianist, od. die Kunst des Clavierspiels in ihrem Gesammtumfange theoretisch-praktisch dargestellt. gr. 8. ($25\frac{3}{4}$ B.) Osterode 843, Sorge.

— der Pianist oder die Kunst des Klavierspiels in ihrem Gesammtumfange theoretisch-praktisch dargestellt. Ein Lehr- u. Handbuch für Alle, welche Clavier spielen rc. 2. neu durchgesehene (Titel-)Ausg. Osterode (843.) 854. Sorge. gr. 8. (XVI, 396 S.) n. 1 ₰. $2\frac{1}{2}$ ngr.

—— Polyphonomos, od. d. Kunst rc. Ein Lehrb., sowohl z. Selbstunterr. als z. Unterr. Anderer in bezeichnetem Kunstzweige, f. Künstler u. Dilettanten. 2., verb. u. mit e. method. Katechismus üb. d. gesammten Lehrcurs verm. Ausg. 2 Abthln. Lex.-8. (63 B.) Stuttgart 842, [Steppani.]

Die 2. Abthl. auch einzeln u. d. T.:

Leitfaden z. Unterr. u. z. eigenen Unterweis. in d. Harmonielehre, insbesond. nach d. Verf. System ders. (Polyphonomos). In katechet. Form bearb. (11 B.) 842. 15 Gr.

1. Aufl., s. oben: Dess., vollst. Harmonielehre.

—— allgem. Populär-Symbolik, od. Darstell. d. Haupt-Glaubenssätze u. Lehrbegriffe aller Kirchen-Gemeinschaften, Confessionen, Religionssekten u. Gesellschaften von d. ältesten bis auf d. neuesten Zeiten, nebst Angabe ihrer unterschiedl. Merkmale u. vornehmsten symbol. Bücher. Ein Haus- u. Lesеb. f. d. Gebildeten aus allen Ständen, insbesond. die Religionslehrer deutscher Volksschulen. gr. 8. ($15\frac{3}{8}$ B.) Darmstadt 841, Leske.

REISE, Die, nach dem Tode; eine Posse, vom Verfasser des Weibes wie es ist (von *Gustav Schilling*, 1766—1839). Neue wohlfeile Ausgabe. Mit Titelkpf. (Schubert del., C. F. Stoelzel sc. 1800). Dresden 1804 in der Arnoldischen Buch- und Kunsthandlung. Kl. 8⁰. Tit. u. 208 S. Zahm. (6 Mk. E. Frensdorff. 1904.)

Zuerst gedr. Firma 1800. 8⁰. Gilhofer & Ranschburg, Wien, c. 1890. 1 fl. Band.

— — Dasselbe. 2. (!) sehr verbesserte Auflage. Dresden 1810. Kl. 8⁰. 2 fl. die vorige Firma, c. 1890.

— (Vorr.). s. Reiser, Heinrich: Klavier-Schule für Kinder.

Schilling, Gustav

Der Roman im Romane. Th. 1.2.
Dresden: Arnold 1818. 8⁰

—— sicherer Schlüssel zur Kunst der Clavier-Virtuosität, od. die gesammte Technik, d. h. Lehre von der Fingersetzung u. dem Fingermechanismus beim Clavierspiele überhaupt auf ihre ersten, überall ausreichenden u. sicher leitenden Grundsätze zurückgeführt. gr. 8. ($10\frac{1}{4}$ B.) Stuttgart 844, Hallbergersche Vrlgsh.

Schilling, Gust., sämmtl. Schriften. 50 Bde. 8. Dresd., Arnold. 50 ₰ Einzeln auch unt. d. Titeln:

— 1r Thl. Das Weib wie es ist. 3e Aufl. 8. Dresd. 811. Arnold. 1 ₰ 8 gr

— 2r—4r Thl. Die Ignoranten. 3 Thle. 3e A. 8. Ebd. 811. 3 ₰

— 5r—8r Thl. Der Liebesdienst. 4 Bde. 8. Ebd. 810. 4 ₰

— 9r u. 10r Thl. Die schöne Sibille. 2 Thle. 8. Ebd. 811. 2 ₰

— 11r Thl. Bagatellen ꝛc., (von J. Kukuk). 8. Ebd. 810. 1 ₰

— 12r—15r Thl. Erzählungen. 4 Bde. 8. Ebd. 811. 4 ₰

— 16r—18r Thl. Geschichten. 3 Bde. 8. Ebd. 812. 3 ₰

— 19r—21r Thl. Irrlichter. 3 Bde. 8. Ebd. 813. 3 ₰

— 22r u. 23r Thl. Abendgenossen. 2 Thle. 2e A. 8. Ebd. 814. 2 ₰ 8 gr

— 24r Thl. Das Orakel. 8. Ebd. 814. 21 gr

— 25r u. 26r Thl. Laura im Bade. 2 Bde. 8. Ebd. 815. 1 ₰ 18 gr

— 27r Thl. Der Beichtvater. 8. Ebd. 815. 1 ₰ 6 gr

— 28r u. 29r Thl. Die Saat des Bösen. 2 Bde. 8. Ebd. 815. 1 ₰ 18 gr

— 30r Thl. Clärchens Geständnisse. 8. Ebd. 815. 1 ₰ 6 gr

— 31r Thl. Die Wunderapotheke. 8. Ebd. 816. 1 ₰

— 32r Thl. Der Weihnachtsabend. 2e Aufl. 8. Ebd. 816. 21 gr

— 33r Thl. Der Neuntödter. 8. Ebd. 816. 21 gr

— 34r Thl. Die Geister des Erzgebirges. 8. Ebd. 816. 1 ₰

— 35r u. 36r Thl. Flocken. 2 Bde. 8. Ebd. 816. 2 ₰ 6 gr

— 37r u. 38r Thl. Gottholds Abentheuer. 2 Bde. 8. Ebd. 817. 2 ₰ 4 gr

— 39r Thl. Wallmann, der Schütze. 8. Ebd. 817. 21 gr

— 40r Thl. Die Nachwehen. 8. Ebd. 817. 18 gr

— 41r Thl. Die Freudengeister. 8. Ebd. 817. 21 gr

— 42r Thl. Die Bedrängten; ein kom. Roman. 8. Ebd. 817. 1 ₰ 8 gr

— 43r u. 44r Thl. Der Roman im Romane. 2e Aufl. 8. Ebd. 818. 2 ₰

— 45r Thl. Die Heimsuchung. 8. Ebd. 818. 21 gr

— 46r Thl. Blätter aus dem Buche der Vorzeit. 8. Ebd. 818. 1 ₰ 3 gr

— 47r Thl. Orangen. 2e A. 8. Ebd. 818. 1 ₰ 8 gr

— 48r Thl. Flämmchen. 8. Ebd. 818. 1 ₰

— 49r Thl. Die Versucherin. 2e A. 8. Ebd. 819. 20 gr

— 50r Thl. Das Teufelshäuschen. 8. Ebd. 819. 20 gr

— Schriften. 2e Samml. 1r—49r Thl. 8. Dresd., Arnold. 49 ₰ Einzeln auch unt. d. Titeln: 1r Thl. Der Mann wie er ist. 3e Aufl. 8. Ebd. 819. 1 ₰ 6 gr

— 2r—4r Thl. Die Verkümmerung. 8. Ebd. 819. 3 ₰ 6 gr

— 5r Thl. Heimchen. 8. Ebd. 819. 21 gr

— 6r u. 7r Thl. Stoffe. 2 Bde. 8. Ebd. 820. 1 ₰ 21 gr

— 8r—10r Thl. Die Familie Bürger. 3 Bde. 8. Ebd. 821. 3 ₰ 4 gr

— 11r—13r Thl. Wallow's Töchter. 3 Bde. 8. Ebd. 821. 3 ₰ 6 gr

— 14r u. 15r Thl. Zeichnungen. 2 Bde. 8. Ebd. 821. 1 ₰ 18 gr

— 16r u. 17r Thl. Wolfgang, od. der Mann in der That. 2 Bde. 8. Ebd. 822. 2 ₰ 6 gr

— 18r—20r Thl. Häusliche Bilder. 3 Thle. 2e Aufl. 8. Ebd. 822. 2 ₰ 18 gr

— 21r u. 22r Thl. Der Mädchenhüter. 2 Thle. 2e A. 8. Ebd. 823. 1 ₰ 16 gr

— 23r Thl. Schilderungen. 8. Ebd. 823. 1 ₰ 4 gr

— 24r u. 25r Thl. Leander. 2 Thle. 8. Ebd. 823. 2 ₰ 4 gr

— 26r u. 27r Thl. Die Vorzeichen. 2 Thle. 8. Ebd. 825. 2 ₰ 6 gr

— 28r Thl. Die Reise nach dem Tode. 2e A. 8. Ebd. 824. 1 ₰

— 29r u. 30r Thl. Die Gefährten. 2 Thle. 8. Ebd. 824. 1 ₰ 21 gr

— 31r u. 32r Thl. Der Hausgenosse. 2 Thle. 8. Ebd. 825. 2 ₰ 9 gr

— 33r—35r Thl. Historien. 3 Thle. 8. Ebd. 825. 2 ₰ 21 gr

— 36r u. 37r Thl. Röschens Geheimnisse. 2 Thle. 3e Aufl. 8. Ebd. 826. 1 ₰ 12 gr

— 38r u. 39r Thl. Die Geschwister. 2 Thle. 8. Ebd. 827. 2 ₰ 4 gr

— 40r Thl. Gebilde. 8. Ebd. 826. 1 ₰ 9 gr

Schilling, Gust., Schriften. 2e Samml. Auch unt. d. Titeln: 41r—43r Thl. Stern u. Unstern. 3 Thle. 8. Dresd. 827. Arnold. 3 ₰ 18 gr

— 44r Thl. Die alten Bekannten. 8. Ebd. 827. 1 ₰

Schilling, (Friedr.) Gust., (sämmtl.) Schriften. 2. Samml. 45. u. 46. Bd. — A. u. d. Ttln.: Wellands Wege. — Die drei Sonntage. 8. (31 B.) Dresden 829, Arnold.

—— dies. — 47. u. 48. Bd. — A. u. d. T.: Die Ueberraschungen. 2 Thle. 8. (34½ B.) Ebds. 830.

—— dies. 49. Bd. — A. u. d. T.; Der Hofzwerg. 8. (25 B.) Ebds. 830.
1. Samml. 50 Bde. 1810—18., u. 2. Samml. 1—46. Bd. 1819—30. Jede Samml. zusamm. gen. à 50 Thlr. Ebendas.

SCHILLING, Gust. (1766—1839), Sämmtliche (zum Theil freie) Schriften. Rechtmässige Ausgabe letzter Hand. 80 Thle. in 40 Bdn. Dresden und Leipzig, in der Arnoldischen Buchhandlung. 1828—39. 16⁰. (40 Mk. Heinr. Hugendubel, München, ca. 1908.; 18 Mk., 80 Thle. in 25 Bdn., 4 Bde. abweichend, Jos. Jolowicz, Posen, 1910; 16 Mk., nur 50 Thle. in 54 Bdchn., ebd. 1810(!)—36, Max Harrwitz, Berlin, 1891.) (Bd. 1—50, 1828—36, in Berlin, Magistratsbibl.)
Vgl. üb. diesen fruchtbaren Schriftsteller Goedeke's Grundriss, V, p. 483: „In der Wahl der Stoffe flach, alltäglich, in der Erfindung nicht ohne Talent, in der Darstellung lebhaft, mitunter launig, mehr doch spaßhaft, im Stil leichthin, genau mit den Schwächen und Armseligkeiten der Menschen bekannt, nur ohne jede Ahnung einer höheren künstlerischen oder sittlichen Anforderung." -- Die Ausgabe enthält 196 Erzählungen, Romane u. Possen. -- Sch. hat auch das sotad. Opus „Denkwürdigkeiten des Herrn von H." verfasst.

—— sämmtl. Schriften. Rechtmäß. Ausg. letzt. Hand. 1—60. Bd. (od. 6 Lfgn. à 10 Bde.) 16. (638½ B.) Dresden 828—36, Arnold. à L. 5 Thlr.

(Lfg. 1. od.) Bd. 1—10.
Bd. 1. Das Weib wie es ist. — 2. Laura im Bade. — 3. Die Neuntödter. Gott lebt noch. Seele was verzagst du doch? — 4. u. 5. Der Liebesdienst. 2 Thle. — 6. Wie ich ward. Der Störenfried. — 7. Die Särge. Der Gallapfel. Der böse Feind. Nachtisch. — 8. Die Geister d. Erzgebirges. Das Verhängniß. Der selige Moritz. Die Lagergäste. — 9. Das Modell. Der Landstand. Die Anfechtungen. Der Wundarzt. — 10. Die Ignoranten. 1. Thl.

(Lfg. 2. od.) Bd. 11—20.
Bd. 11. Die Ignoranten. 2. Thl. — 12. Wallmann, d. Schütze. Die Flitterwoche. Das seltsame Brautgemach. Die Commandantinnen. — 13. Die schöne Sibille. — 14. Das Orakel. Händchens Engel u. d. Gebet d. Herrn. Der Sachwalter. Der Festabend. — 15. Die Saat d. Bösen. — 16. Blätter aus d. Buche d. Vorzeit. Das Brautgeschenk. Die Fehlschüsse. Blätter aus Walter's Lebensläufe. — 17. Der Roman im Romane. — 18. Die Bedrängten. Das Burgverließ. Der Feldjäger. Drei Freier. — 19. Bagatellen, v. Z. Kuckuck. Vertraute Briefe. Die Einquartierung. Der Gevatterbrief. — 20. Verkümmerung. 1. Thl.

(Lfg. 3. od.) Bd. 21—30.
Bd. 21. Verkümmerung. 2. Thl. — 22. Der Beichtvater. — 23. Flockchen. Der Königschuß. Die Hanswürste, e. Schwank. Die zufällige Begegnung, e. Posse. Der Lockfisch, e. Mährchen. Der Preßdreier. Junkchen. — 24. Flöckchen. Die Wasserprobe. Welcher liebt Sie? Ein Nachtstück. Die Kranken. Die Bilder-Erinnerung. Antiquitäten. — 25. Gotthold's Abenteuer. — 26. Der Weihnachtabend. Die Nachwehen. — 27. Die Wunder-Apotheke. Das Teufelshäuschen. — 28. u. 29. Irrlichter. 2 Thle. — 30. Wallow's Töchter. 1. Thl.

(Lfg. 4. od.) Bd. 31—40.
Bd. 31. Wallow's Töchter. 2. Thl. — 32. Daniel, d. Bergknappe; Sage. Angiolo; Novelle. Die Schlittenfahrt. Der Schatz; Novelle. Cölestine. Die Saite; Nachtstück. — 33. Lottchens Freier. Die Aschenfrau. Das Nonnenbad. Der Bär u. sein Führer. Die Opfer. Malchens Eröffnungen. — 34. Clärchens Geständnisse. Die Heimsuchung. — 35. Die Versucherinnen. Die Kammersänger. 1. u. 11. Die Fürsprecherin. Trudchen u. Gustel. Die Kränze d. Mime. — 36. u. 37. Die Familie Bürger. 2 Thle. — 38. Die Brautschau. — 39. Die Reise nach d. Tode. Schmerz u. Heil. Goldsand. Der Fund. Das Dankfest. — 40. Mondscheinwürfe. Die drei Sonntage.

(Lfg. 5. od.) Bd. 41—50.
Bd. 41. Röschens Geheimnisse. — 42. Der Mädchenhüter. — 43. u. 44. Die Vorzeichen. 2 Thle. — 45. Der Feiertag. Der Ehrenfold. Henriette. Der Mantel. Ein Sinnbild d. Lebens. Der Wittwe Leid u. Lohn. — 46. u. 47. Das Erbbild. 2 Thle. — 48. Die Folgen d. Versuchung. Der Schieferdecker. Die Brille. Die Filzschuhe d. Erynome. — 49. u. 50. Leanders Irrfahrten. 2 Thle.

(Lfg. 6. od.) Bd. 51—60.
Bd. 51. Die Ueberraschungen. — 52. Der Hofzwerg. — 53. Wellands Wege. — 54. u. 55. Stern u. Unstern. 2 Thle. — 56. Der Leichtfuß u. seine Geschwister. — 57. u. 58. Wolfgang od. d. Name in d. That. 2 Thle. — 59. u. 60. Der Hausgenosse. 2 Thle.

Schilling, (Friedr.) Gust., sämmtl. Schriften. 61—80. Bd. (od. 7. u. 8. Lfg.) Rechtmäß. Ausg. letzt. Hand. 16. (217½ B.) Dresden u. Leipzig 837—39, Arnoldische Buchh. à L. 3½ Thlr.

(Lfg. 7. od.) Bd. 61—70.
Bd. 61. Der Puppensegen. Der Ersatz. Das Zahnweh. Der Rosenstock. Der Johannistag. Der Butterzopf. Er und seine Frauen. — 62. Der Mann wie er ist. — 63. Das Eichhorn. Der Kirchgang. Nicht Einem Alles. Das Beichtkind. Die Nachkirmeß. Das Leibessen. Die Sabbathfeier. — 64. Das helle Fenster. Strafe muß sein. Die Angsttaufe. Die Verheimlichung. Das Altarbild. Die gute Frau. — 65. Glück und Geschick. Gottfried und Sabine. Die Wunden. Theobalds Frühstück. Der Todtengräber. Holzschnitte. Die Tasse. Das Nachtquartier. Der Liebling. Die Störungen. Salome's Urtheil. — 66. Der todte Mann. Das schmerzt! Die Thräne. Der Geburtstag. Die Tücher. Das Pirnaische Elend. Holzschnitte. Bittersüß. Die Bedingungen. Rosen und Lilien. — 67. Die Segnung. Der Regenschirm. Der Sprung. Die Brezelmährte. Die Wechselbriefe. Jüngelchen. Der Anstoß. Die alten Bekannten. — 68. u. 69. Die Patienten. 2 Thle. — 70. Leben und Weben. 1. Thl.

(Lfg. 8. od.) Bd. 71—80.
Bd. 71. Leben und Weben. 2. Thl. — 72. Farbenspiele. Das Gewitter. Der Gürtel. Zeichen und Wunder. Die Nothlügen. — 73. u. 74. Der Renegat. 2 Thle. — 75. Kleinbilder. 1) Das Betstübchen, 2) der Barbier, 3) Camilla, 4) der Heimgang, 5) Alltags-Gestalten. Die Erscheinungen. 1. Thl. 76. Die Erscheinungen. 2. Thl. 77. u. 78. Der Beliebte. 2 Thle. — 79. u. 80. Der Nothhelfer. 2 Thle.
1—60. Bd. od. 1—6. Lfg. Ebendas. 1828—36. 21 Thlr.

Schilling, (Friedr.) Gust., sämmtliche Schriften. 2. (Titel-)Ausg. (In 80 Bdn.) 1—10. Bd. 16. (1944 S.) Leipzig 850, Arnoldische Buchh. à Bd. * 5 Ngr. *

Schilling, Gustav

s. Schulze, Friedrich August: Erzählungen von ... 1817.

— — Julchens Schwachheiten. Seitenstück zu Röschens Geheimnissen. Mit Titelkpf. Leipzig, Joachim, 1801. 8⁰. (1 Mk. 50 Pfg. Taussig, 1904.)

— — Die schöne Sibylle. Vom Vf. des Guido von Sohnsdom. 2 Thle. Pirna 1799. 8⁰.

— — Dasselbe (Nachdruck). 2 Thle. Mit Titelkpfrn. (Portr. der Heldin u. ihres Liebhabers.). Hohenzollern (Wien) 1800. 8⁰. 164 u. 172 S.
Max Perl's Berliner Febr.-Auct. 1907, no. 931.

—— der musikal. Sprachmeister, od. Erklär. sämmtl. in d. Musik vorkomm. techn. Kunstausdrücke, Abbreviaturen, Zeichen ꝛc. so wie der aus fremden Sprachen entlehnten musikal. Terminologie, alphabet. geordnet. 16. (14¾ B.) Tübingen 810, Osiander'sche Buchh.

– (Übers.), s. Tégner. Esaias: Die Abendmahlskinder.

Schilling, Gustav

Wallow's Tochter. Seitenstuck zu der Familie Burger. Th. 1-3.
Dresden: Arnold 1821. 8⁰

Schilling, Gustav

Die Ueberraschungen. Th. 1.2.
Dresden, Leipzig: Arnold 1830. 8⁰

—— Universal-Lexicon d. Tonkunst, s. Universal-Lexikon.

— Universal-Symbolik oder sowohl einfache als vergleichende Darstellung der Haupt- Glaubens- u. Lehrbegriffe sämmtlicher bestehender Religionen, Kirchengemeinschaften u. Confessionen. Ein Buch zur Orientirung u. Aussöhnung des Volks in allen Glaubens-, Religions- u. Kirchensachen. 2. (Titel-)Ausg. Stuttgart 856. Hallberger'sche Verlhdlg. 8. (VIII, 302 S.) 18 ngr.

— s. Bernet, d. Wanderer.

—— Versuch e. Philosophie d. Schönen in d. Musik, od. Aesthetik d. Tonkunst. Zugleich e. Supplem. zu allen gröss. musikal. Theorieen, u. e. Hand- u. Leseb. f. d. Gebildeten aus allen Ständen z. Förder. e. guten Geschmacks in musikal. Dingen. 1. u. 2. Hälfte. gr. 8. (41½ B. u. d. Verf. Bildn. nebst Facsim.) Mainz 838, Schott's Söhne. Thlr.

Schilling Dr. Gustav: Die Versuche von H. Hertz. (28). Czernowitz R. 90. Progr.

Schilling, Gustav
Die Versucherinnen. 2. verb. Aufl.
Dresden: Arnold 1819. 8°

— s. Volks- u. Jugendbibliothek, allgem. deutsche.

— Volks-Choral-Note, oder Anleitung, Jedermann aus dem Volke binnen wenigen Unterrichtsstunden den Choral nach wirklichen Musik-Noten singen zu lehren, wie zugleich vollkommen sicheres und bequemes Mittel zu sofortiger Einführung des vier- und überhaupt mehrstimmigen Kirchengesanges in einer Gemeinde. 8. Stuttg. 844, Hallberger. 3/8 Thlr.

— allgemeine Volksmusiklehre oder didakt. Darstellung alles dessen, was der Musikunterricht in sämmtlichen Schulen 2c., sowie in den verschiedenen dilettant. Vereinen, als Liedertafeln, Liederkränzen, Harmonien 2c. zur Erreichung seines eigentlichen Bildungszwecks nothwendig zu lehren hat. 1. Ausg. 1852. * 1 Thlr. 15 Ngr. und 2., wohlf. Ausg. gr. 8. (VIII und 320 S. mit des Verf. Bildniß in Stahlst.) Augsburg 854, Lampart und Comp. (Leipzig, Hübner.)

Schilling, Gustav
Die Vorzeichen. Th. 1.2.
Dresden: Arnold 1824. 8°

— was ist Schuld an d. heillosen Gährungen u. Unruhen in unsern Tagen, u. wodurch kann ihnen abgeholfen werden? Ein Wort seiner Zeit für Jedermann geschrieben. gr. 8. Stuttg. 831. (Neff). 3 Gr.

— — Das Weib wie es ist. Dresden 1800. 8°.

— — Dasselbe. Dritte Aufl. Ebd. 1810. 8°. (2 Mk. 50 Pfg. L. Rosenthal, 1910.)

— — Dasselbe. Dresden u. Leipzig. Arnold, 1828. Kl. 8°. 160 S.

— — Cyanen. Vom Vf. des Guido von Sohnsdom. 2 Bde. Mit Titelkpf. Freyberg 1796. 8°.
Ziemlich üppig. — Rar!

— Cyanen. 2 Bdchen. 8. Freiberg 796, 797. Craz u. G. 16 Gr.

Schilling, Gust. Adf., über eine experimentelle Bestimmung der Magnetisirungsarbeit, s. Wassmuth, A.

Schilling, Gust. Adf. [illegible] an der [illegible] zur [illegible] S. 92. II [illegible] ver
Separatabdruck

Schilling, Gust. Adf., üb. die Herstellung e. homogenen magnetischen Feldes an der Tangentenboussole zur Messung intensiverer Ströme. [Mit 5 Holzschn.] Lex.-8. (23 S.) Wien 886. (Gerold's Sohn.) n.n. — 45

Schilling, Gust. Adf., über eine Methode zur Bestimmung der Galvanometerconstante, s. Wassmuth, A.

Schilling, H., Anfangsgründe der Physik, s.: Sumpf, K.

Schilling, H., der kleine Rothschild. Ein Handbuch der prakt. Handelswissenschaft für angehende Kaufleute sowie auch für Gewerbetreibende. 8. (III, 280 S.) [Neuwied 884, Heuser's Verlag.] Leipzig, G. Weigel. 2 40

— Journal für Gasbeleuchtung .... s. Schilling

Schilling, Hans [aus Basel]: Beitrag zur Kenntnis der hämorrhagischen Läsionen der Placenta. Basel 1896. 32 S. 8°. 1 Tafel.
Basel, Med. Diss. 1896/97.

Schilling, Heinrich, Justizref.: Der rechtliche Charakter der ehelichen Nutzniessung im Bürgerlichen Gesetzbuch. *Tübingen 1900: H. Laupp jr.* (98 S.) 8° [F.]
Tübingen, Jur. Diss. v. 1900

— der Jugend Gartenbuch, s.: Teuscher, Marie.

Schilling, Heinr. Frhr. v., allerlei nützliche Garteninsekten! Neu durchgeseh. u. verm. Sonderabdr. aus dem „Prakt. Ratgeber im Obst- u. Gartenbau". Mit 1 Farbentaf. u. 29 Holzschn., nach Zeichngn. des Verf. gr. 8. (34 S.) Frankfurt a/O. 895. Trowitzsch & Sohn. Kart. n. — 80

Schilling, Heinr. Frhr. v., allerlei nützliche Garteninsekten! Neu durchgeseh. u. verm. Sonderabdr. aus dem „Praktischen Ratgeber im Obst- u. Gartenbau". Mit 1 Farbentaf. u. 30 Holzschn. nach Zeichngn. des Verf. 2. Aufl. gr. 8. (35 S.) Frankfurt a/O. 899. Trowitzsch & Sohn. Kart. n. — 80

Schilling, Heinr. Frhr. v., d. deutschen Landmanns Jahrbuch 1893. (Norddeutsche Ausg.) 8. (II, 162 u. XLIII S. m. Abbildgn.) Frankfurt a/O. 892. Trowitzsch & Sohn. n. 1. —; süddeutsche Ausg. (II, 162 u. XLVI S. m. Abbildgn.) n. 1. —

— dasselbe 1894. (Norddeutsche Ausg.) 8. (II, 160 u. XXXIX S. m. Abbildgn.) Ebd. 893. n. 1. —; süddeutsche Ausg. (II, 160 u. XLII S. m. Abbildgn.) n. 1. —

— dasselbe 1895. (Norddeutsche Ausg.) 8. (IV, 162 u. XL S. m. Abbildgn. u. 2 Farbendr.) Ebd. 894. n. 1. —; süddeutsche Ausg. (IV, 162 u. XLII S. m. Abbildgn. u. 2 Farbendr.) n. 1. —

— d. deutschen Landmanns Jahrbuch 1897. Kalender u. prakt. Berater f. kleine u. große Landwirte. (Norddeutsche Ausg.) 8. (IV, 148 u. XXXVIII S. m. Abb. u. 2 Farbendr.) Ebd. n. — 60; süddeutsche Ausg. (148 u. XLII S. m. Abb. u. 2 Farbendr.) n. — 60

Schilling, Heinr. Frhr. v., die praktische Karpfenzucht nach des alten Oberförsters Klaehr Erfahrungen. Ein Ermunterungsruf an alle deutsche Wasserbesitzer. gr. 8. (VIII, 132 S. mit 16 Textillustr. und 5 Taf.) Frankfurt a. O. 888, Trowitzsch und Sohn. *M 3.—.; geb. *

die Schädlinge d. Gemüsebaues u. deren Bekämpfg Ein Volksbuch f. Gartenfreunde, Gärtner, Samenzüchter, Würzkräuter- u. Apothekerpflanzen Anbauende. M. 4 farb. Taf. nach Aquarellen d. Verf. gr. 8. (IV, 61 S.) Ebd. 898. Kart. n. 2. —

— die Schädlinge des Obst- u. Weinbaues. Ein Volksbuch f. Jung u. Alt, zur Kenntniß u. erfolgreichen Abwehr des verbreitetsten Ungeziefers. Mit 2 großen Farbentaf. nach Zeichngn. d. Verf. gr. 8. (48 S.) Ebd. 893. Kart. n. 1. 50

— die Schädlinge des Obst- u. Weinbaues. Ein Volksbuch f. Jung u. Alt, zur Kenntnis u. erfolgreichen Abwehr des verbreitetsten Ungeziefers. Mit 13 Holzschn. u. 2 großen Farbentaf. nach Aquarellen des Verf. 2. erweit. u. vervollständ. Aufl. gr. 8. (IV, 59 S.) Frankfurt a/O. 899. Trowitzsch & Sohn. Kart. n. 1. 50

— Dass. 2., erw. u. vervollst. Aufl. Ebd. 1900. IV, 57 S. -- 121*.UB Brünn

Praktischer Ungezieferkalender. Ein Buch f. Jedermann von Heinrich Frh. v. Schilling. Mit 332 Originalzeichn. des Verf. Frankfurt a. O.: Trowitzsch & Sohn 1902. (VIII, 190 S.) 8° [F.] [03. 13:

Schilling, Herm., s.: Astern

Begegnungen. Ein Geschichtenbuch von Hermann Schilling. Bd 1. Leipzig: Verl. moderner Belletristik [1903]. 8° [F.] [07. 6740

Schilling, Herm., Begegnungen. Ein Geschichtenbuch. 1. Bd.: Jugendsünden e. modernen Idealisten. (V, 171 S.) 8. Leipzig (905). A. Cavael. n. 2. —; geb. n. 3. —

Schilling, Hermann: Lucubrationum Statianarum, quoad Silvarum quae vocantur comprehendunt carmina, pars prior per A. Sch. confecta. (Umschlagtitel des Jahresberichtes: ... Eine Würdigung des römischen Dichters Publius Papinius Statius nebst Übersetzung einiger Gedichte im Versmaße des Originals [I 3. 5. II 3. 4. 5. IV 5. 7. 9. V 4]). 63 S. 8.
Städt. Kaiser Friedrich-Realgymn. (i. E.) u. Realschule *Rixdorf* 1905 (zu 122)
Progr.

Schilling, Herm., Erich u. Astrid. Eine ep. Dichtg. aus der Zeit Barbarossas. 12. (126 S. m. Bildnis.) Leipzig 894. A. Claußner. n. 2. —; geb. n. 3. —

Schilling, Herm., neuester Familien- u. Geschäfts-Briefsteller. 3. Aufl. 12. (126 S.) Köln 893. J. Püttmann. n. — 50

Schilling, Herm., neuester Familien- u. Geschäfts-Briefsteller. E. zuverläss. u. bequemes Handbüchlein bei Abfassg. aller im privaten u. geschäftl. Verkehr vorkomm. Briefe, Eingaben an Behörden, Verträge, Vollmachten u. s. w. 4. Aufl. 12. (126 S.) Köln 897. J. Püttmann. n. — 50

Schilling, Herm., neuester Familien- u. Geschäfts-Briefsteller. Ein zuverläss. u. bequemes Handbüchlein bei Abfassg. aller im privaten u. geschäftl. Verkehr vorkomm. Briefe, Eingaben an Behörden, Verträge, Vollmachten u. s. w. 5. Aufl. 12. (126 S.) Köln (900). J. Püttmann. n. — 50

Schilling, Herm., neuester Familien- u. Geschäfts-Briefsteller. Ein zuverläss. u. bequemes Handbüchlein bei Abfassg. aller im privaten u. geschäftl. Verkehr vorkomm. Briefe, Eingaben an Behörden, Verträge, Vollmachten u. s. w. 6. Aufl. (128 S.) kl. 8. Leipzig (910). J. Püttmann. — 50

— Neue Gedichte. (126 S.) 8. Berlin 908. Gerdes & Hödel. 2. —; geb. 3. —; m. Goldschn. 4. —

Schilling, [illegible]
Berlin, Med. Diss. [illegible]

Hermann Schilling. Jugendsünden eines modernen Idealisten. Leipzig: Verl. moderner Belletristik [1903]. (169 S.) 8° [F.]
— Schilling: Begegnungen. Bd 1. [07. 6741

Krisen. Neue Novelletten von Hermann Schilling. Berlin: Gerdes & Hödel [1909]. 95 S. 8° [10. 12636

Schilling, Herm., Lotos. Gesungenes u. Verklungenes. 8. (IV, 79 S.) Dresden 900. E. Pierson. n. 1. —; geb. n. 2. —

Schilling, Herm., Astrids Märchenbuch, s.: Greßler's, F. G. L., neue Jugendbücherei. 16. Bd.

Schilling, Hermann, approb. Arzt aus Pössneck: Sarcom des Kreuzbeins. *München 1900: Kastner & Lossen.* (43 S.) 8°
München, Med. Diss. v. 1900

SCHILLING, Hermann. Schatten im Licht. Ein Geschichtenbuch. Zweiter Band von: Begegnungen. Leipzig, Arthur Cavael, o. J. (ca. 1898). 8°. 79 S.

Scholien und Folien. (Mahela, die Jüdin u. andere) Novellen von Hermann Schilling. Berlin & Potsdam: A. Stein 1905. (91 S.) 8° [F.] [05. 167

— Scholien u. Folien. Novellen. (III, 91 S.) 8. Potsdam 906. A. Stein. n. 1. —; geb. in Leinw. n. 1. 50

— Schwertschlag u. Fiedelstrich. Dichtungen. Mit Bildschmuck v. Frz. Staffen. 1. u. 2. Bd. (144 u. 184 S.) 8. Ebd. 904. 906. à n. 2. —; geb. in Leinw. à n. 3. —

— Silhouetten u. Reliefs. Zeitgedichte. 8. (IX, 93 S.) Dresden 898. E. Pierson. n. 1. —; geb. n. 2. —

— Wahrheit u. Traum. Ausgewählte Gedichte. 8. (136 S.) Berlin 892. Leipzig. A. Claußner. n. 1. 50

Wahrheit und Traum. Ausgewählte Gedichte von Hermann Schilling. Berlin: Oehmigke 1892. (132 S.) 8° [F.] [07. 8774

— Wetterleuchten. Etwas v. Sch. 8. (84 S.) Straßburg 895. Basel, G. L. Kattentidt. n. n. 1. 80

Wetterleuchten. Etwas von Hermann Schilling. 2. Aufl. *Züllichau: H. Liebich 1903.* (83 S.) 8° [F.] [03. 7100

Schilling, Hugo (aus Saalfeld): König Aelfred's angelsächsische Bearbeitung d. Weltgeschichte des Orosius .... Halle a./S., Druck v. E. Karras, 1886; 61 + 2 S. 8°.
Leipzig, Phil. Fak., Inaug.-Diss. v. 10. Jan. 1886.

Schilling, Hugo. König Aelfred's angelsächsische Bearbeitung der Weltgeschichte d. Orosius. gr. 8. (61 S.) Halle 886. Niemeyer. n. 1. 60

Schilling, J., s. a. Schilling, Johann August

Schilling, J., Bibel-Studie üb. Psalm 71. gr. 8. (15 S.) Riga 893. (A. Stieda.) n. — 80

Schilling, J., ist die Hühnerhaltung gewinnbringend? Praktische auf eigene Erfahrg. begründ. sachgemäße Ratschläge zur ration. Hühnerzucht, zwecks Erzielg. des höchsten Eiergewinnes auch während des Winters. 1. u. 2. Aufl. (à 39 S.) 8. Flensburg (906). (G. Soltau.) — 80

Schilling, J., ist die Hühnerhaltung gewinnbringend? Praktische, auf eigene Erfahrg. begründete, sachgemäße Ratschläge zur rationellen Hühnerzucht, zwecks Erzielg. des höchsten Eiergewinns auch im Winter. 5., verb. Aufl. (14.—18. Taus.) (40 S. m. 1 Fig.) 8. Flensburg (907). G. Soltau. — 80

— Kurzes Lehrbuch der Welt- und Schweizer Geschichte im Zusammenhang. s. Schelling, Johannes

Schilling, J., deutsche Literatur des 19. Jahrh. (VII, 222 S.) 8. Riga 910. G. Neuner. Geb. in Halbleinw. 3. 60

Schilling, J., kurzer Ueberblick üb. die deutsche Literatur bis zur zweiten Blütezeit. In leichtverständl. Sprache f. russ. Schulen zusammengestellt. Nebst Vokabularium. (XII, 57 u. 36 S.) 8. Riga 905. N. Kymmel's Sort. Kart. u. geh. n. 1.60

— Kurzer Überblick üb. die deutsche Literatur bis zur zweiten Blütezeit. (1. Tl.) In leichtverständl. Sprache f. russ. Schulen zusammengestellt. Mit Wörterbuch. 4. Aufl. (IX, 58 u. 36 S.) 8. Ebd. 910. Geb. u. geh. 1.20

— dasselbe bis zur Zeit der Romantik, m. besond. Berücksicht. der Dichter Goethe u. Schiller. (2. Tl.) In leichtverständl. Sprache f. russ. Schulen zusammengestellt. Mit Wörterbuch. 3. Aufl. (VII, 93 u. 30 S.) 8. Ebd. 910. Geb. u. geh. 1.60

— dasselbe. Die Romantik des 19. Jahrh. Dichter der Gegenwart. (3. Tl.) In leichtverständl. Sprache f. russ. Schulen zusammengestellt. Mit Wörterbuch. (VII, 222 u. 27 S.) 8. Ebd. 910. Geb. u. geh. 2.40

Schilling, J. B., Musen, Launen, Anekdoten u. Erzähll. 8. Wien 829. Wallishauser. 1 ₰ Schrbp. 1 ₰ 8 gl. Hbg. Pr. 8 gl. Schrbp. 12 gl.

Schilling, J. D., Leitfaden für den ersten Unterricht in der englischen Sprache. 2. verm. u. verb. Aufl. Elbing 868. Neumann-Hartmann. 8. (68 S.) 7½ ngr.

Schilling, J. Fr., die Unterscheidungslehren der christlichen Confessionen, zum Gebrauch für die oberste Klasse der Schulen zusammengestellt. Zur 400jähr. Gedenkfeier des Geburtstages Luthers. gr. 8. (31 S.) Riga 883, Deubner. * — 75

Schilling, I. I. institut. philosophiae rationalis. 8. Duisb. Bottcher. 751.

Schilling, Johann Anton (Hannover) A. S. 778/44

Dissertatio juridica de differentia juris et facti.
Präs. Michael Rhodius.
Frankfurt/O. (Zeitler) 19. V. 1708. 72 S. 30451

Schilling, Joh. Aug., die psychische Aetiologie der Scoliosen oder: der Wille als Fundamentalursache der habitualen seitlichen Rückgratsverkrümmung. Nebst Anführung der einfachsten, pädagog. u. therapeut. Mittel zur Verhütung und Beseitigung dieser Leiden. Für Aerzte und gebildete Laien. 2., unveränd. Aufl. Augsburg 866. Schlosser's Buchh. gr. 8. (X, 70 S.) 15 ngr.

Schilling, Joh. Aug., das verbesserte türkische oder römisch-irische Bad. Seine Benützg. für Gesundheitspflege u. Heilzwecke mit besond. Berücksichtigung des neuerbauten u. verbesserten türk. Bades in Ulm. Ulm 868. Gebr. Nübling in Comm. 8. (48 S.) n. 5 ngr.

— psychiatrische Briefe oder die Irren, das Irresein u. das Irrenhaus. Eine vollständ., systemat. Darlegung aller Seelenkrankheiten, in klass. u. naturgetreuen Beispielen für das gebildete Publikum erläutert. 2., unveränd. Aufl. 8 Lfgn. Augsburg 866. Schlosser's Buchh. gr. 8. (XVI, 500 S. mit Portr. in Holzschn.) 2 ₰ 12 ngr.

—— Brunnthal, seine Lage, Quellen und Geschichte, mit besond. Berücksichtigung desselben als Bade- und Kur-Anstalt, nebst ausführl. Darstellung der Dr. Steinbacher'schen Naturheilmethode etc. für Fremde und Einheimische, Gesunde und Kranke dargestellt. 16. (80 S. mit 1 Holzschntaf.) München 864, (Lentner'sche Buchh.) *

— das Buch sexueller Frauenkrankheiten. Aufrichtige Rathschläge zur Belehrg., Verhütg. u. Heilg. der weibl. Unfruchtbarkeit u. chron. Gebärmutterleiden als Folgen eines langjähr. Brautstandes, von Hochzeits-Reisen, Bleichsucht etc. Für Mütter u. Jungfrauen. Berlin 868. Mode. 8. (VIII, 139 S.) 20 ngr.

Schilling, J. A., das Buch sexueller Frauenkrankheiten. 8. Berlin 878, Frank. 2 —

Schilling, Joh. Aug., der civilisatorische Kindermord. Eine culturhistorische Studie. Lex.-8. (19 S.) Augsburg 878. Reichenbach. n. — 40

— die Magen- u. Unterleibskrankheiten, s. a. Naturheilmethode, Loh-Steinbacher'sche.

Schilling, J. A., die Magen- und Unterleibs-Krankheiten, nebst den Hämorrhoidalleiden und ihre Heilung nach physiatr. Grundsätzen. 8. (VII, 140 S.) [Berlin 881.] Leipzig, Grieben's Verlag. * 1 50

—— Militairkrankheiten oder Heilung der durch die Feldzüge entstandenen Leiden und Siechthumszustände mittels des Loh-Steinbacher'schen Heilsystems. Mit besond. Berücksicht. der Naturheilanstalt Wilhelmsbad zu Cannstatt. Mit einem Anhang: 1) Die Morphiumkrankheit in Folge von Kriegsleiden. 2) Hydrotherapeutische Behandlung von Wunden. 8. (72 S.) [Berlin 878.] Leipzig, Grieben's Verlag. *

— die Münzen und Melissen insbesond. als vorzügliche Haus- und Heilmittel gegen Hypochondrie und Hysterie und gegen die sämmtl. aus solchen und ähnl. Leiden entstehenden nervösen und andern Krankheits-Erscheinungen, für das gebildete Volk dargelegt. Augsburg 865. (Reichenbach's Buchh.) 12. (VII, 118 S.) 12 ngr.

— Wilhelm v. Kaulbach's Narrenhaus erläutert. Mit 4 Holzschnittbildern. (Abdr. aus den psychiatrischen Briefen.) Augsburg 863. Schlosser. gr. 8. (VII, 84 S.) 18 ngr.

Schilling, Joh. Aug., die Orthopädie der Gegenwart oder die Heilgymnastik, die chirurg. Operationen und die Mechanik als orthopäd. Heilmittel in ihrer Entwicklung und therapeut. Anwendung mit besond. Rücksichtsnahme auf J. Wildberger's orthopäd. Behandlungsweise. Lex.-8. (XX und 428 S.) Erlangen 860, Enke's Verlagsbuchh. *

— die Schwächezustände des männlichen Geschlechts. Säfteverluste, örtliche Leiden, Ansteckungen, Arzneisiechthum, Spermatorrhoe u. Impotenz. Mit erläuternden Krankengeschichten von Alex. Loh. Mit Abbildungen. (2 Steintaf.) gr. 8. (VI, 155 S.) Ebend. 877. n. 3. —

Schilling, Joh. Aug., der Standpunkt der Irren in der bürgerlichen Gesellschaft als Kranke und Menschen von Sonst und Jetzt mit besond. Berücksichtigung Bayerns. gr. 8. (46 S.) München 864, (L. Finsterlin.) *

Schilling, Joh. Aug., neues Verfahren den Gebärmutter- und Scheiden-Vorfall vollständig zu heilen oder leicht und ganz sicher zurückzuhalten. gr. 8. (28 S. mit mehreren eingedr. Holzschn.) München 853, Palm's Hofbuchh. *

— neues Verfahren den Gebarmutter- und Scheidenvorfall durch einen neu construirten Muttertrager vollstandig zu heilen oder leicht und ganz sicher zuruckzuhalten. 3., mit besonderer Berucksicht. auch zum Gebrauche fur Nichtarzte neu umgearb., verm. u. mit Lithogr. versehene Aufl. Erlangen 854. Enke. gr. 8. (VIII, 67 S. u. 1 lith. Taf.) n. 10 ngr.

— die Zurechnungsfähigkeit oder Verbrechen u. Seelenstörung vor Gericht. Eine Betrachtung der Seelen- u. Körperzustände, welche des Menschen Freiheit beschränken. Eine Vademecum, namentlich für Richter, Staatsanwälte, Vertheidiger etc. Augsburg 866. Schlosser's Buchh. gr. 8. (XVI, 352 S.) 1 ₰ 18 ngr.

Schilling, Jo. Christian (Plauen) A. S. 1323/48

Dissertatio de argumento contra propagationem luminis successivam ab eclipsibus lunae et solis petito.
Präs. Jo. Oswald Knauer.
Leipzig (Zschau) 13. X. 1714. 11 Bl., 1 Taf.

Gew.: Jo. Friedrich von Roemer. 30452

Schilling, (Joh. Christian Wilh.), u. **Hornschuch,** kurze Notizen üb. die Arten der Gattung Halichoerus, siehe: Hornschuch.

Schilling, Joh. Ed., tabellar. Uebersicht d. Gefälls-Uibertretungen u. Strafen nach dem am 1. April 1836 in Wirksamkeit getret. Strafgesetze. gr. 4. (14¼ B.) Prag 836, Haase Söhne.

Schilling, Jh. Fr., († d. 1. Sept. 1794.) s. 1) Abhandl. üb. die in Strömen u. Flüssen befindl. schädl. Heger, u. setze hinzu: (v. Jh. Fr. Schilling). 2) Mühlenordnung f. die Rochlitzer Amts-Mühlen.

Schilling, Joh. Frdr., Sammlung auserwählter Stücke aus den Werken französ. Prosaiker u. Dichter nach den Leçons de littérature et de morale de Noël et Laplace bearb. u. mit einem Wort- u. Namensregister, so wie mit einem Verzeichniß der vorkommenden Schriftsteller versehen. gr. 8. (IV u. 357 S.) Mainz 850, Wirth Sohn. 1 ₰

BERTHOLD von Urach, eine wahre deutsche, tragische Rittergeschichte aus den Zeiten des Mittelalters mit Scenen aus der Zeit Heinrichs IV. und V. Nebst einer vorläufigen Abhandlung über das Ritterwesen des Mittelalters. (Vf.: *Joh. Georg Schilling* aus Rudolstadt, nachmals Konsistorialrath in Stade.) Leipzig 1787—89. 8°.
Fehlt im Anon.-Lex.

Schilling, Johann Georg (Wolgast) A. S. 573/9

Dissertatio de eo, quod est superioritatis territorialis in jure Lubecensi.
Präs. Hermann Heinrich Engelbrecht.
Greifswald (Struk) I. 1742. 46 S.

Gew.: Joh. Georg Schilling (Vater), Thom. G. Wittmütz, Joh. Friedrich Thielen, Joh. Ernst Zimmermann, Friedrich Daniel Müller, Joh. Maas, Blas. Rütz.
W. v.: Präs., J. B. Engelbrecht, Johann Abraham Battus. Georg Christ. Mayer. 30454

— s. Pauli Brief an die Galater.

— Sendschreiben eines alten Landpredigers an Hofr. Rönnberg in Rostock. 8. Bremen 790. Cramer. 4 gr

— üb. Verbesserung d. Schulanstalten in Rücksicht auf d. Geist d. Zeitalters. 8. Stade 800.

Schilling, J. G., über den Zweck beym Lesen der Classiker. 8. Hamb. 791. Jetzt Hoffmann u. Campe.

SCHILLING, JOH. GEO., Ueber den Zweck und die Methode beym Lesen der griechischen und römischen Classiker. Abschn. I—II. Hamburg und Kiel. 1795—97. (Progr.).

Schilling, J. G., über Zweck und Methode d. Lesen der griech. u. röm. Classiker. 2 Abthl. 8. Hamburg, Bohn. 795—97.

Schilling, Jh. Geo., üb. Zweck u. Methode beim Lesen d. griech. u. röm. Klassiker. 2 Abtheill. 8. Hamb. 795—97. (A. Campe). 10 gr

Schilling, Johann Gotthold (Grunstaedel) A. S. 575/39

De aequitate. Präs. Heinrich Gottfried Bauer.
Leipzig (Langenheim) 25. II. 1761. VIII S. 30456

Schilling, Johann Gottlieb (Dresden) A. S. 275/22

Disputatio juridica de jure furnorum.
Präs. Samuel Stryk.
Frankfurt/O. (Eichorn) 18. V. o. J. 91 S. 30455

Schilling, Johann Gustav Adolph, s. Schilling, Adolph

Schilling, Johann Lorenz (Amberg) A. S. 1310/10

Dissertatio inauguralis medica de causis cur febres in locis paludosis sint frequentiores et perniciosiores.
Altdorf (Hessel) 29. IV. 1746. 28 S.

W. v.: Johann Nikolaus Weis, Georg Leonhard Beck, Johann Jakob Baier (Opp.), Johann Paul Ziegler (Opp.). 30457

Schilling, Johannes, aus Köln a. Rh.: **Beiträge zur Chemie des Thoriums.** *o. O. [1902].* (150 S.) 8°
Heidelberg, Naturw.-math. Diss. v. 190

Schilling, Johs., Beschreibung d. Verfahrens bei dem Aufbaue d. Gussmodells der Germania auf dem Niederwald. [Aus: „Civilingenieur".] gr. 4. (4 Sp. m. 3 Lichtdruck-Taf.) Leipzig 892. A. Felix. n. 2. —

Schilling, Johannes, Referendar, bacc. iur. in Altenburg, S.-A.: Das Ehrenaccept nach der deutschen Wechselordnung und unter Berücksichtigung des französischen und englischen Wechselrechts. Königsbrück 1907: A. Pabst. (86 S.) 8°
Leipzig, Jur. Fak., Diss. v. 17. Juli 1907
[Geb. 18. Juli 81 Altenburg S.-A.; Wohnort: Altenburg; Staatsangeh.: Sachsen-Altenburg; Vorbildung: Friedrichs-Gymn. Altenburg Reife O. 01; Studium: Jena 3, Leipzig 5 S.; Rig. 22. Febr. 05.]

Schilling, Johs., künstlerische Sehstudien. (110 S.) gr. 8. Leipzig 906. R. Voigtländer. Kart. n. 8. —

Schilling, Johannes. Das Vorkommen der «seltenen Erden» im Mineralreiche. VIII + 115 S. 4. München und Berlin, R. Oldenbourg, 1904. [M. 12. —]
Darin S. 8. 32. 45: Vorkommen *von* Zirkon, Xenotim, Monazit *in der* Schweiz.

Schilling, Jos., ausführliche Beschreibung meiner Reise nach Rom und Jerusalem. Eine getreue Angabe aller Städte, Inseln und Plätze, welche ich auf dieser Reise berührt habe, besonders aber der Landschaften, Gegenden, Dörfer rc., welche heut zu Tage in Palästina, dem gelobten Lande, vorgefunden werden. 3., verb. Aufl. 8. (111 S.) Tuttlingen 854, Kling.

Schilling, Julius

Schilling, J., praktische Anleitung zum mündlichen u. schriftlichen Verkehr im Spanischen. gr. 8. (VII, 128 S.) Leipzig 885. Gloeckner. geb. n. 3. —

Schilling, J., Don Basilio, od. prakt. Anleitg. zum mündl. u. schriftl. Verkehr im Spanischen. 2. Aufl. gr. 8. (VII, 160 S.) Leipzig 890. Gloeckner. n. 2. —; geb. n. 2. 50

Schilling, J., Don Basilio od. prakt. Anleitg. zum mündl. u. schriftl. Verkehr im Spanischen. 3. u. 4. Aufl. gr. 8. (VI, 170 S.) Leipzig 900. G. A. Gloeckner. n. 2. —; geb. n. 2. 50

— Schlüssel zur spanischen Korrespondenz des Don Basilio (II. Tl.). (47 S.) 8. Ebd. 904. n. 1. 60
Hauptwerk Ebd. 900. n. 2. —; geb. n. 2. 50.

Schilling, J[ulius]. Don Basilio oder Praktische Anleitung zum mündlichen und schriftlichen Verkehr im Spanischen. 5. und 6. Aufl. X + 220 S. 8. Leipzig, G. A. Gloeckner, 1910. (geb. M. 3. —)

Schilling, Jul., der Birgelstein und seine Alterthümer. 12. Salzburg 842, Duyle. n. 1/8 ℞

Schilling, grammaire espagnole à l'usage des Français. Spécialement destinée aux commerçants et aux gens du monde. Par Chr. Vogel. gr. 8. (VI, 368 S.) Leipzig 888. Glöckner. n. 4. —; clef des exercises (108 S.) n. 1. 60

— Grammaire espagnole à l'usage des Français. Spécialement destinée aux commerçants et aux gens du monde par Chr. Vogel. 2. éd. (Neue [Titel-]Ausg.) gr. 8. (VI, 368 S.) Ebd. [888]. 901. n. 4. —; geb. n. 4. 50

Schilling, J., spanische Grammatik mit Berücksicht. des gesellschaftlichen und geschäftlichen Lebens. gr. 8. (VII, 328 S.) Leipzig 882, Gloeckner. *M 5.; geb. * 6 —
—— dass. - 2. gründl. revid. Aufl. gr. 8. (VI, 350 S.) Ebendas. 884. *M 4.; geb. * 5 —

— spanische Grammatik m. Berücksicht. d. gesellschaftlichen u. geschäftlichen Verkehrs. 3. Aufl. gr. 8. (VIII, 351 S.) Ebend. 886. n. 4. —; geb. n. 5. —

— Schlüssel zu Schilling's spanischer Grammatik. 3. Aufl. gr. 8. (32 S.) Ebd. 887. n. 1. 50

— spanische Grammatik m. Berücksicht. d. gesellschaftlichen u. geschäftlichen Verkehrs. 4. u. 5. Aufl. gr. 8. (VIII, 351 S.) Ebd. 888. 889. n. 4. —; geb. n. 5. —

Schilling, J., spanische Grammatik m. Berücksicht. des gesellschaftlichen u. geschäftlichen Verkehrs. 8.—10. Aufl. gr. 8. (X, 351 S. m. 1 Tab.) Leipzig 891- 894. G. A. Gloeckner. n. 4. —; geb. in Leinw. n.n. 5. —

Schilling, J., spanische Grammatik m. Berücksicht. d. gesellschaftl. u. geschäftl. Verkehrs. 11. u. 12. Aufl. gr. 8. (IX, 351 S.) Leipzig 897. G. A. Gloeckner. n. 4. —; geb. n.n. 5. —

— spanische Grammatik m. Berücksicht. des gesellschaftlichen u. geschäftlichen Verkehrs. 13. u. 14. Aufl. gr. 8. (X, 351 S.) Ebd. 901. n. 4. —; geb. n. 4. 50

Schilling, J., spanische Grammatik m. Berücksicht. des gesellschaftlichen u. geschäftlichen Verkehrs. 15. u. 16. Aufl. (X, 351 S.) 8. Leipzig 905. G. A. Gloeckner. n. 4. —; geb. in Leinw. n. 4. 50;
Schlüssel. 13. u. 14. Aufl. (40 S.) 901. n. 1. 50

Schilling, J[ulius]. Spanische Grammatik, mit Berücksichtigung des gesellschaftlichen und geschäftlichen Verkehrs. 17. und 18. Aufl. XII + 352 S. 8. Leipzig, G. A. Gloeckner, 1909. [geb. M. 4. 50]

Schilling, J[ulius]. Schlüssel zur Spanischen Grammatik. 17. und 18. Aufl. 40 S. 8. Leipzig, G. A. Gloeckner, 1909. [M. 1. 50]

Schilling, Julius Philipp, s.a. Schilling, Philipp Julius

Schilling, Jul. Ph., Pfarrspiegel, oder wie der HErr Seine Diener haben will. Synodalpredigt zu Bamberg am 3. Oct. 1855 gehalten. Nürnberg, Raw. gr. 8. (18 S.) 2 ngr.

Schilling, K. Chr., Katechismus d. christl. Glaubens u. Lebens f. Katholiken. 8. (7 B.) Rotweil 832, Herder.

K. F. A. Schilling: Protestantism. u. Philosophie. *Hamb.* u. *Gotha*, F. u. A. Perthes. 848. gr 8° 27 N℞

Schilling, Karl (von)

Schilling, Carl v., s.a. Bürgerkunde, baltische.

(Schilling, Carl v., [und] Burch. v. *Schrenck*), Baltische Bürgerkunde. Versuch ein. gemeinverständl. Darstell. d. Grundlagen d. polit. u. sozialen Lebens in d. Ostseeprovinzen Russlands. Tl 1. Riga 1908. 8°.

Schilling, Carl, Lottchens Christabend. Ein Weihnachtsfestspiel. gr. 8. (26 S.) Leipzig 900. E. Wunderlich. n. — 40

Aus d. Senckenb. Neurolog. Inst. in Frankfurt a. M. Über das Gehirn von Petromyzon fluviatilis von Dr. Karl **Schilling**. Mit Taf. 17 u. 2 Abb. (Frankfurt a. M.: Senckenb. naturforsch. Gesellsch. 1907.) (S. 425–446.) 4°
= **Abhandlungen** hrsg. von d. Senckenbergischen naturforschenden Gesellschaft. Bd 30, H. 3, [1]. (08. 1037

Schilling, Carl, Lieder e. Dorfsiedlers. 12. (29 S.) Leipzig 894. R. Fröbel. n.n. — 50

Schilling, Carl, die Minimalflächen fünfter Klasse, mit dem Stereoscop-Bild eines Modells derselben. Inaugural-Dissertation. gr. 8. (54 S.) Göttingen 880, (Vandenhoeck und Ruprecht's Verlag.) * 2 —

Schilling, Carl, Knecht Ruprecht. Ein Weihnachtsfestspiel f. Haus, Schule od. Spielschule. 12. (15 S.) Rochlitz 898. B. Pretzsch Nachf. n. — 30

Schilling, Carl, die lehn- u. erbrechtlichen Satzungen des Waldemar-Erich'schen Rechts. gr. 8. (III, 452 S.) Mitau 879. Leipzig, Volckmar in Comm. n. 12. —

Die Schlafkrankheit, ihre Entstehung, Verhütung und Bekämpfung. Zum Gebr. f. Missionare, ärztl. Hilfspersonal, Ansiedler ... Von Prof. Dr. C[arl] Schilling, Berlin. Hrsg. von d. Berliner Missionsgesellsch. Mit e. Vorw. von Missionsinspektor Lic. th. K[arl] Axenfeld. Mit 4 Abb. u. 1 Kt. Berlin: Berl. Evang. Missionsgesellsch. 1909. 23 S. 8° [10. 1574

— — s.a. Schilling, Klaus

Schilling, Karl Adolf Hermann, s. Schilling, Hermann

Schilling, Karl (Friedrich), appr. Arzt a. Wiesbaden: Uber einen Fall von multiplen Nebenmilzen. Berlin 1907: G. Reimer. (26 S.) 8°
Heidelberg, Med. Fak., Ref. Arnold, Diss. v. 1907
[Geb. 30. Apr. 78 Wiesbaden; Wohnort: Heidelberg; Staatsangeh.: Preußen; Vorbildung: Gymn. Wiesbaden Reife O. 99; Studium: Phil. Heidelberg 2, Med. Bonn 1, Heidelberg 8 S.; Coll. 2. Nov. 05; Approb. 16. Apr. 05.]

Schilling, Karl G(eorg), a. Altrincham ⟨England⟩: A Grammar of the dialect of Oldham ⟨Lancashire⟩. Darmstadt 1906: G. Otto. (150 S.) 8°
Gießen, Phil. Fak., Ref. Horn, Diss. v. 6. Aug. 1906
[Geb. 16. März 67 Altrincham; Wohnort: Gießen; Staatsangeh.: England; Vorbildung: Wales, Aberystwyth College bis 86; Studium: London 12, Gießen 6 S.; Rig. 29. Jan. 06.]

Schilling, Karl Jakob (Dresden) A. S. 764/24

Exercitatio iuris publici de iure legitimandi comitum Palatinorum in terris principum imperii.
Präs. Michael Heinrich Gribner.
Wittemberg (Gerdes) 11. IX. 1708. 44 S. 30461

Schilling, Karl Jakob (Dresden) A. S. 320/27

Exercitatio juris publici de iure legitimandi comitum palatinorum in terris principum imperii Vom Recht der Röm. Käys. Hof=Pfaltzgrafen unehelich geb. Kinder vor ehrlich zu erklären.
Präs. Michael Heinrich Griebner. Rec.
Wittenberg 1746. 48 S.

Diss. 11. IX. 1708. 30462

Schilling, Karl Theophil

Schilling, Carl Theophil, Predigten, s.: Stephany, Max., wer sein Leben erhalten will, der wird es verlieren.

Schilling, Karl Wlh., Handbuch z. Kenntniß d. königl. preuß. Accisverfassung u. Gesetze. 1r Bd. 4. Danzig 802.

Schilling, K. W.: „Handbuch zur Kenntniss der königlich preussischen Acciseverfassung und -gesetze", Danzig 1802 (Herausgeber).

Schilling, Klaus

Schilling, Claus, Bericht üb. e. Studienreise nach West-Afrika. [Aus dem Institut f. Infektionskrankheiten zu Berlin. Direktor: Gaffky.] (40 S. m. 8 eingedr. Kurven.) gr. 8. Jena 908. G. Fischer. 1. —
Sonderabdruck aus: „Klin. Jahrb."

Schilling, Claus [cand. med. aus München]: Ein Fall von Poliomyelitis anterior ... München, J. F. Lehmann, 1895; 15 S. 8.
München, Med. Fak., Inaug.-Diss. v. 1895

Schilling, Claus, zur Lehre v. d. Polyomyelitis, s.: Abhandlungen, Münchener medicin., I, 25.

— Die Schlafkrankheit, ihre Entstehung, Verhütung u. Bekämpfung. Zum Gebrauch f. Missionare, ärztl. Hilfspersonal, Ansiedler u. andere nichtärztl. Europäer, die in den v. d. Schlafkrankheit bedrohten Gebieten sich aufhalten. Hrsg. v. d. Berliner Missionsgesellschaft. Mit e. Vorwort v. K. Axenfeld. (23 S. m. 4 Abb. u. 1 eingedr. Karte.) gr. 8. Berlin 909. Buch. der Berliner ev. Missionsgesellschaft. — 30

— — s.a. Schilling, Karl

— Tropenhygiene. (VI, 571 S. m. 123 Abb., 2 Karten, 6 farb. Taf. u. 2 Bl. Erklärgn.) Lex. 8. Leipzig 909. G. Thieme. 19.—; geb. in Leinw. 20.—

(Schilling, L. v.) Einfachste und rationellste Pferde-Dressur. Karlsruhe 1863. 8°.

Schilling, L. v., einfachste und rationellste Pferde-Dressur nebst Laufen an der Leine und schnelles Frommmachen zum Beschlagen. Widersetzlichkeiten und Unarten zur Unmöglichkeit gemacht. 2., umgearb. und um das Vierfache verm. Aufl. gr. 8. (VIII und 124 S.) Karlsruhe 864, (Bielefeld's Hofbuchh.) *

Schilling, Ludolf

Schilling, L., die Betriebs- u. Ertragsregelung im Hoch- u. Niederwalde. E. gemeinverständl. Abriß f. Betriebs- u. Schutzbeamte, Verwalter kleiner Forstreviere u. Waldbesitzer. 2., verb. Aufl. Lex.-8. (III, 94 S. m. 32 Fig. u. 1 Karte.) Neudamm 898. J. Neumann. Kart. n. 2. 50

Schilling, L., die Betriebs- u. Ertragsregelung im Hoch- u. Niederwalde. Ein gemeinverständl. Abriß f. Betriebs- u. Schutzbeamte, Verwalter kleiner Forstreviere u. Waldbesitzer. 3., verb. Aufl. (III, 110 S. m. 35 Fig. u. 1 Karte.) Lex. 8. Neudamm 908. J. Neumann. Geb. 4. —

Schilling, L., Geschichte des Bunzlauer Stadtforstes. 1594—1894. gr. 8. (41 S.) Bunzlau 894. (G. Kreuschmer.) u.n. 1. —

Schilling, Ludovicus, Alsata: Quaestiones rhetoricae selectae. Lipsiae 1903: B. G. Teubner. (S. 663-714.) 8°
(Aus: Jahrb. f. class. Philol., Suppl. Bd 28. -- Erscheint vollst. ebenda.)
Straßburg, Phil. Diss. v. 1902

Schilling, Ludov., Quaestiones rhetoricae selectae. (S. 661—778.) gr. 8. Leipzig 903. B. G. Teubner. n. 4.20
Sonderabdruck aus: „Jahrbb. f. class. Philol., Suppl."

Schilling, M., Richtlinien zur Organisation der Fortbildungsschule u. Lehrplan. Eine Denkschrift. (58 S.) gr. 8. Dresden-Blasewitz (908). Bleyl & Kaemmerer. 1.50

— s.: Studien, pädagogische.

— Über Wesen, Aufgabe u. Mittel der staatsbürgerlichen Erziehung, s.: Zur Pädagogik der Gegenwart. 30. Heft.

Schilling, M. G., Lieder für's Erzgebirge. 8. Dessau 782. (Leipz., Wienbrack). 2 gr

— — s.a. Schilling, Gustav

Catalog mathematischer Modelle für den höheren mathematischen Unterricht veröff. durch die Verlagshandl. von **Martin Schilling** in Halle a. S. 6. Aufl. *Halle a. S.: (M. Schilling) 1903.* (XIII, 130 S.) 8° [03. 1103 3

Schilling, Mart. Hnr., s. **Bibliothek** d. n. Reisebeschreibb. 7r Bd.

Schilling, Mart. Heinr., Grundsätze der landwirthschaftlichen Bodenschätzungslehre, mit besonderer Rücksicht auf die Landesculturgesetzgebung der Preuß. Staaten. Zum Gebrauch bei Grundsteuer-Regulirungen, Gemeinheitstheilungen, Ablösungen, Expropriationen, Allodificationen ɾc. Weimar 855. Voigt. gr. 8. (VIII, 173 S.) 20 ngr

— ökonomisch-technische Grundsätze wie solche zur Anwendung kommen bei Schätzung von Bodennutzungen u. Reallasten, bei der Entwickelung der Hütungstheilungs-Maßstabe ɾc. u. den sonstigen Geschäften des Oekonomie-Commissars bei aufzunehmender Taxe ɾc. von Landgütern, mit besonderer Rücksicht auf die Landesculturgesetzgebung der Preuß. Staaten. Zum Gebrauch für Auseinandersetzungs- u. Verwaltungsbehörden ɾc. aufgestellt u. erläutert. Auch als Fortsetzung ɾc. der „Grundsätze der landwirthschaftl. Bodenschätzungslehre" von demselben Verf. zu betrachten. Weimar 855. Voigt. gr. 8. (X, 130 S.) 15 ngr

— s. J. Hogg, prakt. Unterricht.

Schilling, M. H., Krankheiten der Schafe, s.: Hogg.

— (Übers.), s. Luccock, John: Über Wolle im allgemeinen ...

Schilling, M. H., Observationes in quosdam script. rei rusticae vet. lat. locos. I. Pr. 1826. 15 S. u. 1 Taf. 1.—

— die landwirthschaftliche Rechenkunst oder kurze u. gründliche Anleitung zur schnellen u. sicheren Lösung aller bei'm Betriebe der Landwirthschaft, namentlich bei Zusammenlegung der Felder, bei Gemeinheitstheilungen u. Ablösungen vorkommenden arithmetischen, geometrischen u. stereometrischen Aufgaben, zur Erleichterung der Berechnungen begleitet von 58 Hülfstafeln u. einer Abbildung u. Beschreibung des verbesserten Feldzirkels, aufgestellt u. gewährleistet. Mit 1 (lith.) Quarttaf. Weimar 858. Voigt. gr. 8. (VIII, 302 S.) 1 ₰.

Schilling, Mart. Heinr., die landwirthschaftliche Rechenkunst oder kurze u. gründliche Anleitung zur schnellen u. sicheren Lösung aller bei'm Betriebe der Landwirthschaft, namentlich bei Zusammenlegung der Felder, bei Gemeinheitstheilungen u. Ablösungen vorkommenden arithmetischen, geometrischen u. stereometrischen Aufgaben. 2. verm. Aufl. Mit 1 (lith.) Quarttaf. Weimar 861. Voigt. gr. 8. (VIII, 305 S. u. 1 Tab. in gr. 4.) 1 ₰

Schilling, Martinus Henricus: De problematum geometricorum nonnullorum datis a Columella ⟨de re rust. lib. V, 2, 5, et 9⟩ resolutionibus demonstrandis.
Halle-Wittenberg, Phil. Diss. v. 19. Aug. 1826
Geb. [Meiningen 6. 9. 1800]
Ms. fehlt.

— s. Th. Williamson, Grundsätze.

Schilling, Max. Die Jesuiten u. das neue deutsche Reich, f. Flugschrift d. sächsischen Landesvereins d. Evang. Bundes.

Schilling, Max, Quellenbuch zur Geschichte der Neuzeit. Für die oberen Klassen höherer Lehranstalten bearb. gr. 8. (XVI, 487 S.) Berlin 884, Gaertner's Verlag. * 5 —

Schilling, M., Quellenbuch zur Geschichte der Neuzeit. Für die oberen Klassen höherer Lehranstalten bearb. 2., verb. Aufl. gr. 8. (XVI, 496 S.) Berlin 890. Gaertner. n. 5. —; geb. n.n. 5. 60

— dasselbe. Uebersetzungen dazu. gr. 8. (II, 70 S.) Ebd. 890. n. — 80

Schilling, Max, Quellenbuch zur Geschichte der Neuzeit. Für die oberen Klassen höherer Lehranstalten bearb. 3., verb. u. verm. Aufl. gr. 8. (XVI, 532 S.) Berlin 903. Weidmann. n. 5. —

— dasselbe. Übersetzungen. 2., verm. Aufl. gr. 8. (IV, 74 S.) Ebd. 903. n. 1. —

— Quellenlektüre u. Geschichtsunterricht. Eine pädagog. Zeit- u. Streitfrage. gr. 8. (48 S.) Ebd. 890. n. 1. —

Maur. Guil. Schilling quaestio de Corn. Celsi vita. Pars prior, de Celsi aetate, diss. inaug. Lips. 1824. 8. (*Cfr. „Celsus" in Ersch u. Gruber allgem. Encyklop. d. Wissenschaften u. Künste Bd. 16. S. 24 fg. ejusdem auctoris; nil amplius prodiit.*)

Schilling, M. Wlh., quaestio de Corn. Celsi vita. Pars I. 8maj. Leipz. 824. Voss. 12 gl

Schilling, N. H., zur Gasbeleuchtungsfrage in Deutschland. (Separat-Abdruck aus dem Journal für Gasbeleuchtung 1869.) gr. 8. (46 S.) München 869, Oldenbourg. *

Schilling, N. H., Herzog Gerhard. Drama in 4 Akten. 8 (115 S.) München 881, Oldenbourg. *

Schilling, N. H., Handbuch für Steinkohlengas-Beleuchtung. Mit einer Geschichte der Gasbeleuchtung von Fr. Knapp. gr. 4. (VIII und 243 S. mit 42 Stnt. und vielen eingedr. Holzschn.) München 860, Oldenbourg. *

— — Zweite Auflage, 1865.

Schilling, N. H., Handbuch für Steinkohlengas-Beleuchtung. Mit einer Geschichte der Gasbeleuchtung von F. Knapp. 2., umgearb. u. verm. Aufl. München 866. Oldenbourg. gr. 4. (XIV, 404 S. mit 70 Steintaff. u. 310 in den Text eingedr. Holzschn.) cart. n. 12 ₰

Schilling, N. H., Handbuch der Steinkohlengas-Beleuchtung. 3. umgearb. und verm. Aufl. 13 Lfgn. gr. 4. (XV, IV, 692 S. mit eingedr. Holzschn. und 77 Stnt.) München 878,79, Oldenbourg. à Lfg. * ℳ 3,80.; geb. * 54 —

— Journal für Gasbeleuchtung ..., s. Schilling

— statistische Mittheilungen über die Gas-Anstalten Deutschlands, der Schweiz u. einige Gas-Anstalten anderer Länder. 2. stark verm. Aufl. [Suppl. zum Journal für Gasbeleuchtung 1868.] Ebend. 868. Lex.-8. (IV, 372 S.) Subscr.-Pr. n. 2 ₰;
Ladenpr. n. 2 ₰ 20 ngr.

— statistische Mittheilungen über die Gasanstalten Deutschlands, Oesterreichs, der Schweiz und einiger Gasanstalten anderer Länder. 3. stark verm. Aufl. Hrsg. von Lothar Diehl. [Suppl. zum Journal für Gasbeleuchtung 1877.] Lex.-8. (656 S.) Ebendas. 877. * 12 —
Für Abnehmer des Journal für Gasbeleuchtung * 9 —

Schilling's, N. H., statistische Mittheilungen üb. die Gasanstalten Deutschlands, Oesterreichs u. der Schweiz, sowie einige Gasanstalten anderer Länder. Bearb. v. Lothar Diehl. 4. Aufl. Lex.-8. (VIII, 837 S.) München 885. Oldenbourg. geb. n. 15. –

— statistische Mitteilungen über die Gasanstalten Deutschlands, Oesterreich-Ungarns u. der Schweiz. Auf Anregg. d. deutschen Vereins v. Gas- u. Wasserfachmännern bearb. v. E. Schilling. 5. Aufl. gr. 4. (VII, 409 S.) Ebd. 896. n. 16. —; geb. n. 18. –

Schilling, N. H: Neuerungen auf dem Gebiete der Erzeugung und Verwendung des Steinkohlen-Leuchtgases. (Nachtr. zu Schillings Handbuch für Steinkohlengas-Beleuchtung.) Von E. Schilling. München 1892

— traité d'éclairage par le gaz. Traduit de l'Allemand par Ed. Servier. Ouvrage accompagné de 70 planches cotées et de 310 figures dans le texte (in Holzschn.). Ebend. 868. gr. 4. (XIII, 361 S.) n. 12 ₰

— Traité d'éclairage par le gaz. Traduit de l'allemand par Ed. Servier. Ouvrage accompagné de 77 planches cotées et de 388 fig. dans le texte. 13 livr. gr. 4. Ebendas. 879. [1re— 12e livr. (S. 1—640.) à * ℳ 4,80.; 13e livr. (XV, S. 641—676.) * ℳ 3,60.] * 61 20

Schilling, Oskar [aus Breslau]: Ueber Chorea ... Greifswald: Druck v. Julius Abel 1886. 32 S. 8°
Greifswald, Med. Fak., Inaug.-Diss. v. 31. März 1886.

Schilling, Oskar. über Clorea. Diss. Greifswald 1886, Jul. Bindewald. 8°. 32 S.

Schilling (Oskar), Die chemisch-mineralogische Constitution der Grünstein genannten Gesteine des Südharzes. (Inaugural-Dissertation Göttingen.) Göttingen 1869. 8.

Schilling, Oskar: Das Reich Monomotapa, s. erstes Bekanntwerden, s. Name u. s. Darstellg auf d. Karten d. 16. bis 19. Jahrh. ... Dresden, Rammingsche Buchdr., *1892;* 3—54 S., 1 Doppeltaf., 4 Kt. 4.
Dresden-Friedrichstadt, R m. PG, OP 1892 (550)

Schilling, Osk., das Reich Monomotapa, sein erstes Bekanntwerden, sein Name u. seine Darstellung auf den Karten d. 16.—19. Jahrh. Progr. gr. 4. (54 S. m. 5 Taf.) Dresden 892. (Leipzig, G. Fock.) n. 2. —

Schilling, Oskar, Referendar in Leipzig: Der Provisionsanspruch nach dem Handelsgesetzbuche vom 10. Mai 1897. Leipzig 1904: W. Wigand. (59 S.) 8⁰
Leipzig, Jur. Fak., Diss. v. 19. Nov. 1904
[Geb. 7. März 80 Leipzig; Wohnort: Leutsch b. Leipzig; Staatsangeh.: Sachsen u. Braunschweig; Vorbildung: Thomasschule Leipzig Reife O.99; Studium: Leipzig 6 S.; Rig. 24. Juli 02.]

Schilling, Otto, die gemeinsame Gemeinde-Krankenversicherung im Sinne d. Reichsgesetzes, betr. die Krankenversicherung der Arbeiter, vom 15. Juni 1883. Statuten-Entwurf f. e. gemeinsame Gemeinde-Krankenversicherg. u. Vorschläge zur Einrichtg. der Buchführg. bei denselben, nebst e. Auszuge aus dem Reichsgesetze vom 15. Juni 1883, e. Abdruck der königl. sächs. Ausführungs-Verordng. vom 28. Septbr. 1883 u. e. Anh., den Statuten-Entwurf f. e. gemeinsame Dienstboten-Krankencasse enth. 4. Aufl. gr. 8. (91 S.) Dresden 884. Warnatz & Lehmann. n. 1. 20

Schilling, Otto, Handbuch der Stereoskopie, s.a. Bücherschatz, photographischer. 13. Bd.

Schilling, Otto: Handbuch der Stereoskopie. Leipzig 1910 (Liesegang's Photogr. Bücherschatz, Bd 13)

Schilling, Otto, die Konkurrenzklausel, s.: Vertrags-Entwürfe, hrsg. vom deutschnationalen Handlungsgehilfen-Verband in Hamburg. 2. Hft.

Schilling, *Rudolfus Augustus* Otto [Brunsvicensis]: De legionibus Romanorum I. Minervia et XXX. Ulpia ... (Aus: Stud. Lips., vol. XV.) Lipsiae, typ. Hirschfeldianis, 1893; 2 Bl., 76 S. 8.
Leipzig, Phil. Fak., Inaug.-Diss. v. [11. Aug.] 1893

Schilling, Otto v., Lieder e. Kurländers. (Umschlag: Tandaradei.) (V, 243 S.) 16. Riga (907). (Jonck & Poliewsky.) 3. —

Schilling, Otto, Reichtum u. Eigentum in der altkirchlichen Literatur. Ein Beitrag zur sozialen Frage. (XIV, 223 S.) gr. 8. Freiburg i/B. 908. Herder. 4.—; geb. in Leinw. 4. 80
Tübingen, Staatsw. Diss. v. 28. Jan. 1909

Die Staats- und Soziallehre des hl. Augustinus. Von Dr. sc. pol. Otto Schilling. Freiburg i. B.: Herder 1910. x, 280 S. 8° [10. 17717 2

Schilling, Otto Bernhard, s. Schilling, Bernhard

Schilling, P. S.

— s. Emil.

Schilling, P. S., d. schles. Kinderfreund, 1r Jahrg. 1s 2s Bdchn. gr. 8. Breslau, Barth. 810. (à 16 gr.)

Schilling, P. S., der schlesische Kinderfreund. 1r Jahrg. 2 Wochen. gr. 8. Bresl. 810. (Holäufer). 1 ₰ 8 gr

— das Mikroskop, z. Verbreitung menschl. Kenntnisse. 8. Bresl. 803. (Holäufer). 8 gr

Schilling, Paul, was muß man v. der Taubenzucht wissen? Allgemeinverständlich dargestellt. gr. 8. (86 S.) Berlin (901). H. Steinitz. n. 1. —

[F.] Verkannte Tiere. Für die Jugend geschildert v. Philipp Schilling. Minden i. W.: C. Marowsky (1892). (42 S.) 1 Bd 8⁰

Schilling, Phpp., verkannte Tiere. Für die Jugend geschildert. 8. (42 S.) Minden i/W. 893. C. Marowsky. n. — 50

Schilling, Philipp Julius, s.a. Schilling, Julius Philipp

Schilling, Ph. Jul., zur Erinnerung an das hundertjähr. Jubiläum der evangel. Pfarrkirche zu Pommersfelden. Eine Predigt gehalten am 19. Sonntag nach Trin. 1852. 8. (16 S.) Nürnberg 852, Raw. 2 ngr

—— Pfarrspiegel, oder wie der Herr Seine Diener haben will. Synodalpredigt zu Bamberg am 3. Octbr. 1855 gehalten. gr. 8. (18 S.) Nürnberg 856, Raw'sche Buchh.

Schilling, R., dekorative Pflanzen-Studien. Vorlagen u. Anwendungs-Motive verschied. Pflanzen u. Blumen zum Entwerfen merkantiler Arbeiten, Illustrationen etc. 1. Hft. gr. 4. (6 lith. Taf.) Freiburg i/B. 898. (Leipzig, O. Hedeler.) n. 3. —

Schilling, Roland: Die realistischen Elemente der Lotzeschen Ontologie. Leipzig (1909): Jachner & Fischer. 53 S. 8°
Leipzig, Phil. Diss. v. 24. Febr. 1909, Ref. Wundt, M. Heinze
[Geb. 1./14. Jan. 83 Jekaterinodar; Wohnort: Jekaterinodar; Staatsangeh.: Rußland; Vorbildung: Gymn. Jekaterinodar Reife O. 03; Studium: Moskau 3, Heidelberg 1, Berlin 2, Leipzig 4 S.; Rig. 3. Febr. 09.] [U 09. 3056

Schilling, Rosa, s.: Reise, neue, in meinem Zimmer.

Schilling, Rudolf, approb. Arzt aus Rastatt: **Ein Beitrag zur Pathologie der Gefässanomalieen und Streifenbildung in der Netzhaut.** Mit 2 Taf. *Wiesbaden: J. F. Bergmann 1900.* (48 S.) 8°
Freiburg i. B., Med. Diss. v. 1900

Schilling, Rud. (geb. Aschersleben 22. 11. 1850): Ein Fall von kyphotisch und ein Fall von kypho-skoliotisch verengtem Becken. Berlin (1873) (33 S.) 8°
Berlin, Med. Diss. v. 24. Juli 1873

Schilling, Rudolf, approb. Arzt aus Stollhamm: **Aus d. Kgl. chirurg. Klinik zu Kiel. Ein Fall von doppelseitiger Synostose des oberen Radius- und Ulnaendes.** *Voorde b. Kiel 1904: O. Krohn.* (12 S.). 8°
Kiel, Med. Diss. v. [28. Juni] 1904

Schilling, Rudolf, appr. Arzt: Fortschritte der plastischen Chirurgie in den letzten Jahrzehnten. Leipzig 1908: Georgi. 33 S. 8°
Leipzig, Med. Diss. v. 16. Nov. 1908, Ref. Trendelenburg
[Geb. 23. Juni 82 Berlin; Wohnort: Berlin; Staatsangeh.: Preußen; Vorbildung: Friedrichs-Gymn. Berlin Reife M. 01; Studium: Berlin 1, Heidelberg 2, Berlin 7 S.; Coll. 20. Nov. 08; Approb. 12. Aug. 08.] [U 09. 2869

Schilling, Rudolf Frh. von, aus Reval: Die elektrolytische Leitfähigkeit der Hydroresorcine und δ-Ketonsäuren. Halle a. S. 1899: O. Thiele. (38 S.) 8⁰
Halle, Phil. Diss. v. 1899

Schilling, Rudolf August Otto, s. Schilling, Otto

Schilling, Rudolf Ernst

* Die Geometrie und Trigonometrie vorgetragen von *R. E. Schilling.* Bremen, bey Förster. 8. 15 Bog. 5 und ein halber Bogen Kupfer. (1 Rthlr. 4 gr.)
1770.

— Nachr. von der unterhalb d. Stadt Bremen 1771 erfolgten Verstopfung d. Weser u. deren Aufeisung. Mit 1 Kpf. gr. 8. Bremen 772. Cramer. 6 gr

Schilling, Rud. Fr., (†...) Samml. verschied. Gedichte. 8. Bremen 771. Cramer. 16 gr

Schilling, R. F., Samml. versch. Gedichte. 8. Bremen, Cramer. 772.

Schilling, S., ein rettender Engel. Lustspiel in 1 Akt. (Theater-Allerlei.) (22 S.) 8. Weißensee (906). E. Bartels. 1. —

Schilling, S., komische Zwiegespräche f. Damen. (Theater-Allerlei.) (15 S.) 8. Weißensee (906). E. Bartels. 1. —

Schilling, Samuel

Schilling's S. Grundriss der Naturgeschichte. 3 Teile in 1 Bd Breslau 1869

Samuel Schillings Grundriß der Naturgeschichte. 16. Bearb. T. 1–3. Mit Abb. Breslau: F. Hirt 1889–1906. 4 Bde 8° [F.]
1. Das Tierreich besorgt von Prof. Dr. F[riedr.] C. Noll. Mit 1 Karte. 1889.
2. Das Pflanzenreich. Ausg. B: Anordnung nach d. natürl. System. Besorgt von Prof. Dr. F[ranz] Huisgen. Mit 16 Taf. 1899.
3. Das Mineralreich. Besorgt von Dr. Adolf Mahrenholtz. Mit 1 farb. geol. Übersichtskarte Mitteleuropas. Abt. 1: Oryktognosie unter Hinweis auf d. Technik d. Mineralstoffe. 1904. 2. Petrographie u. Geologie. 1906. (07. 9374

Schilling's, Samuel, Grundriß der Naturgeschichte. In 5 Thln. 1. Thl., 2. Thl. Ausg. B., 3. Thl. Ausg. A. gr. 8. Bresl., Hirt. geb. * 9 80
1. Thl. Das Tierreich, bearb. v. F. C. Noll. 17. Bearbeitg. (400 S. m. 518 Illustr.) 893. geb. * 3 80.
2. Thl. Ausg. B. Das Pflanzenreich nach dem natürl. System, bearb. v. J. C. Noll. 15. Bearbeitg. (292 S. m. 408 Illustr.) 891. geb. * 3 30.
3. Thl. Ausg. A. Das Mineralreich, bearb. v. A. Mahrenholtz. 2 Thle. in 1 Bde. 1. Oryktognosie. 2. Petrographie u. Geologie. 14. Bearbeitg. (128; 88 S. m. Illustr.) 889. geb. * 3 —.
2. Thl. Ausg. A. u. 3. Thl. Ausg. B. Ebd. 1887,79. * 6 50.

Schilling's, Sam., Grundriß der Naturgeschichte. 1. u. 2. Tl. gr. 8. Breslau, F. Hirt. Geb. n. 6. 80
1. Das Tierreich. 17. Bearbeitg., besorgt v. F. C. Noll. (398 S. m. 518 Abbildgn. u. 1 farb. Karte.) 893. n. 3. 50
2. Das Pflanzenreich. Ausg. B: Anordnung nach dem natürl. System. 15. Bearbeitg., besorgt v. F. C. Noll. (292 S. m. 408 Abbildgn.) 891. n. 3. 30

Schilling's, Sam., Grundriß d. Naturgeschichte. 1. Tl. Das Tierreich. 17. Bearbeitg. (2., unveränd. Abdr.), besorgt v. F. C. Noll. gr. 8. (398 S. m. 518 Abb. u. 1 farb. Karte.) Breslau 895. F. Hirt. Geb. in Halbleinw. n. 3. 50

— dasselbe. 2. Tl.: Das Pflanzenreich. Ausg. B: Anordng. nach d. natürl. System. 15. Bearbeitg. (2., unveränd. Abdr.), besorgt v. F. C. Noll. gr. 8. (292 S. m. 408 Abb.) Ebd. 895. Geb. in Halbleinw. n. 3. 30

— dasselbe. 3. Tl.: Das Mineralreich. Ausg. A. In 2 Tln. Bearbeitg. v. Adf. Mahrenholtz. M. mehreren 100 Holzschn. u. 1 geolog. Übersichtskarte Mitteleuropas. gr. 8. Ebd. n. 2. 70; in 1 Bd. geb. n.n. 3. —
1. Oryktognosie unt. Hinweis auf d. Technik der Mineralstoffe. (128 S.) 896. n. 1. 40
2. Petrographie u. Geologie. (94 S.) 898. n. 1. 30

Samuel Schillings Grundriss der Naturgeschichte. Tl 1. 18. Bearbeitg besorgt v. Prof. Dr. H. Reichenbach, Oberl. ... zu Frankf. a. M. ... *Breslau: F. Hirt 1897.* 8. (97. 5927

Schilling's, Sam., Grundriß der Naturgeschichte. 1. Tl.: Das Tierreich. Mit Berücksicht. der Naturgeschichte des Menschen u. Hinweisen auf die Gesundheitspflege. 19. Bearbeitg., besorgt v. H. Reichenbach. Mit 537 Abbildgn. in Schwarzdr., 1 Karte u. 1 Taf. in Farbendr. gr. 8. (430 S.) Breslau 902. F. Hirt. Geb. n. 4. —

Schilling's, Sam., Grundriß der Naturgeschichte. 2. Tl.: Das Pflanzenreich. Ausg. B: Anordnung nach dem natürl. System. 17. Bearbeitg., besorgt v. F. Huisgen. Mit 319 erläut. Abbildgn. in Schwarzdr., sowie 16 Taf. u. 1 Karte in Farbendr. gr. 8. (328 S.) Breslau 902. F. Hirt. Geb. n. 4. —

Schilling's, Sam., Grundriß der Naturgeschichte. I. Tl., II. Tl. Ausg. B u. III. Tl. 1. u. 2. Abtlg. gr. 8. Breslau, F. Hirt. Geb. u. kart. n. 11. 10
I. Das Tierreich. Mit Berücksicht. der Naturgeschichte des Menschen u. Hinweisen auf die Gesundheitspflege. 20. Bearbeitg., besorg. v. H. Reichenbach. Mit 550 teilweise farb. Abbildgn. im Text, sowie 1 Karte u. 3 Taf. in Farbendr. (464 S.) 903. Geb. n. 4. 20
II. Das Pflanzenreich. Ausg. B: Anordnung nach dem natürl. System. 18. Bearbeitg., besorgt v. F. Huisgen. Mit 319 erläut. Abbildgn. in Schwarzdr., sowie 21 Taf. u. 1 Karte in Farbendr. (328 S.) 905. Geb. n. 4. —
III. 1. Das Mineralreich. 1. Abtlg.: Oryktognosie unter Hinweis auf die Technik der Mineralstoffe. 16. Bearbeitg., besorgt v. Adf. Mahrenholtz. Mit 225 Abbildgn. im Text u. 1 farb. geolog. Uebersichtskarte Mitteleuropas. (148 S.) 904. n. 1. 40
2. Dasselbe. 2. Abtlg.: Petrographie u. Geologie. 16. Bearbeitg., besorgt v. Adf. Mahrenholtz. Mit 104 Abbildgn. im Text u. 1 farb. geolog. Uebersichtskarte Mitteleuropas. (108 S.) 906. Kart. n. 1. 50; m. dem 1. Tl. in 1 Bd. geb. 3. —

Schilling's, Sam., Grundriß der Naturgeschichte. II. Tl.: Das Pflanzenreich. Ausg. B: Anordnung nach dem natürl. System. 19. Bearbeitg., besorgt v. Frz. Huisgen. Mit 319 Abb. in Schwarzdr. sowie 23 Taf. u. 1 Karte in Farbendr. (328 S.) gr. 8. Breslau 910. F. Hirt. Geb. 4. —

Schilling's, Sam., Grundriß der Naturgeschichte der drei Reiche. 1 Tl. u. 2. Tl. Ausg. A u. B. gr. 8. Breslau 885. F. Hirt. à n. 3. —
1. Das Tierreich. 15., vielseitig verb. u. bereich. Bearbeitg. Mit 800 in den Text gedr. (Holzschn.-) Abbildgn. nach Orig.-Zeichngn. (VI, 311 S.)
2. Das Pflanzenreich. Ausg. A: Anordnung desselben nach dem Linné'schen System m. Hinweisg. auf das natürl. System. Nebst e. Abriß der Pflanzengeschichte u. Pflanzengeographie. Mit 824 in den Text gedr. (Holzschn.-) Abbildgn. Neue 13. Bearbeitg. (IV, 301 S.) 882. — Ausg. B: Anordnung nach dem natürl. System. Begründet v. Frdr. Wimmer. 14. Aufl., bearb. v. F. C. Noll. Mit 808 Abbildgn. (314 S.) 881.

Schilling's, Sam., Grundriß der Naturgeschichte der drei Reiche. 3 Tle. gr. 8. Breslau, F. Hirt. *

Inhalt:

Tl. 1. Das Tierreich. 15. Bearbeitung, besorgt von F. C. Noll. (334 S. mit 801 eingedr. Abbild.) 885. *ℳ 3.—.
= 2. Das Pflanzenreich. Ausg. A: Anordnung nach dem Linnéschen System mit Hinweis auf das natürl. System. 14. Bearbeitung, bearb. von F. C. Noll. (287 S. mit 787 Abbild.) 887. *ℳ 3.—.
= 3. Das Mineralreich. Ausg. A. [In 2 Tln.] Unter Berücksicht. der neuen Lehrpläne für die höheren Schulen Preußens von Adf. Mahrenholtz. Mit mehreren Hundert Holzschn. und 1 geolog. Uebersichtskarte Mitteleuropas. 1. Tl.: Oryktognosie, unter Hinweis auf die Technik der Mineralstoffe. 13. vollständig neue Bearbeitung. (126 S.) 885. *ℳ 1.40. — 2. Tl.: Petrographie und Geologie. 14. vollständig neue Bearbeitung. (88 S.) 887. **ℳ 1.30.

Schilling's, S., Grundriß der Naturgeschichte der drei Reiche. 1. Tl. Das Tierreich. 16. Bearbeitg., besorgt v. F. C. Noll. Mit 553 Abbildgn. u. 1 Karte in Farbendr. gr. 8. (406 S.) Breslau 889. F. Hirt. geb. n. 3. 30

— dasselbe. 2. Tl.: Das Pflanzenreich. Ausg. A: Anordnung nach dem Linné'schen System m. Hinweis auf das natürl. System. 14. Bearbeitg., bearb. v. F. C. Noll. Mit 787 Abbildgn. gr. 8. (827 S.) Ebd. 887. n. 3. —

— dasselbe. 3. Tl.: Das Mineralreich. 2 Tle. 14., vollständig neue Bearbeitg., unter Berücksicht. der neuen Lehrpläne für die höheren Schulen Preußens, von A. Mahrenholtz. Mit mehreren hundert Holzschn. u. e. geolog. Übersichtskarte Mitteleuropas. gr. 8. Ebd. 889. n. 2. 70; in 1 Bd. geb. n. 3. —
1. Oryktognosie unter Hinweis auf die Technik der Mineralstoffe. (126 S.) n. 1. 40
2. Petrographie u. Geologie. (88 S.) n. 1. 30

Schilling, Sam., Grundriß d. Naturgeschichte d. Thier-, Pflanzen- u. Mineralreichs f. Gymnasien, Real- u. Bürgerschulen, so wie f. Privat-Lehranstalten. 1., u. 2., verm. u. verb. Aufl. gr. 12. (à 12 B. u. 6 Taf. Abbild.) Breslau 838, 40, H. Richter. à *

— dass. in einzelnen Lieferungen. Mit Steintaf. gr. 8. Ebd. 839, 40. 2½ ₰ illum. 5 ₰ — Einz. Lfrgg. à ¼ ₰ ill. à ½ ₰

— Grundriß der Naturgeschichte des Thier-, Pflanzen- u. Mineralreichs. Mit 6 Taf. Abbild. 3. Aufl. 8. Ebd. 846. n. ½ ₰

Schilling, Sam., Grundriß der Naturgeschichte des Thier-, Pflanzen- und Mineralreichs. 3. Aufl. 4. Ausg. 8. (XI und 276 S. mit 6 Stnt.) Breslau 849, Hirt's Verlag. *

—— dass. — 5., neu bearb. Aufl. Mit zahlreichen, in den Text gedr. Abbildungen. 1. Bdchn. A. u. d. T.: Das Thierreich. 5., neu bearb. Aufl. gr. 8. (VI und 162 S.) Ebds. 852. * —

—— dass. — 2. Bdchn. A. u. d. T.: Das Pflanzenreich. Anleitung zur Kenntniß desselben nach dem Linné'schen System, unter Hinweisung auf das natürl. System. 5., neu bearb. Aufl. gr. 8. (VI und 121 S.) Ebds. 852. *

Schilling's, Sam., Grundriß der Naturgeschichte des Thier-, Pflanzen- und Mineralreichs. 5., neu bearb. Aufl. Mit zahlreichen, in den Text gedr. Abbildungen in (Holzschn.) 3. Bdchn. A. u. d. T.: Das Mineralreich. Oryktognosie und Geognosie. 5., neu bearb. Aufl. gr. 8. (VI und 121 S.) Breslau 853, Hirt's Verlag. Thlr. * —

—— dass. — Ergänzungsbd. A. u. d. T.: Das Pflanzenreich. Anleitung zur Kenntniß desselben nach dem natürlichen System. Von Friedr. Wimmer. gr. 8. (VI und 192 S. mit 383 in den Text gedr. Abbild. in Holzschn.) Breslau 853, Hirt's Verlag. *

1. und 2. Bdchn. Ebendas. 1852. * 22½ Ngr.

Schilling's, Sam., Grundriß der Naturgeschichte des Thier-, Pflanzen- und Mineralreichs. 5., neu bearb. Aufl. 853. — 6. Bearbeitung. (Von Gleim.) 3 Thle. Mit zahlreichen in den Text gedr. Abbildgn. (Holzschn.). Breslau 855. Hirt. gr. 8. n. 1 ₰ 15 ngr

1. Thl.: Das Thierreich. 6., wesentlich verb. Aufl. Mit 336 Abbildgn. (XII, 179 S.) einzeln n. 17½ ngr

2. Thl.: Das Pflanzenreich. Anleitung zur Kenntniß desselben nach dem Linné'schen System, unter Hinweisung auf das natürliche System. 6., wesentlich verb. Aufl. Mit 418 Abbildgn. (XVI, 158 S.) einzeln n. 17½ ngr

3. Thl.: Das Mineralreich. Oryktognosie u. Geognosie. 6., wesentlich verb. Aufl. Mit 330 Abbildgn. (XVII, 148 S.) einzeln n. 17½ ngr

— — (4. Thl.) Ergänzungsband: Das Pflanzenreich. Anleitung zur Kenntniß desselben nach dem natürlichen System, unter Hinweisung auf das Linné'sche System. Von Friedr. Wimmer. 853. (3 Bl., 192 S.) — Neue Bearbeitung. Mit 560 Abbildgn. (Holzschn. im Text.) Breslau 858. Hirt. gr. 8. (XIX, 223 S.) n. 27½ ngr

Schilling's, Sam., Grundriß der Naturgeschichte des Thier-, Pflanzen- und Mineralreichs. 6. und 7. Bearbeitung. Kleinere Ausg. A. u. d. T.: Kleine Schul-Naturgeschichte. 6. Aufl. 1857. * 17½ Ngr. und 7., verm. und verb. Aufl. gr. 8. (XX und 202 S. mit 550 Abbild. in eingedr. Holzschn.) Breslau 861, Hirt's Verlag. * 20 Ngr.; cart. * —

—— dass. — 7. Bearbeitung. 2. Thl. A. u. d. T.: Das Pflanzenreich. Anleitung zur Kenntniß desselben nach dem Linné'schen System, unter Hinweisung auf das natürl. System. 7., verm. und verb. Aufl. gr. 8. (XIII und 169 S. mit 465 Abbild. in eingedr. Holzschn.) Ebendas. 859. * 17½ Ngr.; cart. *

Schilling's, Sam., Grundriß der Naturgeschichte des Thier-, Pflanzen- und Mineralreichs. Kleinere Ausg. A. u. d. T.: Kleine Schul-Naturgeschichte. 7. Aufl. Mit 550 Abbildgn. 861. (XX, 202 S.) n. 20 ngr — 8. Aufl. Mit 600 Abbildgn. 862. (VIII, 218 S.) n. 22½ ngr — 9., wesentlich verb. u. verm. Bearbeitung. Mit 664 in den Text gedr. Abbildgn. (Holzschn.) Breslau 864. Hirt. gr. 8. (IV, 235 S.) n. 22½ ngr; cart. n. 25 ngr

— — Größere Ausg. 3 Thle. Ebend. gr. 8. Jeder Thl. à 20 ngr; cart. n. 22½ ngr

1. Thl.: Das Thierreich. 7. Aufl. 857. — 8., verm. u. verb. Aufl. Mit 568 in den Text gedr. Abbildgn. (Holzschn.) 863. (VIII, 214 S.)

2. Thl.: Das Pflanzenreich. Anleitung zur Kenntniß desselben nach dem Linné'schen System, unter Hinweisung auf das natürliche System. Nebst einem Abriß der Pflanzengeschichte und Pflanzengeographie. 7. Aufl. 858. — 8., verm. u. verb. Aufl. Mit 523 in den Text gedr. Abbildgn. (Holzschn.) 863. (VIII, 211 S.)

3. Thl.: Das Mineralreich. Oryktognosie und Geognosie. 7. Aufl. 859. — 8. verm. u. verb. Aufl. Mit 522 in den Text gedr. Abbildgn. (Holzschn.) (VIII, 181 S.)

—— Anhang hierzu, s. Reissig, W.

— — Ergänzungsband. Das Pflanzenreich. Anleitung zur Kenntniß desselben nach dem natürlichen System, unter Hinweisung auf das Linné'sche System. Nebst einer Pflanzengeschichte und Pflanzengeographie. Von Frdr. Wimmer. Mit 560 in den Text gedr. Abbildgn. (Holzschn.) Von Neuem verb. Ausg. Ebend. 862. gr. 8. (XXII, 223 S.) n. 22½ ngr; cart. n. 25 ngr

Schilling's, Sam., Grundriß der Naturgeschichte des Thier-, Pflanzen- u. Mineralreichs. Größere Ausgabe von S. Schilling's Schul-Naturgeschichte. 3 Thle. Breslau, Hirt's Verl. gr. 8. n. 2 ₰ 10 ngr; geb. n. 2 ₰ 17½ ngr

1. Thl. Das Thierreich. 9., verm. u. verb. Bearbeitung. (VIII, 239 S. mit 640 in den Text gedr. Abbildungen in Holzschn.) 866. n. 22½ ngr; geb. n. 25 ngr; 10. Bearbeitung. Mit 687 in den Text gedr. Abbildungen (in Holzschn.). (XVI, 250 S.) 870. n. 25 ngr; geb. n. 27½ ngr

2. Thl. Das Pflanzenreich. Anleitung zur Kenntniß desselben nach dem Linné'schen System, unter Hinweisung auf das natürliche System. Nebst einem Abriß der Pflanzengeschichte u. der Pflanzengeographie. 9. Aufl. (XVI, 223 S. mit 613 in den Text gedr. Abbildungen in Holzschn.) 868. n. 22½ ngr; geb. n. 25 ngr

3. Thl. Das Mineralreich. Oryktognosie u. Geognosie. 8., verm. u. verb. Aufl. (VIII, 181 S. mit 522 in den Text gedr. Abbildungen in Holzschn.) n. 20 ngr; geb. n. 22½ ngr; Neue Bearbeitung. Mit 536 in den Text gedr. Abbildungen (in Holzschn.). (VIII, 200 S.) 869. n. 22½ ngr; geb. n. 25 ngr

— — Kleinere Ausg. A. u. d. T.: Kleine Schul-Naturgeschichte. 10—12., verb. u. verm. Bearbeitung. Illustr. durch 790 in den Text gedr. Abbildungen (in Holzschn.). Breslau 865—69. Hirt's Verl. gr. 8. (VIII, 266 S.) 27½ ngr

Erschien in zwei Ausgaben:

Ausgabe A. Mit dem Pflanzenreiche nach dem Linné'schen System. 27½ ngr

Ausgabe B. Mit dem Pflanzenreiche nach dem natürlichen System. 27½ ngr

Schilling's, Sam., Grundriß der Naturgeschichte des Thier-, Pflanzen- u. Mineralreichs. Kleinere Ausg. Ergänzungsheft: Das Pflanzenreich dargestellt nach dem natürlichen System. Mit 609 in den Text gedr. Abbildungen (in Holzschn.). Für die Besitzer aller bisher erschienenen Bearbeitungen der Ausgabe mit dem Pflanzenreich nach dem Linné'schen System. Ebend. 870. gr. 8. (84 S.) n. 10 ngr

Schilling's, Sam., Grundriß der Naturgeschichte d. Thier-, Pflanzen- u. Mineralreichs. Größere Ausg. v. Schilling's Schul-Naturgeschichte. 3 Thle. 11. Bearbeitung. gr. 8. Breslau 873. F. Hirt. n. 8. —
1. Thl. Das Thierreich. Mit 720 in den Text gedruckten Abbildgn. (in Holzschn.) Nebst e. Beigabe: Völkergruppen nach den 5 Welttheilen. (VIII, 288 S.) n. 2. 75
2. Thl. Das Pflanzenreich. Anleitung zur Kenntniß desselben nach dem Linné'schen System, unter Hinweisg. auf das natürl. System. Nebst e. Abriß der Pflanzengeschichte u. Pflanzengeographie. Neue Bearbeitg. Mit 700 in den Text gedr. Abbildgn. nach Originalzeichgn. v. F. Koska, E. v. Kornatzki, Haberströhm u. A. in Holz ausgeführt v. E. Kretzschmar. n. 2. 50
3. Thl. Das Mineralreich. Mineralogie, Geognosie u. Geologie. Nebst e. Beigabe: Geologische Vegetationsbilder u. e. Anh.: Erläuterung berg- u. hüttenmänn. Ausdrücke. Neue Bearbeitg. Mit 540 in den Text gedr. Abbildgn. (Holzschn.) nach Originalzeichgn. v. F. Koska, E. v. Kornatzky, Haberströhm, Georgy, Baumgarten u. Rosa. (VIII, 232 S.) n. 2. 75

— dasselbe. 1. Das Thierreich. Nebst e. Beigabe: Völkergruppen nach den 5 Welttheilen. 12., vielseitig verb. u. bereich. Bearbeitg. Mit 755 in den Text gedr. (Holzschn.-) Abbildgn. nach Orig.-Zeichngn. v. F. Koska, v. Kornatzki, Haberstrohm 2c. gr. 8. (VIII, 312 S.) Ebend. 875. n. 3. —

— dasselbe. 2. Ausg. A. Das Pflanzenreich. Anleitung zur Kenntniß desselben nach dem Linné'schen System, unter Hinweisg. auf das natürl. System. Nebst e. Abriß der Pflanzengeschichte u. Pflanzengeographie. Begründet v. Frdr. Wimmer. 12. Bearbeitg. Mit 720 in den Text gedr. (Holzschn.-)Abbildgn. nach Orig.-Zeichngn. v. F. Koska, E. v. Kornatzki, Haberstrohm 2c. gr. 8. VIII, 268 S.) Breslau 876. Hirt. n. 3. —

Schilling's, Sam., Grundriß der Naturgeschichte d. Thier-, Pflanzen- u. Mineralreichs. 12. Bearbeitg. 2. Ausg. B. Das Pflanzenreich. Anleitung zur Kenntniß derselben nach dem natürl. System, unter Hinweisg. auf das Linné'sche System. Nebst e. Abriß der Pflanzengeschichte und Pflanzengeographie. Begründet v. Frdr. Wimmer. Neue Bearbeitg. Mit 812 in den Text gedr. Abbildgn. (in Holzschn.) nach Orig.-Zeichngn. v. F Koska, E. v. Kornatzki, Haberstrohm 2c. gr. 8. (VI, 303 S.) Ebend. 875. n. 3. —

— dasselbe. Kleinere Ausg. v. Schilling's Schul-Naturgeschichte. Vollständig in einem Bd. B. Besondere Ausgabe m. der Darstellung d. Pflanzenreiches nach dem natürl. System in neuer Bearbeitg 15., verb. u. verm. Aufl. Illustrirt durch 822 in den Text gedr. Abbildgn. nach Zeichngn. v. F. Koska, E. v. Kornatzki, Haberströhm u. A. in Holzschn. ausgeführt v. Ed Kretzschmar. gr. 8. (VIII, 320 S.) Ebend. 876. n. 3. 50

Schilling's, Sam., Grundriß der Naturgeschichte des Thier-, Pflanzen- u. Mineralreichs. Ausg. B. 3. Tl. Specialausg. für die oberen Klassen höherer Lehranstalten, insbesondere der Realschulen, Gewerbe- u. Berg Schulen. 2 Thle. Bearb. von Eman. Glatzel. gr. 8. Breslau 879. F. Hirt. à n. 1. 75
1. Mineralogie u. Krystallographie. Mit 213 (eingedr.) Holzschn. nach Orig.-Zeichnungen. (VIII, 150 S.)
2. Geognosie u. Geologie. Mit 318 (eingedr.) Holzschn. nach Orig.-Zeichnungen. (IV, 148 S.)

Schilling's, Sam., Grundriß der Naturgeschichte des Thier-, Pflanzen- u. Mineralreichs. Größere Ausg. von S. Schilling's Schul-Naturgeschichte. 3 Thle. gr. 8. Breslau 879—82. F. Hirt. à n. 3. —
1. Das Thierreich. Nebst einer Beigabe: Völkergruppen nach den 5 Welttheilen. 13., vielseitig verb. u. bereich. Bearbeitung. Mit 762 in den Text gedr. (Holzschn.)Abbildungen nach Orig. Zeichnungen von F. Koska, v. Kornatzki, Haberstrohm 2c. (VIII, 339 S.)
2. Das Pflanzenreich. Ausg. A.: Anordnung desselben nach dem Linné'schen System mit Hinweisung auf das natürliche System. Nebst einem Abriß der Pflanzengeschichte u. Pflanzengeographie. Mit 824 in den Text gedr. Abbildungen. Neue, 13. Bearbeitung. (IV, 301 S.)
3. Das Mineralreich. Mineralogie, Geognosie u. Geologie Nebst einer Beigabe: Geologische Vegetationsbilder u. einem Anhang: Erläuterung berg- u. hüttenmännischer Ausdrücke. 12. Bearbeitung. Mit 644 in den Text gedr. (Holzschn.-) Abbildungen. (VIII, 148 S.)

— dasselbe. 2. Tl. Ausg. B. gr. 8. Ebend. 880. n. 3. —
Das Pflanzenreich. Anleitung zur Kenntniß desselben nach dem natürlichen System mit Hinweisung auf das Linné'sche System. Nebst einem Abriß der Pflanzengeschichte u. Pflanzengeographie. Begründet von Frdr. Wimmer. Neue, 13. Bearbeitung. Mit 800 Abbildungen auf 540 Holzschn. (VI, 320 S.)

Schilling's, Sam., Grundriß der Naturgeschichte des Thier-, Pflanzen- und Mineralreichs. Größere Ausg. von Schilling's Schul-Naturgeschichte. Ausg. A. 3 Thle. Neue Bearbeitung. gr. 8. Breslau, Hirt. *

Inhalt:
Thl. 1. Das Thierreich. 14. vielseitig verb. und bereicherte Bearbeitung. Nebst einer Beigabe: Völkergruppen nach den fünf Welttheilen. Mit 800 in den Text gedr. Abbild. in Holzschn. nach Original-Zeichnungen von F. Koska, E. v. Kornatzki, Haberströhm 2c. (VI 344 S.) 883. *ℳ 3.
" 2. Das Pflanzenreich. Anleitung zur Kenntniß desselben nach dem Linné'schen System, unter Hinweisung auf das natürl. System. Nebst einem Abriß der Pflanzengeschichte und Pflanzengeographie. Begründet von Friedr. Wimmer. 13. Bearbeitung. Ausg. A. nach dem Linné'schen System. Mit 824 in den Text gedr. Abbild. nach Originalzeichnungen von F. Koska, E. v. Kornatzki, Haberströhm u. A., in Holz ausgeführt von E. Kretzschmar. (IV, 301 S.) 882. *ℳ 3. [Ausg. B. Nach dem natürl. System. (VI, 320 S. mit 800 in den Text gedr. Abbild.) 880; 14. Aufl., bearb. von F. Noll. (314 S. mit 808 in den Text gedr. Abbild.) 884 *ℳ 3.]
" 3. Das Mineralreich. Mineralogie, Geognosie und Geologie. Nebst einer Beigabe: Geologische Vegetationsbilder und einem Anhang: Erläuterung berg- und hüttenmänn. Ausdrücke. 13. Bearbeitung. Ausg. A. Mit 298 in den Text gedr. Abbild. (Holzschn.), nach Originalzeichnungen von F. Koska, E. v. Kornatzki, Haberströhm 2c.) (216 S.) 885. *ℳ 2,70.

Schilling, Sam., gemeinnütziges Handbuch der Botanik oder Gewächskunde der in- und ausländischen, der in Deutschland wildwachsenden u. kultivirten Gewächse, nebst Anweisung, die Pflanzen zu trocknen, einzulegen und als Herbarium aufzubewahren, mit 60 Tafeln Abbildd., welche solche Pflanzen und Pflanzentheile darstellen, die zur gründl. Kenntniß des Gewächsreiches am meisten geeignet sind. gr. 8. Breslau 840. Heinr. Richter. 2 rß — Colorirt 3 rß

— Handbuch der Naturgeschichte. 4r Bd. Botanik u. Mineralogie. Mit Kpfr. .. Breslau 839. H. Richter. 3 1/4 rß ill. 6 1/2 rß

— s. Jugendfreund, der, Belehrungen aus d. Gebiete der Länder- u. Völkerkunde.

Samuel **Schilling**. Das Mineralreich. Abt. 1. 16. Bearb., besorgt von Dr. Adolf Mahrenholtz. Breslau: F. Hirt 1904. 8° [F.]
= **Schilling**: Grundriß d. Naturgeschichte. T. 3, Abt. 1. (06. 191)

Samuel **Schilling**: Das Mineralreich. Neubearb. durch R. Waeber. 21. Bearb. (8. Druck d. Neugestaltung.) Mit vielen Abb. Breslau: F. Hirt 1907. (88 S.) 8° [F.]
— **Schilling**: Kleine Schul-Naturgeschichte. T. 3. (08. 4748)

Schilling, Sam., ausführliche Naturgeschichte des Thier-, Pflanzen- und Mineralreichs. 4 Bde. Mit 276 Abbild. 2. Ausg. gr. 8. Breslau 843, Hnr. Richter. 7 1/2 rß

—— kleine Naturgeschichte der drei Reiche. Ausg. A.: Mit dem Pflanzenreich nach dem Linnéschen System. 17. Bearbeitung. Illustr. durch über 800 nach Orig.-Zeichnungen ausgeführte Abbild. mit vergleich. Notizen über das Verhältnis derselben zur natürl. Größe. Komplette, alle drei Reiche verein. Ausg. gr. 8. (V, 159; 112; 55 S.) Ebendas. 881. *

—— dass. — Ausg. B.: Mit dem Pflanzenreich nach dem natürl. System. 17. Bearbeitung. gr. 8. (IV, 159; 123; 55 S.) Ebendas. 881. *

—— dass. — Ausg. in einzelnen Tln. Tl. I., II. A. und B., III. 17. Bearbeitung. gr. 8. (Mit eingedr. Holzschn.) Ebendas. 881. *

Inhalt:
Tl. I. Das Tierreich. (V, 159 S.) *ℳ 1,85.
" II. A. Das Pflanzenreich nach dem Linnéschen System. (III, 112 S.) *ℳ 1,20.
" II. B. Das Pflanzenreich nach dem natürlichen System. (III, 123 S.) *ℳ 1,25.
" III. Das Mineralreich. (III. 55 S.) * 50 Pf.; cart. * 65 Pf.

—— Kleine Naturgeschichte der drei Reiche. Neu bearb. v. R. Waeber. 4 Thle. 8°. Ges.-Ausg. A. bezw. B. (3 Thle.) in 1 Bde. Ebd. 891. geb. * 3 50

Einzeln:
1. Thl. Das Tierreich. 19. Bearbeitg. (200 S. m. Abbildgn.) geb. * 1 60.
2. Thl. Ausg. A. Das Pflanzenreich nach dem Linné'schen System. 19. Bearbeitg. (156 S. m. Abbildgn.) geb. * 1 50. — Ausg. B. Dass. — nach dem natürl. System. 19. Bearbeitg. (156 S. m. Abbildgn.) geb. * 1 50.
3. Thl. Das Mineralreich. 19. Bearbeitg. (88 S. m. Abbildgn.) geb. * 1 —.

Samuel Schilling: Das Pflanzenreich, nach dem natürlichen System. Neubearb. durch R. Waeber. 21. Bearb. ⟨8. Druck d. Neugestaltung.⟩ Mit vielen Abb. u. 2 Taf. Breslau: F. Hirt 1907. (159 S.) 8° [F.]
— Schilling: Kleine Schul-Naturgeschichte. T. 2. 108. 4747

Samuel Schilling: Das Pflanzenreich nach dem natürlichen System. Neubearb. durch R. Waeber. 21. Bearb. ⟨8. Druck d. Neugestaltung.⟩ Mit vielen Abb. u. 2 Taf. Breslau: F. Hirt 1907. (159 S.) 8° [F.]
— Schilling: Kleine Schul-Naturgeschichte. T. 2. B. 108. 8312

– Schul-Atlas der Naturgeschichte des Thier-, Pflanzen- u. Mineralreichs. Zur Belebung u. Förderung der vergleichenden Anschauung in den Gebieten der drei Reiche der Natur. Ein Ergänzungsband zu jedem Hand- u. Lehrbuche der Naturgeschichte. In nahe an 1200 Abbildungen (in Holzschn.) aus dem Thier-, Pflanzen- u. Mineralreiche. Wohlfeile (Titel-)Ausg. Ebend. (859)869. Lex.-8. (XVI, 35 S.) cart. n.n. 27½ ngr.; das Thierreich allein n. 15 ngr.; das Pflanzen- u. Mineralreich allein n. 15 ngr.

Schilling, Sam. Kleinere Ausg. von Schilling's Schul-Naturgeschichte. Vollständig in einem Band. B. Besondere Ausgabe mit der Darstellung des Pflanzenreiches nach dem natürl. System in neuer Bearbeitung. 14., verb. und verm. Aufl. Illustr. durch 822 in den Text gedr. Abbild. nach Zeichnungen von F. Koska, C. v. Kornatzki, Haberströhm u. A., in Holzschn. ausgeführt von Ed. Kretzschmar. gr. 8. (VIII, 320 S.) Breslau 873, Hirt's Verlag. *

—— dass. — Ergänzungsheft: Das Pflanzenreich dargestellt nach dem natürl. System. Für die Besitzer aller bisher erschienenen Bearbeitungen der Ausg. mit dem Pflanzenreich nach dem Linné'schen System. gr. 8. (84 S. mit 609 in den Text gedr. Abbild. in Holzschn.) Ebendas. 870. *

— — u. Seiwert, kleine Schul-Naturgeschichte. 22. Bearbeitg. [durchgeseh. Neudr.], besorgt v. Jos. Seiwert. I. u. II. Tl. 8. Ebd. Geb. 5. —
I. Der Mensch u. das Tierreich. Mit 316 teilweise farb. Textabbildgn. u. 9 farb. Taf.) (232 S.) 909. Geb. 2. 50
II. Das Pflanzenreich nach dem natürlichen System. Mit 221 Textabbildgn. u. 12 farb. Taf. (183 S.) 909. Geb. 2. 50

—— kleine Schul-Naturgeschichte der drei Reiche. Mit der Darstellung des Pflanzenreichs nach dem Linné'schen System. 13. Aufl. 1871, und 14. verb. Aufl. Illustr. durch 800 in den Text gedr. Abbild. (in Holzschn.). gr. 8. (300 S.) Ebendas. 873. *

—— Kleine Schul-Naturgeschichte der drei Reiche. Ausg. A. Mit der Darstellung des Pflanzenreiches nach dem Linné'schen System in neuer Bearbeitung. 15. und 16. verb. und verm. Aufl. Illustrirt durch 800 nach Orig.-Zeichnungen ausgeführte (eingedr. Holzschn.-)Abbildungen. gr. 8. (VIII, 160, 96, 48 S.) Ebendas. 876,79. * 3 50
—— dass. — Ausg. B. Mit Darstellungen des Pflanzenreiches nach dem natürlichen System in neuer Bearbeitung. 15. und 16. verb. und verm. Aufl. Illustrirt durch 846 nach den Orig.-Zeichnungen ausgeführten (eingedr. Holzschn.-)Abbildungen. gr. 8. (VIII, 156, 120, 44 S.) Ebendas. 876,79. * 3 50

— kleine Schul-Naturgeschichte der drei Reiche. Ausg. A.: Mit dem Pflanzenreich nach dem Linné'schen System. 17. Bearbeitung. Illustr. durch über 800 nach Orig. Zeichnungen ausgeführte Abbildungen mit vergleichenden Notizen über das Verhältnis derselben zur natürlichen Größe. Komplette, alle 3 Reiche verein. Ausg. gr. 8. (V, 159; 112 u. 55 S.) Ebend. 881. n. 3. —

— dasselbe. Ausg. B: Mit dem Pflanzenreich nach dem natürlichen System. 17. Bearbeitung. gr. 8. (IV, 159; 123 u. 55 S.) Ebend. 881. n. 3. —

— dasselbe. Ausg. in einzelnen Tln. Tl. I., II. A. u. B., III. 17. Bearbeitung. gr. 8. (Mit eingedr. Holzschn.) Ebend. 881. n. 4. 30
I. Das Tierreich. (V, 159 S.) n. 1. 35
II. A. Das Pflanzenreich nach dem Linnéschen System. (III, 112 S.) n. 1. 20
II. B. Das Pflanzenreich nach dem natürlichen System. (III, 123 S.) n. 1. 25
III. Das Mineralreich. (III, 55 S.) n. — 50; cart. n. — 65

— kleine Schul-Naturgeschichte der drei Reiche. Neubearbeitung durch R. Waeber. 3 Tle. [18. Bearbeitg., 1. Druck der v. R. Waeber besorgten Neugestaltg.] gr. 8. (Mit vielen Abbildgn.) Ebd. 890. geb. n. 3. 65; Ausg. A: Mit dem Pflanzenreich nach dem Linné'schen System, in 1 Bd. geb. n. 3. 50; Ausg. B: Mit dem Pflanzenreich nach dem natürl. System, in 1 Bd. geb. n. 3. 50
1. Das Tierreich. (188 S.) n. 1. 60. — 2. Das Pflanzenreich nach dem Linné'schen System. (156 S.) n. 1. 25. — 3. Das Mineralreich. (84 S.) n. — 80.

— dasselbe. Tl. II. B. Das Pflanzenreich nach dem natürlichen System. 18. Bearbeitg. 8. (156 S. m. Abbildgn.) Ebd. 890. geb. n. 1. 25

— kleine Schul-Naturgeschichte der 3 Reiche. Neubearbeitung durch R. Waeber. Ausg. A u. B. Gesamt-Ausg., das Tier-, Pflanzen- u. Mineralreich enth. Mit vielen Abbildgn., einigen Farbendr. gr. 8. Ebd. à n. 3. 50
A. Mit dem Pflanzenreich nach dem Linnéschen System. 20. Bearbeitg. (3. Druck der v. R. Waeber besorgten Neugestaltg.) (IV, 200, 158 u. 88 S.) 893.
B. Mit dem Pflanzenreich nach dem natürlichen System. 19. Bearbeitg. (2. Druck der v. R. Waeber besorgten Neugestaltg.) (IV, 200, 159 u. 88 S.) 891.

— dasselbe. Neubearbeitung durch R. Waeber. 1. Tl., 2. Tl. A, 3. Tl. gr. 8. Ebd. Geb. n. 4. 10
1. Das Tierreich. 19. Bearbeitg. (2. Druck der v. Waeber besorgten Neugestaltg.) (200 S. m. Abbildgn.) 891. n. 1. 60
2. A. Das Pflanzenreich nach dem Linnéschen System. 20. Bearbeitg. (3. Druck der v. R. Waeber besorgten Neugestaltg.) (158 S. m. Abbildgn.) 893. n. 1. 50
3. Das Mineralreich. 20. Bearbeitg. (3. Druck der v. R. Waeber besorgten Neugestaltg.) (88 S. m. Abbildgn.) 893. n. 1. —

— kleine Schul-Naturgeschichte d. drei Reiche. Neubearbeitg. durch R. Waeber. Ausg. A. M. d. Pflanzenreich nach d. Linnéschen System. Gesamt-Ausg., das Tier-, Pflanzen- u. Mineralreich enth. M. vielen Abb., ein. in Farbendr. Ausg. 1896. gr. 8. (IV, 200, 158 u. 88 S.) Ebd. 896. Geb. n. 3. 50; erh. Preis n. 3. 60

— dasselbe. Ausg. B. M. dem Pflanzenreich nach dem natürl. System. Ausg. 1896. gr. 8. (IV, 200, 159 u. 88 S.) Ebd. 896. Geb. n. 3. 50; erh. Preis n. 3. 60

— dasselbe. I. Tl., II. Tl. A u. B u. III. Tl. gr. 8. Ebd. Geb. n. 5. 60
I. Das Tierreich. 21. Bearbeitg. (4. Druck der v. R. Waeber besorgten Neugestaltg.) (200 S. m. Abb.) Ebd. 896. Geb. n. 1. 60
II. A. D. Pflanzenreich nach d. Linnéschen System. 21. Bearbeitg. (4. Druck d. v. R. Waeber besorgten Neugestaltg.) (158 S. m. Abb.) 897. Geb. n. 1. 50
II. B. Das Pflanzenreich nach d. natürl. System. 21. Bearbeitg. (5. Druck d. v. R. Waeber besorgten Neugestaltg.) (159 S. m. 155 Fig.) Ebd. 898. Geb. n. 1. 50
III. D. Mineralreich. 21. Bearbeitg. (5. Druck d. v. R. Waeber besorgten Neugestaltg.) (88 S. m. Abb.) 898. Geb. n. 1. —

Samuel Schillings Kleine Schul-Naturgeschichte der drei Reiche. Neubearb. durch R. Waeber. Ausg. A. Mit d. Pflanzenreich nach d. Linnéschen System. Gesamt-Ausg. (21. Bearb.) Mit vielen Abb. (T. 1—3 in 1 Bde.) *Breslau: F. Hirt 1898.* 8° [F.] 100. 2116

— kleine Schul-Naturgeschichte der 3 Reiche. Neubearbeitung durch R. Waeber. Tl. I., II. B. u. III. gr. 8. Ebd. Geb. n. 4. 15
I. Das Tierreich. 21. Bearbeitg. (6. Druck der v. R. Waeber besorgten Neugestaltg.) (199 S. m. Abbildgn. u. 2 farb. Taf.) 901. Geb. n. 1. 65
II. B. Das Pflanzenreich nach dem natürlichen System. 21. Bearbeitg. (6. Druck der v. R. Waeber besorgten Neugestaltg.) (159 S. m. Abbildgn.) 900. n. 1. 50
III. Das Mineralreich. 21. Bearbeitg. (6. Druck der v. R. Waeber besorgten Neugestaltg.) (85 S. m. Abbildgn.) 901. n. 1. —

Samuel Schillings Kleine Schul-Naturgeschichte der drei Reiche Neubearb. durch R. Waeber. 21. Bearb. ⟨6. Druck d. von R. Waeber besorgten Neugestaltung.⟩ Mit vielen Abb. u. Taf. T. 1–3. *Breslau: F. Hirt 1900-03.* 4 Bde 8° [F.]
1. Das Tierreich. 1901.
2 A. Das Pflanzenreich nach d. Linné'schen System. 1903.
2 B. Das Pflanzenreich nach d. natürl. System. 1900.
3. Das Mineralreich. 1901. 04. 7736

Samuel **Schillings** Kleine Schul-Naturgeschichte der drei Reiche. Neubearb. durch R. Waeber. 21. Bearb. ⟨7. Druck der von R. Waeber besorgten Neugestaltung.⟩ ... Gedruckt in d. neuen deutschen Rechtschreibung. T. 1. Breslau: F. Hirt 1903. 8° [F.] 06. 466

Samuel Schillings Kleine Schul-Naturgeschichte. Bearb. von R. Waeber. Auf Grund d. preuß. Lehrpläne von 1901 umgearb. durch J[os.] Seiwert, Oberl. zu Trier. 22. Bearb. T. 1. *Breslau: F. Hirt 1903.* 8° [F.] 04. 7725

— **kleine Schul-Naturgeschichte der drei Reiche. Neubearbeitung durch R. Waeber. I. Tl. u. II. Tl. A u. B. gr. 8. Ebd. Geb. n. 4. 65**
I. Das Tierreich. 23. Aufl. (8. Aufl. der Neubearbeitg.) Mit vielen Abbildgn. in Schwarzdr. u. 4 Taf. in vielfachem Farbendr. (216 S.) 906. n. 1. 65
II. A. Das Pflanzenreich nach dem Linnéschen System. 21. Bearbeitg. (6. Druck der v. R. Waeber besorgten Neugestaltg.) Mit vielen Abbildgn. in Schwarzdr. u. 2 Taf. in vielfachem Farbendr. Gedruckt in der neuen deutschen Rechtschreibg. (160 S.) 903. n. 1. 50
B. Das Pflanzenreich nach dem natürlichen System. 21. Bearbeitg. (7. Druck der v. R. Waeber besorgten Neugestaltg.) Mit vielen Abbildgn. in Schwarzdr. u. 2 Taf. in vielfachem Farbendr. Gedruckt in der neuen deutschen Rechtschreibg. (159 S.) 903. n. 1. 50

— dasselbe. Bearbeitung v. R. Waeber. Auf Grund der preuß. Lehrpläne v. 1901 umgearb. durch J. Seiwert. 1. u. 2. Tl. gr. 8. Ebd. Geb. à n. 2. —
1. Der Mensch u. das Tierreich. 22. Bearbeitg. Mit 316 teilw. farb. Abb. im Text, sowie 4 Taf. in vielfachem Farbendr. (232 S.) 903.
2. Das Pflanzenreich nach dem natürl. System. 22. Bearbeitg. Mit 221 Textabbildgn., sowie 1 schwarzen u. 7 farb. Taf. (183 S.) 904.

— kleine Schul-Naturgeschichte der 3 Reiche. Neubearbeitung durch R. Waeber. Tl. II. B. u. III. gr. 8. Ebd. Geb. 2. 50
II. B. Das Pflanzenreich nach dem natürlichen System. 21. Bearbeitg. (8. Druck der v. R. Waeber besorgten Neugestaltg.) Mit vielen Abbildgn. in Schwarzdr. u. 2 Taf. in vielfachem Farbendr. (159 S.) 907. Geb. 1. 50
III. Das Mineralreich. 21. Bearbeitg. (8. Druck der v. R. Waeber besorgten Neugestaltg.) (68 S. m. Abb.) 907. Geb. 1. –

— u. **Waeber, kleine Schul-Naturgeschichte der 3 Reiche.** Tl. II. B. u. III. Tl. gr. 8. Ebd. Geb. nn 2. 68
II. B. Das Pflanzenreich nach dem natürl. Systeme. 23. Aufl., bearb. v. Rob. Waeber. (160 S. m. 152 Abb. u. 10 farb. Taf.) 910. Geb. nn 1. 65
III. Das Mineralreich. 21. Bearbeitg. (U. Abdr.) Mit 132 Abb. (88 S.) 909. Geb. 1. –

— **kleine Schul-Naturgeschichte d. Thier-, Pflanzen- u. Mineralreichs.** 14. allseit. verb. u. verm. Bearb. Mit der Darstellg. d. Pflanzenreichs nach dem Linné'schen System. Illustrirt durch 800 naturgetreue (eingedr.) Abbildgn. nach Originalzeichngn. gr. 8. (VIII, 300 S.) Ebend. 871. n. 3. --

Samuel **Schilling**. Das Tierreich. Mit Berücks. d. Naturgesch. d. Menschen u. Hinweisen auf d. Gesundheitspflege. 20. Bearb. besorgt von Prof. Dr. H[einrich] Reichenbach, Oberl. zu Frankfurt a. M. Mit 550 Abb., sowie 1 Karte u. 3 Taf. *Breslau: F. Hirt 1903.* (464 S.) 8° [F.]
= **Schilling**: Grundriß d. Naturgeschichte. T. 1. 04. 9748

Samuel **Schilling**: Das Tierreich. Neubearb. durch R. Waeber. 23. Aufl. ⟨8. Aufl. d. Neubearb.⟩ Mit vielen Abb. u. 4. Taf. Breslau: F. Hirt 1906. (216 S.) 8° [F.]
= **Schilling**: Kleine Schul-Naturgeschichte. T. 1. 08. 4746

Schilling, Theodor, aus Nürnberg: Klinische Beiträge zur Lehre von der Parotitis epidemica. Erlangen 1898: A. Vollrath. (35 S.) 8°
Erlangen, Med. Diss. v. 7. Juli 1898

SCHILLING, Theodor (Nürnberg): London als Anleihmarkt der englischen Kolonien.- Stuttgart: Union 1911. 101 S. = Münchener volkswirtschaftliche Studien. 110.
14.12.1910 - Chr 1910/11,21; U 11.3576
Diss. Ingolst.-Landsh.-Mchn.

Schilling, V., dritte Elementarstufe des Wurst'schen Rechtschreiblehrganges. Ein Handbüchlein für Elementarschüler. Nach R. J. Wurst's Schriften. 12. Villingen 851, Förderer. 4 ngl

Schilling, Victor, appr. Arzt, Unterarzt b. Feldart.-Reg. Nr. 46: Zur Morphologie, Biologie und Pathologie der v. Kupferschen Sternzellen, besonders der menschlichen Leber. Berlin 1909: G. Reimer. 67 S. 8° (Aus: Virchows Archiv f. path. Anat. 196, 1.)
Berlin, Med. Diss. v. 14. Mai 1909, Ref. Orth
[Geb. 28. Aug. 83 Torgau; Wohnort: Wolfenbüttel; Staatsangeh.: Preußen; Vorbildung: Gymn. Allenstein Reife 0.03; Studium: Berlin K. W. A. 10 S.; Coll. 11. Mai 09; Approb. 10. Mai 09.] [U 09.102

Anweisung

— für den Schützendienst von W. v. S(chilling).

Schilling, W., Stoffe f. den Sprachunterricht in der Fortbildungsschule m. 3 aufsteigenden Stufen. gr. 8. (III, 62 S.) Leipzig 886. Klinkhardt. n. — 75

Schilling, W., Taubenzucht in der Stadt u. auf dem Lande. Anleitung zur erfolgreichen Nutz- u. Rasse-Taubenzucht, m. Anh.: Der Fliegetaubensport. Mit zahlr. Bildern u. Skizzen f. leicht zu bauende Taubenböden. (48 S.) 8. Leipzig (909). [Dr. F. Poppe.] Chemnitz, Verlag d. Geflügel-Welt. 1. —

Schilling, W. A., De collegiis opificum: Von Zünften der Handwercks-Leute. 4°. Lips. 1680. 4°. Wittenberg 1744.

Schilling, Wilhelm [aus Frankfurt a. M.]: Über 1, 3, 4 Äthyltoluylendiamin und einige Kondensationsprodukte desselben ... Erlangen, k. b. Hofbuchdr. v. A. Vollrath, 1892; 25 S. 8.
Erlangen, Phil. Fak., Inaug.-Diss. v. 1892

Schilling, Wilh., Hand- und Lehrbuch für angehende Naturforscher und Naturaliensammler oder gründliche Anweisung die Naturkörper aller drei Reiche zu sammeln und zu beobachten, in Naturaliensammlungen aufzustellen und für die Dauer aufzubewahren, namentlich Thiere aller Arten, Säugethiere, Vögel, Reptilien, Fische, Mollusken, Crustaceen, Insecten etc. auszustopfen etc., so wie Pflanzen einzulegen u. zu trocknen etc.; mit Hinzufügung vieler eigener naturhistorischer Beobachtungen und Entdeckungen. 3 Bde. Weimar 859—61. Voigt. gr. 8. 5 ₰ 15 ngr.
1. Bd., welcher das Allgemeine, so wie die Anweisung zum Sammeln und Beobachten der Ruckgratthiere und eine systematische Eintheilung derselben enthalt. (XL, 254 S.) 1 ₰ 15 ngr.
2. Bd., welcher die Anweisung zum Sammeln und Beobachten der ruckgratlosen Thiere, der Pflanzen, Mineralien und Versteinerungen und eine systematische Eintheilung derselben enthalt. Mit 27 Abbildgn. 8. (XXII, 474 S. u. 4 lith. Taf.) 2 ₰
3. Bd., welcher von der vollstandigen Zubereitung und Aufstellung der gesammelten und aufzubewahrenden Thiere, Eier und Nester, Pflanzen etc., sowie von der sichern Erhaltung derselben handelt. Mit 63 Abbildgn. 8. (XXII, 466 S. u. 8 lith. Taf.) 2 ₰

Schilling, Wilh., sicherer Schutz gegen Trichinen- und Finnen-Ansteckung, sowie erprobte Rathschläge eine geschwächte Verdauung zu verbessern, und eine gesunde auf die Dauer zu erhalten, als nothwend. Bedingung des erstern. Nachgewiesen durch physiolog. Gesetze und sorgfält. Beobachtungen aus der Naturgeschichte des Menschen und der Thiere. 8. (IV und 80 S. mit 2 Stnt.) Weimar 863, Voigt.

Schilling, Wilhelm Rudolph (Dederstedt) A. S. 1263/11

Disputatio inauguralis medica, de mola aquosa.
Präs. Johann Philipp Eysel.
Erfurt (Grosch) 28. II. 1716. 27 S. 30466

Schilling-Baumann, J.: Über amerikanische Handmaschinen und Werkzeuge im Vergleich zu den europäischen. Zürich 1878.

Schilling-Baumann, J., über Uhren im Allgemeinen, deren Geschichte und Behandlung. Nebst einer tabellar. Zusammenstellung der Zeitunterschiede von 100 Städten. 8. (19 S. mit 12 Fig. auf 2 Stnt. in qu. 4.) Zürich 875, Orell, Füßli und Comp. * 1 —
Aus: Jahresbericht der technischen Gesellschaft in Zürich, besonders abgedruckt.

Schilling von Canstatt, Carl Leopold Frhr.,
s. Schilling von Canstatt, Karl Leopold Frhr.

Schilling v. Canstatt, Ernst Frhr., Ahasver. Dramatische Handlg. in 5 Aufzügen. gr. 16. (110 S.) Straßburg 894. G. L. Kattentidt. n. 1. 60

Schilling v. Canstatt, Ernst Frhr., die Braut von der Maienau. Eine Geschichte vom Bodensee. 8. (VII, 272 S.) München 900. L. Köhler. n. 4. —; geb. n. 5. —

Schilling v. Canstatt, Ernst Frhr., Geschlechtsbeschreibung der Familie Schilling v. Canstatt, als Neubearbeitg. u. Fortsetzg. der Geschlechtsbeschreibg. derer Familien v. Schilling von Karl Frdr. Frhrn. v. Canstatt (1807) bearb. (IV, 368 S. m. 30 Taf. u. 2 Stammtaf.) gr. 8. Heidelberg 905. C. Winter, Verl. n. 20. —

Schilling v. Canstatt, Ernst Frhr., d. Kammerboten. E. Sang aus König Konrad's Tagen. gr. 8. (102 S.) Basel 896. G. L. Kattentidt. n. 2. —; geb. n. 3. 20

Schilling von Canstatt, Freiherr Ernst. Walafried. Ein Sang vom Bodensee. A. D. 1905. 2. Aufl. 83 S. 8. Stuttgart, Strecker & Schröder. [M. 1. 20]

(8) **Schilling v. Cannstatt,** Walafried. 905. (K.-B. 34.) Jetzt: Freiburg i. B., G. Ragoczy.

Schilling v. Canstatt, Heinr. Frhr. Durch d. Gartens kleine Wunderwelt. Naturfreundliche Streifzüge. Mit 418 Orig.-Zeichngn. d. Verf. in ca. 1000 Einzeldarstellgn. 10 Lfgn. Lex.-8. (VI, XII, 462, X S.) Frankf. a. O. 890,91, Trowitzsch u. Sohn.
1.—4., 9. u. 10. Lfg. à * 2 —; 5./6. u. 7./8. Lfg. à * 3 —
* 18 —; geb. * 20 —

— Geschichte d. 5. Badischen Infanterie-Regiments Nr. 113. 8. (VI, 305 S. m. Farbendrucken, Karten u. Skizzen.) Berlin 890. Mittler & Sohn. n. 7. 50

— die praktische Karpfenzucht nach d. alten Oberförsters Klaehr Erfahrungen. Mit 16 Textillustr. u. 5 Taf. gr. 8. (VIII, 132 S.) Frankfurt a/O. 888. Trowitzsch & Sohn. n. 3. —; geb. n. 4. —

Schilling von Canstatt, K. S. Frhr.,
s. Schilling von Canstatt, Karl Leopold Frhr.

SCHILLING von CANSTADT, Karl Baron: Verwendung und Eigenschaften in- und ausländischer Nutzhölzer. (Vortrag). Wien 1875. 36 S.

Schilling von Canstatt, Karl Friedrich Frhr.

Schilling v. Canstadt, K. F., Geschlechtsbeschreibung derer Familie von Schilling. Mit Kpfr. u. Stammtfln. Karlsruhe 1807. fol. — Mannheim 1812. fol.

v. Schilling, Frhrr. Karl Fr., v. Canstadt, Geschlechtsbeschreib. derer Familien v. Schilling. Mit 14 Kpf. u. Stammtaf. verwandter Familien. gr. Fol. Manh. 807. Neuer Abdruck 812. Schwan u. G. 2 ℛ 16 gl.

K. F. **Schilling's** v. Canstadt Handb. f. Denker. *Karlsr.*, Maklot. 807-12. 5 Bde. gr8° 10 ℛ 12 gl

— Handbuch f. Denker. 5 Thle. gr. 8. Manh. 807—12. (Mohr in Heidelb.) 10 ℛ 12 gl.

Schilling von Canstatt, Karl Leopold Frhr.

Schilling v. Kannstadt, Carl Leop. Frhr., Reitkunst u. Dressur nach dem Naturgesetze, mit besond. Rücksicht auf unartige Pferde und die dabei nöthige Handarbeit, nebst einigen Worten über das Frommachen zum Beschlagen. Stuttgart 866. Ebner u. Seubert. gr. 8. (XX, 356 S.) mit 74 eingedr. Holzschn. u. 1 lith. Plane in Fol.) n. 1 ℛ 18 ngr.

Schilling-Cannstatt, Frhr. L. v., Gedanken eines langjährigen Remontenabrichters zur preußischen Reitinstruction. Zugleich ein Leitfaden für jeden Reiter u. Zureiter, um Mißgriffe aller Art zu verhüten. Mit Anleitung über das so häufig verkehrt angewendete Longiren. gr. 8. (V, 93 S.) Stuttgart 880. Schickhardt & Ebner. n. 2. —

Schilling von Canstatt, W. Frhr.

Schilling v. Cannstadt, Frhr., das großherzogl. badische 5. Infanterie-Regiment, jetzt königl. preußische 5. badische Infanterie-Regiment Nr. 113 im Feldzuge 1870—71. Bearb. auf Befehl des königl. Regiments. gr. 8. (V, 204 S. m. 7 lith. Karten in 4. u. Fol.) Berlin 876. Mittler & Sohn. n. 5. —

Sonnwendglut. Dramat. Ballade in 3 Aufz. Dichtung von Felix Baumbach. Musik von Hans **Schilling**-Ziemssen. [Textbuch.] Berlin: Harmonie-Verl. (1909). 81 S. 8° [11. 3815

Schilling-Büchli. (Volksbücher.) Nr. I—VI. 10 Geschichtchen aus d. Thierbuche u. aus d. Menschengeschichte. 12. (3 B.) Zürich 837, Orell, Füßli u. Comp. —

Schillinge od. Silbergroschen? Den Mecklenburgischen Landständen zum bevorstehenden Landtage gewidmet. Von einem erfahr. Geschäftsmanne. gr. 8. (16 S.) Lübeck 847. (Schwerin, Hildebrand.) 3 ngr

Schillinger: Instruktion für die Behandlung der Maydonald'schen Brutgläser. München 1896.

Einige Winke über Verwendung von Kunstdünger im bäuerlichen Betrieb. Vortrag geh. in d. Trierischen Bauernver. 1902 von Winterschul-Lehr. Schillinger aus Saarburg. *Trier: Paulinus-Dr. 1903.* (24 S.) 8° [5] [4 1:5

Schillinger A. Zur Charakteristik der Oden des Horaz. Pr. 1874. 42 S.

Schillinger, A.: Die Fischzuchtanstalt des Bayerischen Landesfischerei-Vereins von den 7 Quellen in Starnberg von der Gründung im Jahre 1881 bis zum 31. Dezember 1900. (Mit Kunstdruck-Illustrationen.) München 1900.

Schillinger, Alphons, appr. Arzt a. Rosenheim: Ueber die operative Behandlung des Zungenkrebses. Fünf Fälle eigener Beobachtung. München 1905: Kastner & Callwey. (59 S.) 8°
München, Med. Fak., Ref. v. Angerer, Diss. v. 26. Juli 1905
[Geb. 25. Sept. 78 Rosenheim; Wohnort: Rosenheim; Staatsangeh.: Bayern; Vorbildung: Wilhelmsgymn. München Reife Juli 98; Studium: München 5, Erlangen 1, München 2, Erlangen 3 S.; Coll. 8. Juni 05; Approb. 18. Juni 04.]

SCHILLINGER, Alphons (Rosenheim): Ueber Retention der Placenta und deren Beseitigung.- München: Mühlthaler 1869. 27 S.
24.7.1868 - Urk (Titel: De pathologia et therapia placentae retentae.); F 72; Chr 1868/69,13
Diss.Ingolst.-Landsh.-Mchn.

SCHILLINGER, Anton (Wasserburg): Über das Schleim- und Nerven-Fieber, mit besonderer Rücksichtnahme auf die Epidemie, die 1840 in München herrschte.- München: Wild 1840. 31 S.
8.8.1840 - Urk; F 65
Diss.Ingolst.-Landsh.-Mchn.

Schillinger, Frantz Caspar. Persianische und Ostindianische Reis[e] durch das Türkische Gebiet im Jahr 1699 angefangen und 1702 vollendet. Nürnberg: In Verlegung Johann Christoph Lochners An. 1709
Kupfertit., Tit., 4 Bl., 534 S., 4 Bl., 9 Taf., 4 Karten
2. Ausg. Die erste wahrscheinlich 1707

Schillinger, persian. und ostindian. Reisen. 8. Nürnberg, 716.

Schillinger Richard: Die Funkenspektren des Kaliums und Natriums. S. 118. [illegible] — .70
Separatabdruck

Schillinger, Rich., die Funkenspektren des Kaliums u. Natriums. (23 S.) gr. 8. Wien 909. A. Hölder. — 70
Sonderabdr. a.: „Sitzungsber. d. k. Akad. d. Wiss."

Schillinger, Wilhelm, pract. Arzt in Ilsfeld, Oberamts Besigheim: Aus d. Tübinger Universitäts-Augenklinik. Ein weiterer Fall von Lidgangrän mit Diphtheriebazillenbefund. *Hechingen: A. Sulzer 1903.* (24 S.) 8°
Tübingen, Med. Diss. v. 1903

Schilling-Museum, das, zu Dresden. Von E. P. Mit 4 zinkograph. Abbildgn. u. 1 Grundriss. gr. 8. (23 S.) Dresden 889. Meinhold & Söhne. n. — 50; geb. — 75

Schillings: Die Fundamentalaufgaben über die veränderliche geradlinige Bewegung im luftleeren Raume u. im widerstehenden Mittel nebst ihren Auflösungen. 20 S. Arnsberg, Progr. 1865.

Schillings: Inwieweit ist die Physik der Sonne durch die neuesten spectral-analytischen Untersuchungen gefördert worden? 32 S. 4° Paderborn. Progr. 1869.

Schillings, über Reichstagsauflösung u. Kolonialpolitik, s.: Schmoller, Gust.

SCHILLINGS, Albert. Die Frauen, liebenswürdig wie sie waren, liebenswürdig wie sie sind und liebenswürdig, wie sie seyn werden, oder: Ausgleichung des Schicksals der Vortheile und Nachtheile zwischen den beiden Hälften der menschlichen Gattung, geschrieben für den Kreis ge- [illegible]

— s.a. Schilling, A.

Schillings, C. G., s. Schillings, Karl G.

Schillings, Carl G., s. Schillings, Karl G.

Schillings, *Christian Joseph* [aus Wehr]: Aus d. Chirurg. Klinik in Bonn. Ueber die Nervennaht bei der Verletzung peripherer Nerven ... Düren, Actienges. f. Zeitgsverl. u. Druckerei, 1897; 42 S., 1 Bl. 8.
Bonn, Med. Fak., Inaug.-Diss. v. [6. März] 1897

Schillings, E. G., s. Schillings, Karl G.

Schillings, Karl G.

Schillings, C. G., mit Blitzlicht u. Büchse. Neue Beobachtgn. u. Erlebnisse in der Wildnis inmitten der Tierwelt v. Aequatorial-Ostafrika. Mit 302 urkundtreu in Autotyp. wiedergegebenen photograph. Original-Tag- u. Nacht-Aufnahmen des Verf. (XVI, 558 S.) Lex.-8. Leipzig 905. R. Voigtländer. n. 12. 50; geb. in Leinw. n. 14. —

Mit Blitzlicht und Büchse. Neue Beobachtungen u. Erlebnisse in d. Wildnis inmitten d. Tierwelt von Äquatorial-Ostafrika von C[arl] G. **Schillings**. Mit 302 Orig.-Tag- u. Nacht-Aufnahmen d. Verf. 2. Abdr. Leipzig: R. Voigtländer 1905. (XVI, 558 S.) 4°(8°) [F.] 07. 7137 II

Schillings, E. G., mit Blitzlicht u. Büchse. Neue Beobachtgn. u. Erlebnisse in der Wildnis inmitten der Tierwelt v. Aquatorial-Ostafrika. Mit 302 urkundtreu in Autotyp. wiedergegebenen photograph. Orig. Tag- u. Nacht-Aufnahmen des Verf. 3. Abdr. (17.—21. Taus.) (XIX, 558 S.) Lex. 8. Leipzig 907. R. Voigtländer. 12.50; geb. in Leinw. 14. —

— Mit Blitzlicht u. Büchse im Zauber des Eleléscho. Kleine Ausg. der beiden Werke: „Mit Blitzlicht u. Büchse" u. „Der Zauber des Eleléscho". Mit 83 photograph. Orig.-Tag- u. Nachtaufnahmen, urkundtreu in Autotypie wiedergegeben u. m. dem Fksm. e. einleit. Briefes v. Theodore Roosevelt an den Verf. 1.—4. Aufl. 1.—20. Taus. (384 S.) gr. 8. Leipzig 910. R. Voigtländer. 5.—; geb. in Leinw. 6. 50

— **der Zauber des Eleléscho. Mit 318 Abbildgn. meist photograph. Orig.-Tag- u. Nachtaufnahmen des Verf., urkundtreu in Autotypie wiedergegeben. (XIV, 496 S.) Lex.-8. Ebd. 906. n. 12. 50; geb. in Leinw. n. 14. —**

Moloch. Musikal. Tragödie in 3 Aufz. von Max **Schillings**. Dichtung frei nach Friedrich Hebbel's 'Moloch'-Fragment von Emil Gerhäuser. Vollst. Klavier-Ausz. mit Text von Rudolf Siegel. Berlin: E. Bote & G. Bock (1906). (292 S.) 4° 07. 11423

Moloch. Musikal. Tragödie in 3 Aufz. von Max **Schillings**. Dichtung frei nach Fr. Hebbels 'Moloch-Fragment' von Emil Gerhäuser. [Textbuch.] Berlin: Bote & Bock [1906]. 64 S. 8° 11. 4138

Der Pfeifertag. Heitere Oper in 3 Aufz. Dichtung von Ferdinand Graf Sporck. Musik von Max **Schillings**. Vollst. Klav.-Ausz. mit Text bearb. von Richard Mors. Berlin: E. Bote & G. Bock 1899. (223 S.) 4°

Der Pfeifertag. Heitere Oper in 3 Aufz. Dichtung von Ferdinand Graf Sporck. Musik von Max **Schillings**. [Textbuch.] Berlin: E. Bote & G. Bock [1899]. (62 S.) 8°

Schillings, Max, Weihechor zum Festspiel bei Einweihung des Münchner Künstlerhauses, s.: Künstlerhaus, das, in München.

Schillings-Bücher des Rauhen Hauses. Nr. 1—30. 12. 1. Der getröstete Bauersmann. Wir pflügen u. wir streuen. Das Leid der theuren Zeit. Zwei Lieder Kindern vorzusingen. Allerlei altdeutsch. Witz u. Verstand. Der Wegweiser. (24 S.) 2. Die arme Frau Dortel. Brief M. Luther's an sein liebes Söhnlein Hänschen. 848. (24 S.) — 2. Aufl. 850. (24 S.) 3 u. 4. 22 schöne geistliche Hauslieder von M. Luther, N. Hermann, P. Gerhard u. a. gesammelt von H. A. Seidel. 847. (60 S.) — 2. Aufl. 850. (60 S.) 5 u. 6. Ein alter treuer Freund u. Weltverbesserer aus dem deutschen Volke, demselben freundlich in Erinnerung gebracht im J. 1848 v. Adf. Krüger. 849. (72 S.) — 2. Aufl. 850. (72 S.) 7. August Hobelmann. Aus seinen Kinderjahren. 849. (24 S.) — 2. Aufl. 850. (24 S.) 8 u. IX. Martha, die Stiefmutter. Eine Dorfgeschichte. (59 S.) X. XI. XIII u. XIV. Die Perle der Tage od. die schottische Gärtnerstochter. (2 Hfte.) (95 S.) XII. Eine Falle um einen Sonnenstrahl einzufangen. (36 S.) 15 u. 16. Geschichte des neumodischen Philosophen u. Volksbeglückers Herrn Wähner u. seines Dieners Wilh. Wilmsen. (44 S.) 17. Die gute Frau Gerhard od. zwei Tage in Herrestad. Dazu ein schön neu Lied von den heil. drei Königen. (24 S.) 18. Lorenz der Freigemeindler. Eine Dorfgeschichte. Von der Verfasserin von „Martha, die Stiefmutter" u. „Vater, Sohn u. Enkel". (27 S.) 19 u. 20. Peter Nissen, der reiche Bauer. [Der Wirklichkeit u. dem Leben nacherzählt.] (39 S.) 21 u. 22. Elisabeth Merz, oder drei Tage aus dem Leben einer Näherin. (63 S.) 23 u. 24. Martha Reed. Eine wahre Lebensgeschichte. Zwei Gleichnisse von Luther. (48 S.) 25. Stillleben der Vorstadt. (24 S.) 26 u. 27. Magdalene Lenz, od. Muttertreue. Von der Verfasserin der Elisabeth Merz. (52 S.) 28. Lieder u. Sprüche f. Jung u. Alt. (24 S. m. eingedr. Holzschn.) 29 u. 30. Der Schulze Gottlieb zu Neuendorf. Amts- u. Lebensspiegel für christl. Schulzen, Schöffen u. Gemeindevorsteher. Von Frdr. Liebetrut. (48 S.) Hamburg 847—52, Agentur des Rauhen Hauses. (à n. 1 ngr) n. 1 rf

Schillings-Bücher des Rauhen Hauses. Hamburg (853—58.) Agentur des Rauhen Hauses. 12. Jede Nr. 1 ngr.

Nr. 8. 9. Martha, die Stiefmutter. Eine Dorfgeschichte 4. Aufl. (60 S.)
Nr. 31. 32. Johann Friedrich der Großmüthige, Churfürst von Sachsen, der Bekenner u. Märtyrer für den evangel. Glauben. (68 S.)
Nr. 33. 34. Hans Middleton. Aus dem Engl. (43 S.)
Nr. 35. 36. Johann der Beständige, Churfürst von Sachsen, der heldenmüthige Bekenner des evangel. Glaubens. (53 S.)
Nr. 37. 38. Friedrich der Weise, Churfürst von Sachsen, der Beschützer des evangel. Glaubens. (80 S.)
Nr. 39. 40. Monica. (55 S.)
Nr. 41. Der Schiffer von Helgoland. (24 S.)
Nr. 42. 43. Marie. Eine Dorfgeschichte. (Von der Verf. von Martha die Stiefmutter 2c.) (44 S.)
Nr. 44—46. Philipp Melanchthon, der Lehrer Deutschlands. (98 S.)
Nr. 47. 48. Dr. Heinrich Müller, weil. Prof. u. Superintendent zu Rostock, Verf. des evangel. Herzensspiegels, 2c. Eine Lebensbeschreibung von C. D. F. Nichel. (56 S.)
Nr. 49. 50. Des Greises Heimath. Aus dem Engl. übers. (56 S.)
Nr. 51. 52. Luise Schöpler, Pfarrer Oberlin's Dienstmagd, von Friedr. Wilh. Bodemann. (52 S.)
Nr. 53. 54. Joh. Heinr. Stobwasser's Lebensgeschichte. Herausg. von C. H. Stobwasser. (68 S.)
Nr. 55. 56. Die Bauermagd. (55 S.)
Nr. 57. Nur ein Schwein. (24 S.)
Nr. 58. 59. Christoph, Herzog von Würtemberg, der Vater, Freund, Hirt und Erleuchter seines Volkes. (Von F. A. Ed. Burdach.) (76 S.)
Nr. 60. Die Mönchsküche. (24 S.)
Nr. 61. 62. Hans Unruh und Franz Wohlgemuth, oder Wie die Aussaat, so die Ernte. Eine Erzählung aus dem Hamburgischen Volksleben. (48 S.)
Nr. 62a. Die beiden Buchdrucker. (26 S.)
Nr. 63. 64. Der Bajazzo und seine Mutter. (48 S.)
Nr. 65. Katharina, Königin von Würtemberg. (24 S.)
Nr. 66. 67. Magister Hahn. (48 S.)

Schillings-Bücher des Rauhen Hauses. Nr. 68—78. Hamburg 859—64. Agentur des Rauhen Hauses. 12. Jede Nr. n. 1 ngr.

Nr. 68. 69. Das Leben des alten Kohlermeisters Hillebille. (40 S.)
Nr. 70. Von einem Knaben in Thüringen. (24 S.)
Nr. 71. Zwei Soldatengeschichten: Der Kanonier aus Oesterreich. — Capitain Hedley Vicars. (24 S.)
Nr. 72. Der Heuerling von Oberstedal. (24 S.)
Nr. 73. 74. Mutterliebe. (43 S.)
Nr. 75. 76. Der Freihof. (39 S.)
Nr. 77. Auguste, Großherzogin von Mecklenburg-Schwerin. (24 S.)
Nr. 78. Der Hutelirieter von Weisenheim. (24 S.)

Schillings-Bücher des Rauhen Hauses. Nr. 79—83. Hamburg 865—68. Agentur des Rauhen Hauses. 12. Jede Nr. n. 1 ngr.

Nr. 79. Kindergebete u. Lieder. (23 S. mit Bildern in eingedr. Holzschn.)
Nr. 80. Ein Jubilar. (24 S.)
Nr. 81. Ein Gesellschaftsabend. (23 S.)
Nr. 82. Im Vorzimmer des Arztes. (23 S.)
Nr. 83. Der Brunnen Gotteshülfe. 8. (27 S.)

Schillings-Bücher, Nr. 84—100. gr. 16. Hamburg 871—76. Agentur d. Rauh. Hauses. à n. — 10

84. 85. Weihnachten u. der Krieg od. der Friede in Gott. (36 S.)
86. 87. Geschichtliche Bilder aus Lyon. (36 S.)
88. Ein Freiwilliger. (24 S.)
89. Die Erbgroßherzogin Auguste v. Mecklenburg-Schwerin, geb. Prinzeß v. Hessen-Homburg. (23 S.)
90. 91. Neuseeland. (32 S.)
92. 93. Die Waldensercolonie in Calabrien. (47 S.)
94. Lilienbrunn. (24 S.)
95. Bis ins 3. u. 4. Glied. (23 S.)
96. Das Schooßhündlein v. Armin Stein. (24 S.)
97. Wege d. Herrn. Von Armin Stein. (24 S.)
98. Hoch hinaus u. tief hinab. Ein Stücklein aus dem Reiche Gottes. Von Armin Stein. (23 S.)
99. Das Erdbeerkörbchen. Von M. Petzel. (24 S.)
100. Die wiedergefundene Bibel. Von Caroline Litzmann. (23 S.)

Schillingsbücher. Nr. 1. 2. 15. 16. 21—24. 35. 36. 41. 44—46. 48. 51. 52. 57. 61—70. 72—74. 79—82. 88. 90. 91. 101—132. 8. Hamburg 877—82. Agentur des Rauhen Hauses. à n. — 10

1. Der getröstete Bauersmann. (Neue Aufl.) (23 S.)
2. Die arme Frau Dortel am Weihnachtsabend. Von J. H. Wichern. 8. Aufl. (23 S.)
15. 16. Aus einem Knabenleben. (39 S.)
21. 22. Elisabeth Merz. 6. Aufl. (47 S.)
23. Das Haus am Deich. (24 S.)
24. Katharinchen. Eine Geschichte aus dem Leben. (24 S.)
35. 36. Johann der Beständige, Churfürst von Sachsen, der heldenmüthige Bekenner des evangel. Glaubens. Von E. Burdach. 5. Aufl. (48 S.)
41. Der Schiffer von Helgoland. Von Frdr. Oldenberg. 5. Aufl. (24 S.)
44. 45. Eines Waffenschmieds Sohn, der Lehrer Deutschlands. (55 S.)
46. Fügungen. Eine Erzählung nach dem Leben. (24 S.)
48. Gott sieht! Einer wahren Begebenheit nacherzählt. (Neue Aufl.) (23 S.)
51. 52. Luise Scheppler, Pfarrer Oberlin's Dienstmagd. (5. Aufl.) (46 S.)
57. Meister Gottfried. 4. Aufl. (23 S.)
61. 62. Hans Unruh u. Franz Wohlgemuth. 4. Aufl. (47 S.)
63. 64. Der Bajazzo u. seine Mutter. 3. Aufl. (47 S.)
65. Katharina, Königin von Württemberg. 3. Aufl. (24 S.)
66. 67. Magister Hahn. 3. Aufl. (48 S.)
68. 69. Der Köhlermeister Hillebille. 3. Aufl. (36 S.)
70. Von einem Knaben in Thüringen. 3. Aufl. (23 S.)
72. Der Heuerling von Oberstedal. 3. Aufl. (23 S.)
73. 74. Mutterliebe. 3. Aufl. (44 S.)
79. Kindergebete u. Lieder. (24 S.)
80. Ein Jubilar. 3. Aufl. (24 S.)
81. Ein Landgraf in Thüringen. (Neue Aufl.) (23 S.)
82. Im Vorzimmer des Arztes von Frdr. Oldenberg. 3. Aufl. (22 S.)
88. Ein Freiwilliger. 2. Aufl (24 S.)
90. 91. Aus Neuseeland. 9. Aufl. (36 S.)
101. 102. Feurige Kohlen. Von Armin Stein. (47 S.)
103. 104. Im Dachkämmerlein. Von Armin Stein. (47 S.)
105. Ein seliges Weihnachtsfest. Von M. Petzel. 3. Aufl. (23 S.)
106. 107. Segnet, u. fluchet nicht. Eine Dorfgeschichte. (Neue Aufl.) (36 S.)
108. Blumen u. Blüthen. Drei Kindergeschichten. (23 S.)
109. Ein Socialist. (24 S.)
110. 111. Im Dulden stark. Von Armin Stein. (Neue Aufl.) (48 S.)
112. 113. Die Heimkehr. (47 S.)
114. 115. Aus tiefer Noth. Von Armin Stein. (36 S.)
116. Der Auferstehungsmorgen. (23 S.)
117. Der kleine Apostel. 2. Aufl. (24 S.)
118. Die Krämerfrau. (24 S.)
119. Caroline, Herzogin v. Mecklenburg-Strelitz. (23 S.)
120. Der Sohn der Wittwe. 2. Aufl. (24 S.)
121. Vater Steckkönig. (24 S.)
122. 123. Aus einem Frauenleben. (48 S.)
124. 125. Gustav Adolf, König v. Schweden. Dem deutschen Volke erzählt von E. Friederichs. (48 S.)
126. Der alte Heim. Ein Arzt von Gottes Gnaden. Von E. Friederichs. (24 S.)
127. Durch Muth u. Kraft zur Meisterschaft. Von E. Friederichs. (23 S.)
128. 129. Der kleine Tim oder Gott ist ein Vater der Waisen. Eine wahre Geschichte von Francis Horner. Aus dem Englischen von A. v. Milecka. (47 S.)
130. Am 2. Weihnachtsfeiertage. Von Frdr. Oldenberg. 2. Aufl. (23 S.)
131. 132. Die Lutherbibel im Joachimsthal. 4 Weihnachtsgeschichten von Otto Brennekam. (48 S.)

Schillings-Bücher. Nr. 15, 16, 21, 22, 41, 51, 52, 61—64, 68—70, 72—74, 80—82, 88, 90, 91, 96—115. 8. Hamburg, Agentur des Rauhen Hauses. à Nr. * — 10

Inhalt:

Nr. 15. 16. Aus einem Knabenleben. (39 S.) 877.
" 21. 22. Elisabeth Merz. 6. Aufl. (47 S.) 879.
" 41. Oldenberg, Friedr., der Schiffer von Helgoland. 5. Aufl. (24 S.) 877.
Nr. 51. 52. Luise Scheppler, Pfarrer Oberlin's Dienstmagd. (5. Aufl.) (46 S.) 879.
" 61. 62. Hans Unruh und Franz Wohlgemuth. 4. Aufl. (47 S.) 879.
" 63. 64. Der Bajazzo und seine Mutter. 3. Aufl. (47 S.) 877.
" 68. 69. Der Köhlermeister Hillebille. 3. Aufl. (36 S.) 879.
" 70. Von einem Knaben in Thüringen. 3. Aufl. (23 S.) 877.
" 72. Der Heuerling von Oberstedal. 3. Aufl. (23 S.) 877.
" 73. 74. Mutterliebe. 3. Aufl. (44 S.) 878.
" 80. Ein Jubilar. 2. Aufl. (24 S.) 877.
" 81. Ein Landgraf in Thüringen. (23 S.) 878.
" 82. Oldenberg, Friedr., im Vorzimmer des Arztes. 2. Aufl.

(22 S.) 878.
= 88. Ein Freiwilliger. 2. Aufl. (24 S.) 879.
= 90. 91. Aus Neuseeland. 9. Aufl. (36 S.) 879.
= 96. Stein, Armin, das Schooßhündlein. (24 S.) 876.
= 97. —— Wege des Herrn. (24 S.) 876.
= 98. —— Hoch hinaus und tief hinab. Ein Stücklein aus dem Reiche Gottes. (23 S.) 876.
= 99. Petzel, M., das Erdbeerkörbchen. (24 S.) 876.
= 100. Litzmann, Caroline, die wiedergefundene Bibel. (23 S.) 876.
= 101. 102. Stein, Armin, Feurige Kohlen. (47 S.) 877.
= 103. 104. —— im Dachkämmerlein. (47 S.) 877.
= 105. Petzel, M., ein seliges Weihnachtsfest. (23 S.) 877.
= 106. 107. Segnet und fluchet nicht. Eine Dorfgeschichte. (36 S.) 878.
= 108. Blumen und Blüthen. Drei Kindergeschichten. (23 S.) 878.
= 109. Ein Socialist. (24 S.) 878.
= 110. 111. Stein, Armin, im Dulden stark. (48 S.) 878.
= 112. 113. Die Heimkehr. (47 S.) 879.
= 114. 115. Stein, Armin, Aus tiefer Noth. (36 S.) 879.

Schillingsbücher. Nr. 1, 2, 4, 5, 6, 10, 11, 18, 23, 24, 26, 27, 35, 36, 42—48, 51, 52, 57, 63—67, 79—82, 105—107, 109—111, 114—134. 8. (Mit Holzschn.) Hamburg 880—84, Agentur des Rauhen Hauses. à Nr. *

Inhalt:

Nr. 1. Der getröstete Bauersmann. (6. Aufl.) (23 S.)
= 2. Wichern, J. H., die arme Frau Dortel am Weihnachtsabend. 8. Aufl. (23 S.)
= 4. Der Weihnachtsstern. (16 S.)
= 5. 6. Krüger, Adf., ein alter treuer Freund und Weltverbesserer aus dem deutschen Volke (Dr. M. Luther), dem-

Schillingsbücher ꝛc.

selben freundlichst in Erinnerung gebracht im J. 1883. 5. Aufl. (47 S.)
Nr. 10. Die Geschichte vom Joseph. (24 S.)
= 11. Die württembergische Tabea. — Die schwedische Kinderfreundin. (24 S.)
= 18. Die beiden Buchdrucker. 4. Aufl. (24 S.)
= 23. Das Haus am Deich. (24 S.)
= 24. Katharinchen. Eine Geschichte aus dem Leben. (24 S.)
= 26. 27. Magdalene Lenz oder Muttertreue. 5. Aufl. (48 S.)
= 35. 36. Burdach, E., Johann der Beständige, Churfürst von Sachsen, der heldenmüth. Bekenner des evang. Glaubens. 5. Aufl. (48 S.)
= 42. Die alte Botenlise. (24 S.)
= 43. Ohne Gott kein Segen. — Hilfe in großer Not. (24 S.)
= 44. 45. Eines Waffenschmieds Sohn, der Lehrer Deutschlands. (55 S.)
= 46. Fügungen. Eine Erzählung nach dem Leben. (24 S.)
= 47. Dr. H. Müller. 4. Aufl. (24 S.)
= 48. Gott sieht! Einer wahren Begebenheit nacherzählt. (Neue Aufl.) (23 S.)
= 51. 52. Luise Schuppler, Pfarrer Oberlein's Dienstmagd. (46 S.)
= 57. Meister Gottfried. 4. Aufl. (23 S.)
= 63. Boy, J., das Mägdlein von Vierlanden. (24 S.)
= 64. Aus einem Soldatenleben. (24 S.)
= 65. Katharina, Königin von Württemberg. 3. Aufl. (24 S.)
= 66. 67. Magister Hahn. 3. Aufl. (48 S.)
= 79. Kindergebete und Lieder. 6. Aufl. (24 S.)
= 80. Ein Jubilar. 3. Aufl. (24 S.)
= 81. Ein Landgraf in Thüringen. (Neue Aufl.) (23 S.)
= 82. Oldenberg, Friedr., im Vorzimmer des Arztes. 3. Aufl. (22 S.)
= 105. Petzel, M., ein seliges Weihnachtsfest. 3. Aufl. (22 S.)
= 106. 107. Segnet, und fluchet nicht. Eine Dorfgeschichte. (Neue Aufl.) (36 S.)
= 109. Ein Socialist. (24 S.)
= 110. 111. Stein, Armin, im Dulden stark. (Neue Aufl.) (48 S.)
= 114. Loesche, B., ein Weihnachtssegen. (24 S.)
= 115. —— ein Weihnachtsabend der Heimatlosen. (16 S.)
= 116. Der Auferstehungsmorgen. (23 S.)
= 117. Der kleine Apostel. 1. und 2. Aufl. (24 S.)
= 118. Die Krämerfrau. (24 S.)
= 119. Caroline, Herzogin von Mecklenburg-Strelitz. (23 S.)
= 120. Der Sohn der Wittwe. 1. und 2. Aufl. (24 S.)
= 121. Vater Steckkönig. (24 S.)
= 122. 123. Aus einem Frauenleben. (48 S.)
= 124. 125. Friederichs, E., Gustav Adolf, König von Schweden. Dem deutschen Volke erzählt. (48 S.)
= 126. —— der alte Heim. Ein Arzt von Gottes Gnaden. (24 S.)
= 127. —— durch Mut und Kraft zur Meisterschaft. (23 S.)
= 128. 129. Horner, Francis, der kleine Tim oder Gott ist ein Vater der Waisen. Eine wahre Geschichte. Aus dem Englischen von A. v. Mieleck a. (47 S.)
= 130. Oldenberg, Friedr., am zweiten Weihnachtsfeiertage. 2. Aufl. (23 S.)
= 131. 132. Brennekam, Otto, die Lutherbibel im Joachimsthal. Vier Weihnachtsgeschichten. (48 S.)
= 133. Friede auf Erden. (24 S.)
= 134. Das Heidekräutchen. (24 S.)

Schillingsbücher. Erzählungen u. Lebensbilder. Neue Ausg. m. Bildern u. in bunten Umschlägen. Nr. 4—6. 8—12. 17. 19—22. 25. 28—30. 33. 34. 37—43. 51—53. 63. 64. 70. 73. 74. 79. 84. 85. 97. 105. 112—115. 133. 134. Hamburg 883—86. Agentur d. Rauhen Hauses. à n. — 10

4. Der Weihnachtsstern. Von Erich Norden. (16 S.)
5. 6. Ein alter treuer Freund u. Weltverbesserer aus dem deutschen Volke (Dr. M. Luther), demselben freundlichst in Erinnerg. gebracht im J. 1883 v. Adf. Krüger. 5. Aufl. (47 S.)
8. Gottes Wege. (24 S.)
9. Durch Nacht zum Licht. Von Erich Norden. (24 S.)
10. Die Geschichte vom Joseph. (24 S.)
11. Die württembergische Tabea. Die schwedische Kinderfreundin. (24 S.)
12. Eine Falle, um e. Sonnenstrahl einzufangen. 9. Aufl. (24 S.)
17. Die gute Frau Gerhard od. zwei Tage in Herrestad. Eine Weihnachtsgeschichte. 7. Aufl. (24 S.)
19. Drei u. noch Einer. (16 S.)
20. Ein armer Sünder. (24 S.)
21. Trachtet nach dem, was droben ist. Erzählung v. Martin Claudius. (24 S.)
22. Pastors Mariechen. Von J. Boy. (16 S.)
25. Stillleben der Vorstadt. 5. Aufl. (24 S.)
28. Lieder u. Sprüche. (24 S.)
29. Schwester Gertrud. (16 S.)
30. Pastor, Ratsherr u. General. (24 S.)
33. Eure Lindigkeit lasset kund werden jedermann. Eine Weihnachtsgeschichte. (24 S.)
34. Eva Maria, die Dorfdiakonissin. (16 S.)
37. Anna Biguet, e. Mutter der Gefangenen. (24 S.)
38. Du bist gesund geworden. Von E. Freyer. (24 S.)
39. Was Gott zusammengefügt hat, das soll der Mensch nicht scheiden. (24 S.)
40. Vergieb uns unsere Schuld, wie wir vergeben unsern Schuldigern. Von J. Boy. (16 S.)
41. Der Schiffer v. Helgoland. Von Frdr. Oldenberg. 6. Aufl. (24 S.)
42. Die alte Botenlise. (24 S.)
43. Ohne Gott kein Segen. Hilfe in großer Not. (24 S.)
51. Ein Weihnachtsfeuer. Von Erich Norden. (24 S.)
52. Liebe um Liebe. (24 S.)
53. Kashaue od. Blutzeuge Christi. (24 S.)
63. Das Mägdlein v. Vierlanden. Von J. Boy. (24 S.)
64. Aus e. Soldatenleben. (24 S.)
70. Von e. Knaben in Thüringen. 4. Aufl. (24 S.)
73. Regina od. e. Schäflein Seiner Weide. (24 S.)
74. Am Rande d. Abgrundes. (24 S.)
79. Kindergebete u. Lieder. (24 S.)
84. Vergiß deinen Stand nicht Von J. Boy. (24 S.)
85. Verborgene Wege. Von C. Kreutzer. (24 S.)
97. Wege des Herrn. Von Armin Stein. 2. Aufl. (24 S.)
105. Ein seliges Weihnachtsfest. Von M. Petzel. 4. Aufl. (23 S.)
112. Soll ich meines Bruders Hüter sein? Von Erich Norden. (24 S.)
113. Seegeschichten. (16 S.)
114. Ein Weihnachtssegen. Von B. Loesche (24 S.)
115. Ein Weihnachtsabend der Heimatlosen. Von B. Loesche. (16 S.)
133. Friede auf Erden. Eine Weihnachts-Dorfgeschichte. (23 S.)
134. Das Heidekräutchen. Eine altmärk. Dorfgeschichte v. J. Boy. (24 S.)

Schillingsbücher. Nr. 2, 6, 7, 13—16, 22—24, 26, 27, 32, 33, 36, 46, 49—52, 54—56, 59—62, 68, 69, 72, 73, 76—79, 82, 87, 88, 91—94, 96, 98—105, 108, 114, 115, 122, 123, 126, 127, 130, 133. 12. (à ca. 24 S.) Hamburg 887 — 889. Agentur d. Rauhen Hauses. à Nr. n. — 10

Inhaltsübersicht in alphabet. Ordnung:

Armband, das verlorene. (Nr. 14.)
Auguste, Großherzogin v. Mecklenburg-Schwerin. 3. Aufl. (Nr. 77.)
Barle, R., der goldene Schieferstift. (Nr. 49.)
Blumen u. Blüten. Drei Kindergeschichten. 3. Aufl. (Nr. 108.)
Boy, J., der Opferstock von Wienfriedsborn. (Nr. 32.)
— Pastors Mariechen. 2. Aufl. (Nr. 22.)
Eitner, M., Weihnachtsfrieden. (Nr. 59.)
Erdbeerkörbchen, das. 2. Aufl. (Nr. 99.)
Freiwilliger, ein. 3. Aufl. (Nr. 88.)
Friede auf Erden. Eine Weihnachts-Dorfgeschichte. 2. Aufl. (Nr. 133.)
Friederichs, E., der alte Heim. Ein Arzt v. Gottes Gnaden. 2. Aufl. (Nr. 126.)
— durch Mut u. Kraft zur Meisterschaft. 2. Aufl. (Nr. 127.)
Fügungen. Erzählung nach dem Leben. 2. Aufl. (Nr. 46.)
Um Gotteswillen. Eine Weihnachtsgeschichte aus d. Leben. (Nr. 102.)
Haus, das, am Deich. 2. Aufl. (Nr. 23.)
Heinzen's Festtag. (Nr. 54.)
Herz, das trotzige. (Nr. 103.)
Heuerling, der, von Oberstedal. 4. Aufl. (Nr. 72.)
Karstens, M., aus e. Fischerdorf. (Nr. 50.)
— zur rechten Stunde. (Nr. 15.)
— Vergeltung. (Nr. 68.)
Katharinchen. Eine Geschichte aus d. Leben. 2. Aufl. (Nr. 24.)
Kindergebete u. Lieder. 8. Aufl. (Nr. 79.)

Kühn, E., das Gelübde. Eine Erzählg. aus d. Volk. (Nr. 91.)
— Hausmütterchen. 1. u. 2. Aufl. (Nr. 55.)
— ins Herz getroffen. Eine Erzählung. (Nr. 6.)
— Hoffnung läßt nicht zu Schanden werden. Eine wahre Geschichte. (Nr. 27.)
— nur eine Magd. (Nr. 56.)
— Mosodioa. Eine wahre Geschichte aus d. Missionsleben in Südafrika. (Nr. 76.)
— der einzige Sohn. (Nr. 61.)
Laura, die kleine. (Nr. 93.)
Lebenswege. (Nr. 87.)
Liebe um Liebe. 2. Aufl. (Nr. 52.)
Lindigkeit, eure, laßt kund werden allen Menschen. Eine Weihnachtsgeschichte. 2. Aufl. (Nr. 33.)
Litzmann, Caroline, die wiedergefundene Bibel. 2. Aufl. (Nr. 100.)

Loesche, B., ein Weihnachtsabend der Heimatlosen. 2. Aufl. (Nr. 115.)
— ein Weihnachtssegen. 1. u. 2. Aufl. (Nr. 114.)
Marci 9, 37. (Nr. 101.)
Mönchsküche, die. 4. Aufl. (Nr. 60.)
Nebinger, J. H., wird das nicht Freude sein? (Nr. 69.)
— nicht gewollt. (Nr. 13.)
— viele Wasser löschen die Liebe nicht. (Nr. 36.)
Norden, E., Gottes Hand. (Nr. 123.)
— d. Tag des Herrn. (Nr. 92.)
— ein Weihnachtsfeuer. 2. Aufl. (Nr. 51.)
— Weihnachtsglanz. (Nr. 62.)
Oldenberg, F., im Vorzimmer d. Arztes. 4. Aufl. (Nr. 82.)
— am 2. Weihnachtsfeiertage. 3. Aufl. (Nr. 130.)
Petzel, M., ein seliges Weihnachtsfest. 5. Aufl. (Nr. 105.)
Regina oder ein Schäflein Seiner Weide. 2. Aufl. (Nr. 79.)

Salfeld, E., Lilienbrunn. 7. Aufl. (Nr. 94.)
Schöne, A., aus Großmutters Stüblein. (Nr. 104.)
— die Reise nach Sibirien. (Nr. 78.)
— der Rosenstock. (Nr. 122.)
Stein, A., hoch hinaus u. tief hinab. Ein Stücklein aus d. Reiche Gottes. 2. Aufl. (Nr. 98.)
— das Schoßhündlein. 2. Aufl. (Nr. 96.)
Walther, L., siehe, ich mache alles neu! (Nr. 26.)
„Weg, und doch der rechte". Frei nach d. Dänischen. (Nr. 10.)
Wichern, J. H., die arme Frau Dortel am Weihnachts-Abend. 9. Aufl. (Nr. 2.)
— August Hobelmann. Aus seinen Kinderjahren. 7. Aufl. (Nr. 7.)

Schillingsbücher. Nr. 3, 5, 66, 96, 131 u. 134—148. 12. (à 24 S. m. 1 Bild.) Hamburg, Agentur des Rauhen Hauses. à n. — 10

3. Sehet die Vögel unter dem Himmel an. Von L. Walther. 892.
5. Ein Weihnachtsabend im fernen Westen. Eine Erzählg. f. das Volk v. E. Kühn. 891.
66. Die reichen u. die armen Bergers. Von Lina Walther. 892.
95. Eine treue Dienerin. Von M. Ettner. 892.
131. Der Häusling. Eine Erzählg. v. E. Kühn. 892.
134. Das Heideträutchen. Eine altmärk. Dorfgeschichte v. J. Boy. 2. Aufl. 891.
135. Das kleine Haus. Von E. Kühn. 891.
136. Fröhliches Danken in trauriger Zeit. Eine Erntedankfest-Geschichte v. E. Cramer. 890.
137. Unter dem Christbaum. Nach e. wahren Begebenheit erzählt. Von E. Kühn. 891.
138. Die Frau Marquise. Von L. Walther. 891.
139. Über alle Dinge. Von E. Kühn. 891.
140. Ein braver Mann. Eine wahre Geschichte. Erzählt v. E. Kühn. 891.
141. Der Friedel v. Ströbeck. Von E. Kramer. 891.
142. Im Kirchhofhäuschen. Von H. Wagener. 891.
143. Irret euch nicht, Gott läßt sich nicht spotten. Wahre Begebenheit, erzählt v. H. Berthold. 891.
144. Umkehr u. Heimkehr. Von M. Meisner. 891.
145. Ein Schulmeister v. Gottes Gnaden. Von J. Boy. 891.
146. Aus schwerer Zeit. Erzählg. v. M. Klaehn. 892.
147. In Gottes Schule. Eine Erzählg. v. E. Kühn. 892.
148. Feodora od. Kindesliebe. Eine wahre Geschichte. Nacherzählt v. E. Kühn. 892.

— dasselbe. 20 Weihnachtshefte. 12. (à ca. 24 S. m. 1 Bild.) Ebd. 891. n. 1. 60

Schillingsbücher. Nr. 79, 90, 124, 149—183. 12. (à ca. 24 S. m. Bild.) Hamburg, Agentur d. Rauhen Hauses. à n. — 10; je 10 Nrn. in 1 Bd. geb. à n. 1.—

Inhaltsübersicht in alphabet. Ordnung:

Brotrinden u. Butterwecken. 896. (Nr. 165.)
Ettner, M., das blasse Lenchen. Eine Weihnachtsgeschichte. 893. (Nr. 153.)
— nur keine Thränen! Eine Weihnachtsgeschichte. 895. (Nr. 165.)
— wieder zusammen. Eine Weihnachtsgeschichte. 893. (Nr. 154.)
Karstens, M., Herr Christoph. Frei nach dem Engl. 897. (Nr. 175.)
Kindergebete u. Lieder. (Neuer Abdr.) 897. (Nr. 79.)
Kühn, E., alles zum Besten. E. Weihnachtsgeschichte, nach d. Leben erzählt. 897. (Nr. 176.)
— goldene Berge. Eine Erzählg. aus d. Seemannsleben. 895. (Nr. 163.)
— im Finkennest. E. Erzählg. f. d. Volk. (10. Gebot.) 893. (Nr. 155.)
— vom Halbmond zum Kreuze. E. Lebensbild aus d. Kaukasus. 896. (Nr. 174.)
— Christoph Karl Ludwig v. Pfeil, e. Edelmann nach d. Herzen Gottes. 897. (Nr. 179.)
— rede d. Wahrheit. E. Erzählg. f. d. Volk. 894. (Nr. 157.)
— der graue Schleier. E. Erzählg. f. d. Volk. 896. (Nr. 172.)
— Christian Scriver. 893. (Nr. 152.)
— treu bis zum Tod. Eine Geschichte aus der Zeit der engl. Reformation. 893. (Nr. 150.)

Kühn, E., die beiden Vettern. Erzählg. 897. (Nr. 182.)
Martins, M., warum? Erzählg. 897. (Nr. 181.)
Moeller, A., Friede auf Erden. E. Weihnachtsgeschichte. 895. (Nr. 164.)
— Minings Bildung. 897. (Nr. 183.)
— „Stille Nacht, hl. Nacht". Erzählg. 894. (Nr. 160.)
— wie der Turmdecker Martin d. Beten lernte. Erzählg. 896. (Nr. 173.)
— die Seemannstochter. Erzählg. 896. (Nr. 169.)
— der stille Student. 897. (Nr. 178.)
Niebelschütz, E. v., die Spitzenrosel. Erzählg. 896. (Nr. 170.)
— ein Veilchenstrauß. 897. (Nr. 180.)
Rennecke, B., „die Liebe bessert". 894. (Nr. 121.)
Wagener, H., ich bin e. guter Hirte. Eine Erzählung. 896. (Nr. 171.)
Walther, L., die Frau Bürgermeisterin. 896. (Nr. 167.)
— wo blüht das Glück? 894. (Nr. 159.)
— wer sein Kind in der Zucht hält, der wird sich sein freuen. Sirach 30, 2. 897. (Nr. 177.)
— Last od. Lust? 893. (Nr. 149.)
— Lenzluft v. oben. E. Frühlingsgeschichte. 893. (Nr. 151.)
— Streit u. Frieden. Aus vergang. Jahren. 893. (Nr. 90.)
— der Mond ist aufgegangen. 895. (Nr. 162.)
— aus ernster Zeit. 894. (Nr. 158.)
Weckl, Fr., Tante Barbaras Weihnachtsgeschenk. 895. (Nr. 161.)
— gesegnete Weihnachten. Aus d. Chronik d. Großvaters. 893. (Nr. 156.)
Wolf, e., als Retter in der Not. Eine wahre Begebenheit aus Finnland. 895. (Nr. 166.)

Schillingsbücher. Nr. 184—187. 12. (à 24 S. m. Bildern.) Hamburg, Agentur des Rauhen Hauses. à n. — 10

184. Gerhard Tersteegen, der Armen u. Verlassenen Leibarzt. Ein Lebensbild zu seinem 200. Geburtstag. Von E. Kühn. 897.
185. Das Tauflied. Von L. Walther. 898.
186. Der lahme Berthold. Von A. v. Dorff. 898.
187. Neues Leben. Von E. Kühn. 898.

BRIEFE über die Sitten der Franzosen und über die Thorheiten und Ausschweifungen jetziger Zeit. Aus d. Engl. (des *Ch. Schillito*, ps.?) — Nicht bei Weller. 2 Thle. Lubeck 1791. 8⁰. Selten! (7 Mk. Adolf Weigel. 1905.)

SCHILLITOE, THOM., An alle Bewohner des Christenthums in Deutschland, vornehmlich an die Bewohner von Hamburg und Altona, unter welchen ich mich jetzt befinde. Pyrmont. 1821. [Om Sondagens Helligholdelse]. Fol. (Uden Titelbl.). (4 S.).

A. R. SCHILLMANN. Heinrich von Kleist seine Jugend und die „Familie Schroffenstein" nebst einem bisher ungedruckten Stück aus: Der Katechismus der Deutschen. Besonderer Abdruck für die Mitglieder des historisch-statistischen Vereins. Frankfurt a. O. 1863 Druck der Hofbuchdruckerei von Trowitzsch und Sohn. 4⁰

Schillmann, Fritz, a. Berlin: **Beiträge zum Urkundenwesen der älteren Bischöfe von Cammin** (1158—1343). Marburg 1907 (Leipzig: J. Klinkhardt). (VIII, 116 S., 2 Taf.) 8° ¶ (Erscheint gleichzeitig in Komm. b. J. Klinkhardt, Leipzig.)

Marburg, Phil. Fak., Ref. von der Ropp-Brackmann, Diss. v. 25. Okt. 1907

[Geb. 30. Mai 84 Berlin; Wohnort: Berlin; Staatsangeh.: Preußen; Vorbildung: Gymn. Graues Kloster, Sophien-Gymn. Berlin Reife M. 03; Studium: Berlin 2, Marburg 2, Berlin 2 S.; Rig. 15. Mai 07.]

Schillmann, Fritz, Beiträge zum Urkundenwesen der älteren Bischöfe v. Cammin (1158—1343.) (VI, 116 S. m. 2 Taf. u. 1 Bl. Erklärgn.) gr. 8. Leipzig 908. (J. Klinkhardt.) 4. 50

Schillmann, Herm., Geschichte d. neuen Deutschen Reiches in Gedichten Ein Gedenkbuch f. Schule u. Haus. Nach den Quellen ausgewählt u. zusammengestellt. gr. 8. (XV, 517 S. m. 5 Bildnissen.) Berlin 894. W. & S. Loewenthal. Geb. in Leinw. n. 4. 50

Schillmann, Herm., die Heimat, s.: Jütting, W., u. H. Weber

— deutsches (neues Berliner) Lesebuch, s.: Schmidt, Otto F.

— Lesebuch zur Pflege nation. Bildung, s.: Jütting, W. U.

— deutsche Sprache in Dichtung, s.: Weber, Hugo.

— die Welt im Spiegel der Nationalliteratur, s.: Weber, Hugo.

— der Wohnort, s.: Jütting, W. U.

Schillmann, L., s. Schillmann, A. R.

Schillmann, Olga: Heimatliche Erzählstoffe ... Elberfeld 1907 ... s. **Schieferdecker,** Camilla.

Schillmann, O., bergische Sagen, s.: Schieferdecker, C.

Schillmann, Rich., merkwürdige Begebenheiten aus der deutschen Geschichte. 8. (155 S.) Berlin 880, Nicolai'sche Verlagsh. **

—— Bilder aus der Geschichte der märkischen Heimat. 1. Bdchn.: Bis zum Anfange des 16. Jahrh. 8. (VIII, 176 S.) Berlin 883, Oehmigke's Verlag. *

Schillmann, Rich., Bilder aus der Geschichte der märkischen Heimat. 2. Bdchn.: Bis zum Tode Friedrichs des Großen. 8. (III, 200 S.) Berlin 886, Oehmigke's Verlag. *
1. Bdchn. Ebendas. 1883. * ℳ 2.—.

— Bilderbuch zur preußischen Geschichte. Mit 100 Taf., enth. 200 Abbildgn. u. Pläne. hoch 4 (III, 44 S.) Leipzig 893. H. Schmidt & C. Günther. n. 2. —; geb. n. 2. 50

Schillmann, Rich., die Entdeckung Amerikas durch Christoph Columbus am 12. Oktbr. 1492. Eine Jubelschrift. Mit dem Bildnis d. Columbus u. e. Karte zu dessen Reisen. gr. 8. (VII, 87 S.) Berlin 892. Nicolai's Verl. n. 2. —

Schillmann, Rich., kleine Erdbeschreibung. Im Anschluß an den Schulatlas von Andree-Schillmann zum Schulgebrauch bearb. gr. 8. (IV, 112 S.) Bielefeld 890. Velhagen & Klasing. n. — 80

Schillmann, Rich., Geschichte der Stadt Brandenburg a/H. und der Umgegend. 1. Heft. gr. 8. (1. Bd. S. 1—80 und 1 chromolithogr. Karte in 4.) Brandenburg 874, Koch. [Berlin, Weile.]

—— das. — 2.—6. Heft. gr. 8. (S. 81—214.) Leipzig 874, Gulker und Comp. [Berlin, Weile.] à Heft * 50 Pf. *

Schillmann, Rich., Geschichte der Stadt Brandenburg a/H. u. der Umgegend. 1—10. Hft. gr. 8. (S. 1—542 u. 1 chromolith. Karte in 4.) Berlin 874—76. Weil. à n. — 50

— Geschichte der Stadt Brandenburg a H. u. der Umgegend. 11—16. (Schluß-)Lfg. gr. 8. (VI u. S. 343—577.) Brandenburg 877—82. Koch. à n. — 50 (cplt. geb.: n. 7. 50)

—— Geschichte der Stadt Brandenburg a. d. H. von den ältesten Zeiten bis zur Einführung der Reformation. 15. und 16. (Schluß-)Lfg. gr. 8. (VI, S. 503—577.) Brandenburg 882, Koch's Hofbuchh. à Lfg. * 50 Pf. * compl. geb. *
1.—14. Lfg. Ebendas. 1874—79. à * 50 Pf.

—— deutsche Geschichte in Lebensbildern. Ein geschichtl. Lesebuch, aus zuverlässigen Orig.-Schriftstellern zusammengestellt. 1. Thl. [von 102 vor Chr. bis 1500 nach Chr.]. gr. 8. (VI, 482 S.) Berlin 880, Nicolai'sche Verlagsh. *

—— Vaterländische Geschichte. Für den ersten Unterricht bearb. 1. u. 2. Aufl. gr. 8. (III, 72 S.) Berl. 892, L. Oehmigke's Verlag. * — 40

— vaterländische Geschichte. Für den ersten Unterricht bearb. 3., durchgeseh. Aufl. gr. 8. (III, 72 S.) Berlin 895. L. Oehmigke's Verl. n. — 40

Schillmann, Rich., vaterländische Geschichte. Für d. ersten Unterricht bearb. 8. Aufl. gr. 8. (III, 72 S.) Berlin 898. L. Oehmigke's Verl. n. — 40

Schillmann, Rich., vaterländische Geschichte. Für den ersten Unterricht bearb. 10. Aufl. gr. 8. (III, 72 S.) Berlin 900. L. Oehmigke's Verl. n. — 40

Schillmann, Rich., Grundsteinlegung zum brandenburgisch-preußischen Staate um die Mitte des 12. Jahrh. gr. 8. Brandenburg 875. Berlin, Le Coutre. *

— Grundsteinlegung zum brandenburgisch-preußischen Staate um die Mitte d. 12. Jahrh. [Aus: „d. Verf. Geschichte der Stadt Brandenburg."] Mit (lith.) Abbildgn. der Marienkirche u. d. Stier'schen Denkmals. gr. 8. (IV, 102 S.) Brandenburg 875. Wiesike in Comm. n. 1. 80

— Grundsteinlegung zum brandenburgisch-preußischen Staate um die Mitte des 12. Jahrh. [Aus: „Geschichte der Stadt Brandenburg".] Mit Abbildungen der Marienkirche u. des Stier'schen Denkmals. gr. 8. (VI, 102 S.) Berlin 881. Le Coutre in Comm. 1. 50

— kleine Heimatkunde der Mark Brandenburg. Ausg. f. Berlin u. Umgegend. 8. (70 S.) Berlin 889. Oehmigke's Verl. n. — 50

— unter der Herrschaft der Hohenzollern. Vaterländische Geschichte in Lebensbeschreibgn. 1. Bdchn. 8. Berlin 891. Vossische Buchh. — 60
Kurfürst Friedrich I. (VIII, 71 S. m. 1 Bildnis.)

— Leitfaden für den Unterricht in der deutschen Geschichte in Volksschulen. Nach dem Lehrplane der Berliner Gemeindeschule bearb. [Zugleich I. Curs. für Knaben u. Mädchenschulen.] 8. (IV, 156 S.) Berlin 879. Nicolai's Verl. n.n. — 60

—— Leitfaden für den Unterricht in der deutschen Geschichte. 2.—7. verb. Aufl. 8. (IV, 156 S.) Berlin 880—84, Nicolai'sche Verlagsh. **

—— Leitfaden für den Unterricht in der deutschen Geschichte. 11.—17. verb. Aufl. 8. (IV, 156 S.) Berlin 886—88, Nicolai's Verlag. * 60 Pf.; geb. **

— Leitfaden f. den Unterricht in der deutschen Geschichte. 22. verb. Aufl. 8. (IV, 160 S.) Berlin 890. Nicolai's Verl. geb. n.n. — 75

—— Leitfaden f. den Unterricht in der deutschen Geschichte. 26. Aufl. 8. (IV, 160 S.) Berl. 892, Nicolai's Verlag. geb. ** — 75

— Leitfaden f. den Unterricht in der deutschen Geschichte. 31. Aufl. 8. (IV, 160 S.) Berlin 894. Nicolai's Verl. Geb. n.n. — 75

— Leitfaden f. d. Unterricht in d. deutschen Geschichte. 39. Aufl. gr. 8. (IV, 188 S.) Berlin 898. Nicolai's Verl. Geb. n.n. — 75

Leitfaden für den Unterricht in der deutschen Geschichte von Dr. Richard Schillmann, Schulinsp. a. D. 42. Aufl. *Berlin: Nicolai 1900.* (188 S.) 8° [Š.] [w. 9782]

— Leitfaden f. den Unterricht in der deutschen Geschichte. 41. Aufl. gr. 8. (IV, 188 S.) Berlin 901. Nicolai's Verl. Geb. n.n. — 75

— u. F. Viergutz, Leitfaden f. den Unterricht in der deutschen Geschichte. Nach dem neuen Grundlehrplane f. die Berliner Gemeindeschulen in 3 Tln. bearb. 8. Ebd. (906). Geb. n.n. 1. 85
1. Von den ältesten Zeiten bis zum westfälischen Frieden. (V. u. IV. Klasse. 46. Aufl.) (IV, 108 S.) n.n. — 50
2. Die brandenb.-preuß. Geschichte von ihren Anfängen bis zur Gegenwart. (III. u. II. Klasse.) 46. Aufl. (IV, 148 S.) n.n. — 75
3. Länder- Verfassungs- u. Kulturgeschichte nebst e. Anh. üb. Frauenleben u. 1 (farb.) Geschichtskarte. (I. Klasse.) 46. Aufl. (IV, 124 S.) n.n. — 60

— Schule der Geschichte. 1.—7. Tl. u. Anh. z. 4. Tl. gr. 8. Ebd. n. 8. 40
1. Griechische u. römische Geschichte. Quarta. (III, 91 S.) 892. n. 1. —; geb. n. 1. 20
2. Von Augustus bis zur Reformation. Untertertia. (III, 104 S.) 892. n. 1. —; geb. n. 1. 20
3. Deutsche Geschichte von der Reformation bis auf Friedrich den Großen. Obertertia. (III, 72 S.) 892. n. 1. —; geb. n. 1. 20
4. Von Friedrich dem Großen bis auf die neueste Zeit. (III, 84 S.) 892. n. 1. —; geb. n. 1. 20
4. (Anh.) Von Friedrich dem Großen bis auf die neueste Zeit. (32 S.) 893. n. — 40
5. Hauptereignisse der griechischen Geschichte bis zum Tode Alexanders des Großen u. der römischen, bis zum Untergange d. weströmischen Kaisertums. Obersekunda. (III, 98 S.) 894. n. 1. —; geb. in Halbleinw. n. 1. 20
6. Vom Untergang des weströmischen Kaiserreiches bis zum Ende des 30 jährigen Krieges. Unterprima. (III, 164 S.) 893. n. 1. 60; geb. n. 1. 80
7. Vom westfälischen Frieden bis zum Tode Kaiser Wilhelms I. Oberprima. (IV, 123 S.) 894. n. 1. 40

— dasselbe. Ausg. f. parität. Schulen. Besorgt v. A. Brauner. 2.—4. Tl., Anh. zum 4. Tl., u. 6. Tl. gr. 8. Ebd. 893. n. 5. —
2. Von Augustus bis zur Reformation. Untertertia. (V, 104 S.) n. 1. —
3. Deutsche Geschichte von der Reformation bis auf Friedrich den Großen. Obertertia. (III, 72 S.) n. 1. —
4. Von Friedrich dem Großen bis auf die neueste Zeit. Untersekunda. (III, 84 S.) n. 1. —; Anh. (32 S.) n. — 40
6. Vom Untergang des weströmischen Kaiserreiches bis zum Ende des 30 jährigen Krieges. Unterprima. (III, 164 S.) n. 1. 60

[Mehr nicht erschienen.]

— Vorgeschichte der Stadt Brandenburg a. d. H. bis zum Ausgange der Ludolfinger. 4. (15 S.) Brandenburg 871. Müller in Comm. n. — 50

R. SCHILLMANN. Vorgeschichte der Stadt Brandenburg a. d. H. bis zum Ausgange der Ludolfinger. Separatabdruck aus dem Programm der Saldern'schen Realschule Ostern 1871. Brandenburg 1871. J. Wiesike's Buchdruckerei. 4

Schillmann, Rich., Vorschule der Geschichte. Sagen und Geschichten, zum Schulgebrauch bearb. 8. (IV, 185 S.) Berlin 881, Nicolai'sche Verlagsh. * 1 —
—— dass. — Für den Schulgebrauch [Sexta und Quinta] bearb. 2. verb. Aufl. 8. (IV, 188 S.) Ebendas. 882. geb. * 1 20
—— dass. — 3. verm. Aufl. 8. (VI, 276 S.) Ebendas. 884. geb. * 1 60

—— Vorschule der Geschichte. Sagen und Geschichten. Für den Schulgebrauch [Sexta und Quinta] bearb. 4. und 5. verm. Aufl. 8. (VI, 276 S.) Ebendas. 886. geb. *

— Vorschule der Geschichte. Sagen und Geschichten. Für den Schulgebrauch. [Sexta u. Quinta]. 6., verm. Aufl. 8. (VI, 282 S.) Ebd. 889. geb. n. 1. 60

—— Vorschule der Geschichte. Sagen u. Geschichten. Für den Schulgebrauch [Sexta u. Quinta] bearb. 7. verm. Aufl. 8. (VI, 282 S.) Ebd. 891. geb. * 1 60

Schillmann, Rich., Vorschule der Geschichte. Sagen u. Geschichten. Für den Schulgebrauch (Sexta u. Quinta) bearb. 8. Aufl. 8. (VI, 282 S.) Berlin 893. Nicolai's Verl. Geb. n. 1. 60

— Vorschule d. Geschichte. Sagen u. Geschichten. Für d. Schulgebrauch (Sexta u. Quinta) bearb. 9. Aufl. 8. (VI, 282 S.) Ebd. 897. Geb. n. 1. 60

Schillmann, R., Vorschule der Geschichte. Für die beiden untersten Stufen des Geschichtsunterrichtes an höheren Lehranstalten. 10. Aufl. Nach den gelt. Lehrplänen neu-bearb. v. Fr. Zurbonsen. (VI, 215 S.) 8. Berlin (906). Nicolai's Verl. Geb. n. 2. —

Schillmann, R., Vorschule der Geschichte. Für die beiden untersten Stufen des Geschichtsunterrichtes an höheren Lehranstalten. 11. Aufl. Nach den gelt. Lehrplänen bearb. v. Fr. Zurbonsen. (VI, 215 S.) 8. Berlin (908). Nicolai's Verl. Geb. 2. —

Schillno [Schlagwort]

Schillno, s.: Preussen. Messtischblätter.

Schillo, Johann, Ingenieur: Spezialisierung und Massenfabrikation in der Maschinenindustrie. (Dresden 1909: Walther.) 61 S. 8°
Heidelberg, Phil. Diss. v. 15. Jan. 1909, Ref. Gothein
[Geb. 24. Juli 75 Neunkirchen, Bez. Trier; Wohnort: Karlsruhe i. B.; Staatsangeh.: Preußen; Vorbildung: Gymn. Prüm Reife O. 97; Studium: Heidelberg 1, Karlsruhe 5, Leipzig 2, Heidelberg 1 S.; Rig. 4. Juli 08.] [U 09. 2019

Schills Kreuz- u. Querzüge d. Deutschland ꝛc. s. Schilliana 2r Tbl.

— Zug nach Stralsund u. sein Ende. Tagebuch eines seiner Vertrauten. 8. Quedlinb. 801. Basse. 12 gl.

Schill's Zug nach Stralsund, u. sein Ende. Tageb. eines sein. Vertrauten. 8. (4 B.) Quedlinburg 831, Basse.

Schilly, v. Nehrlich. 1r Bd. 8. Jena, Voigt. (Gleditsch in Lpz.) 798.

Schilo, Wilh., Kompaß in der Schulfrage, od.: Wohin zielt die Agitation f. die Simultanschule u. gegen die geistliche Schulaufsicht? (72 S.) 8. Wiesbaden (905). (H. Rauch.) n. — 50

— Reformations-Märchen. Mit besond. Berücksicht. des Rheingaues, dem Volke erläutert. (440 S.) 8. Frankfurt a/M. 904. P. Kreuer. n. 2. —; geb. in Leinw. n. 2. 75

Schiloh, [der Held], dem die Völker anhangen. [1. Mos. 49, 10.] — Herr ich warte auf Dein Heil! [1. Mos. 49, 18.] 8. (16 S.) Berlin 879, deutsche evangel. Buch- und Tractat-Gesellschaft. — 15

Schilplin, E[rnst]. Ueber das Maximum der Eigenversicherung und des Finanziellen Risicos bei der Lebensversicherung. Par E. Schilplin, Dr phil. Actuaire de «La Suisse», Lausanne. Extrait du Bulletin du Comité permanent des Congrès internationaux d'Actuaires. No 6. — 30 [d. i. 15] Juin 1902. 8 p. 8. Bruxelles. Bruylant-Christophe & Cie, 1902.

Schilson, die Wilden; Drama. 8. Presburg 778. Löwe. 4 Kr

Schilson, Philipp [aus Lorch a. Rh.]: Aus d. med. Klinik in Bonn. Ueber Athetose ... Bonn: Hauptmann'sche Buchdr., 1891. 29 S., 1 Bl. 8°
Bonn, Med. Fak., Inaug.-Diss. v. [28.] Febr. 1891

Schilsky, Julius

Schilsky, J., d. Käfer Europa's, s.: Küster, H. C.

Schilsky, J., systematisches Verzeichnis d. Käfer Deutschlands, mit besond. Berücksicht. ihrer geographischen Verbreitung. Zugleich e. Käfer-Verzeichnis der Mark Brandenburg. gr. 8. (VII, 159 S.) Berlin 888. Nicolai's Verl. n. 4. —

— Systematisches Verzeichnis der Käfer Deutschlands u. Deutsch-Österreichs. Mit besond. Angabe der geograph. Verbreitung aller Käferarten in diesem Faunengebiete. Zugleich e. Käferverzeichnis der Mark Brandenburg. (XIX, 221 S.) gr. 8. Stuttgart 909. Strecker & Schröder. 5.50; geb. 6.50; geb. u. durchsch. 7.50

Schilson, Joannes Baptista L. B. de. Vniversae architectvrae militaris elementa brevibvs recentiorvm observationibvs illvstrata conscripta a Christiano Rieger, Soc. Jesu Sacerd. Mariae Theresiae Avgvstae honoribus dicata. Dum idem svb Avgvstissimis avspiciis in collegio regio Theresiano S. J. tentamen pvblicvum ex disciplinis philosophicis atque historicis svbibat. (Mit 1 Titelkupfer. 22 Tafeln und 3 Beilagen.) (Donation Liechtenstein.)
8. Vindobonae 1758.

Schiltach [Schlagwort]

Schiltach, s.: Schwarzwald. Lorenz.

Schiltberger, Hans

Schiltberger's aus München, von den Türken in der Schlacht von Nicopolis 1395 gefangen, in das Heidenthum geführt, und 1427 wieder heimgekommen. Reise in den Orient u. wunderbare Begebenheiten. Von ihm selbst geschrieben. Aus einer alten Handschrift übers. u. hrsg. von *Albrecht Jac.) Penzel* (geb. 1749, † 1819). München (Fleischmann) 1813. 8. Ppb., hübsches Expl.
Tit. u. 255 S. Erste Ausg.; die zweite (mit Firma) erschien 1814.

Schiltberger, Reise in d. Orient in d. J. 1395—1427. u. wunderbare Begebenheiten, von ihm selbst beschrieben, aus e. alten Handschrift übers. u. herausgg. v. A. J. Penzel. gr. 8. Münch. 814. Fleischmann. 20 gr

Schiltberger's Hans, Reisebuch. Nach der Nürnberger Handschrift hrsg. von Valentin Langmantel, s. Bibliothek des litterarischen Vereins in Stuttgart, Bd. 172.

Hans Schiltbergers Reisebuch, nach der Nürnberger Handschrift hrsg. von Dr. *Val. Langmantel.* Tübingen, gedr. f. d. Litterar. Verein in Stuttgart . . . . 1885. Gr. 8°. Eleg. blau Hklbldrb. m. Fileten.
3 Bll., 167 S. (incl. 1 S. Err.). Lat. Lett. Tüchtige Monographie. S. 113 ff. Lesarten, Bibliographisches etc. — Auch mit d. Tit. „Bibliothek d. litterar. Vereins in Stuttgart. CLXXII."

Reisen des Johannes Schiltberger aus München in Europa, Asia und Afrika von 1394 bis 1427. Zum ersten Mal nach der gleichzeitigen Heidelberger Handschrift herausgegeben und erläutert von Karl Friedrich Neumann. Mit Zusätzen von Fallmerayer und Hammer-Purgstall. München 1859. Auf Kosten des Herausgebers. 8°.
G. Nr. 1196.

Schiltberger, des Johannes, aus München, Reisen in Europa, Asia und Afrika von 1394 bis 1427. Zum ersten Mal nach der gleichzeitigen Heidelberger Handschrift herausg. und erläutert von Karl Frdr. Neumann. Mit Zusätzen von Fallmerayer u. Hammer-Purgstall. München 859. (Kaiser. — Berlin, Asher & Co.) gr. 8. (XVI, 166 S.)
n. 1 ⅓ 10 ngr.

Schiltenberger, I. P., consilia et responsa civil. et criminal. fol. Ingolstadt, Krüll. 739.

Schiltbürger, s. S c h i l d b ü r g e r

Schilter, Gottfried (Halle) U. S. Leipzig 1683/1

Tractatio juridica de prioritate ac posteritate temporis dubia atque incerta Oder Was Rechtens sey: wenn man nicht gewiss sagen kann, welches der Zeit nach eher oder später geschehen.
Präs. Christian Thomasius. Rec.
Halle (Hilliger) 1736. 54 S.

Diss. Leipzig 19. X. 1683.
Der Name des Respondenten ist nicht genannt.

30472

Schilter, Gottfr.: Commentatio jur. de subinfeudatione vulgo Affter-Belehnung. Jenae 1741.

S c h i l t e r, Jo.: „Commentatio jur. de bonis laudemialibus: oder Von Ehrschätzigen Gütern", Jenae 1741. — Vorh.: Bibl. des Kammergerichts Berlin — Ec. 840.

S c h i l t e r u s, Joh.: „Codex iuris a l e m a n n i c i feudalis, prout is in comitiis Noricis anno 1208 autoritate Imperiali publicatus. Acc. praefatio de eiusdem origine, usu et auctoritate, itemque commentarius, quo hoc ius feudale cum communi sive longobardico et saxonico confertur . . .", Ed. 2 auctior et em. Cum praefatione Joh. Georgii Schertzii, Argentorati 1728. — Vorhanden: Bibl. des Oberlandesgerichts Celle — Fol. Mb. 51,°. — [2. Ex. an Fol. Cb. 269].

— codex juris allemannici feudalis, c. praef. Scherz. fol. Strasb. Beck. 728.

Schilter, Johann (Leipzig) **A. S. 648/43**

Conclusiones juridicae de jure sepulturae ad tit. D. et c. de relig. et sumt. fun. tit. de sepulch. viol. cum tit. aliis cognatis. Präs. Sigismund Finckelthaus.
Leipzig (Ritzsch) 13. VII. 1626. 40 Bl. 30473

Schilter, Jo.: C o n c o r d a t a nationis Germ., s. D u a r e n u s, Frc.

Schilter, Johann A. S. 597/15

De condominio circa sacra dissertatio.
Strassburg (Dulssecker) 1704. 58 S. 30479

S c h i l t e r, I., - c o n s i l i a argentoratensia. fol. Strasbg. (Esslinger, Frcf.) 701.

Schilter, Joh., Dissertatio juridica de curiis dominicalibus von Dinck-Höffen; quam . . examini subiicit Ph. J. Rehm. Halae Magdeb. 1738. 4. . . . . (D.)

— elementa juris cambialis. 8. Amsterd. 742. Ed. altera aucta Frankf. 748. Edit. VI. ed. Jh. L. Uhl; cui accedit Jh. Fr. Eisenharti Bibliotheca juris cambialis. Frankf. u. Leipz. 756. Editio VII. auctior, cui quoque accedunt Ayeri de cambialis instituti vestigiis apud Romanos Diatribe, ejusdem vindiciae cambialis, et J. F. Eisenharti Bibl. jur. cambialis, et index responsorum cambialium Francofort. Nürnb. 764. Ed. VIII., curata a Chr. Gmelin. ibid. 779.

Schilter, Johann: Diss. de f i n e et objecto juris publici, s. F r a n c k e, Heinrich Gottlieb

SCHILTER, Joa.: Institut. jur. canonici ad ecclesiae veteris et hodiernae statum adcomm. *Jen.* 681. 12. — 708. 8. — c. praef. J. H. BÖHMERI. *Frcf.* et *Lips.* 713. 8. — Ed. VIIa. *Francof.* et *Lips.* 749. 8. (20 Gr.)

Schilter, Jo.: Institutiones juris canonici ad ecclesiae veteris et hodiernae statum accommodatae. Ed. 3. **Jenae 1699.**
[Beigedr.:]
[1.] **Differentiae** juris civilis et canonici . . . ab Henr. H a h n i o denuo ed., rec. et illustratae a Jo. S c h i l t e r o.
[2.] **Duarenus,** Franc.: De sacris ecclesiae ministeriis libri 8 . . . Acc. **Concordata** nationis Germanicae cum notis Jo. S c h i l t e r i. o. O. 1709. [1699?]
— Ed. 8; c. praef. Justi Henn. B o e h m e r i. Francofurti et Lipsiae 1728.

SCHILTER, Jo.: Institutiones Juris feudalis Germanici et Longobardici notis illustratae. Acc. constitutio de expeditione Romana cum M. FREHERI et aliorum notis, Lud. CANTARELLI FABRI de eadem commentatio. Conr. Sam. SCHURZFLEISCHII de Conr. Imp. et de eadem constitutione Diss. op. et cura Geo. Chr. GEBAUERI. (*Strasburg.* 695. 721.) *Lips.* 728. 8.

Schilteri, Joa., Institutiones juris feudalis Germanici et Longobardici, ed. Jh. L. Uhl. Accedunt J. C. Heineccii in eosdem animadversiones. Berl. 742. Editio IIda ibid. 750. Ed. III. c. n. Gebaueri. 8. Leipz. 750. (Brockhaus). 6 ℛ

— institut. juris feudalis germanici et longobardici, c. animadv. I. G. Heineccii. 8. Berlin, Rüdiger. 750.

— c. animadvers. J. Gli. HEINECCII. *Berl.*, Voss. (742.) 750. gr. 8. (8 Gr.); c. not. G. Ch. GEBAUERI. *Lpz.*, Gleditsch. (Brockhaus) 750. 8. (6 Gr.)

Schilter, Johann: Dissertationes de jure hospitis, s. Boecler, Joh. Goth. von

— ad jus feudale introductio. 8. Strasb. Treuttel et Würz. 727.

— de libertate ecclesiarum Germaniae. Lib. VII. 4. Jenae. Cröcker.

— notae ad. Struvii syntagma jur. feudalis. 4. Strasbg. 711.

Schilter, I., de pace religionis liber singularis. 8. Frcf Esslinger. 700. Rthlr.

Schilter, Johann A. S. 20/1

De S. R. G. Imperii comitum praerogativa ac jure inter ipsos et ordinem equestrem imperii immediatum secundum quosdam controverso. Diatribe.
Strassburg (Dulssecker) 10. V. 1702. 103 S.

Gew.: Den Grafen des H. R. Reichs. 30478

SCHILTER, Jo.: Exercitatt. ad L Pand. libb. *Jen.* 675—684. 4. — Ed. IIa. sub tit.: Praxis jur. Rom. in foro Germanico, juxta ord. Pand. opus theoretico—pract. *Jen.* 698. III. T. fol. — Ed. IIIa. *Lips.* 713. Cum praef. Chr. THOMASII. III. T. *Frcf.* 733. fol.

— praxis juris romani in foro Germanico c. praef. C. Thomas. fol. Frcf. Varrentrapp. 733.

Schilter, Johann [Praes.], s. Rehm, Philipp Jakob: De curiis dominicalibus vulgo Von Dinckhöffen.

— de renunciationibus ad usum Germaniae potiss. accommod. 2 Vol. 4. Strasburg. (Esslinger, Francofurti.) 701-2.

— Scriptores rerum germanicarum, vide Scriptores.

Schilter, Johann A. S. 119/24

Dissertatio academica de termino a quo restitutionis bonorum ecclesiasticorum ad instrumentum pacis Westphalicae articulum V. $. 2. (Rec.)
Strassburg (Dulssecker) 1747. 50 S.

Diss. Strassburg 1697. 30480

Schilter, Johann. Thesaurus antiquitatum Teutonicarum, ecclesiasticarum, civilium litterariarum . . . Ulmae 1727—28. H: *Frick, Johann & Elias Frick.* (ML)

— Thesaurus antiquitat. teutonicar. eccles. et literar. e museo I. C. Simon. III Tmi. gr. fol. Ulm (Korn sen., Breslau.) 728.

Schilterus illustratus oder ausführlicher aus dem Natur- und Völcker-Recht, deutschen Alterthümern, und durch merckwürdige Exempel, aus der alten und neuen Historie von Deutschland, erläuterter academischer Discours über Jo. Schilteri, deutsches Lehen-Recht. Franckfurt und Leipzig 1735. V: *Gündling, Nicolaus Hieronymus.* (KGBerlin I, 615)

Schiltigheim [Schlagwort]

Schiltigheim, s.: Prousson. Messtischblätter.

Schiltknecht, Johann Baptist

Schiltknecht, J. B., die biblische Geschichte, s.: Gottesleben, N.

Schiltknecht, J. B., kleine biblische Geschichte f. die Unterstufe d. kathol. Volksschulen. Nach Maßgabe des Normal-Lehrplans f. die Elementarschulen in Elsaß-Lothringen bearb. 2. Aufl. gr. 16. (44 S. m. 18 Bild.) Freiburg i/B. 898. Herder. n. —20; Kartonnage n.n.n. —05

— kleine biblische Geschichte f. die Unterstufe der kathol. Volksschulen. Nach Maßgabe des Normal-Lehrplans f. die Elementarschulen in Elsaß-Lothringen bearb. 3. Aufl. 12. (IV, 44 S. m. 18 Abbildgn.) Freiburg i/B. 901. Herder. Kart. n.n. —25

— kleine biblische Geschichte f. die Unterstufe der kathol. Volksschulen. Nach Maßgabe des Normal-Lehrplans f. die Elementarschulen in Elsaß-Lothringen bearb. 4. Aufl. (IV, 44 S. m. 18 Abbildgn.) kl. 8. Freiburg i./B. (905). Herder. n. —20; kart. n. —30

— Kleine biblische Geschichte f. die Unterstufe der kathol. Volksschulen. Nach Maßgabe des Normal-Lehrplans f. die Elementarschulen in Elsaß-Lothringen bearb. 6. Aufl. (IV, 44 S. m. 18 Abb.) kl. 8. Freiburg i/B. (909). Herder. —20; kart. —30

Schiltknecht, J. B. Kirche u. Kirchenjahr od. kurze Belehrg. üb. das Gotteshaus, den Gottesdienst u. die hl. Zeiten. gr. 16. (VI, 58 S.) Freib. i. B. 892, Herder. * —30; geb. * —40

Schiltknecht, J. B, Kirche u. Kirchenjahr od. kurze Belehrg. üb. das Gotteshaus, den Gottesdienst u. die hl. Zeiten. 3. Aufl. 12. (VI, 72 S.) Freiburg i/B. 894. Herder. n. —30; kart. n. —40

— Kirche u. Kirchenjahr od. kurze Belehrg. üb. d. Gotteshaus, d. Gottesdienst u. d. hl. Zeiten. 4. u. 5. Aufl. 12. (VI, 74 S.) Ebd. 895. n. —30; geb. in Halbleinw. n. —40

— Kirche u. Kirchenjahr od. kurze Belehrg. üb. das Gotteshaus, den Gottesdienst u. die hl. Zeiten. 7. Aufl. 12. (VI, 74 S.) Ebd. 902. Kart. n. —40

— Kirche u. Kirchenjahr od. Kurze Belehrg. üb. das Gotteshaus, den Gottesdienst u. die hl. Zeiten. 9. Aufl. (VI, 74 S.) kl. 8. Ebd. 906. n. —30; geb. in Halbleinw. n. —40

— Kirche u. Kirchenjahr od. Kurze Belehrg. üb. d. Gotteshaus, den Gottesdienst u. die hl. Zeiten. 10. Aufl. (VI, 74 S.) kl. 8. Ebd. (908). Kart. —40

Schiltknecht, J(ohann) B(aptist), Dir.: Das Lehrerseminar **Lauterberg-Oberehnheim.** ⟨1874—1899.⟩ Mit 2 Vollbild. u. 2 Plänen. *Strassburg i. E.: B. Herder 1899.* (83 S.) 8° [Gr.]
Oberehnheim, Lehrer-Sm, Festschr. 1899**

Das Lehrerseminar Lauterburg-Oberehnheim. ⟨1874-1899.⟩ Festschrift zur Feier des 25jähr. Bestehens der Anstalt von J(oh.) B(apt.) **Schiltknecht**, Seminardir. Mit 2 Vollbild. u. 2 Pl. Strassburg i. E.: B. Herder 1899. (83 S.) 8°

Schiltsky, Otto, über neue weiche Obturatoren. Ihre Beziehungen zur Chirurgie und Physiologie. 8. (32 S.) Berlin 882, (Bohne.) * 1 —

Schiltz, ein Hoch der edlen Turnerei, s.: Sammlung lebend. Bilder.

Schiltz, Hermann Joseph, Apotheker a. St. Vith ⟨Eifel⟩: **Untersuchungen über die Wirkung des Ferrosulfats auf die Pflanze.** Bonn 1908: C. Georgi. (59 S., 3 Taf.) 8°
Bonn, Phil. Fak., Ref. Strasburger, Diss. v. 29. Juli 1908
[Geb. 18. Mai 79 St. Vith; Wohnort: St. Vith; Staatsangeh.: Preußen; Vorbildung: Gymn. Prüm Reife M. 98; Studium: Bonn 7 S.; Rig. 24. Juni 08.]

Schiltz, Mathias Vitalis ⟨geb. am 7 Mai 1826 in Schönecken bei Prüm i. d. Eifel⟩: De transfusione sanguinis eiusque usu therapeutico cum historia chirurgiae transfusoriae et infusoriae usque ad hunc annum continuata ... Adiunctae sunt II tab. instrumentorum. Bonnae, typ. C. Krüger 1852. 2 Bl., 84 S., 2 Bl., 2 Taf. 8. ¶ Erschien zugleich selbständig bei Weber in Bonn.
Bonn, Med. Fak., Diss. v. 24 Juli 1852

Schiltz, Math. Vitalis, de transfusione sanguinis ejusque usu therapeutico. 8maj. (IV und 84 S. mit 2 Stnt.) Bonnae 852, Weber. *

Schiltz, P., summa philosophiae, ad mentem divi Thomae Aquinatis in usum seminarii luxemburgensis. Vol. I et II. gr. 8. Luxemburg, St. Paulus-Druckerei. n. 4. 50
I. Logica. Critica. (172 u. 116 S.) 892. n. 2. —
II. Physica. (222 S.) 894. n. 2. 50

FSC
www.fsc.org
MIX
Papier | Fördert gute Waldnutzung
FSC® C083411

Kolibri 360 GmbH
Ferdinand-Jühlke-Straße 7
99095 Erfurt, Deutschland
produktsicherheit@kolibri360.de